# 猕猴桃

# 抗灰霉病相关基因资源筛选与功能分析

李哲馨　李　强　决登伟◎著

中国农业出版社
北　京

**李哲馨**　出生于1989年3月，中国林业科学研究院农学博士（2017年，林木遗传育种专业），现就职于重庆文理学院园林与生命科学学院/特色植物研究院。

长期从事猕猴桃真菌病害抗性的分子机制相关研究，先后主持国家级项目1项、省部级项目4项，在 *Postharvest biology and technology* 等期刊发表研究论文20余篇。

**李　强**　现就职于重庆文理学院园林与生命科学学院/特色植物研究院。

**决登伟**　现就职于重庆文理学院园林与生命科学学院/特色植物研究院。

# 前言 FOREWORD

猕猴桃（*Actinidia chinensis*）营养丰富，素有“水果之王”等美誉。我国是猕猴桃的原产地和主产区，据联合国粮食及农业组织（FAO）统计，2021年我国猕猴桃栽培面积达16.8万公顷，年产量约238.1万t[①]。猕猴桃已成为我国山区农民脱贫攻坚的主导产业之一。然而猕猴桃果实易遭受多种病原菌的侵害而腐烂变质，由灰葡萄孢菌（*Botrytis cinerea*）引起的灰霉病通常会给猕猴桃产业造成高达30%以上的损失，严重威胁猕猴桃产业的健康发展(Michailides et al.，2000；Park et al.，2015)。

培育抗性品种是防治猕猴桃灰霉病的最有效途径，而明晰猕猴桃响应灰霉病的调控机制是抗病分子育种的基础和前提。目前关于灰霉病防治的研究多集中于应用防治层面，猕猴桃抗病相关基因功能尤其是抗病调控机制有待深入探究。“红阳”猕猴桃全基因组测序的完成和数据库的建立，为研究该病原菌的致病机制提供了生物信息基础。

随着分子生物学技术的快速发展及转基因技术日趋成熟，对猕猴桃抗病相关基因功能的研究进一

① 资料来源：http：//www.fao.org/faostat/en/#data/QC。

步深入。利用基因工程技术实现对猕猴桃果实的重要调控作用成为新的解题思路。因此，作者团队通过多年的研究，构建了猕猴桃转录组数据库，筛选了猕猴桃灰霉病抗性相关 mRNA、miRNA，并对相关基因进行克隆及功能验证。本书首先介绍猕猴桃 mRNA 转录组测序与分析，筛选猕猴桃灰霉病抗性调控相关基因，并通过克隆、序列分析、瞬时转化及抗病性分析验证其功能；随后利用 RNA-seq 测序与分析，筛选与猕猴桃灰霉病抗性密切相关的 miRNA 并验证其功能，由此阐明猕猴桃灰霉病抗性的内源分子机制；最后利用外源生长素 IAA 处理及进行抗病性分析，系统阐明猕猴桃灰霉病抗性机制，为改良猕猴桃品种、提升果实贮藏保鲜品质提供重要的基因资源。

目前灰霉病防治研究多集中于应用防治层面，以化学防治为主，易造成环境污染与食品健康问题。关于猕猴桃抗病相关基因功能尤其是抗病调控机制的研究匮乏且不够系统。本书总结了猕猴桃灰霉病抗性机制的研究成果，对后续进行猕猴桃抗灰霉病分子育种具有重要指导意义。本书可作为综合性大学及农林院校的延伸读物，为遗传学、分子生物学、基因组学等领域的科研工作者提供参考。

本书由 7 章 30 节组成：第一章由李哲馨和李强共同撰写；第二章和第三章由李强撰写；第四章和第五章由决登伟撰写；第六章和第七章由李哲馨撰写。从著者主观出发，希望全书内容趋于完善，但由于时间、能力和精力有限，书中若有疏漏和不妥，恳请读者批评指正。

前言

# 第一章

# 猕猴桃抗灰霉病相关 mRNA 的筛选与分析

## 第一节　猕猴桃采后病害防治策略

目前关于猕猴桃采后病害防治的研究主要集中在应用防治方面，化学防治方面研究较多。琥珀酸脱氢酶抑制剂类和甲氧基丙烯酸酯类等化学杀菌剂对灰葡萄孢菌有较好的抑制作用（Bardas et al.，2010）。在猕猴桃幼果期和壮果末期喷施壳聚糖加茶多酚的复合膜剂，对猕猴桃软腐病有较好的防治效果，且具有提升猕猴桃品质、延长贮藏期的作用（Kaya et al.，2016；张承等，2016）。一定浓度的壳聚糖可诱导猕猴桃的防御反应，对猕猴桃灰霉病和青霉病病原菌有显著抑制作用（Hua et al.，2019）。采前喷施草酸能提高猕猴桃贮藏期间的抗病性，接种青霉菌后的果实发病率降低，病斑直径减小（Zhu et al.，2016）。银杏叶提取液、harpin 蛋白、姜黄素处理等均可有效防治猕猴桃采后发生的灰霉病（Tang et al.，2015；Wang et al.，2019a）。在物理防治方面，热处理、臭氧处理等防治措施对灰葡萄孢菌有明显抑制作用（Minas et al.，2012；Luo et al.，2019；Goffi et al.，2020）。在生物防治方面，猕猴桃采后腐烂病害的生物防治措施仍处于早期研究阶段，酵母拮抗菌和 harpin 蛋白可联合防治猕猴桃采后发生的灰霉病（Tang et al.，2015）。相关研究为猕猴桃灰霉病的防治提供了有意义的探索与实践。

国内外关于猕猴桃采后真菌病害抗性的分子机制研究相对迟缓，关于抗病相关基因功能和调控机制的研究较少（Liu et al.，2018）。通过分析“海沃德”猕猴桃响应灰霉病的蛋白质组学，筛选出 292 个可能的抗病相关蛋白，包括丝裂原活化蛋白激酶（Mitogen-Activated Protein Kinase，MAPK）、PR 蛋白（Pathogen-related protein）、热激蛋白（Heat Shock Proteins，HSP）、脂酶（Lipases）及 WD 重复蛋白（WD-Repeat Proteins）等。采用 VIGS 技术验证 *AcTPR2* 和 *AcPGIP* 基因在猕猴桃采后抗病中的功能，发现抑制表达这两个基因后，猕猴桃均表现出对灰霉病的易感性（Li et al.，2020；Li et al.，2021）。目前果实采后病害的防治策略主要为：靶向病原菌致病基因进行直接干预和通过生物及非生物因子诱导果实产生抗性。抑制病害的靶点可以是：真菌细胞的细胞壁及膜系统完整性、自噬活性、活性氧爆发等；生物和非生物因子整合受体激酶、活性氧（ROS）和水杨酸（SA）、茉莉酸（JA）等植物激素信号以诱导防御反应；作为 PAMPs，通过 RLKs、RLCK 和 MAPK 级联放大模式激活防御基因的表达（Zhang et al.，2021）。通过对关键致病基因的靶向调控，实现对采后病害的有效控制将是未来重要的研究方向。因此，解析猕猴桃抗灰霉病的分子机制至关重要。

## 第二节　植物灰霉病抗性分子机制研究概述

灰葡萄孢菌可以感染 200 多种不同的植物，且具有潜在的感染特征（Liu et al.，2018）。研究表明，植物宿主免疫反应由识别信号分子 P/DAMP（病原体/损伤相关分子模式）和 PTI（P/DAMP 触发的免疫）触发。植物对灰葡萄孢菌抗性的主要机制，涉及 MAPK 和乙烯信号通路等的激活（Lai et al. 2013）。在 PAMP 诱导的抗病性中，*MPK3* 基因发生突变会显著削弱植物对灰葡萄孢菌的抗病性。PTI 途径由 DAMP 诱导，需要 MPK3 和 MPK6 的参与（Genenncher et al.，2016）。细胞表面受体壁相关激酶激活免疫信号反应，以防止灰葡萄孢菌的任何进一步感染，并通过识别细胞壁降解产物低聚半乳糖醛酸（OG）来监测细胞壁的完整性（Brutus et al.，2010）。茉莉酸（JA）、乙烯（ETH）和吲哚-3-乙酸（IAA）等植物激素参与拟南芥（*Arabidopsis thaliana*）和黄瓜（*Cucumis sativus*）对灰葡萄孢菌的防御反应（Meng et al.，2013；Sham et al.，2014；Kong et al.，2015）。生长素通过载体蛋白 TIR1/AFB 受体 AUXIN/IAA-ARF 信号通路激活 MAPK 信号通路（Zhang et al.，2014）。灰葡萄孢菌感染可抑制番茄（*Solanum lycopersicum*）的光合作用，并影响与生长、能量生产、对刺激的反应、光合作用和防御相关的基因的代谢，这些基因编码病程相关蛋白 1（PR1）、β-1,3-葡聚糖酶（葡聚糖酶）和枯草杆菌蛋白酶（Smith et al.，2014）。当猕猴桃受灰葡萄孢菌侵染时，编码 PR 蛋白、黄酮类、多酚以及调节细胞壁强化的基因在未成熟野草莓（*Fragaria vesca*）果实中上调，调节细胞软化的基因则下调。绿色未成熟果实对灰葡萄孢菌的防御反应比红色成熟果实强（Haile et al.，2019）。

RNA-Seq 技术的出现为植物和病原体之间的分子相互作用提供了有价值的参考，并有助于识别对未来作物育种计划至关重要的新抗性基因。通过进行基于 Illumina 的转录组测序和加权基因共表达网络分析（WGCNA），来表征灰葡萄孢菌在"红阳"猕猴桃（*Actinidia chinensis* cv. Hongyang）感染的各个阶段诱导的基因。研究结果将有助于阐明猕猴桃感染灰葡萄孢菌的响应机制，并为应用基因工程技术培育猕猴桃抗病新品种提供了重要的遗传资源。

## 第三节　猕猴桃受灰葡萄孢菌侵染的表型与防御酶活性分析

### 一、猕猴桃果实采集与灰葡萄孢菌侵染

研究采用的"红阳"猕猴桃果实采集于中国重庆奇圣猕猴桃基地（31°2′24″N，108°19′48″E）。采集授粉后 130d 的平均硬度 56N、重量 95g，外观健康的猕猴桃果实在采收后 5.2h 内运至重庆文理学院分子生物学实验室。用自来水冲洗 2min，2%次氯酸钠消毒液浸泡 2min，用无菌水冲洗后自然晾干。

将在−80℃条件下保存的灰葡萄孢菌菌株 HFXC-16 置于冰上解冻，在无菌条件下挑取部分菌株，用最新配制的马铃薯葡萄糖琼脂（PDA）在 25℃条件下培养 15d（Chen et al.，2015b），借助光学显微镜及血球计数板配制成浓度为 $10^4$ 个孢子/mL 的悬浮液。用无菌移液管尖端在猕猴桃果实上造成深 3mm、宽 3mm 的伤口。将 10μL 灰葡萄孢菌孢子悬浮液或无菌水（对照组）注射到伤口中，并在 25℃条件下干燥。在接种后 0、24、48、72、96、120h，即 0～5dpi（day post infection）观察拍照（图 1-1A），计算病斑面积，并分别采集各组猕猴桃病健交界处果实材料，在液氮中迅速冷冻，于−80℃冰箱中保存，用于后续防御酶活性和转录组分析。

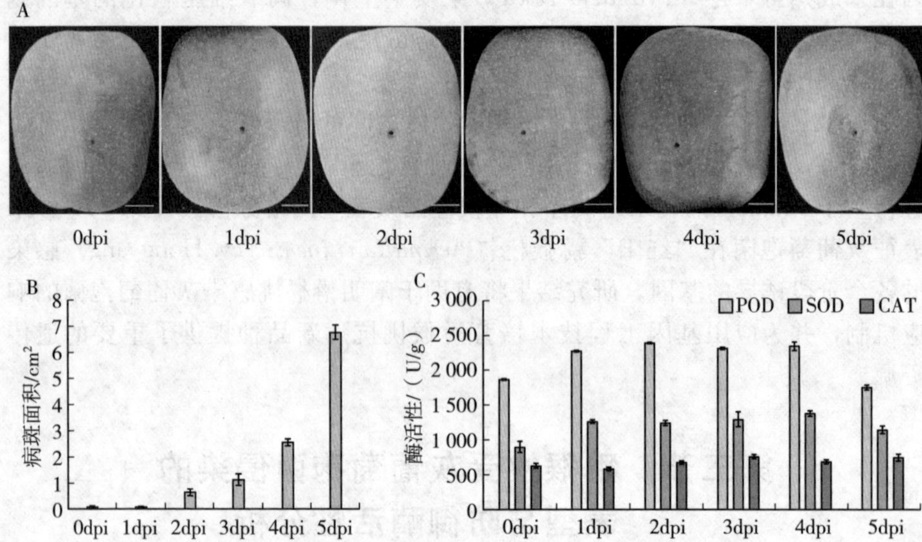


图 1－1　猕猴桃受灰葡萄孢菌侵染后的表型及生理指标分析

A. 猕猴桃的外观和品质对灰葡萄孢菌感染的反应　B. CK 和 1～5dpi 猕猴桃的病斑面积统计结果　C. SOD、POD 和 CAT 活性检测和分析

注：数值为 3 个生物重复的平均值±标准误差（SE）；A 的标尺长度为 1cm。

## 二、猕猴桃受灰葡萄孢菌侵染的表型分析

采用 ImageJ 软件计算猕猴桃受灰葡萄孢菌侵染 0～5d 病斑面积（图 1－1B），结果显示猕猴桃侵染病原菌处在侵染后 1d（1dpi）时没有明显变化。然而，在 2dpi 时病斑面积扩大至 0.64cm²，随后迅速腐烂，衰减增强，在 5dpi 时病斑面积达到 6.76cm²（图 1－1A、B）。

## 三、猕猴桃受灰葡萄孢菌侵染的防御酶活性分析

在 10mL 100mmol/L 磷酸钾缓冲液（pH6.8）中提取 500mg 猕猴桃组织，并在 12 000*g* 和 4℃条件下离心 20min。收集上清液用于酶提取和定量。用氮蓝四唑（NBT）光还原法测定超氧化物歧化酶（SOD）活性，采集样品1g，加入磷酸缓冲液（pH7.8）和石英砂研磨匀浆，离心取上清液，依次加入 0.05mol/L 磷酸缓冲液、130nmol/L Met 溶液、750μmol/L NBT、100μmol/L 乙二胺四乙酸（EDTA）、20μmol/L 核黄素和酶液，并测量吸光度（A 为 560nm，即 A560），以抑制 NBT 光化还原 50%的酶用量为 1 个酶活力单位（U）（Giannopolitis et al.，

1977)。用愈创木酚法测定过氧化物酶（POD）活性，采集样品 1g，加入磷酸缓冲液（pH7.8）和石英砂研磨匀浆，离心取上清液，以 0.1mol/L 磷酸缓冲液加入 28μL 愈创木酚为反应液，溶解后加入过氧化氢（$H_2O_2$）混合；结果以每 1min 内 470nm 处的光密度（A 为 470nm，即 A470）变化 0.01 为 1 个酶活力单位（Chance et al.，1955)。用紫外吸收法测定过氧化氢酶（CAT）活性，采集样品 1g，加入磷酸缓冲液（pH7.8）和石英砂研磨匀浆，离心取上清液，加入 $H_2O_2$ 并测量吸光度，以每 1min 内 240nm 处的光密度（A 为 240nm，即 A240）降低 0.1 个酶量为 1 个酶活力单位。

对灰葡萄孢菌侵染不同时间的猕猴桃果实病健交界处材料进行相关防御酶活性的检测和分析。结果显示，灰葡萄孢菌侵染 1d，即 1dpi 时猕猴桃迅速响应灰葡萄孢菌，随后 POD 和 SOD 活性持续增加至 4dpi，但在 5dpi 时有所下降。CAT 活性最初在 2dpi 时增加，随着感染时间的推移而持续增加，到 4dpi 时下降（图 1－1C)。推测 4dpi 可能是猕猴桃果实防御反应达到极限的时期，在这个时期过后，防御能力逐渐减弱。

植物产生并积累大量的 ROS，以应对各种非生物和生物胁迫。然而，高内源性 ROS 水平会导致细胞膜和核酸的氧化损伤、不可逆的细胞损伤，甚至细胞死亡（Sewelam et al.，2016；Kibria et al.，2017)。POD、SOD 和 CAT 在 1dpi 时被诱导，表明此时灰葡萄孢菌感染已经引起细胞损伤。5dpi 时 ROS 的下降可能表明在 4dpi 后局部植物防御反应崩溃。

## 第四节 猕猴桃抗灰霉病相关 mRNA 的筛选与分析

### 一、RNA 与 cDNA 文库制备和 Illumina 测序

对未感染和感染灰葡萄孢菌的猕猴桃进行转录组测序和分析，以阐明其对灰葡萄孢菌感染反应的分子变化。测序文库采用 Illumina 的文库制备试剂盒 NEBNext Ultra™ RNA（NEB，伊普斯威奇，马萨诸塞，美国）准备。使用 poly T 寡核苷酸连接的磁珠从总 RNA 中获取纯化的 mRNA。用随机六聚体引物和 M－MuLV 逆转录酶合成第一链 cDNA。随后用 DNA 聚合酶 I 和 RNase H 合成第二链 cDNA。DNA 片段的 3' 端被腺苷化。连接具有发夹环结构的 NEBNext 接头。选择 240bp 长的 cDNA 片段进行测序。然后使用 Phusion® 高保真 DNA 聚合酶、通用聚合酶链反应（PCR）引物和指数（X）引物进行 PCR。在安捷伦生物分析仪 2100 系统（安捷伦科技公司，圣克拉拉，加利福

尼亚，美国）中纯化 PCR 产物并评估文库质量。随后在 Illumina 平台上对文库制剂进行测序，并生成成对的末端读数。对获得的原始序列去除接头序列和低质量序列。数据处理后将原始序列转化为待分析序列，并与参考基因组序列比对注释。将原始序列上传到 NCBI SRA 数据库，登录号为 PRJNA645761。

对灰葡萄孢菌侵染 0h（CK）、24h（T1）、48h（T2）、72h（T3）、96h（T4）和 120h（T5）的 18 个猕猴桃的 cDNA 文库进行测序，各 3 个重复。共获得 408 184 025 条待分析序列和 120 980 752 248 个待分析碱基。Q20 和 Q30 的平均值分别为 97.30%和 92.84%，表明测序质量较高。GC 的平均含量为 47.03%（表 1-1）。

**表 1-1　测序数据统计**

| 样品 | 待分析序列/条 | 待分析碱基/个 | GC 含量/% | 质量分数（Q20）/% | 质量分数（Q30）/% |
|---|---|---|---|---|---|
| CK1 | 23 368 918 | 6 911 502 824 | 47.32 | 97.21 | 92.67 |
| CK2 | 23 304 156 | 6 910 396 040 | 47.37 | 97.34 | 92.91 |
| CK3 | 22 141 614 | 6 553 406 068 | 47.44 | 97.39 | 92.95 |
| T1-1 | 23 978 403 | 7 134 079 632 | 46.49 | 97.19 | 92.58 |
| T1-2 | 24 589 049 | 7 274 163 048 | 46.73 | 97.43 | 93.06 |
| T1-3 | 22 027 031 | 6 514 778 238 | 46.74 | 97.19 | 92.63 |
| T2-1 | 22 834 931 | 6 793 836 966 | 47.2 | 97.3 | 92.82 |
| T2-2 | 22 138 417 | 6 550 637 254 | 47.08 | 97.28 | 92.89 |
| T2-3 | 21 520 360 | 6 415 682 860 | 47.27 | 97.35 | 93 |
| T3-1 | 23 296 013 | 6 927 031 582 | 46.95 | 97.29 | 92.87 |
| T3-2 | 22 368 446 | 6 643 339 706 | 46.91 | 97.33 | 92.96 |
| T3-3 | 23 404 916 | 6 966 743 920 | 46.69 | 97.25 | 92.71 |
| T4-1 | 22 499 913 | 6 696 883 608 | 47.4 | 97.3 | 92.88 |
| T4-2 | 23 179 645 | 6 869 381 136 | 47.42 | 97.12 | 92.56 |
| T4-3 | 21 309 883 | 6 268 620 964 | 47.46 | 97.31 | 92.87 |
| T5-1 | 22 081 566 | 6 512 702 722 | 46.94 | 97.41 | 93.07 |
| T5-2 | 21 912 941 | 6 424 480 268 | 46.71 | 97.31 | 92.86 |
| T5-3 | 22 227 823 | 6 613 085 412 | 46.46 | 97.35 | 92.88 |

利用 HISAT（Kim et al.，2015）将待分析序列与参考基因组进行比对。结果显示，样品读数和参考基因组之间的比较效率在 82.06%～92.28%。映射读数在 35 963 460～39 330 645。与参考基因组单一比对上的序列（unique mapped reads）和多处比对上的序列（multiple mapped read）的平均数量和比例分别为 39 033 697 条、83.52%和 1 718 777 条、3.67%。与参考基因组比对

到正链（reads map to“＋”）和负链（reads map to“－”）上的序列数量和比例分别为 20 276 189 条、43.38%和 20 319 558 条、43.48%（表 1-2）。

表 1-2　样品测序数据与所选参考基因组序列比对结果统计

单位：条

| 样品 | 总序列 | 比对序列 | 单一比对上的序列 | 多处比对上的序列 | 比对到正链上的序列 | 比对到负链上的序列 |
|---|---|---|---|---|---|---|
| CK1 | 46 737 836 | 42 493 819 | 40 697 068 | 1 796 751 | 21 139 927 | 21 189 705 |
| CK2 | 46 608 312 | 42 690 481 | 40 918 708 | 1 771 773 | 21 235 257 | 21 289 103 |
| CK3 | 44 283 228 | 40 730 005 | 38 970 848 | 1 759 157 | 20 265 142 | 20 317 342 |
| T1-1 | 47 956 806 | 42 676 714 | 41 006 660 | 1 670 054 | 21 242 838 | 21 291 988 |
| T1-2 | 49 178 098 | 44 552 273 | 42 767 297 | 1 784 976 | 22 165 912 | 22 209 365 |
| T1-3 | 44 054 062 | 39 484 103 | 37 959 644 | 1 524 459 | 19 643 126 | 19 676 542 |
| T2-1 | 45 669 862 | 42 032 752 | 40 167 309 | 1 865 443 | 20 908 233 | 20 952 336 |
| T2-2 | 44 276 834 | 40 471 104 | 38 739 007 | 1 732 097 | 20 143 145 | 20 177 077 |
| T2-3 | 43 040 720 | 39 584 896 | 37 884 793 | 1 700 103 | 19 707 341 | 19 746 442 |
| T3-1 | 46 592 026 | 41 970 894 | 40 249 969 | 1 720 925 | 20 889 365 | 20 928 113 |
| T3-2 | 44 736 892 | 40 433 124 | 38 751 238 | 1 681 886 | 20 121 768 | 20 153 516 |
| T3-3 | 46 809 832 | 42 085 089 | 40 375 367 | 1 709 722 | 20 947 139 | 20 986 171 |
| T4-1 | 44 999 826 | 41 275 820 | 39 455 603 | 1 820 217 | 20 541 829 | 20 590 077 |
| T4-2 | 46 359 290 | 41 824 081 | 39 843 906 | 1 980 175 | 20 809 954 | 20 867 695 |
| T4-3 | 42 619 766 | 39 330 645 | 37 537 577 | 1 793 068 | 19 567 442 | 19 613 830 |
| T5-1 | 44 163 132 | 38 253 255 | 36 647 370 | 1 605 885 | 19 010 880 | 19 051 750 |
| T5-2 | 43 825 882 | 35 963 460 | 34 478 775 | 1 484 685 | 17 877 395 | 17 922 930 |
| T5-3 | 44 455 646 | 37 692 015 | 36 155 405 | 1 536 610 | 18 754 710 | 18 788 067 |

## 二、差异表达和 GO 分析

使用 DESeq2 对两组猕猴桃果实进行差异表达分析。采用 Benjamini-Hochberg 方法对 $P$ 值进行校正调整。DESeq2 检测到的 $P < 0.01$ 的基因被认为是差异表达的基因（Differentially expressed genes，DEGs）。筛选差异倍数（fold change，FC）≥2 和错误发现率（false discovery rate，FDR）<0.01 的 DEGs。利用 OmicShare 工具比较感染灰葡萄孢菌 1～5d 的猕猴桃的 DEGs 并形成火山图①。采用维思工具绘制了 5 个 DEG 集的维恩图②。随后对 DEG 进

① 资料来源：https：//www.omicshare.com/tools/

② 资料来源：https：//console.biocloud.net/static/index.html#/drawtools/intoDrawTools/venn/input

行基因本体论（gene ontology，GO）分析，以确定与猕猴桃灰霉病抗性相关的生物过程和代谢途径（Young et al.，2010）。

构建热图以显示猕猴桃在24～120h内的转录物丰度（图1-2）。在不同的数据集中共筛选出38 451个表达基因。其中，在对照样品和处理样品之间鉴定出2 726个DEG，FC≥2，FDR＜0.01。表1-3列出了不同组别的DEGs。随着感染时间的增加，上调基因的数量增加，下调基因的数量减少。因此，灰葡萄孢菌抑制了某些单基因的表达，同时也促进其他一些单基因的表达。

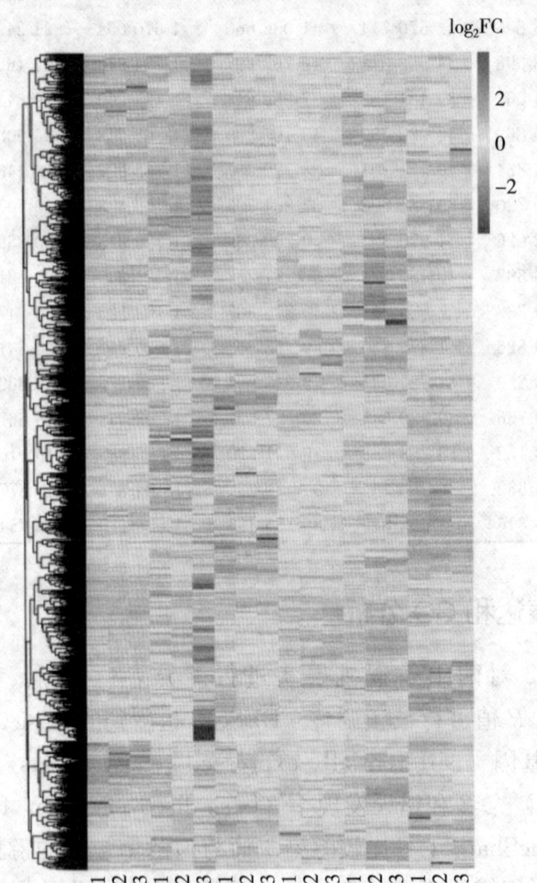


图1-2　灰葡萄孢菌侵染猕猴桃后12～120h DEGs的层次聚类图

表 1-3　不同组别 DEGs

| 基因 ID | CK1 | CK2 | CK3 | T1-1 | T1-2 | T1-3 | T2-1 | T2-2 | T2-3 | T3-1 | T3-2 | T3-3 | T4-1 | T4-2 | T4-3 | T5-1 | T5-2 | T5-3 |
|---|---|---|---|---|---|---|---|---|---|---|---|---|---|---|---|---|---|---|
| Achn217031 | 2.906 083 | 2.563 617 | 2.494 483 | 10.992 15 | 2.885 731 | 4.468 278 | 1.788 117 | 5.288 659 | 2.478 347 | 2.132 547 | 1.634 71 | 2.250 518 | 4.459 614 | 8.717 933 | 12.070 56 | 2.821 211 | 2.402 472 | 3.581 684 |
| Achn388521 | 2.429 992 | 2.134 335 | 1.282 351 | 6.099 269 | 4.289 077 | 4.919 465 | 2.753 271 | 6.143 776 | 3.474 011 | 2.412 086 | 1.959 727 | 2.176 049 | 4.594 636 | 9.101 577 | 8.956 965 | 3.252 696 | 3.789 19 | 1.627 164 |
| Achn197331 | 1.215 938 | 2.606 9 | 1.357 454 | 0.728 874 | 1.415 549 | 1.119 539 | 2.083 708 | 1.756 675 | 0.929 025 | 0.654 008 | 0.475 37 | 1.382 89 | 4.559 32 | 7.181 301 | 5.823 233 | 2.959 25 | 2.674 261 | 2.826 994 |
| Achn027831 | 5.918 308 | 5.260 942 | 6.243 044 | 0.926 882 | 1.414 887 | 0.197 24 | 0.970 089 | 1.370 034 | 1.613 968 | 2.888 278 | 3.886 569 | 3.206 703 | 2.049 78 | 3.763 048 | 3.065 635 | 3.566 727 | 4.428 171 | 5.780 999 |
| Actinidia_chinensis_newGene_10935 | 0.247 919 | 0.484 913 | 0.625 918 | 1.526 352 | 1.906 511 | 1.518 497 | 1.113 957 | 1.122 133 | 1.172 609 | 0.829 182 | 0.761 408 | 0.845 155 | 0.747 841 | 0.665 623 | 0.463 658 | 0.335 174 | 0.374 397 | 0.408 597 |
| Achn311321 | 30.083 73 | 33.696 75 | 34.380 6 | 19.687 35 | 23.530 85 | 18.392 72 | 23.803 82 | 26.318 77 | 25.235 42 | 17.090 39 | 16.444 41 | 13.504 16 | 42.069 15 | 43.076 11 | 42.420 93 | 22.750 44 | 23.434 69 | 22.487 39 |
| Achn089851 | 1.303 192 | 0.972 572 | 1.214 902 | 3.578 111 | 2.759 821 | 5.752 495 | 2.324 577 | 1.772 766 | 2.094 814 | 2.240 653 | 2.036 066 | 1.834 189 | 1.130 162 | 2.038 365 | 1.441 968 | 1.683 216 | 0.764 887 | 1.574 725 |
| Achn123251 | 1.363 377 | 1.401 814 | 1.576 002 | 1.334 584 | 1.056 374 | 1.069 059 | 0.732 499 | 0.977 764 | 1.149 91 | 0.752 009 | 0.732 611 | 0.652 667 | 1.661 882 | 3.467 12 | 7.468 145 | 8.982 959 | 17.890 55 | 2.562 618 |
| Actinidia_chinensis_newGene_9423 | 0.342 405 | 0.322 613 | 0.258 925 | 0.201 295 | 0.589 833 | 0.426 49 | 0.383 553 | 0.565 402 | 0.256 211 | 0.334 911 | 0.125 213 | 0.411 258 | 0.560 376 | 0.746 05 | 0.756 761 | 0.375 165 | 0.684 359 | 0.666 892 |
| Actinidia_chinensis_newGene_10094 | 0.714 597 | 0.582 281 | 0.125 894 | 5.211 59 | 2.687 856 | 4.795 818 | 2.567 455 | 3.161 062 | 3.225 229 | 2.910 235 | 4.550 583 | 3.729 208 | 0.836 193 | 1.058 042 | 0.780 251 | 1.051 453 | 1.722 369 | 2.336 753 |
| Achn287211 | 8.842 489 | 9.319 033 | 8.613 792 | 7.447 235 | 4.008 76 | 6.096 06 | 2.963 102 | 3.687 615 | 3.631 25 | 3.612 79 | 3.846 561 | 4.148 006 | 8.626 726 | 10.360 08 | 10.450 68 | 8.454 828 | 9.082 836 | 9.882 591 |
| Actinidia_chinensis_newGene_3106 | 10.993 89 | 9.219 655 | 6.844 752 | 13.303 36 | 4.230 985 | 2.001 388 | 1.582 64 | 2.466 563 | 3.417 221 | 3.852 624 | 7.648 736 | 6.699 982 | 9.667 336 | 11.932 02 | 7.697 855 | 24.378 76 | 28.201 | 23.689 92 |
| Actinidia_chinensis_newGene_709 | 4.518 28 | 5.275 385 | 6.887 429 | 7.995 962 | 12.145 52 | 12.740 38 | 11.425 67 | 12.798 97 | 10.544 86 | 7.223 762 | 6.594 107 | 7.490 424 | 6.929 447 | 6.504 752 | 8.391 332 | 5.400 897 | 4.814 551 | 5.412 055 |
| Achn129091 | 2.150 183 | 1.032 096 | 1.640 918 | 6.994 737 | 4.335 782 | 4.091 491 | 2.707 298 | 3.200 482 | 4.469 259 | 2.375 397 | 2.833 93 | 3.858 644 | 10.509 47 | 6.950 739 | 12.196 55 | 5.813 198 | 3.777 789 | 6.977 176 |
| Achn233201 | 12.900 87 | 9.899 384 | 15.739 02 | 29.750 73 | 54.128 86 | 15.309 32 | 65.336 64 | 39.987 66 | 33.075 41 | 9.798 474 | 6.809 007 | 13.719 94 | 3.444 658 | 46.861 08 | 26.739 44 | 20.856 89 | 22.242 79 | 39.600 3 |

（续）

| 基因 ID | CK1 | CK2 | CK3 | T1-1 | T1-2 | T1-3 | T2-1 | T2-2 | T2-3 | T3-1 | T3-2 | T3-3 | T4-1 | T4-2 | T4-3 | T5-1 | T5-2 | T5-3 |
|---|---|---|---|---|---|---|---|---|---|---|---|---|---|---|---|---|---|---|
| Actinidia_chinensis_newGene_9995 | 7.404 781 | 13.526 52 | 12.644 57 | 4.722 784 | 5.087 722 | 3.657 366 | 5.788 412 | 6.331 708 | 4.854 435 | 8.641 768 | 5.505 216 | 9.021 705 | 7.959 668 | 2.302 628 | 8.530 281 | 9.236 375 | 6.812 134 | 10.281 93 |
| Achn354501 | 27.703 55 | 21.829 29 | 23.610 44 | 117.063 | 85.524 14 | 179.107 1 | 40.832 38 | 68.417 97 | 65.826 58 | 63.964 44 | 79.599 79 | 68.079 39 | 38.227 87 | 34.614 37 | 30.057 53 | 58.431 55 | 57.600 67 | 48.451 11 |
| Achn262101 | 0.932 94 | 0.492 597 | 0.206 593 | 0.708 891 | 1.668 989 | 0 | 0 | 1.067 383 | 1.146 595 | 3.055 295 | 2.755 687 | 5.025 067 | 2.870 026 | 0.477 903 | 0.809 88 | 3.932 581 | 8.063 43 | 8.153 41 |
| Achn019431 | 6.554 954 | 5.869 952 | 3.838 211 | 7.548 063 | 15.428 32 | 91.722 91 | 4.343 166 | 8.159 19 | 5.853 85 | 11.425 21 | 11.402 03 | 12.770 09 | 52.395 08 | 85.600 65 | 41.582 04 | 28.463 72 | 19.633 78 | 17.883 43 |
| Achn137531 | 1.057 644 | 1.638 111 | 0.771 069 | 1.775 832 | 1.396 091 | 3.152 596 | 0.724 408 | 1.686 662 | 0.786 398 | 2.411 107 | 1.447 816 | 1.695 86 | 1.995 082 | 1.697 269 | 0.501 031 | 2.901 285 | 3.735 296 | 3.110 498 |
| Achn133891 | 2.617 304 | 1.579 277 | 1.956 903 | 1.545 519 | 1.219 418 | 1.514 522 | 1.918 413 | 2.135 706 | 1.352 121 | 0.478 033 | 0.561 571 | 1.092 987 | 3.406 976 | 3.457 221 | 2.611 818 | 0.980 498 | 0.894 242 | 1.323 218 |
| Achn291611 | 17.887 19 | 15.449 12 | 17.283 4 | 7.290 625 | 6.875 216 | 8.174 619 | 3.047 205 | 3.086 163 | 2.895 507 | 4.826 56 | 3.362 631 | 4.538 327 | 5.408 044 | 9.693 197 | 5.072 018 | 12.215 77 | 20.801 46 | 5.882 169 |
| Achn094871 | 11.414 41 | 11.493 67 | 11.164 57 | 4.089 162 | 6.120 432 | 6.453 37 | 16.152 89 | 9.431 672 | 13.932 43 | 8.358 345 | 6.378 583 | 6.863 613 | 7.193 142 | 19.787 99 | 16.816 73 | 3.477 807 | 5.713 598 | 6.980 317 |
| Achn228221 | 24.609 96 | 22.417 14 | 28.130 13 | 100.211 6 | 127.624 7 | 118.765 5 | 161.771 7 | 162.245 5 | 155.267 4 | 87.671 38 | 86.399 32 | 88.461 94 | 33.938 21 | 38.854 44 | 45.546 8 | 35.306 58 | 29.168 22 | 29.415 3 |
| Achn091771 | 779.601 3 | 866.349 8 | 1 010.624 | 445.104 6 | 452.870 1 | 297.334 2 | 545.478 5 | 547.762 3 | 589.712 | 528.702 | 488.841 5 | 519.855 2 | 622.212 5 | 588.922 2 | 557.115 | 495.302 4 | 535.061 8 | 621.676 8 |
| Achn159011 | 1.849 43 | 1.178 794 | 1.253 834 | 0.565 112 | 0.710 359 | 0.970 958 | 3.636 808 | 2.623 324 | 1.565 767 | 4.769 613 | 3.185 173 | 1.913 53 | 0.827 267 | 1.037 586 | 0.851 243 | 10.795 5 | 9.272 544 | 2.563 188 |
| Actinidia_chinensis_newGene_10393 | 1.214 161 | 1.169 235 | 0.854 598 | 1.761 757 | 2.886 181 | 3.287 089 | 0.394 468 | 1.993 641 | 0.974 959 | 2.276 136 | 1.087 152 | 2.719 87 | 1.284 602 | 0.981 597 | 1.700 244 | 2.085 15 | 3.172 696 | 3.079 25 |
| Achn311891 | 13.392 76 | 11.974 76 | 12.227 84 | 9.810 534 | 8.046 064 | 4.328 413 | 7.971 138 | 8.892 69 | 6.009 83 | 9.863 948 | 11.111 75 | 9.966 892 | 10.263 76 | 13.287 93 | 12.377 6 | 29.003 2 | 28.390 19 | 30.541 03 |
| Achn246571 | 1.229 425 | 1.266 9 | 0.798 945 | 11.429 02 | 8.891 3 | 7.638 746 | 1.740 507 | 3.550 918 | 3.531 826 | 1.049 469 | 1.456 76 | 1.147 209 | 0.781 072 | 0.029 638 | 1.863 494 | 0.861 92 | 0.547 805 | 1.124 022 |
| Achn104311 | 1.003 344 | 1.216 735 | 0.985 15 | 0.805 739 | 1.085 293 | 0.293 025 | 1.287 613 | 1.619 08 | 1.312 622 | 0.437 211 | 0.866 275 | 0.654 312 | 2.032 907 | 5.055 264 | 4.143 937 | 0.552 399 | 0.459 265 | 0.513 488 |
| Achn156101 | 0.765 518 | 1.853 805 | 1.365 425 | 2.493 624 | 5.059 628 | 5.611 335 | 1.000 308 | 1.455 753 | 2.136 029 | 2.205 331 | 2.169 729 | 2.407 926 | 2.166 024 | 1.852 939 | 1.559 288 | 1.565 88 | 2.518 678 | 1.039 361 |
| Achn068721 | 8.942 12 | 9.412 213 | 10.021 15 | 18.526 67 | 21.413 99 | 47.257 89 | 21.437 25 | 23.032 18 | 22.332 65 | 14.755 32 | 16.037 81 | 18.398 95 | 14.088 15 | 9.805 363 | 12.796 22 | 9.295 302 | 9.927 267 | 9.219 783 |

（续）

| 基因ID | CK1 | CK2 | CK3 | T1-1 | T1-2 | T1-3 | T2-1 | T2-2 | T2-3 | T3-1 | T3-2 | T3-3 | T4-1 | T4-2 | T4-3 | T5-1 | T5-2 | T5-3 |
|---|---|---|---|---|---|---|---|---|---|---|---|---|---|---|---|---|---|---|
| Achn307981 | 4.843 679 | 4.448 491 | 4.222 657 | 2.534 163 | 2.064 89 | 2.953 693 | 3.285 586 | 2.311 344 | 2.653 526 | 2.804 194 | 3.681 066 | 3.636 782 | 5.225 592 | 4.101 839 | 3.542 308 | 7.947 441 | 6.136 319 | 6.710 051 |
| Achn164601 | 150.049 1 | 128.532 1 | 96.964 98 | 25.077 91 | 57.347 14 | 1.650 759 | 81.958 63 | 51.377 24 | 55.873 23 | 60.668 43 | 24.300 39 | 31.453 82 | 78.217 95 | 85.247 7 | 68.350 03 | 67.375 91 | 103.979 2 | 65.794 43 |
| Achn168381 | 4.474 303 | 3.408 187 | 3.284 702 | 0.681 928 | 1.581 662 | 1.339 735 | 3.714 544 | 3.887 309 | 3.056 113 | 1.383 89 | 1.816 644 | 2.058 714 | 1.521 505 | 1.606 15 | 2.965 84 | 2.302 932 | 1.271 866 | 2.856 598 |
| Achn251751 | 0.375 418 | 0.510 969 | 0.187 745 | 0.243 302 | 0.157 945 | 0 | 0.248 307 | 0.268 299 | 0.076 336 | 0 | 0.301 848 | 0.121 989 | 1.843 349 | 3.015 437 | 1.931 745 | 0.812 264 | 1.676 643 | 0.135 516 |
| Achn315981 | 6.364 799 | 8.014 037 | 8.698 157 | 11.201 09 | 10.925 85 | 15.595 49 | 7.777 508 | 6.441 459 | 8.076 365 | 17.664 43 | 18.887 64 | 19.469 89 | 6.009 912 | 4.248 973 | 4.486 932 | 16.786 32 | 14.194 21 | 12.675 69 |
| Achn347801 | 2.360 605 | 2.301 353 | 2.865 909 | 5.981 829 | 5.584 93 | 15.294 95 | 3.210 012 | 2.477 408 | 2.137 687 | 3.397 025 | 3.518 921 | 3.228 415 | 3.228 613 | 3.759 064 | 5.171 27 | 8.452 188 | 6.158 998 | 5.318 64 |
| Achn146991 | 0 | 0.065 864 | 0.604 734 | 0.448 032 | 0.534 558 | 0.961 483 | 2.281 713 | 2.538 129 | 3.940 962 | 0.776 297 | 0.391 421 | 0.482 194 | 2.951 059 | 2.893 376 | 2.741 016 | 9.438 072 | 1.404 21 | 3.717 021 |
| Achn295051 | 5.233 047 | 3.667 78 | 4.704 885 | 5.814 626 | 6.398 232 | 12.737 38 | 10.387 1 | 8.355 412 | 10.805 24 | 6.853 521 | 5.547 472 | 5.261 093 | 6.514 391 | 5.187 801 | 6.759 943 | 3.961 277 | 4.957 605 | 3.259 623 |
| Achn298831 | 2.492 527 | 2.791 61 | 2.426 568 | 0.232 114 | 0.066 97 | 0.223 769 | 1.356 688 | 1.553 548 | 1.312 087 | 1.577 986 | 1.494 036 | 0.717 053 | 1.206 493 | 1.991 549 | 1.192 737 | 0.475 675 | 1.396 551 | 2.438 518 |
| Achn340291 | 6.929 375 | 7.035 351 | 5.578 612 | 4.068 958 | 2.329 015 | 1.332 72 | 2.440 818 | 3.105 217 | 2.648 517 | 2.589 178 | 2.109 888 | 2.181 337 | 3.233 204 | 3.825 881 | 3.337 211 | 4.298 465 | 7.099 279 | 8.444 856 |
| Achn281731 | 0.720 22 | 0.557 302 | 0.738 188 | 1.185 152 | 1.932 151 | 1.698 851 | 3.154 321 | 2.253 505 | 2.613 981 | 0.846 69 | 1.329 136 | 0.985 712 | 0.300 054 | 1.520 888 | 0.433 059 | 0.742 839 | 0.802 886 | 2.419 945 |
| Achn032341 | 0.397 721 | 0.396 106 | 0.238 026 | 2.148 401 | 2.561 044 | 1.315 904 | 2.107 153 | 1.716 164 | 1.420 976 | 1.510 247 | 1.519 335 | 2.069 997 | 0.641 23 | 0.573 169 | 0.676 823 | 0.185 812 | 0.307 961 | 0.112 464 |
| Achn236331 | 19.331 85 | 17.934 56 | 21.775 27 | 8.560 411 | 7.423 898 | 16.169 33 | 5.510 422 | 7.980 199 | 4.299 551 | 4.429 648 | 3.628 343 | 2.356 033 | 11.091 2 | 27.200 75 | 13.009 81 | 8.818 507 | 25.389 1 | 6.283 582 |
| Achn301561 | 27.117 37 | 25.340 19 | 23.352 12 | 45.734 71 | 64.514 24 | 67.167 49 | 42.545 58 | 45.149 86 | 51.895 38 | 67.152 63 | 90.168 24 | 74.445 09 | 32.919 04 | 30.826 3 | 24.396 32 | 92.587 94 | 87.542 05 | 72.497 28 |
| Achn215821 | 4.636 481 | 3.846 061 | 3.877 985 | 2.696 323 | 1.511 771 | 1.190 536 | 2.623 276 | 2.577 145 | 3.087 383 | 2.578 691 | 3.324 919 | 1.807 241 | 4.294 983 | 4.624 967 | 5.409 93 | 6.539 302 | 6.073 524 | 4.771 726 |
| Actinidia_chinensis_newGene_744 | 3.440 82 | 1.915 803 | 1.887 877 | 1.339 137 | 0.853 93 | 3.202 808 | 0.474 348 | 0.744 144 | 0.648 967 | 0.700 483 | 0.921 965 | 1.224 226 | 0.617 863 | 1.579 891 | 1.087 738 | 2.594 751 | 15.562 79 | 1.650 806 |
| Achn334031 | 9.108 624 | 10.255 31 | 10.983 06 | 23.372 34 | 14.737 86 | 19.913 92 | 18.271 38 | 25.548 56 | 20.581 44 | 15.662 41 | 15.661 08 | 14.196 25 | 19.059 93 | 48.274 51 | 42.181 15 | 23.268 78 | 22.163 1 | 18.127 9 |
| Achn209621 | 0.663 925 | 0.375 14 | 0.264 522 | 1.271 261 | 0.882 206 | 1.313 965 | 1.073 823 | 1.533 676 | 1.350 684 | 1.016 067 | 1.013 594 | 1.776 477 | 0.920 904 | 0 | 0.121 687 | 0.275 5 | 0.576 948 | 0.544 449 |
| Achn140261 | 2.195 435 | 1.598 586 | 1.695 936 | 4.553 015 | 6.271 881 | 7.639 42 | 2.814 243 | 5.687 009 | 2.935 132 | 2.908 25 | 2.526 905 | 3.144 287 | 1.359 189 | 2.077 599 | 1.664 503 | 1.486 039 | 1.619 803 | 1.472 086 |

（续）

| 基因ID | CK1 | CK2 | CK3 | T1-1 | T1-2 | T1-3 | T2-1 | T2-2 | T2-3 | T3-1 | T3-2 | T3-3 | T4-1 | T4-2 | T4-3 | T5-1 | T5-2 | T5-3 |
|---|---|---|---|---|---|---|---|---|---|---|---|---|---|---|---|---|---|---|
| Achn252511 | 20.477 93 | 21.414 23 | 19.515 64 | 15.278 94 | 22.244 09 | 47.734 44 | 7.985 98 | 9.437 504 | 9.852 906 | 12.506 88 | 12.702 45 | 15.637 59 | 19.883 29 | 13.557 7 | 13.215 28 | 19.217 96 | 18.977 54 | 21.686 2 |
| Achn362141 | 3.920 841 | 3.948 513 | 4.688 19 | 22.174 44 | 15.789 24 | 10.858 69 | 5.217 446 | 3.801 458 | 6.363 278 | 4.869 497 | 3.709 202 | 3.901 179 | 1.707 138 | 6.013 248 | 2.760 453 | 1.379 177 | 2.700 598 | 1.945 848 |
| Actinidia_chinensis_newGene_4904 | 1.809 269 | 2.815 416 | 1.536 822 | 0.925 451 | 1.505 914 | 1.327 618 | 0.890 084 | 0.698 676 | 1.030 967 | 0.916 021 | 0.848 572 | 1.042 902 | 1.112 61 | 4.202 961 | 3.338 307 | 1.248 732 | 1.572 865 | 0.894 661 |
| Achn246161 | 34.357 47 | 29.139 13 | 29.258 47 | 27.313 2 | 23.557 45 | 21.769 56 | 34.979 86 | 34.077 44 | 36.508 78 | 22.378 15 | 22.990 67 | 24.485 6 | 31.998 5 | 30.810 28 | 26.304 81 | 15.769 87 | 14.825 22 | 15.519 09 |
| Achn212041 | 7.776 844 | 8.135 004 | 5.718 936 | 4.147 117 | 2.592 333 | 3.390 602 | 3.525 603 | 4.269 993 | 3.535 478 | 4.099 592 | 1.849 899 | 2.750 654 | 7.379 898 | 7.657 454 | 7.340 138 | 2.552 832 | 2.958 085 | 6.224 503 |
| Achn213311 | 16.069 52 | 14.258 12 | 11.744 18 | 2.812 463 | 3.891 661 | 2.088 419 | 4.333 555 | 3.669 309 | 5.252 73 | 6.231 616 | 5.704 388 | 5.408 307 | 14.908 9 | 15.476 83 | 14.990 05 | 8.026 767 | 12.273 68 | 11.162 85 |
| Actinidia_chinensis_newGene_4056 | 2.040 044 | 2.072 049 | 2.166 988 | 3.470 048 | 1.254 442 | 1.225 538 | 0.502 657 | 0.673 487 | 0.590 139 | 0.946 874 | 0.914 942 | 1.161 08 | 1.212 455 | 0.963 849 | 1.559 652 | 1.883 092 | 2.060 639 | 1.612 104 |
| Actinidia_chinensis_newGene_7627 | 0.464 247 | 0.646 289 | 0.244 69 | 1.197 093 | 1.617 001 | 0.784 509 | 0.201 748 | 0.642 804 | 0.477 188 | 0.954 208 | 0.940 189 | 1.103 43 | 1.151 391 | 1.231 566 | 1.131 971 | 1.823 263 | 0.889 045 | 0.795 214 |
| Actinidia_chinensis_newGene_7623 | 0.678 13 | 0.382 197 | 0.463 022 | 0.761 692 | 0.552 426 | 0.610 376 | 0.242 389 | 0.725 44 | 0.463 301 | 0.397 503 | 0.786 634 | 0.493 867 | 1.207 928 | 1.318 862 | 1.300 457 | 0.687 938 | 0.791 394 | 0.707 897 |
| Actinidia_chinensis_newGene_6976 | 2.370 446 | 2.888 538 | 2.731 085 | 19.960 06 | 6.045 7 | 17.163 17 | 5.415 533 | 25.057 88 | 9.090 812 | 4.014 757 | 7.928 034 | 3.168 066 | 23.814 8 | 8.210 38 | 12.442 27 | 10.441 69 | 7.374 692 | 7.641 474 |
| Achn147551 | 0.218 991 | 0.319 399 | 0.329 727 | 0.175 489 | 0.213 263 | 0.383 274 | 0.300 895 | 0.734 62 | 0.189 546 | 0.233 895 | 0.453 24 | 0.270 739 | 0.942 906 | 1.786 954 | 0.974 877 | 0.150 291 | 0.610 331 | 0.235 562 |
| Achn080141 | 1.636 907 | 2.224 037 | 1.819 878 | 3.087 868 | 1.558 225 | 8.079 401 | 1.283 689 | 2.321 389 | 2.600 629 | 1.522 784 | 1.660 711 | 1.607 073 | 1.509 826 | 7.702 162 | 6.356 512 | 3.229 48 | 2.047 163 | 1.282 776 |
| Achn143591 | 19.957 04 | 15.248 65 | 17.515 53 | 204.294 9 | 143.410 2 | 26.620 81 | 14.647 53 | 24.417 38 | 22.376 01 | 14.780 34 | 21.627 97 | 19.659 31 | 8.340 304 | 4.987 721 | 6.457 673 | 24.285 02 | 33.892 45 | 31.992 34 |
| Achn091271 | 0.776 496 | 0.731 961 | 0.643 067 | 1.650 677 | 0.511 595 | 0.629 299 | 3.155 443 | 1.649 226 | 2.353 959 | 0.437 25 | 0.726 541 | 0.508 919 | 1.666 877 | 1.310 971 | 1.444 415 | 0.147 19 | 0.125 356 | 0.225 553 |
| Achn055651 | 2.254 615 | 2.144 029 | 2.058 722 | 5.222 903 | 5.522 169 | 6.112 025 | 2.895 718 | 4.023 775 | 5.092 936 | 2.827 602 | 3.361 339 | 2.868 896 | 3.205 55 | 2.316 31 | 3.015 793 | 1.790 826 | 1.618 167 | 1.205 261 |
| Achn196241 | 6.504 776 | 12.623 6 | 14.544 42 | 4.651 769 | 3.193 908 | 2.146 013 | 11.403 24 | 11.018 19 | 6.413 185 | 13.927 17 | 7.031 661 | 5.167 126 | 9.690 113 | 4.945 066 | 5.279 24 | 23.403 4 | 16.880 05 | 14.903 17 |

（续）

| 基因 ID | CK1 | CK2 | CK3 | T1-1 | T1-2 | T1-3 | T2-1 | T2-2 | T2-3 | T3-1 | T3-2 | T3-3 | T4-1 | T4-2 | T4-3 | T5-1 | T5-2 | T5-3 |
|---|---|---|---|---|---|---|---|---|---|---|---|---|---|---|---|---|---|---|
| Achn279161 | 1.910 061 | 0.970 739 | 1.157 457 | 2.019 167 | 2.348 852 | 3.005 883 | 2.615 535 | 2.908 141 | 2.251 416 | 3.775 07 | 3.769 559 | 3.818 775 | 2.517 7 | 4.106 449 | 3.962 256 | 4.426 092 | 4.368 092 | 4.861 095 |
| Achn190161 | 1.529 595 | 1.192 917 | 1.308 682 | 1.326 256 | 1.772 822 | 0.121 65 | 2.112 268 | 1.778 434 | 1.972 939 | 2.485 781 | 1.473 045 | 1.222 499 | 0.632 357 | 0.798 594 | 1.641 788 | 0.455 058 | 0.283 087 | 0.481 513 |
| Achn276651 | 1.987 251 | 1.318 843 | 0.818 426 | 5.292 237 | 4.854 183 | 3.188 08 | 1.300 067 | 1.563 413 | 1.302 272 | 1.007 93 | 0.938 126 | 1.265 68 | 0.832 475 | 0.767 803 | 0.687 055 | 1.079 462 | 1.330 247 | 1.835 045 |
| Actinidia_chinensis_newGene_6024 | 0.904 395 | 1.022 569 | 0.657 26 | 0.767 342 | 0.612 616 | 0.706 271 | 1.170 114 | 2.210 676 | 0.653 803 | 1.860 791 | 2.045 856 | 1.999 245 | 2.911 15 | 1.046 017 | 1.120 073 | 4.257 794 | 4.123 99 | 3.734 317 |
| Actinidia_chinensis_newGene_6029 | 0.352 565 | 0.154 265 | 0.204 104 | 0.687 594 | 0.133 542 | 0 | 0.556 236 | 0.819 567 | 1.138 028 | 0.775 624 | 0.329 936 | 0.123 656 | 0.890 934 | 0.674 274 | 0.468 743 | 1.667 632 | 2.791 699 | 0.664 462 |
| Achn248171 | 8.222 273 | 7.398 258 | 6.860 178 | 7.875 735 | 11.691 91 | 5.919 793 | 12.443 93 | 11.903 34 | 9.792 24 | 8.196 437 | 7.967 993 | 8.638 359 | 4.517 603 | 3.313 489 | 3.372 322 | 2.622 758 | 3.185 173 | 4.179 513 |
| Achn261261 | 94.619 96 | 112.363 9 | 133.996 | 7.471 28 | 9.977 941 | 10.440 83 | 20.330 46 | 13.157 02 | 12.271 45 | 21.592 3 | 14.516 87 | 12.074 22 | 40.882 63 | 27.957 8 | 37.079 78 | 37.534 97 | 57.374 37 | 44.093 05 |
| Achn283471 | 5.402 429 | 7.064 526 | 7.239 086 | 16.552 58 | 15.341 3 | 12.472 38 | 11.705 83 | 11.621 21 | 7.545 085 | 5.702 49 | 6.282 426 | 6.131 088 | 2.430 16 | 2.762 938 | 2.771 148 | 4.612 41 | 6.832 204 | 7.748 841 |
| Achn098041 | 247.507 1 | 262.265 7 | 263.366 9 | 249.726 1 | 175.234 2 | 193.589 | 219.799 5 | 202.106 7 | 183.513 9 | 125.127 6 | 109.926 2 | 120.358 2 | 250.166 3 | 311.215 | 296.568 5 | 134.821 5 | 133.37 | 171.941 6 |
| Achn181931 | 2.168 045 | 3.015 128 | 2.621 378 | 0.809 927 | 0.676 038 | 0.195 482 | 2.764 977 | 3.259 309 | 2.439 827 | 1.391 878 | 1.370 978 | 0.694 575 | 5.096 778 | 7.270 098 | 6.216 194 | 0.599 113 | 0.832 064 | 0.596 151 |
| Achn202031 | 8.615 987 | 12.637 85 | 12.309 91 | 36.950 05 | 32.669 5 | 24.427 79 | 25.043 97 | 25.572 58 | 19.692 3 | 9.964 214 | 7.607 733 | 10.309 2 | 19.750 19 | 32.525 43 | 33.907 61 | 4.911 028 | 5.828 562 | 6.608 217 |
| Actinidia_chinensis_newGene_1349 | 3.941 053 | 4.441 05 | 3.874 364 | 1.106 752 | 0.662 027 | 0.503 121 | 0.936 046 | 1.120 382 | 2.440 682 | 1.772 719 | 4.919 495 | 1.299 67 | 5.714 531 | 2.381 085 | 2.967 133 | 4.462 601 | 3.402 013 | 2.918 178 |
| Achn061891 | 19.414 54 | 29.776 95 | 37.082 22 | 14.902 91 | 16.700 21 | 13.106 81 | 29.293 96 | 21.271 2 | 21.714 56 | 6.702 925 | 5.381 814 | 5.073 043 | 32.445 95 | 68.899 05 | 75.118 83 | 4.962 555 | 5.308 069 | 4.641 889 |
| Actinidia_chinensis_newGene_10449 | 0.448 955 | 0.173 627 | 0.821 846 | 1.172 108 | 6.433 428 | 2.267 284 | 22.412 69 | 20.174 39 | 23.793 09 | 3.530 428 | 1.192 388 | 3.521 514 | 2.002 419 | 5.815 721 | 6.090 675 | 2.468 972 | 1.775 252 | 2.010 686 |
| Achn222281 | 45.111 79 | 45.749 14 | 42.193 31 | 22.247 45 | 30.795 47 | 11.146 02 | 31.648 23 | 33.879 2 | 27.873 63 | 37.760 27 | 28.569 6 | 31.242 8 | 19.410 72 | 15.110 11 | 18.408 28 | 20.792 18 | 35.635 35 | 27.884 45 |
| Achn002871 | 24.039 35 | 24.479 72 | 27.009 83 | 15.837 96 | 21.172 04 | 32.730 51 | 24.906 65 | 20.694 3 | 26.964 89 | 19.999 05 | 14.329 43 | 18.949 99 | 11.945 23 | 7.847 135 | 8.631 251 | 19.963 36 | 18.958 21 | 19.090 68 |

（续）

| 基因 ID | CK1 | CK2 | CK3 | T1-1 | T1-2 | T1-3 | T2-1 | T2-2 | T2-3 | T3-1 | T3-2 | T3-3 | T4-1 | T4-2 | T4-3 | T5-1 | T5-2 | T5-3 |
|---|---|---|---|---|---|---|---|---|---|---|---|---|---|---|---|---|---|---|
| Achn065401 | 2.747 783 | 2.262 202 | 3.350 49 | 3.720 335 | 2.714 863 | 4.605 313 | 2.418 666 | 1.660 6 | 1.469 019 | 1.179 451 | 1.786 465 | 0.863 963 | 3.252 367 | 3.305 688 | 1.969 613 | 3.351 79 | 3.738 871 | 4.514 465 |
| Achn061531 | 2.052 751 | 2.726 876 | 2.223 886 | 11.409 23 | 5.194 254 | 10.333 76 | 2.877 8 | 3.281 802 | 2.814 844 | 4.096 304 | 4.052 875 | 4.320 664 | 1.457 729 | 3.348 913 | 2.916 57 | 3.090 947 | 2.898 35 | 3.739 004 |
| Achn294851 | 2.201 961 | 2.414 623 | 2.286 923 | 0.605 381 | 0.797 381 | 1.752 635 | 1.238 691 | 1.071 078 | 0.200 366 | 1.335 375 | 0.781 951 | 0.493 955 | 0.893 727 | 1.099 058 | 1.013 3 | 3.636 386 | 6.643 217 | 0.833 586 |
| Achn007751 | 55.349 09 | 49.535 96 | 54.643 9 | 118.568 1 | 110.435 2 | 222.205 3 | 95.580 06 | 92.143 81 | 100.776 3 | 70.678 35 | 74.627 39 | 73.723 25 | 40.475 7 | 81.565 74 | 81.804 56 | 43.140 08 | 42.169 17 | 42.894 29 |
| Achn335221 | 19.512 77 | 13.708 72 | 14.330 55 | 14.625 72 | 16.906 41 | 5.066 354 | 7.372 553 | 6.992 543 | 5.803 634 | 5.859 764 | 5.251 665 | 8.720 613 | 3.774 956 | 4.814 386 | 6.822 839 | 10.108 44 | 14.229 88 | 14.226 73 |
| Achn048981 | 2.809 308 | 2.295 869 | 2.495 401 | 3.161 286 | 4.276 627 | 6.612 374 | 3.951 845 | 3.688 859 | 4.198 857 | 4.518 042 | 6.058 512 | 3.268 018 | 7.655 078 | 6.108 867 | 9.189 916 | 6.325 987 | 6.877 642 | 6.048 498 |
| Achn373001 | 0.391 882 | 0.422 526 | 0.499 145 | 0.579 384 | 0.449 825 | 8.057 11 | 0 | 0.338 96 | 0.190 41 | 0.816 961 | 0.472 389 | 0.580 213 | 1.047 944 | 0.361 224 | 0.851 504 | 2.711 801 | 1.546 144 | 1.701 497 |
| Achn013381 | 0.055 951 | 0 | 0.052 175 | 0.101 423 | 0.156 555 | 0.109 292 | 0 | 0.303 195 | 0.261 345 | 0 | 0 | 0.197 985 | 1.383 116 | 1.260 475 | 1.790 362 | 0.028 217 | 0.060 829 | 0 |
| Achn077321 | 0.842 955 | 1.205 566 | 1.565 733 | 1.346 668 | 1.910 846 | 3.534 778 | 0.900 312 | 1.125 267 | 0.879 149 | 0.811 359 | 0.888 342 | 1.484 501 | 2.298 036 | 3.145 958 | 2.757 77 | 1.500 859 | 1.496 364 | 1.978 35 |
| Achn209011 | 2 063.915 | 1 511.339 | 1 550.234 | 2 852.045 | 2 700.219 | 3 803.362 | 3 748.419 | 3 936.192 | 4 151.168 | 3 408.869 | 3 491.251 | 3 621.245 | 2 675.476 | 2 705.538 | 2 238.853 | 3 092.482 | 3 222.726 | 2 989.714 |
| Actinidia_chinensis_newGene_10161 | 0.451 11 | 0.520 448 | 0.572 491 | 1.307 881 | 0.831 575 | 1.084 077 | 1.141 356 | 0.924 433 | 1.269 98 | 0.645 83 | 0.636 685 | 0.472 297 | 0.760 193 | 1.442 286 | 1.058 478 | 1.370 049 | 1.061 496 | 1.046 927 |
| Actinidia_chinensis_newGene_5935 | 0.164 938 | 0.486 099 | 0.248 196 | 0 | 0 | 0 | 0.031 995 | 0 | 0 | 0 | 0 | 0.043 546 | 0.922 63 | 1.027 723 | 1.099 582 | 0.097 031 | 0 | 0.194 244 |
| Actinidia_chinensis_newGene_3697 | 3.518 355 | 3.262 508 | 4.393 693 | 8.090 847 | 8.832 937 | 14.299 3 | 5.365 091 | 6.991 343 | 6.153 041 | 10.529 78 | 10.706 56 | 6.276 161 | 3.581 184 | 1.466 257 | 3.553 431 | 12.950 14 | 9.592 698 | 11.889 1 |
| Achn324421 | 8.426 748 | 9.463 057 | 10.376 47 | 3.840 529 | 10.502 28 | 6.577 686 | 7.262 3 | 7.678 827 | 6.168 584 | 8.706 765 | 7.215 787 | 7.869 4 | 5.734 383 | 5.637 009 | 5.604 555 | 4.124 544 | 4.777 267 | 4.188 432 |
| Achn317911 | 0.242 41 | 0.535 355 | 0.556 896 | 16.960 41 | 1.187 203 | 3.589 876 | 12.603 18 | 16.469 2 | 11.777 27 | 1.274 68 | 1.520 651 | 1.128 357 | 2.545 859 | 2.484 877 | 4.749 943 | 0.473 924 | 0.354 864 | 0.301 999 |
| Achn090851 | 7.979 671 | 5.634 347 | 6.653 274 | 19.211 33 | 13.833 34 | 11.509 07 | 12.772 62 | 9.430 313 | 8.615 868 | 30.527 42 | 26.446 53 | 24.125 38 | 6.180 309 | 13.222 23 | 11.747 85 | 41.576 02 | 22.979 54 | 24.604 15 |
| Achn167761 | 3.513 386 | 3.731 813 | 3.381 324 | 6.698 193 | 4.487 309 | 4.646 376 | 10.907 86 | 11.663 89 | 7.310 243 | 3.966 89 | 4.070 31 | 4.285 774 | 3.674 051 | 6.294 996 | 6.451 | 1.896 286 | 2.118 404 | 2.063 31 |

（续）

| 基因 ID | CK1 | CK2 | CK3 | T1 - 1 | T1 - 2 | T1 - 3 | T2 - 1 | T2 - 2 | T2 - 3 | T3 - 1 | T3 - 2 | T3 - 3 | T4 - 1 | T4 - 2 | T4 - 3 | T5 - 1 | T5 - 2 | T5 - 3 |
|---|---|---|---|---|---|---|---|---|---|---|---|---|---|---|---|---|---|---|
| Achn152301 | 0. 606 905 | 0. 335 079 | 0. 294 826 | 0. 102 471 | 0. 226 348 | 0. 240 052 | 0. 193 154 | 0. 310 765 | 0. 232 292 | 0. 928 071 | 1. 098 694 | 0. 989 42 | 0. 884 027 | 0. 566 061 | 0. 648 97 | 1. 577 08 | 2. 097 634 | 1. 727 74 |
| Achn311311 | 21. 771 35 | 26. 851 5 | 27. 013 69 | 11. 135 16 | 5. 986 13 | 4. 312 523 | 14. 490 69 | 13. 347 1 | 16. 588 82 | 19. 016 01 | 14. 275 68 | 19. 443 43 | 38. 529 16 | 35. 226 61 | 40. 704 46 | 37. 015 59 | 35. 730 83 | 36. 477 88 |
| Achn129561 | 0. 743 77 | 0. 609 924 | 0. 607 397 | 1. 645 248 | 1. 793 473 | 3. 752 555 | 0. 876 492 | 0. 740 288 | 0. 969 87 | 0. 883 797 | 1. 040 362 | 1. 800 248 | 0. 629 503 | 0. 372 317 | 0. 491 954 | 0. 494 437 | 0. 522 631 | 0. 618 56 |
| Achn046971 | 4. 914 033 | 4. 329 647 | 5. 105 323 | 15. 231 13 | 10. 355 51 | 6. 421 258 | 8. 671 228 | 13. 411 86 | 11. 931 2 | 11. 293 93 | 12. 726 98 | 13. 381 76 | 18. 946 75 | 11. 371 59 | 15. 235 86 | 23. 206 76 | 17. 965 57 | 19. 915 16 |
| Achn213101 | 0. 667 124 | 0. 674 161 | 1. 231 001 | 0. 562 832 | 0. 597 845 | 0. 996 766 | 0. 961 871 | 0. 950 913 | 0. 828 075 | 1. 234 047 | 1. 610 721 | 1. 883 419 | 1. 122 807 | 1. 327 457 | 1. 103 724 | 2. 336 16 | 2. 258 226 | 2. 165 241 |
| Achn342351 | 0. 138 752 | 0. 141 228 | 0. 184 865 | 1. 078 487 | 0. 420 537 | 2. 569 331 | 0. 462 952 | 0. 731 274 | 0. 500 599 | 0. 674 028 | 0. 572 995 | 0. 335 61 | 0. 084 514 | 0. 326 382 | 0. 254 848 | 0. 195 989 | 0. 190 225 | 0. 119 979 |
| Achn114241 | 21. 157 14 | 13. 805 86 | 14. 750 81 | 97. 152 01 | 86. 274 42 | 76. 518 96 | 41. 770 49 | 50. 238 59 | 48. 121 48 | 45. 648 95 | 43. 115 28 | 46. 626 47 | 35. 827 88 | 32. 781 | 29. 901 | 52. 693 51 | 40. 354 36 | 36. 783 41 |
| Achn344981 | 1. 237 047 | 0. 776 79 | 1. 749 699 | 10. 251 94 | 8. 235 008 | 14. 189 51 | 2. 723 268 | 3. 304 421 | 2. 753 536 | 2. 905 746 | 4. 682 641 | 3. 672 765 | 0. 945 194 | 1. 593 121 | 3. 246 647 | 2. 588 948 | 1. 895 313 | 2. 474 867 |
| Achn058071 | 1. 569 749 | 1. 435 39 | 1. 310 781 | 0 | 0 | 1. 309 716 | 0 | 0 | 0 | 2. 616 791 | 1. 890 011 | 1. 475 367 | 0 | 0 | 0. 977 022 | 0 | 1. 816 976 | 0 |
| Achn050681 | 3. 820 295 | 2. 533 | 3. 315 012 | 6. 699 389 | 10. 216 83 | 1. 849 628 | 15. 097 09 | 13. 938 17 | 12. 023 85 | 9. 586 849 | 9. 616 762 | 11. 057 46 | 3. 718 386 | 3. 166 287 | 2. 972 679 | 3. 810 058 | 3. 993 6 | 3. 633 721 |
| Achn197411 | 6. 900 333 | 6. 511 785 | 6. 087 728 | 33. 158 44 | 15. 267 35 | 5. 637 331 | 7. 221 452 | 10. 220 81 | 8. 779 999 | 7. 838 217 | 10. 659 64 | 10. 591 12 | 11. 091 5 | 16. 683 52 | 12. 584 66 | 23. 313 33 | 21. 871 69 | 19. 984 91 |
| Achn262621 | 2. 219 481 | 2. 840 293 | 3. 533 215 | 4. 408 945 | 1. 182 543 | 4. 593 42 | 1. 528 261 | 3. 061 766 | 1. 011 45 | 0. 800 145 | 0. 177 134 | 0. 662 196 | 3. 344 401 | 25. 221 7 | 21. 711 66 | 2. 797 898 | 4. 751 35 | 2. 119 714 |
| Achn312431 | 39. 160 35 | 31. 265 86 | 27. 958 59 | 71. 639 68 | 58. 223 74 | 163. 876 1 | 36. 123 71 | 49. 250 04 | 46. 331 74 | 63. 907 94 | 68. 705 8 | 68. 803 16 | 32. 065 7 | 25. 035 1 | 22. 879 09 | 47. 599 15 | 45. 279 73 | 41. 175 76 |
| Achn309521 | 132. 546 8 | 155. 841 2 | 148. 900 8 | 165. 804 6 | 158. 549 5 | 255. 487 | 153. 743 | 183. 928 7 | 132. 278 8 | 91. 461 82 | 89. 132 23 | 97. 146 87 | 186. 151 9 | 260. 160 1 | 221. 472 | 64. 026 08 | 58. 495 45 | 70. 763 09 |
| Achn312371 | 0. 924 273 | 1. 032 488 | 1. 567 593 | 1. 360 58 | 1. 163 368 | 0. 558 579 | 1. 232 238 | 2. 062 411 | 1. 203 712 | 1. 058 544 | 1. 219 835 | 0. 908 411 | 2. 678 41 | 3. 845 457 | 3. 176 38 | 0. 660 04 | 0. 940 271 | 0. 666 067 |
| Achn021861 | 1. 978 389 | 0. 675 493 | 0. 352 384 | 0 | 1. 439 028 | 0 | 4. 655 594 | 1. 579 954 | 1. 080 596 | 8. 042 219 | 3. 257 179 | 1. 758 469 | 0. 521 317 | 0 | 0 | 7. 077 162 | 3. 578 093 | 5. 314 959 |
| Achn062991 | 30. 806 37 | 18. 251 68 | 15. 881 45 | 4. 373 768 | 5. 248 478 | 1. 260 033 | 20. 042 62 | 14. 733 02 | 14. 138 9 | 9. 594 228 | 12. 618 03 | 14. 274 99 | 23. 002 18 | 26. 655 22 | 18. 619 77 | 18. 973 59 | 21. 835 75 | 38. 858 54 |
| Achn283151 | 0. 470 173 | 0. 531 781 | 0. 380 067 | 1. 787 878 | 0. 864 511 | 0. 211 061 | 0. 609 439 | 0. 744 365 | 0. 599 117 | 0. 802 736 | 0. 509 357 | 0. 692 485 | 1. 126 839 | 2. 090 149 | 2. 366 888 | 1. 154 628 | 1. 567 56 | 0. 799 422 |
| Achn172201 | 0. 749 43 | 1. 652 189 | 1. 217 436 | 0. 534 849 | 1. 362 262 | 0 | 2. 212 787 | 1. 543 645 | 0. 564 838 | 1. 141 078 | 0. 352 437 | 0. 435 443 | 0. 305 949 | 0. 458 639 | 0. 839 058 | 0. 247 653 | 0. 319 068 | 0. 207 63 |

（续）

| 基因 ID | CK1 | CK2 | CK3 | T1-1 | T1-2 | T1-3 | T2-1 | T2-2 | T2-3 | T3-1 | T3-2 | T3-3 | T4-1 | T4-2 | T4-3 | T5-1 | T5-2 | T5-3 |
|---|---|---|---|---|---|---|---|---|---|---|---|---|---|---|---|---|---|---|
| Achn105551 | 1.930 519 | 0.415 829 | 0.293 556 | 2.170 047 | 0.711 748 | 0.147 775 | 1.311 72 | 2.139 322 | 2.062 006 | 0.765 453 | 0.192 722 | 1.267 452 | 8.099 169 | 6.292 078 | 4.438 128 | 0.605 611 | 1.119 404 | 1.226 804 |
| Achn177181 | 15.161 05 | 10.110 45 | 12.596 77 | 14.213 82 | 2.558 879 | 0.512 848 | 4.018 279 | 6.208 739 | 3.787 16 | 1.457 675 | 1.477 469 | 1.553 151 | 40.844 13 | 39.645 46 | 44.735 52 | 8.560 892 | 20.878 47 | 14.776 76 |
| Actinidia_chinensis_newGene_12043 | 0.625 123 | 0.566 544 | 0.593 072 | 0.167 717 | 0.227 97 | 0.055 889 | 0.089 254 | 0.211 782 | 0.065 762 | 0.185 117 | 0.112 49 | 0.138 514 | 0.336 933 | 0.242 084 | 0.121 908 | 0.496 944 | 0.932 333 | 0.668 379 |
| Achn128361 | 1.159 868 | 0.557 198 | 1.026 494 | 0.835 294 | 0.850 637 | 1.634 138 | 0.502 617 | 0.805 217 | 0.815 411 | 0.680 903 | 0.532 445 | 0.767 131 | 0.329 648 | 0.513 162 | 0.314 832 | 0.387 409 | 0.349 99 | 0.468 909 |
| Achn172971 | 8.044 735 | 3.775 719 | 10.172 97 | 144.255 3 | 50.850 85 | 52.973 08 | 43.703 41 | 95.791 09 | 83.661 16 | 31.779 08 | 51.368 07 | 41.855 37 | 112.782 7 | 148.194 2 | 111.120 7 | 88.652 87 | 65.428 34 | 75.357 49 |
| Achn083841 | 5.553 174 | 4.988 471 | 4.953 531 | 2.314 913 | 2.299 099 | 3.634 326 | 2.168 34 | 2.782 56 | 2.620 75 | 3.011 955 | 3.198 248 | 3.200 193 | 6.234 614 | 6.501 723 | 5.804 696 | 4.169 753 | 4.300 181 | 5.150 705 |
| Achn125621 | 5.744 83 | 5.417 418 | 7.129 078 | 6.604 574 | 4.840 365 | 10.246 31 | 4.333 75 | 6.895 981 | 5.342 579 | 2.789 462 | 3.247 369 | 2.836 933 | 14.545 87 | 15.064 95 | 16.831 59 | 4.843 69 | 5.707 98 | 4.137 64 |
| Actinidia_chinensis_newGene_1900 | 0.982 517 | 0.818 838 | 0.393 351 | 2.180 779 | 1.458 536 | 2.499 975 | 1.211 88 | 1.618 72 | 1.110 879 | 2.154 97 | 2.127 251 | 1.953 302 | 1.727 88 | 1.595 626 | 1.355 613 | 0.890 201 | 1.710 932 | 1.045 299 |
| Achn031981 | 64.069 86 | 70.606 76 | 69.298 71 | 84.432 44 | 52.268 94 | 58.530 9 | 45.172 6 | 49.515 18 | 48.640 57 | 27.204 89 | 28.143 94 | 31.512 08 | 75.747 87 | 96.873 33 | 92.995 3 | 49.774 81 | 51.330 04 | 66.314 08 |
| Achn129011 | 19.695 13 | 14.11 | 12.628 15 | 3.654 536 | 5.386 356 | 4.120 975 | 5.284 974 | 4.007 961 | 4.111 333 | 3.932 176 | 3.629 185 | 4.235 285 | 15.440 75 | 17.403 99 | 14.639 76 | 10.885 78 | 14.385 34 | 12.721 92 |
| Achn109991 | 0 | 0.471 541 | 0.089 746 | 2.454 251 | 1.954 888 | 4.153 563 | 0.189 05 | 1.089 447 | 0.260 119 | 0.070 869 | 0 | 0.361 178 | 0 | 1.570 07 | 1.456 257 | 0.302 339 | 0.330 622 | 0.280 997 |
| Achn288451 | 58.484 05 | 44.338 72 | 50.037 7 | 134.286 | 95.824 08 | 215.133 4 | 62.178 2 | 63.529 76 | 66.718 5 | 61.925 75 | 53.228 61 | 58.824 43 | 40.958 13 | 35.139 44 | 57.580 63 | 34.641 61 | 44.077 05 | 43.864 87 |
| Achn175611 | 1.703 754 | 0.357 801 | 0.810 174 | 1.141 353 | 0.720 766 | 6.683 718 | 3.194 438 | 3.912 262 | 3.206 177 | 1.222 529 | 1.674 635 | 1.408 369 | 0.424 021 | 3.087 791 | 2.671 201 | 0.338 524 | 0.769 946 | 0.311 6 |
| Achn008061 | 3.160 404 | 4.914 239 | 3.460 06 | 1.819 777 | 1.014 836 | 2.348 654 | 4.503 616 | 3.582 228 | 2.407 505 | 6.355 271 | 2.738 028 | 2.389 426 | 2.733 951 | 3.613 101 | 2.961 621 | 7.095 389 | 6.645 812 | 4.771 42 |
| Actinidia_chinensis_newGene_12051 | 178.719 3 | 196.797 3 | 183.804 7 | 717.799 8 | 334.534 7 | 865.397 6 | 222.400 2 | 339.448 8 | 263.041 3 | 330.195 2 | 465.438 3 | 426.453 3 | 226.201 6 | 215.038 2 | 207.033 6 | 418.141 | 348.393 6 | 428.968 4 |
| Actinidia_chinensis_newGene_12050 | 0.886 431 | 1.146 379 | 0.746 314 | 3.113 736 | 3.374 263 | 2.800 167 | 0.760 404 | 1.366 683 | 1.576 153 | 1.635 379 | 1.697 055 | 1.475 11 | 1.419 335 | 1.407 411 | 1.354 297 | 1.478 64 | 0.647 971 | 2.225 019 |

（续）

| 基因ID | CK1 | CK2 | CK3 | T1-1 | T1-2 | T1-3 | T2-1 | T2-2 | T2-3 | T3-1 | T3-2 | T3-3 | T4-1 | T4-2 | T4-3 | T5-1 | T5-2 | T5-3 |
|---|---|---|---|---|---|---|---|---|---|---|---|---|---|---|---|---|---|---|
| Achn245861 | 22.819 76 | 19.550 25 | 22.272 99 | 14.324 79 | 15.287 33 | 2.039 159 | 27.012 46 | 20.078 02 | 22.455 43 | 4.103 848 | 3.932 936 | 4.307 868 | 24.066 29 | 36.662 91 | 29.078 51 | 2.460 714 | 3.594 733 | 6.838 561 |
| Achn133811 | 35.058 32 | 37.486 17 | 32.826 24 | 72.827 48 | 65.931 38 | 127.458 5 | 34.375 26 | 38.998 35 | 40.504 51 | 52.831 49 | 52.453 29 | 56.845 87 | 25.373 18 | 25.428 64 | 30.638 58 | 37.204 86 | 40.498 06 | 42.219 67 |
| Achn332071 | 5.874 538 | 7.043 324 | 6.425 927 | 2.221 964 | 2.579 366 | 2.408 639 | 5.521 858 | 6.828 379 | 10.265 03 | 7.892 06 | 5.653 613 | 4.293 871 | 16.705 7 | 5.305 56 | 8.186 902 | 48.657 47 | 33.963 69 | 24.144 41 |
| Achn349691 | 53.790 03 | 51.242 59 | 52.724 53 | 297.984 2 | 267.676 4 | 381.972 1 | 132.816 4 | 119.514 9 | 145.999 9 | 221.076 1 | 233.028 6 | 235.061 2 | 25.890 07 | 17.203 1 | 25.397 94 | 182.598 5 | 204.648 4 | 140.795 1 |
| Achn357741 | 1.833 572 | 2.151 487 | 2.020 2 | 0.960 123 | 0.592 203 | 0.610 986 | 1.940 595 | 1.536 882 | 0.857 877 | 0.603 747 | 1.195 973 | 1.162 313 | 1.025 047 | 1.186 706 | 0.657 459 | 1.413 718 | 1.899 181 | 1.694 44 |
| Achn188241 | 5.471 296 | 8.439 38 | 5.491 1 | 18.243 69 | 56.750 69 | 16.405 28 | 24.565 78 | 17.347 76 | 15.635 9 | 18.128 24 | 11.630 1 | 13.914 38 | 3.234 593 | 12.654 24 | 12.592 45 | 19.255 06 | 23.301 39 | 7.489 084 |
| Actinidia_chinensis_newGene_670 | 177.888 9 | 223.880 5 | 256.827 5 | 565.426 3 | 516.822 9 | 99.836 09 | 855.2 | 764.830 9 | 669.029 | 344.551 | 323.073 4 | 357.794 8 | 297.873 9 | 373.599 7 | 483.157 5 | 188.231 1 | 163.719 6 | 191.774 5 |
| Actinidia_chinensis_newGene_3224 | 4.438 936 | 3.219 192 | 1.904 774 | 13.912 99 | 8.631 354 | 6.178 99 | 3.871 503 | 6.893 575 | 8.709 103 | 5.888 873 | 8.555 734 | 7.292 432 | 18.242 86 | 16.710 08 | 12.080 08 | 15.275 43 | 9.944 393 | 13.268 27 |
| Actinidia_chinensis_newGene_3223 | 0.490 008 | 0.627 729 | 0.504 56 | 1.004 384 | 0.630 445 | 1.321 814 | 0.459 734 | 0.554 512 | 0.486 165 | 0.978 751 | 1.104 502 | 0.949 539 | 1.385 866 | 0.841 807 | 0.623 236 | 1.637 963 | 1.480 847 | 1.561 31 |
| Achn242761 | 0.297 098 | 0.094 491 | 0.279 31 | 0.096 096 | 0.339 277 | 0 | 0.141 82 | 0.028 009 | 0.245 968 | 0.451 995 | 0.828 177 | 0.072 273 | 0.331 025 | 0.630 825 | 0.322 297 | 1.259 566 | 0.894 63 | 1.938 649 |
| Achn018861 | 2.020 482 | 1.281 066 | 2.163 623 | 0.472 684 | 0.476 832 | 0 | 1.931 381 | 1.204 461 | 0.716 046 | 1.751 326 | 1.341 942 | 2.394 227 | 3.204 625 | 3.866 522 | 2.231 208 | 9.357 534 | 7.493 196 | 5.789 656 |
| Achn355841 | 21.969 88 | 19.800 14 | 21.495 06 | 15.067 06 | 17.620 26 | 11.844 38 | 32.783 98 | 25.600 73 | 20.099 55 | 25.000 69 | 19.014 73 | 20.730 4 | 14.920 81 | 16.133 43 | 13.965 41 | 11.673 64 | 9.653 398 | 9.687 376 |
| Achn292961 | 6.902 184 | 7.241 357 | 10.203 19 | 4.809 962 | 4.339 921 | 4.090 64 | 5.552 2 | 4.381 174 | 4.186 71 | 6.262 177 | 4.835 329 | 4.292 909 | 4.440 653 | 3.715 652 | 4.808 626 | 6.120 294 | 5.163 851 | 4.972 314 |
| Achn258451 | 2.428 851 | 2.124 943 | 2.078 501 | 2.176 489 | 1.301 067 | 2.185 967 | 1.561 392 | 2.022 318 | 2.783 335 | 5.946 286 | 6.839 749 | 5.084 191 | 3.502 285 | 1.473 05 | 2.892 646 | 7.453 444 | 4.487 42 | 4.290 629 |
| Achn167481 | 2.060 568 | 2.487 989 | 2.960 975 | 2.426 435 | 2.393 39 | 3.139 539 | 3.123 594 | 2.128 742 | 1.741 119 | 1.629 537 | 1.379 224 | 1.670 628 | 3.788 127 | 6.229 421 | 6.151 719 | 4.308 357 | 3.757 196 | 4.807 274 |
| Achn018131 | 12.395 82 | 13.236 07 | 12.046 5 | 12.235 62 | 13.877 64 | 9.316 769 | 15.853 37 | 20.118 38 | 22.535 49 | 5.204 287 | 7.167 258 | 5.236 73 | 11.079 61 | 14.993 75 | 11.586 36 | 4.874 311 | 7.456 773 | 10.330 25 |
| Achn369361 | 4.920 17 | 5.484 028 | 4.273 798 | 18.869 53 | 17.060 3 | 19.529 36 | 5.395 877 | 7.175 46 | 5.962 91 | 6.327 021 | 6.514 704 | 8.014 335 | 3.924 799 | 5.934 789 | 5.628 465 | 8.711 429 | 12.977 49 | 7.049 941 |

（续）

| 基因 ID | CK1 | CK2 | CK3 | T1-1 | T1-2 | T1-3 | T2-1 | T2-2 | T2-3 | T3-1 | T3-2 | T3-3 | T4-1 | T4-2 | T4-3 | T5-1 | T5-2 | T5-3 |
|---|---|---|---|---|---|---|---|---|---|---|---|---|---|---|---|---|---|---|
| Achn034411 | 2.939 104 | 3.247 403 | 2.588 569 | 1.663 85 | 1.830 752 | 4.288 919 | 0.353 864 | 0.805 932 | 1.171 383 | 1.881 687 | 2.286 682 | 3.672 503 | 0.822 534 | 0.674 049 | 0.738 735 | 2.168 356 | 4.050 301 | 3.291 407 |
| Achn305411 | 0.302 187 | 0.489 764 | 1.343 902 | 6.612 46 | 9.259 024 | 7.433 617 | 1.634 023 | 1.296 315 | 1.165 718 | 1.373 844 | 1.693 208 | 2.269 077 | 0.448 343 | 0.421 254 | 0.119 522 | 0.159 315 | 0.199 928 | 0.123 823 |
| Achn166171 | 12.859 28 | 17.536 69 | 13.441 4 | 12.384 94 | 12.452 92 | 18.149 29 | 11.851 89 | 11.037 71 | 10.677 65 | 5.611 109 | 5.893 832 | 6.050 21 | 18.223 21 | 23.916 6 | 24.488 14 | 10.456 34 | 10.342 29 | 6.671 523 |
| Actinidia_chinensis_newGene_7248 | 33.324 08 | 22.939 72 | 19.355 51 | 31.120 36 | 30.923 74 | 21.812 93 | 51.213 79 | 48.150 63 | 56.556 54 | 68.806 52 | 69.273 93 | 75.782 28 | 13.800 11 | 5.487 287 | 9.015 048 | 18.857 49 | 21.669 11 | 16.023 24 |
| Achn191581 | 0.106 14 | 0.133 757 | 0.188 192 | 1.259 094 | 0.352 171 | 0.753 761 | 0.940 794 | 2.322 753 | 0.821 567 | 1.814 591 | 0.220 083 | 0.435 703 | 0.684 036 | 4.042 811 | 2.148 283 | 3.179 318 | 1.611 644 | 0.758 391 |
| Achn147791 | 385.506 3 | 320.860 1 | 245.664 2 | 87.787 39 | 40.433 3 | 22.462 25 | 88.154 31 | 85.274 69 | 107.986 2 | 103.008 6 | 96.616 | 83.026 94 | 601.209 | 558.825 1 | 446.595 8 | 514.654 7 | 580.986 | 534.671 8 |
| Achn106081 | 0.506 936 | 0.880 414 | 1.697 686 | 20.231 39 | 0.220 668 | 11.510 17 | 7.490 437 | 20.991 86 | 10.538 47 | 3.531 346 | 9.661 066 | 6.043 824 | 14.592 69 | 23.758 03 | 22.552 48 | 8.423 963 | 6.145 319 | 10.406 44 |
| Achn053801 | 180.124 9 | 188.394 | 155.661 1 | 74.704 67 | 45.927 43 | 56.074 93 | 58.665 14 | 64.200 32 | 66.508 84 | 42.646 16 | 42.894 22 | 40.223 57 | 155.521 7 | 69.785 84 | 116.076 8 | 70.592 51 | 91.441 82 | 103.949 6 |
| Achn340491 | 1.881 474 | 0.926 54 | 0.822 536 | 0.470 06 | 0 | 0 | 0.426 851 | 0.831 627 | 0.230 544 | 0.611 256 | 1.337 457 | 2.079 07 | 2.300 278 | 0 | 1.335 491 | 5.409 63 | 7.436 79 | 4.216 461 |
| Achn176811 | 16.777 83 | 28.627 43 | 27.035 67 | 45.803 44 | 48.586 75 | 93.063 35 | 39.923 94 | 40.658 13 | 38.485 74 | 45.358 78 | 42.495 26 | 46.120 01 | 27.186 23 | 33.582 23 | 38.081 57 | 33.952 32 | 38.512 18 | 32.057 73 |
| Achn188271 | 0.565 079 | 0.308 06 | 0.725 297 | 1.470 593 | 0.302 513 | 0.111 311 | 1.590 006 | 2.322 293 | 1.418 839 | 5.368 115 | 0.956 851 | 1.450 948 | 0.120 553 | 0.051 261 | 0.563 23 | 12.918 84 | 21.074 48 | 0.480 83 |
| Achn182371 | 15.972 11 | 15.759 07 | 13.975 1 | 40.274 33 | 47.404 11 | 29.178 8 | 30.904 43 | 38.647 61 | 40.192 41 | 16.167 09 | 13.568 36 | 19.186 39 | 23.478 34 | 65.781 18 | 51.495 7 | 20.524 54 | 22.260 1 | 14.404 8 |
| Actinidia_chinensis_newGene_3028 | 0.910 622 | 1.377 231 | 1.866 027 | 0.397 439 | 1.105 873 | 0.796 993 | 1.692 25 | 1.046 481 | 1.194 408 | 0.692 004 | 0.498 071 | 0.649 134 | 1.579 592 | 3.913 943 | 2.837 588 | 1.619 563 | 1.748 654 | 1.170 602 |
| Achn267701 | 23.372 5 | 29.881 04 | 21.341 15 | 14.602 75 | 19.047 52 | 15.814 43 | 31.748 74 | 25.432 09 | 25.716 07 | 17.153 15 | 12.986 61 | 12.231 78 | 24.487 | 35.502 83 | 29.414 03 | 9.748 207 | 11.238 67 | 11.845 44 |
| Achn109411 | 2.754 537 | 2.386 983 | 1.407 668 | 2.111 253 | 5.107 077 | 2.519 96 | 4.758 773 | 3.935 902 | 5.647 359 | 10.014 82 | 8.865 933 | 10.880 19 | 4.367 439 | 1.052 415 | 0.438 108 | 4.869 073 | 4.598 73 | 3.055 428 |
| Achn172011 | 1.399 576 | 1.661 212 | 1.571 844 | 1.159 567 | 3.370 755 | 3.769 722 | 0.294 956 | 0.360 386 | 0.456 116 | 0.854 921 | 1.759 601 | 1.246 089 | 0.491 861 | 0.268 071 | 0.585 653 | 0.529 382 | 0.362 465 | 0.924 378 |
| Achn155611 | 13.626 8 | 9.677 214 | 10.464 96 | 31.084 1 | 10.467 86 | 6.276 797 | 24.298 29 | 31.670 41 | 31.572 66 | 20.774 66 | 20.861 23 | 20.368 76 | 14.620 02 | 18.055 77 | 11.494 6 | 20.354 58 | 21.081 33 | 20.036 88 |

（续）

| 基因 ID | CK1 | CK2 | CK3 | T1-1 | T1-2 | T1-3 | T2-1 | T2-2 | T2-3 | T3-1 | T3-2 | T3-3 | T4-1 | T4-2 | T4-3 | T5-1 | T5-2 | T5-3 |
|---|---|---|---|---|---|---|---|---|---|---|---|---|---|---|---|---|---|---|
| Actinidia_chinensis_newGene_2779 | 25.682 | 22.662 08 | 21.047 34 | 8.628 315 | 8.312 021 | 6.618 935 | 9.414 179 | 8.845 591 | 9.300 84 | 8.796 471 | 6.328 244 | 8.536 82 | 27.621 52 | 34.305 86 | 24.256 07 | 11.101 94 | 13.378 9 | 14.497 8 |
| Achn289681 | 1.702 143 | 3.288 162 | 0.630 052 | 2.886 94 | 2.117 89 | 0.979 781 | 0 | 1.036 306 | 1.111 831 | 1.847 958 | 0.799 805 | 1.423 457 | 8.450 72 | 6.844 339 | 8.831 937 | 10.276 45 | 6.608 172 | 4.849 955 |
| Achn082901 | 1.184 206 | 0.328 795 | 0.827 029 | 1.335 412 | 2.403 271 | 3.535 49 | 1.476 058 | 1.867 592 | 0.879 143 | 2.211 124 | 2.724 771 | 1.871 281 | 0.604 845 | 1.346 221 | 0.912 94 | 1.301 902 | 1.138 538 | 1.698 114 |
| Achn315541 | 0.116 038 | 0.220 744 | 0.336 321 | 5.596 701 | 2.033 602 | 1.794 956 | 1.394 479 | 2.585 113 | 1.129 144 | 0.721 065 | 0.739 049 | 1.047 965 | 0.363 145 | 0.934 805 | 2.084 332 | 1.315 487 | 0.751 9 | 1.516 6 |
| Achn170571 | 2.426 229 | 1.296 615 | 1.555 959 | 0.918 058 | 1.095 73 | 0.508 737 | 1.057 497 | 0.981 791 | 1.474 352 | 0.718 132 | 0.950 963 | 0.430 319 | 0.998 293 | 8.463 886 | 3.162 771 | 0.505 096 | 1.707 208 | 0.885 091 |
| Achn013491 | 0.110 082 | 0.052 707 | 0.072 424 | 0.564 651 | 0.511 012 | 0.494 533 | 0.555 696 | 0.358 031 | 0.562 52 | 0.177 811 | 0.481 874 | 0.304 433 | 0.351 487 | 0.945 275 | 0.188 62 | 0.169 182 | 0.603 33 | 0.210 857 |
| Actinidia_chinensis_newGene_7009 | 2.839 311 | 3.291 083 | 2.377 769 | 0.937 712 | 1.908 119 | 1.144 173 | 1.587 418 | 1.302 396 | 0.828 389 | 1.271 534 | 0.979 563 | 0.789 624 | 2.757 118 | 1.137 206 | 1.456 012 | 0.726 198 | 1.060 431 | 1.174 819 |
| Achn246181 | 0.137 268 | 0.134 314 | 0.356 387 | 0 | 0.391 419 | 0 | 2.327 6 | 3.193 254 | 2.405 71 | 0 | 0 | 0 | 0.422 538 | 0.933 484 | 1.600 934 | 0 | 0 | 0 |
| Achn228301 | 8.556 549 | 7.824 819 | 8.916 042 | 10.570 57 | 15.007 73 | 15.068 75 | 7.061 038 | 10.184 38 | 8.755 748 | 9.554 666 | 11.322 11 | 11.825 84 | 12.021 25 | 26.535 46 | 30.657 57 | 9.873 186 | 11.178 29 | 9.248 495 |
| Achn357951 | 9.167 423 | 7.514 118 | 9.113 478 | 15.266 13 | 24.569 5 | 19.960 77 | 19.775 15 | 22.439 31 | 24.713 59 | 11.843 33 | 11.815 31 | 10.311 5 | 15.627 52 | 30.799 52 | 23.300 55 | 14.137 81 | 13.144 94 | 6.389 256 |
| Achn173001 | 2.853 318 | 0.604 387 | 2.625 454 | 57.520 5 | 14.12 | 20.907 86 | 12.649 2 | 46.086 33 | 21.416 79 | 6.564 227 | 11.413 49 | 9.599 117 | 40.930 24 | 53.841 45 | 63.451 85 | 23.442 78 | 9.817 381 | 11.814 28 |
| Achn322471 | 1.500 088 | 0.897 059 | 0.914 756 | 0.465 897 | 0.552 285 | 0.626 047 | 0 | 0.323 505 | 0.337 965 | 0.365 107 | 0.445 305 | 0.269 9 | 0.038 726 | 0.732 646 | 0.365 652 | 0.553 361 | 1.050 272 | 0.589 688 |
| Achn219371 | 2.360 71 | 1.898 013 | 1.783 659 | 4.251 415 | 6.855 779 | 4.641 579 | 0.887 614 | 1.680 807 | 1.746 904 | 2.657 468 | 3.505 996 | 3.260 989 | 1.091 368 | 5.181 875 | 7.477 485 | 2.625 566 | 3.039 516 | 3.406 72 |
| Achn348871 | 8.692 46 | 10.975 85 | 8.724 684 | 2.033 567 | 2.832 398 | 4.614 305 | 2.828 91 | 2.404 009 | 3.330 363 | 1.665 81 | 2.256 21 | 5.759 748 | 20.260 98 | 28.202 64 | 22.688 14 | 4.168 331 | 4.750 96 | 4.842 524 |
| Achn103581 | 10.002 9 | 13.308 8 | 15.249 5 | 26.156 98 | 35.068 96 | 31.691 24 | 30.472 24 | 28.800 06 | 28.737 | 21.683 09 | 20.099 55 | 18.365 74 | 9.869 833 | 10.212 16 | 13.921 46 | 9.517 939 | 11.417 23 | 8.104 346 |
| Achn338111 | 5.520 622 | 3.979 328 | 4.105 045 | 3.849 879 | 2.929 241 | 3.444 686 | 1.514 259 | 2.094 824 | 1.955 643 | 2.334 773 | 2.544 867 | 2.820 176 | 2.637 097 | 3.453 965 | 1.850 159 | 3.652 578 | 4.311 537 | 4.237 311 |
| Achn042171 | 1.740 855 | 3.027 495 | 2.551 853 | 0.521 557 | 1.240 934 | 0 | 1.830 238 | 1.974 026 | 1.626 1 | 1.243 069 | 0.358 782 | 1.446 398 | 0.394 588 | 0.461 127 | 0.671 313 | 0.146 321 | 0 | 0.424 277 |
| Achn213611 | 0.476 326 | 0.504 251 | 0.492 989 | 1.759 652 | 2.323 475 | 2.556 967 | 1.571 251 | 0.988 57 | 1.902 478 | 0.970 654 | 1.025 45 | 0.777 13 | 1.105 3 | 1.372 679 | 0.709 913 | 0.812 47 | 0.264 242 | 0.483 899 |

（续）

| 基因ID | CK1 | CK2 | CK3 | T1-1 | T1-2 | T1-3 | T2-1 | T2-2 | T2-3 | T3-1 | T3-2 | T3-3 | T4-1 | T4-2 | T4-3 | T5-1 | T5-2 | T5-3 |
|---|---|---|---|---|---|---|---|---|---|---|---|---|---|---|---|---|---|---|
| Achn302641 | 12.029 93 | 10.937 97 | 9.529 806 | 3.746 09 | 6.411 022 | 6.205 079 | 4.511 566 | 5.286 245 | 5.780 824 | 8.990 457 | 6.081 51 | 7.741 281 | 7.855 075 | 6.571 77 | 8.194 704 | 10.568 5 | 9.945 722 | 13.550 55 |
| Achn011501 | 0.851 664 | 0.278 568 | 0.630 36 | 0.464 132 | 1.473 692 | 3.724 876 | 0.711 944 | 0.447 782 | 0.533 981 | 0.464 204 | 0.887 653 | 2.069 786 | 0.851 561 | 0.684 862 | 1.106 468 | 5.218 682 | 3.867 688 | 3.175 56 |
| Achn003231 | 7.332 13 | 6.113 46 | 5.392 76 | 5.346 21 | 5.835 208 | 21.179 44 | 5.301 001 | 4.985 675 | 8.184 096 | 6.028 157 | 5.439 524 | 6.682 326 | 2.042 662 | 1.010 61 | 0.988 156 | 1.100 774 | 2.354 161 | 2.326 998 |
| Achn343821 | 0.482 58 | 0.627 964 | 0.554 472 | 1.146 477 | 1.226 073 | 2.555 488 | 0.577 581 | 0.929 088 | 0.498 017 | 0.859 447 | 1.147 241 | 0.858 287 | 0.441 166 | 0.108 856 | 0.262 814 | 0.655 549 | 0.400 204 | 0.258 789 |
| Achn232751 | 4.381 798 | 3.892 042 | 6.105 886 | 0.851 324 | 1.715 726 | 2.121 783 | 1.544 955 | 1.102 031 | 2.030 333 | 1.171 544 | 0.903 359 | 1.773 401 | 4.192 415 | 1.419 174 | 3.492 902 | 1.587 917 | 2.440 399 | 2.470 75 |
| Achn001561 | 10.845 02 | 8.575 438 | 8.818 2 | 4.803 575 | 5.521 663 | 13.994 45 | 3.575 114 | 3.799 492 | 2.767 97 | 7.445 054 | 6.157 668 | 6.952 679 | 6.744 325 | 6.004 545 | 6.722 486 | 13.616 82 | 13.595 65 | 14.873 54 |
| Achn026121 | 4.151 757 | 5.750 228 | 3.922 734 | 2.533 176 | 1.978 792 | 1.489 937 | 5.149 246 | 2.781 039 | 3.237 903 | 4.052 835 | 1.679 887 | 2.288 152 | 7.102 857 | 8.040 551 | 7.788 375 | 8.556 884 | 5.850 955 | 5.985 521 |
| Achn071381 | 19.647 27 | 16.225 04 | 14.548 92 | 11.471 62 | 14.266 88 | 18.228 76 | 6.371 151 | 7.293 455 | 6.237 77 | 12.960 09 | 14.113 68 | 15.019 93 | 12.465 49 | 9.434 324 | 9.538 465 | 20.897 58 | 23.892 05 | 20.834 64 |
| Achn131841 | 6.342 951 | 5.919 985 | 5.433 647 | 47.363 57 | 16.041 62 | 47.218 53 | 7.150 364 | 22.582 01 | 13.769 | 11.688 26 | 15.905 43 | 10.569 75 | 16.914 56 | 16.587 25 | 20.211 13 | 18.686 85 | 16.464 72 | 14.923 74 |
| Achn181761 | 5.250 686 | 7.086 005 | 5.670 523 | 7.432 242 | 6.440 394 | 3.311 434 | 5.593 919 | 6.483 515 | 5.114 069 | 10.274 17 | 11.879 64 | 11.953 03 | 11.022 76 | 9.892 838 | 12.544 75 | 19.148 03 | 17.489 65 | 15.646 26 |
| Achn136371 | 1.414 868 | 2.468 411 | 1.512 44 | 0.344 689 | 0.513 557 | 0.915 192 | 2.204 24 | 6.127 495 | 5.251 119 | 1.768 899 | 0.885 929 | 1.144 263 | 6.588 322 | 4.390 507 | 3.584 789 | 4.732 14 | 4.065 627 | 5.199 119 |
| Achn222581 | 97.365 46 | 92.846 25 | 81.169 98 | 39.477 57 | 25.030 41 | 22.991 23 | 37.795 56 | 42.083 31 | 38.616 66 | 37.156 78 | 32.093 23 | 34.327 62 | 44.928 08 | 26.785 49 | 28.259 55 | 33.919 06 | 43.392 25 | 53.550 12 |
| Achn330801 | 1.479 229 | 2.145 09 | 2.410 396 | 9.370 101 | 7.247 67 | 22.877 4 | 3.229 969 | 3.890 193 | 2.699 346 | 2.734 413 | 4.271 054 | 3.771 18 | 3.202 047 | 4.219 643 | 6.392 577 | 3.687 339 | 3.459 039 | 4.225 532 |
| Achn081041 | 0.404 09 | 0.301 751 | 0.115 448 | 0.311 453 | 1.174 096 | 3.839 155 | 0.756 224 | 0.968 318 | 1.481 742 | 0.578 921 | 0.714 805 | 0.423 963 | 0.370 65 | 1.041 033 | 0.264 964 | 0.353 853 | 0 | 0.127 399 |
| Achn183721 | 4.394 629 | 2.769 01 | 3.746 43 | 33.677 2 | 14.278 34 | 23.584 23 | 6.801 794 | 8.457 65 | 8.689 744 | 6.631 789 | 8.269 459 | 8.824 106 | 3.029 033 | 2.576 171 | 3.796 609 | 4.218 103 | 3.846 117 | 4.329 828 |
| Achn136231 | 5.619 117 | 2.072 126 | 2.036 19 | 2.129 061 | 5.101 881 | 1.602 549 | 4.771 919 | 3.137 55 | 6.034 028 | 0.915 51 | 1.208 551 | 1.100 792 | 4.950 106 | 3.485 654 | 4.593 081 | 1.143 131 | 1.280 694 | 0.786 947 |
| Actinidia_chinensis_newGene_9517 | 1.422 952 | 1.790 497 | 1.436 802 | 0.516 046 | 0.594 567 | 0.520 335 | 1.111 921 | 0.470 219 | 0.824 476 | 0.699 122 | 1.140 635 | 0.596 744 | 1.512 069 | 1.528 865 | 0.913 642 | 1.100 636 | 3.219 271 | 1.806 711 |
| Achn077211 | 15.674 91 | 17.923 7 | 14.708 16 | 72.776 13 | 45.009 59 | 11.288 66 | 33.418 26 | 55.755 33 | 41.284 06 | 12.283 87 | 8.996 509 | 8.962 259 | 18.389 72 | 39.823 36 | 24.154 08 | 11.854 18 | 9.483 576 | 12.093 14 |
| Achn242531 | 734.311 8 | 884.575 2 | 969.937 4 | 1 131.848 | 854.976 6 | 336.405 2 | 1 105.049 | 1 120.044 | 1 035.664 | 515.876 2 | 560.476 9 | 507.514 9 | 1 326.088 | 2 369.767 | 2 081.575 | 633.150 3 | 569.600 9 | 682.409 9 |

（续）

| 基因ID | CK1 | CK2 | CK3 | T1-1 | T1-2 | T1-3 | T2-1 | T2-2 | T2-3 | T3-1 | T3-2 | T3-3 | T4-1 | T4-2 | T4-3 | T5-1 | T5-2 | T5-3 |
|---|---|---|---|---|---|---|---|---|---|---|---|---|---|---|---|---|---|---|
| Achn287321 | 4.194 804 | 2.022 841 | 2.205 318 | 13.134 99 | 4.610 788 | 1.329 29 | 2.244 109 | 7.690 406 | 4.486 466 | 3.162 877 | 5.215 372 | 5.558 479 | 12.842 1 | 10.017 1 | 12.534 57 | 6.709 553 | 5.669 724 | 5.845 695 |
| Achn353361 | 0.256 223 | 0.195 533 | 0.399 612 | 1.055 288 | 2.729 079 | 1.242 136 | 0.710 793 | 0.644 919 | 1.045 314 | 0.551 756 | 0.812 417 | 0.838 808 | 0.635 324 | 0.023 266 | 0.304 593 | 0 | 0.255 295 | 0.244 087 |
| Actinidia_chinensis_newGene_6228 | 4.451 528 | 2.400 298 | 2.705 637 | 1.328 911 | 1.928 687 | 0 | 1.589 72 | 1.608 603 | 1.080 467 | 0.813 728 | 1.409 457 | 0.422 408 | 3.227 522 | 4.043 316 | 3.419 991 | 1.630 95 | 1.555 276 | 1.206 968 |
| Achn116931 | 32.539 85 | 25.955 71 | 21.261 49 | 20.660 84 | 19.459 24 | 5.786 337 | 17.437 38 | 16.000 77 | 12.801 52 | 15.215 17 | 13.899 02 | 13.087 48 | 17.872 39 | 16.573 11 | 15.663 16 | 9.757 322 | 12.149 96 | 14.774 57 |
| Achn024491 | 23.474 35 | 15.051 2 | 22.169 02 | 9.217 998 | 8.275 957 | 9.239 37 | 12.272 85 | 12.682 66 | 11.179 98 | 7.737 781 | 5.191 127 | 8.089 735 | 17.282 67 | 27.391 03 | 17.725 15 | 15.489 66 | 24.667 35 | 8.026 608 |
| Actinidia_chinensis_newGene_4486 | 9.587 678 | 7.617 255 | 6.640 973 | 60.285 39 | 19.167 09 | 12.306 04 | 17.953 61 | 27.640 38 | 30.447 27 | 5.927 274 | 7.446 876 | 10.413 94 | 6.564 3 | 4.152 667 | 4.287 215 | 8.379 002 | 12.019 73 | 7.334 584 |
| Actinidia_chinensis_newGene_1501 | 0.655 324 | 0.220 346 | 0.698 36 | 93.774 26 | 12.258 44 | 8.145 773 | 11.622 95 | 104.801 7 | 38.980 66 | 7.354 448 | 15.346 57 | 10.906 1 | 77.142 29 | 122.142 4 | 94.553 94 | 12.465 24 | 13.493 08 | 10.073 98 |
| Achn289341 | 5.024 33 | 4.469 948 | 5.074 547 | 3.325 38 | 3.713 905 | 4.959 068 | 3.106 826 | 3.117 623 | 2.721 426 | 2.061 465 | 2.319 13 | 2.224 553 | 4.208 276 | 5.189 083 | 4.216 202 | 2.485 789 | 2.832 347 | 2.293 071 |
| Achn041501 | 27.414 61 | 30.119 13 | 26.042 33 | 5.019 947 | 6.066 895 | 2.205 585 | 11.386 23 | 10.98 | 12.629 59 | 22.381 73 | 19.600 94 | 18.935 1 | 62.553 57 | 33.165 15 | 32.800 72 | 33.178 77 | 39.502 6 | 32.701 18 |
| Actinidia_chinensis_newGene_1146 | 0.036 2 | 0.036 025 | 0 | 15.696 92 | 0.859 993 | 0.509 863 | 0.306 454 | 7.798 842 | 0.864 21 | 0.199 103 | 0.144 021 | 0.305 057 | 0.769 458 | 8.047 025 | 4.483 617 | 0.763 511 | 0.351 904 | 0.061 219 |
| Achn251301 | 3.772 663 | 2.455 323 | 2.328 155 | 2.880 972 | 2.740 787 | 0.794 881 | 3.637 925 | 3.246 564 | 3.452 297 | 2.951 203 | 3.057 477 | 2.359 141 | 1.297 786 | 1.163 118 | 0.919 142 | 1.585 659 | 2.890 325 | 2.531 207 |
| Achn053401 | 4.449 955 | 3.282 165 | 3.147 873 | 3.846 548 | 3.082 457 | 4.059 213 | 2.858 783 | 4.291 228 | 3.427 23 | 3.339 593 | 3.525 508 | 3.218 635 | 3.575 355 | 3.120 423 | 2.909 216 | 1.900 88 | 1.690 327 | 1.990 427 |
| Achn044801 | 8.546 667 | 6.401 746 | 11.852 11 | 122.910 3 | 59.566 8 | 74.143 95 | 41.274 99 | 94.010 75 | 59.305 78 | 37.958 52 | 56.148 3 | 49.488 55 | 100.453 2 | 105.885 2 | 97.792 25 | 74.864 85 | 55.472 24 | 55.726 64 |
| Achn336721 | 11.573 62 | 13.508 09 | 12.156 67 | 3.926 787 | 6.657 88 | 5.451 913 | 8.359 301 | 4.727 353 | 4.619 559 | 7.425 582 | 4.067 098 | 5.800 461 | 36.707 79 | 37.510 47 | 38.206 46 | 18.298 04 | 12.873 46 | 13.608 92 |
| Achn301111 | 43.501 86 | 44.754 36 | 58.842 05 | 14.363 48 | 13.869 35 | 28.507 19 | 14.578 01 | 12.053 27 | 13.402 36 | 11.790 01 | 8.572 067 | 12.338 68 | 17.623 07 | 58.629 55 | 19.924 14 | 15.401 92 | 25.082 15 | 12.017 38 |
| Achn294111 | 120.679 9 | 108.912 9 | 97.594 56 | 163.407 7 | 47.329 6 | 101.515 4 | 61.195 79 | 109.616 3 | 84.558 37 | 101.939 5 | 102.493 2 | 101.522 6 | 218.147 7 | 252.331 | 249.213 | 116.970 5 | 118.253 1 | 115.106 1 |

（续）

| 基因 ID | CK1 | CK2 | CK3 | T1-1 | T1-2 | T1-3 | T2-1 | T2-2 | T2-3 | T3-1 | T3-2 | T3-3 | T4-1 | T4-2 | T4-3 | T5-1 | T5-2 | T5-3 |
|---|---|---|---|---|---|---|---|---|---|---|---|---|---|---|---|---|---|---|
| Achn053361 | 2.357 863 | 3.122 371 | 5.414 099 | 8.075 987 | 8.629 251 | 7.847 434 | 7.329 459 | 6.069 52 | 4.873 967 | 2.250 193 | 3.396 768 | 1.366 759 | 5.163 941 | 10.988 04 | 10.441 42 | 3.274 242 | 2.092 094 | 1.484 327 |
| Actinidia_chinensis_newGene_5644 | 0.100 38 | 0.289 357 | 0.035 515 | 0.510 506 | 0.099 26 | 0.206 52 | 0.138 501 | 0.389 527 | 0.109 577 | 0.154 66 | 0.415 318 | 0 | 0.172 87 | 0.276 61 | 0.153 646 | 0.683 349 | 1.141 768 | 0.459 954 |
| Actinidia_chinensis_newGene_10984 | 0.399 847 | 0.426 725 | 0.949 359 | 1.396 346 | 0.549 43 | 0.740 51 | 0.298 567 | 0.851 976 | 0.381 334 | 0.894 085 | 1.574 078 | 0.516 822 | 0.805 483 | 0.259 424 | 0.467 423 | 1.318 131 | 1.129 556 | 1.873 031 |
| Achn017011 | 3.184 705 | 2.768 7 | 4.216 594 | 9.576 345 | 6.298 385 | 11.628 75 | 6.876 513 | 6.677 925 | 6.432 465 | 6.246 855 | 5.153 633 | 5.758 881 | 2.918 793 | 3.815 606 | 3.657 461 | 3.351 047 | 3.107 247 | 2.754 003 |
| Achn130301 | 5.726 244 | 6.553 389 | 7.236 771 | 13.528 75 | 16.071 31 | 19.150 68 | 7.213 933 | 7.684 637 | 7.120 625 | 8.162 812 | 6.579 523 | 7.311 662 | 3.476 623 | 4.776 982 | 9.610 194 | 8.675 933 | 8.253 177 | 8.269 864 |
| Achn223861 | 3.479 495 | 3.704 18 | 2.889 5 | 3.542 021 | 1.457 992 | 1.549 464 | 2.233 444 | 2.597 513 | 2.756 018 | 1.849 707 | 2.617 261 | 2.989 886 | 3.855 624 | 4.678 551 | 4.380 65 | 1.569 344 | 2.361 967 | 1.240 623 |
| Achn028211 | 1.157 378 | 1.243 358 | 0.889 191 | 8.429 738 | 1.567 836 | 2.462 676 | 1.256 42 | 5.078 625 | 2.227 366 | 1.340 366 | 2.326 752 | 1.229 007 | 5.285 654 | 8.270 538 | 6.837 913 | 3.316 384 | 3.284 461 | 3.224 283 |
| Actinidia_chinensis_newGene_183 | 5.563 814 | 5.981 303 | 4.906 317 | 4.134 749 | 8.497 695 | 0.362 949 | 18.495 28 | 16.926 55 | 9.963 454 | 4.214 035 | 5.695 641 | 10.722 1 | 2.325 485 | 3.967 326 | 2.603 065 | 1.252 004 | 1.709 95 | 2.192 119 |
| Actinidia_chinensis_newGene_185 | 6.820 102 | 5.317 792 | 7.129 04 | 4.510 947 | 2.609 588 | 22.065 81 | 5.487 863 | 6.157 921 | 7.330 898 | 7.972 481 | 10.524 93 | 6.422 506 | 3.653 095 | 1.022 815 | 2.539 326 | 6.532 076 | 5.719 383 | 6.226 805 |
| Actinidia_chinensis_newGene_5735 | 4.364 187 | 5.651 234 | 3.883 819 | 3.316 317 | 3.603 464 | 2.238 633 | 3.584 686 | 3.329 545 | 3.363 311 | 4.286 464 | 2.816 409 | 4.071 092 | 2.425 099 | 3.164 421 | 3.367 81 | 2.615 395 | 2.603 836 | 1.681 207 |
| Achn372141 | 3.520 744 | 2.590 544 | 3.175 74 | 1.451 975 | 2.339 417 | 0.528 054 | 3.907 464 | 4.341 552 | 2.854 408 | 2.036 443 | 1.268 111 | 2.278 729 | 3.601 423 | 1.838 828 | 2.649 943 | 0.675 501 | 1.478 217 | 1.470 547 |
| Achn002181 | 6.758 122 | 4.917 898 | 5.832 859 | 7.030 781 | 9.921 309 | 7.246 283 | 1.903 84 | 3.174 258 | 5.851 157 | 16.494 79 | 13.020 26 | 17.223 44 | 1.473 262 | 0.926 419 | 1.697 328 | 15.878 71 | 16.889 29 | 9.993 373 |
| Achn183881 | 2.393 723 | 2.502 917 | 3.736 002 | 1.985 804 | 1.392 093 | 2.077 929 | 3.253 267 | 2.017 136 | 2.054 808 | 1.597 331 | 1.730 564 | 2.513 381 | 1.784 758 | 2.940 398 | 2.026 15 | 1.084 388 | 1.275 975 | 1.345 602 |
| Achn158501 | 30.846 03 | 32.260 37 | 35.500 32 | 19.019 87 | 19.668 99 | 11.152 64 | 15.825 5 | 10.536 34 | 14.034 86 | 14.106 66 | 17.890 92 | 15.195 8 | 29.299 08 | 37.669 26 | 42.657 96 | 36.207 47 | 41.729 46 | 29.070 44 |
| Actinidia_chinensis_newGene_2864 | 1.181 478 | 1.374 672 | 0.929 036 | 3.907 974 | 3.144 698 | 3.501 497 | 1.120 21 | 1.824 77 | 1.277 774 | 1.293 529 | 1.741 286 | 1.953 244 | 1.288 224 | 1.993 599 | 1.366 671 | 1.086 294 | 2.083 061 | 1.413 138 |

（续）

| 基因ID | CK1 | CK2 | CK3 | T1-1 | T1-2 | T1-3 | T2-1 | T2-2 | T2-3 | T3-1 | T3-2 | T3-3 | T4-1 | T4-2 | T4-3 | T5-1 | T5-2 | T5-3 |
|---|---|---|---|---|---|---|---|---|---|---|---|---|---|---|---|---|---|---|
| Achn381471 | 1.317 826 | 1.077 797 | 0.708 082 | 0.459 023 | 1.168 833 | 0.105 674 | 1.468 885 | 1.135 262 | 0.702 639 | 1.255 956 | 1.249 846 | 0.821 549 | 0.462 554 | 0.209 556 | 0.204 563 | 0.523 827 | 0.484 377 | 0.739 905 |
| Achn250771 | 3.678 021 | 2.286 602 | 2.596 723 | 6.753 707 | 5.480 857 | 14.332 03 | 2.571 739 | 3.490 963 | 4.289 742 | 4.759 319 | 7.322 444 | 6.177 935 | 3.538 362 | 3.849 824 | 2.675 802 | 6.117 781 | 7.041 192 | 6.278 457 |
| Actinidia_chinensis_newGene_5848 | 5.066 851 | 4.068 741 | 3.522 99 | 1.957 715 | 2.238 005 | 2.932 381 | 2.099 799 | 2.678 498 | 1.964 357 | 3.994 558 | 3.295 132 | 3.499 801 | 5.057 662 | 4.137 717 | 3.356 836 | 4.257 483 | 6.076 247 | 7.234 83 |
| Achn380131 | 0.836 068 | 1.446 594 | 0.809 255 | 0.264 846 | 0.198 048 | 0.338 042 | 0.736 442 | 0.931 976 | 0.429 109 | 0.720 975 | 0.170 65 | 0.210 688 | 0.707 082 | 0.238 059 | 0.205 008 | 0.249 154 | 0.243 042 | 0.062 222 |
| Actinidia_chinensis_newGene_5121 | 1.250 968 | 1.579 188 | 0.865 15 | 2.240 652 | 3.839 842 | 4.026 274 | 3.107 217 | 5.082 071 | 4.171 761 | 2.882 272 | 2.980 684 | 3.556 71 | 2.410 921 | 2.399 358 | 1.319 624 | 1.590 297 | 2.341 775 | 0.956 04 |
| Achn055501 | 1.031 211 | 0.792 243 | 0.831 991 | 0.685 777 | 0.381 613 | 0.310 718 | 1.135 03 | 0.511 719 | 1.003 93 | 2.266 118 | 1.130 464 | 1.233 994 | 1.981 793 | 1.178 908 | 1.108 951 | 3.216 604 | 5.555 726 | 1.928 665 |
| Achn131111 | 8.970 811 | 12.677 61 | 9.117 815 | 1.182 719 | 2.682 078 | 0.502 7 | 6.162 357 | 2.527 26 | 2.308 677 | 2.426 568 | 2.231 865 | 2.031 164 | 11.788 15 | 18.205 2 | 17.672 12 | 9.811 708 | 8.327 153 | 7.676 06 |
| Achn382761 | 0.396 429 | 1.109 356 | 0.628 141 | 1.053 144 | 0.891 483 | 1.518 405 | 0.378 969 | 0.516 366 | 1.162 049 | 1.082 227 | 1.784 256 | 0.986 159 | 0.982 252 | 0.861 982 | 0.931 118 | 1.839 376 | 2.880 497 | 2.352 994 |
| Achn293141 | 0.973 352 | 1.091 431 | 1.157 697 | 0.394 735 | 0.586 477 | 0.502 187 | 1.714 695 | 1.195 353 | 0.641 374 | 2.126 188 | 1.711 949 | 0.855 934 | 0.072 643 | 0.448 321 | 0.430 196 | 0.719 575 | 0.933 332 | 0.666 885 |
| Achn023741 | 351.805 2 | 371.110 2 | 331.658 4 | 240.265 5 | 188.030 7 | 128.742 4 | 203.850 3 | 193.064 5 | 184.679 | 269.749 8 | 222.825 1 | 222.92 | 296.759 6 | 191.101 2 | 218.770 3 | 359.945 8 | 358.160 1 | 363.385 4 |
| Achn034521 | 116.474 4 | 112.287 7 | 104.783 6 | 34.708 58 | 34.575 02 | 5.755 816 | 40.549 11 | 43.405 96 | 37.744 13 | 33.534 35 | 33.132 39 | 26.267 77 | 111.067 4 | 96.680 77 | 95.847 92 | 53.168 25 | 68.715 89 | 83.205 1 |
| Achn025371 | 3.142 624 | 4.061 744 | 3.947 192 | 3.328 142 | 1.393 029 | 4.086 422 | 1.749 424 | 2.265 491 | 1.637 155 | 1.682 534 | 1.698 211 | 1.341 157 | 5.208 131 | 7.701 042 | 6.511 631 | 3.070 619 | 3.277 332 | 3.384 95 |
| Achn116751 | 11.754 77 | 12.169 34 | 12.382 07 | 5.376 09 | 7.517 55 | 6.753 871 | 8.011 277 | 7.967 603 | 8.132 535 | 9.776 048 | 6.304 204 | 8.997 226 | 10.986 69 | 11.623 97 | 12.513 49 | 9.315 814 | 12.079 22 | 11.044 61 |
| Achn176891 | 5.679 525 | 6.100 791 | 6.409 562 | 2.533 307 | 3.246 208 | 3.099 461 | 2.278 652 | 2.062 133 | 1.792 157 | 2.564 484 | 2.528 07 | 3.497 829 | 6.630 631 | 7.038 54 | 5.227 23 | 9.803 406 | 10.107 33 | 7.281 696 |
| Achn200361 | 1.295 321 | 0.711 112 | 1.171 351 | 2.536 162 | 3.057 087 | 5.110 406 | 2.518 12 | 1.944 01 | 1.799 472 | 2.513 579 | 0.664 364 | 2.542 359 | 0.979 791 | 1.034 833 | 1.159 532 | 1.185 625 | 2.069 735 | 1.957 251 |
| Achn101791 | 0.246 142 | 0.227 109 | 0.320 954 | 0.328 316 | 0.509 654 | 0.262 235 | 0.325 323 | 0.249 774 | 0.294 507 | 0.221 588 | 0.132 234 | 0.146 95 | 0.655 597 | 1.088 253 | 0.797 009 | 0.086 714 | 0.260 92 | 0.132 547 |
| Achn282721 | 0.335 537 | 0.351 402 | 0.999 107 | 12.030 67 | 0.558 012 | 1.725 943 | 0.757 815 | 8.709 551 | 1.132 554 | 0.467 317 | 0.857 85 | 0.411 853 | 2.175 175 | 11.293 15 | 9.566 688 | 1.723 354 | 2.039 932 | 0.820 304 |
| Achn182861 | 8.417 376 | 7.032 685 | 10.478 6 | 10.921 43 | 4.335 594 | 7.108 355 | 13.364 14 | 14.118 46 | 7.034 779 | 3.250 792 | 3.025 495 | 3.897 189 | 11.722 33 | 35.563 91 | 42.193 98 | 12.194 9 | 12.491 41 | 12.791 67 |

（续）

| 基因ID | CK1 | CK2 | CK3 | T1-1 | T1-2 | T1-3 | T2-1 | T2-2 | T2-3 | T3-1 | T3-2 | T3-3 | T4-1 | T4-2 | T4-3 | T5-1 | T5-2 | T5-3 |
|---|---|---|---|---|---|---|---|---|---|---|---|---|---|---|---|---|---|---|
| Achn290511 | 6.207 854 | 7.138 443 | 5.906 25 | 33.603 95 | 13.146 29 | 0.923 809 | 59.915 34 | 48.378 23 | 25.235 34 | 10.867 09 | 9.457 313 | 13.316 09 | 6.566 521 | 55.761 9 | 103.220 1 | 6.567 334 | 3.330 916 | 6.902 537 |
| Achn177341 | 1.522 63 | 0.996 338 | 1.569 291 | 1.314 334 | 1.488 768 | 9.816 401 | 2.557 575 | 3.224 672 | 1.578 237 | 2.033 334 | 2.168 508 | 1.827 342 | 2.686 577 | 3.598 245 | 3.690 56 | 1.387 346 | 1.371 463 | 1.050 647 |
| Actinidia_chinensis_newGene_9102 | 0 | 0 | 0 | 1.787 752 | 1.248 655 | 11.108 02 | 1.688 596 | 1.320 19 | 1.494 186 | 2.062 205 | 2.311 293 | 3.340 049 | 0 | 0 | 0.383 441 | 2.400 949 | 2.330 312 | 2.329 421 |
| Actinidia_chinensis_newGene_9103 | 3.128 19 | 3.222 757 | 2.761 615 | 23.279 72 | 15.066 45 | 59.485 02 | 5.486 515 | 10.974 61 | 9.128 771 | 13.553 89 | 19.855 44 | 14.819 51 | 3.156 378 | 1.611 262 | 2.258 646 | 18.904 74 | 15.941 07 | 8.822 259 |
| Achn002221 | 1.153 856 | 1.542 51 | 1.064 613 | 0.659 774 | 0.448 837 | 3.513 156 | 0.551 6 | 0.244 906 | 0.438 703 | 0.417 723 | 0.832 515 | 0.498 424 | 0.527 494 | 0.825 271 | 1.108 372 | 0.253 445 | 0.365 571 | 0.851 834 |
| Achn295021 | 3.692 058 | 3.005 787 | 3.178 96 | 2.231 177 | 2.681 358 | 2.006 825 | 1.154 788 | 2.030 394 | 1.350 476 | 3.149 719 | 3.795 505 | 3.250 656 | 2.354 674 | 1.882 73 | 1.697 402 | 4.007 916 | 4.758 024 | 4.131 378 |
| Achn113901 | 0.076 392 | 0.203 37 | 0.074 019 | 0.479 559 | 0.279 272 | 0.309 881 | 0.043 773 | 0.046 84 | 0.165 41 | 0.117 485 | 0.232 433 | 0.246 366 | 0.180 513 | 0.189 08 | 0.233 293 | 0.616 376 | 0.779 104 | 1.318 033 |
| Achn057801 | 9.374 925 | 6.174 454 | 5.652 327 | 22.289 66 | 23.593 54 | 21.179 61 | 16.326 44 | 17.235 7 | 13.999 62 | 14.326 01 | 14.398 28 | 13.762 65 | 4.896 533 | 5.679 446 | 5.216 701 | 5.947 741 | 6.845 551 | 6.778 229 |
| Achn387591 | 9.101 747 | 11.023 68 | 11.565 94 | 120.802 2 | 79.755 8 | 63.217 77 | 16.013 7 | 17.552 49 | 16.090 24 | 7.600 337 | 13.217 1 | 10.241 84 | 5.511 057 | 11.462 9 | 13.982 31 | 9.193 325 | 4.588 05 | 11.143 16 |
| Achn117571 | 1.631 279 | 1.326 161 | 1.002 312 | 0.738 505 | 0.755 832 | 0.534 457 | 0.425 332 | 1.087 392 | 0.362 825 | 1.009 45 | 1.364 682 | 1.506 815 | 1.228 491 | 0.985 684 | 0.554 1 | 2.046 449 | 2.050 454 | 1.750 309 |
| Actinidia_chinensis_newGene_5595 | 8.619 1 | 11.595 35 | 13.969 08 | 18.301 82 | 19.846 12 | 14.805 21 | 11.020 89 | 10.927 11 | 7.200 874 | 5.290 205 | 7.616 829 | 6.411 729 | 6.706 521 | 6.634 141 | 7.783 712 | 3.399 474 | 4.365 886 | 5.688 055 |
| Actinidia_chinensis_newGene_5596 | 1.849 395 | 1.569 66 | 1.638 317 | 14.441 8 | 11.728 63 | 3.412 145 | 8.775 248 | 8.252 523 | 6.236 593 | 8.971 964 | 8.560 07 | 12.105 24 | 1.283 212 | 0.991 546 | 1.171 178 | 1.296 224 | 1.763 281 | 0.785 324 |
| Achn175181 | 0.348 966 | 0.051 653 | 0.256 727 | 0.404 139 | 0.742 021 | 1.163 103 | 0.476 55 | 0.974 439 | 0.137 024 | 0.435 561 | 0.293 577 | 1.103 057 | 0.775 042 | 1.880 093 | 0.849 503 | 1.806 56 | 1.207 935 | 1.093 509 |
| Achn213921 | 2.327 304 | 4.277 478 | 5.304 78 | 6.051 701 | 6.460 351 | 13.835 98 | 3.130 731 | 3.641 928 | 2.148 045 | 7.982 929 | 9.024 519 | 6.242 515 | 8.677 807 | 13.193 43 | 17.086 24 | 24.265 81 | 23.846 55 | 15.995 21 |
| Achn304641 | 0.181 408 | 0.439 789 | 0.589 344 | 0.287 555 | 0.215 008 | 0.089 383 | 0.313 291 | 0.150 571 | 0.320 061 | 0.220 429 | 0.297 186 | 0.528 649 | 1.092 089 | 1.813 395 | 1.123 729 | 0.586 058 | 0.629 235 | 0.534 849 |
| Achn311561 | 82.360 99 | 78.953 53 | 72.762 18 | 59.173 93 | 51.142 55 | 26.071 48 | 45.859 08 | 40.449 14 | 30.866 05 | 34.129 21 | 26.382 06 | 29.078 3 | 63.699 39 | 89.437 54 | 88.545 94 | 40.673 36 | 48.505 36 | 65.133 77 |

（续）

| 基因 ID | CK1 | CK2 | CK3 | T1-1 | T1-2 | T1-3 | T2-1 | T2-2 | T2-3 | T3-1 | T3-2 | T3-3 | T4-1 | T4-2 | T4-3 | T5-1 | T5-2 | T5-3 |
|---|---|---|---|---|---|---|---|---|---|---|---|---|---|---|---|---|---|---|
| Actinidia_chinensis_newGene_1699 | 7.222 206 | 7.746 543 | 10.313 13 | 20.370 88 | 14.716 88 | 32.178 51 | 15.364 36 | 12.474 26 | 14.467 39 | 10.158 51 | 10.696 18 | 13.924 76 | 6.689 765 | 7.176 675 | 5.099 257 | 6.248 229 | 8.291 436 | 6.019 017 |
| Achn196651 | 0.488 544 | 0.336 681 | 0.987 993 | 44.067 68 | 7.184 809 | 7.283 856 | 3.594 296 | 33.956 52 | 3.086 667 | 1.533 976 | 2.078 751 | 1.846 534 | 2.961 663 | 39.991 97 | 26.510 65 | 1.241 453 | 0.903 229 | 0.714 055 |
| Achn370051 | 1.858 308 | 3.730 3 | 4.200 881 | 2.667 6 | 3.011 666 | 7.328 03 | 3.090 138 | 2.522 098 | 4.370 691 | 0.850 544 | 2.474 55 | 1.839 876 | 6.427 664 | 9.792 798 | 9.804 645 | 3.221 209 | 0.926 608 | 2.062 072 |
| Achn336301 | 0.528 38 | 0.683 998 | 0.633 386 | 1.385 167 | 1.182 332 | 2.031 216 | 0.895 165 | 1.209 099 | 1.111 856 | 0.639 646 | 0.466 595 | 0.580 688 | 1.577 013 | 2.005 519 | 1.532 941 | 1.295 969 | 1.034 291 | 0.657 011 |
| Achn338411 | 7.624 959 | 15.311 13 | 31.104 71 | 137.400 7 | 98.116 86 | 32.940 45 | 103.657 9 | 113.929 1 | 77.731 23 | 34.669 01 | 33.817 07 | 37.286 47 | 12.368 22 | 42.830 43 | 47.156 72 | 18.372 85 | 16.494 75 | 18.326 86 |
| Achn173241 | 284.668 4 | 224.412 6 | 249.948 9 | 413.570 7 | 569.296 9 | 637.731 5 | 464.498 2 | 526.217 | 549.948 4 | 435.112 6 | 444.328 6 | 464.061 4 | 311.037 9 | 322.611 4 | 273.455 5 | 350.946 1 | 340.470 7 | 334.118 7 |
| Achn186551 | 2.439 137 | 2.456 136 | 1.940 225 | 1.092 818 | 1.217 544 | 0.468 601 | 1.418 478 | 1.433 693 | 1.582 831 | 1.298 008 | 1.279 218 | 0.746 874 | 2.452 969 | 0.951 353 | 1.609 5 | 1.557 354 | 2.005 152 | 2.774 681 |
| Actinidia_chinensis_newGene_3424 | 0.502 766 | 0.479 942 | 0.455 716 | 1.333 256 | 1.556 502 | 1.568 544 | 0.862 67 | 0.849 325 | 0.332 566 | 1.298 147 | 1.149 569 | 0.567 835 | 0.948 384 | 2.453 853 | 0.959 415 | 0.894 989 | 0.665 861 | 1.044 94 |
| Achn139181 | 25.541 39 | 23.417 68 | 24.049 31 | 4.269 369 | 7.657 083 | 7.682 462 | 7.072 14 | 7.221 894 | 5.623 465 | 7.617 9 | 4.970 311 | 6.361 925 | 18.887 55 | 18.198 04 | 18.633 75 | 17.819 81 | 21.139 32 | 18.385 6 |
| Actinidia_chinensis_newGene_2123 | 7.525 874 | 4.485 992 | 5.575 206 | 6.510 182 | 4.685 79 | 0.742 476 | 3.977 721 | 3.973 467 | 4.026 487 | 2.020 14 | 3.792 161 | 3.589 835 | 6.139 908 | 5.194 533 | 3.084 439 | 4.365 521 | 6.791 425 | 9.069 661 |
| Achn244251 | 2.792 525 | 1.838 66 | 2.259 671 | 4.495 831 | 4.776 567 | 18.252 98 | 3.937 99 | 4.259 373 | 3.690 033 | 3.729 756 | 3.816 889 | 3.026 684 | 1.705 931 | 2.594 573 | 2.961 663 | 2.926 861 | 2.102 878 | 1.832 996 |
| Achn122621 | 13.495 63 | 12.513 09 | 9.401 699 | 4.295 492 | 4.435 726 | 2.389 102 | 1.883 046 | 2.352 009 | 1.889 742 | 2.787 026 | 2.326 407 | 3.389 966 | 7.310 326 | 12.983 7 | 9.716 526 | 5.324 452 | 6.996 222 | 8.321 934 |
| Actinidia_chinensis_newGene_4402 | 3.349 688 | 3.466 965 | 2.492 49 | 11.380 87 | 6.040 083 | 6.566 234 | 5.304 619 | 4.018 52 | 5.085 452 | 3.652 783 | 4.934 474 | 4.714 174 | 3.310 507 | 6.319 775 | 5.110 733 | 1.413 486 | 3.397 945 | 2.024 917 |
| Achn138321 | 4.903 086 | 6.531 592 | 4.739 764 | 20.200 15 | 11.541 69 | 11.274 64 | 12.205 79 | 17.442 78 | 10.454 28 | 8.738 419 | 10.201 94 | 8.682 86 | 17.555 12 | 18.424 57 | 22.512 41 | 10.254 35 | 10.877 01 | 9.689 471 |
| Achn318201 | 5.012 347 | 3.353 427 | 2.842 581 | 0.866 116 | 0.715 699 | 0.149 311 | 0.456 903 | 1.611 759 | 0.756 69 | 1.863 754 | 1.252 549 | 1.928 72 | 2.528 03 | 0.324 124 | 0.707 013 | 3.085 844 | 3.279 554 | 5.916 459 |
| Achn134931 | 0.649 652 | 1.361 071 | 1.077 215 | 0 | 0.282 56 | 0.043 974 | 0.428 385 | 0.368 228 | 0.173 072 | 0.470 387 | 0.390 906 | 0.058 914 | 0.773 14 | 1.950 225 | 1.060 557 | 0.309 803 | 0.609 604 | 1.023 559 |

（续）

| 基因 ID | CK1 | CK2 | CK3 | T1-1 | T1-2 | T1-3 | T2-1 | T2-2 | T2-3 | T3-1 | T3-2 | T3-3 | T4-1 | T4-2 | T4-3 | T5-1 | T5-2 | T5-3 |
|---|---|---|---|---|---|---|---|---|---|---|---|---|---|---|---|---|---|---|
| Actinidia_chinensis_newGene_7831 | 3.617 735 | 4.656 316 | 3.485 274 | 22.427 26 | 2.482 919 | 0.604 932 | 5.687 932 | 7.734 185 | 8.277 23 | 13.266 11 | 22.517 59 | 15.879 22 | 28.236 81 | 3.720 489 | 11.770 6 | 40.865 89 | 28.621 | 16.407 51 |
| Achn295201 | 3.883 536 | 3.487 682 | 3.369 213 | 58.588 35 | 5.841 889 | 10.757 35 | 2.722 09 | 16.492 3 | 1.705 926 | 3.017 453 | 2.032 42 | 3.010 732 | 5.833 366 | 11.595 84 | 14.771 21 | 11.202 1 | 17.691 85 | 10.231 05 |
| Achn349581 | 0.742 732 | 0.895 727 | 1.057 923 | 0.397 012 | 0.564 897 | 0.737 359 | 0.328 105 | 0.338 102 | 0.309 514 | 0.514 149 | 0.394 632 | 0.101 073 | 0.325 694 | 0.725 2 | 0.586 667 | 0.281 478 | 0.245 308 | 0.348 68 |
| Achn030601 | 344.981 2 | 269.047 7 | 220.427 3 | 332.773 | 148.952 6 | 173.390 4 | 144.198 7 | 167.899 5 | 166.339 7 | 125.042 | 120.779 1 | 108.741 | 193.243 5 | 80.452 62 | 151.033 2 | 150.897 4 | 167.756 3 | 218.219 6 |
| Achn263701 | 1.650 971 | 1.115 758 | 2.036 76 | 0.340 784 | 0.576 88 | 1.119 453 | 0.478 358 | 0.823 397 | 0.323 209 | 0.177 741 | 0.434 342 | 0.130 106 | 0.133 478 | 0.483 82 | 0.283 145 | 0.564 92 | 0.835 39 | 0 |
| Achn152511 | 6.944 873 | 7.203 034 | 6.552 331 | 3.784 867 | 4.022 131 | 7.118 074 | 3.025 5 | 3.595 466 | 2.844 387 | 5.728 431 | 5.779 396 | 5.582 494 | 5.292 421 | 5.120 999 | 6.061 445 | 8.228 299 | 10.037 34 | 9.025 042 |
| Achn298111 | 0.160 755 | 0.058 563 | 0 | 0.088 339 | 0.370 53 | 0 | 0.260 971 | 0.388 247 | 0.300 948 | 1.527 575 | 1.190 243 | 1.223 312 | 0.199 816 | 0 | 0 | 0.409 673 | 0.224 878 | 0.187 451 |
| Achn236921 | 55.637 33 | 57.397 53 | 58.890 45 | 53.130 02 | 39.590 75 | 34.249 81 | 27.969 17 | 27.610 12 | 29.649 7 | 31.818 07 | 27.591 43 | 25.190 25 | 46.019 | 34.220 99 | 57.997 61 | 25.503 5 | 28.064 09 | 33.196 13 |
| Achn211711 | 2.578 655 | 2.615 145 | 2.954 777 | 7.348 095 | 6.054 61 | 12.396 29 | 4.547 411 | 4.659 75 | 3.386 1 | 6.041 781 | 6.316 007 | 5.815 246 | 1.675 696 | 1.355 328 | 1.161 315 | 3.538 696 | 3.869 269 | 3.649 391 |
| Achn119721 | 0.629 441 | 0.581 732 | 0.707 815 | 0 | 0 | 0 | 0.207 829 | 0 | 0.116 448 | 0.679 892 | 0.445 491 | 0.361 162 | 0.988 864 | 0.825 49 | 0.871 609 | 4.047 596 | 2.882 504 | 1.320 829 |
| Achn348041 | 0.076 125 | 0.160 18 | 0.098 493 | 0.457 205 | 0.282 594 | 0.773 567 | 0.161 562 | 0.378 796 | 0.076 175 | 0.094 605 | 0.352 48 | 0.048 287 | 0.101 835 | 0.223 615 | 0.210 581 | 0.217 767 | 0.265 7 | 0.193 404 |
| Achn056171 | 3.523 499 | 0.526 612 | 0.196 532 | 0.602 506 | 1.121 504 | 0 | 0.652 621 | 1.432 924 | 1.796 547 | 3.920 564 | 6.156 866 | 4.451 972 | 2.546 871 | 0.747 821 | 1.261 198 | 5.944 031 | 10.662 23 | 9.930 833 |
| Achn121661 | 0.283 778 | 0.530 383 | 0.435 538 | 0.171 758 | 0.394 672 | 0.640 306 | 0.424 408 | 0.156 762 | 0.380 815 | 0.366 548 | 0.428 083 | 0.182 558 | 1.096 867 | 2.743 069 | 1.154 026 | 0.796 015 | 0.599 741 | 0.730 789 |
| Achn240591 | 21.504 63 | 19.430 58 | 17.294 68 | 35.256 51 | 35.848 06 | 61.996 14 | 24.385 08 | 32.805 21 | 27.968 14 | 46.525 37 | 50.912 47 | 52.620 47 | 33.638 25 | 29.115 11 | 30.641 43 | 34.873 06 | 37.451 08 | 31.957 87 |
| Achn033491 | 0.365 802 | 1.639 568 | 1.230 562 | 8.433 454 | 3.611 476 | 5.595 734 | 2.075 236 | 2.169 493 | 2.055 296 | 0.964 328 | 0.824 994 | 0.265 733 | 2.036 096 | 2.622 833 | 2.522 964 | 0.584 379 | 0.720 746 | 0.465 496 |
| Actinidia_chinensis_newGene_106 | 4.690 97 | 7.677 469 | 5.339 417 | 2.291 05 | 3.364 182 | 4.052 084 | 1.700 642 | 2.598 211 | 3.650 708 | 3.946 465 | 2.092 852 | 3.851 106 | 5.979 907 | 4.915 704 | 7.642 082 | 3.567 806 | 5.207 123 | 1.634 733 |
| Actinidia_chinensis_newGene_9654 | 16.959 02 | 17.377 36 | 11.393 13 | 9.847 297 | 7.975 621 | 2.160 684 | 9.127 66 | 5.985 149 | 5.154 642 | 9.667 959 | 9.980 653 | 11.463 06 | 9.356 346 | 8.995 49 | 12.273 72 | 10.780 99 | 9.993 129 | 11.249 27 |

（续）

| 基因ID | CK1 | CK2 | CK3 | T1-1 | T1-2 | T1-3 | T2-1 | T2-2 | T2-3 | T3-1 | T3-2 | T3-3 | T4-1 | T4-2 | T4-3 | T5-1 | T5-2 | T5-3 |
|---|---|---|---|---|---|---|---|---|---|---|---|---|---|---|---|---|---|---|
| Achn153001 | 9.584 822 | 8.456 395 | 9.796 392 | 0.388 488 | 1.831 387 | 0.155 086 | 4.383 371 | 3.382 619 | 3.100 298 | 7.558 399 | 4.597 452 | 5.735 987 | 4.362 171 | 4.295 477 | 6.132 505 | 18.486 9 | 17.904 | 21.534 04 |
| Actinidia_chinensis_newGene_1207 | 2.755 579 | 1.528 546 | 0.864 123 | 0 | 0.267 13 | 0.468 965 | 0.502 354 | 0.804 239 | 1.160 354 | 1.292 537 | 0.936 455 | 1.977 798 | 2.798 498 | 1.637 312 | 2.337 647 | 1.106 32 | 2.490 318 | 2.680 832 |
| Actinidia_chinensis_newGene_8452 | 0.195 924 | 0.402 268 | 0.200 321 | 2.161 368 | 1.546 016 | 0.675 174 | 1.159 103 | 1.704 532 | 1.768 413 | 0.695 278 | 1.060 715 | 2.339 37 | 0.209 962 | 0.255 601 | 0.476 567 | 0.730 096 | 1.062 57 | 0.055 804 |
| Achn212601 | 3.226 228 | 3.009 686 | 3.122 06 | 2.005 692 | 1.155 044 | 0.750 406 | 1.063 392 | 1.241 01 | 1.537 278 | 2.244 126 | 2.394 668 | 2.791 026 | 2.761 486 | 2.636 106 | 2.395 864 | 2.830 641 | 4.183 293 | 1.523 97 |
| Actinidia_chinensis_newGene_2351 | 0.586 067 | 0.865 397 | 0.492 915 | 3.359 646 | 3.091 908 | 4.502 311 | 2.657 088 | 1.854 762 | 1.995 819 | 2.566 943 | 2.090 686 | 1.250 365 | 0.415 693 | 0.587 669 | 0.833 829 | 0.406 599 | 0.641 37 | 0.475 711 |
| Actinidia_chinensis_newGene_2358 | 0.077 041 | 0.211 207 | 0.166 001 | 0.551 024 | 0.814 565 | 4.145 837 | 0.345 646 | 0.506 976 | 0.360 406 | 0.633 398 | 0.739 22 | 1.105 111 | 0.241 787 | 0.253 327 | 0.290 428 | 0.167 236 | 0.298 962 | 0.392 841 |
| Achn108421 | 18.577 91 | 16.331 22 | 16.924 56 | 12.454 35 | 12.317 93 | 83.102 04 | 8.863 95 | 11.149 88 | 9.405 435 | 19.778 14 | 21.686 11 | 22.715 55 | 24.423 64 | 15.632 06 | 28.070 12 | 60.443 59 | 52.582 41 | 39.715 45 |
| Achn185051 | 101.328 7 | 72.798 82 | 103.881 8 | 389.043 7 | 339.645 3 | 330.466 3 | 231.646 | 260.291 | 228.299 5 | 160.597 5 | 179.088 | 190.125 9 | 126.647 1 | 213.172 | 199.684 8 | 130.482 5 | 106.184 8 | 107.948 2 |
| Achn141871 | 46.838 19 | 62.483 87 | 54.454 03 | 49.078 77 | 12.917 55 | 5.097 256 | 33.555 19 | 26.769 15 | 19.105 71 | 21.181 | 10.573 8 | 13.711 03 | 57.715 38 | 85.587 27 | 96.713 27 | 38.315 83 | 46.861 03 | 35.398 14 |
| Actinidia_chinensis_newGene_4216 | 1.657 464 | 1.668 925 | 1.432 679 | 1.527 083 | 1.365 461 | 3.260 898 | 0.853 665 | 0.670 895 | 0.731 089 | 1.512 482 | 1.689 211 | 1.382 654 | 2.791 096 | 2.500 252 | 2.454 116 | 4.406 127 | 3.839 882 | 3.948 92 |
| Achn310081 | 0.216 337 | 0.419 215 | 0.399 959 | 0.264 332 | 0.221 05 | 0.177 974 | 0.167 95 | 0.294 437 | 0.538 77 | 0.612 366 | 0 | 0.123 726 | 1.216 751 | 1.128 961 | 1.144 597 | 0.332 502 | 0.559 135 | 0.209 546 |
| Achn250991 | 4.778 468 | 8.095 615 | 6.977 207 | 6.201 192 | 4.566 025 | 1.771 577 | 4.596 184 | 5.328 009 | 3.842 124 | 3.482 079 | 2.471 372 | 2.751 637 | 8.664 394 | 15.021 44 | 19.561 05 | 3.941 689 | 3.591 384 | 3.930 94 |
| Actinidia_chinensis_newGene_11482 | 109.178 9 | 127.384 1 | 145.941 8 | 192.244 9 | 178.303 3 | 120.005 5 | 285.092 7 | 268.463 5 | 242.660 2 | 182.425 5 | 190.726 | 167.575 3 | 111.453 1 | 130.233 8 | 145.809 | 151.555 | 134.111 1 | 131.012 3 |
| Achn279041 | 2.837 748 | 4.273 836 | 3.452 026 | 9.854 777 | 3.566 855 | 4.938 884 | 5.773 543 | 11.055 35 | 4.893 461 | 8.479 479 | 8.411 544 | 7.741 905 | 5.348 37 | 17.122 93 | 13.529 15 | 7.940 073 | 8.012 078 | 7.596 75 |
| Achn253311 | 27.177 86 | 45.521 24 | 37.728 99 | 13.916 83 | 18.547 66 | 8.068 403 | 67.921 88 | 62.437 31 | 52.120 92 | 15.560 55 | 9.975 984 | 8.207 774 | 32.818 92 | 61.491 15 | 40.819 97 | 14.790 1 | 10.498 73 | 13.987 05 |

（续）

| 基因 ID | CK1 | CK2 | CK3 | T1-1 | T1-2 | T1-3 | T2-1 | T2-2 | T2-3 | T3-1 | T3-2 | T3-3 | T4-1 | T4-2 | T4-3 | T5-1 | T5-2 | T5-3 |
|---|---|---|---|---|---|---|---|---|---|---|---|---|---|---|---|---|---|---|
| Achn017251 | 122.872 7 | 127.867 3 | 124.839 5 | 67.156 36 | 43.734 57 | 50.121 19 | 92.146 84 | 86.208 18 | 83.482 57 | 33.974 85 | 31.849 36 | 33.175 85 | 285.069 5 | 498.671 5 | 475.179 6 | 55.709 43 | 73.823 55 | 81.119 79 |
| Achn298631 | 3.950 532 | 3.862 893 | 3.735 21 | 2.749 413 | 2.633 284 | 6.252 587 | 1.317 584 | 2.351 404 | 1.625 581 | 2.895 746 | 3.082 344 | 2.660 092 | 3.082 829 | 3.566 286 | 3.053 383 | 3.925 965 | 5.164 272 | 4.640 834 |
| Achn293621 | 2.920 646 | 2.429 737 | 3.243 023 | 2.338 127 | 2.085 715 | 3.354 713 | 2.014 163 | 2.225 616 | 1.960 588 | 2.979 25 | 4.100 941 | 2.669 133 | 0.637 072 | 0.358 04 | 0.667 541 | 4.354 153 | 1.689 447 | 1.297 514 |
| Achn106271 | 2.288 915 | 1.106 465 | 1.406 62 | 1.071 784 | 1.631 171 | 0.260 964 | 3.226 275 | 2.794 461 | 2.727 159 | 1.565 246 | 1.068 474 | 1.173 231 | 1.428 7 | 2.454 818 | 2.058 284 | 0.213 538 | 0.611 55 | 0.852 374 |
| Achn387421 | 7.494 798 | 12.540 92 | 8.894 092 | 6.416 685 | 4.270 507 | 8.804 857 | 12.817 84 | 9.522 912 | 11.559 06 | 12.745 23 | 6.079 943 | 4.827 274 | 21.045 47 | 26.763 78 | 19.682 52 | 31.268 41 | 21.077 64 | 13.267 36 |
| Achn078491 | 1.664 719 | 0.826 488 | 1.425 303 | 1.060 627 | 0.638 669 | 0.133 049 | 0.086 15 | 0.229 667 | 0.367 607 | 0.394 345 | 0.415 085 | 0.392 728 | 0.359 873 | 0.327 883 | 0.347 113 | 0.665 42 | 0.962 561 | 1.392 963 |
| Achn083751 | 0.514 139 | 0.935 613 | 0.573 134 | 0.859 784 | 0.906 592 | 1.470 705 | 1.033 38 | 0.654 309 | 0.709 739 | 0.544 115 | 1.183 35 | 1.243 714 | 1.169 194 | 1.214 102 | 1.177 015 | 2.616 06 | 3.664 11 | 1.937 032 |
| Achn321781 | 4.981 956 | 5.473 306 | 5.457 083 | 2.886 119 | 2.549 98 | 1.407 133 | 4.796 662 | 3.409 739 | 3.524 31 | 3.203 786 | 1.303 875 | 2.247 479 | 5.491 167 | 3.791 979 | 3.415 476 | 3.194 155 | 3.679 831 | 4.604 894 |
| Achn186961 | 13.574 21 | 11.431 8 | 10.972 65 | 50.525 23 | 26.656 72 | 22.270 31 | 16.771 75 | 26.217 03 | 21.180 59 | 22.667 22 | 25.669 | 29.188 47 | 12.869 33 | 12.143 09 | 15.326 09 | 13.682 82 | 10.545 69 | 13.271 26 |
| Achn005601 | 0.953 279 | 1.189 195 | 1.491 923 | 0.755 572 | 0.953 646 | 0.958 696 | 0.453 766 | 0.580 218 | 0.523 958 | 1.274 416 | 0.955 806 | 1.601 505 | 0.370 743 | 0.591 697 | 0.640 5 | 0.498 211 | 0.720 93 | 0.359 144 |
| Actinidia_chinensis_newGene_11841 | 7.221 879 | 7.383 329 | 7.941 95 | 3.495 966 | 3.549 22 | 4.009 336 | 4.739 157 | 4.630 882 | 4.294 933 | 5.839 464 | 5.420 217 | 6.394 439 | 6.678 242 | 6.976 062 | 6.223 232 | 12.481 43 | 10.646 9 | 6.960 549 |
| Achn081861 | 12.719 97 | 15.938 96 | 13.997 87 | 7.908 648 | 8.869 319 | 13.638 75 | 15.244 57 | 14.680 74 | 12.708 52 | 11.839 38 | 12.776 74 | 14.304 77 | 23.134 4 | 27.835 13 | 34.016 34 | 11.022 97 | 9.883 472 | 11.480 23 |
| Achn362421 | 21.525 88 | 29.052 11 | 29.974 71 | 26.688 84 | 40.982 59 | 32.833 66 | 43.214 09 | 32.568 71 | 43.590 68 | 39.299 17 | 42.574 08 | 34.841 45 | 52.316 01 | 53.013 87 | 57.056 54 | 39.860 87 | 34.988 3 | 30.722 71 |
| Achn173551 | 73.527 7 | 91.224 | 72.208 16 | 20.842 79 | 16.643 89 | 11.044 08 | 60.609 54 | 39.346 27 | 33.099 63 | 48.443 87 | 39.759 87 | 36.874 6 | 62.836 22 | 68.816 32 | 86.529 17 | 59.889 94 | 52.857 3 | 81.485 09 |
| Achn008891 | 3.957 605 | 4.415 888 | 4.408 385 | 10.437 75 | 11.381 69 | 15.243 15 | 5.432 199 | 5.975 856 | 5.733 813 | 5.099 01 | 4.751 389 | 5.848 491 | 2.627 496 | 3.044 753 | 3.902 718 | 3.407 252 | 5.747 344 | 3.709 793 |
| Actinidia_chinensis_newGene_730 | 1.017 854 | 0.970 106 | 0.878 14 | 3.077 352 | 4.257 442 | 8.530 51 | 1.249 997 | 2.209 224 | 2.069 779 | 3.304 845 | 4.614 895 | 3.849 534 | 0.310 244 | 0.335 569 | 0.329 955 | 1.381 112 | 1.331 135 | 1.309 365 |
| Achn270261 | 0.908 464 | 0.843 232 | 1.306 762 | 2.471 217 | 2.596 789 | 4.485 484 | 2.345 682 | 2.963 154 | 2.881 353 | 1.699 98 | 0.753 933 | 1.671 691 | 1.504 578 | 2.558 861 | 0.881 852 | 0.820 951 | 0.780 082 | 0.342 211 |
| Achn135641 | 26.582 78 | 30.698 86 | 29.204 96 | 83.835 5 | 106.564 9 | 13.110 81 | 56.039 31 | 47.487 79 | 33.061 09 | 14.272 49 | 12.489 84 | 15.703 37 | 14.016 | 28.514 39 | 27.668 1 | 8.300 299 | 10.061 52 | 14.695 43 |

（续）

| 基因ID | CK1 | CK2 | CK3 | T1-1 | T1-2 | T1-3 | T2-1 | T2-2 | T2-3 | T3-1 | T3-2 | T3-3 | T4-1 | T4-2 | T4-3 | T5-1 | T5-2 | T5-3 |
|---|---|---|---|---|---|---|---|---|---|---|---|---|---|---|---|---|---|---|
| Actinidia_chinensis_newGene_6533 | 18.667 54 | 10.327 07 | 11.369 31 | 57.142 53 | 38.822 98 | 20.226 89 | 47.479 21 | 51.724 85 | 50.363 64 | 44.219 3 | 41.190 62 | 48.117 27 | 11.408 79 | 12.651 43 | 13.250 09 | 21.860 76 | 21.816 21 | 28.015 36 |
| Achn037601 | 1.163 325 | 0.273 252 | 0.738 555 | 2.832 52 | 1.471 564 | 2.061 524 | 1.001 415 | 0.722 755 | 1.679 586 | 2.425 651 | 2.455 626 | 1.299 566 | 0.619 208 | 1.976 75 | 0.621 867 | 0.573 954 | 0.614 277 | 0.888 088 |
| Achn282201 | 0.209 74 | 0.206 215 | 0.223 925 | 0.662 775 | 1.289 009 | 3.272 56 | 0.129 048 | 0.366 212 | 0.489 64 | 1.039 915 | 0.818 33 | 0.762 573 | 0.332 124 | 0.036 324 | 0.184 104 | 0.659 095 | 0.162 941 | 0.570 747 |
| Achn369731 | 0.637 517 | 1.137 258 | 0.531 213 | 0.191 017 | 0.470 14 | 0.587 631 | 0.779 168 | 0.401 949 | 0.370 125 | 0.670 141 | 0.411 485 | 0.188 869 | 0.482 802 | 0.326 07 | 0.590 272 | 0.214 699 | 0.091 773 | 0.127 843 |
| Actinidia_chinensis_newGene_11108 | 0.095 238 | 0.190 51 | 0.223 374 | 0.533 029 | 0.497 588 | 0.642 541 | 0.300 876 | 1.336 09 | 0.474 842 | 0.765 319 | 0.864 415 | 1.351 092 | 0.226 819 | 0.272 068 | 0 | 0.080 853 | 0.393 147 | 0.506 388 |
| Achn390881 | 1.911 236 | 6.003 942 | 4.032 722 | 0.695 924 | 0.602 29 | 0.254 73 | 2.992 327 | 1.013 801 | 1.296 277 | 2.206 856 | 1.120 001 | 0.692 755 | 4.831 714 | 3.769 242 | 2.083 251 | 5.701 209 | 4.245 213 | 7.405 105 |
| Actinidia_chinensis_newGene_4970 | 27.152 38 | 31.155 94 | 26.325 34 | 7.889 858 | 16.769 89 | 1.602 789 | 44.117 38 | 33.003 17 | 26.661 09 | 31.817 34 | 46.165 2 | 27.391 03 | 10.502 6 | 12.573 8 | 8.955 831 | 20.448 96 | 26.573 84 | 23.138 4 |
| Actinidia_chinensis_newGene_2391 | 6.906 712 | 7.315 256 | 6.211 79 | 13.514 08 | 13.228 76 | 36.125 14 | 8.227 047 | 11.099 65 | 10.019 47 | 15.382 49 | 15.475 91 | 17.611 57 | 6.442 023 | 2.982 444 | 4.504 034 | 14.806 38 | 14.630 51 | 16.752 42 |
| Achn295081 | 2.257 614 | 3.409 377 | 2.801 62 | 2.858 783 | 3.427 818 | 12.045 67 | 1.630 341 | 3.616 457 | 1.617 286 | 5.393 053 | 4.777 993 | 4.466 205 | 6.049 161 | 4.796 342 | 7.794 144 | 12.789 55 | 12.556 58 | 8.272 484 |
| Actinidia_chinensis_newGene_5376 | 136.447 5 | 129.961 | 131.942 6 | 62.969 94 | 125.192 3 | 152.998 9 | 130.356 4 | 125.975 4 | 72.126 29 | 74.234 15 | 76.750 02 | 79.226 01 | 48.457 22 | 43.877 24 | 39.063 31 | 61.869 | 108.491 4 | 56.964 2 |
| Actinidia_chinensis_newGene_4392 | 0.480 024 | 0.506 892 | 0.821 14 | 0.367 48 | 0.324 337 | 0.486 591 | 0.698 671 | 0.393 054 | 0.301 127 | 3.248 643 | 1.060 146 | 1.019 324 | 0.561 884 | 0.127 037 | 0.195 54 | 0.502 908 | 0.709 362 | 0.370 06 |
| Actinidia_chinensis_newGene_4393 | 0.252 99 | 0.494 473 | 0.510 637 | 0.141 473 | 0.218 031 | 0.192 05 | 0.741 965 | 0.715 569 | 0.408 035 | 0.079 582 | 0.370 825 | 0.167 227 | 0.534 212 | 1.557 905 | 1.120 604 | 0.132 246 | 0.075 422 | 0.185 082 |
| Actinidia_chinensis_newGene_4398 | 5.118 933 | 8.046 901 | 11.240 72 | 46.294 98 | 43.309 92 | 75.567 07 | 15.697 1 | 29.326 64 | 21.603 06 | 30.861 51 | 27.646 54 | 30.307 72 | 9.061 445 | 9.411 392 | 10.825 22 | 28.789 02 | 19.949 5 | 18.427 3 |

（续）

| 基因ID | CK1 | CK2 | CK3 | T1-1 | T1-2 | T1-3 | T2-1 | T2-2 | T2-3 | T3-1 | T3-2 | T3-3 | T4-1 | T4-2 | T4-3 | T5-1 | T5-2 | T5-3 |
|---|---|---|---|---|---|---|---|---|---|---|---|---|---|---|---|---|---|---|
| Actinidia_chinensis_newGene_1612 | 5.675 417 | 7.534 892 | 9.694 291 | 0 | 0.113 907 | 0 | 0.338 772 | 0.514 279 | 0.744 464 | 0.469 151 | 1.148 832 | 0.343 053 | 3.511 041 | 3.150 106 | 3.284 498 | 1.422 381 | 2.089 054 | 1.571 259 |
| Achn020141 | 0.147 193 | 0.194 477 | 0.562 061 | 0.342 759 | 0.202 301 | 0.243 589 | 1.747 711 | 1.131 398 | 0.833 456 | 6.606 392 | 0.936 358 | 2.123 403 | 0.648 483 | 0.080 935 | 0.691 993 | 11.381 9 | 10.497 34 | 0.349 83 |
| Achn348741 | 119.936 | 138.512 4 | 139.030 2 | 101.731 1 | 90.871 21 | 80.620 83 | 138.243 9 | 119.331 | 101.039 7 | 67.236 02 | 55.241 64 | 51.544 37 | 107.663 2 | 155.567 3 | 142.268 4 | 62.479 79 | 73.020 59 | 81.248 44 |
| Achn264541 | 30.536 65 | 31.851 7 | 36.666 31 | 46.876 74 | 23.111 97 | 13.490 91 | 31.760 46 | 29.299 57 | 20.349 2 | 39.398 83 | 24.999 37 | 23.114 83 | 27.367 18 | 29.966 41 | 37.267 09 | 65.437 48 | 76.718 32 | 102.385 3 |
| Achn141171 | 2.174 455 | 1.841 469 | 1.521 7 | 4.468 5 | 5.520 777 | 15.729 08 | 6.080 891 | 4.144 535 | 4.772 338 | 3.395 579 | 2.933 014 | 2.770 802 | 2.124 823 | 1.815 345 | 2.363 689 | 1.928 73 | 1.317 686 | 1.475 032 |
| Actinidia_chinensis_newGene_7616 | 0.551 246 | 1.002 08 | 0.482 692 | 0.183 765 | 0.249 423 | 0 | 0.166 68 | 0 | 0.194 454 | 0.167 682 | 0.528 465 | 0.204 215 | 0.971 074 | 0.692 | 0.871 405 | 0.762 479 | 0.767 622 | 0.745 465 |
| Achn230311 | 0.540 584 | 0.246 876 | 0.346 448 | 1.408 284 | 1.629 761 | 1.789 262 | 0.508 898 | 0.343 591 | 0.345 239 | 0.478 684 | 0.409 825 | 0.447 482 | 0.219 207 | 0.281 092 | 0.226 794 | 0.083 799 | 0.509 503 | 0.268 429 |
| Achn090151 | 0.300 883 | 0.066 195 | 0.189 661 | 0 | 0.128 184 | 0 | 0.271 017 | 0.070 838 | 0.778 106 | 0.923 133 | 1.125 863 | 0.386 465 | 0.853 712 | 0.067 715 | 0.505 994 | 1.471 416 | 1.370 328 | 1.173 202 |
| Achn067071 | 49.158 5 | 58.627 92 | 64.389 87 | 35.016 73 | 37.777 24 | 4.735 525 | 40.949 15 | 23.003 76 | 28.690 49 | 25.036 54 | 27.294 08 | 25.653 84 | 25.670 32 | 25.124 81 | 24.943 8 | 24.702 72 | 37.819 9 | 57.503 28 |
| Achn293471 | 5.718 532 | 6.846 864 | 8.338 361 | 3.730 083 | 3.902 417 | 3.164 376 | 5.297 966 | 4.616 061 | 4.568 141 | 7.245 906 | 6.255 827 | 4.813 764 | 2.913 663 | 6.398 996 | 4.832 455 | 7.264 812 | 25.284 19 | 5.092 587 |
| Achn059541 | 32.000 37 | 30.014 12 | 27.565 65 | 12.317 06 | 22.651 52 | 11.382 26 | 23.781 7 | 18.337 71 | 20.394 48 | 9.813 78 | 6.483 197 | 8.908 395 | 20.431 79 | 21.181 04 | 17.040 58 | 12.790 98 | 14.598 07 | 13.892 94 |
| Achn337121 | 2.095 456 | 2.907 006 | 2.240 862 | 9.026 458 | 6.959 62 | 15.747 8 | 2.697 815 | 4.656 506 | 3.507 289 | 3.585 469 | 6.156 069 | 4.643 377 | 2.593 737 | 5.369 378 | 5.000 223 | 3.619 427 | 2.252 157 | 3.058 412 |
| Achn258371 | 4.767 916 | 6.027 019 | 5.917 958 | 2.818 377 | 8.139 398 | 12.348 07 | 9.401 328 | 6.648 423 | 5.256 02 | 7.526 997 | 5.279 703 | 6.869 117 | 9.165 611 | 17.335 51 | 13.131 05 | 8.034 457 | 6.234 237 | 7.794 516 |
| Actinidia_chinensis_newGene_6666 | 0.244 585 | 0.304 876 | 0.047 553 | 0.713 018 | 0.893 433 | 1.905 999 | 0.892 548 | 1.415 094 | 1.689 533 | 0.741 272 | 0.984 982 | 0.678 548 | 0.415 733 | 0.515 377 | 0.292 69 | 0.203 971 | 0 | 0.298 657 |
| Achn111641 | 9.741 245 | 9.463 714 | 13.495 5 | 12.363 56 | 12.131 96 | 23.747 41 | 5.065 647 | 5.284 288 | 4.536 429 | 22.862 78 | 18.046 54 | 11.289 73 | 2.545 344 | 2.071 505 | 2.197 142 | 5.614 262 | 7.282 587 | 5.817 29 |
| Achn182721 | 35.733 94 | 46.787 21 | 49.310 32 | 34.496 26 | 53.181 97 | 49.693 13 | 60.011 46 | 55.278 69 | 52.126 21 | 53.877 57 | 54.008 1 | 47.071 34 | 18.344 59 | 20.896 63 | 19.363 5 | 36.624 39 | 38.312 32 | 29.104 76 |
| Achn273961 | 84.389 6 | 106.515 6 | 95.078 87 | 57.150 89 | 77.122 67 | 47.741 48 | 87.145 27 | 80.816 67 | 75.617 98 | 52.971 44 | 43.200 64 | 45.527 26 | 111.121 3 | 107.739 7 | 128.860 2 | 44.271 33 | 51.733 27 | 50.722 46 |

（续）

| 基因 ID | CK1 | CK2 | CK3 | T1-1 | T1-2 | T1-3 | T2-1 | T2-2 | T2-3 | T3-1 | T3-2 | T3-3 | T4-1 | T4-2 | T4-3 | T5-1 | T5-2 | T5-3 |
|---|---|---|---|---|---|---|---|---|---|---|---|---|---|---|---|---|---|---|
| Achn100361 | 65.838 16 | 84.696 45 | 78.849 92 | 166.528 7 | 164.224 9 | 441.128 9 | 139.244 8 | 157.231 3 | 142.395 | 142.222 7 | 140.604 7 | 124.879 8 | 56.381 31 | 43.879 06 | 48.433 04 | 58.218 07 | 60.134 65 | 57.975 33 |
| Achn009931 | 1.482 783 | 1.395 265 | 1.487 554 | 4.199 834 | 1.869 865 | 5.180 698 | 1.393 73 | 1.989 909 | 2.040 421 | 2.733 792 | 1.947 991 | 2.600 934 | 3.661 64 | 3.801 412 | 4.951 621 | 3.156 539 | 2.400 06 | 1.750 563 |
| Achn132681 | 5.247 581 | 5.713 91 | 8.778 28 | 0.610 958 | 2.060 097 | 2.992 007 | 1.130 166 | 1.061 01 | 2.322 625 | 2.564 222 | 2.611 858 | 1.876 292 | 4.945 112 | 3.155 598 | 4.062 6 | 4.935 122 | 3.387 267 | 5.872 17 |
| Achn172881 | 0.059 448 | 0.215 365 | 0.057 526 | 0 | 0.091 674 | 0.051 944 | 0 | 0.378 827 | 0.145 517 | 0.242 006 | 0.362 678 | 0.507 017 | 0.240 739 | 0.348 099 | 0.118 202 | 0.394 145 | 0.640 674 | 0.655 316 |
| Achn308991 | 2.291 171 | 2.646 43 | 1.790 975 | 1.949 621 | 1.249 511 | 1.391 441 | 0.634 475 | 1.019 668 | 0.899 356 | 2.436 237 | 2.320 234 | 2.198 652 | 2.310 394 | 2.083 888 | 1.839 706 | 2.496 628 | 2.085 364 | 1.854 424 |
| Achn041411 | 4.688 505 | 3.468 919 | 1.884 044 | 1.808 122 | 0.912 88 | 1.273 099 | 1.964 149 | 1.111 085 | 1.082 093 | 4.284 716 | 2.372 118 | 2.237 132 | 1.333 42 | 3.287 04 | 1.149 813 | 10.087 73 | 24.084 18 | 2.129 06 |
| Achn206981 | 2.149 067 | 3.630 805 | 3.162 791 | 11.845 14 | 3.857 631 | 3.444 124 | 7.308 805 | 13.174 51 | 7.696 717 | 4.318 041 | 6.163 473 | 5.341 103 | 7.086 961 | 10.923 79 | 9.078 4 | 5.723 465 | 4.395 36 | 3.954 584 |
| Achn048311 | 5.501 16 | 5.708 03 | 4.609 843 | 2.354 419 | 2.302 985 | 3.249 706 | 2.456 51 | 2.841 354 | 3.448 797 | 4.144 635 | 4.208 123 | 3.017 853 | 4.315 749 | 3.804 184 | 3.930 973 | 5.405 017 | 4.495 476 | 5.233 236 |
| Achn070951 | 11.608 66 | 12.030 98 | 11.547 | 4.832 921 | 9.315 787 | 13.484 3 | 2.700 976 | 3.801 634 | 4.439 231 | 11.723 6 | 12.847 7 | 10.666 03 | 9.057 946 | 7.658 503 | 6.769 574 | 19.763 72 | 25.335 73 | 20.362 87 |
| Achn122911 | 8.474 883 | 7.433 877 | 7.791 76 | 5.271 622 | 6.097 332 | 8.318 281 | 3.329 94 | 3.460 884 | 4.312 138 | 5.794 22 | 6.212 967 | 6.544 656 | 4.631 99 | 4.993 444 | 4.965 585 | 8.755 956 | 8.645 941 | 7.405 448 |
| Achn230561 | 0.357 239 | 0.401 677 | 0.521 45 | 0.382 325 | 0.211 151 | 0.113 925 | 1.107 796 | 1.559 862 | 1.921 697 | 1.878 516 | 1.129 799 | 1.716 56 | 0.957 194 | 0 | 0.362 028 | 18.827 09 | 19.646 77 | 0.587 74 |
| Achn018951 | 0.682 28 | 1.172 219 | 0.846 226 | 0.533 504 | 1.020 489 | 1.366 061 | 0.482 779 | 0.683 678 | 0.413 446 | 1.097 199 | 1.510 288 | 1.501 969 | 1.432 446 | 0.674 19 | 0.790 547 | 3.511 283 | 2.389 234 | 2.379 73 |
| Actinidia_chinensis_newGene_7896 | 0.971 187 | 0.868 741 | 0.415 963 | 4.032 073 | 5.043 689 | 3.408 993 | 1.768 2 | 2.056 045 | 1.430 066 | 1.105 874 | 1.116 792 | 2.110 233 | 0.462 661 | 0.855 694 | 2.311 66 | 2.048 187 | 2.016 679 | 0.745 864 |
| Achn383281 | 17.653 9 | 10.762 15 | 11.032 65 | 5.905 698 | 14.730 93 | 6.801 044 | 3.717 55 | 2.457 678 | 4.592 624 | 5.799 657 | 7.263 572 | 4.733 366 | 3.530 828 | 5.108 738 | 7.231 848 | 3.250 097 | 11.566 74 | 4.243 566 |
| Actinidia_chinensis_newGene_126 | 1.291 912 | 2.890 637 | 2.558 643 | 6.098 996 | 1.056 318 | 1.493 642 | 2.522 32 | 4.179 207 | 2.818 147 | 1.341 131 | 1.809 475 | 1.905 37 | 5.080 649 | 4.333 811 | 4.061 592 | 2.302 941 | 1.930 228 | 3.196 395 |
| Actinidia_chinensis_newGene_6767 | 5.834 03 | 6.014 075 | 7.685 575 | 84.319 26 | 8.974 564 | 13.381 28 | 15.525 91 | 37.862 71 | 25.487 05 | 8.829 508 | 12.288 88 | 11.572 59 | 22.772 | 10.195 4 | 18.834 14 | 9.575 964 | 12.472 32 | 7.412 025 |
| Actinidia_chinensis_newGene_6763 | 1.036 098 | 0.109 263 | 0.762 405 | 0.827 298 | 0.689 758 | 0 | 0.368 818 | 0.316 429 | 0.191 559 | 1.661 195 | 1.012 171 | 0.552 904 | 0.535 718 | 0.301 267 | 0.526 06 | 5.382 518 | 6.860 705 | 3.849 638 |

（续）

| 基因 ID | CK1 | CK2 | CK3 | T1-1 | T1-2 | T1-3 | T2-1 | T2-2 | T2-3 | T3-1 | T3-2 | T3-3 | T4-1 | T4-2 | T4-3 | T5-1 | T5-2 | T5-3 |
|---|---|---|---|---|---|---|---|---|---|---|---|---|---|---|---|---|---|---|
| Achn150891 | 0.660 864 | 0.488 83 | 0.365 483 | 1.143 849 | 0.947 037 | 3.409 523 | 0.759 457 | 1.010 676 | 0.841 771 | 1.912 764 | 1.631 9 | 1.613 647 | 0.573 146 | 0.463 899 | 0.373 722 | 2.337 783 | 2.134 162 | 1.558 161 |
| Achn052741 | 21.782 52 | 16.046 92 | 22.087 18 | 26.720 59 | 9.195 474 | 8.245 984 | 7.212 494 | 7.572 737 | 8.809 061 | 8.606 151 | 13.665 92 | 7.146 32 | 13.589 92 | 7.886 994 | 9.607 128 | 20.144 73 | 22.549 62 | 23.170 93 |
| Achn318121 | 7.205 571 | 8.351 167 | 6.136 388 | 1.748 154 | 2.936 47 | 6.918 884 | 4.591 801 | 3.715 508 | 6.029 863 | 4.409 394 | 2.608 396 | 2.749 716 | 4.803 4 | 5.129 535 | 6.467 36 | 8.791 511 | 11.428 16 | 8.946 334 |
| Achn151681 | 0.419 273 | 0.474 859 | 0.921 526 | 0 | 0.243 219 | 0 | 0.099 211 | 0.072 768 | 0.242 689 | 0.662 037 | 1.006 522 | 0.580 467 | 0.945 899 | 1.424 154 | 0.652 879 | 2.618 123 | 4.555 512 | 3.219 646 |
| Achn149421 | 2.751 974 | 1.631 543 | 2.165 84 | 5.080 4 | 4.611 379 | 8.907 703 | 3.701 224 | 3.153 363 | 3.414 129 | 2.743 056 | 2.670 322 | 3.369 648 | 2.685 997 | 1.924 74 | 2.536 119 | 3.186 087 | 3.175 119 | 2.048 993 |
| Actinidia_chinensis_newGene_952 | 0.308 389 | 0.545 927 | 0.274 855 | 1.282 626 | 1.294 89 | 1.594 652 | 0.259 421 | 0.928 449 | 0.521 408 | 1.030 681 | 0.788 721 | 0.621 25 | 0.341 696 | 0.613 614 | 0.616 444 | 0.982 273 | 0.951 754 | 0.174 719 |
| Achn269561 | 2.023 469 | 2.307 207 | 3.953 668 | 2.035 096 | 0.988 63 | 0.443 045 | 0.576 078 | 0.706 079 | 0 | 0.957 484 | 0 | 0.297 554 | 1.894 034 | 2.658 701 | 1.527 403 | 0.577 869 | 1.099 82 | 0.443 192 |
| Achn310311 | 4.233 298 | 3.437 565 | 4.778 539 | 1.803 218 | 2.087 463 | 4.281 919 | 1.200 727 | 3.378 067 | 2.178 897 | 2.826 792 | 3.369 743 | 2.007 066 | 1.151 878 | 1.075 043 | 1.628 974 | 4.314 738 | 3.170 247 | 2.413 445 |
| Actinidia_chinensis_newGene_7407 | 0.519 366 | 1.152 296 | 1.126 708 | 2.125 264 | 3.426 904 | 1.976 311 | 1.594 613 | 2.281 016 | 1.235 922 | 1.833 154 | 1.961 581 | 1.089 669 | 1.807 982 | 2.928 126 | 1.427 624 | 4.277 796 | 3.987 638 | 2.966 562 |
| Achn342361 | 12.494 07 | 12.264 67 | 9.337 564 | 30.873 1 | 25.628 54 | 33.027 66 | 15.104 27 | 20.717 24 | 16.422 46 | 21.528 44 | 23.470 61 | 24.126 36 | 16.290 9 | 10.121 77 | 13.240 67 | 24.611 55 | 22.663 89 | 21.488 72 |
| Achn306351 | 11.761 63 | 11.333 67 | 9.482 854 | 13.780 23 | 12.689 5 | 21.664 42 | 29.246 17 | 29.996 04 | 29.793 98 | 22.821 81 | 30.463 67 | 26.487 84 | 23.212 86 | 14.381 41 | 16.149 55 | 34.389 16 | 37.880 32 | 28.728 43 |
| Achn027861 | 65.697 08 | 73.231 42 | 68.244 96 | 31.822 55 | 20.685 81 | 1.419 116 | 30.056 06 | 26.581 77 | 32.415 14 | 35.793 46 | 33.596 49 | 33.043 47 | 87.959 1 | 85.476 17 | 75.452 31 | 59.617 73 | 57.624 9 | 64.273 18 |
| Achn372801 | 9.046 165 | 11.008 08 | 6.985 563 | 4.688 679 | 3.699 757 | 2.684 947 | 6.167 747 | 10.731 7 | 12.295 88 | 3.534 789 | 8.282 362 | 9.238 483 | 9.929 098 | 20.735 78 | 19.105 43 | 8.353 868 | 13.618 25 | 5.468 38 |
| Achn232071 | 0.669 214 | 1.076 513 | 1.358 791 | 1.020 198 | 1.068 388 | 2.269 279 | 0.217 933 | 0.691 323 | 0.290 492 | 0.631 857 | 1.227 122 | 0.632 825 | 1.533 21 | 1.126 219 | 0.352 563 | 5.391 772 | 2.471 234 | 3.834 128 |
| Achn390621 | 2.117 802 | 2.662 1 | 2.735 786 | 1.128 482 | 1.543 345 | 2.522 941 | 0.397 357 | 1.160 689 | 1.943 326 | 0.988 77 | 1.069 6 | 0.875 24 | 1.154 097 | 1.921 706 | 2.302 916 | 2.136 358 | 2.813 641 | 1.365 887 |
| Achn062251 | 1.065 995 | 0.799 411 | 0.791 071 | 0.603 179 | 0.686 148 | 0.633 281 | 0.266 492 | 0.168 305 | 0.325 985 | 0.747 473 | 0.725 473 | 0.836 381 | 0.538 757 | 0.439 567 | 0.292 252 | 1.354 229 | 1.247 527 | 1.157 917 |
| Achn067551 | 14.946 61 | 14.594 16 | 14.320 88 | 66.109 93 | 27.103 69 | 62.591 43 | 21.511 47 | 27.378 | 36.820 26 | 43.145 03 | 51.651 99 | 44.497 94 | 11.954 73 | 10.146 53 | 13.759 3 | 40.993 34 | 41.797 09 | 38.278 25 |
| Achn026421 | 113.552 1 | 90.364 2 | 89.691 13 | 179.572 7 | 156.218 2 | 325.732 1 | 146.104 5 | 181.511 7 | 181.118 | 256.175 9 | 295.242 1 | 260.325 6 | 156.754 4 | 114.496 6 | 112.840 5 | 173.695 | 157.078 2 | 133.435 5 |

（续）

| 基因ID | CK1 | CK2 | CK3 | T1-1 | T1-2 | T1-3 | T2-1 | T2-2 | T2-3 | T3-1 | T3-2 | T3-3 | T4-1 | T4-2 | T4-3 | T5-1 | T5-2 | T5-3 |
|---|---|---|---|---|---|---|---|---|---|---|---|---|---|---|---|---|---|---|
| Achn301761 | 10.311 08 | 9.448 431 | 8.220 594 | 1.266 371 | 3.709 566 | 2.703 874 | 1.270 53 | 1.450 613 | 1.880 477 | 3.285 517 | 2.791 399 | 3.588 895 | 2.979 767 | 1.967 546 | 1.929 046 | 9.653 385 | 13.170 64 | 16.746 18 |
| Achn175441 | 2.488 905 | 2.440 449 | 2.953 188 | 1.139 345 | 2.835 363 | 0.879 297 | 4.057 762 | 3.122 221 | 2.671 518 | 2.458 529 | 3.077 37 | 3.641 905 | 0.706 462 | 0.771 972 | 0.822 407 | 3.590 343 | 4.465 528 | 3.246 905 |
| Achn144091 | 59.970 36 | 64.075 09 | 65.086 3 | 37.248 15 | 52.471 46 | 9.885 92 | 49.976 35 | 49.950 17 | 51.047 02 | 50.777 42 | 50.472 46 | 66.836 19 | 18.195 77 | 26.496 22 | 31.379 04 | 40.669 67 | 45.915 65 | 32.602 18 |
| Achn098261 | 5.292 353 | 5.576 458 | 5.048 364 | 0.889 054 | 1.018 566 | 1.427 264 | 1.405 239 | 1.386 574 | 1.379 762 | 2.975 501 | 2.038 957 | 1.941 843 | 1.704 984 | 1.202 416 | 1.043 645 | 2.699 526 | 2.774 147 | 3.191 428 |
| Achn200561 | 1.542 122 | 2.100 992 | 2.198 428 | 1.055 029 | 0.560 86 | 0.917 717 | 1.252 755 | 1.318 033 | 0.674 629 | 2.042 989 | 0.893 651 | 1.007 628 | 2.689 706 | 2.188 496 | 2.261 939 | 3.303 574 | 2.687 141 | 1.701 493 |
| Achn084821 | 1.943 492 | 1.628 335 | 1.317 989 | 2.554 268 | 1.942 81 | 10.443 47 | 1.787 202 | 2.587 916 | 2.034 836 | 1.966 217 | 1.857 734 | 1.267 696 | 2.490 281 | 4.271 617 | 5.656 537 | 1.870 421 | 2.152 082 | 1.773 241 |
| Achn354861 | 0.267 75 | 0.337 585 | 0.205 934 | 0.080 491 | 0.301 359 | 0.865 968 | 0.365 091 | 0.138 759 | 0.402 3 | 0.265 923 | 0.428 774 | 0.564 573 | 0.397 477 | 0.376 27 | 0.241 502 | 1.609 667 | 1.303 408 | 0.943 948 |
| Achn077631 | 9.243 99 | 13.336 9 | 14.281 46 | 42.364 04 | 27.797 55 | 32.863 21 | 27.034 98 | 22.327 72 | 24.094 52 | 11.809 38 | 18.644 68 | 14.626 06 | 15.970 38 | 25.222 49 | 25.524 12 | 15.286 14 | 10.457 52 | 12.891 64 |
| Achn281561 | 14.610 56 | 13.001 95 | 11.269 27 | 14.349 3 | 9.359 363 | 23.663 1 | 5.914 794 | 6.861 479 | 3.159 454 | 7.431 199 | 4.642 918 | 6.497 739 | 9.708 221 | 12.113 58 | 10.067 41 | 10.828 39 | 9.046 599 | 10.379 16 |
| Achn130531 | 75.056 74 | 79.695 47 | 70.382 08 | 53.691 56 | 37.848 19 | 44.028 47 | 35.496 66 | 37.031 2 | 33.441 37 | 51.856 21 | 44.418 37 | 47.866 67 | 81.267 15 | 76.627 88 | 84.964 43 | 85.270 16 | 81.563 41 | 93.607 99 |
| Achn240361 | 0.890 682 | 1.416 376 | 1.231 412 | 117.123 5 | 7.802 466 | 7.258 271 | 9.656 103 | 118.627 | 21.191 15 | 3.052 64 | 5.894 629 | 3.461 828 | 24.608 49 | 76.498 05 | 54.570 46 | 3.026 107 | 2.884 638 | 3.759 103 |
| Achn245851 | 1.309 451 | 1.140 305 | 1.000 533 | 7.424 905 | 2.755 464 | 3.424 138 | 1.382 253 | 3.594 03 | 1.416 983 | 2.057 129 | 2.790 616 | 1.540 456 | 2.867 869 | 6.129 552 | 4.140 373 | 4.971 682 | 6.284 423 | 3.420 09 |
| Achn196731 | 4.442 402 | 3.963 588 | 3.848 998 | 3.921 435 | 2.017 337 | 0.999 91 | 2.164 846 | 1.901 906 | 1.424 928 | 0.809 451 | 0.867 141 | 1.102 683 | 1.508 47 | 3.378 708 | 2.799 582 | 1.338 642 | 1.864 97 | 2.094 955 |
| Achn249021 | 6.754 105 | 8.171 888 | 9.127 732 | 18.329 65 | 16.868 47 | 26.747 59 | 14.274 12 | 18.785 75 | 14.387 2 | 12.364 61 | 10.388 55 | 11.983 74 | 11.262 9 | 20.587 23 | 19.337 57 | 8.116 148 | 7.358 826 | 7.923 905 |
| Achn030161 | 2.129 514 | 4.410 653 | 3.696 663 | 6.209 235 | 6.254 942 | 5.846 926 | 5.715 499 | 6.128 694 | 7.675 228 | 2.972 36 | 4.442 017 | 3.280 184 | 5.201 937 | 11.579 62 | 10.929 02 | 2.613 254 | 6.244 732 | 1.316 156 |
| Achn378111 | 0.288 599 | 0.984 201 | 0.619 18 | 1.302 116 | 2.776 972 | 0.487 237 | 1.271 798 | 1.206 578 | 1.359 867 | 2.227 015 | 2.605 812 | 1.920 866 | 0.915 861 | 0.669 424 | 0.584 659 | 0.985 156 | 0.883 883 | 1.187 331 |
| Actinidia_chinensis_newGene_3214 | 34.567 7 | 37.102 13 | 34.848 08 | 70.133 3 | 28.431 07 | 26.233 53 | 33.717 85 | 60.281 57 | 38.939 34 | 33.623 79 | 28.014 67 | 32.855 33 | 79.250 82 | 90.444 22 | 83.460 19 | 55.875 44 | 51.105 94 | 54.942 86 |
| Achn168021 | 0.604 448 | 0.793 995 | 1.108 949 | 0.988 464 | 1.193 27 | 0.290 332 | 1.191 327 | 0.988 896 | 1.433 582 | 1.731 362 | 1.177 819 | 1.748 853 | 0.356 421 | 0.035 386 | 0.029 967 | 0.203 825 | 0.145 997 | 0.101 353 |
| Achn352061 | 1.455 939 | 1.404 707 | 1.182 041 | 0.049 972 | 0 | 0.166 808 | 0.284 161 | 0.081 606 | 0.119 095 | 0.669 299 | 0.503 252 | 0.398 963 | 1.130 115 | 2.649 892 | 1.712 222 | 1.108 756 | 1.838 812 | 2.002 565 |

（续）

| 基因 ID | CK1 | CK2 | CK3 | T1-1 | T1-2 | T1-3 | T2-1 | T2-2 | T2-3 | T3-1 | T3-2 | T3-3 | T4-1 | T4-2 | T4-3 | T5-1 | T5-2 | T5-3 |
|---|---|---|---|---|---|---|---|---|---|---|---|---|---|---|---|---|---|---|
| Achn167901 | 6.886 683 | 9.427 775 | 7.916 194 | 4.672 066 | 13.190 79 | 2.955 776 | 12.965 67 | 10.511 17 | 9.840 91 | 7.433 519 | 6.405 339 | 7.135 341 | 5.315 085 | 4.890 501 | 3.433 688 | 1.614 064 | 1.606 116 | 2.700 729 |
| Achn068131 | 5.460 409 | 6.048 095 | 5.236 565 | 1.648 834 | 2.551 006 | 4.299 745 | 4.421 626 | 3.469 815 | 2.279 601 | 6.128 623 | 3.035 831 | 3.002 588 | 8.742 377 | 6.725 27 | 7.153 111 | 7.834 751 | 9.300 29 | 5.946 505 |
| Actinidia_chinensis_newGene_3229 | 0.542 206 | 0.806 928 | 0.427 478 | 2.577 872 | 2.390 071 | 4.216 595 | 1.239 465 | 1.054 17 | 1.193 626 | 1.364 754 | 1.533 881 | 0.737 802 | 0.318 328 | 0 | 1.140 566 | 0.737 401 | 0.851 541 | 0.955 384 |
| Achn168971 | 19.847 87 | 23.329 69 | 20.308 62 | 50.438 13 | 46.535 07 | 118.060 4 | 21.090 74 | 23.951 56 | 20.474 13 | 34.269 89 | 35.043 92 | 35.143 39 | 11.685 28 | 11.171 62 | 10.876 66 | 20.575 59 | 19.756 7 | 18.131 56 |
| Achn232911 | 1.673 523 | 1.847 739 | 1.386 408 | 1.184 836 | 1.650 349 | 1.485 298 | 1.229 266 | 1.830 265 | 1.653 467 | 2.974 471 | 4.524 47 | 4.523 782 | 1.532 555 | 1.272 5 | 2.160 463 | 2.521 024 | 4.876 103 | 3.257 085 |
| Achn020521 | 5.232 753 | 5.145 879 | 4.884 856 | 1.291 754 | 0.158 906 | 0.310 925 | 3.797 465 | 4.934 228 | 2.906 898 | 3.929 258 | 4.934 522 | 5.667 895 | 2.671 785 | 2.764 904 | 2.588 821 | 9.709 731 | 21.816 1 | 3.855 57 |
| Achn233731 | 5.558 481 | 7.640 99 | 6.807 794 | 8.018 501 | 8.073 264 | 6.348 907 | 3.812 517 | 3.680 717 | 3.860 682 | 3.777 444 | 2.798 608 | 3.450 071 | 5.672 628 | 6.242 175 | 6.601 157 | 5.670 863 | 8.567 802 | 6.432 281 |
| Achn159201 | 10.527 01 | 17.671 88 | 14.528 51 | 3.008 885 | 2.742 11 | 5.642 487 | 7.382 943 | 5.457 985 | 2.796 871 | 8.898 42 | 4.362 748 | 4.282 21 | 23.240 6 | 12.786 68 | 17.960 14 | 17.408 94 | 21.105 88 | 7.158 183 |
| Achn181691 | 0.828 409 | 1.413 756 | 1.394 896 | 0.732 918 | 0.601 604 | 0.815 094 | 1.258 994 | 1.364 214 | 0.586 481 | 0.397 013 | 0.292 67 | 0.471 21 | 1.000 785 | 2.303 905 | 2.468 836 | 0.273 94 | 0.465 785 | 0.460 527 |
| Achn182341 | 0.280 582 | 0.299 621 | 0.102 961 | 152.606 9 | 12.343 34 | 1.501 04 | 1.661 021 | 41.134 48 | 5.970 297 | 0.465 767 | 0.824 053 | 0.430 451 | 1.901 946 | 41.588 65 | 14.239 33 | 0.124 84 | 0 | 0.066 832 |
| Achn183691 | 30.085 38 | 30.629 6 | 38.314 71 | 83.972 13 | 81.577 58 | 213.537 | 44.485 62 | 52.154 5 | 48.505 89 | 77.658 51 | 90.880 5 | 93.439 21 | 34.825 49 | 25.450 38 | 30.328 53 | 64.653 32 | 59.634 5 | 60.813 17 |
| Achn030761 | 2.235 457 | 3.027 849 | 2.371 304 | 0.407 538 | 0.792 943 | 2.607 478 | 0.698 116 | 2.170 751 | 1.659 296 | 6.205 022 | 5.936 534 | 5.602 517 | 1.355 554 | 0.120 548 | 0.500 201 | 4.495 293 | 2.898 494 | 1.631 951 |
| Actinidia_chinensis_newGene_9687 | 3.441 221 | 3.804 568 | 3.717 45 | 2.226 059 | 1.675 94 | 2.000 79 | 2.868 431 | 2.239 985 | 2.496 701 | 1.639 371 | 1.530 741 | 2.291 175 | 2.591 145 | 2.533 035 | 1.971 806 | 3.148 136 | 3.344 655 | 2.977 908 |
| Actinidia_chinensis_newGene_9686 | 0.561 811 | 0.457 086 | 0.314 24 | 15.405 02 | 2.085 366 | 5.276 035 | 1.271 333 | 1.711 17 | 1.713 337 | 2.542 444 | 4.769 194 | 1.751 776 | 1.025 333 | 0.898 549 | 1.235 771 | 2.679 555 | 2.509 285 | 3.108 426 |
| Actinidia_chinensis_newGene_3059 | 2.483 661 | 2.939 571 | 3.630 341 | 2.714 987 | 3.875 082 | 7.415 175 | 3.487 187 | 2.821 453 | 3.499 913 | 4.013 681 | 4.582 788 | 3.985 712 | 3.855 195 | 3.337 099 | 2.413 315 | 8.579 679 | 8.683 841 | 7.189 597 |
| Achn325281 | 14.013 3 | 15.391 32 | 15.411 89 | 1.923 339 | 0.357 689 | 0 | 7.564 279 | 4.960 781 | 5.785 278 | 1.270 816 | 1.556 432 | 1.464 071 | 18.961 14 | 14.946 26 | 14.658 82 | 1.171 447 | 0.541 061 | 3.914 865 |

（续）

| 基因ID | CK1 | CK2 | CK3 | T1-1 | T1-2 | T1-3 | T2-1 | T2-2 | T2-3 | T3-1 | T3-2 | T3-3 | T4-1 | T4-2 | T4-3 | T5-1 | T5-2 | T5-3 |
|---|---|---|---|---|---|---|---|---|---|---|---|---|---|---|---|---|---|---|
| Achn082241 | 3.609 579 | 8.182 442 | 11.554 81 | 0.843 896 | 2.496 269 | 4.286 781 | 1.180 404 | 0.337 412 | 0.820 845 | 1.602 995 | 1.521 431 | 1.676 362 | 1.382 688 | 1.642 742 | 1.176 966 | 1.840 37 | 1.701 96 | 1.768 073 |
| Achn361321 | 23.431 78 | 24.374 27 | 23.557 89 | 5.413 273 | 7.469 774 | 17.315 86 | 8.943 701 | 8.208 559 | 8.453 259 | 10.897 54 | 10.502 05 | 10.747 39 | 16.334 81 | 11.927 29 | 13.542 02 | 18.313 49 | 21.506 72 | 21.916 24 |
| Achn003401 | 0.490 69 | 0.416 962 | 0.606 442 | 1.449 906 | 0.361 926 | 0.988 021 | 0.757 35 | 1.018 527 | 0.824 557 | 1.471 701 | 0.675 047 | 1.881 7 | 1.045 627 | 1.691 983 | 1.522 145 | 1.521 827 | 1.589 313 | 1.139 127 |
| Achn018651 | 437.72 | 256.673 7 | 264.158 | 173.806 8 | 237.324 7 | 222.786 5 | 48.216 02 | 86.402 12 | 109.835 6 | 106.566 1 | 106.327 4 | 86.861 08 | 54.351 44 | 46.833 74 | 77.935 94 | 157.763 4 | 207.005 3 | 186.815 9 |
| Actinidia_chinensis_newGene_4313 | 0.611 127 | 0.721 161 | 0.789 255 | 1.531 415 | 1.984 442 | 5.888 475 | 2.085 64 | 1.822 697 | 2.219 316 | 1.858 104 | 0.874 395 | 1.240 165 | 0.893 511 | 1.002 449 | 1.583 099 | 1.608 468 | 1.572 334 | 0.317 828 |
| Achn349471 | 7.640 45 | 6.210 545 | 6.767 49 | 150.758 1 | 89.822 28 | 77.708 59 | 29.126 74 | 134.154 | 39.549 68 | 16.911 35 | 24.804 76 | 19.392 67 | 56.906 8 | 260.237 3 | 129.098 | 16.525 27 | 12.668 99 | 14.083 93 |
| Achn251851 | 29.647 8 | 43.716 26 | 51.643 01 | 0.566 051 | 0.720 045 | 0.111 311 | 11.251 77 | 5.669 275 | 3.723 935 | 1.174 046 | 0.823 504 | 0.462 331 | 12.668 73 | 26.349 81 | 14.651 33 | 0.412 589 | 2.030 285 | 4.673 039 |
| Actinidia_chinensis_newGene_6928 | 0.825 104 | 0.977 486 | 1.094 794 | 1.221 814 | 0.483 284 | 2.600 46 | 1.637 07 | 2.118 989 | 1.674 562 | 0.815 915 | 1.204 824 | 1.376 042 | 1.436 105 | 3.273 76 | 3.823 754 | 0.896 447 | 0.951 073 | 0.933 491 |
| Achn214311 | 10.107 3 | 8.998 805 | 12.392 79 | 10.081 29 | 8.939 871 | 18.077 35 | 10.651 77 | 11.300 36 | 10.628 45 | 8.447 06 | 7.149 527 | 8.321 103 | 6.763 713 | 6.852 803 | 8.669 885 | 4.615 004 | 4.557 478 | 6.384 532 |
| Actinidia_chinensis_newGene_7030 | 1.185 927 | 0.934 58 | 1.611 429 | 1.742 773 | 0.343 102 | 0.910 445 | 2.977 907 | 3.189 117 | 2.747 373 | 0.642 363 | 0.860 722 | 1.318 208 | 1.136 477 | 2.454 882 | 0.798 505 | 2.395 25 | 1.833 714 | 0.950 202 |
| Achn244911 | 1.345 327 | 1.411 048 | 1.836 389 | 1.185 227 | 0.580 591 | 0.477 121 | 0.687 163 | 0.463 664 | 0.679 447 | 1.173 701 | 0.751 51 | 0.211 721 | 5.507 227 | 2.729 144 | 2.952 998 | 0.796 348 | 1.350 281 | 1.912 517 |
| Achn381811 | 3.260 786 | 2.663 666 | 2.575 152 | 4.030 73 | 3.064 416 | 5.000 625 | 2.515 445 | 4.307 748 | 2.233 016 | 4.317 179 | 3.428 716 | 3.448 524 | 1.675 864 | 0.816 882 | 0.846 446 | 2.658 319 | 1.634 712 | 2.640 057 |
| Achn148881 | 113.825 1 | 128.649 9 | 136.964 8 | 38.169 58 | 81.165 28 | 9.667 566 | 99.736 05 | 88.365 46 | 134.267 4 | 63.264 79 | 53.214 68 | 64.851 95 | 73.624 47 | 89.689 56 | 70.576 04 | 14.996 74 | 20.159 57 | 18.345 03 |
| Actinidia_chinensis_newGene_6075 | 1.482 885 | 1.172 51 | 1.193 979 | 1.503 742 | 0.194 564 | 0 | 0.751 469 | 1.895 197 | 1.234 306 | 0.942 493 | 2.524 824 | 2.874 26 | 3.709 152 | 0.966 739 | 2.478 651 | 2.908 219 | 3.683 234 | 5.528 052 |
| Achn261701 | 2.815 603 | 3.989 213 | 1.884 007 | 7.963 37 | 2.667 38 | 0.912 766 | 3.028 247 | 2.106 635 | 1.665 469 | 1.375 669 | 1.431 368 | 0.821 125 | 1.873 339 | 2.032 683 | 3.048 298 | 3.247 537 | 3.052 884 | 1.522 599 |
| Achn078201 | 2.021 483 | 2.725 254 | 3.312 048 | 1.960 324 | 2.518 849 | 2.796 495 | 2.148 081 | 1.735 708 | 1.483 95 | 0.635 773 | 0.886 008 | 1.294 514 | 1.686 873 | 3.605 121 | 2.959 995 | 1.342 044 | 1.574 048 | 1.122 229 |
| Achn336361 | 3.909 372 | 2.504 394 | 3.432 184 | 6.364 556 | 7.603 853 | 8.684 553 | 6.605 469 | 8.072 045 | 7.719 006 | 5.105 389 | 6.140 615 | 4.772 831 | 2.970 391 | 4.377 602 | 3.813 981 | 3.127 103 | 4.846 098 | 3.318 851 |

（续）

| 基因ID | CK1 | CK2 | CK3 | T1-1 | T1-2 | T1-3 | T2-1 | T2-2 | T2-3 | T3-1 | T3-2 | T3-3 | T4-1 | T4-2 | T4-3 | T5-1 | T5-2 | T5-3 |
|---|---|---|---|---|---|---|---|---|---|---|---|---|---|---|---|---|---|---|
| Actinidia_chinensis_newGene_5523 | 2.229 688 | 2.915 813 | 3.228 504 | 9.157 538 | 7.827 39 | 7.885 99 | 4.280 313 | 5.428 879 | 5.284 729 | 4.053 272 | 3.849 178 | 3.444 535 | 2.406 479 | 4.270 132 | 4.270 714 | 4.136 5 | 3.403 19 | 3.324 735 |
| Achn125701 | 63.252 5 | 62.146 3 | 52.602 71 | 33.138 33 | 34.115 58 | 30.668 88 | 28.297 06 | 34.321 48 | 30.307 8 | 51.421 76 | 50.334 22 | 48.882 69 | 42.902 99 | 28.477 14 | 30.770 11 | 59.030 17 | 56.608 58 | 64.048 52 |
| Achn098691 | 1.221 122 | 0.646 8 | 0.866 304 | 0.040 527 | 0.273 749 | 0 | 0.642 987 | 0.227 25 | 0.339 927 | 0.791 9 | 0.866 822 | 0.215 841 | 0.964 314 | 0.195 29 | 1.051 947 | 0.304 691 | 0.264 365 | 0.339 73 |
| Achn217711 | 0.423 303 | 0.279 002 | 0.292 179 | 1.605 501 | 0.577 981 | 2.803 809 | 0.655 762 | 0.668 678 | 1.063 556 | 0.662 607 | 1.072 922 | 0.993 596 | 0.917 935 | 0.422 032 | 0.517 379 | 0.495 456 | 0.169 398 | 0.634 923 |
| Achn283391 | 0.940 778 | 0.961 679 | 1.475 743 | 1.364 808 | 0.497 512 | 0.764 618 | 0.385 129 | 0.604 183 | 0.375 122 | 1.145 358 | 0.241 426 | 0.680 272 | 1.218 885 | 0.966 896 | 0.805 679 | 4.654 607 | 3.916 07 | 2.912 179 |
| Achn165331 | 9.797 311 | 5.918 166 | 7.951 769 | 4.778 228 | 4.433 528 | 5.336 863 | 3.109 6 | 3.004 126 | 2.449 791 | 3.978 85 | 3.415 165 | 4.245 891 | 3.580 301 | 6.280 181 | 4.777 285 | 5.464 578 | 11.843 14 | 7.465 181 |
| Achn222781 | 0.243 147 | 0.698 971 | 0.293 788 | 0.682 535 | 1.136 712 | 0.578 358 | 0.214 404 | 0.844 394 | 0.349 425 | 0.163 285 | 0.303 568 | 0.422 559 | 0.970 053 | 1.126 176 | 0.782 116 | 1.648 147 | 1.718 713 | 1.914 905 |
| Achn191451 | 1.264 603 | 1.464 909 | 1.846 113 | 5.157 324 | 3.264 525 | 4.169 834 | 1.082 778 | 1.275 461 | 1.466 656 | 3.360 84 | 4.964 294 | 3.378 858 | 1.564 979 | 1.760 159 | 1.158 605 | 8.046 916 | 5.609 513 | 4.735 807 |
| Achn085231 | 11.815 22 | 12.206 12 | 12.893 07 | 5.961 837 | 7.082 936 | 7.386 774 | 8.706 051 | 8.294 685 | 8.562 993 | 8.278 004 | 7.753 109 | 8.187 588 | 7.700 572 | 7.218 986 | 7.591 619 | 8.056 999 | 10.115 15 | 7.912 258 |
| Achn026111 | 16.706 94 | 19.266 52 | 18.129 97 | 10.427 08 | 11.315 28 | 5.392 354 | 15.690 73 | 11.567 66 | 9.383 95 | 11.648 99 | 7.468 915 | 5.683 566 | 28.872 34 | 33.002 27 | 30.420 67 | 27.571 22 | 25.471 58 | 26.086 74 |
| Actinidia_chinensis_newGene_10130 | 4.534 225 | 4.407 047 | 5.541 841 | 16.032 14 | 14.921 19 | 11.910 04 | 9.000 562 | 14.138 53 | 10.853 29 | 9.632 276 | 13.562 21 | 12.200 42 | 13.873 98 | 10.214 87 | 12.535 63 | 13.717 69 | 11.316 79 | 11.313 19 |
| Achn364071 | 1.567 244 | 1.293 145 | 1.138 66 | 2.861 759 | 6.204 255 | 10.429 79 | 4.096 86 | 4.687 521 | 3.488 565 | 6.011 029 | 5.986 738 | 5.874 334 | 1.175 887 | 0.821 553 | 0.389 372 | 2.808 832 | 3.742 679 | 2.141 733 |
| Achn322571 | 0.335 971 | 0.268 564 | 0.387 191 | 0.247 162 | 0.353 02 | 0.599 621 | 0.575 004 | 0.429 269 | 0.437 21 | 0.513 018 | 0.177 471 | 0.457 436 | 1.316 386 | 1.316 048 | 0.849 127 | 0.657 69 | 0.640 087 | 0.549 039 |
| Achn054431 | 1.202 002 | 0.835 084 | 1.022 681 | 0.272 933 | 0.089 696 | 0 | 0.038 717 | 0.040 344 | 0.160 271 | 0.135 674 | 0 | 0 | 0.263 898 | 0 | 0.177 868 | 0 | 0.092 442 | 0.042 709 |
| Achn205591 | 1.288 233 | 0.764 778 | 0.593 457 | 1.588 423 | 1.408 996 | 2.304 307 | 0.501 244 | 1.337 871 | 1.156 859 | 1.574 317 | 1.704 94 | 1.639 567 | 1.588 517 | 1.296 309 | 0.927 354 | 3.461 799 | 4.087 284 | 3.179 64 |
| Achn304211 | 19.103 37 | 14.002 58 | 13.317 66 | 2.435 488 | 5.139 44 | 16.122 04 | 9.022 17 | 7.704 36 | 7.750 506 | 3.375 745 | 5.848 454 | 2.310 786 | 7.956 572 | 16.945 78 | 13.549 95 | 5.251 42 | 7.290 958 | 6.595 399 |
| Actinidia_chinensis_newGene_2191 | 0.823 52 | 0.830 172 | 0.564 467 | 0.186 12 | 0 | 0.101 973 | 0.363 288 | 0.612 54 | 0.291 614 | 0.438 832 | 0.291 068 | 0.358 536 | 0.566 859 | 1.594 788 | 0.772 702 | 0.696 365 | 1.284 906 | 0.603 996 |

（续）

| 基因 ID | CK1 | CK2 | CK3 | T1-1 | T1-2 | T1-3 | T2-1 | T2-2 | T2-3 | T3-1 | T3-2 | T3-3 | T4-1 | T4-2 | T4-3 | T5-1 | T5-2 | T5-3 |
|---|---|---|---|---|---|---|---|---|---|---|---|---|---|---|---|---|---|---|
| Actinidia_chinensis_newGene_2193 | 1.419 68 | 0.992 931 | 1.339 843 | 0.078 921 | 0.366 254 | 0.021 205 | 0.205 136 | 0.427 219 | 0.370 52 | 0.527 611 | 0.690 258 | 0.840 961 | 1.532 818 | 2.576 767 | 1.300 276 | 1.852 416 | 2.208 268 | 1.566 928 |
| Actinidia_chinensis_newGene_2196 | 0.846 366 | 1.185 808 | 0.928 434 | 0.944 143 | 1.072 711 | 0.736 354 | 0.322 209 | 0.425 023 | 0.420 889 | 1.457 284 | 0.778 483 | 0.784 961 | 1.858 047 | 1.228 231 | 1.463 428 | 2.368 032 | 2.361 246 | 1.793 449 |
| Achn224071 | 0.936 406 | 0.654 041 | 0.569 5 | 1.616 205 | 1.734 172 | 4.265 559 | 1.922 626 | 1.114 46 | 1.541 623 | 0.770 658 | 1.077 528 | 1.467 003 | 0.757 954 | 1.026 483 | 0.962 837 | 0.634 858 | 0.617 17 | 0.797 167 |
| Achn323241 | 29.273 99 | 26.433 09 | 24.813 03 | 92.584 11 | 39.086 19 | 62.444 12 | 28.323 79 | 65.090 6 | 37.235 15 | 37.582 09 | 41.039 33 | 38.089 28 | 62.709 19 | 70.674 75 | 73.576 74 | 55.171 14 | 49.301 55 | 45.463 86 |
| Actinidia_chinensis_newGene_1556 | 4.934 48 | 5.739 742 | 3.420 583 | 2.813 78 | 2.013 463 | 2.094 637 | 1.060 811 | 0.851 41 | 0.756 081 | 1.896 341 | 1.616 581 | 2.446 483 | 2.244 387 | 0.443 593 | 1.039 973 | 7.380 801 | 7.186 816 | 8.843 528 |
| Achn353411 | 0.051 39 | 0.052 812 | 0.587 962 | 3.260 206 | 1.030 345 | 5.641 109 | 0.267 787 | 3.036 467 | 0.600 037 | 0.596 598 | 0.631 824 | 2.013 287 | 1.651 907 | 6.687 455 | 3.653 431 | 0.777 958 | 0.745 297 | 0.636 347 |
| Achn001931 | 3.345 215 | 3.609 564 | 2.104 907 | 11.671 06 | 4.795 233 | 4.205 004 | 3.436 728 | 8.195 178 | 4.136 27 | 3.529 569 | 3.356 841 | 3.161 65 | 12.452 67 | 23.632 36 | 15.130 17 | 2.746 131 | 3.457 971 | 2.970 336 |
| Achn169451 | 0.230 363 | 0.131 653 | 0.052 65 | 0.748 536 | 0.551 885 | 0.578 667 | 0.316 97 | 0.391 111 | 0.367 129 | 0.377 573 | 0.746 918 | 0.199 245 | 0.550 664 | 0.287 407 | 0.505 45 | 0.706 885 | 1.515 879 | 0.902 038 |
| Achn137651 | 9.538 166 | 9.985 85 | 7.271 698 | 10.475 19 | 8.854 723 | 16.305 16 | 7.360 766 | 6.391 207 | 7.030 18 | 6.110 071 | 5.123 248 | 5.274 733 | 4.897 358 | 5.335 154 | 6.178 092 | 3.756 779 | 3.914 749 | 3.707 418 |
| Achn088151 | 1.464 855 | 1.305 313 | 0.992 118 | 0.410 346 | 0.163 552 | 1.216 158 | 0.474 805 | 0.243 246 | 0.156 107 | 1.525 275 | 1.067 179 | 0.839 625 | 1.161 713 | 0.979 918 | 0.804 36 | 1.296 932 | 0.708 659 | 1.200 233 |
| Achn040831 | 8.085 113 | 7.749 34 | 6.828 3 | 4.220 29 | 5.455 509 | 5.772 131 | 5.345 874 | 4.804 187 | 4.232 543 | 4.087 135 | 3.135 087 | 3.662 271 | 4.908 022 | 3.356 569 | 4.556 682 | 4.037 499 | 4.008 16 | 5.418 028 |
| Achn011841 | 74.231 69 | 94.500 92 | 81.846 2 | 137.925 5 | 244.738 3 | 113.751 3 | 229.019 2 | 178.828 3 | 206.577 7 | 129.001 5 | 87.703 68 | 100.871 4 | 52.258 81 | 87.257 08 | 76.423 65 | 99.087 14 | 87.144 91 | 61.804 9 |
| Achn061701 | 41.308 84 | 49.773 54 | 32.070 44 | 41.266 81 | 49.971 87 | 27.438 41 | 38.104 17 | 38.124 92 | 33.797 99 | 16.526 06 | 15.456 47 | 16.726 92 | 46.393 56 | 106.275 9 | 63.869 32 | 11.884 01 | 14.391 94 | 20.730 21 |
| Achn118651 | 0.263 325 | 0.409 095 | 0.424 397 | 0.748 34 | 0.621 165 | 0.564 816 | 1.255 394 | 0.634 208 | 0.997 024 | 1.296 35 | 0.756 03 | 0.284 983 | 0.338 57 | 0.685 379 | 0.424 816 | 1.893 67 | 1.654 31 | 0.988 372 |
| Achn267911 | 1.698 941 | 3.304 739 | 2.728 151 | 2.620 925 | 6.820 028 | 4.512 727 | 7.798 468 | 5.100 056 | 4.888 465 | 4.731 173 | 3.608 388 | 4.241 129 | 27.083 25 | 36.055 92 | 26.599 24 | 11.014 02 | 10.162 38 | 10.538 56 |
| Achn137141 | 1.735 728 | 2.382 592 | 1.837 192 | 4.107 793 | 3.805 188 | 8.476 231 | 2.784 477 | 2.943 067 | 2.772 002 | 2.756 162 | 3.809 298 | 3.663 864 | 2.400 416 | 2.091 05 | 2.646 738 | 2.583 061 | 3.522 366 | 3.349 136 |
| Achn283211 | 24.781 54 | 20.450 96 | 20.004 | 27.326 15 | 8.471 013 | 5.676 673 | 14.697 92 | 24.108 46 | 14.278 1 | 14.537 28 | 20.423 06 | 15.411 72 | 45.298 63 | 48.418 36 | 52.147 57 | 37.534 92 | 39.933 5 | 35.762 69 |

（续）

| 基因ID | CK1 | CK2 | CK3 | T1-1 | T1-2 | T1-3 | T2-1 | T2-2 | T2-3 | T3-1 | T3-2 | T3-3 | T4-1 | T4-2 | T4-3 | T5-1 | T5-2 | T5-3 |
|---|---|---|---|---|---|---|---|---|---|---|---|---|---|---|---|---|---|---|
| Achn234021 | 0.172 51 | 0.042 083 | 0.057 436 | 0.089 079 | 0.816 013 | 0.536 968 | 0.721 503 | 0.634 236 | 0.729 794 | 0.048 742 | 0 | 0.200 045 | 0 | 0 | 0 | 0 | 0.237 022 | 0 |
| Achn139021 | 17.933 92 | 14.413 77 | 16.136 2 | 5.079 618 | 6.535 998 | 5.060 649 | 9.704 937 | 6.675 792 | 7.265 236 | 8.371 271 | 6.913 707 | 7.476 109 | 13.891 52 | 17.430 56 | 11.091 93 | 15.128 14 | 23.776 55 | 10.244 27 |
| Achn126891 | 0.211 146 | 0.363 468 | 0.441 905 | 2.400 116 | 2.407 678 | 1.363 845 | 0.388 278 | 1.252 634 | 1.114 909 | 0.867 373 | 1.056 309 | 0.995 465 | 0.936 427 | 0.685 293 | 0.689 864 | 0.585 82 | 0.861 75 | 0.899 551 |
| Achn063391 | 0.607 738 | 0.869 98 | 0.726 412 | 6.904 435 | 1.445 818 | 3.183 653 | 1.351 467 | 2.156 339 | 1.523 659 | 0.757 856 | 0.825 619 | 1.236 198 | 1.458 453 | 6.612 302 | 5.598 17 | 0.808 572 | 0.965 513 | 0.430 838 |
| Achn132761 | 0.747 297 | 2.392 382 | 1.361 132 | 0.469 336 | 2.602 986 | 0.104 476 | 2.767 471 | 0.549 307 | 2.286 722 | 1.809 041 | 1.628 438 | 0.881 082 | 3.282 981 | 4.684 952 | 4.445 595 | 0 | 0 | 0.426 272 |
| Achn020231 | 6.854 239 | 7.205 773 | 7.121 308 | 2.196 069 | 2.823 545 | 1.701 871 | 4.561 539 | 5.180 184 | 5.232 343 | 5.714 077 | 5.620 534 | 4.819 035 | 7.924 264 | 7.824 123 | 8.119 597 | 10.309 77 | 10.805 02 | 12.310 93 |
| Achn279871 | 67.090 32 | 57.220 04 | 53.351 5 | 80.201 5 | 85.232 57 | 17.364 14 | 90.872 46 | 78.321 58 | 86.839 68 | 84.276 11 | 68.227 97 | 63.304 02 | 26.361 22 | 16.826 54 | 23.994 96 | 46.246 12 | 43.170 31 | 58.990 56 |
| Achn005731 | 7.245 769 | 7.062 143 | 6.553 017 | 13.189 7 | 11.189 91 | 11.448 11 | 11.953 73 | 12.553 78 | 9.700 67 | 7.055 518 | 3.989 216 | 6.346 835 | 12.293 59 | 18.704 33 | 18.305 68 | 2.727 912 | 4.610 623 | 3.514 806 |
| Achn357451 | 24.041 25 | 24.132 1 | 22.442 75 | 10.305 62 | 10.621 38 | 16.997 43 | 26.922 49 | 22.032 52 | 28.809 69 | 25.277 1 | 24.670 76 | 19.679 26 | 31.777 99 | 24.298 63 | 24.570 31 | 35.379 98 | 35.425 15 | 27.745 7 |
| Achn180141 | 0.638 95 | 0.340 403 | 0.232 324 | 0.057 43 | 0.796 722 | 1.801 189 | 0.434 63 | 0.485 671 | 0.558 726 | 0.973 85 | 1.458 638 | 1.575 26 | 0.207 479 | 0.120 382 | 0.247 514 | 1.026 251 | 1.491 213 | 0.532 608 |
| Achn175391 | 1.321 599 | 1.110 04 | 2.082 588 | 2.171 83 | 2.257 546 | 0.988 791 | 2.482 37 | 2.719 188 | 2.563 461 | 2.866 499 | 3.552 582 | 5.595 251 | 0.678 989 | 0.414 924 | 0.867 | 2.269 528 | 5.602 569 | 1.324 562 |
| Achn026301 | 238.478 5 | 137.324 5 | 153.655 7 | 334.218 5 | 236.875 | 142.139 5 | 255.266 9 | 321.473 2 | 424.2 | 374.178 8 | 419.336 5 | 374.130 6 | 80.311 3 | 42.802 28 | 42.880 99 | 263.354 2 | 289.202 1 | 260.534 1 |
| Achn007601 | 6.300 641 | 5.108 506 | 5.241 706 | 5.194 343 | 4.162 331 | 5.295 427 | 3.188 317 | 2.032 651 | 3.378 916 | 1.854 302 | 2.402 953 | 2.185 879 | 2.601 048 | 4.395 991 | 4.273 004 | 3.458 282 | 2.760 068 | 5.073 574 |
| Achn354351 | 4.863 35 | 3.864 998 | 5.092 467 | 16.786 62 | 14.468 06 | 32.497 95 | 4.566 474 | 7.002 828 | 3.941 782 | 6.441 332 | 5.522 663 | 6.865 056 | 4.217 502 | 4.171 813 | 3.099 151 | 8.458 738 | 8.318 125 | 8.559 379 |
| Achn284221 | 485.000 9 | 562.547 9 | 538.844 1 | 1 612.284 | 1 991.845 | 739.496 5 | 658.278 4 | 675.860 9 | 617.213 6 | 279.635 1 | 294.438 9 | 271.417 3 | 241.365 1 | 310.904 5 | 419.683 4 | 210.866 2 | 259.306 9 | 331.578 2 |
| Achn028221 | 0.798 794 | 0.403 036 | 0.248 796 | 1.382 413 | 1.835 334 | 3.267 061 | 1.194 285 | 1.174 347 | 1.350 961 | 0.987 339 | 0.803 514 | 1.054 571 | 0.593 62 | 0.487 546 | 0.622 3 | 0.881 859 | 1.370 262 | 0.538 899 |
| Achn373661 | 23.634 27 | 17.243 77 | 22.369 98 | 6.285 581 | 4.851 032 | 9.874 365 | 4.254 259 | 3.016 381 | 4.394 116 | 7.048 507 | 4.446 291 | 6.650 784 | 9.434 811 | 11.623 91 | 6.891 79 | 15.471 01 | 24.282 43 | 10.032 81 |
| Achn199111 | 73.617 42 | 63.612 07 | 60.289 42 | 232.069 5 | 138.857 1 | 441.968 8 | 78.982 65 | 97.968 38 | 110.753 2 | 117.880 9 | 131.842 2 | 116.202 3 | 97.318 25 | 40.749 26 | 52.947 54 | 156.878 8 | 148.343 8 | 125.129 8 |
| Achn245561 | 0.592 71 | 0.388 422 | 0.365 893 | 0.538 73 | 3.985 929 | 0.896 767 | 1.238 929 | 1.947 309 | 4.620 81 | 0.184 528 | 0.288 812 | 0.692 973 | 0.644 161 | 0.123 11 | 0.859 668 | 0.814 148 | 2.298 983 | 1.778 71 |

（续）

| 基因 ID | CK1 | CK2 | CK3 | T1-1 | T1-2 | T1-3 | T2-1 | T2-2 | T2-3 | T3-1 | T3-2 | T3-3 | T4-1 | T4-2 | T4-3 | T5-1 | T5-2 | T5-3 |
|---|---|---|---|---|---|---|---|---|---|---|---|---|---|---|---|---|---|---|
| Achn167981 | 1.263 435 | 1.583 948 | 2.012 419 | 4.388 637 | 2.897 832 | 6.428 647 | 1.633 324 | 1.818 236 | 1.009 509 | 1.559 332 | 1.875 861 | 1.476 382 | 2.169 366 | 3.546 057 | 3.961 489 | 2.175 929 | 1.579 4 | 0.987 259 |
| Actinidia_chinensis_newGene_4804 | 15.663 59 | 15.294 98 | 25.933 41 | 36.053 25 | 35.390 4 | 49.146 32 | 40.385 9 | 41.006 41 | 39.140 85 | 23.864 02 | 38.849 22 | 21.715 82 | 28.054 42 | 33.680 22 | 47.886 32 | 35.180 35 | 38.117 83 | 31.270 39 |
| Achn368931 | 0.249 637 | 0.045 17 | 0.533 447 | 0.261 466 | 0.153 45 | 0.235 547 | 1.773 792 | 0.933 912 | 0.610 503 | 1.563 458 | 0.325 795 | 1.116 919 | 0.936 426 | 0.091 492 | 0.097 806 | 13.790 79 | 11.606 57 | 0.250 598 |
| Achn256311 | 1.806 852 | 2.262 245 | 2.484 176 | 10.863 62 | 9.192 495 | 29.647 03 | 9.597 481 | 10.144 73 | 9.166 035 | 3.131 248 | 2.954 791 | 4.817 2 | 1.949 741 | 5.809 568 | 6.033 938 | 1.631 071 | 1.783 552 | 0.536 711 |
| Achn305461 | 2.460 761 | 1.419 987 | 1.269 686 | 0.547 864 | 0.900 489 | 1.591 525 | 0.490 792 | 0.992 847 | 1.005 429 | 2.979 925 | 2.352 991 | 2.117 444 | 2.973 473 | 1.373 184 | 1.233 952 | 10.427 72 | 10.083 68 | 10.513 69 |
| Achn228421 | 11.671 3 | 15.796 73 | 14.626 44 | 9.085 455 | 18.309 55 | 2.752 578 | 17.202 11 | 14.092 16 | 10.984 22 | 8.026 187 | 7.074 286 | 6.702 293 | 19.246 52 | 30.964 42 | 28.805 73 | 7.526 371 | 9.698 795 | 11.461 26 |
| Achn292051 | 0.391 944 | 0.662 036 | 0.628 957 | 3.619 734 | 3.236 967 | 8.155 374 | 2.306 679 | 2.263 331 | 2.013 534 | 2.821 842 | 3.547 907 | 3.468 414 | 1.292 683 | 0.891 742 | 1.109 932 | 2.669 448 | 1.598 258 | 1.271 055 |
| Actinidia_chinensis_newGene_6894 | 2.891 501 | 2.101 831 | 2.378 624 | 0.790 176 | 1.151 065 | 2.263 817 | 1.072 752 | 1.316 297 | 2.638 077 | 2.777 529 | 1.082 478 | 1.950 91 | 2.446 647 | 1.125 077 | 1.382 223 | 0.949 361 | 1.619 843 | 1.369 581 |
| Actinidia_chinensis_newGene_6897 | 3.756 031 | 4.422 951 | 3.152 93 | 13.788 89 | 13.153 23 | 11.238 27 | 6.784 855 | 7.975 154 | 7.963 444 | 5.663 291 | 5.822 03 | 5.656 487 | 3.235 38 | 4.436 094 | 4.325 711 | 3.963 467 | 2.212 273 | 3.620 258 |
| Achn062351 | 15.940 35 | 15.740 83 | 14.277 | 5.652 169 | 8.788 595 | 14.082 58 | 5.987 979 | 6.305 181 | 6.773 653 | 8.363 896 | 6.483 696 | 5.817 043 | 7.859 689 | 2.741 905 | 5.619 628 | 11.185 5 | 18.580 03 | 12.376 63 |
| Achn207011 | 13.294 69 | 8.546 237 | 9.075 014 | 13.390 62 | 11.363 33 | 4.268 359 | 11.263 77 | 12.343 | 13.213 81 | 17.213 41 | 17.568 4 | 19.121 19 | 7.246 716 | 2.531 043 | 2.870 111 | 9.950 465 | 8.095 237 | 12.666 88 |
| Achn118751 | 3.108 318 | 3.130 361 | 3.158 73 | 2.951 421 | 2.569 447 | 1.484 903 | 4.941 762 | 4.333 58 | 3.439 631 | 2.014 508 | 2.719 868 | 1.164 133 | 6.074 709 | 7.259 733 | 8.792 777 | 1.970 929 | 2.738 167 | 1.455 761 |
| Achn247381 | 0.588 481 | 1.425 886 | 1.149 077 | 1.151 42 | 1.531 346 | 0.967 279 | 1.482 417 | 1.297 499 | 1.679 533 | 3.042 702 | 1.946 67 | 2.150 035 | 1.151 551 | 0.929 054 | 0.658 085 | 3.283 154 | 4.355 18 | 1.281 353 |
| Achn006211 | 58.415 1 | 57.031 11 | 58.902 19 | 31.985 73 | 57.544 27 | 42.830 25 | 68.628 17 | 57.221 06 | 58.804 83 | 59.147 79 | 47.713 52 | 46.304 77 | 21.656 86 | 22.804 37 | 17.109 6 | 19.562 03 | 18.172 39 | 19.813 35 |
| Actinidia_chinensis_newGene_2729 | 0 | 0 | 0.298 025 | 2.622 306 | 2.307 323 | 2.811 234 | 1.205 84 | 0.489 393 | 0.573 309 | 0.546 124 | 0.564 007 | 0.198 568 | 0.260 078 | 0.416 61 | 0 | 0.848 234 | 0 | 0.220 1 |
| Actinidia_chinensis_newGene_2728 | 0.258 381 | 0.363 834 | 0.874 082 | 6.884 21 | 3.346 645 | 5.863 629 | 2.079 793 | 3.363 872 | 2.202 185 | 0.932 57 | 1.391 184 | 0.608 234 | 0.806 278 | 1.838 69 | 1.266 84 | 0.885 076 | 1.009 505 | 0.851 763 |

（续）

| 基因ID | CK1 | CK2 | CK3 | T1-1 | T1-2 | T1-3 | T2-1 | T2-2 | T2-3 | T3-1 | T3-2 | T3-3 | T4-1 | T4-2 | T4-3 | T5-1 | T5-2 | T5-3 |
|---|---|---|---|---|---|---|---|---|---|---|---|---|---|---|---|---|---|---|
| Actinidia_chinensis_newGene_9840 | 1.930 085 | 1.254 407 | 1.317 371 | 0 | 0 | 0 | 1.805 482 | 1.420 746 | 0 | 0 | 0 | 0 | 0.680 875 | 0.952 579 | 0 | 0 | 1.344 027 | 0 |
| Achn203071 | 2.288 771 | 6.444 616 | 4.738 356 | 0 | 0.496 088 | 0.155 003 | 1.683 88 | 0.671 616 | 0.178 48 | 0.200 802 | 0 | 0.130 547 | 5.988 53 | 6.614 563 | 8.834 579 | 0.433 914 | 0.101 78 | 0.672 263 |
| Achn319711 | 56.396 12 | 75.237 49 | 69.887 6 | 35.430 54 | 58.480 71 | 85.789 21 | 74.082 75 | 56.631 41 | 48.360 14 | 24.935 6 | 18.223 17 | 20.261 45 | 56.997 61 | 109.619 9 | 103.748 9 | 17.905 13 | 18.010 42 | 19.354 38 |
| Achn318041 | 0.038 456 | 0.257 97 | 0.113 473 | 0.858 637 | 0.657 355 | 1.684 918 | 0.428 651 | 0.748 116 | 0.668 296 | 0.722 783 | 0.323 945 | 0.582 361 | 0.331 216 | 0.205 302 | 0.439 514 | 0.658 769 | 0.130 503 | 0.241 35 |
| Actinidia_chinensis_newGene_8826 | 0.673 373 | 1.191 485 | 0.675 359 | 1.893 388 | 1.776 128 | 1.252 594 | 0.644 494 | 0.987 759 | 1.479 894 | 1.682 667 | 2.823 416 | 1.738 433 | 1.902 223 | 2.268 087 | 1.995 993 | 2.454 248 | 1.876 09 | 2.121 225 |
| Achn036851 | 2.786 541 | 1.695 095 | 0.902 499 | 4.430 479 | 4.059 311 | 9.989 536 | 7.829 195 | 11.395 54 | 9.240 202 | 1.525 163 | 2.493 295 | 2.511 666 | 1.979 059 | 22.157 64 | 12.942 3 | 0.520 562 | 1.271 254 | 0.746 033 |
| Achn007831 | 1.489 973 | 1.741 174 | 1.523 003 | 3.537 182 | 3.765 571 | 9.242 065 | 2.852 438 | 1.399 004 | 1.818 317 | 2.987 949 | 2.515 695 | 2.811 763 | 1.439 139 | 0.987 032 | 1.186 343 | 1.547 927 | 1.602 01 | 1.300 01 |
| Achn162131 | 2.539 052 | 2.897 905 | 2.267 416 | 7.788 676 | 4.965 655 | 9.713 621 | 2.769 925 | 4.450 101 | 3.905 26 | 3.546 81 | 5.516 959 | 3.969 65 | 3.398 535 | 5.465 141 | 5.494 932 | 2.919 42 | 4.104 76 | 4.896 608 |
| Achn080961 | 1.516 664 | 2.116 621 | 1.020 88 | 1.850 805 | 2.613 783 | 7.248 484 | 3.048 593 | 5.670 161 | 6.188 796 | 3.011 968 | 3.671 97 | 2.345 592 | 5.417 678 | 13.649 03 | 9.020 241 | 6.535 667 | 5.134 874 | 2.370 549 |
| Achn124181 | 2.466 089 | 1.777 868 | 1.982 167 | 1.614 882 | 1.784 281 | 3.406 786 | 0.835 839 | 0.572 958 | 1.229 838 | 1.852 05 | 2.029 172 | 1.936 031 | 1.669 271 | 2.255 469 | 1.558 539 | 2.344 622 | 2.832 312 | 2.694 141 |
| Achn297371 | 2.448 579 | 2.372 347 | 2.429 103 | 1.265 231 | 2.595 631 | 4.927 644 | 3.302 062 | 1.758 538 | 3.258 165 | 1.137 104 | 1.913 399 | 1.677 527 | 3.001 093 | 1.584 918 | 1.815 839 | 0.996 67 | 0.921 383 | 0.755 444 |
| Actinidia_chinensis_newGene_7963 | 0.194 297 | 0.166 282 | 0.252 104 | 0.286 678 | 0.325 436 | 0.589 359 | 0.302 5 | 0.612 623 | 0.582 283 | 0.262 065 | 0.595 284 | 0.343 259 | 0.370 136 | 0.331 246 | 0.492 458 | 0.205 143 | 0.276 019 | 0.281 076 |
| Achn368091 | 1.664 715 | 2.073 407 | 1.330 649 | 0.816 393 | 0.751 037 | 1.351 516 | 0.537 135 | 0.577 778 | 0.517 908 | 1.395 34 | 1.284 687 | 1.370 448 | 0.882 933 | 1.128 352 | 0.711 532 | 1.611 938 | 1.563 976 | 1.607 116 |
| Achn096111 | 2.511 489 | 1.551 723 | 1.763 458 | 0.327 195 | 0.972 107 | 0.031 467 | 1.563 536 | 1.594 77 | 1.187 439 | 0.858 38 | 0.368 335 | 0.753 746 | 1.027 745 | 2.693 12 | 2.623 51 | 0.887 096 | 0.979 678 | 1.490 254 |
| Achn219321 | 93.902 77 | 71.805 12 | 75.215 17 | 294.732 1 | 138.786 7 | 118.456 9 | 123.056 1 | 227.595 | 158.592 2 | 118.906 8 | 139.157 7 | 136.123 | 283.113 4 | 316.272 9 | 319.526 1 | 210.265 1 | 192.963 4 | 192.060 3 |
| Achn262321 | 178.936 | 191.757 5 | 230.160 6 | 199.191 6 | 272.883 4 | 355.755 8 | 229.970 5 | 198.222 7 | 245.278 9 | 182.437 1 | 181.016 8 | 178.517 1 | 109.054 3 | 75.619 32 | 87.356 54 | 141.232 | 155.754 | 140.254 |
| Achn196981 | 1.875 662 | 2.154 983 | 1.509 021 | 0.741 777 | 0.823 288 | 0.554 855 | 1.835 331 | 1.338 139 | 1.220 925 | 3.186 016 | 1.839 314 | 1.299 865 | 1.133 451 | 0.910 533 | 0.726 332 | 4.700 666 | 3.754 378 | 3.273 45 |

（续）

| 基因 ID | CK1 | CK2 | CK3 | T1-1 | T1-2 | T1-3 | T2-1 | T2-2 | T2-3 | T3-1 | T3-2 | T3-3 | T4-1 | T4-2 | T4-3 | T5-1 | T5-2 | T5-3 |
|---|---|---|---|---|---|---|---|---|---|---|---|---|---|---|---|---|---|---|
| Achn165621 | 24.313 6 | 20.079 72 | 31.339 75 | 22.838 53 | 17.291 58 | 26.283 41 | 10.731 08 | 10.988 22 | 11.346 18 | 7.128 176 | 6.795 23 | 5.123 619 | 11.591 04 | 32.301 09 | 19.830 72 | 18.382 16 | 35.128 6 | 9.164 371 |
| Actinidia_chinensis_newGene_4615 | 2.973 659 | 1.915 202 | 0.822 521 | 0.517 877 | 1.860 161 | 2.698 971 | 0.438 974 | 1.046 48 | 1.703 682 | 2.013 503 | 1.358 063 | 1.094 256 | 0.052 359 | 0.155 846 | 0 | 0.739 598 | 1.214 494 | 0.961 16 |
| Actinidia_chinensis_newGene_1067 | 5.325 284 | 2.171 764 | 1.914 162 | 0.966 05 | 0.793 561 | 0.048 285 | 1.142 288 | 1.570 744 | 1.889 707 | 1.610 961 | 0.948 144 | 2.026 759 | 1.295 062 | 0.781 656 | 0.637 659 | 2.060 683 | 1.698 279 | 3.100 693 |
| Achn311531 | 6.719 27 | 9.449 978 | 6.496 185 | 6.414 886 | 4.025 927 | 3.204 011 | 3.418 822 | 2.238 804 | 4.363 941 | 7.584 702 | 7.694 997 | 6.750 265 | 8.504 766 | 5.532 497 | 6.048 708 | 14.293 5 | 14.424 17 | 14.975 66 |
| Achn294051 | 1.957 918 | 1.640 463 | 1.252 761 | 0.206 392 | 0.879 298 | 1.677 679 | 0.518 428 | 0.396 985 | 0.252 939 | 0.358 14 | 0.566 056 | 0.507 797 | 1.578 442 | 0.704 712 | 1.573 636 | 1.037 474 | 1.206 404 | 1.155 541 |
| Achn317271 | 151.781 4 | 160.305 4 | 147.894 9 | 85.326 91 | 83.433 66 | 69.534 05 | 125.826 3 | 107.734 7 | 107.354 4 | 106.177 8 | 89.476 69 | 93.783 65 | 124.448 | 116.359 3 | 118.234 9 | 86.591 05 | 94.766 36 | 94.805 63 |
| Achn210221 | 0.865 664 | 2.300 034 | 2.261 449 | 7.622 626 | 14.609 22 | 38.576 41 | 3.474 692 | 7.331 246 | 7.277 698 | 3.895 391 | 4.892 815 | 6.226 851 | 1.416 369 | 2.380 519 | 5.397 654 | 3.594 133 | 2.506 14 | 1.654 141 |
| Achn389531 | 11.823 11 | 11.697 49 | 11.883 87 | 6.096 116 | 7.609 01 | 2.292 334 | 9.835 888 | 9.252 767 | 7.109 461 | 7.091 678 | 5.235 327 | 5.751 257 | 8.851 864 | 12.493 28 | 11.107 39 | 7.769 83 | 9.380 637 | 8.551 618 |
| Achn193851 | 2.704 333 | 1.793 261 | 3.803 396 | 0.389 551 | 1.448 525 | 0.264 231 | 5.784 441 | 3.563 458 | 2.563 606 | 1.342 151 | 0.822 61 | 1.908 862 | 1.011 413 | 6.475 45 | 3.213 172 | 0.600 935 | 0.723 344 | 0.943 092 |
| Actinidia_chinensis_newGene_7571 | 0.343 808 | 0.062 242 | 0.124 04 | 0.175 51 | 0.124 191 | 0 | 0 | 0.213 048 | 0.219 409 | 0.549 337 | 0.945 712 | 0.436 673 | 0.431 11 | 0.116 815 | 0.045 074 | 2.166 85 | 1.458 092 | 2.680 129 |
| Achn343961 | 215.128 3 | 295.348 1 | 276.727 2 | 655.879 5 | 835.493 7 | 957.027 3 | 773.264 8 | 727.097 5 | 678.642 2 | 274.967 9 | 275.525 | 291.354 9 | 347.317 9 | 913.387 1 | 1 183.913 | 256.008 6 | 237.992 1 | 239.183 4 |
| Actinidia_chinensis_newGene_371 | 11.416 28 | 12.914 32 | 10.770 61 | 1.913 045 | 2.445 791 | 1.702 288 | 6.454 06 | 5.546 736 | 4.172 133 | 4.316 278 | 4.647 549 | 4.651 199 | 5.394 824 | 5.915 331 | 6.040 492 | 8.919 464 | 8.252 295 | 10.673 11 |
| Achn061321 | 0.874 699 | 0.305 805 | 0.633 178 | 0.182 655 | 0.362 128 | 0.318 58 | 0.393 113 | 0.348 94 | 0.265 265 | 1.513 305 | 0.722 256 | 0.579 857 | 0.881 782 | 0.524 674 | 0.275 685 | 4.955 297 | 3.779 639 | 1.132 911 |
| Achn339481 | 29.780 77 | 22.474 75 | 23.196 69 | 45.578 07 | 26.499 39 | 9.607 797 | 11.992 41 | 21.258 89 | 21.053 18 | 10.876 18 | 16.008 97 | 12.755 25 | 16.288 76 | 24.879 13 | 28.541 87 | 24.841 17 | 43.514 59 | 36.292 74 |
| Achn024771 | 15.815 26 | 14.829 32 | 15.908 15 | 17.819 08 | 14.374 17 | 26.083 94 | 9.876 128 | 9.839 657 | 9.236 584 | 11.054 8 | 8.249 103 | 10.164 39 | 4.621 605 | 9.318 441 | 5.219 967 | 4.204 102 | 4.086 353 | 3.858 299 |
| Achn207601 | 0.370 74 | 0.870 524 | 1.123 262 | 3.006 488 | 3.213 65 | 1.348 078 | 3.297 514 | 1.710 217 | 1.764 425 | 1.359 159 | 1.000 791 | 0.810 961 | 0.924 547 | 0.724 834 | 1.479 277 | 0.491 907 | 1.150 578 | 0.260 723 |

（续）

| 基因 ID | CK1 | CK2 | CK3 | T1-1 | T1-2 | T1-3 | T2-1 | T2-2 | T2-3 | T3-1 | T3-2 | T3-3 | T4-1 | T4-2 | T4-3 | T5-1 | T5-2 | T5-3 |
|---|---|---|---|---|---|---|---|---|---|---|---|---|---|---|---|---|---|---|
| Achn247191 | 0.954 889 | 2.173 192 | 1.827 552 | 2.300 571 | 3.597 2 | 6.632 929 | 1.932 344 | 1.746 612 | 1.450 972 | 4.266 307 | 4.439 675 | 7.569 809 | 0.373 68 | 1.194 453 | 0 | 8.388 617 | 6.591 567 | 4.720 678 |
| Achn025281 | 21.249 93 | 19.143 64 | 20.176 69 | 28.034 49 | 16.010 17 | 24.661 03 | 16.947 11 | 16.448 19 | 18.610 7 | 20.124 33 | 22.636 36 | 19.478 13 | 11.556 38 | 4.112 243 | 9.230 824 | 23.346 73 | 17.925 48 | 26.660 43 |
| Actinidia_chinensis_newGene_10205 | 18.562 78 | 27.004 84 | 23.355 96 | 7.969 807 | 7.685 017 | 1.713 659 | 16.945 67 | 9.419 371 | 7.773 646 | 6.941 593 | 4.039 316 | 4.888 716 | 16.172 72 | 33.608 46 | 37.428 28 | 4.405 184 | 6.877 052 | 13.143 17 |
| Actinidia_chinensis_newGene_11459 | 18.170 73 | 18.291 82 | 11.714 14 | 25.086 46 | 31.662 96 | 13.889 68 | 73.737 62 | 76.827 93 | 60.943 41 | 16.476 94 | 12.725 1 | 15.538 85 | 16.962 24 | 47.001 37 | 55.386 3 | 30.279 66 | 33.996 64 | 26.810 01 |
| Achn009981 | 1.323 494 | 1.348 903 | 1.484 331 | 0.882 723 | 0.819 175 | 1.267 741 | 0.493 784 | 1.007 946 | 1.006 533 | 2.716 121 | 1.315 543 | 1.873 547 | 2.243 982 | 2.318 648 | 1.583 279 | 3.009 286 | 4.607 659 | 3.371 607 |
| Achn132651 | 30.408 99 | 26.198 4 | 23.528 73 | 143.630 6 | 33.741 26 | 58.567 72 | 49.733 33 | 85.959 39 | 66.458 73 | 37.566 03 | 54.242 82 | 35.209 92 | 44.744 41 | 109.272 6 | 38.945 06 | 58.791 42 | 56.203 4 | 44.441 83 |
| Achn032971 | 7.108 063 | 6.037 272 | 7.294 853 | 5.951 68 | 5.141 132 | 1.633 028 | 9.789 509 | 12.135 01 | 11.182 33 | 10.461 6 | 6.003 118 | 8.214 792 | 3.480 158 | 2.933 687 | 1.904 327 | 14.563 83 | 23.839 34 | 5.112 689 |
| Achn105121 | 1.967 217 | 1.905 846 | 1.972 213 | 2.481 967 | 3.210 475 | 2.962 383 | 4.218 221 | 4.001 184 | 3.096 999 | 4.634 951 | 4.615 666 | 4.421 06 | 2.122 517 | 1.661 022 | 1.640 003 | 2.171 829 | 3.106 866 | 2.836 402 |
| Achn149931 | 3.795 374 | 4.420 744 | 4.708 841 | 14.731 4 | 9.341 915 | 9.924 821 | 9.959 494 | 10.761 4 | 11.558 33 | 7.431 266 | 7.335 182 | 7.234 26 | 4.476 596 | 7.002 257 | 6.036 278 | 5.837 937 | 6.054 31 | 4.212 521 |
| Achn155071 | 0.251 411 | 0.167 535 | 0 | 0 | 0.046 652 | 0.554 782 | 0.127 883 | 0.217 608 | 0 | 0.323 365 | 0 | 0.064 914 | 1.552 071 | 2.597 228 | 1.231 694 | 0.811 255 | 1.094 349 | 0.603 438 |
| Achn054861 | 23.657 54 | 25.582 6 | 24.443 46 | 382.014 4 | 68.103 91 | 54.185 44 | 41.996 32 | 206.153 5 | 49.057 06 | 29.644 47 | 32.360 17 | 28.239 85 | 34.368 94 | 313.699 2 | 162.542 6 | 29.327 71 | 22.062 91 | 25.123 16 |
| Achn087901 | 734.156 9 | 525.752 | 494.730 7 | 149.539 9 | 237.095 9 | 77.725 36 | 491.939 1 | 442.511 1 | 454.025 6 | 595.852 2 | 549.363 7 | 586.581 8 | 835.817 6 | 574.127 8 | 537.195 4 | 608.657 7 | 543.878 3 | 616.913 8 |
| Achn018511 | 2.635 63 | 1.802 591 | 2.233 395 | 4.407 527 | 4.599 64 | 1.925 492 | 6.277 76 | 7.533 316 | 9.078 543 | 6.001 275 | 7.595 854 | 7.856 503 | 1.371 815 | 2.888 045 | 3.599 147 | 12.663 53 | 15.803 35 | 3.915 204 |
| Actinidia_chinensis_newGene_929 | 13.258 91 | 11.992 83 | 13.804 94 | 7.598 342 | 12.722 94 | 17.336 92 | 15.789 83 | 14.370 72 | 13.456 61 | 11.873 86 | 8.695 344 | 10.463 27 | 9.157 809 | 12.342 96 | 11.996 67 | 6.436 072 | 8.656 339 | 5.890 009 |
| Achn048691 | 14.256 97 | 13.522 95 | 12.496 74 | 16.661 56 | 18.140 45 | 10.928 52 | 5.022 31 | 8.002 234 | 8.507 519 | 15.551 07 | 15.301 23 | 16.079 66 | 4.523 348 | 1.154 35 | 3.199 19 | 15.109 93 | 13.628 5 | 16.120 06 |
| Actinidia_chinensis_newGene_5433 | 1.639 698 | 1.493 362 | 2.501 602 | 0 | 0 | 0 | 4.539 774 | 0.891 658 | 0.664 889 | 4.133 152 | 0.799 058 | 1.516 547 | 4.138 126 | 5.757 569 | 4.944 41 | 1.823 748 | 1.164 735 | 0.742 753 |

（续）

| 基因 ID | CK1 | CK2 | CK3 | T1-1 | T1-2 | T1-3 | T2-1 | T2-2 | T2-3 | T3-1 | T3-2 | T3-3 | T4-1 | T4-2 | T4-3 | T5-1 | T5-2 | T5-3 |
|---|---|---|---|---|---|---|---|---|---|---|---|---|---|---|---|---|---|---|
| Achn116961 | 19.783 06 | 17.227 82 | 20.272 49 | 12.352 08 | 13.684 38 | 1.720 795 | 23.309 59 | 17.561 45 | 19.085 11 | 3.990 119 | 3.253 568 | 3.663 247 | 21.429 29 | 33.477 67 | 25.951 79 | 2.181 889 | 2.865 857 | 5.797 456 |
| Achn072821 | 3.531 945 | 2.666 298 | 4.000 753 | 0.304 457 | 0.392 465 | 0 | 3.795 76 | 3.466 238 | 2.077 158 | 2.133 613 | 3.110 067 | 1.394 165 | 1.863 593 | 3.945 011 | 3.835 639 | 0.573 606 | 0.890 329 | 1.485 619 |
| Achn038361 | 28.008 68 | 28.082 61 | 27.241 85 | 9.191 075 | 12.815 07 | 9.630 415 | 18.425 04 | 17.099 59 | 23.367 87 | 17.355 77 | 18.684 06 | 17.048 43 | 40.186 63 | 36.230 34 | 28.999 74 | 36.222 65 | 31.068 16 | 30.621 14 |
| Actinidia_chinensis_newGene_335 | 0 | 0.188 194 | 0.274 036 | 0.718 48 | 0.244 911 | 0.954 037 | 0.565 861 | 0.615 727 | 0.475 309 | 0.192 976 | 0.542 016 | 0.189 836 | 0.696 288 | 0.949 229 | 0.740 908 | 1.217 147 | 1.131 939 | 0.884 756 |
| Achn118961 | 31.439 56 | 30.419 5 | 32.401 17 | 42.132 94 | 39.554 96 | 19.436 05 | 42.433 28 | 33.137 05 | 45.498 09 | 18.069 39 | 14.434 09 | 15.815 17 | 19.371 46 | 38.451 09 | 20.779 41 | 7.369 532 | 7.980 376 | 11.237 4 |
| Achn390331 | 6.795 939 | 8.087 344 | 8.769 146 | 4.135 352 | 4.769 798 | 11.009 25 | 3.104 679 | 2.662 3 | 3.028 526 | 5.558 398 | 5.714 528 | 5.324 077 | 7.834 115 | 4.755 924 | 5.387 489 | 8.863 899 | 7.625 153 | 6.791 141 |
| Achn365021 | 1.057 296 | 0.844 537 | 1.093 779 | 0.575 438 | 1.185 897 | 1.282 866 | 0.212 867 | 0.529 966 | 0.235 603 | 1.018 849 | 0.731 09 | 0.686 204 | 1.170 309 | 0.631 31 | 0.760 224 | 0.510 541 | 1.710 006 | 1.642 464 |
| Achn340521 | 5.109 816 | 4.146 635 | 3.369 963 | 3.728 361 | 4.146 868 | 4.875 595 | 1.594 773 | 2.075 877 | 1.798 572 | 4.338 504 | 2.675 396 | 2.973 318 | 3.450 064 | 3.574 309 | 2.701 387 | 4.271 677 | 5.722 268 | 7.252 709 |
| Achn107771 | 3.736 231 | 3.535 414 | 3.601 893 | 9.187 47 | 5.195 106 | 2.651 848 | 8.226 841 | 9.933 451 | 8.472 699 | 6.178 499 | 11.157 59 | 5.671 88 | 2.715 684 | 6.166 961 | 4.848 354 | 4.564 596 | 5.709 275 | 5.706 2 |
| Achn028281 | 2.882 434 | 2.561 557 | 1.920 681 | 0.770 635 | 2.013 701 | 0.917 171 | 1.935 933 | 0.999 256 | 1.461 334 | 1.559 286 | 0.918 335 | 1.163 461 | 0.832 986 | 0.839 874 | 0.525 298 | 0.673 352 | 1.057 629 | 0.923 297 |
| Actinidia_chinensis_newGene_4749 | 0.424 265 | 0.856 855 | 0.457 21 | 0.201 899 | 0.545 12 | 1.036 12 | 1.779 587 | 1.055 882 | 1.989 509 | 0.726 039 | 0.198 229 | 0 | 0.545 529 | 1.494 892 | 1.481 691 | 0.980 61 | 1.616 086 | 0.168 823 |
| Actinidia_chinensis_newGene_10316 | 2.434 502 | 1.487 852 | 2.196 872 | 0.715 139 | 1.017 319 | 0.309 348 | 1.881 432 | 1.796 463 | 1.648 299 | 0.673 588 | 0.636 871 | 0.644 521 | 2.247 031 | 1.229 569 | 1.302 948 | 0.507 262 | 1.357 597 | 1.382 098 |
| Actinidia_chinensis_newGene_9691 | 12.766 46 | 8.569 974 | 9.145 826 | 6.226 926 | 14.345 37 | 5.239 52 | 6.381 462 | 6.781 044 | 5.398 039 | 11.312 14 | 9.557 324 | 12.486 76 | 2.412 416 | 4.313 453 | 3.452 471 | 3.556 564 | 5.099 031 | 4.921 15 |
| Achn342911 | 0.858 789 | 0.910 461 | 0.738 849 | 0.893 818 | 0.348 911 | 0.190 199 | 0.252 004 | 0.291 385 | 0.656 125 | 0.207 698 | 0.406 815 | 0.038 945 | 1.699 078 | 1.001 277 | 1.175 084 | 0.187 007 | 0.198 886 | 0.540 587 |
| Achn367311 | 15.150 79 | 18.161 78 | 19.907 15 | 36.914 3 | 37.203 99 | 85.546 59 | 25.462 92 | 27.683 24 | 26.655 4 | 24.399 52 | 23.458 71 | 24.125 45 | 14.587 16 | 19.619 78 | 22.738 8 | 16.083 82 | 15.420 76 | 16.950 11 |
| Achn278161 | 14.905 42 | 14.693 77 | 12.264 73 | 3.351 294 | 3.577 579 | 0.716 12 | 6.083 014 | 9.414 515 | 7.977 751 | 6.628 699 | 6.784 737 | 6.808 187 | 16.605 28 | 18.515 64 | 16.668 56 | 7.660 715 | 7.426 606 | 7.314 925 |

（续）

| 基因 ID | CK1 | CK2 | CK3 | T1-1 | T1-2 | T1-3 | T2-1 | T2-2 | T2-3 | T3-1 | T3-2 | T3-3 | T4-1 | T4-2 | T4-3 | T5-1 | T5-2 | T5-3 |
|---|---|---|---|---|---|---|---|---|---|---|---|---|---|---|---|---|---|---|
| Achn032401 | 1.567 3 | 1.975 594 | 1.940 799 | 1.367 837 | 0.483 | 0.692 006 | 1.189 963 | 0.335 467 | 0.138 944 | 0.644 715 | 0.544 285 | 0.795 972 | 3.059 532 | 2.711 011 | 3.035 705 | 1.116 9 | 1.147 389 | 0.561 452 |
| Actinidia_chinensis_newGene_12080 | 2.080 053 | 2.685 308 | 3.623 029 | 7.267 644 | 8.598 961 | 8.045 789 | 4.487 315 | 3.678 413 | 4.121 074 | 5.025 576 | 5.833 871 | 4.738 284 | 3.636 286 | 3.287 239 | 2.544 185 | 3.140 073 | 5.706 342 | 3.905 587 |
| Achn308101 | 24.336 28 | 25.637 53 | 25.357 47 | 70.345 62 | 64.331 7 | 137.153 2 | 48.171 53 | 51.093 82 | 55.017 67 | 45.996 64 | 51.184 55 | 50.056 08 | 25.954 2 | 18.967 81 | 16.574 51 | 32.741 71 | 35.719 49 | 28.796 64 |
| Achn274521 | 3.318 46 | 3.720 184 | 4.477 19 | 1.313 372 | 1.781 756 | 3.217 286 | 2.317 865 | 3.194 178 | 3.097 469 | 2.486 501 | 3.342 266 | 2.983 421 | 4.425 561 | 6.542 454 | 5.334 83 | 5.870 48 | 3.414 729 | 4.599 326 |
| Achn079021 | 9.066 695 | 11.527 28 | 7.959 206 | 1.577 459 | 2.132 704 | 0.955 658 | 2.318 743 | 2.123 568 | 2.311 801 | 1.076 181 | 0.351 91 | 1.051 203 | 11.111 11 | 22.041 1 | 15.691 46 | 2.815 75 | 3.848 829 | 3.510 822 |
| Achn170441 | 0.723 191 | 0.905 51 | 1.512 597 | 1.536 046 | 0.408 707 | 0.362 917 | 1.179 507 | 1.026 573 | 1.102 701 | 0.505 309 | 0.361 2 | 1.078 992 | 2.624 955 | 8.191 009 | 3.580 226 | 0.811 136 | 0.109 441 | 0.406 547 |
| Actinidia_chinensis_newGene_687 | 1.264 969 | 0.905 778 | 0.550 272 | 1.301 812 | 8.846 231 | 5.390 322 | 10.587 28 | 0.626 847 | 1.106 226 | 0.823 056 | 2.258 713 | 8.562 595 | 7.247 616 | 7.320 578 | 1.078 136 | 1.231 103 | 0.706 668 | 0.556 119 |
| Achn077341 | 3.202 458 | 5.059 985 | 4.147 51 | 2.689 157 | 3.461 993 | 4.990 488 | 3.696 866 | 3.718 774 | 3.538 175 | 1.151 63 | 2.669 888 | 2.163 082 | 0 | 1.087 219 | 1.210 243 | 3.435 355 | 2.812 73 | 3.740 755 |
| Achn200841 | 6.545 746 | 4.542 715 | 4.300 677 | 20.522 57 | 16.237 83 | 7.368 38 | 20.125 11 | 20.017 16 | 18.983 13 | 17.008 59 | 14.941 12 | 16.277 03 | 4.388 644 | 5.404 334 | 5.591 691 | 9.925 685 | 9.064 96 | 8.460 178 |
| Achn291371 | 59.817 01 | 63.502 22 | 54.317 39 | 17.667 18 | 40.490 55 | 25.865 85 | 32.570 31 | 37.773 7 | 38.646 85 | 32.004 82 | 26.537 25 | 25.417 02 | 60.879 9 | 59.427 53 | 54.289 41 | 28.592 56 | 26.329 59 | 25.086 91 |
| Achn162461 | 36.678 72 | 45.952 23 | 40.179 97 | 17.150 52 | 27.921 32 | 4.612 329 | 52.197 99 | 46.143 25 | 39.340 56 | 28.284 45 | 21.181 62 | 25.692 57 | 47.885 05 | 44.486 56 | 43.872 09 | 10.166 95 | 9.364 131 | 7.392 445 |
| Actinidia_chinensis_newGene_2305 | 1.583 055 | 1.258 095 | 0.934 799 | 0.437 338 | 0.326 022 | 0.199 412 | 0.074 341 | 0.194 121 | 0.054 498 | 1.452 931 | 1.203 535 | 1.016 331 | 0.859 112 | 0.487 416 | 0.518 252 | 1.523 013 | 1.757 91 | 2.534 245 |
| Achn251071 | 3.461 538 | 3.269 445 | 3.932 751 | 4.051 183 | 4.003 086 | 7.025 056 | 7.566 194 | 4.870 131 | 4.458 399 | 3.872 972 | 2.120 473 | 2.292 146 | 8.474 733 | 8.760 225 | 6.442 177 | 2.288 085 | 3.083 916 | 1.820 698 |
| Actinidia_chinensis_newGene_4225 | 0.872 452 | 0.674 689 | 1.192 68 | 0.640 024 | 0.524 891 | 0.878 132 | 0.661 745 | 0.156 854 | 0.358 816 | 0.252 104 | 0.307 834 | 0.243 985 | 0.465 48 | 0.541 479 | 0.821 597 | 0.661 5 | 0.452 797 | 0.404 698 |
| Actinidia_chinensis_newGene_4222 | 81.167 78 | 85.683 37 | 83.131 55 | 62.210 57 | 62.142 79 | 52.320 64 | 116.900 7 | 110.095 1 | 89.907 73 | 52.918 27 | 51.827 09 | 47.417 | 86.324 05 | 85.969 12 | 80.851 91 | 34.310 93 | 31.554 72 | 36.683 88 |

（续）

| 基因 ID | CK1 | CK2 | CK3 | T1-1 | T1-2 | T1-3 | T2-1 | T2-2 | T2-3 | T3-1 | T3-2 | T3-3 | T4-1 | T4-2 | T4-3 | T5-1 | T5-2 | T5-3 |
|---|---|---|---|---|---|---|---|---|---|---|---|---|---|---|---|---|---|---|
| Actinidia_chinensis_newGene_1766 | 0.323 524 | 0.803 959 | 0.618 044 | 2.818 508 | 0.974 024 | 1.320 098 | 0.603 347 | 1.874 554 | 1.090 531 | 1.287 603 | 0.987 789 | 1.686 83 | 1.103 45 | 2.900 723 | 2.721 727 | 4.189 579 | 5.467 354 | 3.241 567 |
| Achn052001 | 2.125 637 | 1.724 814 | 1.690 986 | 4.944 928 | 5.009 108 | 7.101 77 | 4.996 152 | 6.017 359 | 4.853 984 | 5.431 177 | 5.991 931 | 5.257 153 | 2.147 726 | 1.631 478 | 1.312 663 | 4.797 425 | 4.537 666 | 5.675 829 |
| Achn093841 | 2.569 455 | 2.034 757 | 1.430 535 | 0.408 429 | 0.749 047 | 0.144 952 | 0.534 931 | 0.711 051 | 0.547 384 | 1.368 701 | 1.401 733 | 1.178 343 | 1.495 694 | 1.062 149 | 0.750 395 | 1.707 85 | 1.948 438 | 2.473 43 |
| Achn150691 | 1.359 61 | 2.523 492 | 1.499 98 | 5.744 075 | 4.577 698 | 7.525 511 | 2.458 935 | 2.455 803 | 3.370 364 | 3.585 782 | 3.098 779 | 3.359 214 | 2.214 188 | 2.259 017 | 4.303 918 | 2.735 802 | 2.261 774 | 1.580 045 |
| Achn024201 | 10.272 81 | 10.079 47 | 11.162 94 | 3.378 955 | 4.815 021 | 6.194 41 | 5.904 325 | 6.713 614 | 8.000 684 | 7.259 041 | 7.381 34 | 7.263 368 | 10.733 4 | 9.322 058 | 7.740 22 | 13.349 69 | 11.477 91 | 11.285 08 |
| Achn232441 | 0.558 923 | 0.418 456 | 2.878 86 | 128.084 2 | 3.656 397 | 4.367 096 | 4.159 446 | 91.300 61 | 15.570 57 | 0.575 244 | 4.813 223 | 2.952 643 | 25.296 03 | 195.848 | 193.278 4 | 2.435 416 | 21.210 35 | 2.708 137 |
| Achn014581 | 1.276 995 | 0.861 725 | 1.836 937 | 3.431 955 | 6.671 35 | 36.130 26 | 2.745 181 | 2.740 938 | 3.807 756 | 3.623 463 | 2.165 058 | 3.250 983 | 0.820 934 | 1.119 252 | 1.072 289 | 2.067 346 | 1.517 511 | 1.218 319 |
| Achn119951 | 0.144 183 | 0.205 581 | 0.133 016 | 0.048 224 | 0.091 383 | 0.202 342 | 0.051 815 | 0.182 933 | 0.134 644 | 0.248 676 | 0.424 212 | 0.262 634 | 0.068 026 | 0.055 988 | 0.047 389 | 0.480 386 | 0.539 515 | 0.603 793 |
| Achn067101 | 14.542 53 | 15.125 49 | 14.949 04 | 13.890 59 | 12.645 47 | 19.852 87 | 11.432 5 | 8.733 992 | 6.539 831 | 7.520 329 | 6.681 204 | 8.229 022 | 10.992 44 | 12.288 71 | 16.403 45 | 13.085 33 | 14.917 39 | 17.046 52 |
| Achn268151 | 2.460 518 | 2.161 557 | 2.465 964 | 0.742 667 | 1.379 286 | 0.958 411 | 1.443 801 | 1.434 093 | 1.206 281 | 3.273 604 | 2.698 945 | 2.612 603 | 1.429 627 | 1.058 461 | 1.495 771 | 2.175 881 | 3.545 364 | 2.765 776 |
| Achn279541 | 1.927 495 | 1.222 36 | 1.377 316 | 3.611 513 | 4.289 508 | 13.273 88 | 2.286 124 | 2.728 429 | 1.941 765 | 1.630 752 | 2.081 394 | 1.994 845 | 1.769 415 | 2.639 302 | 2.933 167 | 3.584 105 | 3.110 995 | 2.253 378 |
| Achn050311 | 0.173 297 | 0.546 752 | 0.436 578 | 1.828 873 | 0.562 894 | 0.156 209 | 3.263 195 | 5.961 133 | 6.919 224 | 1.713 257 | 5.140 209 | 5.481 917 | 0.674 252 | 0.253 593 | 0.923 474 | 1.020 995 | 1.134 232 | 1.380 786 |
| Actinidia_chinensis_newGene_10925 | 2.484 159 | 1.547 362 | 2.681 782 | 1.839 547 | 1.442 885 | 2.280 364 | 0.412 45 | 0.345 825 | 0.466 932 | 0.072 793 | 0.402 178 | 1.088 926 | 0.250 603 | 1.791 567 | 0.353 411 | 0.194 136 | 0.315 252 | 0.290 042 |
| Achn045381 | 0.907 654 | 1.471 776 | 1.109 188 | 9.509 369 | 3.330 407 | 2.373 017 | 2.043 465 | 2.466 586 | 2.152 918 | 2.460 295 | 1.901 507 | 2.116 017 | 4.756 258 | 2.876 309 | 5.084 866 | 4.390 932 | 4.310 281 | 2.862 4 |
| Achn298661 | 0.554 342 | 0.518 759 | 0.317 816 | 0.810 576 | 0.873 751 | 0.361 338 | 0.283 195 | 0.316 116 | 0.072 901 | 0.915 012 | 0.322 77 | 0.205 447 | 0.298 431 | 0.044 859 | 0.126 64 | 2.285 232 | 4.073 145 | 0.818 381 |
| Achn117091 | 1.399 761 | 1.281 997 | 1.213 47 | 0.601 789 | 0.786 7 | 0.845 188 | 1.292 667 | 0.972 727 | 1.110 858 | 1.740 735 | 1.470 135 | 1.688 205 | 0.347 301 | 0.447 257 | 0.576 337 | 1.366 757 | 0.971 372 | 0.870 209 |
| Actinidia_chinensis_newGene_5895 | 0.602 759 | 0.676 656 | 0.803 853 | 1.129 746 | 0.705 406 | 1.458 373 | 0.848 11 | 0.999 72 | 0.777 835 | 0.989 526 | 1.036 705 | 1.059 391 | 1.366 349 | 1.770 403 | 1.519 966 | 2.343 298 | 1.711 09 | 1.907 743 |

（续）

| 基因ID | CK1 | CK2 | CK3 | T1-1 | T1-2 | T1-3 | T2-1 | T2-2 | T2-3 | T3-1 | T3-2 | T3-3 | T4-1 | T4-2 | T4-3 | T5-1 | T5-2 | T5-3 |
|---|---|---|---|---|---|---|---|---|---|---|---|---|---|---|---|---|---|---|
| Achn111481 | 119.071 5 | 156.422 6 | 145.704 6 | 71.550 63 | 78.878 07 | 21.604 87 | 81.490 27 | 75.203 95 | 94.814 29 | 111.500 5 | 124.946 3 | 121.478 5 | 173.919 4 | 88.249 59 | 109.996 3 | 107.382 9 | 100.385 2 | 106.269 6 |
| Achn015011 | 169.259 8 | 157.706 3 | 152.523 3 | 122.445 6 | 168.697 2 | 139.528 9 | 162.673 5 | 137.251 3 | 165.854 6 | 120.715 3 | 110.925 | 113.442 5 | 91.004 49 | 88.199 83 | 69.247 21 | 73.854 77 | 88.364 3 | 92.565 8 |
| Achn304161 | 2.223 667 | 1.673 168 | 2.527 768 | 4.125 973 | 5.295 062 | 6.807 175 | 2.841 165 | 3.511 594 | 3.674 008 | 3.705 932 | 4.588 776 | 3.894 141 | 2.795 973 | 2.000 177 | 1.804 079 | 4.642 797 | 6.000 643 | 5.925 775 |
| Achn258691 | 2.769 268 | 4.429 933 | 3.098 224 | 1.926 972 | 2.336 678 | 3.291 027 | 2.813 058 | 2.349 661 | 1.717 37 | 2.257 963 | 1.066 512 | 1.033 173 | 2.171 265 | 5.726 032 | 5.210 446 | 3.339 346 | 8.252 248 | 2.335 39 |
| Actinidia_chinensis_newGene_83 | 49.133 83 | 56.795 94 | 47.745 85 | 53.152 91 | 42.522 98 | 23.606 72 | 55.413 48 | 52.426 36 | 50.633 73 | 10.615 57 | 33.301 64 | 30.343 01 | 44.342 33 | 33.154 23 | 32.704 21 | 22.726 38 | 25.845 32 | 31.019 59 |
| Achn097821 | 0.461 95 | 0.358 332 | 0.544 637 | 3.133 26 | 2.929 435 | 3.547 307 | 0.803 43 | 1.776 584 | 1.354 17 | 0.216 015 | 0.946 232 | 0.715 663 | 0.591 113 | 0.161 745 | 0.485 305 | 0.289 365 | 0.629 207 | 1.221 206 |
| Achn110461 | 1.510 515 | 0.852 91 | 0.994 557 | 1.268 569 | 2.283 182 | 4.529 588 | 2.887 803 | 2.836 493 | 2.113 111 | 1.954 903 | 2.754 125 | 2.061 451 | 1.431 922 | 1.071 111 | 1.136 176 | 1.131 423 | 2.228 059 | 1.316 133 |
| Achn313181 | 12.244 64 | 8.933 36 | 12.828 47 | 1.945 541 | 1.688 762 | 1.424 121 | 2.264 158 | 1.532 273 | 0.782 333 | 2.214 903 | 1.812 138 | 1.310 309 | 3.227 364 | 12.623 4 | 4.595 646 | 9.527 462 | 10.613 58 | 4.466 393 |
| Actinidia_chinensis_newGene_1400 | 4.023 153 | 6.930 233 | 4.154 662 | 14.354 63 | 15.111 67 | 16.822 67 | 10.366 84 | 11.074 7 | 10.291 55 | 8.521 143 | 9.959 927 | 10.240 33 | 4.001 421 | 4.125 337 | 3.533 363 | 4.247 598 | 7.772 092 | 4.277 684 |
| Achn256051 | 2.234 551 | 1.776 438 | 1.869 181 | 1.163 86 | 0.922 389 | 2.686 22 | 0.937 453 | 0.821 587 | 0.419 639 | 2.143 121 | 2.042 747 | 1.480 277 | 1.720 781 | 1.792 059 | 1.105 172 | 1.796 197 | 2.074 816 | 2.188 739 |
| Achn030901 | 1.579 715 | 2.119 883 | 1.808 323 | 4.861 795 | 6.772 574 | 8.171 891 | 3.543 963 | 4.133 43 | 3.201 716 | 3.131 438 | 2.811 944 | 2.281 755 | 1.488 839 | 2.030 77 | 2.416 748 | 1.741 559 | 1.424 2 | 2.420 432 |
| Achn333301 | 8.228 557 | 8.238 501 | 8.583 332 | 5.459 701 | 5.190 064 | 9.290 346 | 5.533 874 | 5.703 199 | 8.637 127 | 7.441 848 | 5.823 003 | 6.920 795 | 4.321 145 | 2.770 219 | 3.133 489 | 5.952 121 | 7.101 362 | 5.813 616 |
| Achn058421 | 0.778 609 | 0.118 266 | 1.149 364 | 5.308 832 | 3.257 138 | 3.441 673 | 1.894 724 | 2.880 62 | 1.942 15 | 0.746 654 | 1.613 32 | 1.562 612 | 2.357 014 | 2.735 238 | 2.193 36 | 3.499 944 | 1.864 299 | 1.743 752 |
| Actinidia_chinensis_newGene_11232 | 9.836 522 | 6.613 872 | 7.419 551 | 14.185 32 | 36.249 59 | 32.539 98 | 21.597 12 | 21.166 05 | 23.333 43 | 19.762 9 | 23.248 55 | 22.325 37 | 6.558 834 | 3.741 708 | 3.190 196 | 10.800 48 | 14.625 93 | 7.884 673 |
| Achn180061 | 9.154 353 | 9.021 062 | 10.554 39 | 3.414 75 | 3.475 479 | 3.937 965 | 7.779 419 | 5.539 124 | 6.628 02 | 9.023 289 | 5.528 007 | 5.863 918 | 10.046 16 | 7.258 372 | 7.510 31 | 8.921 262 | 8.828 506 | 9.657 318 |
| Achn102291 | 149.503 8 | 233.006 9 | 190.743 7 | 572.738 7 | 138.660 9 | 21.618 17 | 170.026 5 | 109.797 9 | 57.999 59 | 73.664 08 | 19.283 4 | 19.506 94 | 136.776 | 255.767 2 | 391.076 6 | 74.802 92 | 92.527 8 | 113.189 3 |
| Achn246171 | 31.475 2 | 22.461 11 | 20.567 41 | 0.111 205 | 0.822 155 | 0 | 9.256 772 | 2.394 919 | 3.419 869 | 1.405 994 | 2.741 68 | 1.624 459 | 17.143 76 | 24.481 11 | 16.232 8 | 1.642 542 | 2.805 603 | 5.327 723 |

（续）

| 基因ID | CK1 | CK2 | CK3 | T1-1 | T1-2 | T1-3 | T2-1 | T2-2 | T2-3 | T3-1 | T3-2 | T3-3 | T4-1 | T4-2 | T4-3 | T5-1 | T5-2 | T5-3 |
|---|---|---|---|---|---|---|---|---|---|---|---|---|---|---|---|---|---|---|
| Achn133051 | 1.005 27 | 0.895 365 | 0.249 118 | 0.208 133 | 0.600 506 | 0.072 252 | 0.103 693 | 0.652 654 | 0 | 0.866 626 | 0.551 61 | 0.383 68 | 3.327 056 | 1.252 606 | 1.720 317 | 3.456 501 | 2.593 114 | 2.407 03 |
| Achn179891 | 1.448 529 | 1.010 879 | 1.430 561 | 0.577 844 | 0.631 004 | 0.494 766 | 1.184 607 | 0.570 016 | 0.871 027 | 0.859 186 | 0.833 553 | 0.763 493 | 0.940 201 | 1.441 208 | 1.340 772 | 1.283 537 | 1.181 824 | 1.447 137 |
| Achn371711 | 0.182 615 | 0 | 0.175 356 | 0.279 369 | 0.162 185 | 0.501 891 | 0.521 187 | 0.302 862 | 0.468 686 | 1.277 242 | 1.303 352 | 0.643 566 | 0.120 42 | 0 | 0 | 1.033 43 | 1.559 526 | 1.496 503 |
| Achn012661 | 45.215 84 | 34.637 61 | 49.217 24 | 108.953 4 | 86.115 77 | 112.791 7 | 46.777 84 | 85.931 29 | 69.833 57 | 51.351 8 | 64.585 83 | 49.954 12 | 134.095 9 | 121.176 9 | 144.339 2 | 106.445 8 | 97.056 18 | 80.723 5 |
| Achn308311 | 3.998 876 | 6.688 628 | 3.171 562 | 12.262 7 | 12.952 25 | 26.715 63 | 6.714 226 | 10.004 57 | 8.589 005 | 6.549 791 | 10.203 89 | 7.816 746 | 8.284 755 | 7.347 911 | 6.512 943 | 9.808 708 | 11.540 72 | 7.957 008 |
| Achn013211 | 27.975 1 | 25.838 99 | 26.061 42 | 22.077 44 | 11.149 65 | 14.640 12 | 19.246 67 | 18.589 89 | 21.872 87 | 13.752 68 | 13.174 26 | 13.007 37 | 34.783 15 | 24.145 13 | 33.493 84 | 17.051 45 | 22.325 52 | 21.407 59 |
| Achn032671 | 6.498 339 | 7.117 668 | 6.792 325 | 3.215 97 | 4.661 879 | 2.985 272 | 4.883 828 | 3.521 376 | 3.573 084 | 6.403 309 | 4.694 67 | 5.849 703 | 5.746 452 | 4.947 639 | 4.282 521 | 4.908 782 | 5.894 817 | 4.457 573 |
| Achn362411 | 1.535 321 | 0.985 884 | 0.328 724 | 8.246 088 | 4.808 862 | 0.765 726 | 5.573 113 | 4.717 317 | 4.655 843 | 2.574 902 | 3.832 642 | 5.376 434 | 2.258 554 | 1.721 457 | 1.592 583 | 3.630 172 | 2.798 484 | 3.802 644 |
| Achn150901 | 6.938 185 | 6.585 839 | 3.856 851 | 13.612 84 | 10.916 42 | 18.204 99 | 6.754 567 | 12.191 45 | 9.172 69 | 20.323 23 | 17.999 11 | 14.515 61 | 4.279 685 | 4.067 276 | 3.957 079 | 18.107 42 | 17.844 28 | 15.955 83 |
| Achn114841 | 0.289 963 | 0.330 695 | 0.263 202 | 3.370 999 | 2.673 211 | 6.498 147 | 1.528 285 | 2.420 994 | 1.670 933 | 1.284 834 | 1.090 068 | 1.657 751 | 0.417 716 | 0.528 069 | 1.010 535 | 0.863 24 | 0.687 842 | 0.183 315 |
| Achn267351 | 37.319 16 | 38.083 56 | 40.160 17 | 33.357 56 | 28.226 6 | 25.752 2 | 28.801 23 | 25.331 46 | 24.241 5 | 19.241 82 | 18.137 56 | 19.828 18 | 31.120 94 | 48.067 38 | 44.391 51 | 24.317 8 | 31.494 43 | 24.108 73 |
| Achn223551 | 0.190 008 | 0.489 109 | 0.458 098 | 0.903 58 | 0.898 202 | 1.080 083 | 0.905 755 | 0.706 99 | 0.794 33 | 0.811 012 | 0.702 75 | 1.295 857 | 1.139 092 | 1.086 591 | 1.375 627 | 1.715 373 | 1.598 271 | 1.448 974 |
| Achn330741 | 3.542 339 | 2.631 207 | 2.366 281 | 1.368 115 | 1.149 709 | 0.545 236 | 1.533 862 | 1.491 037 | 1.472 099 | 1.473 569 | 1.501 038 | 1.264 629 | 2.985 38 | 1.304 727 | 1.560 957 | 2.352 765 | 2.240 195 | 2.447 935 |
| Achn218701 | 6.091 205 | 6.462 972 | 4.565 812 | 11.488 48 | 8.054 044 | 17.138 78 | 6.855 72 | 6.974 432 | 5.423 675 | 4.203 215 | 3.781 485 | 4.216 884 | 2.102 18 | 4.428 05 | 2.905 493 | 2.073 382 | 1.869 318 | 2.505 549 |
| Achn029591 | 7.562 951 | 7.478 495 | 7.704 774 | 4.753 788 | 5.513 103 | 5.655 976 | 7.115 443 | 4.691 98 | 6.686 1 | 9.054 567 | 8.128 736 | 8.302 44 | 9.367 848 | 9.231 312 | 10.856 47 | 21.219 41 | 22.507 61 | 18.516 17 |
| Achn245401 | 0.641 104 | 0.647 857 | 0.523 82 | 2.372 035 | 2.175 774 | 2.093 318 | 1.697 414 | 1.983 778 | 1.740 141 | 2.167 895 | 3.543 258 | 2.033 698 | 2.042 039 | 1.296 055 | 1.594 859 | 1.986 796 | 1.497 784 | 2.404 47 |
| Achn290601 | 2.048 243 | 2.730 602 | 3.838 964 | 0.341 143 | 1.111 881 | 0.141 895 | 1.466 636 | 0.504 15 | 0.369 826 | 0.375 222 | 0.187 744 | 0.673 067 | 1.910 106 | 2.716 213 | 2.885 076 | 1.557 745 | 1.828 863 | 2.321 83 |
| Actinidia_chinensis_newGene_6692 | 0.695 597 | 0.213 959 | 0.238 788 | 27.860 66 | 4.896 811 | 2.632 749 | 5.435 685 | 31.665 4 | 21.908 83 | 1.882 757 | 6.136 207 | 4.303 66 | 10.483 | 23.130 47 | 5.368 082 | 5.066 525 | 4.864 125 | 6.077 327 |
| Achn092471 | 2.761 366 | 4.575 536 | 3.773 391 | 2.161 254 | 3.175 935 | 1.417 596 | 2.838 021 | 2.583 632 | 2.622 536 | 1.453 78 | 1.385 765 | 1.603 621 | 2.448 991 | 3.996 806 | 2.544 661 | 1.323 151 | 0.878 593 | 1.369 755 |

（续）

| 基因 ID | CK1 | CK2 | CK3 | T1-1 | T1-2 | T1-3 | T2-1 | T2-2 | T2-3 | T3-1 | T3-2 | T3-3 | T4-1 | T4-2 | T4-3 | T5-1 | T5-2 | T5-3 |
|---|---|---|---|---|---|---|---|---|---|---|---|---|---|---|---|---|---|---|
| Achn048101 | 28.330 19 | 26.169 | 20.584 37 | 43.789 35 | 34.294 8 | 7.263 685 | 11.281 02 | 12.962 04 | 13.383 19 | 14.698 67 | 16.814 95 | 21.009 95 | 11.550 5 | 11.325 96 | 13.460 27 | 57.112 4 | 86.639 5 | 51.958 25 |
| Achn122231 | 53.222 9 | 61.801 41 | 54.410 07 | 24.472 04 | 27.680 91 | 46.659 08 | 39.037 67 | 29.777 63 | 34.509 97 | 33.426 37 | 29.956 52 | 29.517 33 | 52.216 19 | 65.453 13 | 66.538 89 | 33.598 86 | 35.637 15 | 38.900 83 |
| Actinidia_chinensis_newGene_5341 | 1.809 152 | 2.192 891 | 1.783 68 | 18.621 36 | 4.944 061 | 9.081 333 | 4.124 934 | 10.406 67 | 4.454 929 | 3.964 907 | 5.314 737 | 4.166 873 | 2.405 975 | 7.565 541 | 6.343 434 | 5.952 734 | 4.377 702 | 5.272 114 |
| Achn264551 | 5.201 225 | 4.626 486 | 4.715 882 | 1.541 657 | 1.674 021 | 1.738 78 | 1.948 644 | 2.193 851 | 2.873 477 | 4.253 012 | 4.882 352 | 4.089 196 | 5.593 853 | 3.211 929 | 3.559 923 | 10.726 39 | 11.194 8 | 11.211 92 |
| Achn216671 | 16.474 68 | 16.585 46 | 17.654 4 | 15.726 91 | 20.152 | 14.815 26 | 12.071 33 | 11.149 7 | 12.067 21 | 12.758 51 | 9.492 643 | 10.144 59 | 13.436 39 | 14.834 55 | 16.594 23 | 6.517 987 | 5.887 464 | 4.837 122 |
| Achn011961 | 0.040 489 | 0.276 405 | 0.167 926 | 0.575 212 | 0.178 99 | 2.051 544 | 0.371 675 | 0.331 475 | 0.186 184 | 0.550 012 | 0.557 827 | 0.786 203 | 0.839 858 | 0.538 606 | 0.801 603 | 1.289 054 | 1.487 444 | 2.117 394 |
| Achn348711 | 1.244 379 | 1.479 571 | 2.044 304 | 4.709 319 | 3.132 447 | 4.897 171 | 1.915 114 | 2.253 976 | 2.115 41 | 2.499 474 | 2.816 293 | 2.053 668 | 1.715 531 | 4.854 852 | 4.559 077 | 3.240 147 | 3.370 918 | 2.005 109 |
| Actinidia_chinensis_newGene_824 | 1.970 411 | 5.111 71 | 3.675 111 | 23.858 89 | 7.857 223 | 8.651 658 | 10.915 58 | 49.264 08 | 10.545 91 | 3.338 423 | 8.480 526 | 6.350 434 | 4.543 595 | 182.322 8 | 110.561 8 | 7.040 657 | 7.519 883 | 6.316 349 |
| Achn122221 | 0.604 061 | 0.339 057 | 0.314 79 | 0.429 685 | 0.511 106 | 1.966 124 | 0.422 709 | 0.981 654 | 0.086 895 | 1.290 53 | 0.867 582 | 0.873 518 | 0.761 987 | 0.337 259 | 0.658 878 | 1.381 781 | 1.343 466 | 1.020 186 |
| Achn316141 | 59.925 53 | 54.896 21 | 52.096 07 | 30.676 21 | 38.220 4 | 14.599 88 | 40.894 01 | 37.850 24 | 43.554 92 | 56.142 8 | 41.594 01 | 43.814 65 | 33.722 92 | 32.354 7 | 34.575 95 | 96.549 02 | 121.533 1 | 76.899 27 |
| Achn300301 | 2.590 729 | 3.138 992 | 2.121 127 | 0.808 442 | 0.661 098 | 1.428 012 | 2.513 977 | 0.884 18 | 1.255 296 | 2.233 38 | 0.933 219 | 0.896 81 | 2.920 508 | 2.974 237 | 1.761 071 | 6.154 494 | 4.682 575 | 3.454 653 |
| Achn061011 | 0.315 679 | 0.057 119 | 0.556 033 | 0.319 495 | 0.194 418 | 0.497 836 | 0.261 337 | 0.536 348 | 0.120 892 | 0.131 649 | 0.538 892 | 0.174 366 | 1.028 812 | 1.255 243 | 1.659 347 | 0.183 59 | 0.208 11 | 0.452 974 |
| Achn340011 | 1.858 281 | 2.469 675 | 2.274 272 | 1.088 38 | 0.706 233 | 0.840 11 | 0.729 709 | 0.768 908 | 0.918 769 | 0.808 998 | 0.759 338 | 0.946 03 | 1.951 342 | 1.844 965 | 2.266 778 | 1.399 457 | 1.165 016 | 1.682 26 |
| Achn074011 | 2.700 26 | 2.999 388 | 2.525 283 | 1.688 589 | 2.218 607 | 4.362 88 | 0.858 855 | 1.315 126 | 0.682 052 | 2.284 603 | 1.808 357 | 1.956 373 | 1.795 632 | 2.007 436 | 1.601 906 | 2.085 225 | 1.760 897 | 1.880 487 |
| Achn103661 | 20.246 56 | 16.308 96 | 17.739 72 | 15.663 4 | 32.830 78 | 13.629 91 | 57.244 97 | 39.955 04 | 41.100 57 | 27.618 4 | 22.503 44 | 16.746 31 | 8.629 936 | 6.422 718 | 10.416 76 | 0.806 086 | 0.855 155 | 2.647 745 |
| Achn176421 | 3.970 651 | 3.598 517 | 4.552 583 | 16.396 34 | 9.994 643 | 18.294 81 | 6.240 644 | 7.150 564 | 6.763 641 | 3.726 11 | 5.125 746 | 6.081 809 | 2.763 324 | 5.744 109 | 5.770 771 | 5.062 116 | 4.740 539 | 3.899 864 |
| Actinidia_chinensis_newGene_10420 | 8.006 678 | 8.608 968 | 8.041 562 | 3.400 343 | 2.738 259 | 0.779 265 | 3.535 585 | 3.726 084 | 3.831 186 | 8.406 102 | 7.164 213 | 5.663 74 | 5.297 657 | 3.106 94 | 2.975 496 | 14.999 51 | 12.928 13 | 12.353 28 |

（续）

| 基因 ID | CK1 | CK2 | CK3 | T1-1 | T1-2 | T1-3 | T2-1 | T2-2 | T2-3 | T3-1 | T3-2 | T3-3 | T4-1 | T4-2 | T4-3 | T5-1 | T5-2 | T5-3 |
|---|---|---|---|---|---|---|---|---|---|---|---|---|---|---|---|---|---|---|
| Achn037141 | 54.216 61 | 79.339 42 | 100.597 6 | 198.373 1 | 174.997 9 | 315.956 5 | 206.339 1 | 193.438 8 | 184.614 2 | 100.394 9 | 95.259 11 | 93.445 5 | 89.399 39 | 112.801 6 | 111.501 6 | 58.465 51 | 40.487 93 | 37.517 49 |
| Achn370341 | 26.728 22 | 24.139 11 | 20.087 49 | 23.706 58 | 18.565 75 | 22.678 36 | 19.955 32 | 25.967 66 | 25.820 64 | 32.267 83 | 36.514 78 | 34.466 47 | 50.871 01 | 34.375 91 | 40.549 73 | 64.731 42 | 70.547 81 | 59.074 1 |
| Achn260551 | 7.875 923 | 6.813 186 | 5.402 11 | 2.331 775 | 2.131 844 | 4.273 898 | 2.185 741 | 3.620 259 | 4.186 695 | 2.780 99 | 5.060 561 | 3.203 714 | 16.294 65 | 9.747 583 | 12.636 3 | 7.643 131 | 11.935 4 | 8.891 294 |
| Achn142421 | 10.731 81 | 15.547 6 | 13.333 94 | 5.278 949 | 7.619 401 | 4.776 424 | 12.069 37 | 6.413 274 | 7.555 832 | 8.479 125 | 8.694 666 | 7.194 822 | 10.761 48 | 10.947 62 | 15.083 97 | 26.930 75 | 20.314 15 | 29.576 88 |
| Achn203331 | 6.604 079 | 3.962 509 | 4.890 59 | 1.962 294 | 1.670 425 | 0.354 391 | 4.570 49 | 3.567 324 | 4.693 976 | 8.347 088 | 11.943 84 | 10.994 56 | 3.688 734 | 4.409 937 | 4.709 443 | 7.699 742 | 9.384 89 | 9.854 225 |
| Achn240251 | 1.244 718 | 0.623 726 | 1.357 136 | 22.637 01 | 15.924 39 | 7.558 676 | 4.222 35 | 5.053 752 | 3.693 004 | 1.797 483 | 2.668 527 | 2.343 942 | 2.267 953 | 2.418 343 | 5.930 844 | 2.256 718 | 1.817 605 | 1.702 668 |
| Actinidia_chinensis_newGene_12130 | 1.651 514 | 1.350 53 | 1.398 039 | 5.421 762 | 4.170 548 | 11.015 61 | 1.717 396 | 3.498 648 | 2.910 069 | 2.666 791 | 6.459 722 | 3.837 13 | 1.178 502 | 0.927 662 | 0.483 824 | 4.156 448 | 3.750 815 | 3.261 305 |
| Actinidia_chinensis_newGene_12131 | 1.619 704 | 1.049 457 | 1.327 839 | 3.171 991 | 2.836 489 | 1.726 619 | 1.584 61 | 3.607 19 | 2.686 098 | 3.416 952 | 3.480 044 | 2.768 947 | 3.211 018 | 1.955 792 | 1.338 086 | 0.961 179 | 1.824 973 | 1.607 908 |
| Achn170171 | 4.606 995 | 4.894 745 | 3.947 016 | 1.010 765 | 0.779 161 | 1.013 317 | 0.401 104 | 1.462 511 | 0.741 689 | 1.143 165 | 1.804 538 | 1.427 934 | 13.424 09 | 3.186 862 | 5.942 46 | 5.491 765 | 7.301 499 | 5.953 802 |
| Achn376581 | 79.343 41 | 72.212 49 | 92.025 35 | 75.333 95 | 38.061 04 | 11.369 35 | 74.475 55 | 71.148 96 | 64.715 94 | 14.880 64 | 12.747 97 | 19.370 3 | 66.143 3 | 147.797 | 132.016 1 | 41.245 35 | 53.303 87 | 76.529 63 |
| Achn120521 | 2.875 559 | 1.897 408 | 2.417 844 | 0.540 418 | 0.732 904 | 0.776 269 | 0.487 749 | 1.293 795 | 0.458 091 | 1.089 949 | 0.457 854 | 1.881 23 | 1.017 928 | 0.228 5 | 0.696 82 | 2.407 44 | 1.156 281 | 2.243 066 |
| Achn252791 | 2.803 231 | 4.242 705 | 2.884 772 | 0.485 | 1.059 605 | 0.287 83 | 1.243 488 | 0.478 493 | 0.577 305 | 1.763 554 | 1.915 366 | 2.697 717 | 4.676 253 | 2.522 873 | 3.215 551 | 2.630 305 | 3.871 503 | 4.620 212 |
| Actinidia_chinensis_newGene_519 | 4.295 806 | 5.295 039 | 5.408 285 | 3.430 81 | 5.639 156 | 15.169 27 | 4.089 873 | 3.131 506 | 4.647 751 | 2.489 435 | 2.323 157 | 3.495 841 | 3.739 38 | 7.812 27 | 6.121 36 | 1.116 157 | 1.143 526 | 1.804 998 |
| Achn091541 | 1.149 15 | 1.387 127 | 1.245 88 | 0.508 381 | 0.987 728 | 0.819 113 | 0.529 529 | 0.415 092 | 0.539 943 | 0.948 41 | 1.214 456 | 1.156 533 | 1.337 453 | 0.945 049 | 1.473 323 | 1.931 465 | 1.477 666 | 1.713 208 |
| Actinidia_chinensis_newGene_830 | 16.720 7 | 14.371 58 | 13.805 2 | 6.529 968 | 9.295 978 | 4.661 106 | 9.933 417 | 10.328 42 | 9.472 7 | 11.238 92 | 9.373 901 | 11.306 33 | 17.964 64 | 14.911 09 | 16.526 65 | 14.217 03 | 15.729 25 | 14.832 19 |
| Achn354391 | 1.077 14 | 0.685 349 | 0.542 161 | 0.314 886 | 0.685 85 | 0.875 818 | 0.222 729 | 0.267 192 | 0.507 223 | 0.446 357 | 1.207 82 | 0.640 392 | 0.227 475 | 0.097 215 | 0.195 803 | 1.251 187 | 0.682 08 | 0.718 053 |

（续）

| 基因 ID | CK1 | CK2 | CK3 | T1-1 | T1-2 | T1-3 | T2-1 | T2-2 | T2-3 | T3-1 | T3-2 | T3-3 | T4-1 | T4-2 | T4-3 | T5-1 | T5-2 | T5-3 |
|---|---|---|---|---|---|---|---|---|---|---|---|---|---|---|---|---|---|---|
| Achn162591 | 1.182 64 | 0.929 22 | 0.849 814 | 1.314 813 | 5.712 391 | 2.689 35 | 5.802 118 | 5.696 09 | 3.570 489 | 5.625 798 | 4.580 328 | 4.727 9 | 1.569 53 | 1.323 376 | 2.558 549 | 2.751 93 | 3.744 711 | 2.067 078 |
| Achn089411 | 11.697 36 | 10.786 94 | 15.051 75 | 2.300 436 | 3.017 963 | 3.741 388 | 2.229 244 | 2.405 076 | 2.777 253 | 3.497 201 | 3.203 678 | 2.942 07 | 4.523 27 | 11.283 48 | 8.072 846 | 11.592 58 | 30.232 25 | 8.348 181 |
| Achn212211 | 8.101 376 | 11.503 22 | 16.062 16 | 27.593 1 | 25.954 77 | 20.358 99 | 17.617 51 | 13.605 95 | 12.617 83 | 10.134 26 | 8.089 496 | 9.185 851 | 7.251 635 | 15.287 02 | 20.059 65 | 4.573 249 | 6.672 334 | 5.542 92 |
| Achn259771 | 1.103 238 | 0.538 546 | 0.574 184 | 1.183 65 | 1.498 614 | 3.062 478 | 0.689 864 | 0.966 602 | 1.117 763 | 1.484 556 | 2.032 653 | 1.614 189 | 1.246 648 | 0.946 286 | 1.128 704 | 2.734 576 | 2.191 433 | 1.699 848 |
| Achn069831 | 41.301 37 | 52.901 55 | 84.739 93 | 28.221 | 33.669 71 | 148.192 5 | 39.844 07 | 37.280 83 | 40.840 39 | 44.586 86 | 37.988 89 | 30.519 64 | 175.622 7 | 173.677 | 246.906 7 | 49.229 36 | 88.836 95 | 81.183 21 |
| Achn266891 | 1.034 343 | 0.599 07 | 1.134 153 | 1.028 093 | 0.659 086 | 3.949 742 | 0.733 307 | 0.708 697 | 0.742 244 | 0.871 584 | 2.692 697 | 1.305 991 | 0.779 064 | 0.852 602 | 0.925 354 | 6.645 445 | 3.215 034 | 2.261 226 |
| Achn149161 | 75.025 43 | 86.061 52 | 86.281 35 | 57.393 83 | 50.505 23 | 29.597 31 | 110.131 2 | 86.674 97 | 76.551 29 | 41.456 42 | 36.220 05 | 37.669 97 | 86.027 02 | 88.514 34 | 83.233 73 | 41.815 94 | 36.698 38 | 43.963 91 |
| Achn045221 | 9.899 293 | 5.297 855 | 6.592 607 | 13.082 42 | 24.661 36 | 28.410 4 | 22.389 97 | 13.331 28 | 23.535 82 | 16.360 97 | 14.761 28 | 15.351 31 | 2.756 591 | 4.011 621 | 5.497 604 | 7.688 126 | 7.310 966 | 10.138 08 |
| Achn057671 | 214.118 6 | 192.996 3 | 185.273 4 | 40.435 51 | 52.210 35 | 13.438 83 | 85.272 66 | 92.805 57 | 120.911 | 113.531 7 | 92.178 56 | 91.192 02 | 80.766 47 | 25.325 09 | 37.988 21 | 113.805 1 | 119.125 1 | 136.366 7 |
| Actinidia_chinensis_newGene_7433 | 7.032 438 | 4.793 725 | 6.979 285 | 3.041 379 | 3.061 561 | 2.701 522 | 4.068 501 | 3.498 985 | 2.539 815 | 2.667 893 | 2.481 745 | 2.536 381 | 2.659 481 | 9.117 215 | 3.331 702 | 9.246 839 | 16.434 49 | 1.482 225 |
| Achn313721 | 1.948 887 | 2.363 535 | 1.937 822 | 0.587 02 | 2.027 794 | 2.386 243 | 2.881 184 | 1.610 152 | 1.459 935 | 1.874 507 | 0.831 633 | 0.864 24 | 3.603 421 | 8.904 729 | 6.913 22 | 0.534 643 | 0.823 37 | 0.519 813 |
| Achn279251 | 18.085 41 | 16.269 49 | 15.415 37 | 4.067 712 | 8.202 41 | 4.015 737 | 6.927 864 | 4.717 857 | 5.674 512 | 5.311 107 | 5.054 367 | 6.627 555 | 19.945 24 | 17.050 42 | 15.112 65 | 18.563 75 | 21.916 08 | 18.856 48 |
| Achn363641 | 0.150 287 | 0.294 174 | 0.123 453 | 0 | 0 | 0.579 315 | 0 | 0 | 0 | 0.731 719 | 0.771 072 | 0.778 085 | 1.089 531 | 0.371 156 | 0.249 792 | 1.112 701 | 1.431 609 | 1.303 896 |
| Actinidia_chinensis_newGene_1394 | 0.807 587 | 0.220 236 | 0.253 662 | 0.669 456 | 0.339 856 | 0.742 71 | 0.820 342 | 1.335 169 | 0.902 169 | 0.688 812 | 1.235 48 | 1.113 119 | 0.894 609 | 0.984 025 | 1.394 476 | 0.490 577 | 0.873 556 | 0.453 786 |
| Achn016911 | 0.411 3 | 0.316 039 | 0.566 248 | 4.589 012 | 1.845 646 | 1.899 444 | 0.708 531 | 2.468 511 | 0.765 646 | 0.550 519 | 1.304 34 | 1.274 721 | 0.405 067 | 5.026 722 | 2.182 208 | 1.180 846 | 1.541 387 | 1.323 48 |
| Achn059051 | 1.740 378 | 1.774 916 | 1.426 1 | 0.210 275 | 0.358 159 | 0.372 233 | 0.985 647 | 0.901 698 | 1.149 438 | 1.166 61 | 1.469 371 | 0.568 381 | 1.182 36 | 0.598 292 | 0.753 024 | 0.476 742 | 1.322 162 | 1.150 423 |
| Achn119531 | 54.977 07 | 47.450 55 | 46.537 71 | 5.384 143 | 9.353 084 | 4.984 471 | 17.926 22 | 12.051 5 | 13.917 98 | 26.373 26 | 20.302 36 | 15.646 27 | 28.280 27 | 22.935 | 26.728 19 | 37.564 13 | 36.022 66 | 48.714 95 |
| Achn175191 | 2.829 16 | 3.076 478 | 2.826 3 | 13.116 61 | 12.462 47 | 5.871 716 | 4.030 557 | 4.694 375 | 2.670 097 | 4.138 275 | 5.850 111 | 4.545 862 | 3.250 005 | 6.108 161 | 5.044 367 | 3.744 72 | 3.747 277 | 2.998 712 |

（续）

| 基因 ID | CK1 | CK2 | CK3 | T1-1 | T1-2 | T1-3 | T2-1 | T2-2 | T2-3 | T3-1 | T3-2 | T3-3 | T4-1 | T4-2 | T4-3 | T5-1 | T5-2 | T5-3 |
|---|---|---|---|---|---|---|---|---|---|---|---|---|---|---|---|---|---|---|
| Achn284101 | 1.574 414 | 2.727 942 | 2.009 847 | 0.162 652 | 0.660 127 | 0.676 385 | 0.683 504 | 1.142 483 | 0.762 763 | 1.568 804 | 2.010 54 | 1.664 745 | 5.373 693 | 4.045 023 | 3.270 793 | 11.139 63 | 7.759 899 | 6.890 034 |
| Achn080161 | 0.480 478 | 0.320 505 | 0.429 495 | 0.213 237 | 0.020 886 | 0.188 155 | 0.485 934 | 0.368 173 | 0.307 732 | 0 | 0.168 288 | 0.154 859 | 0.832 877 | 1.902 521 | 1.155 098 | 0.234 287 | 0.113 479 | 0.102 709 |
| Achn247091 | 4.912 704 | 5.022 262 | 5.074 929 | 1.519 362 | 2.643 556 | 3.408 104 | 3.553 701 | 3.814 838 | 2.513 314 | 4.973 991 | 3.806 135 | 3.649 678 | 6.660 331 | 7.094 834 | 5.406 934 | 5.854 42 | 4.589 521 | 5.870 54 |
| Achn284441 | 0.131 489 | 0.385 368 | 0.239 155 | 0.133 079 | 0 | 0 | 0.199 567 | 0.034 775 | 0.136 371 | 0 | 0 | 0 | 0.859 05 | 1.880 827 | 0.987 429 | 0.104 9 | 0.119 722 | 0 |
| Achn002461 | 302.120 3 | 313.889 7 | 295.779 2 | 170.924 6 | 227.358 7 | 112.441 9 | 341.893 4 | 321.901 5 | 332.484 4 | 250.14 | 232.278 5 | 241.182 8 | 310.733 | 325.271 5 | 339.754 5 | 130.127 3 | 140.765 4 | 158.768 |
| Achn375251 | 6.006 6 | 5.176 525 | 6.019 433 | 16.755 11 | 14.799 73 | 13.694 36 | 9.445 657 | 12.730 97 | 11.954 71 | 11.383 91 | 11.633 76 | 12.237 29 | 4.863 143 | 6.136 096 | 4.708 104 | 9.448 718 | 10.391 24 | 10.099 33 |
| Achn199071 | 7.126 848 | 10.810 74 | 9.673 746 | 3.018 209 | 2.101 417 | 2.963 008 | 4.569 949 | 2.862 157 | 3.414 639 | 2.364 453 | 4.052 681 | 5.088 428 | 7.763 858 | 8.745 19 | 8.850 774 | 2.842 677 | 3.577 702 | 4.490 556 |
| Actinidia_chinensis_newGene_5604 | 0.401 398 | 0.454 962 | 0.493 787 | 0.500 043 | 0.129 137 | 0.203 099 | 0.586 37 | 0.735 944 | 0.403 374 | 0.909 852 | 0.282 704 | 1.010 931 | 0.607 781 | 0.457 609 | 0.239 403 | 1.054 74 | 1.825 302 | 1.409 386 |
| Actinidia_chinensis_newGene_5607 | 1.050 415 | 1.304 877 | 1.129 597 | 0 | 0.355 622 | 1.574 215 | 0.633 545 | 1.038 5 | 0.696 274 | 0.748 912 | 0.691 198 | 1.624 876 | 0 | 0.849 633 | 1.620 928 | 7.498 437 | 4.865 534 | 4.338 292 |
| Actinidia_chinensis_newGene_2388 | 0.805 176 | 0.776 223 | 1.002 413 | 0.571 11 | 1.139 903 | 1.724 139 | 0.971 292 | 1.229 124 | 0.958 828 | 1.040 868 | 1.324 093 | 1.327 149 | 2.312 811 | 2.608 756 | 2.389 452 | 2.500 129 | 1.878 848 | 2.056 364 |
| Achn135111 | 3.420 086 | 3.859 642 | 3.655 685 | 1.167 283 | 4.510 936 | 4.633 503 | 1.683 436 | 2.584 336 | 2.348 712 | 2.358 258 | 2.124 3 | 1.831 982 | 2.044 907 | 5.367 256 | 4.611 272 | 1.376 15 | 0.973 691 | 0.697 376 |
| Achn040141 | 0.487 973 | 0.487 67 | 0.477 066 | 0.259 103 | 0.129 699 | 0.625 388 | 0.365 628 | 0.470 491 | 0.104 599 | 0.386 844 | 0.825 384 | 0.377 66 | 0.421 632 | 0.448 105 | 0.947 118 | 0.091 634 | 0.162 055 | 0.183 251 |
| Achn130561 | 1.743 32 | 2.285 496 | 1.058 707 | 13.111 66 | 8.143 718 | 9.813 508 | 4.292 179 | 8.973 128 | 4.790 587 | 4.997 034 | 5.803 599 | 6.690 759 | 7.430 531 | 10.402 89 | 9.449 691 | 3.990 545 | 4.843 455 | 4.692 263 |
| Achn197011 | 4.857 035 | 5.023 222 | 4.923 144 | 9.814 66 | 8.128 184 | 1.424 991 | 3.559 688 | 3.157 586 | 3.144 215 | 5.304 012 | 5.524 481 | 6.550 022 | 7.368 898 | 14.117 77 | 7.931 199 | 20.580 77 | 26.189 34 | 15.653 38 |
| Achn352801 | 72.897 69 | 80.577 68 | 72.915 04 | 18.521 85 | 19.711 44 | 9.501 634 | 67.649 15 | 51.367 02 | 58.056 34 | 27.678 06 | 24.437 8 | 23.558 73 | 88.982 92 | 32.125 74 | 41.724 01 | 28.507 6 | 28.470 7 | 17.701 88 |
| Achn115371 | 2.850 23 | 1.813 836 | 1.793 06 | 2.218 643 | 3.888 769 | 1.895 856 | 2.271 199 | 2.803 907 | 2.607 288 | 4.607 032 | 2.574 396 | 4.492 307 | 0.500 003 | 0.715 124 | 0.567 64 | 1.487 24 | 2.664 204 | 2.115 046 |
| Achn160711 | 7.294 599 | 8.222 338 | 7.946 348 | 4.275 006 | 4.354 442 | 3.729 887 | 4.422 091 | 6.047 781 | 4.305 252 | 5.030 191 | 5.751 441 | 5.527 434 | 5.115 4 | 4.938 812 | 3.967 898 | 5.769 18 | 7.876 305 | 5.646 216 |

（续）

| 基因 ID | CK1 | CK2 | CK3 | T1-1 | T1-2 | T1-3 | T2-1 | T2-2 | T2-3 | T3-1 | T3-2 | T3-3 | T4-1 | T4-2 | T4-3 | T5-1 | T5-2 | T5-3 |
|---|---|---|---|---|---|---|---|---|---|---|---|---|---|---|---|---|---|---|
| Achn165941 | 28.378 94 | 19.757 11 | 20.545 54 | 74.857 22 | 59.348 | 103.051 9 | 47.452 79 | 53.388 85 | 54.770 75 | 56.008 98 | 68.440 77 | 71.198 62 | 32.898 42 | 30.197 65 | 36.462 95 | 34.168 67 | 32.034 44 | 25.862 81 |
| Achn265561 | 0.994 209 | 1.315 923 | 0.784 192 | 1.630 514 | 1.712 212 | 3.130 905 | 0.701 493 | 0.647 031 | 0.941 619 | 1.539 512 | 1.677 894 | 1.403 299 | 0.834 486 | 0.968 541 | 0.633 598 | 2.756 834 | 2.632 133 | 3.275 061 |
| Achn350521 | 4.064 636 | 4.320 218 | 3.025 703 | 2.606 234 | 3.511 775 | 6.282 727 | 0.841 174 | 2.554 106 | 2.190 24 | 1.622 916 | 0.893 275 | 1.956 52 | 1.874 657 | 1.703 089 | 1.724 539 | 3.362 895 | 4.440 845 | 1.971 117 |
| Achn374931 | 0.831 109 | 1.485 992 | 1.305 313 | 5.116 441 | 3.094 277 | 0.619 826 | 6.770 057 | 4.241 906 | 2.684 04 | 1.205 221 | 0.586 667 | 0.815 047 | 2.085 292 | 3.547 196 | 3.950 786 | 0.426 203 | 2.459 319 | 1.765 018 |
| Actinidia_chinensis_newGene_7145 | 1.547 649 | 1.784 03 | 1.641 113 | 3.317 375 | 7.259 744 | 7.282 434 | 3.713 259 | 1.830 256 | 2.585 385 | 1.846 808 | 3.213 607 | 3.490 102 | 0.350 17 | 1.492 607 | 0.750 396 | 1.768 783 | 1.236 722 | 0.476 685 |
| Achn173671 | 0.803 749 | 1.270 565 | 0.470 904 | 0 | 0.349 884 | 0 | 0.373 9 | 1.366 124 | 0.487 901 | 0.615 627 | 0.716 787 | 0.606 374 | 8.133 233 | 8.807 339 | 4.579 596 | 4.069 167 | 5.057 738 | 3.252 467 |
| Achn267541 | 15.001 93 | 15.070 31 | 17.630 73 | 12.903 33 | 19.252 66 | 11.921 26 | 26.365 93 | 19.256 74 | 20.438 46 | 14.536 21 | 12.527 63 | 12.780 4 | 12.741 27 | 15.433 6 | 15.468 94 | 8.143 849 | 7.340 361 | 7.776 163 |
| Achn390071 | 6.464 617 | 7.580 318 | 6.013 992 | 9.630 236 | 16.030 85 | 19.226 74 | 15.575 24 | 12.953 62 | 14.072 51 | 21.216 85 | 21.585 45 | 24.363 93 | 8.980 661 | 5.003 781 | 5.818 152 | 19.007 49 | 19.291 22 | 16.143 57 |
| Achn352381 | 3.628 054 | 5.463 928 | 4.238 963 | 1.457 263 | 2.365 433 | 0.727 899 | 2.096 338 | 1.936 511 | 2.658 599 | 5.196 317 | 5.758 699 | 5.369 546 | 5.877 636 | 0.990 309 | 3.001 677 | 5.366 038 | 7.290 234 | 6.328 181 |
| Achn036671 | 9.861 262 | 6.955 837 | 6.235 208 | 11.644 89 | 9.269 553 | 8.622 091 | 3.634 227 | 4.319 978 | 7.056 605 | 11.194 31 | 8.747 285 | 9.581 262 | 2.957 583 | 1.025 692 | 1.754 152 | 9.482 434 | 10.992 17 | 11.158 22 |
| Achn107031 | 16.126 76 | 12.763 96 | 17.476 21 | 4.284 912 | 7.381 688 | 11.862 26 | 5.474 442 | 4.963 783 | 7.636 696 | 18.253 87 | 18.434 84 | 15.548 9 | 13.639 17 | 14.509 51 | 12.551 1 | 44.583 73 | 51.033 | 29.949 25 |
| Achn344061 | 2.284 046 | 2.153 07 | 2.333 736 | 3.082 331 | 2.321 915 | 9.465 353 | 1.592 928 | 3.178 444 | 1.959 666 | 2.748 989 | 2.811 476 | 3.511 181 | 6.602 728 | 7.867 078 | 6.497 844 | 6.163 703 | 4.737 651 | 5.397 835 |
| Achn195561 | 60.416 13 | 48.785 74 | 54.415 04 | 21.827 57 | 23.749 41 | 2.364 747 | 54.161 48 | 53.804 12 | 53.710 24 | 9.892 843 | 11.160 41 | 11.370 54 | 77.561 25 | 103.490 5 | 111.965 9 | 41.724 34 | 40.590 06 | 38.731 35 |
| Achn204421 | 8.735 504 | 8.073 621 | 5.339 107 | 0 | 0.315 348 | 0 | 1.505 902 | 1.216 772 | 1.450 906 | 9.811 623 | 5.204 428 | 5.532 094 | 7.482 193 | 0.599 789 | 3.500 685 | 16.493 39 | 14.096 63 | 14.726 58 |
| Achn082731 | 0.385 656 | 0.327 788 | 0.342 094 | 0.139 466 | 0.092 785 | 0.085 891 | 0.042 744 | 0.158 957 | 0.068 649 | 0.225 227 | 0.363 746 | 0.318 582 | 0.185 632 | 0.204 937 | 0.037 586 | 0.560 734 | 0.307 428 | 0.485 171 |
| Achn015151 | 1.188 638 | 0.285 153 | 0.160 249 | 4.961 884 | 3.490 61 | 4.280 92 | 1.576 892 | 2.360 431 | 2.910 95 | 3.587 915 | 4.328 379 | 3.443 383 | 1.484 32 | 0.601 694 | 0.548 738 | 1.682 313 | 2.425 011 | 2.075 093 |
| Achn315381 | 21.583 29 | 29.631 37 | 33.968 43 | 19.740 87 | 17.530 72 | 17.670 95 | 23.610 27 | 18.188 6 | 17.270 19 | 14.022 25 | 12.166 9 | 8.873 699 | 26.009 8 | 23.350 28 | 27.126 52 | 18.114 58 | 16.700 89 | 16.454 06 |
| Achn283431 | 1.276 937 | 1.020 556 | 1.429 072 | 0.853 639 | 1.494 208 | 1.557 567 | 0.273 979 | 1.670 667 | 1.457 657 | 1.717 526 | 2.490 963 | 0.826 993 | 2.218 14 | 1.462 644 | 1.608 586 | 4.070 235 | 7.242 18 | 3.244 346 |
| Achn278001 | 11.731 | 11.861 86 | 11.498 52 | 8.410 539 | 11.786 04 | 27.445 2 | 6.674 155 | 7.107 927 | 6.158 232 | 10.920 7 | 9.169 517 | 9.885 324 | 6.425 666 | 3.651 598 | 5.011 808 | 5.200 347 | 5.748 278 | 6.517 489 |

（续）

| 基因 ID | CK1 | CK2 | CK3 | T1-1 | T1-2 | T1-3 | T2-1 | T2-2 | T2-3 | T3-1 | T3-2 | T3-3 | T4-1 | T4-2 | T4-3 | T5-1 | T5-2 | T5-3 |
|---|---|---|---|---|---|---|---|---|---|---|---|---|---|---|---|---|---|---|
| Achn302701 | 54.695 13 | 32.391 36 | 35.351 47 | 1.886 326 | 4.378 034 | 1.500 914 | 24.236 57 | 27.635 35 | 31.719 77 | 30.309 55 | 22.825 98 | 23.669 19 | 60.403 44 | 46.966 84 | 57.639 38 | 41.046 59 | 46.590 96 | 48.617 2 |
| Achn130551 | 65.266 86 | 83.444 68 | 132.125 2 | 222.234 2 | 133.080 4 | 138.492 1 | 170.454 1 | 180.432 7 | 125.230 9 | 67.765 9 | 82.302 44 | 75.208 04 | 177.625 1 | 303.760 8 | 347.683 9 | 89.647 | 86.071 86 | 110.207 |
| Achn050051 | 9.536 719 | 11.391 74 | 7.822 495 | 1.160 101 | 1.316 803 | 2.770 917 | 3.900 494 | 4.029 012 | 3.660 786 | 8.808 915 | 10.411 17 | 7.751 012 | 2.307 403 | 3.742 601 | 4.776 96 | 19.367 69 | 16.457 8 | 16.235 68 |
| Achn062471 | 9.118 696 | 7.413 555 | 9.000 313 | 1.987 681 | 2.318 665 | 2.283 012 | 10.544 3 | 5.049 6 | 6.121 624 | 7.013 092 | 7.270 841 | 5.925 434 | 6.239 38 | 13.807 57 | 11.081 1 | 12.307 19 | 12.956 67 | 7.219 888 |
| Achn332291 | 19.589 08 | 31.880 64 | 29.515 94 | 17.339 | 25.985 31 | 16.637 04 | 29.648 25 | 20.912 53 | 25.350 99 | 9.961 136 | 9.879 2 | 11.435 3 | 22.595 63 | 22.975 79 | 22.499 99 | 8.836 296 | 11.542 52 | 11.300 79 |
| Achn236221 | 8.523 833 | 11.680 96 | 7.848 979 | 6.501 951 | 6.536 301 | 3.738 796 | 7.141 619 | 12.629 03 | 10.142 87 | 5.544 717 | 5.712 173 | 5.711 64 | 23.861 16 | 26.728 23 | 34.654 39 | 20.394 29 | 13.479 81 | 23.551 14 |
| Actinidia_chinensis_newGene_10332 | 0.144 393 | 0.066 034 | 0.076 583 | 0.114 545 | 0.071 586 | 0.815 55 | 0.049 61 | 0 | 0.026 166 | 0.174 678 | 0.231 122 | 0.345 006 | 0.270 351 | 0.204 936 | 0.391 593 | 0.849 402 | 1.064 667 | 0.479 278 |
| Achn186941 | 3.428 977 | 4.969 413 | 4.125 74 | 8.837 384 | 10.662 97 | 19.874 89 | 5.913 034 | 7.736 965 | 6.108 696 | 13.097 41 | 15.082 33 | 12.620 83 | 3.480 559 | 1.521 025 | 1.486 843 | 12.085 91 | 10.190 4 | 11.204 87 |
| Achn155671 | 19.504 94 | 10.889 36 | 14.679 66 | 2.332 983 | 2.139 179 | 4.774 723 | 1.117 189 | 0.744 44 | 1.347 071 | 1.207 364 | 1.183 568 | 0.932 914 | 1.632 054 | 9.069 123 | 3.997 447 | 7.346 781 | 19.647 99 | 2.913 463 |
| Actinidia_chinensis_newGene_2025 | 4.651 695 | 7.165 028 | 4.516 218 | 24.666 93 | 7.978 983 | 7.936 707 | 9.610 902 | 13.610 33 | 7.390 245 | 5.942 961 | 6.071 068 | 6.469 414 | 29.131 03 | 68.240 53 | 63.043 93 | 21.426 37 | 21.338 04 | 11.858 59 |
| Achn326501 | 1.279 427 | 1.727 055 | 2.004 297 | 0.688 883 | 0.746 099 | 0.446 843 | 0.960 413 | 1.023 035 | 0.790 605 | 1.037 905 | 0.915 599 | 1.002 551 | 0.944 069 | 1.179 321 | 0.589 046 | 0.547 149 | 1.080 714 | 0.330 329 |
| Achn047631 | 0.577 45 | 0.752 046 | 1.015 884 | 6.606 616 | 2.770 463 | 2.564 75 | 1.763 987 | 2.398 298 | 1.839 367 | 0.992 879 | 0.783 252 | 1.696 564 | 5.162 279 | 4.667 418 | 5.501 536 | 2.357 831 | 3.005 547 | 2.412 456 |
| Actinidia_chinensis_newGene_675 | 0.365 11 | 0 | 0.833 915 | 0 | 0 | 0 | 0 | 0.618 339 | 0.995 218 | 0.731 409 | 0 | 0.317 274 | 1.314 179 | 2.456 706 | 1.851 389 | 0.060 308 | 0.095 655 | 0.093 839 |
| Achn047181 | 52.786 84 | 21.611 24 | 41.140 49 | 15.162 79 | 9.614 812 | 8.987 691 | 12.702 71 | 6.539 758 | 7.444 783 | 10.297 51 | 11.158 36 | 11.155 87 | 19.640 94 | 46.069 45 | 23.206 19 | 16.710 51 | 42.816 89 | 15.772 5 |
| Achn060061 | 7.437 847 | 8.615 758 | 6.339 768 | 1.230 934 | 1.692 83 | 0 | 2.998 113 | 2.517 039 | 1.465 522 | 2.445 062 | 1.105 664 | 1.348 234 | 6.552 481 | 8.761 793 | 10.553 03 | 1.640 78 | 2.350 998 | 4.581 996 |
| Achn150421 | 7.743 966 | 7.682 746 | 6.136 972 | 3.463 045 | 3.210 978 | 4.419 78 | 4.851 45 | 4.693 882 | 4.481 198 | 6.638 772 | 5.710 903 | 5.836 981 | 6.995 73 | 3.926 183 | 5.238 619 | 3.129 577 | 3.356 589 | 3.981 267 |
| Achn302091 | 5.569 216 | 6.263 274 | 5.778 523 | 5.379 892 | 4.749 03 | 9.468 48 | 4.886 373 | 6.313 716 | 3.955 571 | 4.560 078 | 3.911 486 | 4.569 58 | 14.044 17 | 20.528 12 | 23.902 12 | 7.943 715 | 9.268 216 | 8.860 681 |

（续）

| 基因 ID | CK1 | CK2 | CK3 | T1-1 | T1-2 | T1-3 | T2-1 | T2-2 | T2-3 | T3-1 | T3-2 | T3-3 | T4-1 | T4-2 | T4-3 | T5-1 | T5-2 | T5-3 |
|---|---|---|---|---|---|---|---|---|---|---|---|---|---|---|---|---|---|---|
| Achn245081 | 367.448 4 | 352.642 8 | 333.171 2 | 203.236 9 | 199.337 7 | 179.834 | 209.933 7 | 202.955 8 | 229.173 3 | 245.806 | 226.141 2 | 219.432 9 | 217.525 4 | 169.667 1 | 226.556 4 | 261.294 8 | 258.928 6 | 289.315 |
| Achn096701 | 0.625 063 | 0.733 248 | 0.223 765 | 2.033 675 | 2.620 25 | 9.032 524 | 0.555 719 | 1.836 454 | 1.168 825 | 0.880 05 | 0.715 582 | 0.586 086 | 0.303 585 | 0.824 618 | 0.547 143 | 0.767 321 | 1.580 919 | 0.687 603 |
| Achn365331 | 4.758 504 | 1.858 26 | 1.828 627 | 1.544 902 | 1.953 626 | 3.403 318 | 4.340 22 | 3.105 057 | 5.317 461 | 12.498 91 | 15.614 51 | 14.707 81 | 4.837 662 | 0.550 193 | 2.498 06 | 7.639 833 | 7.215 701 | 6.226 023 |
| Achn190141 | 9.428 242 | 9.685 421 | 8.653 852 | 2.674 019 | 2.542 365 | 2.199 687 | 7.696 873 | 7.852 607 | 7.821 803 | 9.336 708 | 4.932 727 | 7.556 857 | 25.143 95 | 18.689 43 | 27.683 34 | 15.412 95 | 13.144 19 | 13.268 17 |
| Achn194641 | 7.869 576 | 6.536 159 | 11.871 58 | 17.504 03 | 22.858 04 | 59.619 66 | 17.855 21 | 19.171 62 | 18.550 72 | 11.888 4 | 16.289 84 | 9.853 663 | 6.783 834 | 13.074 77 | 16.684 16 | 15.847 03 | 11.698 29 | 8.402 39 |
| Achn339221 | 7.554 713 | 9.174 321 | 14.390 74 | 4.635 56 | 6.018 445 | 9.135 569 | 10.945 3 | 6.054 728 | 8.678 461 | 2.481 668 | 3.133 187 | 2.875 535 | 8.778 891 | 14.406 77 | 14.043 42 | 5.603 79 | 7.052 724 | 4.858 757 |
| Achn371671 | 3.379 998 | 3.176 317 | 3.034 878 | 0.243 121 | 0 | 0 | 0 | 0.237 766 | 0.351 452 | 0.948 865 | 0.598 111 | 0.824 802 | 1.371 079 | 0.369 963 | 0.533 664 | 1.382 249 | 2.107 846 | 1.352 449 |
| Achn270761 | 9.292 269 | 15.460 04 | 10.274 73 | 8.450 096 | 11.260 68 | 30.339 57 | 10.335 52 | 7.396 446 | 6.784 949 | 11.432 39 | 14.454 82 | 13.208 78 | 6.440 552 | 1.443 242 | 4.923 706 | 5.148 104 | 4.012 652 | 6.547 368 |
| Achn097941 | 9.646 632 | 10.084 9 | 9.513 72 | 4.066 907 | 6.026 229 | 5.090 28 | 7.578 85 | 7.502 835 | 7.308 404 | 9.299 372 | 6.539 007 | 9.673 851 | 8.306 629 | 10.514 98 | 11.829 3 | 12.082 06 | 10.589 01 | 12.635 41 |
| Actinidia_chinensis_newGene_1369 | 4.066 02 | 5.122 767 | 3.948 723 | 1.474 49 | 2.758 853 | 2.322 544 | 2.898 761 | 3.031 969 | 3.447 285 | 1.741 726 | 1.294 286 | 2.396 548 | 3.583 099 | 4.550 654 | 4.853 764 | 2.710 81 | 2.267 212 | 3.539 769 |
| Achn022871 | 1.159 838 | 0.215 751 | 1.040 903 | 23.834 68 | 5.375 499 | 1.850 766 | 7.320 861 | 13.833 9 | 9.783 042 | 3.878 823 | 5.214 028 | 4.730 497 | 9.101 643 | 4.717 515 | 6.829 229 | 7.527 257 | 12.934 75 | 5.612 347 |
| Achn349851 | 17.337 52 | 13.150 69 | 11.057 36 | 8.419 946 | 3.424 675 | 2.090 151 | 3.239 106 | 4.968 239 | 4.241 955 | 8.274 193 | 7.338 662 | 8.199 795 | 14.976 68 | 6.036 387 | 7.088 767 | 6.775 828 | 11.436 51 | 5.302 294 |
| Achn349151 | 1.128 571 | 1.222 977 | 0.667 956 | 2.115 234 | 1.837 406 | 2.362 859 | 1.527 551 | 1.981 695 | 2.383 21 | 0.716 325 | 1.270 953 | 1.327 627 | 2.661 078 | 2.284 873 | 2.448 007 | 1.396 788 | 1.329 793 | 0.957 5 |
| Achn275301 | 0.320 803 | 0.313 908 | 0.434 058 | 0.508 141 | 0.678 448 | 0.199 955 | 0.843 28 | 0.571 21 | 0.928 667 | 1.501 841 | 1.225 337 | 1.181 444 | 0.733 963 | 0.703 553 | 0.467 284 | 0.753 034 | 0.703 666 | 0.692 966 |
| Achn230991 | 0.109 248 | 0 | 0.060 085 | 0 | 0.042 123 | 0.126 705 | 0 | 0 | 0.061 589 | 0.351 626 | 0.121 499 | 0.298 662 | 0.498 715 | 0.175 05 | 0.318 483 | 2.075 929 | 1.398 904 | 1.229 535 |
| Achn301861 | 552.996 | 591.679 2 | 553.478 2 | 321.961 4 | 341.539 1 | 239.137 | 534.882 6 | 477.999 9 | 512.577 2 | 439.776 9 | 416.449 | 433.427 4 | 535.233 8 | 449.879 4 | 504.430 7 | 416.798 6 | 407.482 5 | 418.569 9 |
| Achn354111 | 0.223 734 | 0.132 037 | 0.244 74 | 0.112 23 | 0.208 363 | 0.609 419 | 0.212 271 | 0.404 879 | 0.211 265 | 0.267 001 | 0.472 13 | 0.700 424 | 0.315 752 | 0.261 895 | 0.278 927 | 1.368 082 | 1.454 92 | 1.015 888 |
| Achn065421 | 16.091 78 | 16.571 85 | 15.652 66 | 16.247 17 | 11.113 15 | 20.540 76 | 13.968 35 | 17.835 06 | 14.654 49 | 16.934 36 | 17.727 29 | 15.425 47 | 21.530 77 | 27.919 75 | 27.522 47 | 43.855 72 | 37.847 93 | 37.913 33 |
| Achn007771 | 0.123 07 | 0.176 376 | 0.115 009 | 0.287 041 | 0.519 877 | 0.189 231 | 0.430 087 | 0.117 1 | 0.154 547 | 0.307 128 | 0.349 335 | 0.121 961 | 0.228 943 | 0.458 693 | 0.237 79 | 0.828 048 | 0.657 251 | 0.530 707 |

（续）

| 基因 ID | CK1 | CK2 | CK3 | T1-1 | T1-2 | T1-3 | T2-1 | T2-2 | T2-3 | T3-1 | T3-2 | T3-3 | T4-1 | T4-2 | T4-3 | T5-1 | T5-2 | T5-3 |
|---|---|---|---|---|---|---|---|---|---|---|---|---|---|---|---|---|---|---|
| Achn237651 | 17.413 5 | 21.103 64 | 24.501 8 | 12.577 06 | 23.707 67 | 5.685 312 | 36.054 68 | 19.426 03 | 25.474 53 | 19.751 14 | 16.147 17 | 18.320 63 | 12.319 38 | 25.274 97 | 12.932 53 | 4.272 085 | 5.112 919 | 6.977 307 |
| Achn230601 | 8.774 315 | 5.455 638 | 3.997 808 | 3.394 526 | 2.869 789 | 2.136 089 | 3.759 376 | 4.151 659 | 7.754 649 | 7.557 504 | 9.572 275 | 8.269 827 | 2.867 955 | 1.749 52 | 3.513 155 | 5.398 93 | 6.639 563 | 4.465 654 |
| Achn025721 | 4.815 497 | 5.179 485 | 6.955 581 | 17.864 01 | 13.065 12 | 30.126 07 | 7.456 539 | 7.424 198 | 6.327 765 | 12.158 54 | 15.386 58 | 17.337 99 | 1.359 056 | 3.391 884 | 2.749 2 | 4.919 436 | 5.722 727 | 9.631 947 |
| Achn182431 | 5.920 823 | 5.219 467 | 5.068 522 | 2.524 074 | 3.220 927 | 3.105 887 | 2.326 921 | 3.028 129 | 3.750 857 | 4.495 991 | 4.587 01 | 5.042 517 | 2.373 472 | 2.125 079 | 2.674 496 | 5.370 955 | 5.131 32 | 4.638 045 |
| Achn329151 | 4.840 765 | 5.190 745 | 3.850 886 | 1.397 837 | 2.386 761 | 1.680 276 | 1.965 746 | 3.116 543 | 2.695 122 | 5.122 308 | 2.403 762 | 4.759 54 | 2.850 518 | 2.853 401 | 1.986 421 | 4.156 135 | 4.633 407 | 2.584 495 |
| Achn172751 | 5.328 006 | 7.001 198 | 7.348 975 | 22.714 55 | 20.497 81 | 23.576 39 | 15.304 82 | 14.752 07 | 13.357 73 | 13.844 78 | 12.502 42 | 13.405 42 | 8.525 305 | 10.591 38 | 12.861 52 | 8.829 848 | 7.716 943 | 6.588 531 |
| Achn091011 | 2.565 257 | 1.186 502 | 1.054 014 | 0.721 198 | 0.799 373 | 0.166 422 | 1.458 967 | 1.572 83 | 1.464 455 | 1.232 268 | 1.466 899 | 1.390 691 | 0.561 128 | 0.271 692 | 0.273 637 | 1.780 82 | 2.224 53 | 1.775 059 |
| Achn207501 | 3.388 848 | 4.325 796 | 3.877 954 | 2.672 52 | 2.928 398 | 3.741 633 | 2.470 922 | 1.889 485 | 4.929 403 | 5.474 261 | 3.798 57 | 4.662 62 | 3.574 262 | 3.453 252 | 3.366 514 | 12.553 26 | 10.473 57 | 7.600 664 |
| Achn253731 | 13.059 79 | 10.113 75 | 10.549 53 | 9.511 656 | 5.076 349 | 6.056 987 | 6.293 476 | 11.935 07 | 9.076 274 | 10.542 75 | 12.333 77 | 9.810 641 | 23.706 69 | 33.590 07 | 35.033 85 | 22.990 16 | 19.598 13 | 18.851 49 |
| Achn158441 | 0.140 56 | 0 | 0.098 013 | 0.094 945 | 0 | 0.128 662 | 0 | 0.049 787 | 0.049 898 | 0.359 289 | 0.138 436 | 0.131 031 | 0.817 04 | 0 | 0 | 3.079 807 | 1.958 945 | 1.447 473 |
| Achn296521 | 36.722 78 | 42.125 17 | 42.487 14 | 29.648 14 | 42.381 54 | 34.310 15 | 51.014 67 | 48.410 34 | 43.274 07 | 41.007 22 | 34.464 53 | 34.961 63 | 40.148 66 | 42.101 71 | 37.564 5 | 15.934 17 | 17.224 74 | 15.633 78 |
| Achn096541 | 16.894 64 | 12.628 29 | 14.598 26 | 3.634 073 | 3.791 404 | 3.731 756 | 3.215 566 | 2.076 665 | 3.114 763 | 6.272 364 | 4.371 43 | 4.922 688 | 4.283 312 | 7.389 361 | 3.721 19 | 11.363 47 | 15.885 86 | 7.544 079 |
| Achn108911 | 0.934 927 | 1.063 529 | 1.387 988 | 0 | 0.131 107 | 0 | 0.193 997 | 0.384 884 | 0.536 894 | 1.670 511 | 1.192 4 | 1.172 987 | 0.746 813 | 0.552 921 | 0.300 648 | 1.277 | 1.607 099 | 0.336 407 |
| Achn287381 | 1.197 464 | 1.171 805 | 2.069 976 | 3.456 035 | 2.147 248 | 4.313 931 | 1.607 393 | 3.006 147 | 2.378 249 | 2.603 195 | 6.187 932 | 4.278 485 | 2.051 484 | 3.452 742 | 2.510 827 | 3.330 385 | 1.895 531 | 1.462 238 |
| Achn383781 | 1.095 898 | 0.688 966 | 1.974 246 | 0.467 795 | 0.484 96 | 0.241 559 | 0.507 971 | 0.547 747 | 0.361 048 | 0.865 809 | 0.890 064 | 0.610 572 | 0.875 825 | 1.071 101 | 0.664 629 | 1.197 924 | 1.684 25 | 1.425 699 |
| Achn323831 | 0.618 761 | 0.449 748 | 0.699 267 | 1.606 853 | 2.471 89 | 2.163 377 | 1.591 982 | 1.091 778 | 1.207 842 | 1.397 093 | 1.344 349 | 1.464 1 | 0.727 551 | 0.465 259 | 0.534 071 | 1.151 93 | 1.269 808 | 1.246 911 |
| Actinidia_chinensis_newGene_2491 | 10.126 98 | 14.929 85 | 13.338 57 | 22.260 43 | 59.359 69 | 8.934 375 | 104.880 2 | 55.474 13 | 60.390 34 | 39.890 48 | 4.235 464 | 12.226 19 | 7.154 896 | 15.173 92 | 18.310 9 | 16.992 13 | 15.785 96 | 6.731 319 |
| Actinidia_chinensis_newGene_2492 | 1.964 829 | 0.408 701 | 0.324 467 | 0 | 1.306 564 | 0.942 342 | 7.014 572 | 3.384 99 | 4.530 255 | 5.476 183 | 1.464 81 | 0.723 273 | 1.897 164 | 0.630 739 | 1.952 413 | 4.654 904 | 3.411 848 | 0.724 098 |

(续)

| 基因ID | CK1 | CK2 | CK3 | T1-1 | T1-2 | T1-3 | T2-1 | T2-2 | T2-3 | T3-1 | T3-2 | T3-3 | T4-1 | T4-2 | T4-3 | T5-1 | T5-2 | T5-3 |
|---|---|---|---|---|---|---|---|---|---|---|---|---|---|---|---|---|---|---|
| Achn169421 | 44.011 68 | 59.639 | 81.986 28 | 10.906 84 | 11.730 46 | 6.154 336 | 30.762 5 | 23.985 97 | 19.184 88 | 7.452 74 | 9.055 804 | 10.524 51 | 58.405 75 | 118.970 6 | 101.613 3 | 33.816 71 | 40.257 28 | 45.679 36 |
| Achn131671 | 0.745 043 | 0.430 787 | 0.387 734 | 1.728 732 | 2.728 603 | 3.310 021 | 0.157 93 | 0.082 56 | 0.797 457 | 0.594 211 | 3.076 015 | 1.267 281 | 0.556 798 | 1.066 467 | 0 | 3.838 053 | 3.013 5 | 2.821 616 |
| Achn256151 | 2.203 712 | 2.535 931 | 2.408 068 | 2.394 753 | 2.492 458 | 4.135 626 | 4.558 899 | 4.224 136 | 4.006 361 | 4.452 106 | 2.439 023 | 4.494 589 | 3.569 8 | 6.277 154 | 6.072 882 | 3.472 139 | 3.420 939 | 3.274 044 |
| Achn210581 | 0.578 907 | 0.689 876 | 0.532 135 | 0.517 688 | 0.171 788 | 1.107 373 | 0.230 567 | 0.216 537 | 0.225 787 | 0.934 661 | 0.814 119 | 0.857 061 | 0.819 59 | 0.989 979 | 1.012 266 | 0.753 347 | 1.012 332 | 0.723 597 |
| Achn171261 | 8.577 433 | 8.980 977 | 10.145 28 | 25.886 39 | 15.265 72 | 19.694 17 | 24.851 7 | 22.815 25 | 20.747 | 16.847 21 | 19.811 39 | 22.509 12 | 13.999 99 | 20.832 78 | 20.034 99 | 17.755 96 | 14.069 72 | 13.500 47 |
| Achn299881 | 43.555 78 | 43.661 38 | 44.338 85 | 61.035 39 | 51.833 25 | 52.197 25 | 97.029 67 | 92.510 13 | 73.538 32 | 79.156 11 | 85.882 16 | 82.068 76 | 86.358 56 | 45.444 61 | 60.786 18 | 137.597 | 117.668 1 | 100.771 9 |
| Achn237091 | 16.469 07 | 10.024 98 | 19.054 91 | 7.533 166 | 5.180 312 | 8.690 541 | 6.927 055 | 8.183 689 | 7.134 326 | 7.934 164 | 6.418 619 | 6.010 458 | 5.726 183 | 15.488 33 | 7.794 607 | 25.621 58 | 43.068 95 | 2.978 813 |
| Achn275921 | 0.394 81 | 0.411 616 | 0.462 758 | 0.453 368 | 0.468 471 | 1.153 045 | 0.512 602 | 0.324 452 | 0 | 0.516 704 | 0.315 901 | 0.433 129 | 1.211 543 | 1.448 604 | 1.421 591 | 0.953 401 | 1.205 585 | 0.613 14 |
| Achn347331 | 0.746 278 | 0.950 869 | 0.739 92 | 0.719 909 | 0.650 471 | 4.680 836 | 0.385 325 | 0.441 24 | 0.688 875 | 1.055 703 | 0.686 218 | 1.324 271 | 2.041 905 | 1.416 366 | 1.837 163 | 1.298 599 | 1.314 789 | 1.162 832 |
| Achn241831 | 2.672 875 | 4.366 426 | 3.068 759 | 0 | 0 | 0 | 0.802 572 | 0.145 728 | 0.203 19 | 1.929 801 | 0.508 076 | 0.788 813 | 7.542 262 | 5.069 519 | 2.845 426 | 7.676 775 | 6.909 829 | 5.621 75 |
| Achn104221 | 1.216 903 | 1.604 846 | 0.683 748 | 3.145 061 | 1.232 741 | 1.609 456 | 4.427 184 | 2.468 148 | 3.512 012 | 0.858 692 | 1.388 898 | 1.269 041 | 1.432 86 | 1.054 738 | 0.790 091 | 0.247 102 | 0.809 297 | 0.831 322 |
| Achn330331 | 1.450 436 | 0.935 19 | 1.625 421 | 4.037 941 | 0.899 739 | 1.960 05 | 2.323 451 | 2.938 129 | 3.957 473 | 1.707 462 | 1.182 59 | 1.453 428 | 3.688 735 | 4.426 332 | 4.133 36 | 4.102 637 | 8.316 829 | 4.197 264 |
| Achn098211 | 6.805 15 | 7.862 957 | 9.145 187 | 18.650 23 | 23.304 24 | 23.683 53 | 15.767 49 | 9.558 148 | 14.977 21 | 12.312 2 | 19.017 78 | 15.744 8 | 7.775 537 | 7.349 385 | 13.500 98 | 15.803 04 | 13.647 99 | 14.290 63 |
| Actinidia_chinensis_newGene_10741 | 0.929 462 | 0.480 752 | 0 | 4.425 217 | 5.025 892 | 1.733 649 | 2.811 06 | 0.398 279 | 1.146 772 | 2.627 912 | 2.840 864 | 1.829 649 | 0.238 057 | 0.741 412 | 0.553 615 | 0.555 462 | 0.489 037 | 0.224 115 |
| Achn132751 | 0.940 052 | 1.131 928 | 1.448 14 | 0.563 628 | 2.563 216 | 0.268 777 | 1.743 156 | 1.651 108 | 1.603 369 | 1.170 646 | 0.540 972 | 0.870 708 | 2.370 528 | 3.673 231 | 2.535 395 | 0.194 265 | 0.218 317 | 0.322 871 |
| Achn208181 | 50.414 12 | 57.884 08 | 54.644 28 | 35.823 69 | 23.765 14 | 8.447 701 | 22.251 96 | 29.373 22 | 30.982 88 | 24.359 39 | 26.830 98 | 23.233 52 | 56.104 85 | 36.686 17 | 43.665 03 | 38.365 57 | 54.051 42 | 51.277 16 |
| Achn360831 | 1.230 411 | 0.588 609 | 0.976 532 | 1.511 873 | 1.985 252 | 0.286 986 | 0.535 589 | 0.510 284 | 1.315 181 | 4.000 758 | 2.021 174 | 2.996 861 | 0 | 0 | 0 | 5.368 538 | 4.984 727 | 7.990 646 |
| Achn233561 | 0.300 802 | 0 | 0.161 438 | 0.513 726 | 0.344 484 | 0.431 747 | 0.383 937 | 0.428 909 | 0 | 0.448 818 | 0.660 24 | 0.454 142 | 0.526 332 | 0.089 358 | 0.573 153 | 2.068 628 | 2.008 616 | 1.292 589 |
| Achn358481 | 9.585 869 | 6.838 181 | 7.021 882 | 5.088 825 | 9.986 962 | 79.493 11 | 6.249 448 | 6.330 833 | 7.227 026 | 7.903 905 | 9.937 818 | 9.469 482 | 9.799 556 | 11.715 52 | 11.863 72 | 17.474 54 | 20.804 78 | 18.336 71 |

（续）

| 基因 ID | CK1 | CK2 | CK3 | T1-1 | T1-2 | T1-3 | T2-1 | T2-2 | T2-3 | T3-1 | T3-2 | T3-3 | T4-1 | T4-2 | T4-3 | T5-1 | T5-2 | T5-3 |
|---|---|---|---|---|---|---|---|---|---|---|---|---|---|---|---|---|---|---|
| Achn362521 | 1.602 5 | 2.206 71 | 2.704 26 | 0.781 503 | 0.274 494 | 0.801 579 | 1.013 989 | 1.409 078 | 1.289 787 | 1.905 015 | 1.902 114 | 1.210 463 | 2.369 233 | 1.125 617 | 1.830 39 | 2.909 002 | 2.339 378 | 3.077 634 |
| Achn331501 | 1.801 371 | 1.478 499 | 1.552 972 | 0.694 008 | 1.065 317 | 0.132 071 | 0.629 264 | 0.466 191 | 0.759 739 | 0.704 573 | 0.969 979 | 0.975 468 | 1.634 247 | 2.255 84 | 1.957 029 | 2.223 366 | 2.265 454 | 2.487 592 |
| Achn264291 | 32.082 83 | 30.280 95 | 25.713 83 | 7.288 149 | 8.145 969 | 13.688 19 | 16.314 22 | 17.825 79 | 14.863 28 | 25.427 88 | 23.229 36 | 26.798 55 | 30.473 89 | 23.461 3 | 28.654 84 | 29.589 04 | 33.411 37 | 35.427 89 |
| Actinidia_chinensis_newGene_651 | 0.683 554 | 0.678 138 | 1.058 31 | 0.500 13 | 0.193 317 | 0.580 709 | 0.769 832 | 0.730 468 | 0.441 815 | 0.532 665 | 0.243 596 | 0.183 112 | 1.796 322 | 2.825 699 | 3.497 42 | 1.144 975 | 1.283 128 | 1.075 468 |
| Actinidia_chinensis_newGene_659 | 2.408 06 | 1.361 772 | 2.215 132 | 1.031 97 | 0.983 089 | 0.358 836 | 1.303 807 | 0.762 765 | 0.534 858 | 0.816 121 | 1.128 08 | 0.562 624 | 1.151 797 | 0.776 052 | 1.692 527 | 1.602 425 | 3.282 338 | 2.060 004 |
| Achn298041 | 0.535 107 | 0.640 538 | 0.291 391 | 0.430 098 | 0.688 43 | 0.515 008 | 0.300 161 | 0.153 054 | 0.495 598 | 0.758 026 | 0.536 89 | 0.580 327 | 1.278 023 | 0.917 609 | 0.594 15 | 1.350 949 | 1.256 073 | 1.366 832 |
| Actinidia_chinensis_newGene_6455 | 68.453 92 | 64.359 41 | 81.239 57 | 231.684 4 | 206.401 3 | 420.760 4 | 142.654 9 | 188.532 3 | 187.573 9 | 171.855 3 | 226.026 6 | 197.461 5 | 89.877 88 | 119.353 8 | 102.020 5 | 181.669 | 157.078 8 | 114.404 7 |
| Achn168631 | 4.758 918 | 3.482 33 | 10.356 06 | 23.259 71 | 51.221 55 | 15.358 61 | 74.727 78 | 59.058 59 | 53.851 04 | 12.655 81 | 11.206 46 | 13.624 97 | 8.933 187 | 16.408 01 | 25.291 04 | 1.229 665 | 0.778 578 | 2.688 904 |
| Achn249531 | 1.161 742 | 0.596 985 | 0.422 875 | 2.459 953 | 1.225 103 | 2.648 761 | 1.965 391 | 2.050 447 | 1.088 594 | 2.841 232 | 0.852 532 | 0.433 323 | 3.432 214 | 6.114 04 | 5.555 246 | 5.517 594 | 7.359 7 | 0.822 67 |
| Achn156701 | 4.940 283 | 4.594 864 | 4.301 805 | 3.210 998 | 2.158 514 | 4.863 569 | 2.503 194 | 4.018 045 | 2.208 368 | 1.783 591 | 1.730 178 | 1.773 592 | 4.869 305 | 6.749 169 | 6.533 243 | 4.899 259 | 7.698 141 | 4.208 252 |
| Achn346741 | 21.949 58 | 20.637 5 | 17.083 69 | 36.683 11 | 52.597 34 | 58.522 22 | 26.439 13 | 30.922 95 | 26.845 88 | 37.556 84 | 29.936 91 | 32.084 01 | 18.533 17 | 16.656 35 | 14.057 83 | 24.427 7 | 26.982 81 | 24.963 07 |
| Actinidia_chinensis_newGene_1158 | 16.754 3 | 14.679 08 | 19.278 15 | 15.449 96 | 64.414 46 | 4.984 88 | 74.579 11 | 70.944 55 | 67.411 03 | 12.383 86 | 6.386 095 | 10.371 39 | 11.895 33 | 25.560 43 | 27.290 01 | 18.277 32 | 32.214 65 | 23.004 34 |
| Achn148191 | 4.400 331 | 4.723 311 | 5.263 762 | 5.951 125 | 4.374 921 | 7.445 962 | 3.112 006 | 3.651 211 | 3.112 754 | 2.496 068 | 2.094 458 | 2.404 684 | 3.247 904 | 3.736 025 | 4.953 938 | 2.512 503 | 3.909 251 | 4.501 392 |
| Achn234251 | 29.608 37 | 31.436 18 | 35.910 69 | 590.302 3 | 831.041 2 | 816.969 1 | 143.516 8 | 141.569 5 | 155.732 8 | 190.800 3 | 204.044 3 | 209.993 9 | 24.513 54 | 10.994 92 | 15.243 39 | 63.001 51 | 62.618 21 | 57.481 2 |
| Achn318651 | 6.429 873 | 6.401 453 | 5.257 86 | 4.765 439 | 6.444 19 | 8.211 363 | 7.248 833 | 5.764 428 | 7.253 604 | 6.693 683 | 5.055 985 | 6.139 404 | 2.618 099 | 5.292 21 | 4.787 01 | 2.251 582 | 3.208 849 | 2.725 74 |
| Achn260101 | 1.770 694 | 1.578 323 | 0.915 472 | 0.803 224 | 0.516 277 | 0.394 906 | 0.414 312 | 0.622 825 | 0.875 593 | 0.983 565 | 1.143 35 | 0.709 911 | 0.980 82 | 0.446 302 | 0.275 902 | 0.656 73 | 0.470 767 | 0.434 351 |

（续）

| 基因ID | CK1 | CK2 | CK3 | T1-1 | T1-2 | T1-3 | T2-1 | T2-2 | T2-3 | T3-1 | T3-2 | T3-3 | T4-1 | T4-2 | T4-3 | T5-1 | T5-2 | T5-3 |
|---|---|---|---|---|---|---|---|---|---|---|---|---|---|---|---|---|---|---|
| Achn089351 | 99.292 | 91.872 09 | 78.307 99 | 72.897 14 | 144.259 2 | 58.386 09 | 102.653 | 96.375 69 | 121.561 7 | 73.530 59 | 78.244 32 | 84.973 83 | 82.595 63 | 74.028 89 | 61.629 03 | 43.024 75 | 46.363 83 | 46.054 59 |
| Achn305431 | 0.606 419 | 0.610 874 | 0.632 176 | 1.287 5 | 1.350 781 | 2.456 048 | 1.055 258 | 1.029 028 | 1.082 624 | 0.784 569 | 1.355 677 | 1.115 637 | 0.646 823 | 0.915 236 | 0.871 757 | 0.890 971 | 0.808 67 | 0.646 738 |
| Achn375381 | 22.056 82 | 23.760 41 | 20.184 48 | 10.007 93 | 8.455 421 | 9.142 538 | 16.138 79 | 17.471 09 | 17.173 66 | 12.801 59 | 12.986 65 | 14.709 37 | 27.317 36 | 22.187 75 | 23.298 88 | 14.672 21 | 13.719 71 | 13.376 19 |
| Achn050501 | 12.338 63 | 10.390 91 | 9.466 802 | 5.431 386 | 5.402 11 | 4.140 647 | 6.977 326 | 5.815 57 | 6.612 023 | 10.408 85 | 9.559 4 | 8.032 999 | 11.168 57 | 7.125 368 | 8.058 683 | 20.285 41 | 16.239 03 | 19.450 02 |
| Achn227651 | 0.536 168 | 0.676 468 | 0.230 333 | 0.785 555 | 0.326 437 | 0.498 806 | 0.394 552 | 0.409 151 | 0.412 535 | 0.153 431 | 0.716 166 | 0.641 213 | 1.592 178 | 0.766 683 | 0.778 071 | 2.936 451 | 1.372 26 | 1.846 939 |
| Achn382271 | 10.359 99 | 8.549 402 | 9.001 577 | 8.372 15 | 10.718 94 | 22.156 96 | 7.917 098 | 14.063 22 | 10.965 99 | 12.957 18 | 13.198 39 | 13.855 86 | 10.419 5 | 6.173 626 | 3.259 206 | 22.134 68 | 29.855 56 | 19.842 58 |
| Achn058751 | 1.792 076 | 2.112 561 | 2.102 729 | 0.799 886 | 0.938 11 | 1.365 342 | 1.186 422 | 1.151 051 | 1.437 525 | 2.087 779 | 1.179 344 | 1.752 044 | 1.929 076 | 1.833 367 | 1.900 638 | 1.520 665 | 1.583 268 | 1.254 391 |
| Achn303491 | 1.827 582 | 2.883 125 | 2.617 246 | 0.081 933 | 0.160 9 | 0 | 0.040 22 | 0.051 791 | 0.147 263 | 0 | 0 | 0.123 241 | 1.254 546 | 2.519 049 | 2.096 948 | 0.353 251 | 0.319 025 | 0.341 505 |
| Achn058281 | 10.576 05 | 11.339 41 | 14.133 69 | 3.382 037 | 4.413 587 | 9.803 182 | 9.066 064 | 4.839 069 | 2.996 768 | 6.942 959 | 2.530 875 | 3.238 493 | 6.031 104 | 9.693 439 | 8.638 244 | 2.311 553 | 3.800 977 | 1.659 223 |
| Actinidia_chinensis_newGene_11897 | 274.379 1 | 256.752 1 | 230.259 8 | 237.399 9 | 173.257 9 | 218.145 8 | 248.296 9 | 307.332 8 | 280.762 7 | 121.069 3 | 108.836 4 | 125.952 7 | 624.971 5 | 610.899 6 | 588.253 5 | 262.797 5 | 301.391 8 | 306.933 2 |
| Achn383661 | 4.987 488 | 3.733 821 | 4.046 217 | 13.476 36 | 7.029 414 | 33.105 36 | 2.847 584 | 7.627 22 | 2.973 405 | 4.773 892 | 7.310 512 | 4.949 872 | 4.236 083 | 10.884 27 | 5.105 113 | 15.774 41 | 12.097 46 | 10.050 04 |
| Achn033151 | 5.025 593 | 3.952 263 | 3.425 285 | 2.117 769 | 1.700 814 | 2.596 46 | 1.489 624 | 2.350 263 | 2.408 964 | 1.556 141 | 4.474 871 | 3.101 864 | 3.813 015 | 2.903 543 | 3.522 629 | 2.002 823 | 2.348 323 | 2.895 381 |
| Achn191301 | 2.541 802 | 2.852 812 | 2.421 083 | 0.583 908 | 0.524 341 | 1.088 457 | 0.829 526 | 0.831 989 | 0.924 198 | 1.933 774 | 1.942 892 | 2.237 615 | 1.563 975 | 0.902 299 | 1.345 625 | 1.726 658 | 1.286 674 | 1.479 389 |
| Achn281841 | 2.529 16 | 1.282 671 | 2.629 034 | 0.411 509 | 2.747 661 | 0.125 278 | 1.549 672 | 3.809 976 | 1.830 289 | 3.420 614 | 4.856 585 | 2.352 771 | 4.025 356 | 4.501 694 | 3.235 757 | 12.052 49 | 11.049 07 | 5.993 448 |
| Achn378841 | 3.887 429 | 2.636 156 | 3.380 563 | 1.435 707 | 1.886 006 | 3.883 229 | 1.023 979 | 0.943 325 | 0.742 619 | 2.252 851 | 2.848 333 | 2.343 959 | 2.399 959 | 2.045 094 | 1.607 303 | 3.552 613 | 4.005 294 | 3.815 74 |
| Achn287671 | 0.363 278 | 0.280 23 | 0.070 726 | 0.323 899 | 0 | 0.237 414 | 1.010 586 | 2.292 37 | 1.801 478 | 0.435 083 | 3.129 005 | 2.760 544 | 1.049 564 | 0.775 784 | 0 | 1.325 152 | 1.869 683 | 0.855 714 |
| Achn206791 | 13.693 88 | 18.147 16 | 14.919 02 | 5.807 056 | 5.756 94 | 0.476 708 | 5.454 49 | 4.091 097 | 4.392 347 | 11.207 64 | 8.904 673 | 8.524 887 | 9.061 769 | 10.188 66 | 10.520 93 | 15.649 08 | 12.285 82 | 20.885 76 |
| Actinidia_chinensis_newGene_8058 | 2.287 927 | 3.131 012 | 2.944 547 | 5.059 566 | 3.634 688 | 0.274 904 | 1.383 551 | 1.814 595 | 1.358 63 | 0.672 118 | 1.356 173 | 1.554 129 | 1.744 561 | 2.128 516 | 1.611 546 | 2.876 147 | 4.529 629 | 4.984 958 |

（续）

| 基因 ID | CK1 | CK2 | CK3 | T1-1 | T1-2 | T1-3 | T2-1 | T2-2 | T2-3 | T3-1 | T3-2 | T3-3 | T4-1 | T4-2 | T4-3 | T5-1 | T5-2 | T5-3 |
|---|---|---|---|---|---|---|---|---|---|---|---|---|---|---|---|---|---|---|
| Achn079851 | 1.420 68 | 1.689 142 | 2.341 947 | 0.583 451 | 1.041 393 | 0.791 939 | 1.037 547 | 0.283 859 | 0.929 415 | 0.945 194 | 1.253 307 | 1.552 366 | 2.134 594 | 2.495 392 | 2.549 114 | 0.902 762 | 2.171 721 | 1.939 56 |
| Achn274141 | 5.285 132 | 6.113 906 | 5.756 331 | 1.235 515 | 2.850 522 | 2.633 928 | 2.019 135 | 2.056 | 2.182 253 | 2.400 215 | 2.623 202 | 3.570 162 | 6.643 273 | 6.460 691 | 6.367 658 | 6.475 425 | 7.102 292 | 7.471 364 |
| Achn172031 | 3.143 885 | 2.711 471 | 2.364 993 | 2.398 766 | 3.934 073 | 4.897 577 | 2.323 925 | 2.989 661 | 1.833 804 | 3.376 476 | 2.391 737 | 3.650 322 | 1.133 829 | 0.608 687 | 1.084 759 | 1.532 931 | 2.999 44 | 1.068 629 |
| Actinidia_chinensis_newGene_2758 | 1.867 074 | 1.650 532 | 1.018 139 | 4.641 036 | 4.132 32 | 5.427 268 | 2.581 735 | 4.927 175 | 2.840 517 | 1.753 007 | 2.486 042 | 2.483 92 | 2.069 23 | 1.813 454 | 1.485 051 | 1.815 388 | 2.011 886 | 1.419 944 |
| Achn128221 | 1.034 619 | 1.168 674 | 0.868 998 | 1.139 287 | 1.878 851 | 0.262 726 | 0.577 926 | 0.337 875 | 0.516 15 | 1.363 159 | 1.116 705 | 1.448 897 | 0.207 96 | 0.568 918 | 0.344 909 | 0.309 276 | 0.323 98 | 0.295 565 |
| Achn139571 | 52.488 82 | 45.018 99 | 54.319 21 | 24.823 74 | 45.963 2 | 48.955 29 | 53.884 47 | 46.132 44 | 46.202 29 | 28.709 93 | 24.356 37 | 27.151 75 | 41.649 72 | 63.602 84 | 54.882 2 | 19.630 03 | 23.498 86 | 23.372 84 |
| Achn077451 | 0.388 989 | 0.637 919 | 0.207 949 | 3.058 872 | 1.873 939 | 3.632 63 | 0.717 054 | 1.352 177 | 0.812 847 | 1.741 37 | 0.855 943 | 2.520 509 | 0.291 208 | 0.655 42 | 0.357 434 | 0.983 287 | 0.640 514 | 1.405 248 |
| Actinidia_chinensis_newGene_4343 | 1.867 629 | 3.640 053 | 1.972 159 | 0.400 265 | 0.791 514 | 0.605 099 | 1.934 647 | 1.075 377 | 1.981 436 | 1.748 484 | 1.901 112 | 1.301 185 | 1.515 725 | 1.056 401 | 0.783 003 | 3.952 343 | 3.876 715 | 1.849 01 |
| Achn319721 | 0.526 549 | 0.888 59 | 0.460 128 | 1.516 892 | 2.137 973 | 1.071 676 | 1.209 317 | 1.394 27 | 0.816 671 | 0.813 183 | 0.965 629 | 1.266 388 | 1.018 708 | 3.244 697 | 1.723 086 | 0.805 102 | 0.387 454 | 0.367 781 |
| Achn093921 | 0.632 551 | 0.938 987 | 0.974 783 | 2.022 941 | 2.833 704 | 6.221 066 | 1.769 211 | 2.074 03 | 1.587 662 | 0.683 211 | 1.230 141 | 1.060 773 | 0.632 632 | 0.791 536 | 0.433 1 | 1.088 157 | 0.573 11 | 0.528 63 |
| Actinidia_chinensis_newGene_7060 | 0.298 074 | 0.041 709 | 0.114 099 | 0.233 387 | 0.779 657 | 0.436 045 | 0.372 401 | 0.139 207 | 0 | 0.539 892 | 0.158 885 | 0.417 647 | 0.230 396 | 0.467 527 | 0.069 059 | 0.784 045 | 0.792 92 | 0.656 426 |
| Achn296011 | 29.217 1 | 18.025 89 | 21.552 96 | 41.043 49 | 56.033 18 | 73.344 96 | 50.960 29 | 39.759 66 | 60.123 56 | 32.834 59 | 33.042 05 | 32.869 03 | 25.032 31 | 23.976 52 | 21.752 67 | 38.154 69 | 25.364 81 | 38.568 31 |
| Achn041331 | 20.390 89 | 19.687 26 | 17.045 45 | 8.242 499 | 6.956 275 | 7.241 246 | 12.050 54 | 12.573 63 | 10.791 36 | 11.819 49 | 9.698 518 | 10.908 21 | 16.361 14 | 20.655 75 | 15.983 75 | 20.024 26 | 15.152 42 | 19.908 31 |
| Achn388931 | 36.123 02 | 28.243 75 | 26.594 35 | 9.761 637 | 10.128 61 | 6.439 604 | 13.293 91 | 13.171 04 | 13.622 47 | 13.478 29 | 11.827 57 | 13.033 19 | 15.532 57 | 12.266 9 | 11.559 16 | 11.430 47 | 13.270 55 | 12.730 06 |
| Achn080951 | 2.472 766 | 3.151 074 | 2.481 292 | 6.357 841 | 4.288 888 | 6.467 572 | 8.071 422 | 9.924 333 | 4.996 201 | 3.101 953 | 2.832 119 | 1.971 59 | 7.993 401 | 14.507 26 | 10.973 9 | 3.239 478 | 2.552 28 | 3.103 53 |
| Actinidia_chinensis_newGene_6081 | 0.704 027 | 0.876 958 | 1.740 709 | 2.349 872 | 4.230 6 | 12.107 18 | 3.252 605 | 1.961 602 | 2.398 331 | 2.728 148 | 2.088 28 | 2.271 26 | 1.522 1 | 2.791 456 | 0.558 592 | 1.899 055 | 0.065 847 | 1.153 725 |

（续）

| 基因 ID | CK1 | CK2 | CK3 | T1-1 | T1-2 | T1-3 | T2-1 | T2-2 | T2-3 | T3-1 | T3-2 | T3-3 | T4-1 | T4-2 | T4-3 | T5-1 | T5-2 | T5-3 |
|---|---|---|---|---|---|---|---|---|---|---|---|---|---|---|---|---|---|---|
| Actinidia_chinensis_newGene_7935 | 0.709 745 | 0.796 592 | 1.585 069 | 5.560 781 | 1.066 715 | 2.479 728 | 1.314 713 | 11.039 17 | 0.842 742 | 0.628 349 | 1.139 752 | 0.287 925 | 4.450 791 | 57.320 07 | 36.696 38 | 3.449 966 | 3.178 405 | 3.257 314 |
| Achn023831 | 3.820 311 | 2.822 473 | 2.228 4 | 0.870 086 | 0.901 458 | 0.617 9 | 11.887 58 | 4.053 773 | 1.865 086 | 22.653 62 | 3.279 047 | 3.030 385 | 2.808 557 | 0.424 573 | 0.484 7 | 15.803 45 | 13.792 63 | 1.785 25 |
| Actinidia_chinensis_newGene_5570 | 0.881 71 | 0.530 919 | 0.934 157 | 3.475 716 | 4.110 776 | 10.959 6 | 1.829 158 | 2.207 7 | 2.755 05 | 1.945 815 | 1.481 479 | 1.962 723 | 1.642 624 | 2.006 609 | 1.501 827 | 1.757 393 | 0.958 794 | 1.419 667 |
| Achn211631 | 0.349 776 | 0.694 532 | 0.441 179 | 2.412 478 | 1.566 435 | 2.280 166 | 1.004 429 | 0.946 631 | 0.649 374 | 0.971 43 | 0.700 361 | 0.416 083 | 0.548 574 | 1.042 903 | 0.442 009 | 0.895 927 | 0.616 436 | 0.039 58 |
| Achn089561 | 0.390 489 | 0.713 891 | 0.291 266 | 0.612 316 | 1.211 557 | 0.828 047 | 2.692 804 | 2.298 243 | 1.687 055 | 5.938 142 | 1.175 85 | 1.287 361 | 0.595 124 | 0.315 884 | 0 | 1.916 953 | 1.199 151 | 0.765 391 |
| Actinidia_chinensis_newGene_1052 | 0.964 137 | 0.612 194 | 1.088 561 | 3.566 227 | 2.545 901 | 2.825 901 | 1.292 858 | 1.535 999 | 1.404 765 | 2.067 704 | 1.573 825 | 2.790 778 | 1.138 782 | 1.062 069 | 1.485 972 | 2.368 697 | 1.776 946 | 1.036 069 |
| Achn213981 | 0.264 183 | 0.204 004 | 0.337 314 | 1.113 765 | 0.441 668 | 0.445 232 | 0.385 871 | 0.374 036 | 0.181 864 | 0.190 342 | 0.200 934 | 0.274 065 | 0.545 296 | 1.263 617 | 0.906 949 | 0.228 81 | 0.389 614 | 0.518 667 |
| Achn304621 | 4.136 921 | 5.733 97 | 2.995 873 | 15.956 49 | 13.404 27 | 0 | 8.409 812 | 11.117 39 | 5.953 372 | 0.459 919 | 0.079 71 | 0.346 256 | 4.724 913 | 55.184 52 | 81.790 65 | 0.814 521 | 1.793 932 | 1.740 363 |
| Achn314751 | 1.120 22 | 0.791 119 | 1.330 645 | 0.663 613 | 0.218 658 | 0.134 646 | 9.060 24 | 1.762 26 | 1.474 688 | 19.013 78 | 1.635 453 | 2.293 699 | 2.385 687 | 0.257 632 | 0.260 447 | 28.100 33 | 26.850 63 | 1.730 72 |
| Achn385021 | 71.418 82 | 86.333 21 | 84.250 03 | 18.612 96 | 18.099 28 | 5.562 788 | 38.819 98 | 16.139 59 | 17.775 96 | 25.727 61 | 26.572 7 | 17.950 5 | 23.396 73 | 15.226 48 | 23.421 55 | 36.793 52 | 44.279 92 | 95.480 51 |
| Achn141221 | 32.779 49 | 28.652 35 | 30.813 01 | 33.222 06 | 41.593 65 | 18.871 04 | 62.248 6 | 79.400 51 | 55.158 65 | 60.848 25 | 45.808 28 | 49.926 94 | 38.915 43 | 44.138 71 | 34.012 24 | 43.922 6 | 46.692 23 | 36.463 59 |
| Achn119881 | 0.158 21 | 0 | 0.302 298 | 17.195 75 | 2.042 139 | 7.331 522 | 2.959 529 | 27.503 33 | 3.485 691 | 0.766 533 | 0.240 285 | 0.284 704 | 5.637 855 | 19.790 33 | 16.745 97 | 0.173 339 | 0.405 847 | 0.470 536 |
| Achn318421 | 4.870 398 | 6.989 073 | 6.602 234 | 7.709 344 | 6.605 658 | 14.787 19 | 9.569 688 | 9.983 973 | 12.216 18 | 14.358 65 | 16.043 78 | 18.419 79 | 8.373 952 | 5.912 653 | 8.852 905 | 8.741 179 | 11.172 6 | 5.514 772 |
| Actinidia_chinensis_newGene_11912 | 20.052 18 | 12.837 23 | 14.542 1 | 25.076 9 | 20.704 33 | 18.608 8 | 22.071 45 | 27.525 5 | 23.735 46 | 17.301 85 | 6.689 718 | 17.171 95 | 24.560 08 | 52.584 98 | 38.697 58 | 8.872 828 | 1.941 242 | 7.627 276 |
| Achn278991 | 10.060 58 | 16.452 58 | 11.892 44 | 9.978 415 | 7.430 028 | 14.211 56 | 8.680 82 | 8.597 31 | 7.366 785 | 6.401 179 | 3.872 178 | 4.253 254 | 20.362 24 | 27.761 98 | 28.250 3 | 13.152 2 | 8.832 515 | 8.473 647 |
| Achn078731 | 21.706 02 | 19.488 29 | 17.810 02 | 11.077 7 | 13.534 57 | 9.004 48 | 7.702 931 | 9.184 605 | 9.832 384 | 15.373 87 | 13.973 96 | 13.170 67 | 13.613 84 | 8.395 069 | 11.134 23 | 17.714 74 | 21.960 03 | 22.804 95 |

（续）

| 基因ID | CK1 | CK2 | CK3 | T1-1 | T1-2 | T1-3 | T2-1 | T2-2 | T2-3 | T3-1 | T3-2 | T3-3 | T4-1 | T4-2 | T4-3 | T5-1 | T5-2 | T5-3 |
|---|---|---|---|---|---|---|---|---|---|---|---|---|---|---|---|---|---|---|
| Achn127801 | 2.896 571 | 3.523 299 | 4.274 068 | 6.631 152 | 9.908 432 | 2.254 592 | 7.112 503 | 4.917 924 | 5.319 519 | 1.065 018 | 0.490 515 | 1.300 998 | 0.900 863 | 1.159 668 | 1.405 465 | 0.074 991 | 1.549 639 | 1.779 37 |
| Achn308291 | 0.892 611 | 0.327 097 | 0.379 234 | 6.453 715 | 0.363 963 | 0 | 1.038 811 | 1.926 745 | 0.600 625 | 0.073 492 | 0.140 379 | 0 | 1.610 62 | 2.649 999 | 2.979 775 | 0.149 202 | 0.494 167 | 0.366 453 |
| Achn189591 | 51.630 18 | 51.249 83 | 50.609 11 | 25.845 08 | 25.307 18 | 26.130 22 | 35.729 01 | 35.038 14 | 36.593 06 | 44.152 86 | 37.363 83 | 36.703 13 | 62.475 59 | 46.325 72 | 55.006 64 | 50.161 08 | 51.506 9 | 61.224 92 |
| Actinidia_chinensis_newGene_9283 | 7.466 724 | 5.654 33 | 4.978 846 | 1.823 784 | 1.331 984 | 0.102 606 | 0.546 777 | 1.072 814 | 2.707 407 | 3.866 461 | 7.314 688 | 5.569 588 | 5.130 273 | 0.342 066 | 1.126 15 | 13.725 51 | 11.980 43 | 14.485 23 |
| Achn136211 | 19.904 25 | 14.135 86 | 17.479 03 | 23.059 11 | 26.801 09 | 16.542 73 | 17.165 83 | 18.968 68 | 17.390 37 | 18.135 61 | 23.498 91 | 30.450 61 | 6.690 104 | 4.597 706 | 4.877 296 | 23.891 89 | 17.254 3 | 19.220 87 |
| Actinidia_chinensis_newGene_10278 | 1.723 035 | 0.716 571 | 0.844 259 | 8.770 841 | 13.728 84 | 6.053 838 | 3.963 363 | 2.689 492 | 2.413 229 | 3.327 899 | 3.393 747 | 2.337 514 | 8.992 597 | 3.059 912 | 3.992 806 | 7.906 602 | 10.549 85 | 7.813 004 |
| Actinidia_chinensis_newGene_10277 | 28.815 63 | 16.561 88 | 23.118 07 | 20.725 36 | 12.728 77 | 15.970 05 | 7.980 243 | 10.339 53 | 7.381 885 | 15.361 33 | 15.046 77 | 17.687 69 | 18.066 31 | 16.108 57 | 13.749 62 | 26.115 24 | 19.050 78 | 18.320 2 |
| Actinidia_chinensis_newGene_10275 | 0.358 58 | 0.224 197 | 0.394 277 | 1.753 484 | 0.525 198 | 0.182 581 | 0.111 535 | 0.311 164 | 0.113 331 | 0.514 505 | 0.046 501 | 1.263 814 | 0.262 644 | 0.280 739 | 0.188 662 | 0.500 901 | 2.592 356 | 2.248 641 |
| Actinidia_chinensis_newGene_10271 | 1.036 978 | 0.316 987 | 0.548 174 | 2.296 55 | 0 | 2.190 665 | 0.104 054 | 0.605 375 | 0.514 399 | 1.986 86 | 1.645 063 | 1.561 076 | 1.248 637 | 1.558 246 | 0.620 717 | 1.417 983 | 2.428 697 | 0.702 248 |
| Achn173221 | 1.908 873 | 1.961 007 | 1.333 479 | 0.658 171 | 0.596 401 | 1.595 348 | 0.931 034 | 0.781 656 | 0.604 148 | 1.842 536 | 1.981 97 | 1.272 525 | 0.814 921 | 0.596 275 | 0.788 962 | 1.897 552 | 1.040 346 | 2.559 875 |
| Actinidia_chinensis_newGene_10148 | 3.511 872 | 3.237 272 | 2.477 441 | 2.153 732 | 1.672 879 | 1.435 647 | 1.060 627 | 1.097 77 | 0.664 207 | 0.732 43 | 2.261 585 | 0.641 209 | 0.976 401 | 1.431 902 | 0.834 402 | 2.933 782 | 2.373 52 | 3.941 98 |
| Actinidia_chinensis_newGene_10180 | 2.452 681 | 1.652 789 | 0.892 252 | 0.096 707 | 0.069 788 | 0.813 554 | 5.866 69 | 3.904 407 | 1.716 022 | 1.820 896 | 4.678 4 | 3.713 985 | 4.562 101 | 2.073 241 | 0.809 076 | 3.266 013 | 1.251 291 | 0.879 377 |
| Achn104641 | 8.943 946 | 6.580 488 | 6.888 034 | 1.941 087 | 0.377 305 | 0.462 647 | 1.632 766 | 2.352 8 | 3.221 446 | 0.885 826 | 1.137 114 | 0.292 119 | 12.832 33 | 21.137 64 | 9.015 907 | 1.540 53 | 1.556 337 | 5.747 694 |
| Achn132661 | 6.049 946 | 4.554 523 | 4.612 836 | 25.197 11 | 6.617 793 | 9.451 784 | 8.824 535 | 12.333 65 | 12.646 01 | 6.703 815 | 8.780 561 | 8.779 772 | 11.181 11 | 19.152 72 | 6.120 211 | 10.379 37 | 7.797 415 | 6.106 992 |

（续）

| 基因 ID | CK1 | CK2 | CK3 | T1-1 | T1-2 | T1-3 | T2-1 | T2-2 | T2-3 | T3-1 | T3-2 | T3-3 | T4-1 | T4-2 | T4-3 | T5-1 | T5-2 | T5-3 |
|---|---|---|---|---|---|---|---|---|---|---|---|---|---|---|---|---|---|---|
| Actinidia_chinensis_newGene_11632 | 11.230 21 | 8.976 054 | 8.372 864 | 10.061 97 | 15.565 78 | 17.942 47 | 8.568 03 | 9.754 162 | 9.398 716 | 14.217 73 | 15.044 6 | 16.915 13 | 5.377 375 | 2.391 089 | 2.968 504 | 9.621 185 | 10.383 61 | 10.330 41 |
| Achn364251 | 917.417 1 | 1 111.01 | 1 120.598 | 729.481 9 | 523.115 8 | 115.326 2 | 1 104.596 | 820.840 1 | 699.688 6 | 858.097 | 544.182 4 | 622.776 7 | 611.167 2 | 552.211 6 | 588.445 7 | 436.545 2 | 385.400 1 | 646.708 3 |
| Achn343181 | 3.753 72 | 4.156 032 | 3.536 804 | 6.717 001 | 5.922 946 | 5.657 269 | 5.348 148 | 5.563 703 | 5.319 758 | 5.699 408 | 4.185 654 | 5.933 24 | 2.704 455 | 3.399 11 | 3.293 394 | 1.816 557 | 1.784 999 | 1.991 833 |
| Achn359661 | 91.203 74 | 124.206 5 | 124.035 7 | 32.802 09 | 25.260 27 | 23.872 48 | 58.623 54 | 42.450 7 | 39.116 02 | 58.219 13 | 43.690 44 | 41.065 95 | 69.710 13 | 55.965 35 | 71.641 85 | 88.898 36 | 83.534 4 | 108.617 |
| Actinidia_chinensis_newGene_5772 | 4.547 687 | 4.343 059 | 5.086 66 | 3.821 877 | 1.276 358 | 8.985 446 | 3.566 513 | 4.111 639 | 5.281 418 | 2.683 642 | 4.981 778 | 3.189 951 | 11.027 72 | 9.960 084 | 10.598 11 | 8.723 849 | 7.817 217 | 6.965 675 |
| Achn082021 | 4.353 411 | 3.136 935 | 3.514 519 | 8.507 967 | 6.921 015 | 12.856 01 | 3.341 782 | 3.116 343 | 3.323 295 | 3.695 937 | 2.676 808 | 3.971 484 | 3.714 039 | 5.700 39 | 3.962 26 | 3.281 757 | 3.493 132 | 2.572 875 |
| Achn353991 | 84.663 78 | 80.683 58 | 73.400 81 | 30.829 43 | 42.051 09 | 32.553 65 | 52.237 84 | 49.604 13 | 44.625 11 | 53.648 46 | 41.015 64 | 45.747 01 | 68.684 7 | 58.817 2 | 55.751 12 | 43.631 8 | 47.687 39 | 56.161 91 |
| Achn265761 | 0.313 545 | 0.126 338 | 0.267 063 | 0.805 46 | 0.262 742 | 0.421 893 | 0.720 446 | 0.733 313 | 1.029 578 | 0.853 462 | 0.569 279 | 0.621 754 | 0.481 412 | 0.361 522 | 0.685 943 | 0.833 506 | 0.346 346 | 0.141 521 |
| Achn180981 | 2.803 359 | 4.491 424 | 4.446 393 | 0.723 488 | 0.474 184 | 0.201 558 | 1.025 649 | 0.701 161 | 1.016 634 | 1.147 09 | 1.586 356 | 4.480 02 | 5.989 906 | 2.529 088 | 3.666 699 | 10.335 91 | 20.078 84 | 7.364 608 |
| Achn042541 | 64.476 75 | 75.797 37 | 73.840 45 | 36.541 42 | 30.560 53 | 27.764 2 | 31.027 15 | 28.426 13 | 25.009 02 | 42.059 86 | 41.776 76 | 43.765 53 | 88.689 6 | 82.081 62 | 83.228 89 | 100.100 8 | 92.584 85 | 83.053 71 |
| Achn388941 | 26.317 15 | 33.603 49 | 29.175 13 | 6.441 981 | 18.971 61 | 5.131 381 | 33.696 35 | 22.712 71 | 22.364 37 | 20.344 81 | 19.959 05 | 27.408 | 15.617 31 | 13.060 7 | 11.789 59 | 10.472 15 | 12.428 02 | 13.294 56 |
| Achn298751 | 7.314 301 | 12.457 93 | 10.327 8 | 11.752 3 | 10.436 9 | 6.512 942 | 38.924 68 | 29.741 8 | 19.710 13 | 8.991 625 | 8.523 705 | 8.826 325 | 37.013 91 | 47.656 04 | 59.355 34 | 19.960 67 | 14.385 44 | 14.350 46 |
| Achn311981 | 148.237 3 | 164.082 2 | 137.038 9 | 76.131 46 | 60.152 43 | 57.922 5 | 97.066 55 | 90.954 79 | 75.912 77 | 101.582 7 | 96.499 68 | 100.151 8 | 118.033 8 | 88.757 55 | 102.267 4 | 218.647 | 218.322 8 | 233.800 7 |
| Achn119741 | 62.521 | 58.138 61 | 65.878 56 | 33.436 65 | 34.602 56 | 32.491 97 | 54.970 33 | 48.600 84 | 58.291 36 | 43.257 41 | 44.680 82 | 39.233 18 | 51.553 28 | 42.493 22 | 41.305 65 | 47.883 26 | 52.844 77 | 53.978 06 |
| Achn212461 | 1.024 482 | 0.863 81 | 0.830 431 | 2.154 184 | 0.603 948 | 1.711 633 | 0.664 106 | 1.437 573 | 0.734 414 | 0.964 193 | 1.062 108 | 0.758 556 | 1.331 67 | 2.336 223 | 3.044 22 | 1.173 035 | 0.967 584 | 1.131 439 |
| Achn169741 | 1.107 469 | 1.859 555 | 2.045 838 | 4.829 569 | 4.360 367 | 13.772 71 | 3.248 513 | 2.706 32 | 3.663 898 | 1.339 722 | 2.485 366 | 2.426 21 | 0.893 547 | 2.553 372 | 2.022 71 | 1.833 454 | 2.480 153 | 2.620 905 |
| Achn094531 | 0.683 794 | 0.249 007 | 0.215 964 | 1.097 749 | 1.763 318 | 2.050 295 | 0.796 709 | 0.249 843 | 0.725 995 | 0.727 561 | 0.256 782 | 0.388 686 | 0.280 435 | 0.910 738 | 0.261 824 | 0.534 721 | 0.179 906 | 0.224 137 |
| Achn183501 | 0.248 986 | 0.401 651 | 0 | 0.087 896 | 0 | 0 | 0.047 611 | 0.318 717 | 0.137 166 | 0.777 719 | 0.660 828 | 1.157 68 | 0.221 481 | 0.157 442 | 0.702 59 | 1.649 529 | 1.713 371 | 1.554 689 |

（续）

| 基因 ID | CK1 | CK2 | CK3 | T1-1 | T1-2 | T1-3 | T2-1 | T2-2 | T2-3 | T3-1 | T3-2 | T3-3 | T4-1 | T4-2 | T4-3 | T5-1 | T5-2 | T5-3 |
|---|---|---|---|---|---|---|---|---|---|---|---|---|---|---|---|---|---|---|
| Achn110371 | 2.388 597 | 2.018 254 | 2.533 525 | 1.685 015 | 2.991 186 | 1.132 042 | 12.707 27 | 6.438 487 | 4.718 588 | 7.716 89 | 1.814 66 | 3.112 544 | 0.789 218 | 0.934 525 | 0.706 965 | 5.111 699 | 2.691 586 | 1.045 982 |
| Achn224761 | 6.003 676 | 6.902 698 | 5.645 172 | 19.702 58 | 13.961 53 | 15.872 63 | 9.474 289 | 13.063 12 | 13.268 46 | 11.872 16 | 13.478 14 | 12.917 49 | 5.921 327 | 6.928 866 | 5.566 161 | 5.827 901 | 6.661 238 | 6.000 584 |
| Achn234631 | 0.128 03 | 0.073 678 | 0.159 614 | 0.424 746 | 0.911 551 | 0.397 542 | 0.790 794 | 0.636 72 | 0.895 082 | 0.331 012 | 1.409 13 | 1.369 712 | 0.285 452 | 0.039 681 | 0.184 9 | 0.504 726 | 1.626 34 | 0.366 077 |
| Achn305671 | 18.719 63 | 25.728 42 | 27.089 8 | 25.430 28 | 19.932 55 | 4.475 176 | 21.948 57 | 16.336 09 | 13.629 46 | 7.025 741 | 5.201 792 | 4.352 044 | 12.196 11 | 19.756 48 | 33.340 14 | 3.646 33 | 4.728 277 | 4.546 144 |
| Achn135261 | 13.533 34 | 13.274 68 | 12.288 53 | 3.171 286 | 2.724 66 | 0.742 875 | 5.900 405 | 5.495 746 | 6.501 598 | 10.135 41 | 11.452 51 | 14.317 55 | 5.252 458 | 5.589 634 | 6.085 139 | 12.317 27 | 14.475 49 | 14.368 93 |
| Achn371121 | 2.823 254 | 3.849 249 | 4.056 254 | 14.138 36 | 7.172 308 | 16.016 41 | 5.689 019 | 5.489 706 | 5.963 458 | 3.720 384 | 4.558 745 | 4.988 124 | 3.687 143 | 1.826 175 | 2.578 148 | 4.667 546 | 5.840 59 | 4.047 607 |
| Achn081961 | 0.098 348 | 0.250 888 | 0.095 026 | 0.047 323 | 0.091 025 | 0 | 1.158 569 | 0.517 649 | 0.032 253 | 0.238 58 | 0.148 146 | 0.189 819 | 0.651 074 | 0.475 753 | 0.349 196 | 0.546 115 | 0.462 066 | 0.820 361 |
| Achn039801 | 2.717 385 | 2.305 071 | 4.992 634 | 12.392 74 | 6.373 361 | 22.548 66 | 6.822 564 | 11.713 5 | 9.400 678 | 4.546 66 | 6.595 934 | 5.998 829 | 4.810 712 | 6.205 057 | 7.336 458 | 5.193 086 | 10.292 19 | 2.620 072 |
| Achn269531 | 2.469 509 | 1.297 098 | 1.102 446 | 1.337 065 | 1.218 384 | 1.054 729 | 0.714 986 | 0.350 434 | 0.601 251 | 0.173 77 | 0.366 645 | 0.422 738 | 0.338 629 | 2.320 331 | 1.088 307 | 0.449 372 | 0.300 817 | 0.371 069 |
| Achn120991 | 1.110 55 | 2.054 654 | 0.993 327 | 1.015 49 | 2.952 392 | 1.429 448 | 3.299 897 | 4.878 831 | 3.726 928 | 0.241 564 | 0.042 512 | 1.227 536 | 0.115 334 | 1.582 528 | 3.756 084 | 2.113 186 | 0.585 309 | 0.885 807 |
| Achn122841 | 0.381 354 | 0.178 184 | 0.133 019 | 0.185 878 | 0.177 97 | 0.598 387 | 0.300 71 | 0.066 938 | 0.150 675 | 0.242 606 | 0.695 871 | 0.120 462 | 0.541 861 | 0.530 429 | 0.265 015 | 1.090 659 | 1.259 178 | 0.821 105 |
| Actinidia_chinensis_newGene_164 | 2.088 287 | 2.686 408 | 2.303 327 | 3.594 712 | 8.035 443 | 17.965 86 | 3.077 432 | 3.205 539 | 4.347 594 | 7.298 65 | 8.467 472 | 8.912 193 | 1.821 546 | 1.456 499 | 1.203 742 | 5.115 864 | 4.575 795 | 4.166 98 |
| Actinidia_chinensis_newGene_167 | 13.291 7 | 12.596 88 | 12.964 25 | 35.115 11 | 41.004 72 | 69.542 54 | 30.875 56 | 30.881 15 | 33.144 79 | 17.319 76 | 16.879 04 | 17.727 48 | 14.760 05 | 26.828 64 | 26.120 7 | 14.709 27 | 11.189 88 | 12.905 2 |
| Achn325531 | 33.175 99 | 26.434 54 | 27.567 78 | 26.146 19 | 16.270 14 | 23.598 87 | 12.552 78 | 13.551 92 | 12.656 67 | 14.052 86 | 13.090 55 | 11.231 15 | 24.917 27 | 31.980 91 | 34.811 75 | 27.445 71 | 31.429 58 | 35.910 73 |
| Achn358401 | 0.580 611 | 0.725 555 | 0.376 839 | 2.378 783 | 2.402 222 | 3.166 386 | 1.051 511 | 0.562 284 | 0.575 482 | 1.646 448 | 1.563 098 | 0.660 272 | 0.186 97 | 0.263 989 | 0.673 741 | 0.604 6 | 0.531 418 | 0.397 733 |
| Achn079561 | 332.541 7 | 286.503 6 | 271.747 | 141.614 2 | 159.425 4 | 254.525 6 | 136.179 2 | 135.427 8 | 143.252 5 | 194.913 1 | 186.553 3 | 193.085 4 | 287.715 9 | 185.930 4 | 205.606 6 | 419.501 5 | 461.905 2 | 499.725 7 |
| Achn030201 | 0.197 946 | 0.249 678 | 0.078 864 | 0.254 388 | 0 | 0.424 526 | 0.268 058 | 0.080 861 | 0.213 131 | 0.357 409 | 0.026 625 | 0.300 99 | 0.525 271 | 0.737 342 | 0.574 061 | 0.296 198 | 0.362 879 | 0.132 918 |
| Achn123711 | 3.935 403 | 1.014 797 | 3.278 452 | 9.551 497 | 9.315 149 | 0.547 327 | 8.886 317 | 7.102 756 | 9.881 155 | 5.882 155 | 4.219 99 | 5.739 72 | 0 | 4.801 108 | 2.805 445 | 0.607 116 | 1.461 258 | 2.193 605 |

（续）

| 基因 ID | CK1 | CK2 | CK3 | T1-1 | T1-2 | T1-3 | T2-1 | T2-2 | T2-3 | T3-1 | T3-2 | T3-3 | T4-1 | T4-2 | T4-3 | T5-1 | T5-2 | T5-3 |
|---|---|---|---|---|---|---|---|---|---|---|---|---|---|---|---|---|---|---|
| Achn253071 | 3.993 476 | 3.741 712 | 4.179 51 | 25.641 37 | 5.713 115 | 2.591 459 | 6.639 161 | 21.515 7 | 10.837 96 | 3.132 806 | 6.211 748 | 5.128 45 | 20.151 71 | 31.842 83 | 37.665 14 | 23.874 74 | 20.342 6 | 22.130 92 |
| Achn072221 | 7.687 62 | 4.743 89 | 7.292 109 | 7.461 289 | 7.824 875 | 2.243 688 | 6.698 051 | 7.039 528 | 6.076 649 | 6.053 883 | 5.915 885 | 6.193 225 | 2.375 744 | 1.948 763 | 2.489 189 | 5.697 069 | 10.586 31 | 4.482 528 |
| Achn364341 | 5.943 159 | 6.270 433 | 5.644 117 | 3.776 47 | 5.418 692 | 5.200 853 | 1.643 687 | 3.156 617 | 2.709 858 | 3.671 462 | 3.356 498 | 4.800 707 | 4.259 921 | 4.207 766 | 4.076 68 | 5.871 093 | 8.574 253 | 8.003 398 |
| Achn108811 | 85.714 55 | 94.487 01 | 86.890 12 | 62.599 45 | 97.794 69 | 37.926 8 | 99.371 77 | 77.391 14 | 82.155 68 | 91.993 99 | 72.935 54 | 71.405 58 | 60.823 16 | 27.317 01 | 40.076 02 | 43.487 35 | 48.294 64 | 42.232 91 |
| Achn178991 | 0.243 278 | 0.354 221 | 0.077 264 | 0.489 647 | 0.688 302 | 0.123 85 | 0.634 85 | 0.798 734 | 0.286 331 | 2.107 514 | 1.090 5 | 1.733 536 | 0.091 64 | 0.056 725 | 0 | 0.730 021 | 1.057 893 | 0.672 323 |
| Achn203431 | 1.228 222 | 1.464 707 | 1.904 306 | 0.450 113 | 0.599 644 | 0.466 273 | 1.326 179 | 0.534 741 | 0.543 822 | 1.496 417 | 1.231 802 | 0.328 496 | 1.623 709 | 2.344 399 | 2.355 781 | 1.775 887 | 1.313 226 | 1.498 235 |
| Achn082181 | 52.358 44 | 46.870 85 | 44.333 35 | 24.431 23 | 12.567 74 | 15.832 13 | 36.088 78 | 32.231 25 | 41.961 12 | 43.751 77 | 36.923 77 | 36.172 58 | 20.589 16 | 4.720 024 | 6.556 761 | 33.063 47 | 39.936 91 | 39.131 81 |
| Achn052691 | 1.066 697 | 1.473 21 | 0.678 886 | 3.039 873 | 5.028 26 | 7.841 328 | 4.591 742 | 6.713 533 | 2.830 495 | 2.221 009 | 1.895 419 | 1.834 985 | 1.425 658 | 1.420 994 | 1.707 76 | 1.092 581 | 1.149 621 | 1.608 62 |
| Achn269671 | 13.353 66 | 14.780 75 | 14.352 49 | 10.964 56 | 10.933 41 | 17.367 04 | 10.450 47 | 13.214 99 | 13.038 54 | 9.929 545 | 11.338 66 | 12.299 42 | 10.096 9 | 8.579 242 | 10.159 89 | 8.353 838 | 5.859 253 | 4.278 458 |
| Achn001821 | 395.782 2 | 442.111 6 | 418.171 2 | 421.642 4 | 439.324 8 | 345.448 1 | 431.327 1 | 475.295 5 | 504.485 4 | 199.311 2 | 201.987 1 | 220.887 1 | 370.931 8 | 311.078 3 | 362.5 | 339.334 1 | 373.828 1 | 425.734 2 |
| Actinidia_chinensis_newGene_4278 | 2.630 711 | 3.687 584 | 2.834 152 | 5.047 994 | 2.826 788 | 1.901 823 | 2.899 494 | 4.136 783 | 3.071 202 | 2.781 419 | 3.499 12 | 2.795 869 | 5.261 208 | 8.299 317 | 7.437 757 | 5.216 553 | 4.749 72 | 5.052 923 |
| Achn252061 | 6.306 339 | 7.133 961 | 5.886 991 | 2.255 752 | 4.322 653 | 2.244 631 | 3.448 744 | 3.074 577 | 2.098 535 | 4.200 912 | 2.799 244 | 2.558 719 | 3.247 972 | 4.031 382 | 4.626 669 | 7.014 365 | 10.100 4 | 8.101 763 |
| Achn302161 | 0.813 148 | 1.708 484 | 2.096 666 | 0.068 619 | 0 | 0 | 1.345 192 | 0.856 623 | 0.014 956 | 2.313 277 | 0.750 404 | 0.754 202 | 4.604 321 | 3.725 38 | 2.090 562 | 8.541 859 | 4.578 75 | 3.444 44 |
| Achn263211 | 0.312 157 | 0.058 041 | 0.187 819 | 1.001 194 | 0.625 209 | 1.162 999 | 0.376 619 | 0.589 878 | 0.366 928 | 0.587 798 | 0.353 812 | 0.594 872 | 0.455 758 | 0.548 638 | 0.272 367 | 0.208 809 | 0.513 209 | 0.267 605 |
| Achn197731 | 22.253 1 | 31.236 8 | 24.369 18 | 5.392 477 | 4.575 525 | 3.355 924 | 3.634 218 | 4.607 057 | 7.010 398 | 9.563 704 | 7.924 815 | 5.426 234 | 26.474 72 | 23.300 26 | 22.680 75 | 12.412 16 | 21.947 05 | 13.970 98 |
| Achn190961 | 3.455 23 | 2.554 853 | 3.507 51 | 3.348 991 | 3.318 535 | 3.707 311 | 2.112 338 | 3.198 786 | 1.525 77 | 2.684 735 | 2.957 732 | 3.750 346 | 2.471 473 | 1.852 677 | 2.181 553 | 1.303 603 | 1.791 14 | 1.364 516 |
| Achn383831 | 3.942 06 | 7.079 868 | 9.858 702 | 45.570 55 | 23.099 95 | 3.514 905 | 35.682 74 | 47.549 97 | 28.625 68 | 2.200 508 | 4.653 156 | 2.970 188 | 5.969 144 | 18.486 3 | 40.058 74 | 2.345 451 | 4.824 685 | 2.319 462 |
| Achn095821 | 8.686 131 | 7.273 514 | 8.665 945 | 0.637 28 | 0.912 116 | 0.452 377 | 3.070 978 | 1.689 874 | 2.392 668 | 1.359 527 | 1.656 049 | 1.162 457 | 12.157 84 | 6.961 291 | 8.571 433 | 7.027 47 | 7.154 682 | 8.049 917 |
| Achn277221 | 16.401 11 | 26.572 78 | 29.225 4 | 76.354 23 | 74.950 97 | 17.617 72 | 22.961 76 | 25.986 04 | 21.279 72 | 13.212 56 | 8.044 928 | 8.785 728 | 9.825 811 | 18.964 49 | 12.039 63 | 8.922 507 | 10.490 79 | 8.950 523 |

（续）

| 基因 ID | CK1 | CK2 | CK3 | T1-1 | T1-2 | T1-3 | T2-1 | T2-2 | T2-3 | T3-1 | T3-2 | T3-3 | T4-1 | T4-2 | T4-3 | T5-1 | T5-2 | T5-3 |
|---|---|---|---|---|---|---|---|---|---|---|---|---|---|---|---|---|---|---|
| Achn189731 | 0.782 615 | 0.839 709 | 0.742 087 | 3.532 198 | 2.134 897 | 2.078 964 | 1.705 281 | 1.855 957 | 1.288 087 | 1.285 695 | 1.350 179 | 1.180 027 | 1.155 057 | 1.421 683 | 0.817 293 | 0.895 111 | 0.763 061 | 0.819 01 |
| Actinidia_chinensis_newGene_5849 | 10.769 47 | 12.485 21 | 11.560 98 | 5.038 142 | 7.377 62 | 10.523 46 | 6.136 321 | 5.407 072 | 5.661 965 | 5.552 359 | 6.299 616 | 6.210 891 | 11.024 16 | 12.958 26 | 13.050 58 | 7.709 655 | 7.759 144 | 8.237 969 |
| Actinidia_chinensis_newGene_5847 | 3.820 711 | 3.066 511 | 2.976 64 | 9.628 22 | 6.492 655 | 16.160 62 | 5.844 622 | 5.971 137 | 5.343 64 | 4.692 974 | 6.310 767 | 7.797 656 | 5.189 45 | 4.471 864 | 4.231 574 | 5.564 869 | 5.453 284 | 6.549 949 |
| Actinidia_chinensis_newGene_5843 | 24.004 57 | 19.036 09 | 25.117 7 | 129.287 | 76.404 37 | 227.716 7 | 20.734 21 | 26.546 | 32.755 73 | 32.870 18 | 41.636 86 | 35.299 59 | 18.896 95 | 7.987 409 | 12.147 65 | 38.446 89 | 29.649 07 | 27.963 78 |
| Achn275791 | 5.364 055 | 5.318 55 | 5.555 678 | 4.854 799 | 4.742 448 | 4.720 696 | 2.817 031 | 2.646 694 | 2.852 86 | 4.927 727 | 6.367 095 | 5.789 922 | 2.002 66 | 2.460 612 | 2.363 267 | 5.079 427 | 5.623 741 | 5.473 639 |
| Achn111701 | 116.399 9 | 137.618 2 | 150.370 9 | 288.151 5 | 321.438 8 | 363.158 8 | 271.032 1 | 263.357 8 | 312.417 3 | 285.968 8 | 269.078 4 | 242.847 1 | 113.537 7 | 125.810 9 | 132.248 6 | 191.010 7 | 182.854 1 | 152.711 2 |
| Achn184811 | 1.066 813 | 1.157 418 | 1.866 148 | 0.096 307 | 0.447 055 | 0 | 0.541 748 | 0.631 506 | 0.227 06 | 0.093 632 | 0.311 457 | 0.319 769 | 0.523 51 | 0.684 064 | 1.024 104 | 0.889 542 | 1.185 508 | 0.869 71 |
| Achn025811 | 0.812 673 | 0.951 782 | 0.813 092 | 1.096 972 | 0.266 651 | 0 | 1.912 744 | 2.034 188 | 2.012 565 | 1.386 271 | 1.506 87 | 1.843 693 | 0.219 793 | 0.660 31 | 0.236 804 | 2.839 165 | 2.194 909 | 2.936 304 |
| Actinidia_chinensis_newGene_11200 | 0.235 652 | 0.099 188 | 0.160 974 | 0.200 023 | 0.626 041 | 0.102 802 | 0.831 042 | 0.592 389 | 0.556 38 | 0.729 694 | 0.754 025 | 0.807 862 | 0.143 149 | 0.047 66 | 0.050 95 | 0.325 926 | 0.371 529 | 0.371 957 |
| Actinidia_chinensis_newGene_9832 | 1.083 381 | 0.334 522 | 0.435 621 | 0.714 347 | 1.727 218 | 0.339 14 | 0.457 322 | 1.247 01 | 1.345 228 | 5.181 005 | 6.078 679 | 3.882 084 | 2.404 964 | 0.309 955 | 1.330 647 | 6.358 986 | 9.833 367 | 8.007 733 |
| Actinidia_chinensis_newGene_8858 | 31.207 24 | 31.139 76 | 36.272 02 | 16.965 03 | 19.885 42 | 14.631 51 | 19.857 83 | 18.604 8 | 15.590 65 | 18.016 17 | 19.213 61 | 19.323 1 | 33.555 9 | 31.369 98 | 34.624 75 | 25.976 15 | 28.479 61 | 25.640 27 |
| Achn129171 | 82.715 57 | 83.087 91 | 74.213 98 | 212.083 2 | 269.661 9 | 137.756 | 250.290 7 | 269.262 2 | 271.483 3 | 228.207 3 | 218.133 2 | 261.941 3 | 66.893 81 | 74.712 04 | 58.560 17 | 106.753 6 | 119.503 3 | 94.601 28 |
| Achn290531 | 1.683 693 | 1.173 504 | 1.089 464 | 1.420 038 | 1.700 805 | 2.238 939 | 4.223 963 | 1.328 081 | 3.303 044 | 1.738 974 | 2.757 993 | 2.948 173 | 5.056 381 | 5.323 324 | 5.084 468 | 3.975 543 | 1.562 46 | 3.305 353 |
| Achn119501 | 1.063 454 | 2.269 507 | 2.846 985 | 7.283 06 | 9.419 539 | 31.073 02 | 5.644 147 | 7.798 824 | 5.640 422 | 4.600 572 | 4.210 281 | 2.980 252 | 3.903 122 | 5.982 172 | 7.064 741 | 3.271 297 | 3.561 321 | 1.297 349 |
| Achn008121 | 11.733 66 | 13.473 48 | 10.289 85 | 9.200 162 | 17.297 26 | 2.717 808 | 23.578 74 | 24.665 22 | 20.117 39 | 23.317 31 | 16.272 07 | 19.397 69 | 25.464 59 | 23.513 85 | 36.034 33 | 102.362 2 | 88.072 79 | 66.237 48 |

（续）

| 基因 ID | CK1 | CK2 | CK3 | T1-1 | T1-2 | T1-3 | T2-1 | T2-2 | T2-3 | T3-1 | T3-2 | T3-3 | T4-1 | T4-2 | T4-3 | T5-1 | T5-2 | T5-3 |
|---|---|---|---|---|---|---|---|---|---|---|---|---|---|---|---|---|---|---|
| Achn085681 | 17.167 48 | 16.585 98 | 14.969 51 | 12.392 31 | 11.036 63 | 3.127 251 | 5.526 591 | 7.177 409 | 5.751 373 | 5.433 952 | 4.177 843 | 3.963 952 | 15.937 64 | 25.979 13 | 29.943 41 | 9.151 059 | 12.123 99 | 12.864 |
| Achn335371 | 4.465 297 | 1.622 948 | 1.525 092 | 1.445 496 | 0.927 035 | 0.064 596 | 1.611 183 | 2.071 128 | 1.532 331 | 1.927 462 | 1.541 921 | 1.952 556 | 0.714 399 | 0.700 344 | 0.297 084 | 1.518 547 | 1.029 238 | 1.775 307 |
| Achn024041 | 2.385 49 | 2.274 056 | 3.758 823 | 0.763 001 | 0.448 184 | 0.611 222 | 1.680 38 | 1.861 451 | 2.471 229 | 0.170 531 | 1.147 277 | 0.335 301 | 3.860 467 | 4.707 82 | 6.101 928 | 0.057 427 | 1.603 073 | 1.008 34 |
| Achn136181 | 1.028 082 | 2.010 097 | 1.591 336 | 1.482 102 | 2.643 848 | 2.346 271 | 2.948 344 | 2.772 118 | 2.072 34 | 1.877 83 | 2.371 29 | 0.792 155 | 3.376 006 | 8.629 6 | 7.159 278 | 0.748 478 | 2.458 6 | 0.771 28 |
| Achn199371 | 0.400 091 | 0.402 623 | 0.336 965 | 0.436 997 | 0.333 622 | 0.569 817 | 0.594 013 | 0.604 405 | 0.365 527 | 0.732 509 | 0.423 945 | 0.264 927 | 0.405 281 | 0.599 577 | 0.263 047 | 1.713 707 | 1.743 865 | 0.576 |
| Achn005961 | 3.465 549 | 4.027 721 | 2.952 533 | 12.647 33 | 5.878 171 | 9.678 049 | 5.018 804 | 14.897 8 | 5.724 428 | 4.108 153 | 3.869 331 | 4.417 386 | 10.607 88 | 24.651 67 | 18.862 22 | 5.200 989 | 4.767 292 | 4.487 46 |
| Actinidia_chinensis_newGene_462 | 4.210 092 | 2.989 703 | 2.403 128 | 0.732 558 | 0.402 203 | 2.403 052 | 0.462 558 | 0.780 333 | 0.689 05 | 1.132 064 | 0.515 75 | 0.299 935 | 0.040 168 | 1.076 011 | 0 | 1.886 358 | 5.559 734 | 0.429 776 |
| Achn322941 | 243.224 5 | 151.122 8 | 153.692 9 | 196.384 5 | 107.010 9 | 46.892 53 | 131.717 7 | 144.348 5 | 180.803 1 | 183.588 7 | 180.506 8 | 173.056 7 | 88.276 77 | 84.111 21 | 61.480 34 | 175.875 | 171.155 | 209.228 7 |
| Actinidia_chinensis_newGene_10615 | 2.676 083 | 2.442 115 | 2.238 538 | 2.836 779 | 3.390 376 | 3.134 381 | 2.508 073 | 1.632 183 | 2.882 71 | 4.075 02 | 5.415 049 | 5.397 334 | 2.106 769 | 2.472 446 | 1.769 966 | 5.603 896 | 7.327 801 | 7.814 37 |
| Achn254951 | 6.317 877 | 5.717 655 | 7.042 519 | 16.175 24 | 12.264 98 | 30.794 69 | 7.114 064 | 8.457 972 | 6.627 399 | 5.439 161 | 6.772 8 | 6.320 02 | 5.313 795 | 6.880 8 | 6.886 3 | 5.478 518 | 5.510 603 | 5.277 226 |
| Achn327381 | 6.571 861 | 9.779 928 | 6.947 311 | 47.048 46 | 38.005 98 | 21.684 33 | 34.753 78 | 36.028 29 | 37.764 92 | 21.401 6 | 23.308 47 | 33.983 78 | 7.342 135 | 8.223 846 | 11.133 22 | 10.059 54 | 15.257 85 | 5.230 261 |
| Achn018011 | 0.587 342 | 0.419 927 | 0.222 076 | 1.159 225 | 1.029 689 | 3.167 497 | 1.298 542 | 0.861 696 | 0.480 676 | 0.513 051 | 1.153 992 | 0.769 646 | 0.499 177 | 0.609 333 | 0.603 501 | 0.559 955 | 1.040 509 | 0.847 518 |
| Achn290671 | 0.348 112 | 0.228 398 | 0.222 903 | 0 | 0 | 0.055 055 | 0.089 643 | 0.070 729 | 0.035 682 | 0.050 418 | 0.032 307 | 0.079 867 | 0.805 693 | 0.265 178 | 0.719 406 | 0.455 83 | 0.297 522 | 0.230 849 |
| Actinidia_chinensis_newGene_6660 | 4.707 384 | 4.487 436 | 4.856 201 | 4.104 81 | 8.865 919 | 10.160 46 | 6.614 575 | 3.809 419 | 5.240 846 | 2.227 566 | 3.086 174 | 3.655 344 | 3.834 28 | 3.184 221 | 3.886 992 | 2.930 748 | 1.123 547 | 0.860 262 |
| Actinidia_chinensis_newGene_1235 | 1.002 945 | 0.451 94 | 0.611 373 | 0 | 0.096 033 | 0.139 71 | 0.679 057 | 0.610 936 | 0.340 004 | 0 | 0.066 872 | 0 | 3.630 216 | 2.450 91 | 1.613 484 | 0.071 659 | 0 | 0.234 341 |
| Achn211501 | 3.850 683 | 3.557 148 | 3.398 647 | 15.834 57 | 18.291 28 | 23.095 | 4.380 586 | 4.926 121 | 5.116 726 | 5.888 451 | 6.880 908 | 7.826 14 | 1.434 379 | 1.481 1 | 1.552 156 | 3.478 285 | 5.746 603 | 3.181 992 |

（续）

| 基因ID | CK1 | CK2 | CK3 | T1-1 | T1-2 | T1-3 | T2-1 | T2-2 | T2-3 | T3-1 | T3-2 | T3-3 | T4-1 | T4-2 | T4-3 | T5-1 | T5-2 | T5-3 |
|---|---|---|---|---|---|---|---|---|---|---|---|---|---|---|---|---|---|---|
| Achn021251 | 2.668 8 | 3.108 925 | 3.697 716 | 1.041 373 | 2.556 157 | 3.972 947 | 1.894 565 | 1.929 699 | 0.801 217 | 1.859 887 | 1.684 737 | 1.631 535 | 1.534 18 | 1.295 96 | 1.583 798 | 1.507 964 | 0.999 937 | 1.074 97 |
| Achn192281 | 1.858 117 | 2.227 774 | 2.131 146 | 0.295 432 | 0.339 532 | 0.957 975 | 1.101 973 | 0.897 715 | 0.953 419 | 1.831 71 | 1.222 188 | 1.483 387 | 6.124 87 | 6.272 48 | 7.180 267 | 3.780 54 | 3.869 864 | 2.944 712 |
| Achn043701 | 22.335 54 | 11.054 98 | 14.292 45 | 91.963 51 | 43.911 12 | 31.070 58 | 34.003 04 | 53.413 99 | 52.633 25 | 31.228 3 | 39.048 84 | 34.076 61 | 39.441 25 | 46.468 17 | 27.815 92 | 47.710 99 | 35.282 41 | 37.757 62 |
| Achn104831 | 88.795 56 | 73.747 66 | 75.683 02 | 56.123 54 | 38.854 87 | 49.567 7 | 42.714 86 | 31.118 54 | 42.692 62 | 36.123 52 | 40.936 09 | 30.169 99 | 64.411 49 | 72.326 43 | 55.620 24 | 101.501 7 | 103.254 8 | 86.363 43 |
| Achn220011 | 7.961 725 | 9.880 66 | 8.788 181 | 3.213 57 | 2.911 221 | 2.563 336 | 6.422 22 | 6.432 531 | 3.453 256 | 10.509 58 | 6.797 426 | 6.667 902 | 8.927 047 | 7.517 98 | 6.586 685 | 22.065 2 | 18.151 43 | 17.586 94 |
| Achn053841 | 20.285 79 | 17.462 39 | 15.816 85 | 9.422 87 | 5.392 673 | 3.740 777 | 8.169 965 | 7.259 747 | 7.748 383 | 5.795 059 | 5.150 494 | 4.235 94 | 13.896 37 | 10.054 71 | 10.651 05 | 6.027 111 | 8.602 778 | 8.736 052 |
| Achn314991 | 32.707 63 | 36.044 77 | 30.867 3 | 15.412 49 | 14.282 56 | 7.200 376 | 17.780 46 | 18.211 2 | 17.685 2 | 21.076 2 | 20.152 23 | 18.330 9 | 39.170 12 | 28.196 87 | 30.754 29 | 25.071 92 | 25.192 32 | 27.491 9 |
| Achn244961 | 5 091.794 | 5 962.745 | 5 582.836 | 1 117.709 | 2 151.377 | 1 276.732 | 3 035.316 | 2 637.938 | 3 121.544 | 3 139.426 | 2 631.618 | 2 876.444 | 4 527.96 | 3 465.755 | 3 288.342 | 3 987.902 | 3 951.466 | 3 903.126 |
| Actinidia_chinensis_newGene_625 | 1.848 871 | 0.596 663 | 0.629 375 | 1.055 588 | 1.148 576 | 0.895 572 | 0.628 397 | 1.380 542 | 0.794 518 | 0.378 598 | 0.725 63 | 0.675 216 | 2.050 216 | 4.709 608 | 3.003 388 | 2.660 593 | 2.055 794 | 2.348 81 |
| Achn010221 | 357.000 5 | 309.884 6 | 275.473 | 181.226 1 | 132.641 7 | 144.678 3 | 139.202 8 | 170.57 | 170.781 6 | 150.246 1 | 151.028 2 | 166.868 6 | 218.407 9 | 267.410 4 | 236.648 3 | 205.206 1 | 236.465 5 | 250.492 9 |
| Achn356311 | 2.012 319 | 0.819 083 | 0.789 886 | 0.338 632 | 0 | 0.058 527 | 0.880 431 | 1.787 448 | 1.453 736 | 0.540 08 | 0.282 021 | 0.214 239 | 1.903 225 | 1.930 007 | 0.975 033 | 1.038 464 | 1.106 191 | 1.547 768 |
| Achn339471 | 67.740 52 | 80.705 94 | 92.448 75 | 31.694 34 | 56.396 28 | 29.622 14 | 170.052 6 | 144.813 9 | 135.779 3 | 22.306 79 | 26.805 6 | 21.654 47 | 35.969 4 | 66.015 23 | 90.866 15 | 60.453 72 | 48.049 98 | 42.689 16 |
| Achn110231 | 0.207 732 | 0.354 805 | 0.188 441 | 0.241 392 | 0.211 608 | 0.810 045 | 0.077 857 | 0.316 001 | 0.141 788 | 0.228 294 | 0.281 555 | 0.224 395 | 0.101 417 | 0.080 809 | 0.072 425 | 0.131 393 | 0.202 332 | 0.172 926 |
| Achn207671 | 2.269 033 | 1.759 462 | 1.638 941 | 0.397 313 | 0.775 758 | 0.991 451 | 0.844 75 | 0.733 677 | 0.801 047 | 1.086 468 | 1.519 712 | 1.078 261 | 2.260 981 | 2.708 75 | 2.904 808 | 1.863 838 | 2.261 592 | 1.274 002 |
| Achn195831 | 54.494 69 | 48.332 64 | 47.088 99 | 42.615 46 | 21.871 92 | 61.037 51 | 27.911 99 | 35.158 78 | 34.765 7 | 25.369 24 | 22.564 61 | 19.761 38 | 46.041 23 | 48.995 31 | 43.430 58 | 25.270 25 | 33.785 07 | 32.182 53 |
| Achn113341 | 27.706 18 | 30.774 67 | 25.084 52 | 13.784 45 | 19.536 84 | 15.141 11 | 27.982 35 | 20.779 61 | 23.766 45 | 23.959 32 | 20.407 46 | 20.142 64 | 24.614 98 | 21.323 76 | 22.904 89 | 13.013 | 14.219 08 | 13.549 21 |
| Achn227861 | 0.447 718 | 0.513 315 | 0.704 755 | 1.308 406 | 1.323 294 | 9.970 661 | 0.715 417 | 0.810 173 | 0.678 811 | 0.404 553 | 0.432 595 | 0.872 695 | 0.374 147 | 1.216 001 | 1.951 315 | 0.908 275 | 0.703 217 | 0.598 556 |
| Actinidia_chinensis_newGene_11503 | 5.503 409 | 3.358 979 | 2.980 378 | 2.418 219 | 3.002 187 | 3.546 71 | 1.596 848 | 1.185 834 | 2.406 163 | 0.912 38 | 1.242 011 | 1.473 149 | 1.703 617 | 0.643 515 | 1.560 049 | 1.855 012 | 2.141 524 | 1.489 028 |

（续）

| 基因ID | CK1 | CK2 | CK3 | T1-1 | T1-2 | T1-3 | T2-1 | T2-2 | T2-3 | T3-1 | T3-2 | T3-3 | T4-1 | T4-2 | T4-3 | T5-1 | T5-2 | T5-3 |
|---|---|---|---|---|---|---|---|---|---|---|---|---|---|---|---|---|---|---|
| Achn185321 | 4.041 796 | 2.199 826 | 3.541 228 | 7.123 203 | 7.005 384 | 5.078 848 | 7.571 475 | 7.271 822 | 8.501 35 | 9.590 969 | 9.310 648 | 9.089 317 | 2.865 718 | 1.717 641 | 1.375 414 | 3.716 607 | 3.670 234 | 4.307 1 |
| Achn040701 | 2.520 362 | 1.925 827 | 2.242 748 | 2.343 028 | 3.462 997 | 0.444 467 | 5.521 729 | 11.948 93 | 16.351 23 | 4.989 7 | 6.379 458 | 8.578 975 | 8.629 938 | 6.321 312 | 8.185 471 | 2.011 023 | 0.920 348 | 2.891 223 |
| Achn102611 | 2.335 103 | 1.987 592 | 1.623 123 | 3.213 369 | 2.836 536 | 2.789 453 | 2.500 885 | 3.801 139 | 2.969 146 | 2.512 053 | 2.050 667 | 3.139 631 | 3.494 151 | 4.410 155 | 4.569 923 | 1.648 74 | 2.326 498 | 2.045 372 |
| Achn275001 | 8.276 299 | 5.390 33 | 4.786 377 | 7.486 921 | 7.037 812 | 6.084 912 | 2.567 162 | 2.825 956 | 3.492 236 | 2.769 423 | 2.903 608 | 5.420 724 | 4.394 609 | 5.057 219 | 5.605 731 | 2.479 513 | 2.764 678 | 2.047 942 |
| Actinidia_chinensis_newGene_4429 | 0.544 366 | 0.479 6 | 0.482 696 | 0.698 858 | 1.220 15 | 4.456 498 | 1.245 588 | 1.154 097 | 1.433 086 | 1.084 139 | 0.411 996 | 1.147 624 | 0.851 859 | 0.981 982 | 0.698 719 | 0.702 944 | 0.820 536 | 0.836 107 |
| Achn130451 | 7.821 533 | 8.577 741 | 5.846 658 | 3.108 959 | 9.336 357 | 1.983 196 | 14.020 84 | 8.520 991 | 5.925 262 | 20.404 52 | 12.947 91 | 12.826 95 | 19.646 36 | 32.326 9 | 33.016 17 | 64.124 99 | 47.652 76 | 60.603 39 |
| Actinidia_chinensis_newGene_4421 | 0.274 31 | 0.245 409 | 0.227 794 | 0.369 931 | 0.476 303 | 0.353 47 | 0.295 656 | 0.714 711 | 0.387 89 | 0.201 731 | 0.242 692 | 0.239 236 | 0.926 165 | 0.857 348 | 0.761 117 | 0.256 515 | 0.163 656 | 0.230 834 |
| Achn203341 | 19.818 12 | 20.418 58 | 17.532 62 | 5.408 213 | 11.175 04 | 4.678 415 | 2.964 097 | 2.382 079 | 2.808 327 | 10.827 4 | 9.168 88 | 13.958 38 | 1.200 585 | 0.565 071 | 1.187 634 | 8.823 873 | 14.536 23 | 8.168 465 |
| Achn378811 | 1.157 106 | 0.266 538 | 0.584 534 | 2.542 08 | 1.507 374 | 0.065 985 | 0.460 747 | 2.558 715 | 2.381 481 | 1.100 915 | 3.937 971 | 1.715 964 | 1.622 371 | 1.374 129 | 1.775 481 | 6.018 745 | 4.728 591 | 4.427 929 |
| Achn355541 | 10.141 92 | 12.687 98 | 12.539 27 | 7.065 028 | 5.612 216 | 6.239 583 | 8.445 787 | 9.186 492 | 7.998 268 | 16.316 79 | 13.400 99 | 14.439 16 | 12.771 21 | 8.274 293 | 10.082 05 | 19.975 79 | 26.403 42 | 18.190 96 |
| Achn114731 | 0.670 325 | 0.025 369 | 0.886 758 | 4.544 473 | 4.397 538 | 17.362 6 | 1.790 227 | 3.139 148 | 2.421 752 | 1.414 747 | 2.622 568 | 2.839 243 | 1.129 901 | 1.486 944 | 1.503 221 | 1.510 988 | 2.237 974 | 1.502 985 |
| Achn162021 | 2.539 413 | 2.256 421 | 1.620 013 | 2.192 42 | 5.981 042 | 0.676 46 | 5.163 287 | 4.383 447 | 4.749 987 | 2.340 385 | 1.934 376 | 3.202 976 | 1.355 222 | 2.230 324 | 1.266 1 | 1.364 567 | 1.845 181 | 1.497 42 |
| Actinidia_chinensis_newGene_2966 | 1.417 138 | 0.741 334 | 1.645 358 | 4.370 402 | 9.150 537 | 32.349 34 | 2.799 823 | 2.055 476 | 3.338 766 | 4.211 439 | 5.275 127 | 4.511 289 | 0.552 754 | 0.715 87 | 1.481 136 | 5.335 036 | 5.141 845 | 3.187 599 |
| Actinidia_chinensis_newGene_8707 | 4.756 664 | 7.518 059 | 10.515 65 | 36.833 53 | 34.159 07 | 4.348 628 | 24.238 58 | 18.881 62 | 14.388 54 | 9.556 835 | 10.806 88 | 8.178 254 | 16.555 89 | 42.052 78 | 31.312 9 | 6.085 436 | 7.933 681 | 6.023 118 |
| Achn273751 | 1.902 731 | 0.526 412 | 2.389 829 | 2.805 546 | 1.223 109 | 0.624 519 | 0.681 866 | 1.942 928 | 2.211 449 | 3.988 696 | 5.977 136 | 3.211 479 | 3.349 719 | 1.567 119 | 1.515 723 | 6.515 501 | 8.009 179 | 6.804 702 |
| Achn069361 | 5.074 874 | 4.113 984 | 4.481 55 | 2.295 002 | 4.089 546 | 4.611 628 | 6.367 583 | 3.358 601 | 4.818 024 | 4.908 663 | 3.523 216 | 4.403 291 | 2.541 18 | 2.874 971 | 3.313 998 | 1.389 848 | 1.172 689 | 1.662 769 |

（续）

| 基因 ID | CK1 | CK2 | CK3 | T1-1 | T1-2 | T1-3 | T2-1 | T2-2 | T2-3 | T3-1 | T3-2 | T3-3 | T4-1 | T4-2 | T4-3 | T5-1 | T5-2 | T5-3 |
|---|---|---|---|---|---|---|---|---|---|---|---|---|---|---|---|---|---|---|
| Actinidia_chinensis_newGene_5431 | 469.066 5 | 887.732 1 | 950.587 | 14.659 46 | 22.648 17 | 7.644 83 | 260.976 9 | 163.590 5 | 187.758 5 | 104.960 6 | 98.301 77 | 76.121 27 | 1 933.069 | 3 218.962 | 2 043.796 | 414.865 7 | 291.496 6 | 356.825 1 |
| Achn055271 | 1.393 802 | 1.335 121 | 0.560 386 | 4.318 762 | 5.356 8 | 5.290 759 | 1.124 305 | 1.772 59 | 0.861 633 | 0.468 755 | 1.352 515 | 0.837 274 | 0.648 13 | 0.800 049 | 1.121 473 | 1.008 68 | 0.633 118 | 0.980 961 |
| Achn250261 | 4.432 269 | 3.247 002 | 3.581 224 | 11.960 71 | 6.822 766 | 13.202 2 | 4.438 592 | 5.578 152 | 4.242 363 | 5.796 735 | 3.559 634 | 5.289 561 | 4.845 47 | 2.428 802 | 3.381 275 | 4.407 893 | 4.297 039 | 3.935 537 |
| Actinidia_chinensis_newGene_4741 | 4.667 699 | 3.726 266 | 3.611 923 | 11.569 31 | 9.650 543 | 3.137 793 | 8.474 683 | 8.275 14 | 9.298 739 | 7.172 141 | 8.794 83 | 7.153 614 | 2.547 705 | 1.755 128 | 0.720 58 | 6.321 502 | 5.447 204 | 4.912 948 |
| Achn100271 | 2.786 362 | 2.391 082 | 2.091 564 | 0.465 629 | 0.382 575 | 0 | 2.222 046 | 1.181 336 | 0.884 607 | 2.940 926 | 0.132 843 | 0.399 018 | 13.962 67 | 22.090 7 | 8.379 344 | 4.052 176 | 2.942 892 | 1.373 783 |
| Achn304541 | 13.243 87 | 10.682 78 | 14.804 98 | 13.035 66 | 7.401 207 | 11.338 74 | 6.168 568 | 3.449 09 | 6.012 865 | 6.359 376 | 4.531 156 | 5.149 935 | 5.868 968 | 10.972 37 | 6.673 676 | 5.815 329 | 7.704 953 | 8.580 828 |
| Achn346391 | 5.364 182 | 5.346 321 | 4.471 553 | 28.943 45 | 20.048 13 | 24.386 74 | 12.095 99 | 24.038 66 | 16.048 42 | 11.680 22 | 14.623 37 | 14.466 19 | 14.958 58 | 22.682 91 | 17.741 95 | 13.323 37 | 13.261 13 | 10.045 75 |
| Achn334531 | 1.068 806 | 0.845 982 | 0.782 68 | 0.465 34 | 0.217 506 | 0.510 907 | 0.475 679 | 0.055 015 | 0.021 683 | 0.196 443 | 0.214 949 | 0.376 742 | 3.047 21 | 1.176 552 | 1.614 243 | 5.390 937 | 4.286 403 | 5.133 822 |
| Achn142321 | 108.868 | 114.582 1 | 115.449 | 66.435 27 | 68.729 9 | 78.743 32 | 52.558 31 | 50.934 44 | 54.262 83 | 69.581 83 | 73.197 06 | 85.381 36 | 86.945 48 | 99.781 3 | 84.251 43 | 79.966 86 | 96.374 78 | 83.110 92 |
| Achn267141 | 3.925 129 | 4.752 327 | 5.504 546 | 3.695 296 | 3.134 15 | 1.590 555 | 8.672 529 | 5.392 628 | 4.369 267 | 5.290 108 | 3.886 823 | 4.112 544 | 3.444 845 | 3.061 879 | 4.615 892 | 2.098 36 | 1.290 003 | 2.897 307 |
| Achn059971 | 5.302 097 | 10.475 13 | 13.056 22 | 6.005 617 | 5.423 859 | 13.922 95 | 3.211 063 | 4.675 757 | 3.816 411 | 5.806 256 | 5.524 841 | 5.433 293 | 9.342 808 | 22.640 05 | 13.188 3 | 5.351 659 | 5.856 661 | 3.644 04 |
| Achn146081 | 0.716 178 | 1.670 148 | 1.765 367 | 1.858 224 | 3.854 107 | 3.486 939 | 1.346 41 | 1.818 977 | 2.030 362 | 0.791 466 | 0.918 726 | 0.658 791 | 4.491 363 | 3.698 717 | 3.724 655 | 1.762 326 | 3.382 555 | 2.294 848 |
| Achn306331 | 0 | 0.066 202 | 0.045 855 | 0.952 439 | 0.736 969 | 1.230 115 | 0.910 431 | 0.493 567 | 0.773 101 | 0.152 825 | 0.351 758 | 0.230 547 | 0.086 383 | 0.215 807 | 0.043 776 | 0 | 0 | 0.193 364 |
| Achn220191 | 37.036 59 | 47.410 56 | 40.335 07 | 11.336 1 | 22.616 53 | 30.348 79 | 37.577 08 | 28.460 99 | 32.919 01 | 31.958 | 30.943 11 | 30.723 4 | 52.475 78 | 42.917 97 | 41.120 46 | 24.688 86 | 26.652 32 | 24.851 46 |
| Achn102361 | 2.814 978 | 3.218 898 | 2.380 497 | 7.312 654 | 6.077 895 | 7.210 479 | 5.945 378 | 6.481 018 | 7.272 838 | 3.970 537 | 6.252 456 | 5.899 974 | 3.882 736 | 4.172 039 | 3.343 197 | 2.232 981 | 1.797 622 | 2.711 4 |
| Achn063891 | 1.625 579 | 2.178 249 | 1.709 897 | 0.892 037 | 1.392 429 | 2.046 13 | 0.607 653 | 1.091 196 | 0.655 311 | 2.015 505 | 1.437 857 | 1.409 246 | 1.307 334 | 1.316 149 | 1.146 399 | 2.555 242 | 2.371 258 | 2.981 858 |
| Achn220221 | 1.245 167 | 1.095 696 | 1.161 451 | 0.488 461 | 0.466 619 | 0.684 786 | 0.464 534 | 0.479 294 | 0.535 41 | 1.001 862 | 0.691 771 | 0.737 155 | 1.147 179 | 1.129 282 | 1.493 191 | 1.415 846 | 1.170 195 | 1.127 757 |
| Achn023211 | 1.049 57 | 1.161 569 | 1.078 644 | 0.430 459 | 0.316 829 | 0.725 978 | 0.654 047 | 0.563 053 | 0.441 908 | 0.716 617 | 0.985 726 | 0.744 658 | 0.984 967 | 1.414 488 | 1.319 547 | 1.467 331 | 0.906 917 | 1.357 505 |

（续）

| 基因 ID | CK1 | CK2 | CK3 | T1-1 | T1-2 | T1-3 | T2-1 | T2-2 | T2-3 | T3-1 | T3-2 | T3-3 | T4-1 | T4-2 | T4-3 | T5-1 | T5-2 | T5-3 |
|---|---|---|---|---|---|---|---|---|---|---|---|---|---|---|---|---|---|---|
| Achn206491 | 5.829 35 | 6.548 226 | 6.122 708 | 10.650 37 | 13.185 88 | 26.383 08 | 10.752 72 | 12.141 42 | 11.216 55 | 10.991 19 | 11.716 61 | 12.811 85 | 9.135 458 | 7.349 907 | 10.994 47 | 12.856 41 | 9.641 499 | 9.924 725 |
| Achn086691 | 5.502 779 | 4.076 704 | 4.621 472 | 5.892 319 | 8.234 919 | 5.705 122 | 3.042 772 | 3.762 105 | 4.157 048 | 8.635 384 | 6.530 764 | 6.476 128 | 2.469 295 | 2.190 716 | 1.629 009 | 14.104 07 | 11.227 3 | 13.135 31 |
| Achn202491 | 3.629 066 | 4.647 418 | 4.297 636 | 3.299 51 | 3.039 1 | 5.517 843 | 1.897 561 | 1.997 191 | 1.930 629 | 4.170 525 | 3.978 812 | 4.256 822 | 4.060 337 | 2.617 658 | 2.695 633 | 4.887 109 | 5.489 234 | 4.988 459 |
| Achn132211 | 1.184 537 | 0.719 703 | 1.547 678 | 7.844 077 | 3.727 282 | 2.421 877 | 4.064 738 | 5.343 636 | 2.513 916 | 2.205 431 | 1.107 204 | 0.771 701 | 4.144 366 | 1.913 129 | 2.375 036 | 3.487 118 | 4.098 082 | 2.565 423 |
| Achn085571 | 0.883 692 | 0.404 231 | 0.607 955 | 0.224 207 | 0.610 328 | 0.667 251 | 0.074 837 | 0.417 687 | 0 | 1.276 731 | 0.431 502 | 1.137 63 | 0.516 272 | 0.387 723 | 0.532 566 | 1.561 999 | 2.171 575 | 2.143 385 |
| Achn324051 | 0.390 276 | 0.571 931 | 0.326 38 | 2.530 833 | 4.617 273 | 2.842 136 | 0.245 277 | 0.647 654 | 0.280 347 | 2.156 228 | 1.852 266 | 1.850 953 | 0.117 939 | 0.470 765 | 0 | 3.123 631 | 3.583 733 | 2.875 637 |
| Achn277701 | 0.651 37 | 0.869 645 | 0.550 394 | 3.337 803 | 2.417 426 | 1.030 737 | 1.272 092 | 1.572 542 | 1.993 405 | 0.682 315 | 0.933 302 | 0.700 133 | 1.809 05 | 8.306 673 | 5.224 553 | 1.490 569 | 0.863 912 | 1.147 903 |
| Achn201671 | 5.227 956 | 6.128 286 | 7.548 126 | 8.677 782 | 17.191 91 | 8.795 437 | 25.196 49 | 24.251 99 | 20.904 33 | 16.386 86 | 17.955 99 | 17.700 37 | 4.479 673 | 6.891 899 | 4.000 756 | 3.682 022 | 5.337 6 | 2.144 406 |
| Achn039701 | 629.971 2 | 740.112 7 | 639.453 3 | 695.511 7 | 1 085.421 | 225.865 8 | 473.383 9 | 363.276 | 360.246 2 | 682.231 4 | 595.179 3 | 589.198 2 | 320.595 8 | 151.004 9 | 193.112 2 | 453.395 8 | 442.600 3 | 515.346 |
| Achn372291 | 0.531 97 | 1.107 774 | 0.300 225 | 0.838 886 | 0.750 938 | 2.072 197 | 0.620 825 | 0.870 423 | 0.837 452 | 0.835 014 | 0.957 02 | 0.921 497 | 1.961 758 | 1.130 429 | 1.621 294 | 2.203 3 | 3.114 361 | 1.580 64 |
| Achn324201 | 1.617 256 | 1.611 658 | 1.681 501 | 0.933 348 | 1.145 105 | 3.252 475 | 1.247 079 | 1.131 94 | 0.908 504 | 1.608 | 2.005 246 | 1.843 939 | 0.631 591 | 0.308 921 | 0.484 088 | 1.324 239 | 1.204 253 | 1.244 484 |
| Achn108891 | 2.863 564 | 2.352 879 | 2.556 147 | 1.447 343 | 1.992 809 | 1.328 669 | 1.487 768 | 0.914 434 | 1.831 355 | 3.085 001 | 4.939 266 | 4.120 677 | 1.655 478 | 1.270 599 | 0.994 164 | 8.006 036 | 7.420 617 | 5.965 149 |
| Achn040171 | 0.462 348 | 0.334 661 | 0.346 851 | 0.578 028 | 0.602 555 | 1.256 124 | 0.795 881 | 1.145 101 | 0.528 242 | 1.369 199 | 0.712 393 | 0.462 62 | 0.684 977 | 1.539 429 | 0.900 28 | 2.135 436 | 1.996 02 | 2.018 977 |
| Actinidia_chinensis_newGene_3174 | 1.068 403 | 1.095 205 | 0.980 711 | 2.140 899 | 1.039 286 | 0.810 655 | 0.463 928 | 0.644 961 | 0.391 468 | 0.920 789 | 1.039 093 | 0.960 712 | 1.304 017 | 0.948 444 | 1.063 213 | 1.802 768 | 2.111 588 | 1.689 757 |
| Actinidia_chinensis_newGene_4581 | 1.533 346 | 1.778 97 | 1.082 568 | 0.112 094 | 0.096 426 | 0 | 0.368 695 | 0.520 22 | 0.405 221 | 1.069 642 | 1.000 426 | 1.022 641 | 0.638 55 | 0.129 672 | 0.216 712 | 0.794 608 | 0.969 595 | 1.406 172 |
| Achn158811 | 160.048 5 | 158.712 2 | 155.654 3 | 38.271 16 | 36.606 53 | 9.167 139 | 76.054 12 | 67.146 81 | 77.540 02 | 79.231 29 | 77.646 35 | 87.421 62 | 172.024 | 101.249 7 | 103.072 6 | 63.650 33 | 61.246 92 | 57.198 25 |
| Achn046471 | 3.488 961 | 2.504 251 | 2.656 865 | 5.584 886 | 5.681 293 | 12.286 76 | 2.950 758 | 4.506 275 | 3.505 736 | 4.268 96 | 4.494 587 | 5.252 613 | 1.507 723 | 1.446 604 | 1.364 784 | 2.409 024 | 2.962 34 | 2.517 737 |
| Achn115691 | 14.668 82 | 13.897 32 | 13.132 47 | 10.366 95 | 9.946 115 | 12.672 7 | 5.286 303 | 6.219 59 | 5.177 865 | 10.922 06 | 9.506 907 | 10.932 51 | 15.172 66 | 14.487 39 | 12.602 98 | 19.003 22 | 22.323 03 | 20.716 89 |

（续）

| 基因 ID | CK1 | CK2 | CK3 | T1-1 | T1-2 | T1-3 | T2-1 | T2-2 | T2-3 | T3-1 | T3-2 | T3-3 | T4-1 | T4-2 | T4-3 | T5-1 | T5-2 | T5-3 |
|---|---|---|---|---|---|---|---|---|---|---|---|---|---|---|---|---|---|---|
| Achn006391 | 0.126 285 | 0.054 431 | 0.457 032 | 1.095 918 | 0.520 227 | 2.695 122 | 0.068 322 | 0.497 222 | 0.283 213 | 0.620 355 | 0.845 727 | 0.422 545 | 0.957 159 | 0.637 649 | 0.573 272 | 2.297 407 | 1.683 241 | 1.560 27 |
| Achn134691 | 0.168 94 | 0.236 936 | 0.600 76 | 2.271 049 | 2.286 18 | 3.146 629 | 1.682 19 | 2.339 436 | 1.301 409 | 2.640 399 | 1.040 353 | 0.997 865 | 0.759 456 | 1.749 01 | 0.514 925 | 0 | 0.295 45 | 0.272 09 |
| Achn156201 | 7.549 676 | 7.596 312 | 8.206 565 | 15.758 55 | 15.643 69 | 13.655 47 | 18.068 01 | 17.902 01 | 15.945 89 | 12.974 81 | 11.441 87 | 12.406 63 | 11.500 39 | 11.721 83 | 10.074 2 | 6.139 966 | 6.193 273 | 5.491 562 |
| Achn357151 | 2.416 591 | 2.275 421 | 2.539 242 | 1.204 241 | 2.694 503 | 2.083 246 | 3.296 915 | 3.177 926 | 4.253 386 | 2.418 323 | 1.791 666 | 1.363 491 | 5.732 975 | 6.155 222 | 5.092 666 | 1.658 439 | 2.312 778 | 0.993 981 |
| Achn170351 | 0.305 887 | 1.071 471 | 0.480 354 | 8.462 132 | 4.862 022 | 5.628 564 | 2.819 76 | 3.900 167 | 3.157 881 | 1.013 278 | 1.589 863 | 1.185 585 | 1.058 084 | 2.120 016 | 2.269 14 | 0.311 426 | 0.448 885 | 0.100 314 |
| Achn271471 | 29.468 06 | 31.874 53 | 27.749 59 | 15.870 72 | 16.202 77 | 15.629 12 | 17.887 04 | 16.952 99 | 17.509 25 | 18.410 69 | 18.397 96 | 18.511 54 | 26.721 69 | 21.394 11 | 20.575 76 | 14.288 16 | 18.521 65 | 18.704 09 |
| Achn159061 | 3.774 565 | 3.259 52 | 3.285 673 | 3.262 926 | 2.751 314 | 5.227 432 | 2.437 624 | 1.540 978 | 3.560 444 | 2.802 365 | 3.288 7 | 1.556 76 | 3.750 388 | 17.120 83 | 9.907 904 | 6.892 881 | 13.749 11 | 7.838 97 |
| Achn343851 | 1.432 813 | 1.348 209 | 1.511 039 | 4.228 502 | 4.017 982 | 4.556 168 | 5.230 98 | 5.156 907 | 5.733 327 | 0 | 5.763 69 | 5.196 22 | 0.983 035 | 1.120 504 | 0.868 392 | 0.973 508 | 0.124 279 | 1.119 644 |
| Achn068731 | 0.120 532 | 0.285 149 | 0.518 652 | 0 | 0.151 023 | 0.087 189 | 0.183 141 | 0.234 732 | 0.079 414 | 0.670 727 | 0.803 541 | 0.914 525 | 0.493 795 | 1.145 883 | 0.784 952 | 1.801 302 | 2.709 397 | 2.737 109 |
| Achn107001 | 0.510 469 | 0.220 751 | 0.572 231 | 3.300 501 | 3.422 677 | 11.094 67 | 0.356 983 | 0.810 63 | 0.486 45 | 2.658 94 | 4.614 42 | 3.195 779 | 0.575 605 | 0.095 183 | 0.330 694 | 2.898 687 | 2.711 032 | 1.270 271 |
| Achn060291 | 0.535 403 | 0.833 498 | 0.711 63 | 0.245 53 | 0.283 888 | 0.118 706 | 0.256 111 | 0.130 597 | 0.212 276 | 0.772 092 | 0.368 976 | 0.300 411 | 1.066 935 | 0.741 714 | 0.408 447 | 0.798 455 | 0.372 257 | 0.777 241 |
| Actinidia_chinensis_newGene_8425 | 13.693 06 | 11.963 05 | 9.651 988 | 35.730 06 | 25.313 13 | 28.634 73 | 19.044 79 | 24.446 57 | 20.965 49 | 23.328 97 | 28.369 38 | 27.303 32 | 15.664 78 | 19.370 64 | 21.235 83 | 40.202 39 | 33.806 29 | 28.986 39 |
| Achn262221 | 11.218 6 | 12.610 66 | 13.563 33 | 1.939 227 | 2.162 86 | 19.321 | 6.040 988 | 4.439 807 | 5.792 406 | 6.836 037 | 4.152 897 | 6.636 968 | 12.537 53 | 11.814 68 | 9.065 42 | 27.424 64 | 19.813 14 | 20.702 61 |
| Achn221251 | 0.144 828 | 0.241 93 | 0.087 628 | 0.227 529 | 0.099 72 | 0.142 018 | 0.148 744 | 0.212 259 | 0 | 1.183 031 | 1.112 792 | 1.849 618 | 0 | 0.068 389 | 0.195 457 | 0.211 413 | 0.340 817 | 0.129 621 |
| Achn205721 | 5.069 756 | 5.395 52 | 5.006 272 | 1.204 041 | 2.443 689 | 0.646 072 | 3.372 071 | 3.031 232 | 2.353 122 | 5.820 569 | 4.776 401 | 6.887 369 | 7.530 545 | 8.286 025 | 7.089 154 | 16.604 39 | 15.326 34 | 14.936 52 |
| Achn275541 | 0.591 851 | 0.498 793 | 0.473 898 | 1.782 114 | 0.941 955 | 2.565 39 | 0.629 744 | 0.998 763 | 0.412 466 | 1.065 179 | 0.889 639 | 1.023 423 | 0.668 491 | 0.913 256 | 0.744 1 | 1.336 757 | 1.351 085 | 0.928 119 |
| Achn148161 | 0.348 261 | 0.199 681 | 0.336 963 | 0.708 479 | 0.849 651 | 1.301 329 | 0.422 633 | 0.375 973 | 0.357 258 | 0.616 225 | 0.609 157 | 0.714 526 | 0.360 668 | 0.368 139 | 0.143 585 | 0.410 233 | 0.325 718 | 0.408 265 |
| Achn145181 | 7.412 34 | 5.663 49 | 3.064 203 | 4.206 426 | 4.307 266 | 4.244 099 | 2.160 707 | 1.451 27 | 3.272 106 | 6.048 239 | 5.654 274 | 4.717 336 | 5.046 216 | 1.092 679 | 1.545 517 | 20.142 14 | 26.738 83 | 20.563 43 |
| Achn227171 | 31.717 66 | 26.488 79 | 31.682 79 | 13.593 96 | 17.744 | 7.199 483 | 19.760 04 | 16.870 11 | 15.965 93 | 16.757 65 | 15.397 57 | 13.633 28 | 19.348 19 | 9.602 699 | 14.269 2 | 18.873 77 | 17.816 11 | 18.120 12 |

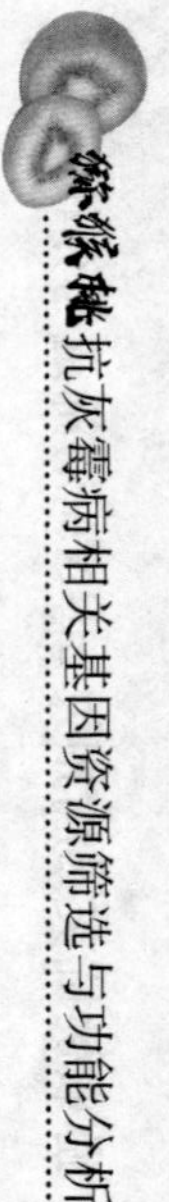


（续）

| 基因 ID | CK1 | CK2 | CK3 | T1-1 | T1-2 | T1-3 | T2-1 | T2-2 | T2-3 | T3-1 | T3-2 | T3-3 | T4-1 | T4-2 | T4-3 | T5-1 | T5-2 | T5-3 |
|---|---|---|---|---|---|---|---|---|---|---|---|---|---|---|---|---|---|---|
| Achn184271 | 3.542 076 | 2.956 479 | 1.828 485 | 9.463 531 | 7.271 717 | 9.235 737 | 3.577 126 | 6.284 462 | 3.147 069 | 3.401 619 | 7.873 49 | 6.555 01 | 2.900 653 | 4.967 728 | 3.264 973 | 3.442 082 | 2.165 855 | 4.832 286 |
| Achn236321 | 13.464 32 | 7.274 383 | 16.624 1 | 9.362 097 | 1.941 778 | 5.560 662 | 3.978 347 | 2.419 71 | 3.187 011 | 1.510 587 | 3.810 71 | 1.786 742 | 6.227 852 | 16.123 98 | 6.884 341 | 8.602 323 | 10.552 83 | 3.697 416 |
| Achn332771 | 1.423 849 | 3.351 42 | 2.410 265 | 1.998 125 | 8.497 159 | 1.127 189 | 5.316 735 | 7.795 641 | 11.178 53 | 0.315 944 | 0.207 223 | 0.708 657 | 0.701 631 | 2.693 97 | 1.614 423 | 4.412 064 | 9.618 259 | 6.608 586 |
| Achn240631 | 1.018 386 | 1.145 959 | 1.606 608 | 2.055 48 | 1.702 259 | 0.629 245 | 1.717 579 | 1.287 914 | 1.923 383 | 1.303 91 | 0.792 276 | 0.313 254 | 2.527 298 | 2.645 487 | 4.379 989 | 1.372 31 | 1.079 62 | 0.710 844 |
| Achn033871 | 2.029 804 | 2.601 327 | 2.206 692 | 1.741 796 | 1.628 558 | 3.593 088 | 0.720 421 | 0.978 024 | 1.092 508 | 2.708 376 | 3.279 249 | 2.863 582 | 2.569 576 | 2.508 809 | 2.177 961 | 4.858 666 | 4.704 1 | 4.414 252 |
| Actinidia_chinensis_newGene_8253 | 0.400 127 | 0.333 718 | 0.290 684 | 0.733 398 | 0.329 458 | 0.966 684 | 0.253 004 | 0.626 714 | 1.158 277 | 0.985 913 | 1.355 247 | 1.230 098 | 1.033 131 | 0.574 129 | 1.338 127 | 1.860 698 | 1.426 543 | 1.879 433 |
| Achn183981 | 73.026 35 | 64.240 23 | 76.609 47 | 301.508 8 | 227.098 9 | 194.890 4 | 147.491 | 216.024 9 | 205.932 3 | 156.749 5 | 202.328 5 | 185.603 9 | 140.815 8 | 145.172 7 | 138.282 1 | 225.496 5 | 231.865 3 | 164.240 5 |
| Achn024341 | 1.919 22 | 1.876 062 | 2.393 609 | 4.492 398 | 5.359 159 | 3.024 069 | 3.450 762 | 5.501 301 | 3.977 175 | 3.623 12 | 3.617 507 | 3.504 276 | 4.017 91 | 4.809 671 | 3.945 894 | 6.106 133 | 4.899 158 | 3.661 988 |
| Achn029521 | 33.904 7 | 34.612 85 | 37.821 86 | 13.435 79 | 22.930 07 | 14.181 28 | 47.821 99 | 41.099 63 | 51.065 83 | 63.530 67 | 63.117 4 | 67.332 83 | 42.099 26 | 23.592 86 | 35.176 98 | 66.723 84 | 68.737 21 | 68.488 36 |
| Achn028691 | 3.894 816 | 3.514 377 | 3.329 365 | 1.811 273 | 2.793 525 | 3.817 215 | 5.292 708 | 2.605 935 | 3.748 179 | 3.124 439 | 2.531 401 | 2.222 424 | 2.149 199 | 1.647 442 | 3.628 666 | 2.127 405 | 1.863 839 | 1.291 083 |
| Achn203261 | 4.118 788 | 10.752 8 | 24.157 54 | 1.745 951 | 5.594 65 | 1.868 299 | 6.840 001 | 4.393 576 | 4.248 | 1.703 881 | 1.518 314 | 1.161 266 | 7.959 162 | 35.708 25 | 40.819 5 | 3.445 584 | 1.603 588 | 2.968 571 |
| Achn244701 | 12.342 91 | 7.677 805 | 9.375 659 | 46.195 22 | 28.879 12 | 26.897 92 | 17.329 84 | 19.945 44 | 24.217 61 | 33.334 85 | 40.255 26 | 41.426 35 | 33.072 11 | 17.916 58 | 20.652 58 | 81.003 76 | 73.574 97 | 69.503 44 |
| Achn152291 | 1.025 714 | 0.590 905 | 0.561 268 | 0.311 525 | 0.176 853 | 0.544 806 | 0.316 244 | 0.168 918 | 0.229 09 | 1.353 561 | 1.809 88 | 2.018 106 | 1.924 519 | 0.530 299 | 1.482 441 | 2.875 015 | 2.005 445 | 1.879 449 |
| Achn187331 | 0.012 518 | 0.044 775 | 0.129 664 | 0.623 901 | 0.827 739 | 0.633 225 | 0.784 143 | 0.357 292 | 0.638 721 | 0.391 432 | 0.167 741 | 0.886 302 | 0 | 0.229 015 | 0.073 446 | 0 | 0.164 595 | 0.051 066 |
| Actinidia_chinensis_newGene_4952 | 0.735 127 | 0.423 563 | 0.657 979 | 1.609 418 | 0.968 244 | 4.989 495 | 0.676 637 | 0.840 287 | 0.202 897 | 0.872 222 | 1.200 919 | 1.097 078 | 0.854 486 | 0.504 033 | 0.629 599 | 1.585 201 | 1.749 249 | 2.297 97 |
| Actinidia_chinensis_newGene_4956 | 0.388 829 | 0.079 845 | 0.190 637 | 0.869 471 | 0.913 624 | 2.305 551 | 0.964 631 | 0.899 319 | 0.627 203 | 0.278 592 | 0.260 213 | 0.741 547 | 0.569 531 | 0.411 438 | 0.044 308 | 0.288 211 | 0 | 0.184 841 |
| Achn323101 | 2.141 434 | 2.646 316 | 2.186 152 | 36.941 88 | 19.872 18 | 40.101 54 | 4.979 016 | 9.345 635 | 5.741 076 | 7.149 445 | 6.306 84 | 5.568 587 | 0.697 285 | 3.908 249 | 1.450 104 | 3.765 893 | 4.281 789 | 2.568 444 |

（续）

| 基因 ID | CK1 | CK2 | CK3 | T1-1 | T1-2 | T1-3 | T2-1 | T2-2 | T2-3 | T3-1 | T3-2 | T3-3 | T4-1 | T4-2 | T4-3 | T5-1 | T5-2 | T5-3 |
|---|---|---|---|---|---|---|---|---|---|---|---|---|---|---|---|---|---|---|
| Achn007231 | 18.547 8 | 16.145 07 | 14.879 02 | 41.845 8 | 43.091 93 | 93.181 56 | 32.304 45 | 36.151 47 | 31.159 81 | 23.920 9 | 32.644 82 | 19.890 08 | 12.311 16 | 15.861 38 | 13.726 7 | 22.802 41 | 20.418 64 | 16.512 29 |
| Achn299331 | 1.905 794 | 3.395 524 | 3.911 11 | 6.225 657 | 4.842 205 | 7.173 642 | 6.399 013 | 8.877 094 | 5.139 153 | 2.820 468 | 1.547 605 | 3.586 557 | 14.450 83 | 16.712 59 | 14.060 26 | 10.147 83 | 8.205 585 | 4.267 014 |
| Actinidia_chinensis_newGene_4041 | 0.195 895 | 0.275 516 | 0.485 22 | 0.398 413 | 0.265 605 | 0.166 677 | 0.155 686 | 0.310 574 | 0.298 763 | 2.609 378 | 1.675 621 | 1.397 539 | 0.838 304 | 0.226 182 | 0.247 837 | 0.795 837 | 0.555 683 | 1.126 342 |
| Achn214841 | 4.039 995 | 3.029 969 | 5.030 57 | 8.491 294 | 9.733 758 | 14.903 65 | 6.434 61 | 7.215 096 | 6.396 978 | 8.165 2 | 9.186 714 | 6.220 56 | 4.087 167 | 3.549 097 | 2.408 713 | 6.150 816 | 5.719 65 | 5.997 213 |
| Achn194331 | 0.846 51 | 2.172 007 | 2.186 065 | 2.121 338 | 5.692 449 | 0.538 83 | 15.553 59 | 10.798 34 | 10.601 52 | 0.640 828 | 0.047 329 | 1.302 897 | 0.368 973 | 4.895 208 | 4.592 247 | 1.128 087 | 0 | 0 |
| Achn110901 | 39.148 13 | 36.951 85 | 46.431 92 | 65.835 22 | 124.62 | 44.897 61 | 45.618 65 | 43.778 5 | 45.372 26 | 23.048 53 | 20.525 84 | 17.417 6 | 32.724 48 | 52.819 58 | 68.470 09 | 33.494 21 | 43.910 94 | 37.327 13 |
| Achn067051 | 27.573 03 | 33.917 9 | 29.327 81 | 11.401 59 | 12.470 44 | 11.040 8 | 16.854 64 | 12.789 84 | 14.791 29 | 14.260 47 | 14.043 34 | 11.562 45 | 22.830 29 | 18.782 49 | 22.939 86 | 17.037 18 | 17.233 35 | 20.808 79 |
| Achn343701 | 1.991 759 | 2.044 564 | 2.006 738 | 4.117 2 | 5.173 414 | 8.708 089 | 1.917 145 | 3.142 168 | 2.636 459 | 1.540 478 | 2.193 113 | 2.187 073 | 1.016 18 | 0.770 521 | 0.451 534 | 1.568 272 | 1.904 819 | 1.849 78 |
| Achn279631 | 2.942 058 | 4.002 345 | 3.283 701 | 0.695 136 | 0.558 094 | 0.918 075 | 5.771 935 | 2.554 234 | 1.547 435 | 5.562 278 | 1.463 983 | 1.660 775 | 5.802 619 | 8.032 708 | 5.792 831 | 4.750 446 | 3.279 736 | 3.375 811 |
| Actinidia_chinensis_newGene_6433 | 6.183 031 | 5.200 881 | 4.661 196 | 17.553 91 | 8.915 731 | 6.339 452 | 18.434 49 | 23.972 77 | 22.700 89 | 10.810 81 | 11.956 55 | 12.276 58 | 11.798 74 | 8.845 634 | 12.251 74 | 15.126 66 | 12.349 32 | 12.119 14 |
| Achn156831 | 3.129 171 | 1.934 748 | 2.721 873 | 1.194 659 | 1.992 06 | 0.493 253 | 2.053 32 | 1.268 717 | 1.344 998 | 1.153 85 | 0.612 464 | 0.944 426 | 1.228 491 | 3.857 447 | 3.018 494 | 1.572 58 | 2.839 082 | 2.054 751 |
| Achn193641 | 7.600 144 | 5.437 375 | 5.900 907 | 14.807 21 | 5.206 132 | 6.351 723 | 7.059 094 | 11.716 66 | 8.920 482 | 9.744 55 | 11.955 34 | 4.852 635 | 20.102 33 | 22.759 85 | 20.568 43 | 15.800 37 | 19.717 23 | 7.509 019 |
| Achn351541 | 0.879 522 | 0.729 184 | 0.798 159 | 1.215 798 | 1.777 099 | 1.659 354 | 1.863 539 | 0.999 153 | 1.050 632 | 2.464 538 | 1.655 529 | 2.414 18 | 1.300 288 | 0.262 75 | 0.264 967 | 3.081 522 | 3.986 586 | 2.766 829 |
| Achn365361 | 5.058 942 | 9.608 885 | 6.828 319 | 3.509 501 | 4.870 975 | 5.887 099 | 7.108 573 | 6.603 182 | 6.415 386 | 10.690 67 | 9.182 079 | 7.968 881 | 9.226 659 | 9.176 719 | 10.183 32 | 17.558 08 | 18.995 34 | 15.657 84 |
| Achn060311 | 22.399 93 | 27.569 18 | 26.532 47 | 26.175 85 | 56.758 39 | 32.885 35 | 56.772 85 | 48.360 18 | 50.740 35 | 33.113 69 | 33.293 18 | 32.386 28 | 28.212 49 | 36.364 7 | 28.239 76 | 28.590 15 | 27.040 52 | 29.064 37 |
| Achn062801 | 3.578 242 | 3.182 534 | 3.176 564 | 0.773 942 | 0.585 201 | 1.065 139 | 1.751 542 | 0.805 696 | 1.407 768 | 1.889 981 | 1.971 9 | 1.492 81 | 1.987 412 | 1.471 627 | 0.814 896 | 1.848 639 | 2.468 709 | 2.072 455 |
| Achn119361 | 14.794 24 | 12.849 15 | 13.689 75 | 8.583 559 | 10.572 29 | 13.925 93 | 7.128 516 | 5.452 188 | 6.289 086 | 6.766 079 | 6.166 747 | 6.784 168 | 9.972 26 | 7.477 991 | 8.262 728 | 6.912 338 | 6.358 778 | 6.997 871 |
| Achn121341 | 0 | 0.121 734 | 0.218 367 | 1.061 096 | 0.332 507 | 0.349 184 | 0.255 012 | 0.726 524 | 0.083 56 | 0.215 964 | 0.154 856 | 0.185 536 | 0.656 031 | 0.654 706 | 0.990 379 | 0.466 198 | 0.620 028 | 0.290 909 |

（续）

| 基因 ID | CK1 | CK2 | CK3 | T1-1 | T1-2 | T1-3 | T2-1 | T2-2 | T2-3 | T3-1 | T3-2 | T3-3 | T4-1 | T4-2 | T4-3 | T5-1 | T5-2 | T5-3 |
|---|---|---|---|---|---|---|---|---|---|---|---|---|---|---|---|---|---|---|
| Achn317471 | 3.355 467 | 3.199 885 | 3.101 092 | 7.585 459 | 7.255 914 | 27.270 64 | 2.823 256 | 1.650 069 | 4.868 292 | 2.417 482 | 4.352 458 | 2.257 838 | 2.856 42 | 0.955 334 | 1.391 289 | 7.321 197 | 4.777 231 | 3.069 448 |
| Achn063031 | 0.540 636 | 0.258 199 | 0.216 985 | 0.123 478 | 0.087 812 | 0 | 0.359 092 | 0.226 923 | 0.413 431 | 1.246 869 | 0.795 752 | 1.143 412 | 0.658 971 | 0.234 849 | 0.622 343 | 4.257 136 | 5.227 604 | 5.440 108 |
| Achn265011 | 0.862 551 | 1.302 558 | 1.128 91 | 2.023 235 | 2.146 206 | 2.919 318 | 2.949 411 | 1.876 34 | 2.166 706 | 2.968 217 | 2.549 517 | 2.458 521 | 4.247 305 | 1.954 818 | 3.413 928 | 4.369 13 | 7.010 412 | 4.223 171 |
| Achn288361 | 746.387 8 | 737.778 6 | 676.125 1 | 73.826 94 | 109.912 5 | 156.213 4 | 185.616 7 | 145.393 2 | 188.737 9 | 223.778 4 | 195.296 5 | 158.171 5 | 270.465 1 | 141.858 1 | 241.718 | 494.231 5 | 475.923 | 536.991 5 |
| Achn024951 | 16.814 41 | 17.071 8 | 19.215 93 | 6.751 088 | 4.907 011 | 2.477 334 | 8.887 815 | 8.649 299 | 9.649 837 | 11.388 81 | 8.947 024 | 7.313 867 | 25.953 32 | 30.108 31 | 23.455 71 | 13.711 59 | 12.364 92 | 14.084 36 |
| Actinidia_chinensis_newGene_9000 | 25.217 3 | 25.849 11 | 24.768 23 | 10.879 56 | 5.564 361 | 10.065 84 | 24.889 48 | 30.526 8 | 12.949 83 | 18.907 84 | 17.310 31 | 11.503 52 | 35.226 02 | 21.751 69 | 65.336 37 | 32.944 28 | 22.142 17 | 21.326 91 |
| Achn006051 | 2.530 858 | 2.735 369 | 4.654 683 | 4.102 334 | 5.065 856 | 3.419 105 | 15.430 54 | 15.411 73 | 11.914 12 | 2.936 828 | 3.017 909 | 2.263 865 | 5.138 385 | 15.152 56 | 9.753 583 | 3.322 062 | 3.444 645 | 3.340 611 |
| Achn294861 | 5 092.536 | 4 310.52 | 3 863.152 | 1 179.027 | 1 110.946 | 1 375.743 | 1 590.018 | 1 544.42 | 1 861.281 | 3 549.598 | 3 098.807 | 2 756.196 | 1 560.652 | 804.761 2 | 1 087.35 | 2 858.953 | 2 998.531 | 3 361.266 |
| Achn230631 | 0.687 92 | 1.128 04 | 1.372 868 | 3.114 099 | 2.096 797 | 6.391 422 | 0.579 405 | 1.989 949 | 0.860 819 | 1.184 804 | 1.120 729 | 1.759 46 | 1.337 029 | 2.755 502 | 4.762 541 | 2.231 024 | 2.147 366 | 2.269 542 |
| Achn166951 | 0.981 771 | 0.723 036 | 0.787 155 | 0.211 569 | 0.187 005 | 0.148 845 | 0.325 143 | 0.944 674 | 0.730 188 | 1.211 323 | 1.468 975 | 1.599 689 | 1.881 102 | 0.348 958 | 0.862 931 | 2.500 564 | 3.687 629 | 2.475 027 |
| Achn373011 | 1.631 877 | 2.001 072 | 1.465 138 | 2.746 033 | 1.784 055 | 16.615 07 | 1.066 839 | 1.252 009 | 0.662 651 | 1.732 594 | 2.806 379 | 1.689 939 | 3.714 652 | 5.267 328 | 3.275 152 | 13.650 58 | 9.822 332 | 7.152 298 |
| Achn372761 | 4.633 213 | 9.608 754 | 7.393 501 | 2.728 754 | 1.546 541 | 1.197 073 | 4.663 297 | 2.567 749 | 1.602 101 | 4.282 796 | 1.865 409 | 2.741 925 | 2.488 549 | 4.201 47 | 3.988 702 | 4.554 842 | 5.994 864 | 3.856 727 |
| Achn071591 | 6.583 792 | 9.867 608 | 13.800 2 | 6.135 608 | 6.666 045 | 4.623 035 | 6.817 482 | 7.348 221 | 9.883 021 | 8.221 267 | 6.481 244 | 5.425 021 | 4.286 747 | 3.453 548 | 4.689 572 | 24.028 56 | 37.772 72 | 11.307 75 |
| Achn329231 | 111.950 5 | 118.440 3 | 150.61 | 172.342 2 | 256.772 | 171.845 4 | 93.551 87 | 79.267 33 | 72.262 22 | 78.518 26 | 103.574 6 | 87.455 79 | 8.066 678 | 9.844 961 | 7.413 295 | 95.083 15 | 112.936 4 | 149.871 6 |
| Achn246931 | 0.313 625 | 0.229 283 | 0.290 994 | 0.556 305 | 2.414 929 | 0.924 113 | 0.876 047 | 1.376 22 | 0.890 057 | 0.083 047 | 0.452 358 | 0.360 732 | 0.244 889 | 0 | 0.058 929 | 0.205 894 | 0.340 071 | 0.122 918 |
| Achn096041 | 2.099 094 | 2.093 088 | 1.664 433 | 0.775 907 | 0.905 139 | 0.859 56 | 0.667 453 | 0.891 398 | 0.826 878 | 2.425 309 | 1.316 764 | 2.449 814 | 1.471 992 | 1.145 148 | 1.228 101 | 1.236 394 | 2.831 935 | 1.621 061 |
| Achn302941 | 10.852 37 | 9.900 235 | 19.712 97 | 68.256 43 | 93.904 12 | 289.506 9 | 72.133 97 | 86.631 98 | 61.559 41 | 45.847 45 | 53.205 55 | 52.847 34 | 14.476 66 | 16.414 13 | 39.998 07 | 31.625 76 | 34.147 27 | 31.177 01 |
| Achn347191 | 50.583 69 | 47.016 78 | 45.795 45 | 24.756 68 | 21.248 41 | 21.059 26 | 21.328 69 | 19.801 95 | 21.271 6 | 22.066 32 | 19.017 04 | 21.360 88 | 19.001 86 | 32.964 44 | 14.977 72 | 38.883 89 | 59.094 98 | 14.678 83 |
| Achn146001 | 38.952 31 | 35.905 21 | 28.959 3 | 20.386 32 | 24.272 91 | 24.272 31 | 27.705 26 | 28.317 87 | 27.568 06 | 37.784 37 | 27.951 33 | 29.782 5 | 19.261 99 | 13.395 21 | 11.498 92 | 15.330 96 | 17.454 02 | 19.689 08 |

（续）

| 基因 ID | CK1 | CK2 | CK3 | T1-1 | T1-2 | T1-3 | T2-1 | T2-2 | T2-3 | T3-1 | T3-2 | T3-3 | T4-1 | T4-2 | T4-3 | T5-1 | T5-2 | T5-3 |
|---|---|---|---|---|---|---|---|---|---|---|---|---|---|---|---|---|---|---|
| Achn341921 | 0.397 181 | 0.237 388 | 0.459 848 | 1.375 221 | 1.137 233 | 1.149 914 | 0.169 347 | 1.251 169 | 0.287 568 | 0.968 555 | 0.651 59 | 0.583 678 | 0.515 571 | 0.530 499 | 0.267 299 | 0.668 37 | 0.700 42 | 0.943 868 |
| Achn220111 | 153.472 6 | 182.464 2 | 152.915 9 | 83.242 67 | 83.122 48 | 52.215 93 | 162.568 4 | 118.955 9 | 114.517 5 | 48.295 45 | 37.373 67 | 40.511 37 | 123.720 9 | 150.642 1 | 125.547 | 37.457 25 | 37.207 47 | 49.063 55 |
| Achn027841 | 56.866 6 | 59.315 8 | 62.239 37 | 9.687 124 | 25.126 71 | 1.215 457 | 27.160 39 | 14.894 62 | 21.966 41 | 28.416 56 | 33.714 24 | 35.787 06 | 43.266 24 | 36.178 21 | 27.384 33 | 45.866 83 | 57.442 87 | 55.269 65 |
| Achn127311 | 1.914 227 | 1.618 095 | 2.740 435 | 2.308 617 | 4.122 734 | 5.276 716 | 6.737 369 | 3.010 535 | 3.803 25 | 3.324 521 | 6.031 581 | 4.584 599 | 4.528 08 | 5.820 861 | 7.173 16 | 5.173 33 | 2.190 162 | 1.827 088 |
| Achn192411 | 5.265 789 | 4.774 047 | 6.761 321 | 12.173 72 | 15.853 22 | 7.346 397 | 14.258 49 | 15.384 74 | 14.638 22 | 8.983 304 | 9.448 487 | 14.589 42 | 1.438 278 | 4.395 536 | 3.110 556 | 6.887 689 | 6.865 06 | 1.004 872 |
| Achn199771 | 22.135 62 | 25.614 54 | 20.052 01 | 11.798 38 | 10.048 69 | 10.074 99 | 14.554 75 | 13.239 31 | 11.990 01 | 14.812 38 | 16.662 16 | 15.216 31 | 31.434 84 | 17.417 11 | 20.652 93 | 22.151 91 | 23.524 41 | 23.526 47 |
| Actinidia_chinensis_newGene_2157 | 2.315 772 | 2.011 287 | 3.001 26 | 1.065 464 | 1.361 704 | 15.076 71 | 6.696 102 | 5.889 91 | 4.900 905 | 4.493 653 | 4.212 193 | 6.851 473 | 2.718 319 | 6.539 112 | 10.870 5 | 3.812 16 | 3.793 459 | 2.273 921 |
| Achn067571 | 37.210 07 | 58.557 04 | 51.351 8 | 27.273 84 | 21.116 46 | 1.328 293 | 79.208 24 | 52.792 91 | 39.350 38 | 18.965 08 | 14.967 04 | 12.612 77 | 42.803 59 | 30.364 69 | 33.169 05 | 23.747 18 | 30.839 86 | 47.888 69 |
| Achn309531 | 2.421 368 | 2.284 465 | 2.322 997 | 1.626 98 | 2.921 871 | 1.813 733 | 0.652 221 | 1.807 016 | 0.840 608 | 2.874 691 | 2.860 617 | 1.615 93 | 1.239 058 | 0.782 73 | 0.776 401 | 4.417 733 | 5.766 449 | 3.984 043 |
| Achn112541 | 0.548 371 | 0.522 983 | 0.593 825 | 0 | 0 | 0 | 0.325 584 | 0.082 909 | 0.292 857 | 0.185 32 | 0.030 795 | 0.104 426 | 0.322 934 | 0.367 994 | 0.169 61 | 0 | 0.053 534 | 0.135 664 |
| Achn011721 | 3.631 97 | 2.809 629 | 2.867 282 | 1.047 676 | 2.347 009 | 1.078 091 | 0.737 339 | 0.492 786 | 0.391 94 | 1.022 219 | 1.274 616 | 1.471 451 | 1.443 072 | 0.960 084 | 1.414 087 | 4.493 196 | 9.775 597 | 5.101 315 |
| Achn296271 | 6.316 464 | 6.911 542 | 5.915 251 | 3.742 563 | 4.167 958 | 6.120 951 | 2.911 203 | 3.509 826 | 2.803 845 | 6.540 149 | 5.638 56 | 5.887 08 | 2.953 853 | 2.445 603 | 2.020 298 | 7.700 564 | 8.816 59 | 8.205 213 |
| Achn182661 | 1.429 336 | 1.828 092 | 1.611 331 | 0.464 76 | 0.499 873 | 0.340 594 | 0.449 83 | 0.117 001 | 0.370 407 | 0.307 958 | 0.235 255 | 0.619 946 | 0.206 959 | 0.601 462 | 0.387 803 | 0.366 39 | 0.555 976 | 0.547 516 |
| Achn346451 | 2.739 491 | 2.863 775 | 2.267 906 | 1.649 035 | 5.089 286 | 4.018 676 | 4.040 977 | 3.296 018 | 2.254 098 | 4.777 243 | 4.747 779 | 2.440 713 | 2.523 724 | 2.715 715 | 2.000 575 | 6.120 453 | 7.146 887 | 8.053 435 |
| Achn328141 | 0.265 815 | 0.408 711 | 0.094 822 | 1.294 976 | 1.192 358 | 1.391 337 | 0.541 003 | 0.316 582 | 0.204 252 | 0.682 873 | 0.512 334 | 1.063 944 | 0.320 477 | 0.176 703 | 0.359 993 | 0.514 169 | 0.580 227 | 0.522 31 |
| Achn283141 | 11.972 56 | 10.246 84 | 8.193 098 | 8.475 996 | 4.514 326 | 2.028 021 | 5.973 456 | 6.392 961 | 4.543 151 | 3.238 737 | 3.415 995 | 5.046 735 | 16.693 41 | 19.651 98 | 18.193 07 | 10.163 81 | 14.407 75 | 14.456 8 |
| Achn145031 | 0.146 064 | 0.053 23 | 0.286 377 | 1.007 683 | 0.822 244 | 6.744 675 | 0.395 539 | 0.668 586 | 0.467 215 | 1.019 797 | 0.671 287 | 0.908 775 | 0.031 145 | 0.290 778 | 0.169 226 | 0.554 949 | 0.252 26 | 0.389 278 |
| Achn224131 | 16.503 31 | 16.066 85 | 17.480 91 | 9.599 586 | 9.287 669 | 8.972 866 | 4.610 424 | 5.335 016 | 5.611 663 | 4.336 714 | 8.149 801 | 6.245 883 | 7.715 941 | 11.118 91 | 8.521 551 | 8.665 969 | 14.467 96 | 9.135 813 |
| Achn184961 | 31.106 63 | 33.664 56 | 35.400 79 | 8.670 446 | 11.490 64 | 18.687 95 | 13.831 18 | 13.490 24 | 13.478 79 | 10.666 06 | 9.250 685 | 9.901 212 | 35.876 48 | 21.810 87 | 24.218 13 | 17.795 8 | 18.215 08 | 23.783 46 |

（续）

| 基因ID | CK1 | CK2 | CK3 | T1-1 | T1-2 | T1-3 | T2-1 | T2-2 | T2-3 | T3-1 | T3-2 | T3-3 | T4-1 | T4-2 | T4-3 | T5-1 | T5-2 | T5-3 |
|---|---|---|---|---|---|---|---|---|---|---|---|---|---|---|---|---|---|---|
| Achn233081 | 6.276 944 | 4.732 788 | 4.562 37 | 1.802 986 | 3.959 445 | 12.342 82 | 1.936 874 | 2.412 119 | 2.498 591 | 3.963 862 | 4.532 506 | 4.109 312 | 5.309 649 | 2.581 882 | 3.508 62 | 6.344 916 | 7.878 374 | 6.706 11 |
| Achn136401 | 1.550 049 | 0.904 563 | 1.417 766 | 1.131 988 | 1.573 333 | 5.503 693 | 0.849 916 | 0.699 501 | 0.721 489 | 1.016 799 | 0.629 145 | 0.606 558 | 0.850 334 | 0.987 58 | 1.269 154 | 0.521 556 | 0.510 847 | 0.465 869 |
| Achn012091 | 182.679 6 | 206.604 7 | 235.457 7 | 95.665 76 | 146.165 | 200.110 6 | 518.662 1 | 422.502 9 | 330.741 7 | 133.922 7 | 123.877 5 | 141.795 | 53.011 06 | 65.044 17 | 60.968 15 | 111.018 2 | 139.268 1 | 144.790 3 |
| Achn288191 | 1.005 004 | 1.403 037 | 0.746 365 | 3.204 357 | 2.417 15 | 11.192 54 | 1.233 029 | 1.605 527 | 1.567 998 | 2.094 997 | 1.194 666 | 1.880 627 | 2.021 895 | 2.400 61 | 3.440 727 | 1.944 415 | 1.481 29 | 1.991 086 |
| Achn269051 | 4.186 143 | 5.638 884 | 4.218 047 | 14.061 14 | 7.702 208 | 17.989 98 | 4.506 876 | 6.266 681 | 5.366 474 | 6.384 404 | 4.681 908 | 6.091 177 | 4.039 506 | 8.154 243 | 8.403 284 | 6.599 587 | 5.165 984 | 6.272 968 |
| Achn006311 | 1.463 412 | 0.635 564 | 1.391 891 | 0.088 327 | 0.465 677 | 0 | 0.646 545 | 0.659 753 | 0.611 147 | 0.228 837 | 0.173 26 | 0.214 791 | 0.811 445 | 2.293 118 | 0.856 294 | 0 | 0 | 0.245 425 |
| Achn160761 | 1.808 596 | 1.525 771 | 1.496 566 | 1.349 126 | 2.169 678 | 0 | 3.158 386 | 2.550 092 | 3.266 77 | 1.293 229 | 1.049 738 | 1.404 749 | 2.572 781 | 1.403 035 | 1.488 698 | 5.905 827 | 6.847 543 | 3.429 224 |
| Actinidia_chinensis_newGene_6884 | 10.365 47 | 11.814 63 | 12.610 22 | 12.639 29 | 28.094 86 | 2.805 736 | 21.308 91 | 20.965 83 | 16.289 29 | 4.579 605 | 5.602 961 | 5.939 219 | 16.062 44 | 28.427 86 | 35.256 75 | 8.369 722 | 9.171 444 | 10.654 95 |
| Achn199171 | 0.418 077 | 0.529 295 | 0.080 125 | 4.398 373 | 0.804 45 | 1.002 682 | 0.348 359 | 1.608 611 | 0.563 977 | 0.156 649 | 0.638 84 | 0.411 704 | 3.934 509 | 2.184 608 | 6.131 4 | 0.792 674 | 1.144 825 | 1.045 661 |
| Achn014721 | 1.359 562 | 1.192 854 | 1.072 694 | 2.362 054 | 2.530 499 | 6.623 46 | 0.876 873 | 1.156 475 | 0.691 011 | 1.911 481 | 1.889 717 | 1.638 327 | 1.782 227 | 2.238 783 | 1.498 065 | 3.931 431 | 3.261 115 | 2.763 277 |
| Achn036621 | 2.235 428 | 4.283 83 | 3.565 135 | 40.237 34 | 53.820 23 | 15.817 47 | 20.242 54 | 22.136 31 | 20.024 49 | 10.511 35 | 9.071 969 | 12.476 72 | 2.826 905 | 1.840 986 | 1.990 791 | 0.130 482 | 1.320 364 | 1.375 109 |
| Achn044771 | 0.283 957 | 0.387 072 | 0.466 28 | 0.910 934 | 0.500 217 | 0.774 367 | 0.786 109 | 0.563 279 | 0.671 571 | 0.595 651 | 0.445 587 | 0.649 957 | 0.712 726 | 1.003 125 | 2.171 947 | 0.185 523 | 0.558 423 | 0.177 387 |
| Achn365791 | 1.613 67 | 1.938 012 | 1.075 523 | 3.542 374 | 3.185 882 | 17.071 39 | 1.453 221 | 1.950 852 | 1.619 601 | 2.251 061 | 2.946 224 | 2.080 429 | 1.468 954 | 0.799 436 | 1.018 373 | 2.476 854 | 2.178 799 | 1.894 21 |
| Achn212161 | 2.666 056 | 2.819 175 | 2.785 706 | 0.751 26 | 0.638 082 | 0.501 391 | 0.745 311 | 0.739 482 | 0.834 359 | 0.185 483 | 0.524 691 | 0.333 172 | 3.087 101 | 7.541 04 | 4.839 216 | 2.422 741 | 1.960 128 | 1.294 945 |
| Achn224331 | 592.918 8 | 561.710 7 | 516.231 8 | 253.932 3 | 213.443 3 | 132.267 1 | 235.176 2 | 269.570 8 | 281.031 1 | 343.796 5 | 305.522 3 | 288.944 6 | 690.427 9 | 502.967 3 | 455.522 6 | 394.027 6 | 467.284 6 | 432.899 7 |
| Achn280501 | 0.425 968 | 0.819 016 | 0.701 088 | 2.123 394 | 2.413 46 | 2.964 353 | 2.141 633 | 2.180 177 | 1.909 691 | 0.892 154 | 0.857 831 | 0.940 534 | 1.089 163 | 0.962 846 | 1.216 935 | 1.273 256 | 0.703 169 | 0.772 086 |
| Achn093281 | 2.373 673 | 2.403 373 | 2.216 998 | 8.729 367 | 7.575 275 | 11.603 35 | 2.796 799 | 3.694 985 | 2.919 186 | 2.917 666 | 3.190 678 | 2.007 008 | 1.093 753 | 1.034 564 | 0.896 843 | 3.042 636 | 3.343 362 | 1.910 672 |
| Achn104981 | 23.600 14 | 23.336 07 | 28.843 71 | 25.457 16 | 16.184 15 | 29.562 52 | 14.815 9 | 8.765 924 | 10.132 36 | 12.443 41 | 12.032 72 | 10.415 89 | 9.224 028 | 20.782 38 | 13.007 95 | 21.008 92 | 11.148 6 | 10.818 45 |

（续）

| 基因 ID | CK1 | CK2 | CK3 | T1-1 | T1-2 | T1-3 | T2-1 | T2-2 | T2-3 | T3-1 | T3-2 | T3-3 | T4-1 | T4-2 | T4-3 | T5-1 | T5-2 | T5-3 |
|---|---|---|---|---|---|---|---|---|---|---|---|---|---|---|---|---|---|---|
| Actinidia_chinensis_newGene_10802 | 5.288 781 | 3.930 833 | 4.436 059 | 14.280 81 | 10.185 58 | 10.553 88 | 7.566 928 | 11.129 19 | 9.476 915 | 8.039 012 | 7.496 911 | 6.660 628 | 5.111 654 | 8.493 165 | 7.119 018 | 5.960 401 | 5.110 255 | 3.962 04 |
| Achn232931 | 65.728 47 | 63.677 77 | 57 | 26.666 41 | 39.318 54 | 36.468 05 | 45.005 15 | 43.480 33 | 44.006 14 | 54.930 33 | 52.738 17 | 59.174 51 | 45.306 54 | 33.084 26 | 33.284 14 | 40.739 18 | 47.445 83 | 46.514 43 |
| Achn107321 | 1.402 011 | 1.875 974 | 1.285 727 | 2.546 083 | 2.597 052 | 3.974 449 | 1.515 355 | 2.138 512 | 2.396 461 | 1.380 337 | 2.191 103 | 1.701 432 | 3.882 302 | 3.685 676 | 4.630 051 | 6.151 271 | 4.729 105 | 4.046 749 |
| Achn100671 | 33.827 22 | 27.075 19 | 24.798 74 | 51.866 03 | 34.315 | 66.528 92 | 45.894 82 | 48.131 99 | 55.108 4 | 72.680 6 | 66.743 14 | 74.143 97 | 15.557 38 | 7.178 074 | 9.197 54 | 37.237 48 | 37.681 15 | 35.621 59 |
| Achn040501 | 11.519 33 | 17.770 7 | 21.140 41 | 50.105 32 | 34.275 88 | 25.114 13 | 63.065 61 | 54.977 25 | 44.559 23 | 23.961 13 | 24.288 22 | 31.307 44 | 20.052 13 | 25.607 11 | 25.698 07 | 14.074 56 | 10.078 81 | 11.329 59 |
| Achn183901 | 23.293 99 | 21.625 29 | 20.661 59 | 21.409 05 | 12.574 48 | 2.694 366 | 18.160 68 | 19.665 11 | 18.672 55 | 9.972 294 | 7.016 414 | 11.225 41 | 25.979 52 | 40.865 67 | 32.506 34 | 8.331 867 | 7.839 484 | 9.832 477 |
| Achn239541 | 44.533 02 | 48.582 3 | 45.740 05 | 10.189 49 | 30.536 67 | 20.760 57 | 27.109 04 | 20.102 45 | 14.612 52 | 36.750 46 | 27.564 86 | 30.797 54 | 54.470 49 | 41.875 66 | 34.630 94 | 64.040 73 | 60.155 3 | 85.160 54 |
| Achn001311 | 8.225 945 | 4.803 667 | 12.763 96 | 2.951 892 | 0.799 394 | 0.617 05 | 1.875 514 | 2.724 447 | 1.221 689 | 2.880 824 | 0.579 165 | 0.977 423 | 2.802 404 | 32.617 44 | 11.861 04 | 8.782 715 | 20.535 17 | 1.628 042 |
| Achn101181 | 2.175 631 | 1.468 113 | 1.267 133 | 8.034 806 | 6.102 58 | 14.708 25 | 2.928 735 | 4.748 413 | 4.283 319 | 1.795 476 | 2.425 985 | 3.175 978 | 1.495 415 | 2.723 151 | 2.783 048 | 2.390 317 | 4.759 424 | 3.074 206 |
| Achn043851 | 2.751 052 | 2.552 036 | 2.899 046 | 0.898 854 | 1.422 437 | 1.542 713 | 3.293 098 | 2.065 982 | 2.010 811 | 1.702 763 | 2.137 452 | 1.860 977 | 3.333 904 | 1.598 862 | 1.872 264 | 3.218 18 | 1.882 986 | 2.643 575 |
| Achn141921 | 1.468 837 | 1.466 644 | 1.381 448 | 0.438 143 | 1.137 149 | 0.465 076 | 0.043 418 | 0.254 991 | 0.208 882 | 0.759 654 | 0.189 167 | 0.282 875 | 0.306 837 | 1.180 575 | 0.655 4 | 0.717 983 | 1.998 043 | 1.436 957 |
| Achn072671 | 140.074 9 | 129.308 1 | 113.799 4 | 78.006 47 | 98.307 09 | 69.081 16 | 115.974 9 | 113.166 5 | 108.450 3 | 228.901 9 | 216.434 4 | 226.35 | 59.598 46 | 21.440 53 | 26.779 14 | 144.902 9 | 142.184 2 | 157.396 2 |
| Achn322721 | 0.220 471 | 0.365 89 | 1.476 251 | 3.033 819 | 5.307 381 | 3.450 279 | 2.188 42 | 1.520 509 | 2.216 669 | 1.610 575 | 2.218 823 | 1.137 203 | 1.050 627 | 0.758 561 | 0.802 367 | 0.544 113 | 1.069 867 | 0.690 578 |
| Achn351381 | 60.765 56 | 52.108 4 | 42.887 07 | 18.544 55 | 20.946 25 | 25.049 29 | 48.122 78 | 48.991 15 | 53.974 16 | 43.231 58 | 51.086 69 | 49.896 3 | 57.496 05 | 33.903 53 | 37.583 97 | 34.354 95 | 38.693 32 | 40.148 45 |
| Achn215081 | 27.785 53 | 33.863 51 | 33.501 15 | 42.966 09 | 74.232 42 | 67.757 48 | 69.882 39 | 61.254 73 | 61.484 97 | 39.410 81 | 41.698 44 | 41.680 41 | 25.418 06 | 31.115 99 | 31.385 | 30.194 9 | 28.981 96 | 24.170 32 |
| Achn289691 | 0.860 247 | 1.310 601 | 2.227 559 | 2.791 25 | 1.869 01 | 1.284 338 | 0.881 434 | 0.693 12 | 2.528 718 | 2.202 206 | 0.624 197 | 1.237 665 | 9.748 655 | 6.036 106 | 6.262 626 | 10.368 67 | 10.073 27 | 1.435 193 |
| Achn122771 | 3.315 674 | 3.522 809 | 4.252 293 | 1.493 556 | 0.952 65 | 0.086 306 | 3.200 057 | 2.423 368 | 1.491 944 | 2.490 086 | 2.373 525 | 1.996 735 | 1.172 795 | 3.603 503 | 1.589 19 | 4.720 924 | 11.277 49 | 3.764 065 |
| Achn213361 | 5.836 236 | 3.063 703 | 2.634 212 | 2.490 887 | 2.977 53 | 1.115 96 | 2.079 585 | 2.647 575 | 5.419 798 | 7.994 774 | 6.890 702 | 7.349 792 | 12.130 92 | 6.996 315 | 9.966 748 | 17.621 73 | 20.515 34 | 20.718 4 |
| Achn380931 | 0.100 096 | 0.138 136 | 0.068 457 | 0.177 23 | 0.318 764 | 1.100 208 | 0.439 048 | 0.139 357 | 0.049 591 | 0.257 292 | 0.099 143 | 0.301 141 | 0.078 118 | 0.122 533 | 0.123 921 | 0.590 258 | 0.869 778 | 0.301 676 |

（续）

| 基因 ID | CK1 | CK2 | CK3 | T1-1 | T1-2 | T1-3 | T2-1 | T2-2 | T2-3 | T3-1 | T3-2 | T3-3 | T4-1 | T4-2 | T4-3 | T5-1 | T5-2 | T5-3 |
|---|---|---|---|---|---|---|---|---|---|---|---|---|---|---|---|---|---|---|
| Achn000431 | 1.141 048 | 0.836 56 | 0.451 914 | 0.580 332 | 0.343 689 | 0.413 564 | 0.113 851 | 0.286 313 | 0.321 292 | 0.432 977 | 0.647 949 | 0.343 892 | 0.190 511 | 0.358 112 | 0.283 535 | 0.181 826 | 0.771 562 | 0.841 009 |
| Actinidia_chinensis_newGene_8846 | 17.107 14 | 14.712 99 | 15.970 18 | 3.300 989 | 4.211 327 | 2.502 646 | 10.563 49 | 8.726 292 | 8.002 649 | 7.296 167 | 9.093 159 | 7.563 562 | 11.365 18 | 18.009 56 | 16.082 6 | 20.232 04 | 15.643 39 | 23.533 35 |
| Actinidia_chinensis_newGene_6573 | 0.295 352 | 0.575 298 | 0.254 996 | 0.531 627 | 1.681 123 | 0.608 533 | 1.748 74 | 1.527 268 | 1.748 462 | 2.671 762 | 1.856 18 | 1.228 891 | 0.178 617 | 0 | 0.132 614 | 0.138 034 | 0.207 931 | 0.079 033 |
| Achn376371 | 5.855 837 | 9.466 961 | 14.006 52 | 13.045 12 | 9.546 126 | 14.730 04 | 7.493 08 | 7.689 284 | 4.150 025 | 1.533 452 | 2.186 173 | 2.750 619 | 3.709 276 | 8.659 479 | 10.081 33 | 1.806 219 | 1.734 288 | 3.161 717 |
| Achn012531 | 3.989 693 | 4.295 702 | 3.591 523 | 6.180 345 | 4.777 061 | 4.289 542 | 8.281 783 | 7.744 321 | 9.804 809 | 3.630 015 | 3.761 952 | 4.086 749 | 5.371 158 | 10.380 23 | 9.461 043 | 7.686 8 | 6.441 41 | 5.539 109 |
| Achn342711 | 1.304 979 | 2.201 053 | 1.680 329 | 0.446 612 | 0.326 121 | 0.305 649 | 0.675 459 | 1.446 588 | 1.094 664 | 1.126 961 | 0.924 452 | 1.265 969 | 1.574 447 | 1.539 049 | 1.541 551 | 2.572 938 | 5.464 785 | 1.010 527 |
| Achn191731 | 5.397 104 | 4.906 229 | 5.114 339 | 15.870 3 | 17.502 53 | 16.293 65 | 9.444 69 | 8.328 626 | 8.473 678 | 7.652 774 | 7.446 116 | 6.757 006 | 5.332 939 | 9.586 194 | 8.827 693 | 4.314 973 | 4.355 209 | 3.248 927 |
| Achn293761 | 1.477 606 | 1.096 194 | 1.235 949 | 3.578 522 | 5.731 416 | 4.917 378 | 0.625 968 | 1.241 99 | 0.276 84 | 1.077 764 | 2.322 725 | 1.817 334 | 1.007 089 | 1.054 | 0.288 109 | 1.680 091 | 1.259 474 | 2.961 389 |
| Achn357941 | 31.891 44 | 32.955 88 | 38.462 71 | 108.292 5 | 75.695 54 | 152.051 7 | 62.589 73 | 87.587 81 | 83.528 38 | 55.665 83 | 67.703 03 | 69.925 88 | 65.928 93 | 73.519 48 | 77.297 46 | 78.338 83 | 72.934 51 | 66.205 65 |
| Achn066721 | 3.539 323 | 13.241 03 | 10.430 35 | 2.869 179 | 5.889 027 | 0.208 673 | 8.102 853 | 6.311 304 | 3.861 456 | 3.444 894 | 2.218 327 | 1.743 751 | 15.626 15 | 21.384 88 | 23.25 | 6.944 289 | 5.479 725 | 5.679 72 |
| Achn188591 | 3 025.263 | 2 935.006 | 2 750.602 | 1 785.743 | 1 088.351 | 430.394 2 | 1 680.155 | 1 606.275 | 1 782.87 | 1 466.404 | 1 307.242 | 1 237.181 | 3 016.205 | 3 043.538 | 2 958.205 | 1 936.786 | 1 804.696 | 1 933.677 |
| Achn252561 | 10.577 19 | 28.450 49 | 11.299 42 | 31.538 8 | 39.584 42 | 14.628 07 | 15.551 04 | 42.879 38 | 42.55 | 4.009 249 | 3.930 161 | 5.659 094 | 25.829 9 | 132.175 8 | 190.067 5 | 16.027 44 | 17.252 74 | 4.898 64 |
| Achn340661 | 0.757 922 | 1.013 325 | 0.969 526 | 0.485 029 | 0.187 463 | 0.587 705 | 0.263 291 | 0.474 107 | 0.115 175 | 1.523 396 | 0.529 611 | 1.198 3 | 1.584 195 | 1.239 7 | 1.215 886 | 1.921 853 | 3.771 677 | 3.155 944 |
| Achn299171 | 0 | 0 | 0 | 1.194 253 | 1.836 66 | 2.256 298 | 2.197 986 | 1.879 789 | 1.973 46 | 1.346 194 | 1.914 522 | 0.951 428 | 0 | 2.637 231 | 0 | 0 | 0 | 0.634 413 |
| Achn347971 | 123.990 1 | 123.578 8 | 117.617 4 | 265.341 9 | 370.899 8 | 383.963 6 | 225.591 1 | 242.112 9 | 224.086 | 278.266 5 | 290.789 4 | 297.257 3 | 111.625 6 | 80.242 6 | 83.156 24 | 176.141 5 | 181.107 8 | 174.850 6 |
| Actinidia_chinensis_newGene_1333 | 12.655 98 | 13.145 56 | 11.219 43 | 8.770 528 | 8.686 879 | 9.696 492 | 7.824 644 | 6.626 75 | 6.524 385 | 5.738 296 | 5.245 286 | 6.202 806 | 9.931 193 | 13.420 09 | 14.054 43 | 14.134 61 | 14.489 39 | 12.738 61 |
| Achn151461 | 0.236 083 | 0.677 214 | 0.532 712 | 0.120 981 | 0.261 597 | 0.989 787 | 0.335 914 | 0.834 092 | 0.306 | 0.146 215 | 0.315 363 | 0.040 666 | 1.140 365 | 1.620 392 | 1.798 987 | 0.966 143 | 0.354 572 | 0.494 153 |

（续）

| 基因 ID | CK1 | CK2 | CK3 | T1-1 | T1-2 | T1-3 | T2-1 | T2-2 | T2-3 | T3-1 | T3-2 | T3-3 | T4-1 | T4-2 | T4-3 | T5-1 | T5-2 | T5-3 |
|---|---|---|---|---|---|---|---|---|---|---|---|---|---|---|---|---|---|---|
| Achn234741 | 1.815 679 | 1.713 056 | 1.419 584 | 3.329 154 | 1.943 057 | 9.336 243 | 2.145 281 | 2.151 213 | 2.096 652 | 3.537 349 | 3.721 708 | 3.724 91 | 2.139 297 | 2.910 924 | 3.070 975 | 4.525 298 | 4.178 589 | 4.141 557 |
| Achn171941 | 0.699 203 | 1.668 17 | 1.404 747 | 2.886 112 | 3.105 367 | 8.047 502 | 1.868 676 | 2.244 262 | 2.118 143 | 2.180 997 | 3.507 765 | 1.824 318 | 0.615 199 | 0.590 698 | 0.698 492 | 0.822 508 | 1.190 967 | 1.131 755 |
| Achn236241 | 3.122 318 | 2.450 547 | 2.488 919 | 3.896 138 | 3.023 474 | 6.192 414 | 2.048 79 | 2.241 913 | 1.714 209 | 2.621 153 | 2.971 387 | 2.831 885 | 5.556 359 | 5.948 128 | 6.002 07 | 4.221 57 | 4.603 055 | 5.097 577 |
| Achn026131 | 35.064 87 | 47.389 18 | 40.190 98 | 20.738 75 | 24.325 79 | 6.101 435 | 37.115 28 | 24.293 86 | 20.872 35 | 25.636 49 | 16.075 18 | 16.135 86 | 65.341 91 | 70.670 14 | 60.251 26 | 53.299 28 | 43.677 44 | 47.620 13 |
| Achn362321 | 0.794 337 | 0.265 239 | 0.441 893 | 0.559 024 | 1.433 034 | 2.238 935 | 0.165 768 | 0.827 719 | 0.783 882 | 2.759 644 | 2.451 853 | 2.438 335 | 0.449 193 | 0.058 727 | 0.248 852 | 1.659 563 | 1.793 709 | 1.023 05 |
| Achn332431 | 0.097 167 | 0.119 091 | 0.104 197 | 0.125 028 | 0.128 632 | 0.037 453 | 0.168 047 | 0.072 355 | 0.227 29 | 0.242 272 | 0.253 297 | 0.165 973 | 0.467 583 | 0.284 258 | 0.327 474 | 0.692 979 | 0.616 486 | 0.485 972 |
| Achn382871 | 10.174 77 | 6.003 539 | 7.716 98 | 23.638 27 | 14.737 74 | 22.194 12 | 13.249 35 | 11.528 45 | 11.415 14 | 13.483 21 | 15.797 52 | 16.728 64 | 5.568 997 | 3.253 369 | 4.684 737 | 13.030 08 | 15.039 73 | 17.167 21 |
| Achn240481 | 75.875 8 | 73.382 08 | 78.508 78 | 30.310 94 | 43.493 58 | 58.253 79 | 34.774 8 | 25.503 64 | 30.864 07 | 45.839 52 | 40.159 56 | 49.667 82 | 50.453 84 | 45.912 4 | 46.433 14 | 43.310 14 | 55.158 33 | 52.807 37 |
| Achn081051 | 1.094 179 | 0.274 796 | 0.565 979 | 1.403 665 | 2.590 207 | 8.721 474 | 3.360 957 | 2.854 882 | 3.413 121 | 1.641 823 | 1.743 77 | 2.274 344 | 0.814 952 | 1.694 704 | 1.906 426 | 0.211 564 | 0.412 779 | 0.412 376 |
| Achn345741 | 1.119 893 | 0.379 067 | 0.548 348 | 1.153 328 | 1.744 782 | 1.268 115 | 1.594 564 | 2.287 738 | 3.054 299 | 2.397 47 | 2.424 739 | 3.438 242 | 0.599 694 | 0.974 682 | 0.910 638 | 1.045 829 | 0.947 86 | 1.240 445 |
| Achn239081 | 27.791 12 | 31.013 4 | 27.504 65 | 167.201 1 | 78.253 74 | 105.381 7 | 39.511 5 | 85.718 22 | 56.143 81 | 47.984 57 | 58.449 81 | 56.268 02 | 70.294 98 | 103.193 1 | 86.344 17 | 63.520 57 | 63.450 83 | 56.884 69 |
| Achn065931 | 5.429 011 | 5.956 146 | 6.245 389 | 8.840 322 | 6.483 888 | 6.143 643 | 5.677 231 | 7.507 637 | 4.705 974 | 4.503 036 | 5.339 379 | 7.062 881 | 15.483 07 | 20.623 82 | 17.980 58 | 10.163 05 | 11.145 9 | 8.402 659 |
| Achn271701 | 3.045 492 | 1.487 595 | 3.314 622 | 193.641 3 | 28.464 2 | 20.487 27 | 28.850 77 | 145.526 8 | 71.882 87 | 17.112 77 | 26.423 75 | 23.629 47 | 164.802 5 | 236.129 3 | 188.535 | 30.780 02 | 25.899 66 | 26.265 23 |
| Achn201251 | 16.966 39 | 14.129 44 | 14.629 09 | 4.729 452 | 2.492 741 | 2.604 454 | 7.902 231 | 5.609 256 | 8.358 392 | 4.280 578 | 2.987 054 | 3.677 404 | 15.301 99 | 9.281 558 | 10.526 1 | 4.181 064 | 6.757 787 | 7.205 772 |
| Achn360771 | 1.489 092 | 1.657 665 | 2.879 382 | 0.906 696 | 1.385 41 | 0.726 09 | 0.467 03 | 0.872 052 | 0.945 872 | 0.415 014 | 0.285 293 | 0.395 704 | 1.136 888 | 3.564 135 | 2.990 928 | 0.535 046 | 0.629 525 | 0.594 676 |
| Actinidia_chinensis_newGene_11447 | 1.195 17 | 1.054 935 | 1.001 204 | 0 | 0.248 335 | 0 | 0.420 573 | 0.383 207 | 0.053 578 | 0.920 346 | 0.666 685 | 1.058 139 | 0.065 543 | 0 | 0 | 0.315 656 | 0.121 682 | 0.313 317 |
| Actinidia_chinensis_newGene_6215 | 1.419 384 | 1.273 609 | 1.092 843 | 3.612 352 | 2.770 598 | 8.533 51 | 0.685 25 | 1.624 694 | 1.116 84 | 2.598 3 | 2.879 448 | 2.846 533 | 1.857 358 | 1.593 309 | 1.152 817 | 2.575 922 | 2.869 335 | 2.404 649 |
| Achn076631 | 3.678 55 | 2.780 102 | 2.704 319 | 1.375 038 | 2.976 276 | 7.420 358 | 2.529 502 | 2.772 843 | 3.255 791 | 1.646 568 | 1.232 065 | 1.458 779 | 2.565 149 | 7.057 433 | 5.312 908 | 0.332 555 | 1.664 986 | 1.122 586 |

（续）

| 基因 ID | CK1 | CK2 | CK3 | T1-1 | T1-2 | T1-3 | T2-1 | T2-2 | T2-3 | T3-1 | T3-2 | T3-3 | T4-1 | T4-2 | T4-3 | T5-1 | T5-2 | T5-3 |
|---|---|---|---|---|---|---|---|---|---|---|---|---|---|---|---|---|---|---|
| Achn260251 | 44.488 31 | 25.774 77 | 26.295 61 | 6.316 904 | 9.551 981 | 9.217 506 | 23.281 15 | 15.648 15 | 20.939 51 | 12.363 48 | 6.805 452 | 14.416 07 | 15.204 98 | 7.193 454 | 9.600 768 | 8.329 358 | 4.009 367 | 6.141 735 |
| Achn164241 | 10.076 24 | 6.780 12 | 7.572 879 | 8.820 853 | 7.291 143 | 4.501 086 | 5.310 908 | 4.374 426 | 4.412 024 | 5.032 123 | 3.529 509 | 2.907 271 | 3.874 045 | 1.797 452 | 5.966 662 | 2.983 339 | 5.712 091 | 6.012 778 |
| Achn268001 | 299.476 1 | 296.860 1 | 277.192 9 | 185.457 7 | 267.843 9 | 218.924 7 | 142.931 5 | 133.808 8 | 129.710 7 | 215.261 6 | 217.678 9 | 250.599 5 | 119.628 9 | 85.210 79 | 87.073 53 | 150.577 9 | 173.901 2 | 172.707 |
| Actinidia_chinensis_newGene_1536 | 1.408 95 | 1.891 754 | 1.558 414 | 1.916 173 | 1.005 575 | 1.700 618 | 1.010 226 | 0.553 322 | 0.604 74 | 0.584 894 | 0.828 051 | 0.290 251 | 1.043 551 | 0.921 176 | 1.145 007 | 1.495 069 | 1.490 415 | 1.344 884 |
| Achn081191 | 1.636 771 | 1.952 907 | 1.624 374 | 10.967 77 | 6.696 908 | 13.403 29 | 4.036 064 | 3.585 58 | 3.830 042 | 5.292 584 | 5.150 524 | 5.652 398 | 1.984 609 | 1.149 511 | 1.492 906 | 2.158 853 | 3.045 538 | 2.007 769 |
| Achn050161 | 1.814 077 | 1.685 284 | 1.305 5 | 1.223 495 | 1.351 404 | 1.794 248 | 0.600 011 | 0.795 992 | 0.392 175 | 1.956 949 | 2.042 056 | 1.899 212 | 1.447 889 | 1.298 548 | 0.969 08 | 3.244 391 | 3.626 122 | 3.464 455 |
| Achn117261 | 9.126 544 | 7.671 319 | 7.364 118 | 22.572 97 | 24.187 49 | 28.173 32 | 9.997 542 | 11.478 7 | 11.781 4 | 13.842 14 | 15.481 66 | 14.137 3 | 7.001 642 | 6.386 147 | 6.796 912 | 9.635 646 | 10.335 9 | 9.232 574 |
| Achn100841 | 1.498 383 | 1.733 114 | 0.510 665 | 1.614 087 | 3.872 269 | 0.313 826 | 3.394 598 | 5.857 592 | 3.690 842 | 1.133 486 | 1.438 125 | 2.081 844 | 0.429 972 | 0 | 0.272 435 | 2.300 309 | 5.141 522 | 0.780 603 |
| Achn216341 | 899.057 8 | 1 392.25 | 1 530.225 | 464.903 8 | 729.385 3 | 57.992 9 | 1 016.363 | 807.160 5 | 691.964 8 | 244.657 1 | 218.298 5 | 282.012 3 | 1 200.567 | 2 599.407 | 1 861.271 | 69.752 1 | 101.328 2 | 196.196 5 |
| Achn094091 | 1.423 132 | 0.988 183 | 0.246 136 | 4.833 676 | 2.269 495 | 0.459 358 | 1.176 521 | 1.603 878 | 1.124 54 | 1.623 729 | 3.537 637 | 3.294 394 | 0.702 466 | 0.642 974 | 0.314 816 | 3.414 608 | 3.430 344 | 4.921 485 |
| Achn105381 | 35.461 68 | 37.342 53 | 49.459 04 | 33.343 23 | 16.688 7 | 0.732 878 | 22.188 69 | 19.358 2 | 18.252 63 | 3.604 159 | 3.765 639 | 4.786 197 | 25.417 23 | 46.642 26 | 47.834 84 | 17.304 49 | 16.402 12 | 23.082 64 |
| Achn230841 | 44.722 75 | 38.671 71 | 46.300 41 | 58.206 2 | 114.653 3 | 186.996 6 | 53.386 28 | 49.261 57 | 69.265 17 | 59.441 43 | 44.496 17 | 50.608 78 | 11.090 55 | 12.277 16 | 14.573 33 | 26.689 89 | 32.632 64 | 32.919 03 |
| Actinidia_chinensis_newGene_11047 | 2.425 296 | 2.603 066 | 1.891 668 | 2.216 893 | 1.112 489 | 3.697 029 | 1.020 199 | 0.542 153 | 0.528 548 | 0.806 087 | 1.738 612 | 1.198 354 | 1.068 362 | 2.525 485 | 1.260 84 | 2.389 574 | 1.493 045 | 1.973 236 |
| Actinidia_chinensis_newGene_11040 | 5.880 164 | 8.663 325 | 8.149 525 | 1.505 5 | 1.860 098 | 2.171 849 | 5.434 605 | 4.672 696 | 4.004 272 | 11.542 26 | 13.157 49 | 18.198 12 | 2.834 992 | 3.260 407 | 2.238 361 | 11.748 56 | 7.296 062 | 8.396 432 |
| Achn031911 | 15.671 35 | 12.958 | 11.430 33 | 32.178 06 | 27.289 87 | 51.802 45 | 12.236 62 | 14.590 76 | 14.766 96 | 19.332 05 | 21.872 33 | 20.489 28 | 7.946 056 | 4.895 959 | 6.223 12 | 17.844 05 | 19.974 67 | 17.886 58 |
| Achn172981 | 3.254 908 | 1.855 69 | 3.747 212 | 79.029 14 | 28.046 62 | 24.429 95 | 21.239 31 | 61.153 92 | 38.481 86 | 11.930 69 | 22.412 5 | 17.150 29 | 77.808 1 | 85.863 66 | 86.579 57 | 53.711 9 | 28.678 58 | 37.706 37 |
| Actinidia_chinensis_newGene_12022 | 0.247 959 | 0.352 183 | 0.211 566 | 0.762 26 | 0.537 317 | 1.403 497 | 0.395 793 | 0.337 49 | 0.252 126 | 1.222 526 | 1.821 654 | 1.408 395 | 0.654 029 | 0.388 026 | 0.457 77 | 1.590 822 | 1.103 044 | 1.038 542 |

（续）

| 基因 ID | CK1 | CK2 | CK3 | T1-1 | T1-2 | T1-3 | T2-1 | T2-2 | T2-3 | T3-1 | T3-2 | T3-3 | T4-1 | T4-2 | T4-3 | T5-1 | T5-2 | T5-3 |
|---|---|---|---|---|---|---|---|---|---|---|---|---|---|---|---|---|---|---|
| Achn238781 | 1.029 151 | 1.119 136 | 0.631 338 | 0.945 658 | 1.804 276 | 2.784 093 | 1.335 384 | 1.844 297 | 1.372 666 | 2.074 535 | 3.625 356 | 2.305 355 | 1.225 657 | 0.821 43 | 0.922 801 | 0.569 484 | 0.407 531 | 0.502 197 |
| Achn007661 | 1 859.127 | 1 625.286 | 1 327.873 | 283.340 9 | 267.028 6 | 17.885 71 | 323.008 9 | 383.818 | 475.565 9 | 943.409 1 | 986.266 9 | 737.102 5 | 1 003.787 | 580.390 4 | 552.747 9 | 1 731.751 | 1 754.25 | 2 122.989 |
| Actinidia_chinensis_newGene_8209 | 11.549 09 | 11.165 01 | 11.475 44 | 24.852 07 | 22.637 77 | 37.027 39 | 11.657 03 | 13.653 11 | 9.149 035 | 15.822 13 | 13.411 36 | 15.591 6 | 10.180 68 | 9.881 833 | 8.193 025 | 10.741 46 | 10.689 06 | 9.058 036 |
| Achn166141 | 0.544 116 | 1.170 978 | 0.766 925 | 0.236 471 | 0.064 978 | 0.073 294 | 0.647 818 | 0.321 052 | 0.105 234 | 0.353 143 | 0.086 646 | 0.563 247 | 0.540 984 | 0.556 766 | 0.471 135 | 0.567 988 | 0.732 944 | 0.303 738 |
| Achn149271 | 95.752 11 | 98.022 24 | 90.439 5 | 88.095 99 | 59.272 22 | 29.593 05 | 56.569 03 | 56.142 38 | 52.282 48 | 52.670 75 | 48.927 57 | 52.582 97 | 80.927 27 | 94.922 71 | 85.993 58 | 51.017 39 | 53.375 32 | 61.080 74 |
| Achn253041 | 0.199 788 | 0.312 111 | 0.281 929 | 0 | 0.212 168 | 0.951 148 | 0 | 0.376 749 | 0.060 064 | 0.069 013 | 0.134 152 | 0.094 039 | 1.072 039 | 0.700 418 | 0.269 452 | 1.920 924 | 2.981 579 | 2.050 027 |
| Actinidia_chinensis_newGene_10050 | 3.559 55 | 5.655 445 | 6.346 654 | 5.206 078 | 9.643 154 | 3.261 131 | 9.493 848 | 8.538 127 | 7.243 26 | 4.399 087 | 4.576 87 | 4.435 449 | 2.074 131 | 2.916 769 | 2.553 377 | 1.546 065 | 2.013 294 | 1.298 088 |
| Achn093781 | 14.282 74 | 13.559 06 | 15.581 15 | 9.347 003 | 4.010 049 | 8.521 893 | 6.924 886 | 5.913 249 | 5.195 766 | 6.185 755 | 4.038 302 | 6.773 325 | 10.201 33 | 18.583 73 | 14.465 26 | 14.073 28 | 20.896 | 8.235 389 |
| Achn029981 | 34.751 69 | 36.497 37 | 31.968 31 | 18.355 46 | 11.357 08 | 7.773 881 | 7.925 377 | 10.331 11 | 8.139 035 | 16.248 79 | 15.375 93 | 13.027 67 | 16.523 | 17.325 58 | 13.355 4 | 18.907 4 | 22.610 93 | 26.965 02 |
| Achn163391 | 1.710 29 | 2.257 457 | 2.142 884 | 4.521 125 | 5.964 214 | 6.823 145 | 7.589 457 | 4.512 225 | 4.246 729 | 5.497 181 | 5.451 88 | 4.133 655 | 1.441 387 | 2.343 677 | 3.634 727 | 0.808 55 | 1.764 202 | 1.397 626 |
| Achn110121 | 1.078 193 | 1.498 254 | 1.757 58 | 0 | 0.318 195 | 0.064 471 | 0.391 721 | 0.389 49 | 0.385 871 | 0.470 629 | 0.690 57 | 0.823 883 | 0.692 995 | 1.663 289 | 0.724 894 | 2.073 199 | 1.318 696 | 2.035 595 |
| Achn149561 | 2.049 394 | 1.525 441 | 1.249 361 | 1.169 331 | 1.153 521 | 1.851 732 | 0.802 259 | 0.716 259 | 0.543 92 | 1.877 157 | 1.547 829 | 1.241 85 | 0.847 904 | 0.840 515 | 0.488 176 | 1.788 113 | 1.489 448 | 1.381 981 |
| Actinidia_chinensis_newGene_1703 | 6.466 675 | 8.279 06 | 6.264 781 | 1.611 161 | 3.460 529 | 1.603 487 | 5.060 366 | 2.486 112 | 3.019 758 | 2.426 893 | 2.253 506 | 2.224 719 | 12.493 93 | 16.182 84 | 12.630 47 | 3.243 803 | 3.325 27 | 6.728 854 |
| Achn299241 | 0.957 692 | 0.966 378 | 1.521 881 | 4.205 697 | 3.656 888 | 20.178 15 | 1.967 059 | 2.560 716 | 2.142 881 | 1.486 079 | 1.140 085 | 1.067 32 | 0.697 763 | 0.287 566 | 0.490 795 | 1.339 633 | 2.291 57 | 0.826 066 |
| Achn310031 | 0.555 462 | 0.598 956 | 1.035 036 | 2.446 86 | 0.779 268 | 1.476 778 | 1.217 102 | 3.535 125 | 0.772 591 | 0.951 356 | 0.327 905 | 1.145 448 | 2.783 938 | 8.327 019 | 7.640 5 | 1.385 894 | 1.459 862 | 2.041 154 |
| Achn053601 | 10.127 65 | 7.632 55 | 10.636 21 | 7.140 322 | 6.416 366 | 4.330 771 | 5.339 912 | 4.117 053 | 3.488 544 | 3.279 402 | 2.614 309 | 3.863 442 | 4.726 808 | 6.686 878 | 6.205 631 | 4.062 451 | 5.038 122 | 2.584 502 |
| Achn110681 | 7.008 761 | 5.627 555 | 5.750 229 | 7.309 747 | 7.977 512 | 17.640 59 | 9.165 977 | 8.702 937 | 10.048 37 | 6.289 856 | 5.138 141 | 8.305 472 | 12.450 77 | 24.545 34 | 13.395 16 | 6.980 463 | 8.095 622 | 7.312 915 |

（续）

| 基因ID | CK1 | CK2 | CK3 | T1-1 | T1-2 | T1-3 | T2-1 | T2-2 | T2-3 | T3-1 | T3-2 | T3-3 | T4-1 | T4-2 | T4-3 | T5-1 | T5-2 | T5-3 |
|---|---|---|---|---|---|---|---|---|---|---|---|---|---|---|---|---|---|---|
| Achn027581 | 3.429 835 | 6.120 1 | 5.831 809 | 1.155 663 | 2.223 48 | 0.812 011 | 2.329 233 | 2.758 554 | 2.004 285 | 1.335 048 | 1.516 046 | 1.339 346 | 0.642 566 | 0.298 124 | 1.132 561 | 0.812 498 | 3.377 851 | 3.523 565 |
| Achn105361 | 79.496 03 | 79.474 59 | 74.083 55 | 31.483 09 | 24.495 52 | 26.295 34 | 54.267 27 | 38.535 76 | 36.929 87 | 20.426 44 | 13.335 11 | 14.162 71 | 119.032 7 | 94.031 45 | 84.822 6 | 13.291 18 | 13.745 39 | 17.432 19 |
| Achn147141 | 9.410 984 | 8.895 367 | 7.710 653 | 1.493 473 | 1.718 202 | 0 | 1.570 695 | 1.839 481 | 1.844 312 | 0.969 041 | 0.681 635 | 1.090 876 | 6.616 097 | 1.252 737 | 4.792 896 | 5.797 405 | 10.768 44 | 9.427 292 |
| Achn089971 | 2.685 992 | 1.815 475 | 1.185 189 | 6.745 246 | 4.607 549 | 8.124 876 | 3.939 487 | 3.210 792 | 6.022 183 | 4.112 545 | 4.049 417 | 3.603 421 | 4.280 527 | 5.308 206 | 3.685 335 | 3.638 119 | 3.384 494 | 3.433 581 |
| Achn193431 | 3.306 777 | 2.954 916 | 3.400 549 | 0.235 329 | 0.533 958 | 0.119 061 | 1.539 562 | 1.203 751 | 1.627 939 | 1.015 921 | 0.778 587 | 0.574 304 | 2.834 212 | 1.694 708 | 2.384 52 | 0.599 521 | 1.102 145 | 1.483 969 |
| Actinidia_chinensis_newGene_9637 | 5.678 091 | 9.324 167 | 12.057 52 | 4.843 677 | 5.141 221 | 2.643 81 | 6.982 712 | 6.510 344 | 2.686 427 | 2.016 748 | 1.502 663 | 2.529 843 | 7.304 848 | 18.336 92 | 18.927 44 | 1.016 876 | 1.410 519 | 2.375 953 |
| Achn336291 | 0.159 527 | 0.615 187 | 0.916 137 | 0.604 652 | 0.572 458 | 0.932 971 | 1.009 108 | 0.659 298 | 0.509 689 | 0.168 339 | 0.245 883 | 0.171 619 | 1.456 575 | 1.902 244 | 2.766 17 | 0.911 245 | 1.008 367 | 1.130 103 |
| Achn185001 | 0.746 276 | 0.338 518 | 0.425 46 | 0.198 188 | 0 | 0.066 841 | 0.370 872 | 0.201 463 | 0.442 744 | 0.330 14 | 0.334 321 | 0.284 509 | 1.178 31 | 1.226 927 | 1.191 904 | 2.780 875 | 2.503 437 | 2.517 229 |
| Achn218201 | 1.489 663 | 3.425 315 | 3.378 38 | 1.847 445 | 1.373 742 | 2.541 508 | 0.889 964 | 1.673 382 | 1.866 13 | 0.993 098 | 1.317 515 | 1.911 179 | 1.140 378 | 1.312 475 | 1.356 236 | 1.177 292 | 1.060 387 | 0.661 706 |
| Actinidia_chinensis_newGene_8024 | 7.839 249 | 7.248 463 | 7.334 986 | 17.193 18 | 14.951 16 | 23.695 34 | 12.188 48 | 11.394 72 | 14.405 52 | 12.573 94 | 11.697 6 | 12.328 14 | 5.953 16 | 8.177 543 | 7.523 016 | 5.636 586 | 8.828 28 | 6.457 611 |
| Achn181831 | 35.951 74 | 38.196 68 | 43.357 92 | 26.596 13 | 28.911 67 | 17.651 4 | 41.845 94 | 45.620 21 | 47.994 69 | 34.928 2 | 32.236 08 | 33.879 83 | 60.404 09 | 138.493 3 | 107.418 9 | 44.178 57 | 41.565 79 | 39.342 57 |
| Actinidia_chinensis_newGene_2708 | 0.364 951 | 0.453 899 | 0.652 185 | 3.684 592 | 3.345 01 | 3.065 595 | 0.685 218 | 1.618 368 | 0.987 334 | 0.979 464 | 1.559 718 | 1.310 523 | 0.254 672 | 1.194 623 | 1.274 773 | 0.716 952 | 0.922 432 | 0.671 932 |
| Achn292221 | 1.587 688 | 1.275 949 | 1.128 81 | 1.509 892 | 1.469 317 | 0.860 168 | 1.619 365 | 2.298 794 | 1.632 638 | 1.232 634 | 1.504 873 | 1.069 674 | 0.327 015 | 0.684 651 | 0.115 75 | 0.422 061 | 0.396 68 | 0.352 404 |
| Actinidia_chinensis_newGene_9860 | 17.007 | 31.326 39 | 23.291 18 | 2.045 332 | 0 | 0 | 2.210 243 | 1.904 952 | 1.309 774 | 1.420 727 | 0 | 0 | 32.863 33 | 165.519 3 | 119.285 7 | 4.645 023 | 5.754 72 | 3.758 741 |
| Achn179871 | 2.075 984 | 1.987 17 | 1.915 423 | 0.799 16 | 0.876 324 | 0.322 695 | 0.877 234 | 0.895 056 | 0.459 464 | 1.036 883 | 1.646 818 | 1.584 339 | 2.072 668 | 2.870 905 | 1.935 338 | 1.843 455 | 0.675 554 | 2.636 05 |
| Achn223051 | 61.393 58 | 34.898 58 | 39.296 51 | 207.071 5 | 111.873 8 | 56.717 84 | 106.627 8 | 167.056 3 | 144.290 6 | 145.158 9 | 145.878 7 | 127.238 3 | 87.950 86 | 66.857 73 | 68.796 73 | 178.246 6 | 172.113 1 | 158.167 6 |

（续）

| 基因 ID | CK1 | CK2 | CK3 | T1-1 | T1-2 | T1-3 | T2-1 | T2-2 | T2-3 | T3-1 | T3-2 | T3-3 | T4-1 | T4-2 | T4-3 | T5-1 | T5-2 | T5-3 |
|---|---|---|---|---|---|---|---|---|---|---|---|---|---|---|---|---|---|---|
| Achn070151 | 2.199 781 | 2.758 825 | 3.683 | 7.123 327 | 6.799 852 | 9.061 95 | 3.826 058 | 4.216 46 | 4.060 78 | 7.240 809 | 6.288 506 | 7.448 717 | 2.490 726 | 3.107 787 | 3.650 941 | 4.611 408 | 5.287 454 | 4.694 816 |
| Actinidia_chinensis_newGene_9139 | 1.068 457 | 0.808 78 | 0.911 104 | 0 | 0.148 155 | 0.192 101 | 0.202 225 | 0 | 0.174 482 | 0.238 517 | 0 | 0 | 0.349 129 | 0 | 0.155 728 | 0.147 392 | 0.251 639 | 0.057 142 |
| Achn013181 | 4.825 929 | 4.610 569 | 5.317 677 | 17.173 18 | 22.802 38 | 25.027 97 | 17.151 59 | 14.622 58 | 19.725 81 | 13.296 79 | 9.110 318 | 13.418 43 | 5.247 097 | 16.153 14 | 11.369 44 | 12.099 28 | 12.067 46 | 8.007 891 |
| Achn327861 | 1.792 516 | 2.394 29 | 2.246 644 | 1.683 66 | 1.973 697 | 3.759 815 | 1.421 555 | 0.866 823 | 0.982 593 | 1.741 205 | 1.894 12 | 1.800 529 | 4.255 63 | 4.759 066 | 6.004 958 | 3.360 55 | 3.674 436 | 3.008 075 |
| Achn041961 | 19.269 46 | 9.809 488 | 8.391 537 | 10.547 11 | 10.061 95 | 4.241 216 | 4.285 013 | 5.401 1 | 6.035 968 | 4.291 125 | 4.581 316 | 6.199 747 | 1.804 964 | 0.551 862 | 1.125 255 | 4.294 562 | 5.804 446 | 7.193 454 |
| Achn362741 | 0.678 487 | 0.908 817 | 0.895 613 | 2.911 06 | 3.388 012 | 7.802 725 | 0.919 722 | 1.241 255 | 0.782 725 | 1.310 552 | 1.598 076 | 1.671 196 | 1.564 227 | 1.200 233 | 1.537 981 | 1.103 098 | 1.693 441 | 1.255 567 |
| Achn084101 | 0.395 695 | 0.456 73 | 0.647 411 | 0.245 799 | 0.514 382 | 0.445 302 | 0.525 615 | 2.463 878 | 0.086 12 | 0.714 202 | 0.627 022 | 1.240 503 | 2.887 595 | 4.680 461 | 3.580 207 | 1.936 614 | 1.237 994 | 1.640 137 |
| Actinidia_chinensis_newGene_4082 | 1.373 595 | 1.347 324 | 0.978 375 | 18.958 85 | 13.914 85 | 8.200 735 | 7.484 517 | 12.423 36 | 9.843 189 | 4.372 848 | 4.707 827 | 3.764 846 | 1.591 432 | 4.764 834 | 7.226 657 | 3.240 949 | 3.174 45 | 2.279 69 |
| Achn030021 | 2.579 485 | 1.804 66 | 2.707 512 | 5.787 39 | 6.014 146 | 16.707 82 | 3.354 073 | 3.192 391 | 3.408 079 | 3.258 325 | 3.129 25 | 4.058 536 | 1.426 28 | 1.133 344 | 1.485 798 | 1.542 636 | 2.478 488 | 1.478 105 |
| Achn343771 | 19.090 77 | 27.860 91 | 24.623 58 | 5.783 374 | 13.321 72 | 1.733 822 | 14.036 5 | 13.126 87 | 10.736 33 | 13.367 35 | 11.042 14 | 12.802 01 | 22.249 58 | 15.132 28 | 22.594 48 | 8.063 976 | 9.242 368 | 11.701 43 |
| Achn014601 | 0.354 721 | 0.052 242 | 0.342 387 | 1.123 069 | 0 | 0 | 1.353 884 | 1.854 162 | 1.589 967 | 1.258 847 | 1.241 951 | 2.054 561 | 0.167 878 | 0 | 0.057 612 | 0.431 941 | 0.585 866 | 0 |
| Achn029861 | 8.609 001 | 8.835 614 | 8.565 325 | 3.712 775 | 3.701 346 | 9.607 242 | 3.010 704 | 4.256 91 | 4.763 236 | 6.481 831 | 2.561 168 | 3.027 698 | 8.619 892 | 15.007 41 | 7.622 671 | 10.936 93 | 11.480 5 | 15.269 86 |
| Achn200631 | 12.911 47 | 10.555 42 | 7.461 094 | 1.639 077 | 1.152 155 | 0.659 091 | 6.009 387 | 3.381 034 | 4.218 435 | 7.007 596 | 6.579 416 | 5.852 115 | 4.664 454 | 3.788 039 | 4.008 605 | 20.726 15 | 33.664 57 | 21.817 4 |
| Achn124471 | 4.797 688 | 7.915 807 | 6.374 434 | 15.123 26 | 18.716 57 | 23.596 01 | 9.105 491 | 11.697 1 | 7.106 582 | 7.725 066 | 7.197 339 | 7.211 54 | 2.512 158 | 2.608 487 | 3.496 842 | 4.660 673 | 2.678 925 | 1.474 313 |
| Achn361621 | 4.222 409 | 4.299 402 | 4.494 237 | 1.105 895 | 0.769 905 | 11.302 58 | 3.607 667 | 7.787 089 | 9.881 318 | 9.270 77 | 18.160 17 | 14.796 51 | 6.058 912 | 1.918 233 | 3.718 565 | 7.237 241 | 6.358 769 | 4.141 263 |
| Achn255721 | 1.078 855 | 1.594 924 | 1.182 625 | 5.542 173 | 3.917 604 | 10.497 76 | 2.344 196 | 2.578 647 | 2.974 342 | 1.572 193 | 1.835 977 | 1.927 187 | 3.654 41 | 3.141 812 | 2.791 143 | 1.861 471 | 1.573 436 | 1.937 689 |
| Achn317781 | 17.340 49 | 23.012 72 | 23.829 25 | 2.750 136 | 5.931 049 | 2.183 759 | 12.029 19 | 10.213 49 | 8.600 994 | 5.222 454 | 4.135 211 | 3.818 566 | 30.538 66 | 37.067 81 | 30.838 96 | 11.938 11 | 12.123 85 | 8.795 35 |
| Achn145371 | 27.082 26 | 28.445 3 | 28.955 16 | 17.252 72 | 21.863 35 | 24.770 22 | 16.174 8 | 31.818 76 | 21.177 77 | 24.169 81 | 35.096 38 | 24.328 29 | 12.820 36 | 14.534 94 | 10.196 44 | 33.102 44 | 36.114 58 | 27.360 51 |

（续）

| 基因ID | CK1 | CK2 | CK3 | T1-1 | T1-2 | T1-3 | T2-1 | T2-2 | T2-3 | T3-1 | T3-2 | T3-3 | T4-1 | T4-2 | T4-3 | T5-1 | T5-2 | T5-3 |
|---|---|---|---|---|---|---|---|---|---|---|---|---|---|---|---|---|---|---|
| Achn234431 | 66.216 59 | 58.615 04 | 66.423 46 | 72.649 88 | 37.154 43 | 57.447 16 | 21.001 68 | 14.914 12 | 13.193 91 | 15.416 08 | 12.980 65 | 13.536 18 | 38.195 63 | 36.003 6 | 47.783 24 | 78.171 58 | 78.250 71 | 86.665 22 |
| Achn019371 | 0.787 569 | 1.055 915 | 1.068 577 | 1.624 622 | 1.544 261 | 1.793 059 | 1.678 035 | 0.925 13 | 1.174 372 | 1.042 21 | 1.149 538 | 1.283 12 | 2.267 085 | 1.714 662 | 2.288 703 | 1.597 141 | 1.781 508 | 1.539 913 |
| Achn059221 | 0.729 426 | 0.339 216 | 0.530 4 | 0.637 505 | 0.386 508 | 0.146 305 | 0.119 982 | 1.010 469 | 0.896 138 | 0.449 298 | 0.838 533 | 0.831 583 | 2.583 47 | 2.651 297 | 1.829 735 | 2.935 568 | 3.275 955 | 2.277 44 |
| Achn232121 | 11.139 83 | 12.176 73 | 10.401 11 | 8.936 738 | 6.500 413 | 12.854 45 | 3.467 076 | 4.629 535 | 3.334 708 | 8.278 625 | 8.664 742 | 6.760 379 | 10.701 81 | 8.908 218 | 9.203 391 | 12.368 12 | 12.251 29 | 13.421 22 |
| Achn171491 | 275.439 5 | 247.194 6 | 231.213 | 101.213 1 | 116.639 6 | 112.729 2 | 152.365 2 | 126.483 1 | 138.165 4 | 89.188 02 | 84.786 97 | 85.638 2 | 295.711 4 | 373.247 9 | 329.566 3 | 134.563 6 | 150.042 4 | 159.849 2 |
| Achn359481 | 5.833 106 | 5.852 612 | 7.533 302 | 3.684 044 | 0.859 609 | 1.539 859 | 1.817 438 | 2.523 449 | 2.182 987 | 1.378 896 | 1.618 053 | 1.208 858 | 6.997 669 | 5.444 648 | 7.008 757 | 5.529 767 | 5.437 376 | 4.704 391 |
| Achn237511 | 405.918 5 | 419.299 5 | 415.248 | 155.168 2 | 188.421 8 | 59.889 85 | 376.563 8 | 319.931 8 | 346.840 3 | 261.798 | 242.255 7 | 254.766 6 | 442.244 9 | 394.678 6 | 367.332 5 | 218.361 2 | 231.174 3 | 285.231 |
| Achn337441 | 1.119 812 | 1.318 211 | 1.810 101 | 0.747 688 | 0.645 953 | 0.789 384 | 0.712 059 | 0.479 885 | 0.565 65 | 0.732 521 | 0.723 117 | 0.599 2 | 1.226 136 | 1.123 305 | 1.395 621 | 1.417 745 | 1.334 153 | 1.816 181 |
| Achn215071 | 5.767 684 | 6.154 719 | 6.337 749 | 5.343 469 | 9.778 468 | 11.124 9 | 9.465 808 | 19.752 92 | 9.661 692 | 9.172 436 | 9.020 412 | 8.751 552 | 7.233 398 | 8.143 597 | 13.521 15 | 7.522 791 | 8.518 723 | 11.483 69 |
| Achn103611 | 0.600 046 | 0.728 892 | 0.715 776 | 0.385 042 | 0.351 222 | 0.164 982 | 0.134 619 | 0.291 631 | 0.182 043 | 0.587 229 | 0.551 72 | 0.554 682 | 0.843 339 | 0.781 157 | 0.646 249 | 1.007 992 | 1.066 397 | 1.303 432 |
| Achn172231 | 1.778 781 | 2.067 445 | 1.563 119 | 0.701 642 | 0.642 214 | 2.959 056 | 0.324 588 | 0.827 345 | 0.717 409 | 2.519 178 | 1.959 45 | 3.001 577 | 1.202 261 | 0.446 452 | 0.825 505 | 4.378 461 | 5.371 595 | 5.029 984 |
| Achn132631 | 753.671 6 | 814.529 4 | 862.973 4 | 950.447 9 | 1 433.342 | 129.857 7 | 431.04 | 533.332 | 647.608 9 | 115.395 7 | 101.274 3 | 181.982 8 | 352.940 5 | 245.793 2 | 344.057 8 | 886.858 | 912.179 3 | 779.382 5 |
| Achn244241 | 10.463 32 | 11.002 87 | 9.791 9 | 15.963 39 | 28.088 12 | 33.714 03 | 13.058 02 | 14.439 18 | 15.850 81 | 14.397 01 | 16.238 82 | 16.194 49 | 31.363 | 63.614 54 | 31.410 23 | 28.747 57 | 21.688 1 | 23.511 11 |
| Actinidia_chinensis_newGene_2137 | 2.246 231 | 2.210 967 | 2.263 092 | 3.002 054 | 3.222 301 | 5.605 615 | 4.610 749 | 3.456 846 | 6.860 628 | 2.666 806 | 4.303 524 | 4.628 891 | 3.234 126 | 1.619 99 | 4.265 301 | 5.368 751 | 7.083 44 | 3.374 141 |
| Achn040081 | 40.206 98 | 38.559 64 | 36.178 59 | 41.348 27 | 66.768 74 | 62.008 88 | 49.296 23 | 42.034 71 | 33.915 74 | 38.191 91 | 39.302 29 | 40.525 83 | 17.307 8 | 14.966 27 | 16.216 8 | 19.142 07 | 23.133 95 | 26.149 8 |
| Achn015581 | 215.614 | 228.325 2 | 211.977 2 | 97.557 09 | 89.889 98 | 103.051 4 | 120.415 6 | 107.223 9 | 109.768 9 | 84.562 1 | 83.756 96 | 76.703 61 | 234.257 4 | 252.543 6 | 239.252 7 | 143.797 5 | 146.156 6 | 168.523 5 |
| Achn361021 | 0.551 346 | 0.275 337 | 0.448 297 | 0.515 585 | 0.646 492 | 0.262 261 | 0.267 002 | 0.572 652 | 0.256 264 | 0.343 864 | 0.518 487 | 0.743 651 | 0.779 618 | 0.653 151 | 2.326 53 | 4.038 881 | 3.728 979 | 3.814 821 |
| Achn319541 | 25.155 87 | 25.768 3 | 25.837 92 | 0 | 0 | 0 | 25.877 47 | 3.611 833 | 0 | 0 | 23.800 64 | 27.869 44 | 0 | 0 | 0 | 25.045 42 | 30.096 34 | 24.960 74 |

（续）

| 基因ID | CK1 | CK2 | CK3 | T1-1 | T1-2 | T1-3 | T2-1 | T2-2 | T2-3 | T3-1 | T3-2 | T3-3 | T4-1 | T4-2 | T4-3 | T5-1 | T5-2 | T5-3 |
|---|---|---|---|---|---|---|---|---|---|---|---|---|---|---|---|---|---|---|
| Actinidia_chinensis_newGene_5556 | 4.234 249 | 4.610 853 | 4.849 811 | 24.254 53 | 41.687 99 | 7.421 249 | 9.369 6 | 8.829 927 | 11.398 59 | 2.763 54 | 2.131 058 | 3.001 533 | 2.755 517 | 5.847 878 | 3.910 639 | 2.472 505 | 4.279 178 | 2.940 258 |
| Achn296941 | 0.451 185 | 0.599 932 | 0.346 747 | 12.569 59 | 3.909 946 | 2.806 911 | 1.865 949 | 0.851 838 | 1.148 075 | 0.471 901 | 0.363 193 | 0.326 451 | 0.244 231 | 0.436 064 | 0.180 279 | 0.341 004 | 0.229 319 | 0 |
| Achn320141 | 0.570 093 | 0.888 951 | 0.639 889 | 0.711 229 | 0.500 184 | 0.231 817 | 0.501 461 | 0.567 856 | 0.725 553 | 0.341 334 | 0.328 457 | 0.339 792 | 0.514 946 | 1.163 391 | 0.677 667 | 0.274 784 | 0.238 554 | 0.202 731 |
| Achn258391 | 6.995 294 | 6.143 528 | 9.773 376 | 17.297 43 | 20.822 12 | 43.675 77 | 11.180 38 | 12.369 63 | 14.109 04 | 17.189 64 | 13.440 83 | 13.806 78 | 9.123 262 | 12.318 18 | 11.493 77 | 22.069 79 | 21.056 83 | 14.265 75 |
| Achn071011 | 2.468 871 | 2.329 324 | 1.922 514 | 2.954 255 | 2.604 889 | 1.795 508 | 2.504 489 | 3.926 182 | 4.235 865 | 3.643 173 | 7.309 519 | 7.483 103 | 1.922 01 | 1.674 469 | 2.831 367 | 3.875 573 | 4.638 274 | 3.098 656 |
| Achn239631 | 12.170 84 | 16.997 95 | 15.823 34 | 9.312 174 | 13.114 45 | 21.348 59 | 5.068 946 | 7.244 644 | 5.377 779 | 9.991 626 | 12.582 69 | 15.927 51 | 10.901 39 | 4.136 021 | 6.058 741 | 7.739 109 | 10.185 77 | 9.543 817 |
| Achn249171 | 1.503 009 | 1.193 621 | 3.241 021 | 0.348 014 | 4.442 376 | 0.271 165 | 2.486 206 | 1.341 373 | 1.101 067 | 1.390 339 | 0 | 0.677 881 | 3.128 132 | 7.953 817 | 6.000 267 | 2.032 459 | 4.567 896 | 0.608 053 |
| Actinidia_chinensis_newGene_3303 | 0.192 204 | 0.153 431 | 0.107 029 | 0.431 618 | 0.536 846 | 0.317 435 | 0.238 994 | 0.239 575 | 0.235 322 | 0.400 883 | 0.428 045 | 0.395 293 | 0.589 504 | 0.659 475 | 0.578 336 | 0.395 732 | 0.445 394 | 0.324 542 |
| Actinidia_chinensis_newGene_7822 | 0.434 397 | 0.460 162 | 0.516 423 | 1.89 | 0.669 004 | 2.823 487 | 1.334 722 | 1.648 741 | 1.387 123 | 0.773 565 | 1.108 503 | 2.528 389 | 0.957 321 | 0.710 171 | 1.447 144 | 0.879 302 | 0.651 295 | 0.469 077 |
| Actinidia_chinensis_newGene_5464 | 0.419 235 | 0.821 512 | 0.644 952 | 2.194 369 | 2.334 729 | 2.296 317 | 1.286 185 | 3.143 353 | 1.851 47 | 1.348 745 | 2.248 705 | 2.205 37 | 1.611 029 | 1.317 035 | 1.422 311 | 2.030 647 | 1.121 106 | 2.205 366 |
| Achn347221 | 1.907 052 | 2.636 851 | 1.970 106 | 1.314 065 | 0.791 471 | 0.396 859 | 3.008 72 | 2.254 492 | 1.277 693 | 4.420 188 | 5.819 357 | 3.796 652 | 8.193 254 | 10.840 49 | 4.203 809 | 9.816 55 | 6.311 813 | 6.570 263 |
| Achn338241 | 26.606 83 | 27.177 19 | 24.425 5 | 64.090 4 | 61.789 68 | 106.239 2 | 55.726 72 | 49.086 19 | 48.019 58 | 31.858 86 | 41.253 62 | 42.187 91 | 20.721 4 | 36.123 11 | 29.062 7 | 19.985 43 | 21.963 86 | 25.309 8 |
| Achn046601 | 2.058 85 | 4.311 039 | 2.538 519 | 0.589 869 | 0.394 503 | 0.970 775 | 3.987 625 | 3.409 772 | 4.701 304 | 6.845 023 | 7.486 068 | 6.121 868 | 5.164 802 | 2.655 192 | 3.291 624 | 7.751 035 | 6.096 908 | 3.738 806 |
| Achn298931 | 2.180 502 | 2.333 535 | 3.210 425 | 2.147 293 | 0.894 633 | 0.255 055 | 2.227 881 | 1.949 768 | 2.031 712 | 0.807 433 | 0.561 371 | 0.585 011 | 2.499 753 | 3.243 141 | 3.336 848 | 1.042 38 | 0.722 325 | 0.699 686 |
| Actinidia_chinensis_newGene_10975 | 0.959 304 | 0.798 241 | 0.958 486 | 1.562 162 | 2.951 244 | 5.392 249 | 1.301 075 | 2.077 679 | 1.510 883 | 3.954 521 | 1.732 555 | 2.139 026 | 0.723 134 | 0.458 685 | 0.609 588 | 5.047 196 | 4.285 84 | 2.638 763 |
| Achn177421 | 3.020 173 | 4.146 492 | 3.726 621 | 4.865 666 | 6.629 97 | 8.733 098 | 5.663 382 | 4.637 593 | 4.840 302 | 2.403 777 | 1.175 013 | 1.423 836 | 2.596 623 | 2.192 891 | 1.947 323 | 1.282 14 | 1.520 704 | 0.811 032 |

（续）

| 基因ID | CK1 | CK2 | CK3 | T1-1 | T1-2 | T1-3 | T2-1 | T2-2 | T2-3 | T3-1 | T3-2 | T3-3 | T4-1 | T4-2 | T4-3 | T5-1 | T5-2 | T5-3 |
|---|---|---|---|---|---|---|---|---|---|---|---|---|---|---|---|---|---|---|
| Achn226791 | 9.653 217 | 10.061 15 | 11.958 99 | 42.671 09 | 101.699 2 | 40.616 86 | 28.586 62 | 23.779 87 | 25.173 53 | 10.531 55 | 11.769 06 | 11.882 77 | 8.294 039 | 18.021 33 | 18.558 46 | 11.712 81 | 10.876 66 | 9.264 144 |
| Achn049921 | 0.789 921 | 0.763 711 | 1.351 475 | 2.455 828 | 1.272 293 | 6.068 506 | 1.477 706 | 3.421 465 | 2.035 05 | 1.640 016 | 2.625 686 | 2.069 366 | 1.988 685 | 3.152 926 | 3.052 629 | 2.929 083 | 4.245 822 | 1.849 949 |
| Achn125831 | 50.710 39 | 43.289 02 | 29.464 11 | 250.825 2 | 555.958 4 | 92.515 7 | 458.016 1 | 456.186 7 | 345.024 1 | 168.414 1 | 185.419 3 | 199.590 9 | 46.319 69 | 90.339 11 | 84.501 6 | 825.532 7 | 975.783 2 | 947.566 |
| Achn306691 | 0.700 617 | 0.948 745 | 0.957 066 | 2.654 287 | 2.615 594 | 2.235 441 | 1.052 749 | 1.403 373 | 1.258 808 | 1.079 636 | 1.791 158 | 1.621 329 | 0.948 889 | 0.969 998 | 0.660 053 | 1.605 64 | 1.169 934 | 1.147 294 |
| Actinidia_chinensis_newGene_3842 | 22.454 38 | 27.314 32 | 29.656 06 | 6.580 439 | 11.728 8 | 7.764 329 | 17.389 64 | 14.147 74 | 17.351 64 | 16.443 12 | 12.905 31 | 14.358 54 | 23.093 35 | 19.705 74 | 23.330 44 | 20.523 73 | 17.620 09 | 19.887 85 |
| Actinidia_chinensis_newGene_115 | 14.899 71 | 12.123 1 | 11.030 98 | 6.351 486 | 1.771 554 | 2.344 154 | 4.252 932 | 1.574 881 | 2.087 441 | 4.387 588 | 4.279 366 | 4.570 106 | 14.435 83 | 3.308 719 | 16.237 61 | 9.449 975 | 10.665 71 | 9.472 721 |
| Achn076041 | 2.176 658 | 2.167 336 | 2.536 138 | 3.428 735 | 3.663 006 | 5.375 012 | 3.030 617 | 3.459 3 | 4.328 379 | 3.731 197 | 5.329 98 | 4.423 274 | 2.601 492 | 3.110 656 | 1.728 881 | 6.429 394 | 8.044 656 | 4.115 702 |
| Achn330931 | 15.298 67 | 17.360 97 | 18.136 21 | 6.442 185 | 11.263 39 | 18.472 34 | 13.788 41 | 9.460 675 | 11.354 83 | 9.590 775 | 6.217 857 | 8.525 464 | 17.692 04 | 24.417 67 | 19.195 23 | 11.948 37 | 11.434 95 | 9.428 741 |
| Actinidia_chinensis_newGene_9793 | 58.010 92 | 73.806 26 | 66.581 7 | 191.148 | 256.453 | 120.454 3 | 75.777 34 | 71.469 19 | 58.663 91 | 40.969 38 | 45.139 55 | 28.886 52 | 33.771 81 | 39.651 87 | 50.344 88 | 0 | 37.938 76 | 41.139 99 |
| Achn364311 | 7.889 302 | 7.236 77 | 6.318 32 | 15.711 | 15.661 28 | 29.900 23 | 7.702 901 | 8.580 473 | 8.392 966 | 16.361 47 | 14.570 83 | 14.607 8 | 5.649 467 | 3.456 578 | 3.991 112 | 28.633 73 | 23.139 91 | 21.088 7 |
| Actinidia_chinensis_newGene_2810 | 0.137 067 | 0.088 284 | 0.312 593 | 9.347 619 | 1.945 22 | 1.860 375 | 1.650 953 | 5.516 833 | 2.192 693 | 1.067 984 | 3.209 284 | 1.554 104 | 1.230 438 | 2.860 163 | 3.385 139 | 1.366 949 | 1.886 575 | 1.902 032 |
| Achn254571 | 4.469 872 | 4.221 424 | 3.963 059 | 0.517 798 | 0.792 799 | 0.367 731 | 3.654 071 | 3.066 005 | 2.930 18 | 11.637 14 | 9.513 475 | 8.612 731 | 3.571 539 | 3.619 524 | 2.529 671 | 12.829 19 | 11.213 11 | 8.609 595 |
| Actinidia_chinensis_newGene_6310 | 0.270 992 | 0.281 192 | 0.195 315 | 0.603 04 | 1.146 654 | 0.134 525 | 0.155 202 | 0.107 664 | 0.032 832 | 0.466 483 | 0.322 417 | 0.452 555 | 0.667 029 | 0.648 575 | 0.279 119 | 1.063 336 | 0.569 388 | 0.816 532 |
| Achn329911 | 1.218 532 | 1.142 491 | 1.340 393 | 1.044 | 0.928 211 | 1.092 522 | 4.648 263 | 2.901 768 | 1.545 277 | 11.064 64 | 1.768 807 | 2.811 645 | 1.733 252 | 0.442 872 | 0 | 25.741 58 | 24.990 74 | 1.449 895 |
| Actinidia_chinensis_newGene_5666 | 0.198 434 | 0.740 428 | 0.541 076 | 0.104 274 | 0.315 277 | 1.029 521 | 0.403 352 | 0.472 877 | 0 | 0.283 056 | 0.766 548 | 0.767 765 | 1.125 461 | 1.768 522 | 2.310 964 | 1.538 439 | 1.988 819 | 4.359 569 |

（续）

| 基因 ID | CK1 | CK2 | CK3 | T1-1 | T1-2 | T1-3 | T2-1 | T2-2 | T2-3 | T3-1 | T3-2 | T3-3 | T4-1 | T4-2 | T4-3 | T5-1 | T5-2 | T5-3 |
|---|---|---|---|---|---|---|---|---|---|---|---|---|---|---|---|---|---|---|
| Actinidia_chinensis_newGene_5665 | 2.403 34 | 2.383 881 | 1.581 446 | 15.757 72 | 15.909 53 | 3.552 631 | 9.641 377 | 11.230 45 | 7.639 428 | 12.509 56 | 10.281 8 | 14.634 21 | 1.747 308 | 3.041 242 | 1.414 219 | 1.276 653 | 2.455 187 | 1.758 44 |
| Achn155751 | 152.760 7 | 131.247 7 | 125.139 5 | 69.843 52 | 90.412 61 | 51.249 26 | 137.948 2 | 128.601 4 | 136.996 8 | 103.178 5 | 101.769 4 | 112.739 6 | 160.854 8 | 153.532 6 | 131.405 | 57.936 43 | 73.651 17 | 82.784 97 |
| Achn219731 | 1.129 683 | 2.077 256 | 1.536 655 | 2.211 939 | 1.301 22 | 1.640 085 | 0.643 191 | 1.846 489 | 1.407 085 | 0.656 197 | 1.590 05 | 1.072 565 | 1.142 586 | 2.236 008 | 1.758 285 | 0.568 259 | 0.521 583 | 0.828 26 |
| Achn045621 | 1.485 776 | 1.618 985 | 0.857 1 | 0.457 421 | 0.857 797 | 1.450 765 | 1.096 401 | 1.204 261 | 1.001 828 | 0.726 639 | 0.678 248 | 0.519 207 | 3.968 657 | 4.377 462 | 2.613 899 | 0.938 051 | 0.728 993 | 0.648 205 |
| Achn018741 | 0.199 268 | 0.072 211 | 0.328 614 | 0 | 0.383 661 | 15.473 78 | 0.374 48 | 0.227 319 | 1.234 027 | 1.403 351 | 2.230 649 | 1.837 878 | 0.234 687 | 0.220 131 | 0 | 0.945 98 | 0.307 728 | 0.076 461 |
| Achn323071 | 7.728 813 | 3.403 5 | 6.402 752 | 10.424 15 | 15.335 62 | 18.618 43 | 7.688 512 | 4.504 448 | 5.882 467 | 8.688 395 | 9.412 68 | 7.424 429 | 1.292 056 | 5.837 837 | 1.621 087 | 2.147 182 | 1.600 761 | 3.700 65 |
| Achn160151 | 0 | 0.040 661 | 0.042 546 | 12.637 73 | 0.489 812 | 0.490 307 | 0.533 182 | 7.071 583 | 1.217 9 | 0.221 638 | 0.807 591 | 0.564 287 | 1.999 744 | 13.172 65 | 7.995 424 | 0.569 342 | 0.331 546 | 0.402 456 |
| Actinidia_chinensis_newGene_3963 | 0.239 158 | 0.242 136 | 0.647 874 | 0.191 813 | 0.206 435 | 0.289 532 | 0.164 369 | 0 | 0.299 196 | 0.466 122 | 0 | 0.382 901 | 2.039 459 | 1.086 579 | 1.863 622 | 2.172 27 | 1.076 126 | 0.671 547 |
| Actinidia_chinensis_newGene_3960 | 112.792 2 | 76.550 66 | 73.621 09 | 21.175 32 | 50.808 94 | 1.434 814 | 35.361 86 | 42.747 57 | 34.197 23 | 39.550 14 | 16.001 29 | 22.299 91 | 54.575 76 | 60.779 23 | 53.593 2 | 60.145 47 | 57.856 31 | 38.828 12 |
| Actinidia_chinensis_newGene_3961 | 0.241 735 | 1.107 622 | 1.291 747 | 0.605 323 | 1.270 794 | 1.824 47 | 3.326 075 | 2.043 06 | 2.147 162 | 0.611 676 | 0.703 404 | 1.707 955 | 0.787 603 | 0.183 34 | 0.783 1 | 0.266 591 | 0.862 312 | 0.311 803 |
| Achn085041 | 13.490 64 | 17.759 6 | 16.322 17 | 2.075 39 | 4.043 163 | 1.356 369 | 30.899 57 | 18.753 9 | 8.053 616 | 29.051 12 | 19.654 1 | 22.497 52 | 31.661 25 | 32.474 14 | 13.312 72 | 81.769 41 | 49.401 46 | 61.007 26 |
| Achn327361 | 15.187 25 | 17.209 31 | 17.189 46 | 9.899 156 | 7.528 029 | 15.361 06 | 6.815 957 | 7.529 42 | 7.079 206 | 5.042 094 | 5.291 484 | 7.550 56 | 6.372 183 | 11.649 96 | 7.852 598 | 11.193 42 | 13.159 21 | 7.403 133 |
| Achn067121 | 55.539 64 | 49.104 46 | 41.240 85 | 146.267 9 | 94.655 65 | 122.123 7 | 59.550 84 | 66.765 43 | 78.102 06 | 103.986 4 | 104.470 7 | 110.494 7 | 45.826 64 | 36.922 99 | 43.967 69 | 78.796 12 | 80.448 91 | 64.551 9 |
| Achn383841 | 226.117 9 | 301.236 1 | 298.467 9 | 139.536 6 | 93.341 67 | 120.137 7 | 192.479 9 | 173.036 | 155.450 4 | 152.046 2 | 135.356 4 | 138.873 2 | 390.183 2 | 483.075 | 602.642 4 | 300.139 | 277.755 4 | 293.234 3 |
| Achn268171 | 2.198 495 | 2.134 48 | 2.091 367 | 3.435 373 | 3.193 653 | 4.242 588 | 1.463 164 | 2.772 597 | 2.917 653 | 2.863 927 | 3.372 397 | 4.288 653 | 0.902 674 | 0.567 607 | 0.305 962 | 2.201 582 | 2.763 106 | 1.644 144 |
| Achn159051 | 258.234 2 | 438.166 2 | 400.175 | 352.275 1 | 326.063 3 | 182.238 8 | 1 157.115 | 865.638 8 | 796.386 6 | 351.016 8 | 362.088 9 | 350.651 4 | 1 070.109 | 1 383.458 | 1 411.126 | 457.300 8 | 350.571 4 | 381.511 5 |

（续）

| 基因ID | CK1 | CK2 | CK3 | T1-1 | T1-2 | T1-3 | T2-1 | T2-2 | T2-3 | T3-1 | T3-2 | T3-3 | T4-1 | T4-2 | T4-3 | T5-1 | T5-2 | T5-3 |
|---|---|---|---|---|---|---|---|---|---|---|---|---|---|---|---|---|---|---|
| Achn352361 | 3.483 315 | 2.584 962 | 2.477 133 | 0 | 0.032 115 | 0 | 2.396 548 | 1.350 305 | 1.613 189 | 9.126 486 | 5.005 303 | 4.224 199 | 3.219 439 | 3.487 092 | 1.146 085 | 14.483 83 | 8.925 694 | 6.289 49 |
| Achn386361 | 20.942 09 | 11.744 3 | 17.293 8 | 6.942 581 | 3.758 229 | 11.550 03 | 3.698 52 | 3.702 062 | 1.499 405 | 1.642 763 | 2.375 13 | 1.842 385 | 2.873 117 | 16.549 43 | 4.528 095 | 6.977 726 | 15.779 01 | 3.948 597 |
| Achn024141 | 171.060 9 | 119.762 6 | 138.731 8 | 770.727 | 293.742 1 | 523.155 5 | 274.430 4 | 593.049 1 | 372.482 2 | 331.090 8 | 400.434 8 | 377.433 8 | 484.681 4 | 756.778 2 | 702.263 7 | 517.85 | 455.896 2 | 447.187 9 |
| Achn188131 | 60.116 31 | 63.777 35 | 59.733 43 | 17.883 | 24.291 52 | 19.265 11 | 9.844 613 | 9.460 317 | 8.733 665 | 29.435 98 | 30.641 18 | 33.335 94 | 26.014 21 | 46.038 59 | 31.023 85 | 38.616 37 | 46.313 52 | 41.127 21 |
| Achn189421 | 11.319 49 | 9.284 76 | 9.156 655 | 7.737 88 | 9.419 26 | 8.915 762 | 10.940 33 | 9.183 162 | 9.482 703 | 9.620 949 | 6.727 362 | 13.379 62 | 9.884 363 | 6.370 039 | 6.192 524 | 30.413 87 | 35.223 55 | 16.450 33 |
| Achn194501 | 1.233 231 | 0.608 772 | 0.415 035 | 2.903 519 | 4.250 025 | 2.074 594 | 8.198 841 | 4.132 45 | 5.045 287 | 1.082 076 | 2.793 334 | 3.108 046 | 0.576 929 | 0.431 645 | 1.598 269 | 0.180 052 | 1.190 862 | 0.338 402 |
| Achn107581 | 14.277 48 | 12.284 28 | 12.268 03 | 24.156 17 | 21.317 17 | 27.961 07 | 20.003 39 | 25.146 91 | 21.498 9 | 26.864 48 | 33.155 36 | 29.576 49 | 8.969 085 | 12.670 79 | 9.253 981 | 17.649 41 | 20.491 76 | 15.771 6 |
| Achn169071 | 2.756 454 | 4.935 372 | 3.766 678 | 4.614 083 | 17.063 03 | 10.040 85 | 4.652 201 | 4.998 655 | 4.931 134 | 6.198 825 | 4.413 301 | 4.577 345 | 8.855 571 | 3.501 498 | 5.058 296 | 15.866 85 | 14.731 55 | 8.456 553 |
| Achn384181 | 59.317 27 | 46.354 89 | 38.481 58 | 2.758 088 | 4.816 056 | 1.526 089 | 15.771 22 | 11.523 1 | 11.731 15 | 6.387 259 | 5.346 857 | 5.881 95 | 54.187 88 | 49.711 81 | 43.814 38 | 11.965 19 | 11.935 11 | 20.633 15 |
| Achn349131 | 9.445 546 | 6.711 353 | 9.262 698 | 18.809 24 | 20.970 5 | 29.160 42 | 17.809 5 | 15.896 94 | 25.299 29 | 17.794 69 | 19.927 35 | 22.544 2 | 12.775 41 | 18.817 5 | 20.338 81 | 4.279 47 | 4.865 139 | 5.432 897 |
| Achn305231 | 51.097 25 | 30.805 33 | 45.216 44 | 27.015 46 | 24.041 71 | 31.530 41 | 14.058 86 | 13.583 35 | 15.059 | 17.392 38 | 16.751 63 | 19.799 65 | 12.653 14 | 34.343 89 | 13.188 32 | 18.809 18 | 34.668 79 | 19.633 12 |
| Achn336981 | 9.591 977 | 12.027 91 | 12.554 9 | 5.917 257 | 3.946 071 | 1.951 959 | 10.829 82 | 11.427 88 | 7.661 227 | 7.776 185 | 8.173 696 | 10.097 1 | 14.987 86 | 16.264 5 | 15.353 18 | 7.003 697 | 11.288 2 | 8.048 951 |
| Achn068531 | 235.014 3 | 220.537 7 | 200.439 6 | 51.901 09 | 79.017 79 | 15.005 95 | 88.650 28 | 95.352 04 | 107.162 3 | 85.550 42 | 80.250 54 | 87.562 79 | 159.690 3 | 177.743 7 | 154.299 3 | 83.876 8 | 96.533 46 | 98.765 79 |
| Actinidia_chinensis_newGene_11257 | 0.193 944 | 0.598 956 | 0.626 158 | 0.643 244 | 1.142 963 | 0.955 674 | 1.154 986 | 0.951 35 | 0.741 768 | 0.509 696 | 0.454 614 | 0.716 492 | 0.967 744 | 1.269 085 | 1.965 386 | 0.887 855 | 0.952 617 | 0.450 761 |
| Achn359201 | 4.783 72 | 6.311 55 | 10.591 33 | 19.686 99 | 17.227 1 | 21.796 99 | 12.836 95 | 4.837 383 | 8.000 435 | 14.001 18 | 8.019 432 | 15.462 88 | 7.652 401 | 4.384 399 | 9.362 972 | 4.384 443 | 5.769 414 | 9.257 603 |
| Achn377881 | 0.838 612 | 1.245 329 | 1.122 231 | 2.844 884 | 2.798 368 | 4.014 013 | 1.447 382 | 2.273 343 | 1.641 665 | 1.861 589 | 1.740 544 | 2.126 803 | 0.914 529 | 2.722 135 | 1.365 74 | 1.928 659 | 2.686 97 | 2.745 296 |
| Achn297251 | 11.892 42 | 10.077 57 | 12.819 84 | 7.836 933 | 1.766 784 | 1.102 952 | 7.519 238 | 7.600 681 | 2.723 558 | 2.797 095 | 2.242 899 | 1.614 477 | 7.026 549 | 19.447 92 | 10.323 15 | 5.089 782 | 7.651 469 | 8.282 65 |
| Achn206541 | 2.697 735 | 2.447 003 | 3.034 071 | 0.168 322 | 0.843 763 | 0 | 0.436 362 | 0.484 073 | 0.865 95 | 2.101 886 | 3.654 766 | 4.124 681 | 4.104 482 | 1.196 693 | 1.737 152 | 5.828 58 | 4.816 686 | 8.731 418 |
| Achn239241 | 7.509 428 | 4.975 623 | 5.991 526 | 2.279 305 | 3.091 003 | 2.628 86 | 3.055 076 | 3.888 243 | 3.241 561 | 4.436 803 | 3.689 47 | 3.110 394 | 5.463 802 | 6.610 971 | 4.769 575 | 3.673 699 | 4.005 343 | 3.775 723 |

（续）

| 基因 ID | CK1 | CK2 | CK3 | T1-1 | T1-2 | T1-3 | T2-1 | T2-2 | T2-3 | T3-1 | T3-2 | T3-3 | T4-1 | T4-2 | T4-3 | T5-1 | T5-2 | T5-3 |
|---|---|---|---|---|---|---|---|---|---|---|---|---|---|---|---|---|---|---|
| Achn270271 | 0.913 617 | 0.943 706 | 1.371 558 | 4.283 76 | 5.501 46 | 5.531 812 | 6.113 748 | 5.793 597 | 5.930 02 | 1.106 997 | 3.908 952 | 1.695 506 | 2.411 041 | 7.033 673 | 1.750 015 | 0.777 891 | 0.125 695 | 0.409 387 |
| Achn225001 | 1.168 962 | 1.456 566 | 0.945 79 | 0.339 936 | 0.556 716 | 0.731 63 | 0.798 067 | 0.653 021 | 0.657 819 | 1.282 89 | 0.706 285 | 1.109 125 | 0.662 663 | 0.652 791 | 0.797 074 | 0.525 984 | 0.590 835 | 0.710 859 |
| Achn204781 | 3.230 02 | 2.684 912 | 2.596 347 | 6.595 235 | 4.662 709 | 1.348 13 | 4.715 166 | 4.339 993 | 3.521 996 | 6.407 827 | 8.549 851 | 7.584 997 | 4.844 312 | 6.063 711 | 5.479 012 | 6.206 547 | 6.723 269 | 5.072 642 |
| Achn324541 | 9.603 576 | 12.996 24 | 8.908 549 | 17.223 21 | 16.435 91 | 95.690 13 | 14.815 39 | 10.849 55 | 11.040 92 | 15.159 04 | 17.889 53 | 16.073 47 | 23.388 22 | 19.453 78 | 20.351 83 | 30.395 65 | 26.177 95 | 22.988 2 |
| Achn327081 | 19.903 53 | 14.960 64 | 15.673 36 | 8.513 008 | 5.624 675 | 10.619 14 | 8.701 145 | 9.500 929 | 9.210 799 | 10.425 83 | 13.780 85 | 11.184 79 | 16.279 99 | 11.463 09 | 16.680 07 | 25.849 98 | 26.759 21 | 20.793 23 |
| Achn089601 | 3.477 494 | 2.785 852 | 4.327 927 | 1.362 463 | 1.596 448 | 1.324 851 | 4.068 805 | 2.327 044 | 2.316 38 | 3.861 38 | 4.016 12 | 4.527 199 | 6.841 158 | 7.804 273 | 7.840 903 | 5.549 092 | 6.756 662 | 6.427 359 |
| Achn304301 | 797.388 8 | 700.689 | 720.560 9 | 495.49 | 346.730 6 | 121.833 9 | 284.589 4 | 322.016 7 | 366.764 2 | 584.446 7 | 759.641 4 | 573.051 3 | 593.976 9 | 369.262 4 | 465.850 4 | 1 268.513 | 1 111.999 | 1 023.026 |
| Achn205951 | 2.342 722 | 1.584 039 | 6.982 505 | 19.226 62 | 15.016 65 | 5.093 163 | 13.499 99 | 7.284 945 | 14.775 44 | 9.353 979 | 8.632 986 | 11.642 55 | 2.474 228 | 6.234 52 | 8.347 904 | 6.805 164 | 6.448 812 | 8.167 642 |
| Achn215051 | 18.859 02 | 16.126 38 | 17.735 32 | 18.308 21 | 17.314 21 | 22.100 68 | 20.989 11 | 18.312 12 | 22.174 18 | 12.637 74 | 8.847 582 | 10.235 65 | 23.203 33 | 21.572 41 | 16.465 15 | 6.202 33 | 8.974 612 | 6.831 242 |
| Achn111111 | 0.239 904 | 0.099 044 | 0.529 034 | 0.195 277 | 0.288 411 | 0.263 594 | 0.291 322 | 1.333 93 | 0.448 64 | 0.466 84 | 0.555 323 | 0.138 05 | 0.999 121 | 1.999 788 | 3.620 269 | 0.827 543 | 2.679 028 | 0.912 991 |
| Achn151711 | 0.871 162 | 1.439 994 | 1.389 528 | 3.262 626 | 3.013 547 | 4.101 324 | 1.828 496 | 1.960 213 | 1.752 178 | 1.740 089 | 1.559 684 | 2.187 205 | 1.366 19 | 1.898 432 | 1.643 069 | 0.623 452 | 1.088 473 | 1.065 388 |
| Achn046251 | 1.274 37 | 1.370 992 | 1.228 877 | 1.111 106 | 0.296 655 | 0.624 093 | 0.736 292 | 0.385 89 | 0.457 214 | 0.690 353 | 0.648 924 | 0.474 681 | 1.235 453 | 1.320 965 | 0.993 062 | 0.698 52 | 0.671 099 | 0.830 582 |
| Achn146641 | 2.536 827 | 2.201 705 | 3.147 248 | 3.715 184 | 2.767 821 | 4.928 849 | 1.007 767 | 1.820 259 | 1.561 153 | 3.778 871 | 3.787 31 | 2.571 63 | 4.146 032 | 2.690 22 | 4.411 551 | 7.118 744 | 7.487 776 | 6.630 427 |
| Achn081471 | 246.279 5 | 262.056 2 | 252.685 2 | 247.862 9 | 149.914 5 | 255.935 9 | 145.987 9 | 133.763 | 144.06 | 133.135 9 | 122.903 8 | 130.544 2 | 249.633 6 | 206.214 3 | 242.710 1 | 193.358 7 | 216.763 9 | 196.839 1 |
| Achn228691 | 1.291 074 | 1.171 467 | 0.873 059 | 3.977 29 | 1.319 981 | 3.442 839 | 0.936 885 | 3.429 226 | 2.220 871 | 1.619 618 | 1.436 838 | 1.848 499 | 2.813 36 | 3.078 495 | 4.494 209 | 1.891 053 | 1.946 232 | 1.965 796 |
| Achn280211 | 96.823 6 | 100.483 4 | 86.898 66 | 52.394 28 | 40.388 58 | 37.100 57 | 63.944 19 | 55.252 87 | 50.411 69 | 92.309 46 | 81.060 02 | 80.335 69 | 63.796 12 | 47.540 05 | 54.931 53 | 103.789 7 | 107.672 2 | 125.609 5 |
| Achn245091 | 8.402 932 | 6.147 095 | 10.398 65 | 2.897 994 | 5.833 935 | 4.595 722 | 10.656 42 | 6.821 47 | 7.115 416 | 4.861 99 | 6.820 279 | 5.113 842 | 6.452 02 | 4.825 95 | 2.213 282 | 2.924 733 | 11.278 92 | 4.232 395 |
| Achn382111 | 4.677 463 | 4.815 828 | 4.438 017 | 1.550 935 | 2.199 246 | 5.364 211 | 0.254 673 | 0.722 701 | 0.518 573 | 2.935 625 | 2.562 299 | 2.486 207 | 1.597 882 | 1.479 849 | 1.277 463 | 3.292 994 | 3.312 067 | 2.677 023 |
| Achn116151 | 23.075 86 | 20.642 97 | 19.047 47 | 10.573 3 | 9.482 935 | 8.381 119 | 10.242 01 | 14.163 8 | 11.747 88 | 18.206 48 | 19.259 | 19.552 85 | 16.358 6 | 10.127 07 | 8.480 964 | 19.830 65 | 21.690 64 | 21.516 06 |

（续）

| 基因ID | CK1 | CK2 | CK3 | T1-1 | T1-2 | T1-3 | T2-1 | T2-2 | T2-3 | T3-1 | T3-2 | T3-3 | T4-1 | T4-2 | T4-3 | T5-1 | T5-2 | T5-3 |
|---|---|---|---|---|---|---|---|---|---|---|---|---|---|---|---|---|---|---|
| Achn067861 | 315.409 4 | 309.795 1 | 362.913 8 | 831.138 6 | 727.778 4 | 884.595 6 | 456.026 3 | 600.501 3 | 495.031 2 | 595.568 7 | 612.700 9 | 637.266 4 | 454.991 9 | 449.751 5 | 479.592 9 | 724.314 7 | 693.638 2 | 733.431 3 |
| Actinidia_chinensis_newGene_8108 | 11.849 51 | 10.564 53 | 10.267 59 | 7.585 287 | 7.315 171 | 9.561 259 | 2.646 387 | 1.953 445 | 1.382 31 | 2.193 179 | 2.472 322 | 1.817 457 | 1.882 856 | 12.971 49 | 2.779 745 | 3.128 053 | 3.248 395 | 5.415 963 |
| Achn271251 | 1.437 596 | 1.963 377 | 0.969 131 | 1.076 923 | 2.556 724 | 4.847 711 | 1.142 297 | 1.598 751 | 1.071 539 | 2.330 892 | 1.714 947 | 1.438 895 | 2.725 642 | 4.489 998 | 4.454 277 | 2.400 172 | 1.936 17 | 3.194 355 |
| Achn337931 | 0.401 744 | 0.232 962 | 0.121 674 | 0.319 953 | 0.429 582 | 0.136 747 | 2.083 975 | 3.159 321 | 3.313 128 | 0.272 212 | 0.905 956 | 2.011 541 | 0.452 602 | 0.397 455 | 0.646 89 | 0.316 256 | 0.692 359 | 0.306 314 |
| Achn374061 | 0.699 157 | 0.638 508 | 0.668 819 | 8.069 917 | 3.216 466 | 19.087 51 | 1.611 712 | 1.763 951 | 1.920 921 | 3.400 653 | 2.526 685 | 3.493 89 | 0.162 594 | 0 | 0 | 1.906 851 | 1.252 838 | 0.569 261 |
| Actinidia_chinensis_newGene_10405 | 2.859 372 | 2.097 097 | 2.050 828 | 4.781 042 | 4.625 17 | 5.505 347 | 1.723 176 | 2.797 226 | 2.920 725 | 5.815 757 | 4.525 835 | 6.643 227 | 5.186 596 | 4.975 63 | 4.034 526 | 7.753 134 | 6.242 916 | 5.570 516 |
| Achn187631 | 6.379 193 | 5.222 684 | 8.717 288 | 47.944 1 | 33.168 61 | 47.238 11 | 15.011 96 | 29.841 44 | 21.670 28 | 12.684 2 | 20.557 25 | 16.443 87 | 14.550 19 | 22.689 81 | 18.188 08 | 33.074 4 | 25.172 33 | 22.390 56 |
| Achn061851 | 46.153 37 | 39.461 41 | 31.437 3 | 11.145 32 | 10.944 19 | 7.915 854 | 6.045 253 | 8.175 669 | 10.238 99 | 25.973 13 | 23.805 75 | 25.317 66 | 44.539 24 | 38.069 34 | 37.589 17 | 67.503 04 | 69.940 32 | 69.132 25 |
| Actinidia_chinensis_newGene_12110 | 15.685 88 | 14.525 88 | 15.331 09 | 37.463 55 | 34.843 96 | 37.877 06 | 25.042 97 | 26.527 92 | 30.148 83 | 29.210 8 | 32.036 29 | 29.547 78 | 18.792 37 | 21.368 | 19.281 96 | 27.622 97 | 25.742 95 | 24.325 3 |
| Actinidia_chinensis_newGene_9076 | 0.385 37 | 0.342 778 | 0.485 195 | 0.195 292 | 0.114 045 | 0.405 593 | 0.355 654 | 0.498 55 | 0.208 625 | 0.429 859 | 0.529 165 | 0.798 547 | 1.124 014 | 0.241 481 | 0.254 494 | 2.354 912 | 2.633 627 | 1.937 137 |
| Achn005871 | 3.271 934 | 3.024 147 | 2.567 87 | 1.907 119 | 1.785 552 | 3.682 96 | 10.039 06 | 10.727 06 | 7.255 973 | 3.082 304 | 3.516 384 | 3.016 051 | 1.580 728 | 2.620 806 | 3.149 199 | 1.522 365 | 2.330 474 | 1.876 714 |
| Achn030691 | 3.924 44 | 3.615 437 | 3.965 935 | 3.830 182 | 1.678 007 | 3.720 14 | 2.128 694 | 1.593 552 | 1.591 196 | 1.567 989 | 1.439 047 | 1.725 295 | 2.956 736 | 1.267 699 | 2.233 93 | 4.206 568 | 3.952 705 | 5.479 67 |
| Achn047081 | 3.355 278 | 4.475 784 | 5.868 234 | 2.085 476 | 2.221 662 | 5.368 883 | 1.625 924 | 2.089 717 | 1.344 481 | 1.955 763 | 3.348 102 | 3.192 616 | 2.979 393 | 2.878 718 | 2.397 225 | 2.788 791 | 3.307 997 | 2.110 164 |
| Actinidia_chinensis_newGene_1810 | 0.599 568 | 0.552 088 | 0.960 834 | 1.743 816 | 0.577 387 | 0.955 117 | 0.960 889 | 1.457 759 | 0.689 853 | 0.469 116 | 0.883 123 | 0.860 831 | 4.037 85 | 6.608 14 | 7.030 169 | 2.682 025 | 2.078 404 | 3.039 728 |
| Achn349121 | 1.823 241 | 2.261 222 | 2.308 806 | 2.029 746 | 1.185 173 | 3.372 816 | 2.127 362 | 1.889 316 | 1.906 854 | 1.901 169 | 2.010 069 | 2.800 045 | 3.074 221 | 5.697 108 | 9.924 4 | 9.029 392 | 8.167 011 | 7.278 816 |
| Achn292671 | 9.205 78 | 5.453 627 | 9.241 817 | 88.637 44 | 43.522 69 | 58.893 46 | 22.395 81 | 39.665 5 | 32.531 | 24.802 18 | 35.483 47 | 28.794 11 | 45.104 97 | 63.732 72 | 51.988 37 | 63.241 77 | 57.899 14 | 43.683 82 |

（续）

| 基因ID | CK1 | CK2 | CK3 | T1-1 | T1-2 | T1-3 | T2-1 | T2-2 | T2-3 | T3-1 | T3-2 | T3-3 | T4-1 | T4-2 | T4-3 | T5-1 | T5-2 | T5-3 |
|---|---|---|---|---|---|---|---|---|---|---|---|---|---|---|---|---|---|---|
| Achn153861 | 65.207 12 | 58.477 06 | 57.452 98 | 22.297 44 | 20.567 9 | 8.961 105 | 76.134 34 | 58.316 17 | 58.621 77 | 34.450 34 | 26.978 16 | 29.589 97 | 53.993 53 | 49.992 24 | 47.681 17 | 15.323 08 | 16.635 4 | 23.180 34 |
| Achn078621 | 42.537 48 | 38.326 9 | 32.908 03 | 17.540 17 | 24.503 22 | 22.501 47 | 27.452 45 | 28.237 24 | 29.098 95 | 28.247 57 | 24.678 43 | 24.451 23 | 30.719 26 | 24.277 27 | 22.879 81 | 39.780 11 | 36.428 08 | 33.116 62 |
| Achn102911 | 19.736 09 | 30.310 96 | 27.568 57 | 8.910 801 | 12.463 57 | 11.435 41 | 47.463 92 | 37.997 59 | 43.389 65 | 22.155 51 | 10.798 23 | 8.516 656 | 37.422 18 | 32.216 57 | 37.590 78 | 33.553 25 | 36.016 22 | 33.936 55 |
| Achn067541 | 8.038 935 | 9.373 064 | 8.891 316 | 30.713 89 | 19.411 74 | 30.155 99 | 12.882 17 | 14.448 89 | 20.587 49 | 22.258 28 | 32.835 3 | 24.297 78 | 6.269 063 | 5.796 636 | 9.294 399 | 23.517 85 | 25.008 95 | 19.990 85 |
| Achn228711 | 0.491 768 | 0.328 156 | 0.891 182 | 0.047 998 | 0 | 0 | 0.785 973 | 0.690 846 | 0.199 225 | 2.327 563 | 0.145 531 | 0.490 655 | 0.318 271 | 0.063 409 | 0.249 903 | 3.799 872 | 5.096 964 | 1.071 138 |
| Achn177911 | 1.032 653 | 1.780 956 | 1.142 343 | 0.259 812 | 0.253 116 | 0.321 448 | 0.670 774 | 0.686 858 | 0.721 894 | 1.197 33 | 1.351 548 | 0.708 967 | 1.373 595 | 1.173 201 | 0.880 165 | 1.489 156 | 0.992 39 | 1.143 654 |
| Achn175451 | 3.218 066 | 4.895 321 | 3.064 33 | 1.603 995 | 0.703 927 | 6.807 003 | 1.163 719 | 1.419 903 | 0.977 66 | 4.694 353 | 4.238 285 | 2.755 786 | 9.498 107 | 9.693 417 | 7.205 872 | 9.895 972 | 11.060 39 | 10.629 44 |
| Achn081391 | 2.574 673 | 1.922 237 | 1.636 928 | 2.010 749 | 0.893 751 | 1.112 022 | 0.769 77 | 0.978 399 | 0.918 721 | 1.429 469 | 1.110 851 | 2.392 828 | 1.604 146 | 1.368 039 | 1.789 548 | 1.525 245 | 1.894 094 | 2.150 604 |
| Achn097531 | 1.204 042 | 1.157 238 | 1.141 129 | 2.407 406 | 1.882 877 | 6.195 463 | 1.714 482 | 1.600 623 | 1.673 548 | 2.335 859 | 2.266 571 | 2.373 281 | 1.250 41 | 1.667 975 | 1.035 603 | 2.786 193 | 3.297 732 | 1.736 002 |
| Achn120291 | 1.900 543 | 3.029 475 | 1.387 671 | 0 | 0.173 042 | 0 | 0.454 695 | 0.687 811 | 0.546 576 | 1.253 016 | 2.103 223 | 1.842 038 | 32.291 6 | 31.132 38 | 29.251 69 | 26.728 77 | 27.083 12 | 32.493 37 |
| Achn387711 | 3.818 557 | 2.202 778 | 3.258 627 | 15.694 08 | 3.395 985 | 3.420 669 | 9.294 116 | 17.615 33 | 10.786 67 | 3.070 022 | 4.329 646 | 3.750 652 | 9.293 604 | 22.561 97 | 13.034 43 | 4.540 267 | 4.150 598 | 3.037 572 |
| Achn329441 | 0.160 035 | 0 | 0.140 896 | 1.973 859 | 0.451 422 | 0.076 84 | 1.226 734 | 2.660 171 | 1.215 886 | 0.497 728 | 0.658 581 | 0.639 025 | 3.307 177 | 3.391 683 | 2.145 141 | 0.952 989 | 0.297 375 | 0.157 81 |
| Achn270911 | 0.463 529 | 0.308 685 | 0.688 752 | 2.593 274 | 2.009 222 | 2.646 9 | 1.466 72 | 1.271 874 | 1.376 255 | 0.597 831 | 0.352 541 | 0.421 542 | 0.374 919 | 0.420 843 | 0.775 796 | 0.127 842 | 0.325 483 | 0.316 807 |
| Achn172241 | 12.196 18 | 12.430 34 | 10.466 09 | 7.879 491 | 7.080 743 | 5.286 216 | 13.107 86 | 10.673 62 | 10.579 34 | 8.614 875 | 7.492 859 | 7.818 963 | 7.986 079 | 9.674 794 | 9.246 434 | 5.811 501 | 6.020 864 | 7.104 301 |
| Achn135281 | 7.646 012 | 7.026 474 | 6.762 523 | 1.683 246 | 1.907 831 | 0.065 262 | 3.191 409 | 2.002 14 | 3.740 919 | 2.080 967 | 2.149 32 | 2.579 742 | 7.601 565 | 11.786 11 | 9.775 635 | 10.212 08 | 6.939 281 | 5.640 678 |
| Achn103301 | 1.175 771 | 1.836 971 | 1.609 759 | 0.118 415 | 1.418 325 | 0.100 731 | 8.182 45 | 5.746 915 | 4.490 776 | 1.056 509 | 0.603 106 | 0.281 118 | 1.771 253 | 1.612 63 | 1.581 677 | 1.496 276 | 1.233 631 | 1.171 162 |
| Achn355411 | 3.357 304 | 3.624 221 | 3.668 886 | 23.031 63 | 9.283 933 | 3.840 452 | 12.313 47 | 7.105 647 | 4.874 861 | 8.369 128 | 4.331 292 | 4.439 001 | 2.035 66 | 3.205 877 | 4.425 91 | 7.787 399 | 8.940 448 | 6.893 893 |
| Achn358971 | 6.003 202 | 6.483 173 | 6.151 72 | 8.096 343 | 6.471 945 | 5.100 107 | 5.697 9 | 6.747 788 | 6.875 673 | 7.236 803 | 6.354 949 | 5.307 67 | 11.152 17 | 11.900 71 | 14.311 47 | 7.307 299 | 6.673 915 | 9.354 601 |
| Achn254631 | 9.204 372 | 10.627 17 | 11.539 41 | 4.245 214 | 7.104 423 | 16.816 92 | 6.027 534 | 2.682 32 | 3.943 214 | 5.718 98 | 6.393 665 | 4.075 393 | 7.343 176 | 7.849 977 | 3.865 334 | 6.584 358 | 9.361 135 | 5.249 356 |

（续）

| 基因ID | CK1 | CK2 | CK3 | T1-1 | T1-2 | T1-3 | T2-1 | T2-2 | T2-3 | T3-1 | T3-2 | T3-3 | T4-1 | T4-2 | T4-3 | T5-1 | T5-2 | T5-3 |
|---|---|---|---|---|---|---|---|---|---|---|---|---|---|---|---|---|---|---|
| Achn236811 | 1.891 558 | 2.128 977 | 4.870 688 | 18.831 71 | 9.577 059 | 15.455 86 | 2.740 498 | 6.756 577 | 4.592 476 | 4.068 149 | 4.836 762 | 2.676 947 | 3.535 503 | 3.843 111 | 4.135 933 | 2.914 377 | 3.135 454 | 3.150 817 |
| Achn069271 | 0.058 716 | 0.286 003 | 0.045 222 | 0.564 646 | 0.561 537 | 2.275 818 | 0.128 625 | 0.398 974 | 0.232 623 | 0.559 138 | 0.537 012 | 0.194 905 | 0 | 0.042 164 | 0 | 0.185 604 | 0.264 2 | 0.089 166 |
| Achn352051 | 1.577 406 | 3.546 132 | 3.488 824 | 3.111 392 | 3.524 404 | 0.610 256 | 4.191 602 | 4.807 888 | 2.214 658 | 1.707 186 | 2.136 093 | 1.756 938 | 2.423 199 | 3.538 122 | 2.904 906 | 1.234 85 | 1.289 18 | 0.694 356 |
| Achn167911 | 707.156 7 | 726.900 4 | 733.208 | 602.748 2 | 416.101 4 | 178.520 4 | 1 680.493 | 1 313.622 | 1 304.356 | 444.227 | 345.589 2 | 371.115 4 | 1 002.911 | 1 180.372 | 979.682 1 | 60.575 54 | 60.335 19 | 85.902 16 |
| Achn080651 | 0.418 754 | 0.630 569 | 0.452 915 | 1.098 029 | 1.492 196 | 0.939 757 | 1.633 988 | 1.247 87 | 1.309 92 | 1.786 142 | 0.949 743 | 1.910 017 | 0.451 902 | 0.728 796 | 0.919 73 | 0.662 802 | 0.782 483 | 1.189 503 |
| Achn310541 | 572.304 3 | 782.770 7 | 676.827 1 | 714.622 | 685.957 4 | 672.685 2 | 699.254 8 | 601.558 | 514.333 7 | 281.401 6 | 203.452 2 | 270.014 6 | 411.427 5 | 615.802 4 | 521.575 4 | 84.328 57 | 103.153 9 | 150.7 |
| Achn249591 | 24.950 74 | 30.463 45 | 31.937 | 16.453 86 | 20.272 05 | 20.307 46 | 35.795 43 | 31.920 24 | 28.459 63 | 10.658 2 | 10.858 71 | 13.203 27 | 33.486 98 | 42.711 19 | 35.479 83 | 13.410 27 | 14.183 42 | 19.154 41 |
| Achn323621 | 0.184 762 | 0.186 502 | 0.198 25 | 9.689 434 | 3.009 972 | 1.353 123 | 2.426 511 | 7.083 048 | 4.007 805 | 1.277 485 | 0.571 527 | 1.755 829 | 1.654 742 | 9.867 58 | 6.473 739 | 2.050 286 | 3.818 055 | 0.832 654 |
| Achn256561 | 7.187 483 | 5.243 373 | 4.081 437 | 3.879 389 | 3.343 925 | 1.664 051 | 1.162 992 | 1.904 632 | 1.442 698 | 2.929 595 | 2.820 185 | 3.491 321 | 2.237 996 | 2.224 721 | 1.955 091 | 2.536 222 | 3.719 095 | 2.817 076 |
| Achn053031 | 1.038 44 | 0.695 191 | 0.430 996 | 0.312 515 | 0.501 58 | 2.720 3 | 0.145 797 | 0.155 205 | 0.185 278 | 0.429 56 | 0.949 707 | 1.018 97 | 0.402 225 | 0.252 315 | 0.197 867 | 1.049 945 | 1.133 631 | 1.151 416 |
| Achn347841 | 13.435 56 | 12.670 18 | 12.633 85 | 26.096 72 | 27.345 34 | 33.104 81 | 22.324 23 | 23.248 9 | 22.645 28 | 11.623 94 | 12.039 43 | 12.517 44 | 16.436 38 | 45.940 53 | 46.900 93 | 14.300 16 | 19.550 51 | 13.288 97 |
| Achn298871 | 6.310 79 | 8.986 2 | 9.682 574 | 6.901 581 | 10.859 69 | 20.843 75 | 12.465 48 | 13.259 7 | 18.372 22 | 22.837 87 | 28.121 08 | 22.735 09 | 9.644 003 | 4.646 235 | 5.384 985 | 12.360 89 | 8.964 452 | 6.347 7 |
| Achn228101 | 10.614 75 | 9.610 099 | 9.782 046 | 11.410 18 | 14.069 14 | 11.302 53 | 13.259 93 | 10.354 93 | 11.790 48 | 8.558 122 | 10.463 26 | 10.054 75 | 6.636 463 | 5.200 556 | 5.846 198 | 4.619 686 | 5.787 144 | 5.074 961 |
| Achn068911 | 101.439 6 | 85.758 3 | 87.811 04 | 51.823 4 | 65.249 28 | 81.921 95 | 38.834 53 | 33.253 8 | 37.873 6 | 65.874 32 | 63.506 18 | 66.109 12 | 86.698 09 | 68.100 43 | 69.658 71 | 132.715 3 | 151.990 3 | 150.611 2 |
| Achn226271 | 1.312 888 | 1.364 841 | 1.465 143 | 0.405 563 | 0.375 735 | 0 | 2.074 316 | 0.540 806 | 1.102 949 | 2.379 313 | 0.830 701 | 0.619 661 | 1.693 626 | 0.995 317 | 0.401 662 | 8.156 691 | 7.513 642 | 1.883 866 |
| Achn384471 | 0.266 588 | 0.620 178 | 0.513 588 | 0.362 198 | 0.317 933 | 0.288 066 | 0.487 707 | 0.368 744 | 0.524 356 | 0.813 737 | 0.722 436 | 0.728 714 | 0.300 258 | 0.185 915 | 0.282 195 | 1.595 222 | 1.264 345 | 1.411 423 |
| Achn231741 | 3.229 814 | 3.180 769 | 3.878 506 | 1.085 097 | 2.619 27 | 2.114 721 | 3.226 423 | 4.402 153 | 2.452 736 | 1.544 611 | 1.546 555 | 2.454 085 | 2.222 769 | 3.031 895 | 2.353 884 | 1.479 835 | 1.864 928 | 0.602 437 |
| Actinidia_chinensis_newGene_1795 | 2.379 05 | 2.814 414 | 2.690 531 | 2.528 258 | 3.403 126 | 9.423 689 | 0.911 127 | 0.994 188 | 0.769 611 | 3.130 577 | 2.527 459 | 3.501 301 | 2.378 797 | 2.177 713 | 1.598 9 | 2.077 482 | 2.701 726 | 2.171 743 |
| Achn334341 | 1.976 434 | 3.444 436 | 3.840 371 | 8.109 848 | 8.890 913 | 10.170 34 | 6.834 692 | 6.631 369 | 5.572 252 | 5.646 092 | 6.192 174 | 5.555 91 | 4.672 19 | 4.498 995 | 6.674 323 | 5.481 16 | 4.793 116 | 5.238 434 |

（续）

| 基因ID | CK1 | CK2 | CK3 | T1-1 | T1-2 | T1-3 | T2-1 | T2-2 | T2-3 | T3-1 | T3-2 | T3-3 | T4-1 | T4-2 | T4-3 | T5-1 | T5-2 | T5-3 |
|---|---|---|---|---|---|---|---|---|---|---|---|---|---|---|---|---|---|---|
| Achn181681 | 5.563 748 | 4.155 855 | 4.085 989 | 0 | 1.869 495 | 0 | 0 | 0 | 0 | 0 | 2.909 486 | 0 | 3.340 219 | 0 | 3.815 583 | 0 | 2.965 583 | 0 |
| Achn137801 | 0.264 851 | 0.252 265 | 0.238 327 | 15.142 14 | 1.290 715 | 1.494 266 | 1.131 487 | 12.997 65 | 3.060 193 | 0.590 864 | 0.858 922 | 0.537 741 | 5.821 917 | 19.633 69 | 19.951 26 | 0.672 695 | 1.294 891 | 0.591 959 |
| Achn183681 | 2.588 355 | 3.483 587 | 3.227 587 | 7.621 021 | 4.934 249 | 6.667 839 | 7.493 291 | 11.837 23 | 8.748 689 | 11.157 19 | 14.241 07 | 13.756 78 | 6.334 968 | 6.952 828 | 3.722 17 | 7.276 617 | 7.341 764 | 3.659 159 |
| Achn176851 | 0.742 139 | 0.792 492 | 1.388 51 | 51.020 5 | 9.687 277 | 8.627 178 | 11.968 37 | 40.615 83 | 18.565 07 | 6.143 151 | 10.510 83 | 6.553 517 | 39.691 54 | 63.728 23 | 60.557 81 | 27.141 04 | 18.682 42 | 14.634 78 |
| Achn243521 | 1.599 295 | 1.148 638 | 0.819 755 | 2.932 845 | 1.792 137 | 0.654 209 | 0.388 814 | 0.487 411 | 0.355 561 | 0.789 522 | 0.520 358 | 0.934 199 | 1.057 78 | 2.484 431 | 1.743 528 | 1.437 575 | 1.463 969 | 1.352 056 |
| Achn271141 | 3.767 452 | 2.820 493 | 5.074 749 | 13.110 44 | 11.949 77 | 8.506 252 | 7.671 019 | 6.074 935 | 8.721 942 | 5.269 773 | 2.661 772 | 2.001 325 | 3.166 965 | 3.424 604 | 2.728 191 | 3.146 437 | 3.174 293 | 2.161 388 |
| Actinidia_chinensis_newGene_8562 | 0.888 081 | 1.826 944 | 1.290 302 | 0.746 053 | 2.300 301 | 0.798 646 | 2.489 022 | 1.870 269 | 4.867 486 | 3.998 917 | 2.199 971 | 3.302 011 | 2.314 702 | 2.225 051 | 4.232 56 | 4.334 331 | 4.217 952 | 3.410 794 |
| Achn356341 | 3.599 405 | 3.749 725 | 4.224 075 | 8.829 602 | 6.878 811 | 22.932 06 | 6.409 015 | 5.150 289 | 3.970 384 | 6.876 832 | 6.549 766 | 4.715 525 | 3.805 353 | 4.275 364 | 7.984 528 | 4.852 761 | 5.788 179 | 5.658 814 |
| Actinidia_chinensis_newGene_11195 | 0.040 343 | 0.066 914 | 0.279 879 | 0.414 934 | 0.363 279 | 0.831 947 | 0.910 478 | 0.489 952 | 0.529 27 | 0.438 036 | 0.433 993 | 0.434 921 | 0.125 367 | 0.163 097 | 0 | 0.211 641 | 0.276 667 | 0.212 261 |
| Achn286711 | 2.028 32 | 3.182 314 | 2.102 226 | 2.218 537 | 1.974 29 | 1.237 514 | 1.252 062 | 1.076 55 | 1.803 975 | 1.464 143 | 1.063 165 | 0.888 134 | 1.160 474 | 1.898 325 | 0.884 55 | 0.071 681 | 0.607 147 | 0.925 435 |
| Actinidia_chinensis_newGene_5054 | 0.403 046 | 0.269 327 | 0.523 79 | 5.584 652 | 3.649 763 | 2.783 046 | 1.665 12 | 3.958 561 | 2.262 336 | 1.493 284 | 2.201 209 | 1.548 07 | 0.844 586 | 2.567 106 | 1.343 156 | 1.418 341 | 1.319 104 | 1.559 348 |
| Actinidia_chinensis_newGene_5058 | 4.175 584 | 3.880 659 | 4.038 803 | 8.021 414 | 9.232 024 | 14.561 2 | 9.220 788 | 9.183 399 | 9.606 802 | 5.499 519 | 7.167 03 | 6.311 24 | 4.699 434 | 5.014 55 | 4.997 21 | 4.558 441 | 3.653 528 | 4.357 505 |
| Achn019391 | 9.018 965 | 9.157 644 | 8.946 622 | 26.343 26 | 16.156 65 | 24.646 | 14.466 56 | 23.087 85 | 19.816 12 | 10.252 38 | 13.326 72 | 12.979 69 | 12.185 23 | 8.809 89 | 8.851 839 | 7.447 536 | 8.098 066 | 7.596 297 |
| Achn367271 | 2.694 651 | 2.980 856 | 3.068 121 | 2.242 533 | 2.638 404 | 3.120 898 | 1.280 553 | 1.078 62 | 1.284 889 | 2.293 105 | 1.335 36 | 2.365 578 | 1.887 378 | 3.205 285 | 1.357 495 | 2.285 916 | 3.155 723 | 2.271 313 |
| Actinidia_chinensis_newGene_4091 | 0.343 148 | 0.865 224 | 0.744 114 | 0.838 004 | 0.461 878 | 0.650 878 | 0.766 002 | 0.655 243 | 0.516 386 | 0.595 724 | 0.505 117 | 0.469 619 | 1.079 025 | 1.998 627 | 1.395 472 | 1.601 118 | 0.896 82 | 1.532 433 |

（续）

| 基因ID | CK1 | CK2 | CK3 | T1-1 | T1-2 | T1-3 | T2-1 | T2-2 | T2-3 | T3-1 | T3-2 | T3-3 | T4-1 | T4-2 | T4-3 | T5-1 | T5-2 | T5-3 |
|---|---|---|---|---|---|---|---|---|---|---|---|---|---|---|---|---|---|---|
| Actinidia_chinensis_newGene_4096 | 1.003 879 | 1.823 939 | 1.342 417 | 0.998 532 | 0.397 391 | 0.710 499 | 0.806 503 | 1.499 292 | 0.909 044 | 1.096 349 | 1.667 918 | 1.525 168 | 3.194 49 | 2.734 552 | 3.188 947 | 3.465 767 | 3.724 939 | 3.040 643 |
| Actinidia_chinensis_newGene_10895 | 1.405 145 | 1.101 6 | 2.011 624 | 3.695 063 | 3.329 888 | 6.749 031 | 3.214 201 | 2.667 57 | 2.516 069 | 3.416 76 | 5.573 965 | 3.773 504 | 1.586 859 | 1.411 805 | 1.720 436 | 3.672 278 | 3.642 498 | 2.281 876 |
| Achn350121 | 100.987 7 | 113.912 2 | 104.242 8 | 46.891 17 | 62.260 01 | 73.986 21 | 49.808 16 | 46.037 43 | 50.883 76 | 73.518 93 | 66.704 27 | 75.759 08 | 65.266 55 | 49.529 | 54.100 24 | 93.077 35 | 88.693 | 88.250 13 |
| Achn314061 | 2.333 314 | 2.431 84 | 1.723 858 | 3.664 418 | 4.194 664 | 10.938 36 | 2.997 869 | 3.308 395 | 3.450 989 | 3.448 833 | 4.624 066 | 4.363 626 | 6.808 168 | 8.029 147 | 8.425 131 | 6.346 116 | 5.051 218 | 3.119 511 |
| Achn383921 | 0.682 344 | 0.851 697 | 0.683 282 | 0.192 053 | 0.425 461 | 0.440 289 | 0.154 862 | 0.045 539 | 0.313 825 | 0.461 976 | 0.678 855 | 0.697 579 | 0.697 152 | 1.276 674 | 0.804 623 | 1.141 823 | 0.817 293 | 1.206 933 |
| Achn012501 | 1.900 292 | 1.915 6 | 3.417 989 | 0.985 552 | 1.061 036 | 0.723 447 | 1.730 84 | 1.604 347 | 1.538 754 | 1.272 265 | 1.691 262 | 1.804 283 | 2.343 633 | 2.969 446 | 2.864 562 | 1.376 661 | 2.456 066 | 1.813 124 |
| Achn251841 | 22.463 01 | 34.821 99 | 31.696 86 | 0.418 248 | 0.606 718 | 0 | 7.792 732 | 2.904 296 | 1.615 134 | 0.420 654 | 0 | 0.378 168 | 6.906 225 | 22.150 7 | 11.099 24 | 1.241 95 | 2.056 107 | 5.914 027 |
| Achn090721 | 3.058 807 | 2.684 718 | 2.906 628 | 3.326 421 | 3.251 081 | 4.456 897 | 9.407 372 | 4.877 464 | 7.576 588 | 4.208 171 | 4.230 742 | 3.868 243 | 5.159 49 | 3.995 642 | 5.091 959 | 4.089 505 | 2.884 531 | 4.128 096 |
| Actinidia_chinensis_newGene_307 | 6.196 801 | 6.270 925 | 4.176 691 | 0.691 986 | 0.199 82 | 0.065 577 | 0.584 667 | 1.474 055 | 1.035 074 | 0.651 842 | 0.893 272 | 0.599 953 | 4.181 343 | 1.007 633 | 1.588 532 | 3.773 628 | 10.099 25 | 10.110 19 |
| Achn198621 | 0.209 354 | 0.415 584 | 0.219 558 | 0.500 605 | 0.139 08 | 0.046 799 | 0.619 846 | 1.868 792 | 0.645 335 | 1.414 799 | 0.618 514 | 1.227 646 | 0.499 156 | 0.623 826 | 1.040 992 | 4.564 177 | 11.908 07 | 0.723 745 |
| Achn103701 | 8.378 075 | 8.476 196 | 8.127 753 | 4.998 026 | 5.900 566 | 6.768 741 | 9.100 382 | 6.126 264 | 4.968 673 | 4.751 786 | 3.346 64 | 3.781 592 | 6.307 907 | 6.550 891 | 8.256 785 | 3.939 828 | 5.291 65 | 4.398 048 |
| Achn383071 | 3.023 65 | 4.738 035 | 4.272 5 | 3.816 517 | 2.708 124 | 2.075 685 | 7.760 064 | 5.987 979 | 5.730 031 | 4.426 004 | 3.229 036 | 3.949 088 | 6.243 198 | 4.716 035 | 6.269 335 | 1.508 446 | 1.105 878 | 1.232 099 |
| Achn315311 | 5.778 865 | 4.327 652 | 4.230 693 | 15.848 39 | 9.550 725 | 12.105 07 | 6.797 691 | 10.807 13 | 8.348 119 | 8.537 095 | 8.312 832 | 10.105 22 | 10.529 13 | 15.030 18 | 15.607 38 | 10.898 93 | 12.636 77 | 7.818 104 |
| Actinidia_chinensis_newGene_6061 | 0.859 403 | 1.341 824 | 1.066 709 | 0.422 006 | 0.229 979 | 0.507 449 | 1.216 242 | 1.709 527 | 1.704 492 | 0.767 176 | 1.421 976 | 2.180 669 | 1.002 725 | 0.905 693 | 1.125 878 | 1.303 383 | 2.587 717 | 0.980 132 |
| Achn094761 | 2.069 865 | 1.833 253 | 5.787 384 | 17.726 49 | 8.335 392 | 3.783 24 | 5.873 885 | 8.422 445 | 3.625 687 | 4.983 536 | 6.815 327 | 5.818 951 | 11.449 12 | 19.460 01 | 17.070 38 | 19.152 33 | 25.303 66 | 11.727 9 |
| Achn110521 | 1.202 592 | 1.534 505 | 1.328 788 | 0.783 367 | 1.176 189 | 0.434 476 | 0.685 92 | 0.484 259 | 1.297 852 | 0.554 195 | 0.682 319 | 0.361 032 | 0.485 134 | 0.769 033 | 0.697 032 | 1.173 921 | 0.879 611 | 0.868 872 |

（续）

| 基因ID | CK1 | CK2 | CK3 | T1-1 | T1-2 | T1-3 | T2-1 | T2-2 | T2-3 | T3-1 | T3-2 | T3-3 | T4-1 | T4-2 | T4-3 | T5-1 | T5-2 | T5-3 |
|---|---|---|---|---|---|---|---|---|---|---|---|---|---|---|---|---|---|---|
| Achn313081 | 10.850 45 | 8.104 373 | 8.822 652 | 5.948 969 | 5.940 834 | 7.422 536 | 3.703 754 | 4.395 285 | 3.866 346 | 5.578 108 | 8.670 301 | 7.775 41 | 4.660 098 | 6.454 721 | 4.981 143 | 9.697 943 | 8.752 864 | 7.001 955 |
| Achn376511 | 1.918 745 | 1.361 97 | 1.325 966 | 2.056 826 | 5.163 17 | 13.059 07 | 5.162 505 | 4.370 016 | 4.117 028 | 4.083 734 | 5.217 529 | 1.847 459 | 1.574 956 | 5.054 916 | 1.147 95 | 3.341 082 | 2.017 649 | 2.772 372 |
| Achn053201 | 54.690 26 | 63.675 17 | 62.509 56 | 138.476 9 | 153.753 3 | 66.140 56 | 112.637 5 | 117.184 7 | 118.359 5 | 154.835 6 | 153.111 | 177.446 7 | 43.426 1 | 30.868 86 | 31.001 2 | 50.549 79 | 53.096 66 | 36.697 64 |
| Achn222791 | 0.084 563 | 0 | 0.591 56 | 1.236 712 | 0.525 614 | 0.882 913 | 0.357 123 | 1.087 933 | 0.641 416 | 0.193 92 | 0 | 0.755 302 | 1.674 258 | 1.206 341 | 2.555 772 | 3.043 006 | 3.026 611 | 2.906 399 |
| Achn033581 | 4.099 826 | 5.015 523 | 5.103 905 | 3.153 634 | 1.530 688 | 9.641 891 | 2.581 971 | 3.586 235 | 3.644 262 | 3.805 774 | 1.964 675 | 3.970 937 | 0.811 988 | 1.289 8 | 0.765 938 | 2.164 531 | 2.087 368 | 1.868 927 |
| Achn087371 | 1.123 35 | 2.127 889 | 2.032 536 | 8.531 193 | 5.069 272 | 4.571 839 | 2.155 495 | 4.509 062 | 2.951 619 | 2.402 407 | 3.706 546 | 2.647 305 | 5.503 428 | 8.453 137 | 8.134 523 | 4.475 364 | 3.408 711 | 3.667 776 |
| Achn281121 | 2.708 107 | 2.433 977 | 1.473 809 | 2.347 449 | 2.723 691 | 2.808 296 | 1.762 564 | 1.755 278 | 1.467 138 | 1.536 119 | 1.079 141 | 1.835 716 | 0.865 404 | 0.592 546 | 0.586 771 | 0.795 71 | 0.654 743 | 1.346 41 |
| Achn026291 | 236.651 7 | 155.988 3 | 168.339 3 | 88.322 87 | 42.984 23 | 6.559 465 | 88.334 36 | 85.338 29 | 113.165 4 | 162.979 3 | 212.936 6 | 178.776 8 | 54.067 65 | 39.963 26 | 47.523 13 | 212.096 | 213.554 2 | 237.658 6 |
| Actinidia_chinensis_newGene_8306 | 6.001 174 | 5.465 247 | 6.697 134 | 8.690 301 | 7.922 41 | 3.501 325 | 7.824 008 | 5.226 244 | 6.674 825 | 2.417 247 | 2.639 462 | 1.725 548 | 6.808 292 | 7.913 637 | 8.023 954 | 1.700 543 | 2.349 979 | 3.235 905 |
| Achn230451 | 2.742 951 | 0.885 037 | 0.778 213 | 1.857 768 | 0.548 03 | 1.180 391 | 0.520 814 | 0.460 999 | 0.267 266 | 0.425 613 | 0.509 397 | 0.386 646 | 0.577 233 | 0.060 384 | 1.166 092 | 0.874 152 | 0.664 836 | 0.621 314 |
| Achn002351 | 0.803 581 | 0.533 525 | 0.476 721 | 0.986 82 | 0.351 366 | 0 | 0.737 296 | 0.527 566 | 0.470 358 | 0.244 837 | 0.331 46 | 0.465 279 | 2.870 676 | 2.175 513 | 3.216 206 | 0.482 749 | 0.255 344 | 0 |
| Achn243221 | 4.793 32 | 5.843 904 | 6.148 82 | 1.463 646 | 2.640 15 | 2.076 164 | 4.418 239 | 1.523 658 | 3.680 533 | 2.145 903 | 2.047 65 | 2.107 944 | 7.436 441 | 10.892 51 | 10.405 39 | 4.998 507 | 3.713 099 | 4.022 981 |
| Achn276911 | 1 345.649 | 1 190.969 | 1 323.124 | 2 389.604 | 1 785.338 | 908.088 1 | 2 402.427 | 2 760.913 | 2 804.878 | 1 701.135 | 1 833.372 | 1 841.033 | 2 225.406 | 2 403.516 | 1 857.049 | 1 451.194 | 1 341.099 | 1 402.701 |
| Achn207521 | 0.651 168 | 1.103 052 | 0.561 92 | 2.936 41 | 2.202 146 | 4.089 899 | 0.357 833 | 1.033 078 | 0.926 329 | 2.037 577 | 2.538 657 | 2.445 436 | 0.865 993 | 0.366 466 | 0.559 546 | 2.593 818 | 2.742 693 | 1.786 042 |
| Achn057971 | 19.973 97 | 18.324 08 | 18.299 48 | 39.778 64 | 56.327 67 | 49.480 43 | 28.637 39 | 25.360 07 | 28.469 75 | 55.197 37 | 53.484 7 | 44.651 92 | 14.688 68 | 7.343 249 | 10.621 01 | 40.157 76 | 39.840 07 | 32.339 |
| Achn209051 | 1.551 574 | 2.420 297 | 2.168 827 | 0.159 162 | 0.230 376 | 0 | 3.866 805 | 2.923 903 | 3.151 646 | 8.479 573 | 0.857 323 | 2.136 778 | 0.347 589 | 0.359 013 | 0.336 882 | 9.334 11 | 7.417 037 | 0.968 936 |
| Achn351411 | 9.423 409 | 10.128 2 | 8.434 822 | 4.247 968 | 6.437 346 | 3.573 227 | 10.921 29 | 9.138 839 | 10.334 51 | 7.184 87 | 3.580 981 | 4.751 14 | 7.569 348 | 7.062 771 | 6.211 424 | 4.509 993 | 5.391 526 | 6.038 438 |
| Achn071671 | 17.410 04 | 20.936 69 | 15.369 91 | 7.342 111 | 7.929 678 | 2.055 503 | 4.293 133 | 4.446 346 | 4.795 929 | 5.667 572 | 6.538 211 | 6.015 867 | 7.328 956 | 6.668 251 | 6.070 955 | 5.439 329 | 7.313 276 | 7.858 612 |
| Achn083311 | 57.850 33 | 70.577 18 | 78.912 78 | 19.989 98 | 19.753 66 | 27.669 07 | 30.106 93 | 39.218 62 | 38.342 29 | 28.300 34 | 35.140 92 | 44.470 17 | 33.215 29 | 65.344 81 | 55.541 22 | 37.157 43 | 64.666 63 | 15.848 17 |

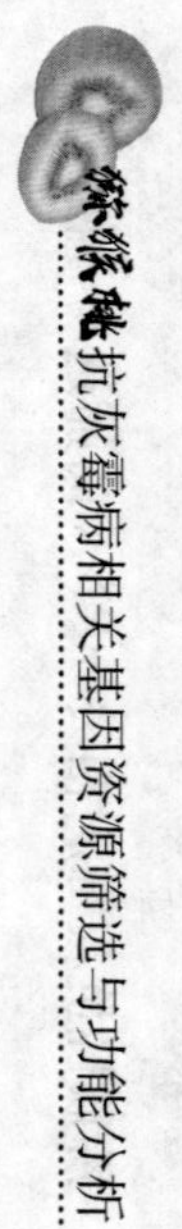


（续）

| 基因 ID | CK1 | CK2 | CK3 | T1-1 | T1-2 | T1-3 | T2-1 | T2-2 | T2-3 | T3-1 | T3-2 | T3-3 | T4-1 | T4-2 | T4-3 | T5-1 | T5-2 | T5-3 |
|---|---|---|---|---|---|---|---|---|---|---|---|---|---|---|---|---|---|---|
| Achn036281 | 3.578 337 | 3.933 647 | 3.538 93 | 9.609 603 | 12.017 37 | 26.851 15 | 5.890 237 | 8.381 831 | 8.114 293 | 8.389 391 | 6.625 991 | 9.260 06 | 5.795 669 | 5.771 404 | 6.267 783 | 6.443 16 | 4.445 809 | 4.221 356 |
| Actinidia _ chinensis _ newGene _ 5797 | 5.331 159 | 6.862 211 | 5.555 708 | 2.929 897 | 2.649 513 | 3.206 497 | 1.849 844 | 4.892 388 | 3.042 171 | 6.228 28 | 3.584 394 | 5.774 217 | 6.972 873 | 3.144 397 | 5.076 245 | 6.286 229 | 8.798 064 | 4.932 238 |
| Achn055461 | 24.087 02 | 15.388 53 | 20.179 19 | 7.292 266 | 5.880 06 | 12.088 85 | 4.020 138 | 4.306 905 | 3.084 614 | 4.322 97 | 3.796 684 | 4.795 002 | 3.189 208 | 13.480 81 | 3.702 577 | 8.442 212 | 21.347 16 | 3.542 155 |
| Achn326731 | 3.785 519 | 2.704 031 | 2.737 391 | 1.449 707 | 1.046 954 | 2.291 024 | 0.649 211 | 1.149 01 | 0.801 219 | 2.513 298 | 1.757 329 | 2.154 395 | 0.780 006 | 0.398 187 | 0.621 787 | 1.680 827 | 1.703 35 | 2.076 174 |
| Achn155371 | 10.013 39 | 7.569 046 | 8.532 799 | 3.574 265 | 3.913 73 | 3.886 454 | 4.130 533 | 4.143 363 | 4.177 861 | 7.215 234 | 4.636 577 | 3.811 816 | 5.536 319 | 8.565 19 | 6.811 799 | 10.459 1 | 16.977 56 | 7.718 127 |
| Achn215261 | 0.226 039 | 0.199 601 | 0.539 582 | 3.728 027 | 1.793 354 | 2.075 521 | 1.416 438 | 1.508 832 | 0.738 328 | 0.437 322 | 0.460 763 | 0.732 913 | 0.784 086 | 1.290 696 | 2.052 519 | 0.724 966 | 0.339 078 | 0.432 651 |
| Actinidia _ chinensis _ newGene _ 1899 | 0.492 944 | 0.139 561 | 0.050 669 | 0.901 731 | 0.935 801 | 0.905 904 | 0.460 045 | 1.042 472 | 0.351 532 | 0.356 317 | 0.592 569 | 0.612 626 | 0.750 539 | 0.863 542 | 1.001 651 | 0.273 708 | 0.657 532 | 0.235 01 |
| Achn358261 | 72.367 79 | 89.652 84 | 87.451 61 | 121.463 4 | 293.514 7 | 5.951 951 | 391.177 1 | 355.113 3 | 250.441 4 | 76.308 49 | 71.741 96 | 89.557 1 | 48.759 23 | 86.827 97 | 120.046 9 | 14.922 26 | 23.577 41 | 26.543 27 |
| Achn053441 | 4.611 753 | 4.251 875 | 4.988 234 | 9.575 024 | 8.980 719 | 8.378 339 | 9.262 697 | 6.290 298 | 3.478 177 | 18.258 13 | 10.400 57 | 11.076 27 | 3.950 03 | 1.644 53 | 1.822 745 | 18.905 97 | 15.513 29 | 11.568 74 |
| Achn228791 | 8.748 633 | 8.088 546 | 6.677 612 | 22.003 4 | 17.333 99 | 19.298 97 | 7.252 585 | 13.047 18 | 9.983 459 | 10.356 19 | 9.732 675 | 11.744 5 | 6.241 712 | 5.639 185 | 6.644 728 | 11.147 11 | 13.294 45 | 12.759 46 |
| Achn046061 | 5.030 255 | 6.053 908 | 4.728 783 | 2.906 419 | 2.723 696 | 2.900 338 | 3.928 648 | 2.738 526 | 2.027 448 | 4.603 087 | 3.013 15 | 2.932 907 | 5.714 89 | 4.353 678 | 5.194 706 | 4.346 932 | 5.285 064 | 6.378 032 |
| Achn344941 | 6.527 317 | 5.422 793 | 6.273 389 | 11.492 05 | 11.220 93 | 17.373 86 | 13.681 88 | 11.788 77 | 12.819 25 | 12.585 25 | 11.243 24 | 11.275 48 | 8.138 577 | 10.243 04 | 8.505 917 | 4.813 817 | 4.990 596 | 2.910 422 |
| Achn197451 | 21.054 9 | 23.093 37 | 18.992 91 | 3.584 681 | 9.237 819 | 0.818 648 | 11.701 04 | 6.418 658 | 10.614 58 | 9.647 087 | 7.224 91 | 7.024 811 | 8.173 928 | 7.722 163 | 5.758 47 | 7.492 26 | 10.321 63 | 9.472 072 |
| Achn119591 | 24.069 52 | 18.179 24 | 19.221 42 | 25.432 54 | 29.615 91 | 46.108 44 | 19.506 72 | 20.605 06 | 22.415 69 | 17.780 9 | 18.040 45 | 19.212 5 | 10.720 51 | 6.037 879 | 8.095 752 | 13.289 46 | 19.228 31 | 19.771 86 |
| Achn377431 | 0.416 346 | 0.410 436 | 1.283 223 | 2.894 274 | 4.591 615 | 12.692 48 | 1.744 479 | 1.126 162 | 0.786 468 | 1.461 35 | 0.131 18 | 0.946 188 | 0.821 334 | 0.468 884 | 0.757 223 | 0.622 759 | 0 | 0.222 601 |
| Achn080501 | 3.472 327 | 10.306 49 | 4.368 477 | 0 | 0 | 0 | 2.952 504 | 3.769 766 | 2.541 924 | 0.862 144 | 0 | 0.553 996 | 9.660 053 | 5.769 96 | 7.503 402 | 5.932 742 | 6.913 862 | 7.185 346 |
| Achn377381 | 6.291 218 | 6.392 162 | 5.514 677 | 2.536 901 | 2.648 35 | 2.305 209 | 4.906 221 | 5.402 636 | 7.101 385 | 9.213 77 | 9.826 716 | 7.825 254 | 7.462 608 | 1.820 689 | 3.238 539 | 3.651 944 | 3.469 804 | 4.188 745 |
| Achn019061 | 0.240 444 | 0.473 02 | 0.626 557 | 1.688 515 | 1.510 813 | 1.496 673 | 1.519 912 | 0.980 509 | 1.285 544 | 1.398 824 | 0.973 441 | 1.398 158 | 0.483 019 | 0.221 2 | 0.301 393 | 0.325 428 | 0.528 835 | 0.312 548 |

（续）

| 基因ID | CK1 | CK2 | CK3 | T1-1 | T1-2 | T1-3 | T2-1 | T2-2 | T2-3 | T3-1 | T3-2 | T3-3 | T4-1 | T4-2 | T4-3 | T5-1 | T5-2 | T5-3 |
|---|---|---|---|---|---|---|---|---|---|---|---|---|---|---|---|---|---|---|
| Achn267901 | 5.840 127 | 4.129 782 | 4.940 529 | 2.521 506 | 4.339 713 | 2.848 127 | 5.211 448 | 5.316 59 | 4.320 398 | 6.578 642 | 4.963 524 | 6.130 335 | 4.309 747 | 3.398 03 | 2.974 723 | 22.288 18 | 15.946 56 | 15.150 41 |
| Achn100871 | 1.059 918 | 0.559 548 | 0.682 223 | 1.901 291 | 0.711 004 | 0 | 1.762 839 | 2.683 742 | 3.517 539 | 1.376 705 | 3.380 072 | 4.626 022 | 0.152 046 | 0.213 904 | 1.024 366 | 0.578 535 | 4.424 | 0.176 581 |
| Achn144021 | 1.254 962 | 0.629 838 | 0.867 131 | 0.267 848 | 0.180 101 | 0.966 47 | 0.159 844 | 0.378 876 | 0.762 81 | 0.784 802 | 1.404 265 | 0.884 384 | 1.061 629 | 0.350 07 | 0.450 865 | 2.589 132 | 3.307 664 | 1.698 588 |
| Achn266581 | 2.341 84 | 3.982 982 | 2.624 803 | 2.767 58 | 6.703 54 | 14.799 05 | 5.097 694 | 5.161 075 | 4.120 187 | 5.585 274 | 6.466 402 | 5.929 195 | 4.657 025 | 5.763 329 | 3.816 76 | 9.043 344 | 10.837 65 | 7.359 521 |
| Achn064651 | 2.381 963 | 1.921 818 | 1.871 424 | 0.644 584 | 0.864 205 | 0.133 317 | 0.392 006 | 0.385 358 | 0.137 841 | 0.669 743 | 0.579 632 | 0.177 087 | 1.404 515 | 3.283 752 | 1.840 001 | 1.764 235 | 2.173 074 | 2.231 19 |
| Achn085811 | 2.680 48 | 3.448 312 | 3.466 953 | 1.655 481 | 1.694 674 | 1.789 027 | 1.097 572 | 1.651 381 | 1.062 607 | 1.742 828 | 1.487 16 | 1.567 969 | 1.333 651 | 2.118 526 | 2.161 222 | 1.302 541 | 1.578 854 | 0.937 011 |
| Achn094041 | 3.618 146 | 2.581 869 | 2.772 389 | 2.877 903 | 1.702 91 | 1.868 563 | 2.041 924 | 2.217 701 | 2.837 058 | 1.683 151 | 1.577 482 | 1.704 655 | 2.400 329 | 2.142 915 | 2.066 192 | 1.166 126 | 1.592 045 | 1.061 104 |
| Actinidia_chinensis_newGene_723 | 1.384 034 | 1.423 696 | 1.257 447 | 0.093 157 | 0.758 309 | 0 | 3.367 725 | 1.127 67 | 1.864 989 | 0.919 558 | 0.638 297 | 0.672 95 | 1.063 764 | 0.172 379 | 0.929 989 | 0.294 405 | 0.211 558 | 0.579 261 |
| Achn366091 | 98.695 27 | 101.636 4 | 96.412 62 | 34.560 41 | 37.564 65 | 58.920 41 | 70.331 63 | 58.575 16 | 58.174 13 | 78.326 51 | 84.791 35 | 79.821 23 | 99.616 26 | 84.360 61 | 75.107 83 | 96.957 24 | 84.092 82 | 96.600 54 |
| Achn187281 | 55.343 7 | 84.049 93 | 75.530 2 | 81.933 05 | 80.202 11 | 56.002 51 | 57.863 79 | 48.808 28 | 54.191 86 | 32.285 53 | 38.550 35 | 22.806 51 | 165.012 1 | 126.611 6 | 146.416 2 | 50.089 19 | 60.944 63 | 42.851 11 |
| Actinidia_chinensis_newGene_9958 | 1.456 851 | 1.431 798 | 1.730 553 | 2.032 861 | 2.914 964 | 4.225 142 | 0.716 676 | 1.337 097 | 2.230 713 | 5.221 692 | 1.737 56 | 5.775 843 | 1.356 09 | 3.667 363 | 3.844 364 | 1.348 525 | 2.443 098 | 1.652 243 |
| Actinidia_chinensis_newGene_2786 | 27.605 39 | 27.546 51 | 30.842 53 | 77.911 81 | 77.383 55 | 30.480 6 | 267.793 7 | 285.447 3 | 248.151 5 | 61.315 08 | 43.082 28 | 43.842 91 | 57.470 52 | 152.498 2 | 108.294 5 | 70.452 01 | 83.848 14 | 31.292 38 |
| Achn269551 | 3.241 995 | 3.915 67 | 3.330 184 | 2.513 561 | 2.131 418 | 2.748 983 | 1.179 468 | 2.011 627 | 1.315 621 | 3.030 235 | 3.358 041 | 3.097 42 | 2.712 94 | 2.214 398 | 2.006 61 | 5.846 529 | 5.493 022 | 5.841 648 |
| Achn387971 | 0.210 638 | 0.263 076 | 0.082 252 | 3.437 048 | 4.086 132 | 0.714 491 | 0.315 416 | 0.361 823 | 0.249 082 | 0.290 437 | 0.474 635 | 0.251 541 | 0.361 659 | 0.132 685 | 0 | 1.191 563 | 1.041 953 | 0.400 57 |
| Actinidia_chinensis_newGene_1130 | 3.410 576 | 3.470 155 | 3.676 234 | 5.567 009 | 3.662 955 | 1.063 638 | 8.245 177 | 8.992 195 | 7.377 682 | 4.049 916 | 4.829 426 | 4.349 867 | 6.789 743 | 6.301 51 | 4.875 952 | 2.158 158 | 2.283 897 | 2.372 207 |
| Achn088411 | 0.494 635 | 0.755 689 | 0.942 612 | 1.897 55 | 1.449 993 | 0.267 272 | 0.364 115 | 1.143 42 | 2.302 871 | 1.056 141 | 1.159 8 | 1.095 707 | 1.713 619 | 2.181 528 | 1.516 52 | 3.734 328 | 2.456 208 | 2.965 222 |

（续）

| 基因ID | CK1 | CK2 | CK3 | T1-1 | T1-2 | T1-3 | T2-1 | T2-2 | T2-3 | T3-1 | T3-2 | T3-3 | T4-1 | T4-2 | T4-3 | T5-1 | T5-2 | T5-3 |
|---|---|---|---|---|---|---|---|---|---|---|---|---|---|---|---|---|---|---|
| Achn028781 | 4.628 577 | 5.230 279 | 5.235 808 | 0.376 855 | 0.972 89 | 0.960 439 | 0.498 084 | 0.693 77 | 0.358 994 | 2.861 229 | 3.567 81 | 3.474 527 | 5.828 757 | 1.254 007 | 1.884 139 | 26.201 42 | 23.149 42 | 26.717 5 |
| Achn079501 | 8.083 768 | 8.886 791 | 18.769 8 | 199.049 1 | 76.622 66 | 21.385 37 | 48.651 59 | 142.948 5 | 71.652 86 | 15.904 77 | 39.242 55 | 29.975 56 | 152.669 | 277.242 | 277.367 5 | 76.580 43 | 57.530 86 | 78.094 3 |
| Achn004431 | 0.453 658 | 0.433 567 | 0.637 187 | 1.659 419 | 1.805 937 | 2.004 867 | 0.976 89 | 1.435 033 | 1.507 624 | 2.084 251 | 1.454 179 | 1.053 236 | 1.367 844 | 0.948 018 | 2.825 133 | 1.055 052 | 0.592 62 | 1.042 527 |
| Achn204141 | 1.396 952 | 2.023 408 | 2.092 607 | 14.073 58 | 6.472 927 | 3.990 539 | 3.222 017 | 2.685 808 | 3.240 731 | 3.986 454 | 2.240 389 | 2.427 898 | 1.453 838 | 2.986 478 | 2.043 983 | 4.040 379 | 3.032 67 | 4.356 099 |
| Achn085591 | 28.645 76 | 40.246 81 | 32.255 81 | 4.848 829 | 21.319 47 | 6.126 918 | 38.270 71 | 25.631 28 | 22.899 57 | 34.806 4 | 7.829 05 | 9.769 836 | 50.483 21 | 54.269 61 | 41.227 57 | 89.370 58 | 95.170 99 | 55.649 89 |
| Achn266611 | 3.550 731 | 2.285 058 | 2.477 25 | 0.686 303 | 0.784 789 | 1.385 51 | 0.958 91 | 1.045 414 | 0.842 508 | 1.965 224 | 1.668 709 | 1.055 89 | 1.698 583 | 2.983 146 | 1.054 927 | 4.400 474 | 9.481 174 | 2.439 866 |
| Achn262501 | 10.332 54 | 9.879 114 | 17.628 03 | 3.951 564 | 12.130 52 | 2.236 324 | 14.812 13 | 7.905 953 | 7.274 | 4.310 849 | 5.775 795 | 3.820 143 | 6.425 082 | 9.192 325 | 4.559 215 | 3.358 8 | 6.159 678 | 5.654 741 |
| Achn292921 | 1.073 222 | 1.031 847 | 1.249 915 | 0.522 924 | 0.723 225 | 1.448 283 | 0.375 372 | 0.280 902 | 0.441 648 | 0.585 91 | 0.914 557 | 0.930 909 | 1.012 679 | 1.041 166 | 1.234 191 | 1.226 43 | 1.841 208 | 0.927 146 |
| Actinidia_chinensis_newGene_2532 | 1.384 33 | 1.657 801 | 1.679 782 | 0.536 273 | 0.529 322 | 0.218 865 | 1.142 068 | 0.553 34 | 0.430 98 | 0.140 5 | 0.401 707 | 0.442 843 | 1.371 26 | 0.898 4 | 0.382 943 | 0.241 326 | 0.599 298 | 0.970 689 |
| Actinidia_chinensis_newGene_2531 | 4.720 24 | 4.663 4 | 4.699 582 | 4.233 097 | 2.875 281 | 2.042 563 | 5.313 842 | 3.752 962 | 3.867 312 | 3.954 508 | 2.847 101 | 3.158 439 | 4.080 448 | 5.418 423 | 4.694 168 | 2.360 903 | 1.933 023 | 3.398 362 |
| Achn132811 | 2.548 651 | 2.626 102 | 2.539 247 | 2.810 124 | 3.534 703 | 4.047 563 | 5.320 195 | 5.603 758 | 5.625 265 | 2.181 267 | 2.555 682 | 2.842 714 | 2.281 83 | 3.425 213 | 3.903 569 | 2.651 667 | 2.847 157 | 2.371 063 |
| Actinidia_chinensis_newGene_7432 | 2.714 853 | 1.795 219 | 6.694 821 | 0.775 215 | 1.306 371 | 1.037 207 | 0 | 0.987 389 | 0.921 089 | 1.454 537 | 0 | 1.344 093 | 1.375 643 | 7.629 777 | 1.926 058 | 5.379 665 | 10.068 92 | 0.123 379 |
| Achn148201 | 5.198 995 | 4.886 04 | 4.341 826 | 3.646 314 | 2.480 709 | 5.628 403 | 3.010 7 | 1.873 007 | 3.428 75 | 2.714 613 | 2.802 353 | 3.013 231 | 4.005 379 | 4.376 731 | 4.578 248 | 2.149 813 | 2.937 276 | 1.899 552 |
| Achn388401 | 5.531 908 | 6.891 411 | 7.088 617 | 0.813 297 | 0.523 198 | 0.189 886 | 0.475 559 | 1.218 039 | 1.237 213 | 1.941 023 | 0.912 923 | 1.000 243 | 3.605 592 | 5.017 21 | 3.624 614 | 2.913 332 | 5.324 952 | 4.550 049 |
| Achn092521 | 0.144 638 | 0.277 646 | 0.649 309 | 0.595 631 | 0.627 903 | 1.551 157 | 0.658 57 | 0.680 729 | 0.521 812 | 1.375 607 | 1.272 303 | 0.366 657 | 1.679 429 | 1.411 939 | 0.490 966 | 2.001 187 | 2.626 672 | 2.297 846 |
| Actinidia_chinensis_newGene_5160 | 0.235 236 | 0.474 53 | 0 | 0.874 298 | 1.646 106 | 0.956 602 | 1.913 526 | 1.453 885 | 2.452 588 | 0.761 221 | 1.110 267 | 0.546 577 | 0.404 187 | 1.041 799 | 1.103 675 | 0.833 317 | 0.423 224 | 0.265 214 |

（续）

| 基因 ID | CK1 | CK2 | CK3 | T1-1 | T1-2 | T1-3 | T2-1 | T2-2 | T2-3 | T3-1 | T3-2 | T3-3 | T4-1 | T4-2 | T4-3 | T5-1 | T5-2 | T5-3 |
|---|---|---|---|---|---|---|---|---|---|---|---|---|---|---|---|---|---|---|
| Achn302811 | 16.264 27 | 15.501 1 | 16.285 24 | 35.905 1 | 53.722 98 | 65.471 6 | 39.487 9 | 40.037 92 | 34.641 95 | 27.355 | 20.571 98 | 26.943 34 | 13.938 5 | 17.010 24 | 20.010 79 | 10.641 18 | 11.080 44 | 11.348 19 |
| Achn021371 | 2.389 546 | 1.748 765 | 2.237 605 | 5.426 675 | 5.435 779 | 14.379 41 | 2.344 512 | 2.825 885 | 3.751 492 | 3.589 479 | 4.015 283 | 3.908 619 | 1.244 889 | 1.454 363 | 1.125 7 | 3.333 524 | 3.062 552 | 2.817 564 |
| Achn216721 | 0.805 183 | 0.665 44 | 0.668 716 | 0.403 171 | 0.208 585 | 0.529 313 | 0.118 123 | 0.197 399 | 0.127 8 | 0.711 373 | 0.810 423 | 0.412 137 | 1.011 163 | 0.453 685 | 0.600 975 | 1.310 751 | 1.703 574 | 1.425 79 |
| Achn263221 | 417.687 7 | 438.214 5 | 408.558 4 | 306.282 6 | 280.037 9 | 47.901 26 | 308.712 | 278.874 7 | 246.939 9 | 139.570 6 | 116.715 1 | 126.256 3 | 518.757 1 | 588.068 4 | 536.643 6 | 201.203 6 | 243.841 | 308.913 7 |
| Achn014531 | 0.137 607 | 0.070 137 | 0.137 421 | 0.134 087 | 0.148 101 | 0.159 673 | 0.032 827 | 0 | 0.119 745 | 0.022 965 | 0.036 544 | 0.023 525 | 0.247 649 | 0.046 88 | 0 | 0.607 233 | 0.708 188 | 0.351 072 |
| Achn370751 | 3.180 489 | 3.819 267 | 3.193 254 | 1.565 437 | 3.032 827 | 3.309 087 | 3.600 833 | 2.935 339 | 3.693 141 | 1.757 267 | 1.324 846 | 1.237 663 | 3.140 613 | 2.781 639 | 3.206 361 | 2.093 283 | 2.015 046 | 1.675 964 |
| Actinidia_chinensis_newGene_6887 | 0.575 514 | 0.305 044 | 0.261 945 | 0.382 187 | 0.213 555 | 0.685 468 | 0.337 011 | 0.510 678 | 0.240 624 | 0.385 09 | 0.252 207 | 0.379 785 | 0.479 874 | 0.577 587 | 0.447 313 | 1.397 085 | 1.903 548 | 0.445 866 |
| Achn306481 | 2.436 723 | 1.817 735 | 2.081 314 | 4.800 395 | 1.425 726 | 2.734 695 | 1.938 202 | 3.498 083 | 1.817 908 | 1.276 431 | 1.595 676 | 1.305 334 | 2.246 855 | 6.448 376 | 6.200 147 | 3.341 873 | 4.215 051 | 2.737 35 |
| Achn259961 | 0.782 736 | 0.858 297 | 0.781 507 | 1.688 35 | 2.821 162 | 2.615 049 | 0.538 919 | 0.339 272 | 0.488 841 | 0.806 198 | 0.467 907 | 0.961 97 | 0.499 45 | 0 | 0.256 325 | 0.501 996 | 0.719 917 | 0.915 885 |
| Achn142621 | 16.541 23 | 21.390 77 | 18.818 48 | 39.016 83 | 15.016 37 | 4.311 869 | 30.701 59 | 41.095 77 | 44.438 66 | 15.007 43 | 17.838 03 | 18.357 2 | 20.687 46 | 16.237 46 | 22.920 35 | 12.471 61 | 19.050 14 | 14.438 61 |
| Achn026661 | 14.629 86 | 11.829 82 | 9.788 359 | 7.347 63 | 11.731 14 | 4.263 42 | 11.333 53 | 8.916 29 | 12.658 75 | 19.938 46 | 15.079 93 | 14.291 65 | 3.339 46 | 1.937 654 | 1.494 198 | 9.564 593 | 9.226 932 | 8.482 405 |
| Achn022781 | 68.841 85 | 65.174 04 | 56.713 9 | 130.927 7 | 79.043 72 | 42.845 01 | 121.907 4 | 134.896 7 | 126.456 9 | 141.241 3 | 132.309 8 | 139.933 8 | 60.067 74 | 55.359 31 | 51.460 31 | 89.940 02 | 81.150 46 | 72.620 23 |
| Achn330491 | 1.213 52 | 0.846 941 | 1.046 984 | 0.613 691 | 0.154 198 | 0.135 45 | 0.284 695 | 0.477 131 | 0.411 14 | 0.380 195 | 0.326 155 | 0.318 251 | 1.155 222 | 0.913 974 | 0.915 627 | 0.579 505 | 0.466 43 | 0.486 672 |
| Actinidia_chinensis_newGene_79 | 0.520 821 | 0.861 867 | 0.551 47 | 1.451 086 | 1.481 965 | 0.854 456 | 1.412 34 | 2.154 758 | 1.520 913 | 1.517 28 | 1.844 284 | 1.937 936 | 0.111 756 | 0.705 127 | 0.970 982 | 0.551 448 | 1.070 062 | 0.645 74 |
| Actinidia_chinensis_newGene_8078 | 1.658 071 | 1.482 171 | 1.232 451 | 0.805 469 | 0.481 524 | 0.384 549 | 1.056 001 | 1.627 069 | 0.399 908 | 1.423 277 | 1.104 896 | 1.359 441 | 2.276 883 | 4.177 857 | 2.715 171 | 2.317 893 | 0.853 709 | 2.706 122 |
| Achn184871 | 22.614 17 | 14.833 4 | 15.636 4 | 20.290 5 | 27.663 98 | 7.317 004 | 33.370 3 | 29.055 12 | 38.259 17 | 41.354 | 39.981 13 | 41.345 4 | 12.503 27 | 8.199 592 | 8.760 82 | 28.415 76 | 26.744 09 | 29.189 4 |
| Actinidia_chinensis_newGene_9850 | 0.657 109 | 0.823 385 | 0.774 572 | 3.045 979 | 0.563 179 | 1.036 916 | 1.679 16 | 3.851 957 | 3.043 619 | 1.268 335 | 2.703 161 | 1.458 922 | 1.022 942 | 2.388 252 | 2.011 954 | 1.332 076 | 0.983 782 | 1.224 081 |

（续）

| 基因ID | CK1 | CK2 | CK3 | T1-1 | T1-2 | T1-3 | T2-1 | T2-2 | T2-3 | T3-1 | T3-2 | T3-3 | T4-1 | T4-2 | T4-3 | T5-1 | T5-2 | T5-3 |
|---|---|---|---|---|---|---|---|---|---|---|---|---|---|---|---|---|---|---|
| Actinidia_chinensis_newGene_8845 | 0.837 501 | 1.689 865 | 1.792 005 | 4.279 777 | 2.543 57 | 4.025 896 | 2.226 465 | 2.280 82 | 1.905 463 | 2.066 849 | 2.742 711 | 1.731 219 | 2.952 168 | 1.010 948 | 3.501 96 | 1.627 938 | 1.774 487 | 1.108 025 |
| Achn319701 | 14.569 25 | 21.543 47 | 15.404 96 | 5.920 522 | 10.079 05 | 16.284 58 | 13.468 7 | 10.187 94 | 6.515 581 | 6.039 296 | 5.230 915 | 3.700 25 | 14.441 47 | 28.206 57 | 31.358 05 | 4.976 476 | 4.816 144 | 4.945 098 |
| Actinidia_chinensis_newGene_8810 | 0.104 178 | 0.324 724 | 0.349 361 | 1.349 705 | 0.846 128 | 1.557 627 | 0.357 414 | 0.453 117 | 0.269 962 | 1.102 266 | 0.589 641 | 0.521 147 | 0.482 881 | 1.400 725 | 0.660 713 | 0.275 612 | 0.551 184 | 0.614 039 |
| Achn093941 | 1.565 414 | 1.738 372 | 1.527 341 | 3.009 488 | 1.149 528 | 9.918 558 | 1.669 703 | 1.960 746 | 1.187 213 | 5.388 545 | 5.646 271 | 6.250 298 | 1.018 955 | 0.965 769 | 1.534 343 | 2.229 459 | 1.912 154 | 2.159 939 |
| Achn012581 | 10.156 19 | 11.220 14 | 12.863 95 | 7.572 444 | 4.856 112 | 8.947 779 | 6.187 535 | 5.563 534 | 4.540 051 | 4.818 657 | 7.763 546 | 4.311 132 | 8.950 758 | 13.531 91 | 10.220 75 | 17.706 95 | 19.029 01 | 12.145 12 |
| Achn306971 | 35.336 49 | 47.023 48 | 48.241 7 | 17.319 16 | 19.375 9 | 1.373 044 | 15.235 67 | 12.665 24 | 13.582 5 | 9.617 978 | 8.028 354 | 6.353 305 | 49.258 19 | 52.745 75 | 69.300 16 | 21.232 68 | 21.814 96 | 34.058 07 |
| Achn326321 | 1.758 238 | 2.439 605 | 2.180 487 | 0.528 914 | 0.578 47 | 1.335 124 | 1.127 825 | 0.475 306 | 1.032 297 | 2.742 36 | 1.285 127 | 1.746 437 | 3.070 934 | 2.868 066 | 3.205 071 | 3.751 772 | 5.721 799 | 4.865 918 |
| Actinidia_chinensis_newGene_7958 | 0.779 576 | 1.029 053 | 1.158 051 | 0.552 527 | 0.409 877 | 0.528 568 | 0.426 085 | 0.520 151 | 0.493 432 | 0.744 216 | 0.589 566 | 0.611 528 | 0.607 185 | 0.958 011 | 1.227 061 | 0.657 633 | 0.681 512 | 0.608 643 |
| Achn040401 | 2.837 181 | 3.293 835 | 3.082 272 | 0.708 106 | 1.048 424 | 1.158 816 | 1.210 01 | 1.711 539 | 0.946 585 | 1.527 922 | 1.244 1 | 1.400 633 | 1.342 072 | 1.098 071 | 1.218 416 | 1.484 537 | 2.077 857 | 2.017 58 |
| Actinidia_chinensis_newGene_4602 | 0.486 189 | 0.121 154 | 1.389 521 | 0.532 342 | 1.793 409 | 1.406 052 | 0.891 705 | 0.389 083 | 0.907 694 | 0.051 652 | 0.166 867 | 0.557 66 | 1.520 285 | 4.521 711 | 2.796 637 | 0 | 0.347 326 | 0.674 83 |
| Achn249721 | 2 879.766 | 2 167.386 | 1 966.412 | 647.887 5 | 561.540 3 | 408.136 5 | 336.261 2 | 471.604 9 | 588.240 7 | 489.674 | 452.418 3 | 398.312 5 | 1 144.921 | 593.061 4 | 1 035.618 | 1 051.99 | 1 406.734 | 1 700.455 |
| Achn265811 | 25.741 77 | 55.332 56 | 88.182 67 | 10.595 71 | 14.549 17 | 1.732 578 | 51.065 03 | 33.551 27 | 26.970 92 | 6.533 952 | 6.085 828 | 10.571 82 | 52.280 47 | 218.210 7 | 145.442 4 | 19.002 93 | 14.719 69 | 16.662 15 |
| Achn051991 | 0.071 017 | 0 | 0 | 0.650 337 | 0.859 574 | 2.957 618 | 0.215 571 | 0.187 821 | 0 | 0 | 0.109 335 | 0.089 253 | 0 | 0.056 136 | 0.076 132 | 0 | 0.043 108 | 0.080 067 |
| Achn229131 | 394.000 6 | 346.596 | 331.189 2 | 272.397 4 | 293.305 | 217.690 9 | 286.021 4 | 261.518 4 | 266.056 1 | 404.116 1 | 333.299 6 | 378.367 1 | 180.542 5 | 116.940 2 | 156.633 | 345.545 8 | 365.950 8 | 394.976 2 |
| Actinidia_chinensis_newGene_7566 | 0.625 38 | 0.375 607 | 0.338 369 | 0.698 654 | 1.747 055 | 2.102 597 | 1.351 032 | 1.483 255 | 1.036 088 | 1.017 231 | 1.352 387 | 1.440 99 | 0.777 328 | 1.161 383 | 0.890 905 | 0.844 012 | 1.003 027 | 0.597 114 |
| Achn146141 | 462.742 6 | 476.512 6 | 415.795 1 | 140.194 2 | 142.316 6 | 42.764 44 | 260.856 | 242.814 3 | 221.942 | 268.101 2 | 230.405 2 | 242.125 3 | 482.862 3 | 451.156 5 | 425.040 5 | 318.467 | 317.452 5 | 409.671 6 |

（续）

| 基因 ID | CK1 | CK2 | CK3 | T1-1 | T1-2 | T1-3 | T2-1 | T2-2 | T2-3 | T3-1 | T3-2 | T3-3 | T4-1 | T4-2 | T4-3 | T5-1 | T5-2 | T5-3 |
|---|---|---|---|---|---|---|---|---|---|---|---|---|---|---|---|---|---|---|
| Actinidia_chinensis_newGene_11939 | 1.299 344 | 1.455 212 | 1.629 685 | 3.381 222 | 6.575 638 | 2.361 056 | 6.884 672 | 7.645 232 | 7.390 947 | 0.903 071 | 1.069 856 | 1.708 252 | 1.003 851 | 3.468 953 | 3.034 925 | 2.294 774 | 3.846 683 | 2.138 145 |
| Actinidia_chinensis_newGene_9649 | 2.642 19 | 3.798 21 | 2.622 392 | 1.024 284 | 0.479 306 | 0.320 94 | 3.145 888 | 3.033 388 | 1.741 844 | 2.290 813 | 1.279 231 | 1.509 214 | 2.959 825 | 2.212 959 | 1.464 448 | 4.666 101 | 3.048 114 | 3.356 721 |
| Achn140921 | 2.828 729 | 2.819 358 | 3.717 907 | 6.368 307 | 4.407 97 | 4.898 517 | 8.311 267 | 8.496 088 | 7.466 835 | 2.944 019 | 4.499 796 | 4.178 549 | 5.455 753 | 5.349 025 | 7.098 025 | 4.175 016 | 3.843 514 | 4.054 641 |
| Achn184531 | 1.970 413 | 2.756 239 | 2.026 803 | 4.918 249 | 4.756 181 | 10.932 94 | 2.656 719 | 2.912 291 | 3.637 032 | 2.646 092 | 3.897 233 | 5.678 207 | 1.771 042 | 4.011 701 | 1.931 275 | 1.679 63 | 1.357 757 | 3.066 492 |
| Achn126481 | 101.320 6 | 110.691 3 | 105.083 3 | 303.035 8 | 80.908 88 | 145.537 6 | 239.090 2 | 256.619 4 | 160.305 6 | 66.210 07 | 62.324 46 | 73.209 16 | 157.359 1 | 451.804 3 | 406.718 2 | 57.006 51 | 58.229 07 | 75.170 32 |
| Actinidia_chinensis_newGene_9269 | 2.580 052 | 1.845 738 | 1.798 65 | 1.186 934 | 0.985 753 | 1.020 853 | 1.450 757 | 2.228 899 | 2.032 965 | 0.820 373 | 2.144 806 | 1.415 581 | 1.369 801 | 1.774 798 | 1.977 747 | 3.430 562 | 6.265 231 | 1.479 35 |
| Achn376651 | 931.199 8 | 1 306.219 | 1 188.303 | 180.998 1 | 345.206 8 | 666.705 9 | 245.420 7 | 220.878 3 | 289.896 7 | 419.522 9 | 508.702 4 | 549.579 9 | 134.746 3 | 123.607 5 | 124.042 9 | 145.716 9 | 186.556 | 186.721 |
| Actinidia_chinensis_newGene_10219 | 1.157 357 | 1.965 315 | 1.372 252 | 0.951 386 | 0.947 979 | 0.161 752 | 2.195 742 | 2.011 458 | 0.788 529 | 4.793 241 | 4.202 855 | 4.791 172 | 0 | 0.113 761 | 0.231 584 | 2.261 426 | 2.877 769 | 2.769 369 |
| Actinidia_chinensis_newGene_10218 | 0.716 12 | 1.660 484 | 1.251 132 | 0.243 314 | 0.627 262 | 1.162 982 | 1.227 755 | 0.393 701 | 0.307 618 | 0.339 1 | 0.409 032 | 0.415 127 | 0.666 578 | 0.050 324 | 0 | 1.137 28 | 0.811 573 | 0.387 091 |
| Achn084071 | 9.997 561 | 11.322 49 | 13.889 9 | 28.193 95 | 24.565 5 | 23.159 42 | 13.723 28 | 18.032 39 | 11.367 17 | 15.628 3 | 14.703 65 | 13.519 86 | 17.687 67 | 35.239 09 | 27.875 6 | 29.441 87 | 27.976 1 | 21.781 06 |
| Achn206251 | 1.985 701 | 1.606 366 | 1.283 564 | 0.633 552 | 0.413 521 | 0.431 727 | 0.820 917 | 1.168 645 | 0.686 283 | 0.709 917 | 0.343 884 | 0.448 403 | 1.082 365 | 0.900 681 | 0.755 523 | 1.640 583 | 1.935 075 | 0.990 967 |
| Achn245121 | 0 | 0.078 678 | 0.030 202 | 0.083 138 | 0.128 991 | 0.931 814 | 0 | 0.180 831 | 0 | 0.347 19 | 0.646 203 | 0.708 531 | 0.177 113 | 0.389 717 | 0.104 518 | 0.553 957 | 0.633 851 | 0.636 586 |
| Achn296581 | 12.868 04 | 12.036 84 | 15.948 34 | 29.216 97 | 37.337 69 | 38.719 51 | 15.619 7 | 19.182 | 17.934 6 | 32.594 34 | 34.041 | 32.097 85 | 13.853 07 | 9.155 196 | 10.553 15 | 24.332 73 | 26.370 6 | 21.793 62 |
| Achn036201 | 1.220 988 | 1.861 47 | 1.921 975 | 0.743 347 | 0.743 06 | 1.085 785 | 0.944 571 | 0.854 009 | 0.593 195 | 0.415 954 | 0.849 584 | 0.266 218 | 1.376 493 | 1.294 564 | 0.476 714 | 0.886 861 | 1.208 019 | 1.036 466 |
| Achn121521 | 0.199 664 | 0.711 209 | 0.561 707 | 0.961 998 | 0.488 861 | 0.694 297 | 0.164 557 | 1.025 924 | 0.742 67 | 0.493 352 | 0.612 329 | 0.261 772 | 1.500 128 | 1.714 71 | 1.949 565 | 0.302 471 | 0.637 992 | 0.420 596 |
| Achn018501 | 2.209 98 | 1.750 339 | 2.759 273 | 2.355 341 | 2.454 475 | 2.105 531 | 3.653 515 | 5.957 358 | 6.103 599 | 5.273 775 | 3.726 422 | 4.329 62 | 1.189 319 | 2.538 286 | 1.831 512 | 8.952 19 | 10.901 23 | 3.338 305 |

（续）

| 基因ID | CK1 | CK2 | CK3 | T1-1 | T1-2 | T1-3 | T2-1 | T2-2 | T2-3 | T3-1 | T3-2 | T3-3 | T4-1 | T4-2 | T4-3 | T5-1 | T5-2 | T5-3 |
|---|---|---|---|---|---|---|---|---|---|---|---|---|---|---|---|---|---|---|
| Achn044401 | 0.978 47 | 0.853 441 | 0.555 313 | 2.822 326 | 1.395 753 | 3.577 749 | 0.647 978 | 0.944 12 | 1.090 343 | 0.983 838 | 1.590 006 | 1.857 835 | 1.274 546 | 1.200 626 | 1.710 847 | 1.653 256 | 1.619 37 | 0.734 446 |
| Achn154311 | 8.165 694 | 7.015 68 | 6.927 93 | 16.431 27 | 18.811 17 | 23.327 21 | 10.156 92 | 12.633 81 | 12.344 65 | 7.284 45 | 15.274 45 | 11.122 21 | 5.898 322 | 7.654 421 | 5.390 672 | 9.298 01 | 10.164 72 | 9.928 851 |
| Achn388921 | 3.389 846 | 2.285 728 | 2.290 028 | 5.878 715 | 6.559 445 | 8.329 104 | 4.002 625 | 3.151 812 | 2.459 775 | 5.555 967 | 6.406 756 | 5.147 784 | 3.532 933 | 2.343 134 | 2.813 293 | 8.813 193 | 6.392 796 | 6.268 506 |
| Achn094981 | 8.216 544 | 10.574 98 | 6.656 424 | 1.538 788 | 0.597 632 | 1.358 356 | 3.514 83 | 3.612 645 | 2.080 892 | 2.267 537 | 1.646 765 | 2.058 656 | 3.067 033 | 5.210 709 | 5.086 282 | 4.764 752 | 5.388 377 | 8.699 875 |
| Achn246331 | 0.752 283 | 0.644 772 | 0.545 728 | 0.855 913 | 0.448 749 | 0.819 562 | 1.395 631 | 2.491 02 | 2.265 457 | 1.156 023 | 0.536 43 | 1.088 679 | 1.693 599 | 1.286 768 | 1.184 063 | 2.319 005 | 2.116 527 | 1.831 369 |
| Achn167171 | 4.970 836 | 5.347 635 | 4.740 58 | 13.158 13 | 9.081 15 | 15.453 91 | 5.925 103 | 5.381 117 | 5.676 091 | 6.885 011 | 8.245 429 | 6.767 138 | 6.376 19 | 4.906 857 | 6.642 227 | 6.751 81 | 8.907 996 | 10.314 72 |
| Actinidia_chinensis_newGene_6100 | 2.633 378 | 3.901 143 | 3.693 864 | 3.250 41 | 4.484 649 | 8.544 127 | 6.901 169 | 7.966 298 | 7.452 435 | 4.238 771 | 6.036 591 | 5.035 866 | 4.165 722 | 4.721 978 | 4.417 645 | 3.761 982 | 4.710 348 | 3.316 269 |
| Achn096601 | 1.159 019 | 0.992 123 | 2.076 308 | 4.938 42 | 2.575 106 | 7.657 016 | 1.767 415 | 2.349 408 | 3.013 724 | 4.790 776 | 3.572 233 | 5.246 503 | 1.925 026 | 1.524 168 | 0.962 558 | 2.458 215 | 6.459 769 | 1.823 337 |
| Achn156071 | 1.209 77 | 1.117 382 | 0.769 114 | 1.501 765 | 0.509 439 | 1.729 247 | 1.719 012 | 0.969 624 | 0.649 276 | 1.491 782 | 1.097 19 | 1.811 999 | 0.602 821 | 0.929 843 | 0.669 823 | 3.707 13 | 4.015 04 | 1.196 371 |
| Achn109041 | 644.957 4 | 587.265 | 595.372 9 | 236.925 | 214.531 | 327.125 4 | 513.804 6 | 432.991 3 | 531.359 2 | 479.531 | 472.876 3 | 402.282 7 | 517.570 3 | 542.244 2 | 451.864 3 | 422.225 9 | 347.774 4 | 339.671 9 |
| Actinidia_chinensis_newGene_5451 | 26.057 92 | 30.640 6 | 25.283 | 16.869 49 | 21.358 19 | 31.850 35 | 26.635 97 | 23.288 4 | 21.979 51 | 20.758 62 | 19.371 25 | 19.902 06 | 21.521 33 | 23.383 41 | 25.343 31 | 13.283 46 | 13.821 3 | 13.777 35 |
| Achn167821 | 1.292 411 | 1.272 536 | 1.813 326 | 3.126 175 | 2.293 989 | 5.131 997 | 1.982 105 | 3.433 132 | 1.814 367 | 2.020 326 | 3.052 375 | 2.217 822 | 2.804 156 | 3.037 27 | 4.328 406 | 2.231 34 | 1.793 934 | 1.578 071 |
| Achn216311 | 4.178 303 | 2.496 282 | 3.712 905 | 2.586 887 | 1.392 079 | 3.598 433 | 2.920 902 | 4.121 013 | 3.698 786 | 4.094 339 | 4.800 834 | 3.780 237 | 1.914 022 | 4.045 228 | 3.492 45 | 7.714 262 | 10.898 29 | 9.250 698 |
| Achn238921 | 20.736 27 | 27.715 24 | 26.631 93 | 407.133 3 | 186.891 4 | 711.690 8 | 87.459 65 | 116.856 6 | 111.162 6 | 121.612 6 | 156.571 8 | 146.413 9 | 20.621 86 | 14.136 56 | 16.757 16 | 65.566 82 | 55.932 16 | 37.162 09 |
| Achn102581 | 40.885 24 | 25.130 18 | 19.183 71 | 77.169 24 | 42.213 58 | 79.420 72 | 23.337 1 | 32.884 | 35.767 31 | 42.836 94 | 47.508 07 | 34.662 34 | 13.641 3 | 7.141 786 | 9.551 105 | 56.042 03 | 69.563 42 | 62.794 11 |
| Achn165461 | 0.727 074 | 0.135 509 | 0.094 369 | 0.043 793 | 0.010 824 | 0 | 0.206 664 | 0.275 932 | 0.140 656 | 0.993 332 | 0.620 046 | 1.012 429 | 1.464 089 | 0.539 847 | 0.936 926 | 2.489 429 | 2.592 779 | 2.863 458 |
| Achn312141 | 9.840 021 | 7.149 131 | 6.535 192 | 4.922 459 | 4.263 738 | 0.915 897 | 3.684 148 | 4.594 132 | 5.498 834 | 5.706 468 | 4.441 541 | 4.945 431 | 2.500 868 | 3.075 515 | 2.431 308 | 3.092 052 | 4.102 644 | 3.296 11 |
| Achn069881 | 12.302 11 | 10.249 5 | 9.973 654 | 5.935 728 | 5.479 421 | 4.762 576 | 11.341 42 | 11.384 36 | 9.535 475 | 16.010 97 | 12.294 85 | 13.353 64 | 16.847 54 | 14.471 07 | 16.577 31 | 26.967 76 | 28.734 11 | 34.258 28 |

（续）

| 基因 ID | CK1 | CK2 | CK3 | T1-1 | T1-2 | T1-3 | T2-1 | T2-2 | T2-3 | T3-1 | T3-2 | T3-3 | T4-1 | T4-2 | T4-3 | T5-1 | T5-2 | T5-3 |
|---|---|---|---|---|---|---|---|---|---|---|---|---|---|---|---|---|---|---|
| Achn138701 | 122.869 2 | 106.919 | 107.393 7 | 398.194 6 | 231.434 9 | 306.788 2 | 123.376 5 | 159.096 | 159.968 6 | 166.333 1 | 182.608 1 | 174.339 7 | 85.051 16 | 77.153 22 | 80.593 56 | 115.612 8 | 115.639 5 | 125.282 3 |
| Achn277931 | 34.322 03 | 32.928 49 | 34.466 48 | 7.195 508 | 36.489 15 | 26.473 08 | 12.317 44 | 15.629 07 | 14.100 68 | 28.722 4 | 20.655 27 | 29.342 1 | 12.640 12 | 4.968 009 | 7.316 777 | 20.048 45 | 25.305 65 | 24.358 74 |
| Achn224741 | 0.954 814 | 1.442 411 | 2.324 695 | 0.661 869 | 0.529 555 | 0.047 357 | 0.287 315 | 0.378 725 | 0.524 379 | 0.318 239 | 0.631 039 | 0.757 314 | 0.869 786 | 1.562 892 | 1.357 959 | 0.425 316 | 0.795 84 | 0.826 619 |
| Achn128981 | 159.695 6 | 153.471 | 143.463 7 | 108.149 4 | 83.892 75 | 31.479 18 | 97.675 77 | 95.572 97 | 94.551 49 | 76.266 21 | 69.157 1 | 75.505 39 | 122.105 6 | 134.559 5 | 113.525 2 | 97.146 23 | 97.016 03 | 111.146 6 |
| Achn161881 | 1.868 186 | 2.700 074 | 2.964 593 | 2.861 458 | 6.189 297 | 3.827 164 | 5.822 115 | 5.283 422 | 5.599 84 | 2.056 834 | 3.285 562 | 3.065 884 | 2.531 393 | 3.855 754 | 3.101 401 | 2.328 155 | 3.466 509 | 2.248 045 |
| Achn276811 | 6.699 43 | 10.217 41 | 8.695 223 | 30.676 55 | 19.229 89 | 16.412 38 | 11.329 04 | 16.496 85 | 12.998 88 | 11.768 21 | 11.581 67 | 13.523 25 | 11.360 99 | 21.418 83 | 16.941 51 | 13.066 23 | 13.843 53 | 13.218 86 |
| Achn121731 | 3.366 123 | 3.796 973 | 3.564 305 | 5.070 992 | 6.562 093 | 24.960 51 | 5.214 304 | 5.494 096 | 5.733 507 | 5.479 004 | 6.939 767 | 6.120 763 | 6.149 84 | 8.019 039 | 6.420 928 | 11.062 54 | 9.420 465 | 6.463 642 |
| Achn209711 | 97.333 21 | 101.99 | 95.811 32 | 41.277 35 | 49.505 4 | 53.391 74 | 42.499 26 | 45.338 55 | 51.005 22 | 69.208 25 | 72.161 39 | 71.523 49 | 76.655 9 | 73.818 12 | 80.337 43 | 95.149 28 | 101.112 4 | 108.360 4 |
| Achn029661 | 3.182 482 | 4.495 759 | 4.990 977 | 17.876 31 | 9.755 823 | 24.971 07 | 13.250 71 | 10.953 34 | 12.117 88 | 6.391 214 | 8.559 641 | 6.968 733 | 4.878 236 | 5.834 063 | 8.009 289 | 4.974 537 | 4.476 699 | 3.995 405 |
| Actinidia_chinensis_newGene_1084 | 3.302 328 | 3.843 397 | 2.940 703 | 10.589 65 | 5.344 834 | 16.894 91 | 4.439 714 | 6.136 65 | 5.621 365 | 8.784 699 | 9.486 345 | 7.995 088 | 8.236 733 | 7.228 962 | 7.874 71 | 10.582 02 | 10.621 25 | 8.482 688 |
| Actinidia_chinensis_newGene_9766 | 0.517 708 | 0.396 529 | 0.304 122 | 24.696 42 | 2.644 802 | 4.667 906 | 2.921 701 | 12.129 81 | 4.398 414 | 1.001 58 | 1.420 068 | 0.985 915 | 7.807 888 | 30.546 76 | 20.215 76 | 7.843 285 | 9.459 638 | 6.471 473 |
| Actinidia_chinensis_newGene_9760 | 0.281 892 | 0 | 0.186 531 | 0.392 383 | 0.543 932 | 0.653 032 | 0.500 884 | 0.295 785 | 0 | 5.742 119 | 2.828 568 | 2.380 207 | 0.290 426 | 0 | 0 | 0.225 427 | 1.105 724 | 0.775 159 |
| Achn083211 | 0.105 245 | 0.151 151 | 0.083 829 | 0.334 714 | 0.308 765 | 0.220 822 | 0.142 548 | 0.329 442 | 0.589 901 | 1.134 94 | 0.649 891 | 0.775 091 | 0.249 056 | 0 | 0 | 0.083 568 | 0.048 866 | 0 |
| Achn044231 | 2.132 291 | 1.893 085 | 1.766 497 | 0.822 251 | 1.458 281 | 2.536 828 | 1.007 26 | 0.936 44 | 0.474 791 | 1.178 592 | 1.155 909 | 1.015 57 | 1.201 188 | 0.908 796 | 1.120 49 | 1.499 274 | 1.551 462 | 2.227 112 |
| Actinidia_chinensis_newGene_2316 | 0.681 46 | 0.861 578 | 0.437 619 | 0 | 0.127 6 | 0.304 373 | 0.163 064 | 0.207 097 | 0.104 943 | 0.232 519 | 0.300 886 | 0 | 0.570 413 | 1.050 585 | 1.271 655 | 0.939 036 | 2.145 573 | 1.336 711 |
| Achn364321 | 42.400 69 | 50.054 53 | 54.491 99 | 91.156 85 | 157.476 8 | 41.222 14 | 75.985 77 | 66.241 36 | 51.543 58 | 44.903 | 38.543 75 | 49.807 26 | 11.971 79 | 17.373 22 | 18.859 55 | 33.176 71 | 32.414 37 | 40.939 34 |

（续）

| 基因 ID | CK1 | CK2 | CK3 | T1-1 | T1-2 | T1-3 | T2-1 | T2-2 | T2-3 | T3-1 | T3-2 | T3-3 | T4-1 | T4-2 | T4-3 | T5-1 | T5-2 | T5-3 |
|---|---|---|---|---|---|---|---|---|---|---|---|---|---|---|---|---|---|---|
| Actinidia_chinensis_newGene_1756 | 2.824 234 | 1.680 26 | 0.916 503 | 1.822 764 | 1.264 863 | 0.993 793 | 1.195 953 | 1.868 213 | 2.067 321 | 1.482 409 | 1.705 708 | 1.734 998 | 2.069 686 | 0.652 954 | 0.803 215 | 3.904 701 | 5.248 127 | 5.775 2 |
| Achn263961 | 1.938 715 | 2.572 59 | 4.012 551 | 1.713 799 | 2.795 639 | 1.557 337 | 1.129 542 | 0.834 621 | 1.139 696 | 1.243 018 | 1.400 862 | 2.104 884 | 1.060 111 | 3.143 579 | 1.632 649 | 1.748 317 | 1.334 391 | 1.176 362 |
| Actinidia_chinensis_newGene_7759 | 0.428 188 | 1.012 982 | 0.962 893 | 3.090 074 | 3.971 818 | 4.892 835 | 0.838 296 | 2.489 19 | 2.323 938 | 1.324 128 | 3.784 098 | 2.350 275 | 1.419 661 | 1.539 174 | 0.873 387 | 1.378 2 | 1.142 728 | 1.502 554 |
| Achn349661 | 0.880 941 | 0.811 122 | 0.700 91 | 0.523 907 | 0.446 926 | 0.274 647 | 0.295 306 | 0.088 889 | 0.221 905 | 0.781 458 | 0.627 173 | 1.100 786 | 0.184 904 | 0.219 107 | 0.292 968 | 0.417 922 | 0.588 942 | 0.643 514 |
| Achn057791 | 7.624 939 | 5.998 061 | 4.332 284 | 22.165 31 | 18.199 58 | 11.053 83 | 17.405 64 | 16.688 09 | 20.196 16 | 17.903 51 | 11.635 06 | 18.977 69 | 3.409 537 | 1.897 557 | 2.160 181 | 6.624 835 | 6.799 907 | 5.272 84 |
| Achn110841 | 19.706 | 16.777 32 | 19.843 58 | 53.547 25 | 52.659 1 | 55.217 51 | 35.073 06 | 32.063 25 | 31.271 63 | 33.643 75 | 30.120 15 | 29.711 59 | 16.096 65 | 13.809 74 | 15.238 82 | 14.856 75 | 19.819 01 | 19.506 71 |
| Achn383811 | 0.720 165 | 0.455 254 | 0.435 678 | 1.874 794 | 2.282 278 | 2.954 448 | 3.731 925 | 7.178 154 | 3.505 11 | 2.129 232 | 1.975 488 | 1.019 741 | 1.251 046 | 4.027 049 | 2.508 566 | 2.211 602 | 1.255 826 | 1.496 818 |
| Achn061631 | 4.376 434 | 1.161 001 | 1.531 522 | 1.035 88 | 1.987 698 | 1.711 228 | 1.674 532 | 4.146 309 | 4.256 396 | 8.032 013 | 7.647 1 | 8.124 942 | 8.203 624 | 1.680 933 | 3.474 478 | 10.854 55 | 10.672 26 | 11.166 23 |
| Actinidia_chinensis_newGene_5868 | 0 | 0.253 384 | 0.418 771 | 0.774 154 | 0.706 683 | 0 | 0.099 182 | 0.921 523 | 1.102 598 | 0.099 778 | 0 | 0 | 1.674 115 | 1.996 377 | 6.416 596 | 0 | 0.555 308 | 0 |
| Achn267861 | 0.543 911 | 0.532 007 | 0.870 566 | 1.239 875 | 1.310 166 | 1.080 941 | 0.975 284 | 1.388 425 | 1.763 971 | 1.168 89 | 2.595 727 | 2.080 01 | 2.764 432 | 1.434 694 | 2.255 644 | 2.872 226 | 3.851 086 | 3.876 448 |
| Achn367931 | 2.368 145 | 1.439 407 | 1.945 022 | 0.635 246 | 1.026 935 | 1.179 236 | 2.819 181 | 2.494 774 | 2.499 389 | 3.702 704 | 3.712 592 | 3.811 579 | 2.073 011 | 3.750 112 | 1.739 88 | 3.192 279 | 3.767 437 | 2.836 224 |
| Achn257861 | 2.510 551 | 1.548 684 | 1.890 632 | 2.997 133 | 3.595 197 | 75.033 54 | 2.295 75 | 2.574 585 | 3.211 354 | 5.737 469 | 5.747 401 | 4.746 688 | 1.084 946 | 0.141 526 | 0.571 554 | 1.528 942 | 2.266 962 | 1.889 576 |
| Achn194021 | 15.026 68 | 16.463 39 | 17.574 26 | 19.260 53 | 12.680 92 | 13.460 48 | 11.548 28 | 10.679 64 | 12.493 3 | 10.565 01 | 9.588 842 | 10.063 43 | 9.902 661 | 12.774 16 | 11.005 02 | 7.388 075 | 9.178 21 | 9.061 715 |
| Achn284141 | 0.736 32 | 0.933 617 | 0.628 722 | 0.050 745 | 0.082 063 | 0 | 0 | 0.026 506 | 0.375 025 | 0.487 666 | 0.275 875 | 0.347 263 | 1.699 977 | 0.961 051 | 0.980 208 | 0.511 669 | 0.566 258 | 0.586 401 |
| Achn243831 | 21.271 31 | 14.965 11 | 19.215 11 | 14.654 23 | 9.470 403 | 14.206 87 | 7.540 715 | 7.593 526 | 6.680 382 | 8.708 522 | 7.656 702 | 8.092 514 | 9.565 495 | 23.085 59 | 14.001 91 | 15.110 96 | 22.734 65 | 13.798 83 |
| Actinidia_chinensis_newGene_1414 | 1.434 067 | 2.077 003 | 1.472 241 | 3.002 244 | 3.039 183 | 2.726 491 | 0.864 221 | 1.978 041 | 0.838 02 | 2.262 839 | 2.896 39 | 2.094 64 | 1.776 721 | 2.536 421 | 2.379 152 | 5.088 702 | 4.847 884 | 4.704 694 |

（续）

| 基因 ID | CK1 | CK2 | CK3 | T1-1 | T1-2 | T1-3 | T2-1 | T2-2 | T2-3 | T3-1 | T3-2 | T3-3 | T4-1 | T4-2 | T4-3 | T5-1 | T5-2 | T5-3 |
|---|---|---|---|---|---|---|---|---|---|---|---|---|---|---|---|---|---|---|
| Achn105781 | 10.367 55 | 6.818 841 | 7.501 258 | 46.811 95 | 24.512 73 | 18.612 91 | 9.548 836 | 17.975 31 | 20.093 87 | 19.383 87 | 29.218 73 | 25.995 79 | 7.532 771 | 11.479 8 | 7.645 833 | 17.250 79 | 19.959 49 | 17.999 5 |
| Achn135561 | 16.661 06 | 15.659 1 | 22.55 | 52.953 67 | 27.358 19 | 14.810 82 | 18.376 61 | 37.442 01 | 20.042 26 | 15.284 62 | 14.209 44 | 17.360 04 | 34.402 04 | 57.444 12 | 52.979 38 | 36.533 71 | 31.190 1 | 32.644 22 |
| Achn173981 | 1.747 617 | 2.740 259 | 2.037 307 | 1.027 651 | 0.624 518 | 0.267 408 | 1.631 032 | 1.491 743 | 1.532 263 | 0.736 892 | 0.535 696 | 0.721 888 | 3.413 267 | 3.057 724 | 2.535 488 | 0.318 753 | 0.343 165 | 0.377 389 |
| Achn236381 | 4.155 671 | 4.756 554 | 4.536 829 | 4.593 218 | 3.748 617 | 2.871 77 | 5.678 349 | 4.725 042 | 4.546 699 | 3.445 035 | 2.869 255 | 3.427 277 | 3.058 189 | 5.052 896 | 4.214 377 | 1.591 909 | 2.058 788 | 1.753 525 |
| Achn102161 | 10.821 38 | 10.078 83 | 7.681 261 | 12.699 28 | 8.864 323 | 13.798 96 | 3.591 608 | 14.143 53 | 7.639 224 | 6.423 675 | 8.187 593 | 6.229 601 | 21.765 18 | 60.474 75 | 66.287 4 | 51.332 18 | 39.989 01 | 41.687 65 |
| Achn269451 | 1.418 366 | 0.727 602 | 0.674 613 | 4.710 22 | 4.904 606 | 7.862 475 | 2.193 56 | 3.123 7 | 2.003 192 | 2.823 868 | 2.270 034 | 2.581 743 | 0.501 347 | 0.508 11 | 0.518 088 | 1.624 358 | 1.778 916 | 1.379 511 |
| Achn081821 | 5.561 664 | 4.695 478 | 5.032 763 | 6.288 848 | 5.715 385 | 13.398 57 | 4.822 366 | 5.280 699 | 6.212 646 | 6.139 454 | 4.614 149 | 5.699 549 | 2.991 132 | 1.532 478 | 1.995 109 | 3.418 467 | 3.605 195 | 4.379 182 |
| Achn026581 | 9.092 149 | 8.841 691 | 9.738 037 | 20.548 01 | 21.156 49 | 18.634 93 | 17.698 33 | 19.358 6 | 19.418 84 | 13.053 61 | 13.198 31 | 12.068 1 | 6.813 455 | 8.861 051 | 7.119 531 | 6.301 935 | 9.018 177 | 5.725 491 |
| Achn012671 | 28.621 8 | 22.647 67 | 31.410 73 | 109.245 5 | 74.528 5 | 67.203 01 | 40.195 61 | 77.208 89 | 55.398 92 | 34.181 13 | 51.638 06 | 36.604 03 | 96.252 95 | 101.970 2 | 116.300 3 | 93.138 7 | 75.272 63 | 63.372 81 |
| Achn003641 | 4.834 347 | 3.678 955 | 5.871 692 | 8.557 701 | 10.235 41 | 10.826 37 | 5.869 695 | 9.950 5 | 8.200 431 | 9.606 675 | 7.456 658 | 10.232 63 | 5.917 894 | 17.565 04 | 13.521 3 | 10.177 62 | 9.446 502 | 8.366 81 |
| Actinidia_chinensis_newGene_8233 | 6.353 936 | 8.369 745 | 6.643 812 | 2.262 005 | 2.343 055 | 2.449 216 | 3.508 492 | 3.913 622 | 4.034 508 | 2.748 415 | 3.682 18 | 3.290 716 | 8.476 052 | 8.304 353 | 7.030 356 | 3.972 1 | 4.796 825 | 4.214 965 |
| Achn150911 | 4.229 701 | 3.777 842 | 4.056 364 | 2.492 687 | 2.283 22 | 3.472 61 | 1.400 295 | 1.343 619 | 1.238 548 | 2.887 193 | 3.311 944 | 2.974 753 | 3.594 132 | 2.888 126 | 2.514 924 | 4.215 268 | 4.710 635 | 5.545 586 |
| Achn372661 | 6.273 05 | 5.051 763 | 4.964 552 | 3.786 617 | 5.118 891 | 3.643 919 | 1.559 253 | 2.463 551 | 1.487 197 | 4.022 65 | 2.976 08 | 3.444 256 | 2.629 246 | 2.734 149 | 3.213 386 | 6.137 046 | 5.864 746 | 4.668 721 |
| Actinidia_chinensis_newGene_3761 | 1.534 955 | 1.493 977 | 1.237 813 | 0.366 881 | 0.337 855 | 0.727 053 | 1.896 473 | 0.451 739 | 0.783 302 | 0.520 398 | 1.132 454 | 0.595 088 | 1.016 036 | 0.869 867 | 0.183 158 | 0.414 102 | 0.933 073 | 1.407 109 |
| Achn211521 | 25.948 08 | 35.568 86 | 29.484 99 | 19.570 08 | 33.566 13 | 26.078 81 | 37.310 89 | 30.827 72 | 26.707 35 | 33.053 25 | 35.337 93 | 36.259 17 | 18.843 36 | 18.094 68 | 20.970 97 | 13.801 62 | 18.094 3 | 14.422 19 |
| Actinidia_chinensis_newGene_4683 | 2.981 479 | 2.944 11 | 2.400 295 | 6.275 346 | 7.552 662 | 8.625 053 | 2.577 151 | 4.287 877 | 3.051 023 | 4.103 247 | 5.132 057 | 5.024 623 | 3.660 543 | 4.146 101 | 3.055 024 | 2.956 034 | 3.099 148 | 2.924 338 |
| Achn055661 | 1.087 348 | 1.009 447 | 0.824 209 | 1.295 38 | 1.142 752 | 1.539 004 | 0.489 476 | 0.856 787 | 0.783 201 | 1.678 318 | 1.341 067 | 1.465 004 | 0.356 659 | 0.085 926 | 0.028 404 | 0.739 055 | 1.178 928 | 0.446 847 |

（续）

| 基因 ID | CK1 | CK2 | CK3 | T1-1 | T1-2 | T1-3 | T2-1 | T2-2 | T2-3 | T3-1 | T3-2 | T3-3 | T4-1 | T4-2 | T4-3 | T5-1 | T5-2 | T5-3 |
|---|---|---|---|---|---|---|---|---|---|---|---|---|---|---|---|---|---|---|
| Achn164301 | 8.706 21 | 10.725 66 | 9.290 878 | 3.174 543 | 6.719 758 | 2.624 683 | 13.416 51 | 11.035 61 | 6.610 934 | 17.767 76 | 15.475 51 | 15.476 27 | 2.197 66 | 1.169 545 | 1.323 019 | 8.562 434 | 7.967 214 | 9.831 876 |
| Achn213381 | 66.248 52 | 68.947 77 | 82.636 99 | 31.455 8 | 28.792 59 | 34.612 61 | 60.128 8 | 73.826 03 | 68.811 48 | 57.951 95 | 60.836 75 | 51.571 5 | 74.106 74 | 101.268 7 | 112.559 2 | 83.695 62 | 75.192 38 | 76.399 19 |
| Achn385331 | 87.127 68 | 83.493 28 | 79.108 37 | 115.759 9 | 100.681 4 | 10.679 92 | 45.923 73 | 44.537 36 | 40.736 73 | 16.611 12 | 15.972 26 | 15.669 83 | 64.517 96 | 58.787 64 | 49.094 37 | 19.219 52 | 38.303 94 | 36.967 16 |
| Achn368801 | 2.823 446 | 4.333 639 | 5.776 988 | 2.172 722 | 1.308 765 | 0.620 714 | 2.861 87 | 2.638 753 | 2.700 258 | 0.850 601 | 0.795 781 | 1.133 3 | 6.345 424 | 9.034 726 | 10.656 36 | 2.513 327 | 3.250 287 | 3.328 199 |
| Achn317441 | 1.570 108 | 2.123 814 | 1.807 518 | 4.468 904 | 6.354 305 | 9.289 31 | 2.003 062 | 2.481 031 | 2.879 443 | 1.574 395 | 1.836 584 | 2.112 643 | 2.691 174 | 3.199 733 | 2.653 154 | 2.065 827 | 1.961 073 | 1.438 018 |
| Achn317751 | 0.291 149 | 0.310 79 | 0 | 0.100 595 | 0.249 211 | 0 | 1.662 007 | 0.921 305 | 1.288 332 | 0.483 811 | 0.994 264 | 0.367 319 | 0.818 054 | 0.494 028 | 0.356 64 | 0.316 139 | 0.419 529 | 0.376 219 |
| Achn302681 | 0.220 798 | 0.969 173 | 0.755 553 | 16.073 18 | 2.906 579 | 9.995 182 | 2.513 729 | 3.550 681 | 3.284 387 | 0.550 707 | 0.149 142 | 0.997 773 | 1.137 849 | 8.858 997 | 22.256 53 | 0 | 0 | 0.473 557 |
| Achn385591 | 0.279 004 | 0.283 326 | 0.274 629 | 1.516 276 | 1.432 123 | 3.953 802 | 0.908 26 | 1.499 469 | 1.087 663 | 1.237 818 | 2.407 883 | 1.237 472 | 0.109 499 | 0.409 322 | 0 | 0.747 057 | 1.575 878 | 0.904 902 |
| Achn211891 | 6.824 373 | 8.562 957 | 9.118 332 | 2.103 966 | 3.803 343 | 1.509 994 | 4.758 777 | 2.811 078 | 4.100 212 | 6.093 021 | 5.718 219 | 6.206 564 | 6.679 432 | 5.075 027 | 6.740 664 | 17.847 24 | 14.842 7 | 18.171 25 |
| Achn317281 | 1.501 088 | 1.950 829 | 1.663 648 | 0.863 849 | 1.146 251 | 1.241 079 | 1.972 985 | 1.732 883 | 2.652 591 | 0.763 986 | 0.520 305 | 0.156 678 | 2.306 536 | 3.459 216 | 3.676 447 | 1.285 262 | 2.011 518 | 1.062 061 |
| Achn200351 | 3.554 901 | 5.372 439 | 4.451 763 | 6.518 084 | 6.412 971 | 5.678 832 | 6.633 345 | 6.456 495 | 5.857 634 | 6.183 607 | 5.348 661 | 6.626 051 | 8.028 131 | 13.670 26 | 14.211 6 | 14.421 08 | 18.545 55 | 8.007 986 |
| Achn194351 | 0.593 502 | 1.636 677 | 2.742 258 | 2.085 352 | 6.549 245 | 2.172 503 | 52.439 18 | 33.342 06 | 32.218 39 | 0.561 232 | 0 | 1.678 466 | 0.585 379 | 10.507 4 | 14.120 3 | 0.970 704 | 0 | 0.682 493 |
| Achn260581 | 41.438 87 | 39.413 42 | 40.222 46 | 51.737 36 | 53.384 65 | 61.244 71 | 77.185 81 | 74.366 23 | 90.897 56 | 66.143 48 | 61.989 72 | 65.005 19 | 53.427 07 | 60.470 91 | 58.823 19 | 68.985 76 | 51.185 59 | 52.932 46 |
| Achn337161 | 176.801 1 | 141.013 6 | 187.991 5 | 57.799 83 | 51.369 26 | 51.456 65 | 65.513 82 | 63.157 07 | 100.372 8 | 86.558 43 | 78.361 65 | 81.716 41 | 109.160 4 | 104.975 4 | 94.202 64 | 119.701 6 | 126.070 9 | 128.083 6 |
| Achn284191 | 15.403 72 | 12.195 46 | 12.591 83 | 19.294 64 | 13.725 33 | 8.537 056 | 17.128 08 | 18.565 52 | 27.481 02 | 28.264 23 | 35.136 69 | 38.710 42 | 17.054 97 | 11.389 02 | 13.209 66 | 35.345 3 | 35.738 54 | 28.769 93 |
| Achn060041 | 2.957 245 | 2.812 631 | 3.453 566 | 14.379 17 | 30.537 88 | 18.326 25 | 4.453 408 | 4.332 192 | 5.643 055 | 3.626 923 | 3.929 637 | 2.954 858 | 3.126 467 | 2.528 686 | 1.529 691 | 4.947 5 | 5.756 188 | 4.341 897 |
| Achn336341 | 1.773 756 | 1.562 091 | 1.158 235 | 0.530 965 | 0.913 074 | 0.850 337 | 0.685 484 | 0.600 207 | 0.687 803 | 1.177 992 | 0.368 934 | 0.591 369 | 1.436 718 | 0.848 353 | 0.939 242 | 1.183 653 | 0.797 25 | 1.884 032 |
| Achn340931 | 35.902 44 | 42.789 92 | 39.582 51 | 39.728 14 | 11.535 33 | 3.668 15 | 27.867 45 | 24.357 74 | 16.991 1 | 10.522 79 | 9.848 438 | 9.262 088 | 37.912 01 | 36.544 99 | 43.079 94 | 14.015 99 | 17.129 93 | 26.411 43 |
| Achn133221 | 25.209 89 | 24.806 27 | 28.194 98 | 70.056 61 | 53.512 99 | 72.261 11 | 45.253 94 | 57.339 41 | 62.498 36 | 54.051 17 | 49.494 66 | 50.371 71 | 46.258 55 | 49.027 36 | 49.995 84 | 37.489 09 | 43.544 14 | 35.049 84 |

（续）

| 基因ID | CK1 | CK2 | CK3 | T1-1 | T1-2 | T1-3 | T2-1 | T2-2 | T2-3 | T3-1 | T3-2 | T3-3 | T4-1 | T4-2 | T4-3 | T5-1 | T5-2 | T5-3 |
| --- | --- | --- | --- | --- | --- | --- | --- | --- | --- | --- | --- | --- | --- | --- | --- | --- | --- | --- |
| Achn271481 | 0.362 816 | 0.491 342 | 0.783 569 | 0.183 447 | 0 | 0 | 0.538 774 | 0.430 626 | 0.477 995 | 0.301 291 | 0 | 0.215 301 | 2.255 447 | 2.093 988 | 2.369 462 | 0.206 208 | 0.166 702 | 0 |
| Achn242351 | 0.873 359 | 1.259 291 | 2.425 09 | 2.908 406 | 2.761 | 3.857 681 | 5.420 16 | 3.064 252 | 3.559 638 | 2.602 583 | 3.328 758 | 1.964 155 | 1.633 967 | 1.928 815 | 3.953 351 | 0.256 659 | 0.867 145 | 0.433 249 |
| Achn063091 | 2.489 104 | 2.104 769 | 2.176 1 | 1.047 197 | 1.234 282 | 2.697 64 | 0.566 882 | 0.633 903 | 0.395 256 | 1.972 92 | 2.703 969 | 2.642 735 | 1.926 292 | 1.992 796 | 1.732 796 | 3.947 291 | 4.616 497 | 3.501 02 |
| Achn005291 | 3.977 102 | 3.922 533 | 3.170 997 | 5.284 575 | 8.234 337 | 19.919 13 | 5.540 765 | 5.558 079 | 6.709 709 | 5.614 164 | 4.462 08 | 3.333 915 | 2.943 638 | 1.392 395 | 2.239 466 | 2.058 777 | 2.590 722 | 2.496 046 |
| Actinidia_chinensis_newGene_11387 | 28.588 96 | 23.836 3 | 19.587 74 | 5.839 824 | 4.270 665 | 0.788 756 | 6.429 177 | 4.827 453 | 3.770 879 | 3.739 184 | 2.466 945 | 2.061 649 | 19.239 66 | 18.062 91 | 26.264 77 | 4.913 578 | 9.013 857 | 17.590 22 |
| Achn049401 | 0.562 494 | 0.440 074 | 1.002 071 | 3.572 615 | 2.074 918 | 0.035 629 | 2.559 523 | 8.290 072 | 2.284 278 | 0.199 584 | 0.077 995 | 0.074 81 | 4.140 73 | 22.027 74 | 20.956 68 | 0.503 413 | 1.311 933 | 0.788 225 |
| Achn355561 | 1.008 274 | 1.933 96 | 2.071 405 | 4.940 55 | 7.517 923 | 16.383 32 | 4.845 901 | 5.914 162 | 3.189 913 | 2.149 172 | 2.383 996 | 2.467 407 | 3.353 141 | 2.013 532 | 4.067 969 | 1.480 683 | 1.290 144 | 0 |
| Actinidia_chinensis_newGene_12124 | 38.318 74 | 48.276 12 | 53.764 03 | 81.017 12 | 146.110 2 | 178.650 1 | 92.732 61 | 91.038 43 | 82.520 45 | 95.808 4 | 93.778 69 | 108.168 6 | 45.552 12 | 26.443 16 | 29.225 66 | 63.110 03 | 68.966 84 | 61.715 86 |
| Achn238591 | 2.222 404 | 0.550 176 | 1.287 545 | 0.591 25 | 1.802 856 | 3.095 508 | 1.907 644 | 3.918 797 | 6.325 46 | 11.313 07 | 13.068 42 | 12.520 81 | 3.683 199 | 0.947 909 | 1.371 185 | 9.533 99 | 8.500 759 | 7.143 559 |
| Achn239641 | 24.737 87 | 16.872 07 | 11.983 59 | 13.231 73 | 17.081 53 | 5.638 013 | 11.056 21 | 15.753 62 | 14.864 07 | 7.892 733 | 6.859 662 | 7.950 31 | 20.687 06 | 10.141 9 | 10.545 53 | 9.615 466 | 13.927 | 13.067 89 |
| Actinidia_chinensis_newGene_384 | 1.779 611 | 1.463 107 | 2.522 859 | 4.802 759 | 1.562 616 | 0.283 001 | 0.345 497 | 1.034 029 | 0.559 59 | 0.246 51 | 0.626 627 | 0.453 176 | 0.765 472 | 5.920 699 | 2.862 728 | 1.348 199 | 6.535 196 | 0.697 097 |
| Actinidia_chinensis_newGene_2980 | 1.343 033 | 1.504 874 | 1.999 825 | 5.247 707 | 6.536 626 | 2.725 049 | 4.483 637 | 2.683 886 | 3.483 029 | 4.627 69 | 4.802 812 | 5.553 867 | 1.573 611 | 0.974 127 | 1.682 129 | 1.149 611 | 0.644 64 | 1.116 18 |
| Actinidia_chinensis_newGene_2986 | 9.302 594 | 7.353 875 | 8.091 595 | 6.726 298 | 7.919 572 | 8.469 36 | 9.642 142 | 8.999 312 | 9.464 252 | 12.486 3 | 12.430 65 | 11.459 91 | 11.328 58 | 7.077 876 | 8.867 784 | 17.471 38 | 21.613 25 | 18.972 57 |
| Achn035141 | 0.327 692 | 0.460 891 | 0.460 746 | 2.298 805 | 1.787 601 | 1.379 512 | 1.352 671 | 1.202 75 | 1.344 554 | 0.268 979 | 0.468 757 | 0.680 542 | 0.115 397 | 0.471 794 | 0.712 777 | 0.144 83 | 0.111 686 | 0.127 458 |
| Achn030391 | 0.202 393 | 0.295 711 | 0 | 0.152 486 | 0.195 535 | 0.162 663 | 0.203 262 | 0 | 0 | 0.304 | 0.376 587 | 0.219 511 | 0.180 179 | 0.222 444 | 0.658 191 | 1.402 597 | 1.760 399 | 0.695 881 |
| Achn217821 | 0.338 403 | 0.371 904 | 0.646 886 | 1.326 476 | 1.401 404 | 2.825 973 | 0.902 849 | 1.254 991 | 0.979 706 | 1.039 091 | 0.960 693 | 0.621 701 | 1.045 324 | 1.662 4 | 1.044 153 | 0.496 562 | 1.140 265 | 0.496 142 |

（续）

| 基因 ID | CK1 | CK2 | CK3 | T1-1 | T1-2 | T1-3 | T2-1 | T2-2 | T2-3 | T3-1 | T3-2 | T3-3 | T4-1 | T4-2 | T4-3 | T5-1 | T5-2 | T5-3 |
|---|---|---|---|---|---|---|---|---|---|---|---|---|---|---|---|---|---|---|
| Achn006491 | 4.366 373 | 3.012 594 | 2.322 098 | 8.388 818 | 7.721 663 | 22.929 35 | 5.148 039 | 7.124 015 | 5.160 005 | 9.682 453 | 12.202 08 | 10.891 2 | 4.888 238 | 2.887 432 | 4.125 112 | 6.504 666 | 7.557 718 | 7.882 065 |
| Achn002381 | 0.437 369 | 0.754 174 | 0.536 101 | 0.458 58 | 1.053 691 | 0.942 215 | 1.237 626 | 1.073 697 | 1.129 74 | 0.527 321 | 0.514 47 | 0.818 18 | 1.331 966 | 1.310 663 | 2.770 635 | 1.125 664 | 1.157 285 | 0.393 61 |
| Achn242311 | 2.493 078 | 2.294 44 | 2.592 311 | 2.124 943 | 3.684 697 | 4.366 584 | 4.409 825 | 4.709 057 | 4.274 716 | 2.317 889 | 2.684 569 | 2.319 39 | 4.090 789 | 5.883 718 | 6.090 65 | 4.632 712 | 4.519 93 | 3.073 72 |
| Achn311801 | 2.236 36 | 1.887 002 | 2.215 139 | 0.483 387 | 0.676 742 | 0.609 312 | 2.768 004 | 1.624 73 | 1.173 766 | 1.965 752 | 1.059 257 | 0.176 901 | 2.964 808 | 2.746 745 | 3.025 952 | 1.501 047 | 3.768 686 | 1.432 383 |
| Achn018911 | 33.266 2 | 45.505 39 | 53.449 99 | 43.484 45 | 38.632 75 | 45.226 88 | 67.370 8 | 51.890 85 | 48.809 75 | 25.316 62 | 19.727 04 | 22.236 26 | 17.014 2 | 41.098 82 | 28.572 26 | 11.769 95 | 13.672 09 | 18.847 04 |
| Actinidia_chinensis_newGene_7853 | 2.148 089 | 3.673 051 | 2.347 | 1.905 593 | 2.212 951 | 3.781 571 | 1.424 552 | 1.775 923 | 2.833 348 | 1.432 563 | 1.257 679 | 0.788 253 | 2.162 781 | 2.909 049 | 3.398 784 | 2.111 734 | 2.214 125 | 1.174 723 |
| Achn031111 | 18.826 16 | 18.834 03 | 17.642 06 | 11.418 17 | 7.839 884 | 8.633 413 | 10.906 44 | 7.653 388 | 8.759 329 | 5.957 688 | 5.878 203 | 6.151 253 | 17.250 93 | 18.326 43 | 19.830 36 | 12.419 79 | 18.277 67 | 16.774 22 |
| Achn365051 | 16.916 49 | 19.425 35 | 16.652 36 | 13.661 68 | 9.402 362 | 29.362 46 | 14.451 78 | 12.056 43 | 10.120 67 | 13.195 18 | 12.409 89 | 9.827 233 | 28.536 75 | 36.473 47 | 54.128 12 | 34.966 32 | 31.421 05 | 33.512 08 |
| Achn089421 | 19.507 32 | 14.110 75 | 21.068 85 | 8.998 657 | 6.053 771 | 6.638 433 | 7.613 236 | 8.031 196 | 8.300 773 | 6.911 456 | 7.045 936 | 4.914 476 | 10.680 61 | 34.181 07 | 25.970 42 | 23.641 17 | 50.688 19 | 14.513 28 |
| Achn115831 | 112.002 6 | 158.829 4 | 136.942 9 | 81.850 87 | 64.135 9 | 4.486 305 | 197.962 2 | 127.243 3 | 112.216 2 | 56.251 3 | 41.749 77 | 49.563 13 | 187.049 | 153.911 6 | 195.086 4 | 40.309 99 | 43.416 14 | 45.601 52 |
| Achn319381 | 23.449 77 | 27.097 | 29.070 87 | 32.793 71 | 41.515 68 | 56.115 99 | 36.809 86 | 37.421 7 | 37.254 43 | 19.990 4 | 18.426 63 | 18.344 04 | 26.278 15 | 32.397 76 | 33.062 32 | 10.750 05 | 10.043 61 | 13.841 46 |
| Achn381711 | 3.693 897 | 2.512 818 | 2.630 102 | 1.448 135 | 1.314 068 | 2.050 405 | 1.439 841 | 1.398 558 | 1.724 447 | 2.772 771 | 2.225 315 | 2.919 308 | 4.567 29 | 4.067 31 | 2.882 507 | 7.715 845 | 6.405 522 | 5.845 434 |
| Achn197301 | 2.251 592 | 2.802 8 | 1.724 217 | 1.925 172 | 1.804 208 | 5.089 206 | 1.144 702 | 1.735 569 | 2.026 567 | 1.605 256 | 1.329 31 | 1.464 846 | 1.512 43 | 2.313 41 | 1.765 925 | 1.019 362 | 0.988 004 | 0.404 663 |
| Achn234341 | 1.613 798 | 2.048 604 | 0.925 025 | 0.763 055 | 0.784 851 | 0.367 624 | 1.331 545 | 1.665 05 | 2.237 937 | 7.892 388 | 6.790 559 | 6.905 645 | 5.498 61 | 2.364 416 | 3.263 835 | 10.602 24 | 15.269 66 | 11.518 31 |
| Achn098891 | 6.212 567 | 2.859 749 | 4.090 624 | 0.912 027 | 1.677 259 | 1.813 678 | 2.825 014 | 2.762 853 | 2.434 18 | 2.665 456 | 2.378 478 | 1.311 768 | 5.420 786 | 1.369 413 | 2.101 103 | 5.718 202 | 5.526 71 | 5.846 214 |
| Achn347131 | 6.377 386 | 3.651 845 | 2.902 054 | 1.182 21 | 2.329 04 | 0.724 6 | 5.182 797 | 2.867 384 | 4.536 471 | 4.485 653 | 3.417 322 | 4.299 347 | 4.885 598 | 2.792 134 | 3.263 064 | 2.454 59 | 2.747 967 | 3.502 003 |
| Achn138851 | 4.479 216 | 2.802 296 | 3.103 481 | 11.721 14 | 7.217 627 | 0.940 712 | 2.860 022 | 2.090 985 | 1.856 793 | 2.473 539 | 2.105 267 | 1.932 14 | 0.731 313 | 1.728 087 | 1.701 551 | 1.014 158 | 1.043 801 | 1.622 002 |
| Achn023231 | 10.938 69 | 10.106 73 | 10.664 89 | 16.649 94 | 11.686 67 | 10.814 6 | 5.966 896 | 5.780 239 | 5.767 376 | 5.104 232 | 5.438 61 | 4.856 08 | 8.212 331 | 9.517 586 | 10.745 61 | 7.929 031 | 7.828 933 | 7.789 532 |
| Achn058391 | 8.983 701 | 6.501 677 | 6.090 307 | 4.793 756 | 5.197 806 | 8.134 989 | 2.792 327 | 2.665 464 | 3.083 918 | 8.372 334 | 9.353 869 | 7.640 349 | 4.723 982 | 5.775 542 | 5.243 249 | 10.320 79 | 10.056 11 | 8.465 728 |

（续）

| 基因ID | CK1 | CK2 | CK3 | T1-1 | T1-2 | T1-3 | T2-1 | T2-2 | T2-3 | T3-1 | T3-2 | T3-3 | T4-1 | T4-2 | T4-3 | T5-1 | T5-2 | T5-3 |
|---|---|---|---|---|---|---|---|---|---|---|---|---|---|---|---|---|---|---|
| Achn303851 | 0.592 748 | 2.022 433 | 1.890 722 | 0.501 386 | 0.845 143 | 0.215 558 | 0.487 355 | 0.628 422 | 0.208 912 | 0.481 758 | 1.771 001 | 0.583 807 | 9.638 807 | 3.538 526 | 6.620 144 | 3.245 628 | 2.651 343 | 3.264 903 |
| Achn224981 | 0.578 431 | 0.733 285 | 0.960 888 | 4.098 856 | 4.217 17 | 2.071 326 | 1.256 538 | 1.657 99 | 1.788 013 | 1.876 291 | 1.061 384 | 1.461 389 | 1.354 467 | 0.368 962 | 0.791 039 | 1.200 249 | 1.047 959 | 1.062 483 |
| Achn204631 | 2.386 301 | 2.728 992 | 2.449 389 | 2.641 701 | 6.464 077 | 7.711 507 | 10.197 25 | 9.929 968 | 6.173 003 | 5.294 759 | 3.830 32 | 5.571 178 | 2.867 469 | 1.416 597 | 0.885 804 | 5.490 273 | 6.001 408 | 1.303 346 |
| Achn283831 | 2.989 362 | 1.388 009 | 1.820 669 | 0.861 225 | 1.756 406 | 0.740 23 | 0.349 931 | 0.607 673 | 0.610 652 | 1.093 699 | 0.611 355 | 0.538 139 | 0.441 138 | 0.474 316 | 0.335 194 | 1.193 493 | 1.283 372 | 1.168 914 |
| Achn079051 | 6.032 346 | 5.355 379 | 6.859 412 | 13.196 92 | 14.470 86 | 18.356 05 | 11.704 09 | 10.260 84 | 9.527 915 | 6.553 882 | 8.437 848 | 9.343 085 | 5.943 28 | 6.208 106 | 8.535 211 | 9.485 611 | 8.459 316 | 5.992 217 |
| Achn133411 | 0.970 312 | 1.133 873 | 1.986 149 | 0 | 0 | 0 | 0.305 814 | 0.072 175 | 0 | 0 | 0 | 0.066 934 | 1.028 766 | 1.280 963 | 1.518 843 | 0 | 0.221 778 | 0.334 987 |
| Achn162861 | 2.971 224 | 4.167 49 | 3.139 428 | 5.430 117 | 8.907 995 | 35.371 23 | 7.577 699 | 8.305 182 | 7.151 11 | 5.609 276 | 7.396 628 | 7.256 577 | 2.295 424 | 1.782 08 | 2.509 115 | 2.807 791 | 1.919 924 | 1.471 481 |
| Achn058801 | 4 459.506 | 4 260.919 | 4 783.904 | 23 336.23 | 13 472.37 | 6 774.97 | 14 059.79 | 15 536.66 | 10 505.33 | 3 910.984 | 5 337.513 | 4 104.135 | 6 490.179 | 20 033.55 | 19 492.25 | 3 070.127 | 2 703.069 | 4 444.232 |
| Achn183261 | 5.691 126 | 11.299 09 | 7.746 334 | 14.520 18 | 28.953 2 | 21.635 64 | 26.940 4 | 27.450 51 | 23.917 58 | 7.272 635 | 12.387 71 | 7.897 072 | 2.458 099 | 16.823 75 | 7.453 283 | 4.724 79 | 12.220 19 | 3.470 381 |
| Actinidia_chinensis_newGene_3119 | 0.430 834 | 0.144 677 | 0 | 2.815 752 | 1.773 405 | 1.497 237 | 0.445 851 | 0.304 145 | 0.101 444 | 0.457 175 | 1.015 686 | 0.561 055 | 0 | 0 | 0 | 0.739 715 | 0.293 624 | 1.034 51 |
| Achn218341 | 7.308 675 | 7.062 151 | 6.024 702 | 3.769 136 | 3.831 422 | 3.934 608 | 3.686 708 | 3.785 718 | 3.533 324 | 5.867 029 | 6.234 401 | 6.328 726 | 6.925 094 | 4.578 539 | 4.187 033 | 8.296 669 | 8.486 911 | 8.438 002 |
| Achn200211 | 1.160 447 | 1.189 591 | 1.189 755 | 2.323 467 | 2.790 828 | 4.310 525 | 0.961 908 | 1.524 007 | 1.010 518 | 1.449 775 | 1.636 859 | 1.123 627 | 0.715 426 | 1.883 567 | 2.016 011 | 1.339 074 | 1.314 086 | 1.182 285 |
| Achn102021 | 0.417 719 | 0.283 892 | 0.374 456 | 1.006 874 | 1.437 044 | 1.439 903 | 0.606 915 | 0.755 954 | 0.843 434 | 0.495 171 | 0.769 624 | 1.098 949 | 0.570 765 | 0.469 76 | 0.589 077 | 0.372 165 | 0.787 114 | 0.558 022 |
| Achn130681 | 11.554 87 | 10.249 44 | 10.028 59 | 43.641 44 | 35.607 52 | 44.972 32 | 22.392 1 | 30.565 | 27.346 38 | 23.096 31 | 27.586 93 | 27.511 12 | 25.285 18 | 20.513 35 | 18.598 45 | 23.704 87 | 26.831 59 | 20.117 1 |
| Achn007061 | 129.101 2 | 170.499 3 | 168.046 5 | 94.722 13 | 84.302 02 | 82.865 75 | 126.953 5 | 108.220 6 | 97.280 72 | 81.982 25 | 70.767 05 | 81.091 58 | 147.469 7 | 196.940 8 | 204.445 6 | 96.579 7 | 95.709 05 | 117.905 5 |
| Actinidia_chinensis_newGene_3934 | 1.304 365 | 0.875 228 | 2.337 665 | 3.758 327 | 4.008 895 | 1.295 264 | 5.715 476 | 5.982 305 | 4.373 088 | 1.171 313 | 1.859 382 | 1.511 055 | 1.170 513 | 3.742 313 | 1.362 274 | 0.545 655 | 0.876 382 | 2.413 445 |
| Achn094861 | 4.012 751 | 5.154 477 | 2.814 33 | 7.595 266 | 11.325 75 | 15.639 33 | 6.287 176 | 7.852 989 | 7.076 316 | 11.153 55 | 14.385 43 | 10.594 45 | 4.398 433 | 4.993 052 | 2.666 401 | 7.306 899 | 9.460 254 | 6.580 548 |

（续）

| 基因 ID | CK1 | CK2 | CK3 | T1-1 | T1-2 | T1-3 | T2-1 | T2-2 | T2-3 | T3-1 | T3-2 | T3-3 | T4-1 | T4-2 | T4-3 | T5-1 | T5-2 | T5-3 |
|---|---|---|---|---|---|---|---|---|---|---|---|---|---|---|---|---|---|---|
| Actinidia_chinensis_newGene_7132 | 3.147 376 | 2.651 606 | 2.533 156 | 1.204 301 | 0.852 082 | 0.373 931 | 2.300 751 | 1.815 03 | 2.103 59 | 1.180 547 | 0.477 111 | 2.677 747 | 2.367 566 | 2.553 983 | 2.519 99 | 0.363 254 | 0.983 373 | 0.988 273 |
| Achn001571 | 12.416 19 | 13.518 59 | 12.127 93 | 1.782 608 | 2.364 672 | 0.838 123 | 11.713 26 | 7.708 275 | 7.260 339 | 14.505 14 | 9.866 156 | 8.702 187 | 12.408 17 | 10.919 8 | 12.450 11 | 21.379 49 | 15.723 81 | 18.710 87 |
| Achn066621 | 10.369 66 | 8.238 091 | 10.780 3 | 10.205 47 | 7.137 032 | 4.331 736 | 4.718 554 | 6.183 556 | 2.862 951 | 7.744 476 | 2.823 128 | 3.310 436 | 13.355 36 | 16.708 62 | 25.883 49 | 28.801 43 | 37.181 03 | 23.065 77 |
| Achn379781 | 2.905 143 | 4.541 696 | 4.786 372 | 2.143 488 | 2.396 945 | 1.984 567 | 1.580 173 | 2.706 642 | 1.619 856 | 2.502 667 | 1.408 185 | 2.311 665 | 1.327 434 | 1.945 58 | 3.150 418 | 2.673 487 | 2.458 562 | 2.693 603 |
| Achn313131 | 3.747 18 | 3.965 043 | 4.448 245 | 1.696 433 | 1.830 21 | 0.831 477 | 2.176 055 | 1.365 377 | 2.120 89 | 3.308 491 | 1.249 342 | 0.621 504 | 2.998 013 | 7.536 746 | 4.619 833 | 14.329 32 | 21.916 52 | 1.405 826 |
| Achn104701 | 24.037 05 | 15.488 58 | 13.716 75 | 95.862 24 | 65.920 91 | 27.628 41 | 45.362 34 | 67.418 47 | 79.458 23 | 26.869 1 | 27.699 56 | 29.413 97 | 24.905 21 | 18.206 23 | 17.949 99 | 20.796 21 | 22.835 58 | 24.626 51 |
| Achn114931 | 8.063 956 | 3.904 213 | 4.864 139 | 1.827 245 | 2.818 197 | 4.954 354 | 4.786 769 | 5.688 245 | 7.152 577 | 17.756 26 | 16.010 6 | 15.958 9 | 4.091 761 | 5.417 679 | 3.990 908 | 13.514 94 | 10.513 34 | 13.917 68 |
| Achn151211 | 7.261 866 | 5.304 56 | 5.099 128 | 25.210 5 | 28.747 6 | 59.572 75 | 22.522 16 | 24.111 32 | 28.488 33 | 38.393 35 | 38.568 75 | 40.611 54 | 4.096 694 | 4.654 355 | 4.009 332 | 23.383 83 | 26.739 52 | 22.172 94 |
| Achn147101 | 2.295 454 | 1.710 87 | 1.171 487 | 1.007 095 | 1.978 694 | 0.472 192 | 1.357 615 | 1.135 151 | 3.330 077 | 7.993 139 | 7.361 878 | 7.592 887 | 8.370 86 | 2.037 875 | 4.339 444 | 11.566 19 | 16.212 15 | 16.436 75 |
| Achn280511 | 1.131 408 | 1.450 08 | 1.377 542 | 3.092 605 | 3.158 61 | 6.832 535 | 2.888 862 | 2.309 205 | 2.547 139 | 1.332 767 | 1.781 975 | 1.014 24 | 1.290 444 | 0.969 39 | 1.071 706 | 1.164 388 | 1.375 906 | 1.036 082 |
| Achn262471 | 12.635 65 | 5.734 933 | 7.122 456 | 4.286 536 | 3.485 178 | 3.745 473 | 3.108 926 | 4.415 495 | 5.259 897 | 5.032 747 | 5.265 529 | 5.296 243 | 5.226 953 | 7.715 118 | 6.932 609 | 10.691 75 | 20.611 59 | 5.791 21 |
| Achn221411 | 11.289 57 | 10.827 22 | 9.689 219 | 35.218 24 | 30.195 28 | 41.193 3 | 11.984 1 | 17.890 08 | 18.593 03 | 12.105 62 | 12.623 31 | 12.626 52 | 10.167 94 | 14.534 2 | 15.956 67 | 14.147 49 | 15.540 92 | 13.072 75 |
| Achn177681 | 93.557 3 | 83.107 19 | 81.165 83 | 47.921 55 | 51.481 11 | 46.724 05 | 61.417 36 | 62.260 01 | 59.669 08 | 76.773 75 | 63.215 49 | 67.541 43 | 76.346 44 | 50.763 58 | 56.753 62 | 63.360 1 | 65.892 39 | 66.743 32 |
| Achn315201 | 2.109 554 | 2.205 726 | 1.312 922 | 6.839 345 | 3.771 994 | 4.057 591 | 2.024 566 | 7.287 803 | 2.792 536 | 3.968 165 | 3.285 121 | 4.025 833 | 9.223 711 | 10.749 44 | 10.439 87 | 8.382 914 | 7.684 272 | 6.652 06 |
| Achn300601 | 4.090 115 | 3.310 937 | 5.121 157 | 0.482 341 | 0.566 676 | 0.395 68 | 1.071 899 | 0.096 032 | 1.012 529 | 1.658 017 | 2.403 234 | 0.857 421 | 4.607 304 | 5.042 45 | 2.721 885 | 3.036 219 | 4.884 637 | 3.909 941 |
| Achn309961 | 6.279 793 | 6.437 458 | 5.497 028 | 9.636 787 | 3.331 759 | 1.776 409 | 2.491 128 | 2.270 104 | 2.270 22 | 1.098 546 | 1.386 54 | 0.923 279 | 4.728 758 | 7.481 34 | 7.536 581 | 1.109 62 | 1.956 79 | 2.027 792 |
| Achn370781 | 0.977 869 | 0.870 72 | 2.052 208 | 5.411 139 | 4.957 316 | 10.433 48 | 1.562 089 | 1.656 09 | 0.598 559 | 0.707 447 | 1.679 157 | 1.442 431 | 0.263 037 | 1.926 228 | 1.245 128 | 1.111 107 | 1.394 077 | 1.391 492 |
| Achn171021 | 11.920 39 | 11.455 8 | 10.892 54 | 15.424 46 | 28.879 33 | 4.161 724 | 51.543 13 | 36.749 05 | 41.535 31 | 29.887 61 | 29.672 86 | 31.974 19 | 10.809 49 | 5.176 967 | 5.649 015 | 4.251 2 | 4.813 575 | 3.956 764 |
| Achn142861 | 0.481 73 | 0.332 077 | 0.496 512 | 4.521 861 | 1.751 149 | 4.353 327 | 1.056 307 | 1.402 535 | 0.940 193 | 0.693 009 | 1.060 431 | 0.673 508 | 0.597 868 | 0.886 835 | 0.475 117 | 0.410 183 | 0.766 779 | 0.505 824 |

（续）

| 基因ID | CK1 | CK2 | CK3 | T1-1 | T1-2 | T1-3 | T2-1 | T2-2 | T2-3 | T3-1 | T3-2 | T3-3 | T4-1 | T4-2 | T4-3 | T5-1 | T5-2 | T5-3 |
|---|---|---|---|---|---|---|---|---|---|---|---|---|---|---|---|---|---|---|
| Achn204431 | 3.347 435 | 2.950 112 | 2.910 185 | 0.456 508 | 1.041 289 | 0.092 034 | 2.728 727 | 2.432 232 | 3.014 496 | 2.309 266 | 2.800 881 | 3.399 285 | 6.114 905 | 4.849 339 | 4.133 067 | 2.305 964 | 3.151 046 | 3.544 758 |
| Achn144421 | 89.308 33 | 90.966 64 | 81.381 36 | 34.857 8 | 38.512 27 | 40.189 98 | 50.249 17 | 44.297 38 | 43.378 09 | 60.005 87 | 44.959 8 | 54.629 64 | 82.882 1 | 73.922 74 | 68.720 8 | 95.179 54 | 117.287 7 | 95.692 57 |
| Actinidia_chinensis_newGene_772 | 2.286 618 | 1.705 703 | 2.465 489 | 0.823 492 | 2.131 985 | 0 | 3.094 291 | 3.851 463 | 3.759 568 | 1.587 838 | 1.255 707 | 2.653 611 | 3.444 833 | 2.511 954 | 2.080 167 | 0.228 901 | 1.341 658 | 0.835 548 |
| Achn159241 | 7.348 494 | 7.910 824 | 8.018 302 | 2.848 919 | 3.116 991 | 1.997 681 | 3.897 963 | 2.142 103 | 2.184 202 | 1.707 219 | 2.340 608 | 1.891 631 | 21.031 79 | 25.655 85 | 18.543 83 | 2.543 887 | 2.334 883 | 4.569 741 |
| Achn202531 | 4.265 501 | 2.273 662 | 3.483 365 | 6.217 861 | 6.701 51 | 15.500 45 | 3.568 023 | 6.700 252 | 4.774 369 | 6.357 463 | 7.912 959 | 5.970 142 | 3.410 36 | 1.744 389 | 2.390 683 | 5.580 69 | 5.381 181 | 4.537 119 |
| Achn024361 | 0.371 404 | 0.240 254 | 0.211 154 | 0.293 85 | 0.317 342 | 0.531 94 | 0.313 622 | 0.159 386 | 0.304 476 | 0.453 234 | 0.337 471 | 0.467 604 | 0.092 378 | 0.207 566 | 0.093 509 | 1.090 686 | 1.557 381 | 0.510 661 |
| Achn272981 | 353.673 6 | 396.456 2 | 365.979 7 | 212.952 6 | 208.929 | 188.741 5 | 270.739 8 | 254.815 6 | 296.333 1 | 314.975 2 | 303.739 3 | 284.610 4 | 336.395 2 | 223.846 1 | 262.344 7 | 367.744 9 | 355.206 3 | 343.175 9 |
| Actinidia_chinensis_newGene_10327 | 0.469 833 | 0.400 596 | 0.626 599 | 0.630 953 | 0.868 422 | 1.472 747 | 1.592 85 | 1.249 129 | 1.202 376 | 1.378 221 | 1.104 579 | 1.624 294 | 1.127 944 | 0.984 258 | 0.442 074 | 0.939 295 | 1.063 581 | 0.861 59 |
| Achn208561 | 1.259 256 | 1.295 264 | 0.848 865 | 4.486 28 | 3.935 776 | 11.358 33 | 2.403 491 | 2.634 069 | 2.523 111 | 1.792 049 | 2.180 849 | 2.168 856 | 1.053 615 | 1.090 096 | 2.356 788 | 1.264 454 | 1.690 975 | 1.113 765 |
| Actinidia_chinensis_newGene_3099 | 22.261 75 | 18.273 34 | 19.528 35 | 41.590 93 | 59.736 14 | 85.558 27 | 65.554 95 | 68.642 23 | 74.446 62 | 37.327 48 | 56.535 61 | 41.684 74 | 20.622 8 | 25.020 72 | 42.078 28 | 27.721 17 | 28.438 13 | 25.712 57 |
| Actinidia_chinensis_newGene_11495 | 3.984 442 | 2.228 257 | 2.658 217 | 1.600 526 | 1.775 992 | 4.899 894 | 1.418 123 | 1.859 103 | 1.545 369 | 4.373 719 | 3.928 713 | 4.073 428 | 1.256 307 | 1.027 071 | 1.032 231 | 3.860 593 | 3.781 922 | 3.663 605 |
| Achn152101 | 3.438 067 | 3.459 125 | 2.284 219 | 0.502 12 | 0.895 177 | 1.727 109 | 0.974 815 | 1.173 39 | 0.957 813 | 1.279 781 | 2.791 714 | 1.838 335 | 5.130 821 | 2.403 477 | 3.021 482 | 2.696 579 | 2.473 676 | 1.428 279 |
| Achn186971 | 3.647 761 | 2.472 615 | 2.864 406 | 2.796 292 | 1.879 595 | 6.532 976 | 1.867 673 | 1.575 373 | 1.292 852 | 1.556 308 | 1.583 721 | 1.510 972 | 1.899 852 | 5.962 764 | 3.882 772 | 0.481 463 | 0.765 345 | 1.406 59 |
| Achn286741 | 0 | 0.443 981 | 0.365 05 | 2.089 702 | 1.639 364 | 8.976 889 | 0.648 516 | 0.196 316 | 0.841 401 | 0.207 231 | 0.730 551 | 0.781 532 | 0.160 214 | 1.393 47 | 0.130 894 | 0.866 807 | 0 | 0 |
| Achn040691 | 1.412 5 | 1.297 367 | 1.262 751 | 4.243 041 | 3.088 734 | 0 | 4.322 159 | 7.195 671 | 8.622 004 | 3.519 647 | 4.402 736 | 3.243 499 | 6.557 865 | 6.109 545 | 3.645 06 | 1.827 346 | 0.180 882 | 1.674 795 |
| Achn088011 | 0.275 363 | 0.633 242 | 0.466 664 | 0.343 861 | 1.248 412 | 1.216 038 | 1.151 802 | 1.545 857 | 1.189 815 | 0.576 069 | 0.359 499 | 0.507 045 | 0.591 325 | 0.390 366 | 0.830 415 | 0.392 917 | 0.235 695 | 0.218 887 |

（续）

| 基因 ID | CK1 | CK2 | CK3 | T1-1 | T1-2 | T1-3 | T2-1 | T2-2 | T2-3 | T3-1 | T3-2 | T3-3 | T4-1 | T4-2 | T4-3 | T5-1 | T5-2 | T5-3 |
|---|---|---|---|---|---|---|---|---|---|---|---|---|---|---|---|---|---|---|
| Achn352601 | 7.857 821 | 7.398 94 | 6.124 928 | 8.150 22 | 6.728 517 | 10.142 33 | 5.074 792 | 5.588 529 | 5.808 671 | 9.880 02 | 8.482 658 | 8.828 094 | 3.909 22 | 2.437 369 | 1.671 663 | 6.808 483 | 7.173 156 | 7.531 046 |
| Achn232241 | 1.441 155 | 1.894 065 | 4.728 206 | 0.479 408 | 1.872 119 | 0.175 682 | 12.105 28 | 12.200 5 | 10.464 44 | 1.018 437 | 1.343 859 | 0.452 044 | 0.464 176 | 5.461 864 | 3.360 718 | 0.552 788 | 0.392 45 | 0.538 597 |
| Achn342771 | 4.850 852 | 4.490 592 | 5.697 46 | 11.997 39 | 2.275 07 | 4.499 928 | 5.582 022 | 11.749 13 | 6.223 254 | 3.286 99 | 5.166 217 | 7.035 533 | 14.727 11 | 33.764 96 | 40.354 65 | 21.784 44 | 18.478 13 | 15.368 26 |
| Achn246241 | 0.253 609 | 0.143 271 | 0.250 095 | 0.266 492 | 0.073 769 | 0.657 442 | 0.342 62 | 0.249 155 | 0.753 07 | 0.499 381 | 0.081 463 | 0.184 678 | 1.256 257 | 0.559 961 | 0.844 949 | 0.918 465 | 0.315 225 | 0.318 989 |
| Achn045101 | 3.282 071 | 4.207 6 | 5.960 841 | 9.396 981 | 6.507 94 | 10.852 25 | 11.182 19 | 9.319 854 | 13.375 73 | 10.899 16 | 8.768 62 | 9.010 766 | 8.701 98 | 7.308 184 | 4.766 271 | 7.292 223 | 5.178 333 | 4.471 146 |
| Achn284551 | 83.503 69 | 95.608 54 | 105.040 5 | 184.391 5 | 208.398 | 318.180 5 | 162.122 5 | 145.834 | 133.521 | 105.119 7 | 101.643 8 | 100.789 | 94.616 3 | 122.672 9 | 118.850 4 | 114.043 2 | 98.348 46 | 84.236 54 |
| Achn312891 | 2.776 743 | 2.642 163 | 3.478 35 | 2.053 663 | 1.013 201 | 1.281 698 | 1.311 79 | 1.543 273 | 1.271 248 | 1.761 204 | 1.378 545 | 1.257 056 | 2.313 526 | 2.296 509 | 3.045 297 | 6.230 294 | 5.454 703 | 5.959 966 |
| Achn096731 | 2.351 739 | 2.249 754 | 1.437 336 | 1.799 369 | 1.304 167 | 0.979 86 | 1.125 304 | 0.851 072 | 1.233 182 | 0.715 452 | 0.406 186 | 1.104 124 | 1.810 264 | 3.691 398 | 3.348 824 | 1.910 821 | 1.360 369 | 1.071 198 |
| Achn167591 | 7.836 52 | 4.570 061 | 3.314 739 | 2.128 368 | 2.197 065 | 1.173 28 | 3.576 182 | 4.814 266 | 5.583 457 | 3.814 206 | 2.030 099 | 3.000 137 | 2.950 016 | 2.956 627 | 2.697 179 | 7.146 482 | 4.341 509 | 6.125 398 |
| Achn190151 | 0.793 402 | 2.949 471 | 4.503 147 | 0.082 207 | 0.205 031 | 0.216 886 | 3.880 102 | 0.383 656 | 0.565 088 | 2.764 346 | 2.831 25 | 0.680 915 | 9.752 825 | 10.907 54 | 10.738 27 | 2.304 98 | 0 | 0.576 894 |
| Achn067811 | 0.566 746 | 1.036 022 | 0.447 009 | 2.577 131 | 0.366 432 | 0.897 494 | 0.671 157 | 3.630 639 | 0.538 088 | 5.521 074 | 1.797 817 | 0.875 838 | 0.886 77 | 1.127 579 | 0.538 594 | 8.770 505 | 11.154 99 | 1.372 313 |
| Achn373951 | 6.669 322 | 6.440 261 | 8.897 248 | 6.577 364 | 8.637 113 | 10.848 83 | 12.111 23 | 14.106 44 | 13.116 05 | 5.979 752 | 6.706 793 | 6.475 846 | 13.279 29 | 17.467 59 | 16.079 59 | 6.697 865 | 4.250 049 | 4.943 929 |
| Actinidia_chinensis_newGene_1356 | 1.263 127 | 2.135 353 | 0.710 659 | 10.937 08 | 5.016 333 | 1.493 986 | 3.482 892 | 5.260 684 | 2.857 198 | 1.040 25 | 2.379 235 | 1.441 568 | 1.597 277 | 3.624 304 | 2.828 879 | 1.678 861 | 0.511 435 | 3.600 219 |
| Achn313301 | 2.585 609 | 3.242 32 | 3.396 369 | 3.413 818 | 2.304 772 | 9.308 63 | 4.225 356 | 3.783 25 | 3.023 669 | 4.008 301 | 4.353 198 | 3.830 666 | 6.488 697 | 4.678 817 | 4.589 754 | 9.928 645 | 7.658 051 | 5.858 276 |
| Achn349841 | 12.090 23 | 8.129 73 | 8.416 801 | 5.772 345 | 2.636 716 | 2.066 38 | 1.088 68 | 2.097 184 | 3.532 751 | 4.796 708 | 3.109 66 | 5.142 194 | 8.873 914 | 3.784 031 | 4.966 138 | 3.823 338 | 3.146 868 | 5.501 204 |
| Achn276751 | 0.144 463 | 0 | 0.230 948 | 0.349 997 | 0.221 203 | 0.176 587 | 0 | 0.377 682 | 0 | 0.712 535 | 0.621 282 | 0.534 885 | 0.053 542 | 0 | 0.017 758 | 0.330 06 | 0.146 681 | 0.135 826 |
| Achn095551 | 2.062 134 | 1.029 999 | 1.226 395 | 13.622 29 | 25.514 65 | 29.624 66 | 3.142 977 | 4.634 057 | 2.688 633 | 5.414 57 | 7.828 801 | 7.445 975 | 0.370 018 | 2.168 604 | 5.097 906 | 1.922 719 | 2.876 961 | 1.252 376 |
| Actinidia_chinensis_newGene_11305 | 7.710 704 | 8.883 837 | 8.454 606 | 5.237 083 | 3.337 041 | 6.850 904 | 4.839 67 | 3.525 356 | 4.768 331 | 4.024 777 | 3.489 786 | 3.605 07 | 7.260 16 | 7.698 031 | 8.134 11 | 6.758 874 | 8.252 252 | 8.473 597 |

（续）

| 基因 ID | CK1 | CK2 | CK3 | T1-1 | T1-2 | T1-3 | T2-1 | T2-2 | T2-3 | T3-1 | T3-2 | T3-3 | T4-1 | T4-2 | T4-3 | T5-1 | T5-2 | T5-3 |
|---|---|---|---|---|---|---|---|---|---|---|---|---|---|---|---|---|---|---|
| Achn062051 | 0.553 812 | 0.607 162 | 0.419 889 | 0.726 827 | 1.228 742 | 1.838 271 | 0.637 096 | 0.597 256 | 0.590 887 | 0.912 366 | 1.065 21 | 0.967 347 | 1.301 369 | 1.084 563 | 1.597 301 | 0.795 234 | 0.445 056 | 0.841 217 |
| Achn308221 | 0.166 091 | 0.153 822 | 0.212 902 | 0.249 315 | 0.153 829 | 0.292 794 | 0.144 143 | 0.184 626 | 0.101 081 | 0.339 6 | 0.208 147 | 0.094 691 | 0.426 177 | 0.470 562 | 0.554 502 | 0.477 298 | 0.396 257 | 0.368 942 |
| Actinidia_chinensis_newGene_9027 | 21.955 85 | 38.725 31 | 36.174 36 | 2.053 537 | 4.358 451 | 22.256 31 | 8.626 311 | 4.624 069 | 8.448 626 | 4.362 076 | 6.383 636 | 4.689 988 | 13.386 | 23.086 13 | 15.230 34 | 27.672 8 | 22.630 43 | 35.715 32 |
| Achn239971 | 1.217 804 | 1.028 48 | 0.547 538 | 12.075 29 | 6.382 983 | 5.983 066 | 2.822 198 | 3.972 768 | 2.579 387 | 1.394 453 | 1.457 312 | 1.832 261 | 0.386 349 | 0.552 054 | 0.227 383 | 0.733 208 | 0.643 54 | 1.174 572 |
| Achn127521 | 0.635 309 | 0.352 347 | 0.632 94 | 5.601 637 | 2.652 454 | 1.285 848 | 1.011 929 | 1.747 088 | 2.265 459 | 2.260 929 | 3.414 379 | 2.660 926 | 1.583 771 | 1.984 764 | 2.281 915 | 2.882 568 | 2.028 541 | 2.114 844 |
| Achn006411 | 7.223 93 | 7.588 836 | 8.440 037 | 3.709 954 | 4.522 109 | 4.574 471 | 3.078 571 | 4.424 342 | 4.316 359 | 6.138 002 | 4.889 847 | 5.123 24 | 6.681 645 | 6.323 559 | 6.875 908 | 5.277 629 | 7.842 069 | 7.443 854 |
| Achn002301 | 27.328 42 | 21.217 92 | 17.204 71 | 28.275 67 | 20.671 14 | 9.061 619 | 18.875 87 | 20.777 21 | 18.212 35 | 30.916 56 | 27.170 11 | 30.152 02 | 11.799 84 | 8.267 447 | 9.259 583 | 17.895 16 | 18.008 06 | 20.802 9 |
| Achn166351 | 2 146.939 | 1 747.414 | 1 746.606 | 1 306.107 | 1 039.083 | 573.389 8 | 1 366.035 | 1 332.042 | 1 392.264 | 1 367.768 | 1 221.158 | 1 277.067 | 1 604.328 | 1 462.368 | 1 408.08 | 1 229.098 | 1 209.81 | 1 462.984 |
| Achn071641 | 0.524 045 | 0.642 786 | 0.495 232 | 0.373 714 | 0.186 187 | 0.119 437 | 0.111 385 | 0.091 008 | 0.511 613 | 0.280 321 | 0.508 686 | 0.291 697 | 0.442 802 | 0.278 78 | 0.579 753 | 0.106 708 | 0.051 39 | 0.189 826 |
| Achn139881 | 0.163 504 | 0.084 715 | 0.610 786 | 0.253 718 | 0.213 682 | 0.317 607 | 1.939 268 | 1.618 712 | 2.810 004 | 1.030 892 | 0.814 261 | 1.307 795 | 0.917 435 | 1.566 417 | 0.606 894 | 0.553 656 | 0.570 478 | 1.232 698 |
| Actinidia_chinensis_newGene_9563 | 0 | 0.041 152 | 0 | 0.177 377 | 0.084 518 | 0 | 0 | 0 | 0 | 0.115 612 | 0.231 254 | 0.146 817 | 0 | 0.042 097 | 0.107 856 | 0.492 385 | 0.295 986 | 0.716 91 |
| Actinidia_chinensis_newGene_10170 | 3.161 887 | 1.039 567 | 5.614 475 | 2.258 782 | 5.860 947 | 1.995 739 | 2.572 838 | 0.750 576 | 0.948 157 | 0.663 99 | 0.625 082 | 0.720 55 | 2.766 573 | 2.116 436 | 3.229 456 | 3.272 018 | 1.003 529 | 5.033 753 |
| Actinidia_chinensis_newGene_5904 | 37.597 47 | 54.558 82 | 52.734 44 | 14.219 08 | 16.606 6 | 28.855 43 | 46.819 64 | 27.056 47 | 24.031 17 | 15.023 22 | 10.185 54 | 9.744 143 | 44.710 14 | 70.555 18 | 70.505 78 | 17.737 26 | 19.727 75 | 23.691 24 |
| Actinidia_chinensis_newGene_2487 | 9.078 165 | 10.049 62 | 7.382 64 | 25.143 37 | 41.335 86 | 30.253 96 | 110.737 3 | 102.699 8 | 106.064 7 | 13.323 71 | 6.770 35 | 11.347 4 | 5.716 11 | 15.078 56 | 21.194 82 | 5.095 086 | 6.045 34 | 3.246 232 |
| Actinidia_chinensis_newGene_11479 | 0.461 418 | 0.346 364 | 0.520 271 | 1.391 478 | 0.654 606 | 0.584 592 | 0.755 99 | 0.787 5 | 0.459 376 | 0.277 735 | 0.245 783 | 0.375 18 | 0.477 85 | 2.180 303 | 1.327 256 | 0.415 53 | 0.354 557 | 0.369 185 |

（续）

| 基因ID | CK1 | CK2 | CK3 | T1-1 | T1-2 | T1-3 | T2-1 | T2-2 | T2-3 | T3-1 | T3-2 | T3-3 | T4-1 | T4-2 | T4-3 | T5-1 | T5-2 | T5-3 |
|---|---|---|---|---|---|---|---|---|---|---|---|---|---|---|---|---|---|---|
| Achn179281 | 2.936 244 | 2.657 221 | 2.797 316 | 3.074 713 | 1.095 362 | 1.408 658 | 3.330 475 | 3.114 58 | 2.606 063 | 1.573 619 | 0.878 141 | 1.224 268 | 2.560 136 | 5.993 708 | 6.330 155 | 0.766 54 | 1.808 889 | 1.403 483 |
| Achn092721 | 1.688 034 | 1.346 642 | 2.063 37 | 9.510 739 | 7.760 628 | 27.030 86 | 1.914 068 | 3.248 256 | 3.167 301 | 2.939 326 | 3.725 02 | 3.640 227 | 0.836 111 | 0.582 725 | 0.726 936 | 3.355 428 | 3.055 577 | 3.711 615 |
| Achn054841 | 3.059 541 | 3.383 235 | 3.911 547 | 9.250 848 | 4.775 621 | 15.280 67 | 3.660 003 | 3.944 496 | 3.327 323 | 4.106 523 | 4.394 317 | 2.927 201 | 6.645 885 | 4.118 857 | 3.793 181 | 3.979 04 | 5.592 604 | 6.590 334 |
| Achn045721 | 5.643 783 | 6.272 454 | 7.212 856 | 14.150 71 | 17.313 79 | 16.371 05 | 20.213 72 | 18.719 89 | 15.868 45 | 16.377 73 | 15.240 09 | 16.667 41 | 13.265 74 | 11.945 9 | 16.171 14 | 13.494 44 | 16.669 02 | 11.795 98 |
| Achn046031 | 8.070 377 | 8.843 616 | 6.928 212 | 11.151 64 | 10.919 66 | 24.132 78 | 8.966 228 | 10.156 21 | 9.248 857 | 14.116 09 | 16.161 03 | 16.398 16 | 13.795 02 | 10.070 02 | 10.057 64 | 21.603 03 | 19.629 46 | 17.857 5 |
| Achn081181 | 0.972 982 | 1.378 158 | 1.060 61 | 1.796 381 | 0.740 454 | 1.969 788 | 1.220 329 | 1.011 809 | 1.717 836 | 1.539 082 | 3.361 964 | 2.463 846 | 0.309 382 | 0.075 394 | 0.093 009 | 1.261 717 | 2.374 066 | 1.390 749 |
| Achn053491 | 3.451 214 | 5.621 696 | 4.534 942 | 1.631 622 | 2.509 23 | 2.163 23 | 4.576 794 | 2.474 737 | 2.810 323 | 2.722 748 | 3.805 956 | 1.022 057 | 4.577 647 | 3.225 008 | 3.275 36 | 2.157 942 | 2.911 982 | 3.140 428 |
| Achn197401 | 0.149 08 | 0.188 586 | 0.214 886 | 0.552 946 | 0.644 026 | 0.992 661 | 0.421 113 | 0.319 691 | 0.340 33 | 0.633 434 | 0.357 942 | 0.660 189 | 0.089 887 | 0.157 425 | 0.374 946 | 0.485 288 | 0.521 64 | 0.293 102 |
| Achn147081 | 206.494 2 | 199.262 2 | 236.477 3 | 515.153 3 | 1 584.216 | 514.326 2 | 509.894 | 536.923 6 | 735.297 9 | 212.015 7 | 264.773 2 | 232.297 9 | 245.324 | 275.014 6 | 345.561 2 | 323.958 9 | 316.382 | 296.075 7 |
| Achn067591 | 1.790 13 | 1.002 219 | 1.623 058 | 0.664 462 | 0.460 666 | 1.281 042 | 0.562 823 | 0.333 85 | 0.465 33 | 1.280 019 | 0.995 738 | 0.819 062 | 0.875 987 | 0.709 702 | 1.608 016 | 1.484 354 | 2.030 601 | 2.142 345 |
| Achn129841 | 20.633 22 | 15.573 54 | 14.995 11 | 17.678 46 | 22.946 12 | 15.848 89 | 25.470 85 | 24.942 88 | 23.876 9 | 37.164 13 | 36.625 4 | 39.711 46 | 7.620 305 | 4.019 335 | 5.743 202 | 24.232 51 | 24.319 39 | 24.755 22 |
| Achn011741 | 3.284 138 | 4.347 326 | 7.061 922 | 7.814 734 | 11.211 59 | 8.055 772 | 7.432 587 | 10.662 96 | 9.068 831 | 11.116 85 | 12.522 57 | 10.232 9 | 7.065 269 | 9.717 979 | 11.334 86 | 18.476 44 | 26.440 59 | 14.774 08 |
| Achn167251 | 0.719 589 | 1.181 453 | 0.821 514 | 0.922 519 | 0.882 621 | 1.730 815 | 0.984 591 | 0.908 124 | 1.149 864 | 0.957 76 | 1.514 253 | 0.931 688 | 1.008 538 | 0.694 08 | 0.367 942 | 2.409 036 | 3.044 054 | 1.869 635 |
| Achn222881 | 5.389 071 | 5.138 494 | 6.100 043 | 2.091 341 | 1.542 218 | 3.173 016 | 2.444 7 | 1.837 918 | 2.003 033 | 1.986 366 | 2.292 333 | 1.834 446 | 3.284 479 | 3.593 931 | 3.840 659 | 1.849 813 | 2.577 604 | 2.020 756 |
| Achn021811 | 187.844 8 | 164.519 8 | 155.115 5 | 27.314 01 | 9.934 593 | 4.760 47 | 15.626 1 | 27.182 85 | 28.604 63 | 51.937 14 | 79.389 63 | 60.738 38 | 277.288 6 | 216.380 2 | 191.308 9 | 217.876 6 | 256.291 2 | 308.418 9 |
| Achn058881 | 2.997 674 | 3.138 226 | 2.924 43 | 6.356 626 | 7.961 375 | 9.643 919 | 3.420 892 | 3.029 508 | 1.624 05 | 4.579 681 | 1.721 71 | 2.466 793 | 3.074 841 | 2.144 498 | 2.500 342 | 3.460 593 | 2.998 002 | 2.480 317 |
| Achn062981 | 3.667 632 | 3.031 952 | 3.430 732 | 3.110 979 | 1.847 647 | 2.992 987 | 6.763 96 | 5.788 959 | 3.692 427 | 2.153 852 | 0.956 582 | 1.726 757 | 4.634 199 | 8.477 532 | 7.568 623 | 0.817 239 | 0.844 712 | 1.856 506 |
| Achn130041 | 1.886 651 | 2.550 43 | 2.133 631 | 3.715 251 | 2.791 703 | 0.448 97 | 6.683 371 | 4.770 072 | 5.395 471 | 2.307 039 | 2.483 215 | 3.045 041 | 2.385 843 | 4.460 912 | 3.409 798 | 2.496 216 | 1.989 928 | 2.701 581 |
| Achn281461 | 0.938 888 | 1.377 001 | 1.820 481 | 1.123 892 | 0.461 31 | 1.159 888 | 1.396 851 | 1.278 426 | 1.105 903 | 0.429 337 | 0.713 537 | 0.224 667 | 0.529 295 | 2.453 673 | 4.789 041 | 0.904 845 | 2.256 5 | 1.480 958 |

（续）

| 基因ID | CK1 | CK2 | CK3 | T1-1 | T1-2 | T1-3 | T2-1 | T2-2 | T2-3 | T3-1 | T3-2 | T3-3 | T4-1 | T4-2 | T4-3 | T5-1 | T5-2 | T5-3 |
|---|---|---|---|---|---|---|---|---|---|---|---|---|---|---|---|---|---|---|
| Achn177191 | 3.576 719 | 3.328 189 | 3.459 894 | 5.223 605 | 0.960 698 | 2.465 22 | 3.918 859 | 8.984 321 | 3.955 202 | 0 | 3.300 185 | 2.324 626 | 23.569 98 | 33.834 67 | 30.094 04 | 2.724 45 | 12.182 88 | 8.983 798 |
| Achn128371 | 6.782 307 | 7.090 34 | 7.750 197 | 5.457 808 | 9.141 451 | 15.863 28 | 2.788 637 | 3.236 072 | 3.173 712 | 6.525 683 | 7.120 065 | 7.372 894 | 4.450 033 | 1.791 408 | 2.615 635 | 11.462 6 | 12.518 88 | 9.461 728 |
| Achn354821 | 1.551 643 | 3.714 369 | 3.324 413 | 4.385 616 | 4.148 176 | 3.044 378 | 5.197 81 | 4.585 902 | 4.207 306 | 3.333 711 | 4.265 689 | 3.563 498 | 6.059 915 | 6.306 029 | 7.008 881 | 4.684 561 | 5.316 819 | 3.846 987 |
| Achn288461 | 28.860 41 | 32.598 12 | 31.129 98 | 30.870 25 | 33.745 38 | 33.519 11 | 31.965 18 | 29.788 28 | 28.879 77 | 25.129 69 | 19.467 42 | 21.152 35 | 24.654 78 | 28.727 17 | 26.898 14 | 14.679 61 | 17.367 11 | 16.865 62 |
| Achn008071 | 1.465 163 | 1.761 012 | 2.776 691 | 4.750 903 | 5.311 379 | 9.969 316 | 2.754 842 | 2.616 011 | 2.608 612 | 2.007 216 | 3.393 049 | 2.408 024 | 1.882 807 | 2.499 786 | 3.702 574 | 2.686 478 | 1.733 083 | 1.914 614 |
| Actinidia_chinensis_newGene_12041 | 1.780 828 | 3.656 947 | 3.618 867 | 8.015 772 | 6.424 686 | 14.635 88 | 6.215 853 | 5.394 6 | 5.490 967 | 5.524 955 | 5.476 365 | 5.969 801 | 6.994 757 | 8.880 61 | 10.691 88 | 7.880 895 | 6.729 636 | 4.458 126 |
| Actinidia_chinensis_newGene_12044 | 8.823 545 | 10.191 96 | 8.638 799 | 0.948 449 | 0.430 08 | 0.128 992 | 1.266 457 | 1.147 645 | 0.391 564 | 0.755 311 | 1.085 706 | 0.735 416 | 2.383 733 | 5.603 669 | 6.305 414 | 4.935 425 | 8.105 82 | 9.439 443 |
| Achn285131 | 4.925 735 | 4.575 447 | 5.152 184 | 12.420 72 | 12.407 24 | 18.090 59 | 7.254 697 | 7.069 772 | 9.809 573 | 8.534 403 | 10.571 92 | 6.844 453 | 6.591 434 | 9.284 623 | 5.464 392 | 6.842 307 | 8.155 119 | 7.273 001 |
| Achn265621 | 25.847 32 | 19.642 65 | 18.472 21 | 42.761 71 | 29.052 34 | 70.830 77 | 13.923 9 | 15.902 76 | 21.908 25 | 21.259 89 | 18.735 27 | 19.573 27 | 9.293 489 | 8.101 775 | 10.592 36 | 17.181 24 | 23.102 5 | 18.714 99 |
| Achn373621 | 1.735 037 | 1.871 262 | 0.855 223 | 0.360 108 | 0.981 502 | 1.394 93 | 0.339 635 | 0.376 079 | 0.518 154 | 0.729 415 | 0.757 783 | 0.856 949 | 0.990 5 | 1.346 151 | 0.994 624 | 0.873 057 | 1.138 917 | 1.100 896 |
| Achn229851 | 288.685 4 | 272.996 5 | 228.886 7 | 174.122 2 | 105.787 8 | 99.061 1 | 93.739 91 | 135.491 9 | 147.991 8 | 225.425 | 227.843 7 | 213.079 8 | 260.892 3 | 103.754 6 | 154.747 6 | 214.096 4 | 214.549 9 | 228.587 1 |
| Achn153841 | 2.714 55 | 1.505 808 | 2.423 255 | 9.986 97 | 6.688 143 | 6.946 707 | 1.108 506 | 2.374 404 | 3.045 377 | 0.694 078 | 1.591 016 | 1.386 673 | 1.508 411 | 1.934 521 | 3.109 026 | 0.770 886 | 1.078 641 | 0.567 35 |
| Achn006591 | 4.203 262 | 4.688 639 | 4.478 794 | 38.230 89 | 18.956 72 | 31.311 22 | 10.049 87 | 24.756 37 | 13.727 32 | 7.094 147 | 7.689 076 | 4.519 866 | 15.210 92 | 18.480 68 | 16.507 95 | 14.375 81 | 12.456 11 | 10.113 94 |
| Achn320981 | 8.372 016 | 7.189 407 | 7.118 24 | 4.775 23 | 3.318 172 | 3.268 931 | 2.483 353 | 4.808 525 | 2.702 723 | 4.551 885 | 4.043 392 | 3.858 714 | 6.525 765 | 9.234 846 | 6.996 184 | 9.047 52 | 9.100 332 | 5.699 412 |
| Achn091611 | 1.532 775 | 1.169 07 | 0.561 699 | 1.973 602 | 1.602 704 | 1.317 23 | 0.529 467 | 0.860 75 | 0.899 188 | 1.978 43 | 1.221 091 | 1.115 016 | 0.737 669 | 1.192 441 | 1.110 761 | 3.285 324 | 4.373 711 | 2.250 86 |
| Achn310531 | 11.190 32 | 8.007 052 | 8.536 078 | 28.607 95 | 27.005 17 | 19.114 27 | 13.752 76 | 19.267 65 | 17.496 29 | 22.494 92 | 24.700 87 | 25.087 77 | 8.322 438 | 8.360 767 | 9.843 316 | 21.804 69 | 21.055 32 | 19.803 29 |
| Actinidia_chinensis_newGene_2562 | 0.781 351 | 1.059 84 | 0.500 789 | 2.916 886 | 2.350 141 | 1.669 83 | 1.489 323 | 1.298 241 | 1.726 176 | 2.202 274 | 1.952 522 | 2.024 022 | 0.892 927 | 1.156 675 | 0.854 909 | 1.395 646 | 3.690 205 | 1.284 076 |

（续）

| 基因 ID | CK1 | CK2 | CK3 | T1-1 | T1-2 | T1-3 | T2-1 | T2-2 | T2-3 | T3-1 | T3-2 | T3-3 | T4-1 | T4-2 | T4-3 | T5-1 | T5-2 | T5-3 |
|---|---|---|---|---|---|---|---|---|---|---|---|---|---|---|---|---|---|---|
| Actinidia_chinensis_newGene_6443 | 17.560 8 | 32.120 21 | 30.076 68 | 8.051 652 | 7.642 075 | 0.711 616 | 18.870 49 | 14.369 96 | 10.257 03 | 6.869 078 | 5.779 847 | 3.871 232 | 17.287 92 | 43.061 36 | 48.998 05 | 6.950 434 | 5.399 062 | 12.498 26 |
| Achn052661 | 3.455 604 | 3.238 097 | 2.488 974 | 5.513 343 | 6.636 87 | 11.612 73 | 6.229 278 | 5.246 756 | 6.900 445 | 4.773 921 | 5.713 377 | 4.614 634 | 3.639 498 | 2.655 779 | 3.391 742 | 2.856 75 | 1.670 279 | 1.557 194 |
| Achn095721 | 2.341 891 | 2.623 546 | 1.837 285 | 1.122 004 | 1.241 054 | 1.210 549 | 1.513 528 | 1.312 91 | 0.846 854 | 1.611 228 | 1.876 541 | 2.003 661 | 2.579 232 | 1.793 858 | 1.973 589 | 3.418 712 | 3.441 981 | 3.484 45 |
| Achn320661 | 0.977 011 | 1.536 301 | 1.314 711 | 3.434 569 | 0.736 795 | 0.506 379 | 2.154 341 | 4.439 902 | 5.571 837 | 1.099 347 | 4.657 683 | 4.534 621 | 0.513 385 | 1.503 934 | 1.417 481 | 1.570 129 | 1.742 138 | 0.741 946 |
| Achn305791 | 8.622 732 | 10.741 79 | 11.396 31 | 28.848 89 | 38.119 79 | 24.041 78 | 50.392 | 43.023 87 | 36.671 94 | 28.570 01 | 26.087 41 | 30.912 53 | 15.206 62 | 23.237 54 | 15.536 24 | 14.650 2 | 12.710 13 | 16.215 08 |
| Achn141001 | 2.538 236 | 2.099 887 | 2.143 356 | 2.490 592 | 2.524 163 | 3.888 766 | 3.146 285 | 1.260 408 | 3.919 017 | 2.008 347 | 1.469 527 | 2.365 754 | 2.468 071 | 1.340 394 | 2.239 548 | 0.970 5 | 0.814 03 | 0.452 926 |
| Achn371471 | 2.092 807 | 2.240 317 | 1.732 653 | 1.991 877 | 2.896 828 | 4.704 872 | 1.654 447 | 1.341 365 | 1.593 152 | 2.417 661 | 2.496 576 | 2.045 687 | 1.992 718 | 3.575 754 | 4.037 526 | 5.216 417 | 6.050 202 | 5.241 804 |
| Achn341181 | 20.950 83 | 8.439 044 | 8.637 871 | 1.245 632 | 3.170 513 | 1.209 038 | 1.944 314 | 3.507 329 | 4.133 017 | 3.759 516 | 4.305 504 | 3.534 63 | 26.334 22 | 8.093 863 | 11.226 93 | 5.687 922 | 8.018 416 | 10.901 37 |
| Achn157431 | 577.706 6 | 463.420 1 | 499.716 6 | 219.889 5 | 186.317 5 | 193.366 9 | 194.336 1 | 208.986 3 | 275.822 1 | 291.234 4 | 295.754 9 | 291.866 6 | 625.966 6 | 472.225 6 | 455.763 | 414.192 9 | 438.318 9 | 426.511 6 |
| Achn184291 | 39.793 07 | 37.206 24 | 39.452 05 | 22.325 95 | 22.525 01 | 24.897 93 | 40.936 88 | 32.648 48 | 40.697 04 | 54.579 06 | 56.757 46 | 53.197 19 | 81.170 49 | 61.550 86 | 63.236 86 | 121.102 7 | 116.211 5 | 109.735 |
| Achn317371 | 38.277 98 | 24.630 93 | 32.009 38 | 82.514 96 | 31.321 12 | 28.790 52 | 37.409 36 | 55.287 49 | 39.810 88 | 21.739 88 | 25.169 64 | 25.429 78 | 71.889 47 | 91.737 9 | 81.519 22 | 40.061 6 | 41.821 39 | 34.512 98 |
| Actinidia_chinensis_newGene_10239 | 7.588 282 | 10.659 76 | 10.344 43 | 4.507 394 | 3.003 348 | 6.152 27 | 6.525 642 | 5.339 781 | 3.813 384 | 4.319 525 | 3.576 544 | 2.842 937 | 2.689 358 | 3.914 658 | 4.327 473 | 3.809 897 | 4.861 81 | 8.939 009 |
| Achn356821 | 1.522 16 | 1.466 933 | 0.835 06 | 7.323 837 | 6.889 966 | 14.435 53 | 4.602 807 | 7.970 859 | 7.318 666 | 1.633 743 | 2.708 686 | 3.899 416 | 2.635 287 | 8.537 418 | 5.547 764 | 1.496 816 | 1.307 151 | 0.914 964 |
| Achn100611 | 19.983 2 | 21.720 35 | 25.127 84 | 37.484 06 | 19.324 02 | 21.729 98 | 25.604 72 | 40.854 23 | 28.884 6 | 18.997 08 | 19.397 33 | 15.588 58 | 53.804 77 | 81.668 59 | 68.594 34 | 25.477 6 | 28.212 36 | 24.864 57 |
| Achn126641 | 0.917 087 | 1.689 006 | 1.322 888 | 1.700 042 | 2.653 579 | 3.410 019 | 3.223 836 | 3.472 626 | 2.394 983 | 2.900 307 | 4.237 181 | 4.261 001 | 2.367 894 | 1.922 101 | 2.283 086 | 2.228 012 | 1.814 592 | 2.209 807 |
| Achn003471 | 7.597 101 | 8.472 83 | 8.113 924 | 6.058 227 | 9.230 186 | 36.008 44 | 5.246 746 | 3.966 408 | 4.707 225 | 9.028 049 | 7.953 517 | 9.388 848 | 2.309 258 | 0.901 207 | 2.062 285 | 8.343 019 | 9.616 702 | 7.708 377 |
| Achn189951 | 27.688 69 | 33.788 44 | 30.071 93 | 30.101 76 | 21.476 17 | 18.852 5 | 12.364 16 | 9.522 853 | 9.409 256 | 20.238 6 | 15.122 8 | 12.886 45 | 38.074 29 | 34.421 01 | 43.353 66 | 40.978 9 | 37.906 48 | 31.259 52 |
| Achn221861 | 5.246 301 | 4.470 654 | 5.551 754 | 4.742 323 | 1.830 255 | 4.493 934 | 2.334 783 | 2.675 717 | 3.325 761 | 6.072 152 | 7.857 402 | 7.326 731 | 3.660 292 | 2.344 927 | 3.299 355 | 20.603 36 | 17.668 46 | 19.682 77 |

（续）

| 基因 ID | CK1 | CK2 | CK3 | T1-1 | T1-2 | T1-3 | T2-1 | T2-2 | T2-3 | T3-1 | T3-2 | T3-3 | T4-1 | T4-2 | T4-3 | T5-1 | T5-2 | T5-3 |
|---|---|---|---|---|---|---|---|---|---|---|---|---|---|---|---|---|---|---|
| Achn182381 | 124.228 8 | 107.166 4 | 117.076 8 | 189.710 6 | 199.669 1 | 216.492 9 | 197.577 2 | 198.420 9 | 217.566 7 | 137.784 9 | 159.010 3 | 145.200 7 | 167.935 | 342.511 8 | 289.820 1 | 145.453 3 | 133.720 4 | 110.497 9 |
| Actinidia_chinensis_newGene_8046 | 0.578 421 | 0.394 108 | 0.286 476 | 0.966 659 | 1.970 773 | 1.757 422 | 0.388 268 | 1.038 245 | 0.533 321 | 0.600 745 | 0.601 546 | 0.803 938 | 0.778 417 | 0.739 196 | 0.832 824 | 1.199 643 | 1.236 114 | 0.821 68 |
| Actinidia_chinensis_newGene_11415 | 258.833 5 | 250.013 5 | 254.750 7 | 201.402 5 | 245.421 | 119.748 4 | 318.586 9 | 166.379 6 | 143.957 1 | 132.182 | 78.480 78 | 221.087 4 | 217.281 4 | 71.743 51 | 76.363 59 | 106.264 7 | 113.746 9 | 66.022 |
| Actinidia_chinensis_newGene_11416 | 1 396.736 | 1 357.667 | 1 262.323 | 974.750 3 | 1 233.548 | 567.912 7 | 1 525.563 | 1 239.467 | 1 187.754 | 1 200.199 | 930.284 9 | 1 029.556 | 1 011.842 | 604.596 4 | 765.378 5 | 601.796 6 | 600.687 7 | 662.119 4 |
| Achn204331 | 18.397 42 | 16.370 27 | 19.607 56 | 1.665 893 | 2.437 241 | 0 | 15.673 04 | 7.847 741 | 7.673 553 | 3.965 808 | 2.406 486 | 3.623 129 | 9.897 929 | 15.121 79 | 7.746 935 | 1.698 355 | 0.582 556 | 2.501 359 |
| Achn135681 | 0.508 271 | 0 | 0.528 521 | 2.124 463 | 2.650 67 | 5.391 51 | 0.790 94 | 2.011 409 | 1.476 272 | 1.533 366 | 1.050 85 | 1.657 69 | 0.577 591 | 0.442 953 | 0.864 261 | 0.254 567 | 0.811 769 | 1.102 271 |
| Actinidia_chinensis_newGene_2760 | 0.594 946 | 0.277 3 | 0.246 336 | 0.509 122 | 0.422 798 | 0.315 921 | 0.681 82 | 0.875 88 | 0.568 452 | 0.056 335 | 0.972 042 | 0.190 253 | 0.995 827 | 2.232 824 | 1.444 99 | 0.234 646 | 0.034 221 | 0.359 698 |
| Achn074971 | 0.310 666 | 1.350 364 | 1.301 836 | 3.390 469 | 4.756 52 | 5.585 508 | 1.114 399 | 1.920 429 | 1.477 774 | 1.174 747 | 1.392 22 | 1.488 5 | 4.461 026 | 4.451 989 | 5.777 741 | 4.070 278 | 4.721 306 | 2.709 021 |
| Actinidia_chinensis_newGene_9882 | 7.173 348 | 6.673 567 | 6.003 32 | 3.319 234 | 3.361 319 | 2.862 434 | 4.212 046 | 3.813 849 | 4.398 186 | 4.359 631 | 3.642 267 | 3.357 893 | 4.476 467 | 2.982 795 | 5.269 419 | 4.371 94 | 3.606 391 | 4.823 206 |
| Achn280791 | 16.764 46 | 20.439 41 | 19.502 53 | 26.238 35 | 16.528 24 | 54.678 53 | 22.239 45 | 23.599 9 | 20.498 98 | 17.490 67 | 19.637 01 | 14.340 96 | 38.735 18 | 39.367 11 | 45.153 64 | 32.441 82 | 30.297 07 | 30.085 38 |
| Achn001411 | 35.029 4 | 38.250 36 | 35.127 31 | 27.377 06 | 27.340 92 | 22.671 73 | 17.532 88 | 16.060 85 | 16.016 29 | 32.296 55 | 25.574 91 | 31.471 61 | 27.800 91 | 22.947 54 | 21.844 06 | 37.199 94 | 37.546 48 | 36.961 67 |
| Achn216031 | 46.353 91 | 48.633 88 | 45.352 04 | 25.830 56 | 33.476 06 | 43.436 38 | 24.681 85 | 22.554 46 | 27.285 86 | 38.888 22 | 33.656 68 | 39.112 39 | 11.459 97 | 2.704 89 | 5.482 908 | 43.967 38 | 48.436 74 | 41.405 41 |
| Achn160621 | 2.640 551 | 3.179 307 | 2.418 561 | 3.793 428 | 3.791 295 | 4.931 456 | 2.608 733 | 2.547 018 | 2.591 709 | 1.134 125 | 1.482 018 | 1.060 584 | 1.789 381 | 2.465 542 | 2.568 444 | 0.881 459 | 1.563 602 | 1.175 028 |
| Achn137791 | 0.909 767 | 0.666 41 | 0.725 1 | 2.150 308 | 2.469 734 | 4.983 318 | 1.143 484 | 1.489 196 | 0.852 955 | 1.802 995 | 2.186 441 | 1.765 067 | 0.643 999 | 0.310 521 | 0.534 932 | 1.694 619 | 1.129 625 | 0.893 229 |
| Achn144081 | 6.995 186 | 7.334 601 | 5.335 428 | 5.445 529 | 3.659 241 | 1.116 774 | 6.306 936 | 5.756 002 | 5.511 487 | 6.400 754 | 6.442 615 | 6.526 52 | 2.030 248 | 3.000 902 | 3.179 622 | 4.116 141 | 4.226 47 | 2.142 351 |
| Achn202071 | 3.145 209 | 3.678 162 | 3.741 656 | 14.267 9 | 6.491 226 | 11.699 96 | 3.203 203 | 5.029 868 | 5.218 525 | 2.803 731 | 3.749 225 | 3.841 938 | 4.099 675 | 4.683 317 | 4.617 435 | 3.420 907 | 2.711 683 | 3.039 126 |

（续）

| 基因 ID | CK1 | CK2 | CK3 | T1-1 | T1-2 | T1-3 | T2-1 | T2-2 | T2-3 | T3-1 | T3-2 | T3-3 | T4-1 | T4-2 | T4-3 | T5-1 | T5-2 | T5-3 |
|---|---|---|---|---|---|---|---|---|---|---|---|---|---|---|---|---|---|---|
| Achn378291 | 10.118 38 | 10.445 91 | 10.054 69 | 27.335 43 | 25.982 29 | 52.657 99 | 25.505 22 | 30.874 68 | 35.269 96 | 25.925 13 | 31.711 46 | 31.046 25 | 15.817 56 | 17.797 47 | 15.409 44 | 8.568 148 | 9.147 879 | 8.313 368 |
| Achn157141 | 61.008 23 | 53.145 85 | 49.035 61 | 62.775 67 | 78.503 44 | 68.494 26 | 40.697 05 | 44.199 52 | 50.301 25 | 52.185 98 | 47.480 69 | 50.102 35 | 27.265 84 | 22.636 98 | 22.487 73 | 48.897 31 | 50.229 7 | 50.088 74 |
| Achn167041 | 37.633 67 | 29.390 55 | 27.061 69 | 98.081 99 | 65.708 24 | 110.928 6 | 61.440 65 | 79.213 36 | 82.674 27 | 70.909 1 | 79.158 68 | 72.566 58 | 34.044 53 | 16.836 37 | 21.415 38 | 59.498 45 | 63.265 62 | 56.845 25 |
| Achn152461 | 23.446 43 | 24.279 66 | 22.593 51 | 14.898 56 | 12.995 09 | 10.550 2 | 17.477 4 | 15.174 06 | 16.730 69 | 11.193 34 | 11.129 01 | 10.611 97 | 21.648 06 | 20.411 | 22.390 84 | 9.026 633 | 9.633 456 | 10.779 29 |
| Actinidia_chinensis_newGene_7928 | 119.361 9 | 114.076 8 | 139.836 1 | 71.686 42 | 65.888 99 | 150.089 1 | 215.333 7 | 144.170 9 | 162.862 5 | 75.234 77 | 69.350 81 | 74.240 63 | 31.750 8 | 55.826 66 | 42.985 31 | 102.941 7 | 84.233 19 | 88.559 59 |
| Achn164531 | 10.909 1 | 7.807 468 | 7.739 528 | 3.279 275 | 2.407 224 | 2.260 341 | 3.398 072 | 4.174 298 | 4.900 233 | 0.735 069 | 1.442 744 | 1.457 754 | 23.048 2 | 21.717 6 | 27.912 32 | 6.674 313 | 6.912 843 | 7.161 417 |
| Achn046891 | 232.264 9 | 240.322 6 | 241.851 1 | 164.948 5 | 125.175 1 | 135.273 8 | 116.000 7 | 120.025 2 | 109.311 5 | 183.057 5 | 197.931 9 | 198.980 1 | 272.633 6 | 202.155 6 | 256.513 | 354.586 6 | 355.618 8 | 391.806 7 |
| Achn188081 | 308.955 8 | 327.068 6 | 290.010 8 | 185.940 6 | 193.212 2 | 227.218 4 | 262.661 | 227.611 | 239.944 2 | 252.978 | 200.643 7 | 229.135 1 | 283.799 | 257.529 8 | 257.695 4 | 151.110 2 | 163.353 3 | 171.183 5 |
| Achn150281 | 25.644 14 | 36.378 4 | 23.373 07 | 18.197 17 | 31.621 67 | 6.702 288 | 19.332 9 | 27.848 54 | 33.810 79 | 10.244 9 | 13.520 84 | 19.335 69 | 24.825 79 | 40.320 68 | 69.394 74 | 25.608 15 | 38.329 25 | 28.913 69 |
| Achn312381 | 0.736 522 | 0.718 999 | 1.921 974 | 4.902 401 | 3.534 792 | 0.110 877 | 1.020 623 | 1.265 261 | 1.462 855 | 0.376 358 | 0.352 275 | 0.619 142 | 0.590 127 | 2.238 943 | 1.981 522 | 0.276 927 | 0.384 931 | 0.115 187 |
| Achn005121 | 0.474 799 | 0.955 687 | 0.527 145 | 0.192 73 | 0.343 12 | 0.702 047 | 0.585 58 | 0.464 223 | 1.957 515 | 2.362 319 | 2.964 163 | 2.228 456 | 0.731 353 | 0.275 624 | 0.323 128 | 1.297 707 | 1.058 63 | 0.299 714 |
| Achn150751 | 5.703 682 | 5.308 287 | 4.642 924 | 2.617 512 | 2.950 399 | 4.009 738 | 2.199 641 | 1.758 38 | 1.666 245 | 3.420 066 | 3.359 472 | 2.849 025 | 4.720 088 | 3.448 775 | 3.785 373 | 3.150 57 | 4.497 444 | 3.585 507 |
| Achn069931 | 10.971 27 | 11.218 15 | 9.285 343 | 2.354 812 | 3.414 948 | 0 | 4.625 172 | 3.161 337 | 2.704 931 | 2.294 915 | 1.582 878 | 2.672 221 | 4.452 979 | 3.217 817 | 2.067 106 | 8.016 668 | 8.141 527 | 14.870 59 |
| Achn300521 | 5.718 449 | 6.114 18 | 4.717 74 | 5.295 281 | 3.517 122 | 13.022 66 | 1.776 15 | 2.931 669 | 2.791 88 | 6.798 187 | 6.546 066 | 6.581 945 | 3.037 231 | 2.251 922 | 2.304 527 | 6.526 513 | 5.970 223 | 5.172 665 |
| Achn336411 | 2.467 636 | 2.556 09 | 1.776 389 | 10.394 69 | 9.363 675 | 1.403 407 | 10.603 46 | 19.890 58 | 17.511 15 | 2.689 057 | 8.454 16 | 4.202 543 | 6.178 644 | 16.283 47 | 11.883 56 | 1.114 295 | 0.910 457 | 0.780 605 |
| Actinidia_chinensis_newGene_5332 | 5.502 458 | 7.236 781 | 7.702 461 | 9.928 785 | 13.945 11 | 31.455 86 | 9.065 198 | 14.207 57 | 10.322 1 | 10.013 13 | 15.992 04 | 16.392 35 | 14.078 41 | 24.235 97 | 22.892 3 | 12.784 15 | 16.944 11 | 12.468 01 |
| Achn140971 | 4.102 283 | 4.377 401 | 6.027 405 | 10.096 09 | 21.217 88 | 9.747 878 | 5.079 634 | 5.257 289 | 6.762 972 | 4.131 382 | 3.307 236 | 4.127 604 | 3.404 247 | 4.106 106 | 6.047 596 | 2.870 121 | 2.795 412 | 2.880 724 |
| Achn246401 | 2.598 949 | 4.132 713 | 4.351 239 | 33.363 69 | 38.403 31 | 171.485 8 | 18.983 47 | 19.429 05 | 19.838 | 22.759 37 | 26.782 42 | 24.295 58 | 5.367 289 | 1.427 027 | 2.804 657 | 18.769 7 | 16.300 99 | 10.395 14 |

（续）

| 基因ID | CK1 | CK2 | CK3 | T1-1 | T1-2 | T1-3 | T2-1 | T2-2 | T2-3 | T3-1 | T3-2 | T3-3 | T4-1 | T4-2 | T4-3 | T5-1 | T5-2 | T5-3 |
|---|---|---|---|---|---|---|---|---|---|---|---|---|---|---|---|---|---|---|
| Actinidia_chinensis_newGene_10245 | 12.813 79 | 8.431 126 | 7.138 211 | 5.273 581 | 3.263 128 | 1.800 262 | 6.132 984 | 6.687 275 | 5.370 885 | 1.955 762 | 3.043 18 | 1.539 093 | 5.049 337 | 2.501 369 | 4.368 152 | 2.359 028 | 1.894 515 | 2.981 463 |
| Achn173231 | 0.253 749 | 0.177 073 | 0.240 706 | 18.788 67 | 4.078 488 | 5.324 006 | 3.749 961 | 13.247 08 | 7.915 162 | 2.130 01 | 2.880 433 | 2.492 344 | 14.928 63 | 19.143 36 | 12.744 15 | 5.011 055 | 3.481 336 | 5.192 931 |
| Achn128681 | 0.045 451 | 0.022 491 | 0.050 797 | 0.998 886 | 0.658 074 | 0.611 007 | 0.047 665 | 0.309 343 | 0.303 404 | 0.107 763 | 0.108 034 | 0.152 502 | 0.144 452 | 0.060 232 | 0.065 041 | 0.169 126 | 0.072 798 | 0.082 328 |
| Achn153131 | 3.204 501 | 3.279 788 | 4.538 495 | 6.168 644 | 6.997 502 | 4.997 719 | 8.266 168 | 8.077 248 | 10.581 58 | 6.462 44 | 7.609 608 | 5.088 051 | 4.361 706 | 4.369 842 | 3.777 852 | 4.061 785 | 2.626 954 | 3.023 154 |
| Achn224101 | 4.523 541 | 2.427 11 | 2.786 548 | 0.782 077 | 0.751 568 | 0.885 263 | 0.580 14 | 1.141 032 | 0.881 728 | 0.694 456 | 0.566 515 | 0.903 469 | 0.122 17 | 1.411 532 | 0.148 368 | 0.067 502 | 0.470 511 | 0.303 167 |
| Actinidia_chinensis_newGene_6239 | 29.664 43 | 30.235 39 | 33.029 19 | 226.566 1 | 156.828 5 | 58.654 3 | 44.611 97 | 47.607 41 | 45.970 83 | 25.888 03 | 24.751 41 | 27.165 97 | 22.687 95 | 37.745 39 | 37.339 04 | 18.110 48 | 15.338 84 | 23.168 34 |
| Actinidia_chinensis_newGene_6232 | 0.702 532 | 1.081 695 | 0 | 1.911 265 | 2.177 95 | 1.951 512 | 1.709 076 | 1.676 578 | 1.777 829 | 3.832 364 | 9.008 063 | 5.706 096 | 0.950 12 | 0.687 919 | 1.289 991 | 13.759 7 | 14.319 85 | 8.708 722 |
| Actinidia_chinensis_newGene_4145 | 0.454 683 | 0.510 41 | 0.819 248 | 0.993 514 | 0.750 373 | 0.928 472 | 0.519 839 | 0.700 466 | 0.761 058 | 0.946 914 | 0.576 189 | 1.299 824 | 2.011 682 | 1.604 241 | 3.008 405 | 2.131 542 | 1.978 908 | 0.648 755 |
| Achn116921 | 7.004 29 | 6.400 508 | 4.790 846 | 8.069 566 | 11.294 07 | 3.775 709 | 8.450 109 | 8.476 642 | 7.358 425 | 15.889 02 | 11.891 84 | 17.523 35 | 2.803 341 | 4.645 538 | 4.818 682 | 9.290 34 | 12.518 01 | 12.158 15 |
| Achn007481 | 1.420 541 | 2.160 59 | 1.489 901 | 8.854 889 | 3.886 255 | 1.193 476 | 4.446 336 | 8.287 576 | 4.606 072 | 5.260 116 | 4.274 993 | 2.975 867 | 11.136 | 12.443 94 | 9.614 055 | 8.424 321 | 8.297 999 | 5.306 711 |
| Achn130191 | 4.456 942 | 7.715 54 | 6.415 774 | 6.695 639 | 4.827 756 | 8.835 14 | 6.214 538 | 6.573 776 | 4.994 293 | 5.885 511 | 4.440 707 | 5.415 999 | 8.862 327 | 15.321 14 | 18.849 74 | 5.555 602 | 6.537 949 | 7.277 686 |
| Achn245921 | 24.634 75 | 22.281 12 | 23.542 2 | 57.279 73 | 19.452 4 | 29.972 97 | 36.478 41 | 69.040 27 | 42.073 77 | 22.465 58 | 26.669 | 22.620 8 | 58.556 25 | 106.737 7 | 87.183 55 | 35.719 29 | 31.139 52 | 29.754 3 |
| Achn316291 | 10.143 17 | 10.621 | 8.720 972 | 5.970 131 | 4.792 19 | 5.860 24 | 3.771 588 | 4.046 164 | 3.721 475 | 5.946 55 | 7.109 237 | 5.615 352 | 13.143 94 | 15.096 47 | 17.364 72 | 16.472 36 | 18.153 78 | 14.592 68 |
| Achn350401 | 2.033 538 | 1.710 433 | 1.739 048 | 0.431 269 | 0.191 029 | 1.014 807 | 0.918 353 | 0.457 042 | 1.335 781 | 1.736 916 | 0.896 074 | 0.857 568 | 0.779 018 | 1.099 702 | 1.064 286 | 1.988 763 | 5.000 803 | 0.665 013 |
| Achn041351 | 5.979 043 | 2.188 726 | 3.516 387 | 3.441 435 | 3.744 478 | 14.799 8 | 6.744 553 | 9.471 694 | 9.100 61 | 10.967 68 | 11.516 58 | 10.519 14 | 2.701 321 | 1.418 306 | 1.286 25 | 5.297 216 | 5.406 049 | 4.357 302 |
| Achn260261 | 0.606 331 | 1.212 785 | 1.134 959 | 0.615 925 | 0.497 685 | 0.816 598 | 1.269 211 | 1.001 219 | 1.396 317 | 1.365 804 | 1.339 917 | 1.989 078 | 0.686 752 | 0.976 613 | 1.524 493 | 0.399 375 | 0.362 174 | 0.271 733 |

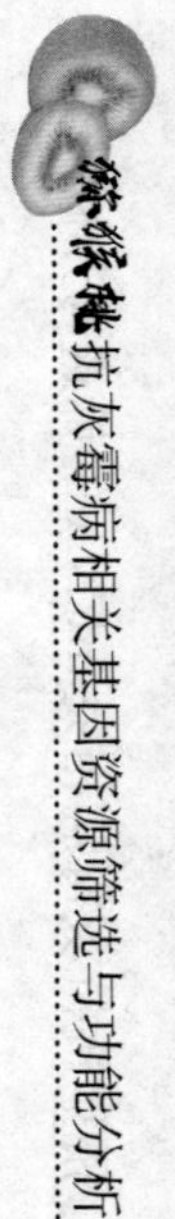


（续）

| 基因ID | CK1 | CK2 | CK3 | T1-1 | T1-2 | T1-3 | T2-1 | T2-2 | T2-3 | T3-1 | T3-2 | T3-3 | T4-1 | T4-2 | T4-3 | T5-1 | T5-2 | T5-3 |
|---|---|---|---|---|---|---|---|---|---|---|---|---|---|---|---|---|---|---|
| Achn268011 | 0.553 39 | 0.667 911 | 0.393 207 | 0.087 3 | 0.221 273 | 0.457 329 | 0.085 087 | 0.133 44 | 0.356 187 | 0.302 34 | 0.289 722 | 0.393 561 | 1.441 094 | 0.862 49 | 0.757 759 | 2.623 172 | 3.338 35 | 2.206 404 |
| Achn383601 | 8.336 481 | 8.178 914 | 5.880 086 | 19.297 46 | 15.105 01 | 27.577 26 | 4.330 972 | 5.728 498 | 7.032 377 | 8.664 68 | 9.461 61 | 10.047 65 | 5.404 091 | 8.887 008 | 7.272 227 | 10.498 4 | 9.171 119 | 8.612 382 |
| Achn357841 | 9.750 683 | 4.608 158 | 8.298 775 | 6.451 47 | 13.270 7 | 11.886 82 | 7.929 325 | 6.930 673 | 7.824 982 | 8.368 902 | 8.675 388 | 12.026 57 | 2.859 927 | 2.279 635 | 1.364 789 | 8.612 198 | 6.816 343 | 6.584 946 |
| Achn106461 | 52.068 82 | 73.815 53 | 59.532 72 | 31.377 71 | 95.153 44 | 23.593 58 | 275.510 7 | 242.041 1 | 202.494 1 | 108.096 | 25.388 78 | 36.519 79 | 70.821 55 | 130.051 2 | 166.554 8 | 117.157 7 | 127.860 2 | 59.813 94 |
| Achn169281 | 3.431 741 | 2.038 829 | 2.561 31 | 5.736 456 | 11.082 14 | 1.040 194 | 18.376 87 | 15.353 67 | 12.507 56 | 18.160 72 | 12.735 01 | 18.741 58 | 1.466 209 | 1.626 328 | 1.154 377 | 3.592 709 | 4.971 556 | 2.313 965 |
| Achn216361 | 4.524 431 | 4.604 424 | 4.307 988 | 11.233 38 | 7.492 192 | 24.382 32 | 2.720 167 | 3.066 231 | 1.943 924 | 4.387 35 | 5.067 276 | 4.711 484 | 2.345 556 | 1.770 604 | 1.925 932 | 2.516 227 | 3.598 225 | 3.030 264 |
| Achn144051 | 5.002 701 | 5.606 082 | 5.558 988 | 4.055 371 | 6.388 003 | 1.861 167 | 5.077 463 | 5.394 739 | 6.364 495 | 5.365 423 | 7.032 376 | 6.481 941 | 1.774 978 | 2.560 364 | 2.372 911 | 4.915 571 | 5.916 2 | 1.831 981 |
| Achn164701 | 34.026 28 | 28.891 25 | 22.583 94 | 9.922 02 | 14.370 73 | 15.480 55 | 21.203 12 | 14.341 64 | 19.104 18 | 49.198 67 | 43.513 15 | 41.330 66 | 74.191 5 | 31.055 2 | 29.145 94 | 150.017 5 | 135.082 1 | 96.940 38 |
| Actinidia_chinensis_newGene_1253 | 0.942 204 | 0.591 822 | 0.655 301 | 2.615 094 | 2.534 025 | 1.651 962 | 1.225 083 | 2.522 057 | 1.577 348 | 2.378 216 | 1.147 154 | 1.249 042 | 1.014 512 | 0.512 017 | 1.342 575 | 2.132 544 | 2.339 521 | 1.137 974 |
| Achn130371 | 27.734 67 | 28.624 45 | 22.438 55 | 27.132 52 | 24.671 24 | 47.229 16 | 11.231 03 | 11.485 32 | 11.206 17 | 27.387 46 | 16.500 25 | 16.311 98 | 37.032 68 | 9.393 918 | 18.397 53 | 18.991 01 | 43.614 87 | 49.525 27 |
| Achn174931 | 172.604 2 | 167.389 3 | 150.173 7 | 20.167 38 | 14.036 64 | 12.301 6 | 58.045 64 | 36.27 | 47.033 34 | 43.846 13 | 22.591 25 | 19.435 27 | 112.761 4 | 119.763 6 | 158.956 4 | 95.059 4 | 103.378 1 | 131.759 1 |
| Actinidia_chinensis_newGene_5672 | 30.586 88 | 36.918 77 | 36.372 52 | 83.436 33 | 46.697 1 | 58.907 02 | 43.706 21 | 63.401 4 | 48.758 01 | 41.749 63 | 40.856 41 | 42.100 44 | 61.694 95 | 75.601 76 | 79.972 62 | 51.055 06 | 44.388 98 | 43.331 98 |
| Achn301951 | 0.063 438 | 0.210 376 | 0.396 35 | 0.189 148 | 0.241 64 | 0.058 791 | 0.094 671 | 0.255 69 | 0.134 972 | 0.965 166 | 0.496 716 | 0.758 861 | 0.212 989 | 0 | 0 | 2.380 449 | 2.011 615 | 1.779 234 |
| Achn286371 | 0.235 727 | 0 | 0.472 047 | 135.234 7 | 22.738 56 | 56.516 21 | 0.449 495 | 1.002 164 | 1.067 112 | 0.812 603 | 1.384 402 | 0.707 199 | 0.167 956 | 0.657 728 | 0.292 702 | 0.559 594 | 0.397 094 | 0.370 332 |
| Achn049941 | 62.918 17 | 65.376 7 | 52.683 45 | 32.423 33 | 30.884 38 | 12.300 01 | 34.090 96 | 35.715 66 | 34.880 03 | 46.884 98 | 46.632 08 | 45.352 87 | 66.860 8 | 42.968 2 | 49.825 74 | 56.494 19 | 60.769 23 | 53.853 95 |
| Achn309811 | 22.354 48 | 11.626 62 | 9.989 062 | 42.071 61 | 12.609 42 | 22.461 71 | 33.348 9 | 56.532 25 | 42.140 34 | 27.751 93 | 31.095 84 | 34.012 1 | 68.912 53 | 85.607 15 | 70.753 26 | 42.309 27 | 37.554 46 | 32.724 96 |
| Achn311221 | 92.239 34 | 89.628 73 | 80.876 87 | 48.261 42 | 73.806 73 | 94.588 26 | 75.768 75 | 67.841 77 | 65.808 97 | 65.52 | 62.451 04 | 62.852 71 | 41.423 74 | 36.258 69 | 35.730 18 | 45.907 09 | 50.564 1 | 60.774 88 |
| Achn351321 | 0.816 131 | 0.374 689 | 0.821 012 | 1.048 811 | 1.804 201 | 4.694 482 | 0.587 159 | 0.726 239 | 1.087 29 | 1.768 814 | 1.373 193 | 1.334 994 | 0.876 216 | 0.560 876 | 0.796 864 | 2.646 156 | 2.773 401 | 1.802 508 |

（续）

| 基因 ID | CK1 | CK2 | CK3 | T1-1 | T1-2 | T1-3 | T2-1 | T2-2 | T2-3 | T3-1 | T3-2 | T3-3 | T4-1 | T4-2 | T4-3 | T5-1 | T5-2 | T5-3 |
|---|---|---|---|---|---|---|---|---|---|---|---|---|---|---|---|---|---|---|
| Achn364951 | 4.695 044 | 3.433 647 | 3.167 508 | 2.953 285 | 4.854 721 | 3.404 721 | 7.199 95 | 8.110 662 | 8.792 065 | 5.584 736 | 7.713 499 | 5.278 396 | 7.419 235 | 6.808 691 | 6.130 81 | 8.312 992 | 6.969 926 | 5.479 149 |
| Achn219131 | 0.803 853 | 1.337 82 | 1.371 324 | 3.430 454 | 2.754 056 | 7.339 44 | 2.894 148 | 2.765 74 | 2.034 147 | 2.866 123 | 2.534 413 | 3.708 163 | 1.305 304 | 3.115 967 | 2.525 177 | 1.697 195 | 2.772 636 | 1.724 088 |
| Achn131421 | 169.722 7 | 286.471 7 | 256.826 9 | 42.910 58 | 76.732 82 | 17.817 93 | 246.024 | 154.868 4 | 130.401 5 | 190.135 5 | 140.773 5 | 145.723 4 | 225.464 9 | 226.628 6 | 198.441 4 | 138.788 8 | 130.264 2 | 160.935 4 |
| Achn213231 | 2.502 33 | 2.063 575 | 2.767 111 | 6.994 566 | 5.500 987 | 7.928 592 | 6.438 278 | 6.664 384 | 8.396 777 | 4.169 401 | 3.603 426 | 3.944 825 | 4.903 84 | 2.532 503 | 3.462 338 | 3.871 602 | 3.329 42 | 3.452 865 |
| Actinidia_chinensis_newGene_1724 | 5.221 028 | 4.404 811 | 3.829 483 | 1.990 739 | 2.416 761 | 0.633 637 | 3.016 845 | 3.846 874 | 2.653 552 | 3.117 28 | 2.581 046 | 2.625 066 | 2.387 784 | 1.919 767 | 1.256 086 | 1.323 284 | 1.899 332 | 1.963 177 |
| Achn197721 | 1.594 678 | 3.225 463 | 2.207 598 | 0.860 791 | 1.283 223 | 0.337 974 | 0.552 648 | 0.784 868 | 0.618 205 | 0.179 137 | 0.220 228 | 0.035 143 | 3.290 11 | 2.719 453 | 3.301 158 | 0.694 254 | 1.401 413 | 0.910 631 |
| Actinidia_chinensis_newGene_7187 | 5.830 068 | 3.806 598 | 4.467 976 | 5.300 852 | 5.760 419 | 2.868 762 | 4.226 667 | 4.308 959 | 6.201 134 | 8.332 9 | 7.673 635 | 7.501 203 | 1.733 252 | 2.287 999 | 1.676 441 | 7.065 2 | 6.347 053 | 3.710 368 |
| Achn260431 | 36.858 64 | 40.719 15 | 35.876 59 | 22.045 57 | 17.688 47 | 13.579 59 | 26.774 67 | 25.292 14 | 24.742 31 | 20.150 18 | 19.249 57 | 19.047 53 | 32.559 4 | 27.985 04 | 29.686 76 | 17.672 92 | 19.921 42 | 24.490 56 |
| Achn273481 | 487.609 5 | 435.324 2 | 423.500 7 | 60.243 99 | 40.517 59 | 42.682 84 | 208.923 6 | 128.590 9 | 157.622 4 | 145.867 5 | 77.286 41 | 60.759 | 438.551 9 | 507.969 | 614.717 4 | 334.405 4 | 403.75 | 384.924 7 |
| Achn304871 | 1.215 602 | 0.934 418 | 1.606 886 | 0.519 45 | 1.071 1 | 0.864 841 | 1.030 118 | 1.070 23 | 1.087 305 | 2.338 938 | 2.244 357 | 2.114 068 | 1.783 728 | 1.291 259 | 0.997 924 | 4.625 169 | 4.530 876 | 4.708 042 |
| Actinidia_chinensis_newGene_5855 | 0.912 995 | 1.180 933 | 0.613 4 | 0.714 369 | 1.382 985 | 1.778 582 | 0.509 21 | 0.514 971 | 0.229 346 | 1.000 345 | 0.346 741 | 0.887 939 | 0.187 681 | 0.345 332 | 0.075 213 | 0.739 602 | 0.325 963 | 0.763 756 |
| Actinidia_chinensis_newGene_5856 | 1.261 862 | 0.592 846 | 0.812 244 | 0.072 919 | 0 | 0 | 0.345 188 | 0.257 272 | 0.310 73 | 1.476 118 | 0.647 751 | 1.423 61 | 0.851 744 | 0.071 52 | 0.336 827 | 2.514 28 | 2.066 584 | 2.791 676 |
| Actinidia_chinensis_newGene_5850 | 1.283 269 | 0.731 26 | 0.792 978 | 0.285 236 | 0.161 397 | 0.230 281 | 0.445 087 | 0.196 019 | 0.426 913 | 0.337 749 | 0.687 824 | 0.726 039 | 1.126 579 | 0.772 897 | 0.701 162 | 0.729 657 | 0.939 59 | 0.764 356 |
| Achn267851 | 0.148 392 | 0.121 855 | 0.144 52 | 0.529 171 | 0.455 081 | 0.411 798 | 0.238 18 | 0.117 445 | 0.185 613 | 0.130 202 | 0.155 555 | 0.224 84 | 0 | 0.179 09 | 0.089 28 | 0.120 997 | 0.140 474 | 0.093 299 |
| Achn188031 | 45.961 66 | 57.348 76 | 62.096 84 | 35.525 81 | 29.059 72 | 9.858 382 | 50.754 53 | 42.429 63 | 41.640 77 | 31.860 88 | 29.854 3 | 28.394 21 | 69.579 95 | 70.194 91 | 71.713 06 | 22.249 03 | 27.957 13 | 30.949 51 |
| Achn219891 | 3.352 879 | 2.925 067 | 2.820 35 | 1.862 889 | 0.936 939 | 0.748 701 | 5.262 751 | 3.262 022 | 3.260 993 | 10.661 48 | 1.861 968 | 1.352 284 | 1.237 514 | 2.784 468 | 1.430 12 | 16.551 95 | 36.908 46 | 1.334 711 |

（续）

| 基因ID | CK1 | CK2 | CK3 | T1-1 | T1-2 | T1-3 | T2-1 | T2-2 | T2-3 | T3-1 | T3-2 | T3-3 | T4-1 | T4-2 | T4-3 | T5-1 | T5-2 | T5-3 |
|---|---|---|---|---|---|---|---|---|---|---|---|---|---|---|---|---|---|---|
| Achn261451 | 1.415 611 | 1.724 931 | 1.392 485 | 0.433 72 | 0.915 281 | 0.478 196 | 0.283 829 | 0.411 769 | 0.298 047 | 1.182 441 | 0.937 469 | 0.975 02 | 0.401 658 | 0.276 308 | 0.386 952 | 1.110 037 | 0.738 851 | 0.745 031 |
| Achn100691 | 2.852 48 | 2.753 469 | 2.574 067 | 1.169 865 | 1.283 367 | 2.006 64 | 0.985 727 | 1.353 994 | 1.300 68 | 1.909 774 | 3.265 873 | 2.213 969 | 2.937 989 | 1.452 173 | 1.599 616 | 4.478 224 | 4.183 978 | 4.339 611 |
| Achn305831 | 2.720 726 | 1.448 943 | 1.930 996 | 1.914 866 | 2.793 555 | 10.470 51 | 2.471 722 | 1.374 021 | 1.498 436 | 2.756 957 | 1.525 684 | 2.455 204 | 0.417 168 | 0.358 811 | 0.809 221 | 0.903 238 | 1.581 607 | 1.623 362 |
| Achn067961 | 0.571 846 | 0.515 101 | 0.363 372 | 0.169 161 | 0.630 376 | 0.208 637 | 0.199 745 | 0.518 846 | 0.411 587 | 1.149 997 | 1.789 057 | 1.631 546 | 1.097 399 | 0.493 707 | 0.564 768 | 2.435 378 | 2.938 841 | 2.648 077 |
| Achn121561 | 1.139 167 | 1.108 057 | 1.590 437 | 3.541 32 | 3.190 922 | 20.960 14 | 2.738 21 | 2.732 938 | 3.141 094 | 1.202 346 | 1.740 384 | 2.223 573 | 8.555 17 | 4.453 6 | 8.226 311 | 3.489 423 | 1.884 775 | 2.141 322 |
| Achn184821 | 4.927 072 | 4.652 085 | 3.893 832 | 3.309 063 | 2.609 126 | 6.432 746 | 1.980 53 | 2.159 277 | 1.981 793 | 4.514 33 | 4.913 756 | 5.006 656 | 3.816 578 | 3.498 902 | 3.127 087 | 7.106 994 | 6.863 281 | 7.430 845 |
| Achn139651 | 0.521 301 | 0.531 817 | 0.478 928 | 0.529 536 | 0.220 794 | 0.270 606 | 0.062 404 | 0.197 723 | 0.180 909 | 0.298 198 | 0.508 496 | 0.223 641 | 0.563 353 | 0.535 974 | 0.756 348 | 0.547 185 | 0.647 084 | 0.409 31 |
| Actinidia_chinensis_newGene_10547 | 0.965 152 | 1.086 23 | 0.822 538 | 3.836 371 | 7.524 086 | 4.016 454 | 4.540 424 | 2.851 698 | 3.318 85 | 2.698 465 | 3.940 737 | 3.561 547 | 0.561 87 | 1.104 723 | 0.742 931 | 1.837 706 | 1.074 023 | 1.312 564 |
| Achn031011 | 1.179 261 | 0.838 267 | 0.949 819 | 2.224 147 | 3.937 922 | 8.300 006 | 2.300 977 | 1.385 06 | 1.864 636 | 2.310 768 | 2.182 42 | 1.104 769 | 0.944 589 | 0.246 029 | 0.586 571 | 1.632 808 | 0.862 739 | 1.727 794 |
| Achn359841 | 0.166 039 | 0.158 767 | 0 | 1.438 079 | 0.904 083 | 1.372 609 | 0.112 002 | 0.262 682 | 1.042 475 | 0.268 72 | 0.264 339 | 1.133 46 | 0.619 009 | 0.296 54 | 0.172 713 | 0 | 0.132 59 | 0 |
| Achn102781 | 31.800 08 | 35.520 67 | 33.808 14 | 14.482 79 | 20.536 02 | 17.111 72 | 13.436 81 | 11.765 72 | 15.205 83 | 24.889 22 | 23.600 99 | 25.614 25 | 26.102 31 | 8.449 339 | 18.345 53 | 27.298 77 | 35.629 67 | 35.641 5 |
| Achn003251 | 8.012 197 | 7.490 597 | 11.759 4 | 5.591 29 | 6.794 034 | 6.223 714 | 8.741 682 | 6.788 859 | 5.314 474 | 2.649 968 | 2.148 342 | 2.007 414 | 7.866 47 | 18.977 81 | 14.346 23 | 2.085 601 | 2.079 388 | 2.640 743 |
| Achn370261 | 0.989 685 | 1.607 336 | 1.137 396 | 0.315 71 | 0.209 216 | 0.709 15 | 0.447 25 | 0.369 429 | 0.272 332 | 1.229 284 | 0.846 506 | 1.069 959 | 0.994 706 | 0.733 969 | 0.784 994 | 1.838 539 | 3.000 015 | 2.492 168 |
| Achn005541 | 6.106 579 | 6.511 293 | 5.139 668 | 14.720 74 | 10.603 16 | 21.435 77 | 4.643 872 | 6.842 492 | 6.184 317 | 7.823 432 | 9.872 335 | 9.610 948 | 6.860 432 | 5.482 427 | 6.570 19 | 11.310 75 | 9.837 608 | 9.220 002 |
| Achn290521 | 23.022 86 | 23.181 15 | 20.933 33 | 201.544 4 | 95.546 49 | 168.226 5 | 193.735 | 194.841 5 | 139.745 8 | 41.011 89 | 43.214 16 | 42.602 67 | 64.490 74 | 499.451 4 | 621.998 3 | 17.342 71 | 19.764 | 22.880 78 |
| Achn107951 | 48.139 83 | 43.485 14 | 40.924 55 | 18.303 18 | 32.722 74 | 18.322 63 | 9.705 072 | 7.455 995 | 8.268 009 | 26.493 13 | 22.342 49 | 28.713 35 | 12.206 85 | 10.746 16 | 9.299 376 | 43.661 93 | 53.738 4 | 44.743 31 |
| Achn103431 | 31.179 87 | 40.059 95 | 32.420 66 | 29.934 73 | 20.907 28 | 17.906 37 | 31.036 43 | 24.481 77 | 29.510 16 | 17.253 92 | 15.513 12 | 14.972 25 | 29.541 19 | 34.647 82 | 25.842 43 | 24.565 12 | 26.428 32 | 25.114 38 |
| Actinidia_chinensis_newGene_9110 | 1.452 687 | 1.092 732 | 1.464 242 | 0.295 886 | 0.342 819 | 0 | 0.394 014 | 0.407 245 | 0.453 924 | 0.885 105 | 0.678 054 | 1.175 243 | 0.803 542 | 0.987 397 | 0.356 789 | 3.515 789 | 3.403 621 | 2.748 883 |

（续）

| 基因 ID | CK1 | CK2 | CK3 | T1-1 | T1-2 | T1-3 | T2-1 | T2-2 | T2-3 | T3-1 | T3-2 | T3-3 | T4-1 | T4-2 | T4-3 | T5-1 | T5-2 | T5-3 |
|---|---|---|---|---|---|---|---|---|---|---|---|---|---|---|---|---|---|---|
| Achn238171 | 114.076 1 | 101.124 4 | 86.684 15 | 32.455 88 | 18.053 64 | 6.070 253 | 62.250 02 | 35.289 9 | 31.853 97 | 47.168 64 | 42.239 26 | 36.536 07 | 74.307 28 | 82.239 34 | 91.483 63 | 71.888 25 | 72.344 88 | 89.205 48 |
| Achn363411 | 3.783 827 | 5.270 258 | 5.274 609 | 4.248 069 | 3.465 19 | 14.641 2 | 6.115 701 | 6.107 792 | 4.651 397 | 2.501 498 | 4.345 428 | 3.908 216 | 7.233 434 | 13.364 54 | 15.701 27 | 8.065 605 | 4.909 261 | 6.584 315 |
| Achn172691 | 4.608 483 | 5.769 365 | 5.219 06 | 1.975 054 | 2.024 718 | 3.781 414 | 4.109 457 | 2.217 003 | 2.724 956 | 7.010 73 | 6.030 633 | 5.840 436 | 3.005 798 | 2.534 059 | 3.007 762 | 4.369 508 | 6.067 179 | 5.046 402 |
| Actinidia_chinensis_newGene_454 | 2.483 083 | 2.478 925 | 2.709 08 | 6.266 95 | 7.009 628 | 6.236 311 | 5.090 883 | 4.380 984 | 4.121 279 | 3.150 058 | 2.901 938 | 2.720 308 | 3.028 402 | 3.483 854 | 2.750 592 | 1.043 995 | 2.158 703 | 2.462 718 |
| Achn040411 | 6.085 346 | 8.694 065 | 6.786 124 | 5.918 343 | 5.327 026 | 1.484 631 | 6.545 293 | 6.582 03 | 4.411 415 | 4.541 39 | 4.323 04 | 3.602 627 | 4.174 216 | 5.613 008 | 3.829 416 | 2.041 315 | 3.467 329 | 3.604 181 |
| Achn360261 | 0.312 662 | 0.314 996 | 0 | 0 | 0.874 068 | 0 | 0 | 0.366 407 | 1.305 741 | 1.442 591 | 0.499 611 | 1.613 841 | 3.242 873 | 0.411 868 | 1.227 691 | 3.835 072 | 5.229 025 | 3.610 312 |
| Achn080921 | 3.154 704 | 5.062 285 | 4.599 648 | 2.400 037 | 1.411 724 | 1.832 642 | 2.567 896 | 1.850 067 | 1.114 1 | 2.611 16 | 2.598 323 | 2.016 517 | 4.477 406 | 4.697 757 | 2.867 115 | 4.608 755 | 9.545 517 | 4.288 029 |
| Achn183491 | 0.462 337 | 0.282 224 | 0.210 135 | 0.870 649 | 0.464 776 | 0.152 762 | 0.691 483 | 0.346 446 | 0.875 732 | 1.803 82 | 2.506 106 | 1.532 837 | 2.684 065 | 0.283 268 | 0.751 068 | 4.141 713 | 6.471 168 | 5.256 |
| Actinidia_chinensis_newGene_6652 | 906.219 8 | 804.382 | 772.488 8 | 505.897 4 | 501.621 2 | 352.414 6 | 744.712 4 | 702.540 7 | 792.361 8 | 729.196 9 | 668.765 1 | 709.217 3 | 731.445 2 | 515.678 | 510.946 3 | 689.250 8 | 659.844 | 705.227 1 |
| Achn092431 | 54.873 46 | 55.752 85 | 54.823 67 | 36.137 83 | 29.682 32 | 14.820 59 | 54.500 7 | 44.936 57 | 40.663 76 | 62.818 81 | 51.274 01 | 46.617 4 | 48.450 34 | 37.074 41 | 47.199 65 | 55.459 1 | 52.010 7 | 59.895 42 |
| Actinidia_chinensis_newGene_1026 | 0.599 978 | 0.366 987 | 0.156 125 | 7.379 534 | 2.964 891 | 2.651 423 | 0.840 515 | 0.923 358 | 1.100 609 | 0.266 157 | 0.569 349 | 0.092 137 | 0.133 442 | 0.227 616 | 0.546 805 | 0.268 58 | 0.284 794 | 0.570 841 |
| Actinidia_chinensis_newGene_4655 | 0.471 753 | 1.079 369 | 0.985 407 | 5.820 239 | 5.701 419 | 5.691 523 | 1.546 73 | 2.083 66 | 3.307 121 | 2.101 064 | 2.823 224 | 3.098 082 | 2.992 983 | 1.598 683 | 2.118 506 | 1.362 702 | 1.609 9 | 1.023 099 |
| Achn380311 | 12.283 65 | 17.319 59 | 14.794 88 | 11.774 92 | 13.332 34 | 12.465 57 | 12.736 17 | 14.633 72 | 11.224 23 | 8.342 604 | 8.133 729 | 8.795 478 | 10.384 25 | 11.383 14 | 18.259 53 | 5.142 012 | 10.438 73 | 4.508 637 |
| Achn251461 | 13.174 3 | 15.687 92 | 14.389 86 | 7.615 788 | 8.509 575 | 6.585 846 | 9.863 153 | 9.949 456 | 8.334 312 | 10.876 16 | 9.084 577 | 11.361 32 | 14.567 63 | 11.169 66 | 12.058 6 | 12.036 53 | 13.193 29 | 12.269 27 |
| Actinidia_chinensis_newGene_5307 | 8.088 665 | 10.558 83 | 10.300 42 | 3.586 02 | 3.159 002 | 3.478 308 | 7.414 268 | 5.975 827 | 4.168 91 | 4.771 232 | 3.418 524 | 3.171 78 | 10.447 17 | 11.714 15 | 11.895 45 | 7.458 392 | 4.335 225 | 9.297 084 |
| Achn296261 | 3.032 509 | 1.900 585 | 1.844 584 | 1.925 453 | 1.368 026 | 1.754 301 | 1.301 185 | 1.335 252 | 1.568 345 | 1.423 442 | 1.516 484 | 1.689 089 | 1.283 542 | 0.631 796 | 0.611 474 | 2.926 15 | 3.500 138 | 1.545 492 |

（续）

| 基因ID | CK1 | CK2 | CK3 | T1-1 | T1-2 | T1-3 | T2-1 | T2-2 | T2-3 | T3-1 | T3-2 | T3-3 | T4-1 | T4-2 | T4-3 | T5-1 | T5-2 | T5-3 |
|---|---|---|---|---|---|---|---|---|---|---|---|---|---|---|---|---|---|---|
| Actinidia_chinensis_newGene_863 | 0.601 06 | 0.753 265 | 0.797 404 | 9.352 092 | 10.152 93 | 4.055 566 | 7.480 371 | 5.623 391 | 5.153 222 | 3.936 867 | 3.669 065 | 6.281 707 | 0.571 098 | 1.470 629 | 2.007 934 | 0.535 589 | 1.421 495 | 0.187 198 |
| Achn298001 | 29.623 91 | 31.929 43 | 29.466 51 | 17.139 38 | 13.010 51 | 16.391 49 | 16.892 95 | 16.853 49 | 12.487 65 | 18.238 41 | 14.080 39 | 13.167 13 | 25.558 37 | 23.736 34 | 29.284 09 | 28.213 67 | 24.275 91 | 29.530 49 |
| Achn310221 | 0.918 641 | 0.990 629 | 0.893 855 | 0.409 625 | 0.917 739 | 0.915 97 | 0.382 062 | 0.277 478 | 0.366 968 | 1.464 918 | 0.963 061 | 0.992 377 | 0.478 149 | 0.429 316 | 0.588 854 | 1.216 414 | 1.405 985 | 1.119 317 |
| Achn313551 | 0 | 0.274 714 | 0.391 581 | 0.436 39 | 0.352 154 | 0.763 141 | 4.415 578 | 1.082 662 | 0.613 949 | 5.226 664 | 0.450 546 | 0.736 401 | 1.194 961 | 1.431 063 | 0.897 406 | 7.815 327 | 9.875 121 | 1.163 036 |
| Achn051781 | 0.272 556 | 0 | 0.121 554 | 0 | 0 | 0 | 0 | 0.062 369 | 0.062 928 | 0.330 839 | 0.405 482 | 0.576 204 | 0.924 675 | 0.298 093 | 0.317 816 | 2.219 126 | 1.950 368 | 1.957 733 |
| Actinidia_chinensis_newGene_11965 | 20.511 91 | 20.367 95 | 19.986 85 | 9.081 787 | 9.859 302 | 17.312 81 | 7.824 462 | 9.096 815 | 11.852 16 | 20.986 04 | 19.339 31 | 17.536 43 | 19.265 2 | 9.910 273 | 11.325 37 | 21.047 54 | 24.281 09 | 19.870 01 |
| Achn069621 | 0.390 217 | 0.159 596 | 0.512 088 | 1.964 279 | 2.679 814 | 8.553 799 | 1.798 19 | 1.280 732 | 1.460 931 | 0.911 172 | 0.551 806 | 1.366 597 | 0.260 724 | 0.821 817 | 0.354 715 | 0.424 24 | 0.505 903 | 0.566 394 |
| Achn377591 | 2.058 932 | 1.965 243 | 2.321 117 | 3.387 192 | 1.785 559 | 1.181 536 | 1.567 6 | 2.332 321 | 2.256 526 | 0.078 545 | 1.076 7 | 1.115 552 | 0.822 334 | 3.653 486 | 2.208 567 | 1.215 958 | 3.667 845 | 0.298 215 |
| Achn260601 | 95.356 23 | 87.814 48 | 66.139 79 | 232.863 3 | 172.728 7 | 41.185 79 | 158.225 1 | 204.737 6 | 187.428 9 | 179.471 6 | 158.943 3 | 183.196 6 | 68.613 31 | 64.020 71 | 55.999 56 | 129.577 4 | 112.067 9 | 113.430 6 |
| Achn142741 | 7.251 353 | 6.427 922 | 7.479 895 | 2.505 46 | 2.641 339 | 5.296 18 | 3.774 077 | 4.576 168 | 2.939 92 | 4.293 277 | 4.531 108 | 4.134 507 | 4.891 747 | 4.342 662 | 4.730 389 | 5.496 2 | 5.717 724 | 5.338 146 |
| Achn222571 | 5.093 912 | 5.968 672 | 4.785 647 | 1.968 358 | 2.777 778 | 3.131 838 | 2.227 438 | 2.211 295 | 2.624 245 | 4.002 448 | 3.058 409 | 4.044 485 | 3.538 066 | 2.442 303 | 2.344 827 | 3.879 92 | 5.993 308 | 6.108 578 |
| Achn081521 | 0.877 041 | 0.981 526 | 0.989 403 | 0.942 308 | 0.812 603 | 2.911 315 | 0.631 387 | 0.961 68 | 0.767 703 | 1.427 898 | 1.735 72 | 1.251 952 | 1.122 47 | 1.411 78 | 1.524 992 | 1.925 714 | 2.882 731 | 2.433 427 |
| Achn345621 | 7.446 304 | 4.777 343 | 6.975 252 | 10.648 97 | 14.773 91 | 14.890 34 | 11.044 62 | 14.590 27 | 9.953 473 | 7.574 526 | 7.754 904 | 9.179 585 | 15.954 53 | 11.637 44 | 13.669 79 | 12.659 7 | 9.264 536 | 10.199 9 |
| Achn103901 | 5.863 173 | 4.912 197 | 6.440 091 | 4.291 577 | 4.795 339 | 10.188 75 | 2.364 254 | 3.162 542 | 1.559 627 | 4.184 451 | 4.740 832 | 5.497 997 | 6.841 866 | 7.878 986 | 5.920 53 | 7.210 757 | 6.561 297 | 4.888 867 |
| Achn184581 | 23.564 91 | 22.844 32 | 26.860 02 | 25.198 66 | 26.661 11 | 35.840 72 | 26.343 11 | 31.493 65 | 27.017 54 | 28.531 68 | 28.819 92 | 29.241 | 36.029 6 | 62.531 74 | 54.527 58 | 39.119 42 | 29.944 25 | 27.220 24 |
| Achn195801 | 1.328 588 | 1.800 654 | 1.381 905 | 1.656 886 | 2.527 312 | 0.172 88 | 3.052 247 | 2.987 743 | 1.588 941 | 4.420 329 | 3.403 42 | 4.726 665 | 1.008 043 | 0.214 632 | 0.548 555 | 7.569 288 | 12.194 7 | 4.881 503 |
| Achn183171 | 35.184 41 | 36.766 19 | 38.070 44 | 161.340 4 | 62.153 09 | 26.012 33 | 28.231 29 | 42.243 3 | 32.206 64 | 46.734 81 | 51.679 17 | 42.568 6 | 39.151 52 | 46.619 44 | 57.814 9 | 120.793 1 | 104.426 4 | 119.389 8 |
| Achn115201 | 0.945 131 | 1.301 17 | 0.933 011 | 1.628 638 | 0.520 544 | 0.387 497 | 2.619 275 | 2.481 685 | 1.451 824 | 3.720 407 | 1.688 36 | 2.444 778 | 2.467 032 | 0.993 601 | 0.981 79 | 20.321 53 | 23.935 69 | 1.894 819 |

（续）

| 基因 ID | CK1 | CK2 | CK3 | T1-1 | T1-2 | T1-3 | T2-1 | T2-2 | T2-3 | T3-1 | T3-2 | T3-3 | T4-1 | T4-2 | T4-3 | T5-1 | T5-2 | T5-3 |
|---|---|---|---|---|---|---|---|---|---|---|---|---|---|---|---|---|---|---|
| Actinidia_chinensis_newGene_11510 | 57.091 85 | 66.149 98 | 52.386 82 | 141.252 1 | 93.434 36 | 41.977 52 | 19.048 11 | 22.975 24 | 18.544 85 | 6.057 017 | 7.721 429 | 6.272 13 | 75.305 64 | 142.458 1 | 219.244 3 | 20.690 24 | 26.290 47 | 28.194 86 |
| Achn230691 | 1.040 818 | 2.058 538 | 1.927 12 | 6.364 544 | 2.787 834 | 2.904 292 | 1.597 603 | 4.773 049 | 3.476 712 | 2.601 7 | 2.188 576 | 1.194 892 | 5.521 651 | 11.497 71 | 8.064 397 | 2.119 362 | 2.424 408 | 1.720 049 |
| Achn031221 | 1.175 49 | 0.275 177 | 0.223 224 | 0.327 921 | 1.012 933 | 0.351 714 | 0.344 113 | 0.270 777 | 1.159 928 | 2.221 371 | 2.269 903 | 1.849 401 | 1.237 428 | 0.618 362 | 0.306 888 | 2.794 902 | 3.550 568 | 3.094 771 |
| Actinidia_chinensis_newGene_11993 | 1.280 258 | 2.540 551 | 1.235 995 | 0 | 0 | 0.333 722 | 0.419 802 | 0.232 618 | 0 | 2.142 533 | 0.702 834 | 0.702 701 | 1.537 27 | 0.507 246 | 0.737 018 | 3.287 744 | 3.501 862 | 3.231 057 |
| Achn374001 | 2.257 256 | 4.815 633 | 4.235 009 | 0.600 608 | 1.286 028 | 1.359 846 | 6.830 664 | 5.085 802 | 3.157 691 | 5.211 432 | 4.117 093 | 4.750 528 | 8.968 016 | 12.377 02 | 13.772 05 | 12.817 24 | 10.166 78 | 11.618 61 |
| Achn124651 | 3.122 692 | 1.324 411 | 2.005 853 | 1.780 309 | 3.059 595 | 0.757 984 | 2.140 751 | 1.568 571 | 3.089 536 | 5.442 863 | 3.673 255 | 6.994 025 | 0.493 161 | 0.320 55 | 0.243 593 | 2.702 526 | 3.242 263 | 2.902 036 |
| Achn037101 | 0.636 3 | 0.658 647 | 0.382 336 | 3.177 72 | 0 | 0.711 361 | 1.607 267 | 5.352 91 | 1.382 286 | 0.378 161 | 1.374 43 | 1.058 305 | 1.481 51 | 1.523 316 | 0.403 993 | 0.497 995 | 0.916 21 | 0.613 906 |
| Achn089311 | 1.656 647 | 2.287 298 | 3.089 302 | 1.581 904 | 3.553 958 | 3.718 223 | 5.295 238 | 4.569 318 | 4.956 365 | 3.031 047 | 3.608 005 | 4.324 888 | 1.195 297 | 1.012 064 | 0.932 431 | 0.852 343 | 0.711 112 | 0.296 683 |
| Achn351181 | 6.660 03 | 5.689 507 | 6.830 104 | 2.737 323 | 2.563 359 | 2.993 534 | 3.358 06 | 4.225 449 | 2.687 735 | 3.538 515 | 2.936 49 | 2.835 928 | 2.943 347 | 4.447 167 | 3.560 191 | 1.728 677 | 1.455 93 | 3.332 115 |
| Achn072861 | 8.217 892 | 5.934 076 | 9.909 397 | 24.056 33 | 17.517 03 | 25.705 37 | 15.628 23 | 19.337 6 | 15.864 87 | 20.139 83 | 17.409 09 | 18.429 85 | 12.319 55 | 8.031 596 | 8.501 482 | 15.421 9 | 12.006 14 | 19.156 51 |
| Achn080221 | 5.352 02 | 4.644 513 | 4.497 658 | 8.221 71 | 8.121 26 | 24.037 32 | 5.025 811 | 4.985 754 | 5.510 715 | 6.350 067 | 6.928 45 | 6.972 272 | 2.789 365 | 2.781 284 | 2.696 31 | 3.193 79 | 2.279 006 | 2.453 617 |
| Achn081641 | 0.901 439 | 0.784 317 | 0.733 386 | 1.476 44 | 1.473 1 | 2.237 373 | 0.511 915 | 0.293 614 | 0.432 507 | 0.083 879 | 0.330 742 | 0.105 624 | 0.719 804 | 0.869 675 | 0.531 123 | 0.388 237 | 0.683 05 | 0.517 738 |
| Actinidia_chinensis_newGene_2975 | 13.598 92 | 13.470 75 | 11.141 18 | 5.196 689 | 2.496 423 | 0.479 809 | 2.501 133 | 2.977 839 | 4.294 726 | 2.723 021 | 5.025 99 | 3.032 203 | 15.727 89 | 13.065 22 | 17.545 7 | 10.123 55 | 13.272 36 | 11.836 51 |
| Achn071871 | 4.123 987 | 4.544 413 | 4.291 067 | 1.697 085 | 0.873 132 | 1.049 977 | 5.937 131 | 3.772 055 | 3.369 084 | 5.958 191 | 5.125 061 | 2.702 456 | 16.055 39 | 13.646 65 | 16.410 87 | 22.784 82 | 23.907 88 | 18.437 61 |
| Achn252751 | 0.522 832 | 0.515 53 | 0.071 525 | 0.732 997 | 0.380 881 | 0.055 786 | 0.036 884 | 0.168 741 | 0.138 11 | 0.567 024 | 0.311 241 | 0.690 47 | 0.802 918 | 0.948 178 | 0.761 644 | 1.830 025 | 1.803 375 | 1.724 679 |
| Achn078521 | 8.728 085 | 7.033 423 | 5.882 51 | 3.162 205 | 4.598 499 | 7.833 81 | 0.986 769 | 2.055 98 | 2.371 639 | 6.350 378 | 5.910 948 | 6.213 012 | 4.060 73 | 2.793 222 | 3.711 803 | 11.649 8 | 12.633 73 | 9.136 071 |
| Achn018921 | 14.402 84 | 20.479 66 | 25.932 3 | 16.129 65 | 16.856 69 | 18.800 34 | 30.448 08 | 24.333 46 | 22.316 54 | 9.267 346 | 7.960 821 | 9.970 576 | 4.139 009 | 19.146 88 | 14.705 5 | 5.733 69 | 5.300 09 | 8.948 379 |

（续）

| 基因 ID | CK1 | CK2 | CK3 | T1-1 | T1-2 | T1-3 | T2-1 | T2-2 | T2-3 | T3-1 | T3-2 | T3-3 | T4-1 | T4-2 | T4-3 | T5-1 | T5-2 | T5-3 |
|---|---|---|---|---|---|---|---|---|---|---|---|---|---|---|---|---|---|---|
| Actinidia_chinensis_newGene_5406 | 3.521 077 | 3.019 494 | 2.756 734 | 0.861 775 | 1.816 035 | 1.314 739 | 2.574 089 | 1.411 369 | 1.603 834 | 3.727 133 | 2.222 786 | 2.560 674 | 4.784 31 | 3.307 241 | 2.969 777 | 14.918 08 | 26.967 65 | 4.552 85 |
| Achn198191 | 49.733 43 | 49.488 5 | 52.179 42 | 19.229 18 | 14.656 59 | 12.391 34 | 29.519 44 | 22.631 24 | 28.019 5 | 17.092 39 | 26.366 72 | 18.062 49 | 58.066 58 | 44.142 6 | 56.058 29 | 38.626 48 | 36.304 32 | 38.625 67 |
| Achn115861 | 14.103 31 | 16.112 31 | 16.427 64 | 17.703 8 | 14.166 42 | 12.973 39 | 22.697 45 | 14.504 21 | 16.808 96 | 15.544 53 | 14.608 8 | 13.145 48 | 9.482 7 | 12.393 06 | 10.182 98 | 8.336 4 | 8.607 723 | 6.126 376 |
| Achn044621 | 1.931 314 | 2.899 96 | 3.636 669 | 5.189 219 | 11.374 03 | 17.595 05 | 9.199 848 | 7.579 762 | 8.315 819 | 3.338 979 | 2.756 892 | 3.527 838 | 1.413 962 | 3.691 508 | 5.041 048 | 1.854 903 | 1.590 489 | 1.633 27 |
| Actinidia_chinensis_newGene_4751 | 4.532 619 | 3.549 657 | 5.328 302 | 20.786 47 | 12.392 95 | 4.911 861 | 11.602 94 | 9.754 173 | 10.840 76 | 4.948 671 | 3.436 051 | 4.949 088 | 2.202 838 | 1.079 858 | 1.702 15 | 3.089 687 | 2.856 249 | 3.418 57 |
| Achn193171 | 1.398 432 | 0.818 271 | 1.241 739 | 5.977 986 | 4.762 983 | 8.319 058 | 5.164 367 | 4.215 289 | 4.621 404 | 2.518 092 | 5.069 571 | 2.499 476 | 3.727 135 | 1.033 39 | 0.993 388 | 1.102 259 | 4.899 419 | 3.369 534 |
| Achn298951 | 2.183 047 | 4.002 671 | 3.762 472 | 2.040 558 | 1.733 562 | 3.988 124 | 1.288 304 | 1.064 247 | 1.413 062 | 2.689 513 | 3.163 623 | 3.335 552 | 0.648 958 | 0.924 023 | 0.399 227 | 2.431 439 | 1.463 756 | 1.258 386 |
| Achn227791 | 3.272 704 | 5.318 995 | 5.218 034 | 1.055 762 | 0.387 602 | 0.616 984 | 9.770 905 | 3.609 917 | 2.597 898 | 5.729 547 | 1.005 109 | 1.749 248 | 1.349 283 | 1.281 772 | 2.641 927 | 1.399 827 | 2.062 336 | 2.209 039 |
| Achn299601 | 3.387 316 | 2.444 327 | 3.105 583 | 4.307 02 | 9.484 045 | 11.086 79 | 3.853 877 | 4.701 641 | 5.856 77 | 5.422 881 | 5.802 484 | 6.653 53 | 2.192 584 | 2.863 86 | 3.496 938 | 4.366 101 | 5.022 339 | 5.688 932 |
| Achn068831 | 1.045 845 | 0.779 015 | 0.748 447 | 0.498 58 | 0.542 523 | 0.777 571 | 0.365 711 | 0.881 316 | 0.321 573 | 1.077 354 | 1.712 709 | 1.373 488 | 0.917 614 | 0.854 376 | 0.778 267 | 2.237 992 | 1.724 271 | 2.452 128 |
| Achn246151 | 107.053 1 | 83.483 05 | 84.985 15 | 52.610 52 | 43.231 88 | 25.996 6 | 68.261 87 | 69.652 89 | 96.631 13 | 42.503 64 | 39.440 7 | 43.260 86 | 58.289 88 | 41.305 5 | 31.601 48 | 23.030 81 | 25.890 63 | 27.872 6 |
| Achn223541 | 9.614 813 | 8.023 531 | 6.516 036 | 5.010 465 | 25.241 71 | 3.216 482 | 6.804 701 | 9.382 485 | 7.202 023 | 5.803 662 | 6.874 074 | 8.035 489 | 10.805 7 | 11.548 6 | 15.197 06 | 20.178 22 | 33.131 96 | 16.924 86 |
| Achn186291 | 0.640 376 | 0.556 796 | 0.710 04 | 0.026 989 | 0.047 377 | 0.086 432 | 0.063 722 | 0.243 468 | 0.078 088 | 0.493 611 | 0.405 217 | 0.299 659 | 0.377 303 | 0.597 866 | 0.340 352 | 0.820 599 | 0.888 79 | 0.434 834 |
| Achn081481 | 74.156 97 | 72.198 38 | 89.707 08 | 255.999 7 | 201.430 2 | 306.607 5 | 96.433 21 | 141.006 9 | 130.318 7 | 106.049 6 | 132.605 9 | 90.462 2 | 77.779 51 | 108.229 8 | 95.221 5 | 128.710 6 | 130.969 1 | 123.045 2 |
| Achn026921 | 0.951 456 | 1.188 368 | 0.562 369 | 0.130 34 | 0.549 846 | 0.147 62 | 0.726 931 | 0.130 703 | 0.503 998 | 1.401 516 | 0.516 487 | 0.939 761 | 1.627 033 | 0.578 395 | 0.313 005 | 4.281 752 | 4.853 302 | 2.908 902 |
| Achn183811 | 7.259 071 | 7.694 227 | 8.708 587 | 6.869 307 | 7.117 654 | 10.416 88 | 2.203 222 | 6.130 466 | 2.852 704 | 4.197 948 | 4.071 696 | 4.442 582 | 9.353 698 | 15.678 08 | 13.684 81 | 22.508 87 | 27.625 18 | 20.649 08 |
| Achn071271 | 9 160.99 | 11 301.91 | 11 581.5 | 3 920.859 | 5 791.314 | 4 728.303 | 11 505.41 | 8 296.439 | 8 717.493 | 5 981.472 | 5 519.33 | 5 375.162 | 11 955.99 | 14 081.46 | 13 297.77 | 6 132.371 | 5 848.286 | 6 145.894 |
| Achn239181 | 5.612 264 | 9.808 957 | 5.610 856 | 4.729 103 | 7.813 099 | 10.310 65 | 3.728 34 | 2.312 698 | 2.140 984 | 5.416 279 | 5.875 708 | 4.761 1 | 4.276 684 | 2.111 692 | 2.940 413 | 2.963 384 | 1.270 608 | 2.981 134 |

（续）

| 基因 ID | CK1 | CK2 | CK3 | T1-1 | T1-2 | T1-3 | T2-1 | T2-2 | T2-3 | T3-1 | T3-2 | T3-3 | T4-1 | T4-2 | T4-3 | T5-1 | T5-2 | T5-3 |
|---|---|---|---|---|---|---|---|---|---|---|---|---|---|---|---|---|---|---|
| Achn072391 | 26.201 87 | 30.170 87 | 31.505 8 | 16.933 95 | 14.03 | 10.538 51 | 28.017 89 | 18.142 66 | 17.965 94 | 9.762 175 | 7.940 267 | 8.156 573 | 16.023 8 | 18.467 38 | 22.771 23 | 7.872 515 | 9.062 37 | 13.356 91 |
| Achn075191 | 2.823 044 | 3.404 547 | 2.695 584 | 2.630 902 | 3.834 641 | 0.919 742 | 1.195 419 | 1.106 633 | 1.188 28 | 1.912 34 | 1.414 173 | 1.037 799 | 2.762 963 | 3.310 825 | 3.332 578 | 2.899 535 | 3.298 748 | 2.651 859 |
| Actinidia_chinensis_newGene_7442 | 2.039 788 | 2.181 7 | 1.278 611 | 3.207 068 | 4.970 227 | 6.458 799 | 3.843 408 | 3.744 835 | 6.516 197 | 3.513 464 | 2.569 244 | 3.683 179 | 1.463 168 | 1.711 776 | 2.659 641 | 2.807 691 | 2.588 336 | 2.383 185 |
| Achn254511 | 41.430 89 | 55.870 52 | 43.638 04 | 2.923 123 | 2.937 093 | 2.598 375 | 25.574 76 | 20.039 63 | 20.545 62 | 6.543 564 | 6.698 974 | 5.579 304 | 70.918 94 | 105.943 2 | 87.818 22 | 22.383 92 | 26.372 1 | 32.176 27 |
| Achn089121 | 25.215 83 | 23.893 11 | 21.237 09 | 8.767 433 | 10.313 46 | 10.818 43 | 14.781 51 | 12.260 43 | 11.448 11 | 17.657 45 | 15.564 94 | 14.367 39 | 16.712 32 | 14.269 26 | 14.443 23 | 30.889 26 | 29.886 81 | 32.451 95 |
| Actinidia_chinensis_newGene_2 | 3.343 148 | 2.354 713 | 3.099 123 | 2.470 819 | 2.212 491 | 2.279 852 | 3.033 843 | 1.758 491 | 2.280 962 | 1.385 918 | 2.064 953 | 1.277 175 | 5.530 764 | 5.835 371 | 7.790 845 | 3.662 117 | 3.273 674 | 2.570 38 |
| Achn367111 | 9.313 603 | 3.749 746 | 2.477 17 | 1.477 455 | 0.356 419 | 0.434 197 | 0.624 607 | 0.568 788 | 1.961 373 | 0.961 025 | 0.800 412 | 1.926 276 | 2.496 169 | 0.693 676 | 0.965 532 | 5.309 506 | 5.113 305 | 4.904 159 |
| Achn310091 | 29.937 28 | 23.826 61 | 24.527 2 | 16.196 17 | 15.313 75 | 3.193 813 | 22.257 71 | 22.761 89 | 46.132 31 | 22.581 1 | 13.773 08 | 16.430 61 | 13.129 76 | 13.486 56 | 8.435 511 | 11.930 68 | 11.585 2 | 15.021 63 |
| Achn343841 | 12.401 35 | 9.969 107 | 10.167 31 | 24.928 81 | 23.355 76 | 26.243 39 | 30.600 48 | 32.564 02 | 37.463 47 | 34.725 37 | 30.103 39 | 37.468 2 | 8.452 538 | 6.516 763 | 6.610 269 | 6.843 829 | 8.122 627 | 8.212 242 |
| Achn136351 | 1.141 299 | 1.939 463 | 0.751 83 | 1.619 853 | 0.979 92 | 1.815 794 | 2.966 165 | 3.552 491 | 2.639 264 | 2.200 587 | 1.152 218 | 1.628 564 | 6.289 27 | 8.345 464 | 7.819 86 | 7.118 153 | 8.140 116 | 4.326 272 |
| Actinidia_chinensis_newGene_6859 | 0.186 054 | 0.080 38 | 0 | 0 | 0 | 0 | 0 | 0 | 0 | 0 | 0.382 575 | 0.102 637 | 0.079 573 | 0.040 907 | 0.108 43 | 1.537 493 | 1.223 197 | 1.250 765 |
| Achn345851 | 3.009 222 | 2.418 482 | 2.435 363 | 0.953 969 | 1.534 197 | 2.646 895 | 0.851 09 | 1.168 61 | 1.220 094 | 2.054 078 | 1.716 36 | 2.958 312 | 1.450 697 | 1.832 174 | 2.347 03 | 2.033 359 | 2.399 39 | 2.406 606 |
| Achn267581 | 1.864 645 | 1.744 65 | 1.612 358 | 0.677 727 | 0.951 487 | 1.073 827 | 1.125 854 | 0.481 295 | 0.723 024 | 1.850 46 | 1.451 074 | 1.649 151 | 1.898 356 | 1.806 384 | 1.309 615 | 2.616 254 | 2.756 861 | 2.696 02 |
| Achn051001 | 105.799 5 | 104.468 4 | 95.066 46 | 39.137 71 | 30.036 53 | 14.330 23 | 61.526 28 | 55.113 31 | 57.622 18 | 59.182 37 | 58.051 44 | 60.740 6 | 96.271 39 | 66.722 74 | 78.157 25 | 53.436 41 | 53.979 44 | 56.875 74 |
| Achn307301 | 8.968 525 | 7.952 934 | 10.305 5 | 11.381 78 | 17.574 19 | 7.949 968 | 13.784 74 | 13.144 15 | 12.459 61 | 13.973 5 | 13.077 56 | 15.448 72 | 2.797 673 | 3.238 516 | 4.674 027 | 6.885 467 | 8.438 362 | 8.602 278 |
| Achn011311 | 0 | 0.081 17 | 0 | 0 | 0.039 695 | 0 | 0 | 0.167 679 | 0 | 0.041 512 | 0.155 078 | 0.392 093 | 0.776 305 | 1.400 234 | 1.230 444 | 0.626 048 | 0.521 167 | 0.683 241 |
| Achn120151 | 12.994 17 | 13.901 67 | 15.539 49 | 33.929 44 | 26.254 09 | 45.811 61 | 19.180 88 | 21.894 45 | 19.625 76 | 19.764 29 | 21.740 42 | 19.437 76 | 10.987 49 | 14.712 6 | 15.453 13 | 13.631 75 | 12.351 95 | 10.840 72 |

（续）

| 基因ID | CK1 | CK2 | CK3 | T1-1 | T1-2 | T1-3 | T2-1 | T2-2 | T2-3 | T3-1 | T3-2 | T3-3 | T4-1 | T4-2 | T4-3 | T5-1 | T5-2 | T5-3 |
|---|---|---|---|---|---|---|---|---|---|---|---|---|---|---|---|---|---|---|
| Achn168051 | 0.752 065 | 0.953 667 | 2.055 311 | 0.292 034 | 0.559 9 | 0.189 548 | 0.962 603 | 1.063 66 | 0.477 835 | 0.318 937 | 0.454 64 | 0.202 049 | 0.414 838 | 0.759 347 | 0.715 609 | 0.108 703 | 0.224 199 | 0.191 677 |
| Achn022001 | 0.068 441 | 0.135 994 | 0.261 641 | 0.230 2 | 0.399 706 | 0.213 057 | 3.164 738 | 1.333 899 | 0.541 8 | 3.462 894 | 0.932 263 | 1.394 768 | 0 | 0 | 0.147 48 | 6.175 711 | 6.252 93 | 0 |
| Achn299021 | 3.067 777 | 3.893 191 | 4.145 388 | 1.382 839 | 2.478 763 | 1.423 934 | 3.179 116 | 2.788 937 | 3.516 512 | 3.094 554 | 4.273 449 | 2.845 46 | 4.964 525 | 2.827 345 | 2.232 982 | 4.606 395 | 2.749 335 | 2.809 211 |
| Achn251771 | 5.133 142 | 6.066 044 | 7.405 367 | 1.960 125 | 3.372 584 | 1.605 287 | 3.370 24 | 4.343 192 | 4.675 524 | 3.527 708 | 4.154 214 | 3.049 613 | 5.005 297 | 4.607 903 | 5.934 777 | 6.661 371 | 11.014 77 | 7.106 377 |
| Achn193031 | 6.235 852 | 4.197 014 | 4.440 739 | 4.445 238 | 10.121 24 | 12.531 84 | 13.753 52 | 10.595 25 | 11.442 42 | 5.301 449 | 4.044 118 | 4.399 116 | 4.423 913 | 26.687 99 | 16.980 38 | 3.427 38 | 2.846 594 | 2.749 624 |
| Achn342851 | 275.265 | 457.367 2 | 447.511 | 59.140 86 | 22.114 94 | 6.583 9 | 156.762 5 | 109.355 2 | 73.309 94 | 24.951 43 | 19.526 04 | 16.353 42 | 693.437 1 | 2 243.101 | 2 570.452 | 114.694 1 | 85.924 9 | 122.672 3 |
| Actinidia_chinensis_newGene_1442 | 0.658 505 | 1.299 322 | 0.875 033 | 0.176 674 | 0.231 709 | 0.445 466 | 0.472 573 | 0.533 82 | 0.205 941 | 0.239 67 | 0.426 921 | 0.539 957 | 1.044 628 | 0.786 622 | 0.913 715 | 0.596 804 | 0.479 874 | 0.563 686 |
| Achn095791 | 34.459 21 | 28.818 2 | 27.826 82 | 41.810 73 | 42.712 96 | 74.039 84 | 13.940 46 | 17.892 37 | 20.877 4 | 29.359 6 | 26.468 78 | 32.543 88 | 14.918 65 | 13.260 55 | 14.292 96 | 28.988 99 | 32.752 47 | 33.642 88 |
| Achn145191 | 0.045 24 | 0 | 0.030 906 | 0.291 708 | 0.277 377 | 1.574 447 | 0.021 758 | 0.069 713 | 0.049 19 | 0.377 352 | 0.046 197 | 0.317 359 | 0.031 057 | 0.053 462 | 0 | 0.626 38 | 0.521 224 | 0.397 948 |
| Achn312721 | 9.115 52 | 5.033 145 | 8.558 824 | 3.501 451 | 1.457 606 | 1.908 109 | 4.099 268 | 2.723 171 | 5.952 664 | 4.869 467 | 6.239 782 | 5.680 269 | 6.625 956 | 4.283 443 | 6.320 97 | 6.994 215 | 8.132 815 | 5.335 047 |
| Actinidia_chinensis_newGene_10897 | 1.788 879 | 1.157 017 | 1.269 024 | 6.585 596 | 16.622 09 | 11.630 4 | 5.270 668 | 1.713 293 | 1.969 075 | 2.837 523 | 3.566 348 | 4.170 926 | 11.076 64 | 3.804 42 | 4.553 27 | 14.366 15 | 14.015 53 | 11.315 61 |
| Achn227161 | 41.662 96 | 36.587 03 | 28.999 48 | 16.295 57 | 18.307 64 | 13.119 32 | 17.549 01 | 14.219 1 | 16.219 06 | 19.278 87 | 18.422 | 18.635 9 | 22.372 85 | 9.557 014 | 16.967 22 | 35.375 26 | 29.168 66 | 29.345 09 |
| Achn175251 | 0.598 833 | 0.858 503 | 0.409 404 | 2.462 82 | 6.004 236 | 5.548 039 | 1.949 964 | 3.133 286 | 3.764 807 | 3.124 716 | 3.032 127 | 2.933 537 | 0.171 599 | 0.347 475 | 0.349 325 | 0.801 376 | 1.254 931 | 0.843 61 |
| Actinidia_chinensis_newGene_11855 | 646.779 9 | 575.455 6 | 530.131 2 | 232.417 5 | 367.861 6 | 365.362 5 | 549.733 | 526.003 1 | 646.965 | 633.769 7 | 587.459 9 | 605.655 3 | 481.777 3 | 294.620 9 | 368.471 6 | 589.256 8 | 658.535 8 | 609.957 6 |
| Achn331961 | 18.611 41 | 23.361 16 | 19.416 57 | 21.460 48 | 19.991 65 | 19.482 45 | 13.482 74 | 15.037 69 | 18.923 43 | 7.706 14 | 10.565 07 | 11.878 04 | 21.594 85 | 29.657 64 | 35.776 02 | 20.013 96 | 23.456 26 | 17.412 33 |
| Achn143101 | 2.045 802 | 1.321 353 | 1.522 947 | 1.229 966 | 1.381 283 | 1.151 482 | 0.704 702 | 0.650 902 | 1.104 17 | 0.342 321 | 0.620 19 | 0.988 969 | 0.149 458 | 0.810 38 | 1.192 622 | 1.974 166 | 3.435 51 | 0.777 325 |
| Achn281881 | 10.606 98 | 12.023 4 | 11.197 06 | 9.070 966 | 13.136 96 | 28.900 47 | 13.094 03 | 13.369 38 | 12.835 55 | 11.043 15 | 9.284 847 | 7.887 797 | 7.733 013 | 3.057 673 | 3.015 593 | 5.792 244 | 5.976 738 | 5.444 136 |

（续）

| 基因ID | CK1 | CK2 | CK3 | T1-1 | T1-2 | T1-3 | T2-1 | T2-2 | T2-3 | T3-1 | T3-2 | T3-3 | T4-1 | T4-2 | T4-3 | T5-1 | T5-2 | T5-3 |
|---|---|---|---|---|---|---|---|---|---|---|---|---|---|---|---|---|---|---|
| Achn075401 | 0.315 316 | 0.506 252 | 0.471 708 | 1.015 104 | 1.233 924 | 3.130 466 | 0.712 438 | 0.792 602 | 0.537 413 | 0.398 011 | 0.723 276 | 0.733 646 | 0.217 26 | 0.303 51 | 0.153 852 | 0.764 177 | 0.573 876 | 0.601 888 |
| Achn373181 | 4.805 059 | 5.305 094 | 4.940 701 | 1.865 377 | 3.024 607 | 6.144 495 | 2.213 396 | 1.909 061 | 1.281 152 | 2.699 635 | 3.178 821 | 1.559 547 | 1.850 426 | 1.229 305 | 1.467 129 | 1.918 044 | 1.662 762 | 1.114 4 |
| Achn166591 | 46.201 58 | 36.381 74 | 47.510 71 | 9.658 533 | 4.760 126 | 1.816 517 | 11.045 61 | 15.104 38 | 11.509 37 | 23.717 35 | 30.182 4 | 28.757 27 | 21.912 02 | 17.005 48 | 18.563 61 | 47.618 71 | 38.495 13 | 37.761 66 |
| Actinidia_chinensis_newGene_728 | 20.282 36 | 19.589 85 | 20.456 27 | 14.851 03 | 16.616 08 | 15.583 94 | 40.641 93 | 37.934 24 | 43.241 41 | 26.793 99 | 28.904 82 | 26.063 35 | 31.349 12 | 25.406 44 | 23.406 4 | 20.611 07 | 17.210 81 | 14.825 31 |
| Actinidia_chinensis_newGene_724 | 0.710 952 | 0.412 381 | 0.404 436 | 0.983 699 | 0.640 009 | 0.093 414 | 0.168 425 | 0.373 559 | 0.483 74 | 0.110 775 | 0.307 155 | 0.179 582 | 4.392 6 | 3.450 35 | 9.311 896 | 1.121 817 | 2.453 183 | 1.207 024 |
| Achn287651 | 0.253 296 | 0.063 201 | 0.262 97 | 0.533 155 | 0.209 82 | 0.927 844 | 0.057 584 | 0.294 269 | 0.073 827 | 0.800 327 | 0.684 247 | 0.092 511 | 0.357 706 | 0.141 501 | 0 | 0.880 398 | 1.019 847 | 0.829 063 |
| Achn187751 | 0.204 22 | 1.261 283 | 0.494 065 | 0.472 033 | 0.628 102 | 0.651 497 | 1.245 613 | 1.178 333 | 1.038 73 | 0.908 57 | 0.237 439 | 0.316 007 | 1.423 469 | 3.293 301 | 3.315 71 | 0.546 331 | 0.622 342 | 0.301 302 |
| Actinidia_chinensis_newGene_3733 | 1.208 648 | 1.441 41 | 1.844 554 | 0.780 005 | 1.000 046 | 0.253 343 | 0.843 966 | 0.895 464 | 0.799 136 | 0.533 376 | 0.556 552 | 0.806 342 | 2.007 344 | 3.298 9 | 3.340 752 | 1.358 91 | 2.018 579 | 2.446 701 |
| Actinidia_chinensis_newGene_6521 | 0.869 218 | 0.718 781 | 0.715 144 | 0.456 502 | 0.754 729 | 0.426 422 | 1.330 922 | 1.121 563 | 0.769 571 | 0.297 503 | 0.328 765 | 0.648 314 | 0.832 675 | 1.784 887 | 0.909 539 | 0.360 688 | 0.177 045 | 0.151 326 |
| Actinidia_chinensis_newGene_4968 | 5.362 868 | 3.695 546 | 2.887 769 | 4.128 31 | 5.012 008 | 3.406 135 | 2.470 878 | 3.513 075 | 3.319 803 | 4.472 65 | 5.797 03 | 3.762 133 | 1.112 167 | 0.997 816 | 1.034 839 | 1.010 326 | 3.615 096 | 2.051 925 |
| Actinidia_chinensis_newGene_2060 | 0.323 843 | 0.177 779 | 0.140 724 | 0 | 0.052 395 | 0 | 0 | 0.212 244 | 0 | 0.195 19 | 0.057 778 | 0.326 207 | 0.380 039 | 0 | 0.326 537 | 1.608 706 | 1.411 84 | 0.818 672 |
| Achn322241 | 0.769 231 | 0.685 535 | 0.278 091 | 2.389 641 | 1.514 029 | 6.374 027 | 1.001 662 | 0.837 452 | 1.261 175 | 1.337 252 | 0.473 309 | 1.509 476 | 0.595 11 | 0.522 42 | 0.159 68 | 0.869 524 | 0.653 032 | 0.826 914 |
| Achn134181 | 28.108 24 | 44.324 38 | 50.661 11 | 5.306 254 | 3.398 578 | 0 | 21.735 65 | 10.685 77 | 12.511 73 | 7.082 747 | 3.942 327 | 3.413 615 | 33.062 42 | 50.687 18 | 62.918 88 | 3.173 839 | 3.819 681 | 9.097 894 |
| Achn007241 | 2.201 158 | 2.213 618 | 1.839 854 | 0.529 605 | 1.209 729 | 1.680 785 | 0.874 035 | 1.061 398 | 0.739 002 | 1.645 543 | 1.465 32 | 1.973 569 | 2.200 17 | 2.115 637 | 1.725 502 | 3.288 715 | 2.321 506 | 2.344 034 |
| Achn254781 | 0.236 391 | 0.728 581 | 0.199 048 | 0.584 58 | 0.753 906 | 0.344 755 | 1.010 259 | 0.606 315 | 0.419 578 | 1.477 152 | 1.245 924 | 0.810 597 | 1.529 065 | 0.777 743 | 0.154 981 | 2.220 017 | 2.228 945 | 1.923 802 |

（续）

| 基因ID | CK1 | CK2 | CK3 | T1-1 | T1-2 | T1-3 | T2-1 | T2-2 | T2-3 | T3-1 | T3-2 | T3-3 | T4-1 | T4-2 | T4-3 | T5-1 | T5-2 | T5-3 |
|---|---|---|---|---|---|---|---|---|---|---|---|---|---|---|---|---|---|---|
| Achn314011 | 4.353 762 | 4.648 983 | 5.387 431 | 1.974 69 | 1.810 588 | 2.505 72 | 3.437 16 | 4.078 785 | 3.776 452 | 2.967 147 | 3.274 974 | 4.187 191 | 5.865 424 | 5.358 526 | 5.579 61 | 3.453 624 | 4.473 944 | 3.702 043 |
| Actinidia_chinensis_newGene_6953 | 1.304 001 | 0.591 179 | 0.269 472 | 3.422 251 | 2.927 414 | 3.182 387 | 1.862 993 | 2.580 025 | 2.599 452 | 2.794 057 | 2.310 281 | 2.153 5 | 1.588 325 | 2.979 936 | 1.061 857 | 3.248 362 | 1.862 55 | 2.244 617 |
| Achn194301 | 10.188 43 | 11.381 61 | 9.255 144 | 23.407 42 | 19.278 56 | 40.883 8 | 12.066 2 | 11.563 54 | 10.381 5 | 11.280 19 | 14.184 35 | 15.654 5 | 10.970 1 | 10.823 09 | 10.467 81 | 16.458 81 | 16.327 38 | 15.706 68 |
| Achn148561 | 0.373 197 | 0.395 446 | 0.521 514 | 2.198 363 | 2.359 062 | 1.459 42 | 0.665 305 | 1.437 932 | 1.209 735 | 1.017 198 | 0.396 771 | 0.883 853 | 0.240 357 | 0.585 595 | 0.827 985 | 0.066 401 | 0.205 299 | 0.465 769 |
| Actinidia_chinensis_newGene_311 | 10.747 68 | 12.637 43 | 12.733 49 | 19.865 06 | 29.058 73 | 16.439 92 | 35.389 58 | 27.534 37 | 26.653 85 | 20.753 38 | 15.761 46 | 18.525 04 | 13.792 61 | 11.613 44 | 16.026 71 | 6.652 009 | 7.754 664 | 8.013 078 |
| Achn346241 | 1.501 827 | 1.701 499 | 0.755 575 | 4.637 408 | 8.589 668 | 4.723 08 | 7.920 526 | 12.938 36 | 11.962 71 | 10.476 55 | 15.136 66 | 28.743 98 | 4.143 7 | 0.499 127 | 2.650 281 | 3.594 751 | 6.319 144 | 2.172 236 |
| Achn263081 | 26.092 67 | 29.542 93 | 24.299 67 | 7.818 819 | 4.481 087 | 5.776 406 | 13.943 08 | 11.730 37 | 12.199 98 | 15.165 74 | 12.617 07 | 11.921 47 | 33.912 44 | 18.884 2 | 20.111 34 | 17.798 04 | 21.705 84 | 21.910 11 |
| Achn111631 | 6.754 786 | 4.512 995 | 5.383 612 | 3.481 406 | 2.015 721 | 3.501 959 | 3.430 333 | 3.636 355 | 2.646 163 | 2.356 511 | 4.649 708 | 2.547 636 | 4.375 484 | 2.722 883 | 3.691 089 | 3.575 411 | 3.581 428 | 4.445 169 |
| Achn185101 | 3.549 616 | 4.539 251 | 5.244 695 | 11.102 95 | 6.755 388 | 17.333 51 | 4.892 109 | 5.199 502 | 5.308 519 | 6.444 093 | 6.618 593 | 7.164 432 | 5.849 788 | 3.665 849 | 3.679 759 | 6.574 625 | 5.482 107 | 4.580 813 |
| Achn182731 | 71.200 39 | 60.568 09 | 61.800 87 | 75.671 97 | 62.980 16 | 25.187 42 | 60.065 64 | 73.031 25 | 70.274 8 | 37.263 72 | 29.279 67 | 39.934 88 | 54.127 31 | 67.452 91 | 60.665 82 | 20.127 95 | 24.449 36 | 29.928 46 |
| Achn078141 | 0.967 894 | 1.642 47 | 2.146 51 | 1.246 941 | 2.332 879 | 6.141 339 | 2.552 641 | 2.436 244 | 1.491 232 | 3.192 14 | 4.067 773 | 3.909 208 | 3.338 115 | 2.486 209 | 3.074 331 | 9.077 722 | 9.838 058 | 6.266 406 |
| Achn079431 | 0.799 133 | 0.376 726 | 0.628 986 | 1.218 146 | 1.568 403 | 1.196 828 | 0.836 44 | 1.649 674 | 0.956 961 | 1.568 777 | 2.515 311 | 2.605 441 | 1.094 953 | 0.608 297 | 0.543 854 | 3.414 259 | 2.965 576 | 2.734 382 |
| Achn062831 | 0.801 842 | 0.573 773 | 0.904 545 | 3.171 936 | 1.901 414 | 2.767 718 | 0.202 326 | 0.476 309 | 0.277 639 | 1.561 846 | 1.993 447 | 1.896 483 | 1.297 388 | 0.773 449 | 0.406 028 | 1.250 683 | 2.829 916 | 1.216 454 |
| Achn338711 | 0.475 838 | 0.440 178 | 0.505 558 | 1.101 92 | 1.073 032 | 2.202 515 | 0.438 177 | 0.439 026 | 0.461 513 | 0.845 402 | 0.698 85 | 0.636 326 | 0.363 051 | 0.261 185 | 0.272 16 | 0.622 393 | 0.412 391 | 0.624 404 |
| Actinidia_chinensis_newGene_2911 | 4.211 497 | 3.237 091 | 5.027 082 | 12.834 87 | 13.513 9 | 35.581 94 | 14.361 65 | 13.029 08 | 18.563 11 | 11.580 64 | 18.597 03 | 15.195 21 | 6.221 256 | 9.472 903 | 7.056 427 | 10.193 48 | 8.679 202 | 5.921 14 |
| Achn005351 | 23.073 5 | 27.796 87 | 27.451 35 | 14.976 96 | 12.520 49 | 5.279 492 | 22.558 67 | 16.778 05 | 15.025 35 | 10.270 08 | 9.706 984 | 8.956 761 | 26.083 37 | 29.774 8 | 29.632 31 | 11.178 64 | 12.758 77 | 12.073 11 |
| Achn183461 | 1.644 26 | 0.723 379 | 0.688 013 | 1.053 673 | 2.083 624 | 1.736 364 | 0.732 056 | 1.134 235 | 3.446 998 | 4.483 271 | 9.429 769 | 6.403 314 | 5.213 297 | 0.594 082 | 2.483 775 | 13.054 51 | 15.083 04 | 13.067 5 |

（续）

| 基因 ID | CK1 | CK2 | CK3 | T1-1 | T1-2 | T1-3 | T2-1 | T2-2 | T2-3 | T3-1 | T3-2 | T3-3 | T4-1 | T4-2 | T4-3 | T5-1 | T5-2 | T5-3 |
|---|---|---|---|---|---|---|---|---|---|---|---|---|---|---|---|---|---|---|
| Achn094631 | 8.019 118 | 8.348 776 | 6.945 26 | 5.564 02 | 7.206 957 | 12.436 81 | 2.506 613 | 2.664 75 | 2.219 655 | 4.515 607 | 5.324 047 | 7.121 03 | 2.019 773 | 1.878 901 | 2.433 481 | 4.206 962 | 4.028 819 | 4.249 196 |
| Achn140351 | 2.493 023 | 1.763 963 | 2.061 702 | 1.351 627 | 0.958 617 | 1.089 144 | 1.084 208 | 1.000 544 | 0.957 443 | 1.793 692 | 1.250 626 | 1.116 687 | 0.543 085 | 0.938 339 | 0.738 571 | 3.052 334 | 4.113 494 | 1.639 791 |
| Achn235201 | 118.142 3 | 126.157 3 | 116.244 3 | 102.245 6 | 194.714 7 | 171.207 8 | 196.800 9 | 189.035 | 194.338 1 | 139.778 2 | 129.401 8 | 128.113 | 99.238 34 | 86.713 18 | 75.862 74 | 51.072 84 | 60.465 73 | 60.384 08 |
| Achn132691 | 7.677 784 | 7.844 2 | 5.184 289 | 0.933 071 | 1.297 554 | 2.662 772 | 1.993 572 | 2.584 923 | 3.204 347 | 1.916 292 | 3.820 066 | 1.723 377 | 7.624 577 | 2.706 468 | 3.010 214 | 4.900 592 | 9.905 781 | 7.274 617 |
| Achn177571 | 0.340 219 | 0.151 317 | 0.340 335 | 0.525 329 | 0.543 297 | 0.153 539 | 0.121 284 | 0.190 207 | 0.530 956 | 0.388 646 | 0.240 769 | 0.846 364 | 0.808 017 | 1.539 547 | 1.074 698 | 0.844 424 | 0.854 215 | 0.461 239 |
| Achn381121 | 0.616 285 | 0.510 051 | 0.930 182 | 0.119 138 | 0.081 105 | 0.378 021 | 9.197 712 | 0.918 69 | 0.718 7 | 11.244 6 | 1.033 668 | 2.070 863 | 1.588 359 | 0.402 625 | 0.380 487 | 7.667 782 | 8.142 159 | 1.026 281 |
| Achn286201 | 0.161 395 | 0.196 56 | 0.078 979 | 0.725 751 | 0.368 397 | 0.111 378 | 0.401 485 | 0.522 913 | 0.569 977 | 0.620 267 | 0.468 116 | 0.217 673 | 0.297 103 | 0.276 865 | 0.464 556 | 0.726 894 | 0.568 645 | 0.608 176 |
| Achn129911 | 0.987 107 | 0.806 59 | 1.293 038 | 12.316 84 | 8.015 654 | 16.171 35 | 3.797 282 | 12.200 33 | 5.939 216 | 2.451 592 | 4.900 939 | 3.597 555 | 7.565 832 | 13.290 58 | 8.429 09 | 4.270 882 | 2.864 964 | 2.805 521 |
| Achn015131 | 10.342 02 | 11.644 15 | 11.817 66 | 31.712 94 | 20.510 35 | 29.865 61 | 15.294 74 | 25.220 52 | 16.255 15 | 18.669 93 | 23.613 51 | 23.053 45 | 24.352 07 | 29.274 57 | 27.593 13 | 32.522 76 | 30.184 01 | 30.407 39 |
| Achn160271 | 6.566 873 | 5.317 833 | 7.139 88 | 16.810 4 | 11.649 99 | 13.589 92 | 9.686 094 | 11.370 19 | 9.283 424 | 10.313 27 | 11.539 49 | 9.842 997 | 13.994 26 | 17.049 12 | 15.168 66 | 12.318 01 | 11.140 36 | 8.838 314 |
| Achn264771 | 0 | 0 | 0 | 7.600 354 | 1.968 218 | 3.605 754 | 0.190 228 | 0.053 085 | 0.079 733 | 0.151 694 | 0.198 93 | 0 | 0.038 324 | 0.035 506 | 0.081 296 | 0 | 0 | 0.063 589 |
| Achn354261 | 384.889 | 299.022 2 | 296.672 | 213.573 6 | 177.385 8 | 147.642 7 | 269.112 7 | 299.266 7 | 383.563 1 | 222.358 2 | 220.056 | 208.012 6 | 300.557 9 | 228.099 2 | 221.825 4 | 172.879 4 | 191.332 4 | 199.022 9 |
| Achn003021 | 15.987 86 | 13.722 41 | 14.099 71 | 34.337 68 | 32.070 18 | 42.515 98 | 24.743 38 | 28.942 37 | 24.288 92 | 22.697 33 | 23.726 61 | 25.325 8 | 10.801 09 | 13.227 16 | 14.225 6 | 19.571 29 | 20.600 75 | 17.153 13 |
| Actinidia_chinensis_newGene_551 | 3.552 629 | 2.749 768 | 2.202 813 | 6.180 604 | 6.464 436 | 9.239 256 | 2.513 543 | 4.657 392 | 3.927 086 | 5.147 949 | 3.460 45 | 5.218 217 | 3.078 684 | 3.505 958 | 4.200 884 | 3.828 105 | 4.239 878 | 3.948 152 |
| Achn295831 | 0 | 0.941 221 | 0.836 663 | 16.048 13 | 2.525 572 | 3.163 014 | 2.056 238 | 5.605 522 | 2.124 567 | 1.034 639 | 3.231 495 | 1.714 462 | 3.982 704 | 10.427 71 | 10.579 43 | 6.161 175 | 5.203 45 | 5.842 632 |
| Achn172791 | 5.377 706 | 4.203 753 | 3.014 094 | 1.115 052 | 1.301 611 | 2.805 59 | 1.761 705 | 1.959 678 | 1.863 245 | 2.470 437 | 3.275 259 | 3.806 155 | 5.255 092 | 2.822 547 | 5.971 652 | 3.552 425 | 4.394 911 | 4.216 945 |
| Achn360091 | 0.110 468 | 0.328 927 | 0 | 0.826 856 | 0.394 328 | 0.642 401 | 0.477 664 | 0.268 965 | 0.535 212 | 0.257 65 | 0.457 935 | 0.086 012 | 0.570 601 | 0.758 077 | 0.316 077 | 1.407 593 | 1.151 641 | 1.371 768 |
| Actinidia_chinensis_newGene_6289 | 0.303 309 | 0.200 797 | 0 | 0.158 368 | 0 | 0.043 866 | 0.131 408 | 0.316 156 | 0.308 238 | 0.667 192 | 0.476 351 | 0.550 788 | 0.947 346 | 0.884 262 | 0.671 644 | 0 | 0 | 0.154 558 |

(续)

| 基因 ID | CK1 | CK2 | CK3 | T1-1 | T1-2 | T1-3 | T2-1 | T2-2 | T2-3 | T3-1 | T3-2 | T3-3 | T4-1 | T4-2 | T4-3 | T5-1 | T5-2 | T5-3 |
|---|---|---|---|---|---|---|---|---|---|---|---|---|---|---|---|---|---|---|
| Actinidia_chinensis_newGene_2450 | 27.659 84 | 29.531 65 | 35.198 56 | 26.045 64 | 32.653 04 | 55.873 71 | 71.784 24 | 54.803 12 | 68.169 73 | 42.552 36 | 43.747 4 | 40.253 52 | 53.988 15 | 49.316 6 | 47.244 65 | 46.568 57 | 35.111 44 | 34.209 49 |
| Achn156661 | 1.553 265 | 1.702 071 | 2.342 903 | 2.219 486 | 2.718 541 | 2.640 088 | 3.542 477 | 2.250 238 | 2.054 508 | 1.279 414 | 1.749 518 | 1.376 963 | 1.641 916 | 1.129 427 | 1.988 467 | 0.921 284 | 0.504 495 | 0.983 169 |
| Achn305621 | 0.425 064 | 0.557 301 | 0.393 326 | 10.600 71 | 2.644 701 | 0.223 022 | 0.446 197 | 1.290 666 | 1.639 408 | 0.899 671 | 2.608 343 | 0.995 66 | 0.209 091 | 0.114 032 | 0.335 745 | 1.330 697 | 1.435 414 | 0.631 081 |
| Actinidia_chinensis_newGene_1832 | 12.014 8 | 14.177 67 | 13.325 15 | 9.154 38 | 18.310 84 | 30.508 82 | 18.821 48 | 18.341 03 | 18.195 28 | 10.546 82 | 9.935 558 | 6.972 444 | 14.833 02 | 8.802 068 | 12.558 22 | 4.339 34 | 5.195 553 | 5.011 7 |
| Achn291301 | 0.103 | 0.210 914 | 0.255 397 | 0.635 543 | 1.084 981 | 3.485 162 | 0.936 018 | 0.960 64 | 0.389 841 | 0.197 319 | 0.205 22 | 0.029 824 | 0.161 648 | 0.297 837 | 0.309 647 | 0.431 085 | 0.127 704 | 0.359 513 |
| Achn227711 | 0.627 | 0.418 895 | 0.600 693 | 0.388 662 | 0.603 72 | 0.709 99 | 0.708 867 | 0.233 045 | 0.639 263 | 0.692 011 | 0.756 21 | 1.224 584 | 0.485 731 | 0.648 25 | 0.250 667 | 2.923 971 | 1.886 876 | 2.005 927 |
| Achn105901 | 19.638 17 | 31.150 77 | 30.505 08 | 24.679 26 | 36.079 2 | 36.358 24 | 40.757 15 | 30.202 25 | 27.828 68 | 25.306 05 | 26.488 3 | 23.639 19 | 20.432 26 | 23.083 93 | 24.171 61 | 11.136 58 | 12.743 75 | 12.498 79 |
| Achn020491 | 46.607 42 | 34.803 15 | 47.224 83 | 23.696 45 | 21.150 42 | 24.309 05 | 19.614 89 | 17.496 | 25.129 44 | 19.062 79 | 23.766 73 | 14.735 32 | 35.063 22 | 40.554 5 | 28.376 47 | 35.610 2 | 38.782 19 | 36.691 8 |
| Achn185491 | 9.025 993 | 8.825 569 | 9.403 948 | 19.843 15 | 14.810 41 | 7.623 849 | 23.120 81 | 22.330 25 | 18.578 25 | 13.796 03 | 11.508 18 | 12.760 05 | 11.580 77 | 9.572 064 | 10.329 98 | 7.455 728 | 5.940 751 | 7.291 226 |
| Achn307411 | 1.451 999 | 1.302 453 | 1.961 625 | 2.310 209 | 0.770 903 | 1.443 878 | 1.314 654 | 2.042 624 | 1.904 299 | 1.511 239 | 1.518 55 | 1.156 176 | 2.893 991 | 3.973 99 | 6.502 551 | 0.387 886 | 2.140 356 | 1.062 334 |
| Achn013141 | 43.674 08 | 46.314 95 | 41.300 59 | 87.839 32 | 75.831 51 | 86.268 1 | 88.596 74 | 73.979 94 | 70.841 43 | 48.189 42 | 54.010 9 | 49.081 59 | 24.362 61 | 20.852 73 | 21.925 1 | 17.063 3 | 20.161 17 | 18.191 26 |
| Achn010461 | 30.136 05 | 39.682 26 | 40.420 59 | 36.006 24 | 59.710 63 | 31.249 3 | 57.775 51 | 51.791 28 | 47.187 38 | 27.790 69 | 25.376 01 | 28.186 59 | 29.276 8 | 33.072 2 | 27.875 | 10.014 44 | 12.383 01 | 14.576 88 |
| Achn064311 | 14.230 96 | 8.699 775 | 7.968 933 | 4.113 466 | 0.965 788 | 0 | 2.622 573 | 3.124 486 | 5.645 764 | 3.730 776 | 5.440 702 | 3.370 375 | 9.944 88 | 4.500 556 | 7.305 081 | 5.454 03 | 7.847 239 | 8.696 554 |
| Achn017601 | 1.248 183 | 1.253 364 | 1.194 341 | 2.418 146 | 2.819 569 | 5.398 281 | 1.972 982 | 1.545 026 | 1.590 655 | 1.428 185 | 1.401 097 | 1.164 492 | 1.308 527 | 1.750 31 | 1.999 086 | 1.534 15 | 1.470 538 | 1.511 552 |
| Actinidia_chinensis_newGene_8546 | 167.474 9 | 147.027 8 | 139.390 1 | 100.328 9 | 120.111 | 61.327 79 | 63.263 3 | 69.050 25 | 62.912 91 | 118.662 1 | 119.213 1 | 124.249 2 | 94.876 61 | 69.713 92 | 74.457 02 | 103.301 7 | 115.753 7 | 120.709 8 |
| Actinidia_chinensis_newGene_10788 | 13.526 8 | 15.881 93 | 15.939 54 | 5.252 79 | 5.080 605 | 4.824 714 | 7.736 878 | 10.111 9 | 11.027 18 | 18.146 66 | 21.408 31 | 17.948 17 | 15.956 93 | 3.788 88 | 7.548 472 | 7.644 507 | 10.300 06 | 8.863 909 |

（续）

| 基因ID | CK1 | CK2 | CK3 | T1-1 | T1-2 | T1-3 | T2-1 | T2-2 | T2-3 | T3-1 | T3-2 | T3-3 | T4-1 | T4-2 | T4-3 | T5-1 | T5-2 | T5-3 |
|---|---|---|---|---|---|---|---|---|---|---|---|---|---|---|---|---|---|---|
| Actinidia_chinensis_newGene_11782 | 0.586 343 | 0.551 607 | 0.618 768 | 1.577 292 | 2.224 167 | 2.158 822 | 1.422 505 | 2.030 021 | 1.235 676 | 1.336 984 | 1.711 689 | 1.454 257 | 1.189 313 | 0.837 224 | 1.178 139 | 1.250 034 | 0.929 488 | 0.805 082 |
| Achn325081 | 105.992 3 | 91.181 42 | 93.284 86 | 64.113 58 | 117.215 3 | 69.475 01 | 153.629 3 | 134.274 6 | 140.007 6 | 91.093 51 | 99.547 32 | 82.874 2 | 58.401 19 | 35.526 75 | 32.290 81 | 14.189 7 | 16.731 74 | 20.061 45 |
| Achn135151 | 17.939 19 | 24.122 47 | 20.614 5 | 20.688 48 | 25.020 35 | 14.185 53 | 19.744 49 | 17.842 94 | 19.992 52 | 16.471 85 | 12.537 05 | 17.351 36 | 13.754 76 | 23.281 89 | 28.914 91 | 10.447 63 | 9.699 228 | 6.807 494 |
| Achn289701 | 14.741 2 | 16.005 28 | 21.989 98 | 9.519 856 | 8.436 677 | 10.382 93 | 16.948 39 | 9.190 782 | 12.984 11 | 7.066 109 | 9.679 766 | 9.548 197 | 34.704 26 | 32.011 14 | 26.136 46 | 27.020 98 | 22.593 97 | 20.871 55 |
| Actinidia_chinensis_newGene_4518 | 0.559 915 | 0.449 858 | 0.257 366 | 0.941 675 | 0.534 378 | 1.884 865 | 1.287 693 | 2.099 308 | 0.765 003 | 1.258 64 | 0.723 203 | 0.533 597 | 0.814 293 | 1.905 163 | 0.763 166 | 1.202 422 | 0.633 09 | 0.802 325 |
| Achn130521 | 0.639 363 | 1.244 335 | 0.927 276 | 1.651 393 | 1.095 595 | 1.496 315 | 1.032 428 | 1.309 066 | 0.936 551 | 0.921 771 | 0.844 839 | 0.565 391 | 1.107 06 | 1.496 369 | 1.393 09 | 0.488 914 | 0.448 236 | 0.410 899 |
| Achn262171 | 23.989 03 | 29.942 07 | 22.504 03 | 6.239 132 | 10.422 26 | 13.032 7 | 13.877 56 | 10.685 79 | 10.835 6 | 18.154 07 | 13.502 17 | 12.809 21 | 21.940 62 | 15.154 88 | 21.473 45 | 17.977 51 | 21.117 66 | 17.949 25 |
| Achn160751 | 12.290 88 | 8.024 014 | 7.610 176 | 3.918 565 | 3.251 892 | 4.911 54 | 1.964 503 | 3.407 001 | 3.645 978 | 6.821 421 | 8.808 121 | 6.616 169 | 10.479 14 | 4.784 233 | 8.070 004 | 12.520 21 | 12.864 6 | 11.071 74 |
| Achn387941 | 82.923 2 | 68.237 88 | 62.169 15 | 150.557 1 | 138.688 2 | 217.343 | 65.860 73 | 75.658 71 | 97.241 27 | 94.187 47 | 94.137 4 | 83.750 15 | 42.411 8 | 19.102 1 | 29.481 77 | 74.587 86 | 71.022 2 | 66.816 2 |
| Achn006361 | 33.929 87 | 26.996 43 | 33.822 51 | 16.621 37 | 9.543 78 | 17.120 57 | 11.712 33 | 10.986 46 | 9.037 364 | 16.462 87 | 14.687 83 | 16.006 74 | 21.731 94 | 28.158 54 | 25.185 41 | 45.871 35 | 51.221 43 | 47.004 73 |
| Achn013041 | 22.856 73 | 21.390 01 | 20.972 51 | 15.868 42 | 11.418 9 | 12.509 68 | 8.561 684 | 10.378 21 | 11.826 72 | 9.700 844 | 10.682 25 | 11.834 02 | 20.083 84 | 14.290 77 | 13.555 64 | 19.624 96 | 23.799 99 | 19.081 68 |
| Achn173631 | 0.614 572 | 0.397 097 | 0.584 578 | 0 | 0 | 0.232 946 | 0 | 0 | 0 | 0 | 0 | 0 | 5.315 686 | 3.163 964 | 2.278 913 | 0.354 174 | 0.618 845 | 0.369 606 |
| Achn080811 | 7.058 345 | 8.031 27 | 7.145 049 | 1.908 994 | 2.850 333 | 4.918 81 | 7.586 276 | 7.680 261 | 7.402 252 | 5.651 279 | 4.484 875 | 3.436 383 | 17.690 67 | 29.788 17 | 25.849 45 | 4.383 856 | 3.138 6 | 3.270 893 |
| Actinidia_chinensis_newGene_3200 | 14.161 12 | 11.870 77 | 12.082 8 | 5.817 629 | 7.440 415 | 2.012 827 | 6.158 01 | 5.318 259 | 6.954 604 | 5.874 252 | 4.445 383 | 7.152 503 | 6.288 596 | 4.830 385 | 5.854 703 | 5.803 495 | 8.085 182 | 7.444 37 |
| Achn068121 | 86.562 05 | 114.811 7 | 89.826 04 | 31.769 41 | 37.409 24 | 70.648 78 | 67.238 85 | 61.298 36 | 45.053 18 | 60.622 79 | 45.365 78 | 42.860 43 | 116.814 5 | 107.980 9 | 105.390 9 | 83.296 94 | 84.759 06 | 66.394 49 |
| Achn305291 | 10 817.65 | 10 702.1 | 11 419.09 | 22 377.71 | 23 593.74 | 23 533.32 | 22 436.67 | 21 657.8 | 22 185.55 | 14 387.95 | 14 639.27 | 14 380.75 | 11 478.89 | 19 146.98 | 18 907.46 | 11 938.65 | 11 289.07 | 10 314.25 |
| Actinidia_chinensis_newGene_10815 | 0.175 688 | 0.585 18 | 0.227 147 | 7.300 206 | 7.417 322 | 2.743 736 | 5.340 357 | 5.263 152 | 3.370 58 | 2.936 627 | 2.124 319 | 5.064 821 | 0 | 0.379 324 | 0.649 423 | 0.088 387 | 0.318 58 | 0.087 |

（续）

| 基因 ID | CK1 | CK2 | CK3 | T1-1 | T1-2 | T1-3 | T2-1 | T2-2 | T2-3 | T3-1 | T3-2 | T3-3 | T4-1 | T4-2 | T4-3 | T5-1 | T5-2 | T5-3 |
|---|---|---|---|---|---|---|---|---|---|---|---|---|---|---|---|---|---|---|
| Achn050091 | 7.125 425 | 7.673 908 | 8.651 649 | 1.834 156 | 3.020 511 | 1.603 978 | 3.444 674 | 3.542 447 | 5.647 114 | 3.564 79 | 2.473 402 | 4.075 538 | 6.849 756 | 15.375 61 | 11.750 92 | 1.776 874 | 1.351 857 | 2.845 068 |
| Achn340281 | 5.862 639 | 6.513 884 | 5.207 788 | 3.611 641 | 3.490 988 | 1.022 203 | 2.114 904 | 2.291 546 | 1.222 154 | 2.761 584 | 0.911 986 | 1.116 926 | 3.010 694 | 3.271 57 | 2.349 081 | 4.783 317 | 6.651 198 | 6.818 357 |
| Achn146201 | 21.744 83 | 21.112 09 | 18.292 5 | 4.320 668 | 2.406 816 | 1.515 482 | 14.833 06 | 10.935 45 | 13.764 99 | 20.610 39 | 15.034 86 | 15.234 61 | 35.687 31 | 16.767 95 | 20.732 11 | 59.425 13 | 60.972 05 | 73.695 21 |
| Achn103121 | 4.052 715 | 4.857 243 | 4.193 046 | 0.982 745 | 1.794 824 | 1.561 277 | 1.595 56 | 1.787 181 | 1.581 464 | 1.910 163 | 1.765 059 | 2.804 006 | 5.521 442 | 6.202 496 | 3.924 2 | 6.095 006 | 3.595 605 | 3.644 454 |
| Achn176581 | 11.852 49 | 14.301 72 | 12.156 1 | 37.613 88 | 27.904 76 | 72.861 14 | 22.443 62 | 19.411 21 | 19.485 2 | 20.181 87 | 20.305 48 | 20.780 99 | 8.045 876 | 5.143 485 | 6.272 247 | 18.050 46 | 16.399 41 | 13.290 25 |
| Achn270741 | 573.738 6 | 524.069 1 | 500.395 3 | 260.152 7 | 280.121 | 394.896 3 | 432.318 9 | 426.828 5 | 505.199 3 | 456.003 3 | 407.446 3 | 457.239 8 | 387.536 4 | 311.860 9 | 339.931 7 | 377.824 8 | 359.628 | 344.386 |
| Achn388031 | 1.432 09 | 1.670 912 | 1.432 556 | 0.709 524 | 0.530 92 | 1.077 53 | 0.800 824 | 0.727 63 | 0.728 238 | 0.934 211 | 0.883 681 | 1.026 568 | 1.052 528 | 0.955 643 | 1.006 064 | 1.177 055 | 1.173 283 | 1.312 24 |
| Achn181511 | 2.332 253 | 2.410 776 | 2.086 905 | 2.510 735 | 2.084 314 | 0.357 562 | 0.565 893 | 1.044 488 | 0.755 618 | 0.799 556 | 0.439 715 | 0.694 06 | 1.631 824 | 1.824 407 | 2.981 318 | 1.282 74 | 1.243 564 | 1.083 602 |
| Achn025551 | 0.753 358 | 1.056 047 | 1.035 444 | 2.142 765 | 3.186 303 | 4.218 534 | 2.134 566 | 2.637 753 | 2.489 688 | 1.889 626 | 2.219 414 | 1.733 81 | 2.004 142 | 1.479 028 | 2.120 876 | 2.086 745 | 2.397 917 | 2.287 637 |
| Achn330781 | 7.511 24 | 5.091 616 | 6.103 412 | 9.203 772 | 13.166 41 | 7.515 018 | 14.700 33 | 17.242 89 | 13.585 24 | 11.350 25 | 7.167 95 | 8.671 293 | 6.770 741 | 6.521 923 | 5.426 228 | 5.371 096 | 7.219 277 | 9.227 725 |
| Achn218871 | 409.004 6 | 502.438 | 436.905 3 | 98.838 43 | 72.696 08 | 74.233 91 | 194.759 5 | 119.356 5 | 83.905 21 | 145.196 4 | 86.271 77 | 82.913 64 | 128.418 4 | 123.516 5 | 154.260 4 | 220.482 6 | 221.055 6 | 291.011 |
| Achn072681 | 2.713 291 | 1.077 31 | 1.818 173 | 5.871 181 | 6.811 24 | 6.077 046 | 1.210 705 | 0.380 926 | 2.446 724 | 0.428 753 | 0.659 952 | 0.663 059 | 0.971 644 | 1.539 031 | 0 | 1.754 326 | 0.677 771 | 0.604 195 |
| Actinidia_chinensis_newGene_3043 | 2.323 698 | 2.738 989 | 3.152 556 | 5.023 643 | 4.994 798 | 5.942 663 | 4.767 915 | 7.008 881 | 6.739 63 | 6.109 426 | 4.216 325 | 5.192 827 | 2.925 629 | 4.357 487 | 3.673 848 | 3.371 453 | 3.978 429 | 3.243 086 |
| Achn064481 | 0.650 979 | 0.464 776 | 0.594 634 | 9.925 662 | 0.784 308 | 0 | 1.532 708 | 7.351 825 | 0.906 244 | 0.375 287 | 0.596 532 | 0.436 379 | 2.111 178 | 14.053 99 | 14.472 52 | 0.415 516 | 0.600 183 | 0.743 734 |
| Achn245261 | 52.237 49 | 61.635 98 | 68.385 15 | 54.438 64 | 61.254 51 | 40.440 41 | 75.779 65 | 58.270 17 | 56.407 51 | 34.808 74 | 40.683 03 | 37.239 08 | 79.534 66 | 94.433 37 | 82.617 81 | 30.553 53 | 33.878 42 | 32.810 54 |
| Achn129711 | 1.458 701 | 1.531 866 | 1.657 377 | 2.014 429 | 1.296 532 | 2.995 296 | 0.939 355 | 1.444 638 | 0.822 061 | 1.918 845 | 2.367 347 | 2.144 276 | 2.784 766 | 1.961 023 | 1.856 071 | 4.325 965 | 3.402 972 | 4.313 457 |
| Achn019161 | 5.434 48 | 10.180 05 | 6.653 929 | 2.227 337 | 1.782 861 | 3.690 376 | 7.269 824 | 6.162 024 | 6.153 04 | 6.138 725 | 7.382 39 | 7.083 638 | 7.616 537 | 4.599 339 | 5.761 302 | 4.764 463 | 4.434 206 | 4.342 1 |
| Achn304311 | 8.756 69 | 10.120 3 | 8.457 899 | 7.875 87 | 7.420 414 | 9.252 305 | 4.137 329 | 5.353 459 | 3.209 381 | 8.206 248 | 9.154 004 | 9.433 837 | 6.883 783 | 5.877 105 | 5.648 405 | 9.982 213 | 11.957 28 | 11.591 72 |

（续）

| 基因 ID | CK1 | CK2 | CK3 | T1 - 1 | T1 - 2 | T1 - 3 | T2 - 1 | T2 - 2 | T2 - 3 | T3 - 1 | T3 - 2 | T3 - 3 | T4 - 1 | T4 - 2 | T4 - 3 | T5 - 1 | T5 - 2 | T5 - 3 |
|---|---|---|---|---|---|---|---|---|---|---|---|---|---|---|---|---|---|---|
| Actinidia_chinensis_newGene_2796 | 2.196 148 | 3.794 362 | 2.979 298 | 15.623 5 | 12.120 82 | 12.948 32 | 9.160 363 | 10.418 64 | 10.549 5 | 16.994 21 | 11.846 84 | 18.007 55 | 0.820 561 | 5.998 791 | 5.865 458 | 10.545 29 | 10.117 3 | 11.335 76 |
| Actinidia_chinensis_newGene_2797 | 0.797 864 | 0.382 755 | 0.634 896 | 27.618 07 | 5.929 564 | 12.919 75 | 2.201 695 | 7.025 133 | 3.984 959 | 5.852 186 | 14.970 65 | 12.378 39 | 2.267 259 | 3.865 14 | 7.397 044 | 11.193 27 | 7.901 127 | 9.550 407 |
| Actinidia_chinensis_newGene_2795 | 26.581 99 | 42.353 45 | 39.129 62 | 163.433 3 | 150.292 6 | 109.525 9 | 130.933 4 | 149.809 7 | 127.090 5 | 133.225 5 | 167.491 8 | 156.375 | 64.835 11 | 76.635 71 | 77.365 3 | 218.091 8 | 145.838 7 | 159.750 3 |
| Achn082251 | 5.622 258 | 7.413 003 | 5.982 629 | 5.422 667 | 3.296 819 | 9.123 706 | 2.218 312 | 2.941 656 | 2.656 084 | 4.542 686 | 2.616 418 | 3.813 926 | 4.072 104 | 3.000 176 | 2.497 252 | 14.355 09 | 17.795 57 | 3.010 95 |
| Achn360441 | 38.397 04 | 47.552 85 | 54.190 13 | 52.974 08 | 73.475 91 | 295.520 2 | 94.616 89 | 80.508 11 | 95.949 11 | 44.673 29 | 51.392 1 | 44.772 63 | 66.114 9 | 128.770 4 | 144.720 7 | 45.313 27 | 47.371 25 | 31.944 18 |
| Achn244131 | 10.821 19 | 9.897 508 | 9.076 941 | 6.505 878 | 6.064 966 | 4.749 483 | 6.850 147 | 7.301 043 | 8.084 291 | 13.059 99 | 8.335 055 | 9.483 193 | 5.587 087 | 4.397 538 | 3.420 481 | 16.524 09 | 24.259 61 | 7.707 018 |
| Achn018641 | 1.496 224 | 1.355 133 | 1.301 446 | 6.504 889 | 5.811 249 | 9.460 818 | 3.100 202 | 3.167 589 | 4.062 134 | 3.681 228 | 4.217 754 | 4.077 405 | 2.054 021 | 1.943 636 | 1.720 87 | 2.439 061 | 1.963 063 | 1.654 683 |
| Achn178171 | 4.083 298 | 4.401 156 | 3.417 417 | 13.227 31 | 6.260 611 | 14.101 24 | 3.773 673 | 7.395 439 | 5.285 339 | 8.996 123 | 10.948 92 | 9.794 092 | 5.171 908 | 4.238 021 | 3.499 763 | 15.399 6 | 12.465 25 | 14.903 01 |
| Achn201851 | 4.026 625 | 3.566 737 | 5.816 937 | 4.325 774 | 5.077 644 | 5.945 592 | 6.564 558 | 3.935 316 | 4.617 437 | 4.049 507 | 3.836 526 | 4.046 111 | 2.547 284 | 5.015 967 | 3.392 172 | 1.857 795 | 1.922 684 | 1.124 816 |
| Achn116891 | 149.161 1 | 164.362 | 133.492 5 | 51.839 58 | 58.799 46 | 56.541 87 | 114.927 3 | 100.077 5 | 108.873 | 110.562 7 | 115.205 9 | 97.827 01 | 105.648 | 78.164 | 80.030 59 | 59.053 47 | 61.751 77 | 62.618 61 |
| Achn302501 | 0.802 579 | 0.903 577 | 0.991 282 | 0.071 715 | 1.336 982 | 1.365 374 | 0.577 758 | 1.011 624 | 0.641 913 | 0.419 478 | 0 | 0.816 922 | 0.400 689 | 0.916 832 | 0.877 61 | 0.139 045 | 0.394 844 | 0.326 827 |
| Achn291731 | 23.110 77 | 19.084 79 | 23.162 5 | 25.019 58 | 12.806 42 | 78.370 26 | 12.027 44 | 12.674 77 | 12.270 23 | 11.042 65 | 11.645 19 | 10.157 18 | 39.635 6 | 30.483 5 | 34.530 09 | 29.265 01 | 25.993 64 | 31.212 58 |
| Achn157111 | 11.172 46 | 13.564 84 | 15.097 82 | 2.921 369 | 3.214 286 | 1.204 835 | 53.038 28 | 16.386 | 10.834 91 | 64.451 23 | 5.673 62 | 8.614 414 | 16.138 67 | 6.521 974 | 4.678 473 | 29.241 29 | 12.373 71 | 5.422 505 |
| Actinidia_chinensis_newGene_7022 | 9.152 604 | 7.660 602 | 5.650 811 | 9.660 66 | 9.540 796 | 11.460 27 | 12.281 04 | 9.146 519 | 11.084 47 | 10.296 5 | 11.718 86 | 8.046 622 | 4.742 047 | 2.436 119 | 2.522 579 | 5.404 295 | 4.570 189 | 2.555 396 |
| Achn268381 | 4.825 699 | 4.796 048 | 5.792 88 | 1.500 927 | 3.124 01 | 2.155 405 | 4.553 953 | 5.471 598 | 7.696 158 | 2.083 566 | 4.986 027 | 5.329 621 | 6.437 448 | 4.958 179 | 3.708 077 | 2.712 147 | 6.330 785 | 2.968 814 |
| Achn357021 | 11.729 05 | 16.443 56 | 15.633 63 | 38.063 92 | 24.327 71 | 60.235 38 | 9.387 72 | 13.898 11 | 14.405 07 | 26.594 04 | 46.480 54 | 36.096 49 | 25.682 64 | 16.238 73 | 22.164 46 | 79.623 78 | 64.345 28 | 43.829 61 |

（续）

| 基因ID | CK1 | CK2 | CK3 | T1-1 | T1-2 | T1-3 | T2-1 | T2-2 | T2-3 | T3-1 | T3-2 | T3-3 | T4-1 | T4-2 | T4-3 | T5-1 | T5-2 | T5-3 |
|---|---|---|---|---|---|---|---|---|---|---|---|---|---|---|---|---|---|---|
| Achn045151 | 3.854 472 | 3.517 653 | 3.792 121 | 1.757 008 | 1.560 96 | 2.164 396 | 2.386 31 | 2.020 064 | 1.372 762 | 3.297 733 | 2.636 686 | 4.279 335 | 3.648 786 | 1.911 049 | 1.611 416 | 2.804 57 | 3.442 716 | 3.341 659 |
| Achn378731 | 26.693 55 | 24.999 83 | 25.705 28 | 60.403 45 | 46.517 08 | 86.458 62 | 30.227 82 | 32.389 68 | 33.840 39 | 38.784 32 | 40.611 96 | 45.801 3 | 21.530 07 | 18.789 85 | 18.893 44 | 39.095 23 | 38.719 34 | 38.016 13 |
| Actinidia_chinensis_newGene_6047 | 0.371 071 | 1.409 081 | 0.752 376 | 0.368 847 | 0.430 189 | 0 | 0.644 931 | 1.390 177 | 0.112 76 | 0.079 061 | 0.151 898 | 0.036 426 | 1.231 386 | 4.724 928 | 4.189 861 | 0.248 369 | 0.738 286 | 0.354 252 |
| Achn174171 | 1.607 01 | 1.561 56 | 2.304 532 | 0.365 22 | 0.136 476 | 0 | 0.482 594 | 1.576 43 | 0.843 724 | 1.299 269 | 0.986 194 | 0.418 223 | 10.400 05 | 8.719 896 | 8.749 442 | 6.227 205 | 5.631 211 | 2.585 279 |
| Actinidia_chinensis_newGene_5479 | 13.093 53 | 16.565 76 | 13.212 41 | 18.465 09 | 14.134 17 | 21.919 36 | 16.880 11 | 26.169 41 | 15.268 86 | 12.864 39 | 16.736 89 | 11.528 95 | 40.054 28 | 100.938 9 | 78.004 01 | 29.434 47 | 20.699 99 | 22.031 77 |
| Achn265231 | 4.009 282 | 4.987 425 | 4.322 074 | 11.386 42 | 11.410 95 | 12.471 7 | 7.146 177 | 9.333 021 | 7.789 529 | 8.006 302 | 9.417 707 | 10.201 69 | 5.686 727 | 7.811 727 | 5.345 866 | 10.437 8 | 8.881 283 | 8.836 164 |
| Achn116281 | 1.674 949 | 1.804 028 | 1.507 893 | 3.226 914 | 2.244 864 | 1.960 409 | 2.709 859 | 3.528 737 | 2.944 097 | 2.956 88 | 2.567 554 | 3.127 912 | 9.278 092 | 9.325 71 | 7.659 441 | 7.134 456 | 5.599 521 | 7.016 831 |
| Actinidia_chinensis_newGene_1099 | 4.152 226 | 2.241 946 | 2.298 574 | 0.642 539 | 0.415 342 | 0.557 493 | 1.002 142 | 1.530 448 | 0.962 508 | 0.817 | 0.962 394 | 0.779 144 | 1.557 309 | 0.339 164 | 0.453 427 | 1.625 413 | 2.742 442 | 1.953 804 |
| Achn217701 | 6.450 577 | 7.178 453 | 8.411 298 | 2.838 943 | 3.548 628 | 5.427 666 | 3.825 032 | 2.672 334 | 2.891 856 | 3.916 85 | 4.109 945 | 3.510 424 | 4.630 517 | 4.897 029 | 5.225 843 | 3.819 494 | 4.687 696 | 3.750 003 |
| Achn141481 | 3.848 193 | 5.435 668 | 7.551 35 | 7.787 823 | 8.082 467 | 4.987 332 | 17.517 16 | 8.824 885 | 11.795 07 | 6.954 407 | 7.571 711 | 8.215 619 | 3.781 142 | 3.417 591 | 5.066 423 | 6.439 927 | 5.370 231 | 4.999 986 |
| Achn351091 | 0.480 352 | 0.967 781 | 0.707 935 | 5.475 864 | 4.272 402 | 7.295 034 | 4.913 066 | 3.456 927 | 2.402 161 | 2.712 832 | 5.508 19 | 7.456 48 | 1.018 619 | 0.775 06 | 1.552 973 | 3.165 891 | 1.024 55 | 1.983 545 |
| Achn226931 | 2.542 518 | 4.608 316 | 4.596 477 | 9.136 555 | 5.990 743 | 9.705 825 | 4.200 665 | 5.837 961 | 3.487 38 | 4.094 091 | 6.116 331 | 4.274 848 | 6.531 566 | 6.294 546 | 11.666 53 | 11.974 08 | 12.187 22 | 9.519 559 |
| Achn119841 | 0.872 995 | 1.216 797 | 1.110 852 | 2.799 408 | 0.479 95 | 8.200 377 | 0.332 136 | 0.243 881 | 0.221 549 | 0.994 431 | 0.533 665 | 0.444 193 | 0.858 986 | 0.532 332 | 0.743 55 | 0.264 102 | 0.689 829 | 0.263 666 |
| Achn389581 | 3.987 653 | 3.058 933 | 2.532 966 | 3.221 297 | 4.699 581 | 0.651 404 | 5.326 499 | 4.785 913 | 4.973 616 | 1.383 904 | 1.083 419 | 3.004 942 | 3.061 137 | 5.024 282 | 2.366 948 | 1.134 456 | 1.474 505 | 0.602 638 |
| Achn308781 | 7.670 657 | 5.338 032 | 7.120 316 | 2.976 928 | 1.746 29 | 4.071 488 | 2.872 075 | 3.750 841 | 3.593 961 | 7.477 857 | 10.487 54 | 7.762 071 | 0.607 637 | 0.298 257 | 0.849 564 | 1.468 862 | 2.530 052 | 2.603 216 |
| Achn209851 | 1.995 86 | 1.312 21 | 1.130 52 | 0.653 811 | 1.279 567 | 0.446 918 | 2.892 482 | 3.430 727 | 1.881 89 | 0.784 218 | 0.576 881 | 0.669 108 | 3.469 609 | 2.515 449 | 1.987 83 | 0.644 136 | 1.509 022 | 1.341 006 |
| Achn332421 | 5.441 716 | 6.138 314 | 7.137 877 | 33.101 63 | 46.883 15 | 13.092 21 | 5.274 361 | 4.998 248 | 7.031 204 | 5.838 062 | 5.270 004 | 7.319 108 | 3.181 466 | 3.146 125 | 2.932 292 | 4.138 647 | 4.947 096 | 9.576 972 |

（续）

| 基因 ID | CK1 | CK2 | CK3 | T1-1 | T1-2 | T1-3 | T2-1 | T2-2 | T2-3 | T3-1 | T3-2 | T3-3 | T4-1 | T4-2 | T4-3 | T5-1 | T5-2 | T5-3 |
|---|---|---|---|---|---|---|---|---|---|---|---|---|---|---|---|---|---|---|
| Achn339741 | 0.553 964 | 0.804 008 | 0.552 537 | 0.697 592 | 0.544 078 | 0 | 1.579 081 | 1.525 547 | 0.623 022 | 1.466 684 | 0.932 157 | 1.022 002 | 0.893 611 | 2.919 159 | 1.963 001 | 1.309 121 | 1.214 879 | 1.389 449 |
| Achn113361 | 3.226 014 | 2.836 138 | 2.099 782 | 9.917 855 | 8.982 974 | 9.907 434 | 3.516 222 | 4.679 099 | 3.411 297 | 2.720 478 | 3.334 672 | 3.424 525 | 2.408 571 | 4.406 757 | 3.371 356 | 3.259 432 | 3.205 817 | 4.309 248 |
| Achn375541 | 15.360 12 | 20.799 43 | 17.486 36 | 4.890 914 | 7.999 988 | 5.643 342 | 25.144 63 | 19.613 12 | 15.565 01 | 18.501 64 | 15.215 42 | 14.008 96 | 15.208 03 | 14.554 57 | 13.904 25 | 6.730 444 | 7.485 901 | 8.543 046 |
| Actinidia_chinensis_newGene_11671 | 3.775 504 | 3.066 02 | 2.737 151 | 10.967 58 | 8.444 207 | 16.388 89 | 5.045 231 | 5.639 887 | 3.453 525 | 3.587 105 | 3.772 57 | 4.387 396 | 1.088 457 | 2.478 181 | 3.214 091 | 2.937 296 | 2.924 685 | 3.849 44 |
| Achn323251 | 0.463 681 | 0.798 | 0.366 521 | 1.571 429 | 1.912 029 | 3.283 78 | 1.418 948 | 1.325 209 | 0.979 993 | 0.230 658 | 0.199 622 | 1.153 711 | 0.593 521 | 0.336 141 | 0.839 89 | 0.295 116 | 0.360 299 | 0.171 579 |
| Achn286121 | 283.192 1 | 283.750 6 | 312.118 8 | 333.926 8 | 304.174 8 | 72.809 02 | 327.820 3 | 284.007 3 | 289.735 6 | 160.586 4 | 152.208 3 | 171.719 7 | 222.155 | 327.631 4 | 287.834 4 | 128.782 | 123.262 4 | 182.295 8 |
| Achn171001 | 36.630 76 | 35.083 02 | 33.350 33 | 17.644 59 | 41.040 27 | 7.367 855 | 41.322 26 | 45.548 25 | 41.496 7 | 60.363 68 | 62.860 89 | 47.339 42 | 20.358 28 | 11.201 74 | 13.406 51 | 24.572 48 | 31.665 97 | 24.648 4 |
| Achn047021 | 2.694 962 | 2.028 526 | 2.559 663 | 1.577 939 | 2.037 328 | 3.156 96 | 2.040 041 | 2.433 853 | 2.056 75 | 3.448 015 | 3.030 6 | 3.638 363 | 2.400 49 | 1.699 546 | 1.926 228 | 5.721 796 | 4.450 181 | 8.378 212 |
| Actinidia_chinensis_newGene_4177 | 2.730 878 | 2.264 036 | 2.542 889 | 0.274 948 | 1.178 138 | 1.179 892 | 1.557 677 | 0.555 179 | 0.383 962 | 1.307 642 | 1.250 892 | 1.308 953 | 1.723 415 | 1.935 285 | 1.874 21 | 0.376 308 | 0.653 451 | 0.898 15 |
| Achn385661 | 27.500 14 | 33.286 33 | 25.319 78 | 11.610 9 | 16.433 33 | 14.794 76 | 6.897 534 | 8.862 65 | 7.160 938 | 15.915 26 | 19.229 39 | 23.132 99 | 12.601 92 | 13.443 34 | 11.888 05 | 15.032 62 | 15.604 4 | 11.146 86 |
| Achn157631 | 74.945 94 | 69.430 79 | 90.336 25 | 179.170 2 | 107.638 3 | 158.128 5 | 133.982 2 | 134.630 3 | 104.879 | 35.194 74 | 34.581 91 | 34.401 21 | 120.321 3 | 291.659 9 | 354.999 5 | 49.906 08 | 53.101 73 | 50.830 63 |
| Achn293521 | 0.526 385 | 0.413 508 | 0.394 283 | 0.777 881 | 0.849 82 | 1.066 171 | 1.181 011 | 1.743 216 | 1.629 538 | 0.963 024 | 0.938 65 | 1.479 51 | 1.541 853 | 3.145 87 | 2.476 091 | 0.963 215 | 0.733 763 | 0.547 255 |
| Achn268021 | 1.044 152 | 0.796 808 | 1.201 495 | 0.658 441 | 1.059 641 | 0.182 062 | 2.707 86 | 2.068 56 | 1.327 764 | 0.441 281 | 0.438 396 | 0.537 159 | 1.150 411 | 2.605 841 | 1.445 577 | 0.208 285 | 0.531 704 | 0.226 017 |
| Achn051751 | 3.186 359 | 3.787 574 | 2.909 303 | 4.329 113 | 2.237 016 | 3.341 984 | 1.423 516 | 1.159 707 | 1.501 657 | 2.820 859 | 1.953 362 | 1.810 817 | 3.328 807 | 4.032 532 | 3.415 155 | 5.557 462 | 4.688 85 | 4.458 277 |
| Achn047841 | 1.235 915 | 0.973 753 | 0.196 312 | 18.603 62 | 8.090 647 | 5.585 607 | 1.902 536 | 5.303 403 | 2.796 367 | 0.138 42 | 0.874 442 | 0.906 794 | 0.503 366 | 4.369 806 | 3.270 504 | 0.092 243 | 0.513 646 | 0.691 308 |
| Achn184131 | 49.691 31 | 46.888 18 | 44.013 77 | 14.044 15 | 24.543 07 | 14.646 05 | 55.173 95 | 44.322 45 | 40.439 78 | 36.415 04 | 27.397 32 | 30.892 | 44.349 29 | 29.103 03 | 31.515 03 | 41.180 12 | 40.908 33 | 39.257 58 |
| Achn117181 | 5.619 254 | 6.280 447 | 6.729 007 | 7.723 823 | 7.911 264 | 7.554 688 | 11.883 53 | 7.704 916 | 7.538 408 | 4.218 757 | 3.958 77 | 4.544 192 | 3.169 751 | 7.271 051 | 7.000 423 | 1.679 665 | 0.879 086 | 2.190 681 |
| Achn267691 | 167.209 1 | 176.157 5 | 169.989 6 | 88.124 7 | 96.517 39 | 103.057 | 163.012 4 | 152.151 8 | 136.069 5 | 88.826 87 | 88.264 83 | 82.382 07 | 192.416 4 | 217.564 9 | 168.707 1 | 78.025 02 | 83.960 63 | 75.753 17 |

（续）

| 基因ID | CK1 | CK2 | CK3 | T1-1 | T1-2 | T1-3 | T2-1 | T2-2 | T2-3 | T3-1 | T3-2 | T3-3 | T4-1 | T4-2 | T4-3 | T5-1 | T5-2 | T5-3 |
|---|---|---|---|---|---|---|---|---|---|---|---|---|---|---|---|---|---|---|
| Achn069541 | 0.554 306 | 0.257 617 | 0.461 774 | 1.484 194 | 3.504 62 | 13.390 32 | 0.738 43 | 1.015 253 | 1.335 269 | 0.797 868 | 1.152 965 | 1.131 899 | 0.456 182 | 0.159 132 | 0.462 08 | 0.587 965 | 0.463 547 | 0.248 081 |
| Actinidia_chinensis_newGene_81 | 2.057 004 | 2.508 67 | 4.782 825 | 29.001 8 | 19.613 55 | 21.322 91 | 14.516 7 | 22.605 84 | 19.921 61 | 8.093 8 | 19.335 2 | 13.610 61 | 22.958 58 | 23.085 02 | 26.679 5 | 33.654 05 | 17.209 21 | 23.322 52 |
| Achn169701 | 1.791 369 | 2.405 383 | 2.219 94 | 0.104 989 | 0 | 0 | 3.773 258 | 2.276 249 | 0.933 659 | 1.414 712 | 1.886 698 | 1.783 686 | 0.770 245 | 0.168 388 | 0.810 437 | 5.360 478 | 3.220 508 | 5.673 759 |
| Achn256651 | 18.316 55 | 17.197 77 | 15.504 64 | 26.627 45 | 29.741 52 | 61.905 79 | 11.166 77 | 15.698 96 | 14.796 32 | 22.531 89 | 25.105 44 | 30.134 25 | 9.868 073 | 4.679 041 | 6.964 712 | 15.695 19 | 18.362 43 | 17.091 83 |
| Actinidia_chinensis_newGene_5535 | 0.247 272 | 0.418 268 | 0.185 125 | 0.210 403 | 0.716 817 | 0.238 688 | 0.121 344 | 0.160 64 | 0.155 834 | 0.145 473 | 0.829 253 | 0.844 336 | 0.298 206 | 0.492 6 | 0.089 424 | 1.709 829 | 0.718 474 | 1.008 123 |
| Achn227981 | 0 | 0.080 639 | 0 | 0.112 135 | 0.281 992 | 0.042 759 | 0 | 0 | 0 | 0.348 018 | 0 | 0 | 1.114 592 | 2.835 495 | 1.168 853 | 0.187 391 | 0 | 0 |
| Achn118121 | 1.292 149 | 1.081 622 | 1.137 053 | 2.653 657 | 0.778 083 | 6.972 81 | 0.578 491 | 3.501 075 | 0.678 849 | 1.567 622 | 1.685 602 | 1.309 876 | 1.999 497 | 2.474 33 | 2.186 236 | 4.738 091 | 3.135 373 | 2.455 558 |
| Achn172991 | 1.784 145 | 0.762 64 | 1.230 291 | 58.934 46 | 11.650 86 | 12.415 7 | 12.593 35 | 53.140 98 | 33.482 6 | 5.619 37 | 18.019 67 | 14.845 03 | 55.192 98 | 70.429 86 | 63.360 08 | 20.380 52 | 15.631 25 | 13.481 04 |
| Actinidia_chinensis_newGene_846 | 1.478 651 | 1.604 198 | 2.164 995 | 5.019 099 | 4.204 767 | 8.394 226 | 1.811 827 | 2.094 057 | 2.787 97 | 2.619 625 | 2.229 079 | 2.413 823 | 2.687 736 | 2.276 637 | 3.385 778 | 1.951 033 | 2.099 626 | 2.540 086 |
| Achn005701 | 3.124 243 | 9.126 845 | 7.187 323 | 1.144 366 | 0.878 384 | 0.612 909 | 6.299 126 | 5.479 86 | 2.994 578 | 2.735 831 | 2.550 978 | 2.244 595 | 11.533 5 | 11.976 87 | 13.175 8 | 7.170 026 | 5.390 317 | 7.450 931 |
| Achn176291 | 2.643 998 | 2.724 815 | 3.050 689 | 2.150 61 | 0.941 75 | 3.547 527 | 2.892 358 | 2.673 35 | 2.615 053 | 2.444 802 | 3.808 65 | 3.141 363 | 9.468 64 | 9.122 279 | 11.927 78 | 5.954 448 | 4.707 553 | 5.629 773 |
| Achn009131 | 0.319 645 | 0.606 8 | 0.475 517 | 1.212 79 | 1.416 548 | 0 | 1.535 969 | 2.268 453 | 1.589 937 | 1.178 914 | 1.375 939 | 2.939 528 | 0.219 465 | 0.404 849 | 0.146 293 | 0.805 94 | 3.629 735 | 1.009 411 |
| Achn091201 | 4.605 463 | 9.580 691 | 10.936 01 | 3.430 023 | 7.076 225 | 3.007 54 | 4.132 345 | 4.134 168 | 2.715 78 | 4.668 991 | 5.651 903 | 4.050 029 | 3.604 577 | 5.197 14 | 3.730 916 | 0.577 291 | 1.638 061 | 1.711 63 |
| Achn103631 | 5.343 213 | 5.542 264 | 4.592 468 | 11.540 46 | 5.991 639 | 10.502 48 | 7.510 475 | 10.094 95 | 7.276 358 | 7.653 329 | 7.489 388 | 5.915 317 | 13.436 37 | 11.183 69 | 11.511 48 | 9.642 43 | 10.938 86 | 7.438 421 |
| Achn267161 | 2.132 303 | 1.387 333 | 1.590 432 | 0.292 773 | 0.442 297 | 0 | 0.158 836 | 0.667 922 | 0.537 967 | 0.317 572 | 0.167 93 | 0.644 789 | 0.473 2 | 0.602 03 | 0.404 238 | 0.351 94 | 1.041 87 | 0.348 403 |
| Achn049991 | 107.712 5 | 65.826 78 | 61.344 23 | 39.397 47 | 53.301 88 | 13.477 2 | 58.002 61 | 70.726 23 | 76.053 85 | 67.044 19 | 57.855 31 | 69.903 78 | 72.887 97 | 26.525 44 | 34.008 41 | 23.142 22 | 37.038 62 | 32.902 44 |
| Achn207361 | 1.558 325 | 0.418 384 | 0.384 998 | 10.576 16 | 6.535 462 | 0.221 583 | 2.372 703 | 3.972 718 | 3.122 991 | 1.828 936 | 4.768 102 | 1.765 457 | 0.340 304 | 0.645 861 | 0.194 902 | 4.082 277 | 3.267 135 | 3.053 981 |

（续）

| 基因 ID | CK1 | CK2 | CK3 | T1-1 | T1-2 | T1-3 | T2-1 | T2-2 | T2-3 | T3-1 | T3-2 | T3-3 | T4-1 | T4-2 | T4-3 | T5-1 | T5-2 | T5-3 |
|---|---|---|---|---|---|---|---|---|---|---|---|---|---|---|---|---|---|---|
| Achn354691 | 37.245 19 | 42.190 42 | 34.804 98 | 13.034 29 | 24.364 33 | 9.783 81 | 32.480 98 | 30.323 53 | 26.010 5 | 17.635 42 | 16.972 23 | 17.703 85 | 56.872 73 | 38.103 81 | 36.070 45 | 10.930 79 | 14.185 92 | 17.638 93 |
| Achn240391 | 0.481 42 | 0.469 867 | 0.539 126 | 3.372 765 | 4.076 896 | 9.142 695 | 1.753 579 | 2.876 505 | 0.645 008 | 1.160 412 | 1.402 176 | 1.766 118 | 0.796 059 | 0.563 934 | 0.748 501 | 0.331 835 | 0.440 511 | 0.335 606 |
| Achn358441 | 59.684 59 | 57.775 75 | 54.905 59 | 40.009 91 | 54.826 63 | 56.076 08 | 25.808 12 | 25.598 17 | 27.001 09 | 38.586 63 | 35.914 42 | 34.863 13 | 36.309 72 | 18.795 18 | 24.915 11 | 43.183 32 | 45.255 81 | 39.226 89 |
| Achn120401 | 1.375 154 | 1.476 888 | 1.028 554 | 0.405 809 | 0.735 924 | 0.268 863 | 1.344 005 | 0.740 13 | 0.595 538 | 0.446 898 | 0.131 934 | 0.423 017 | 1.381 082 | 2.279 14 | 2.682 504 | 0.533 559 | 0.416 779 | 0.820 388 |
| Actinidia_chinensis_newGene_616 | 1.894 05 | 2.802 227 | 2.764 075 | 2.640 526 | 3.444 211 | 2.250 451 | 1.390 672 | 3.118 543 | 2.072 785 | 2.295 069 | 2.745 897 | 1.418 57 | 0.965 842 | 0.598 747 | 1.090 494 | 1.270 854 | 1.998 128 | 1.359 36 |
| Achn380651 | 44.495 62 | 46.716 88 | 45.875 69 | 29.084 41 | 28.876 8 | 37.309 12 | 30.000 97 | 32.287 01 | 31.296 88 | 24.946 22 | 22.390 66 | 24.110 81 | 35.646 53 | 40.742 38 | 35.734 54 | 29.028 32 | 31.080 34 | 35.802 81 |
| Achn038071 | 1.396 681 | 0.707 069 | 0.940 556 | 0.406 63 | 0.129 488 | 0.384 102 | 8.087 885 | 0.585 283 | 0.788 799 | 8.240 114 | 0.708 566 | 2.073 985 | 2.458 498 | 0.457 904 | 0.337 812 | 13.453 | 12.030 99 | 0.515 384 |
| Achn196931 | 2.164 663 | 2.564 408 | 1.790 736 | 0.423 383 | 0.324 071 | 0.611 646 | 0.852 032 | 1.155 65 | 0.689 421 | 1.910 053 | 1.680 175 | 1.713 359 | 4.847 584 | 4.354 121 | 3.631 658 | 4.605 566 | 4.576 432 | 5.354 629 |
| Actinidia_chinensis_newGene_2883 | 0 | 0.106 709 | 0.107 294 | 0.562 425 | 0 | 0.699 618 | 0.210 855 | 0.152 358 | 0.222 429 | 0.144 008 | 0.278 747 | 0.203 975 | 1.681 | 1.418 468 | 1.638 277 | 1.779 593 | 1.226 994 | 0.582 407 |
| Actinidia_chinensis_newGene_2390 | 1.369 825 | 1.815 704 | 1.858 184 | 3.492 403 | 2.106 145 | 4.888 746 | 2.261 265 | 1.253 905 | 3.657 955 | 3.940 318 | 4.133 793 | 5.158 847 | 1.729 022 | 1.116 188 | 2.069 394 | 2.494 881 | 2.054 847 | 2.578 669 |
| Achn387251 | 1.390 799 | 2.050 668 | 1.987 735 | 1.526 427 | 1.473 252 | 2.422 826 | 1.534 562 | 2.307 831 | 1.117 316 | 0.681 057 | 0.348 355 | 1.101 942 | 2.095 365 | 4.451 923 | 4.052 254 | 1.524 75 | 1.374 488 | 1.313 93 |
| Achn044781 | 2.146 862 | 1.631 764 | 2.491 338 | 0.709 124 | 0.605 858 | 1.802 616 | 1.071 222 | 0.597 88 | 0.788 947 | 1.712 234 | 1.368 792 | 2.563 425 | 1.766 712 | 2.195 175 | 1.559 7 | 2.396 171 | 2.570 039 | 2.060 081 |
| Achn164191 | 0.124 52 | 0.236 935 | 0.231 67 | 0.427 021 | 0.249 83 | 0.511 347 | 0.267 398 | 0.203 922 | 0.282 099 | 0.176 808 | 0.364 922 | 0.604 588 | 0.209 775 | 0.315 067 | 0.534 96 | 0.615 112 | 0.502 674 | 0.697 794 |
| Achn168671 | 23.237 25 | 23.016 8 | 23.473 66 | 60.634 59 | 40.196 32 | 5.690 458 | 14.640 56 | 10.179 79 | 16.904 42 | 23.973 02 | 32.251 22 | 19.443 13 | 10.063 1 | 4.687 426 | 12.357 93 | 59.622 91 | 84.524 9 | 90.391 09 |
| Achn255671 | 0.091 801 | 0.091 359 | 0.047 797 | 0.612 903 | 0.461 26 | 0.959 008 | 0.361 819 | 0.264 575 | 0.360 54 | 0.364 516 | 0.531 444 | 0.490 125 | 0.135 61 | 0.304 876 | 0.358 64 | 0.087 937 | 0.148 221 | 0.126 414 |
| Achn141761 | 13.896 61 | 11.979 94 | 11.948 83 | 1.869 264 | 3.213 595 | 4.254 736 | 5.148 692 | 3.830 613 | 5.914 367 | 5.430 043 | 4.303 147 | 4.627 189 | 7.106 235 | 4.639 706 | 3.862 619 | 8.053 453 | 7.168 371 | 8.276 505 |
| Achn096451 | 3.471 317 | 3.541 073 | 4.839 651 | 10.485 45 | 8.643 448 | 12.458 43 | 5.817 705 | 6.979 551 | 8.517 59 | 6.828 915 | 6.454 862 | 7.157 187 | 5.930 907 | 4.719 376 | 7.693 854 | 5.518 564 | 6.729 712 | 4.194 58 |

（续）

| 基因 ID | CK1 | CK2 | CK3 | T1-1 | T1-2 | T1-3 | T2-1 | T2-2 | T2-3 | T3-1 | T3-2 | T3-3 | T4-1 | T4-2 | T4-3 | T5-1 | T5-2 | T5-3 |
|---|---|---|---|---|---|---|---|---|---|---|---|---|---|---|---|---|---|---|
| Achn011851 | 0.197 728 | 0.378 518 | 1.208 948 | 1.119 487 | 1.801 541 | 0.050 166 | 3.532 988 | 3.767 179 | 3.030 025 | 6.543 745 | 2.381 712 | 2.552 318 | 0.570 698 | 0.455 546 | 0.416 902 | 9.484 836 | 10.996 47 | 0.587 509 |
| Actinidia_chinensis_newGene_7731 | 37.505 13 | 35.075 63 | 33.727 98 | 18.441 67 | 15.379 75 | 30.123 69 | 13.594 82 | 14.192 98 | 14.158 47 | 17.427 92 | 16.911 33 | 18.736 9 | 18.206 32 | 12.801 78 | 14.611 15 | 20.728 | 22.906 58 | 26.417 61 |
| Achn094881 | 19.987 92 | 20.309 | 23.940 06 | 7.089 507 | 9.694 475 | 10.807 61 | 32.850 17 | 21.084 1 | 26.352 68 | 15.613 29 | 12.620 52 | 12.590 85 | 20.225 3 | 25.864 94 | 26.032 51 | 11.476 81 | 8.585 114 | 11.688 53 |
| Achn295611 | 0.916 289 | 1.180 782 | 1.302 147 | 3.288 676 | 1.614 858 | 1.181 413 | 1.718 679 | 1.943 406 | 1.650 404 | 1.069 172 | 0.848 66 | 1.306 597 | 3.020 861 | 2.703 771 | 2.644 479 | 1.622 153 | 2.443 14 | 2.183 716 |
| Achn146281 | 8.777 049 | 8.778 051 | 8.245 68 | 39.940 61 | 91.464 | 16.383 82 | 30.561 5 | 33.196 74 | 52.458 08 | 7.704 314 | 6.811 018 | 9.886 553 | 8.133 414 | 10.956 76 | 13.878 69 | 7.702 876 | 14.267 56 | 10.556 92 |
| Achn053811 | 5.540 531 | 4.608 588 | 2.807 783 | 3.275 451 | 3.577 711 | 10.142 66 | 0.516 46 | 1.638 206 | 1.297 365 | 2.332 235 | 2.838 751 | 5.113 616 | 4.003 455 | 1.739 265 | 2.431 375 | 7.747 45 | 9.094 805 | 6.674 716 |
| Achn064181 | 9.137 063 | 12.177 18 | 10.914 25 | 4.966 623 | 3.569 676 | 2.286 182 | 5.527 372 | 5.924 019 | 4.534 593 | 6.911 774 | 6.568 528 | 5.627 354 | 11.365 36 | 8.038 714 | 8.822 198 | 6.863 608 | 7.216 828 | 8.498 385 |
| Achn247421 | 39.268 06 | 33.103 51 | 42.594 12 | 39.168 57 | 48.830 85 | 54.989 52 | 40.338 15 | 69.180 89 | 52.068 95 | 57.549 59 | 73.496 83 | 66.736 66 | 65.433 59 | 121.634 8 | 95.458 12 | 170.615 2 | 134.920 4 | 135.542 3 |
| Achn370591 | 3.503 138 | 6.835 022 | 4.630 972 | 1.251 24 | 0.981 987 | 0.116 985 | 0.905 56 | 2.217 641 | 1.783 631 | 2.794 647 | 5.212 156 | 2.232 972 | 6.366 164 | 5.277 099 | 5.931 339 | 15.787 95 | 16.018 16 | 11.949 27 |
| Achn339391 | 758.135 4 | 774.587 8 | 711.941 2 | 321.758 9 | 306.994 6 | 298.873 9 | 418.266 | 385.009 5 | 405.443 3 | 426.805 7 | 365.721 9 | 360.816 6 | 776.786 1 | 676.354 2 | 647.877 8 | 547.604 1 | 537.711 | 539.450 5 |
| Achn346251 | 0.896 836 | 0.732 403 | 0.714 297 | 0.139 531 | 0.624 139 | 0.451 592 | 0.221 258 | 0.132 351 | 0.155 95 | 0.426 018 | 0.541 912 | 0.784 218 | 0.612 841 | 0.501 149 | 0.496 468 | 1.120 88 | 1.248 398 | 1.226 944 |
| Achn094741 | 0.419 243 | 0.300 354 | 0.384 292 | 1.488 55 | 0.211 673 | 0.579 614 | 0.474 352 | 0.467 992 | 1.030 114 | 0.473 36 | 0.697 478 | 0.615 707 | 0.556 529 | 0.256 905 | 0.379 835 | 1.607 868 | 1.814 732 | 1.252 435 |
| Achn329671 | 0.145 935 | 0.145 124 | 0.050 655 | 4.415 298 | 1.296 674 | 1.817 418 | 0.423 808 | 0.990 458 | 0.249 815 | 0.632 67 | 2.102 146 | 0.663 987 | 0.244 711 | 0.330 731 | 0.624 7 | 0.651 826 | 0.444 625 | 0.515 421 |
| Achn336911 | 3.195 679 | 2.534 037 | 2.865 485 | 7.379 744 | 8.745 329 | 31.069 35 | 6.435 954 | 6.777 194 | 5.829 828 | 5.869 155 | 6.403 029 | 6.250 66 | 2.625 092 | 3.330 547 | 6.228 676 | 3.211 709 | 6.060 875 | 3.412 654 |
| Achn176311 | 0.668 859 | 1.000 841 | 1.152 433 | 3.108 909 | 2.626 834 | 4.478 285 | 1.480 443 | 1.567 433 | 1.705 965 | 2.013 673 | 0.956 067 | 1.653 863 | 0.758 19 | 0.401 177 | 0.628 145 | 2.183 387 | 1.451 557 | 1.892 813 |
| Achn308541 | 7.060 898 | 6.646 373 | 4.586 889 | 10.726 69 | 9.683 421 | 8.732 242 | 9.112 271 | 6.820 697 | 8.294 679 | 8.087 41 | 8.146 838 | 7.272 305 | 2.756 394 | 2.315 052 | 2.158 57 | 4.767 822 | 7.605 739 | 4.744 088 |
| Achn060081 | 1.836 067 | 1.880 438 | 2.161 568 | 1.044 212 | 1.858 95 | 1.628 049 | 1.455 829 | 2.226 132 | 1.517 962 | 0.511 304 | 0.759 46 | 0.415 129 | 1.613 032 | 1.465 944 | 1.291 541 | 1.111 143 | 0.917 549 | 1.917 188 |
| Achn288171 | 0.863 41 | 1.037 732 | 1.693 21 | 1.903 82 | 2.383 264 | 2.065 048 | 3.602 236 | 4.144 338 | 2.797 908 | 2.294 42 | 1.813 251 | 2.628 014 | 0.728 941 | 1.731 838 | 1.966 695 | 0.612 542 | 0.637 973 | 0.706 247 |
| Achn008291 | 1.595 26 | 1.739 119 | 2.114 516 | 0.494 296 | 1.660 525 | 0.786 354 | 2.306 564 | 1.230 688 | 1.145 138 | 1.070 127 | 0.262 485 | 0.362 598 | 2.557 488 | 4.375 117 | 5.245 755 | 2.905 931 | 2.583 294 | 2.365 009 |

（续）

| 基因 ID | CK1 | CK2 | CK3 | T1-1 | T1-2 | T1-3 | T2-1 | T2-2 | T2-3 | T3-1 | T3-2 | T3-3 | T4-1 | T4-2 | T4-3 | T5-1 | T5-2 | T5-3 |
|---|---|---|---|---|---|---|---|---|---|---|---|---|---|---|---|---|---|---|
| Achn222221 | 20.186 24 | 17.321 12 | 15.842 76 | 50.903 89 | 40.733 49 | 57.630 22 | 27.289 64 | 41.784 33 | 34.644 66 | 35.734 46 | 42.283 95 | 36.184 66 | 31.816 42 | 23.334 25 | 22.336 62 | 45.354 08 | 43.378 35 | 35.935 11 |
| Actinidia_chinensis_newGene_9124 | 10.213 97 | 8.198 174 | 10.643 93 | 20.433 9 | 18.554 38 | 36.339 34 | 24.619 88 | 15.370 43 | 17.621 01 | 8.869 223 | 12.038 45 | 8.617 793 | 10.240 03 | 12.968 9 | 11.513 89 | 6.634 809 | 7.128 366 | 6.788 601 |
| Actinidia_chinensis_newGene_9126 | 1.457 226 | 2.677 82 | 1.790 418 | 2.315 395 | 1.101 758 | 4.826 873 | 1.011 696 | 1.533 738 | 1.352 931 | 0.510 106 | 1.283 744 | 0.202 225 | 0.397 949 | 0.717 937 | 0.424 422 | 0.348 888 | 1.459 821 | 1.034 518 |
| Achn327851 | 5.760 719 | 7.590 284 | 6.371 595 | 10.302 98 | 5.633 125 | 11.772 72 | 8.165 318 | 7.867 059 | 6.615 413 | 6.757 069 | 7.688 287 | 5.294 119 | 13.106 28 | 13.196 85 | 13.341 09 | 10.472 29 | 9.270 033 | 8.825 461 |
| Achn321181 | 36.392 98 | 45.552 | 45.774 67 | 60.764 24 | 60.308 65 | 81.446 27 | 62.487 85 | 61.935 39 | 60.794 82 | 65.746 86 | 80.978 78 | 72.707 53 | 59.780 07 | 51.321 19 | 57.534 35 | 109.792 5 | 102.042 | 97.223 71 |
| Achn375651 | 4.883 729 | 2.658 872 | 3.904 899 | 31.287 56 | 8.640 386 | 31.789 48 | 4.311 539 | 7.808 517 | 9.821 244 | 8.523 401 | 14.588 18 | 18.646 08 | 3.121 09 | 4.943 407 | 3.293 427 | 8.177 226 | 14.269 9 | 6.642 974 |
| Achn292201 | 27.725 82 | 18.835 04 | 24.128 04 | 14.468 14 | 12.393 9 | 25.064 64 | 9.100 911 | 9.668 952 | 7.511 527 | 9.995 981 | 10.312 11 | 12.081 57 | 7.964 982 | 20.050 77 | 8.322 518 | 15.633 33 | 22.884 92 | 9.447 963 |
| Achn219311 | 1.296 776 | 0.872 426 | 1.246 906 | 0 | 0.199 86 | 0 | 2.199 421 | 0.480 798 | 0.992 748 | 6.098 638 | 0.625 211 | 2.859 379 | 0.986 834 | 0.713 754 | 0.598 602 | 16.056 64 | 12.179 74 | 3.995 469 |
| Achn262351 | 0.199 961 | 0.516 13 | 0.291 301 | 1.657 641 | 1.501 172 | 2.097 305 | 0.370 262 | 0.533 776 | 0.430 249 | 0.676 483 | 0.502 063 | 0.820 814 | 0.272 172 | 0.350 336 | 0.316 914 | 0.540 054 | 0.917 369 | 0.620 407 |
| Achn117551 | 1.064 992 | 0.808 551 | 1.056 502 | 0.415 487 | 0.477 633 | 0.988 064 | 0.285 89 | 0.274 56 | 0.337 252 | 0.576 565 | 0.561 415 | 1.047 18 | 1.140 902 | 1.344 724 | 1.740 466 | 1.253 848 | 1.161 768 | 1.215 424 |
| Actinidia_chinensis_newGene_6597 | 5.337 646 | 4.740 702 | 4.846 804 | 1.666 844 | 1.542 599 | 0.132 39 | 4.755 001 | 4.256 19 | 2.570 996 | 3.568 247 | 3.679 991 | 3.463 385 | 14.355 02 | 7.260 242 | 8.637 381 | 4.298 388 | 4.216 247 | 4.448 814 |
| Actinidia_chinensis_newGene_4996 | 23.282 95 | 35.650 34 | 31.652 79 | 60.710 05 | 104.818 5 | 76.961 | 64.781 37 | 59.401 06 | 54.751 63 | 32.126 24 | 37.499 85 | 42.157 41 | 32.293 08 | 30.413 3 | 33.505 59 | 28.121 6 | 25.609 01 | 25.232 49 |
| Achn112451 | 2.878 346 | 4.873 03 | 3.232 46 | 0.720 352 | 1.904 835 | 0.727 43 | 2.688 93 | 2.548 893 | 3.721 056 | 3.080 155 | 2.085 22 | 1.165 753 | 8.241 93 | 3.561 955 | 2.694 22 | 7.828 42 | 9.684 549 | 7.306 439 |
| Achn169191 | 3.039 056 | 4.307 117 | 4.850 598 | 4.230 575 | 10.378 3 | 8.850 798 | 2.229 94 | 3.320 34 | 3.723 704 | 3.247 025 | 4.883 404 | 3.929 449 | 7.537 318 | 3.527 062 | 5.438 157 | 13.697 91 | 12.556 78 | 7.995 118 |
| Actinidia_chinensis_newGene_4662 | 1.115 633 | 1.780 285 | 1.080 704 | 1.718 228 | 2.274 268 | 2.647 972 | 1.680 531 | 2.081 872 | 1.191 582 | 2.038 176 | 1.953 389 | 3.266 112 | 1.890 129 | 4.616 966 | 1.944 129 | 4.315 851 | 3.750 616 | 2.378 529 |
| Achn294721 | 17.683 88 | 17.661 41 | 14.300 97 | 12.542 01 | 10.183 06 | 10.300 78 | 10.425 95 | 12.118 15 | 11.224 36 | 14.561 43 | 13.061 75 | 13.726 36 | 1.246 888 | 1.263 587 | 1.730 775 | 2.326 037 | 2.299 411 | 2.835 41 |

（续）

| 基因ID | CK1 | CK2 | CK3 | T1-1 | T1-2 | T1-3 | T2-1 | T2-2 | T2-3 | T3-1 | T3-2 | T3-3 | T4-1 | T4-2 | T4-3 | T5-1 | T5-2 | T5-3 |
|---|---|---|---|---|---|---|---|---|---|---|---|---|---|---|---|---|---|---|
| Achn312081 | 0.789 302 | 1.564 311 | 1.976 664 | 1.379 702 | 1.047 531 | 1.646 619 | 2.402 194 | 1.447 748 | 2.388 987 | 0.302 506 | 0.563 482 | 0.093 075 | 2.226 506 | 3.695 467 | 3.967 195 | 1.007 662 | 0.709 408 | 0.789 249 |
| Actinidia_chinensis_newGene_7501 | 3.461 795 | 3.919 905 | 3.785 251 | 1.201 83 | 2.413 273 | 1.263 707 | 3.485 129 | 6.980 252 | 4.589 086 | 2.539 145 | 2.693 304 | 2.331 432 | 4.170 831 | 1.734 308 | 2.197 064 | 1.244 623 | 1.524 862 | 1.453 274 |
| Achn343991 | 21.472 48 | 27.386 | 32.934 82 | 36.341 97 | 63.283 66 | 26.460 1 | 27.712 38 | 24.879 84 | 25.364 72 | 28.259 38 | 25.434 8 | 25.407 54 | 15.654 37 | 10.039 52 | 9.168 452 | 19.793 94 | 20.035 21 | 24.579 25 |
| Actinidia_chinensis_newGene_11957 | 0.186 784 | 0.399 274 | 0.185 643 | 0.037 008 | 0.037 272 | 0 | 0 | 0 | 0.130 098 | 0.055 831 | 0 | 0 | 0.572 261 | 1.475 243 | 1.407 4 | 0 | 0 | 0.082 451 |
| Achn011821 | 4.737 843 | 5.431 382 | 6.282 59 | 4.881 348 | 4.183 568 | 11.611 48 | 4.202 649 | 4.239 8 | 5.640 869 | 3.199 773 | 2.986 543 | 4.122 349 | 2.339 581 | 1.554 619 | 1.557 78 | 3.615 56 | 3.575 521 | 3.584 041 |
| Achn344501 | 6.585 052 | 4.148 355 | 4.784 502 | 18.842 71 | 12.259 16 | 21.190 44 | 8.436 833 | 8.632 693 | 7.492 531 | 7.887 508 | 7.797 22 | 7.627 765 | 9.039 072 | 8.232 763 | 9.474 482 | 9.900 846 | 11.630 96 | 9.089 154 |
| Achn300571 | 5.250 368 | 6.301 098 | 5.930 685 | 13.284 82 | 14.493 97 | 22.059 23 | 12.667 66 | 9.509 152 | 10.286 65 | 8.653 776 | 6.192 802 | 9.483 2 | 6.937 113 | 9.093 699 | 7.870 802 | 4.196 85 | 4.349 311 | 3.044 761 |
| Achn307701 | 11.226 9 | 9.297 956 | 10.429 68 | 6.581 172 | 7.096 682 | 4.707 791 | 7.003 99 | 5.026 034 | 5.042 064 | 2.631 322 | 2.589 26 | 2.502 775 | 4.406 362 | 8.591 737 | 14.299 06 | 2.585 67 | 3.996 292 | 4.912 357 |
| Achn189001 | 177.102 2 | 329.434 2 | 368.000 8 | 614.800 8 | 1 085.049 | 561.470 8 | 1 010.107 | 823.746 2 | 699.821 | 457.621 1 | 371.941 9 | 424.283 3 | 307.533 7 | 393.519 9 | 438.915 1 | 153.686 6 | 125.373 4 | 125.216 1 |
| Achn240741 | 3 922.026 | 5 253.971 | 5 176.074 | 815.097 4 | 1 426.534 | 140.887 8 | 2 151.948 | 1 263.071 | 1 537.766 | 1 703.174 | 1 539.245 | 1 091.681 | 3 417.958 | 2 432.837 | 3 741.521 | 5 130.704 | 4 998.27 | 5 862.654 |
| Achn123521 | 16.377 7 | 26.877 96 | 22.384 03 | 43.057 79 | 18.362 63 | 27.427 85 | 39.273 58 | 30.895 | 27.389 73 | 13.538 77 | 14.692 82 | 14.078 05 | 17.479 27 | 22.513 87 | 28.533 97 | 10.373 28 | 8.781 808 | 14.084 55 |
| Achn207631 | 21.272 54 | 19.515 72 | 22.795 16 | 32.516 79 | 47.530 1 | 38.786 36 | 28.596 87 | 25.190 89 | 31.541 92 | 27.896 05 | 28.978 51 | 21.848 05 | 12.700 44 | 7.386 537 | 8.659 446 | 21.633 5 | 22.519 99 | 20.359 44 |
| Actinidia_chinensis_newGene_3326 | 7.255 686 | 4.270 392 | 4.037 636 | 0.276 197 | 0.931 439 | 0.674 22 | 2.734 852 | 1.988 407 | 4.068 506 | 10.589 25 | 12.440 6 | 6.875 696 | 9.233 009 | 13.997 52 | 6.823 571 | 4.773 99 | 9.169 913 | 5.059 563 |
| Achn195871 | 7.477 797 | 7.497 059 | 9.071 608 | 14.420 46 | 55.465 92 | 5.488 646 | 34.044 88 | 20.317 | 24.357 2 | 37.229 08 | 6.706 66 | 8.957 606 | 4.217 563 | 7.821 947 | 9.109 852 | 37.977 03 | 39.584 09 | 8.480 69 |
| Achn105281 | 6.745 518 | 11.353 32 | 9.199 129 | 10.107 57 | 10.656 38 | 8.948 55 | 12.750 41 | 9.429 306 | 10.757 65 | 7.167 482 | 6.551 312 | 6.886 419 | 12.110 25 | 14.903 18 | 13.519 7 | 5.375 704 | 4.925 718 | 3.154 993 |
| Achn063241 | 2.472 537 | 1.980 608 | 4.046 128 | 1.174 821 | 1.037 | 0.238 416 | 0.972 352 | 0.939 894 | 1.712 598 | 5.913 271 | 2.850 978 | 1.447 2 | 8.580 072 | 2.237 556 | 3.466 173 | 4.032 337 | 10.193 56 | 8.628 231 |
| Actinidia_chinensis_newGene_10232 | 2.179 273 | 2.356 07 | 2.086 011 | 4.146 235 | 4.195 422 | 5.203 237 | 4.108 4 | 3.918 515 | 6.553 071 | 4.130 49 | 3.860 448 | 4.403 987 | 1.713 029 | 2.974 36 | 3.129 911 | 2.771 683 | 2.355 797 | 1.756 689 |

（续）

| 基因 ID | CK1 | CK2 | CK3 | T1-1 | T1-2 | T1-3 | T2-1 | T2-2 | T2-3 | T3-1 | T3-2 | T3-3 | T4-1 | T4-2 | T4-3 | T5-1 | T5-2 | T5-3 |
|---|---|---|---|---|---|---|---|---|---|---|---|---|---|---|---|---|---|---|
| Actinidia_chinensis_newGene_10230 | 9.295 689 | 6.053 795 | 8.518 603 | 1.754 673 | 2.986 992 | 3.779 577 | 3.724 685 | 6.690 481 | 5.090 701 | 5.803 629 | 5.180 239 | 5.456 825 | 1.100 536 | 5.323 08 | 4.623 919 | 1.303 097 | 1.779 064 | 3.233 768 |
| Achn338471 | 3.167 224 | 2.534 114 | 2.368 787 | 2.581 062 | 1.573 904 | 2.219 085 | 0.433 427 | 1.015 092 | 0.558 926 | 1.901 39 | 2.186 8 | 1.965 49 | 2.044 08 | 2.569 454 | 2.242 018 | 2.898 212 | 3.054 822 | 3.669 638 |
| Actinidia_chinensis_newGene_2247 | 1.068 654 | 0.966 849 | 0.396 315 | 1.893 105 | 2.008 284 | 11.134 12 | 1.078 227 | 1.247 399 | 1.081 581 | 1.501 618 | 0.621 029 | 1.139 899 | 0.600 041 | 0.567 941 | 0.567 75 | 1.739 409 | 0.174 232 | 0.657 183 |
| Actinidia_chinensis_newGene_8197 | 8.836 412 | 7.139 171 | 8.757 48 | 0.792 183 | 0.944 083 | 1.730 435 | 3.926 425 | 3.930 695 | 2.320 365 | 5.986 245 | 4.275 594 | 3.420 366 | 2.605 358 | 6.236 643 | 4.969 718 | 6.589 142 | 5.218 489 | 6.939 66 |
| Achn243461 | 1.171 785 | 1.899 69 | 1.532 419 | 0.443 232 | 0.370 044 | 0.249 44 | 1.082 97 | 1.243 288 | 0.619 364 | 1.170 938 | 0.386 239 | 0.689 137 | 1.351 616 | 1.940 067 | 2.470 887 | 2.026 423 | 1.519 144 | 2.203 248 |
| Achn338401 | 1.427 032 | 1.438 102 | 1.469 762 | 3.925 446 | 4.200 15 | 5.792 056 | 1.889 466 | 2.182 577 | 1.425 775 | 1.696 395 | 1.797 274 | 1.330 304 | 1.992 558 | 2.014 097 | 4.144 069 | 1.063 974 | 1.213 596 | 0.937 268 |
| Actinidia_chinensis_newGene_3676 | 153.019 2 | 119.454 9 | 128.364 3 | 378.642 5 | 261.766 5 | 368.098 7 | 198.443 | 252.683 7 | 241.621 6 | 230.721 3 | 263.235 1 | 257.601 4 | 99.721 28 | 119.241 2 | 114.427 2 | 198.764 4 | 189.528 7 | 217.493 |
| Achn030541 | 6.142 698 | 3.230 482 | 3.255 304 | 1.313 212 | 1.073 95 | 1.055 488 | 4.068 01 | 3.561 634 | 4.011 804 | 2.904 548 | 3.302 932 | 2.311 461 | 5.856 034 | 5.277 884 | 4.098 947 | 4.111 192 | 4.295 367 | 3.037 962 |
| Achn353951 | 0.132 659 | 0.429 614 | 0.274 661 | 0.363 698 | 1.204 91 | 0.261 801 | 1.077 21 | 0.796 614 | 0.978 316 | 0.202 168 | 0.070 184 | 0.596 166 | 1.118 304 | 1.712 335 | 1.272 745 | 0 | 0 | 0.177 924 |
| Achn164831 | 0.864 35 | 0.753 976 | 1.016 326 | 2.241 235 | 1.570 935 | 4.547 274 | 1.578 894 | 1.999 671 | 2.338 437 | 1.906 334 | 2.742 823 | 1.366 504 | 1.673 183 | 0.728 399 | 0.836 751 | 1.439 83 | 1.515 368 | 1.194 271 |
| Achn280531 | 0.111 834 | 0 | 0 | 9.089 556 | 0.317 856 | 0 | 0.591 431 | 12.679 41 | 0.763 159 | 0.687 573 | 0 | 1.540 573 | 12.395 35 | 18.347 89 | 17.903 88 | 5.752 867 | 3.715 506 | 1.986 267 |
| Achn363981 | 1.856 851 | 2.505 488 | 2.742 669 | 3.171 711 | 0.884 569 | 1.124 677 | 0.691 983 | 1.001 908 | 0.772 617 | 0.722 362 | 0.875 633 | 1.086 874 | 2.134 209 | 6.983 959 | 4.617 938 | 4.246 294 | 7.594 987 | 2.949 791 |
| Achn037061 | 7.975 495 | 4.107 376 | 8.526 084 | 2.967 18 | 0.655 217 | 0.824 284 | 1.288 957 | 2.125 238 | 1.433 2 | 1.639 658 | 1.294 519 | 1.401 292 | 2.239 823 | 12.221 61 | 6.381 249 | 6.604 935 | 14.202 1 | 2.479 131 |
| Achn302391 | 0.836 626 | 0.996 442 | 0.292 434 | 5.039 194 | 1.310 483 | 3.416 29 | 1.300 054 | 2.909 346 | 0.299 574 | 1.375 505 | 1.847 206 | 1.418 754 | 2.847 355 | 3.113 501 | 2.340 817 | 2.435 293 | 2.129 842 | 2.035 899 |
| Achn358171 | 4.280 318 | 3.872 143 | 4.289 863 | 1.708 501 | 2.078 209 | 0.726 373 | 5.427 857 | 5.852 086 | 7.114 802 | 8.712 401 | 11.760 96 | 10.611 04 | 5.118 838 | 3.981 909 | 4.776 159 | 10.280 35 | 9.426 629 | 7.078 205 |
| Actinidia_chinensis_newGene_321 | 4.425 127 | 3.320 825 | 4.061 321 | 1.717 583 | 1.144 781 | 0.300 97 | 1.070 986 | 0.262 871 | 0.773 182 | 0.043 755 | 0 | 0.061 164 | 2.883 036 | 2.859 925 | 2.485 507 | 0.453 667 | 0.520 515 | 1.791 709 |

（续）

| 基因ID | CK1 | CK2 | CK3 | T1-1 | T1-2 | T1-3 | T2-1 | T2-2 | T2-3 | T3-1 | T3-2 | T3-3 | T4-1 | T4-2 | T4-3 | T5-1 | T5-2 | T5-3 |
|---|---|---|---|---|---|---|---|---|---|---|---|---|---|---|---|---|---|---|
| Actinidia_chinensis_newGene_327 | 0.557 973 | 0.174 132 | 0.307 485 | 1.285 215 | 1.313 123 | 1.909 126 | 0.907 14 | 1.311 327 | 0.805 119 | 0.848 719 | 1.098 984 | 2.152 974 | 0.352 865 | 0.630 182 | 0.736 986 | 0.494 561 | 0.210 151 | 0.642 741 |
| Achn090661 | 9.803 377 | 7.994 978 | 9.564 853 | 25.493 19 | 33.423 83 | 64.484 35 | 10.827 24 | 11.270 29 | 12.123 37 | 11.178 82 | 10.127 09 | 14.875 69 | 7.426 747 | 9.075 603 | 9.074 796 | 12.658 98 | 9.414 151 | 8.475 364 |
| Achn159141 | 12.093 88 | 11.715 21 | 8.817 496 | 9.145 838 | 8.779 28 | 5.745 836 | 11.095 71 | 10.025 29 | 11.553 68 | 24.163 23 | 23.943 08 | 25.058 03 | 8.638 77 | 5.041 34 | 4.282 944 | 30.958 63 | 28.246 54 | 23.984 44 |
| Achn037901 | 16.602 49 | 22.850 33 | 20.674 23 | 15.688 33 | 8.397 816 | 2.827 543 | 8.708 604 | 7.694 537 | 6.769 348 | 10.682 9 | 10.954 79 | 6.728 733 | 17.213 79 | 15.807 59 | 18.266 68 | 10.048 45 | 13.443 77 | 21.381 79 |
| Achn173741 | 23.777 89 | 19.934 82 | 19.392 52 | 11.067 03 | 13.928 31 | 16.671 66 | 12.159 23 | 12.974 47 | 12.609 33 | 17.939 86 | 15.601 67 | 16.232 84 | 8.890 652 | 8.098 734 | 7.587 615 | 9.132 303 | 11.204 17 | 12.573 02 |
| Achn306891 | 9.993 798 | 10.682 18 | 8.345 359 | 5.761 546 | 6.859 861 | 8.399 719 | 4.791 956 | 5.910 053 | 4.588 095 | 4.745 684 | 4.267 615 | 6.144 049 | 9.290 816 | 8.043 572 | 9.375 644 | 5.678 038 | 8.098 05 | 9.516 721 |
| Achn152571 | 0.048 975 | 0.225 423 | 0 | 17.138 23 | 14.815 68 | 1.250 891 | 4.531 365 | 8.266 656 | 7.857 733 | 2.034 116 | 3.704 399 | 6.362 066 | 0.266 552 | 0.538 757 | 0.774 558 | 0.326 612 | 0.145 27 | 0.165 647 |
| Achn367891 | 12.216 89 | 15.812 91 | 13.492 06 | 9.951 616 | 10.510 83 | 19.010 63 | 13.011 93 | 11.639 1 | 14.737 47 | 12.168 17 | 9.804 392 | 11.513 94 | 12.838 41 | 7.990 139 | 14.134 39 | 5.615 368 | 7.606 775 | 7.898 128 |
| Achn107761 | 1.443 86 | 1.064 62 | 0.340 889 | 1.383 718 | 0.772 134 | 0.408 586 | 0.676 249 | 1.297 918 | 1.049 876 | 1.997 01 | 2.766 311 | 1.705 475 | 0.423 948 | 0.646 547 | 0.305 926 | 3.195 918 | 3.199 465 | 2.731 611 |
| Achn145261 | 5.392 15 | 7.635 045 | 5.034 023 | 0.810 488 | 4.167 964 | 2.509 247 | 22.834 86 | 15.690 94 | 20.957 9 | 22.204 35 | 7.131 396 | 5.510 361 | 4.496 042 | 3.695 506 | 4.651 175 | 22.124 87 | 12.601 02 | 4.674 257 |
| Achn193141 | 0.301 146 | 0.582 326 | 0.664 352 | 1.639 92 | 1.409 119 | 2.343 839 | 0.874 017 | 1.637 799 | 0.725 55 | 0.712 219 | 0.768 901 | 0.768 171 | 1.050 032 | 0.677 179 | 0.755 889 | 1.227 236 | 0.405 831 | 0.902 465 |
| Achn388591 | 19.964 24 | 19.288 65 | 20.828 89 | 9.617 713 | 13.002 09 | 9.318 486 | 20.733 54 | 15.265 64 | 18.471 76 | 18.301 74 | 16.730 76 | 14.452 07 | 20.243 97 | 12.341 18 | 13.603 75 | 14.190 17 | 14.089 18 | 12.230 47 |
| Achn161991 | 7.290 923 | 8.066 684 | 6.688 175 | 2.224 046 | 2.166 606 | 6.734 065 | 3.353 455 | 2.309 504 | 2.818 846 | 4.230 678 | 3.919 89 | 4.239 841 | 4.844 127 | 4.469 807 | 4.603 892 | 5.174 398 | 4.984 822 | 4.922 557 |
| Achn367301 | 0.355 877 | 0.148 775 | 0.205 303 | 0.079 961 | 0.175 34 | 0.175 593 | 0.129 935 | 0.303 984 | 0.200 583 | 0.290 522 | 0.148 37 | 0.247 565 | 0.557 52 | 0.146 308 | 0.568 845 | 0.721 565 | 0.694 486 | 1.603 476 |
| Achn042701 | 36.362 25 | 38.126 29 | 41.384 68 | 5.386 623 | 12.740 29 | 0.922 993 | 37.892 78 | 15.217 38 | 12.666 43 | 10.567 55 | 4.038 865 | 2.673 882 | 59.484 56 | 115.322 8 | 81.745 87 | 10.177 89 | 13.435 77 | 19.875 59 |
| Achn181391 | 2.146 225 | 2.480 995 | 2.385 793 | 2.506 351 | 3.905 844 | 3.490 539 | 3.675 81 | 4.701 604 | 3.905 361 | 3.718 461 | 3.790 838 | 4.759 178 | 2.593 361 | 1.720 91 | 2.907 257 | 5.628 08 | 12.850 78 | 3.348 763 |
| Achn151331 | 59.858 45 | 60.015 56 | 57.171 83 | 34.227 02 | 24.123 89 | 29.222 52 | 33.129 57 | 33.282 06 | 33.324 73 | 32.228 04 | 31.512 13 | 28.064 18 | 58.875 89 | 45.550 38 | 46.473 39 | 53.686 76 | 50.295 13 | 51.626 68 |
| Achn257521 | 1.226 869 | 1.621 203 | 0.692 006 | 0.318 338 | 0.719 586 | 1.610 815 | 0.225 152 | 0.309 203 | 0.308 925 | 0.367 307 | 0.759 332 | 0.861 686 | 1.013 697 | 0.965 163 | 1.533 356 | 1.969 921 | 1.856 866 | 1.552 9 |
| Achn064851 | 39.296 7 | 43.504 39 | 44.665 86 | 13.927 05 | 11.544 05 | 8.388 272 | 48.704 29 | 47.254 31 | 50.626 22 | 36.835 11 | 31.534 66 | 25.559 93 | 83.789 85 | 64.649 53 | 57.501 27 | 31.010 3 | 28.111 24 | 25.393 67 |

（续）

| 基因 ID | CK1 | CK2 | CK3 | T1-1 | T1-2 | T1-3 | T2-1 | T2-2 | T2-3 | T3-1 | T3-2 | T3-3 | T4-1 | T4-2 | T4-3 | T5-1 | T5-2 | T5-3 |
|---|---|---|---|---|---|---|---|---|---|---|---|---|---|---|---|---|---|---|
| Achn009201 | 74.844 26 | 83.983 44 | 79.472 5 | 49.015 3 | 106.179 7 | 28.936 29 | 40.081 69 | 34.257 27 | 28.866 7 | 64.828 26 | 62.551 32 | 72.238 35 | 27.299 92 | 10.689 71 | 13.572 21 | 34.610 4 | 53.196 16 | 58.132 59 |
| Achn222341 | 11.720 22 | 10.068 65 | 21.439 29 | 27.347 32 | 29.230 56 | 13.348 09 | 47.246 93 | 37.499 19 | 33.837 73 | 15.505 03 | 19.547 5 | 13.777 47 | 23.345 63 | 36.466 46 | 39.411 2 | 8.329 492 | 9.382 14 | 10.040 56 |
| Achn347151 | 2.586 162 | 1.237 832 | 3.174 859 | 45.549 34 | 10.443 15 | 12.233 73 | 7.543 312 | 24.843 08 | 13.208 8 | 6.621 369 | 7.527 811 | 7.822 052 | 16.501 35 | 41.457 16 | 32.828 43 | 22.906 59 | 22.320 52 | 7.414 508 |
| Achn125821 | 0 | 0.141 509 | 0.124 641 | 0.045 963 | 0.211 416 | 0.330 274 | 0.216 557 | 0.775 394 | 0.073 54 | 0 | 0.387 004 | 0.433 143 | 0 | 0.074 121 | 0.205 894 | 4.042 432 | 4.659 283 | 4.449 726 |
| Actinidia_chinensis_newGene_9060 | 0 | 0 | 0.213 543 | 1.964 439 | 1.591 356 | 0.824 353 | 0.993 034 | 1.947 388 | 0.757 375 | 0.139 534 | 0.334 671 | 0.816 19 | 0.061 368 | 0.121 165 | 1.066 161 | 0.926 565 | 0.229 164 | 0.289 853 |
| Achn023251 | 88.263 12 | 109.503 | 120.926 9 | 77.851 39 | 72.469 74 | 8.367 297 | 86.484 84 | 76.498 71 | 54.803 83 | 42.191 38 | 32.917 46 | 34.408 83 | 75.799 33 | 141.914 4 | 131.619 3 | 21.840 89 | 35.965 8 | 46.703 4 |
| Achn177981 | 162.877 1 | 214.995 4 | 174.103 2 | 193.101 1 | 54.607 15 | 35.414 02 | 94.321 47 | 117.896 1 | 78.012 28 | 73.920 05 | 82.484 59 | 68.446 65 | 317.248 4 | 292.449 5 | 284.368 1 | 235.972 7 | 204.191 5 | 195.852 5 |
| Actinidia_chinensis_newGene_692 | 10.793 84 | 14.890 14 | 16.754 09 | 5.271 194 | 9.321 857 | 8.337 874 | 13.752 8 | 8.431 073 | 7.475 304 | 9.748 066 | 4.786 573 | 5.988 36 | 14.743 32 | 17.402 46 | 20.253 19 | 18.757 41 | 15.262 94 | 21.143 15 |
| Actinidia_chinensis_newGene_694 | 2.280 173 | 2.209 588 | 1.468 677 | 3.511 661 | 5.761 668 | 6.492 933 | 2.483 796 | 2.470 593 | 3.287 513 | 5.405 155 | 6.895 007 | 6.522 189 | 2.168 485 | 3.875 5 | 1.270 249 | 2.689 925 | 2.988 86 | 2.039 561 |
| Achn230381 | 0.483 857 | 0.699 873 | 0.727 325 | 0.414 734 | 0.156 527 | 0.610 877 | 0.125 622 | 0.167 487 | 0.236 442 | 0.451 043 | 0.647 452 | 0.314 629 | 0.548 256 | 0.634 044 | 0.662 879 | 0.341 835 | 0.676 492 | 0.351 507 |
| Actinidia_chinensis_newGene_2809 | 1.247 802 | 3.140 37 | 2.168 216 | 4.328 117 | 3.776 211 | 5.093 682 | 2.874 942 | 3.841 596 | 3.648 298 | 3.418 512 | 3.099 379 | 2.591 009 | 4.392 959 | 6.398 374 | 4.457 64 | 2.320 061 | 2.245 762 | 2.327 673 |
| Actinidia_chinensis_newGene_8786 | 4.575 776 | 6.321 398 | 6.353 185 | 4.001 816 | 7.373 117 | 6.873 137 | 7.023 948 | 8.321 046 | 5.867 951 | 7.084 552 | 6.311 919 | 8.481 366 | 10.772 41 | 11.949 7 | 11.211 89 | 25.007 1 | 22.983 56 | 19.435 65 |
| Achn153791 | 705.484 1 | 719.553 6 | 690.417 5 | 452.272 1 | 157.424 3 | 53.013 8 | 259.315 4 | 282.553 9 | 283.494 4 | 168.650 3 | 180.054 | 160.666 7 | 847.170 7 | 1 244.006 | 1 076.21 | 313.395 5 | 352.476 9 | 432.083 1 |
| Actinidia_chinensis_newGene_8438 | 0.485 412 | 1.312 865 | 1.169 26 | 0.811 68 | 0.961 424 | 2.173 316 | 0.838 115 | 0.602 642 | 0.292 719 | 1.548 848 | 0.989 383 | 0.553 8 | 1.630 537 | 1.733 038 | 3.719 998 | 4.239 768 | 1.869 742 | 3.858 669 |
| Achn288671 | 0.431 999 | 1.692 495 | 1.031 848 | 0.512 838 | 0.731 431 | 7.803 455 | 1.146 077 | 1.849 306 | 1.164 003 | 0.799 52 | 1.650 54 | 2.147 46 | 2.164 911 | 0.724 057 | 1.424 314 | 6.452 514 | 5.937 011 | 6.611 918 |

（续）

| 基因 ID | CK1 | CK2 | CK3 | T1-1 | T1-2 | T1-3 | T2-1 | T2-2 | T2-3 | T3-1 | T3-2 | T3-3 | T4-1 | T4-2 | T4-3 | T5-1 | T5-2 | T5-3 |
|---|---|---|---|---|---|---|---|---|---|---|---|---|---|---|---|---|---|---|
| Achn383731 | 4.008 295 | 5.434 711 | 6.044 175 | 2.078 272 | 3.222 869 | 2.754 576 | 3.109 27 | 3.801 011 | 4.298 564 | 2.804 318 | 3.761 621 | 2.362 759 | 5.917 051 | 9.573 956 | 6.867 989 | 3.571 512 | 6.477 4 | 3.794 983 |
| Actinidia_chinensis_newGene_7267 | 5.089 356 | 5.305 667 | 5.190 64 | 3.816 294 | 4.604 622 | 0.491 811 | 4.649 196 | 3.866 752 | 3.220 677 | 2.141 487 | 2.143 828 | 2.604 59 | 4.574 674 | 3.777 18 | 5.464 726 | 2.331 161 | 3.508 365 | 2.478 077 |
| Achn196871 | 1.182 341 | 1.731 691 | 2.058 902 | 4.115 456 | 4.237 885 | 1.549 91 | 3.689 863 | 4.441 889 | 2.375 394 | 3.162 342 | 3.861 497 | 2.668 555 | 1.689 331 | 1.501 312 | 1.550 06 | 0.758 601 | 0.460 215 | 0.739 836 |
| Achn001861 | 1.012 701 | 0.883 769 | 0.677 952 | 0.484 21 | 0.416 285 | 0.987 936 | 0.432 318 | 0.149 267 | 0.703 926 | 0.073 127 | 0.114 77 | 0.115 618 | 0.683 221 | 0.737 001 | 1.098 855 | 0.303 025 | 0.747 178 | 0.967 583 |
| Actinidia_chinensis_newGene_4237 | 1.586 444 | 1.162 46 | 1.302 582 | 0.749 357 | 0.513 015 | 1.906 48 | 0.267 414 | 0.234 986 | 0.905 601 | 1.160 49 | 0.795 034 | 0.645 059 | 0.738 743 | 0.356 742 | 0.319 322 | 1.414 441 | 1.234 681 | 1.081 747 |
| Actinidia_chinensis_newGene_4235 | 9.934 247 | 10.000 38 | 7.655 908 | 3.084 173 | 4.220 732 | 22.206 35 | 5.533 436 | 5.867 603 | 8.420 306 | 8.056 334 | 7.423 387 | 7.693 864 | 82.991 04 | 87.790 25 | 63.614 31 | 28.973 19 | 21.783 2 | 19.577 07 |
| Achn295561 | 15.001 97 | 14.985 61 | 14.189 45 | 6.992 586 | 7.300 872 | 7.692 64 | 6.209 345 | 4.972 421 | 6.286 88 | 7.284 447 | 8.118 77 | 9.283 522 | 7.939 924 | 4.694 92 | 4.495 202 | 10.272 76 | 9.461 758 | 9.610 417 |
| Achn014591 | 0.697 422 | 0.883 705 | 0.967 732 | 2.910 066 | 11.414 94 | 0.307 568 | 1.627 081 | 3.009 657 | 2.736 517 | 0.055 634 | 0 | 0.287 049 | 0.063 543 | 0.597 667 | 0.445 263 | 0 | 0.339 833 | 0.364 566 |
| Achn232431 | 0.894 949 | 2.892 308 | 0.645 989 | 428.237 1 | 9.455 719 | 9.110 109 | 30.282 8 | 463.036 6 | 63.517 51 | 4.067 194 | 8.487 945 | 8.941 779 | 96.375 12 | 996.913 7 | 837.241 2 | 1.117 421 | 1.395 139 | 6.933 048 |
| Achn119921 | 3.870 692 | 2.123 662 | 2.496 579 | 0.942 337 | 1.299 848 | 0.071 106 | 1.158 996 | 1.518 92 | 2.074 024 | 2.624 627 | 3.796 396 | 1.605 963 | 1.408 181 | 1.768 053 | 1.433 833 | 10.306 48 | 9.447 151 | 4.998 235 |
| Achn188871 | 17.095 59 | 14.378 74 | 14.157 33 | 5.048 852 | 11.138 99 | 4.383 26 | 4.732 756 | 6.151 395 | 6.502 054 | 17.509 93 | 16.660 28 | 15.547 07 | 10.131 61 | 4.355 968 | 5.428 972 | 24.771 83 | 20.796 36 | 21.583 86 |
| Achn149051 | 6.272 802 | 3.812 173 | 5.471 231 | 20.942 27 | 17.495 02 | 25.092 17 | 9.710 047 | 18.815 13 | 13.537 73 | 14.359 42 | 14.432 85 | 15.037 11 | 20.514 16 | 12.572 84 | 14.693 72 | 28.312 98 | 22.974 33 | 20.247 01 |
| Achn253371 | 1.233 513 | 3.270 596 | 1.932 248 | 0.285 77 | 0.856 288 | 0.870 935 | 0.289 735 | 0.203 386 | 0.081 54 | 0.268 585 | 0.584 857 | 0.897 559 | 0 | 0.036 752 | 0.082 584 | 0.043 02 | 0.092 743 | 0.036 94 |
| Achn300101 | 1.289 28 | 0.970 835 | 1.201 996 | 0.685 302 | 0.747 118 | 1.165 179 | 0.555 077 | 0.508 673 | 0.386 412 | 1.440 904 | 0.989 685 | 0.638 197 | 0.884 777 | 1.276 991 | 0.800 792 | 0.999 374 | 1.252 253 | 1.141 379 |
| Achn061611 | 1.069 687 | 0.397 486 | 0.242 827 | 0.458 993 | 0.164 852 | 0.306 418 | 0.529 383 | 0.604 27 | 0.715 171 | 1.087 835 | 2.674 685 | 1.381 714 | 1.972 032 | 1.074 393 | 1.145 232 | 3.693 54 | 3.615 713 | 5.336 734 |
| Achn293391 | 65.828 19 | 59.795 53 | 55.938 87 | 176.961 2 | 159.724 | 242.364 4 | 99.668 33 | 101.600 2 | 106.741 9 | 111.841 9 | 117.288 1 | 110.337 3 | 40.587 76 | 52.945 29 | 44.797 48 | 66.174 83 | 66.589 17 | 59.389 88 |
| Achn068771 | 0.749 152 | 0.811 563 | 0.744 349 | 0.619 85 | 0.637 847 | 0.385 585 | 0.419 535 | 0.642 14 | 0.972 917 | 1.677 506 | 1.524 986 | 0.972 349 | 1.557 979 | 0.978 242 | 0.663 231 | 2.593 819 | 1.811 707 | 1.871 944 |

（续）

| 基因 ID | CK1 | CK2 | CK3 | T1-1 | T1-2 | T1-3 | T2-1 | T2-2 | T2-3 | T3-1 | T3-2 | T3-3 | T4-1 | T4-2 | T4-3 | T5-1 | T5-2 | T5-3 |
|---|---|---|---|---|---|---|---|---|---|---|---|---|---|---|---|---|---|---|
| Achn188121 | 200.819 6 | 241.800 1 | 251.932 8 | 140.763 6 | 123.126 1 | 30.881 98 | 250.295 6 | 198.430 5 | 208.377 2 | 138.727 1 | 140.809 1 | 126.442 4 | 310.992 2 | 290.935 1 | 285.117 1 | 104.613 3 | 101.530 3 | 127.277 |
| Achn215751 | 17.693 66 | 30.775 41 | 33.933 26 | 11.937 35 | 11.203 4 | 1.972 955 | 25.249 24 | 20.924 93 | 18.085 71 | 15.905 8 | 11.813 49 | 13.136 99 | 27.170 99 | 38.709 71 | 38.978 78 | 16.390 47 | 12.893 31 | 11.936 88 |
| Actinidia_chinensis_newGene_96 | 12.760 76 | 14.422 83 | 14.797 81 | 8.742 488 | 11.269 48 | 26.012 16 | 5.753 986 | 7.252 069 | 6.423 536 | 12.553 4 | 11.473 52 | 11.468 12 | 22.432 56 | 30.069 56 | 21.643 24 | 31.813 8 | 27.836 45 | 17.069 44 |
| Achn237841 | 3.691 435 | 2.384 454 | 1.752 521 | 0.255 892 | 0.630 63 | 0 | 1.914 969 | 0.889 284 | 1.206 956 | 1.116 008 | 1.150 799 | 1.918 29 | 1.139 276 | 0.707 004 | 0.566 801 | 0.477 048 | 0.918 878 | 1.546 598 |
| Actinidia_chinensis_newGene_1434 | 0.429 049 | 0.762 344 | 0.528 139 | 1.278 807 | 2.222 384 | 9.694 292 | 0.660 453 | 1.190 428 | 0.735 811 | 0.719 197 | 0.726 251 | 0.753 817 | 0.206 542 | 0.711 592 | 1.809 316 | 0.264 343 | 0.617 47 | 0.538 746 |
| Achn101731 | 23.428 88 | 17.148 36 | 16.125 08 | 1.960 562 | 1.794 909 | 0.192 986 | 5.942 021 | 9.629 987 | 13.790 57 | 35.534 28 | 39.248 46 | 35.901 9 | 15.698 76 | 3.112 986 | 6.624 449 | 26.664 4 | 21.747 37 | 25.509 52 |
| Achn095471 | 1.085 751 | 0.669 324 | 0.751 559 | 0.206 568 | 0.425 641 | 0.374 423 | 0.857 117 | 0.597 423 | 0.295 213 | 0.431 217 | 0.653 326 | 0.498 445 | 0.021 294 | 0.199 407 | 0.177 728 | 0.939 776 | 0.711 541 | 0.392 275 |
| Achn006221 | 25.169 09 | 23.646 91 | 23.571 41 | 19.133 34 | 20.240 23 | 17.263 04 | 21.229 6 | 11.137 82 | 17.458 57 | 11.904 3 | 12.467 58 | 8.663 013 | 19.424 36 | 14.817 98 | 13.295 84 | 15.083 88 | 16.098 29 | 11.948 81 |
| Achn192001 | 62.958 57 | 73.309 11 | 72.435 64 | 170.151 2 | 144.471 5 | 242.551 9 | 87.625 05 | 99.867 81 | 86.395 07 | 104.251 9 | 113.114 8 | 109.131 2 | 65.994 42 | 62.419 48 | 68.041 27 | 106.080 2 | 111.879 1 | 105.073 1 |
| Achn103771 | 18.217 94 | 17.266 97 | 19.676 35 | 40.613 57 | 29.948 41 | 21.899 48 | 32.837 32 | 25.096 1 | 31.425 46 | 59.710 05 | 73.542 61 | 66.773 45 | 22.830 13 | 14.852 39 | 20.823 13 | 40.467 09 | 45.688 84 | 35.323 64 |
| Achn282741 | 0.825 011 | 0.720 756 | 1.127 641 | 2.079 224 | 1.201 794 | 1.635 436 | 1.780 311 | 3.648 206 | 1.506 867 | 1.560 116 | 1.594 549 | 1.442 513 | 1.424 775 | 3.113 959 | 1.265 892 | 0.758 436 | 0.803 521 | 0.632 184 |
| Achn059761 | 12.300 71 | 12.306 7 | 10.907 69 | 1.536 871 | 3.014 029 | 5.787 173 | 6.101 158 | 5.737 221 | 6.122 802 | 4.827 366 | 7.075 593 | 4.426 903 | 43.209 6 | 61.853 02 | 64.058 83 | 10.161 94 | 8.661 077 | 8.034 657 |
| Achn026031 | 0.142 066 | 0.211 594 | 0.341 707 | 0.967 846 | 1.476 021 | 2.525 635 | 0.216 92 | 0.526 658 | 0 | 0.528 704 | 0.599 538 | 0.532 198 | 0.511 134 | 0.849 757 | 0.371 515 | 0.336 915 | 0.486 488 | 0.223 966 |
| Achn085311 | 5.421 729 | 2.861 699 | 3.512 313 | 1.131 373 | 1.220 712 | 0.458 981 | 0.132 071 | 0.227 651 | 0.371 836 | 0.132 865 | 0.594 911 | 1.519 848 | 0.081 8 | 1.192 858 | 0.547 732 | 0.947 128 | 1.608 173 | 1.828 578 |
| Achn247901 | 0.408 928 | 0.270 302 | 0.117 873 | 0.995 75 | 1.822 568 | 1.158 702 | 0.514 742 | 1.088 487 | 0.758 778 | 0.520 372 | 0.491 321 | 1.824 829 | 0.214 204 | 0.228 405 | 0.097 928 | 0.193 342 | 1.080 5 | 0.051 066 |
| Actinidia_chinensis_newGene_8218 | 1.527 501 | 1.647 824 | 3.498 196 | 3.373 983 | 8.454 025 | 9.796 105 | 7.075 245 | 5.785 553 | 4.203 089 | 4.102 44 | 5.265 996 | 3.797 612 | 2.967 368 | 1.536 706 | 2.159 398 | 0.795 489 | 1.802 931 | 1.240 464 |
| Achn033531 | 0.449 817 | 0.377 745 | 0.456 686 | 0.843 615 | 1.772 344 | 1.915 183 | 1.081 27 | 0.834 781 | 0.733 003 | 0.815 01 | 0.784 663 | 0.865 78 | 0.563 448 | 0.753 248 | 0.702 065 | 0.799 719 | 1.088 998 | 0.490 766 |

（续）

| 基因ID | CK1 | CK2 | CK3 | T1-1 | T1-2 | T1-3 | T2-1 | T2-2 | T2-3 | T3-1 | T3-2 | T3-3 | T4-1 | T4-2 | T4-3 | T5-1 | T5-2 | T5-3 |
|---|---|---|---|---|---|---|---|---|---|---|---|---|---|---|---|---|---|---|
| Achn174201 | 8.386 372 | 4.185 69 | 6.096 152 | 0.401 671 | 0.819 817 | 1.129 054 | 5.175 755 | 5.473 878 | 6.231 778 | 1.843 053 | 0.560 849 | 1.048 14 | 3.809 521 | 1.699 878 | 3.085 225 | 1.409 518 | 1.384 399 | 4.587 852 |
| Achn024031 | 0.754 877 | 0.633 45 | 0.694 062 | 0.431 191 | 0.791 493 | 0.672 014 | 0.538 005 | 0.475 909 | 0.560 432 | 0.910 314 | 1.333 86 | 1.034 742 | 1.356 837 | 0.786 925 | 0.746 298 | 1.571 93 | 2.805 863 | 1.748 175 |
| Achn372601 | 0 | 0 | 0.178 504 | 2.057 546 | 2.519 798 | 0.473 47 | 8.121 011 | 64.168 31 | 13.439 85 | 0.805 668 | 0 | 0 | 0.629 26 | 18.123 25 | 1.592 543 | 0 | 5.106 822 | 0.573 767 |
| Achn329021 | 37.616 71 | 36.370 54 | 39.502 79 | 26.449 27 | 16.318 12 | 14.542 34 | 25.933 86 | 21.432 4 | 24.884 58 | 24.062 5 | 26.055 41 | 24.384 35 | 35.764 25 | 28.666 27 | 26.055 36 | 27.631 31 | 23.345 12 | 24.633 49 |
| Actinidia_chinensis_newGene_10386 | 16.272 | 16.671 57 | 15.402 02 | 38.365 8 | 21.604 73 | 33.606 2 | 55.840 39 | 41.210 26 | 23.216 65 | 21.562 44 | 51.246 03 | 20.626 97 | 18.165 86 | 24.450 41 | 29.507 91 | 14.987 75 | 15.083 22 | 24.344 07 |
| Achn172621 | 3.004 225 | 5.416 729 | 4.467 455 | 6.430 914 | 7.734 173 | 12.456 16 | 6.210 61 | 6.971 131 | 6.603 753 | 9.556 174 | 11.313 07 | 9.771 977 | 4.829 972 | 3.631 346 | 4.270 745 | 8.684 094 | 8.785 086 | 7.971 922 |
| Achn368001 | 37.616 33 | 35.549 4 | 36.280 91 | 29.424 27 | 18.029 68 | 20.429 48 | 20.071 87 | 23.594 44 | 25.658 69 | 17.885 61 | 19.384 59 | 18.586 29 | 31.453 98 | 26.855 84 | 29.594 51 | 15.831 82 | 22.462 6 | 24.461 05 |
| Actinidia_chinensis_newGene_3740 | 5.635 94 | 9.048 666 | 10.895 12 | 1.737 262 | 3.594 332 | 2.146 944 | 2.959 687 | 3.740 389 | 3.492 484 | 9.282 568 | 11.290 4 | 10.220 83 | 3.267 313 | 2.700 427 | 3.104 071 | 23.582 | 27.924 33 | 22.481 13 |
| Actinidia_chinensis_newGene_3741 | 0.198 972 | 0.191 809 | 0.160 603 | 0.220 531 | 0.373 038 | 0.404 908 | 0.327 966 | 0.366 146 | 0 | 0.174 545 | 0.377 329 | 0.057 161 | 0.313 19 | 0.357 665 | 0.265 459 | 1.084 484 | 0.620 897 | 0.376 647 |
| Achn047581 | 26.625 69 | 28.175 51 | 25.425 71 | 45.379 24 | 39.352 68 | 38.377 69 | 45.623 9 | 68.443 6 | 45.748 2 | 21.084 28 | 23.353 46 | 21.019 89 | 58.468 05 | 126.932 | 110.295 3 | 32.136 08 | 26.007 47 | 20.399 91 |
| Achn117881 | 0.331 702 | 0.156 261 | 0.060 685 | 0.137 524 | 0.610 609 | 0.067 135 | 0.734 8 | 0.585 691 | 0.576 114 | 1.041 868 | 1.448 942 | 1.272 935 | 0.307 148 | 0.040 612 | 0 | 0.527 143 | 0.723 083 | 0.467 764 |
| Achn167671 | 0.220 77 | 0.513 426 | 0.228 313 | 0.144 254 | 0.055 941 | 1.583 826 | 0.058 152 | 0 | 0.030 441 | 0.152 338 | 0.634 185 | 0.512 221 | 2.240 819 | 1.064 236 | 1.534 227 | 2.718 304 | 1.990 468 | 2.999 143 |
| Actinidia_chinensis_newGene_2953 | 0.150 038 | 0.160 667 | 0.367 492 | 0.263 742 | 0.212 634 | 0.276 747 | 0.606 284 | 0.442 271 | 0.261 235 | 0.790 519 | 0.528 383 | 0.313 527 | 0.648 341 | 0.713 615 | 0.550 995 | 1.992 183 | 0.497 277 | 0.589 386 |
| Achn164321 | 91.438 76 | 90.589 92 | 105.022 1 | 53.095 57 | 68.775 91 | 34.564 99 | 82.951 15 | 58.267 72 | 75.181 6 | 50.144 68 | 43.281 89 | 43.806 72 | 77.352 1 | 79.177 99 | 69.522 15 | 63.710 7 | 67.423 79 | 68.100 66 |
| Achn094101 | 1.770 479 | 1.165 966 | 0.327 911 | 3.351 181 | 1.685 535 | 1.029 361 | 1.108 594 | 1.034 495 | 0.868 291 | 2.691 943 | 2.522 127 | 2.521 059 | 0.277 878 | 0.130 756 | 0.528 239 | 2.915 376 | 2.621 79 | 4.952 166 |
| Actinidia_chinensis_newGene_1635 | 0.093 232 | 0.217 309 | 0.214 82 | 0.537 192 | 1.142 883 | 0.686 742 | 0.349 133 | 1.134 66 | 0.561 861 | 0.291 097 | 1.417 225 | 0.114 641 | 0.282 649 | 0.154 661 | 0.285 501 | 1.370 716 | 2.034 84 | 0.345 089 |

（续）

| 基因 ID | CK1 | CK2 | CK3 | T1-1 | T1-2 | T1-3 | T2-1 | T2-2 | T2-3 | T3-1 | T3-2 | T3-3 | T4-1 | T4-2 | T4-3 | T5-1 | T5-2 | T5-3 |
|---|---|---|---|---|---|---|---|---|---|---|---|---|---|---|---|---|---|---|
| Achn056341 | 0.223 37 | 0.065 066 | 0.260 419 | 5.724 037 | 0.790 895 | 0.293 161 | 0.845 17 | 2.937 849 | 0.790 004 | 0.443 137 | 0.143 325 | 0.717 335 | 2.206 004 | 4.041 326 | 2.564 364 | 1.166 218 | 0.156 7 | 0.103 224 |
| Actinidia_chinensis_newGene_4004 | 0.424 482 | 0.363 42 | 0.558 004 | 1.495 733 | 1.523 854 | 1.466 08 | 0.981 121 | 0.921 604 | 1.015 722 | 0.807 123 | 1.308 54 | 1.023 109 | 0.094 396 | 0.135 936 | 0.547 438 | 0.326 991 | 0.871 865 | 0.279 919 |
| Achn318711 | 15.065 95 | 18.522 13 | 17.286 14 | 15.137 9 | 14.606 87 | 15.866 86 | 21.203 71 | 20.865 74 | 18.327 18 | 13.257 95 | 11.771 46 | 12.660 88 | 18.552 23 | 20.069 82 | 20.365 95 | 9.630 324 | 8.110 142 | 8.574 51 |
| Actinidia_chinensis_newGene_832 | 0.185 17 | 0.092 139 | 0.069 415 | 0.093 704 | 0.179 937 | 0.576 877 | 0.233 888 | 0.243 882 | 0.148 234 | 0.181 355 | 0.096 169 | 0.233 972 | 0.825 064 | 0.407 584 | 0.564 993 | 0.705 609 | 1.039 506 | 1.199 195 |
| Achn302001 | 11.487 91 | 12.502 15 | 10.505 03 | 10.087 1 | 5.738 479 | 8.676 66 | 7.582 101 | 7.408 21 | 6.708 701 | 5.143 308 | 4.855 241 | 6.290 579 | 12.261 81 | 19.284 57 | 14.508 13 | 18.217 95 | 12.693 15 | 16.880 25 |
| Achn266761 | 101.661 7 | 160.072 1 | 138.556 2 | 12.769 62 | 13.433 49 | 4.381 385 | 46.914 71 | 34.050 91 | 28.789 95 | 48.821 83 | 36.143 19 | 37.715 53 | 127.310 3 | 116.662 8 | 148.431 9 | 112.483 8 | 93.835 47 | 136.995 5 |
| Achn309431 | 1.490 038 | 0.745 988 | 1.365 889 | 0.564 288 | 0.776 709 | 0.864 726 | 0.933 682 | 0.532 183 | 1.154 012 | 0.872 022 | 0.329 682 | 0.583 134 | 0.612 659 | 1.174 267 | 0.828 262 | 0.362 035 | 0.358 204 | 0.315 832 |
| Achn380481 | 0 | 0.155 332 | 0.403 35 | 0.687 175 | 0.460 636 | 0.639 498 | 0.113 71 | 0.561 683 | 0.367 075 | 0.576 205 | 0.901 747 | 0.573 649 | 1.068 456 | 0.154 156 | 0.167 326 | 2.198 803 | 1.294 283 | 1.189 499 |
| Achn355931 | 16.086 15 | 13.750 16 | 12.453 21 | 6.953 367 | 7.337 948 | 3.020 885 | 17.446 65 | 20.906 74 | 17.420 39 | 16.273 43 | 11.621 05 | 14.390 58 | 14.709 42 | 15.703 24 | 17.336 82 | 18.440 34 | 29.923 23 | 10.101 09 |
| Achn034421 | 7.347 868 | 6.803 974 | 7.399 148 | 3.932 192 | 7.158 108 | 10.061 67 | 2.316 62 | 2.434 096 | 2.104 013 | 5.155 239 | 4.649 708 | 7.521 789 | 4.325 102 | 1.706 36 | 2.046 965 | 8.335 119 | 9.068 935 | 8.067 554 |
| Achn111661 | 9.625 703 | 9.253 241 | 7.018 482 | 4.238 844 | 2.844 287 | 1.214 623 | 3.768 37 | 2.234 264 | 1.876 907 | 5.077 959 | 4.992 262 | 5.018 996 | 8.824 981 | 6.071 363 | 6.244 256 | 7.847 353 | 8.431 919 | 7.716 399 |
| Achn127621 | 8.354 382 | 9.545 849 | 8.054 543 | 3.278 428 | 4.454 8 | 3.434 112 | 5.251 694 | 6.040 564 | 6.864 229 | 10.700 18 | 15.646 38 | 10.794 91 | 13.061 34 | 3.387 805 | 5.661 178 | 9.660 648 | 10.451 33 | 9.521 545 |
| Achn180631 | 0.276 341 | 0.167 927 | 0.367 145 | 0.810 858 | 0.354 443 | 0 | 1.038 736 | 0.757 009 | 0.188 271 | 2.535 33 | 0.373 277 | 0.828 846 | 0.086 694 | 0 | 0 | 1.414 44 | 1.747 468 | 1.559 675 |
| Actinidia_chinensis_newGene_10412 | 0.882 372 | 15.256 58 | 9.989 132 | 1.459 561 | 16.849 32 | 0 | 1.734 565 | 8.731 208 | 3.203 145 | 0.520 499 | 0.560 567 | 0.540 685 | 1.088 399 | 8.584 155 | 3.282 972 | 7.212 936 | 0.822 596 | 1.750 555 |
| Achn187621 | 5.797 839 | 5.609 093 | 5.455 449 | 39.680 65 | 22.908 58 | 42.624 94 | 9.986 497 | 21.953 56 | 15.869 64 | 9.223 202 | 14.632 49 | 11.810 62 | 17.042 83 | 23.675 9 | 16.335 33 | 33.076 47 | 23.026 62 | 21.468 94 |
| Achn135311 | 7.401 45 | 6.502 184 | 8.243 844 | 5.862 569 | 7.710 987 | 26.109 48 | 10.910 05 | 10.176 62 | 15.174 46 | 14.887 75 | 19.666 48 | 18.712 18 | 5.755 426 | 2.921 877 | 4.793 005 | 10.675 59 | 8.841 545 | 9.661 435 |
| Achn285961 | 0.069 345 | 0.121 311 | 0.035 639 | 0.167 621 | 0 | 0 | 0.035 579 | 0.092 997 | 0.050 277 | 0.268 427 | 0.414 593 | 0.437 882 | 0.409 145 | 0.287 669 | 0.543 001 | 0.624 209 | 0.485 482 | 0.577 402 |

（续）

| 基因ID | CK1 | CK2 | CK3 | T1-1 | T1-2 | T1-3 | T2-1 | T2-2 | T2-3 | T3-1 | T3-2 | T3-3 | T4-1 | T4-2 | T4-3 | T5-1 | T5-2 | T5-3 |
|---|---|---|---|---|---|---|---|---|---|---|---|---|---|---|---|---|---|---|
| Achn333121 | 13.424 91 | 16.280 87 | 19.206 53 | 8.137 024 | 17.124 33 | 3.983 716 | 28.350 19 | 20.026 75 | 20.213 73 | 8.158 56 | 11.717 55 | 7.743 349 | 7.441 905 | 10.425 71 | 6.659 249 | 1.821 122 | 4.739 038 | 3.621 019 |
| Achn083991 | 3.496 589 | 3.461 8 | 2.718 671 | 1.540 526 | 1.924 154 | 1.892 064 | 5.398 403 | 2.852 035 | 2.679 597 | 8.211 423 | 4.426 888 | 3.928 769 | 4.579 03 | 2.219 522 | 3.317 247 | 7.971 532 | 8.269 341 | 7.336 358 |
| Achn002821 | 5.235 409 | 11.747 16 | 18.566 59 | 124.295 4 | 144.165 4 | 132.371 5 | 78.122 81 | 78.568 57 | 58.689 73 | 18.859 75 | 25.844 43 | 38.459 23 | 21.060 43 | 48.756 68 | 63.578 54 | 9.377 778 | 8.386 43 | 6.177 867 |
| Achn197341 | 0.153 099 | 0.167 637 | 0.148 129 | 0.678 352 | 0.869 675 | 0.596 375 | 0.245 828 | 0.555 256 | 0.117 753 | 0.349 992 | 0.485 183 | 0.587 419 | 0.189 236 | 0.168 247 | 0.305 729 | 0.518 701 | 0.427 626 | 0.291 115 |
| Achn233321 | 6.971 468 | 4.872 766 | 4.983 111 | 22.152 68 | 9.725 933 | 14.459 85 | 5.652 381 | 15.643 02 | 9.740 983 | 7.249 187 | 5.131 672 | 5.677 39 | 10.236 35 | 11.670 71 | 9.639 205 | 5.663 252 | 7.124 241 | 4.808 61 |
| Actinidia_chinensis_newGene_9049 | 0.866 156 | 0.840 991 | 0.799 58 | 3.027 615 | 2.072 821 | 1.582 258 | 1.738 553 | 2.804 094 | 2.676 559 | 1.561 542 | 1.824 21 | 1.898 952 | 1.496 867 | 5.152 769 | 1.333 288 | 2.124 69 | 1.177 559 | 2.913 406 |
| Achn180001 | 6.894 97 | 4.062 235 | 10.226 28 | 57.661 38 | 31.644 71 | 34.458 55 | 22.299 09 | 36.406 2 | 33.711 5 | 19.824 85 | 26.742 64 | 22.366 8 | 35.412 37 | 34.730 32 | 35.719 09 | 30.525 55 | 20.056 48 | 26.615 72 |
| Achn309771 | 19.872 74 | 22.244 68 | 24.647 3 | 22.547 55 | 20.511 97 | 28.816 01 | 22.989 19 | 34.114 95 | 33.669 04 | 34.029 61 | 41.803 16 | 39.153 29 | 35.384 75 | 31.790 09 | 48.790 2 | 64.483 71 | 55.646 97 | 50.213 04 |
| Achn008971 | 10.971 16 | 12.461 35 | 9.215 466 | 6.657 894 | 8.168 695 | 10.401 94 | 4.394 02 | 4.097 28 | 3.152 848 | 6.056 104 | 8.598 676 | 5.811 021 | 12.212 58 | 15.413 29 | 11.768 81 | 10.349 16 | 13.530 1 | 10.912 27 |
| Achn283031 | 92.596 95 | 103.951 8 | 96.556 11 | 294.584 3 | 158.262 6 | 379.085 | 127.988 9 | 135.404 4 | 148.838 7 | 149.475 4 | 167.358 9 | 166.368 7 | 79.917 82 | 86.982 37 | 85.578 13 | 133.460 7 | 119.233 6 | 123.236 8 |
| Achn028121 | 2.252 595 | 2.302 287 | 2.426 923 | 3.978 169 | 3.598 56 | 7.315 828 | 4.571 409 | 5.284 098 | 5.403 151 | 3.204 79 | 5.128 817 | 2.947 21 | 2.337 483 | 2.791 213 | 2.143 536 | 2.460 17 | 2.219 34 | 2.735 138 |
| Achn013681 | 2.835 672 | 2.642 227 | 2.552 222 | 5.435 023 | 5.672 129 | 7.278 386 | 6.129 196 | 8.000 352 | 4.405 609 | 3.482 877 | 3.737 791 | 4.276 64 | 4.211 02 | 5.739 906 | 5.673 954 | 3.996 208 | 3.020 63 | 2.171 019 |
| Achn376981 | 0.294 844 | 0.535 655 | 0.392 163 | 2.228 806 | 1.912 581 | 7.199 052 | 0.563 126 | 0.710 293 | 1.017 303 | 0.959 776 | 1.317 216 | 1.050 38 | 0.500 654 | 0.075 508 | 0.582 987 | 2.163 561 | 2.110 627 | 1.774 144 |
| Achn076441 | 2.356 227 | 2.790 596 | 2.751 769 | 3.054 217 | 2.515 441 | 1.817 242 | 2.982 479 | 4.131 029 | 3.028 896 | 3.887 833 | 4.476 424 | 4.302 856 | 4.859 435 | 3.136 8 | 4.561 345 | 5.659 765 | 8.459 083 | 5.882 132 |
| Achn363371 | 8.594 56 | 8.710 451 | 6.177 979 | 3.932 931 | 1.430 342 | 1.300 598 | 23.701 06 | 13.174 72 | 8.148 124 | 44.271 11 | 5.462 27 | 6.811 531 | 9.308 015 | 2.566 816 | 3.902 91 | 65.978 25 | 63.946 47 | 7.470 884 |
| Achn031131 | 6.673 504 | 5.478 077 | 4.450 353 | 11.71 | 11.146 53 | 25.612 31 | 7.191 109 | 11.828 66 | 8.682 134 | 7.545 823 | 7.550 354 | 8.117 078 | 5.752 881 | 5.745 247 | 6.209 748 | 4.351 893 | 4.690 329 | 4.956 1 |
| Actinidia_chinensis_newGene_5962 | 53.298 04 | 54.459 66 | 76.334 89 | 22.379 23 | 24.478 07 | 7.315 413 | 15.699 84 | 14.118 27 | 18.539 3 | 27.017 47 | 21.143 14 | 18.238 06 | 11.428 18 | 5.605 835 | 8.419 379 | 36.501 5 | 52.391 88 | 78.275 24 |
| Achn258011 | 0.200 468 | 0.551 08 | 0.223 261 | 0.246 049 | 0.511 203 | 0 | 0.631 575 | 0.375 318 | 0.342 328 | 1.740 406 | 1.226 831 | 0.877 079 | 1.095 927 | 1.496 577 | 0.713 76 | 4.372 62 | 3.249 317 | 3.641 555 |

（续）

| 基因 ID | CK1 | CK2 | CK3 | T1-1 | T1-2 | T1-3 | T2-1 | T2-2 | T2-3 | T3-1 | T3-2 | T3-3 | T4-1 | T4-2 | T4-3 | T5-1 | T5-2 | T5-3 |
|---|---|---|---|---|---|---|---|---|---|---|---|---|---|---|---|---|---|---|
| Actinidia_chinensis_newGene_2463 | 0.190 43 | 0.231 752 | 0.107 449 | 0.547 888 | 0.265 837 | 1.369 038 | 0.285 109 | 0.682 98 | 0.183 217 | 0.627 475 | 0.708 301 | 0.846 12 | 0.395 992 | 0.388 009 | 0.168 106 | 0.444 496 | 0.797 284 | 0.471 276 |
| Achn250221 | 1.255 875 | 1.314 125 | 1.083 228 | 3.412 978 | 12.613 98 | 0 | 2.772 16 | 3.472 501 | 0.627 893 | 9.186 46 | 1.962 998 | 2.867 907 | 0.551 115 | 0.550 862 | 1.096 683 | 8.415 958 | 12.327 26 | 1.949 675 |
| Achn034681 | 6.663 02 | 6.865 854 | 7.327 822 | 6.375 764 | 9.123 021 | 4.510 687 | 5.485 734 | 4.887 968 | 6.002 591 | 5.542 296 | 4.483 181 | 5.421 023 | 3.075 086 | 5.401 272 | 4.627 039 | 3.507 789 | 3.466 908 | 3.724 92 |
| Actinidia_chinensis_newGene_6709 | 0.628 422 | 0.523 062 | 0.434 69 | 0.437 592 | 0.527 326 | 0 | 0.052 622 | 0.326 623 | 0.175 932 | 1.199 241 | 0.178 846 | 0.810 193 | 0.979 041 | 0.589 382 | 1.686 523 | 4.988 344 | 7.035 306 | 4.905 499 |
| Actinidia_chinensis_newGene_6700 | 5.625 165 | 4.014 993 | 4.168 831 | 4.972 149 | 7.206 007 | 6.057 719 | 4.403 841 | 2.992 636 | 4.665 041 | 7.722 549 | 8.603 642 | 7.826 693 | 8.494 628 | 6.583 512 | 8.575 177 | 24.051 38 | 32.183 27 | 20.232 66 |
| Achn168701 | 3.031 653 | 3.523 403 | 2.702 228 | 2.915 951 | 1.829 338 | 1.408 44 | 1.403 292 | 1.611 645 | 1.075 571 | 1.145 301 | 1.442 838 | 1.616 151 | 2.811 437 | 3.910 301 | 4.167 277 | 2.837 174 | 3.803 031 | 3.512 114 |
| Achn374281 | 1.977 341 | 1.988 104 | 3.140 345 | 0 | 0.229 892 | 0.253 135 | 0.839 943 | 1.285 555 | 2.554 567 | 3.509 58 | 1.727 954 | 2.718 814 | 3.553 174 | 1.738 921 | 2.390 151 | 9.066 241 | 14.033 16 | 3.269 078 |
| Actinidia_chinensis_newGene_4709 | 17.409 89 | 13.780 46 | 13.607 93 | 8.262 392 | 11.162 36 | 14.683 28 | 5.668 893 | 6.125 692 | 8.169 233 | 17.529 1 | 18.112 02 | 17.905 04 | 6.267 712 | 4.981 018 | 8.468 246 | 22.595 18 | 23.014 62 | 23.273 58 |
| Actinidia_chinensis_newGene_4707 | 1.733 928 | 2.669 158 | 1.554 509 | 3.653 221 | 5.222 095 | 6.554 958 | 3.501 792 | 4.083 164 | 2.614 473 | 3.361 748 | 3.825 623 | 4.901 693 | 3.428 941 | 2.221 449 | 2.026 1 | 4.273 836 | 3.695 082 | 2.741 325 |
| Achn212201 | 12.470 4 | 15.582 99 | 12.927 89 | 8.237 181 | 7.482 183 | 8.804 384 | 12.337 63 | 8.450 733 | 6.440 659 | 6.511 4 | 6.573 934 | 6.460 809 | 9.559 709 | 9.059 559 | 10.185 29 | 8.012 717 | 7.073 223 | 9.402 462 |
| Achn042781 | 26.741 09 | 20.296 05 | 18.531 55 | 59.800 54 | 58.313 93 | 62.777 33 | 52.702 97 | 52.776 69 | 60.666 17 | 73.226 66 | 85.584 18 | 66.157 49 | 28.951 73 | 13.705 06 | 21.277 56 | 72.034 26 | 72.127 76 | 71.309 09 |
| Achn054851 | 0.318 671 | 0.396 81 | 0.646 018 | 4.064 386 | 4.199 49 | 17.790 01 | 2.066 644 | 2.893 048 | 2.297 182 | 2.761 362 | 3.107 088 | 3.933 464 | 0.877 695 | 0.303 854 | 0.188 116 | 0.989 884 | 0.836 664 | 0.642 312 |
| Achn141691 | 7.846 668 | 9.516 073 | 8.122 789 | 30.389 26 | 33.573 23 | 22.045 92 | 20.632 4 | 21.128 99 | 17.186 07 | 14.218 31 | 17.821 28 | 17.543 77 | 7.862 427 | 14.297 73 | 10.552 33 | 8.833 17 | 9.420 748 | 10.009 63 |
| Actinidia_chinensis_newGene_1862 | 0.562 974 | 0.100 856 | 0.572 056 | 1.098 398 | 1.864 688 | 2.868 005 | 0.778 791 | 1.562 899 | 0.762 599 | 1.049 08 | 1.312 098 | 0.567 202 | 0.524 658 | 1.005 609 | 0.510 737 | 0.622 988 | 0.178 977 | 0.162 146 |
| Achn264971 | 3.627 64 | 2.946 255 | 2.150 077 | 1.637 639 | 2.203 124 | 5.056 999 | 1.414 084 | 1.386 598 | 1.601 586 | 3.459 249 | 4.123 329 | 3.620 528 | 2.703 808 | 1.880 169 | 1.477 564 | 7.770 638 | 7.069 698 | 6.204 309 |

（续）

| 基因 ID | CK1 | CK2 | CK3 | T1-1 | T1-2 | T1-3 | T2-1 | T2-2 | T2-3 | T3-1 | T3-2 | T3-3 | T4-1 | T4-2 | T4-3 | T5-1 | T5-2 | T5-3 |
|---|---|---|---|---|---|---|---|---|---|---|---|---|---|---|---|---|---|---|
| Achn141341 | 0.441 56 | 0.342 73 | 0.181 964 | 0.880 004 | 1.649 663 | 1.999 329 | 0.746 441 | 0.096 032 | 0.380 627 | 0.231 007 | 0.192 425 | 0.447 75 | 0.698 232 | 1.148 39 | 1.145 553 | 0.954 05 | 0.152 394 | 0.831 059 |
| Achn263521 | 0.416 147 | 0.589 991 | 0.755 233 | 0.207 217 | 0.302 648 | 0.642 377 | 1.959 98 | 1.284 588 | 0.868 512 | 3.635 787 | 0.836 893 | 1.523 157 | 5.482 937 | 11.394 17 | 5.302 842 | 7.046 62 | 13.808 64 | 3.405 077 |
| Achn117271 | 1.022 799 | 1.374 874 | 2.033 275 | 3.617 509 | 2.318 252 | 4.864 02 | 4.207 643 | 3.824 463 | 3.423 16 | 3.137 225 | 2.457 537 | 2.208 816 | 2.072 603 | 4.750 593 | 3.799 423 | 1.816 208 | 1.967 813 | 2.209 879 |
| Achn233651 | 0.697 42 | 1.077 952 | 0.642 369 | 0.990 637 | 0.505 224 | 1.325 249 | 0.487 104 | 0.752 347 | 0.198 737 | 1.012 813 | 0.562 383 | 0.672 013 | 1.054 915 | 0.949 09 | 0.835 074 | 3.957 228 | 3.055 665 | 3.077 821 |
| Actinidia_chinensis_newGene_8882 | 0.589 097 | 0.566 619 | 0.713 724 | 2.682 813 | 6.443 053 | 0.538 964 | 2.926 321 | 2.676 021 | 3.226 998 | 0.947 765 | 0.573 736 | 1.602 988 | 1.450 346 | 3.513 579 | 5.738 856 | 1.407 653 | 0.972 919 | 1.746 784 |
| Achn065591 | 0.254 508 | 0.111 339 | 0.316 234 | 5.979 479 | 1.873 011 | 4.751 5 | 0.472 468 | 1.976 534 | 1.328 557 | 0.901 799 | 2.344 198 | 1.288 647 | 0.466 501 | 0.499 074 | 0.454 755 | 0.849 155 | 0.737 97 | 0.989 737 |
| Achn201631 | 30.078 35 | 37.133 73 | 38.356 49 | 44.686 72 | 25.088 76 | 40.506 82 | 21.799 06 | 21.401 4 | 20.017 14 | 20.001 75 | 19.128 8 | 18.238 92 | 34.242 33 | 35.965 84 | 46.522 12 | 21.478 12 | 29.448 36 | 29.248 02 |
| Achn287221 | 9.558 38 | 9.697 538 | 9.230 155 | 7.750 967 | 4.071 733 | 6.292 923 | 3.191 892 | 3.978 8 | 3.791 469 | 3.887 125 | 3.927 757 | 4.490 414 | 9.165 641 | 10.753 98 | 11.713 02 | 9.143 609 | 9.390 921 | 10.504 44 |
| Actinidia_chinensis_newGene_2660 | 0.950 826 | 0.637 347 | 1.340 67 | 3.512 474 | 2.070 883 | 1.290 105 | 3.510 36 | 3.499 661 | 2.109 329 | 0.888 754 | 3.562 408 | 1.938 004 | 1.649 48 | 2.367 241 | 2.264 737 | 4.782 776 | 2.015 752 | 2.622 145 |
| Achn178131 | 21.322 55 | 27.145 8 | 27.084 15 | 8.802 345 | 11.064 5 | 12.580 5 | 30.747 33 | 28.239 26 | 29.427 4 | 23.952 91 | 19.614 84 | 16.907 75 | 32.271 78 | 22.287 12 | 20.622 93 | 14.983 27 | 14.899 1 | 16.366 91 |
| Achn381531 | 0.486 423 | 1.068 856 | 0.569 85 | 2.486 45 | 2.794 912 | 3.603 376 | 0.120 326 | 0.079 386 | 0.485 959 | 0.635 034 | 0.236 626 | 0.256 225 | 0.398 342 | 0.419 018 | 0.818 974 | 1.153 288 | 0.713 662 | 0.598 884 |
| Achn355281 | 0.860 306 | 1.015 652 | 1.360 383 | 2.248 224 | 2.401 821 | 4.208 618 | 1.150 697 | 2.555 05 | 1.714 774 | 1.873 825 | 1.833 517 | 1.153 964 | 1.516 2 | 1.540 772 | 1.356 847 | 1.495 963 | 2.555 184 | 1.794 192 |
| Achn321841 | 8.618 384 | 15.197 45 | 14.645 78 | 7.817 177 | 6.467 796 | 6.365 764 | 17.438 69 | 12.804 95 | 16.254 69 | 9.788 316 | 10.098 84 | 6.762 918 | 17.634 88 | 10.883 5 | 11.451 89 | 11.225 45 | 7.943 493 | 6.586 99 |
| Achn103311 | 8.235 68 | 6.180 79 | 5.972 428 | 6.349 109 | 11.570 34 | 6.057 219 | 7.742 188 | 11.343 53 | 8.407 457 | 10.187 56 | 13.811 33 | 11.958 14 | 9.138 865 | 17.445 06 | 19.759 98 | 26.871 22 | 28.935 84 | 19.681 89 |
| Achn183791 | 301.924 3 | 236.586 2 | 235.210 3 | 78.960 78 | 89.042 1 | 53.648 64 | 255.839 8 | 211.330 2 | 294.226 7 | 279.561 1 | 252.409 5 | 274.739 9 | 463.893 9 | 356.076 5 | 329.021 2 | 200.831 7 | 222.710 4 | 199.127 5 |
| Achn361261 | 5.139 588 | 4.495 488 | 5.949 641 | 4.903 538 | 1.389 056 | 0.562 128 | 1.407 569 | 2.518 162 | 1.050 634 | 1.885 323 | 0.905 653 | 0.715 409 | 1.588 313 | 4.709 963 | 3.228 897 | 4.613 612 | 11.408 04 | 4.362 833 |
| Achn367141 | 116.007 4 | 70.382 6 | 64.474 21 | 18.341 03 | 11.271 82 | 15.670 74 | 10.643 38 | 19.760 71 | 25.284 72 | 33.532 53 | 40.242 46 | 31.229 74 | 115.983 8 | 16.858 19 | 46.635 8 | 74.731 78 | 81.646 | 69.670 68 |
| Achn319471 | 178.432 | 159.212 5 | 184.099 4 | 59.157 47 | 79.080 34 | 60.509 88 | 123.183 8 | 88.246 43 | 115.173 | 148.375 4 | 128.166 4 | 125.023 6 | 123.219 3 | 122.132 1 | 96.144 81 | 212.157 5 | 195.065 2 | 191.924 7 |

（续）

| 基因 ID | CK1 | CK2 | CK3 | T1-1 | T1-2 | T1-3 | T2-1 | T2-2 | T2-3 | T3-1 | T3-2 | T3-3 | T4-1 | T4-2 | T4-3 | T5-1 | T5-2 | T5-3 |
|---|---|---|---|---|---|---|---|---|---|---|---|---|---|---|---|---|---|---|
| Achn272671 | 0.370 307 | 0.261 147 | 0.224 793 | 0.027 379 | 0.078 524 | 0.029 701 | 0.379 649 | 0.294 888 | 0.358 158 | 0.263 884 | 0.132 038 | 0.328 18 | 1.724 793 | 3.682 354 | 2.603 571 | 0.463 189 | 0.463 785 | 0.334 72 |
| Achn389841 | 50.746 45 | 43.522 17 | 33.706 55 | 16.262 69 | 13.648 31 | 9.665 882 | 31.803 49 | 27.207 32 | 30.577 53 | 33.516 99 | 31.967 32 | 33.902 17 | 47.652 54 | 33.123 57 | 38.388 07 | 35.197 23 | 41.379 18 | 51.955 81 |
| Achn042841 | 46.245 21 | 58.495 79 | 69.452 41 | 6.429 457 | 13.594 13 | 12.934 13 | 58.579 05 | 35.522 73 | 36.474 88 | 13.890 84 | 14.118 28 | 10.200 21 | 78.913 73 | 114.065 1 | 107.919 4 | 24.330 59 | 28.277 37 | 27.406 59 |
| Achn192851 | 0.476 407 | 0.385 468 | 0.583 306 | 0.802 646 | 1.125 488 | 0.603 364 | 0.482 042 | 1.345 547 | 1.560 832 | 0.803 519 | 0.344 132 | 0.622 006 | 2.613 562 | 0.137 588 | 1.397 512 | 3.804 777 | 4.102 125 | 2.392 163 |
| Achn273101 | 11.009 67 | 14.051 17 | 12.267 81 | 6.979 047 | 7.824 446 | 3.929 982 | 14.184 31 | 12.949 15 | 11.312 96 | 14.183 74 | 12.238 17 | 15.109 89 | 13.848 01 | 14.301 93 | 13.145 4 | 11.055 12 | 12.951 6 | 13.308 77 |
| Achn168001 | 10.928 01 | 2.357 834 | 8.270 226 | 657.216 9 | 217.026 | 122.425 3 | 153.850 1 | 414.807 9 | 275.015 8 | 62.223 92 | 116.908 8 | 83.774 5 | 424.451 1 | 566.343 7 | 400.894 7 | 165.072 1 | 97.168 63 | 131.230 4 |
| Achn387441 | 0.973 59 | 0.907 178 | 1.724 259 | 5.482 63 | 2.318 61 | 2.424 947 | 1.208 43 | 2.131 383 | 2.381 393 | 2.927 017 | 4.548 211 | 3.163 538 | 2.881 447 | 1.016 706 | 1.824 838 | 2.938 009 | 2.622 79 | 2.482 141 |
| Achn221391 | 0.478 706 | 0.746 866 | 0.503 096 | 0.070 832 | 0.068 122 | 0.296 092 | 0.141 628 | 0.126 111 | 0.037 351 | 0.450 235 | 0.428 028 | 0.660 333 | 3.265 805 | 0.918 399 | 1.818 049 | 9.279 492 | 10.677 17 | 7.272 685 |
| Actinidia_chinensis_newGene_1122 | 2 350.32 | 2 961.709 | 2 553.523 | 1 338.054 | 1 470.756 | 620.203 6 | 2 038.609 | 1 767.27 | 1 773.509 | 1 611.128 | 1 558.018 | 1 386.479 | 2 683.298 | 2 355.908 | 2 885.179 | 1 313.827 | 1 312.669 | 1 667.987 |
| Achn217141 | 13.160 76 | 11.815 82 | 10.593 72 | 17.658 28 | 28.912 78 | 34.139 85 | 21.737 04 | 20.387 91 | 22.462 88 | 29.053 29 | 28.025 83 | 29.394 81 | 6.619 737 | 5.289 97 | 5.841 354 | 17.195 79 | 20.103 5 | 17.229 47 |
| Achn110741 | 0.896 778 | 0.611 163 | 0.928 706 | 1.453 704 | 0.776 607 | 0.514 176 | 0.583 558 | 0.364 447 | 0.205 235 | 1.087 253 | 0.338 866 | 0.960 228 | 0.070 116 | 0.337 575 | 0.380 735 | 0.198 878 | 0.203 345 | 0.455 49 |
| Achn095741 | 6.328 829 | 5.423 289 | 3.812 894 | 2.578 778 | 3.389 624 | 3.680 879 | 2.681 752 | 3.268 378 | 4.651 519 | 5.077 691 | 3.907 892 | 5.285 336 | 2.455 935 | 1.331 624 | 1.537 912 | 4.808 084 | 6.853 082 | 7.009 181 |
| Achn161831 | 2.038 7 | 2.401 33 | 2.109 264 | 7.408 89 | 3.935 398 | 10.143 03 | 1.897 894 | 2.199 707 | 2.831 588 | 2.246 684 | 2.168 272 | 1.767 064 | 3.143 452 | 2.988 257 | 2.466 075 | 2.846 639 | 3.519 017 | 3.594 697 |
| Achn272991 | 256.857 5 | 282.893 3 | 251.043 2 | 149.880 8 | 154.217 1 | 143.328 8 | 204.018 7 | 169.556 6 | 206.259 1 | 226.634 4 | 209.012 3 | 217.656 9 | 255.602 7 | 170.679 9 | 182.904 6 | 287.456 3 | 265.241 4 | 239.607 7 |
| Achn327071 | 10.684 56 | 8.444 3 | 8.586 549 | 5.063 923 | 2.774 974 | 6.263 371 | 2.900 295 | 4.338 212 | 3.676 172 | 6.087 59 | 7.004 861 | 7.259 106 | 11.071 07 | 6.252 519 | 9.411 044 | 14.384 18 | 13.463 62 | 12.395 86 |
| Achn204291 | 1.999 495 | 2.417 714 | 2.485 897 | 2.021 245 | 1.285 143 | 1.102 983 | 0.735 864 | 1.052 839 | 0.942 397 | 1.768 541 | 1.670 504 | 1.421 065 | 1.790 845 | 2.267 219 | 2.269 623 | 1.640 028 | 1.650 172 | 2.060 623 |
| Achn279661 | 12.086 12 | 14.795 87 | 13.986 97 | 7.656 8 | 13.624 55 | 8.231 253 | 13.410 99 | 13.089 15 | 11.638 71 | 6.744 79 | 5.380 154 | 7.929 884 | 9.874 86 | 8.383 748 | 8.134 976 | 3.361 117 | 4.093 253 | 5.692 817 |
| Achn281771 | 0.787 601 | 2.370 804 | 2.227 641 | 14.112 36 | 22.994 92 | 3.053 241 | 9.585 77 | 9.355 31 | 8.114 079 | 1.954 676 | 2.402 732 | 2.962 435 | 2.000 867 | 1.395 499 | 4.645 906 | 0.918 078 | 0.741 6 | 1.368 67 |
| Achn212911 | 12.736 49 | 15.967 65 | 16.309 03 | 12.300 14 | 17.468 83 | 6.407 404 | 17.111 16 | 12.920 73 | 10.584 79 | 11.834 39 | 10.609 71 | 11.183 91 | 7.476 758 | 5.337 933 | 7.078 279 | 10.526 24 | 13.138 75 | 13.599 |

（续）

| 基因 ID | CK1 | CK2 | CK3 | T1-1 | T1-2 | T1-3 | T2-1 | T2-2 | T2-3 | T3-1 | T3-2 | T3-3 | T4-1 | T4-2 | T4-3 | T5-1 | T5-2 | T5-3 |
|---|---|---|---|---|---|---|---|---|---|---|---|---|---|---|---|---|---|---|
| Achn119251 | 0.914 154 | 0.983 208 | 0.618 096 | 0.719 248 | 3.775 741 | 0.384 019 | 2.501 251 | 2.138 277 | 1.797 275 | 0.974 863 | 0.725 9 | 1.477 573 | 0.353 657 | 1.868 241 | 0.750 63 | 1.068 607 | 2.318 31 | 1.016 185 |
| Achn339581 | 1.571 799 | 0.940 252 | 1.289 483 | 3.516 25 | 3.581 452 | 4.728 856 | 1.727 427 | 3.491 136 | 2.140 543 | 2.881 225 | 2.956 915 | 3.059 513 | 1.929 814 | 1.558 187 | 1.916 238 | 1.838 702 | 1.864 204 | 1.979 998 |
| Achn059081 | 1.751 402 | 1.811 743 | 2.517 645 | 0.322 897 | 0.267 923 | 0 | 5.031 865 | 2.391 188 | 1.512 318 | 4.983 242 | 0.661 465 | 1.106 442 | 2.059 853 | 3.298 163 | 2.662 087 | 6.881 592 | 4.642 158 | 1.190 859 |
| Achn156311 | 2.144 283 | 2.367 669 | 2.695 943 | 6.045 569 | 3.208 33 | 2.732 262 | 1.912 024 | 5.311 799 | 2.039 728 | 2.393 552 | 1.582 453 | 1.637 222 | 5.143 588 | 14.004 31 | 8.568 398 | 4.722 459 | 6.008 445 | 4.722 96 |
| Achn079821 | 13.796 82 | 17.418 69 | 13.975 93 | 4.115 153 | 12.756 25 | 75.356 97 | 37.253 97 | 26.239 41 | 24.141 62 | 13.225 14 | 6.755 825 | 7.924 385 | 12.847 37 | 27.452 85 | 22.380 81 | 4.550 718 | 4.330 417 | 1.732 852 |
| Achn087161 | 13.137 27 | 8.430 056 | 10.809 26 | 8.301 803 | 15.427 92 | 17.996 78 | 17.539 16 | 15.929 21 | 16.782 56 | 21.533 53 | 11.911 47 | 16.324 98 | 2.976 69 | 2.314 471 | 3.295 672 | 17.982 75 | 13.575 83 | 9.443 826 |
| Achn126921 | 0 | 0.712 151 | 1.558 725 | 2.694 764 | 0 | 0 | 3.754 122 | 3.689 393 | 2.601 419 | 0.882 808 | 1.499 083 | 0 | 2.462 59 | 2.575 131 | 0 | 2.282 639 | 1.023 271 | 1.029 441 |
| Achn154201 | 2.152 262 | 1.988 471 | 2.238 201 | 2.461 185 | 1.402 792 | 2.116 338 | 1.821 189 | 1.549 3 | 1.265 266 | 1.231 964 | 1.149 318 | 0.603 386 | 2.485 256 | 3.640 746 | 3.610 155 | 1.498 443 | 1.745 918 | 1.984 302 |
| Achn318791 | 0.522 519 | 0.304 286 | 0.492 19 | 4.131 637 | 2.564 749 | 5.765 647 | 1.157 821 | 1.370 407 | 0.468 589 | 1.371 847 | 1.354 543 | 1.349 253 | 0.555 233 | 0.942 803 | 0.603 244 | 0.541 22 | 0.687 983 | 0.372 203 |
| Achn137731 | 6.857 093 | 6.954 642 | 4.893 052 | 2.871 062 | 3.170 054 | 2.911 875 | 3.136 591 | 3.735 991 | 3.273 743 | 4.930 002 | 3.552 133 | 3.329 359 | 7.983 084 | 6.945 249 | 6.386 355 | 8.309 765 | 7.875 117 | 7.307 808 |
| Achn150431 | 57.630 11 | 63.435 21 | 69.865 2 | 37.206 64 | 30.512 51 | 29.050 47 | 38.236 65 | 36.078 27 | 34.469 19 | 79.924 43 | 54.840 69 | 44.115 49 | 25.512 09 | 28.400 56 | 27.281 5 | 34.254 44 | 37.370 54 | 43.243 81 |
| Achn357901 | 20.117 97 | 17.930 65 | 14.014 81 | 14.624 96 | 6.828 091 | 35.726 67 | 7.088 594 | 8.196 455 | 8.167 505 | 7.597 239 | 10.665 8 | 11.565 09 | 37.180 1 | 24.101 58 | 47.245 89 | 43.943 55 | 43.369 31 | 29.963 08 |
| Achn273801 | 0.316 657 | 0.409 531 | 0.537 141 | 0.689 077 | 1.312 512 | 4.199 405 | 0.737 102 | 0.810 872 | 0.657 75 | 0.950 175 | 1.026 899 | 1.041 011 | 1.611 745 | 1.476 809 | 1.033 046 | 4.107 273 | 3.144 588 | 2.248 677 |
| Achn130721 | 0.449 497 | 0.679 742 | 0.373 204 | 7.818 343 | 1.132 506 | 2.446 1 | 0.635 93 | 4.562 435 | 1.089 206 | 1.943 867 | 2.804 884 | 1.783 012 | 7.059 208 | 51.984 88 | 44.731 02 | 9.650 945 | 9.698 589 | 6.941 311 |
| Achn223561 | 2.618 323 | 5.199 264 | 4.435 359 | 5.845 548 | 4.140 534 | 3.041 407 | 1.683 817 | 2.293 485 | 2.501 221 | 0.929 059 | 2.184 376 | 1.826 583 | 3.262 656 | 10.910 36 | 12.549 94 | 3.496 173 | 4.012 262 | 2.824 466 |
| Actinidia_chinensis_newGene_6013 | 72.387 45 | 62.700 44 | 73.677 29 | 167.746 8 | 139.394 1 | 259.215 2 | 135.192 5 | 137.473 1 | 149.243 1 | 280.165 4 | 323.946 1 | 189.146 8 | 95.737 72 | 65.691 63 | 70.538 42 | 142.621 9 | 152.100 9 | 201.822 4 |
| Achn261721 | 1.018 991 | 0.884 824 | 1.096 185 | 0.579 505 | 0.163 084 | 0.327 402 | 0.203 883 | 0.317 267 | 0.427 579 | 0.231 663 | 0.210 887 | 0.495 152 | 0.559 689 | 1.207 682 | 0.234 231 | 1.318 658 | 2.509 739 | 0.230 735 |
| Achn137711 | 3.148 165 | 3.500 097 | 2.670 577 | 1.584 406 | 1.492 663 | 1.775 592 | 2.395 317 | 3.012 41 | 1.648 129 | 3.557 337 | 1.650 816 | 2.796 773 | 2.087 865 | 3.948 319 | 2.708 174 | 7.494 474 | 11.204 94 | 3.427 383 |
| Achn255141 | 3.731 469 | 4.519 219 | 5.622 494 | 2.294 269 | 2.296 39 | 1.805 076 | 2.280 154 | 2.522 896 | 1.829 762 | 1.044 048 | 1.748 315 | 1.058 112 | 3.993 217 | 5.341 639 | 5.351 942 | 2.886 002 | 4.530 566 | 4.210 093 |

（续）

| 基因 ID | CK1 | CK2 | CK3 | T1-1 | T1-2 | T1-3 | T2-1 | T2-2 | T2-3 | T3-1 | T3-2 | T3-3 | T4-1 | T4-2 | T4-3 | T5-1 | T5-2 | T5-3 |
|---|---|---|---|---|---|---|---|---|---|---|---|---|---|---|---|---|---|---|
| Achn193381 | 6.522 33 | 4.690 554 | 5.263 396 | 1.419 033 | 2.317 504 | 2.158 204 | 4.404 239 | 3.081 959 | 2.265 889 | 2.516 199 | 1.652 702 | 1.591 435 | 6.111 357 | 6.283 433 | 5.732 769 | 5.815 557 | 5.000 829 | 3.455 171 |
| Achn258471 | 2.667 963 | 2.244 734 | 3.108 82 | 7.777 402 | 2.426 603 | 6.218 894 | 1.838 89 | 6.124 016 | 2.122 247 | 2.453 074 | 3.065 804 | 2.720 434 | 5.100 517 | 20.050 62 | 18.528 74 | 7.915 02 | 8.899 802 | 4.736 41 |
| Achn256721 | 0.168 049 | 0.170 585 | 0.103 355 | 1.113 733 | 0.999 076 | 1.520 841 | 0.432 424 | 1.118 627 | 0.406 316 | 0.639 231 | 0.655 373 | 0.552 259 | 0.137 164 | 0.235 805 | 0.364 858 | 0.070 828 | 0.075 327 | 0 |
| Achn095531 | 1.400 12 | 1.389 208 | 0.942 496 | 0.541 984 | 0.771 336 | 0.068 845 | 4.019 308 | 3.581 83 | 1.471 35 | 10.001 34 | 0.770 328 | 1.790 228 | 1.017 73 | 0.184 592 | 0 | 4.024 266 | 3.581 382 | 0.489 395 |
| Achn053271 | 92.464 97 | 75.987 44 | 74.724 66 | 21.421 25 | 23.263 95 | 13.259 67 | 27.343 73 | 21.131 62 | 26.681 91 | 28.168 6 | 22.890 96 | 31.530 38 | 52.111 03 | 31.309 39 | 30.197 2 | 38.535 12 | 56.540 52 | 45.900 27 |
| Achn138611 | 24.062 59 | 25.990 58 | 23.747 42 | 59.316 39 | 71.146 05 | 42.347 89 | 49.274 82 | 54.710 47 | 45.579 41 | 47.042 7 | 43.340 94 | 52.683 52 | 21.623 71 | 18.940 23 | 19.790 91 | 30.122 94 | 31.427 44 | 32.328 46 |
| Achn232701 | 0.520 041 | 0.321 221 | 0.449 871 | 11.994 22 | 1.538 304 | 1.450 803 | 2.130 826 | 6.794 781 | 4.272 258 | 3.799 073 | 3.927 494 | 3.850 345 | 1.423 536 | 2.040 477 | 2.705 543 | 0.811 562 | 1.027 561 | 0 |
| Actinidia_chinensis_newGene_11369 | 5.945 219 | 4.765 327 | 4.087 04 | 2.383 323 | 1.775 682 | 1.002 744 | 0.616 875 | 0.687 016 | 1.463 982 | 1.985 902 | 3.713 609 | 1.379 465 | 1.306 617 | 0.435 407 | 1.072 721 | 2.815 559 | 3.669 396 | 5.339 734 |
| Achn026171 | 71.085 01 | 75.615 27 | 71.480 97 | 47.069 29 | 37.515 35 | 37.699 44 | 52.595 84 | 49.469 43 | 45.391 09 | 46.673 16 | 43.277 31 | 39.757 88 | 82.099 58 | 79.090 38 | 80.658 36 | 74.439 52 | 73.461 75 | 77.776 96 |
| Achn281151 | 0.053 438 | 0.206 776 | 0.153 024 | 0.144 494 | 0.230 844 | 0.145 7 | 0.225 844 | 0 | 0.041 079 | 0.485 742 | 0.304 64 | 0.913 12 | 0.281 263 | 0.368 976 | 0.614 242 | 0.879 199 | 0.471 927 | 0.553 941 |
| Achn174741 | 65.009 38 | 98.665 66 | 94.322 96 | 24.652 14 | 25.613 82 | 48.051 7 | 49.863 14 | 37.796 1 | 39.048 75 | 42.133 34 | 41.302 82 | 35.193 81 | 121.029 1 | 111.594 6 | 123.379 8 | 71.958 43 | 75.589 21 | 70.121 96 |
| Achn338931 | 3.866 975 | 6.757 196 | 4.903 658 | 8.585 188 | 6.051 648 | 10.649 97 | 5.965 331 | 4.621 573 | 5.510 485 | 3.412 564 | 5.941 893 | 3.971 765 | 9.491 759 | 16.255 54 | 15.426 91 | 4.463 988 | 4.244 781 | 5.176 64 |
| Achn362361 | 1.630 964 | 2.245 307 | 1.635 727 | 1.025 132 | 0.196 854 | 0.158 804 | 2.560 681 | 5.876 248 | 5.142 64 | 3.785 576 | 4.390 662 | 6.909 316 | 0.904 869 | 0.191 334 | 0.678 388 | 3.431 879 | 2.660 434 | 1.887 4 |
| Achn022101 | 1.247 | 0.856 899 | 0.453 639 | 0.071 687 | 0 | 0.117 995 | 0.740 928 | 0.307 698 | 0.394 366 | 0.980 743 | 0.376 987 | 1.137 733 | 2.508 03 | 2.629 846 | 1.485 564 | 0.854 878 | 1.078 217 | 0.565 874 |
| Achn350991 | 1.607 846 | 1.683 281 | 1.836 069 | 4.939 06 | 3.913 883 | 4.851 284 | 3.345 231 | 2.893 497 | 3.073 861 | 3.534 083 | 5.251 867 | 3.251 371 | 2.434 255 | 3.297 441 | 1.814 249 | 1.997 488 | 2.839 568 | 1.742 81 |
| Actinidia_chinensis_newGene_8311 | 1.051 047 | 0.737 868 | 1.259 535 | 1.897 225 | 1.825 123 | 2.312 515 | 0.954 704 | 0.265 232 | 0.550 009 | 1.157 542 | 2.150 44 | 1.559 446 | 0.757 088 | 0.209 358 | 0.333 213 | 1.598 433 | 1.366 209 | 0.852 423 |
| Actinidia_chinensis_newGene_8312 | 1.983 044 | 1.532 154 | 1.570 767 | 35.730 98 | 3.956 878 | 8.881 301 | 3.206 439 | 29.683 99 | 6.404 9 | 4.107 139 | 4.374 329 | 5.222 844 | 28.833 45 | 51.901 55 | 42.710 34 | 6.896 247 | 5.687 041 | 6.248 399 |

（续）

| 基因 ID | CK1 | CK2 | CK3 | T1-1 | T1-2 | T1-3 | T2-1 | T2-2 | T2-3 | T3-1 | T3-2 | T3-3 | T4-1 | T4-2 | T4-3 | T5-1 | T5-2 | T5-3 |
|---|---|---|---|---|---|---|---|---|---|---|---|---|---|---|---|---|---|---|
| Achn109451 | 0.207 738 | 0.216 763 | 0.437 895 | 0.454 139 | 0.369 77 | 0.384 175 | 0.531 136 | 0.285 96 | 0.468 412 | 1.356 643 | 0.734 138 | 0.709 665 | 0.219 436 | 0 | 0.226 205 | 1.193 565 | 2.676 485 | 0.547 116 |
| Achn372611 | 0.464 449 | 0 | 0.375 696 | 3.906 898 | 5.171 516 | 0 | 12.547 8 | 109.102 4 | 25.342 73 | 0.740 233 | 0.127 536 | 1.175 162 | 0.552 002 | 30.136 97 | 2.998 613 | 0.343 007 | 1.558 873 | 0.615 139 |
| Actinidia_chinensis_newGene_7930 | 7.188 982 | 7.499 243 | 6.193 616 | 11.533 34 | 5.448 97 | 12.236 82 | 3.701 497 | 3.668 928 | 3.146 453 | 1.844 776 | 3.210 717 | 2.971 898 | 9.975 839 | 14.252 4 | 12.491 36 | 5.149 549 | 5.559 346 | 6.437 656 |
| Achn067291 | 3.342 667 | 2.318 172 | 2.319 618 | 0.719 742 | 1.141 308 | 0 | 0.885 903 | 0.540 412 | 0.137 297 | 0.668 931 | 0.283 101 | 0.317 962 | 1.450 891 | 0.165 92 | 1.127 286 | 1.473 22 | 0.738 946 | 0.993 421 |
| Achn374391 | 6.099 936 | 5.957 004 | 4.058 568 | 2.777 39 | 2.665 952 | 3.181 665 | 9.108 738 | 6.568 286 | 6.449 935 | 6.711 982 | 3.443 039 | 5.504 751 | 6.822 109 | 5.763 609 | 5.035 476 | 2.832 906 | 3.032 02 | 3.252 883 |
| Achn274271 | 1.627 316 | 1.701 219 | 1.962 659 | 6.120 225 | 3.969 704 | 8.741 508 | 1.993 767 | 2.045 878 | 2.313 055 | 2.191 159 | 1.739 769 | 1.695 648 | 1.514 805 | 2.172 744 | 1.689 352 | 1.362 724 | 1.142 454 | 1.649 868 |
| Achn054411 | 10.101 92 | 15.302 83 | 23.571 79 | 4.164 961 | 6.796 111 | 9.037 49 | 3.428 608 | 3.167 989 | 3.728 688 | 17.832 99 | 13.652 93 | 9.562 246 | 2.734 359 | 1.368 166 | 2.026 909 | 4.393 864 | 4.387 145 | 6.045 821 |
| Achn203501 | 1.273 943 | 0.775 037 | 1.002 705 | 1.006 408 | 0.381 007 | 4.328 592 | 0.887 285 | 0.546 303 | 1.235 35 | 1.482 83 | 1.702 322 | 2.172 394 | 2.347 776 | 1.831 164 | 1.459 283 | 7.291 903 | 5.490 802 | 5.026 61 |
| Actinidia_chinensis_newGene_3555 | 4.225 082 | 7.351 743 | 6.544 099 | 1.122 884 | 0.634 036 | 0.329 035 | 4.548 34 | 2.154 07 | 1.619 471 | 1.631 617 | 1.280 618 | 1.535 314 | 8.412 024 | 24.591 01 | 16.631 4 | 1.549 742 | 1.433 19 | 1.753 613 |
| Actinidia_chinensis_newGene_3554 | 88.120 78 | 74.660 65 | 36.558 06 | 30.605 7 | 47.771 1 | 88.555 46 | 30.398 41 | 63.492 11 | 32.569 28 | 43.869 52 | 54.692 24 | 42.318 48 | 67.981 43 | 34.380 36 | 68.532 82 | 23.767 74 | 20.002 1 | 24.477 09 |
| Actinidia_chinensis_newGene_4780 | 1.019 729 | 1.510 489 | 1.230 928 | 3.323 297 | 2.639 948 | 3.295 956 | 1.489 117 | 1.553 395 | 0.581 707 | 2.041 695 | 1.190 329 | 1.791 501 | 1.513 408 | 1.439 918 | 2.214 171 | 2.638 945 | 1.678 14 | 1.238 47 |
| Achn326721 | 1.806 234 | 2.031 137 | 2.063 422 | 1.450 923 | 1.010 559 | 2.320 267 | 1.106 409 | 0.708 605 | 0.708 299 | 0.930 595 | 1.361 892 | 0.894 087 | 0.603 067 | 1.734 245 | 1.437 269 | 1.671 208 | 0.983 969 | 1.164 041 |
| Achn215251 | 51.723 89 | 44.114 39 | 42.269 62 | 299.132 3 | 151.604 6 | 145.164 8 | 105.698 2 | 103.844 9 | 98.021 81 | 80.026 13 | 80.660 75 | 72.182 9 | 71.496 34 | 71.419 12 | 57.165 06 | 38.384 42 | 36.227 27 | 30.706 14 |
| Achn256121 | 410.822 5 | 506.136 9 | 546.575 3 | 1 249.285 | 1 345.778 | 562.934 6 | 279.651 7 | 354.606 3 | 500.332 7 | 182.499 1 | 207.044 4 | 166.45 | 448.028 9 | 239.228 3 | 288.290 9 | 1 230.028 | 1 279.075 | 990.803 4 |
| Achn123741 | 9.407 537 | 9.612 557 | 11.101 09 | 32.434 3 | 19.927 32 | 60.081 2 | 13.833 8 | 17.164 29 | 15.265 77 | 20.543 64 | 24.629 14 | 20.161 51 | 8.094 625 | 6.437 929 | 8.034 158 | 15.844 64 | 15.341 59 | 14.985 44 |
| Achn020751 | 0.599 452 | 0.244 912 | 0.633 875 | 0.314 715 | 0.683 497 | 0.298 673 | 1.002 62 | 1.090 289 | 1.477 302 | 0.809 563 | 0.604 82 | 0.645 936 | 0.659 897 | 0.171 164 | 0.191 176 | 0.425 782 | 0.248 611 | 0.622 064 |

（续）

| 基因ID | CK1 | CK2 | CK3 | T1-1 | T1-2 | T1-3 | T2-1 | T2-2 | T2-3 | T3-1 | T3-2 | T3-3 | T4-1 | T4-2 | T4-3 | T5-1 | T5-2 | T5-3 |
|---|---|---|---|---|---|---|---|---|---|---|---|---|---|---|---|---|---|---|
| Achn261881 | 3.414 156 | 2.934 397 | 3.151 448 | 6.306 313 | 6.767 452 | 16.872 37 | 3.392 527 | 3.009 586 | 5.329 861 | 5.193 535 | 3.992 95 | 3.829 473 | 3.469 687 | 2.844 644 | 2.302 736 | 5.877 178 | 6.107 854 | 4.201 705 |
| Achn311911 | 0.441 786 | 1.414 193 | 0.581 704 | 0.930 85 | 0.569 606 | 0.081 022 | 2.511 079 | 6.961 484 | 6.401 619 | 1.473 79 | 4.994 741 | 5.733 679 | 0.554 075 | 0.442 525 | 0.654 623 | 1.420 147 | 1.870 899 | 1.813 467 |
| Achn312461 | 3.636 547 | 3.582 284 | 3.214 215 | 1.565 097 | 2.130 149 | 0.824 291 | 3.003 629 | 2.416 26 | 1.708 996 | 2.818 172 | 1.843 823 | 2.792 483 | 2.196 908 | 2.004 825 | 2.285 039 | 2.837 996 | 3.323 878 | 2.860 598 |
| Achn260751 | 522.197 8 | 521.277 5 | 550.130 4 | 1 460.793 | 1 287.504 | 1 564.92 | 860.529 2 | 1 035.621 | 891.970 7 | 1 075.667 | 1 109.036 | 1 038.074 | 507.018 | 441.789 | 444.247 4 | 739.456 5 | 687.715 9 | 711.082 3 |
| Achn345731 | 8.359 573 | 6.556 196 | 7.065 201 | 15.067 59 | 17.371 39 | 17.737 23 | 11.692 58 | 12.592 81 | 12.475 35 | 17.414 09 | 15.036 55 | 17.456 07 | 7.965 17 | 6.387 981 | 5.823 13 | 10.948 55 | 9.503 95 | 10.869 53 |
| Achn198461 | 0.475 204 | 0.354 622 | 0.222 271 | 0.629 108 | 0.284 981 | 0.254 965 | 1.706 307 | 0.650 429 | 0.399 044 | 1.829 151 | 0.207 324 | 0.799 49 | 0.696 031 | 0.390 713 | 0.205 863 | 1.680 618 | 2.031 772 | 1.541 835 |
| Achn167271 | 81.101 49 | 61.366 18 | 80.288 61 | 22.095 49 | 19.623 44 | 27.644 2 | 8.714 675 | 9.863 448 | 9.124 86 | 10.859 57 | 8.397 975 | 13.353 89 | 20.014 71 | 57.157 65 | 21.820 28 | 21.447 04 | 35.189 63 | 20.157 12 |
| Achn025131 | 1.292 081 | 1.876 75 | 0.957 479 | 9.552 576 | 3.798 038 | 8.602 897 | 1.442 005 | 2.074 022 | 2.020 302 | 1.652 65 | 1.234 935 | 0.788 571 | 2.431 794 | 1.666 829 | 1.332 132 | 0.750 31 | 1.555 709 | 2.002 078 |
| Achn060141 | 0.186 587 | 0.149 262 | 0.125 101 | 0.241 455 | 0 | 0.063 564 | 1.087 569 | 0.844 011 | 0.750 649 | 1.270 236 | 0.290 536 | 0.597 418 | 0.357 62 | 0.258 08 | 0.370 456 | 2.942 344 | 1.949 498 | 0.060 556 |
| Achn330321 | 1.479 031 | 1.113 172 | 0.587 825 | 2.332 593 | 0.900 07 | 1.158 649 | 1.634 348 | 3.545 252 | 2.108 144 | 1.235 006 | 0.738 473 | 1.434 575 | 3.151 974 | 5.144 105 | 1.951 448 | 3.934 213 | 6.162 794 | 3.358 384 |
| Achn138791 | 7.182 849 | 2.263 72 | 3.416 825 | 0.863 741 | 1.778 888 | 1.208 299 | 0.634 716 | 0.557 893 | 0.331 548 | 0.950 663 | 1.365 426 | 0.899 998 | 1.708 956 | 4.972 99 | 1.047 698 | 2.926 892 | 5.606 977 | 0 |
| Achn149861 | 36.993 44 | 36.934 | 43.274 08 | 31.182 85 | 28.006 24 | 50.835 48 | 22.205 21 | 22.072 63 | 20.802 24 | 22.232 54 | 21.111 7 | 17.734 53 | 23.278 15 | 48.380 19 | 33.788 92 | 30.280 77 | 41.402 25 | 27.377 56 |
| Achn026321 | 150.572 5 | 141.642 9 | 142.864 4 | 86.392 14 | 76.591 52 | 80.959 32 | 91.966 32 | 100.141 1 | 106.884 5 | 143.202 2 | 153.796 2 | 150.114 | 163.537 1 | 144.454 3 | 134.913 3 | 165.099 7 | 163.015 8 | 170.042 5 |
| Achn012051 | 2.059 14 | 3.057 07 | 2.327 915 | 26.303 66 | 6.373 861 | 5.677 816 | 7.153 48 | 10.154 93 | 7.606 876 | 4.719 254 | 5.211 308 | 5.669 754 | 3.782 474 | 4.767 13 | 3.401 779 | 3.432 095 | 5.193 846 | 3.906 064 |
| Achn238211 | 0.069 501 | 0.052 469 | 0.053 529 | 0.091 172 | 0.191 77 | 0.085 287 | 0.159 597 | 0.217 804 | 0 | 0.375 391 | 0.430 178 | 0.347 953 | 0.026 869 | 0 | 0.056 996 | 0.212 389 | 0.173 532 | 0.188 829 |
| Achn003281 | 1.737 185 | 1.976 452 | 1.567 056 | 1.909 382 | 1.533 992 | 0.743 902 | 2.244 612 | 2.948 19 | 1.886 53 | 1.031 562 | 2.314 657 | 2.041 392 | 1.371 349 | 10.532 93 | 5.221 668 | 0.902 159 | 0.469 334 | 0.554 297 |
| Actinidia_chinensis_newGene_6311 | 171.720 5 | 187.514 5 | 159.725 6 | 131.935 3 | 200.472 2 | 191.818 | 194.977 1 | 207.515 8 | 217.436 3 | 163.705 4 | 148.456 6 | 166.198 2 | 148.512 6 | 92.818 65 | 90.304 42 | 62.353 48 | 88.876 48 | 77.053 07 |
| Achn331511 | 1.435 427 | 0.964 262 | 0.500 075 | 1.727 566 | 2.607 944 | 1.495 597 | 3.407 948 | 2.706 454 | 1.877 189 | 2.757 904 | 1.717 559 | 2.643 582 | 1.209 17 | 2.043 152 | 1.376 057 | 1.965 62 | 2.211 984 | 1.583 816 |
| Achn002151 | 0.929 067 | 1.132 096 | 1.024 128 | 1.207 656 | 0.778 587 | 1.749 268 | 1.268 182 | 1.165 385 | 0.384 056 | 1.526 506 | 2.154 457 | 1.319 001 | 4.000 045 | 1.582 911 | 2.266 485 | 3.066 996 | 3.737 078 | 5.873 379 |

（续）

| 基因ID | CK1 | CK2 | CK3 | T1-1 | T1-2 | T1-3 | T2-1 | T2-2 | T2-3 | T3-1 | T3-2 | T3-3 | T4-1 | T4-2 | T4-3 | T5-1 | T5-2 | T5-3 |
| --- | --- | --- | --- | --- | --- | --- | --- | --- | --- | --- | --- | --- | --- | --- | --- | --- | --- | --- |
| Achn085581 | 0.291 48 | 0.258 006 | 0.335 986 | 0.588 943 | 0.939 213 | 0.258 102 | 0.546 752 | 0.852 22 | 0.335 377 | 0.906 349 | 0.273 812 | 0.629 73 | 1.124 567 | 1.517 161 | 1.628 654 | 0.991 385 | 1.092 241 | 1.399 657 |
| Achn292951 | 5.389 898 | 11.331 91 | 12.733 97 | 8.788 974 | 6.600 035 | 4.531 191 | 8.131 038 | 6.549 662 | 5.905 074 | 4.497 774 | 4.630 576 | 4.452 21 | 12.438 15 | 21.414 63 | 24.939 73 | 4.109 506 | 5.301 059 | 5.004 332 |
| Achn125151 | 11.626 21 | 12.090 59 | 13.437 3 | 9.961 868 | 7.003 568 | 5.584 737 | 6.013 504 | 6.252 043 | 5.377 219 | 8.107 823 | 7.425 842 | 6.947 094 | 13.714 01 | 14.745 77 | 15.301 75 | 11.798 1 | 10.163 78 | 11.379 75 |
| Actinidia_chinensis_newGene_2500 | 1.522 674 | 1.884 374 | 2.094 925 | 4.428 74 | 4.581 11 | 5.938 516 | 5.054 683 | 3.746 304 | 4.683 359 | 1.372 809 | 2.963 236 | 3.375 416 | 1.624 243 | 6.682 224 | 4.984 907 | 2.130 607 | 1.865 768 | 1.183 15 |
| Actinidia_chinensis_newGene_6420 | 0.455 871 | 0.535 12 | 0.755 246 | 5.155 789 | 2.019 653 | 2.939 383 | 1.209 306 | 2.762 043 | 2.117 915 | 2.655 895 | 2.397 6 | 1.935 207 | 2.552 662 | 3.019 947 | 1.719 918 | 4.041 539 | 4.289 174 | 3.195 513 |
| Actinidia_chinensis_newGene_6421 | 2.570 274 | 2.501 958 | 1.920 449 | 7.844 866 | 4.688 128 | 6.799 207 | 1.821 417 | 3.840 722 | 2.183 159 | 3.783 514 | 4.721 822 | 4.861 892 | 6.709 048 | 5.838 621 | 5.036 982 | 7.978 536 | 8.578 183 | 9.538 766 |
| Achn366401 | 2.080 962 | 2.737 307 | 4.278 153 | 0.826 376 | 2.243 452 | 35.243 87 | 5.028 221 | 1.900 827 | 3.055 319 | 2.340 915 | 2.872 763 | 1.270 565 | 13.853 85 | 8.180 322 | 8.777 121 | 6.649 366 | 7.063 888 | 4.829 316 |
| Achn212121 | 3.248 578 | 2.961 087 | 2.528 894 | 1.076 015 | 1.565 135 | 2.441 756 | 0.898 522 | 0.962 013 | 1.168 929 | 2.293 323 | 2.876 968 | 3.068 878 | 2.333 514 | 0.957 067 | 1.272 072 | 2.530 178 | 3.513 089 | 3.265 024 |
| Achn362981 | 0.725 774 | 0.747 986 | 1.285 254 | 1.704 7 | 1.983 216 | 6.023 574 | 2.472 661 | 2.330 215 | 1.962 379 | 1.265 28 | 1.375 | 1.189 321 | 1.274 363 | 2.453 575 | 2.881 132 | 1.880 502 | 1.260 189 | 1.268 464 |
| Achn260131 | 11.242 27 | 7.283 026 | 5.643 402 | 5.042 987 | 5.586 951 | 9.306 078 | 3.063 415 | 2.537 608 | 1.720 295 | 2.897 067 | 2.656 018 | 3.001 556 | 4.607 907 | 7.426 759 | 4.498 705 | 8.545 524 | 18.347 17 | 5.310 218 |
| Achn033201 | 340.669 8 | 304.763 | 287.636 7 | 116.940 2 | 116.274 3 | 113.588 8 | 153.413 8 | 136.151 6 | 146.168 9 | 145.891 9 | 122.678 9 | 147.457 9 | 217.416 6 | 201.471 1 | 199.351 5 | 230.189 7 | 233.371 4 | 267.741 6 |
| Achn342261 | 283.968 7 | 241.647 1 | 251.031 4 | 288.833 3 | 237.197 5 | 385.392 4 | 406.260 4 | 364.235 | 324.563 5 | 200.422 7 | 173.437 5 | 178.815 8 | 295.497 3 | 372.846 9 | 438.154 | 107.312 1 | 122.371 9 | 127.509 |
| Achn188711 | 5.912 804 | 5.466 004 | 4.185 475 | 10.450 34 | 7.604 327 | 19.068 6 | 5.875 33 | 6.201 115 | 6.924 471 | 12.178 99 | 13.227 2 | 11.883 54 | 5.976 305 | 3.021 591 | 4.788 68 | 13.455 32 | 9.835 802 | 8.697 434 |
| Achn233751 | 17.657 24 | 18.775 02 | 17.245 13 | 9.180 047 | 11.242 11 | 8.396 985 | 10.376 53 | 12.379 68 | 12.828 22 | 16.956 58 | 14.948 68 | 18.571 87 | 14.553 14 | 9.244 518 | 11.196 29 | 13.463 17 | 16.673 76 | 18.076 58 |
| Achn177861 | 0.951 268 | 1.370 448 | 1.313 983 | 1.162 368 | 1.659 151 | 2.658 709 | 0.386 865 | 1.705 046 | 0.858 691 | 0.836 326 | 2.881 177 | 1.876 451 | 2.316 67 | 1.962 011 | 1.821 419 | 5.132 921 | 6.830 092 | 4.651 353 |
| Achn266161 | 5.800 566 | 5.626 513 | 7.517 228 | 1.358 787 | 1.240 584 | 3.883 61 | 1.483 051 | 1.799 016 | 1.038 642 | 4.743 39 | 6.324 037 | 3.653 12 | 14.245 63 | 8.539 815 | 10.609 95 | 9.547 634 | 8.883 95 | 9.105 313 |
| Achn346991 | 19.411 11 | 16.811 62 | 21.050 61 | 11.899 15 | 14.422 73 | 24.010 26 | 6.950 624 | 7.884 045 | 11.392 72 | 10.884 41 | 11.974 17 | 9.095 945 | 8.900 178 | 16.396 81 | 14.210 88 | 17.199 61 | 20.013 01 | 19.459 93 |

（续）

| 基因 ID | CK1 | CK2 | CK3 | T1-1 | T1-2 | T1-3 | T2-1 | T2-2 | T2-3 | T3-1 | T3-2 | T3-3 | T4-1 | T4-2 | T4-3 | T5-1 | T5-2 | T5-3 |
|---|---|---|---|---|---|---|---|---|---|---|---|---|---|---|---|---|---|---|
| Achn256891 | 3.513 101 | 2.549 032 | 1.894 063 | 1.594 456 | 1.656 274 | 2.819 138 | 0.718 156 | 1.192 318 | 0.893 757 | 2.365 798 | 2.076 515 | 2.248 265 | 1.476 943 | 2.214 877 | 2.176 195 | 3.266 765 | 3.766 926 | 3.004 934 |
| Achn063401 | 0.259 207 | 0.496 871 | 0.524 331 | 0.974 72 | 0.715 85 | 1.713 51 | 0.237 401 | 0.394 908 | 0.172 958 | 0.595 636 | 0.265 444 | 0.178 2 | 0.747 647 | 0.701 778 | 0.489 232 | 1.079 555 | 1.786 618 | 1.514 963 |
| Actinidia_chinensis_newGene_8067 | 15.871 3 | 14.123 92 | 18.210 55 | 10.258 49 | 14.228 4 | 20.040 14 | 19.032 27 | 14.555 59 | 17.441 41 | 21.072 42 | 21.044 19 | 11.485 12 | 9.259 996 | 3.293 918 | 6.164 026 | 11.309 56 | 11.418 21 | 9.921 332 |
| Achn186661 | 15.877 73 | 22.405 79 | 19.870 67 | 22.974 74 | 8.399 715 | 4.246 102 | 19.322 04 | 14.550 1 | 9.530 75 | 4.191 011 | 2.802 156 | 3.180 523 | 26.904 46 | 36.384 52 | 59.926 35 | 11.066 95 | 14.353 81 | 14.326 92 |
| Actinidia_chinensis_newGene_61 | 3.022 635 | 5.730 551 | 3.960 126 | 6.831 226 | 9.648 678 | 19.758 81 | 8.731 275 | 9.609 644 | 6.891 423 | 8.473 795 | 6.241 798 | 6.580 885 | 4.465 671 | 1.526 01 | 2.917 238 | 6.413 183 | 3.632 708 | 4.327 557 |
| Achn030701 | 20 414.42 | 25 730.05 | 26 989.06 | 9 540.949 | 6 721.187 | 1 312.648 | 18 859.65 | 14 586.38 | 14 014.25 | 10 096.64 | 10 093.78 | 9 259.286 | 32 658.76 | 43 878.92 | 48 408.04 | 20 667.73 | 20 001.71 | 22 244.34 |
| Achn330151 | 108.258 3 | 87.693 18 | 129.695 5 | 375.503 | 285.791 2 | 225.847 2 | 164.252 9 | 218.511 2 | 241.924 2 | 187.706 5 | 207.758 3 | 178.639 4 | 386.756 8 | 313.938 9 | 328.604 2 | 434.048 2 | 358.347 3 | 331.192 8 |
| Achn179341 | 4.819 25 | 4.405 119 | 6.283 02 | 2.073 699 | 2.333 771 | 12.422 89 | 4.761 777 | 3.762 629 | 4.542 361 | 4.330 887 | 4.504 753 | 4.185 134 | 1.599 23 | 1.477 671 | 1.747 429 | 2.167 183 | 2.685 991 | 4.041 652 |
| Achn334671 | 0.431 35 | 0.155 206 | 0.354 224 | 0.906 443 | 0.918 728 | 0.499 5 | 1.037 437 | 1.712 658 | 0.992 3 | 0.691 102 | 1.260 77 | 0.755 596 | 0.814 318 | 0.835 24 | 0.706 631 | 1.127 517 | 0.873 046 | 1.714 935 |
| Actinidia_chinensis_newGene_2740 | 160.159 9 | 143.629 4 | 123.784 4 | 235.58 | 244.797 4 | 218.427 3 | 1 069.178 | 205.833 3 | 696.560 1 | 218.451 9 | 164.198 9 | 172.941 | 139.751 9 | 161.719 8 | 189.130 4 | 104.215 8 | 136.341 6 | 108.301 6 |
| Actinidia_chinensis_newGene_2744 | 6.390 137 | 5.085 717 | 6.483 724 | 14.613 8 | 15.565 75 | 16.399 88 | 11.048 2 | 12.092 29 | 13.726 06 | 11.070 04 | 10.213 47 | 9.643 216 | 5.161 448 | 5.492 353 | 5.251 176 | 7.093 558 | 8.579 54 | 6.935 263 |
| Achn125421 | 1.516 203 | 1.144 062 | 1.134 755 | 1.010 13 | 1.063 074 | 1.585 694 | 0.438 584 | 0.467 014 | 0.238 359 | 1.120 971 | 0.944 579 | 1.271 354 | 1.115 89 | 1.187 494 | 0.930 057 | 1.434 447 | 1.335 853 | 1.608 649 |
| Actinidia_chinensis_newGene_11291 | 13.058 11 | 14.269 4 | 21.336 84 | 8.042 568 | 8.507 523 | 10.161 02 | 11.930 23 | 11.073 48 | 8.904 737 | 10.349 87 | 8.278 443 | 8.305 035 | 15.870 86 | 18.954 88 | 18.734 22 | 13.793 29 | 9.686 247 | 11.079 08 |
| Actinidia_chinensis_newGene_4378 | 5.320 99 | 4.330 117 | 3.596 961 | 1.294 626 | 4.968 719 | 0.437 52 | 12.536 8 | 8.204 985 | 8.648 802 | 4.110 386 | 4.692 272 | 2.961 781 | 5.995 286 | 15.405 9 | 10.550 39 | 6.370 715 | 9.284 737 | 5.111 015 |
| Achn318061 | 10.144 53 | 6.562 707 | 13.130 65 | 9.276 181 | 4.667 311 | 7.104 121 | 0.505 489 | 5.125 872 | 3.276 842 | 2.450 204 | 2.623 498 | 2.270 26 | 1.842 014 | 15.236 59 | 18.670 31 | 16.019 71 | 44.625 52 | 9.880 96 |

（续）

| 基因 ID | CK1 | CK2 | CK3 | T1-1 | T1-2 | T1-3 | T2-1 | T2-2 | T2-3 | T3-1 | T3-2 | T3-3 | T4-1 | T4-2 | T4-3 | T5-1 | T5-2 | T5-3 |
|---|---|---|---|---|---|---|---|---|---|---|---|---|---|---|---|---|---|---|
| Achn019541 | 0.575 492 | 0.409 355 | 0.692 501 | 1.624 97 | 1.500 593 | 1.820 989 | 0.906 937 | 1.205 063 | 0.929 357 | 0.941 407 | 1.347 027 | 0.647 366 | 2.052 75 | 1.590 335 | 1.910 638 | 1.601 89 | 0.558 366 | 0.718 934 |
| Achn001531 | 0.560 562 | 0.577 547 | 0.381 991 | 1.477 361 | 1.332 044 | 3.224 109 | 0.503 499 | 0.719 357 | 0.829 122 | 1.093 846 | 1.092 897 | 1.546 614 | 0.038 722 | 0.072 499 | 0.199 768 | 0.352 65 | 0.715 669 | 0.333 348 |
| Actinidia_chinensis_newGene_6412 | 1.704 929 | 1.577 863 | 1.390 959 | 0.749 584 | 0.823 225 | 0.795 975 | 0.457 053 | 0.567 465 | 0.710 602 | 1.433 154 | 1.086 721 | 1.220 964 | 1.591 906 | 0.934 231 | 0.945 863 | 3.799 734 | 2.989 484 | 2.897 774 |
| Achn223121 | 0.404 834 | 0.658 924 | 0.513 995 | 0.362 348 | 0.38 | 0.538 032 | 0.275 766 | 0.137 754 | 0.177 926 | 0.355 514 | 0.281 685 | 0.498 462 | 0.672 168 | 0.919 43 | 0.525 216 | 0.616 031 | 0.912 361 | 1.048 686 |
| Actinidia_chinensis_newGene_3428 | 23.533 13 | 31.938 22 | 27.488 61 | 71.325 1 | 52.194 81 | 67.655 31 | 18.947 02 | 23.345 88 | 20.827 96 | 12.099 6 | 15.097 86 | 11.745 71 | 22.427 4 | 21.872 39 | 36.078 59 | 19.837 91 | 23.316 46 | 25.554 48 |
| Achn376331 | 0.899 611 | 0.865 838 | 0.689 755 | 1.115 327 | 0.610 641 | 0.575 332 | 0.887 04 | 0.964 645 | 1.101 085 | 1.509 381 | 1.275 52 | 1.459 473 | 0.728 917 | 0.986 426 | 0.359 601 | 2.392 841 | 1.793 894 | 2.188 431 |
| Achn211351 | 0.066 143 | 0.178 376 | 0.073 35 | 0.344 976 | 0.290 988 | 0.192 79 | 0.470 234 | 0.274 933 | 0.217 789 | 0.219 622 | 0.310 167 | 0.233 637 | 0.205 685 | 0.315 217 | 0.290 298 | 0.601 998 | 0.529 86 | 0.539 603 |
| Achn292231 | 0.490 979 | 0.462 425 | 0.624 809 | 0.057 182 | 0.293 501 | 0.186 098 | 0.139 292 | 0.186 789 | 0 | 0.575 495 | 0.484 837 | 0.293 155 | 0.429 736 | 0.498 643 | 0.462 23 | 3.007 999 | 5.787 702 | 1.007 487 |
| Achn228351 | 8.931 639 | 4.272 722 | 5.618 224 | 2.467 654 | 2.533 448 | 3.389 387 | 1.963 138 | 2.405 391 | 2.242 636 | 2.461 062 | 2.359 843 | 2.553 611 | 2.450 733 | 4.878 906 | 2.515 294 | 3.991 368 | 5.080 13 | 3.078 081 |
| Achn356321 | 15.535 73 | 11.978 31 | 11.723 03 | 13.536 35 | 9.268 109 | 14.755 34 | 6.072 783 | 7.470 662 | 5.256 365 | 6.320 888 | 5.602 396 | 5.450 49 | 11.016 81 | 17.215 02 | 10.676 15 | 8.289 205 | 9.788 806 | 10.993 01 |
| Achn173581 | 9.391 129 | 10.383 63 | 11.718 56 | 30.147 47 | 22.311 87 | 37.751 9 | 18.178 23 | 19.792 61 | 16.711 47 | 12.801 13 | 10.788 02 | 11.683 71 | 11.740 71 | 25.059 6 | 25.044 86 | 8.783 525 | 7.435 58 | 7.983 605 |
| Achn096821 | 3.994 18 | 5.122 64 | 4.128 202 | 15.699 63 | 14.227 07 | 22.528 63 | 10.305 96 | 8.018 745 | 9.819 295 | 8.833 706 | 9.714 622 | 7.512 715 | 4.181 774 | 2.186 186 | 4.429 018 | 5.483 141 | 7.305 823 | 5.389 044 |
| Achn148821 | 0.957 475 | 1.868 98 | 0.927 996 | 1.875 325 | 2.407 283 | 1.976 221 | 4.864 323 | 4.157 864 | 4.112 308 | 2.352 081 | 3.188 941 | 1.364 21 | 3.658 088 | 3.336 149 | 5.269 507 | 2.622 021 | 1.368 16 | 1.832 562 |
| Achn226021 | 1.982 381 | 1.444 038 | 1.506 662 | 0.418 461 | 0.639 828 | 0.596 399 | 1.271 713 | 0.743 253 | 0.104 905 | 0.535 494 | 0.372 261 | 0.188 93 | 1.299 891 | 0.697 059 | 1.070 703 | 0.357 083 | 0.916 137 | 0.694 258 |
| Achn273661 | 98.176 59 | 92.805 44 | 87.868 15 | 41.428 15 | 12.185 3 | 6.091 177 | 28.730 42 | 22.418 82 | 27.453 88 | 20.789 08 | 18.733 67 | 20.448 91 | 57.168 74 | 49.408 36 | 47.973 13 | 19.707 41 | 22.424 75 | 29.265 55 |
| Achn390871 | 22.867 41 | 24.397 82 | 25.420 85 | 62.615 33 | 51.866 04 | 14.623 11 | 51.079 59 | 50.608 97 | 48.092 01 | 19.082 76 | 19.040 48 | 19.506 77 | 20.271 33 | 29.957 9 | 26.111 33 | 11.231 45 | 10.956 68 | 15.238 54 |
| Achn379971 | 1.054 961 | 0.828 206 | 0.946 583 | 32.859 91 | 9.499 267 | 2.603 532 | 6.265 259 | 5.707 89 | 6.815 761 | 5.615 34 | 4.766 241 | 5.363 735 | 0.524 955 | 0.243 896 | 0.401 937 | 0.200 567 | 0.537 453 | 0 |

（续）

| 基因ID | CK1 | CK2 | CK3 | T1-1 | T1-2 | T1-3 | T2-1 | T2-2 | T2-3 | T3-1 | T3-2 | T3-3 | T4-1 | T4-2 | T4-3 | T5-1 | T5-2 | T5-3 |
|---|---|---|---|---|---|---|---|---|---|---|---|---|---|---|---|---|---|---|
| Actinidia_chinensis_newGene_4630 | 0.166 65 | 0 | 0.402 326 | 2.873 973 | 2.618 384 | 1.376 657 | 1.600 037 | 1.585 014 | 1.797 876 | 2.297 593 | 0.743 983 | 1.344 357 | 0.150 384 | 0.049 605 | 0 | 0.811 874 | 0.657 275 | 0.131 825 |
| Achn072451 | 10.697 34 | 4.660 498 | 9.164 624 | 148.575 7 | 33.861 34 | 44.256 31 | 40.468 03 | 103.591 2 | 83.127 75 | 33.326 77 | 55.099 28 | 38.372 81 | 124.079 6 | 131.563 1 | 137.193 | 122.873 3 | 84.212 03 | 92.011 63 |
| Achn311511 | 9.761 703 | 9.845 695 | 8.049 17 | 20.855 48 | 27.533 38 | 14.960 77 | 29.911 77 | 39.283 69 | 31.381 75 | 15.745 96 | 16.506 61 | 17.418 9 | 15.746 32 | 9.037 337 | 10.169 83 | 6.355 39 | 5.983 455 | 7.846 594 |
| Achn221731 | 25.674 81 | 29.724 4 | 33.358 51 | 60.087 77 | 39.592 71 | 53.817 48 | 74.856 16 | 89.830 93 | 85.589 32 | 45.609 06 | 57.304 25 | 43.392 91 | 87.585 64 | 85.702 86 | 75.663 98 | 61.883 04 | 41.290 74 | 28.981 63 |
| Achn228651 | 4.401 639 | 4.530 37 | 3.341 562 | 7.191 055 | 6.369 434 | 8.057 201 | 8.108 852 | 8.975 939 | 9.439 651 | 5.530 567 | 5.606 623 | 5.500 66 | 3.410 411 | 3.473 907 | 3.539 047 | 4.704 921 | 5.512 817 | 5.067 973 |
| Achn043791 | 24.489 27 | 24.784 99 | 25.325 17 | 14.298 82 | 16.581 84 | 24.487 65 | 11.105 3 | 9.837 963 | 11.252 56 | 18.253 79 | 18.361 25 | 18.862 35 | 20.777 78 | 20.331 16 | 22.342 23 | 27.699 6 | 29.275 39 | 30.568 81 |
| Actinidia_chinensis_newGene_3219 | 19.981 21 | 19.280 57 | 18.371 85 | 137.384 | 88.201 01 | 21.110 48 | 87.688 18 | 101.405 9 | 18.360 6 | 88.888 13 | 95.276 65 | 102.409 4 | 105.109 3 | 108.002 6 | 103.137 | 111.999 8 | 103.456 5 | 119.955 5 |
| Achn059841 | 0.379 425 | 0 | 0.139 744 | 0.155 604 | 0.133 357 | 0.235 923 | 0.313 368 | 0.435 278 | 0.544 636 | 0.321 939 | 0.378 665 | 0.585 746 | 1.951 705 | 0.804 362 | 0.846 497 | 2.759 125 | 2.961 906 | 1.493 861 |
| Achn341891 | 10.107 91 | 15.074 78 | 9.826 983 | 6.094 014 | 13.843 64 | 12.171 95 | 43.205 14 | 49.968 29 | 50.641 72 | 15.802 12 | 10.439 39 | 11.794 73 | 10.404 76 | 12.205 01 | 15.025 15 | 14.603 48 | 16.981 87 | 8.480 052 |
| Achn336471 | 1.055 811 | 1.430 998 | 0.981 308 | 0.437 593 | 0.242 013 | 0.515 55 | 0.359 397 | 0.490 649 | 0.647 151 | 0.706 581 | 0.747 016 | 0.799 379 | 0.591 834 | 0.737 564 | 0.570 619 | 1.074 921 | 0.989 583 | 1.040 077 |
| Achn377681 | 19.498 62 | 18.405 68 | 16.646 46 | 40.088 45 | 35.873 25 | 74.294 82 | 20.603 79 | 26.648 64 | 19.689 64 | 34.140 28 | 39.109 07 | 32.900 12 | 18.463 14 | 11.861 98 | 11.899 21 | 37.957 9 | 35.928 44 | 29.356 96 |
| Achn131811 | 1.548 528 | 1.630 388 | 1.489 502 | 1.660 779 | 4.674 072 | 0.763 91 | 2.920 54 | 2.999 905 | 2.388 009 | 1.977 503 | 1.046 627 | 2.267 585 | 1.008 11 | 1.345 43 | 1.440 399 | 0.476 677 | 0.397 295 | 0.607 113 |
| Achn143491 | 10.406 31 | 8.933 041 | 10.799 85 | 1.514 49 | 3.013 706 | 3.400 283 | 1.106 643 | 1.028 949 | 1.046 332 | 1.785 392 | 1.505 997 | 1.118 895 | 5.426 9 | 9.271 038 | 5.587 415 | 5.507 882 | 8.197 164 | 6.886 859 |
| Achn091591 | 2.896 117 | 2.532 013 | 3.579 486 | 8.409 035 | 2.622 318 | 1.980 96 | 2.404 227 | 2.639 457 | 2.404 043 | 1.045 512 | 1.197 09 | 1.268 014 | 2.866 078 | 7.867 198 | 5.950 683 | 0.780 092 | 1.621 612 | 1.523 834 |
| Actinidia_chinensis_newGene_10196 | 6.726 908 | 7.954 841 | 8.209 912 | 4.163 75 | 4.616 349 | 5.628 993 | 6.007 732 | 5.138 828 | 3.404 839 | 3.509 809 | 3.037 936 | 3.090 285 | 5.205 092 | 5.093 66 | 6.063 189 | 4.197 663 | 2.458 755 | 5.515 606 |
| Achn146811 | 0.194 408 | 0.648 852 | 0.235 88 | 0 | 0.264 857 | 0.548 539 | 0 | 0.064 111 | 0 | 0.259 986 | 0.782 654 | 0.447 014 | 0.472 188 | 0.339 283 | 0.631 871 | 1.692 747 | 1.226 173 | 1.558 509 |
| Achn075071 | 2.421 423 | 1.701 249 | 2.145 692 | 1.230 855 | 1.531 467 | 2.465 613 | 0.121 213 | 0.826 529 | 0.924 485 | 1.403 124 | 1.469 377 | 2.191 991 | 1.319 779 | 0.873 869 | 1.025 798 | 0.837 21 | 1.104 062 | 1.502 929 |

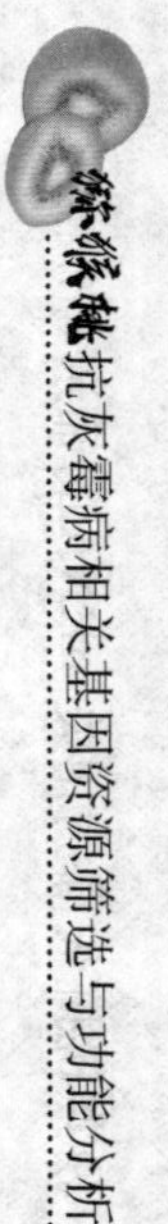


（续）

| 基因ID | CK1 | CK2 | CK3 | T1-1 | T1-2 | T1-3 | T2-1 | T2-2 | T2-3 | T3-1 | T3-2 | T3-3 | T4-1 | T4-2 | T4-3 | T5-1 | T5-2 | T5-3 |
|---|---|---|---|---|---|---|---|---|---|---|---|---|---|---|---|---|---|---|
| Achn082031 | 0.582 1 | 0.315 509 | 0.514 092 | 1.862 636 | 2.436 335 | 1.724 966 | 0.215 095 | 0.512 754 | 0.687 301 | 0.390 193 | 0.248 846 | 0.157 711 | 0.113 332 | 0.172 26 | 0 | 0 | 0.395 024 | 0 |
| Achn289371 | 0.067 521 | 0.664 396 | 0.954 35 | 13.638 65 | 7.887 321 | 14.047 13 | 3.983 229 | 4.976 02 | 3.499 641 | 3.301 953 | 3.123 243 | 3.951 374 | 0.639 067 | 1.496 721 | 1.610 795 | 1.304 466 | 0.954 097 | 0.502 297 |
| Achn072801 | 11.221 56 | 7.255 082 | 6.861 779 | 6.777 943 | 11.023 73 | 9.027 588 | 7.865 416 | 9.256 417 | 16.856 28 | 30.282 06 | 38.296 79 | 34.614 59 | 29.161 4 | 13.579 57 | 20.316 13 | 53.084 31 | 65.798 34 | 53.689 52 |
| Achn019101 | 10.821 85 | 15.026 44 | 16.002 63 | 21.456 81 | 20.625 06 | 22.151 15 | 25.348 26 | 34.399 04 | 28.843 15 | 20.031 63 | 26.130 8 | 19.540 07 | 24.385 25 | 50.060 33 | 38.109 59 | 21.563 94 | 15.664 69 | 14.389 99 |
| Achn015411 | 6.645 294 | 5.635 565 | 6.771 829 | 2.803 058 | 2.742 726 | 0.817 838 | 3.214 228 | 3.367 847 | 2.987 993 | 6.984 504 | 6.068 149 | 5.795 223 | 6.773 688 | 5.202 025 | 5.492 513 | 9.163 846 | 11.427 25 | 9.154 528 |
| Achn017241 | 0.831 125 | 0.739 796 | 0.873 171 | 1.288 912 | 0.745 375 | 0.259 08 | 1.248 061 | 1.076 207 | 1.656 362 | 0.501 918 | 0.370 673 | 0.541 127 | 0.697 727 | 1.974 424 | 1.274 833 | 0.029 727 | 0.160 212 | 0.205 128 |
| Achn038301 | 1.189 434 | 1.091 471 | 1.167 749 | 2.497 541 | 7.440 298 | 0.602 743 | 1.198 656 | 1.674 762 | 4.221 745 | 1.123 229 | 1.424 395 | 1.258 923 | 1.959 403 | 0.960 405 | 2.122 881 | 4.001 131 | 4.300 569 | 2.348 594 |
| Actinidia_chinensis_newGene_2910 | 3.087 18 | 2.043 727 | 3.364 304 | 5.582 896 | 2.945 844 | 3.588 301 | 1.181 539 | 1.952 505 | 0.419 342 | 0.316 448 | 1.233 732 | 1.468 37 | 0.874 897 | 4.271 742 | 1.280 501 | 1.829 447 | 1.229 379 | 0.328 659 |
| Actinidia_chinensis_newGene_7397 | 2.069 263 | 2.395 881 | 1.743 74 | 1.741 44 | 2.872 485 | 3.670 816 | 4.429 779 | 4.342 835 | 3.369 975 | 2.030 367 | 0.742 424 | 1.531 979 | 2.064 403 | 10.481 03 | 7.705 453 | 1.951 118 | 1.378 901 | 2.297 312 |
| Achn379311 | 2.870 534 | 2.668 594 | 2.376 381 | 2.131 943 | 7.227 192 | 1.368 465 | 5.032 612 | 6.318 927 | 5.207 65 | 6.965 384 | 8.036 353 | 7.390 222 | 2.590 925 | 4.120 962 | 3.051 09 | 3.065 049 | 4.571 235 | 3.260 476 |
| Achn230531 | 5.956 692 | 8.982 097 | 8.247 233 | 2.266 968 | 4.268 379 | 1.537 756 | 5.722 294 | 4.415 878 | 4.504 067 | 7.010 431 | 6.505 679 | 5.516 688 | 9.947 717 | 4.317 078 | 4.950 729 | 4.507 202 | 7.052 57 | 5.651 327 |
| Achn118901 | 11.643 53 | 13.035 73 | 14.825 87 | 2.112 289 | 2.728 329 | 4.893 127 | 2.902 801 | 3.222 108 | 3.212 677 | 6.541 045 | 5.486 542 | 6.515 936 | 17.600 91 | 12.546 09 | 12.432 83 | 17.820 25 | 17.530 71 | 18.189 07 |
| Achn018981 | 1.915 798 | 2.974 321 | 2.379 737 | 8.525 676 | 7.062 794 | 15.544 53 | 3.189 051 | 4.047 086 | 3.165 109 | 3.795 388 | 2.308 567 | 3.840 158 | 3.481 098 | 5.472 622 | 5.259 238 | 6.006 017 | 5.803 708 | 5.792 828 |
| Achn248771 | 4.004 441 | 3.710 205 | 3.304 791 | 13.825 66 | 7.806 77 | 13.460 85 | 10.125 | 11.980 9 | 11.044 84 | 6.087 231 | 8.075 374 | 7.377 443 | 4.209 805 | 9.598 638 | 10.644 48 | 3.555 024 | 3.918 536 | 3.147 645 |
| Achn273031 | 1.542 05 | 1.966 344 | 1.891 683 | 2.669 007 | 3.257 506 | 0.108 797 | 0.552 61 | 0.858 047 | 0.849 622 | 2.324 708 | 2.749 433 | 3.323 371 | 1.060 502 | 1.438 658 | 2.595 134 | 4.096 339 | 4.334 24 | 5.541 084 |
| Achn062921 | 4.309 221 | 3.496 765 | 5.905 066 | 1.303 914 | 2.876 998 | 3.199 856 | 8.802 383 | 3.298 642 | 4.735 281 | 14.451 58 | 12.075 28 | 12.086 73 | 3.149 809 | 1.807 327 | 1.484 06 | 17.010 14 | 15.428 32 | 17.778 56 |
| Achn354291 | 5.328 751 | 3.990 058 | 4.293 506 | 2.377 87 | 1.453 083 | 1.327 718 | 3.413 442 | 2.700 436 | 2.197 937 | 2.458 93 | 3.397 784 | 1.477 838 | 5.845 973 | 6.210 797 | 6.280 647 | 2.667 589 | 3.394 784 | 1.684 729 |
| Achn102601 | 7.046 434 | 4.575 62 | 7.159 432 | 12.271 51 | 1.457 543 | 0 | 2.124 642 | 2.181 758 | 1.401 748 | 0.412 241 | 1.090 211 | 1.039 642 | 1.540 961 | 4.914 484 | 3.538 306 | 0.884 474 | 1.690 855 | 0.834 538 |

（续）

| 基因 ID | CK1 | CK2 | CK3 | T1-1 | T1-2 | T1-3 | T2-1 | T2-2 | T2-3 | T3-1 | T3-2 | T3-3 | T4-1 | T4-2 | T4-3 | T5-1 | T5-2 | T5-3 |
|---|---|---|---|---|---|---|---|---|---|---|---|---|---|---|---|---|---|---|
| Actinidia_chinensis_newGene_1234 | 1.139 813 | 0.981 256 | 0.979 556 | 0 | 0.228 798 | 0 | 0.256 207 | 0.198 195 | 0.112 404 | 0.053 777 | 0 | 0.080 427 | 3.048 01 | 4.058 783 | 2.010 035 | 0.119 005 | 0.064 137 | 0.222 355 |
| Achn338281 | 41.157 6 | 32.499 63 | 33.689 88 | 5.084 386 | 9.939 357 | 15.738 93 | 23.854 89 | 18.305 | 23.786 7 | 15.014 18 | 13.689 74 | 13.910 36 | 24.352 2 | 21.264 15 | 19.281 3 | 13.783 99 | 16.524 39 | 17.750 28 |
| Actinidia_chinensis_newGene_1231 | 16.117 07 | 11.622 85 | 12.039 72 | 35.611 88 | 39.627 77 | 33.294 73 | 35.173 34 | 20.992 76 | 31.676 95 | 27.114 73 | 22.736 6 | 30.794 8 | 12.153 16 | 15.579 19 | 9.309 483 | 11.410 72 | 17.428 8 | 18.269 91 |
| Achn275471 | 7.101 443 | 11.394 25 | 11.445 46 | 23.866 29 | 33.577 94 | 66.470 57 | 21.164 55 | 22.955 11 | 19.395 8 | 18.013 36 | 18.122 19 | 17.034 55 | 5.159 174 | 7.687 722 | 9.181 638 | 10.317 79 | 10.133 89 | 11.973 13 |
| Achn148631 | 13.724 56 | 12.200 69 | 7.855 782 | 2.851 055 | 0.478 223 | 0.665 462 | 4.321 939 | 3.885 996 | 6.439 952 | 8.249 483 | 12.181 55 | 5.717 951 | 8.525 728 | 3.752 959 | 7.254 55 | 19.946 71 | 17.582 97 | 19.184 09 |
| Achn110361 | 3.291 062 | 6.790 091 | 6.589 872 | 1.349 019 | 1.735 335 | 1.289 963 | 15.248 53 | 11.322 44 | 7.122 855 | 21.656 08 | 3.504 736 | 7.039 889 | 2.889 276 | 1.164 365 | 1.888 865 | 18.706 47 | 28.261 37 | 3.547 015 |
| Actinidia_chinensis_newGene_10186 | 2.100 352 | 2.126 735 | 2.587 979 | 0.483 912 | 0.770 652 | 0.640 769 | 3.187 168 | 2.127 627 | 1.628 883 | 1.721 094 | 1.644 816 | 1.401 693 | 4.708 038 | 8.007 674 | 7.876 647 | 3.112 054 | 3.051 698 | 5.241 415 |
| Achn227481 | 23.801 63 | 34.078 96 | 29.538 52 | 27.929 69 | 31.964 55 | 26.460 94 | 25.776 85 | 33.480 3 | 33.096 52 | 10.491 22 | 12.946 66 | 14.877 49 | 19.457 21 | 18.400 78 | 18.073 92 | 13.335 95 | 16.409 66 | 14.808 78 |
| Achn058301 | 69.034 79 | 75.580 67 | 73.054 7 | 29.303 43 | 29.924 34 | 27.133 77 | 45.543 13 | 36.969 08 | 30.045 07 | 33.083 01 | 31.227 54 | 30.736 04 | 41.356 02 | 45.728 14 | 49.636 49 | 32.016 19 | 37.852 25 | 45.298 85 |
| Achn013661 | 3.514 405 | 1.771 226 | 3.285 051 | 10.219 14 | 8.904 444 | 13.068 03 | 2.325 821 | 4.335 355 | 5.746 052 | 5.212 465 | 7.030 638 | 6.667 577 | 1.028 583 | 1.759 174 | 1.857 183 | 6.507 596 | 5.830 458 | 7.509 986 |
| Achn158731 | 3.074 426 | 3.785 079 | 4.499 48 | 7.834 909 | 7.176 669 | 14.309 55 | 9.530 651 | 8.926 909 | 10.967 31 | 7.061 718 | 6.523 37 | 8.764 716 | 6.108 739 | 3.844 583 | 5.770 033 | 5.522 704 | 5.152 643 | 3.346 856 |
| Achn120961 | 0.283 192 | 0.707 815 | 0.643 46 | 0 | 0.519 536 | 0.234 18 | 2.307 047 | 4.315 69 | 1.755 886 | 0 | 0 | 0.101 47 | 0 | 1.120 554 | 2.606 074 | 0.394 123 | 0.103 98 | 0.056 361 |
| Achn332641 | 15.149 22 | 18.995 16 | 21.273 18 | 11.057 76 | 13.547 51 | 21.970 18 | 12.777 78 | 12.631 36 | 12.455 18 | 18.690 57 | 15.944 38 | 13.439 39 | 8.490 356 | 7.008 145 | 7.684 051 | 11.356 89 | 13.133 99 | 12.854 85 |
| Achn181471 | 1.214 632 | 0.761 759 | 0.760 194 | 2.505 122 | 3.957 888 | 2.259 593 | 0.717 752 | 0.759 665 | 0.867 899 | 1.615 085 | 1.795 92 | 2.079 351 | 0.478 443 | 1.692 106 | 4.643 379 | 2.303 784 | 2.835 027 | 2.374 921 |
| Achn126751 | 0.114 77 | 0.124 778 | 0 | 0.033 219 | 0.095 845 | 0.121 638 | 0.033 211 | 0.034 723 | 0.035 034 | 0.212 812 | 0.162 37 | 0 | 0.439 278 | 0.259 337 | 0.260 234 | 0.535 92 | 0.850 817 | 0.529 202 |
| Actinidia_chinensis_newGene_10014 | 11.935 6 | 12.808 93 | 11.380 36 | 4.782 874 | 6.355 312 | 1.373 622 | 5.804 785 | 6.645 672 | 8.633 92 | 6.771 086 | 5.467 241 | 7.754 282 | 10.802 88 | 12.078 87 | 13.113 21 | 7.664 292 | 9.091 594 | 10.600 89 |

（续）

| 基因 ID | CK1 | CK2 | CK3 | T1-1 | T1-2 | T1-3 | T2-1 | T2-2 | T2-3 | T3-1 | T3-2 | T3-3 | T4-1 | T4-2 | T4-3 | T5-1 | T5-2 | T5-3 |
|---|---|---|---|---|---|---|---|---|---|---|---|---|---|---|---|---|---|---|
| Actinidia_chinensis_newGene_10019 | 3.982 858 | 4.502 68 | 1.420 265 | 5.955 513 | 7.416 072 | 11.175 75 | 6.543 932 | 6.781 522 | 6.618 934 | 5.336 399 | 4.421 142 | 4.753 291 | 6.937 746 | 8.760 133 | 7.760 983 | 2.750 297 | 2.303 264 | 5.784 493 |
| Achn152011 | 13.877 07 | 10.504 02 | 9.881 336 | 16.265 09 | 17.387 63 | 20.993 7 | 7.156 682 | 8.952 746 | 8.477 668 | 15.383 43 | 17.604 36 | 17.513 76 | 4.065 902 | 3.645 477 | 5.230 318 | 19.769 02 | 23.968 02 | 30.087 5 |
| Actinidia_chinensis_newGene_8403 | 0.017 977 | 0 | 0 | 0 | 60.972 08 | 30.335 35 | 62.128 43 | 0 | 62.142 33 | 64.691 5 | 0 | 61.179 07 | 48.305 4 | 59.362 84 | 57.373 31 | 0 | 54.018 6 | 63.711 52 |
| Achn344001 | 273.896 | 258.442 5 | 255.222 6 | 394.817 7 | 491.188 1 | 241.265 7 | 259.006 8 | 256.740 4 | 244.960 2 | 427.882 2 | 356.038 | 383.215 8 | 154.831 2 | 80.382 21 | 92.819 56 | 284.695 4 | 270.871 3 | 278.229 8 |
| Achn304461 | 47.815 07 | 60.187 16 | 52.347 35 | 27.217 24 | 29.012 58 | 41.025 2 | 43.113 64 | 32.837 07 | 31.287 79 | 31.163 06 | 20.656 43 | 26.471 02 | 76.139 73 | 81.272 3 | 83.759 22 | 44.204 09 | 52.175 4 | 39.158 37 |
| Achn045661 | 8.996 436 | 4.624 326 | 6.475 065 | 6.236 512 | 8.298 783 | 31.082 54 | 7.832 494 | 9.443 015 | 9.694 288 | 16.630 85 | 24.126 05 | 17.192 78 | 6.398 804 | 5.193 956 | 6.257 705 | 2.084 543 | 1.882 535 | 1.030 564 |
| Achn001811 | 37.937 81 | 40.799 02 | 42.285 58 | 18.969 88 | 31.387 03 | 14.028 58 | 62.484 32 | 43.013 99 | 41.159 87 | 39.096 73 | 23.489 3 | 25.182 54 | 30.634 33 | 38.501 | 40.542 87 | 17.726 65 | 24.630 59 | 19.590 98 |
| Actinidia_chinensis_newGene_7747 | 0 | 0.044 356 | 0 | 0.549 116 | 0.359 356 | 0 | 0.729 731 | 1.324 488 | 0.942 998 | 0.522 751 | 0.685 304 | 0.951 044 | 0.050 105 | 0 | 0 | 0 | 0 | 0.027 712 |
| Achn278691 | 0.277 982 | 0.532 034 | 0.316 762 | 0.811 159 | 0.429 064 | 0.712 425 | 0.497 334 | 0.833 731 | 0.282 804 | 0.772 639 | 0.772 354 | 0.186 071 | 0.687 618 | 1.482 247 | 1.498 505 | 1.135 5 | 1.774 03 | 1.356 89 |
| Achn148731 | 3.585 15 | 5.022 959 | 8.195 19 | 1.409 362 | 7.068 034 | 1.094 204 | 8.524 795 | 8.207 438 | 6.241 325 | 2.248 689 | 2.667 908 | 1.757 207 | 3.012 26 | 7.423 666 | 8.448 258 | 1.882 967 | 2.395 073 | 2.079 656 |
| Achn302171 | 2.610 868 | 3.525 812 | 1.652 132 | 0 | 0 | 0 | 2.132 513 | 0 | 0.834 925 | 2.841 665 | 0.540 338 | 1.703 102 | 7.031 733 | 3.213 339 | 3.005 119 | 14.241 64 | 10.638 59 | 7.369 793 |
| Achn292521 | 11.049 93 | 9.885 056 | 11.093 39 | 6.113 422 | 5.703 657 | 5.167 718 | 5.935 893 | 4.957 464 | 4.039 34 | 5.578 207 | 6.656 186 | 5.232 132 | 5.651 059 | 5.617 107 | 4.266 249 | 4.077 962 | 5.871 582 | 6.080 187 |
| Achn190951 | 390.919 | 383.454 | 351.910 6 | 222.908 8 | 188.271 6 | 162.618 9 | 173.275 8 | 163.250 4 | 169.722 2 | 187.495 7 | 171.046 1 | 166.280 5 | 324.244 5 | 223.577 3 | 244.060 5 | 262.997 | 302.761 6 | 301.334 7 |
| Achn160941 | 4.779 13 | 6.241 654 | 5.849 081 | 20.737 42 | 9.717 | 12.586 47 | 6.713 686 | 10.653 06 | 7.348 226 | 7.133 039 | 8.150 629 | 8.739 626 | 9.600 191 | 12.284 2 | 19.109 5 | 8.875 655 | 7.367 11 | 9.632 72 |
| Achn293341 | 52.541 68 | 36.911 44 | 39.771 6 | 130.531 9 | 99.436 26 | 84.778 43 | 59.314 29 | 64.076 48 | 74.244 47 | 99.272 58 | 103.512 | 103.266 | 60.412 59 | 39.494 81 | 39.403 73 | 140.188 4 | 121.541 8 | 121.455 8 |
| Achn095831 | 180.637 1 | 164.536 5 | 206.296 6 | 547.119 6 | 493.411 2 | 457.476 6 | 352.283 | 518.857 2 | 366.753 9 | 353.524 5 | 362.352 4 | 369.298 8 | 151.750 2 | 705.755 7 | 383.795 9 | 278.380 9 | 245.765 5 | 267.697 5 |
| Achn196071 | 45.313 5 | 34.414 89 | 35.680 33 | 32.817 91 | 51.530 88 | 56.328 12 | 50.863 34 | 36.332 69 | 42.991 22 | 53.330 59 | 49.352 19 | 46.811 18 | 18.016 75 | 15.414 48 | 16.076 18 | 33.163 85 | 35.526 92 | 46.595 99 |

（续）

| 基因ID | CK1 | CK2 | CK3 | T1-1 | T1-2 | T1-3 | T2-1 | T2-2 | T2-3 | T3-1 | T3-2 | T3-3 | T4-1 | T4-2 | T4-3 | T5-1 | T5-2 | T5-3 |
|---|---|---|---|---|---|---|---|---|---|---|---|---|---|---|---|---|---|---|
| Achn066691 | 0.836 456 | 0.813 034 | 1.085 487 | 2.293 364 | 2.785 173 | 24.332 34 | 2.103 523 | 1.626 415 | 2.458 049 | 3.154 362 | 2.729 849 | 3.555 317 | 1.515 6 | 0.930 075 | 0.902 726 | 4.191 105 | 1.959 176 | 2.314 123 |
| Actinidia_chinensis_newGene_5875 | 0.346 589 | 0.477 914 | 0.424 821 | 0.443 044 | 1.317 176 | 3.158 992 | 0.577 125 | 0.504 36 | 0.577 735 | 1.239 504 | 1.006 295 | 1.562 471 | 1.253 838 | 0.749 281 | 0.570 257 | 2.028 095 | 1.439 828 | 0.774 55 |
| Achn041431 | 1.892 608 | 1.371 232 | 1.125 923 | 0.602 558 | 0.200 487 | 0.462 699 | 1.141 775 | 0.568 059 | 0.295 309 | 2.415 6 | 1.054 418 | 0.856 22 | 1.036 174 | 1.674 027 | 0.254 382 | 4.568 664 | 12.923 63 | 1.383 44 |
| Actinidia_chinensis_newGene_5805 | 0.705 782 | 1.415 855 | 1.208 998 | 1.898 83 | 1.366 446 | 4.092 349 | 1.001 691 | 1.400 204 | 0.968 649 | 1.120 59 | 0.926 205 | 1.071 236 | 2.111 814 | 3.488 222 | 4.960 429 | 2.389 811 | 1.792 817 | 1.409 718 |
| Achn345391 | 13.795 38 | 8.628 331 | 7.123 092 | 7.373 713 | 3.543 925 | 1.465 214 | 4.930 774 | 7.834 814 | 10.273 23 | 13.961 07 | 13.128 34 | 9.362 987 | 12.916 8 | 15.780 85 | 23.463 17 | 51.353 23 | 66.188 57 | 46.661 16 |
| Achn383241 | 0.496 128 | 0.302 449 | 0.560 725 | 1.560 468 | 0.477 998 | 0.984 103 | 0.580 078 | 1.830 035 | 0.333 852 | 0.216 969 | 0.850 991 | 0.625 854 | 1.141 13 | 10.349 28 | 5.915 573 | 0.524 7 | 0.919 484 | 0.463 789 |
| Actinidia_chinensis_newGene_9820 | 17.931 15 | 7.679 085 | 7.049 917 | 3.645 405 | 4.182 518 | 9.027 498 | 4.364 981 | 2.816 55 | 2.773 126 | 7.275 083 | 2.636 828 | 8.817 991 | 8.789 071 | 9.049 848 | 7.995 359 | 4.885 579 | 14.364 59 | 8.395 111 |
| Achn222161 | 1.609 884 | 1.859 044 | 1.850 724 | 2.122 962 | 2.187 409 | 0.427 682 | 1.382 048 | 1.109 169 | 0.791 924 | 1.334 708 | 0.354 179 | 0.414 366 | 1.228 174 | 2.285 041 | 1.623 72 | 1.907 076 | 3.204 486 | 1.352 115 |
| Achn129161 | 0.499 384 | 0.929 349 | 1.128 378 | 4.181 993 | 3.508 748 | 5.547 09 | 1.792 861 | 1.294 593 | 2.241 289 | 2.036 935 | 1.537 435 | 1.761 755 | 1.094 348 | 0.344 131 | 0.668 46 | 1.259 424 | 1.983 25 | 2.204 905 |
| Achn266821 | 2.522 658 | 3.415 723 | 2.871 905 | 1.456 276 | 1.010 531 | 1.644 45 | 2.716 916 | 2.340 849 | 1.826 028 | 1.878 795 | 1.836 174 | 1.386 624 | 1.595 907 | 2.941 23 | 2.184 108 | 2.726 908 | 2.704 862 | 2.149 551 |
| Achn209931 | 2.321 42 | 3.089 942 | 2.081 061 | 9.377 016 | 15.430 73 | 42.799 65 | 9.368 521 | 8.726 207 | 10.477 23 | 6.179 205 | 6.114 882 | 6.057 786 | 3.305 416 | 4.188 945 | 6.899 525 | 3.512 451 | 2.866 07 | 1.757 478 |
| Achn026591 | 2.541 477 | 1.870 438 | 1.514 341 | 0.984 062 | 1.029 415 | 2.117 07 | 0.504 811 | 1.068 | 0.973 658 | 3.008 661 | 2.295 336 | 2.023 421 | 2.998 842 | 1.359 205 | 2.221 455 | 6.992 208 | 4.772 14 | 5.617 63 |
| Actinidia_chinensis_newGene_9174 | 1.119 316 | 0.617 694 | 0.978 179 | 4.078 597 | 3.734 239 | 1.858 838 | 1.616 864 | 1.607 003 | 2.294 469 | 3.533 256 | 4.017 072 | 3.433 194 | 1.022 802 | 0.709 465 | 1.085 346 | 1.819 172 | 1.799 118 | 1.675 83 |
| Achn166021 | 8.541 288 | 3.503 885 | 6.409 39 | 0.189 948 | 0.649 854 | 0.163 749 | 3.088 266 | 2.811 38 | 4.020 086 | 6.217 23 | 3.968 544 | 3.293 581 | 10.590 44 | 9.302 974 | 8.652 888 | 9.027 086 | 7.197 48 | 9.517 904 |
| Achn041261 | 1.539 539 | 1.986 393 | 1.588 849 | 5.222 137 | 5.669 547 | 5.789 964 | 3.289 514 | 2.939 046 | 2.660 73 | 2.329 152 | 2.117 391 | 2.314 264 | 1.369 529 | 0.835 024 | 1.447 732 | 1.532 649 | 3.107 687 | 1.900 345 |
| Achn376951 | 1.400 244 | 1.307 185 | 1.117 722 | 0.239 986 | 1.187 384 | 0.415 314 | 1.595 824 | 1.072 652 | 1.828 888 | 1.357 844 | 1.031 103 | 1.008 476 | 1.100 402 | 1.371 995 | 0.853 888 | 0.507 472 | 0.500 453 | 0.505 977 |

（续）

| 基因 ID | CK1 | CK2 | CK3 | T1-1 | T1-2 | T1-3 | T2-1 | T2-2 | T2-3 | T3-1 | T3-2 | T3-3 | T4-1 | T4-2 | T4-3 | T5-1 | T5-2 | T5-3 |
|---|---|---|---|---|---|---|---|---|---|---|---|---|---|---|---|---|---|---|
| Achn296081 | 4.025 597 | 3.198 341 | 5.389 915 | 10.014 74 | 12.363 2 | 13.226 18 | 7.857 79 | 8.479 554 | 10.139 7 | 6.181 41 | 5.465 65 | 8.379 637 | 6.007 871 | 4.054 827 | 5.035 066 | 5.588 369 | 2.866 056 | 1.245 387 |
| Achn324501 | 4.265 548 | 4.139 038 | 4.927 799 | 9.286 27 | 8.326 064 | 19.894 71 | 5.757 687 | 5.815 323 | 4.611 89 | 5.166 252 | 6.612 479 | 6.876 122 | 3.715 914 | 3.533 645 | 2.995 492 | 4.182 647 | 4.058 834 | 4.592 433 |
| Achn167641 | 1.625 809 | 1.721 833 | 1.312 704 | 3.958 202 | 3.957 177 | 1.667 668 | 3.945 021 | 2.882 452 | 2.229 543 | 4.031 621 | 3.139 179 | 4.370 205 | 1.305 281 | 1.661 785 | 1.508 087 | 2.011 234 | 3.425 594 | 0.645 318 |
| Achn094831 | 0.923 561 | 0.503 223 | 0.449 067 | 0.766 658 | 0.966 942 | 1.172 312 | 1.950 366 | 2.109 703 | 1.086 37 | 0.982 889 | 1.113 498 | 1.036 864 | 0.598 601 | 9.586 393 | 4.497 754 | 0.515 709 | 1.053 461 | 0.746 879 |
| Actinidia_chinensis_newGene_5323 | 2.969 679 | 2.754 471 | 2.700 78 | 2.092 156 | 3.285 241 | 3.149 642 | 1.570 428 | 1.458 119 | 1.719 694 | 1.765 793 | 2.665 645 | 1.860 345 | 0.549 338 | 0.705 432 | 0.667 186 | 1.231 639 | 0.945 571 | 1.307 649 |
| Achn205801 | 4.668 018 | 3.909 197 | 5.755 923 | 2.753 699 | 3.365 842 | 6.827 506 | 1.389 15 | 1.229 51 | 2.686 229 | 2.815 475 | 4.462 013 | 4.961 051 | 1.375 51 | 0.754 487 | 1.906 137 | 0.985 179 | 1.211 629 | 1.075 795 |
| Achn248441 | 21.352 29 | 32.661 92 | 31.130 08 | 8.584 908 | 11.085 31 | 4.633 455 | 25.050 45 | 16.710 82 | 18.895 55 | 10.671 74 | 11.922 47 | 11.680 6 | 27.761 16 | 45.373 14 | 41.726 61 | 7.816 477 | 8.982 512 | 12.582 75 |
| Achn139271 | 7.217 918 | 7.767 818 | 10.010 28 | 13.159 63 | 19.038 78 | 22.214 9 | 21.245 17 | 20.385 14 | 19.385 | 17.769 56 | 18.345 89 | 16.959 42 | 7.659 299 | 9.740 95 | 9.133 197 | 11.950 69 | 13.822 24 | 9.249 67 |
| Achn252931 | 3.023 972 | 2.698 888 | 3.479 16 | 14.765 19 | 11.428 76 | 50.190 98 | 10.960 49 | 9.099 787 | 4.847 608 | 3.697 544 | 5.492 081 | 4.379 685 | 2.570 354 | 5.248 803 | 4.768 942 | 6.355 588 | 4.581 717 | 5.040 046 |
| Achn042271 | 0.532 516 | 0.376 361 | 0.999 606 | 0.314 252 | 0.265 104 | 1.396 976 | 0.462 185 | 0.371 351 | 0.722 024 | 0.728 006 | 0.541 793 | 0.511 449 | 1.355 118 | 1.774 537 | 1.373 339 | 3.124 608 | 1.751 459 | 2.253 544 |
| Actinidia_chinensis_newGene_1952 | 2.181 352 | 1.999 394 | 0.922 301 | 3.503 502 | 3.162 947 | 2.517 913 | 1.489 038 | 1.158 931 | 0.960 388 | 1.089 077 | 1.493 127 | 2.247 745 | 3.488 624 | 3.828 489 | 2.843 053 | 2.788 939 | 3.125 31 | 2.460 408 |
| Achn220791 | 30.726 58 | 30.987 04 | 27.277 49 | 10.898 88 | 11.884 1 | 13.583 11 | 14.140 41 | 8.983 315 | 12.383 34 | 15.916 04 | 8.797 691 | 11.335 89 | 25.693 89 | 21.353 22 | 23.552 72 | 26.097 36 | 25.309 3 | 27.759 37 |
| Achn014441 | 2.575 494 | 2.053 244 | 4.285 911 | 4.967 466 | 4.040 995 | 8.597 672 | 4.723 294 | 5.516 79 | 4.277 887 | 3.429 717 | 3.962 103 | 2.371 897 | 5.980 453 | 9.421 551 | 6.799 335 | 5.438 37 | 6.510 808 | 6.029 404 |
| Achn050411 | 4.655 631 | 5.572 723 | 4.108 407 | 2.567 807 | 1.594 638 | 3.478 644 | 2.713 849 | 2.642 749 | 3.317 301 | 2.269 996 | 2.939 996 | 2.379 979 | 4.831 368 | 3.940 441 | 4.634 595 | 3.786 532 | 5.544 17 | 3.887 175 |
| Achn261971 | 32.851 09 | 36.052 01 | 28.258 02 | 16.252 29 | 15.804 98 | 18.879 55 | 25.174 81 | 17.444 06 | 19.401 22 | 25.945 52 | 19.541 38 | 23.242 09 | 29.673 35 | 24.526 66 | 29.937 72 | 23.672 99 | 21.054 26 | 23.345 54 |
| Achn055781 | 1.130 393 | 1.882 559 | 1.652 195 | 3.328 241 | 2.142 627 | 3.271 418 | 2.356 896 | 2.675 223 | 2.831 031 | 1.647 845 | 1.451 443 | 1.993 668 | 3.104 286 | 4.252 555 | 3.404 097 | 2.648 679 | 2.688 271 | 2.913 741 |
| Achn191211 | 3.898 658 | 1.985 727 | 2.833 472 | 0.167 372 | 0.260 896 | 0.097 462 | 1.653 589 | 0.514 139 | 0.396 752 | 2.001 745 | 2.219 064 | 1.982 024 | 1.386 581 | 1.014 876 | 0.953 827 | 6.163 016 | 6.010 982 | 6.880 752 |
| Achn332301 | 32.870 96 | 33.052 98 | 28.723 84 | 17.323 52 | 16.809 61 | 15.741 8 | 8.670 243 | 12.173 31 | 10.287 82 | 23.950 41 | 24.273 62 | 24.511 96 | 14.330 27 | 11.760 45 | 10.973 66 | 23.105 72 | 25.553 36 | 23.551 06 |

（续）

| 基因ID | CK1 | CK2 | CK3 | T1-1 | T1-2 | T1-3 | T2-1 | T2-2 | T2-3 | T3-1 | T3-2 | T3-3 | T4-1 | T4-2 | T4-3 | T5-1 | T5-2 | T5-3 |
|---|---|---|---|---|---|---|---|---|---|---|---|---|---|---|---|---|---|---|
| Achn309401 | 17.380 76 | 17.905 61 | 16.924 74 | 29.246 2 | 15.294 14 | 34.678 85 | 16.248 91 | 17.601 45 | 15.900 6 | 10.742 29 | 10.243 51 | 11.040 43 | 12.149 65 | 28.679 17 | 32.507 73 | 7.334 338 | 7.893 432 | 7.777 406 |
| Achn301091 | 1.413 852 | 2.107 741 | 1.524 047 | 2.556 87 | 7.340 466 | 17.737 88 | 5.050 942 | 2.973 193 | 2.929 822 | 3.069 09 | 2.550 538 | 1.884 576 | 2.348 016 | 1.004 548 | 2.078 293 | 2.045 991 | 0.963 149 | 1.400 649 |
| Achn183481 | 0.634 751 | 0.135 677 | 0.580 368 | 0.378 85 | 0.850 568 | 0 | 0.879 653 | 0.715 469 | 1.135 61 | 3.838 135 | 2.357 934 | 3.069 999 | 2.678 307 | 0.798 476 | 1.249 461 | 4.993 5 | 8.058 548 | 5.910 408 |
| Achn140331 | 1.571 561 | 2.047 783 | 1.798 119 | 3.543 393 | 3.075 596 | 4.539 077 | 3.729 333 | 4.261 971 | 4.026 162 | 2.893 463 | 3.184 506 | 2.846 694 | 2.150 749 | 1.425 992 | 1.541 12 | 1.771 931 | 2.028 137 | 1.170 736 |
| Actinidia_chinensis_newGene_2418 | 3.705 482 | 3.863 201 | 3.084 126 | 0.782 536 | 0.497 393 | 0.432 576 | 0.380 827 | 0.676 986 | 0.342 898 | 1.254 213 | 1.380 889 | 1.341 632 | 5.228 515 | 5.117 022 | 3.201 885 | 1.900 905 | 2.290 539 | 2.581 336 |
| Achn314151 | 3.009 819 | 3.640 903 | 3.059 884 | 0.292 058 | 0.996 075 | 3.731 882 | 1.381 084 | 1.778 073 | 2.023 599 | 4.757 729 | 5.694 373 | 6.302 541 | 1.233 147 | 0.123 391 | 0.798 789 | 3.794 121 | 2.375 534 | 1.998 361 |
| Achn330211 | 1.955 206 | 1.064 196 | 0.406 102 | 0.452 326 | 1.668 03 | 0 | 1.034 515 | 1.604 741 | 1.982 605 | 4.475 833 | 6.360 438 | 5.472 754 | 4.578 921 | 1.155 758 | 1.972 681 | 9.421 952 | 13.479 12 | 11.985 1 |
| Achn347121 | 3 449.596 | 3 647.742 | 3 535.645 | 1 767.787 | 2 304.382 | 1 527.505 | 3 636.621 | 3 484.398 | 3 733.887 | 3 473.949 | 3 474.1 | 3 808.259 | 4 748.589 | 4 211.172 | 3 895.887 | 3 130.59 | 3 199.66 | 3 190.206 |
| Achn087081 | 18.054 49 | 12.515 55 | 14.555 87 | 2.858 133 | 2.803 4 | 4.712 712 | 7.465 142 | 9.093 598 | 7.409 172 | 9.063 148 | 6.220 567 | 6.659 06 | 5.635 382 | 11.030 85 | 3.965 805 | 45.394 29 | 58.748 16 | 3.778 385 |
| Achn268061 | 34.964 38 | 36.539 49 | 32.838 85 | 33.566 77 | 35.107 28 | 52.224 3 | 17.126 11 | 11.357 48 | 15.472 27 | 28.270 92 | 20.340 44 | 17.096 63 | 25.428 56 | 25.792 68 | 14.269 49 | 27.554 4 | 23.104 06 | 27.196 18 |
| Achn361961 | 11.250 92 | 19.363 75 | 14.842 65 | 3.750 34 | 3.146 639 | 7.977 696 | 12.892 84 | 4.644 989 | 5.654 413 | 7.999 202 | 7.796 906 | 5.877 926 | 24.081 12 | 34.699 38 | 21.304 2 | 16.110 62 | 16.796 14 | 7.838 159 |
| Achn055241 | 0.660 899 | 1.075 894 | 1.848 342 | 1.481 11 | 1.522 736 | 1.924 982 | 3.779 792 | 2.073 216 | 3.772 527 | 1.320 933 | 1.266 206 | 1.867 835 | 1.748 277 | 1.798 329 | 2.513 666 | 0.305 598 | 0.770 203 | 1.331 055 |
| Actinidia_chinensis_newGene_4435 | 3.885 007 | 4.189 012 | 5.493 79 | 4.709 376 | 2.333 146 | 3.318 723 | 2.161 942 | 2.073 129 | 1.440 466 | 1.171 16 | 1.657 69 | 1.660 381 | 1.995 201 | 3.405 289 | 3.594 401 | 1.700 776 | 2.669 092 | 3.919 913 |
| Actinidia_chinensis_newGene_2198 | 1.092 444 | 1.056 324 | 1.083 463 | 2.804 64 | 2.737 886 | 1.802 707 | 0.543 135 | 2.146 753 | 2.134 005 | 2.607 375 | 3.171 746 | 3.307 37 | 0.682 465 | 0.855 383 | 1.353 503 | 2.454 834 | 4.302 355 | 2.161 017 |
| Achn358121 | 2.331 605 | 0.670 508 | 3.350 662 | 4.774 244 | 7.070 456 | 7.726 091 | 4.091 286 | 8.128 955 | 2.682 15 | 2.811 323 | 3.156 767 | 3.248 035 | 5.348 134 | 8.296 34 | 8.919 376 | 2.451 81 | 1.090 231 | 3.080 796 |
| Achn181141 | 4.544 672 | 4.150 69 | 3.385 827 | 2.827 361 | 2.889 361 | 2.177 975 | 4.551 498 | 3.997 972 | 4.344 025 | 3.611 357 | 2.871 226 | 3.961 019 | 4.173 239 | 3.372 998 | 3.202 036 | 1.703 545 | 1.507 788 | 2.131 06 |
| Achn292171 | 18.369 82 | 20.299 33 | 16.847 54 | 11.023 3 | 11.439 57 | 14.087 52 | 9.883 917 | 8.836 731 | 6.878 587 | 10.629 88 | 9.159 679 | 9.568 087 | 7.114 218 | 12.169 25 | 10.742 47 | 7.455 887 | 7.453 256 | 8.875 368 |

（续）

| 基因 ID | CK1 | CK2 | CK3 | T1-1 | T1-2 | T1-3 | T2-1 | T2-2 | T2-3 | T3-1 | T3-2 | T3-3 | T4-1 | T4-2 | T4-3 | T5-1 | T5-2 | T5-3 |
|---|---|---|---|---|---|---|---|---|---|---|---|---|---|---|---|---|---|---|
| Achn353661 | 2 127.099 | 2 278.734 | 2 292.043 | 568.451 8 | 996.264 5 | 180.969 1 | 1 786.203 | 1 312.867 | 1 391.353 | 1 039.153 | 1 057.171 | 922.284 4 | 2 140.181 | 2 165.939 | 1 817.797 | 1 641.154 | 1 783.753 | 2 192.358 |
| Actinidia_chinensis_newGene_2992 | 1.230 298 | 0.886 154 | 1.672 03 | 0.819 635 | 2.660 287 | 5.855 824 | 3.897 514 | 2.506 393 | 2.818 792 | 0.939 344 | 1.286 337 | 0.680 623 | 1.838 991 | 4.678 12 | 4.839 384 | 1.260 872 | 0.615 942 | 0.842 269 |
| Achn358871 | 1.102 364 | 1.017 699 | 1.640 474 | 5.121 482 | 2.350 329 | 4.172 378 | 1.995 205 | 2.691 632 | 1.657 693 | 1.297 773 | 1.794 685 | 2.539 096 | 1.723 18 | 2.557 128 | 1.899 726 | 1.306 19 | 0.988 535 | 1.565 286 |
| Achn216381 | 0.142 007 | 0.406 409 | 0.115 903 | 0.682 221 | 0.680 571 | 0.515 405 | 0.220 312 | 0.540 179 | 0.377 448 | 0.991 281 | 0.991 658 | 1.273 603 | 0.206 128 | 0.621 553 | 0.560 821 | 1.536 481 | 0.983 413 | 0.854 692 |
| Actinidia_chinensis_newGene_2432 | 13.370 95 | 14.010 34 | 13.775 34 | 6.871 985 | 6.555 619 | 10.328 8 | 7.367 442 | 7.079 885 | 7.199 044 | 8.436 432 | 7.632 665 | 8.663 636 | 9.068 011 | 9.473 713 | 8.079 507 | 16.247 89 | 15.434 33 | 16.503 25 |
| Actinidia_chinensis_newGene_5422 | 6.815 149 | 7.207 553 | 7.279 434 | 3.601 394 | 10.113 45 | 3.993 806 | 3.630 016 | 4.165 824 | 3.771 879 | 2.584 43 | 2.194 803 | 2.200 113 | 2.675 275 | 3.294 137 | 2.479 289 | 3.714 841 | 5.397 338 | 3.702 121 |
| Achn156601 | 170.971 8 | 172.197 3 | 183.497 4 | 115.834 3 | 142.357 3 | 151.023 1 | 224.189 2 | 177.205 8 | 181.622 7 | 109.832 2 | 94.499 47 | 100.941 7 | 165.864 6 | 229.427 | 157.883 | 85.846 62 | 98.417 66 | 103.482 3 |

注：对灰葡萄孢菌侵染 0h（CK1～CK3）、24h（T1-1～T1-3）、48h（T2-1～T2-3）、72h（T3-1～T3-3）、96h（T4-1～T4-3）和 120h（T5-1～T5-3）的猕猴桃的 cDNA 文库进行测序后，完成 DEGs 筛选。

利用 D1～D5 数据集来分析“红阳”猕猴桃感染灰葡萄孢菌的表达谱。将每个数据集与 CK 进行比较。为了确定灰葡萄孢菌感染反应的 DEGs，交叉比较了 5 个不同的数据集（图 1-3）。在 2 726 个 DEGs 中，D1 组和 D2 组有 428 个基因重合，D2 组和 D3 组有 358 个，D3 组和 D4 组有 133 个，D4 组和 D5

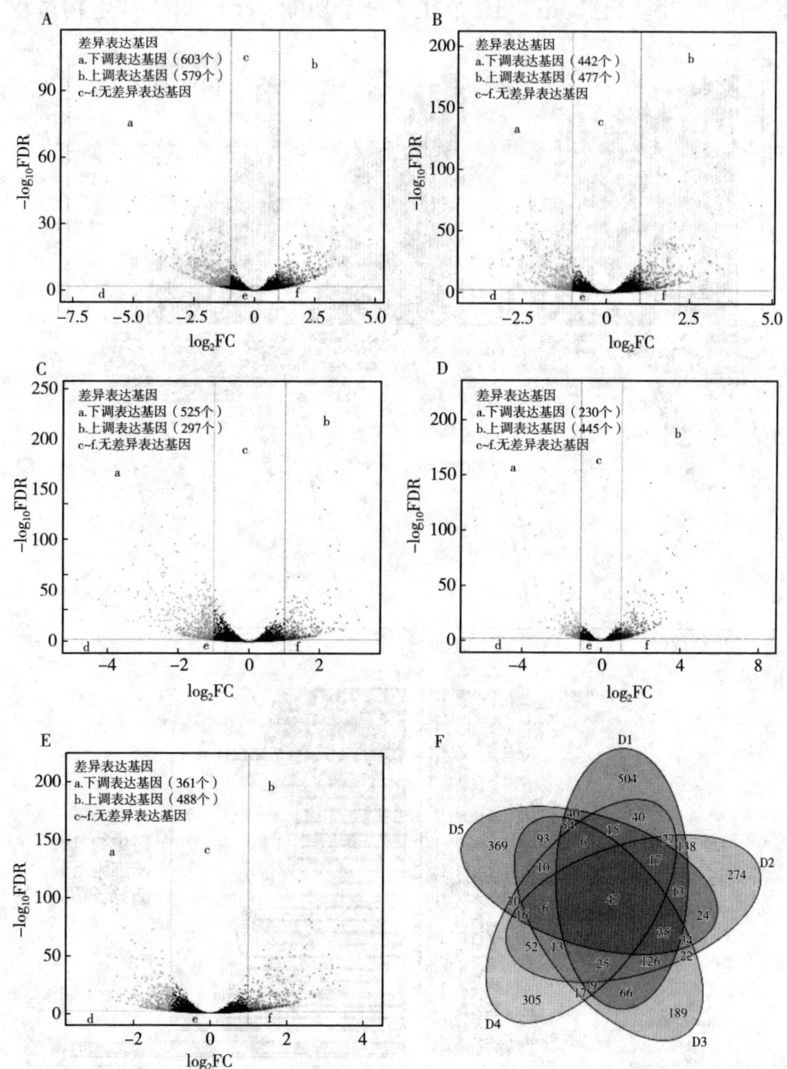


图 1-3　猕猴桃响应灰葡萄孢菌侵染的差异基因筛选

A～E. D1～D5 的差异表达火山图　F. DEG 的维恩图

注：A～E 每个点代表 1 个单一的基因。序数是基因表达变化的统计显著性的负对数。

组有 187 个，D1～D3 组有 233 个，D1～D4 组有 72 个，D1～D5 组有 47 个。

由于 DEG 的数量在 D1～D3 和 D1～D4 之间急剧减少，推测与猕猴桃对灰葡萄孢菌感染反应最相关的基因主要集中在前 3 个阶段，因此选择分析 D1～D3共有的单基因，共注释 233 个 DEGs。其中 52 个功能在“生物过程”下，22 个在“细胞组分”下，15 个在“分子功能”下。对于“生物过程”，主

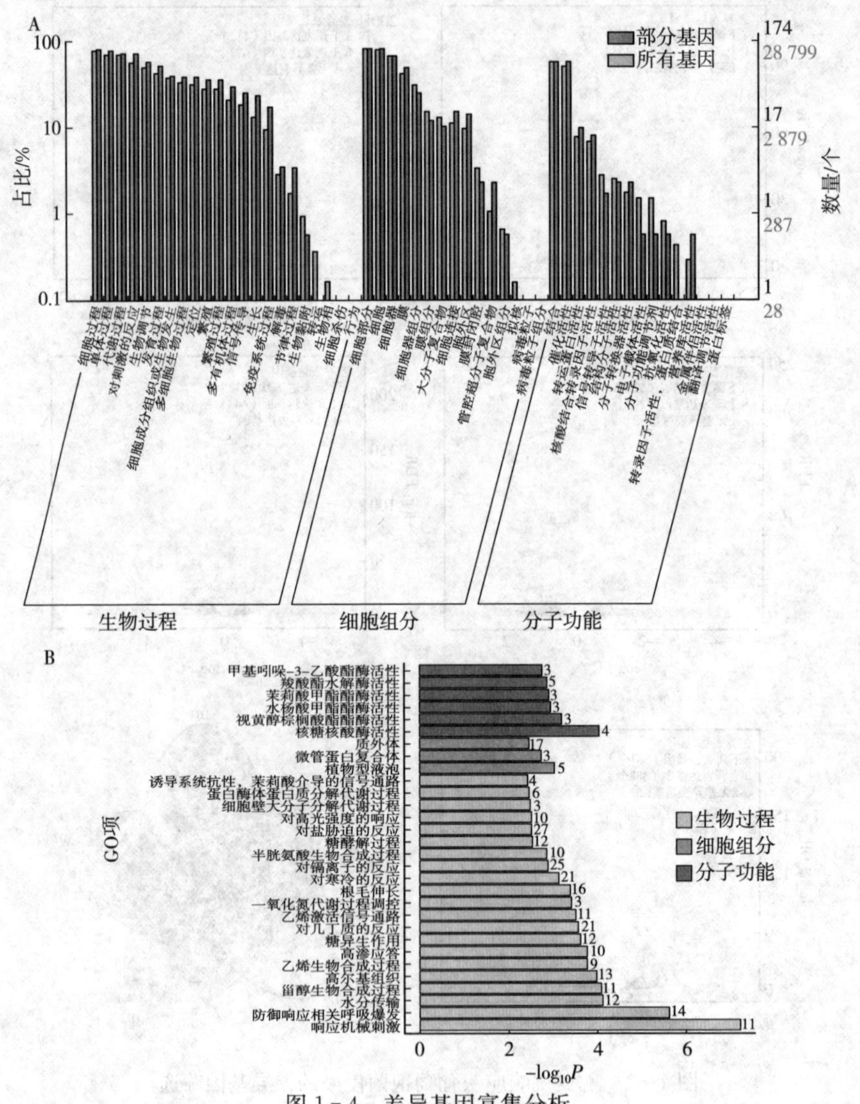


图 1-4　差异基因富集分析

A. D1～D3 间共享单基因的 GO 分析　B. 富集分析揭示的 30 个具有最低 $P$ 值的最富集的 GO 项

注：A 中“数量”轴上的浅色数据为“所有基因”，深色数据为“部分基因”。

要在“细胞过程”“单体过程”“代谢过程”和“对刺激的反应”中检测到差异，这些差异分别与 140、134、126 和 127 个 DEG 以及 22 321、20 479、20 433和 16 214 个注释基因相关。对于“细胞组分”，差异主要存在于“细胞部分”“细胞”和“膜”之间，分别与 141、141 和 86 个 DEG 以及 23 288、22 853和 12 163 个注释基因相关。对于“分子功能”，鉴定了“结合”“核酸结合转录因子活性”和“抗氧化活性”的差异，分别与 100、14 和 1 个 DEG 以及 16 424、2 020 和 237 个注释基因相关（图 1－4A）。富集分析揭示了具有最低 *P* 值的 30 个最富集的 GO 项（图 1－4B）。差异表达数据结果说明，灰葡萄孢菌感染显著影响了猕猴桃的上述生物功能。

综上，在 6 个时间点对 18 个 cDNA 文库进行测序，并进行 3 次重复，以研究猕猴桃在感染灰葡萄孢菌后发生的分子变化。在各种数据集中的 38 451 个表达基因中，鉴定出 2 726 个独特的 DEG（FC⩾2，FDR＜0.01）。5 个数据集的交叉比较结果显示，D1～D3 组的基因数量明显高于 D1～D4 组，说明与灰葡萄孢菌感染反应最相关的基因可能集中在前 3 个阶段。由灰葡萄孢菌感染诱导的 233 个共有的基因可能对猕猴桃对抗这种病原体的反应至关重要。RNA-seq 结果表明，POD（Achn082241）基因的转录物与猕猴桃在感染 24～72h 后积累的抗氧化活性有关。这一结果与先前检测到的 POD 活性检测结果一致。植物激素是启动植物防御的内源关键线索。乙烯（ETH）和 JA 信号在植物防御疾病中发挥着至关重要的作用（Shintaro et al.，2019）。24 个与 ETH 和 JA 信号转导途径相关的基因在灰葡萄孢菌感染猕猴桃 24～72h 内发生上调表达。因此，ETH 和 JA 在植物生物胁迫中具有重要防御功能。

## 三、WGCNA 与 qRT－PCR 验证

以 WGCNA 来鉴定猕猴桃响应灰葡萄孢菌的抗性相关基因，并阐明猕猴桃中灰葡萄孢菌反应基因表达调控网络。用 R 语言中的 WGCNA 包构建基因共表达网络（Langfelder et al.，2008）。对 15 个感染灰葡萄孢菌的样品和另外 3 个用无菌水处理的样品进行共表达分析，通过 WGCNA 将响应灰葡萄孢菌的 DEGs 分为 13 个模块，计算每个模块与灰葡萄孢菌感染之间的相关性。将不同表达水平的基因分配到不同的模块中，每个共表达模块至少有 30 个基因。以 0.25 为相似性阈值来计算各个模块之间的相关性。根据模块特征基因与不同灰葡萄孢菌感染阶段或猕猴桃酶活性之间的相关性来估计模块-性状关联。每个节点代表 1 个与其他几个基因相连的基因，节点大小和与特定基因相联系的基因数量成比例。

共有 1 753 个响应灰葡萄孢菌感染的基因聚集在 13 个模块中（图 1 - 5）。通过将模块特征基因与不同灰葡萄孢菌感染阶段（CK，T1～T5）（图 1 - 5A）或猕猴桃酶活性（图 1 - 5B）相关联来估计模块-性状的关联性。其中粉红色模块（T1：$r=0.53$，$P=0.02$）相关基因在前 3 个阶段上调，这一观察结果与预期一致，即与灰葡萄孢菌感染反应最相关的基因主要集中在前 3 个阶段；紫色模块（POD：$r=0.44$，$P=0.07$；SOD：$r=0.58$，$P=0.01$）与灰葡萄孢菌感染后防御酶活性的变化密切相关。

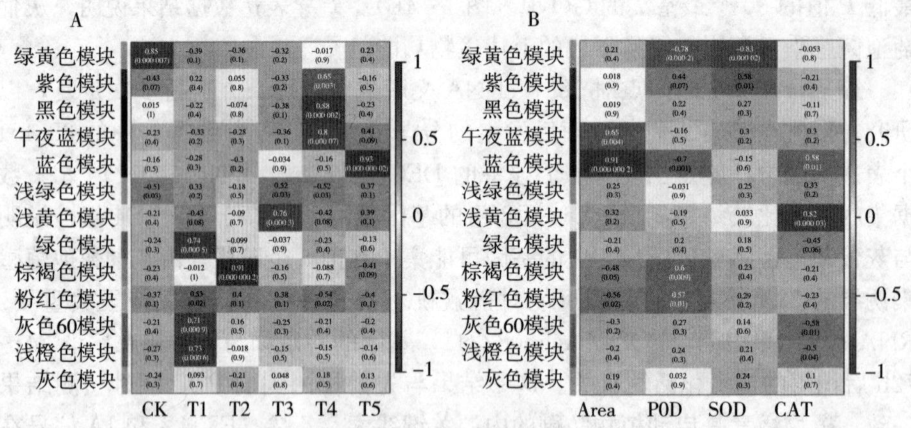


图 1 - 5　模块-性状关联分析

A. 利用模块特征基因和不同灰葡萄孢菌感染阶段（CK，T1～T5）之间的相关性估计的模块-性状关联　B. 利用模块特征基因和酶活性之间的相关性估计的模块-性状关联

共有 126 个响应灰葡萄孢菌感染的基因在粉红色模块中富集。KEGG 的分析表明，代谢途径“α-亚麻酸代谢”（ko00592）、“脂肪酸降解”（ko00071）和“植物-病原体相互作用”（ko04626）在对灰葡萄孢菌感染的反应中高度富集和上调。不饱和脂肪酸的上调可能与植物在不利条件下的存活率增加有关。另在粉红色模块中富集到了代谢途径“倍半萜和三萜生物合成”（ko00909）、“甾体生物合成”（ko00100）和“植物激素信号转导”（ko04075），表明该模块中的基因通过调节次生代谢物和植物激素，提高了生物胁迫抗性（图 1 - 6A）。共有 110 个响应灰葡萄孢菌的差异表达基因在紫色模块中富集。KEGG 分析在紫色模块中富集到了“苯丙氨酸、酪氨酸和色氨酸生物合成”（ko00400）、“芪类化合物、二芳基庚烷和姜酚生物合成”（ko00945）、“苯丙烷生物合成”（ko00940）、“苯丙氨酸代谢”（ko00360）和“黄酮类生物合成”（ko00941）等代谢途径。因此，相关基因可能通过调节苯丙烷相关代谢物来提高植物对生

物胁迫的耐受性。此外，“α-亚麻酸代谢”（ko00592）和“脂肪酸降解”（ko00071）也在紫色模块中富集，说明脂肪酸在病原体防御中发挥了重要作用（图 1-6B）。

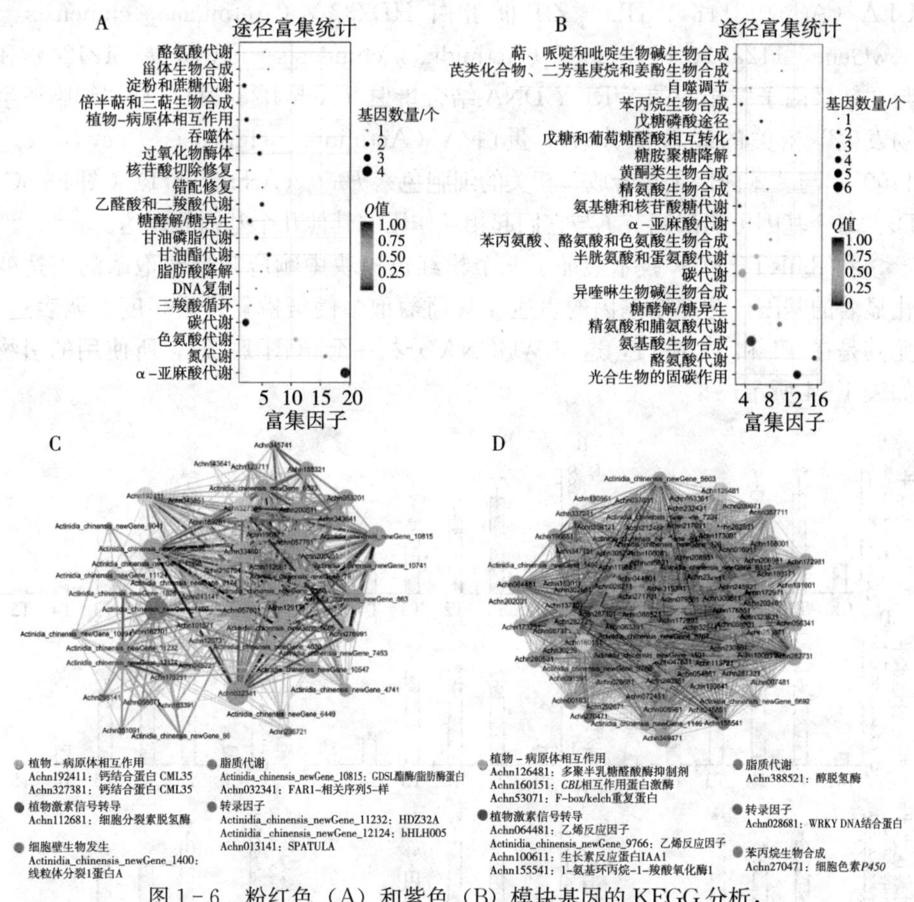


图 1-6 粉红色（A）和紫色（B）模块基因的 KEGG 分析，粉红色（C）和紫色（D）模块的共表达网络分析

注：节点圆形的大小与相互作用基因的数量成正比。

随后分析这 2 个模块相关基因的功能。对 19 个枢纽基因进行鉴定，包括编码与“植物-病原体相互作用”相关的钙结合蛋白（CML35）（Achn192411，Achn327381）、多聚半乳糖醛酸酶抑制剂（Achn126481）、*CBL* 相互作用蛋白激酶（Achn160151）和 F-box/kelch 重复蛋白（Achn53071）的基因；GDSL 酯酶/脂肪酶蛋白（GELP）（Actinidia_chinensis_newGene_10815）、FAR1-相关序列 5-样（Achn032341）和与“脂质代谢”相关的醇脱氢酶（Achn388521）；

细胞分裂素脱氢酶（Achn112681）、乙烯反应因子（Achn064481，Actinidia _ chinensis _ newGene _ 9766）、生长素反应蛋白 IAA1（Achn100611）和与“植物激素信号转导”相关的 1-氨基环丙烷-1-羧酸氧化酶 1（Achn155541）；SPATULA（Achn013141）、HD-ZIP Ⅲ 蛋白 HDZ32A（Actinidia _ chinensis _ newGene _ 11232）、bHLH005（Actinidia _ chinensis _ newGene _ 12124）和与“转录因子”相关的 WRKY DNA 结合蛋白（Achn028681）；与“细胞壁生物发生”相关的线粒体分裂 1 蛋白 A（Actinidia _ chinensis _ newGene _ 1400）；与“苯丙烷生物合成”相关的细胞色素 *P450*（Achn270471）（图 1-6C、D)。每个基因可能都调节了与它们起相互作用的其他几个基因的表达。

利用 qRT-PCR 技术验证了 9 个粉红色模块中响应灰葡萄孢菌的表达变化显著的基因。这 9 个基因的表达在灰葡萄孢菌侵染猕猴桃后高度上调表达，尤其是在 T1 和 T2 阶段，这与 WGCNA 分析一致（图 1-7）。所使用的引物如表 1-4 所示。

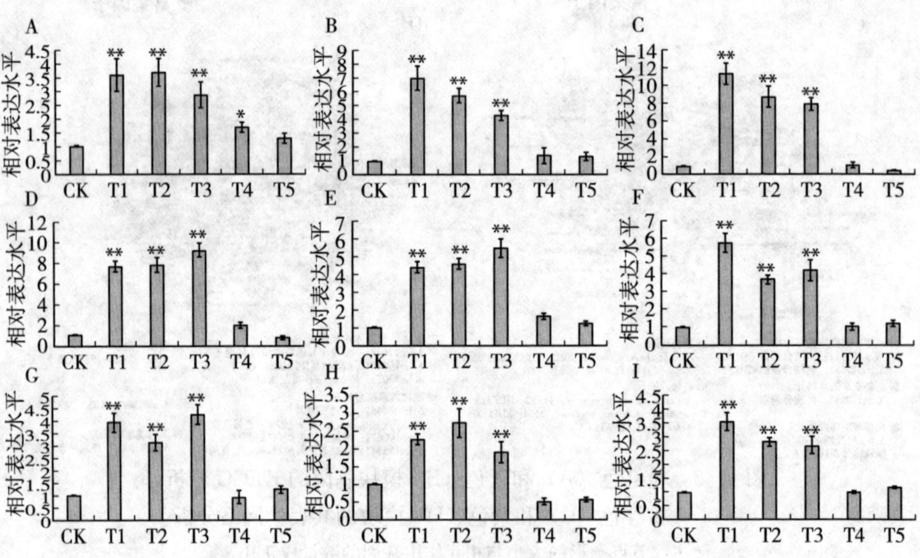


图 1-7　通过 qRT-PCR 技术验证响应灰葡萄孢菌侵染的共表达粉红色模块相关基因的表达量

A. Achn192411　B. Achn327381　C. Actinidia _ chinensis _ newGene _ 10815　D. Achn032341　E. Achn112681　F. Actinidia _ chinensis _ newGene _ 11232　G. Actinidia _ chinensis _ newGene _ 12124　H. Achn013141　I. Actinidia _ chinensis _ newGene _ 1400

注：数值为 3 个生物重复的平均值±SE；* 表示差异显著（$P<0.05$），** 表示差异极显著（$P<0.01$）。

**表 1-4 研究所用的引物序列**

| 目的 | 名称 | | 序列（5'→3'） |
|---|---|---|---|
| PCR | Achn192411 | F | TTGGGGTTTGGGTTATCGTA |
| | | R | GGATCGAGTGGACCGAGTTA |
| PCR | Achn327381 | F | ATCAGACCCGCTCTCCTTCT |
| | | R | ATACGCGAGAAGTCCTCGAA |
| PCR | newGene _ 10815 | F | CAAACAGCCTGCAACATTCT |
| | | R | CGTCACCACCTCCACTTTTT |
| PCR | Achn032341 | F | TTTTTCTGGGTGGATTCTCG |
| | | R | AAATTGGGTGCCTCTGTCTG |
| PCR | Achn112681 | F | GAAGGTTCACCACGGAAAAA |
| | | R | AAGTCCTGTTGTCCCACCTG |
| PCR | newGene _ 11232 | F | AGCACCGCTTTCTTTGTGAT |
| | | R | TGGTTCAATAGGCTGGAAGG |
| PCR | newGene _ 12124 | F | TTCTTCGGTTAACCCCTCCT |
| | | R | TGGGCAATCACGTTACAACT |
| PCR | Achn013141 | F | GCAACCGCAGTCCATTTATT |
| | | R | TTCGCAATCGTACTCGTCAG |
| PCR | newGene _ 1400 | F | ATCCAAACGGAGGTTCACAG |
| | | R | AGCCCATGATAACCGCATAA |
| qRT-PCR | Achn192411 | F | AGGATGAATTTCACCGATGG |
| | | R | GCTCCGTTTGACACCAGTTT |
| qRT-PCR | Achn327381 | F | CTCCGACTGAGGAAGAGCTG |
| | | R | ATACGCGAGAAGTCCTCGAA |
| qRT-PCR | newGene _ 10815 | F | AAAAAGTGGAGGTGGTGACG |
| | | R | CTCTTTCATCCATATTTCGTTCA |
| qRT-PCR | Achn032341 | F | GCAATTGCCAAAGTCTTTCC |
| | | R | GGGTACCCAAGACTCACGAA |
| qRT-PCR | Achn112681 | F | TAAGATGGCCAAACCACACA |
| | | R | ATGCCAAACTGACCAAGTCC |
| qRT-PCR | newGene _ 11232 | F | AAGCTGGTATGCAGGCAACT |
| | | R | GAGGTGATTTCTGCCTTTGG |

（续）

| 目的 | 名称 | | 序列（5'→3'） |
|---|---|---|---|
| qRT - PCR | newGene _ 12124 | F | CTGGTTCAAGGTGGGTTTTC |
| | | R | ACAGTCTAGGGCTGGGGTTT |
| qRT - PCR | Achn013141 | F | CGTCCGATCCAATCATCTCT |
| | | R | TAATGGCCCCTCTTCAACAA |
| qRT - PCR | newGene _ 1400 | F | TCCTAAGGCTACCGTGTGCT |
| | | R | GCCCATGATAACCGCATAAT |

综上所述，WGCNA 将 1 753 个灰葡萄孢菌反应基因分为 13 个模块。选择粉红色模块（T1：$r=0.53$，$P=0.02$）和紫色模块（POD：$r=0.44$，$P=0.07$；SOD：$r=0.58$，$P=0.01$）进行分析。钙（$Ca^{2+}$）参与植物应激反应，是植物 PAMP 触发免疫的重要信号（Tian et al.，2019）。土壤 $Ca^{2+}$ 浓度影响植物对病原体的敏感性，生长在低 $Ca^{2+}$ 土壤中的作物相对更容易感染铁锈病。钙调素样（CML）和钙调磷酸酶 B 样（CBL）蛋白是 $Ca^{2+}$ 传感器（Hashimoto et al.，2011）。粉红色模块中的 2 个 CML35，即 Achn192411 和 Achn327381 在灰葡萄孢菌侵染猕猴桃的 3d 上调，说明 CML35 在植物对生物胁迫的反应中具有重要作用。在紫色模块中鉴定的 CBL 相互作用蛋白激酶（Achn160151）可以调节渗透和盐胁迫（Pandey et al.，2015）。

紫色模块中富集了多聚半乳糖醛酸酶抑制蛋白（PGIP）（Achn126481）和 F - box/kelch 重复蛋白（Achn253071）。PGIP 属于富含亮氨酸重复序列（LRR）蛋白质超家族，参与植物对不同真菌疾病的防御反应。病原菌入侵植物并释放多聚半乳糖醛酸酶（PG）破坏宿主细胞壁。PGIP 结合并抑制真菌 PG，将几种防御信号传递给宿主细胞，并干扰感染（De Lorenzo et al.，2002）。在葡萄中，F - box/kelch 重复蛋白基因 *VpEIFP1* 的过表达加速了 $H_2O_2$ 的积累，进一步引发参与防御反应的 *ICS2*、*NPR1* 和 *PR1* 基因发生上调表达，其结果是抑制了白粉菌的孢子萌发和生长（Wang et al.，2017）。

不饱和脂肪酸上调可能与不良条件下存活率的提高有关。本章鉴定了粉红色模块中的 GDSL 酯酶/脂肪酶蛋白（GELP）（Actinidia _ chinensis _ newGene _ 10815）和 FAR1 -相关序列 5 -样（Achn032341），以及紫色模块中的醇脱氢酶（Achn388521）。GELP 家族成员是多功能水解酶，具有广泛的底物特异性活性和区域特异性活性，有助于抵御各种应激源（Lee et al.，2009）。*AtGELP60* 可增强酵母对氯化锂的耐受性，并可参与对病原体的防御反应。FAR1-相关序列 5-样可响应非生物胁迫（Famula et al.，2019）。T1～T3中的 GELP 和 FAR1 相关序列 5-样上调表达说明它们参与了对灰葡萄孢菌感染的防御反应。醇脱氢酶（ADH，EC1.1.1.1）催化乙醛还原为乙醇，并由 *AtADH1* 编码，其可能增强拟南芥的非生物胁迫抗性和生物胁迫抗性（Shi et al.，2017）。灰葡萄孢菌感染后，ADH 活性与 ROS 活性密切相关。因此，脂质代谢在植物应激反应中起着至关重要的作用。

近年来，有许多关于植物激素对生物胁迫和非生物胁迫的反应的研究（Sarah et al.，2018；Cortleven et al.，2019；Khan，2020）。细胞分裂素（CKs）作为信号分子，有助于阐明植物和植物病原体之间的相互作用，细胞分裂素脱氢酶（Achn112681）可降解植物中的细胞分裂蛋白。本章中，该基因在 T1～T3 中上调。因此，CKs 及其降解产物在对灰葡萄孢菌感染的反应中发挥防御作用。植物利用各种生长调节剂，如 ETH 和 SA 来应对生物胁迫（Cortleven et al.，2019）。本章中，在紫色模块中发现了乙烯反应因子（Achn064481，Actinidia_chinensis_newGene_9766）和 1-氨基环丙烷-1-羧酸氧化酶 1（Achn155541），与 ROS 密切相关。因此推测，猕猴桃中 ETH 的产生可以抵抗灰葡萄孢菌感染。生长素与植物生长发育有关，在植物对生物胁迫的防御反应中具有重要作用（Sarah et al.，2018）。生长素反应蛋白 IAA1（Achn100611）在紫色模块中被鉴定。总之，各种植物激素都与植物对灰葡萄孢菌感染的防御反应有关。

转录因子家族也参与调节猕猴桃对灰葡萄孢菌感染的防御机制（Haile et al.，2019）。生物胁迫诱导 43 个 *HD-ZIP*（同源结构域亮氨酸拉链）基因发生差异表达，其中包括 *HD-ZIP Ⅲ*。*HD-ZIP* 基因参与植物对病原体的防御反应（Li et al.，2018）。在本章中，*HD-ZIP 32*（Actinidia_chinensis_newGene_11232）在粉红色模块中被检测到，并在灰葡萄孢菌感染后的 T1～T3 时期被高度诱导表达。bHLH 家族中的 *bHLH005*（Actinidia_chinensis_newGene_12124）和 *SPATULA*（Achn013141）被定位到粉红色模块。bHLH 家族的成员是 JA 介导的转录调节因子，与其他转录因子协同作用（Goossens et al.，2017）。WRKY 转录因子可能影响特定的植物防御反应。*AtWRKY53* 干扰了青枯菌的病原体防御，但增强了植物对丁香假单胞菌的反应（Abeysinghe et al.，2019）。*WRKY57*（Achn028681）在紫色模块中被鉴定出来。在拟南芥和其他植物中，几种 WRKY 因子参与 SA 介导的防御信号传导，并诱导对病原体的系统获得抗性（SAR）。*WRKY* 基因可以调节植物激素或与植物激素协同抵抗病原体入侵（Eulgem et al.，2007）。

本章研究发现与“细胞壁生物发生”相关的线粒体分裂1蛋白A（Actinidia_chinensis_newGene_1400）响应灰葡萄孢菌感染而发生高度上调表达。苯丙烷生物合成途径诱导对苯酚生物合成至关重要，且可能引发基本防御反应（Agudelo-Romero et al.，2015）。本章研究发现与“苯丙烷生物合成”相关的细胞色素*P450*（Achn270471）也响应灰葡萄孢菌感染而发生差异表达，进一步说明细胞壁是抵御病原体入侵的主要结构屏障，也是病原体入侵的主要靶点。

## 第五节　小　结

灰葡萄孢菌侵染对猕猴桃的品质产生负面影响。在生理水平上表现为可诱导SOD、POD和CAT活性发生变化。RNA-Seq技术和WGCNA确定了转录组数据集中响应灰葡萄孢菌表达的基因和模块。GO分析结果显示，“苯丙烷生物合成”和“植物激素信号转导”是猕猴桃响应灰葡萄孢菌侵染的关键生物学过程和代谢途径。WGCNA进一步确定了一些与猕猴桃抗病性密切相关的基因家族，包括“植物-病原体相互作用”“脂质代谢”“植物激素信号转导”“转录因子”“细胞壁生物发生”和“苯丙烷生物合成”代谢途径的*CML35*、*PGIP*、*GELP*、*HDZ32A*、*bHLH005*、*WRKY*及细胞色素*P450*等基因。这些基因可作为猕猴桃抗病育种的重要靶标。

# 第二章

# 猕猴桃 *AcTPR2* 基因调控猕猴桃果实对灰霉病抗性的功能分析

## 第一节　TPL/TPR 参与植物抗病性调控

TOPLESS/TOPLESS-RELATED（TPL/TPR）相关共阻遏蛋白家族的成员可与多种转录因子相互作用（Kieffer et al.，2006）。TPL/TPR 结构域包括高度保守的 N-末端 TPD 区，其包括 LisH 二聚基序、LisH C-末端 CTLH 基序和 C-末端 WD40 重复序列（Ke et al.，2015；Collins et al.，2019）。TOPLESS 结构域（TPDs）介导 TPL/TPR 低聚化，并与含有 EAR 基序的蛋白质相互作用（Martin-Arevalillo et al.，2017）。前期主要在生长素、脱落酸（ABA）、赤霉素（GA）、水杨酸、乙烯和茉莉酸等植物激素信号通路的蛋白质中检测到大多数 EAR 基序（Lee et al.，2016；Fukazawa et al.，2014）。

在拟南芥中，TPL/TPR 共阻遏物与 WUSCHEL（WUS）转录因子具有直接的相互作用（Kieffer et al.，2006）。TPL/TPR 共阻遏物家族成员，包括 TPL 和 TPR4 均可与 WUS 互作。在拟南芥中检测到 5 个 TPL/TPR 家族基因，包括 *TPL* 和 *TPR1*-*TPR4*。TPL/TPR 共阻遏物在植物生长发育中起着至关重要的作用（Jiang et al.，2013；Ryu et al.，2014；Goralogia et al.，2017）。研究发现，拟南芥有缺陷的 *tpl* 突变体可以进行正常的胚胎发育。因此，TPL 蛋白功能存在冗余性，可能被其他 4 种同源蛋白取代。利用 RNAi 技术在 *tpl*/*tpr1*/*tpr3*/*tpr4* 四重突变系中沉默表达 TPR2 蛋白时，则会出现胚胎发育异常。因此，*tpl* 是多种 TPL 相关蛋白的显性负突变（Long et al.，2006）。

IAA 代谢相关基因 *OsGH3.1* 和 *OsCYP71Z2* 的过表达显著提高了水稻对水稻白叶枯病的抗性。因此，IAA 信号通路与植物防御有关（Fu et al.，

2011；Li et al.，2015）。TPL/TPR 与参与生长素信号转导的转录复合物相互作用。生长素诱导三元阻遏物-植物激素- E3 连接酶复合物的形成，进而导致 E3 连接酶催化的阻遏物蛋白泛素化和降解，并上调植物激素靶基因（Ke et al.，2015）。生长素介导的运输抑制剂响应蛋白 1（TIR1）E3 泛素连接酶结合引起 AUX/IAA 阻遏蛋白的泛素化和蛋白水解。在低生长素水平下，IAA 阻遏物将 TPL/TPR 募集到生长素响应因子（ARF），以阻止 ARF 及其靶基因的表达（Peer，2013；Wang et al.，2014）。

蛋白质组学分析表明，在灰葡萄孢菌感染后，*AcTPR2* 在猕猴桃中高度上调表达（Liu et al.，2018）。本章研究以"红阳"猕猴桃为试验材料，克隆了 *AcTPR2*，并采用病毒诱导基因沉默（VIGS）技术来确定 *AcTPR2* 在猕猴桃抗灰葡萄孢菌中的作用。结合基因的表达分析，以研究 *AcTPR2* 和 IAA 信号基因之间可能的相互作用。研究结果有助于阐明猕猴桃抗病机理，为猕猴桃抗病分子育种提供遗传资源。

## 第二节　沉默表达 *AcTPR2* 猕猴桃的抗病性分析

### 一、*AcTPR2* 的表达载体构建与瞬时转化

研究选用的猕猴桃品种于 1977 年通过四川省农作物品种审定委员会审定，定名为"红阳"猕猴桃。猕猴桃采自重庆开州区猕猴桃基地（31°23′N，108°39′E），在授粉后 130d 收获几乎成熟、未受损和无病虫害的猕猴桃果实。果实平均重量 95g，收获后 5h 内被运送到重庆文理学院分子生物学实验室。用 2%（*V*/*V*）次氯酸钠对果实消毒 2min，用自来水冲洗，自然晾干。

使用 RNAiso Plus 试剂（TaKaRa，大连）从猕猴桃中提取总 RNA，用 PrimeScript™ RT 试剂盒（TaKaRa，大连）逆转录合成 cDNA。进行 PCR，回收 *AcTPR2* PCR 产物的单个电泳带，并将其克隆到 pMD® 19 - T 简单载体（TaKaRa，大连）中。对 PCR 阳性菌落进行测序以验证 *AcTPR2* 的正确性。通过将 446bp 的 XbaI/BamHI DNA 片段引入 pTRV2 载体中产生 *AcTPR2* - TRV2 构建体（图 2 - 1）。*AcTPR2* 基因片段和 pTRV2 载体通过 XbaI/BamHI 双重消化，回收、连接、转化到大肠杆菌感受态细胞 DH5α 中，并在含有 50mg/L 卡那霉素（Kan）的抗性平板培养基上培养。通过 PCR 检测抗性菌落，并选择 PCR 阳性菌落提取质粒。使用通用载体引物 RV - XIAYOU（5 -' ACCTAAAACTTCAGACACG - 3'）进行测序。*AcTPR2* - TRV2 序列与参考

序列相同（Ach25g228601.2 - TA①）（图 2 - 1）。然后将 *AcTPR2* - TRV2 表达载体导入根癌农杆菌菌株 GV3101 中。将携带 pTRV2 载体的转化的根癌农杆菌（*Agrobacterium tumefaciens*）与携带 pTRV1 载体的根癌农杆菌菌株 GV3101 按 1∶1的比例混合，将密度为 $OD_{600}$ =1.0 的农杆菌混合培养物通过注射器注射到猕猴桃中。以灭菌水和 TRV 空载体（pTRV1∶pTRV2=1∶1）作为对照。

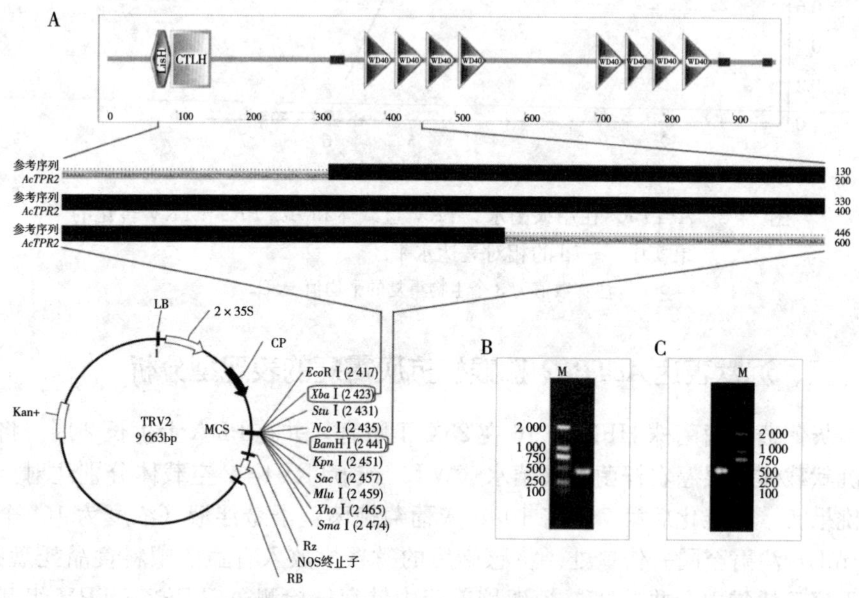


图 2 - 1　*AcTPR2* - TRV2 载体构建

A. 在猕猴桃中克隆的 *AcTPR2* 的结构分析，以及构建到 pTRV2 载体上的沉默片段

B. 沉默片段的 PCR 结果　C. *AcTPR2* - TRV2 载体的 PCR 结果

结果显示，成功将 446bp 的 XbaI/BamHI 双酶切的 *AcTPR2* DNA 片段引入 pTRV2 载体中产生 *AcTPR2* - *TRV2* 构建体（图 2 - 1A、B）。对携带 *AcTPR2* - TRV2 构建体的抗性集落进行 PCR 检测，以确认沉默片段成功连接到 pTRV2 载体上（图 2 - 1C）。根癌农杆菌菌株 GV3101 携带 *AcTPR2* - TRV2 表达载体（*AcTPR2* - TRV）、灭菌水（WT）和 TRV 空载体，通过瞬时注射转化“红阳”猕猴桃果实。检测所有 3 组的 *AcTPR2* 的表达量，发现在注射后 6d，*AcTPR2* - TRV 果实中的 *AcTPR2* 水平显著下调，而 WT 组和 TRV 组之间的 *AcTPR2* 表达没有显著差异（图 2 - 2）。

① 资料来源：http：//kiwifruitgenome.org/。

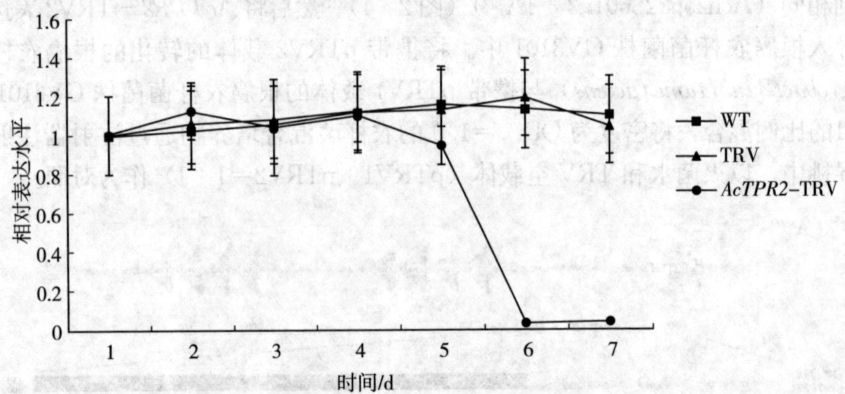


图 2-2 *AcTPR2* 在用灭菌水、TRV 空载体和 *AcTPR2*-TRV 转化的果实中 1～7d 的相对表达水平

注：数值为 3 个生物重复的平均值±SE。

## 二、沉默表达 *AcTPR2* 猕猴桃抗灰霉病的表现型分析

灰葡萄孢菌菌株 HFXC-16 在 25℃下孵育，并在 PDA 上生长 2 周。将含有沉默载体的根癌农杆菌、灭菌水（WT）或 pTRV1-2 空载体分别注射至猕猴桃果实，在转化后第 7 天将 10μL 灰葡萄孢菌孢子悬浮液（浓度为 $10^4$ 个孢子/mL）注射至同一伤口处。将感染后的猕猴桃放入有盖的塑料食品托盘中，装入聚乙烯袋中，并在 25℃恒温培养箱中储存。检测 *AcTPR2*-TRV 组和对照组猕猴桃感染灰葡萄孢菌后的 *AcTPR2* 的表达量后发现，随着灰葡萄孢菌感染时间的不断延长，*AcTPR2* 在 WT 组、TRV 组和 *AcTPR2*-TRV 组果实中的相对表达水平在接种后 4d，即 4dpi 时达到最高值。在 4dpi 时，TRV 组猕猴桃中的 *AcTPR2* 水平比 0dpi 时高出近 6 倍，而 *AcTPR2*-TRV 组猕猴桃中的 *AcTPR2* 水平为 1dpi 时的 1/2（图 2-3）。

*AcTPR2* 组猕猴桃的病斑面积大于对照组。此外，与对照组相比，*AcTPR2* 组猕猴桃的注射部位更容易腐烂。在 5dpi 时，*AcTPR2*-TRV 果实上的病斑面积几乎是 WT 组和 TRV 组果实的 3 倍。在 5dpi 时，从受灰葡萄孢菌感染的猕猴桃样品中分离基因组 DNA，用通用引物 ITS1/ITS4 对灰葡萄孢菌基因组 DNA 进行检测，获得 551bp 的条带。设计引物对 50pg DNA 进行 ITS 序列的 qRT-PCR 分析（表 2-1）。在 4dpi 和 5dpi 时，*AcTPR2*-TRV 果实中的灰葡萄孢菌生物量也显著高于对照组。因此，病毒诱导的 *AcTPR2* 沉默增强了猕猴桃对灰葡萄孢菌的易感性（图 2-4）。

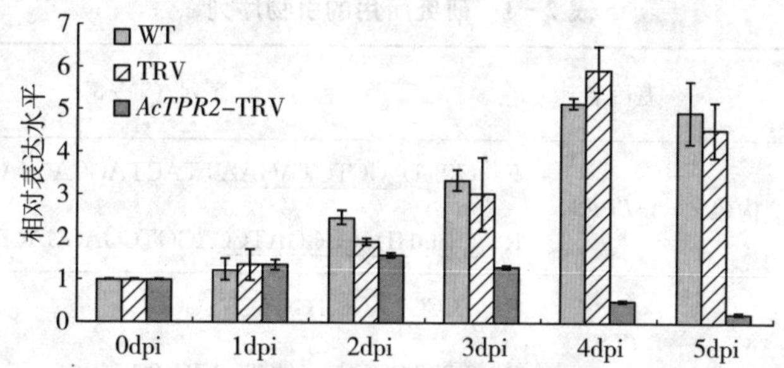


图 2-3　*AcTPR2* 在 WT 组、TRV 组和 *AcTPR2*-TRV 组的果实中的相对表达水平

注：数值为 3 个生物重复的平均值±SE。

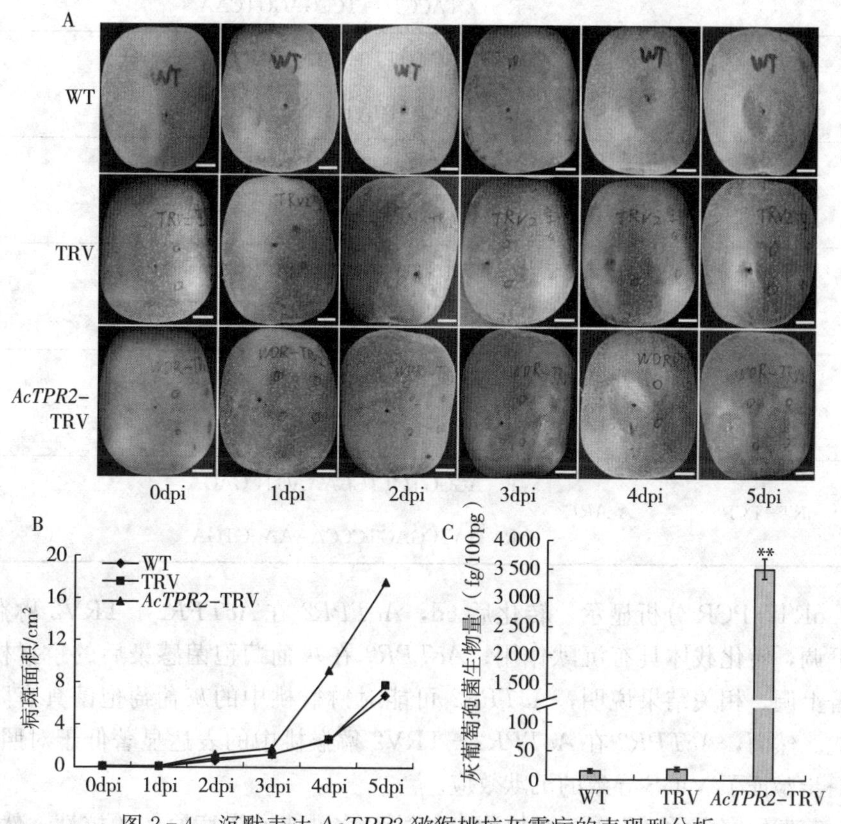


图 2-4　沉默表达 *AcTPR2* 猕猴桃抗灰霉病的表现型分析

A. 猕猴桃感染灰葡萄孢菌后的外观和品质　B. WT 组、TRV 组和 *AcTPR2*-TRV 组猕猴桃病斑面积　C. 各组猕猴桃灰葡萄孢菌的定量分析

注：数值为 3 个生物重复的平均值±SE；** 表示差异极显著（$P<0.01$）；A 的标尺长度为 1cm。

表 2-1 研究所用的引物序列

| 目的 | 基因名 | 序列（5'→3'） |
| --- | --- | --- |
| *AcTPR2*-pTRV2 构建 | *AcTPR2* | F （XbaI）GCTCTAGAATTACTAGCACCAGCGGCAC<br>R （BamHI）CGGGATCCAGGTCGAGGACAACCGTTAC |
| PCR | *ITS* | F TCCGTAGGTGAACCTGCGC<br>R TCCTCCGCTTATTGATATGC |
| qRT-PCR | *ITS* | F CTGTTCGAGCGTCATTTCAA<br>R CCTACCTGATCCGAGGTCAA |
| qRT-PCR | *Actin* | F GCAGTGTTTCCCAGTATTGT<br>R TCCATGTCATCCCAGTTGC |
| qRT-PCR | *AcTPR2* | F GGGCTGCGTATACTGAGGAT<br>R TTGCTTGCTGTCAAAGGGTC |
| qRT-PCR | *AcNIT1* | F TTTGTTTTGTCAGCCAACCA<br>R ATGCCCAACCACATCAAAAT |
| qRT-PCR | *AcARF1* | F TTGTGTGCCATTAGGCATGT<br>R TGGTTTCCACTTGGTTAGGC |
| qRT-PCR | *AcARF2* | F AGGGTCTTGCAAAGTCGAGA<br>R GATCGAGTCCCAAAACCTGA |

qRT-PCR 分析显示，转化后 6d，*AcTPR2* 在 *AcTPR2*-TRV2 猕猴桃中下调，转化载体具有沉默作用；*AcTPR2* 在灰葡萄孢菌感染后的猕猴桃中显著上调。相关结果说明，*AcTPR2* 可能对猕猴桃中的灰葡萄孢菌具有防御功能。然而，*AcTPR2* 在 *AcTPR2*-TRV2 猕猴桃中的表达显著低于对照组，进一步验证了 VIGS 导致的沉默效应。

前期研究显示，*TPR2* 在植物中的过表达可能增强病原体的抗性。然而，关于 *TPR2* 下调作用的研究很少（Zhu et al.，2010）。本章研究为 *TPR2* 对猕猴桃真菌病原体抗性的作用提供了反向证据。病毒诱导的 *AcTPR2* 沉默增强了猕猴桃对灰葡萄孢菌的易感性。这些发现与之前的一项研究一致，该研究报告称，尽管各种 TPR 是多余的，但 *AtTPR1* 过表达的确激活了拟南芥的防御反应（Zhu et al.，2010）。

## 第三节　沉默表达 *AcTPR2* 猕猴桃的生理指标检测与分析

### 一、防御酶活性检测与分析

防御酶如 SOD、POD、CAT 和苯丙氨酸解氨酶（PAL）的活性水平指示植物的抗病性。这些酶可能在对生物和非生物胁迫的反应中上调，并增强宿主的抗病性。将 0.5g 猕猴桃组织放在 10mL 100mmol/L 磷酸钾缓冲液（pH 6.8）中进行提取，并在 12 000*g* 和 4℃条件下离心 20min，收集上清液用于酶提取和测定。采用 NBT 光还原法测定 SOD 活性（Giannopolitis et al.，1977）。防止 50% NBT 光化学还原的酶剂量被处理为 1U/g。POD 活性采用愈创木酚法估算（Chance et al.，1955）。用紫外线吸收法评估 CAT 活性，并将其定义为当 240nm/min（A240）的光密度（OD）降低 0.1U/g 时的 1U 酶活性。PAL 活性采用前人研究的方法测定（Beaudoin-Eagan et al.，1985）。将果实样品放在 50mmol/L Tris 缓冲液（pH8.5）中提取，并在 6 000*g* 和 4℃条件下离心 10min，收集上清液。向上清液中加入 L-苯丙氨酸和 100μL 2mol/L HCl 以引发反应。在 290nm 处记录吸光度，并指示肉桂酸的形成。

结果显示，对照组和 *AcTPR2*-TRV 组猕猴桃对灰葡萄孢菌感染的反应中，这 4 种防御酶的活性均有所提高。SOD、POD 和 PAL 在 1dpi 时迅速响应灰葡萄孢菌的侵染而发生上调，其活性持续上升至 4dpi，在 5dpi 时下降。CAT 在 2dpi 时首次被诱导，其活性随着感染时间的延长而稳定提高，然而在 5dpi 时活性下降。在没有灰葡萄孢菌感染的情况下，*AcTPR2*-TRV 中这 4 种酶的活性均比对照组高。然而，在感染应激下，*AcTPR2*-TRV 组的酶活性显著提高（图 2-5）。

防御反应的激活伴随着发病机制相关酶的诱导。应激诱导 ROS 的过度产生。SOD、POD 和 CAT 是重要的植物抗氧化酶，可去除因外部损伤而产生的 ROS（El-Esawi et al.，2019）。PAL 是苯丙烷代谢途径中的关键酶，可产生各种次生代谢物并防止病原体入侵。在灰葡萄孢菌存在的情况下，对照组和 *AcTPR2*-TRV 2 组猕猴桃中的 4 种防御酶都被上调，SOD、POD、CAT 和 PAL 的活性随着病原体感染的反应而提高到 4dpi，然后降低。4dpi 感染的开

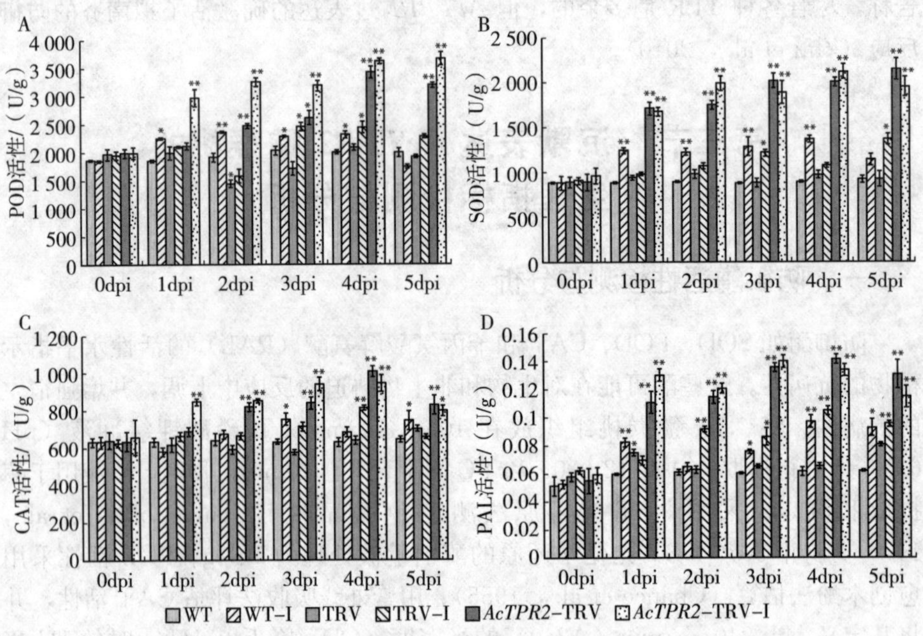


图 2－5　灰葡萄孢菌感染对 WT 组、TRV 组和 *AcTPR2*－TRV 组猕猴桃 4 种防御酶活性的影响

注：WT－I 表示经灭菌水处理且受灰葡萄孢菌侵染的猕猴桃果实，TRV－I 表示转化 pTRV1－2 空载体且受灰葡萄孢菌侵染的猕猴桃果实，*AcTPR2*－TRV－I 表示沉默表达 *AcTPR2* 且受灰葡萄孢菌侵染的猕猴桃果实；数值为 3 个生物重复的平均值±SE；* 表示差异显著（$P<0.05$），** 表示差异极显著（$P<0.01$）。

始可能表明局部植物防御反应的崩溃。在没有感染的情况下，与对照组相比，*AcTPR2*－TRV 2 组猕猴桃中的 4 种酶都有所上调。然而，在灰葡萄孢菌感染应激下，在 *AcTPR2*－TRV 2 组猕猴桃中，这 4 种酶的活性均显著提高。因此，在 *AcTPR2* 基因沉默后，猕猴桃内部激活了这些防御酶。

## 二、植物激素含量检测与分析

为了测定 IAA、$GA_3$ 和 ABA 含量，称量 3g 猕猴桃组织，冷冻，在液氮中粉末化，随后通过液质色谱-质谱法（LC－MS）进行分析（Gou et al.，2010）。采用 SPSS 18.0 软件进行统计分析。采用学生 *t* 检验（Student's t-test）比较对照组和不同感染组的防御酶、植物激素含量或相对基因表达，统计学显著性定义为 $P<0.05$。TPL/TPR 蛋白参与植物信号通路，可与各种

植物激素相互作用。本章研究测量了植物激素 IAA、$GA_3$、ABA 和 SA 的相对水平。IAA、$GA_3$ 和 SA 水平在 4dpi 之前急剧增加，之后迅速下降。在没有灰葡萄孢菌感染的情况下，*AcTPR2*－TRV 组猕猴桃中的 IAA、$GA_3$ 和 SA 水平显著高于 WT 组和 TRV 组。感染后，在 1～4dpi，*AcTPR2*－TRV 组猕猴桃中的 IAA、$GA_3$ 和 SA 水平高于未感染的 *AcTPR2*－TRV 组猕猴桃。然而，这 3 种植物激素的水平在 5dpi 时下降（图 2－6A、B、D）。在对照组中，ABA 含量随着灰葡萄孢菌感染时间的延长而持续增加。在 1～2dpi 的 *AcTPR2*－TRV 处理的情况下，灰葡萄孢菌感染后的 ABA 含量高于未感染果实。然而，2dpi 后 *AcTPR2*－TRV 组猕猴桃中的 ABA 水平显著下降（图 2－6C）。

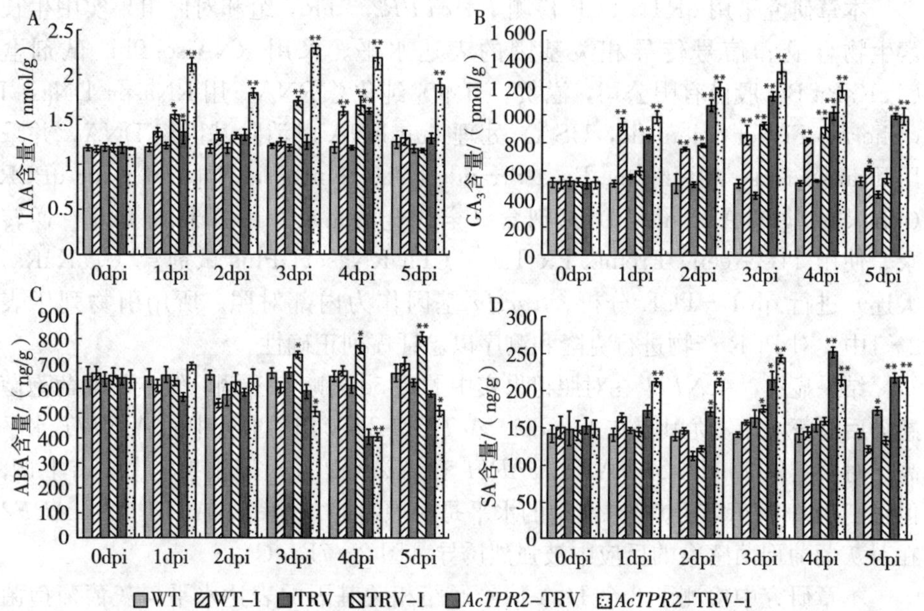


图 2－6　灰葡萄孢菌感染对 WT 组、TRV 组和 *AcTPR2*－TRV 组猕猴桃 4 种内源激素含量的影响

注：WT－I 表示经灭菌水处理且受灰葡萄孢菌侵染的猕猴桃果实，TRV－I 表示转化 pTRV1－2 空载体且受灰葡萄孢菌侵染的猕猴桃果实，*AcTPR2*－TRV－I 表示沉默表达 *AcTPR2* 且受灰葡萄孢菌侵染的猕猴桃果实；数值为 3 个生物重复的平均值±SE；* 表示差异显著（$P<0.05$），** 表示差异极显著（$P<0.01$）。

TPL/TPR 参与植物激素途径的转录复合物相互作用，尤其是在“生长素信号转导”途径（Lee et al.，2016）。各类植物激素协调植物的生长发育和应激适应。本章研究发现，在没有灰葡萄孢菌感染的情况下，*AcTPR2*－TRV 2

组猕猴桃中的IAA、$GA_3$ 和 SA 水平显著高于对照组。因此，*AcTPR2* 沉默使猕猴桃能够通过其他机制迅速激活植物激素信号通路，并试图抵御灰葡萄孢菌的侵染。*AcTPR2* - TRV 2组猕猴桃中所有内源性植物激素的水平增加，但随后降低到低于对照组的水平。本章研究进一步验证了IAA、$GA_3$ 和SA之间存在协同作用。ABA的作用与其他3种植物激素略有不同，在1～2dpi，果实中的ABA含量高于未感染果实。然而，2dpi后ABA水平显著降低。其他3种植物激素没有观察到这种模式。

## 三、生长素IAA信号通路相关基因的表达分析

本章研究采用qRT-PCR检测了*AcTPR2*-TRV组和对照组果实中生长素生物合成和信号传导相关基因的表达水平。采用RNAiso Plus试剂盒（TaKaRa Bio股份有限公司，滋贺，日本）纯化总RNA。用RNase-DNase I（Thermo Fisher Scientific，USA）处理1μg RNA以消除基因组DNA，并采用TransScript® All-in-One First-Strand cDNA Synthesis SuperMix for qPCR（One-Step-gDNA Removal）试剂盒（全式金，北京）用寡聚体（dT）逆转录。使用TB Green® Premix Ex Taq®（Tli RNaseH Plus试剂盒（TaKaRa，大连）进行qRT-PCR分析。*β-actin* 基因作为内部对照。所用引物列于表2-1中。对PCR产物进行克隆和测序以验证序列正确性。

结果显示，*AcNIT1* 在对照组果实中贮藏5d内略有上调，但在灰葡萄孢菌感染后显著增加，尤其是在1～3dpi。*AcTPR2*-TRV组猕猴桃中的 *AcNIT1* 水平高于对照组果实（图2-7A）。*AcARF1* 和 *AcARF2* 在对照组果实中略有上调，但它们在 *AcTPR2* 沉默的果实中的水平是对照组的4倍。*AcARF1* 和 *AcARF2* 在对灰葡萄孢菌感染的反应中被强烈诱导（图2-7B、C）。

本章研究中检测了3个IAA信号通路相关基因的表达水平。灰葡萄孢菌感染通过诱导宿主IAA生物合成和促进IAA信号基因如 *AcNIT1*、*AcARF1* 和 *AcARF2* 的表达来加速果实衰老。这3个基因在 *AcTPR2*-TRV组猕猴桃中的表达水平都高于对照组。*AcTPR2*-TRV组猕猴桃的IAA水平相对较高，腐烂表型更严重。因此，*AcTPR2* 下调可能促进IAA和IAA信号基因的表达，加速猕猴桃采后衰老。此外，灰葡萄孢菌感染显著增强了 *AcTPR2* 的响应。因此提出 *AcTPR2* 通过下调IAA和IAA信号基因来增强植物病原体防御的模型（图2-8）。本章研究的结果与先前的研究结果一致，先前的研究报告称，过表达 *AtTRP1* 的拟南芥对外源IAA表现出相对较弱的反应，并表现出生长素早期反应基因子集的表达改变（Lin et al.，2017）。

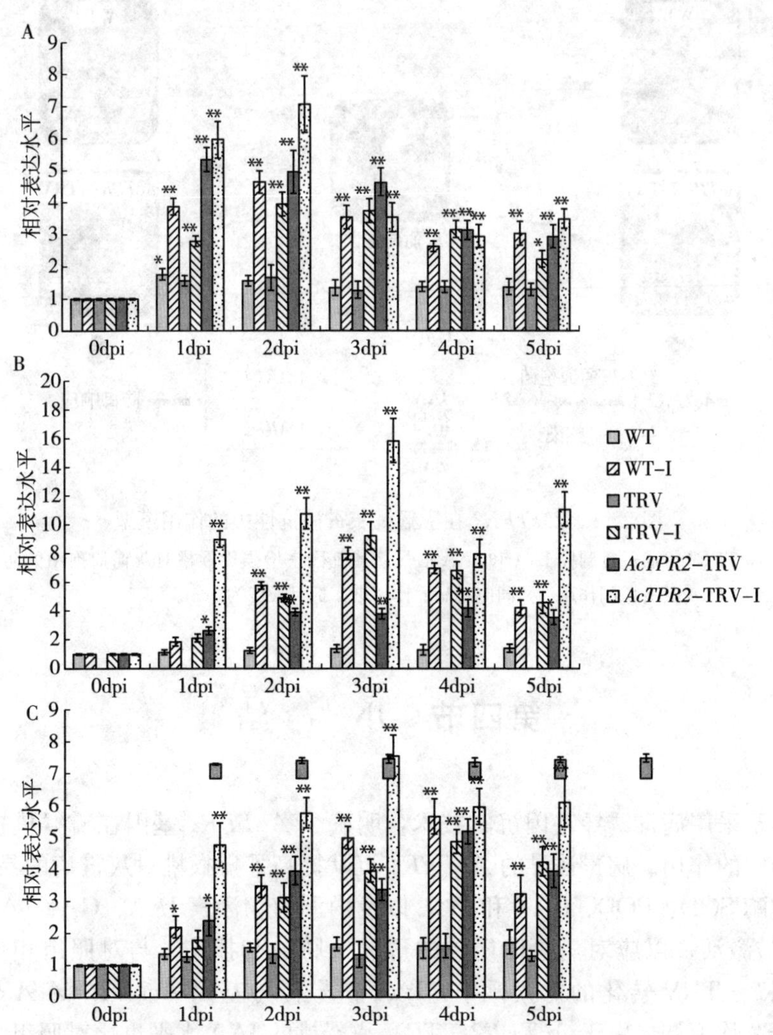


图 2-7 WT 组、TRV 组和 *AcTPR2*-TRV 组猕猴桃组 IAA 信号传导基因在受灰葡萄孢菌感染后的表达分析

A. *AcNIT1* B. *AcARF1* C. *AcARF2*

注：WT-I 表示经灭菌水处理且受灰葡萄孢菌侵染的猕猴桃果实，TRV-I 表示转化 pTRV1-2 空载体且受灰葡萄孢菌侵染的猕猴桃果实，*AcTPR2*-TRV-I 表示沉默表达 *AcTPR2* 且受灰葡萄孢菌侵染的猕猴桃果实；数值为 3 个生物重复的平均值±SE；* 表示差异显著（$P<0.05$），** 表示差异极显著（$P<0.01$）。

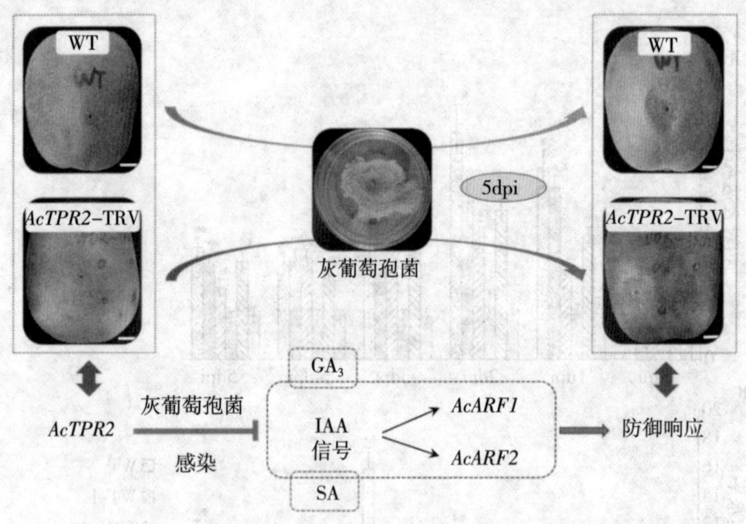


图 2-8 *AcTPR2* 在猕猴桃灰霉病抗性中的作用模型

注：*AcTPR2* 可通过负调控 IAA 和 IAA 信号途径基因来增强猕猴桃对灰葡萄孢菌的防御能力。$GA_3$ 和 SA 与 IAA 具有协同作用，共同应对病原体感染。标尺长度为 1cm。

# 第四节 小　结

本章采用病毒诱导基因沉默技术，明确了 *AcTPR2* 基因在猕猴桃抗灰葡萄孢菌中的作用。病毒诱导的 *AcTPR2* 沉默提高了猕猴桃对灰霉病的易感性。抗氧化酶 SOD、POD、CAT 和 PAL 以及内源植物激素 IAA、$GA_3$、ABA 和 SA 都被激活，以应对病原体诱导的猕猴桃胁迫和损伤。与对照组相比，在 *AcTPR2*-TRV 转化的猕猴桃中，IAA 信号传导基因 *AcNIT*、*AcARF1* 和 *AcARF2* 均上调。由于 *AcTPR2*-TRV 猕猴桃的 IAA 水平也比对照组高，灰葡萄孢菌腐烂表型也更强烈，因此 *AcTPR2* 下调促进了采后猕猴桃的 IAA 和 IAA 信号基因表达，并加速猕猴桃衰老。与对照组相比，灰葡萄孢菌侵染显著上调了猕猴桃中的 *AcTPR2*。因此，*AcTPR2* 可能通过下调 IAA 和 IAA 信号基因来增强猕猴桃对病原体的防御能力。

| 第三章 |

# *AcTPR2* 基因诱导猕猴桃对灰霉病的抗性与木质素含量的关系

## 第一节 *AcTPR2* 与猕猴桃木质素的合成

### 一、细胞壁木质化与植物抗性

细胞壁的木质化是植物产生抗性的主要机制之一。细胞壁中的木质素不仅可以提高植物机械强度，在植物抗病中也发挥着重要作用（Vanholme et al.，2008)。将黑胫病病原菌（*Leptosphaeria maculans*）接种在野萝卜（*Raphanus raphanistrum*）子叶、叶片和茎等部位，接种部位出现了细胞快速死亡、组织褐变以及木质素沉积等特征，说明木质素参与了野萝卜对黑胫病的抗性反应（Chen et al.，1999)。苯并噻二唑（BTH）处理提高了黄瓜（*Cucumis sativus*）幼苗对霜霉病的抗性，且伴随着 PAL 活性和木质素含量的增加，说明细胞壁的木质化与黄瓜对霜霉病的抗性反应有关，是寄主抗病反应的生化机制之一（程智慧等，2006)。对棉花（*Gossypium barbadense*）抗/感病品种接种黄萎病病原菌（*Verticillium dahliae*）并进行转录组分析和木质素含量检测，发现抗/感病品种间苯丙烷代谢途径基因表达量及木质素含量差异显著（Xu et al.，2011)。目前已经发现 10 余种重要的酶参与木质素的合成，且研究表明相关酶基因的表达参与植物抗病性反应。比如在棉花中过表达 *Ethylene responsive factor1-like*（*GbERF1-like*）基因可增强对黄萎病菌的抗性，且伴随着 *PAL*、*C4H*、*C3H* 及 *CCR* 基因的上调表达等（Guo et al.，2016)。

### 二、*AcTPR2* 与猕猴桃木质素的合成

植物 TPL/TPR 转录辅抑制因子蛋白最初在拟南芥中被发现与同源结构域

转录因子 WUSCHEL（WUS）相互作用（Kieffer et al.，2006），随后被证实在茉莉酮酸酯信号通路、植物生长激素信号通路和独角金内酯信号通路中可通过抑制基因表达介导信号的传导过程（Thines et al.，2007；Peer，2013；Bennett et al.，2014；Wang et al.，2014）。前期通过蛋白质组学分析，发现灰葡萄孢菌侵染猕猴桃果实可诱导猕猴桃 TPL/TPR 家族 AcTPR2 蛋白大量表达（Liu et al.，2018）。进一步采用 VIGS 技术研究了 *AcTPR2* 基因在猕猴桃抗灰霉病中的功能：克隆了猕猴桃 *AcTPR2* 基因，并将 446bp 的 *AcTRP2* 沉默片段连接至 pTRV2 表达载体；以等比例的 pTRV1 和 pTRV2 农杆菌液侵染猕猴桃果实，并在感染后 6d 成功实现 *AcTRP2* 基因的下调表达，结果发现沉默表达 *AcTPR2* 基因可增强猕猴桃果实对灰葡萄孢菌的易感性（Li et al.，2020）。对木质素含量进行检测，发现伴随着灰葡萄孢菌侵染，木质素含量有所增加，推测 *AcTPR2* 基因与猕猴桃木质素的合成存在正向相关关系。

在此基础上，本章研究以灭菌水处理的猕猴桃（WT）、转化未连接 *AcTRP2* 基因的空载体组（TRV）猕猴桃以及成功实现 *AcTRP2* 基因下调表达的转基因组（*AcTPR2－TRV*）猕猴桃为实验材料，通过检测灰葡萄孢菌侵染与未侵染猕猴桃的木质素含量及其合成途径关键酶基因的表达量，探究 *AcTPR2* 基因诱导猕猴桃对灰霉病的抗性与木质素含量的关系。以期从理论上丰富猕猴桃的抗病调控机制，为猕猴桃的抗病分子育种实践提供重要的基因资源信息。

## 第二节 灰葡萄孢菌侵染对猕猴桃木质素合成的影响

### 一、猕猴桃果实受灰葡萄孢菌侵染处理后木质素含量的变化

采用重庆市开州区（31°23′N，108°39′E）种植的引进品种“红阳”猕猴桃果实为实验材料。挑选授粉后 130d、表面无病虫害侵染痕迹和机械损伤、重约 95g 的猕猴桃果实，采摘后迅速运输至重庆文理学院分子生物学实验室，采用 2%次氯酸钠消毒 2min，用流动自来水轻轻冲洗，晾干后备用。灰葡萄孢菌菌株采用实验室保存的 HFXC－16 菌株（Chen et al.，2015b），接种于 PDA 培养基，培养 2 周后采用无菌水稀释至 $10^4$ 个孢子/mL 成为菌悬液。采用创伤法接种猕猴桃果实，用消毒后的打孔器在猕猴桃果实表面形成大小、深度一致的伤口（5mm×3mm），采用移液枪在伤口处注入 10μL 灰葡萄孢菌悬液。灰葡萄孢菌侵染猕猴桃果实的材料采集：灰葡萄孢菌侵染后，分别采集

0、24、48、72、96、120h 共计 6 个时间梯度的病健交界处果肉，迅速置于液氮中冷冻，并于−80℃冰箱中保存备用。

检测侵染后不同时间木质素的含量。采用乙酰溴法测定木质素含量。将上述采集的猕猴桃病健交界处果实组织在液氮中研磨，用甲醇处理，用 2mol/L 氢氧化钠和冰乙酸溶解。采用 7.5mol/L 盐酸羟胺去除干扰物质。在紫外分光光度计 280nm 下测定吸光值，以每克鲜质量在 280nm 处的吸光值表示木质素含量。检测结果显示，与采用灭菌水处理的猕猴桃（WT）相比较，用灰葡萄孢菌处理后的猕猴桃果实木质素含量整体呈现出更加明显的先升高、后下降的变化趋势。显著性分析结果显示，在侵染后 24h，木质素含量迅速且显著增加，侵染后 48h 达到峰值 364.94mg/g，与未处理组果实相比，增加了 1.51 倍，随后则有所下降（图 3-1）。说明灰葡萄孢菌侵染后短时间内（24～48h）可诱导猕猴桃果实中木质素水平的迅速上升。

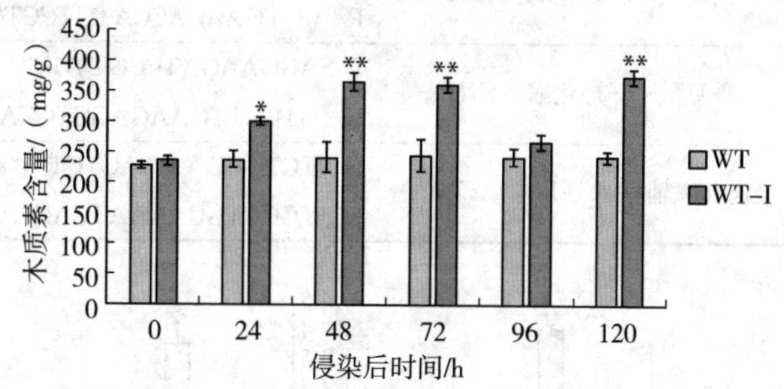


图 3-1 猕猴桃果实受灰葡萄孢菌侵染的木质素含量变化

注：WT 表示经灭菌水处理的猕猴桃，WT-I 表示经灰葡萄孢菌液处理的猕猴桃；* 表示差异显著（$P<0.05$），** 表示差异极显著（$P<0.01$）。

## 二、灰葡萄孢菌胁迫下猕猴桃果实木质素合成基因的表达分析

根据美味猕猴桃（*Actinidia chinensis* var. *deliciosa*）、茶（*Camellia sinensis*）等近缘物种相关基因序列及猕猴桃基因组数据库①，成功克隆到猕猴桃 *AcPAL*（Ach00g364611.2-TA）、*AcC4H*（Ach13g214151-TA）、*AcC3H*（Ach28g303191.2-TA）和 *AcCCR*（Ach28g457901.2-TA）4 个木质素合成途径相关酶基因 CDS 全长序列。采用 RNAiso Plus 试剂盒（TaKaRa，大连）提取猕猴桃果实总 RNA，采用 Trans Script® All-in-One First-Strand cDNA Synthesis SuperMix for qPCR

① http://kiwifruitgenome.org/。

(One-Step gDNA Removal) 试剂盒（全式金，北京）逆转录合成 cDNA，使用 TB Green® Premix Ex Taq™ (Tli RNaseH Plus) 试剂盒（TaKaRa，大连），以$\beta$-actin 作为内参基因进行 qRT-PCR 分析。引物序列如表 3-1 所示。使用 SPSS 18.0 软件进行数据统计分析。采用学生 $t$ 检验对对照组和不同感染组的木质素含量或相关基因表达进行比较和显著性分析。

**表 3-1 qRT-PCR 引物序列**

| 目的 | 名称 | | 序列（5'→3'） |
|---|---|---|---|
| qRT-PCR | β-肌动蛋白（*β-actin*） | F | GCAGTGTTTCCCAGTATTGT |
| | | R | TCCATGTCATCCCAGTTGC |
| qRT-PCR | 苯丙氨酸解氨酶（*PAL*） | F | ACGGACCATTTGACCCATAA |
| | | R | GTCGCGGCTCTAATGACTTC |
| qRT-PCR | 肉桂酸-4-羟化酶（*C4H*） | F | CCTGAACCACCGAAACCTTA |
| | | R | CGTGAACACCATGTCCTGTC |
| qRT-PCR | 香豆酸-3-羟化酶（*C3H*） | F | AGGAAGATCCGTTGTTCGTG |
| | | R | GTCCTTGAAGAGCTGCAACC |
| qRT-PCR | 肉桂酰辅酶A还原酶（*CCR*） | F | TCTGCCCCCAACTCTTAATG |
| | | R | TGGCTGCAAAATCACCATAA |

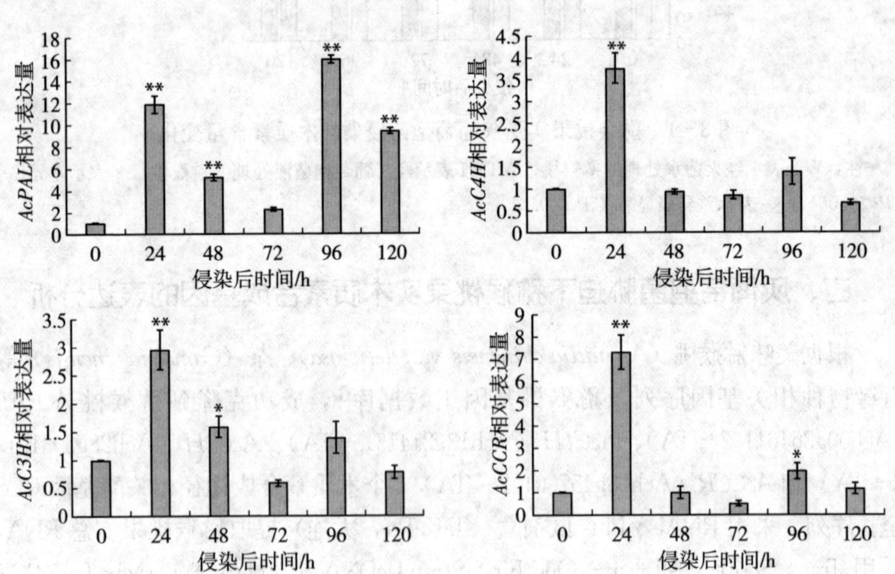


图 3-2 猕猴桃果实受灰葡萄孢菌侵染后木质素合成途径关键酶基因的表达变化

注：* 表示与对照组相比差异显著（$P<0.05$），** 表示与对照组相比差异极显著（$P<0.01$）。

以灰葡萄孢菌侵染后不同时间的猕猴桃果实为材料，进行木质素合成途径关键酶基因 *AcPAL*、*AcC4H*、*AcC3H* 和 *AcCCR* 的 qRT-PCR 检测与分析。结果显示，在灰葡萄孢菌侵染 24h 时，*AcPAL* 基因的表达量显著上升（$P<0.05$），与侵染 0h 相比增加了 11.88 倍；随后在侵染 48～72h 时有所下降，但在侵染 96h 时再次上升且达到峰值，与侵染 0h 相比增加了 16.01 倍。*AcC4H*、*AcC3H* 和 *AcCCR* 3 个基因在灰葡萄孢菌侵染 24h 时的表达量均显著增加（$P<0.05$），且在同一时间达到峰值，随后下降，在侵染 96h 时，3 个基因的表达均出现轻微的上调（图 3-2）。

## 第三节 猕猴桃果实受灰葡萄孢菌侵染处理后细胞壁形态变化

前期采用灰葡萄孢菌处理猕猴桃果实，发现与转化了无菌水、TRV 空载体的对照组相比较，转化 *AcTPR2*-TRV 表达载体的猕猴桃果实中 *AcTPR2* 基因的表达量显著降低，且 *AcTPR2* 基因沉默增强了猕猴桃对灰霉病的易感性（Li et al.，2020）。进一步对采用灭菌水（WT）、空载体（TRV）处理的对照组及 *AcTPR2* 基因沉默组（*AcTPR2*-TRV）猕猴桃病健交界处果肉组织进行石蜡切片与显微观察。即对 WT 组、TRV 组和 *AcTPR2*-TRV 组猕猴桃果实进行灰葡萄孢菌侵染，取侵染后 0、24、48、120h 病健交界处果实材料分别置于 FAA 固定液［*V*（70%乙醇）：*V*（甲醛）：*V*（乙酸）=9：1：1］中固定保存。对固定果肉组织进行脱水、石蜡包埋和常规切片处理，经番红染色液染色后进行显微观察。细胞壁厚度采用 ImageJ 软件测定。

结果显示，*AcTPR2*-TRV 组猕猴桃在受灰葡萄孢菌侵染 0～24h 时，薄壁细胞的细胞壁木质化程度增加，细胞壁显著增厚，较对照组增厚 3.25μm；灰葡萄孢菌侵染 48h 后，各组猕猴桃果肉细胞形态均受到一定程度的破坏，但仍能观察到 *AcTPR2*-TRV 组猕猴桃增厚的细胞壁；灰葡萄孢菌侵染 120h 时，细胞呈不规则形态，甚至细胞壁瓦解（图 3-3）。推测细胞壁的增厚与木质素水平存在一定的相关性。

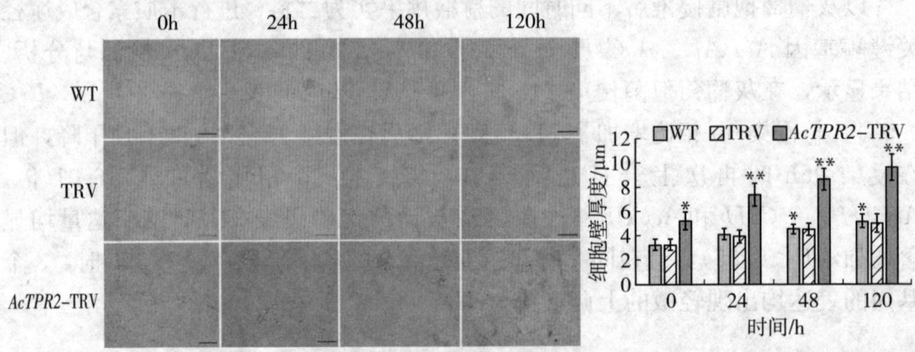


图 3-3 猕猴桃果实受灰葡萄孢菌侵染处理后细胞壁形态变化

注：标尺长度为 100μm；* 表示与对照组相比差异显著（$P<0.05$），** 表示与对照组相比差异极显著（$P<0.01$）。

## 第四节 沉默表达 *AcTPR2* 对猕猴桃木质素合成的影响

### 一、沉默表达 *AcTPR2* 基因的猕猴桃果实木质素含量的变化

第二章已经构建好 *AcTPR2* 的 VIGS 沉默表达载体（*AcTPR2*-TRV），并采用无菌注射方式瞬时转化猕猴桃果实，以无菌水（WT）和转化 pTRV1-2 空载体（TRV）（农杆菌混合培养物）作为对照组，且已经验证 *AcTPR2* 基因成功发生沉默表达（Li et al.，2020）。转化 7d 后在同一伤口处注射灰葡萄孢菌，并分别采集侵染后 0、24、48、72、96、120h 共计 6 个时间梯度的病健交界处果肉，迅速置于液氮中冷冻，并于－80℃冰箱中保存备用。

进一步检测沉默表达 *AcTPR2* 基因（*AcTPR2*-TRV）和转化 pTRV1-2 空载体（TRV）的猕猴桃果实中木质素含量。结果显示，随着无菌水处理或农杆菌转化 7d 后时间的推移（转化后 7d 记为 0h），经灭菌水处理的 WT 组和转化 pTRV1-2 空载体的 TRV 组猕猴桃果实木质素含量差异并不明显，*AcTPR2*-TRV 组猕猴桃果实中木质素则在转化成功后 24h 即开始积累，且有不断增加的趋势，在转化后 96h 达到峰值 609.22mg/g，随后略有下降，但仍显著高于对照组中的木质素含量（$P<0.05$）（图 3-4）。推测 *AcTPR2* 基因在木质素合成中具有一定的调控作用。

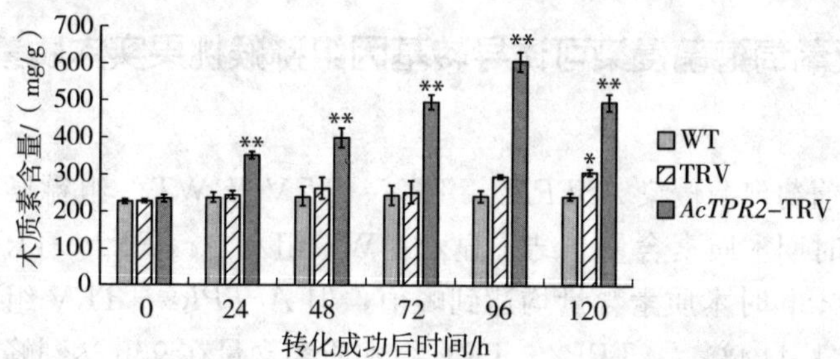


图 3-4　沉默表达 *AcTPR2* 基因的猕猴桃果实木质素含量变化

注：* 表示与对照组相比差异显著（$P<0.05$），** 表示与对照组相比差异极显著（$P<0.01$）。

## 二、猕猴桃果实木质素合成途径关键酶基因的表达分析

对 *AcTPR2* - TRV 组、TRV 组和 WT 组猕猴桃果实中 4 种木质素合成途径关键酶基因 *AcPAL*、*AcC4H*、*AcC3H* 和 *AcCCR* 的表达量进行检测和分析。结果显示，WT 组和 TRV 组猕猴桃果实中 4 个基因的表达差异不明显。与对照组相比较，*AcTPR2* - TRV 组猕猴桃果实中 4 个基因的表达量在转化成功后 0～24h 均显著上调（$P<0.05$），其中 *AcPAL* 和 *AcC4H* 2 个基因在 48h 短暂下调表达后，在 72～96h 再次上调且达到峰值，随后下降；而 *AcC3H* 和 *AcCCR* 两个基因在 24～48h 后出现持续下调表达的趋势（图 3-5）。

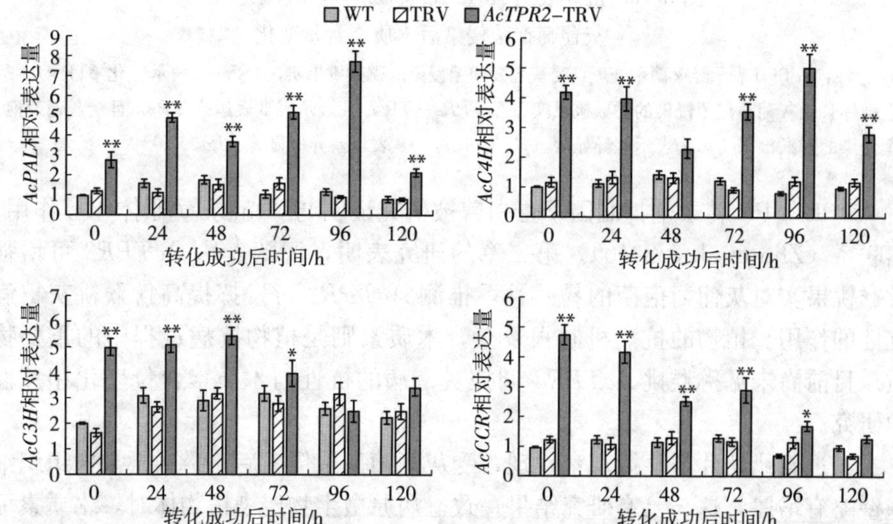


图 3-5　沉默表达 *AcTPR2* 基因的猕猴桃果实木质素合成途径关键酶基因的表达变化

注：* 表示与对照组相比差异显著（$P<0.05$），** 表示与对照组相比差异极显著（$P<0.01$）。

## 三、灰葡萄孢菌侵染可诱导转基因组猕猴桃果实木质素含量迅速增加

采用灰葡萄孢菌侵染 *AcTPR2* - TRV、TRV 及 WT 3 组猕猴桃果实检测侵染后不同时期木质素含量。结果显示，WT 组和 *AcTPR2* - TRV 组在灰葡萄孢菌侵染 48h 时木质素含量均达到峰值，但 *AcTPR2* - TRV 组木质素含量是 WT 组的 1.44 倍；*AcTPR2* - TRV 组木质素含量在 96h 达到峰值，但在遭受灰葡萄孢菌侵染后，果实木质素含量在 48～72h 达到峰值，随后有所下降（图 3 - 6）。该结果说明 *AcTPR2* 基因的表达变化参与对灰葡萄孢菌的抗性反应，且该作用机制和木质素的合成与积累相关联。

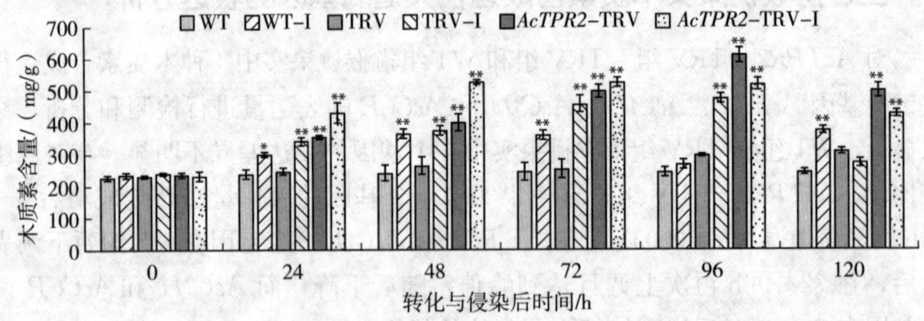


图 3 - 6　沉默表达 *AcTPR2* 基因的猕猴桃果实受灰葡萄孢菌侵染后木质素含量变化

注：WT - I 表示经灭菌水处理且受灰葡萄孢菌侵染的猕猴桃果实，TRV - I 表示转化 pTRV1 - 2 空载体且受灰葡萄孢菌侵染的猕猴桃果实，*AcTPR2* - TRV - I 表示沉默表达 *AcTPR2* 且受灰葡萄孢菌侵染的猕猴桃果实；* 表示差异显著（$P<0.05$），** 表示差异极显著（$P<0.01$）。

TPL/TPR 转录辅抑制因子蛋白曾被研究证明与“植物-病原体相互作用”相联系（Zhu et al.，2010）。第二章的研究表明，沉默表达 *AcTPR2* 可增强猕猴桃果实对灰葡萄孢菌的易感性，推测 *AcTPR2* 可发挥提高猕猴桃灰霉病抗性的作用。植物的抗病机制很复杂，木质素则是植物抗病过程中的重要物质。目前尚未见猕猴桃 *AcTPR2* 调控灰霉病的抗性与木质素含量变化相关性的研究。

通过石蜡切片与显微观察发现，受灰葡萄孢菌侵染后，猕猴桃果肉组织细胞壁略有增厚，这与已有研究结果一致，病原微生物侵染植物体时，木质素可沉积在植物细胞壁，从而形成结构屏障，帮助植物抵御病原微生物（于明革等，2003；Wang et al.，2015a）。*AcTPR2* - TRV 组猕猴桃细胞壁厚度较对

照组也有所增加，推测 *AcTPR2* 导致细胞壁木质化程度增加与木质素含量有关。木质素含量检测结果显示，与对照组相比较，灰葡萄孢菌侵染猕猴桃果实后 24～48h 即检测到木质素含量显著增加。说明积累的木质素在猕猴桃果实抵御灰葡萄孢菌侵染的前期就参与了抗病反应，可能是由于加固了细胞壁，导致灰葡萄孢菌侵染速度减慢，以提高猕猴桃对病原菌的抗性。进一步检测猕猴桃果实木质素合成途径关键酶基因的表达量，发现 *AcPAL*、*AcC4H*、*AcC3H* 和 *AcCCR* 4 个基因的表达量均在灰葡萄孢菌侵染猕猴桃果实后 24h 时迅速上调，该结果和木质素含量增加趋势一致；其中 *AcPAL* 和 *AcCCR* 2 个基因在灰葡萄孢菌侵染猕猴桃果实后 72～96h 时有再次显著上调的现象。*PAL* 位于苯丙烷代谢途径的上游，可催化 L-苯丙氨酸或酪氨酸生成反式肉桂酸，并可进一步进入下游的黄酮类化合物、木质素和香豆素等的代谢途径，产生多种中间产物或终产物，这些产物中的酚类物质、黄酮、异黄酮以及木质素等均被证实可参与植物与病原菌的互作（Mohib et al.，2018）。因此 *PAL* 基因的再次上调可能与木质素或其他抗性物质的合成有关。*CCR* 基因催化木质素氧化还原的第一步反应，主导着木质素的合成，该基因的再次上调则与木质素的合成密切相关。结合 *AcC4H*、*AcC3H* 等基因的表达趋势，推测猕猴桃果实在灰葡萄孢菌侵染后 96h 时仍试图通过合成木质素或其他次生代谢物以阻止病原菌的入侵，但在该时间后，果实难以抵御灰葡萄孢菌的毒害作用，防御功能瓦解。

本章中，检测转化成功后 *AcTPR2*-TRV2 组和对照组 5d（120h）内的猕猴桃果实木质素含量和木质素合成途径关键酶基因的表达量，发现 *AcTPR2*-TRV2 组猕猴桃木质素含量及相关基因的表达量在转化成功后 24h 即较对照组显著增加，表明在 *AcTPR2* 基因沉默后，猕猴桃果实更加迅速地激活了木质素合成信号通路，加速合成木质素以抵御感染。前人研究发现，过表达漆酶基因会增加木质素含量以增强植物体对黄萎病菌的抗性，反之，该基因的沉默表达会降低木质素含量并减弱植物体对病原菌的抗性（Hu et al.，2017）。本章研究结果则表明，*AcTPR2* 的下调虽增强了猕猴桃果实对灰葡萄孢菌的易感性，却检测到木质素的合成量显著增加，这表明 *AcTPR2* 基因沉默可能触发一种未知的替代机制，以增强猕猴桃对灰葡萄孢菌的防御机制。结合前人发现的 *AcTPR2* 基因沉默与生长素等植物激素信号途径的关系（Peer，2013；Wang et al.，2014；Li et al.，2020），推测 *AcTPR2* 基因在猕猴桃灰霉病抗性反应中的调控作用与苯丙烷类次生代谢物的积累和植物激素信号途径转导相关联，但具体作用机制还需进一步探索。

## 第五节 小 结

本章研究以无菌水处理、VIGS 技术沉默 *AcTPR2* 基因的猕猴桃果实和灰葡萄孢菌为实验材料，检测侵染处理及转化处理后不同时间猕猴桃果实木质素含量和木质素合成途径关键酶基因的表达量，以探究 *AcTPR2* 基因诱导猕猴桃果实对灰霉病的抗性与木质素含量的关系。结果显示，积累的木质素在猕猴桃果实抵御灰葡萄孢菌侵染的前期就参与了抗病反应，且 *AcTPR2* 基因沉默后，猕猴桃果实更加迅速地激活了木质素合成信号通路，加速合成木质素以抵御感染。因此，细胞壁的木质化与猕猴桃对灰霉病的抗性反应有关，是猕猴桃等寄主植物抵御真菌病原菌的机制之一。

# 第四章

# 猕猴桃 *AcPGIP* 基因调控猕猴桃果实对灰霉病抗性的功能分析

## 第一节 *AcPGIP* 基因参与植物抗病性调控

PGIP 广泛分布于双子叶植物的细胞壁中。PGIP 属于 LRR 蛋白超家族 (Maulik et al.，2009)。PGIP 参与植物对各种真菌疾病的防御反应。当真菌入侵植物时，它会释放 PG 来破坏植物细胞壁；PGIP 可以特异性结合和抑制真菌 PG 酶活性，并将一系列防御信号传递给植物细胞，从而干扰感染（De Lorenzo et al.，2002)。因此，过表达来自菜豆（*Phaseolus vulgaris*）的 *PvPGIP2* 的转基因小麦（*Triticum aestivum*）对禾谷镰刀菌的抗性显著增强（Ferrari et al.，2012)；*OsPGIP1* 的过表达增强了水稻（*Oryza sativa*）对立枯丝核菌的抗性 (Wang et al.，2015b)。此外，烟草（*Nicotiana tabacum*）*NtPGIP* 在 SA、ABA、盐和低温胁迫下高表达，并有效抑制辣椒疫霉菌（*Phytophthora capsici*）PG 酶活性（Zhang et al.，2016)。用壳聚糖和茉莉酸甲酯处理草莓超过 48h，有效抑制了灰葡萄孢菌的发生，并伴随着 *FcPGIP1* 和 *FcPGIP2* 的上调（Saavedra et al.，2017)。*GhPGIP1* 的过表达增强了陆地棉（*Gossypium hirsutum*）对黄萎病和镰刀菌枯萎病的抗性。相反的，当该基因被沉默时，陆地棉抗性严重降低 (Liu et al.，2017)。还有一些与 PGIP 和灰葡萄孢菌相互作用有关的研究发现。如对葡萄（*Vitis vinifera*）喷施灰葡萄孢菌培养滤液可触发包括 *PGIP* 在内的抗性相关基因大量表达，灰葡萄孢菌感染可引起 *PGIP* 水平的中度或高度诱导 (Mehli，2002)。在感染灰葡萄孢菌的果实中包括 *VvPGIP* 在内的抗病相关基因的表达水平提高（Dong et al.，2020)。综上所述，*PGIP* 似乎在植物对多种真菌疾病的抗性中发挥着重要作用。然而，*PGIP* 的表达在灰葡萄孢菌抗性调控中的作用还有待进一步研究。

已有的研究结果显示，美味猕猴桃的 *PGIP* 基因被成功克隆并转化苹果植株，但 *PGIP* 的抗病机制尚未被探索（Kiesecker，2003)。蛋白质组学分析显示，猕猴桃感染灰葡萄孢菌后，*AcPGIP* 高度表达，推测 *AcPGIP* 与猕猴桃灰霉病抗性调控密切相关（Liu et al.，2018)。本章研究以“红阳”猕猴桃为试验材料，克隆了 *AcPGIP* 基因，并利用 VIGS 技术探讨了该基因在猕猴桃对灰霉病抗性反应中的作用。研究结果为猕猴桃抗病分子辅助育种提供了坚实的理论基础。

## 第二节　沉默表达 *AcPGIP* 猕猴桃的抗病性分析

### 一、*AcPGIP* 的表达载体构建与瞬时转化

在授粉后 130d，从位于中国重庆开州区的试验种植园（31°23′N，108°39′E）收获猕猴桃。选择接近成熟、健康、无病虫害的果实，平均品质参数为硬度 56N 和重量 94g。所选果实在收获后 4h 内立即运至重庆文理学院分子生物学实验室，用 2%（*V*/*V*）次氯酸钠消毒 2min，在自来水下漂洗。消毒后的猕猴桃自然干燥备用。

提取猕猴桃总 RNA，逆转录合成 cDNA。通过 PCR 和电泳回收单个电泳带，并将其克隆到 pMD® 19－T Simple Vector（TaKaRa，大连）中进行扩增。在进行蓝白点筛选和阳性菌落 PCR 后，对阳性菌落进行进一步测序，以验证 *AcPGIP* 序列的正确性。将 316bp 的 DNA 片段引入 pTRV2 载体以产生 *AcPGIP*－TRV2 表达载体（图 4－1)。将扩增的 *AcPGIP* 基因片段和 pTRV2 载体分别用 XbaI/BamHI 酶双重消化。将两种反应溶液进一步回收、连接并转化到大肠杆菌 TOP 10 感受态细胞中。重组体在含有 50mg/L 卡那霉素的抗性平板培养基中孵育。对抗性单菌落进行 PCR 检测，并选择阳性菌落进行质粒提取。用载体 RV－XIAYOU 的通用引物（5'AACTCAAAACTTCAGACACG3')进行测序，验证了所构建载体的正确性。结果显示，除少数碱基外，*AcPGIP*－TRV2 序列与参考序列基本一致（图 4－1)，其中个别碱基差异不影响沉默效应。将构建的 *AcPGIP*－TRV2 载体进一步从大肠杆菌细胞中提取并转化到根癌农杆菌菌株 GV3101 中。将携带 pTRV2 载体的根癌农杆菌菌株 GV3101 与携带 pTRV1 载体的根癌农杆菌菌株 GV3101 按 1：1 的比例混合，并用注射器注射到猕猴桃（*AcPGIP*－TRV）中。以灭菌水（WT）和 TRV 空载体(pTRV1 和 pTRV2 的等体积混合物）为对照。

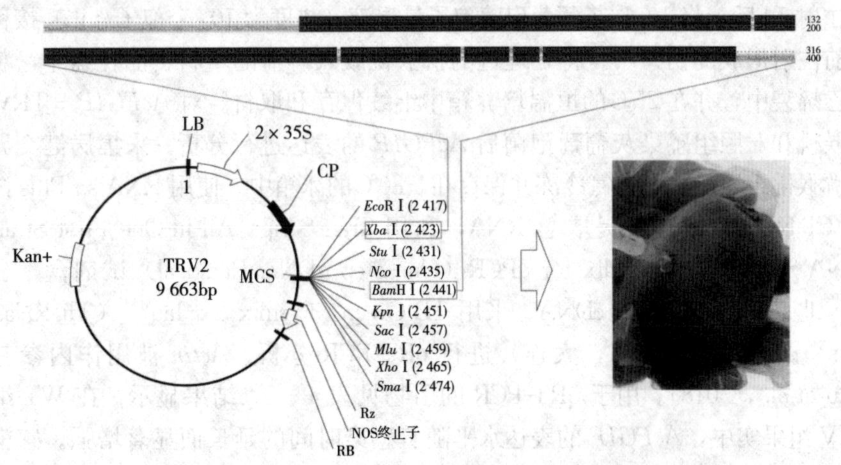


图 4-1　*AcPGIP*-TRV2 表达载体的构建与猕猴桃瞬时转化

利用携带 *AcPGIP*-TRV 表达载体、灭菌水和 TRV 空载体的根癌农杆菌菌株 GV3101 瞬时注射转化猕猴桃。分析 3 组果实的 *AcPGIP* 表达水平。在注射后 6d（6dpi），*AcPGIP*-TRV 组果实中的 *AcPGIP* 表达水平显著下调，而在未转化的果实（称为野生型，WT）和用 TRVP 空载体转化的 TRV 组果实中未检测到 *AcPGIP* 的表达发生显著变化（图 4-2）。

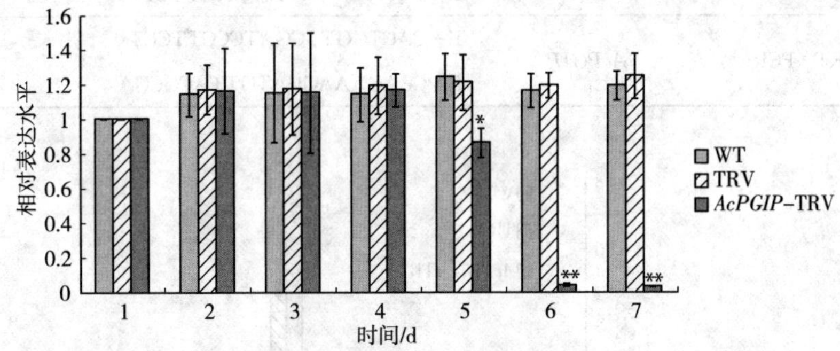


图 4-2　*AcPGIP* 在用灭菌水、TRV 空载体和 *AcPGIP*-TRV 转化的猕猴桃中 1～7d 的相对表达水平

注：数值为 3 个生物重复的平均值±SE；* 表示差异显著（$P<0.05$），** 表示差异极显著（$P<0.01$）。

## 二、沉默表达 *AcPGIP* 猕猴桃抗灰霉病的表现型分析

前期实验室保存的灰葡萄孢菌菌株 HFXC-16 活化后在 PDA 上培养 2 周。用含有 *AcPGIP*-TRV2/pTRV1、pTRV2/pTRV1 空载体的根癌农杆菌以及无菌

水注射 7d 后，将 10μL 灰葡萄孢菌孢子悬浮液（浓度为 $10^4$ 个孢子/mL）接种到先前注射形成的伤口中。将处理过的猕猴桃放入有盖的塑料食品托盘中，装入聚乙烯袋中，并在 25℃的恒温培养箱中继续保存和取材。对 *AcPGIP* - TRV 组猕猴桃和对照组感染灰葡萄孢菌后 *AcPGIP* 的表达进行分析。采集病健交界处的猕猴桃组织，立即液氮冷冻并保存在－80℃的冰箱中。使用 RNAiso Plus 试剂盒（TaKaRa，大连）提取总 RNA，利用 TransScript All-in-One First-Strand® cDNA Synthesis SuperMix for qPCR（One-Step gDNA Removal）试剂盒（全式金，北京）逆转录合成 cDNA。采用 TB Green® Premix Ex Taq™（Tli RNaseH Plus）试剂盒（TaKaPa，大连）进行 qRT-PCR 分析。*Actin* 被用作内参基因（Liu et al.，2018）。用于 qRT-PCR 的引物见表 4 - 1。结果显示，在 WT 组和 TRV 组果实中，*AcPGIP* 的表达水平随着感染时间的延长而显著增强。感染灰葡萄孢菌后，*AcPGIP* 水平在一定程度上被进一步诱导，但是其表达水平远低于对照组，尤其是在 6dpi 时，差异非常明显（图 4 - 3）。

**表 4 - 1 qRT - PCR 引物序列**

| 目的 | 基因名 | 序列（5'→3'） |
| --- | --- | --- |
| qRT - PCR | *Actin* | F GCAGTGTTTCCCAGTATTGT<br>R TCCATGTCATCCCAGTTGC |
| qRT - PCR | *AcPGIP* | F CACTGGTTCGATCCCTTCCT<br>R CCAGAAAGCATGTTACGCGA |

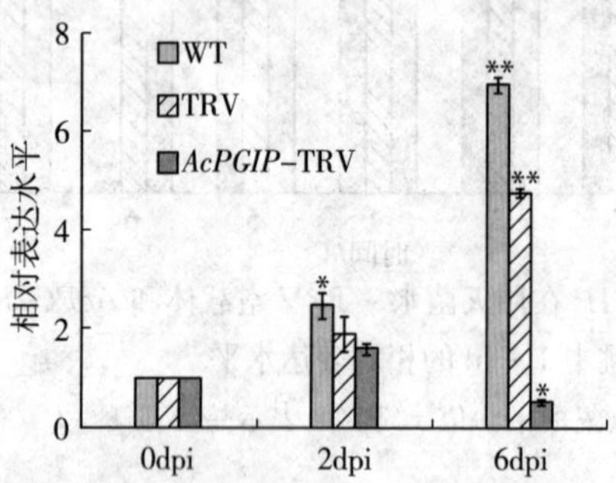


图 4 - 3 用无菌水、TRV 空载体和 *AcPGIP* - TRV2 转化的猕猴桃中 *AcPGIP* 对灰葡萄孢菌感染的相对表达水平

注：数值为 3 个生物重复的平均值±SE；* 表示差异显著（$P<0.05$），** 表示差异极显著（$P<0.01$）。

表型分析结果显示，与对照组相比，*AcPGIP* 沉默猕猴桃的病斑面积更大，注射伤口部位更容易腐烂；尤其是在 6dpi 时，*AcPGIP* - TRV 组果实的病斑面积几乎是 WT 组和 TRV 组果实的 3 倍，表明沉默表达 *AcPGIP* 基因导致猕猴桃对灰葡萄孢菌的易感性增强（图 4 - 4）。

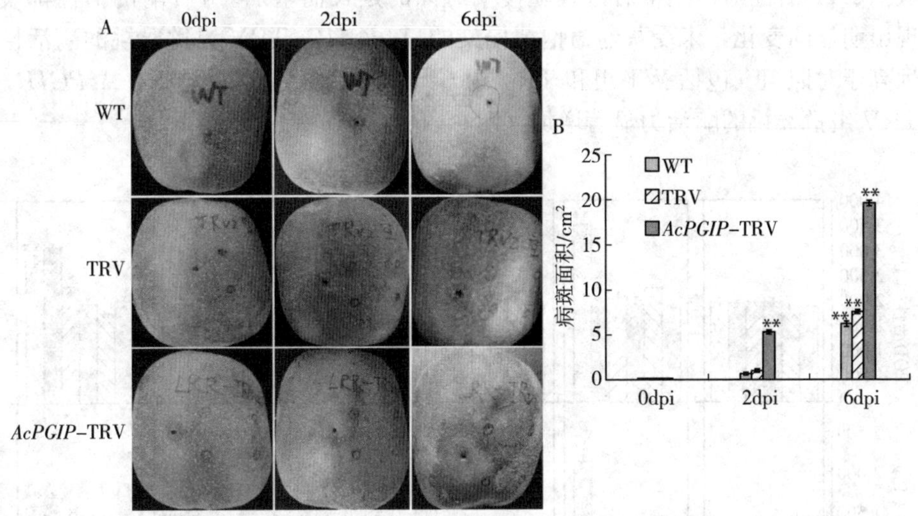


图 4 - 4　沉默表达 *AcPGIP* 猕猴桃抗灰霉病的表型分析

A. 猕猴桃感染灰葡萄孢菌后的外观和品质　B. WT 组、TRV 组和 *AcPGIP* - TRV 组猕猴桃的病斑扩张表现

注：数值为 3 个生物重复的平均值±SE；* 表示差异显著（$P<0.05$），** 表示差异极显著（$P<0.001$）。

## 第三节　沉默表达 *AcTPR2* 猕猴桃的生理指标检测与分析

### 一、防御酶活性检测与分析

抗性相关防御酶如 SOD、POD 和 CAT 的产生反映了植物的抗病性响应，相关酶具有提高植物抗病性的作用。SOD、POD 和 CAT 等防御酶的活性检测：将 0.5g 猕猴桃组织放在 10mL 100mmol/L 磷酸钾缓冲液（pH6.8）中进行提取；提取液在 4℃低温条件下以 12 000*g* 离心 20min；收集上清液，同时除去沉淀物。采用 NBT 光还原法测定 SOD 活性（Giannopolitis et al.，

1977）。采用愈创木酚法（Chance et al.，1955）估算 POD 活性。采用紫外吸收法测定 CAT 活性。灰葡萄孢菌感染有效诱导了对照组和 *AcPGIP* -TRV 组猕猴桃中 3 种防御酶活性的增加。其中 SOD 和 POD 迅速响应灰葡萄孢菌侵染，在 1dpi 时活性即显著提升，并持续提升至 4dpi 时，但在 5dpi 时有所降低。CAT 活性则在感染后持续随侵染时间的延长而增加。3 种酶的活性都表现出明显的变化，未受灰葡萄孢菌侵染的 *AcPGIP* - TRV 组猕猴桃的酶活性远高于对照组（包括 WT 组和 TRV 组），而在灰葡萄孢菌胁迫下，*AcPGIP* - TRV 组猕猴桃的酶活力显著增加（图 4 - 5）。

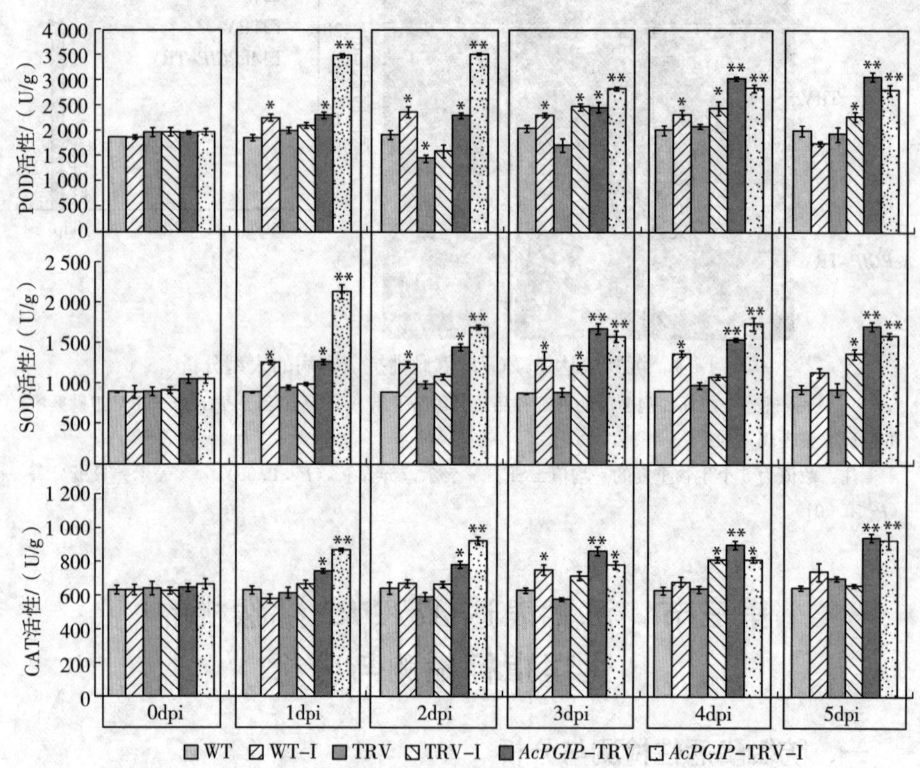


图 4 - 5　WT 组、TRV 组和 *AcPGIP* - TRV 组猕猴桃受灰葡萄孢菌感染后防御酶 SOD、POD 和 CAT 的活性检测与分析

注：I 代表感染（infection），WT - I、TRV - I 和 *AcPGIP* - TRV - I 分别代表感染灰葡萄孢菌的 WT 组、TRV 组和 *AcPGIP* - TRV 组果实；数值为 3 个生物重复的平均值±SE；* 表示差异显著（$P<0.05$），** 表示差异极显著（$P<0.01$）。

## 二、抗性相关次生代谢物含量的检测与分析

通过对 PAL、木质素（lignin）、$H_2O_2$ 和总酚含量进行分析，进一步探讨猕猴桃的生理变化和抗病性变化。根据前人方法测定 L-苯丙氨酸解氨酶活性（Beaudoin-Eagan et al.，1985）：用 50mmol/L Tris 缓冲液（pH8.5）提取水果样品，以 6 000*g* 离心 10min；收集上清液，加入 L-苯丙氨酸进行提取以开始反应，并在 1h 后加入 100μL 2mol/L HCl 以停止反应；在290nm 处记录吸光度。采用乙酰溴法测定木质素含量（Johnson et al.，1961）。将猕猴桃组织放在液氮中研磨，用甲醇处理，并用 2mol/L 氢氧化钠和冰醋酸溶解；用 7.5mol/L 盐酸羟胺去除干扰物质，并在 280nm 处用分光光度法测定木质素含量。进一步测定 $H_2O_2$ 含量（Velikova et al.，2000）。将果实样品放在 10mL 预冷的 0.1%三氯乙酸中研磨，离心并收集上清液。将上清液进一步与磷酸盐缓冲液（pH7.0）和 1mol/L 碘化钾混合；用分光光度法分析 $H_2O_2$，并在 390nm 处记录吸光度。总酚含量采用 Folin-酚法测定（Xue et al.，2009）。用 85%甲醇处理猕猴桃样品（1g），然后以 12 000*g* 离心 10min。将新制备的 50%Folin-Ciocalteu 试剂加入上清液中。使溶液在黑暗中保持 5min，然后加入 7.5%的碳酸钠溶液。在 760nm 处用分光光度法测定总酚含量。对每个猕猴桃组中的上述 4 个指标进行 3 个独立的生物重复分析。

结果显示，PAL 活性和木质素含量最早在灰葡萄孢菌侵染 1dpi 时即有所增加，然后持续增加，到 4dpi 达到峰值，然后下降。$H_2O_2$ 含量响应灰葡萄孢菌感染，也有所增加，到 2dpi 达到峰值，随后下降。总酚含量则较为缓慢地持续增加。未感染的 *AcPGIP*－TRV 组果实的次生代谢物含量/活性高于 WT 组或 TRV 组果实；然而，在灰葡萄孢菌感染后，在 2dpi 之前，*AcPGIP*－TRV 组果实中的 PAL 活性、木质素含量和 $H_2O_2$ 含量都迅速增加，然后迅速下降到低于未感染的 *AcPGIP*-TRV 组果实的水平（图 4－6）。

## 三、抗性相关植物激素含量的检测与分析

检测 IAA、$GA_3$、SA 和 ABA 4 种植物激素的含量。称量 3g 猕猴桃组织样品并立即冷冻、在液氮中研磨，然后用 LC－MS 系统进行分析，以测定植物激素的含量（Gou et al.，2010）。每次 3 个重复。植物激素在植物与病原体的相互作用中发挥着重要而复杂的作用。灰葡萄孢菌感染后，IAA、$GA_3$ 和

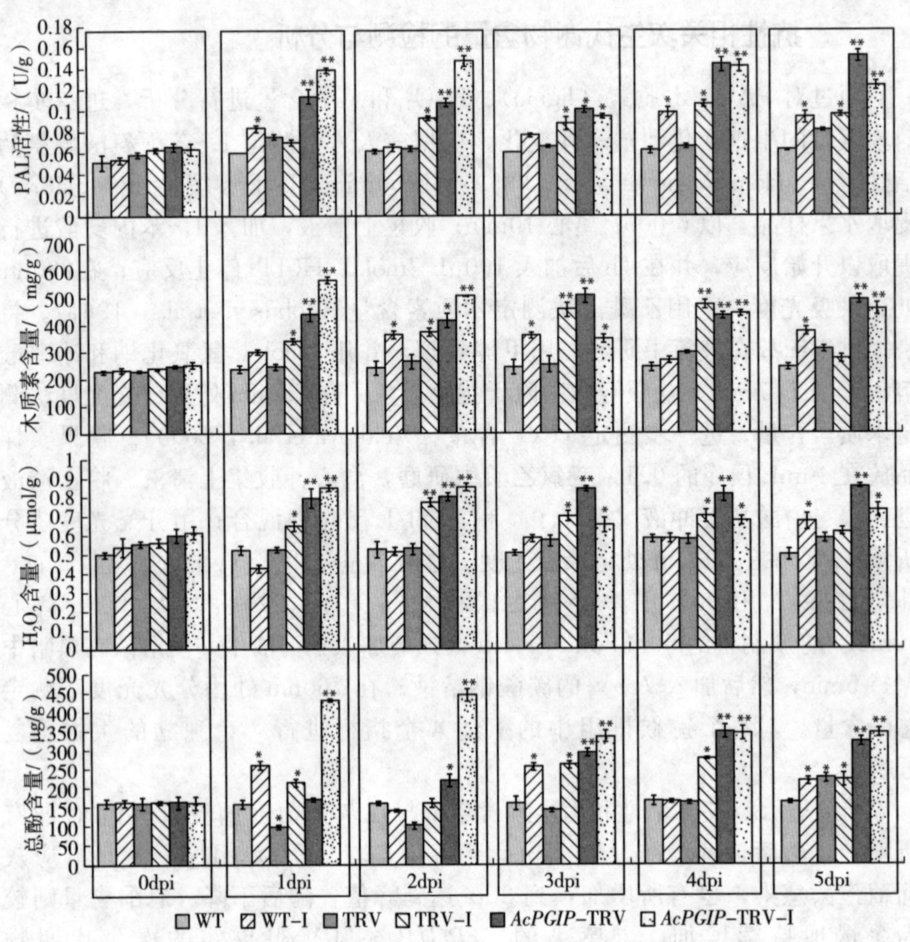


图 4-6　灰葡萄孢菌感染对 WT 组、TRV 组和 *AcPGIP*-TRV 组猕猴桃中次生代谢物的影响

注：I 代表示感染（infection），WT-I、TRV-I 和 *AcPGIP*-TRV-I 分别表示感染灰葡萄球孢的 WT 组、TRV 组和 *AcPGIP*-TRV 组果实；检测的次生代谢物包括 PAL、木质素、$H_2O_2$ 和总酚；数值为 3 个生物重复的平均值±SE；* 表示差异显著（$P<0.05$），** 表示差异极显著（$P<0.01$）。

SA 含量先升高后降低；灰葡萄孢菌感染 2d 后 ABA 含量随时间的推移不断增加。未感染灰葡萄孢菌的 *AcPGIP*-TRV 组果实中 IAA、$GA_3$ 和 SA 3 种激素的含量均显著高于 WT 组和 TRV 组。然而，在灰葡萄孢菌感染 1dpi 时，测得的 4 种激素水平均高于未感染的 *AcPGIP*-TRV 组的水平，但此后 2 组的水平均逐渐下降（图 4-7）。

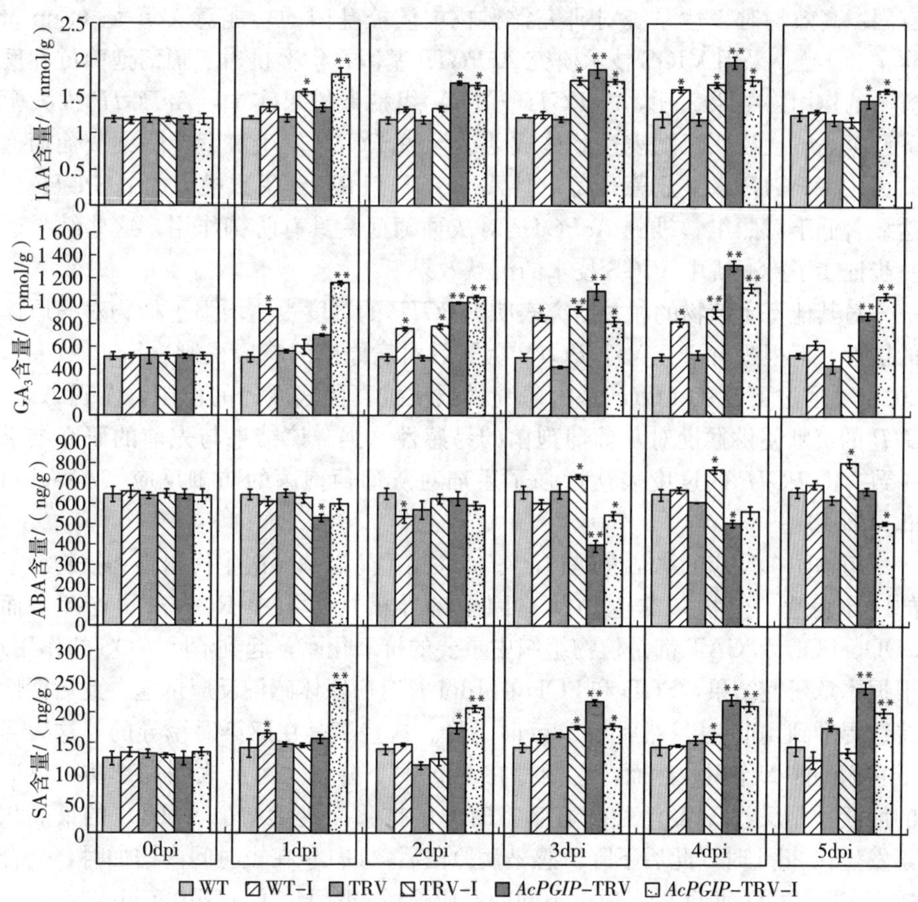


图 4-7 WT 组、TRV 组和 *AcPGIP*-TRV 组猕猴桃中 IAA、ABA、$GA_3$ 和 SA 的含量检测与分析

注：I 表示感染（infection），WT-I、TRV-I 和 *AcPGIP*-TRV-I 分别表示感染灰葡萄孢菌的 WT 组、TRV 组和 *AcPGIP*-TRV 组果实；数值为 3 个生物重复的平均值±SE；* 表示差异显著（$P<0.05$），** 表示差异极显著（$P<0.01$）。

前人研究发现，*PGIP* 在多种“植物-病原体相互作用”中表达差异明显（Liu et al.，2017；Saavedra et al.，2017；Li，2018）。然而，尚未见关于猕猴桃 *AcPGIP* 与灰葡萄孢菌相互作用的研究。本章研究结合表达谱分析、转基因研究和抗病性分析等，发现 *AcPGIP* 对猕猴桃灰霉病抗性调控至关重要。

尽管猕猴桃基因组数据已经公布，但猕猴桃的功能基因组学相关研究仍然有限。高效瞬时表达系统对研究猕猴桃中调控基因的功能意义重大（Sun et al.，2014）。采用 VIGS 技术研究 *AcPGIP* 基因在猕猴桃对灰葡萄孢菌抗性反应中的作用。结果表明，*AcPGIP*－TRV 组猕猴桃果实中，*AcPGIP* 被大幅下调至 6dpi，说明沉默表达载体成功诱导 *AcPGIP* 发生沉默。感染灰葡萄孢菌后，*AcPGIP* 水平显著升高，但 *AcPGIP*－TRV 组猕猴桃中的 *AcPGIP* 表达显著低于对照组。推测 *AcPGIP* 对灰葡萄孢菌具有防御作用。这些结果进一步证实了猕猴桃中 VIGS 技术的沉默效果。

对其他寄主植物的相关研究表明，*PGIP* 的过度表达增强了植物对病原体的抗性，但很少有研究关注 *PGIP* 沉默后对病原体的响应机制（Feng et al.，2016）。通过下调 *AcPGIP* 基因研究猕猴桃抗真菌病原体的作用，发现 *AcPGIP* 的沉默使猕猴桃对灰葡萄孢菌的易感性增强。该结果与先前的研究结果一致，即 *PGIP* 的过度表达增强了番茄对灰葡萄孢菌的防御反应（Akagi et al.，2010）。

植物防御反应的激活总是伴随着抗性相关防御酶、次生代谢物和植物激素的诱导表达。生物和非生物胁迫因子诱导植物组织中 ROS 过量产生。而 SOD、POD 和 CAT 都是植物组织中重要的抗氧化酶，起到清除 ROS 的作用。根据本章研究结果，SOD 和 POD 在 1dpi 时对病原体感染反应迅速，此后活性持续提升到 4dpi 时，然后在 5dpi 时下降。这些酶是在感染时诱导的，这表明了它们的防御作用；然而，它们都在 5dpi 时下降，这可能表明局部防御反应的崩溃。相反，CAT 活性随着感染时间的推移而继续增加，$H_2O_2$ 的最高积累发生在 2dpi 时，此后下降。感染病原菌后，$H_2O_2$ 在短时间内增加时，会合成 CAT、SOD 和 POD，通过不同的反应途径去除 $H_2O_2$（Gill et al.，2010）。研究结果表明，猕猴桃在感染灰葡萄孢菌后保持了 ROS 产生和清除之间的平衡，直到 4dpi 时，这可能是猕猴桃开始失去自我修复能力的时间点。所研究的 3 种酶的活性在未感染的 *AcPGIP*－TRV 组果实中比对照组果实高得多，而且在感染后，它们在 *AcPGIP*－TRV 组果实中都急剧增加，这表明在 *AcPGIP* 基因沉默后，猕猴桃提高了这些酶的抗感染活性。先前的研究表明，*PGIP* 的过表达有效地提高了防御酶的活性，从而增强了植物的抗病性。相反，*AcPGIP* 的下调也提高了这些酶的活性，这表明 *AcPGIP* 基因沉默可能触发一种替代机制，以增强对灰葡萄孢菌的防御酶活性。有趣的是，尽管这些酶的活性较高，但 *AcPGIP*－TRV 组猕猴桃更容易受到灰霉菌的伤害。PAL 是苯丙烷代谢途径中的一种关键酶，可以产生多种次生代谢物，如酚类化合物和木质素，这些次生代谢物有助于阻止病原体的入侵和繁殖。PAL 活性和总酚含量显示出与上述防御酶活性变化相似的趋势，持续增加直到 4dpi，然后下降。这些代谢物含量在 *AcPGIP* - TRV 组果实中也有所增加，进一步证实植物次生代谢物可提高植物对胁迫的抵抗力。*AcPGIP* 基因的沉默诱导了这些次生代谢物的积累，以防止灰葡萄孢菌入侵。

不同的植物激素之间存在功能相关性，以协调植物生长和对不利条件的适应（Li et al.，2015；Elena et al.，2017；Huang et al.，2017）。在植物与灰葡萄孢菌相互作用过程中，IAA、$GA_3$、ABA 和 SA 发挥着重要而复杂的作用。与正常条件相比，灰葡萄孢菌感染显著增加了猕猴桃中 IAA、$GA_3$ 和 SA 的含量。这一发现与之前的研究一致，即植物通过产生激素来应对病原体感染（Li et al.，2015）。未感染的 *AcPGIP* - TRV 组植物中 IAA、$GA_3$ 和 SA 的含量明显高于对照组，这表明 *AcPGIP* 基因的沉默使猕猴桃能够通过一种替代机制快速激活激素信号通路，以响应灰葡萄孢菌。感染后，这些内源性激素在 *AcPGIP* - TRV 组果实中的含量先增加，后下降至比对照组更低的水平，这进一步表明猕猴桃对灰葡萄孢菌的防御反应的崩溃。

## 第四节　小　　结

克隆 *AcPGIP* 基因，并利用 VIGS 技术探讨该基因在猕猴桃抗灰霉病中的作用，结果明确表明，病毒诱导的 *AcPGIP* 沉默削弱了猕猴桃对灰霉病的抗性。通过测定抗氧化酶、次生代谢物和内源激素等生理生化指标，研究了猕猴桃对灰葡萄孢菌感染的反应。研究结果为猕猴桃抗病分子辅助育种提供了坚实的理论基础。

# | 第五章 |

# 猕猴桃果实抗灰霉病相关 miRNA 的筛选与分析

## 第一节　miRNA 与植物抗病性

### 一、miRNA 参与植物抗性调控

miRNA（microRNA）是一类长度在 21～24nt 的内源非编码小分子 RNA。miRNA 前体经过一系列核酸酶如 Dicer-like1（DCL1）等的剪切加工产生成熟体 miRNA。后者通过与 RNA 介导的沉默复合体（RNA-induced silencing complex，RISC）相结合，引起目标基因 mRNA 的降解、翻译抑制以及 DNA 甲基化等事件的发生，从而对目标基因的表达起负向调控作用（Brodersen et al.，2008）。

miRNA 在植物的生长发育、环境胁迫应答中发挥着重要的调控作用（Chen et al.，2012a；Jia et al.，2015；Zhu et al.，2019）。已有关于 miRNA 介导的基因表达在逆境胁迫调控网络中的作用的研究，如重金属诱导的 miR393 上调表达可能与镉对水稻不定根生长的抑制作用有关（Xiong et al.，2009）。对芥菜、油菜、水稻、菜豆的研究都表明，许多 miRNA 参与植物对重金属（如砷、镉和汞等）的胁迫响应，miRNA 家族中的 miR159、miR162、miR166、miR171、miR390、miR396 等，在大多数重金属胁迫下表达受到抑制，而 miR156、miR393、miR395 发生上调表达（Huang et al.，2010；Chen et al.，2012b；Srivastava et al.，2013）。此外，miRNA 也与抗盐、抗干旱以及抗热机制密切相关（Kruszka et al.，2014；Arshad et al.，2017）。

关于 miRNA 在植物非生物胁迫调控中的作用，前人亦形成相关研究成果。来源于拟南芥的 miR159 前体被修饰成人造 miRNA，靶向 2 个基因沉默

抑制子——芜菁黄花叶病毒（TYMV）的 P69 以及芜菁花叶病毒（TuMV）的 HC-Pro，分别过表达 amiR-P6915 和 amiR-HCPro159，转基因拟南芥呈现出特异性抗 TYMV 和 TuMV 的表型，同时拥有这 2 种人工 miRNA 的过表达转基因植株表现出对这 2 种病毒的双抗性（Niu et al.，2006）。与水稻—稻瘟病菌互作相关的 miR160a 和 miR398b 靶基因表达与相应 miRNA 累积量呈负相关，过表达 miR160a 和 miR398b 的转基因水稻对稻瘟病抗性明显增强（卢远根，2014）。通过对 3 个感染青杨叶锈病病菌的 miRNA 文库进行分析，发现 90 个已知 miRNA 属于 42 个家族，以及 378 个新的 miRNA，其中 38 个已知 miRNA 和 92 个新 miRNA 感染青杨叶锈病病菌后表达量与对照组差异显著，且多数 miRNA 表达下调，这些 miRNA 主要调节编码抗病蛋白基因、丝氨酸/苏氨酸蛋白激酶基因、转录因子和相关蛋白（Chen et al.，2015a）。植物体内的许多转录因子在植物对病原菌的防御反应中起着非常重要的作用，如 MYB、ARF 以及 NAC 等。在拟南芥中，miR159 通过减少自身的表达量来调控能够正调控赤霉素信号通路的转录因子 MYB33 和 MYB101，从而增强了拟南芥对病原菌的抗性（Reyes et al.，2007）。

## 二、miRNA 参与寄主植物调控灰霉病抗性的分子机制研究

目前国内外关于猕猴桃对灰霉病抗性的分子机制研究相对迟缓，关于抗病相关基因功能和调控机制的研究较少（Liu et al.，2018）。而灰葡萄孢菌寄主广泛，可侵染 200 多种植物，近年来，其他寄主植物对灰霉病抗性的分子机制研究取得了一定进展。miRNA 作为上游调控因子，通过与目标基因序列互补实现对靶标的沉默，从而调控植物生命活动中的一系列重要生物学过程，并被证实参与植物对病原菌的抗性调控（Bartel，2004）。研究发现 miR160、miR169、miR171、miR319 及 miR394 等 miRNA 在番茄中均参与对灰葡萄孢菌侵染的响应（Jin et al.，2012；Jin et al.，2015）。拟南芥中过表达 miR844 使植株对灰葡萄孢菌更加敏感，而功能丧失的 miR844 突变体植物对灰葡萄孢菌的抗性增强（Lee et al.，2015）。miR319 通过抑制靶基因 *TCP* 的表达，正向调控拟南芥对灰葡萄孢菌的抗性（宋丽萍，2018）。研究发现，草莓中的 miR5290a 响应灰葡萄孢菌的侵染；进一步采用农杆菌介导的瞬时转化技术进行功能分析，发现 miR5290a 通过负向调控靶基因 *PIRL* 增强果实对灰霉病的抗性（Liang et al.，2018）。miR394 通过作用于靶基因 *LCR*，为拟南芥防御灰霉病菌感染进行负调节，使植株对灰霉病菌更加敏感（Tian et al.，2018）。

## 第二节　猕猴桃 miRNA 的功能研究

随着 2008 年表达序列标签（EST）的发表，科学界迅速积累了大量猕猴桃基因组或转录组的相关内容（Sunkar et al.，2006）。2013 年，Huang 等成功组装了高度杂合猕猴桃品种“红阳”的高质量基因组草图，首次公布了猕猴桃属植物的全基因组序列，并在为猕猴桃基因组研究成果测序时鉴定了 236 个 miRNA（Huang et al.，2013）。

目前已有一些关于猕猴桃 miRNA 的研究成果。Li 等基于已形成的基因组序列，通过目标基因预测和分析，表明软枣猕猴桃中的 miR858 是一个很强的候选 miRNA，它参与了花青素的生物合成，从而有助于果实着色（Li et al.，2019）。闫明科等利用新一代高通量测序技术，研究了与猕猴桃雌雄分化相关的 miRNA，发现 novel-ach-miR362 的靶基因 Achn298021 可能与猕猴桃花的性别发育有关（闫明科等，2015）。Bhiter Avsar 等利用猕猴桃基因组、转录组数据库鉴定了 58 个 miRNA，预测了 miR156、miR157、miR159 等 23 个 miRNA 的靶基因，发现其靶基因多数为转录因子、蛋白等基因，在猕猴桃生长发育、信号转导、生物和非生物胁迫等过程中起着重要的调控作用（Avsar et aL.，2015）。通过对“海沃德”猕猴桃小 RNA 组、转录组和讲解组进行比较分析，发现 miR164 通过负调控 NAC，在果实成熟过程中发挥着重要的调控作用（Wang et al.，2020）。有研究表明，经过 ABA 处理过的“海沃德”猕猴桃的 miR162a - 3p 表达上调，暗示 miR162a - 3p 与加快后熟有关，miR172c - 3p 与延迟后熟有关（徐雅芬，2017）。与此同时，采用 qRT - PCR 技术从“米良 1 号”猕猴桃中分离到的蛋白基因 *AdCCS1* 和 *AdCCS1*，其表达不仅受 miR398 和 miR398a - 3p 的调控，还可能受 miR166i - 3p 的调控（陈义挺等，2018）。miR166 家族成员在猕猴桃果实贮藏过程中的表达量逐步升高，表明其在猕猴桃生长发育和果实贮藏软化过程中发挥调控作用（赖瑞联等，2023）。由此可见，miRNA 在对猕猴桃发育、开花、代谢、贮藏和胁迫反应的控制中起着重要作用。

## 第三节　猕猴桃果实抗灰霉病相关 miRNA 的筛选与生物信息学分析

miRNA 在植物生长发育及各种抗逆响应中均发挥重要的作用，然而鲜有关于 miRNA 对真菌响应机制的作用的研究，miRNA 在植物抗病应答中的调控机制尚未明确。本章研究以遗传背景清楚的“红阳”猕猴桃和灰葡萄孢菌为实验材料，采用高通量测序技术发掘猕猴桃应答灰葡萄孢菌的关键抗病 miRNA，并预测、鉴定其目标基因，为解析 miRNA 及其目标基因在猕猴桃果实应答灰葡萄孢菌侵染过程中的功能奠定基础，为猕猴桃采后病害防控及分子改良育种提供支持。

### 一、猕猴桃感染与发病特征

以遗传背景清楚的“红阳”猕猴桃的果实为试验材料。果实采集自重庆文理学院黄瓜山猕猴桃示范基地。树体发育果实的不确定因素较多，如病虫害入侵、果实位置、气候条件等，增加了试验结果的不确定性。为尽量避免上述不确定性因素，采集授粉后 130d 约 95g 的猕猴桃果实，在采后 3h 内运回重庆文理学院分子生物学实验室，使用 2%次氯酸钠消毒 2min，再用自来水冲洗2～3次，晾干后备用。灰葡萄孢菌 HFXC－16 菌株分离自感染猕猴桃，提前 2 周接种到新的 PDA 培养基上，在 25℃条件下培养备用。用无菌水稀释菌体，制成 $10^4$ 个孢子/mL 的菌悬液。将采集的果实随机分成 3 组，每个果实用无菌针管扎 5mm 深，造成伤口并晾干后，分别推入 10μL 无菌水、100mmol/L NaCl 溶液、灰葡萄孢菌悬液和 40mg/kg $GA_3$ 溶液。采摘后的果实可能发生一定的基因表达变化，因此在进行胁迫处理时设置了对照组试验，miR160d 表达水平的规律性变化可以说明其参与猕猴桃植物激素信号及逆境胁迫的响应。每处理 3 次重复，每次重复处理 10 个果实，置于光照培养箱中暗培养（温度 25℃、湿度 85%）。侵染 0、1、2、3、4、5、6d 时采集创伤口周围样品，使用液氮迅速冷冻并置于－80℃冰箱中备用。

感染灰葡萄孢菌的猕猴桃表现出明显的外观品质变化。去除果皮并检查灰葡萄孢菌感染对猕猴桃果实的影响。猕猴桃在灰葡萄孢菌侵染 0d（0dpi）时，其病斑面积为 0.07cm$^2$，随着时间延长，在灰葡萄孢菌侵染 1、2、3、4、5d 时病斑面积持续增加，分别为 0.59、1.55、5.67、30.45、46.14cm$^2$，可见灰葡萄孢菌侵染后 3～5d 病斑面积迅速扩张（图 5－1A、B）。为研究猕猴桃感染灰葡萄孢菌后 miRNA 的表达及其变化，取感染 0～5d 和未感染组织的样品进行 sRNA 测序和分析。从表型上看，在观察监测的猕猴桃受灰葡萄孢菌侵染 5d 内，其病斑面积在 1～3dpi（T1～T3）扩大速度较缓慢，随后在 4～5dpi 迅速扩张；sRNA 测序分析结果显示，大多数 miRNA 在灰葡萄孢菌感染后的最初 3d 内表达变化明显，推测 T1～T3 可能是猕猴桃对灰葡萄孢菌感染产生防御反应的最佳时期。

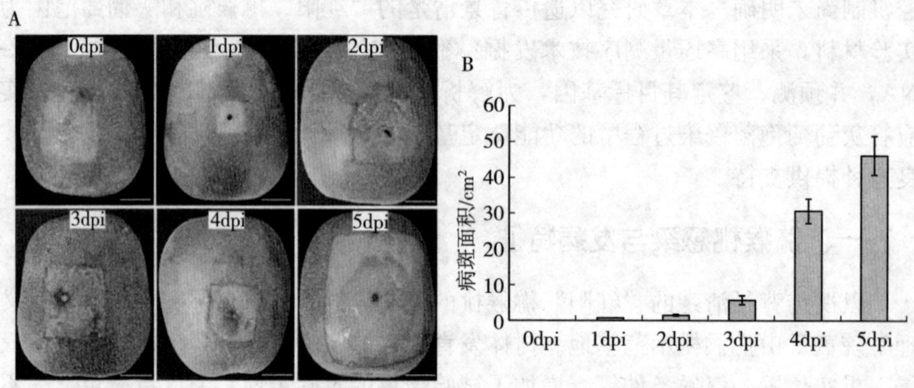


图 5－1　猕猴桃感染灰葡萄孢菌后的表型分析

A. 猕猴桃感染灰葡萄孢菌后的外观品质　B. 猕猴桃感染灰葡萄孢菌后 0～5d（0～5dpi）的病变区域

注：数值为 3 个生物重复的平均值±SE；A 的标尺长度为 1.5cm。

## 二、猕猴桃小 RNA 文库的构建及序列测定

构建了在 T0（未感染）和 T1～T5 采集的猕猴桃受灰葡萄孢菌侵染 1～5d 的 cDNA 文库（3 个重复），并利用 Illumina 平台进行成对末端测序。采用 Trizol 试剂，按照说明书步骤提取猕猴桃果实总 RNA（Invitrogen）。采用 Nanodrop 2000 分光光度计和 Bioanalyzer 2100 系统检测分离得到的总 RNA 的纯度、浓度和完整性，确保转录组测序质量。小 RNA 文库构建模板采用 1mg 的总 RNA，3'SR 和 5'SR 接头，所得连接产物被逆转录。PCR 产物进行 PAGE（聚丙烯酰胺凝胶电泳），切胶回收获得小 RNA 文库。利用 AMPure XP 系统纯化 PCR 产物，并对文库质量进行评估。按照说明书，使用 TruSeq PE Cluster Kit v4-cBot HS（Illumina）在 cBot 聚类生成系统中执行索引编码样本的聚类索引，随后利用 Illumina 平台生成单端序列。将通过深度测序生成

的所有数据储存在 SRA 数据库中，并上传至 NCBI（美国国家生物技术信息中心，登录号：PRJNA645761）。

最初使用内部处理 perl 脚本对 fastq 格式的原始序列进行加工，去除序列及低质量序列后获得待分析序列。去除小于 18nt 或长于 30nt 的序列，随后计算待分析序列的 Q20 值和 Q30 值、GC 含量和序列重复数。所有下游分析均基于上述经过鉴定的高质量数据。序列比对分析采用 Bowtie 工具执行，与 Silva、GtRNAdb、Rfam 和 Repbase 数据库比对后，过滤核糖体 RNA（rRNA）、转移 RNA（tRNA）、核内小 RNA（snRNA），核仁小 RNA（snoRNA）、ncRNA 和重复序列，从而获得含有 miRNA 的未注释的序列。通过和猕猴桃基因组数据库以及 miRBase 数据库比较，获得已知和未知的（新的）miRNA。采用 RNAfold 工具进行新的 miRNA 的二级结构预测。检测 miRNA 表达量并和前体序列进行比对验证。

如表 5-1 所示，小 RNA 测序结果显示，每个文库产生近 2 000 万条原始序列。将 5' 和 3' 端接头去掉后，对长度在 18～30nt 的序列进行进一步分析。最终共检测到 344 个 miRNA，其中有 19 个已知的和 325 个新检测到的（未知的）miRNA。表 5-2 列出了 19 种已知 miRNA 的家族信息，图 5-2 总结了两类小 RNA 的长度分布。在 Dicer 和 DCL 等酶的作用下，成熟 miRNA 的长度主要集中在 20～24nt，且猕猴桃 miRNA 的长度主要为 21nt 或 24nt。经研究鉴定出的已知的 miRNA 的长度均为 21nt，而新的 miRNA 长度为 21nt 或 24nt（图 5-2）。

**表 5-1　测序数据统计**

| 样品 | 原始序列/条 | 低质量序列/条 | 接头序列/条 | 长度＜18nt 的序列/条 | 长度＞30nt 的序列/条 | 待分析序列/条 | 质量分数（Q30）/% |
|---|---|---|---|---|---|---|---|
| T0-1 | 19 290 281 | 0 | 510 | 1 462 954 | 1 848 654 | 15 978 163 | 95.34 |
| T0-2 | 17 205 417 | 0 | 445 | 1 362 281 | 1 421 234 | 14 421 457 | 95.4 |
| T0-3 | 19 579 331 | 0 | 524 | 2 253 510 | 1 197 940 | 16 127 357 | 95.55 |
| T1-1 | 25 741 534 | 0 | 692 | 3 842 323 | 1 509 350 | 20 389 169 | 95.53 |
| T1-2 | 24 472 869 | 0 | 91 | 7 846 562 | 663 615 | 15 962 601 | 95.62 |
| T1-3 | 18 843 539 | 0 | 480 | 6 101 468 | 631 076 | 12 110 515 | 95.54 |
| T2-1 | 22 005 523 | 0 | 573 | 3 413 075 | 1 261 591 | 17 330 284 | 95.63 |
| T2-2 | 20 708 172 | 0 | 546 | 2 721 577 | 1 377 366 | 16 608 683 | 95.46 |
| T2-3 | 25 069 046 | 0 | 699 | 5 153 991 | 1 231 325 | 18 683 031 | 95.43 |
| T3-1 | 23 637 438 | 0 | 657 | 6 910 517 | 1 012 492 | 15 713 772 | 95.83 |

（续）

| 样品 | 原始序列/条 | 低质量序列/条 | 接头序列/条 | 长度＜18nt的序列/条 | 长度＞30nt的序列/条 | 待分析序列/条 | 质量分数（Q30）/% |
|---|---|---|---|---|---|---|---|
| T3-2 | 24 497 950 | 0 | 658 | 5 665 028 | 962 138 | 17 870 126 | 95.67 |
| T3-3 | 25 614 529 | 0 | 660 | 5 698 330 | 1 067 132 | 18 848 407 | 95.72 |
| T4-1 | 17 131 135 | 0 | 463 | 1 716 723 | 1 112 722 | 14 301 227 | 95.47 |
| T4-2 | 18 263 324 | 0 | 461 | 3 327 047 | 740 823 | 14 194 993 | 95.13 |
| T4-3 | 16 058 828 | 0 | 430 | 3 147 196 | 637 016 | 12 274 186 | 95.57 |
| T5-1 | 20 852 730 | 0 | 547 | 2 950 475 | 1 202 057 | 16 699 651 | 95.64 |
| T5-2 | 22 846 258 | 0 | 635 | 8 587 206 | 665 112 | 13 593 305 | 95.52 |
| T5-3 | 18 943 353 | 0 | 518 | 2 525 732 | 937 108 | 15 479 995 | 95.51 |

**表 5-2　19 种已知 miRNA 的家族信息**

| 名称 | 序列 | 核苷酸长度/nt | 前体 | |
|---|---|---|---|---|
| | | | 基因组 ID | 折叠能 |
| miR156 | TTGACAGAAGATAGAGAGCAC | 21 | Chr26 | −44.4 |
| miR156 | TGACAGAAGATAGAGAGCAC | 20 | Chr26 | −44.8 |
| miR160 | TGCCTGGCTCCCTGTATGCCA | 21 | Chr24 | −48.2 |
| miR160 | TGCCTGGCTCCCTGTATGCCA | 21 | Chr24 | −48.2 |
| miR160 | TGCCTGGCTCCCTGTATGCCATT | 23 | Chr24 | −50.4 |
| miR160 | TGCCTGGCTCCCTGTATGCCA | 21 | Chr24 | −50.4 |
| miR167 | TGAAGCTGCCAGCATGATCTA | 21 | Chr23 | −39.5 |
| miR167 | AGATCATGTGGCAGTTTCACC | 21 | Chr3 | −39.1 |
| miR167 | TGAAGCTGCCAGCATGATCTT | 21 | Chr3 | −39.1 |
| miR171 | AGATTGAGCCGCGCCAATATC | 21 | Chr13 | −43.4 |
| miR171 | AGATTGAGCCGCGCCAATATC | 21 | Chr29 | −38.9 |
| miR171 | AGATTGAGCCGCGCCAATATC | 21 | Chr13 | −42.9 |
| miR171 | AGATTGAGCCGCGCCAATATC | 21 | Chr13 | −42.9 |
| miR171 | TGATTGAGCCGTGCCAATATC | 21 | Chr23 | −39.7 |
| miR171 | AGATTGAGCCGCGCCAATATC | 21 | Chr29 | −38.3 |
| miR2916 | TGGGGACTCGAAGACGATCATAT | 23 | Unknown | −28.1 |
| miR5141 | AGACCCGACGCGACTGACAGATAA | 24 | Chr25 | −36.5 |
| miR5523 | TGAGGAGGAACATATTTACTAG | 22 | Chr25 | −36.9 |
| miR5368 | GGACAGTCTCAGGTAGACA | 19 | Chr24 | −68.7 |

注：Unknown 表示未能找到染色体具体定位。

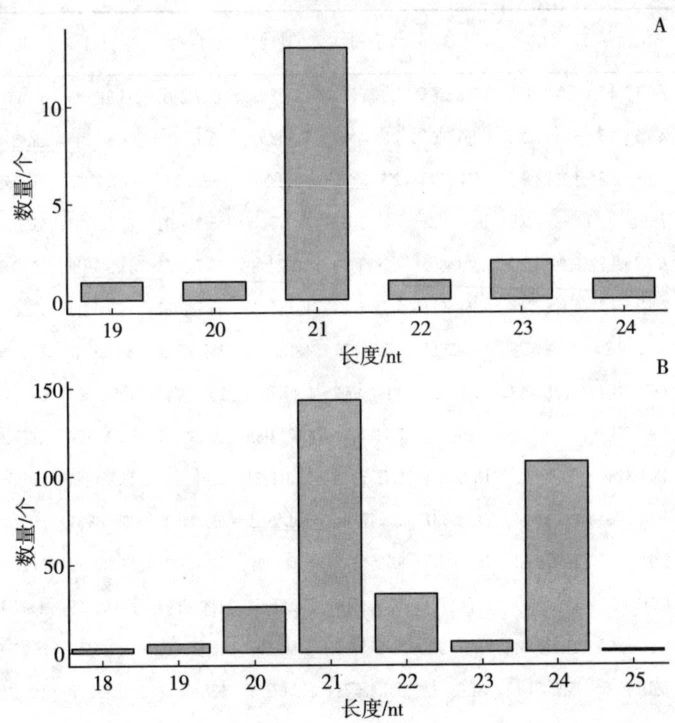


图 5-2　已知的和新的 miRNA 的长度分布

A. 已知的 miRNA　B. 新的 miRNA

## 三、猕猴桃抗病相关 miRNA 的差异表达分析

为了鉴定感染后表达水平发生显著变化的 miRNA，将 $\log_2$FC 的选择标准设置绝对值为 0.58（$P<0.05$）。利用 DESeq2 R 软件包（1.10.1）进行每两组之间的 miRNA 差异表达分析，使用 Benjamini - Hochberg 方法控制错误发现率。基于 DESeq2 分析，a｜$\log_2$FC｜$\geqslant$0.58 且 $P\leqslant$0.05 的 miRNA 分析被指定为差异表达。

在已鉴定的 344 个 miRNA 中，有 151 个 miRNA 发生了差异表达（表 5-3）。将灰葡萄孢菌侵染不同时期的数据集（T1～T5）与对照组（CK）比较，获得 5 组数据集（D1～D5）。差异表达 miRNA（DE-miRNA）的数量统计列于表 5-4中。D1～D5 中 DE-miRNA 的数量分别为 59、83、74、66、50 个，这些 miRNA 中的大多数发生了上调表达（表 5-4，图 5-3 A～F）。

**表 5-3 差异表达**

| 基因 ID | CK1 | CK2 | CK3 | T1-1 | T1-2 | T1-3 | T2-1 | T2-2 | T2-3 |
|---|---|---|---|---|---|---|---|---|---|
| cpa-miR160c-5p | 2.927 554 7 | 5.908 332 2 | 8.168 566 5 | 5.835 304 4 | 15.012 936 | 15.782 031 | 18.940 219 | 15.080 511 | 20.538 701 |
| cpa-miR160f-5p | 2.927 554 7 | 5.908 332 2 | 8.168 566 5 | 5.835 304 4 | 15.012 936 | 15.782 031 | 18.940 219 | 15.080 511 | 20.538 701 |
| mdm-miR167c | 1 238.355 7 | 1 128.491 5 | 1 121.135 8 | 758.589 57 | 547.138 12 | 602.873 59 | 562.524 5 | 518.392 57 | 545.742 62 |
| mes-miR156h | 26.347 993 | 29.541 661 | 16.337 133 | 68.078 551 | 48.375 016 | 56.815 312 | 87.125 007 | 56.551 917 | 86.555 953 |
| mes-miR160d | 2.927 554 7 | 5.908 332 2 | 8.168 566 5 | 7.780 405 8 | 16.681 04 | 15.782 031 | 18.940 219 | 15.080 511 | 20.538 701 |
| mes-miR160h | 2.927 554 7 | 5.908 332 2 | 8.168 566 5 | 5.835 304 4 | 15.012 936 | 15.782 031 | 18.940 219 | 15.080 511 | 20.538 701 |
| ptc-miR167g-5p | 465.481 2 | 493.345 74 | 459.481 87 | 474.604 76 | 331.952 7 | 381.925 16 | 285.997 31 | 301.610 22 | 359.427 26 |
| novel_miR_101 | 3 606.747 4 | 3 864.049 3 | 3 816.762 7 | 3 186.076 2 | 1 307.793 5 | 2 196.858 7 | 3 263.399 7 | 4 535.463 7 | 5 519.042 3 |
| novel_miR_105 | 2.927 554 7 | 0 | 0 | 7.780 405 8 | 6.672 416 1 | 15.782 031 | 7.576 087 6 | 5.655 191 7 | 8.802 300 3 |
| novel_miR_107 | 73.188 868 | 53.174 99 | 14.294 991 | 9.725 507 3 | 13.344 832 | 9.469 218 7 | 13.258 153 | 24.505 831 | 11.736 4 |
| novel_miR_109 | 1 018.789 | 936.470 66 | 641.232 47 | 326.777 04 | 580.500 2 | 631.281 25 | 738.668 54 | 324.230 99 | 479.725 37 |
| novel_miR_11 | 2.927 554 7 | 14.770 831 | 18.379 275 | 9.725 507 3 | 1.668 104 | 12.625 625 | 18.940 219 | 28.275 958 | 36.676 251 |
| novel_miR_110 | 8 208.863 5 | 5 296.819 8 | 4 774.527 1 | 1 324.614 1 | 553.810 53 | 148.351 09 | 1 717.877 9 | 1 977.432 | 1 317.411 |
| novel_miR_111 | 2.927 554 7 | 14.770 831 | 18.379 275 | 9.725 507 3 | 1.668 104 | 12.625 625 | 18.940 219 | 28.275 958 | 36.676 251 |
| novel_miR_112 | 591.366 06 | 549.474 9 | 381.880 49 | 704.126 73 | 859.073 57 | 927.983 44 | 412.896 77 | 273.334 26 | 253.799 66 |
| novel_miR_113 | 96.609 306 | 70.899 987 | 116.402 07 | 89.474 667 | 63.387 953 | 50.502 5 | 104.171 2 | 105.563 58 | 126.166 3 |
| novel_miR_116 | 52.695 985 | 23.633 329 | 49.011 399 | 120.596 29 | 101.754 35 | 104.161 41 | 92.807 073 | 101.793 45 | 86.555 953 |
| novel_miR_119 | 544.525 18 | 434.262 42 | 453.355 44 | 1 032.848 9 | 800.689 93 | 1 177.339 5 | 931.858 77 | 861.474 2 | 934.510 89 |
| novel_miR_120 | 2.927 554 7 | 5.908 332 2 | 8.168 566 5 | 17.505 913 | 6.672 416 1 | 3.156 406 2 | 18.940 219 | 15.080 511 | 27.873 951 |
| novel_miR_121 | 102.464 42 | 73.854 153 | 120.486 36 | 188.674 84 | 166.810 4 | 249.356 09 | 195.084 26 | 154.575 24 | 186.315 36 |
| novel_miR_127 | 483.046 53 | 354.499 93 | 481.945 43 | 768.315 08 | 508.771 73 | 830.134 84 | 638.285 38 | 571.174 36 | 685.112 38 |
| novel_miR_128 | 0 | 0 | 4.084 283 3 | 9.725 507 3 | 5.004 312 | 9.469 218 7 | 13.258 153 | 3.770 127 8 | 19.071 651 |
| novel_miR_130 | 1 662.851 1 | 2 017.695 5 | 1 703.146 1 | 612.706 96 | 360.310 47 | 366.143 12 | 939.434 86 | 829.428 11 | 777.536 53 |
| novel_miR_134 | 11 174.476 | 12 747.227 | 14 887.213 | 20 752.287 | 20 199.072 | 23 221.681 | 21 928.986 | 20 222.965 | 20 770.495 |
| novel_miR_135 | 14.637 774 | 14.770 831 | 8.168 566 5 | 3.890 202 9 | 6.672 416 1 | 9.469 218 7 | 1.894 021 9 | 1.885 063 9 | 5.868 200 2 |
| novel_miR_136 | 436.205 65 | 366.316 6 | 249.141 28 | 229.521 97 | 73.396 577 | 296.702 19 | 323.877 74 | 382.667 97 | 249.398 51 |
| novel_miR_138 | 199.073 72 | 159.524 97 | 388.006 91 | 190.619 94 | 141.788 84 | 299.858 59 | 594.722 88 | 344.966 69 | 513.467 52 |
| novel_miR_14 | 11 265.231 | 12 859.485 | 14 989.32 | 20 958.468 | 20 300.826 | 23 335.311 | 22 055.885 | 20 400.161 | 20 883.458 |
| novel_miR_141 | 1 217.862 8 | 1 338.237 2 | 945.511 58 | 809.162 21 | 1 284.440 1 | 1 694.990 2 | 1 126.943 | 852.048 88 | 906.636 93 |
| novel_miR_144 | 483.046 53 | 531.749 9 | 477.861 14 | 885.021 16 | 545.470 01 | 470.304 53 | 437.519 06 | 437.334 82 | 382.900 06 |

**的 miRNA**

| T3-1 | T3-2 | T3-3 | T4-1 | T4-2 | T4-3 | T5-1 | T5-2 | T5-3 |
|---|---|---|---|---|---|---|---|---|
| 17.949 164 | 21.323 386 | 19.328 595 | 7.303 361 6 | 13.289 763 | 15.579 097 | 17.180 95 | 12.843 73 | 15.038 137 |
| 17.949 164 | 21.323 386 | 19.328 595 | 7.303 361 6 | 13.289 763 | 15.579 097 | 17.180 95 | 12.843 73 | 15.038 137 |
| 841.815 81 | 807.445 56 | 792.472 39 | 971.347 09 | 1 222.658 2 | 1 402.118 8 | 1 133.942 7 | 1 027.498 4 | 1 043.646 7 |
| 12.564 415 | 35.538 977 | 28.114 32 | 12.780 883 | 19.196 324 | 11.127 927 | 20.044 441 | 234.398 08 | 6.015 254 7 |
| 17.949 164 | 24.166 504 | 19.328 595 | 7.303 361 6 | 17.719 683 | 15.579 097 | 17.180 95 | 12.843 73 | 15.038 137 |
| 17.949 164 | 21.323 386 | 19.328 595 | 7.303 361 6 | 13.289 763 | 15.579 097 | 17.180 95 | 12.843 73 | 15.038 137 |
| 425.395 2 | 442.104 87 | 367.243 3 | 314.044 55 | 425.272 4 | 505.207 87 | 506.838 02 | 481.639 89 | 415.052 57 |
| 4 919.866 | 2 511.894 9 | 3 865.719 | 4 778.224 3 | 3 577.899 4 | 3 469.687 5 | 3 516.367 7 | 2 244.441 9 | 4 171.579 1 |
| 5.384 749 3 | 8.529 354 5 | 7.028 58 | 1.825 840 4 | 1.476 640 3 | 4.451 170 7 | 2.863 491 6 | 3.210 932 6 | 0 |
| 30.513 579 | 17.058 709 | 22.842 885 | 38.342 648 | 20.672 964 | 26.707 024 | 31.498 408 | 6.421 865 2 | 27.068 646 |
| 710.786 91 | 396.614 98 | 985.758 34 | 657.302 54 | 832.825 12 | 745.571 09 | 781.733 21 | 821.998 74 | 640.624 62 |
| 28.718 663 | 12.794 032 | 10.542 87 | 122.331 31 | 63.495 532 | 77.895 487 | 5.726 983 3 | 19.265 596 | 9.022 882 |
| 1 500.550 1 | 1 566.558 1 | 1 456.673 2 | 3 357.720 5 | 4 032.704 6 | 3 988.248 9 | 2 448.285 3 | 2 257.285 6 | 3 167.031 6 |
| 28.718 663 | 12.794 032 | 10.542 87 | 122.331 31 | 63.495 532 | 77.895 487 | 5.726 983 3 | 19.265 596 | 9.022 882 |
| 416.420 61 | 417.938 37 | 706.372 29 | 361.516 4 | 324.860 86 | 505.207 87 | 1 294.298 2 | 1 252.263 7 | 1 094.776 4 |
| 89.745 822 | 108.038 49 | 79.071 525 | 43.820 169 | 134.374 27 | 106.828 1 | 48.679 358 | 41.742 124 | 39.099 155 |
| 23.333 914 | 52.597 686 | 47.442 915 | 27.387 606 | 35.439 367 | 37.834 951 | 28.634 916 | 19.265 596 | 15.038 137 |
| 461.293 52 | 825.925 83 | 688.800 84 | 558.707 16 | 589.179 48 | 563.073 09 | 478.203 1 | 452.741 49 | 418.060 2 |
| 14.359 332 | 8.529 354 5 | 8.785 725 | 10.955 042 | 1.476 640 3 | 11.127 927 | 8.590 474 9 | 9.632 797 8 | 33.083 901 |
| 147.183 15 | 244.508 16 | 274.114 62 | 186.235 72 | 220.019 4 | 171.370 07 | 197.580 92 | 118.804 51 | 177.450 01 |
| 721.556 41 | 678.083 68 | 743.272 33 | 551.403 8 | 525.683 94 | 647.645 33 | 724.463 38 | 661.452 11 | 643.632 25 |
| 10.769 499 | 11.372 473 | 12.300 015 | 12.780 883 | 7.383 201 4 | 6.676 756 | 14.317 458 | 9.632 797 8 | 9.022 882 |
| 1 015.922 7 | 784.700 61 | 813.558 13 | 1 360.251 1 | 1 055.797 8 | 1 776.017 1 | 1 065.218 9 | 1 464.185 3 | 1 621.111 1 |
| 17 606.335 | 25 177.233 | 22 985.214 | 17 714.303 | 20 771.899 | 17 622.185 | 15 399.858 | 11 443.764 | 16 893.843 |
| 8.974 582 2 | 14.215 591 | 14.057 16 | 7.303 361 6 | 1.476 640 3 | 0 | 5.726 983 3 | 3.210 932 6 | 9.022 882 |
| 201.030 64 | 238.821 93 | 286.414 63 | 253.791 81 | 227.402 6 | 198.077 09 | 495.384 05 | 231.187 15 | 484.228 |
| 254.878 13 | 338.331 06 | 469.157 71 | 115.027 94 | 228.879 24 | 233.686 46 | 83.041 257 | 51.374 921 | 63.160 174 |
| 17 697.876 | 25 366.3 | 23 106.457 | 17 840.286 | 20 872.31 | 17 695.629 | 15 514.398 | 11 479.084 | 16 981.064 |
| 1 324.648 3 | 699.407 07 | 1 516.416 1 | 850.841 62 | 1 199.031 9 | 1 437.728 1 | 1 778.228 3 | 2 392.144 8 | 1 569.981 5 |
| 236.928 97 | 307.056 76 | 302.228 94 | 237.359 25 | 171.290 27 | 242.588 8 | 435.250 73 | 362.835 38 | 375.953 42 |

| 基因ID | CK1 | CK2 | CK3 | T1-1 | T1-2 | T1-3 | T2-1 | T2-2 | T2-3 |
|---|---|---|---|---|---|---|---|---|---|
| novel_miR_148 | 96.609 306 | 121.120 81 | 110.275 65 | 165.333 62 | 30.025 872 | 110.474 22 | 121.217 4 | 126.299 28 | 92.424 154 |
| novel_miR_150 | 11.710 219 | 23.633 329 | 18.379 275 | 36.956 928 | 26.689 664 | 25.251 25 | 60.608 701 | 39.586 342 | 32.275 101 |
| novel_miR_155 | 207.856 39 | 218.608 29 | 147.034 2 | 385.130 09 | 392.004 44 | 268.294 53 | 320.089 7 | 318.575 8 | 309.547 56 |
| novel_miR_156 | 406.930 11 | 428.354 09 | 412.512 61 | 758.589 57 | 415.357 9 | 385.081 56 | 354.182 1 | 322.345 92 | 315.415 76 |
| novel_miR_158 | 7 895.615 1 | 5 961.507 2 | 7 923.509 5 | 8 136.359 4 | 7 162.838 6 | 11 340.968 | 10 526.974 | 9 251.893 5 | 12 444.986 |
| novel_miR_159 | 737.743 79 | 608.558 22 | 475.819 | 1 054.245 | 755.651 12 | 969.016 72 | 863.673 99 | 874.669 64 | 915.439 23 |
| novel_miR_164 | 415.712 77 | 386.995 76 | 420.681 18 | 746.918 96 | 168.478 51 | 552.371 09 | 856.097 9 | 767.221 | 771.668 33 |
| novel_miR_165 | 456.698 54 | 431.308 25 | 314.489 81 | 151.717 91 | 105.090 55 | 104.161 41 | 196.978 28 | 167.770 69 | 149.639 11 |
| novel_miR_166 | 20.492 883 | 26.587 495 | 24.505 7 | 44.737 334 | 25.021 56 | 59.971 719 | 30.304 35 | 41.471 405 | 64.550 202 |
| novel_miR_169 | 11 253.52 | 12 818.127 | 14 958.687 | 20 921.511 | 20 270.8 | 23 310.06 | 22 016.111 | 20 345.495 | 20 867.32 |
| novel_miR_17 | 40.985 766 | 14.770 831 | 32.674 266 | 13.615 71 | 20.017 248 | 28.407 656 | 22.728 263 | 16.965 575 | 26.406 901 |
| novel_miR_170 | 49.768 43 | 50.220 824 | 42.884 974 | 52.517 739 | 11.676 728 | 31.564 062 | 47.350 547 | 39.586 342 | 27.873 951 |
| novel_miR_171 | 1 045.137 | 998.508 15 | 1 000.649 4 | 1 670.842 2 | 1 047.569 3 | 1 028.988 4 | 1 162.929 4 | 1 155.544 2 | 979.989 44 |
| novel_miR_176 | 11 174.476 | 12 747.227 | 14 887.213 | 20 752.287 | 20 199.072 | 23 221.681 | 21 928.986 | 20 222.965 | 20 770.495 |
| novel_miR_179 | 0 | 0 | 4.084 283 3 | 9.725 507 3 | 5.004 312 | 9.469 218 7 | 13.258 153 | 3.770 127 8 | 19.071 651 |
| novel_miR_181 | 462.553 65 | 348.591 6 | 161.329 19 | 342.337 86 | 110.094 87 | 186.227 97 | 172.355 99 | 292.184 9 | 184.848 31 |
| novel_miR_182 | 363.016 79 | 324.958 27 | 347.164 08 | 42.792 232 | 28.357 768 | 9.469 218 7 | 73.866 854 | 52.781 789 | 67.484 303 |
| novel_miR_186 | 491.829 19 | 540.612 4 | 481.945 43 | 896.691 77 | 550.474 33 | 476.617 34 | 443.201 12 | 442.990 01 | 390.235 31 |
| novel_miR_187 | 90.754 197 | 109.304 15 | 106.191 37 | 165.333 62 | 110.094 87 | 186.227 97 | 198.872 3 | 145.149 92 | 178.980 11 |
| novel_miR_188 | 363.016 79 | 242.241 62 | 210.340 59 | 445.428 23 | 223.525 94 | 404.02 | 356.076 12 | 458.070 52 | 350.624 96 |
| novel_miR_189 | 483.046 53 | 531.749 9 | 477.861 14 | 885.021 16 | 545.470 01 | 470.304 53 | 437.519 06 | 437.334 82 | 382.900 06 |
| novel_miR_19 | 87.826 642 | 47.266 658 | 57.179 966 | 36.956 928 | 18.349 144 | 12.625 625 | 37.880 438 | 77.287 619 | 24.939 851 |
| novel_miR_190 | 122.957 3 | 129.983 31 | 142.949 91 | 112.815 88 | 130.112 11 | 113.630 62 | 104.171 2 | 101.793 45 | 112.962 85 |
| novel_miR_191 | 11 250.593 | 12 821.081 | 14 952.561 | 20 909.841 | 20 270.8 | 23 306.904 | 22 019.899 | 20 337.954 | 20 858.518 |
| novel_miR_199 | 26 219.18 | 16 883.059 | 13 602.705 | 16 895.151 | 8 712.507 3 | 15 504.267 | 6 399.9 | 5 760.755 2 | 5 027.580 5 |
| novel_miR_2 | 52.695 985 | 59.083 322 | 79.643 524 | 81.694 261 | 26.689 664 | 50.502 5 | 53.032 613 | 67.862 3 | 64.550 202 |
| novel_miR_20 | 1 662.851 1 | 2 082.687 1 | 1 746.031 1 | 2 489.729 9 | 1 754.845 4 | 2 834.452 8 | 1 740.606 1 | 1 805.891 2 | 1 882.225 2 |
| novel_miR_202 | 726.033 57 | 753.312 36 | 837.278 07 | 916.142 79 | 819.039 07 | 672.314 53 | 818.217 46 | 929.336 5 | 823.015 08 |
| novel_miR_208 | 483.046 53 | 531.749 9 | 477.861 14 | 885.021 16 | 545.470 01 | 470.304 53 | 437.519 06 | 437.334 82 | 382.900 06 |
| novel_miR_209 | 14.637 774 | 14.770 831 | 32.674 266 | 31.121 623 | 28.357 768 | 18.938 437 | 81.442 942 | 60.322 044 | 48.412 652 |

（续）

| T3-1 | T3-2 | T3-3 | T4-1 | T4-2 | T4-3 | T5-1 | T5-2 | T5-3 |
|---|---|---|---|---|---|---|---|---|
| 100.515 32 | 113.724 73 | 128.271 58 | 87.640 339 | 56.112 331 | 89.023 413 | 217.625 36 | 147.702 9 | 243.617 81 |
| 7.179 665 8 | 12.794 032 | 5.271 435 | 10.955 042 | 13.289 763 | 20.030 268 | 20.044 441 | 16.054 663 | 15.038 137 |
| 172.311 98 | 193.332 04 | 186.257 37 | 166.151 48 | 124.037 78 | 182.498 | 151.765 06 | 234.398 08 | 234.594 93 |
| 192.056 06 | 270.096 23 | 275.871 76 | 208.145 8 | 134.374 27 | 211.430 61 | 400.888 83 | 324.304 19 | 363.922 91 |
| 10 031.788 | 9 916.796 1 | 8 878.853 6 | 11 869.788 | 11 048.223 | 8 684.234 | 9 532.563 6 | 10 371.312 | 10 343.23 |
| 563.603 76 | 764.798 79 | 636.086 49 | 429.072 49 | 401.646 16 | 556.396 33 | 856.184 | 719.248 9 | 1 073.723 |
| 272.827 3 | 366.762 24 | 377.786 17 | 257.443 49 | 209.682 92 | 222.558 53 | 206.171 4 | 131.648 24 | 264.671 21 |
| 175.901 81 | 208.969 18 | 270.600 33 | 253.791 81 | 220.019 4 | 253.716 73 | 234.806 31 | 234.398 08 | 336.854 26 |
| 32.308 496 | 35.538 977 | 47.442 915 | 67.556 094 | 73.832 014 | 55.639 633 | 42.952 374 | 70.640 517 | 63.160 174 |
| 17 681.722 | 25 309.438 | 23 102.942 | 17 811.073 | 20 848.684 | 17 680.05 | 15 474.309 | 11 475.873 | 16 972.041 |
| 7.179 665 8 | 15.637 15 | 17.571 45 | 18.258 404 | 4.429 920 9 | 2.225 585 3 | 22.907 933 | 6.421 865 2 | 3.007 627 3 |
| 21.538 997 | 29.852 741 | 24.600 03 | 21.910 085 | 19.196 324 | 26.707 024 | 37.225 391 | 19.265 596 | 45.114 41 |
| 552.834 26 | 689.456 15 | 680.015 11 | 613.482 37 | 510.917 54 | 674.352 35 | 962.133 19 | 725.670 76 | 965.448 38 |
| 17 606.335 | 25 177.233 | 22 985.214 | 17 714.303 | 20 771.899 | 17 622.185 | 15 399.858 | 11 443.764 | 16 893.843 |
| 10.769 499 | 11.372 473 | 12.300 015 | 12.780 883 | 7.383 201 4 | 6.676 756 | 14.317 458 | 9.632 797 8 | 9.022 882 |
| 224.364 55 | 187.645 8 | 221.400 27 | 184.409 88 | 159.477 15 | 178.046 83 | 360.799 95 | 298.616 73 | 390.991 55 |
| 118.464 48 | 71.077 954 | 98.400 119 | 315.870 39 | 326.337 5 | 298.228 43 | 206.171 4 | 321.093 26 | 327.831 38 |
| 244.108 64 | 312.743 | 305.743 23 | 241.010 93 | 171.290 27 | 244.814 39 | 440.977 71 | 369.257 25 | 381.968 67 |
| 168.722 15 | 184.802 68 | 175.714 5 | 158.848 11 | 159.477 15 | 169.144 49 | 134.584 11 | 73.851 449 | 129.327 98 |
| 341.034 12 | 342.595 74 | 369.000 45 | 248.314 29 | 215.589 48 | 231.460 87 | 423.796 76 | 349.991 65 | 484.228 |
| 236.928 97 | 307.056 76 | 302.228 94 | 237.359 25 | 171.290 27 | 242.588 8 | 435.250 73 | 362.835 38 | 375.953 42 |
| 25.128 83 | 25.588 063 | 31.628 61 | 31.039 287 | 51.682 41 | 71.218 731 | 80.177 766 | 61.007 719 | 57.144 92 |
| 129.233 98 | 58.283 922 | 87.857 25 | 239.185 09 | 249.552 21 | 262.619 07 | 143.174 58 | 102.749 84 | 216.549 17 |
| 17 679.927 | 25 296.644 | 23 080.099 | 17 812.899 | 20 841.301 | 17 673.373 | 15 465.718 | 11 469.451 | 16 972.041 |
| 14 854.728 | 21 002.114 | 13 108.302 | 7 575.411 8 | 12 637.088 | 10 455.8 | 12 227.109 | 25 600.765 | 16 806.622 |
| 28.718 663 | 49.754 568 | 47.442 915 | 36.516 808 | 35.439 367 | 46.737 292 | 31.498 408 | 22.476 528 | 36.091 528 |
| 1 265.416 1 | 2 361.209 6 | 2 043.559 6 | 1 195.925 5 | 968.676 03 | 950.324 94 | 1 111.034 8 | 940.803 25 | 1 181.997 5 |
| 813.097 15 | 727.838 25 | 866.272 48 | 991.431 33 | 1 041.031 4 | 1 128.371 8 | 830.412 57 | 889.428 33 | 809.051 76 |
| 236.928 97 | 307.056 76 | 302.228 94 | 237.359 25 | 171.290 27 | 242.588 8 | 435.250 73 | 362.835 38 | 375.953 42 |
| 62.822 075 | 59.705 481 | 63.257 22 | 29.213 446 | 60.542 252 | 55.639 633 | 57.269 833 | 67.429 584 | 105.266 96 |

| 基因 ID | CK1 | CK2 | CK3 | T1-1 | T1-2 | T1-3 | T2-1 | T2-2 | T2-3 |
|---|---|---|---|---|---|---|---|---|---|
| novel_miR_210 | 2 295.202 9 | 2 129.953 8 | 2 121.785 2 | 3 415.598 2 | 4 265.342 | 3 749.810 6 | 3 240.671 5 | 2 541.066 1 | 2 994.249 2 |
| novel_miR_212 | 307.393 25 | 298.370 78 | 520.746 12 | 161.443 42 | 160.137 99 | 129.412 66 | 204.554 37 | 180.966 13 | 242.063 26 |
| novel_miR_213 | 46.840 876 | 17.724 997 | 40.842 833 | 44.737 334 | 18.349 144 | 82.066 562 | 79.548 92 | 60.322 044 | 42.544 452 |
| novel_miR_214 | 2 207.376 3 | 1 683.874 7 | 1 419.288 4 | 1 791.438 4 | 3 596.432 3 | 2 149.512 7 | 1 448.926 8 | 1 730.488 6 | 2 203.509 2 |
| novel_miR_217 | 11 174.476 | 12 747.227 | 14 889.255 | 20 756.178 | 20 190.731 | 23 215.368 | 21 930.88 | 20 221.08 | 20 771.962 |
| novel_miR_218 | 491.829 19 | 540.612 4 | 481.945 43 | 896.691 77 | 550.474 33 | 476.617 34 | 443.201 12 | 442.990 01 | 390.235 31 |
| novel_miR_221 | 55.623 54 | 50.220 824 | 65.348 532 | 54.462 841 | 70.060 369 | 41.033 281 | 170.461 97 | 143.264 86 | 110.028 75 |
| novel_miR_223 | 2.927 554 7 | 0 | 0 | 7.780 405 8 | 6.672 416 1 | 15.782 031 | 7.576 087 6 | 5.655 191 7 | 8.802 300 3 |
| novel_miR_224 | 35.130 657 | 50.220 824 | 59.222 107 | 64.188 348 | 45.038 808 | 41.033 281 | 196.978 28 | 148.920 05 | 262.601 96 |
| novel_miR_227 | 3 870.227 4 | 3 225.949 4 | 3 371.575 8 | 2 810.671 6 | 2 497.151 7 | 2 730.291 4 | 2 587.233 9 | 2 107.501 4 | 2 430.901 9 |
| novel_miR_228 | 105.391 97 | 76.808 319 | 73.517 099 | 103.090 38 | 46.706 912 | 66.284 531 | 126.899 47 | 156.460 3 | 236.195 06 |
| novel_miR_229 | 14.637 774 | 14.770 831 | 32.674 266 | 31.121 623 | 28.357 768 | 18.938 437 | 81.442 942 | 60.322 044 | 48.412 652 |
| novel_miR_23 | 134.667 52 | 103.395 81 | 51.053 541 | 62.243 247 | 86.741 409 | 56.815 312 | 71.972 832 | 41.471 405 | 36.676 251 |
| novel_miR_233 | 333.741 24 | 239.287 46 | 153.160 62 | 643.828 58 | 343.629 43 | 536.589 06 | 439.413 08 | 418.484 18 | 503.198 17 |
| novel_miR_236 | 1 091.977 9 | 951.241 49 | 1 023.113 | 470.714 55 | 422.030 32 | 637.594 06 | 333.347 85 | 356.277 07 | 397.570 57 |
| novel_miR_240 | 333.741 24 | 239.287 46 | 153.160 62 | 643.828 58 | 343.629 43 | 536.589 06 | 439.413 08 | 418.484 18 | 503.198 17 |
| novel_miR_242 | 1 097.833 | 954.195 65 | 1 027.197 2 | 470.714 55 | 422.030 32 | 640.750 47 | 339.029 92 | 360.047 2 | 400.504 67 |
| novel_miR_245 | 43.913 321 | 64.991 654 | 32.674 266 | 52.517 739 | 48.375 016 | 47.346 094 | 35.986 416 | 45.241 533 | 51.346 752 |
| novel_miR_246 | 7 889.76 | 5 961.507 2 | 7 931.678 1 | 8 136.359 4 | 7 162.838 6 | 11 337.811 | 10 515.61 | 9 248.123 4 | 12 443.519 |
| novel_miR_247 | 348.379 01 | 227.470 79 | 320.616 24 | 429.867 42 | 281.909 58 | 426.114 84 | 492.445 69 | 328.001 12 | 378.498 91 |
| novel_miR_250 | 23.420 438 | 32.495 827 | 67.390 674 | 29.176 522 | 16.681 04 | 3.156 406 2 | 9.470 109 5 | 9.425 319 4 | 7.335 250 3 |
| novel_miR_251 | 1 683.344 | 1 225.978 9 | 1 570.406 9 | 1 417.979 | 1 492.953 1 | 1 562.421 1 | 1 948.948 5 | 2 216.835 1 | 3 371.281 |
| novel_miR_253 | 111.247 08 | 124.074 98 | 149.076 34 | 208.125 86 | 163.474 19 | 138.881 87 | 111.747 29 | 98.023 322 | 96.825 304 |
| novel_miR_254 | 20.492 883 | 2.954 166 1 | 12.252 85 | 17.505 913 | 125.107 8 | 419.802 03 | 41.668 482 | 77.287 619 | 44.011 502 |
| novel_miR_255 | 35.130 657 | 38.404 159 | 49.011 399 | 31.121 623 | 36.698 288 | 31.564 062 | 37.880 438 | 62.207 108 | 44.011 502 |
| novel_miR_258 | 5.855 109 5 | 17.724 997 | 4.084 283 3 | 23.341 217 | 11.676 728 | 41.033 281 | 51.138 591 | 13.195 447 | 39.610 352 |
| novel_miR_261 | 111.247 08 | 124.074 98 | 112.317 79 | 252.863 19 | 218.521 63 | 119.943 44 | 189.402 19 | 218.667 41 | 183.381 26 |
| novel_miR_265 | 17.565 328 | 17.724 997 | 8.168 566 5 | 40.847 131 | 15.012 936 | 28.407 656 | 30.304 35 | 24.505 831 | 23.472 801 |
| novel_miR_266 | 802.15 | 602.649 89 | 381.880 49 | 892.801 57 | 860.741 67 | 688.096 56 | 623.133 2 | 944.417 01 | 843.553 78 |
| novel_miR_267 | 383.509 67 | 236.333 29 | 267.520 55 | 661.334 5 | 208.513 | 394.550 78 | 270.845 13 | 480.691 29 | 296.344 11 |

（续）

| T3-1 | T3-2 | T3-3 | T4-1 | T4-2 | T4-3 | T5-1 | T5-2 | T5-3 |
|---|---|---|---|---|---|---|---|---|
| 2 274.159 1 | 4 129.629 1 | 3 544.161 4 | 1 911.654 9 | 2 183.951 | 2 450.369 4 | 2 293.656 8 | 2 421.043 2 | 2 177.522 2 |
| 136.413 65 | 112.303 17 | 159.900 19 | 146.067 23 | 109.271 38 | 158.016 56 | 294.939 64 | 279.351 13 | 264.671 21 |
| 53.847 493 | 66.813 277 | 42.171 48 | 58.426 892 | 51.682 41 | 64.541 975 | 68.723 799 | 41.742 124 | 48.122 037 |
| 3 297.261 5 | 2 346.994 | 2 400.260 1 | 1 687.076 5 | 1 712.902 7 | 1 938.484 8 | 2 090.348 9 | 3 740.736 5 | 1 988.041 7 |
| 17 606.335 | 25 182.919 | 22 983.456 | 17 714.303 | 20 773.376 | 17 617.733 | 15 405.585 | 11 443.764 | 16 890.835 |
| 244.108 64 | 312.743 | 305.743 23 | 241.010 93 | 171.290 27 | 244.814 39 | 440.977 71 | 369.257 25 | 381.968 67 |
| 123.849 23 | 245.929 72 | 142.328 74 | 113.202 1 | 143.234 11 | 202.528 26 | 97.358 715 | 73.851 449 | 174.442 39 |
| 5.384 749 3 | 8.529 354 5 | 7.028 58 | 1.825 840 4 | 1.476 640 3 | 4.451 170 7 | 2.863 491 6 | 3.210 932 6 | 0 |
| 50.257 66 | 73.921 072 | 45.685 77 | 370.645 6 | 268.748 53 | 393.928 6 | 51.542 849 | 28.898 393 | 24.061 019 |
| 2 222.106 6 | 2 004.398 3 | 2 605.846 | 3 492.832 7 | 3 003.486 3 | 2 559.423 1 | 2 791.904 3 | 1 804.544 1 | 2 117.369 6 |
| 141.798 4 | 126.518 76 | 130.028 73 | 49.297 69 | 54.635 691 | 82.346 657 | 114.539 67 | 186.234 09 | 195.495 78 |
| 62.822 075 | 59.705 481 | 63.257 22 | 29.213 446 | 60.542 252 | 55.639 633 | 57.269 833 | 67.429 584 | 105.266 96 |
| 57.437 326 | 54.019 245 | 49.200 06 | 52.949 371 | 26.579 525 | 33.383 78 | 57.269 833 | 64.218 652 | 57.144 92 |
| 267.442 55 | 200.439 83 | 189.771 66 | 211.797 49 | 104.841 46 | 307.130 78 | 243.396 79 | 256.874 61 | 442.121 22 |
| 866.944 64 | 757.690 99 | 658.929 37 | 443.679 21 | 186.056 68 | 244.814 39 | 83.041 257 | 112.382 64 | 93.236 448 |
| 267.442 55 | 200.439 83 | 189.771 66 | 211.797 49 | 104.841 46 | 307.130 78 | 243.396 79 | 256.874 61 | 442.121 22 |
| 874.124 31 | 760.534 11 | 664.200 81 | 441.853 37 | 186.056 68 | 244.814 39 | 83.041 257 | 112.382 64 | 90.228 82 |
| 73.591 574 | 44.068 332 | 54.471 495 | 98.595 381 | 88.598 417 | 80.121 072 | 40.088 883 | 38.531 191 | 69.175 429 |
| 10 029.993 | 9 913.953 | 8 880.610 8 | 11 866.137 | 11 042.316 | 8 682.008 4 | 9 532.563 6 | 10 371.312 | 10 334.208 |
| 186.671 31 | 280.047 14 | 237.214 57 | 180.758 2 | 162.430 43 | 189.174 75 | 220.488 86 | 128.437 3 | 195.495 78 |
| 19.744 081 | 12.794 032 | 19.328 595 | 18.258 404 | 41.345 928 | 26.707 024 | 14.317 458 | 9.632 797 8 | 18.045 764 |
| 3 530.600 6 | 1 894.938 3 | 2 394.988 6 | 2 782.580 8 | 3 204.309 4 | 2 537.167 3 | 1 199.803 | 1 152.724 8 | 1 467.722 1 |
| 62.822 075 | 81.028 868 | 100.157 26 | 74.859 456 | 60.542 252 | 66.767 56 | 108.812 68 | 89.906 112 | 120.305 09 |
| 41.283 078 | 160.636 18 | 52.714 35 | 2 030.334 5 | 221.496 04 | 988.159 89 | 45.815 866 | 86.695 18 | 81.205 938 |
| 35.898 329 | 24.166 504 | 45.685 77 | 60.252 733 | 69.402 094 | 28.932 609 | 17.180 95 | 12.843 73 | 18.045 764 |
| 30.513 579 | 38.382 095 | 29.871 465 | 10.955 042 | 11.813 122 | 8.902 341 3 | 8.590 474 9 | 0 | 9.022 882 |
| 91.540 738 | 167.743 97 | 89.614 395 | 85.814 498 | 200.823 08 | 133.535 12 | 206.171 4 | 231.187 15 | 210.533 91 |
| 26.923 747 | 22.744 945 | 15.814 305 | 12.780 883 | 11.813 122 | 11.127 927 | 60.133 324 | 16.054 663 | 33.083 901 |
| 516.935 93 | 777.592 82 | 578.100 7 | 730.336 16 | 417.889 2 | 489.628 77 | 449.568 19 | 256.874 61 | 303.770 36 |
| 278.212 05 | 289.998 05 | 386.571 9 | 414.465 77 | 220.019 4 | 215.881 78 | 552.653 88 | 327.515 12 | 493.250 88 |

| 基因 ID | CK1 | CK2 | CK3 | T1-1 | T1-2 | T1-3 | T2-1 | T2-2 | T2-3 |
|---|---|---|---|---|---|---|---|---|---|
| novel_miR_268 | 2.927 554 7 | 5.908 332 2 | 8.168 566 5 | 17.505 913 | 6.672 416 1 | 3.156 406 2 | 18.940 219 | 15.080 511 | 27.873 951 |
| novel_miR_272 | 143.450 18 | 230.424 96 | 234.846 29 | 149.772 81 | 43.370 704 | 82.066 562 | 66.290 766 | 113.103 83 | 82.154 803 |
| novel_miR_277 | 49.768 43 | 41.358 326 | 26.547 841 | 85.584 464 | 28.357 768 | 50.502 5 | 68.184 788 | 69.747 364 | 79.220 703 |
| novel_miR_279 | 49.768 43 | 47.266 658 | 32.674 266 | 38.902 029 | 46.706 912 | 28.407 656 | 32.198 372 | 47.126 597 | 33.742 151 |
| novel_miR_286 | 108.319 53 | 41.358 326 | 53.095 683 | 184.784 64 | 173.482 82 | 205.166 41 | 160.991 86 | 182.851 2 | 262.601 96 |
| novel_miR_288 | 73.188 868 | 73.854 153 | 38.800 691 | 73.913 855 | 63.387 953 | 94.692 187 | 47.350 547 | 56.551 917 | 54.280 852 |
| novel_miR_289 | 17 612.169 | 9 562.635 7 | 8 758.745 5 | 12 639.269 | 9 494.848 1 | 17 701.126 | 17 192.037 | 20 709.312 | 25 445.983 |
| novel_miR_29 | 424.495 44 | 451.987 42 | 434.976 17 | 785.820 99 | 447.051 88 | 422.958 44 | 412.896 77 | 371.357 59 | 340.355 61 |
| novel_miR_293 | 0 | 0 | 4.084 283 3 | 9.725 507 3 | 5.004 312 | 9.469 218 7 | 13.258 153 | 3.770 127 8 | 19.071 651 |
| novel_miR_294 | 491.829 19 | 446.079 08 | 414.554 75 | 429.867 42 | 56.715 537 | 123.099 84 | 295.467 42 | 312.920 6 | 211.255 21 |
| novel_miR_298 | 541.597 63 | 316.095 77 | 210.340 59 | 126.431 59 | 60.051 745 | 22.094 844 | 248.116 87 | 237.518 05 | 212.722 26 |
| novel_miR_30 | 509.394 52 | 534.704 07 | 494.198 28 | 278.149 51 | 273.569 06 | 258.825 31 | 312.513 61 | 252.598 56 | 228.859 81 |
| novel_miR_300 | 55.623 54 | 50.220 824 | 65.348 532 | 54.462 841 | 70.060 369 | 41.033 281 | 170.461 97 | 143.264 86 | 110.028 75 |
| novel_miR_302 | 286.900 36 | 254.058 29 | 167.455 61 | 225.631 77 | 333.620 8 | 236.730 47 | 136.369 58 | 165.885 62 | 200.985 86 |
| novel_miR_304 | 11.710 219 | 14.770 831 | 8.168 566 5 | 1.945 101 5 | 8.340 520 1 | 12.625 625 | 1.894 021 9 | 1.885 063 9 | 4.401 150 2 |
| novel_miR_306 | 32.203 102 | 38.404 159 | 16.337 133 | 73.913 855 | 58.383 641 | 53.658 906 | 54.926 635 | 56.551 917 | 54.280 852 |
| novel_miR_307 | 14.637 774 | 14.770 831 | 32.674 266 | 31.121 623 | 28.357 768 | 18.938 437 | 79.548 92 | 60.322 044 | 48.412 652 |
| novel_miR_309 | 5.855 109 5 | 20.679 163 | 14.294 991 | 35.011 826 | 15.012 936 | 31.564 062 | 45.456 526 | 54.666 853 | 49.879 702 |
| novel_miR_31 | 518.177 19 | 375.179 1 | 334.911 23 | 256.753 39 | 151.797 47 | 208.322 81 | 185.614 15 | 235.632 99 | 176.046 01 |
| novel_miR_310 | 225.421 71 | 203.837 46 | 196.045 6 | 140.047 3 | 38.366 392 | 91.535 781 | 123.111 42 | 113.103 83 | 120.298 1 |
| novel_miR_313 | 2 260.072 3 | 2 073.824 6 | 1 746.031 1 | 2 386.639 5 | 962.496 02 | 2 259.986 9 | 2 342.905 1 | 3 040.608 | 3 629.481 8 |
| novel_miR_316 | 76.116 423 | 94.533 316 | 67.390 674 | 87.529 566 | 55.047 433 | 179.915 16 | 37.880 438 | 52.781 789 | 49.879 702 |
| novel_miR_322 | 324.958 58 | 348.591 6 | 332.869 09 | 612.706 96 | 343.629 43 | 299.858 59 | 285.997 31 | 231.862 86 | 237.662 11 |
| novel_miR_324 | 14.637 774 | 14.770 831 | 32.674 266 | 31.121 623 | 28.357 768 | 18.938 437 | 81.442 942 | 60.322 044 | 48.412 652 |
| novel_miR_328 | 1 250.065 9 | 366.316 6 | 126.612 78 | 184.784 64 | 145.125 05 | 293.545 78 | 140.157 62 | 109.333 71 | 77.753 653 |
| novel_miR_329 | 5 055.887 | 4 824.153 3 | 5 332.031 8 | 1 892.583 7 | 882.427 02 | 725.973 44 | 3 339.160 6 | 2 499.594 7 | 3 030.925 4 |
| novel_miR_36 | 491.829 19 | 540.612 4 | 481.945 43 | 896.691 77 | 550.474 33 | 476.617 34 | 443.201 12 | 442.990 01 | 390.235 31 |
| novel_miR_37 | 163.943 06 | 192.020 8 | 257.309 85 | 346.228 06 | 498.763 1 | 391.394 37 | 297.361 44 | 320.460 86 | 327.152 16 |
| novel_miR_38 | 412.785 22 | 392.904 09 | 400.259 76 | 58.353 044 | 36.698 288 | 9.469 218 7 | 98.489 139 | 67.862 3 | 92.424 154 |
| novel_miR_39 | 29.275 547 | 26.587 495 | 36.758 549 | 126.431 59 | 66.724 161 | 56.815 312 | 70.078 81 | 84.827 875 | 111.495 8 |

（续）

| T3-1 | T3-2 | T3-3 | T4-1 | T4-2 | T4-3 | T5-1 | T5-2 | T5-3 |
|---|---|---|---|---|---|---|---|---|
| 14.359 332 | 8.529 354 5 | 8.785 725 | 10.955 042 | 1.476 640 3 | 11.127 927 | 8.590 474 9 | 9.632 797 8 | 33.083 901 |
| 66.411 908 | 76.764 19 | 82.585 815 | 60.252 733 | 106.318 1 | 117.956 02 | 111.676 17 | 89.906 112 | 45.114 41 |
| 19.744 081 | 35.538 977 | 22.842 885 | 23.735 925 | 26.579 525 | 26.707 024 | 31.498 408 | 44.953 056 | 42.106 783 |
| 10.769 499 | 24.166 504 | 8.785 725 | 18.258 404 | 11.813 122 | 28.932 609 | 17.180 95 | 28.898 393 | 15.038 137 |
| 218.979 81 | 207.547 63 | 161.657 34 | 125.982 99 | 93.028 338 | 146.888 63 | 114.539 67 | 237.609 01 | 138.350 86 |
| 71.796 658 | 34.117 418 | 56.228 64 | 14.606 723 | 19.196 324 | 24.481 439 | 57.269 833 | 25.687 461 | 57.144 92 |
| 23 906.492 | 18 662.228 | 17 235.835 | 28 815.413 | 23 930.433 | 24 078.608 | 18 964.905 | 17 663.34 | 19 065.35 |
| 213.595 06 | 287.154 93 | 288.171 78 | 215.449 17 | 152.093 95 | 235.912 04 | 409.479 3 | 333.936 99 | 375.953 42 |
| 10.769 499 | 11.372 473 | 12.300 015 | 12.780 883 | 7.383 201 4 | 6.676 756 | 14.317 458 | 9.632 797 8 | 9.022 882 |
| 224.364 55 | 159.214 62 | 212.614 54 | 213.623 33 | 295.328 06 | 316.033 12 | 180.399 97 | 131.648 24 | 246.625 44 |
| 197.440 81 | 162.057 74 | 147.600 18 | 204.494 12 | 341.103 91 | 422.861 21 | 292.076 15 | 244.030 88 | 315.800 87 |
| 475.652 86 | 311.321 44 | 358.457 58 | 465.589 3 | 516.824 1 | 491.854 36 | 521.155 48 | 606.866 26 | 643.632 25 |
| 123.849 23 | 245.929 72 | 142.328 74 | 113.202 1 | 143.234 11 | 202.528 26 | 97.358 715 | 73.851 449 | 174.442 39 |
| 375.137 54 | 336.909 5 | 381.300 46 | 220.926 69 | 94.504 978 | 160.242 14 | 335.028 52 | 394.944 71 | 348.884 77 |
| 7.179 665 8 | 14.215 591 | 12.300 015 | 5.477 521 2 | 0 | 2.225 585 3 | 5.726 983 3 | 3.210 932 6 | 6.015 254 7 |
| 21.538 997 | 27.009 623 | 24.600 03 | 20.084 244 | 17.719 683 | 24.481 439 | 37.225 391 | 19.265 596 | 39.099 155 |
| 62.822 075 | 59.705 481 | 63.257 22 | 29.213 446 | 62.018 892 | 53.414 048 | 57.269 833 | 67.429 584 | 102.259 33 |
| 25.128 83 | 42.646 772 | 31.628 61 | 34.690 967 | 5.906 561 2 | 17.804 683 | 22.907 933 | 22.476 528 | 18.045 764 |
| 287.186 63 | 166.322 41 | 110.700 13 | 215.449 17 | 251.028 85 | 318.258 7 | 217.625 36 | 221.554 35 | 273.694 09 |
| 165.132 31 | 115.146 29 | 138.814 45 | 209.971 64 | 152.093 95 | 146.888 63 | 200.444 41 | 61.007 719 | 270.686 46 |
| 3 169.822 4 | 1 759.890 1 | 1 908.259 5 | 5 130.611 5 | 3 207.262 7 | 3 770.141 5 | 4 550.088 2 | 4 052.196 9 | 3 988.113 9 |
| 37.693 245 | 52.597 686 | 142.328 74 | 54.775 212 | 19.196 324 | 20.030 268 | 140.311 09 | 99.538 91 | 54.137 292 |
| 150.772 98 | 214.655 42 | 221.400 27 | 135.112 19 | 115.177 94 | 169.144 49 | 360.799 95 | 292.194 87 | 303.770 36 |
| 62.822 075 | 59.705 481 | 63.257 22 | 29.213 446 | 60.542 252 | 55.639 633 | 57.269 833 | 67.429 584 | 105.266 96 |
| 157.952 65 | 127.940 32 | 249.514 59 | 520.364 51 | 592.132 76 | 146.888 63 | 355.072 96 | 356.413 52 | 222.564 42 |
| 2 530.832 2 | 3 728.749 5 | 4 050.219 2 | 5 780.610 7 | 7 040.620 9 | 7 400.071 2 | 4 097.656 5 | 2 976.534 5 | 4 246.769 8 |
| 244.108 64 | 312.743 | 305.743 23 | 241.010 93 | 171.290 27 | 244.814 39 | 440.977 71 | 369.257 25 | 381.968 67 |
| 287.186 63 | 386.664 07 | 395.357 62 | 244.662 61 | 286.468 22 | 284.874 92 | 237.669 81 | 173.390 36 | 285.724 6 |
| 147.183 15 | 98.087 577 | 130.028 73 | 374.297 28 | 450.375 29 | 373.898 34 | 240.533 3 | 372.468 18 | 390.991 55 |
| 39.488 162 | 96.666 017 | 61.500 075 | 25.561 765 | 20.672 964 | 44.511 707 | 91.631 732 | 44.953 056 | 99.251 702 |

| 基因ID | CK1 | CK2 | CK3 | T1-1 | T1-2 | T1-3 | T2-1 | T2-2 | T2-3 |
|---|---|---|---|---|---|---|---|---|---|
| novel_miR_4 | 6 715.810 6 | 5 217.057 4 | 7 931.678 1 | 6 049.265 5 | 3 734.884 9 | 10 526.615 | 4 778.617 3 | 4 377.118 3 | 5 024.646 4 |
| novel_miR_41 | 20.492 883 | 26.587 495 | 24.505 7 | 44.737 334 | 25.021 56 | 59.971 719 | 30.304 35 | 41.471 405 | 64.550 202 |
| novel_miR_42 | 330.813 68 | 351.545 77 | 343.079 79 | 645.773 68 | 350.301 84 | 321.953 44 | 289.785 35 | 246.943 37 | 255.266 71 |
| novel_miR_43 | 105.391 97 | 106.349 98 | 161.329 19 | 70.023 652 | 46.706 912 | 75.753 75 | 68.184 788 | 118.759 02 | 76.286 603 |
| novel_miR_44 | 73.188 868 | 44.312 492 | 55.137 824 | 13.615 71 | 18.349 144 | 25.251 25 | 20.834 241 | 26.390 894 | 20.538 701 |
| novel_miR_47 | 1 138.818 8 | 714.908 2 | 498.282 56 | 647.718 79 | 346.965 64 | 454.522 5 | 676.165 82 | 857.704 07 | 523.736 87 |
| novel_miR_48 | 966.093 06 | 933.516 49 | 543.209 67 | 542.683 31 | 253.551 81 | 372.455 94 | 704.576 15 | 870.899 51 | 488.527 67 |
| novel_miR_5 | 263.479 93 | 242.241 62 | 159.287 05 | 184.784 64 | 305.263 04 | 208.322 81 | 123.111 42 | 150.805 11 | 183.381 26 |
| novel_miR_51 | 76.116 423 | 76.808 319 | 20.421 416 | 58.353 044 | 25.021 56 | 66.284 531 | 68.184 788 | 81.057 747 | 26.406 901 |
| novel_miR_52 | 11.710 219 | 17.724 997 | 10.210 708 | 1.945 101 5 | 10.008 624 | 9.469 218 7 | 1.894 021 9 | 1.885 063 9 | 5.868 200 2 |
| novel_miR_55 | 594.293 61 | 511.070 74 | 559.546 81 | 87.529 566 | 45.038 808 | 12.625 625 | 117.429 36 | 86.712 939 | 123.232 2 |
| novel_miR_57 | 219.566 6 | 224.516 62 | 149.076 34 | 354.008 47 | 336.957 01 | 249.356 09 | 304.937 53 | 348.736 82 | 280.206 56 |
| novel_miR_6 | 11 174.476 | 12 747.227 | 14 889.255 | 20 756.178 | 20 190.731 | 23 215.368 | 21 930.88 | 20 221.08 | 20 771.962 |
| novel_miR_61 | 11.710 219 | 17.724 997 | 10.210 708 | 1.945 101 5 | 10.008 624 | 9.469 218 7 | 1.894 021 9 | 1.885 063 9 | 5.868 200 2 |
| novel_miR_62 | 158.087 96 | 194.974 96 | 257.309 85 | 346.228 06 | 498.763 1 | 391.394 37 | 299.255 46 | 320.460 86 | 328.619 21 |
| novel_miR_64 | 433.278 1 | 348.591 6 | 355.332 64 | 706.071 83 | 435.375 15 | 624.968 44 | 363.652 2 | 535.358 14 | 519.335 72 |
| novel_miR_71 | 25 888.366 | 23 813.533 | 21 585.437 | 23 354.833 | 21 264.99 | 31 652.442 | 16 161.689 | 13 968.323 | 12 725.192 |
| novel_miR_72 | 14.637 774 | 14.770 831 | 32.674 266 | 31.121 623 | 28.357 768 | 18.938 437 | 79.548 92 | 60.322 044 | 48.412 652 |
| novel_miR_73 | 5 009.046 1 | 5 087.074 | 5 074.722 | 5 957.845 8 | 2 850.789 8 | 4 684.106 9 | 3 920.625 3 | 4 179.186 6 | 2 766.856 4 |
| novel_miR_74 | 178.580 84 | 180.204 13 | 210.340 59 | 408.471 31 | 173.482 82 | 445.053 28 | 316.301 66 | 329.886 18 | 349.157 91 |
| novel_miR_75 | 483.046 53 | 531.749 9 | 477.861 14 | 885.021 16 | 545.470 01 | 470.304 53 | 437.519 06 | 437.334 82 | 382.900 06 |
| novel_miR_76 | 102.464 42 | 100.441 65 | 83.727 807 | 169.223 83 | 208.513 | 47.346 094 | 75.760 876 | 94.253 194 | 79.220 703 |
| novel_miR_78 | 491.829 19 | 540.612 4 | 481.945 43 | 896.691 77 | 550.474 33 | 476.617 34 | 443.201 12 | 442.990 01 | 390.235 31 |
| novel_miR_79 | 2.927 554 7 | 0 | 0 | 7.780 405 8 | 6.672 416 1 | 15.782 031 | 7.576 087 6 | 5.655 191 7 | 8.802 300 3 |
| novel_miR_81 | 5.855 109 5 | 26.587 495 | 18.379 275 | 15.560 812 | 3.336 208 | 12.625 625 | 22.728 263 | 33.931 15 | 57.214 952 |
| novel_miR_84 | 963.165 51 | 1 060.545 6 | 2 642.531 3 | 1 810.889 5 | 939.142 56 | 2 622.973 6 | 6 426.416 3 | 3 736.196 6 | 6 060.383 8 |
| novel_miR_86 | 316.175 91 | 336.774 94 | 334.911 23 | 616.597 16 | 345.297 53 | 318.797 03 | 285.997 31 | 233.747 92 | 244.997 36 |
| novel_miR_87 | 23.420 438 | 35.449 993 | 61.264 249 | 25.286 319 | 16.681 04 | 3.156 406 2 | 9.470 109 5 | 9.425 319 4 | 4.401 150 2 |
| novel_miR_89 | 125.884 85 | 88.624 983 | 102.107 08 | 147.827 71 | 46.706 912 | 72.597 344 | 125.005 45 | 81.057 747 | 114.429 9 |
| novel_miR_92 | 1 618.937 8 | 1 595.249 7 | 2 262.692 9 | 3 415.598 2 | 3 039.285 5 | 4 273.774 1 | 3 447.119 9 | 2 976.515 9 | 3 405.023 2 |
| novel_miR_96 | 342.523 9 | 206.791 63 | 334.911 23 | 451.263 54 | 308.599 24 | 656.532 5 | 367.440 25 | 392.093 29 | 503.198 17 |

注：对灰葡萄孢菌侵染 0h（CK1～CK3）、24h（T1-1～T1-3）、48h（T2-1～T2-3）、72h（T3-1～T3-3）、96h（T4-1～T4-3）和 120h（T5-1～T5-3）的猕猴桃的 cDNA 文库进行测序后，完成 DEGs 筛选。

（续）

| T3-1 | T3-2 | T3-3 | T4-1 | T4-2 | T4-3 | T5-1 | T5-2 | T5-3 |
|---|---|---|---|---|---|---|---|---|
| 8 075.329 1 | 5 335.111 2 | 5 499.863 8 | 4 204.910 4 | 3 526.217 | 4 003.828 | 9 612.741 4 | 12 570.801 | 9 973.292 3 |
| 32.308 496 | 35.538 977 | 47.442 915 | 67.556 094 | 73.832 014 | 55.639 633 | 42.952 374 | 70.640 517 | 63.160 174 |
| 170.517 06 | 220.341 66 | 224.914 56 | 142.415 55 | 118.131 22 | 178.046 83 | 360.799 95 | 301.827 66 | 318.808 5 |
| 84.361 073 | 55.440 804 | 87.857 25 | 54.775 212 | 67.925 453 | 55.639 633 | 22.907 933 | 48.163 989 | 96.244 075 |
| 30.513 579 | 32.695 859 | 29.871 465 | 18.258 404 | 38.392 648 | 26.707 024 | 37.225 391 | 32.109 326 | 24.061 019 |
| 586.937 68 | 709.357 98 | 615.000 75 | 677.386 78 | 874.171 05 | 778.954 87 | 429.523 74 | 394.944 71 | 607.540 72 |
| 533.090 18 | 459.163 58 | 581.614 99 | 664.605 9 | 574.413 07 | 598.682 45 | 687.237 99 | 414.210 3 | 685.739 03 |
| 324.879 88 | 301.370 53 | 342.643 27 | 209.971 64 | 90.075 058 | 144.663 05 | 303.530 11 | 369.257 25 | 327.831 38 |
| 43.077 995 | 56.862 363 | 49.200 06 | 27.387 606 | 25.102 885 | 13.353 512 | 62.996 816 | 64.218 652 | 63.160 174 |
| 7.179 665 8 | 14.215 591 | 14.057 16 | 5.477 521 2 | 0 | 2.225 585 3 | 5.726 983 3 | 3.210 932 6 | 6.015 254 7 |
| 238.723 89 | 147.842 14 | 196.800 24 | 576.965 56 | 599.515 96 | 574.201 01 | 366.526 93 | 478.428 95 | 562.426 31 |
| 134.618 73 | 299.948 97 | 242.486 01 | 233.707 57 | 184.580 04 | 142.437 46 | 314.984 08 | 134.859 17 | 243.617 81 |
| 17 606.335 | 25 182.919 | 22 983.456 | 17 714.303 | 20 773.376 | 17 617.733 | 15 405.585 | 11 443.764 | 16 890.835 |
| 7.179 665 8 | 14.215 591 | 14.057 16 | 5.477 521 2 | 0 | 2.225 585 3 | 5.726 983 3 | 3.210 932 6 | 6.015 254 7 |
| 287.186 63 | 386.664 07 | 395.357 62 | 246.488 45 | 284.991 58 | 284.874 92 | 237.669 81 | 173.390 36 | 288.732 22 |
| 328.469 71 | 351.125 09 | 360.214 72 | 281.179 42 | 202.299 72 | 322.709 87 | 432.387 24 | 295.405 8 | 535.357 67 |
| 23 360.837 | 13 796.231 | 25 907.346 | 16 363.182 | 22 693.008 | 24 470.311 | 44 278.171 | 71 324.445 | 47 655.855 |
| 62.822 075 | 59.705 481 | 63.257 22 | 29.213 446 | 62.018 892 | 53.414 048 | 57.269 833 | 67.429 584 | 102.259 33 |
| 3 313.415 7 | 2 902.823 6 | 3 637.290 1 | 2 713.198 8 | 2 866.158 8 | 3 387.340 9 | 4 492.818 4 | 4 248.063 8 | 5 362.599 6 |
| 165.132 31 | 130.783 44 | 114.214 42 | 83.988 658 | 60.542 252 | 71.218 731 | 83.041 257 | 51.374 921 | 66.167 802 |
| 236.928 97 | 307.056 76 | 302.228 94 | 237.359 25 | 171.290 27 | 242.588 8 | 435.250 73 | 362.835 38 | 375.953 42 |
| 118.464 48 | 88.136 663 | 112.457 28 | 78.511 137 | 70.878 734 | 71.218 731 | 151.765 06 | 122.015 44 | 159.404 25 |
| 244.108 64 | 312.743 | 305.743 23 | 241.010 93 | 171.290 27 | 244.814 39 | 440.977 71 | 369.257 25 | 381.968 67 |
| 5.384 749 3 | 8.529 354 5 | 7.028 58 | 1.825 840 4 | 1.476 640 3 | 4.451 170 7 | 2.863 491 6 | 3.210 932 6 | 0 |
| 37.693 245 | 18.480 268 | 17.571 45 | 133.286 35 | 70.878 734 | 84.572 243 | 8.590 474 9 | 19.265 596 | 9.022 882 |
| 3 121.359 7 | 3 944.826 4 | 5 376.863 7 | 918.397 72 | 2 288.792 4 | 3 118.045 | 1 033.720 5 | 626.131 85 | 797.021 25 |
| 154.362 81 | 216.076 98 | 224.914 56 | 133.286 35 | 106.318 1 | 158.016 56 | 343.619 | 295.405 8 | 297.755 11 |
| 19.744 081 | 14.215 591 | 19.328 595 | 18.258 404 | 38.392 648 | 24.481 439 | 17.180 95 | 9.632 797 8 | 18.045 764 |
| 75.386 49 | 71.077 954 | 100.157 26 | 65.730 254 | 31.009 446 | 33.383 78 | 77.314 274 | 44.953 056 | 54.137 292 |
| 2 893.405 3 | 4 085.560 8 | 3 452.789 9 | 3 122.187 1 | 3 312.104 2 | 2 906.614 4 | 2 811.948 8 | 2 751.769 2 | 2 881.307 |
| 364.368 04 | 285.733 38 | 337.371 84 | 259.269 34 | 169.813 63 | 244.814 39 | 335.028 52 | 333.936 99 | 493.250 88 |

表 5-4 差异表达 miRNA 的数量统计

| 比较组别 | DE-miRNA/个 | 上调表达 miRNA/个 | 下调表达 miRNA/个 |
|---|---|---|---|
| CK vs. T1 | 59 | 33 | 26 |
| CK vs. T2 | 83 | 49 | 34 |
| CK vs. T3 | 74 | 39 | 35 |
| CK vs. T4 | 66 | 34 | 32 |
| CK vs. T5 | 50 | 30 | 20 |

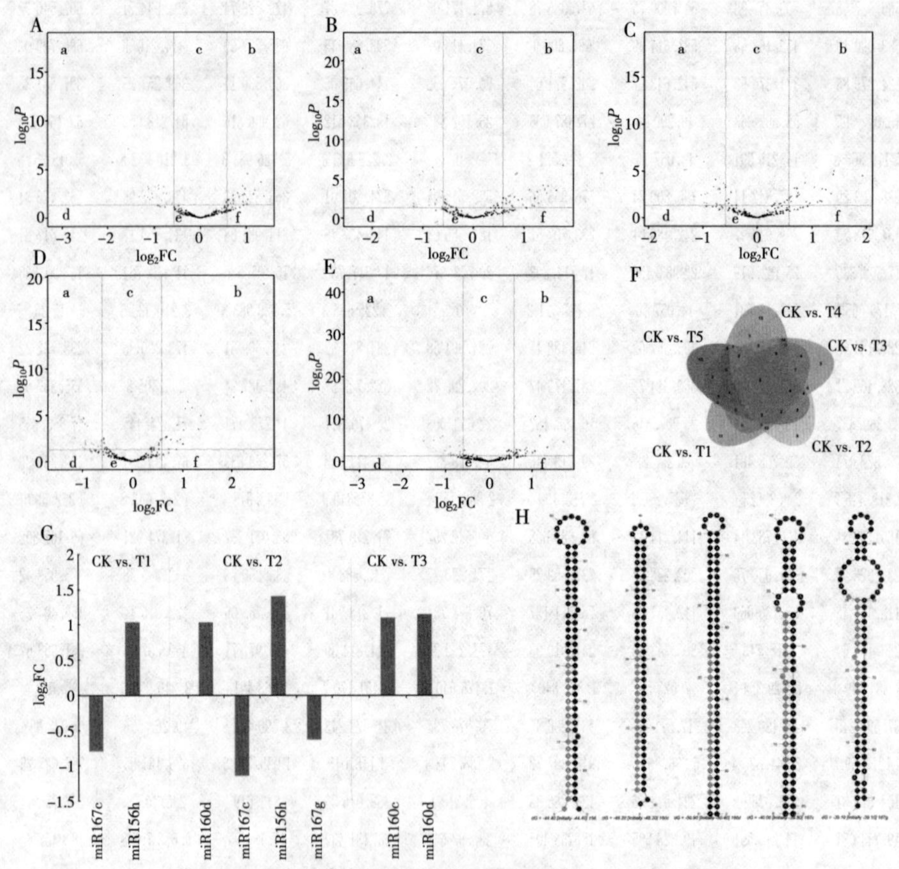


图 5-3 猕猴桃抗病相关 miRNA 的差异表达分析

A～E. 在灰葡萄孢菌感染后 1～5d（D1～D5）采集的猕猴桃样品中检测到的差异表达 miRNA 的火山图 F. 差异表达 miRNA 的维恩图 G. 差异表达 1.5 倍以上的 miRNAs H. 使用 RNAfold 软件预测的已知 miRNA 前体的二级结构

a. 下调表达 miRNA b. 上调表达 miRNA c～f. 无差异表达 miRNA

注：A～F 中的每个点代表 1 个 miRNA。

在差异表达的已知 miRNA 中，miR156h、miR160c 和 miR160d 在前 3 个阶段发生上调表达，而 miR167c 和 miR167g 在前 3 阶段发生下调表达（图 5-3G～H）。在后 2 个阶段，大多数 miRNA 的表达进一步降低。推测与猕猴桃对灰葡萄孢菌侵染的响应最相关的 miRNA 主要集中在前 3 个阶段。在差异表达的新的 miRNA 中，在 $\log_2 FC$ 绝对值≥1 的条件下筛选出 14 个 miRNA，其中 6 个发生下调表达，8 个发生上调表达，并且均表现出显著性差异（$P<0.05$）（图 5-4）。

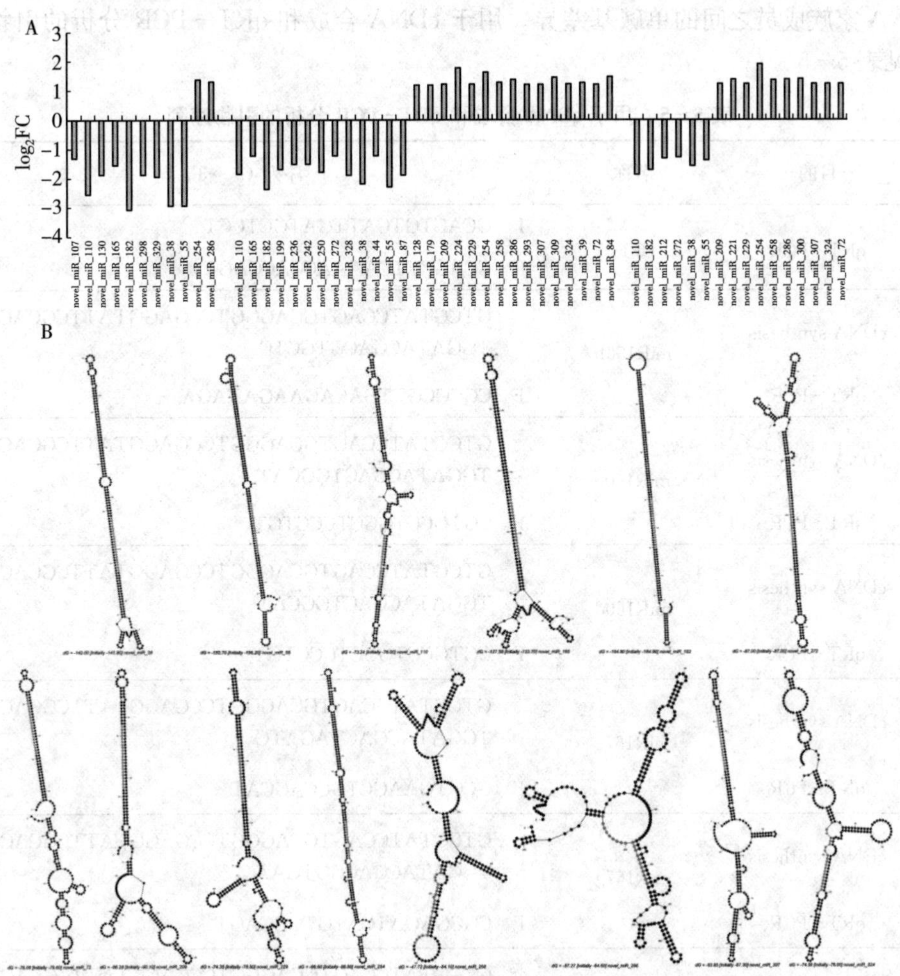


图 5-4　差异表达的新 miRNA 及其二级结构分析

A. 差异表达 1.5 倍以上的新的 miRNA 的表达量

B. 采用 RNAfold 软件预测新 miRNA 前体的二级结构

## 四、miRNA 的 qRT－PCR 验证

采用茎环染料法荧光定量 PCR 技术进行 miRNA 的定量分析，使用 miRNAcDNA 第一链合成试剂盒（Vazyme，中国）进行 miRNA 的 cDNA 单链合成。考虑到 miRNA 序列很短，且同一个家族的成员非常相似（有些仅有 1 个碱基的差异），采用 miRNA 通用 SYBR－qPCR Master Mix 试剂盒（Vazyme，中国）来定量 miRNA 的表达水平，该试剂盒可以最大限度地区分同一 miRNA 家族成员之间的单碱基差异。用于 cDNA 合成和 qRT－PCR 分析的引物见表 5－5。

**表 5－5　用于 cDNA 合成和 qRT－PCR 分析的引物序列**

| 目的 | 名称 | | 序列（5'→3'） |
|---|---|---|---|
| qRT－PCR | EF1α | F | GCACTGTCATTGATGCTCCT |
| | | R | CCAGCTTCAAAACCACCAGT |
| cDNA synthesis | miR156h | | GTCGTATCCAGTGCAGGGTCCGAGGTATTCGCACTGGATACGACGTGCTC |
| qRT－PCR | | F | CGCGCGTTGACAGAAGATAGA |
| cDNA synthesis | miR160c | | GTCGTATCCAGTGCAGGGTCCGAGGTATTCGCACTGGATACGACTGGCAT |
| qRT－PCR | | F | CGTGCCTGGCTCCCTGT |
| cDNA synthesis | miR160d | | GTCGTATCCAGTGCAGGGTCCGAGGTATTCGCACTGGATACGACTGGCAT |
| qRT－PCR | | F | CGTGCCTGGCTCCCTGT |
| cDNA synthesis | miR167c | | GTCGTATCCAGTGCAGGGTCCGAGGTATTCGCACTGGATACGACTAGATC |
| qRT－PCR | | F | GCGTGAAGCTGCCAGCAT |
| cDNA synthesis | miR167g | | GTCGTATCCAGTGCAGGGTCCGAGGTATTCGCACTGGATACGACGGTGAA |
| qRT－PCR | | F | CGCGAGATCATGTGGCAGT |
| cDNA synthesis | novel_miR_72 | | GTCGTATCCAGTGCAGGGTCCGAGGTATTCGCACTGGATACGACGGCGCT |
| qRT－PCR | | F | CGCGAAGCTCAGGAGGGAT |

（续）

| 目的 | 名称 | | 序列（5'→3'） |
|---|---|---|---|
| cDNA synthesis | novel_miR_110 | | GTCGTATCCAGTGCAGGGTCCGAGGTATTCGCAC-TGGATACGACCTAGTC |
| qRT-PCR | | F | GTTGGGATGGATTGTTCGG |
| cDNA synthesis | novel_miR_182 | | GTCGTATCCAGTGCAGGGTCCGAGGTATTCGCAC-TGGATACGACTGCGCG |
| qRT-PCR | | F | CGCGTGGTATTACCACGGG |
| cDNA synthesis | novel_miR_254 | | GTCGTATCCAGTGCAGGGTCCGAGGTATTCGCAC-TGGATACGACAACGAT |
| qRT-PCR | | F | CGCGTTTTGGGACATAGC |
| cDNA synthesis | novel_miR_258 | | GTCGTATCCAGTGCAGGGTCCGAGGTATTCGCAC-TGGATACGACGTAAAT |
| qRT-PCR | | F | CGCGTTCTAAACCGTCTGTATG |
| cDNA synthesis | novel_miR_286 | | GTCGTATCCAGTGCAGGGTCCGAGGTATTCGCAC-TGGATACGACCATTGT |
| qRT-PCR | | F | CGGTTGGGTGGGCGAC |
| cDNA synthesis | novel_miR_324 | | GTCGTATCCAGTGCAGGGTCCGAGGTATTCGCAC-TGGATACGACGGCGCT |
| qRT-PCR | | F | CGCGAAGCTCAGGAGGGAT |
| qRT-PCR | mQ Primer R | R | AGTGCAGGGTCCGAGGTATT |

采用常规 PCR 和 qRT-PCR 技术研究与猕猴桃灰霉病抗性密切相关的 miRNA 靶基因的表达量。相关引物见表 5-6。内参基因为前期已经鉴定过的 β-actin（Liu et al.，2018）。有些 miRNA 由于缺乏合适的引物序列而无法验证，一些 miRNA 验证结果显示出与 RNA-seq 结果相似的趋势，表明数据的有效性（图 5-5）。

前人的转录组学分析研究表明，模式植物中许多转录因子可能在对灰葡萄孢菌感染的响应中发挥重要作用（Smith et al.，2014；Liu et al.，2015；Liu et al.，2021）。而 miRNA 的大多数靶基因是编码转录因子的基因。差异 miRNA 表达分析显示，在响应灰葡萄孢菌胁迫的过程中，保守的和具有特异性的

表 5-6 富集于 KEGG 通路的靶基因的 qRT-PCR 引物

| 目的 | 名称 | | 序列（5'→3'） |
|---|---|---|---|
| qRT-PCR | Achn017241 | F | GGGAAATACCAGCAGCATGT |
| | | R | TTTGGATGGTTGGTTTCCAT |
| qRT-PCR | Achn380001 | F | CCGTTCTGGTCAACTTCGAT |
| | | R | TGAATGCTCGAAAGAACACG |
| qRT-PCR | Achn045731 | F | CTTCGACTTGCCTCATGTCA |
| | | R | AATCACCTTCCCGTTGTCTG |
| qRT-PCR | Achn153791 | F | ACGGACCATTTGACCCATAA |
| | | R | GTCGCGGCTCTAATGACTTC |
| qRT-PCR | Achn117061 | F | CCCCTCTAGCCTTGTTTTCC |
| | | R | CCCACTCTTCACTCGCTTTC |
| qRT-PCR | Achn252191 | F | GCGGACGTATTCCATGTCTT |
| | | R | TGCAACTGCTCCATACCTTG |
| qRT-PCR | Achn087881 | F | ACTGCACAAAACGAGGGTTC |
| | | R | TGCAGGTCAACTTTGCGTAG |
| qRT-PCR | Achn083581 | F | TCGAGAATTGGACGGTTTTC |
| | | R | TCTATCATGCCCCACCTAGC |
| qRT-PCR | Achn191331 | F | CCACCGTCGTCGTCTTTAAC |
| | | R | GAACCAAGAAGGTCGGTGAA |

miRNA 都受到不同程度的调节，sRNA 测序结果表明，在 344 个已鉴定的 miRNA 中，有 151 个发生了表达差异，$\log_2 FC$ 至少为±0.58（$P<0.05$）。在差异表达的已知 miRNA 中，miR156h、miR160c 和 miR160d 上调，miR167c 和 miR167g 下调，特别是在侵染的初始阶段（1～3dpi）。前期大量研究发现上述 miRNA 参与植物抗病调控。通常苜蓿的 Md-miR156a 和 Md-miR156b 可靶向 *SPL* 基因发挥调节功能，但也有研究表明这 2 个 miRNA 可调节 WRKY 转录因子，从而影响苹果对叶斑病的抗性（Zhang et al.，2017）。木薯感染炭疽病后 miR160 和 miR393 表达量上调，同时其靶基因 *ARF10* 和 *TIR1* 则发生下调表达，说明 miR160 和 iR393 存在协同机制，二者通过生长素信号通路介导对病原体感染作出反应（Pinweha et al.，2015）。Osa-miR167d 已被证明对水稻免疫具有负调控作用，其通过下调 *ARF12* 的表达来增强水稻对稻瘟病菌的易感性（Zhao et al.，2020）。在与猕猴桃响应灰葡萄孢菌侵染有关的差异表达明显的 miRNAs 中，除了上述已知的 miRNA，另检测到 14 个新的 miRNA。

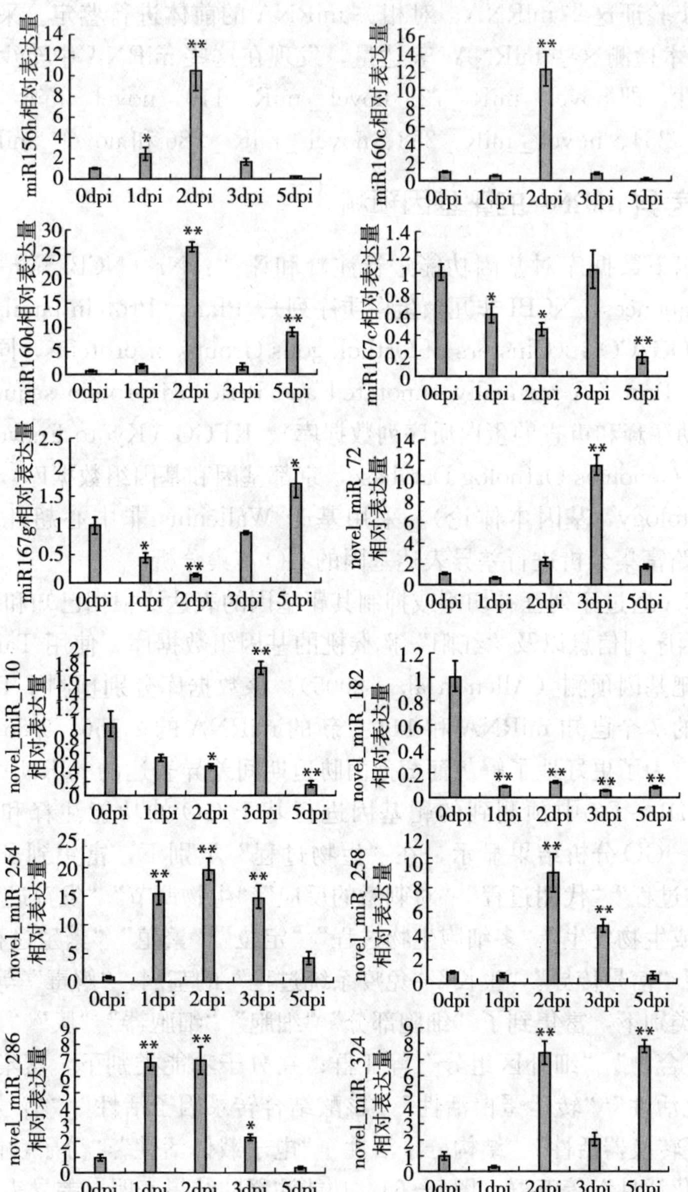


图 5-5 采用 qRT-PCR 技术检测筛选出的与猕猴桃响应灰葡萄孢菌侵染相关的已知和新的 miRNAs 的表达量

注：数值为 3 个生物重复的平均值±SE；* 表示差异显著（$P<0.05$），** 表示差异极显著（$P<0.01$）；novel 表示新的 miRNA。

为了进一步验证这些 miRNA，对相关 miRNA 的前体进行鉴定。采用荧光定量 PCR 技术检测这些 miRNAs 表达量，发现在这些 miRNA 中至少有 7 种具有生物活性，即 novel_miR_72、novel_miR_110、novel_miR_182、novel_miR_254、novel_miR_258、novel_miR_286 和 novel_miR_324。

## 五、差异 miRNA 的靶基因预测

利用以下数据库对基因功能进行注释和评估：Nr（NCBI non-redundant protein sequences，NCBI 非冗余蛋白质序列）、Pfam（Protein family，蛋白质家族）、KOG/COG（Clusters of Orthologous Groups of proteins，同源蛋白质簇）、SwissProt（A manually annotated and reviewed protein sequence database，手动注释和审查的蛋白质序列数据库）、KEGG（Kyoto Encyclopedia of Genes and Genomes Ortholog Database，京都基因和基因组数据库），以及 GO（Gene Ontology，基因本体论）。采用基于 Wallenius 非中心超几何分布的 KEGG 通路富集分析进行差异表达基因的 GO 富集分析。

miRNA 通过序列互补切割或抑制其靶基因的表达。根据已知和新的 miRNA 的基因序列信息以及“红阳”猕猴桃的基因组数据库，使用 TargetFinder 软件进行靶基因预测（Allen et al.，2005）。该数据库分别预测了 D1～D3 中差异表达的 7 个已知 miRNA 和 144 个新的 miRNA 的 2 156、2 864 和 2 881 个靶基因。为了更好地了解灰葡萄孢菌胁迫期间差异表达的 miRNA 靶向的基因组，对 D1～D3 中预测到的靶基因进行基于 GO 的功能注释和富集分析（图 5-6）。GO 分析结果显示，在“生物过程”类别下，富集到了“细胞过程”“单体过程”“代谢过程”“对刺激的反应”“生物调节”“发育过程”“细胞成分组织或生物发生”“多细胞生物过程”“定位”“繁殖”“繁殖过程”“多有机体过程”“信号传导”“生长”“免疫系统过程”的基因，“解毒”等亚群；在细胞组分类别下，富集到了“细胞部分”“细胞”“细胞器”“膜”“细胞连接”“大分子复合物”“细外区组分”等亚群；在分子功能类别下，富集到了“结合”“催化活性”“转运蛋白活性”“核酸结合转录因子活性”“信号转导子活性”“分子转换器活性”“结构分子活性”“电子载体活性”“分子功能调节剂”和“抗氧化活性”等亚群（图 5-6）。功能注释的结果表明，差异表达的 miRNA 的靶基因中，许多植物激素如生长素、赤霉素的转导途径，以及次生代谢物如苯丙氨酸解氨酶和黄酮类化合物的生物合成途径等，在灰葡萄孢菌侵染猕猴桃的过程中均受到不同程度的影响。

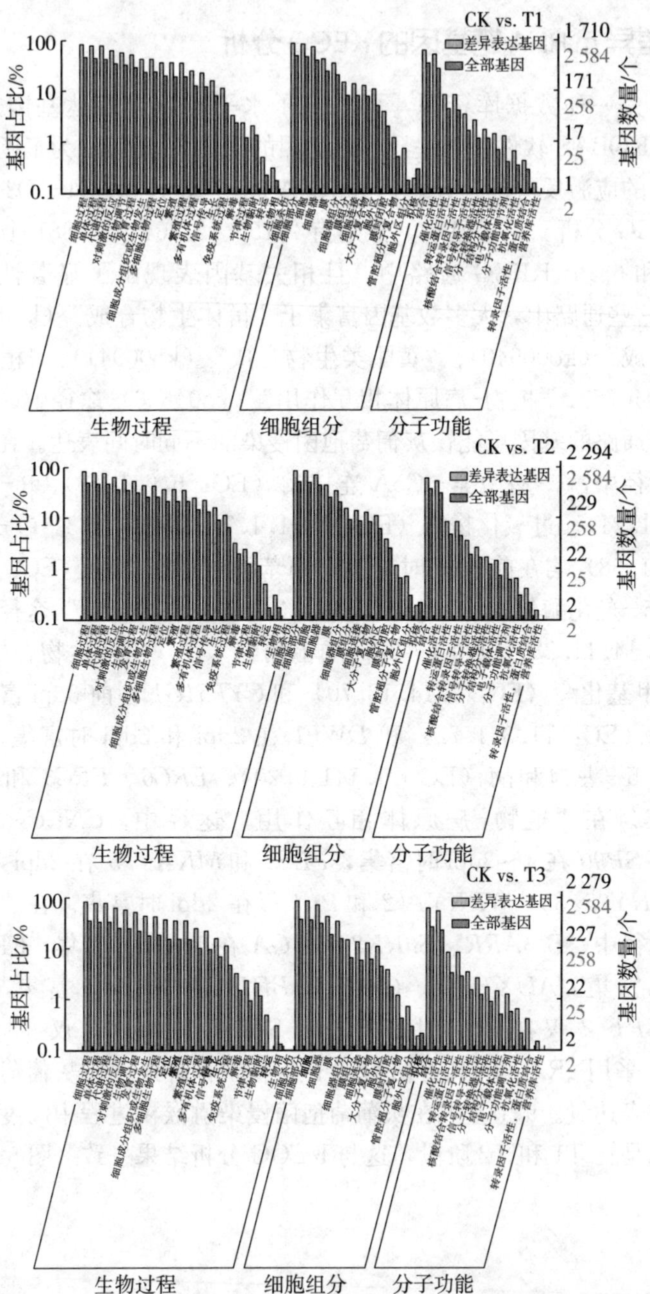


图 5-6 猕猴桃感染灰葡萄孢菌后 1～3d 差异表达的 miRNA 的靶基因的 GO 分析

注：“基因数量”轴上的深色数据为“差异表达基因”，浅色数据为“全部基因”。

## 六、差异 miRNA 靶基因的 KEGG 分析

KEGG 是一种数据库资源，可从分子水平对差异表达基因进行富集分析①。采用 KOBAS 软件评估差异表达基因的 KEGG 通路。为了阐明可能参与灰葡萄孢菌的应激反应的差异表达 miRNA 的靶基因，对 D1～D3 样本相关基因进行 KEGG 分析。结果显示，分别有 2 156、2 864 和 2 881 个靶基因富集于 69、78 和 63 个 KEGG 通路中，且相关基因表现出了显著性差异（$P<0.05$）。在这些通路中，大多数基因富集于“甾体生物合成”（ko00100）、“苯丙烷生物合成”（ko00940）、“黄酮类生物合成”（ko00941）、“植物激素信号转导”（ko04075）、“植物-病原体相互作用”（ko04626）途径中。然而，这些富集于不同通路的基因可能在灰葡萄孢菌侵染的不同时间表达。在“苯丙烷生物合成”途径中，4-香豆素-CoA 连接酶（EC：6.2.1.12）、β-葡萄糖苷酶（EC：3.2.1.21）、过氧化物酶（EC：1.11.1.7）和咖啡酸 3-O-甲基转移酶（EC：2.1.1.68）均在前 3dpi 时富集，而苯丙氨酸解氨酶（EC：44.3.1.24）和阿魏酸-5-羟化酶仅在前 2dpi 时富集。“黄酮类生物合成”途径中的黄酮合酶（EC：1.14.11.23）也在 1～2dpi 中检测到。在“甾体生物合成”途径中，甾醇 14 去甲基化酶（EC：1.14.13.70）和 *CYP51G1* 在前 3dpi 富集，delta24 甾醇还原酶（EC：11.3.1.72）和 *DWF1* 在 2dpi 和 3dpi 时富集，而 *SMT1*、Lathosterol 5-去饱和酶（EC+1.141 9.20）、*ERG6*、*ERG3* 和 *STE1* 仅在 3dpi 时富集。在“植物-病原体相互作用”途径中，*CNGCs*、*CaMCML*、*RPM1* 和 *HSP90* 在 1～3dpi 时富集，*FLS2* 和 *MKK4/5* 在 2dpi 和 3dpi 时富集，而 *WRKY25/33*、*WRKY1/2* 和 *Ptil* 仅在 2dpi 时富集。在“植物激素信号转导”途径中，*B-ARR*、*SnRK2* 和 *TGA* 在 1～3dpi 富集，*CRE1* 和 *ABF* 在 1～2dpi 富集，*AUX/IAA*、*GID1* 和 *BRI1* 在 2～3dpi 富集，*ARF*、*A-ARR* 和 *EBF1/2* 仅在 2dpi 时富集，而 *SAUR* 和 *MYC2* 仅在 3dpi 时富集（图 5-7）。采用 qRT-PCR 方法验证了上述显著富集且与灰葡萄孢菌抗性相关的基因的表达量。9 个基因在灰葡萄孢菌侵染猕猴桃过程中高度上调或下调表达，特别是在 T1 和 T2 阶段，这与 KEGG 分析结果一致（图 5-8）。

---

① 资料来源：http：//www.genome.jp/kegg/。

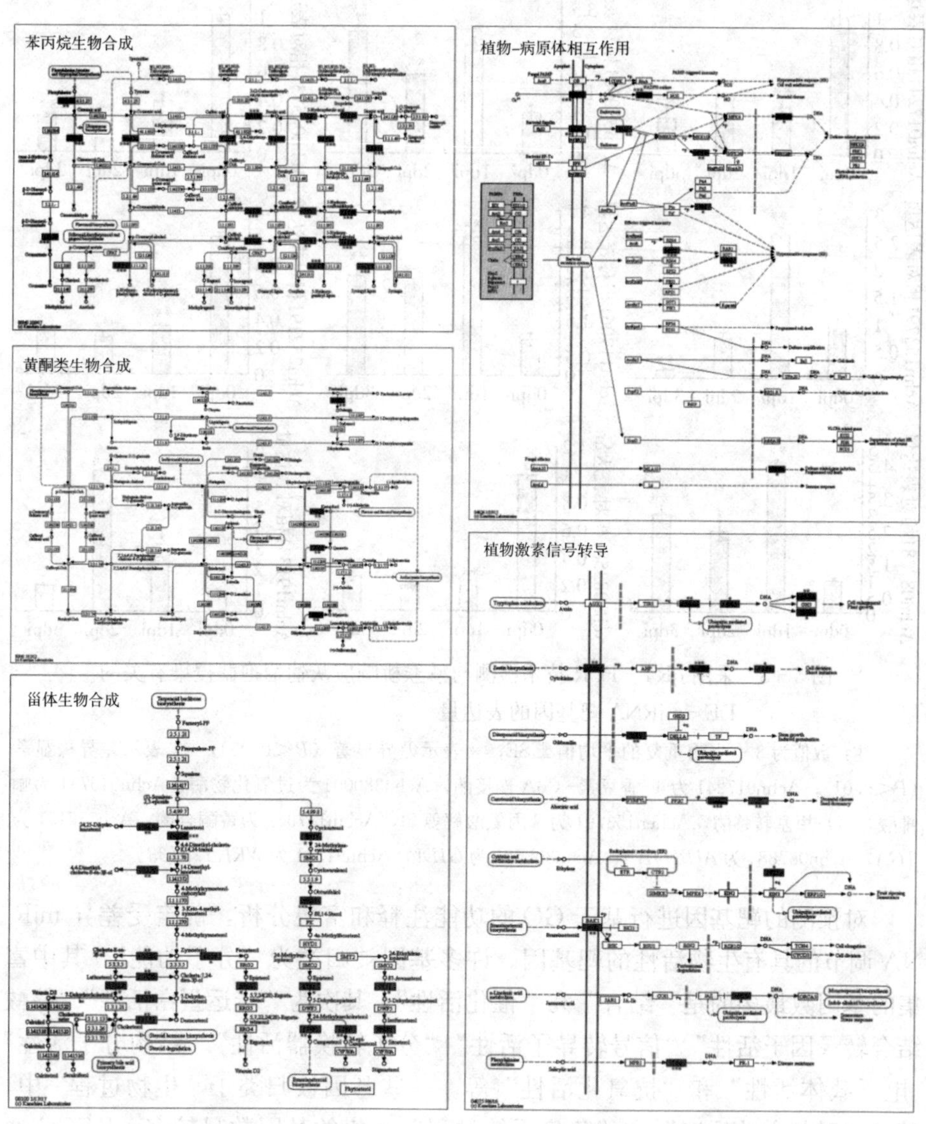


图 5-7　猕猴桃感染灰葡萄孢菌后 1～3d 差异表达的 miRNA 靶基因的 KEGG 分析

注：深色框表示差异表达的 miRNA 的潜在靶基因。

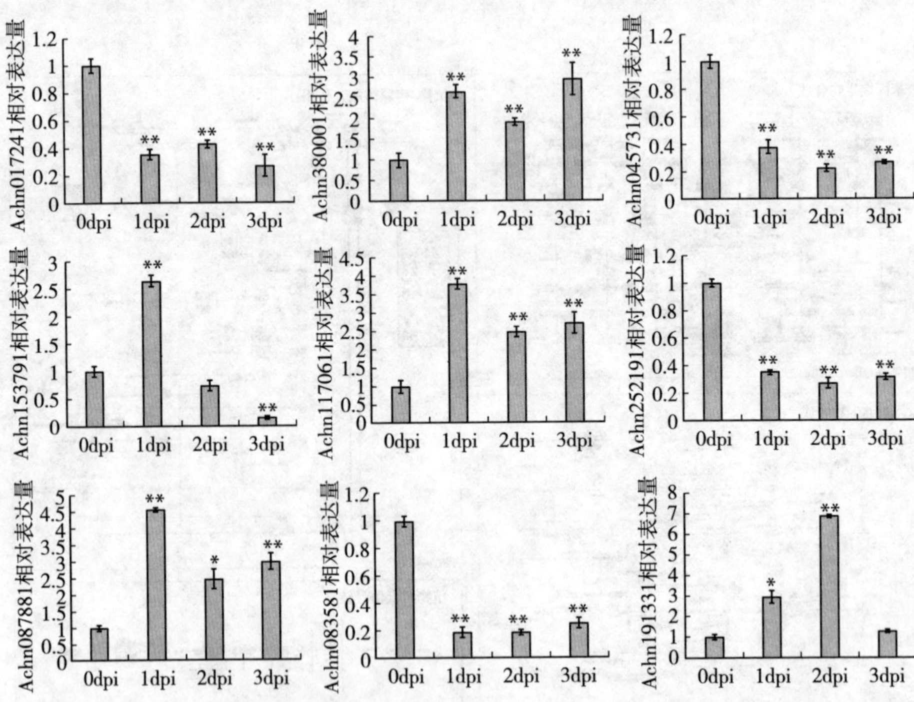


图 5-8　采用 qRT-PCR 技术检测与猕猴桃响应灰葡萄孢菌侵染有关的 DE-miRNA 靶基因的表达量

注：数值为 3 个生物重复的平均值±SE；* 表示差异显著（$P<0.05$），** 表示差异极显著（$P<0.01$）；Achn017241 为 4-香豆素-CoA 连接酶，Achn380001 为过氧化物酶，Achn045731 为咖啡酸 3-O-甲基转移酶，Achen153791 为苯丙氨酸解氨酶，Achin117061 为黄酮合酶，Ach252191 为 *TGA*，Achn087881 为 *AUX/IAA*，Achn308581 为 *GID1*，Achn91331 为 *WRKY25/33*。

对预测的靶基因进行基于 GO 的功能注释和富集分析，确定受差异 miRNA 调节的具有生物活性的靶基因。许多基因被归类为“分子功能”，其中富集的基因数最多的是“结合”和“催化活性”，其次为“转运蛋白活性”“核酸结合转录因子活性”“信号转导子活性”“分子转换器活性”“结构分子活性”“电子载体活性”和“抗氧化活性”等。一些基因被归类于“生物过程”中，其中“对刺激的反应”和“免疫系统过程”富集的基因数目较多。KEGG 通路分析显示，大多数靶基因富集在“甾体生物合成”“苯丙烷生物合成”“黄酮类生物合成”“植物激素信号转导”和“植物-病原体相互作用”通路中。前人研究表明，在植物的抗性反应过程中，次生代谢物既可作为阻碍病原体入侵的生化屏障，也可在植物抗病反应中作为介导信号转导的信号分子发挥作用

(Stitt et al., 2010; Li et al., 2013; Kai et al., 2020)。在猕猴桃受灰葡萄孢菌侵染后前 2～3d 富集到以下基因：4-羧甲基辅酶 A 连接酶，预测为 novel_miR_92/272的靶基因；novel_miR_286 靶向的β-葡萄糖苷酶；novel_miR_6/92/329 靶向的过氧化物酶 65；novel_miR_272 靶向的咖啡酸 3-O-甲基转移酶；以及 novel_miR_112 靶向的苯丙氨酸解氨酶和阿魏酸-5-羟化酶基因。由此可以推测，上述筛选出的 miRNA 在木质素、甾醇和黄酮类化合物等物质的生物合成中发挥着重要的调节作用。猕猴桃受灰葡萄孢菌侵染后 1～3dpi，甾体生物合成通路相关基因包括 novel_miR_121 的靶基因甾醇 14 去甲基酶、novel_miR_187 的靶基因 delta24 甾醇还原酶和 novell_miR_302的靶基因戊甾醇 5-去饱和酶均在猕猴桃中富集。上述结果表明次生代谢物合成通路相关基因参与了猕猴桃灰霉病的抗性反应，这进一步证实 miRNA 作为上游调节因子在多种次生代谢物合成中发挥着重要的调节作用。此外，*CNGCs*（novel_miR_253 的靶基因）、*CaMCML*（novel_miR_92 的靶基因）、*RPM1*（novel_miR_121 的靶基因），"植物-病原体相互作用"途径中的 *WRKY1/2*（novel_miR_227/316 的靶基因）之前也被证实与植物的抗病响应有关（Wang et al., 2017; Choi et al., 2021; Wei et al., 2021）。

本章研究发现，猕猴桃受灰葡萄孢菌侵染前 3d，许多差异表达的 miRNA 的靶基因富集于"植物激素信号转导"途径，这与前人研究结果一致，即植物通过产生内源性植物激素来应对病原体入侵。KEGG 通路分析结果显示，9 种植物激素信号通路相关基因发生富集，包括生长素信号通路基因 *IAAAUX/IAA*（novel_miR_300 的靶基因）、*ARF*（miR160 的靶基因）和 *SAUR*（novel_miR_214的靶基因）；细胞分裂素信号通路中的 *CRE1*（novel_miR_92 的靶基因）；赤霉素信号通路中的 *GID1*（novel_miR_23 的靶基因）；脱落酸信号通路中的 *SnRK2*（psi-miRn5 的靶基因）；Brassinosteroid 信号通路中的 *BRI1*（miR390 靶基因）；乙烯信号通路中的 *EBF1/2*（novel_miR_23 的靶基因）；水杨酸信号通路中的 *TGA*（novel_miR_328 的靶基因）。*TGA* 的上调和 *GID1* 和 *AUX/IAA* 的下调与前人研究结果一致（Liu et al., 2015），相关实验结果表明，植物激素在植物胁迫适应过程中发挥了重要作用。

## 第四节　小　　结

尽管从表型上看，灰葡萄孢菌对猕猴桃造成的损害在侵染的后期更为明显，但与猕猴桃对灰葡萄孢菌侵染的反应相关的 miRNA 的高度差异表达发生于侵染的初始阶段（1～3dpi）。在差异表达的 miRNA 中，检测了 5 个已知和 14 个新的 miRNA 的二级结构，并验证了其表达模式。进一步对差异表达 miRNA 的靶基因进行 KEGG 通路富集分析，结果显示，大量基因富集于甾体、苯丙烷类化合物和黄酮类化合物等次生代谢物的生物合成途径以及植物激素信号转导途径。本章研究为猕猴桃抗病调控机制提供了新的见解，并为猕猴桃抗病分子育种提供了一定的基因资源。尽管已鉴定的 miRNA 与其预测的靶基因间的调控关系初步阐释了猕猴桃灰霉病互作机制，连接相关 miRNA、次生代谢物和内源性植物激素的互作调控网络仍需要进一步研究。

# 第六章

# miR160 调控猕猴桃果实对灰霉病抗性的功能分析

前期采用灰葡萄孢菌悬液侵染猕猴桃果实并进行 RNA-seq 测序，发现 miR160 响应灰葡萄孢菌侵染的表达变化明显，推测 miR160 参与调控猕猴桃灰霉病抗性反应。在此基础上，本章研究以遗传背景清楚的“红阳”猕猴桃果实为实验材料，克隆猕猴桃 miR160 前体基因，采用 VIGS 技术研究 miR160 参与猕猴桃果实对灰霉病的防御反应的功能，并初步阐释 miR160d 调控猕猴桃果实灰霉病抗性的分子机制。研究结果将为实践中猕猴桃的抗病分子育种提供基因资源储备。

## 第一节　猕猴桃 miR160 参与猕猴桃对灰霉病的抗性调控

### 一、miR160 与植物生长发育的调控

研究表明，与 miRNAs 发挥调控作用密切相关的是其靶基因。miR160 家族的靶基因是 ARF，对植物生长发育过程有重要调控作用（杨春霞等，2014）。miR160 可在烟草的花蕾和维管束中表达，不在嫩叶和种子中表达，这是因为 miR160 家族具有组织特异性表达，属于来自不同位点的前体序列经过加工后产生的 miRNA 家族（Válóczi et al.，2006）。在拟南芥中，miR160 家族被证实的靶基因为 *ARF10*、*ARF16* 和 *ARF17*（Rhoades et al.，2002）。拟南芥中影响其胚胎和根发育、营养生长及生殖生长的是 miR160 靶向 *ARF17*，其主要参与生长素的信号传导途径（Mallory et al.，2005）；在拟南芥种子的萌发以及萌发后发育过程中，起关键调控作用的是 miR160 靶向

*ARF10*，在种子萌发过程中，降低对 ABA 的敏感性的是过表达 miR160 的转基因，转基因拟南芥种子和植物都表现出对 ABA 敏感性的还有过表达 miR160 靶基因同义突变体（*mARF10*），导致植物的表型发生变异，如卷曲的茎、锯齿状叶、发育异常的花和果等（Liu et al.，2007）。影响拟南芥胚胎发育的还有 miR160a 负调控靶基因 *ARF16* 和 *ARF17*（Liu et al.，2010）。影响番茄叶片长出和早期果实发育的是番茄 miR160a 对 *slARF10* 的抑制，*slARF10* 是 miR160a 靶向 *ARF10* 的同源基因（Hendelman et al.，2012）。miR160 的降解是通过剪切靶基因 *ARF16* 和 *ARF10* 实现的，从而达到调控根尖生长及向地性的目的，在拟南芥中会造成根尖发育缺陷等的也有过表达 miR160c（Fowler et al.，2002）。Csa-miR160dOE 转基因黄花促进黄瓜果实膨大，种子萌发试验结果显示，Csa-miR160dOE 植株种子发芽率、发芽势、主根长、侧根数等显著高于对照组，这表明黄瓜 Csa-miR160d 促进了黄瓜种子萌发（李尧尧，2022）。研究表明，miR160-ARF18 模块可以有效调控草莓开花的生物学功能，缩短草莓育种年限（李天宇，2022）。在 vvi-miR160 家族中，vvi-miR160c/d/e 可能介导 *VvARF18* 在葡萄种子发育的特定阶段调控种子的发育形成，而 vvi-miR160a/b 可能主要介导 *VvARF18* 参与调控 GA 诱导葡萄种子败育的过程（白云赫等，2020）。

## 二、miR160 参与植物的逆境胁迫响应

在面对植物逆境胁迫如养分、水分、温度及病菌侵染等时，调控植物相关基因的表达有 3 种水平，分别是转录水平、转录后水平和翻译水平。植物逆境胁迫下的 miRNA 的调控机制，一些研究结果表明可能属于转录后水平，但其调控机制暂不明确（Jones-Rhoades et al.，2004）。Feng 等在 2009 年检测了与病毒相关的番茄 miRNA，之后的研究表明 miRNA 在多种病害的防御和发生过程中发挥了非常重要的调控作用，如番茄不孕病毒（*Tomato aspermy virus*，*TAV*）、黄瓜花叶病毒（*Cucumer mosaic virus*，*CMV*）、番茄灰霉病、番茄卷叶新德里病毒（*Tomato leaf curl new delhi virus*，*ToLCNDV*）等（Feng et al.，2009）。有研究表明，一些 miRNA 的表达量在氮素水平较低的情况下会发生变化（Chiou，2007）。大豆感染烟草花叶病毒后，miR160 参与其生物胁迫过程，结果显示 miR160 的表达明显上调（Yin et al.，2013）。嫁接可以显著提高西瓜植株的抗冷性，这是因为影响了 miR160a 和其 *ARF* 靶基因的表达，并且 miR160a 与其靶基因整体上呈现负向调控的模式参与了嫁接西瓜抵御低温胁迫的过程（李严曼等，2022）。对耐热性强的蕹菜品种“泰国

三叉”和耐热性差的品种“柳叶”进行 42℃高温处理 15d 后进行分析，发现 miR160 的表达均显著上调（王杏茹等，2019）。通过转基因阿拉伯多虫植物过度表达 miR160 前体 a（160OE）和人工 miR160（MIM160），模仿 miR160 的抑制剂，得出 miR160 改变了热冲击蛋白的表达和植物发育，使植物能够在热应激中存活下来的结论（Lin et al.，2018）。针对马铃薯品种的耐受性（品种为 Unica）和敏感性（品种为 Russet Burbank），在干旱、高温和应力组合下进行测试，miR160a-5p 的表达随着对相应目标基因 *ARF16* 的抑制而增加等（Şanll et al.，2021）。

本章研究以遗传背景清楚的红阳猕猴桃和灰葡萄孢菌为实验材料，采用高通量测序技术对感染灰霉病菌的猕猴桃果实进行小 RNA 组测序，筛选鉴定猕猴桃果实中受灰霉病菌诱导的 miRNA；利用生物信息学软件预测相应的目标基因；采用 5'RACE 技术验证 miRNA 与目标基因的互作关系；采用 VIGS 技术研究与猕猴桃灰霉病抗性密切相关的 miR160d 在猕猴桃抗灰霉病中的功能。研究结果为揭示猕猴桃 miRNA 介导的抗灰霉病响应机制奠定基础，也为分子辅助猕猴桃抗病育种实践开辟新的突破口。

## 第二节　沉默表达猕猴桃 miR160 表型与生理指标分析

### 一、miR160d 的前体基因克隆与沉默表达载体构建

试验采用“红阳”猕猴桃果实。猕猴桃果实采收于授粉后 130d。选取形状、大小、重量（93g）、成熟度等外观品质基本相同，且没有机械损伤及病菌感染的果实，采收后于 5h 内运回重庆文理学院分子生物学实验室。采用浓度为 0.1%的次氯酸钠溶液消毒，浸泡 2min，随后使用自来水冲洗，于室温（20～25℃）下晾干后备用。

利用植物 DNA 提取试剂盒（Vazyme，中国）提取猕猴桃叶的基因组 DNA，于−20℃条件下保存。步骤按相应试剂盒上的说明书操作。采用电子天平称取 0.3g 琼脂糖倒于三角瓶内，与 30mL 1×TAE 电泳缓冲液混合摇匀之后加热至沸腾，待混合溶液冷却至 60～70℃时加入 1μL 核酸染料。等待溶液冷却时将凝胶板装上，放置于水平桌面上并将梳子插好，溶液倒入凝胶槽，排出气泡。凝胶冷却后小心取出梳子，放到水平电泳槽内，使缓冲液没过胶 1～2mm。加 6μL 的 Marker 于第一个孔，作为 DNA 分子量标准物以估测

DNA 样品的大小，取 5μL 的样品和 1μL 的 6×Loading Buffer 混合后依次加入电泳孔内开始电泳，完成后关闭电源取出凝胶，置于荧光图像分析系统上观察，电泳结果显示，DNA 条带远大于 2 000bp，证明所取得的样品较完整。电泳结果如图 6－1 所示。猕猴桃 DNA 提取条带大于 2 000bp，条带清晰，可以进行后续试验。

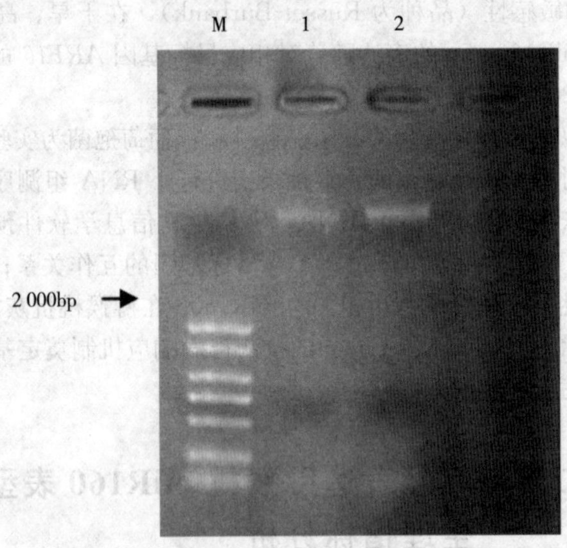


图 6－1　猕猴桃果实基因组提取电泳检测

M. DL2 000 分子量标准　1～2. 猕猴桃果实基因组

根据 miR160d 前体基因扩增引物（表 6－1），以猕猴桃果实基因组 DNA 为模板，进行 PCR 扩增，反应体系见表 6－2。将沉默片段 miR160d（VIGS）回收产物与 pEASY®-Blunt Cloning Vector 连接，并用热激法转化大肠杆菌感受态细胞 DH5α，利用蓝白斑筛选获得重组子，采用通用载体引物 M13F/R 进行菌落 PCR（图 6－2），miR160d-VS 条带在 500bp 上下。

**表 6－1　引物序列**

| 目的 | 扩增产物名称 | 引物序列 |
|---|---|---|
| PCR | miR160d 沉默片段 | F　TCAGGGAAAGCAAATATGGA |
| | | R　TTAGTGGTGCAACAGCAACC |

表6-2　反应体系

| 成分 | 体积/μL |
|---|---|
| DNA | 2 |
| Forward Primer（10μL） | 1 |
| Reverse Primer（10μL） | 1 |
| 5×*TransStart*® *FastPfu* Fly Buffer | 10 |
| 2.5mMdNTPs | 4 |
| *TransStart*® *FastPfu* Fly DNA Polymere | 1 |
| Nuclease-free Water | 31 |
| 合计 | 50 |

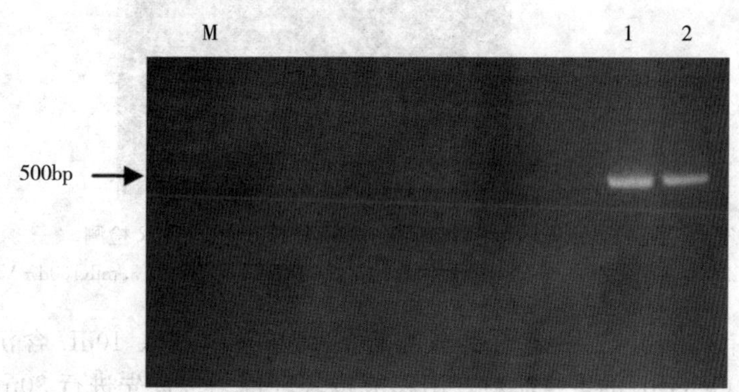


图6-2　高保真酶扩增miR160d-VS电泳检测

M. DL2 000分子量标准　1～2. miR160d-VS

PCR产物由高保真酶扩增，随后进行琼脂糖凝胶电泳，切下片段回收，取回收产物4μL与1μL上样缓冲液混匀点样电泳后，于荧光图像分析系统上观察，条带大小与图6-2条带位置相同则回收正确。利用FastPure Plasmid Mini Kit质粒DNA提取试剂盒（Vazyme公司）提取VIGS沉默载体质粒DNA，取DNA产物4μL与1μL 6×上样缓冲液混匀后进行琼脂糖凝胶电泳检测，于荧光图像分析系统中进行成像分析，条带位置大于 2kb，则提取的质粒 DNA 正确。将回收的 miR160d 和 miR160d－VS 片段与 pEASY®－Blunt Cloning Vector 连接，大肠杆菌感受态细胞 DH5α 采用热激法转化并涂平板，培养基放置于 37℃培养箱中过夜培养，得到既有白色单菌落又有蓝色单菌落的平板。在 LB 固体培养基中挑取白色单菌落加入 LB 液体培养基中混匀，取 2mL 做菌液 PCR，电泳后放置于荧光图像分析系统中，miR160d-VS 条带位置在 500bp 左右，测序序列正确（图 6－3）。

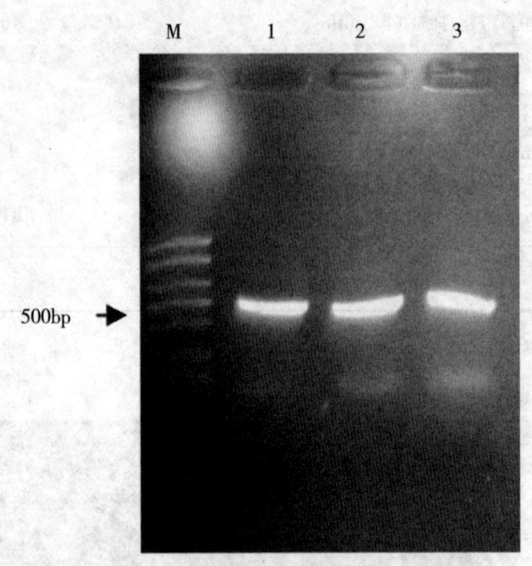


图 6－3　连接转化单菌落菌液 miR160d－VS PCR 检测

M. DL2 000 分子量标准　1. miR160d－VS－1　2. miR160d－VS－2　3. miR160d－VS－3

在装有 200μL 农杆菌感受态细胞的离心管中加入 10μL 含沉默片段 miR160d（VIGS）的重组质粒，用移液枪轻轻混匀；首先进行 30min 冰浴，冰浴结束后液氮冷冻 3～5 min，最后于 37℃水中静置 5min 进行水浴；然后加入 1mL LB 液体培养基；以 28℃、180r/min 振荡培养 4h；以 4 000r/min、室温离心 8min，弃上清液，加入 200μL LB 培养基重悬菌体，涂布于 LB 固定培养基（含利福平，庆大霉素和卡那霉素各 50mg/L）；在 28℃、黑暗条件下培养 2d，挑取单菌落并进行 PCR 检测验证，结果显示条带位置在 750bp 左右，位置正确（图 6－4）。

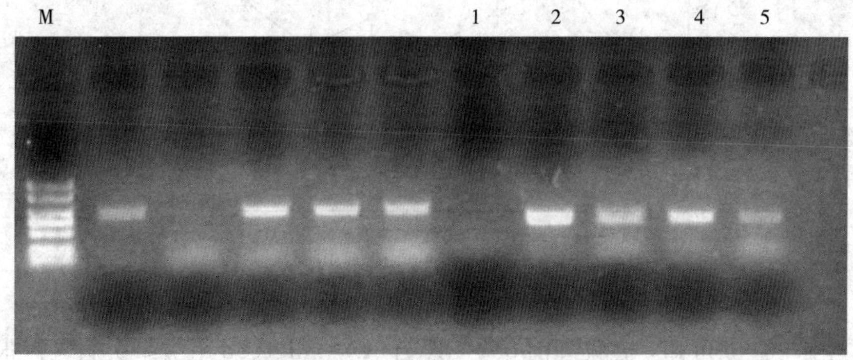


图 6－4　重组质粒转入农杆菌后的质粒提取

M. DL2 000 分子量标准　1～5. miR160d－VS

## 二、Ac－miR160d 瞬时转化、表型鉴定与生理指标测定

本章试验所用的植物材料为“红阳”猕猴桃果实。采用无菌枪头为猕猴桃均匀打孔，晾干后取活化菌液 10μL 注射到孔隙，再次晾干，反复注射 3 次。设置注射无菌水（记为 CK）和空载体菌液（记为 TRV2）的对照组，在转化 5d 后采集两组猕猴桃果实病健交界处果肉样品，迅速置于液氮中冷冻，并采用荧光定量 PCR 技术分析其表达量。将 10μL 灰葡萄孢菌孢子悬浮液（浓度为 $10^4$ 个孢子/mL）注射到孔隙，再次晾干，反复注射 3 次。设置注射无菌水（记为 CK）和空载体菌液（记为 TRV2）的对照组，在转化 5d 后采集两组猕猴桃果实病健交界处果肉样品，迅速置于液氮中冷冻。于接种后不同时间（0、24、48、72、96 h）取样并统计果实腐烂率和病斑直径，检测防御酶活性变化。

由图 6－5 可知，在 0d 时，CK 与 TRV2－miR160d 组的 Ac－miR160d 的表达量相当，在处理后的 1～2d，TRV2－miR160d 组的 Ac－miR160d 呈现持续上升趋势，并在第 2 天达到峰值。随着时间的推移，二者的表达量皆有所下调。将果实中的 miR160d 载体沉默后，其表达量在短时间内迅速下降，说明 miR160d 沉默载体已经成功转化并发挥了调控作用。

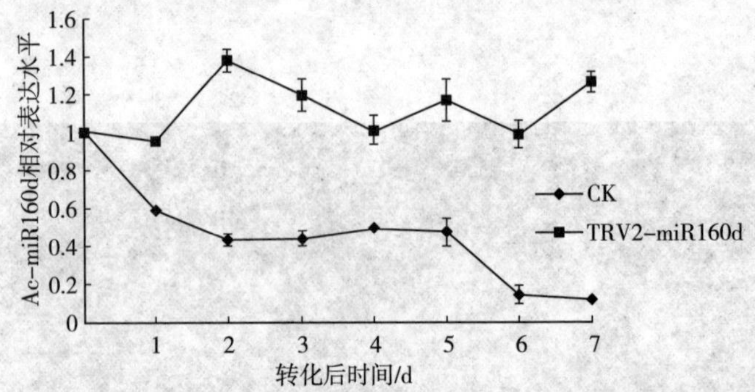


图 6-5　miR160d 在猕猴桃果实中发生下调表达

由图 6-6 可知，在处理前 3d，CK 与 Ac-miR160d 组对果实病斑扩张的影响差别不大，而 Ac-miR160d 组明显受影响更大；在处理第 5 天，CK 与 Ac-miR160d组对果实的影响也出现差距，而 Ac-miR160d 组受影响更明显，与前两组对比变化更加明显。数据显示，果实中的 miR160d 载体沉默后，果实病斑扩张速度明显加快，表明抑制表达的 miR160d 增强了猕猴桃果实对灰葡萄孢菌的易感性。

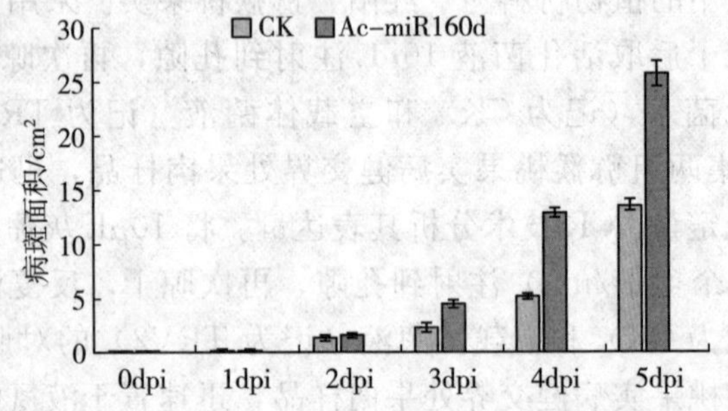


图 6-6　沉默表达 miR160d 对猕猴桃病斑扩张的影响

以猕猴桃果肉组织为实验材料，提取 POD、SOD、CAT 并检测其活性。由图 6-7 可知，经过处理后，沉默组（160VS）猕猴桃果实 POD 活性呈波动下降趋势，在处理第 3 天达到峰值，约为对照组的 1.26 倍。虽之后活性降低，但至第 6 天仍高于对照组，约为对照组的 1.21 倍。沉默组猕猴桃果实 SOD 活性从第 2 天呈波动下降趋势，且在处理第 2 天达到峰值，约为对照组的 1.43 倍。虽之后活性降低，但至第 6 天仍高于对照组，约为对照组的 1.31 倍。对照组的 CAT 活性在第 1 天突然升高并呈现不稳定波动，沉默组猕猴桃果实 CAT 活性前 4d 呈波动下降趋势，在处理第 5 天突然升高并达到峰值，约为对照组的 1.12 倍。虽之后活性降低，但至第 6 天后仍高于对照组，约为对照组的 1.07 倍。说明沉默表达 miR160d 后可显著增强猕猴桃果实清除自由基的能力，延缓果实衰老。

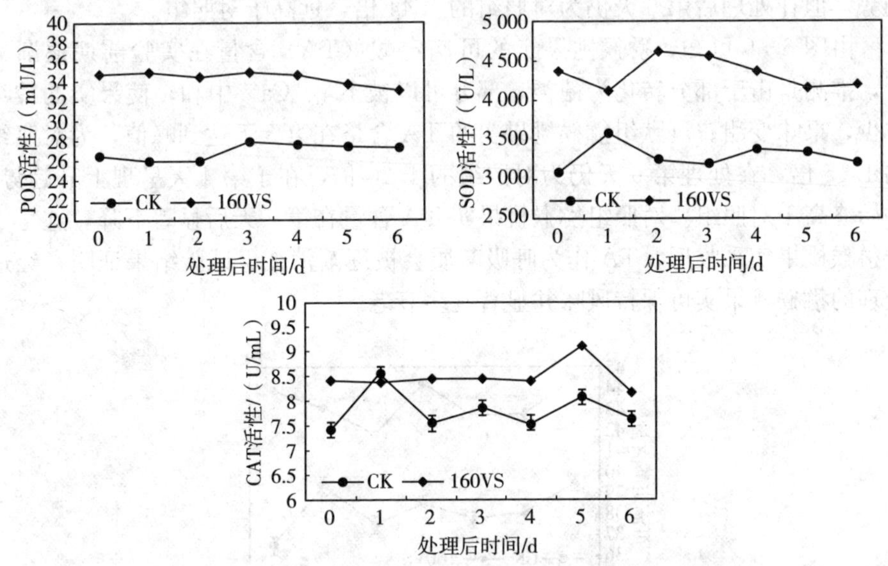


图 6-7　沉默表达 miR160d 对猕猴桃果实防御酶活性的影响

由图 6-8 可知，可溶性糖含量在沉默组猕猴桃果实处理后的第 3 天达到峰值，为对照组的 1.84 倍，之后呈波动下降趋势，但在处理后第 6 天仍为对照组的 1.61 倍。说明沉默组猕猴桃果实可溶性糖含量远高于对照组。而对照组的可溶性糖含量在实验第 1～3 天出现显著下降趋势，推测可能是采收初期猕猴桃果实淀粉含量降低导致的；第 3 天之后呈现稳定上升趋势，这是由于随着采收时间的延长，猕猴桃果实中的淀粉不断被水解转化为可溶性糖，使可溶

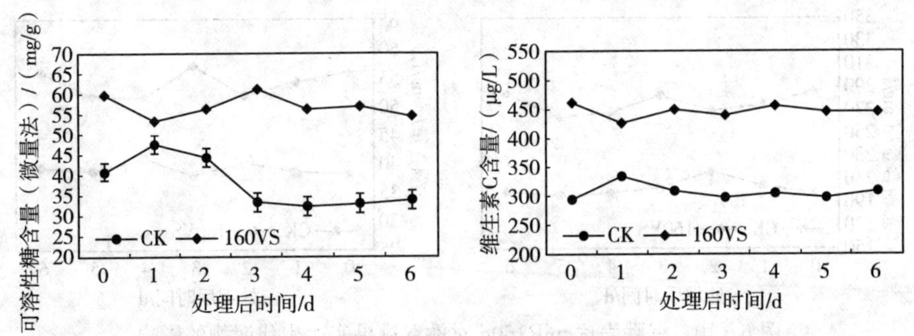


图 6-8　沉默表达 miR160d 对猕猴桃果实渗透调节物质的影响

性糖含量趋于稳定。沉默组猕猴桃果实可溶性糖含量较为稳定，含量变化区间在 8.0mg/g 左右，而对照组的波动区间为 15.24mg/g。由图 6-8 可知，维生素 C 含量在处理后的第 4 天达到峰值，为对照组的 1.51 倍，之后呈波动下降趋势，但在处理后第 6 天仍为对照组的 1.44 倍，远高于对照组。

由图 6-9 可知，猕猴桃果实的可滴定酸（TA）含量在实验前期逐渐减少，推测是由于部分转化为糖类，部分可以被 $K^+$、$Ca^{2+}$ 中和，使果实的酸味减少，果味变甜。沉默组猕猴桃果实的 TA 含量在第 3 天达到峰值，为对照组的 1.15 倍，在处理第 6 天仍为对照组的 1.20 倍，在于第 4 天呈现上升趋势，并始终高于对照组。对照组猕猴桃果实 TA 含量在第 5 天后显著下降，这是由于猕猴桃果实采收后，TA 作为呼吸基质会被逐渐消耗。试验结果证明，经过处理的猕猴桃果实可保持风味并显著延缓衰老。

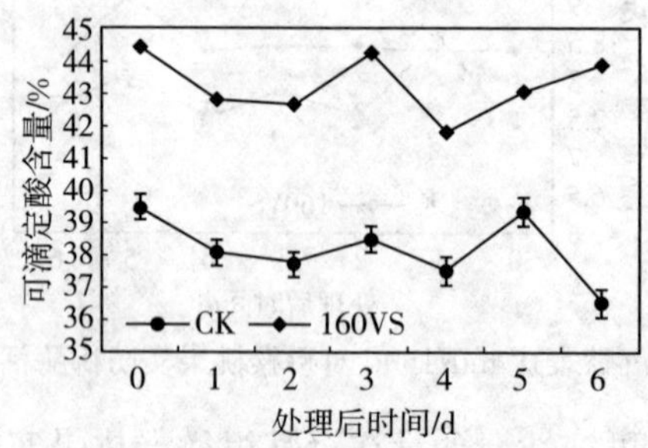


图 6-9　沉默表达 miR160d 对猕猴桃果实 TA 的影响

酚类物质是参与植物生长发育全过程的一种次生代谢物，具有极强的抗氧化活性，对植物抵御生物与非生物胁迫具有重要意义。由图 6-10 可知，沉默组猕猴桃果实中的总酚含量在处理后的第 3 天达到峰值，是对照组的 1.40 倍，之后呈波动下降趋势，但在处理后第 6 天仍为对照组的 1.43 倍，远高于对照

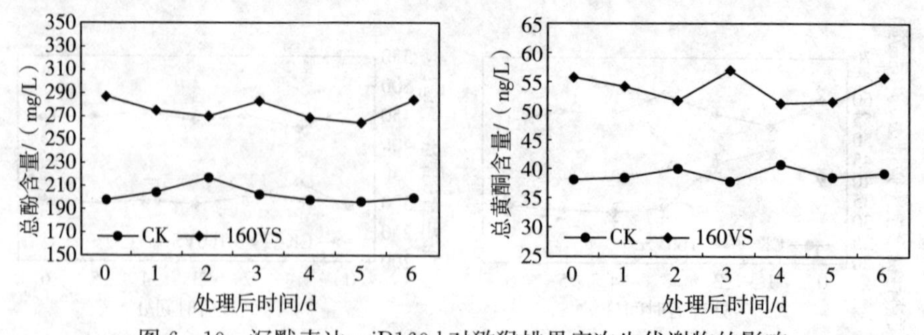


图 6-10　沉默表达 miR160d 对猕猴桃果实次生代谢物的影响

组。总黄酮多以苷类形式存在于植物中，是一种天然抗氧化剂，可清除自由基。由图 6-10 可知，猕猴桃果实中的总黄酮含量在处理后的第 3 天达到峰值，为对照组的 1.50 倍，之后呈波动下降趋势，但在处理后第 6 天仍为对照组的 1.41 倍，远高于对照组。

由图 6-11 可知，沉默组猕猴桃果实中的生长素 IAA 含量在处理后的第 5 天达到峰值，是对照组的 1.15 倍，之后呈下降趋势，但在处理后第 6 天仍为对照组的 1.20 倍。猕猴桃果实中的 ETH 在处理后的第 5 天达到峰值，是对照组的 1.20 倍，之后呈下降趋势，但在处理后第 6 天仍为对照组的 1.09 倍。猕猴桃果实中的 SA 含量在处理后的第 5 天达到峰值，是对照组的 1.13 倍，之后呈下降趋势，但在处理后第 6 天仍为对照组的 1.21 倍。IAA 和 ETH 含量均高于对照组，SA 含量除第 2、第 4 天外，其他时间均高于对照组。

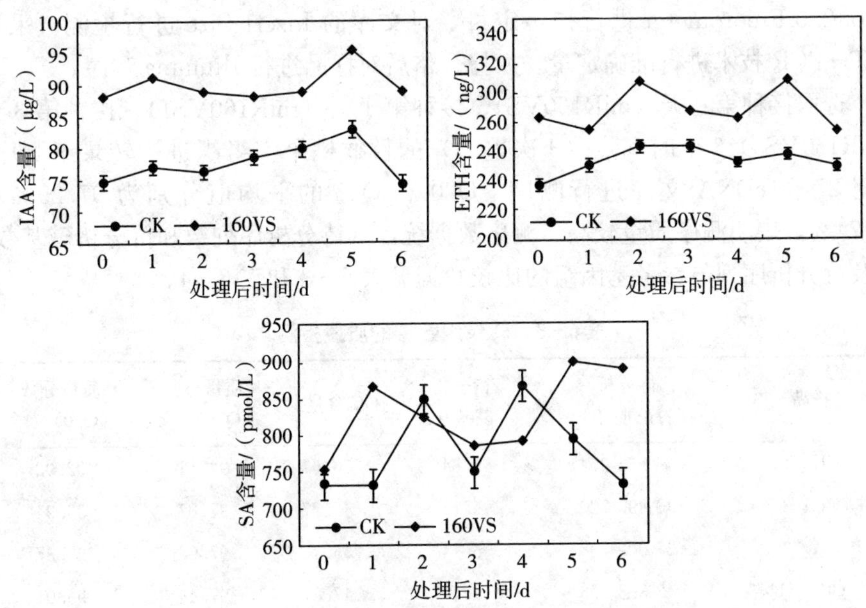


图 6-11　沉默表达 miR160d 对猕猴桃果实植物激素的影响

## 第三节　沉默表达猕猴桃 miR160 的转录组分析

### 一、猕猴桃样品采集与建库测序

试验所用灰葡萄孢菌为实验室保藏菌种 CJLC2，菌种保存在 −80℃超低温冰箱中，取出后置于冰上溶解，无菌接种于 PDA 培养基，在 25℃恒温箱中培养活化 3 周后转接到新的培养基，培养 2 周即可稀释并用于侵染猕猴桃果实。使用消毒后的打孔器在猕猴桃果实表面形成大小、深度一致的伤口（5mm×3mm），采用瞬时注射方式，将 miR160d 转化进入猕猴桃果实，并在 25℃条件下干燥。6d 后采用移液枪在伤口处分别注入 10μL 灰葡萄孢菌孢子悬浮液（浓度为 $10^4$ 个孢子/mL），同时观察并记录每日猕猴桃果实的发病情况。使用无菌手术刀切取 0h（miR160VS vs. CK）、24h（miR160VS1 vs. CK1），72h（miR160VS3 vs. CK3）病健交界处果肉组织并用液氮速冻，转录组分析样品存于－80℃超低温冰箱中。各处理用果 10 个，3 次重复，整个实验重复 2 次。总 RNA 提取使用磁珠法试剂盒。样品检测合格之后用于 cDNA 文库构建。转录组学测序委托南京奥维森基因科技有限公司完成。构建所得文库采用 Qubit2.0 Fluorometer 进行初步定量，对文库的 Insert Size 进行检测，采用 qRT－PCR 技术进行准确定量。库检合格后对样品进行 Illumina 测序。

选取接种第 0 天（miR160VS）、接种第 1 天（miR160VS1）、接种第 3 天（miR160VS3）3 个时间点（3 次重复）的猕猴桃果实组织进行转录组测序。共对 27 个 cDNA 文库进行测序，Q20 和 Q30 的平均值分别为 97.29%和 92.74%，表明测序质量较高。测序数据统计（待分析序列数和待分析碱基数）以及待分析序列与参考基因组的比较数据见表 6－3 和表 6－4。

**表 6－3　转录组数据的质量检测**

| 样品 | 待分析序列/条 | 待分析碱基/G | GC 含量/% | 质量分数（Q20）/% | 质量分数（Q30）/% |
|---|---|---|---|---|---|
| CK_1 | 43 962 864 | 6.64 | 50.67 | 97.41 | 92.92 |
| CK_2 | 40 890 720 | 6.17 | 47.27 | 97.87 | 93.94 |
| CK_3 | 38 009 738 | 5.74 | 55.16 | 97.02 | 92.37 |
| CK1_1 | 42 363 476 | 6.40 | 47.87 | 97.44 | 93.01 |
| CK1_2 | 43 309 756 | 6.54 | 47.00 | 97.74 | 93.63 |
| CK1_3 | 41 589 500 | 6.28 | 47.14 | 97.35 | 92.92 |
| CK3_1 | 46 132 542 | 6.97 | 47.29 | 97.27 | 92.55 |
| CK3_2 | 38 795 960 | 5.86 | 47.12 | 97.70 | 93.60 |
| CK3_3 | 37 677 390 | 5.69 | 49.43 | 96.83 | 91.84 |
| miR160VS_1 | 45 867 390 | 6.93 | 47.20 | 97.30 | 92.61 |
| miR160VS_2 | 41 219 992 | 6.22 | 47.07 | 97.14 | 92.45 |

（续）

| 样品 | 待分析序列/条 | 待分析碱基/G | GC含量/% | 质量分数（Q20）/% | 质量分数（Q30）/% |
|---|---|---|---|---|---|
| miR160VS_3 | 42 093 770 | 6.36 | 47.09 | 97.43 | 93.07 |
| miR160VS1_1 | 44 938 842 | 6.79 | 51.97 | 96.90 | 91.84 |
| miR160VS1_2 | 41 005 768 | 6.19 | 50.19 | 97.36 | 93.08 |
| miR160VS1_3 | 38 466 358 | 5.81 | 53.25 | 97.23 | 92.83 |
| miR160VS3_1 | 53 270 956 | 8.04 | 47.29 | 97.09 | 92.11 |
| miR160VS3_2 | 34 302 628 | 5.16 | 46.97 | 97.21 | 92.72 |
| miR160VS3_3 | 113 829 176 | 17.19 | 48.85 | 97.33 | 92.92 |

**表 6-4 样品测序数据与所选参考基因组序列比对结果统计**

单位：条

| 样品 | 总序列 | 比对序列 | 多处比对上的序列 | 单一比对上的序列 | 比对到正链上的序列 | 比对到负链上的序列 |
|---|---|---|---|---|---|---|
| CK_1 | 43 962 864 | 28 064 354 (63.84%) | 1 115 684 (2.54%) | 26 948 670 (61.3%) | 13 474 335 (30.65%) | 13 474 335 (30.65%) |
| CK_2 | 40 890 720 | 37 945 730 (92.8%) | 1 492 368 (3.65%) | 36 453 362 (89.15%) | 18 226 681 (44.57%) | 18 226 681 (44.57%) |
| CK_3 | 38 009 738 | 10 755 494 (28.3%) | 549 116 (1.44%) | 10 206 378 (26.85%) | 5 103 189 (13.43%) | 5 103 189 (13.43%) |
| CK1_1 | 42 363 476 | 36 713 266 (86.66%) | 1 591 488 (3.76%) | 35 121 778 (82.91%) | 17 560 889 (41.45%) | 17 560 889 (41.45%) |
| CK1_2 | 43 309 756 | 39 618 424 (91.48%) | 1 525 454 (3.52%) | 38 092 970 (87.95%) | 19 046 485 (43.98%) | 19 046 485 (43.98%) |
| CK1_3 | 41 589 500 | 38 750 308 (93.17%) | 1 609 668 (3.87%) | 37 140 640 (89.3%) | 18 570 320 (44.65%) | 18 570 320 (44.65%) |
| CK3_1 | 46 132 542 | 42 209 716 (91.5%) | 1 969 184 (4.27%) | 40 240 532 (87.23%) | 20 120 266 (43.61%) | 20 120 266 (43.61%) |
| CK3_2 | 38 795 960 | 35 808 858 (92.3%) | 1 608 376 (4.15%) | 34 200 482 (88.15%) | 17 100 241 (44.08%) | 17 100 241 (44.08%) |
| CK3_3 | 37 677 390 | 27 774 132 (73.72%) | 1 313 628 (3.49%) | 26 460 504 (70.23%) | 13 230 252 (35.11%) | 13 230 252 (35.11%) |
| miR160VS_1 | 45 867 390 | 41 015 154 (89.42%) | 1 846 184 (4.03%) | 39 168 970 (85.4%) | 19 584 485 (42.7%) | 19 584 485 (42.7%) |

（续）

| 样品 | 总序列 | 比对序列 | 多处比对上的序列 | 单一比对上的序列 | 比对到正链上的序列 | 比对到负链上的序列 |
|---|---|---|---|---|---|---|
| miR160VS _ 2 | 41 219 992 | 38 002 698（92.19%） | 1 540 616（3.74%） | 36 462 082（88.46%） | 18 231 041（44.23%） | 18 231 041（44.23%） |
| miR160VS _ 3 | 42 093 770 | 39 065 280（92.81%） | 1 629 462（3.87%） | 37 435 818（88.93%） | 18 717 909（44.47%） | 18 717 909（44.47%） |
| miR160VS1 _ 1 | 44 938 842 | 22 826 476（50.79%） | 1 240 804（2.76%） | 21 585 672（48.03%） | 10 792 836（24.02%） | 10 792 836（24.02%） |
| miR160VS1 _ 2 | 41 005 768 | 28 410 804（69.28%） | 1 707 678（4.16%） | 26 703 126（65.12%） | 13 351 563（32.56%） | 13 351 563（32.56%） |
| miR160VS1 _ 3 | 38 466 358 | 16 666 338（43.33%） | 918 068（2.39%） | 15 748 270（40.94%） | 7 874 135（20.47%） | 7 874 135（20.47%） |
| miR160VS3 _ 1 | 53 270 956 | 48 043 458（90.19%） | 2 376 384（4.46%） | 45 667 074（85.73%） | 22 833 537（42.86%） | 22 833 537（42.86%） |
| miR160VS3 _ 2 | 34 302 628 | 31 627 248（92.2%） | 1 751 410（5.11%） | 29 875 838（87.09%） | 14 937 919（43.55%） | 14 937 919（43.55%） |
| miR160VS3 _ 3 | 113 829 176 | 92 418 982（81.19%） | 4 718 904（4.15%） | 87 700 078（77.05%） | 43 850 039（38.52%） | 43 850 039（38.52%） |

## 二、差异基因整体分析

本章研究使用草莓（*Fragaria*×*ananassa*）[①] 作为参考基因组。使用 DESeq2 进行差异表达分析，采用 Benjamini-Hochberg 方法修正 FDR。选取不同的感染时间（0、24、48h），以 FC≥2 和 FDR<0.01 筛选 DEGs。火山图采用 OmicShare 工具分析不同的感染时间（0、24、48h）差异基因。维恩图工具比较了与灰霉病相关的 DEGs。

转录组测序显示共有 37 159 个表达基因，按 FDR<0.05 且 $|\log_2 FC|>1$ 的过滤标准对 miR160VS 处理与对照组 3d 配对中的差异表达基因进行比较（图 6-12）。结果显示，刚刚接种 miR160VS 时（miR160VS vs. CK），有 480

① 资料来源：ftp：//ftp. ncbi. nlm. nih. gov/ genomes/all/ GCA/ 000/511/835/GCA _ 000511835. 1 _ FAN _ r1。

个差异表达基因（表 6－5），其中 287 个差异基因下调表达，193 个差异基因上调表达；在处理进行到 24h（miR160VS1 vs. CK1）时，共鉴定出 5 563 个差异表达基因，其中 1 919 个差异基因表达下调，3 644 个基因上调表达（表 6－6）；在处理进行到 48h（miR160VS3 vs. CK3）时，差异基因表达水平较为稳定，共鉴定出 361 个差异基因，其中下调表达基因 76 个，上调表达基因 285 个（表 6－7）。miR160VS vs. CK 组与 miR160VS1 vs. CK1 组相比，共有 140 个相同的基因进行差异表达；miR160VS1 vs. CK1 组与 miR160VS3 vs. CK3 组相比，共有 189 个相同的基因进行差异表达；miR160VS vs. CK 组与 miR160VS3 vs. CK3 组相比，共有 11 个相同的基因进行差异表达；3 组处理组相比，有 4 个相同的基因进行了差异表达（图 6－13）。3d 处理（miR160VS vs. CK 组、miR160VS1 vs. CK1 组、miR160VS3 vs. CK3 组）差异基因显著，证明 miR160VS 处理显著调控了猕猴桃果实对灰霉病的抗性。

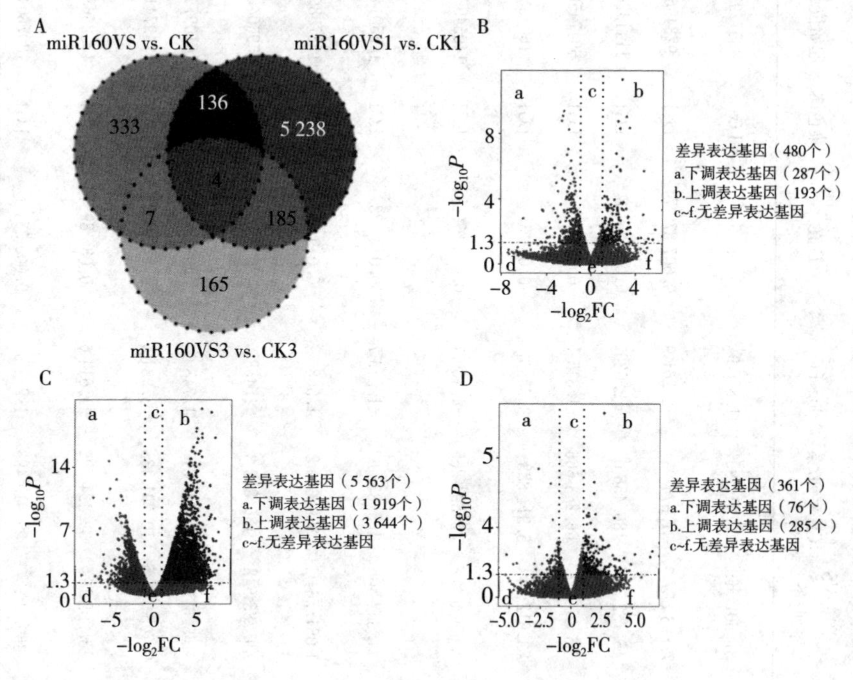


图 6－12　猕猴桃各组样品间差异表达基因

A. 猴桃各组样品间差异表达基因维恩图　B. miR160VS vs. CK 组差异基因火山图
C. miR160VS1 vs. CK1 组差异基因火山图　D. miR160VS3 vs. CK3 组差异基因火山图

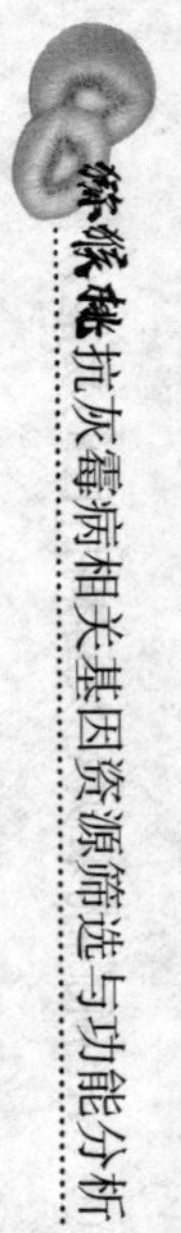


**表 6-5　miR160VS vs. CK 的差异表达基因**

| 基因 ID | miR160VS 序列/条 | CK 序列/条 | $log_2FC$ | P 值 | 染色体 | 起始位点 | 终止位点 | 长度/bp | 基因描述 |
|---|---|---|---|---|---|---|---|---|---|
| CEY00_Acc00034 | 37.507 569 | 10.211 951 | 1.876 9 | 0.045 647 | LG11 | 8857793 | 8869879 | 4 824 | Inter-alpha-trypsin inhibitor heavy chain like |
| CEY00_Acc00173 | 7.896 887 9 | 37.874 931 | −2.261 9 | 0.007 879 7 | LG1 | 923496 | 930601 | 1 841 | High mobility group B protein |
| CEY00_Acc00188 | 45.782 355 | 186.456 63 | −2.026 | 0.001 067 8 | LG1 | 1141320 | 1146479 | 1 737 | Chitinase-like protein |
| CEY00_Acc00497 | 26.075 62 | 66.243 666 | −1.345 1 | 0.026 954 | LG1 | 6947456 | 6955284 | 2 996 | Serine hydroxymethyltransferase |
| CEY00_Acc00747 | 73.612 949 | 5.911 888 9 | 3.638 3 | 0.044 371 | LG1 | 11603356 | 11613860 | 2 116 | Protein DETOXIFICATION like |
| CEY00_Acc00888 | 2.659 514 8 | 45.894 265 | −4.109 1 | 0.008 979 8 | LG1 | 14054969 | 14057088 | 1 002 | Xyloglucan endotransglucosylase/hydrolase protein |
| CEY00_Acc00928 | 71.362 405 | 165.857 63 | −1.216 7 | 0.043 023 | LG1 | 14650144 | 14653259 | 1 179 | Pre-mRNA cleavage factor Im subunit like |
| CEY00_Acc01038 | 1 051.564 1 | 369.640 2 | 1.508 3 | 0.019 897 | LG1 | 15878859 | 15886333 | 3 188 | Beta-galactosidase |
| CEY00_Acc01044 | 49.788 542 | 136.842 3 | −1.458 6 | 0.003 557 | LG1 | 15960405 | 15965728 | 1 815 | Aldehyde dehydrogenase family 3 member like |
| CEY00_Acc01056 | 165.619 7 | 49.286 617 | 1.748 6 | 0.001 888 | LG1 | 16109747 | 16114143 | 1 325 | Pectinesterase |
| CEY00_Acc01176 | 0.705 766 5 | 10.791 435 | −3.934 6 | 0.022 022 | LG1 | 17497412 | 17500551 | 1 594 | UDP-glycosyltransferase |
| CEY00_Acc01179 | 13.802 194 | 39.434 792 | −1.514 6 | 0.036 893 | LG1 | 17525684 | 17532445 | 2 257 | AP2-like ethylene-responsive transcription factor |
| CEY00_Acc01228 | 350.591 4 | 96.919 493 | 1.854 9 | 0.000 354 1 | LG1 | 18076044 | 18081075 | 1 929 | Inositol-3-phosphate synthase |

（续）

| 基因 ID | miR160VS 序列/条 | CK 序列/条 | $log_2FC$ | *P* 值 | 染色体 | 起始位点 | 终止位点 | 长度/bp | 基因描述 |
|---|---|---|---|---|---|---|---|---|---|
| CEY00 _ Acc01229 | 10.129 843 | 37.726 775 | −1.897 | 0.020 31 | LG1 | 18090244 | 18096450 | 2 092 | Bifunctional aspartate aminotransferase and glutamate/aspartate-prephenate aminotransferase |
| CEY00 _ Acc01290 | 69.716 885 | 151.321 61 | −1.118 | 0.042 33 | LG14 | 14017654 | 14019364 | 1 711 | Beta-D-glucosyl crocetin beta-1, 6-glucosyltransferase |
| CEY00 _ Acc01490 | 12 913.48 | 28 078.473 | −1.120 6 | 0.002 119 4 | LG2 | 1293419 | 1299349 | 1 706 | Glutamate dehydrogenase |
| CEY00 _ Acc01500 | 27.018 519 | 96.855 007 | −1.841 9 | 0.002 809 4 | LG2 | 1385283 | 1390529 | 1 307 | Hydroxyacylglutathione hydrolase |
| CEY00 _ Acc01513 | 19 881.091 | 6 508.959 1 | 1.610 9 | 0.000 343 7 | LG2 | 1536299 | 1537880 | 1 160 | Expansin-A8 like |
| CEY00 _ Acc01526 | 332.910 77 | 49.836 827 | 2.739 9 | 0.008 607 4 | LG2 | 1629711 | 1630602 | 652 | HIG1 domain family member 1B like |
| CEY00 _ Acc01603 | 136.042 94 | 56.837 946 | 1.259 1 | 0.030 351 | LG2 | 2419665 | 2424489 | 1 765 | Proline transporter like |
| CEY00 _ Acc01606 | 377.941 24 | 164.539 81 | 1.199 7 | 0.009 102 7 | LG2 | 2451252 | 2456555 | 1 219 | E3 ubiquitin-protein like |
| CEY00 _ Acc01677 | 26.449 207 | 116.782 34 | −2.142 5 | 0.000 076 5 | LG2 | 3226025 | 3227632 | 1 608 | Crocetin glucosyltransferase |
| CEY00 _ Acc01678 | 27.416 233 | 145.765 44 | −2.410 5 | 0.000 606 7 | LG2 | 3232313 | 3234021 | 1 709 | Crocetin glucosyltransferase |
| CEY00 _ Acc01761 | 806.782 9 | 2 015.702 9 | −1.321 | 0.049 753 | LG2 | 4123380 | 4127699 | 3 126 | hypothetical protein |
| CEY00 _ Acc01779 | 15.330 963 | 53.171 802 | −1.794 2 | 0.010 446 | LG2 | 4334228 | 4337313 | 849 | Protein yippee-like |
| CEY00 _ Acc02053 | 24.990 951 | 95.844 391 | −1.939 3 | 0.002 142 | LG22 | 2003902 | 2008834 | 1 070 | Protein phosphatase 2C-like protein |
| CEY00 _ Acc02093 | 91.317 885 | 19.158 216 | 2.252 9 | 0.027 975 | LG22 | 2643620 | 2654112 | 1 962 | Protein NRT1/ PTR FAMILY 5.2 like |
| CEY00 _ Acc02280 | 46.534 03 | 102.348 76 | −1.137 1 | 0.015 614 | LG2 | 11351077 | 11352914 | 1 517 | Pollen allergen Che a 1 like |

（续）

| 基因 ID | miR160VS 序列/条 | CK 序列/条 | $log_2FC$ | *P* 值 | 染色体 | 起始位点 | 终止位点 | 长度/bp | 基因描述 |
|---|---|---|---|---|---|---|---|---|---|
| CEY00 _ Acc02288 | 70. 798 991 | 186. 907 06 | −1. 400 5 | 0. 002 073 7 | LG2 | 11491137 | 11505324 | 1 449 | Protein STRICTOSIDINE SYNTHASE-LIKE 5 like |
| CEY00 _ Acc02464 | 135. 768 66 | 0 | — | 0. 000 118 | LG2 | 13557237 | 13558690 | 858 | BAG family molecular chaperone regulator like |
| CEY00 _ Acc02632 | 11. 283 445 | 32. 052 161 | −1. 506 2 | 0. 037 701 | LG3 | 865943 | 870505 | 2 264 | Pectinesterase |
| CEY00 _ Acc02788 | 35. 053 918 | 5. 685 617 9 | 2. 624 2 | 0. 018 944 | LG3 | 2235751 | 2237289 | 935 | Macro domain-containing protein |
| CEY00 _ Acc02970 | 2 397. 456 8 | 1 070. 743 3 | 1. 162 9 | 0. 017 347 | LG3 | 4111269 | 4120018 | 5 093 | Acetyl-coenzyme A carboxylase carboxyl transferase subunit alpha like |
| CEY00 _ Acc03001 | 30. 138 761 | 77. 144 127 | −1. 355 9 | 0. 041 851 | LG3 | 4493602 | 4497414 | 3 813 | Receptor-like protein |
| CEY00 _ Acc03022 | 153. 082 96 | 503. 724 05 | −1. 718 3 | 0. 003 702 1 | LG3 | 4655069 | 4657327 | 774 | CASP-like protein |
| CEY00 _ Acc03025 | 8. 317 864 8 | 40. 034 818 | −2. 267 | 0. 007 804 9 | LG3 | 4678589 | 4684234 | 2 067 | Solute carrier family 40 member like |
| CEY00 _ Acc03147 | 12. 489 352 | 48. 357 376 | −1. 953 | 0. 006 777 7 | LG3 | 6112417 | 6119101 | 1 017 | Peptidyl-prolyl cis-trans isomerase |
| CEY00 _ Acc03198 | 46. 640 22 | 130. 030 3 | −1. 479 2 | 0. 043 098 | LG3 | 6868077 | 6869570 | 1 494 | Processed cyclic AMP-responsive element-binding protein 3-like protein |
| CEY00 _ Acc03261 | 580. 818 84 | 247. 081 11 | 1. 233 1 | 0. 002 958 | LG3 | 7365827 | 7366738 | 912 | Auxin-responsive protein |
| CEY00 _ Acc03266 | 57. 621 919 | 184. 180 93 | −1. 676 4 | 0. 024 592 | LG3 | 7419030 | 7423610 | 3 024 | Metal-nicotianamine transporter like |
| CEY00 _ Acc03311 | 359. 821 96 | 147. 556 63 | 1. 286 | 0. 001 365 6 | LG6 | 4303987 | 4310650 | 3 099 | Spermine synthase |
| CEY00 _ Acc03497 | 53. 979 508 | 123. 999 22 | −1. 199 8 | 0. 023 813 | LG3 | 8823352 | 8825973 | 2 328 | BAG family molecular chaperone regulator like |

（续）

| 基因 ID | miR160VS 序列/条 | CK 序列/条 | $\log_2 FC$ | P 值 | 染色体 | 起始位点 | 终止位点 | 长度/bp | 基因描述 |
|---|---|---|---|---|---|---|---|---|---|
| CEY00_Acc03585 | 67.779 181 | 28.262 018 | 1.262 | 0.016 598 | LG3 | 9857169 | 9861806 | 1 904 | Hexose carrier protein |
| CEY00_Acc03629 | 84.142 178 | 36.896 192 | 1.189 4 | 0.011 731 | LG3 | 10421922 | 10422495 | 574 | Glutamate［NMDA］receptor subunit 1 like |
| CEY00_Acc03686 | 542.234 29 | 1 145.191 2 | −1.078 6 | 0.011 775 | LG3 | 11208599 | 11217505 | 1 526 | Triosephosphate isomerase |
| CEY00_Acc03703 | 119.983 28 | 355.518 8 | −1.567 1 | 0.000 657 6 | LG3 | 11468788 | 11474267 | 1 151 | Codeine O-demethylase |
| CEY00_Acc03726 | 188.955 38 | 17.372 084 | 3.443 2 | 0.000 000 004 48 | LG3 | 11815930 | 11817465 | 1 536 | Transferase protein |
| CEY00_Acc03765 | 17.048 561 | 4.618 907 5 | 1.884 | 0.038 134 | LG3 | 12697034 | 12699587 | 2 554 | Exocyst complex component EXO70A1 like |
| CEY00_Acc03799 | 270.388 33 | 118.750 64 | 1.187 1 | 0.016 407 | LG3 | 13334474 | 13340287 | 911 | Universal stress protein A-like protein |
| CEY00_Acc03919 | 21.727 689 | 0.963 608 2 | 4.494 9 | 0.023 225 | LG3 | 15562353 | 15564291 | 518 | hypothetical protein |
| CEY00_Acc03924 | 2.464 695 3 | 18.109 105 | −2.877 2 | 0.023 449 | LG3 | 15619387 | 15626911 | 1 369 | Peptide chain release factor PrfB3 like |
| CEY00_Acc03929 | 2 942.106 3 | 7 952.613 | −1.434 6 | 0.001 748 8 | LG3 | 15695197 | 15697071 | 1 274 | Glucan endo-1,3-beta-glucosidase, basic soform like |
| CEY00_Acc04129 | 553.616 89 | 181.759 93 | 1.606 9 | 0.000 350 7 | LG3 | 18247999 | 18248859 | 861 | Metalloendoproteinase |
| CEY00_Acc04166 | 346.370 74 | 57.683 992 | 2.586 1 | 0.000 000 004 91 | LG3 | 18720866 | 18725596 | 4 731 | Inorganic phosphate transporter 1-4 like |
| CEY00_Acc04223 | 22.639 826 | 73.088 094 | −1.690 8 | 0.003 906 5 | LG3 | 19581017 | 19585546 | 2 444 | GDP-mannose 3,5-epimerase |

（续）

| 基因 ID | miR160VS 序列/条 | CK 序列/条 | $log_2FC$ | *P* 值 | 染色体 | 起始位点 | 终止位点 | 长度/bp | 基因描述 |
|---|---|---|---|---|---|---|---|---|---|
| CEY00_Acc04256 | 56.092 278 | 5.651 092 | 3.311 2 | 0.005 598 7 | LG3 | 20047523 | 20048196 | 674 | Ribosomal-protein-alanine acetyltransferase |
| CEY00_Acc04296 | 0 | 7.259 304 1 | — | 0.018 273 | LG3 | 20577521 | 20580216 | 2 124 | Heavy metal-associated isoprenylated plant protein |
| CEY00_Acc04390 | 41.752 23 | 13.033 882 | 1.679 6 | 0.027 651 | LG11 | 16591258 | 16595179 | 1 976 | 2,3-bisphosphoglycerate-dependent phosphoglycerate mutase |
| CEY00_Acc04415 | 195.842 67 | 95.298 761 | 1.039 2 | 0.034 845 | LG11 | 16314452 | 16330613 | 4 054 | Kinesin-like protein |
| CEY00_Acc04515 | 319.643 91 | 87.527 719 | 1.868 7 | 0.009 397 4 | LG4 | 992471 | 1000966 | 2 985 | Phospholipase D delta like |
| CEY00_Acc04533 | 47.063 114 | 144.162 8 | −1.615 | 0.001 675 1 | LG4 | 1172162 | 1174110 | 1 480 | BOI-related E3 ubiquitin-protein like |
| CEY00_Acc04591 | 18.363 559 | 50.878 219 | −1.470 2 | 0.010 301 | LG4 | 1910208 | 1914697 | 2 927 | Floral homeotic protein like |
| CEY00_Acc04619 | 14.501 803 | 49.362 264 | −1.767 2 | 0.006 586 3 | LG4 | 2224716 | 2227272 | 1 612 | Mannan endo-1,4-beta-mannosidase |
| CEY00_Acc04679 | 90.009 798 | 17.587 828 | 2.355 5 | 0.014 125 | LG4 | 2825462 | 2841464 | 1 720 | Cytochrome P450 82A3 like |
| CEY00_Acc04712 | 59.692 488 | 121.171 84 | −1.021 4 | 0.017 056 | LG4 | 3234308 | 3235551 | 1 244 | BRI1 kinase |
| CEY00_Acc04835 | 192.093 12 | 386.126 45 | −1.007 3 | 0.026 478 | LG4 | 4857444 | 4864062 | 3 313 | Auxin-responsive protein |
| CEY00_Acc04841 | 47.844 687 | 10.115 92 | 2.241 7 | 0.010 821 | LG4 | 4979632 | 4987649 | 2 514 | Rhamnogalacturonate lyase |
| CEY00_Acc04878 | 279.429 4 | 113.281 28 | 1.302 6 | 0.015 272 | LG4 | 5812407 | 5815847 | 2 893 | Transport inhibitor response 1-like protein |
| CEY00_Acc04903 | 1 861.770 4 | 901.568 68 | 1.046 2 | 0.045 147 | LG4 | 6182920 | 6190215 | 3 272 | Pectin methyltransferase |

（续）

| 基因 ID | miR160VS 序列/条 | CK 序列/条 | $log_2$FC | $P$ 值 | 染色体 | 起始位点 | 终止位点 | 长度/bp | 基因描述 |
|---|---|---|---|---|---|---|---|---|---|
| CEY00 _ Acc04905 | 62. 255 614 | 27. 980 996 | 1. 153 8 | 0. 012 16 | LG4 | 6194643 | 6198411 | 3 279 | Protein phosphatase 1 regulatory subunit pprA like |
| CEY00 _ Acc05021 | 1 230. 395 9 | 5 092. 441 5 | −2. 049 2 | 0. 000 000 005 71 | LG4 | 8864435 | 8870121 | 5 004 | Basic blue protein |
| CEY00 _ Acc05033 | 79. 421 313 | 11. 593 892 | 2. 776 2 | 0. 009 414 6 | LG4 | 6826258 | 6829813 | 2 689 | Wall-associated receptor kinase |
| CEY00 _ Acc05040 | 1 402. 916 3 | 613. 109 95 | 1. 194 2 | 0. 019 353 | LG4 | 12887552 | 12893540 | 2 967 | Proline-rich receptor-like protein kinase |
| CEY00 _ Acc05147 | 221. 072 61 | 529. 649 25 | −1. 260 5 | 0. 034 225 | LG4 | 11784802 | 11789688 | 2 371 | Protein DETOXIFICATION like |
| CEY00 _ Acc05197 | 18. 617 249 | 1. 670 034 3 | 3. 478 7 | 0. 026 89 | LG5 | 305451 | 306587 | 875 | Metallothiol transferase |
| CEY00 _ Acc05198 | 67. 467 87 | 9. 025 527 9 | 2. 902 1 | 0. 000 458 4 | LG5 | 314485 | 323257 | 3 235 | Kinesin-like protein |
| CEY00 _ Acc05202 | 27. 900 153 | 79. 743 719 | −1. 515 1 | 0. 021 597 | LG5 | 453107 | 454535 | 1 429 | GDP-mannose 4,6 dehydratase |
| CEY00 _ Acc05331 | 29. 777 659 | 67. 793 83 | −1. 186 9 | 0. 031 519 | LG5 | 3948400 | 3951028 | 2 128 | Butyrate-CoA ligase AAE11, peroxisomal like |
| CEY00 _ Acc05395 | 76. 038 428 | 193. 038 82 | −1. 344 1 | 0. 000 927 2 | LG5 | 2366873 | 2375403 | 1 840 | GDP-fucose protein O-fucosyltransferase protein |
| CEY00 _ Acc05689 | 141. 352 46 | 294. 419 72 | −1. 058 6 | 0. 004 721 | LG5 | 11885367 | 11892204 | 2 977 | Ubiquitin-conjugating enzyme like |
| CEY00 _ Acc05695 | 13. 951 442 | 43. 646 053 | −1. 645 4 | 0. 012 632 | LG5 | 12085400 | 12086872 | 1 473 | Peroxidase |
| CEY00 _ Acc05744 | 577. 523 48 | 1 363. 166 7 | −1. 239 | 0. 004 501 6 | LG5 | 12730941 | 12734927 | 2 827 | Extracellular matrix-binding protein like |
| CEY00 _ Acc05785 | 281. 928 07 | 621. 978 93 | −1. 141 5 | 0. 001 082 8 | LG5 | 13229501 | 13246390 | 3 546 | Alpha-1,4 glucan phosphorylase L-1 isozyme/amyloplastic like |

（续）

| 基因 ID | miR160VS 序列/条 | CK 序列/条 | $log_2FC$ | $P$ 值 | 染色体 | 起始位点 | 终止位点 | 长度/bp | 基因描述 |
|---|---|---|---|---|---|---|---|---|---|
| CEY00_Acc05819 | 29.246 896 | 3.117 095 4 | 3.23 | 0.013 915 | LG5 | 13898353 | 13901820 | 1 560 | Cytochrome P450 85A1 like |
| CEY00_Acc05917 | 32.833 855 | 113.723 93 | −1.792 3 | 0.000 217 4 | LG5 | 15320028 | 15321675 | 1 457 | UPF0481 protein |
| CEY00_Acc06253 | 193.893 91 | 78.873 674 | 1.297 7 | 0.017 401 | LG6 | 2160939 | 2165348 | 2 009 | Cyclin-D1-1 like |
| CEY00_Acc06257 | 105.314 12 | 488.184 57 | −2.212 7 | 0.000 000 02 | LG6 | 2207542 | 2208644 | 735 | Snakin-2 like |
| CEY00_Acc06267 | 141.503 36 | 390.560 24 | −1.464 7 | 0.000 385 8 | LG6 | 2395595 | 2396516 | 603 | 14-3-3-like protein GF14 kappa isoform 2 |
| CEY00_Acc06268 | 125.940 18 | 330.176 82 | −1.390 5 | 0.001 688 1 | LG6 | 2399691 | 2400676 | 986 | 14-3-3 protein |
| CEY00_Acc06278 | 686.001 72 | 243.417 05 | 1.494 8 | 0.006 423 2 | LG6 | 2513195 | 2518626 | 3 663 | Microtubule-associated protein SPIRAL2-like |
| CEY00_Acc06305 | 86.176 985 | 33.056 219 | 1.382 4 | 0.015 281 | LG6 | 2842794 | 2850756 | 2 251 | Protein NRT1/PTR FAMILY 4.6 like |
| CEY00_Acc06335 | 149.574 93 | 607.654 77 | −2.022 4 | 0.000 018 5 | LG6 | 3243847 | 3244794 | 818 | Glutathione S-transferase |
| CEY00_Acc06337 | 83.756 948 | 27.398 727 | 1.612 1 | 0.031 495 | LG6 | 3259184 | 3260874 | 1 359 | Cobalt-precorrin-5B C(1)-methyltransferase |
| CEY00_Acc06347 | 73.829 831 | 14.158 641 | 2.382 5 | 0.000 530 6 | LG6 | 3477527 | 3479487 | 1 351 | Expansin-A15 like |
| CEY00_Acc06365 | 367.600 03 | 183.659 73 | 1.001 1 | 0.019 492 | LG6 | 3707613 | 3715295 | 2 200 | WRKY transcription factor |
| CEY00_Acc06368 | 109.683 38 | 495.093 9 | −2.174 4 | 0.000 035 7 | LG6 | 3748292 | 3750691 | 1 083 | Cell division topological specificity factor like |

（续）

| 基因 ID | miR160VS 序列/条 | CK 序列/条 | $\log_2 FC$ | $P$ 值 | 染色体 | 起始位点 | 终止位点 | 长度/bp | 基因描述 |
|---|---|---|---|---|---|---|---|---|---|
| CEY00_Acc06467 | 14.870 573 | 46.461 229 | −1.643 6 | 0.022 627 | LG6 | 9841996 | 9852775 | 1 079 | BAG family molecular chaperone regulator like |
| CEY00_Acc06766 | 333.350 1 | 108.991 07 | 1.612 8 | 0.008 047 7 | LG6 | 13312933 | 13315232 | 877 | Non-specific lipid-transfer protein-like protein |
| CEY00_Acc06895 | 26.896 635 | 67.625 132 | −1.330 1 | 0.029 606 | LG6 | 14245971 | 14247049 | 990 | LOB domain-containing protein |
| CEY00_Acc06929 | 852.380 49 | 1 805.614 6 | −1.082 9 | 0.002 440 3 | LG6 | 14581075 | 14592218 | 2 200 | Kynurenine formamidase |
| CEY00_Acc06950 | 22.636 757 | 67.848 263 | −1.583 6 | 0.012 371 | LG6 | 14833738 | 14837973 | 2 046 | Ferredoxin-nitrite reductase |
| CEY00_Acc07077 | 136.425 6 | 46.512 72 | 1.552 4 | 0.018 538 | LG6 | 16396659 | 16402326 | 954 | Chromatin remodeling protein like |
| CEY00_Acc07105 | 680.943 12 | 190.759 | 1.835 8 | 0.012 459 | LG6 | 16728419 | 16733630 | 1 552 | Secretagogin like |
| CEY00_Acc07180 | 25.030 771 | 56.686 847 | −1.179 3 | 0.034 085 | LG16 | 16294164 | 16301215 | 2 178 | GDP-fucose protein O-fucosyltransferase protein |
| CEY00_Acc07381 | 132.630 58 | 319.958 87 | −1.270 5 | 0.008 694 4 | LG7 | 1653037 | 1654007 | 971 | 2-hydroxyisoflavanone dehydratase |
| CEY00_Acc07581 | 173.489 32 | 71.662 088 | 1.275 6 | 0.045 782 | LG7 | 3843333 | 3847244 | 1 114 | Abscisic acid receptor like |
| CEY00_Acc07602 | 96.221 817 | 228.318 74 | −1.246 6 | 0.013 533 | LG7 | 4135194 | 4138777 | 1 437 | Heavy metal-associated isoprenylated plant protein |
| CEY00_Acc07635 | 43.449 704 | 91.914 469 | −1.080 9 | 0.019 256 | LG7 | 4608040 | 4609966 | 1 529 | Spermidine hydroxycinnamoyl transferase |
| CEY00_Acc07804 | 96.843 483 | 37.877 557 | 1.354 3 | 0.007 823 6 | LG7 | 7041656 | 7047014 | 2 867 | Protein like |

（续）

| 基因 ID | miR160VS 序列/条 | CK 序列/条 | $log_2FC$ | *P* 值 | 染色体 | 起始位点 | 终止位点 | 长度/bp | 基因描述 |
|---|---|---|---|---|---|---|---|---|---|
| CEY00 _ Acc07948 | 39.318 206 | 119.474 51 | −1.603 4 | 0.000 650 3 | LG7 | 13488500 | 13495115 | 2 090 | GDP-fucose protein O-fucosyltransferase protein |
| CEY00 _ Acc08113 | 230.471 29 | 521.889 86 | −1.179 2 | 0.000 852 9 | LG7 | 14109818 | 14113126 | 1 403 | Xyloglucan endotransglucosylase/hydrolase protein |
| CEY00 _ Acc08123 | 201.657 86 | 98.309 298 | 1.036 5 | 0.023 901 | LG7 | 14882388 | 14888853 | 2 068 | Protein NRT1/PTR FAMILY 8.3 like |
| CEY00 _ Acc08234 | 1 193.333 9 | 2 455.623 3 | −1.041 1 | 0.002 277 8 | LG7 | 18006867 | 18008193 | 920 | F-box protein |
| CEY00 _ Acc08328 | 7.269 112 3 | 38.711 401 | −2.412 9 | 0.011 634 | LG8 | 191505 | 193305 | 1 529 | NAC domain-containing protein |
| CEY00 _ Acc08389 | 333.420 22 | 792.611 91 | −1.249 3 | 0.000 841 1 | LG8 | 1143089 | 1145629 | 1 392 | NDR1/HIN1-like protein |
| CEY00 _ Acc08429 | 212.374 33 | 101.977 12 | 1.058 4 | 0.005 306 1 | LG8 | 1853018 | 1856347 | 823 | RAB6-interacting golgin like |
| CEY00 _ Acc08430 | 11.989 212 | 0.257 182 | 5.542 8 | 0.029 697 | LG8 | 1879418 | 1883632 | 2 274 | Protein priA like |
| CEY00 _ Acc08605 | 71.151 962 | 166.668 15 | −1.228 | 0.012 415 | LG8 | 4441737 | 4443436 | 332 | Dynein light chain LC6, flagellar outer arm like |
| CEY00 _ Acc08647 | 404.085 27 | 195.101 | 1.050 4 | 0.047 251 | LG8 | 5055355 | 5061462 | 1 749 | E3 ubiquitin-protein like |
| CEY00 _ Acc08685 | 21.165 012 | 112.143 01 | −2.405 6 | 0.000 006 96 | LG11 | 13293646 | 13296140 | 1 894 | Aspartyl protease |
| CEY00 _ Acc08727 | 327.525 4 | 85.776 347 | 1.933 | 0.000 800 8 | LG8 | 5742829 | 5744041 | 1 213 | Transcription repressor like |
| CEY00 _ Acc08779 | 75.418 819 | 253.989 03 | −1.751 8 | 0.000 394 5 | LG8 | 6639216 | 6639775 | 560 | Cysteine proteinase inhibitor B like |
| CEY00 _ Acc08803 | 350.511 09 | 136.719 45 | 1.358 2 | 0.020 277 | LG8 | 7471039 | 7475677 | 4 639 | MDIS1-interacting receptor like kinase |

（续）

| 基因 ID | miR160VS 序列/条 | CK 序列/条 | $log_2FC$ | $P$ 值 | 染色体 | 起始位点 | 终止位点 | 长度/bp | 基因描述 |
|---|---|---|---|---|---|---|---|---|---|
| CEY00_Acc08833 | 4.257 216 4 | 34.743 693 | −3.028 8 | 0.001 114 4 | LG8 | 8086075 | 8091254 | 677 | Ubiquitin-conjugating enzyme like |
| CEY00_Acc08847 | 484.038 27 | 1 373.166 7 | −1.504 3 | 0.000 230 8 | LG8 | 20399034 | 20403386 | 1 803 | Chitinase-like protein |
| CEY00_Acc08970 | 1 767.365 1 | 260.575 55 | 2.761 8 | 0.000 000 000 004 8 | LG8 | 11752885 | 11755447 | 1 537 | Chalcone synthase |
| CEY00_Acc09093 | 1.120 346 7 | 22.673 103 | −4.339 | 0.000 546 1 | LG8 | 17194259 | 17198390 | 4 132 | U-box domain-containing protein |
| CEY00_Acc09098 | 158.265 38 | 72.567 292 | 1.125 | 0.032 279 | LG8 | 17308025 | 17314737 | 2 225 | Methyltransferase |
| CEY00_Acc09117 | 8.568 893 7 | 86.488 976 | −3.335 3 | 0.000 001 26 | LG8 | 17682866 | 17683693 | 828 | hypothetical protein |
| CEY00_Acc09140 | 52.949 132 | 243.435 05 | −2.200 9 | 0.001 403 5 | LG8 | 16121281 | 16126062 | 1 891 | Glycerol-3-phosphate acyltransferase |
| CEY00_Acc09329 | 1 645.267 6 | 242.360 28 | 2.763 1 | 0.009 688 1 | LG8 | 19952060 | 19952984 | 836 | Win-like protein |
| CEY00_Acc09357 | 0.431 376 3 | 9.213 816 6 | −4.416 8 | 0.047 646 | LG8 | 20704503 | 20719711 | 5 133 | Myosin-12 like isoform 1 |
| CEY00_Acc09399 | 12.551 551 | 0.353 213 1 | 5.151 2 | 0.026 347 | LG8 | 24766287 | 24773604 | 2 039 | Protein ECERIFERUM like |
| CEY00_Acc09555 | 20.528 923 | 4.330 814 4 | 2.244 9 | 0.016 308 | LG8 | 22202264 | 22214429 | 6 505 | Ubiquitin-conjugating enzyme E2 24 |
| CEY00_Acc09578 | 76.658 27 | 200.147 03 | −1.384 5 | 0.002 44 | LG8 | 22494021 | 22501367 | 3 376 | Cell wall protein |
| CEY00_Acc09579 | 250.219 93 | 677.071 8 | −1.436 1 | 0.000 032 4 | LG8 | 22512742 | 22514804 | 1 069 | NAC transcription factor |
| CEY00_Acc09608 | 107.218 39 | 312.147 81 | −1.541 7 | 0.000 160 6 | LG8 | 22864771 | 22867033 | 1 640 | FBD-associated F-box protein |
| CEY00_Acc09700 | 6.981 998 6 | 43.161 928 | −2.628 | 0.041 03 | LG8 | 24226744 | 24227247 | 504 | Sorting nexin-2 like |
| CEY00_Acc09769 | 631.107 18 | 1 399.937 2 | −1.149 4 | 0.004 916 3 | LG9 | 80535 | 91694 | 3 020 | Cycloartenol synthase |
| CEY00_Acc09848 | 31.255 611 | 76.596 701 | −1.293 2 | 0.010 395 | LG9 | 1058703 | 1067199 | 2 728 | Beta-galactosidase |
| CEY00_Acc10053 | 1 219.055 8 | 216.436 68 | 2.493 7 | 0.001 315 4 | LG9 | 3359814 | 3366279 | 1 886 | Flavin-containing monooxygenase |
| CEY00_Acc10064 | 15.586 809 | 59.192 876 | −1.925 1 | 0.012 016 | LG9 | 3571104 | 3577564 | 1 682 | Lysosomal Pro-X carboxypeptidase |

（续）

| 基因 ID | miR160VS 序列/条 | CK 序列/条 | $log_2FC$ | $P$ 值 | 染色体 | 起始位点 | 终止位点 | 长度/bp | 基因描述 |
|---|---|---|---|---|---|---|---|---|---|
| CEY00_Acc10110 | 68.494 68 | 26.098 675 | 1.392 | 0.018 706 | LG9 | 4166958 | 4171098 | 1 939 | CBL-interacting serine/threonine-protein kinase |
| CEY00_Acc10645 | 347.007 66 | 55.110 021 | 2.654 6 | 0.002 044 4 | LG9 | 13370297 | 13371639 | 1 343 | AT-hook motif nuclear-localized protein |
| CEY00_Acc10699 | 52.283 74 | 182.494 68 | −1.803 4 | 0.000 044 9 | LG9 | 14164046 | 14165547 | 1 041 | Germin-like protein |
| CEY00_Acc10765 | 9.469 479 6 | 35.631 971 | −1.911 8 | 0.040 538 | LG9 | 15156507 | 15157532 | 1 026 | Auxin-responsive protein |
| CEY00_Acc10798 | 191.901 3 | 452.248 98 | −1.236 8 | 0.003 877 8 | LG9 | 15485326 | 15487061 | 861 | Actin-depolymerizing factor 5 like |
| CEY00_Acc11029 | 486.716 22 | 174.877 87 | 1.476 7 | 0.000 261 7 | LG10 | 2245730 | 2250222 | 1 140 | Cysteine synthase |
| CEY00_Acc11477 | 16.257 403 | 0.867 577 1 | 4.228 | 0.024 247 | LG10 | 11945047 | 11948715 | 739 | Transmembrane protein |
| CEY00_Acc11572 | 233.417 25 | 67.999 876 | 1.779 3 | 0.001 666 8 | LG10 | 13130349 | 13131273 | 925 | Dof zinc finger protein like |
| CEY00_Acc11582 | 0.456 486 2 | 10.558 093 | −4.531 6 | 0.042 818 | LG10 | 13280303 | 13309243 | 3 510 | Exocyst complex component SEC5A like |
| CEY00_Acc11720 | 280.244 92 | 655.076 62 | −1.225 | 0.002 690 7 | LG10 | 16222851 | 16226507 | 1 828 | Tubulin alpha chain |
| CEY00_Acc11746 | 166.863 68 | 53.984 628 | 1.628 | 0.014 992 | LG10 | 16578479 | 16580297 | 742 | Ran-binding protein like |
| CEY00_Acc11754 | 88.485 727 | 430.795 92 | −2.283 5 | 0.000 096 4 | LG10 | 16639551 | 16640964 | 583 | Snakin-1 like |
| CEY00_Acc11894 | 110.749 33 | 34.709 326 | 1.636 2 | 0.014 362 | LG10 | 18086407 | 18088409 | 1 248 | Peroxidase |
| CEY00_Acc12055 | 29.571 843 | 91.923 691 | −1.636 2 | 0.004 576 1 | LG11 | 1362245 | 1365175 | 1 451 | Actinidain like |
| CEY00_Acc12197 | 1 437.322 8 | 3 473.494 | −1.273 | 0.011 125 | LG11 | 3452266 | 3455649 | 780 | Protein DOWNSTREAM OF FLC like |

（续）

| 基因 ID | miR160VS 序列/条 | CK 序列/条 | $log_2FC$ | $P$ 值 | 染色体 | 起始位点 | 终止位点 | 长度/bp | 基因描述 |
|---|---|---|---|---|---|---|---|---|---|
| CEY00_Acc12239 | 35.765 099 | 87.479 246 | −1.290 4 | 0.049 345 | LG11 | 4285832 | 4305814 | 1 334 | Ribonuclease P protein subunit p25-like protein |
| CEY00_Acc12241 | 34.569 76 | 10.976 426 | 1.655 1 | 0.026 802 | LG11 | 4336670 | 4346210 | 3 690 | Cellulose synthase A catalytic subunit 2 [UDP-forming] like isoform 1 |
| CEY00_Acc12280 | 50.440 185 | 325.699 95 | −2.690 9 | 0.000 000 001 67 | LG11 | 5100769 | 5101927 | 1 159 | ATP-binding cassette sub-family A member like |
| CEY00_Acc12282 | 0 | 6.899 336 8 | — | 0.046 929 | LG11 | 5115059 | 5120208 | 1 192 | Chaperone protein like |
| CEY00_Acc12336 | 90.865 101 | 40.518 429 | 1.165 1 | 0.044 409 | LG11 | 6693719 | 6723710 | 4 540 | Fanconi anemia group M protein |
| CEY00_Acc12456 | 1.377 940 8 | 10.057 712 | −2.867 7 | 0.043 608 | LG11 | 10705308 | 10725147 | 3 637 | Phospholipase D alpha 1 like |
| CEY00_Acc12559 | 326.482 2 | 54.134 263 | 2.592 4 | 0.008 569 7 | LG11 | 12270174 | 12270755 | 582 | Protein phosphatase Slingshot 1 like |
| CEY00_Acc12608 | 38.540 199 | 120.064 68 | −1.639 4 | 0.006 955 9 | LG11 | 12763003 | 12766601 | 1 648 | IST1-like protein |
| CEY00_Acc12629 | 74.497 772 | 230.756 59 | −1.631 1 | 0.000 375 5 | LG11 | 12943269 | 12948783 | 1 215 | Transcription factor bHLH68 like |
| CEY00_Acc12635 | 22.674 689 | 218.238 07 | −3.266 7 | 0.011 935 | LG11 | 13010178 | 13011660 | 1 133 | Aquaporin TIP2-1 like |
| CEY00_Acc12686 | 46.464 254 | 5.232 758 9 | 3.150 5 | 0.000 388 8 | LG15 | 6750842 | 6755327 | 1 956 | Auxin-responsive protein |
| CEY00_Acc12716 | 6.724 404 4 | 23.421 126 | −1.800 3 | 0.036 979 | LG11 | 13796798 | 13797372 | 575 | Proline-，glutamic acid-and leucine-rich protein |
| CEY00_Acc12742 | 16.622 936 | 84.837 371 | −2.351 5 | 0.009 007 4 | LG11 | 14140192 | 14143914 | 1 870 | Structure-specific endonuclease |
| CEY00_Acc12867 | 437.002 89 | 48.772 094 | 3.163 5 | 0.000 000 000 929 | LG11 | 15514152 | 15525760 | 4 262 | ATPase |

（续）

| 基因 ID | miR160VS 序列/条 | CK 序列/条 | $log_2FC$ | $P$ 值 | 染色体 | 起始位点 | 终止位点 | 长度/bp | 基因描述 |
|---|---|---|---|---|---|---|---|---|---|
| CEY00_Acc12885 | 153.967 11 | 74.129 817 | 1.054 5 | 0.022 169 | LG11 | 15703091 | 15719830 | 2 658 | Calcium-transporting ATPase |
| CEY00_Acc12937 | 3 185.705 9 | 6 529.830 8 | −1.035 4 | 0.023 301 | LG12 | 371370 | 372670 | 935 | hypothetical protein |
| CEY00_Acc12940 | 491.800 48 | 2 113.737 3 | −2.103 7 | 0.025 23 | LG12 | 393714 | 396100 | 1 241 | Protein TIFY 10A like |
| CEY00_Acc13053 | 23.228 764 | 51.900 034 | −1.159 8 | 0.037 823 | LG12 | 1797023 | 1802931 | 2 421 | Glutamate carboxypeptidase |
| CEY00_Acc13060 | 0.647 064 4 | 11.233 608 | −4.117 8 | 0.044 239 | LG12 | 1910680 | 1911696 | 1 017 | TRNA methyltransferase 10 B like |
| CEY00_Acc13069 | 122.515 06 | 314.775 67 | −1.361 4 | 0.036 267 | LG12 | 2003841 | 2005329 | 1 489 | E3 ubiquitin-protein like |
| CEY00_Acc13100 | 393.076 86 | 1 267.784 3 | −1.689 4 | 0.000 002 69 | LG12 | 2446150 | 2449270 | 3 121 | Leucine-rich repeat extensin-like protein |
| CEY00_Acc13144 | 199.829 94 | 76.311 906 | 1.388 8 | 0.015 412 | LG12 | 3124576 | 3133051 | 2 041 | Carboxyl-terminal-processing peptidase |
| CEY00_Acc13158 | 46.856 624 | 12.077 503 | 1.955 9 | 0.040 373 | LG12 | 3362663 | 3364806 | 1 722 | Atypical kinase |
| CEY00_Acc13196 | 53.600 613 | 152.494 26 | −1.508 4 | 0.020 007 | LG12 | 4097444 | 4098472 | 1 029 | Calcium-binding protein |
| CEY00_Acc13604 | 4.703 640 3 | 23.002 793 | −2.29 | 0.019 381 | LG12 | 12687362 | 12698480 | 2 740 | Fimbrin-5 like |
| CEY00_Acc13659 | 89.379 312 | 199.331 22 | −1.157 2 | 0.003 834 1 | LG12 | 14091745 | 14093515 | 795 | Methyltransferase-like protein |
| CEY00_Acc13760 | 842.280 9 | 2 413.949 | −1.519 | 0.049 391 | LG12 | 16072031 | 16073181 | 1 151 | Paired amphipathic helix protein Sin3-like |
| CEY00_Acc13805 | 21.166 929 | 61.457 208 | −1.537 8 | 0.042 192 | LG12 | 16748839 | 16749752 | 914 | Photosystem Ⅱ repair protein like |
| CEY00_Acc13842 | 92.145 355 | 304.760 1 | −1.725 7 | 0.000 098 2 | LG26 | 14000814 | 14003765 | 1 135 | Protein of unknown function DUF506, plant protein |
| CEY00_Acc13927 | 56.015 896 | 147.344 34 | −1.395 3 | 0.015 1 | LG12 | 17344554 | 17347446 | 2 893 | F-box/kelch-repeat protein |

（续）

| 基因 ID | miR160VS 序列/条 | CK 序列/条 | $log_2FC$ | $P$ 值 | 染色体 | 起始位点 | 终止位点 | 长度/bp | 基因描述 |
|---|---|---|---|---|---|---|---|---|---|
| CEY00_Acc14022 | 178. 514 29 | 29. 411 288 | 2. 601 6 | 0. 000 001 59 | LG13 | 540265 | 545117 | 1 297 | Leucoanthocyanidin reductase |
| CEY00_Acc14128 | 4 647. 353 9 | 2 232. 748 7 | 1. 057 6 | 0. 025 877 | LG13 | 1759193 | 1761517 | 1 390 | Expansin-A1 like |
| CEY00_Acc14275 | 12. 399 888 | 2. 372 845 5 | 2. 385 6 | 0. 032 773 | LG13 | 3274834 | 3281002 | 3 522 | U-box domain-containing protein |
| CEY00_Acc14493 | 70. 256 229 | 161. 840 22 | −1. 203 9 | 0. 019 5 | LG13 | 5897725 | 5900462 | 1 431 | Heptahelical transmembrane protein |
| CEY00_Acc14497 | 91. 076 471 | 37. 178 361 | 1. 292 6 | 0. 022 996 | LG13 | 5950042 | 5956844 | 3 185 | Chloride channel-like protein CLC-g |
| CEY00_Acc14518 | 65. 554 357 | 7. 129 064 2 | 3. 200 9 | 0. 006 570 4 | LG13 | 6206097 | 6207964 | 1 769 | UPF0481 protein |
| CEY00_Acc14532 | 1 231. 199 6 | 501. 020 48 | 1. 297 1 | 0. 019 842 | LG13 | 6406622 | 6412865 | 1 668 | O-acyltransferase |
| CEY00_Acc14573 | 104. 926 06 | 258. 794 96 | −1. 302 4 | 0. 049 994 | LG13 | 7230273 | 7238056 | 2 742 | AUGMIN subunit like |
| CEY00_Acc14695 | 42. 654 136 | 108. 896 35 | −1. 352 2 | 0. 043 631 | LG13 | 8929536 | 8933360 | 2 343 | Protein SULFUR DEFICIENCY-INDUCED like |
| CEY00_Acc14905 | 11. 117 738 | 37. 664 953 | −1. 760 4 | 0. 029 909 | LG13 | 12780466 | 12787890 | 2 090 | Calcium-binding protein |
| CEY00_Acc14948 | 1 176. 961 9 | 2 554. 763 1 | −1. 118 1 | 0. 001 891 6 | LG13 | 13709885 | 13713666 | 1 289 | Tyrosine-protein like |
| CEY00_Acc14992 | 109. 680 83 | 47. 753 577 | 1. 199 6 | 0. 049 84 | LG13 | 15134379 | 15135335 | 480 | Transcription factor CPC like |
| CEY00_Acc15150 | 47. 938 155 | 149. 915 21 | −1. 644 9 | 0. 018 981 | LG13 | 17586792 | 17588131 | 877 | Auxin-induced protein like |
| CEY00_Acc15336 | 86. 159 854 | 285. 075 47 | −1. 726 3 | 0. 000 065 3 | LG14 | 209070 | 210555 | 1 146 | Plasma membrane-associated cation-binding protein |
| CEY00_Acc15400 | 25. 137 439 | 4. 814 425 9 | 2. 384 4 | 0. 019 594 | LG14 | 1177321 | 1179109 | 1 288 | $Fe^{2+}$ transport protein |
| CEY00_Acc15460 | 39. 979 405 | 141. 047 04 | −1. 818 8 | 0. 003 526 4 | LG14 | 1879325 | 1880106 | 782 | hypothetical protein |
| CEY00_Acc15502 | 107. 018 4 | 384. 928 55 | −1. 846 7 | 0. 000 078 1 | LG14 | 2801149 | 2805151 | 2 799 | Subtilisin-like protease |

（续）

| 基因 ID | miR160VS 序列/条 | CK 序列/条 | $log_2FC$ | *P* 值 | 染色体 | 起始位点 | 终止位点 | 长度/bp | 基因描述 |
|---|---|---|---|---|---|---|---|---|---|
| CEY00 _ Acc15517 | 60.503 243 | 2.280 429 4 | 4.729 6 | 0.000 001 95 | LG14 | 2652892 | 2655401 | 1 745 | Endoglucanase |
| CEY00 _ Acc15543 | 361.737 42 | 1 137.463 6 | −1.652 8 | 0.000 052 2 | LG14 | 2417955 | 2422402 | 3 124 | WD repeat-containing protein |
| CEY00 _ Acc15565 | 200.758 36 | 54.451 313 | 1.882 4 | 0.001 896 7 | LG14 | 3113478 | 3114917 | 1 440 | Thioredoxin-like fold protein |
| CEY00 _ Acc15666 | 113.152 28 | 249.996 64 | −1.143 6 | 0.003 28 | LG14 | 4239093 | 4251123 | 954 | Ubiquitin-conjugating enzyme like |
| CEY00 _ Acc15748 | 2.311 950 5 | 14.772 651 | −2.675 7 | 0.037 572 | LG14 | 5291054 | 5294596 | 1 938 | Aminotransferase |
| CEY00 _ Acc15771 | 36.542 122 | 7.966 047 2 | 2.197 6 | 0.040 208 | LG14 | 5625111 | 5634682 | 9 144 | Glyceraldehyde-3-phosphate dehydrogenase |
| CEY00 _ Acc16258 | 35.931 381 | 5.688 915 7 | 2.659 | 0.033 189 | LG14 | 15983986 | 15989035 | 2 607 | Alkaline/neutral invertase |
| CEY00 _ Acc16304 | 111.259 54 | 251.187 36 | −1.174 8 | 0.015 174 | LG14 | 16858713 | 16864080 | 1 942 | Zinc finger protein like |
| CEY00 _ Acc16330 | 431.898 4 | 873.315 95 | −1.015 8 | 0.005 288 2 | LG14 | 17283018 | 17285920 | 1 444 | FAD-dependent urate hydroxylase |
| CEY00 _ Acc16361 | 351.477 98 | 725.360 82 | −1.045 3 | 0.002 118 7 | LG14 | 17730185 | 17737948 | 3 119 | Monosaccharide-sensing protein |
| CEY00 _ Acc16362 | 119.880 11 | 259.161 46 | −1.112 3 | 0.043 014 | LG14 | 17741587 | 17742637 | 705 | Mitochondrial phosphate carrier protein like |
| CEY00 _ Acc16477 | 1 257.268 7 | 229.854 57 | 2.451 5 | 0.000 820 8 | LG15 | 1923719 | 1929736 | 1 903 | IRK-interacting protein |
| CEY00 _ Acc16596 | 33.797 553 | 93.460 029 | −1.467 4 | 0.012 548 | LG15 | 3921986 | 3925611 | 2 710 | CBS domain-containing protein |
| CEY00 _ Acc16831 | 979.290 9 | 285.280 04 | 1.779 4 | 0.000 214 | LG15 | 8040588 | 8043658 | 1 323 | Ribosomal RNA-processing protein |
| CEY00 _ Acc17143 | 245.805 48 | 43.066 886 | 2.512 9 | 0.001 840 8 | LG15 | 10985207 | 10990644 | 4 682 | Vacuolar protein sorting-associated protein like |
| CEY00 _ Acc17241 | 122.594 9 | 49.365 721 | 1.312 3 | 0.045 228 | LG15 | 12551297 | 12559773 | 1 916 | Sodium/hydrogen exchanger 1 like |

（续）

| 基因ID | miR160VS序列/条 | CK序列/条 | $log_2FC$ | *P*值 | 染色体 | 起始位点 | 终止位点 | 长度/bp | 基因描述 |
|---|---|---|---|---|---|---|---|---|---|
| CEY00_Acc17293 | 247.145 79 | 980.654 82 | −1.988 4 | 0.035 484 | LG15 | 13188197 | 13188883 | 687 | Pathogenesis-related transcriptional activator like |
| CEY00_Acc17329 | 32.017 081 | 10.911 306 | 1.553 | 0.035 599 | LG15 | 13537233 | 13547817 | 6 480 | Ubiquitin-conjugating enzyme E2 24 |
| CEY00_Acc17439 | 36.779 016 | 3.628 003 1 | 3.341 6 | 0.001 201 2 | LG15 | 14684603 | 14695443 | 1 505 | Gibberellin 2-beta-dioxygenase |
| CEY00_Acc17476 | 676.409 69 | 126.659 96 | 2.416 9 | 0.000 000 001 78 | LG15 | 15077651 | 15078377 | 727 | Stigma-specific STIG1-like protein |
| CEY00_Acc17512 | 113.049 47 | 239.553 5 | −1.083 4 | 0.015 501 | LG15 | 15456912 | 15461271 | 3 824 | Cytochrome b561 and DOMON domain-containing protein |
| CEY00_Acc17609 | 307.928 4 | 136.653 58 | 1.172 1 | 0.023 693 | LG16 | 608796 | 620295 | 4 489 | ATPase |
| CEY00_Acc17720 | 292.674 03 | 837.616 64 | −1.517 | 0.046 604 | LG16 | 1740910 | 1745984 | 2 091 | Choline monooxygenase |
| CEY00_Acc17878 | 3.580 969 5 | 76.878 078 | −4.424 2 | 0.000 454 1 | LG16 | 3301822 | 3302546 | 725 | VQ motif-containing protein |
| CEY00_Acc18007 | 325.671 21 | 119.910 45 | 1.441 5 | 0.016 551 | LG16 | 4543971 | 4546060 | 1 625 | Heavy metal-associated isoprenylated plant protein |
| CEY00_Acc18073 | 18 336.462 | 3 755.490 8 | 2.287 6 | 0.000 845 4 | LG16 | 5232867 | 5236019 | 1 359 | Pectate lyase |
| CEY00_Acc18094 | 12.853 881 | 39.602 697 | −1.623 4 | 0.017 106 | LG16 | 5412540 | 5419758 | 3 322 | C2 and GRAM domain-containing protein |
| CEY00_Acc18123 | 19.574 044 | 47.561 673 | −1.280 9 | 0.041 538 | LG16 | 5786261 | 5792091 | 1 573 | Anthranilate phosphoribosyltransferase |
| CEY00_Acc18139 | 544.451 74 | 1 146.877 6 | −1.074 8 | 0.001 145 9 | LG16 | 5981277 | 5991032 | 2 442 | 1-deoxy-D-xylulose 5-phosphate reductoisomerase |

（续）

| 基因 ID | miR160VS 序列/条 | CK 序列/条 | $log_2FC$ | *P* 值 | 染色体 | 起始位点 | 终止位点 | 长度/bp | 基因描述 |
|---|---|---|---|---|---|---|---|---|---|
| CEY00_Acc18143 | 5 583.059 7 | 16 214.046 | −1.538 1 | 0.000 269 3 | LG16 | 6042891 | 6050509 | 6 122 | Carbonic anhydrase |
| CEY00_Acc18152 | 374.842 67 | 123.913 67 | 1.596 9 | 0.002 503 2 | LG16 | 6203777 | 6209685 | 1 544 | Serine/threonine-protein kinase |
| CEY00_Acc18234 | 3 607.545 3 | 943.543 14 | 1.934 9 | 0.039 181 | LG16 | 7295444 | 7297963 | 1 651 | Homeobox-leucine zipper protein |
| CEY00_Acc18361 | 19.935 337 | 6.285 326 9 | 1.665 3 | 0.048 966 | LG16 | 8857363 | 8861061 | 1 836 | Cytochrome P450 78A5 like |
| CEY00_Acc18393 | 22.099 022 | 3.916 096 2 | 2.496 5 | 0.031 374 | LG16 | 9609648 | 9617602 | 1 343 | Plastid division protein |
| CEY00_Acc18421 | 61.228 715 | 324.704 17 | −2.406 8 | 0.023 388 | LG16 | 10271220 | 10272436 | 1 217 | Mitogen-activated protein kinase |
| CEY00_Acc18741 | 62.532 182 | 133.619 | −1.095 5 | 0.015 745 | LG16 | 22363196 | 22393089 | 6 770 | Protein CASP like |
| CEY00_Acc19029 | 40.316 261 | 99.395 123 | −1.301 8 | 0.033 374 | LG17 | 2685434 | 2685948 | 515 | GTPase-activating protein |
| CEY00_Acc19108 | 10.096 251 | 36.616 634 | −1.858 7 | 0.026 812 | LG17 | 4012441 | 4014671 | 2 231 | hypothetical protein |
| CEY00_Acc19384 | 129.663 01 | 337.245 03 | −1.379 | 0.004 595 7 | LG17 | 10977695 | 10999825 | 7 764 | Upstream activation factor subunit like |
| CEY00_Acc19438 | 1 475.565 5 | 725.975 16 | 1.023 3 | 0.011 117 | LG17 | 11977455 | 11980219 | 676 | Thioredoxin-like protein |
| CEY00_Acc19701 | 394.380 45 | 1 153.091 9 | −1.547 8 | 0.008 180 3 | LG17 | 10447032 | 10455378 | 3 125 | Long chain acyl-CoA synthetase |
| CEY00_Acc19704 | 102.901 61 | 240.649 48 | −1.225 7 | 0.002 997 1 | LG17 | 10342450 | 10347262 | 2 821 | Boron transporter like |
| CEY00_Acc19770 | 628.733 23 | 1 619.701 1 | −1.365 2 | 0.001 415 8 | LG18 | 506655 | 508798 | 2 144 | Aspartyl protease family protein |
| CEY00_Acc19830 | 621.790 09 | 258.254 39 | 1.267 6 | 0.009 289 7 | LG18 | 1466394 | 1468173 | 756 | Desiccation protectant protein like |
| CEY00_Acc19861 | 74.636 69 | 7.509 731 9 | 3.313 1 | 0.001 366 5 | LG18 | 2147709 | 2153203 | 4 330 | Ankyrin repeat-containing protein |
| CEY00_Acc19891 | 432.426 91 | 74.546 475 | 2.536 2 | 0.026 62 | LG18 | 2541022 | 2549600 | 2 156 | Glucuronosyltransferase |
| CEY00_Acc19919 | 54.422 505 | 115.019 69 | −1.079 6 | 0.023 752 | LG18 | 3049206 | 3054833 | 5 240 | Pectinesterase inhibitor domain protein |

（续）

| 基因 ID | miR160VS 序列/条 | CK 序列/条 | $log_2 FC$ | *P* 值 | 染色体 | 起始位点 | 终止位点 | 长度/bp | 基因描述 |
|---|---|---|---|---|---|---|---|---|---|
| CEY00 _ Acc19922 | 151. 201 08 | 557. 296 09 | −1. 882 | 0. 000 001 34 | LG18 | 3126039 | 3128810 | 1 785 | Flavonoid 3',5'-hydroxylase |
| CEY00 _ Acc19958 | 94. 852 744 | 45. 521 144 | 1. 059 2 | 0. 038 141 | LG18 | 3666288 | 3669307 | 1 133 | Protein STAY-GREEN like |
| CEY00 _ Acc20092 | 170. 249 94 | 58. 576 398 | 1. 539 3 | 0. 005 824 2 | LG18 | 6002341 | 6009675 | 1 631 | Nucleoside diphosphate kinase |
| CEY00 _ Acc20159 | 369. 847 26 | 87. 930 151 | 2. 072 5 | 0. 000 272 2 | LG18 | 10025113 | 10026945 | 1 833 | Transcription factor like |
| CEY00 _ Acc20162 | 54. 485 041 | 180. 638 45 | −1. 729 2 | 0. 041 369 | LG18 | 10051312 | 10064625 | 2 417 | Protein ECERIFERUM like |
| CEY00 _ Acc20238 | 53. 167 958 | 120. 592 83 | −1. 181 5 | 0. 014 475 | LG18 | 11516893 | 11520854 | 3 270 | Protein transport protein like |
| CEY00 _ Acc20256 | 104. 378 69 | 391. 307 28 | −1. 906 5 | 0. 000 011 | LG18 | 11753360 | 11755252 | 1 893 | UDP-glycosyltransferase |
| CEY00 _ Acc20286 | 68. 620 398 | 19. 395 332 | 1. 822 9 | 0. 013 152 | LG18 | 12134800 | 12139568 | 3 175 | RNA polymerase sigma factor sigE like |
| CEY00 _ Acc20299 | 11. 090 711 | 33. 814 294 | −1. 608 3 | 0. 041 22 | LG18 | 12337802 | 12345166 | 768 | Vesicle transport protein like |
| CEY00 _ Acc20351 | 15. 249 644 | 44. 118 978 | −1. 532 6 | 0. 031 918 | LG18 | 12981780 | 12986860 | 3 189 | Granule-bound starch synthase |
| CEY00 _ Acc20365 | 0 | 10. 170 512 | — | 0. 021 793 | LG18 | 13082155 | 13082840 | 587 | Heavy metal-associated isoprenylated plant protein |
| CEY00 _ Acc20475 | 264. 281 89 | 51. 431 041 | 2. 361 4 | 0. 000 431 9 | LG18 | 14491468 | 14492464 | 997 | Zinc finger protein |
| CEY00 _ Acc20523 | 3 518. 977 3 | 9 765. 52 | −1. 472 5 | 0. 000 015 6 | LG18 | 15130555 | 15131118 | 564 | Cysteine proteinase inhibitor 1 like |
| CEY00 _ Acc20533 | 1. 440 884 1 | 14. 289 039 | −3. 309 9 | 0. 021 732 | LG18 | 15270203 | 15270980 | 778 | Vacuolar protein sorting/targeting protein like |
| CEY00 _ Acc20563 | 75. 872 594 | 12. 574 11 | 2. 593 1 | 0. 028 542 | LG18 | 15636297 | 15640276 | 1 791 | Cytochrome P450 77A3 like |
| CEY00 _ Acc20661 | 4. 598 622 5 | 30. 528 976 | −2. 730 9 | 0. 008 951 8 | LG18 | 16906154 | 16907216 | 1 063 | hypothetical protein |

（续）

| 基因 ID | miR160VS 序列/条 | CK 序列/条 | $log_2FC$ | $P$ 值 | 染色体 | 起始位点 | 终止位点 | 长度/bp | 基因描述 |
|---|---|---|---|---|---|---|---|---|---|
| CEY00 _ Acc20817 | 16.145 413 | 56.919 359 | −1.817 8 | 0.016 779 | LG18 | 18766013 | 18768120 | 2 108 | Cationic amino acid transporter like |
| CEY00 _ Acc20961 | 731.014 44 | 365.106 88 | 1.001 6 | 0.021 349 | LG18 | 20543609 | 20553621 | 1 309 | UDP-galactose transporter like |
| CEY00 _ Acc21056 | 35.842 682 | 83.258 13 | −1.215 9 | 0.036 723 | LG19 | 6473770 | 6474949 | 1 093 | LOB domain-containing protein |
| CEY00 _ Acc21155 | 4 352.932 7 | 1 477.358 8 | 1.559 | 0.000 352 2 | LG19 | 9472396 | 9483204 | 2 460 | Subtilisin-like protease SBT4.15 |
| CEY00 _ Acc21391 | 71.602 964 | 10.438 222 | 2.778 1 | 0.000 390 8 | LG19 | 13522703 | 13530910 | 3 776 | hypothetical protein |
| CEY00 _ Acc21395 | 161.093 08 | 21.373 209 | 2.914 | 0.000 155 9 | LG19 | 13566449 | 13569891 | 1 387 | Senescence-specific cysteine protease |
| CEY00 _ Acc21417 | 371.133 49 | 950.914 23 | −1.357 4 | 0.009 641 2 | LG19 | 13787963 | 13790229 | 1 360 | Acetylajmalan esterase |
| CEY00 _ Acc21418 | 724.455 22 | 1 602.500 6 | −1.145 4 | 0.011 049 | LG19 | 13805294 | 13807749 | 1 425 | Acetylajmalan esterase |
| CEY00 _ Acc21470 | 33.995 869 | 123.523 82 | −1.861 4 | 0.000 101 8 | LG19 | 14401953 | 14402640 | 688 | Flap endonuclease |
| CEY00 _ Acc21524 | 575.297 19 | 117.876 47 | 2.287 | 0.000 001 03 | LG19 | 15016522 | 15024157 | 1 803 | Alcohol-forming fatty acyl-CoA reductase |
| CEY00 _ Acc21622 | 19.538 128 | 120.625 26 | −2.626 2 | 0.000 005 64 | LG23 | 12477569 | 12478617 | 1 049 | Heterodimeric geranylgeranyl pyrophosphate synthase small subunit like |
| CEY00 _ Acc21754 | 189.450 24 | 26.250 287 | 2.851 4 | 0.042 437 | LG29 | 2407395 | 2409884 | 2 490 | 9-cis-epoxycarotenoid dioxygenase |
| CEY00 _ Acc21762 | 71.336 529 | 16.651 357 | 2.099 | 0.000 106 6 | LG29 | 2497437 | 2498190 | 754 | TRNA wybutosine-synthesizing protein like |
| CEY00 _ Acc21826 | 1 715.220 5 | 649.237 83 | 1.401 6 | 0.000 072 8 | LG29 | 3290431 | 3295371 | 1 908 | Protein DETOXIFICATION like |
| CEY00 _ Acc21981 | 2.793 715 1 | 20.351 393 | −2.864 9 | 0.028 479 | LG23 | 15371931 | 15372455 | 525 | hypothetical protein |
| CEY00 _ Acc22180 | 1 121.906 9 | 346.079 81 | 1.696 8 | 0.008 303 3 | LG23 | 17495063 | 17499632 | 1 229 | Allergen Act d like |

（续）

| 基因 ID | miR160VS 序列/条 | CK 序列/条 | $log_2FC$ | $P$ 值 | 染色体 | 起始位点 | 终止位点 | 长度/bp | 基因描述 |
|---|---|---|---|---|---|---|---|---|---|
| CEY00_Acc22265 | 90.434 153 | 28.674 268 | 1.657 1 | 0.008 629 | LG23 | 18279936 | 18286608 | 2 497 | Homeobox-leucine zipper protein like |
| CEY00_Acc22266 | 30.919 45 | 118.250 06 | −1.935 3 | 0.000 428 1 | LG23 | 18305427 | 18312778 | 2 942 | Plastidic glucose transporter like |
| CEY00_Acc22367 | 229.700 85 | 491.818 75 | −1.098 4 | 0.036 058 | LG23 | 19285575 | 19286806 | 1 232 | Mitogen-activated protein kinase |
| CEY00_Acc22431 | 53.520 578 | 15.863 043 | 1.754 4 | 0.026 8 | LG20 | 716824 | 722893 | 2 747 | BTB/POZ domain-containing protein |
| CEY00_Acc22501 | 17 960.867 | 52 578.523 | −1.549 6 | 0.000 005 49 | LG20 | 1709129 | 1714823 | 1 521 | Allergen Act d like |
| CEY00_Acc22560 | 141.412 24 | 407.878 16 | −1.528 2 | 0.000 050 1 | LG20 | 2557622 | 2561015 | 948 | Aquaporin TIP4-1 like |
| CEY00_Acc22662 | 187.577 99 | 38.598 126 | 2.280 9 | 0.005 498 | LG20 | 4154927 | 4162850 | 4 772 | Methyltransferase |
| CEY00_Acc22672 | 8.010 219 6 | 33.928 082 | −2.082 6 | 0.036 424 | LG20 | 4275540 | 4282463 | 1 711 | GDSL esterase/lipase |
| CEY00_Acc22678 | 4.311 677 3 | 30.155 697 | −2.806 1 | 0.002 553 8 | LG20 | 4373355 | 4383963 | 3 844 | Subtilisin-like protease |
| CEY00_Acc22746 | 295.835 13 | 120.742 99 | 1.292 9 | 0.000 226 4 | LG20 | 5670289 | 5672589 | 2 301 | UPF0481 protein |
| CEY00_Acc22883 | 4.661 734 3 | 27.823 46 | −2.577 4 | 0.035 382 | LG20 | 7786950 | 7788372 | 871 | GATA transcription factor |
| CEY00_Acc23030 | 143.827 37 | 404.951 38 | −1.493 4 | 0.010 607 | LG20 | 11420763 | 11421449 | 687 | hypothetical protein |
| CEY00_Acc23042 | 93.426 851 | 36.190 754 | 1.368 2 | 0.045 247 | LG20 | 11781967 | 11784016 | 765 | Protein Rev like |
| CEY00_Acc23052 | 17.912 824 | 88.150 302 | −2.299 | 0.029 255 | LG20 | 11931512 | 11933361 | 1 197 | Myb-related protein |
| CEY00_Acc23128 | 857.198 07 | 366.872 68 | 1.224 3 | 0.008 391 5 | LG20 | 13409778 | 13411847 | 1 398 | Glucan endo-1,3-beta-glucosidase |
| CEY00_Acc23139 | 245.919 05 | 63.530 92 | 1.952 7 | 0.003 430 5 | LG20 | 13680538 | 13682967 | 1 609 | Zeatin O-glucosyltransferase |
| CEY00_Acc23184 | 73.913 475 | 17.481 782 | 2.08 | 0.020 528 | LG20 | 14668339 | 14675271 | 2 402 | Transcription factor bHLH48 like |
| CEY00_Acc23205 | 101.768 33 | 562.459 5 | −2.466 5 | 0.000 482 2 | LG20 | 15043235 | 15046964 | 2 371 | Inactive receptor kinase |
| CEY00_Acc23222 | 412.705 63 | 1 490.492 9 | −1.852 6 | 0.000 000 453 | LG20 | 15298795 | 15301771 | 2 977 | Leucine-rich repeat extensin-like protein |

（续）

| 基因 ID | miR160VS 序列/条 | CK 序列/条 | $log_2FC$ | P 值 | 染色体 | 起始位点 | 终止位点 | 长度/bp | 基因描述 |
|---|---|---|---|---|---|---|---|---|---|
| CEY00_Acc23256 | 159.048 88 | 618.584 88 | −1.959 5 | 0.026 724 | LG20 | 15710446 | 15712697 | 685 | Peroxiredoxin-2B like |
| CEY00_Acc23284 | 81.357 003 | 217.707 24 | −1.420 1 | 0.000 531 7 | LG20 | 16142207 | 16144066 | 1 860 | Protein DETOXIFICATION like |
| CEY00_Acc23386 | 1 203.715 6 | 425.298 77 | 1.500 9 | 0.000 106 1 | LG20 | 17476317 | 17481287 | 2 719 | Subtilisin-like protease |
| CEY00_Acc23398 | 78.676 99 | 33.001 626 | 1.253 4 | 0.026 25 | LG20 | 17572209 | 17579103 | 4 382 | Ubiquinone biosynthesis protein |
| CEY00_Acc23534 | 57.504 317 | 11.490 79 | 2.323 2 | 0.009 004 2 | LG21 | 1170082 | 1171886 | 1 308 | UPF0496 protein |
| CEY00_Acc23537 | 18.863 868 | 67.711 307 | −1.843 8 | 0.003 227 7 | LG21 | 1211011 | 1214649 | 2 531 | $CO_2$-response secreted protease |
| CEY00_Acc23554 | 228.694 68 | 561.712 13 | −1.296 4 | 0.000 515 7 | LG21 | 1412487 | 1415356 | 1 317 | Thaumatin-like protein |
| CEY00_Acc23615 | 21.850 247 | 70.503 437 | −1.69 | 0.014 343 | LG21 | 2045418 | 2050417 | 2 552 | Beta-galactosidase |
| CEY00_Acc23652 | 26.817 303 | 95.990 924 | −1.839 7 | 0.000 576 6 | LG21 | 2434943 | 2437164 | 1 523 | S-adenosyl-L-methionine-dependent methyltransferase |
| CEY00_Acc23826 | 49.530 71 | 111.295 5 | −1.168 | 0.017 372 | LG21 | 5570205 | 5572609 | 2 405 | U-box domain-containing protein |
| CEY00_Acc23849 | 27.229 797 | 1.059 639 2 | 4.683 5 | 0.000 882 6 | LG21 | 5879380 | 5886716 | 1 698 | Homeotic protein like |
| CEY00_Acc23872 | 37.740 46 | 130.930 61 | −1.794 6 | 0.000 178 | LG21 | 6266119 | 6273082 | 2 552 | Oligopeptide transporter like |
| CEY00_Acc23933 | 1 525.169 2 | 549.520 66 | 1.472 7 | 0.029 768 | LG21 | 4876806 | 4879482 | 1 591 | 7-deoxyloganetin glucosyltransferase |
| CEY00_Acc23957 | 20.879 577 | 0 | — | 0.018 258 | LG21 | 6663488 | 6665806 | 1 249 | Trehalose-phosphate phosphatase |
| CEY00_Acc24030 | 232.405 91 | 1 368.424 5 | −2.557 8 | 0.007 921 3 | LG21 | 7829325 | 7833408 | 1 316 | WAT1-related protein |
| CEY00_Acc24063 | 2 114.295 5 | 6 960.938 7 | −1.719 1 | 0.000 003 1 | LG21 | 8509607 | 8511004 | 788 | Basic blue protein |
| CEY00_Acc24189 | 20.463 417 | 91.827 501 | −2.165 9 | 0.000 463 8 | LG21 | 12115833 | 12116941 | 1 109 | Nicotianamine synthase |
| CEY00_Acc24206 | 133.645 34 | 435.700 31 | −1.704 9 | 0.001 714 1 | LG21 | 12462706 | 12463958 | 1 253 | Transcription factor bHLH149 like |

（续）

| 基因 ID | miR160VS 序列/条 | CK 序列/条 | $log_2FC$ | $P$ 值 | 染色体 | 起始位点 | 终止位点 | 长度/bp | 基因描述 |
|---|---|---|---|---|---|---|---|---|---|
| CEY00_Acc24308 | 416.546 01 | 108.257 98 | 1.944 | 0.032 397 | LG21 | 14094365 | 14099869 | 3 366 | Transcription factor like |
| CEY00_Acc24415 | 99.778 37 | 46.872 333 | 1.09 | 0.040 929 | LG21 | 16209698 | 16210961 | 820 | hypothetical protein |
| CEY00_Acc24420 | 740.978 99 | 281.257 72 | 1.397 5 | 0.000 368 6 | LG21 | 16291685 | 16293868 | 1 304 | Aspartyl protease family protein |
| CEY00_Acc24490 | 139.231 14 | 35.492 351 | 1.971 9 | 0.017 57 | LG22 | 286712 | 287618 | 763 | Late embryogenesis abundant protein like |
| CEY00_Acc24562 | 234.127 02 | 553.627 9 | −1.241 6 | 0.010 406 | LG22 | 1719594 | 1727003 | 2 599 | Beta-D-xylosidase |
| CEY00_Acc24570 | 12.745 366 | 46.276 08 | −1.860 3 | 0.006 287 7 | LG22 | 2743876 | 2744902 | 812 | Major pollen allergen Cor a like |
| CEY00_Acc24644 | 10.985 862 | 46.830 894 | −2.091 8 | 0.018 754 | LG22 | 4364557 | 4370903 | 2 679 | Glycosyltransferase family protein 64 protein |
| CEY00_Acc24783 | 7.622 497 7 | 52.119 076 | −2.773 5 | 0.000 215 5 | LG22 | 8714244 | 8720253 | 1 810 | Kinesin-like protein |
| CEY00_Acc24893 | 1 259.068 6 | 2 628.950 3 | −1.062 1 | 0.002 314 4 | LG22 | 10576696 | 10579638 | 2 023 | Pyrimidine 5-nucleotidase protein |
| CEY00_Acc24960 | 168.081 17 | 66.336 754 | 1.341 3 | 0.044 555 | LG22 | 11697227 | 11703190 | 4 382 | Leucine-rich repeat receptor-like protein kinase |
| CEY00_Acc24997 | 99.255 494 | 270.754 73 | −1.447 8 | 0.000 584 8 | LG22 | 12159900 | 12165742 | 1 993 | EH domain-containing protein |
| CEY00_Acc25008 | 953.384 39 | 2 443.188 2 | −1.357 6 | 0.000 514 5 | LG22 | 12283109 | 12283723 | 615 | Cysteine proteinase inhibitor 1 like |
| CEY00_Acc25051 | 735.509 2 | 1 832.508 9 | −1.317 | 0.037 059 | LG22 | 14165733 | 14172987 | 1 393 | Protein HEAT-STRESS-ASSOCIATED like |
| CEY00_Acc25069 | 204.593 28 | 93.865 208 | 1.124 1 | 0.030 617 | LG22 | 14373316 | 14375407 | 2 092 | U-box domain-containing protein |
| CEY00_Acc25152 | 192.997 91 | 595.550 24 | −1.625 6 | 0.000 105 2 | LG22 | 15524474 | 15531501 | 1 964 | Oryzain alpha chain like |

（续）

| 基因 ID | miR160VS 序列/条 | CK 序列/条 | $log_2FC$ | *P* 值 | 染色体 | 起始位点 | 终止位点 | 长度/bp | 基因描述 |
|---|---|---|---|---|---|---|---|---|---|
| CEY00_Acc25183 | 82.253 466 | 229.275 91 | −1.478 9 | 0.002 622 1 | LG22 | 15882440 | 15882978 | 539 | ATP-dependent helicase |
| CEY00_Acc25361 | 3.367 605 5 | 15.355 75 | −2.189 | 0.037 609 | LG22 | 18041194 | 18050312 | 1 722 | Tyrosine protein-kinase |
| CEY00_Acc25639 | 7.415 867 6 | 66.428 974 | −3.163 1 | 0.000 010 2 | LG23 | 2250340 | 2253642 | 937 | Acid phosphatase |
| CEY00_Acc25697 | 643.594 16 | 1 531.284 3 | −1.250 5 | 0.001 166 8 | LG23 | 2854114 | 2857164 | 1 977 | Cytochrome P450 82G1 like |
| CEY00_Acc25698 | 1 677.343 7 | 733.333 93 | 1.193 6 | 0.000 066 9 | LG23 | 2861063 | 2864221 | 2 041 | Cytochrome P450 82G1 like |
| CEY00_Acc25711 | 4 980.452 | 10 720.753 | −1.106 1 | 0.015 297 | LG23 | 3053924 | 3060146 | 2 211 | Peptidyl-prolyl cis-trans isomerase |
| CEY00_Acc25782 | 84.204 952 | 30.083 664 | 1.484 9 | 0.015 823 | LG23 | 3757365 | 3760327 | 1 806 | Protein NUCLEAR FUSION DEFECTIVE like |
| CEY00_Acc25915 | 797.740 56 | 335.699 29 | 1.248 8 | 0.002 005 | LG23 | 5190145 | 5194521 | 2 309 | Ethylene-responsive transcription factor RAP2-7 like |
| CEY00_Acc25938 | 176.975 13 | 996.787 21 | −2.493 7 | 0.000 000 000 422 | LG23 | 5554902 | 5563860 | 3 040 | Beta-galactosidase |
| CEY00_Acc26099 | 101.922 82 | 225.217 96 | −1.143 8 | 0.005 762 3 | LG23 | 9120213 | 9122572 | 1 505 | E3 ubiquitin-protein like |
| CEY00_Acc26204 | 299.060 72 | 663.139 57 | −1.148 9 | 0.014 469 | LG23 | 10521504 | 10529817 | 1 504 | Axial regulator YABBY |
| CEY00_Acc26209 | 442.277 62 | 133.365 77 | 1.729 6 | 0.000 002 09 | LG23 | 10623315 | 10629726 | 1 829 | Protein DETOXIFICATION like |
| CEY00_Acc26215 | 113.492 95 | 361.130 06 | −1.669 9 | 0.013 446 | LG23 | 10699100 | 10700456 | 618 | Photosystem I subunit O like |
| CEY00_Acc26351 | 32.625 069 | 129.867 36 | −1.993 | 0.000 056 2 | LG23 | 20246068 | 20249358 | 1 545 | Thiamine thiazole synthase |
| CEY00_Acc26491 | 62.916 982 | 133.602 75 | −1.086 4 | 0.047 689 | LG23 | 21791743 | 21802063 | 4 078 | UbiB domain protein |
| CEY00_Acc26760 | 9.042 344 5 | 31.660 965 | −1.807 9 | 0.034 725 | LG23 | 24842020 | 24848163 | 1 470 | Motile sperm domain-containing protein |

（续）

| 基因 ID | miR160VS 序列/条 | CK 序列/条 | $log_2FC$ | $P$ 值 | 染色体 | 起始位点 | 终止位点 | 长度/bp | 基因描述 |
|---|---|---|---|---|---|---|---|---|---|
| CEY00_Acc26811 | 35.228 107 | 3.051 975 5 | 3.528 9 | 0.012 554 | LG23 | 25378536 | 25379670 | 1 135 | Transcription factor SPATULA like |
| CEY00_Acc26830 | 602.088 69 | 217.381 92 | 1.469 7 | 0.000 499 | LG23 | 25545956 | 25550981 | 2 309 | Protein NUCLEAR FUSION DEFECTIVE like |
| CEY00_Acc26849 | 30.263 735 | 89.074 78 | −1.557 4 | 0.005 205 7 | LG23 | 25730228 | 25734673 | 2 250 | Transcription factor bHLH137 like |
| CEY00_Acc26920 | 6.259 435 9 | 28.681 181 | −2.196 | 0.010 077 | LG23 | 26424048 | 26425975 | 1 015 | Dynein light chain like |
| CEY00_Acc26959 | 38.944 043 | 130.231 45 | −1.741 6 | 0.013 447 | LG23 | 26789094 | 26796417 | 3 977 | Inactive protein kinase |
| CEY00_Acc27270 | 196.057 38 | 441.784 05 | −1.172 1 | 0.008 646 4 | LG24 | 3258144 | 3266352 | 1 383 | hypothetical protein |
| CEY00_Acc27322 | 679.269 99 | 2 192.852 | −1.690 8 | 0.001 97 | LG24 | 3996917 | 4002721 | 1 062 | Stem-specific protein |
| CEY00_Acc27419 | 65.249 514 | 302.773 13 | −2.214 2 | 0.008 549 7 | LG24 | 5736453 | 5738362 | 1 211 | Phosphoenolpyruvate carboxylase |
| CEY00_Acc27554 | 38.538 858 | 157.927 77 | −2.034 9 | 0.000 021 3 | LG24 | 8837328 | 8840564 | 3 237 | Cationic amino acid transporter 7 like |
| CEY00_Acc27599 | 1 285.891 5 | 346.376 73 | 1.892 4 | 0.004 859 1 | LG24 | 9853375 | 9856436 | 2 248 | Protein NUCLEAR FUSION DEFECTIVE like |
| CEY00_Acc27661 | 553.967 03 | 262.669 72 | 1.076 6 | 0.007 227 7 | LG24 | 10899606 | 10905466 | 1 173 | Nitrilase-like protein |
| CEY00_Acc27791 | 77.997 73 | 23.489 031 | 1.731 4 | 0.010 264 | LG24 | 12469648 | 12471266 | 1 619 | Transferase protein |
| CEY00_Acc27807 | 25.395 37 | 73.623 158 | −1.535 6 | 0.012 1 | LG24 | 12645692 | 12653930 | 1 596 | Cytochrome P450 90A1 like |
| CEY00_Acc27867 | 4 255.196 7 | 1 643.428 3 | 1.372 5 | 0.008 457 9 | LG24 | 13274847 | 13276791 | 1 239 | Expansin-A8 like |
| CEY00_Acc28028 | 1.344 348 6 | 18.173 908 | −3.756 9 | 0.020 608 | LG24 | 14962850 | 14965612 | 1 676 | (S)-N-methylcoclaurine 3'-hydroxylase |
| CEY00_Acc28118 | 2 271.419 1 | 728.714 58 | 1.640 2 | 0.003 833 3 | LG24 | 15932333 | 15935251 | 1 707 | Beta-amylase |

（续）

| 基因 ID | miR160VS 序列/条 | CK 序列/条 | $log_2FC$ | $P$ 值 | 染色体 | 起始位点 | 终止位点 | 长度/bp | 基因描述 |
|---|---|---|---|---|---|---|---|---|---|
| CEY00 _ Acc28198 | 251. 672 86 | 79. 922 31 | 1. 654 9 | 0. 017 401 | LG24 | 17147765 | 17154396 | 2 179 | Glucan endo-1,3-beta-glucosidase like |
| CEY00 _ Acc28235 | 116. 171 15 | 29. 054 778 | 1. 999 4 | 0. 000 452 5 | LG24 | 17641400 | 17648754 | 1 914 | Cytokinin dehydrogenase |
| CEY00 _ Acc28487 | 45. 894 773 | 11. 724 132 | 1. 968 8 | 0. 034 599 | LG25 | 9094683 | 9095551 | 869 | Zinc finger protein |
| CEY00 _ Acc28504 | 62. 702 228 | 147. 176 28 | −1. 231 | 0. 044 214 | LG25 | 9341552 | 9346133 | 1 016 | 50S ribosomal protein |
| CEY00 _ Acc28597 | 297. 183 79 | 597. 942 03 | −1. 008 7 | 0. 010 308 | LG25 | 11133199 | 11139043 | 1 413 | Hydrolase |
| CEY00 _ Acc28743 | 4 047. 334 9 | 777. 323 88 | 2. 380 4 | 0. 003 350 8 | LG25 | 13198447 | 13203587 | 1 198 | Alcohol dehydrogenase-like |
| CEY00 _ Acc28753 | 165. 156 53 | 60. 910 431 | 1. 439 1 | 0. 000 264 5 | LG25 | 13282090 | 13289848 | 2 960 | Oligopeptide transporter like |
| CEY00 _ Acc28783 | 145. 556 41 | 43. 957 668 | 1. 727 4 | 0. 001 584 | LG25 | 13622934 | 13630404 | 2 663 | Endoglucanase |
| CEY00 _ Acc28981 | 484. 413 86 | 211. 025 71 | 1. 198 8 | 0. 035 523 | LG25 | 16100365 | 16107254 | 3 055 | Type I inositol polyphosphate 5-phosphatase |
| CEY00 _ Acc29017 | 243. 439 62 | 647. 702 8 | −1. 411 8 | 0. 025 233 | LG25 | 15623260 | 15635164 | 3 970 | ABC transporter B family member 2 like |
| CEY00 _ Acc29053 | 122. 146 82 | 58. 358 836 | 1. 065 6 | 0. 007 078 6 | LG25 | 16706192 | 16708268 | 2 077 | UDP-glycosyltransferase |
| CEY00 _ Acc29078 | 5. 103 172 8 | 25. 330 426 | −2. 311 4 | 0. 036 859 | LG25 | 17014336 | 17022100 | 3 053 | Rop guanine nucleotide exchange factor like |
| CEY00 _ Acc29091 | 2. 963 256 1 | 38. 090 041 | −3. 684 2 | 0. 005 755 4 | LG25 | 17142326 | 17148104 | 1 677 | Zinc transporter 4 like |
| CEY00 _ Acc29220 | 85. 819 619 | 32. 340 095 | 1. 408 | 0. 043 183 | LG25 | 19083543 | 19088164 | 1 314 | Chorismate mutase |
| CEY00 _ Acc29414 | 109. 691 14 | 473. 989 01 | −2. 111 4 | 0. 000 000 089 4 | LG26 | 6323666 | 6325513 | 1 848 | Protein ASPARTIC PROTEASE IN GUARD CELL 1 like |

（续）

| 基因 ID | miR160VS 序列/条 | CK 序列/条 | $log_2FC$ | P 值 | 染色体 | 起始位点 | 终止位点 | 长度/bp | 基因描述 |
|---|---|---|---|---|---|---|---|---|---|
| CEY00_Acc29489 | 6.382 998 3 | 51.711 429 | −3.018 2 | 0.000 033 8 | LG26 | 7751464 | 7757776 | 2 088 | UPF0162 protein like |
| CEY00_Acc29506 | 63.806 116 | 671.769 68 | −3.396 2 | 0.000 372 9 | LG26 | 8149272 | 8153331 | 1 666 | Zinc transporter 4 like |
| CEY00_Acc29674 | 37.798 923 | 152.893 | −2.016 1 | 0.000 109 3 | LG26 | 10112555 | 10113099 | 545 | DNA replication regulator like |
| CEY00_Acc29689 | 57.695 731 | 11.295 271 | 2.352 7 | 0.000 333 | LG26 | 10253803 | 10256863 | 1 562 | Pectate lyase |
| CEY00_Acc29814 | 85.891 213 | 23.763 811 | 1.853 7 | 0.006 585 | LG26 | 11857737 | 11866569 | 3 004 | Calmodulin-binding protein 60 A like |
| CEY00_Acc29949 | 44.440 253 | 6.285 326 9 | 2.821 8 | 0.000 183 7 | LG26 | 13733107 | 13738599 | 2 386 | Protein NRT1/PTR FAMILY 5.2 like |
| CEY00_Acc30105 | 75.398 955 | 165.413 19 | −1.133 5 | 0.008 626 7 | LG26 | 15862887 | 15863521 | 635 | Cyclin-dependent protein kinase |
| CEY00_Acc30273 | 1 053.391 1 | 177.461 25 | 2.569 5 | 0.012 228 | LG26 | 17646136 | 17649070 | 1 445 | Expansin-A4 like |
| CEY00_Acc30333 | 1.648 089 9 | 22.601 07 | −3.777 5 | 0.002 764 9 | LG26 | 18448940 | 18455264 | 1 764 | Non-specific phospholipase |
| CEY00_Acc30377 | 9.896 614 8 | 46.697 039 | −2.238 3 | 0.027 522 | LG26 | 19006947 | 19017025 | 1 214 | Cinnamoyl-CoA reductase |
| CEY00_Acc30501 | 763.760 27 | 1 865.099 | −1.288 1 | 0.002 185 5 | LG27 | 233353 | 234541 | 1 118 | NAC domain-containing protein |
| CEY00_Acc30529 | 13.804 111 | 61.662 582 | −2.159 3 | 0.000 742 7 | LG27 | 485455 | 487152 | 1 698 | Cytochrome P450 94B3 like |
| CEY00_Acc30553 | 121.488 21 | 277.547 02 | −1.191 9 | 0.008 309 5 | LG27 | 805951 | 807048 | 1 098 | TLC domain-containing protein |
| CEY00_Acc30626 | 0.215 688 1 | 14.642 252 | −6.085 | 0.001 525 5 | LG27 | 1654900 | 1659424 | 1 012 | Carbonic anhydrase |
| CEY00_Acc30653 | 6.332 441 4 | 31.424 838 | −2.311 1 | 0.048 443 | LG27 | 1925498 | 1926774 | 608 | Gibberellin-regulated protein |
| CEY00_Acc30726 | 501.416 89 | 1 111.764 8 | −1.148 8 | 0.005 141 9 | LG27 | 2782174 | 2783307 | 1 134 | E3 ubiquitin-protein like |
| CEY00_Acc30779 | 204.788 15 | 799.135 32 | −1.964 3 | 0.030 431 | LG27 | 3368551 | 3370091 | 1 541 | Phenolic glucoside malonyltransferase |

（续）

| 基因 ID | miR160VS 序列/条 | CK 序列/条 | $log_2FC$ | *P* 值 | 染色体 | 起始位点 | 终止位点 | 长度/bp | 基因描述 |
|---|---|---|---|---|---|---|---|---|---|
| CEY00 _ Acc30796 | 13. 965 914 | 43. 405 481 | −1. 636 | 0. 041 665 | LG27 | 3636647 | 3637552 | 906 | Serpin-ZXA like |
| CEY00 _ Acc30936 | 73. 867 742 | 29. 185 018 | 1. 339 7 | 0. 033 773 | LG27 | 5823130 | 5829248 | 2 164 | Squalene monooxygenase |
| CEY00 _ Acc30990 | 59. 580 476 | 137. 612 54 | −1. 207 7 | 0. 046 586 | LG27 | 6501633 | 6502844 | 1 212 | Protein IRX15-LIKE like |
| CEY00 _ Acc31113 | 25. 103 924 | 66. 779 244 | −1. 411 5 | 0. 046 259 | LG27 | 8637227 | 8638057 | 671 | Defensin-like protein |
| CEY00 _ Acc31120 | 43. 757 518 | 143. 615 69 | −1. 714 6 | 0. 000 173 | LG27 | 8770130 | 8771178 | 904 | PLAT domain-containing protein |
| CEY00 _ Acc31206 | 103. 691 55 | 50. 019 35 | 1. 051 7 | 0. 003 493 | LG27 | 10428333 | 10431056 | 1 018 | Protein of unknown function DUF4228, plant protein |
| CEY00 _ Acc31241 | 61. 938 714 | 17. 334 102 | 1. 837 2 | 0. 022 746 | LG27 | 11943190 | 11943938 | 749 | CTP synthase |
| CEY00 _ Acc31322 | 417. 186 55 | 1 274. 916 4 | −1. 611 6 | 0. 000 008 96 | LG27 | 14064904 | 14066188 | 1 177 | Glucoamylase |
| CEY00 _ Acc31465 | 74. 028 702 | 18. 205 294 | 2. 023 7 | 0. 031 726 | LG27 | 19590575 | 19595125 | 880 | PLASMODESMATA CALLOSEBINDI-NGPROTEIN 3 like |
| CEY00 _ Acc31645 | 2 804. 738 6 | 1 141. 948 3 | 1. 296 4 | 0. 002 003 5 | LG28 | 7457542 | 7460113 | 1 798 | Gibberellin receptor GID1B like |
| CEY00 _ Acc31693 | 343. 523 82 | 987. 425 59 | −1. 523 3 | 0. 006 314 7 | LG28 | 2422851 | 2427096 | 720 | GPI-anchored protein |
| CEY00 _ Acc31815 | 743. 269 83 | 1 525. 437 5 | −1. 037 3 | 0. 002 241 7 | LG28 | 5481969 | 5487056 | 2 291 | Asparagine synthetase |
| CEY00 _ Acc31871 | 3 057. 895 2 | 641. 390 68 | 2. 253 3 | 0. 000 000 167 | LG28 | 6491449 | 6495101 | 1 128 | Expansin-A8 like |
| CEY00 _ Acc31924 | 932. 339 24 | 2 562. 869 2 | −1. 458 8 | 0. 000 009 31 | LG28 | 7886125 | 7891900 | 1 721 | Serine carboxypeptidase-like |
| CEY00 _ Acc31945 | 351. 943 39 | 725. 423 48 | −1. 043 5 | 0. 006 589 9 | LG28 | 8123859 | 8130363 | 1 526 | Quinone-oxidoreductase |
| CEY00 _ Acc32003 | 198. 262 34 | 83. 676 939 | 1. 244 5 | 0. 010 297 | LG28 | 8760164 | 8770375 | 1 966 | Pectate lyase |
| CEY00 _ Acc32044 | 11. 683 483 | 44. 420 542 | −1. 926 8 | 0. 037 865 | LG28 | 9351604 | 9353285 | 1 054 | Myb-related protein like |

（续）

| 基因 ID | miR160VS 序列/条 | CK 序列/条 | $\log_2 FC$ | P 值 | 染色体 | 起始位点 | 终止位点 | 长度/bp | 基因描述 |
|---|---|---|---|---|---|---|---|---|---|
| CEY00 _ Acc32159 | 109. 726 62 | 35. 374 472 | 1. 633 1 | 0. 007 736 7 | LG28 | 10850504 | 10860272 | 2 308 | Serine carboxypeptidase-like |
| CEY00 _ Acc32390 | 3 911. 300 1 | 341. 915 73 | 3. 515 9 | 0. 005 204 8 | LG28 | 13454876 | 13457748 | 1 897 | Flavonoid 3',5'-hydroxylase |
| CEY00 _ Acc32474 | 177. 152 09 | 38. 351 789 | 2. 207 6 | 0. 003 508 9 | LG28 | 14628998 | 14630326 | 1 329 | DNA-damage-repair/toleration protein |
| CEY00 _ Acc32563 | 147. 093 5 | 309. 386 66 | −1. 072 7 | 0. 002 643 3 | LG28 | 15825044 | 15826988 | 1 945 | L-ascorbate oxidase |
| CEY00 _ Acc32677 | 43. 448 483 | 171. 012 24 | −1. 976 7 | 0. 009 755 6 | LG29 | 1867753 | 1872000 | 1 327 | Xyloglucan endotransglucosylase/hydrolase |
| CEY00 _ Acc32755 | 428. 585 24 | 145. 841 05 | 1. 555 2 | 0. 006 052 8 | LG29 | 4398338 | 4404595 | 3 602 | U-box domain-containing protein |
| CEY00 _ Acc32796 | 26. 806 496 | 106. 424 49 | −1. 989 2 | 0. 046 408 | LG29 | 4932349 | 4935824 | 2 658 | BTB/POZ domain-containing protein |
| CEY00 _ Acc32843 | 13. 693 679 | 35. 680 164 | −1. 381 6 | 0. 045 972 | LG29 | 5563293 | 5569402 | 1 634 | Protein TIFY 6B like isoform 2 |
| CEY00 _ Acc32845 | 2. 154 964 4 | 15. 417 572 | −2. 838 8 | 0. 018 034 | LG29 | 5591739 | 5592627 | 889 | B-cell receptor-associated protein |
| CEY00 _ Acc32863 | 44. 883 18 | 22. 106 931 | 1. 021 7 | 0. 026 305 | LG29 | 5833444 | 5844442 | 1 234 | Sec14 cytosolic factor like |
| CEY00 _ Acc32953 | 0 | 7. 574 693 4 | — | 0. 031 234 | LG29 | 7877898 | 7883186 | 2 470 | Phosphate transporter like |
| CEY00 _ Acc32978 | 12. 273 664 | 35. 933 889 | −1. 549 8 | 0. 036 502 | LG29 | 8231552 | 8234968 | 1 478 | 6-phosphogluconolactonase |
| CEY00 _ Acc33184 | 99. 720 056 | 280. 028 19 | −1. 489 6 | 0. 030 169 | LG29 | 11841041 | 11843075 | 1 192 | Transcription factor like |
| CEY00 _ Acc33229 | 147. 147 84 | 325. 379 79 | −1. 144 9 | 0. 011 795 | LG29 | 14025540 | 14030965 | 2 102 | hypothetical protein |

表 6-6 miR160VS1 vs. CK1 的差异表达基因

| 基因 ID | miR160VS1 序列/条 | CK1 序列/条 | $log_2FC$ | $P$ 值 | FDR | 染色体 | 起始位点 | 终止位点 | 长度/bp | 基因描述 |
|---|---|---|---|---|---|---|---|---|---|---|
| CEY00_Acc00015 | 1 274.681 9 | 78.916 632 | 4.013 7 | 0.002 826 | 0.040 382 | LG11 | 8656235 | 8658316 | 2 082 | Aspartyl protease family protein |
| CEY00_Acc00016 | 1 041.615 3 | 320.647 61 | 1.699 8 | 0.000 458 2 | 0.010 719 | LG11 | 8669705 | 8676695 | 2 594 | Mitogen-activated protein kinase |
| CEY00_Acc00020 | 10.277 38 | 52.507 242 | −2.353 | 0.003 181 8 | 0.044 273 | LG11 | 8693188 | 8696237 | 1 344 | Enolase-phosphatase |
| CEY00_Acc00022 | 401.421 28 | 14.220 865 | 4.819 | 0.000 998 7 | 0.019 289 | LG11 | 8705672 | 8706973 | 1 100 | Xyloglucan endotransglucosylase/hydrolase |
| CEY00_Acc00034 | 27.459 838 | 71.740 952 | −1.385 5 | 0.047 543 | 0.279 66 | LG11 | 8857793 | 8869879 | 4 824 | Inter-alpha-trypsin inhibitor heavy chain like |
| CEY00_Acc00035 | 1 358.641 1 | 157.451 92 | 3.109 2 | $2.97\times10^{-9}$ | $6.02\times10^{-7}$ | LG11 | 8882654 | 8894277 | 2 255 | Serine/threonine-protein kinase |
| CEY00_Acc00038 | 15.539 939 | 0.238 549 | 6.025 6 | 0.000 199 | 0.005 604 8 | LG11 | 8932063 | 8935369 | 1 444 | Ammonium transporter member protein |
| CEY00_Acc00044 | 31.924 452 | 4.205 487 2 | 2.924 3 | 0.001 473 7 | 0.025 421 | LG11 | 8993457 | 8995640 | 1 206 | Gamma-interferon-inducible lysosomal thiol reductase |
| CEY00_Acc00045 | 8.262 767 4 | 0 | — | 0.004 344 3 | 0.054 994 | LG11 | 8998142 | 8999146 | 631 | Mitogen-activated protein kinase kinase kinase |
| CEY00_Acc00048 | 7.942 885 5 | 0 | — | 0.012 664 | 0.118 18 | LG11 | 9012677 | 9013424 | 584 | Prephenate decarboxylase |
| CEY00_Acc00049 | 1 411.664 4 | 107.645 08 | 3.713 | 0.000 237 4 | 0.006 459 3 | LG11 | 9013523 | 9016485 | 1 049 | Protein of unknown function DUF538 protein |
| CEY00_Acc00059 | 770.672 66 | 121.207 31 | 2.668 6 | 0.000 146 8 | 0.004 466 6 | LG11 | 9118500 | 9120340 | 1 278 | CASP-like protein |
| CEY00_Acc00065 | 394.436 61 | 96.890 571 | 2.025 4 | 0.014 041 | 0.126 29 | LG11 | 9174505 | 9177338 | 2 834 | Pentatricopeptide repeat-containing protein |

（续）

| 基因 ID | miR160VS1 序列/条 | CK1 序列/条 | $\log_2$FC | P 值 | FDR | 染色体 | 起始位点 | 终止位点 | 长度/bp | 基因描述 |
|---|---|---|---|---|---|---|---|---|---|---|
| CEY00_Acc00066 | 194.169 07 | 5.471 157 4 | 5.149 3 | 0.000 732 4 | 0.015 354 | LG11 | 9182637 | 9184473 | 645 | Protein LURP-one-related like |
| CEY00_Acc00069 | 26.549 595 | 1.158 123 3 | 4.518 8 | 0.013 509 | 0.123 12 | LG11 | 9224372 | 9232140 | 1 591 | Alanine-glyoxylate aminotransferase 2 3 like |
| CEY00_Acc00074 | 31.738 06 | 103.451 49 | −1.704 7 | 0.004 646 7 | 0.057 679 | LG11 | 9276175 | 9279912 | 3 738 | CBL-interacting protein kinase |
| CEY00_Acc00081 | 523.978 05 | 228.666 44 | 1.196 3 | 0.011 828 | 0.112 64 | LG11 | 9363663 | 9368459 | 3 232 | Receptor-like protein kinase |
| CEY00_Acc00082 | 680.640 48 | 1 645.951 4 | −1.274 | 0.013 293 | 0.121 63 | LG11 | 9372855 | 9382476 | 3 329 | B3 domain-containing transcription repressor like |
| CEY00_Acc00088 | 65.366 745 | 175.197 11 | −1.422 4 | 0.030 268 | 0.210 49 | LG11 | 9424956 | 9428701 | 3 746 | Receptor-like protein kinase |
| CEY00_Acc00090 | 3.301 762 3 | 20.590 386 | −2.640 7 | 0.019 921 | 0.160 26 | LG11 | 9440654 | 9445147 | 2 350 | 26S protease regulatory subunit 6B like |
| CEY00_Acc00109 | 384.666 74 | 160.206 77 | 1.263 7 | 0.012 208 | 0.115 16 | LG11 | 9658156 | 9665438 | 3 270 | Tetratricopeptide repeat protein like |
| CEY00_Acc00113 | 250.850 68 | 625.593 08 | −1.318 4 | 0.016 976 | 0.144 14 | LG1 | 29483 | 35844 | 2 580 | Heterogeneous nuclear ribonucleo-protein |
| CEY00_Acc00128 | 31.097 093 | 2.451 674 6 | 3.664 9 | 0.024 494 | 0.183 75 | LG1 | 210969 | 212623 | 1 655 | UPF0481 protein |
| CEY00_Acc00132 | 573.800 51 | 154.318 4 | 1.894 6 | 0.000 495 3 | 0.011 33 | LG1 | 279748 | 283003 | 3 256 | Receptor-like kinase |
| CEY00_Acc00147 | 96.299 162 | 8.338 793 6 | 3.529 6 | 0.003 616 7 | 0.048 145 | LG1 | 484193 | 485870 | 1 678 | UDP-glucuronate 4-epimerase |
| CEY00_Acc00150 | 238.917 96 | 533.248 27 | −1.158 3 | 0.042 035 | 0.258 84 | LG1 | 545163 | 549667 | 1 256 | Chaperone protein dnaJ 20 like |
| CEY00_Acc00174 | 368.932 53 | 11.543 052 | 4.998 3 | 0.000 001 | 0.000 086 7 | LG1 | 944921 | 947697 | 2 777 | Receptor-like protein kinase |
| CEY00_Acc00205 | 90.471 901 | 241.589 73 | −1.417 | 0.006 830 1 | 0.076 522 | LG1 | 4805421 | 4822349 | 5 706 | 2,3-dimethylmalate lyase |

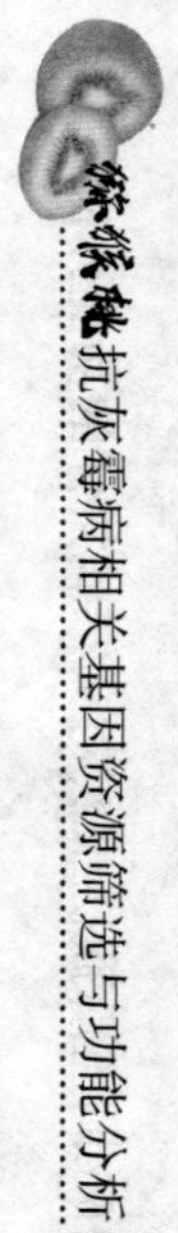


（续）

| 基因 ID | miR160VS1 序列/条 | CK1 序列/条 | $log_2FC$ | *P* 值 | FDR | 染色体 | 起始位点 | 终止位点 | 长度/bp | 基因描述 |
|---|---|---|---|---|---|---|---|---|---|---|
| CEY00 _ Acc00208 | 11.658 957 | 42.791 132 | −1.875 9 | 0.017 742 | 0.148 66 | LG1 | 4861923 | 4865643 | 774 | 50S ribosomal protein |
| CEY00 _ Acc00224 | 718.703 61 | 291.634 97 | 1.301 2 | 0.006 083 9 | 0.070 715 | LG1 | 5236024 | 5243845 | 2 429 | MACPF domain-containing protein |
| CEY00 _ Acc00237 | 5 532.740 6 | 1 239.883 5 | 2.157 8 | $7.77\times10^{-6}$ | 0.000 434 5 | LG1 | 5515981 | 5517648 | 1 668 | Ammonium transporter 1 member like |
| CEY00 _ Acc00260 | 188.273 27 | 83.535 992 | 1.172 4 | 0.024 334 | 0.183 08 | LG1 | 4611908 | 4614283 | 1 439 | Chalcone synthase |
| CEY00 _ Acc00261 | 1 666.243 5 | 496.452 36 | 1.746 9 | 0.000 272 9 | 0.007 187 4 | LG1 | 4599963 | 4609802 | 3 251 | Ankyrin repeat domain-containing protein |
| CEY00 _ Acc00263 | 1 465.244 1 | 329.136 48 | 2.154 4 | 0.002 345 7 | 0.035 295 | LG1 | 4563946 | 4571024 | 1 019 | Vesicle-associated membrane protein |
| CEY00 _ Acc00275 | 6 970.024 6 | 1 705.112 5 | 2.031 3 | $4.3\times10^{-5}$ | 0.001 719 4 | LG1 | 4383847 | 4393492 | 3 378 | Inositol transporter like |
| CEY00 _ Acc00282 | 428.480 77 | 1 223.246 7 | −1.513 4 | 0.002 774 9 | 0.039 895 | LG1 | 4270760 | 4296405 | 4 096 | hypothetical protein |
| CEY00 _ Acc00292 | 75.598 332 | 193.002 88 | −1.352 2 | 0.021 064 | 0.166 88 | LG1 | 4133789 | 4144937 | 6 638 | Sodium-and chloride-dependent GABA transporter like |
| CEY00 _ Acc00297 | 1 146.551 5 | 229.812 91 | 2.318 8 | $5.12\times10^{-6}$ | 0.000 316 3 | LG1 | 4063919 | 4070244 | 1 253 | Fructokinase-2 like |
| CEY00 _ Acc00305 | 279.348 19 | 127.605 75 | 1.130 4 | 0.023 376 | 0.178 69 | LG1 | 3965256 | 3967532 | 926 | Protein ROOT INITIATION DEFECTIVE like |
| CEY00 _ Acc00310 | 196.778 69 | 516.794 59 | −1.393 | 0.017 329 | 0.146 54 | LG1 | 3905070 | 3916337 | 4 924 | hypothetical protein |
| CEY00 _ Acc00312 | 18.479 201 | 72.436 743 | −1.970 8 | 0.005 103 7 | 0.062 109 | LG1 | 3874515 | 3888794 | 2 360 | Electron transfer flavoprotein-ubiquinone oxidoreductase |
| CEY00 _ Acc00325 | 27.572 593 | 74.890 245 | −1.441 5 | 0.035 859 | 0.234 36 | LG1 | 3661202 | 3718908 | 3 776 | DNA mismatch repair protein |

（续）

| 基因 ID | miR160VS1 序列/条 | CK1 序列/条 | $\log_2 FC$ | $P$ 值 | FDR | 染色体 | 起始位点 | 终止位点 | 长度/bp | 基因描述 |
|---|---|---|---|---|---|---|---|---|---|---|
| CEY00_Acc00329 | 15.022 467 | 1.431 294 1 | 3.391 7 | 0.011 416 | 0.109 77 | LG1 | 3607710 | 3613052 | 1 601 | Protein like |
| CEY00_Acc00341 | 3 255.332 1 | 75.888 663 | 5.422 8 | $7.2\times10^{-8}$ | $9.36\times10^{-6}$ | LG1 | 1774392 | 1775943 | 1 153 | Endochitinase |
| CEY00_Acc00343 | 339.568 91 | 733.577 36 | −1.111 2 | 0.033 246 | 0.223 77 | LG1 | 1794394 | 1801421 | 2 094 | Protein TRIGALACTOSYLDIACYLGLYCEROL 3 like |
| CEY00_Acc00344 | 236.960 13 | 714.277 51 | −1.591 8 | 0.002 098 7 | 0.032 673 | LG1 | 1816946 | 1822006 | 3 454 | Transcription factor bHLH113 like |
| CEY00_Acc00350 | 15.853 493 | 55.325 452 | −1.803 1 | 0.010 795 | 0.105 81 | LG1 | 1923791 | 1930069 | 1 341 | Stearoyl-［acyl-carrier-protein］9-desaturase |
| CEY00_Acc00354 | 54.050 446 | 143.005 47 | −1.403 7 | 0.012 777 | 0.118 65 | LG1 | 1961730 | 1965498 | 3 769 | Cytochrome c oxidase assembly factor like |
| CEY00_Acc00357 | 85.892 927 | 176.865 14 | −1.042 | 0.032 289 | 0.219 58 | LG1 | 2007204 | 2010402 | 3 199 | U5 small nuclear ribonucleoprotein |
| CEY00_Acc00358 | 39.044 3 | 135.826 | −1.798 6 | 0.004 207 | 0.053 826 | LG1 | 2022702 | 2036154 | 2 704 | Calcium sensing receptor like |
| CEY00_Acc00366 | 1 680.087 4 | 3 636.596 5 | −1.114 1 | 0.007 500 1 | 0.081 664 | LG1 | 2154546 | 2163579 | 2 151 | Serine/threonine-protein kinase |
| CEY00_Acc00369 | 1 539.539 5 | 762.665 42 | 1.013 4 | 0.029 056 | 0.204 71 | LG1 | 2195696 | 2201309 | 3 251 | Ankyrin repeat-containing protein |
| CEY00_Acc00376 | 393.321 72 | 19.861 327 | 4.307 7 | $3.6\times10^{-12}$ | $1.77\times10^{-9}$ | LG1 | 2289089 | 2289779 | 691 | RNA-binding protein |
| CEY00_Acc00390 | 1 112.514 2 | 444.013 01 | 1.325 1 | 0.008 963 5 | 0.092 718 | LG1 | 2455470 | 2461902 | 1 064 | Membrane steroid-binding protein |
| CEY00_Acc00394 | 2 263.510 5 | 573.774 95 | 1.98 | 0.001 471 4 | 0.025 42 | LG1 | 2526087 | 2531523 | 1 479 | Cysteine proteinase inhibitor 12 like |
| CEY00_Acc00404 | 2 060.043 2 | 216.693 62 | 3.248 9 | 0.002 513 4 | 0.037 029 | LG1 | 2753161 | 2766901 | 4 906 | Phospholipid-transporting ATPase |
| CEY00_Acc00408 | 15 407.48 | 1 440.724 5 | 3.418 8 | 0.000 341 3 | 0.008 508 3 | LG1 | 2860079 | 2861220 | 673 | Wound-induced protein |
| CEY00_Acc00423 | 311.851 86 | 126.633 43 | 1.300 2 | 0.008 443 8 | 0.088 766 | LG1 | 3293211 | 3298683 | 2 981 | Stress response protein |

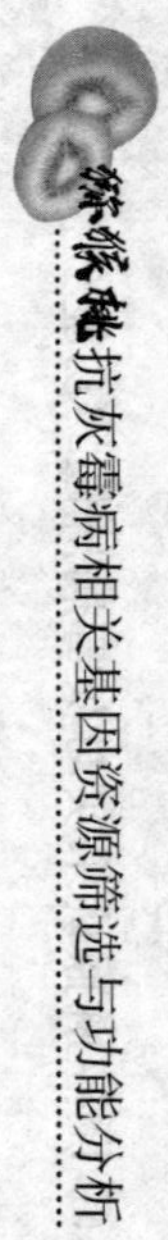


（续）

| 基因 ID | miR160VS1 序列/条 | CK1 序列/条 | $log_2FC$ | *P* 值 | FDR | 染色体 | 起始位点 | 终止位点 | 长度/bp | 基因描述 |
|---|---|---|---|---|---|---|---|---|---|---|
| CEY00 _ Acc00433 | 76. 229 707 | 220. 471 69 | −1. 532 2 | 0. 013 599 | 0. 123 44 | LG1 | 5585421 | 5585915 | 495 | Microcin like |
| CEY00 _ Acc00441 | 3 063. 140 4 | 690. 661 88 | 2. 149 | $4.23\times10^{-5}$ | 0. 001 695 8 | LG1 | 5679714 | 5683550 | 1 091 | Ubiquitin-associated and SH3 domain-containing protein |
| CEY00 _ Acc00464 | 295. 697 62 | 49. 078 364 | 2. 591 | $1.65\times10^{-6}$ | 0. 000 128 | LG1 | 6248786 | 6262206 | 5 174 | Protein transport protein like |
| CEY00 _ Acc00481 | 137. 135 83 | 18. 306 394 | 2. 905 2 | 0. 000 118 2 | 0. 003 739 3 | LG1 | 6611173 | 6613726 | 2 042 | Pectinesterase |
| CEY00 _ Acc00482 | 885. 334 61 | 402. 254 22 | 1. 138 1 | 0. 018 64 | 0. 153 32 | LG1 | 6636321 | 6651067 | 1 732 | Methionine aminopeptidase |
| CEY00 _ Acc00494 | 218. 236 64 | 28. 703 328 | 2. 926 6 | 0. 023 865 | 0. 180 76 | LG1 | 6894523 | 6896698 | 921 | Protein C2-DOMAIN ABA-RELATED like |
| CEY00 _ Acc00515 | 3 019. 396 7 | 34. 369 345 | 6. 457 | 0. 003 467 4 | 0. 046 917 | LG1 | 7450865 | 7451441 | 481 | Phytosulfokine-beta like |
| CEY00 _ Acc00531 | 800. 484 19 | 84. 392 553 | 3. 245 7 | $7.59\times10^{-5}$ | 0. 002 662 5 | LG1 | 7727726 | 7734843 | 3 803 | Calcium-transporting ATPase |
| CEY00 _ Acc00532 | 36. 375 116 | 0. 954 196 1 | 5. 252 5 | $1.84\times10^{-5}$ | 0. 000 883 4 | LG1 | 7739227 | 7744852 | 2 998 | Formin-like protein |
| CEY00 _ Acc00550 | 771. 467 88 | 37. 405 786 | 4. 366 3 | 0. 002 551 3 | 0. 037 449 | LG1 | 8306640 | 8311444 | 2 083 | Indole-3-acetic acid-amido synthetase |
| CEY00 _ Acc00558 | 882. 991 08 | 87. 123 609 | 3. 341 3 | 0. 004 758 8 | 0. 058 804 | LG1 | 8490929 | 8493019 | 2 091 | F-box protein |
| CEY00 _ Acc00562 | 260. 042 58 | 36. 862 638 | 2. 818 5 | 0. 002 343 6 | 0. 035 282 | LG1 | 8565299 | 8568286 | 1 274 | WRKY transcription factor 7 |
| CEY00 _ Acc00571 | 291. 956 78 | 58. 443 791 | 2. 320 6 | 0. 000 462 7 | 0. 010 804 | LG1 | 8867563 | 8873499 | 1 549 | Graves disease carrier protein |
| CEY00 _ Acc00576 | 235. 594 68 | 620. 834 56 | −1. 397 9 | 0. 016 533 | 0. 141 73 | LG1 | 9017439 | 9020480 | 1 885 | Floral homeotic protein like |
| CEY00 _ Acc00596 | 9. 030 440 2 | 37. 409 98 | −2. 050 6 | 0. 038 444 | 0. 245 07 | LG1 | 12075253 | 12077331 | 2 079 | GDP-mannose transporter like |
| CEY00 _ Acc00607 | 50. 624 385 | 120. 089 | −1. 246 2 | 0. 028 817 | 0. 203 77 | LG1 | 12220803 | 12230052 | 1 684 | Nudix hydrolase |

（续）

| 基因 ID | miR160VS1 序列/条 | CK1 序列/条 | $log_2FC$ | $P$ 值 | FDR | 染色体 | 起始位点 | 终止位点 | 长度/bp | 基因描述 |
|---|---|---|---|---|---|---|---|---|---|---|
| CEY00 _ Acc00609 | 587.506 06 | 91.948 406 | 2.675 7 | 0.000 120 1 | 0.003 785 4 | LG1 | 12240333 | 12241150 | 818 | hypothetical protein |
| CEY00 _ Acc00621 | 127.297 67 | 255.408 61 | −1.004 6 | 0.029 067 | 0.204 71 | LG1 | 12393850 | 12399186 | 1 287 | Nudix hydrolase |
| CEY00 _ Acc00622 | 29.401 56 | 100.531 65 | −1.773 7 | 0.004 582 6 | 0.057 197 | LG1 | 12399945 | 12407415 | 1 300 | 3-hydroxyisobutyryl-CoA hydrolase-like protein |
| CEY00 _ Acc00647 | 1 275.944 4 | 39.179 373 | 5.025 3 | $4.15\times10^{-12}$ | $1.92\times10^{-9}$ | LG1 | 10106038 | 10108446 | 632 | Blue copper protein |
| CEY00 _ Acc00662 | 360.010 82 | 96.572 518 | 1.898 4 | 0.000 539 1 | 0.012 103 | LG1 | 10316399 | 10318061 | 1 663 | Latent-transforming growth factor beta-binding protein like |
| CEY00 _ Acc00665 | 189.334 88 | 78.802 369 | 1.264 6 | 0.010 031 | 0.100 22 | LG1 | 10356689 | 10364364 | 6 207 | Protein FAR1-RELATED SEQUENCE like |
| CEY00 _ Acc00667 | 6 022.269 7 | 17 078.389 | −1.503 8 | 0.002 281 7 | 0.034 668 | LG1 | 10396464 | 10404206 | 2 947 | Pyrophosphate-energized vacuolar membrane proton pump like |
| CEY00 _ Acc00668 | 5.762 961 9 | 25.888 395 | −2.167 4 | 0.008 995 7 | 0.092 935 | LG1 | 10404462 | 10409345 | 1 420 | hypothetical protein |
| CEY00 _ Acc00676 | 87.107 076 | 5.506 401 4 | 3.983 6 | $4.14\times10^{-6}$ | 0.000 265 8 | LG1 | 10580127 | 10580533 | 407 | Mucin-5AC like |
| CEY00 _ Acc00678 | 2 025.497 8 | 264.197 47 | 2.938 6 | $2.17\times10^{-6}$ | 0.000 159 3 | LG1 | 10601893 | 10602472 | 580 | Cathepsin L-like |
| CEY00 _ Acc00679 | 173.612 81 | 54.666 799 | 1.667 1 | 0.021 802 | 0.170 5 | LG1 | 10604884 | 10615862 | 4 858 | Serine/threonine-protein kinase |
| CEY00 _ Acc00700 | 1 540.550 4 | 162.464 76 | 3.245 2 | 0.022 311 | 0.173 23 | LG1 | 10975773 | 10979240 | 1 449 | Transcription factor bHLH66 like |
| CEY00 _ Acc00709 | 287.996 89 | 90.821 409 | 1.664 9 | 0.005 832 1 | 0.068 637 | LG1 | 11112622 | 11116445 | 1 552 | Protein like |
| CEY00 _ Acc00733 | 4.681 735 | 0 | — | 0.043 078 | 0.262 81 | LG1 | 11410639 | 11413570 | 1 057 | Gamma-glutamyl peptidase |

（续）

| 基因 ID | miR160VS1 序列/条 | CK1 序列/条 | $log_2FC$ | *P* 值 | FDR | 染色体 | 起始位点 | 终止位点 | 长度/bp | 基因描述 |
|---|---|---|---|---|---|---|---|---|---|---|
| CEY00 _ Acc00743 | 8 341. 066 2 | 41 112. 749 | −2. 301 3 | $4.18\times10^{-6}$ | 0. 000 267 9 | LG1 | 11545385 | 11557162 | 2 445 | 1-deoxy-D-xylulose-5-phosphate synthase |
| CEY00 _ Acc00752 | 224. 616 2 | 98. 992 142 | 1. 182 1 | 0. 030 497 | 0. 211 55 | LG1 | 11659750 | 11672091 | 2 036 | Nuclear factor erythroid 2-related factor 1 like |
| CEY00 _ Acc00755 | 7. 236 559 5 | 25. 595 45 | −1. 822 5 | 0. 038 157 | 0. 243 77 | LG1 | 11699923 | 11701003 | 1 081 | Zinc finger protein |
| CEY00 _ Acc00760 | 14 055. 821 | 5 610. 071 | 1. 325 1 | 0. 003 716 3 | 0. 049 016 | LG1 | 11768878 | 11776254 | 2 500 | NADPH-cytochrome P450 reductase |
| CEY00 _ Acc00764 | 1 430. 798 | 3 497. 617 4 | −1. 289 6 | 0. 001 445 5 | 0. 025 105 | LG1 | 11822865 | 11826102 | 1 226 | Ribulose bisphosphate carboxylase small chain 1A like |
| CEY00 _ Acc00766 | 13. 620 155 | 0. 477 098 | 4. 835 3 | 0. 001 581 | 0. 026 78 | LG1 | 11884024 | 11891083 | 1 644 | Apyrase |
| CEY00 _ Acc00767 | 2 507. 446 6 | 296. 078 5 | 3. 082 2 | 0. 028 695 | 0. 203 13 | LG1 | 11900794 | 11903770 | 1 477 | NAC domain-containing protein |
| CEY00 _ Acc00774 | 223. 118 72 | 93. 625 219 | 1. 252 8 | 0. 021 227 | 0. 167 54 | LG1 | 12595533 | 12602747 | 4 464 | Glutamate dehydrogenase |
| CEY00 _ Acc00776 | 178. 251 16 | 17. 656 809 | 3. 335 6 | 0. 000 884 8 | 0. 017 671 | LG1 | 12622862 | 12623490 | 531 | NAD kinase |
| CEY00 _ Acc00806 | 12. 397 561 | 0. 457 946 4 | 4. 758 7 | 0. 012 198 | 0. 115 14 | LG1 | 12988653 | 12991624 | 1 101 | Homeobox-leucine zipper protein |
| CEY00 _ Acc00809 | 180. 739 94 | 70. 490 374 | 1. 358 4 | 0. 008 723 3 | 0. 091 18 | LG1 | 13042298 | 13044435 | 2 138 | Photosystem Ⅰ P700 chlorophyll a apoprotein |
| CEY00 _ Acc00815 | 20. 295 823 | 81. 588 15 | −2. 007 2 | 0. 002 985 5 | 0. 042 203 | LG1 | 13099924 | 13104792 | 2 747 | actin |
| CEY00 _ Acc00819 | 24. 208 28 | 119. 635 52 | −2. 305 1 | 0. 006 486 4 | 0. 073 828 | LG1 | 13155789 | 13163117 | 3 189 | Enoyl-［acyl-carrier-protein］reductase |

（续）

| 基因 ID | miR160VS1 序列/条 | CK1 序列/条 | $log_2FC$ | $P$ 值 | FDR | 染色体 | 起始位点 | 终止位点 | 长度/bp | 基因描述 |
|---|---|---|---|---|---|---|---|---|---|---|
| CEY00_Acc00826 | 52.099 953 | 140.036 95 | −1.426 5 | 0.048 456 | 0.283 46 | LG1 | 13217065 | 13226759 | 2 068 | TBCC domain-containing protein |
| CEY00_Acc00833 | 57.735 097 | 177.740 03 | −1.622 2 | 0.002 422 4 | 0.036 121 | LG1 | 13320610 | 13328637 | 1 594 | Transcription factor bHLH48 like |
| CEY00_Acc00842 | 1 662.095 4 | 334.715 97 | 2.312 | 0.017 033 | 0.144 51 | LG1 | 13440738 | 13446437 | 2 419 | Calcium-dependent protein kinase |
| CEY00_Acc00859 | 127.024 73 | 299.602 33 | −1.237 9 | 0.013 523 | 0.123 12 | LG1 | 13686127 | 13709887 | 8 907 | Organic cation/carnitine transporter like |
| CEY00_Acc00864 | 180.348 91 | 13.312 335 | 3.76 | 0.006 963 6 | 0.077 674 | LG1 | 13751898 | 13754092 | 1 920 | Beta-amyrin 28-oxidase |
| CEY00_Acc00868 | 501.580 14 | 1 293.175 3 | −1.366 4 | 0.005 197 3 | 0.062 829 | LG1 | 13790322 | 13817571 | 3 475 | Cycloartenol Synthase |
| CEY00_Acc00871 | 1 365.743 7 | 163.326 7 | 3.063 9 | $5.53\times10^{-5}$ | 0.002 095 1 | LG1 | 13841934 | 13843995 | 1 868 | Cytochrome P450 CYP73A100 like |
| CEY00_Acc00874 | 10.868 543 | 0.665 555 1 | 4.029 5 | 0.040 376 | 0.252 5 | LG1 | 13865023 | 13873850 | 4 053 | Auxin response factor like |
| CEY00_Acc00902 | 13.111 017 | 1.777 268 | 2.883 | 0.035 154 | 0.231 32 | LG1 | 14260987 | 14264812 | 2 191 | Protein CHLOROPLAST IMPORT APPARATUS 2 like |
| CEY00_Acc00906 | 17 144.952 | 5 170.594 8 | 1.729 4 | 0.000 376 9 | 0.009 216 5 | LG1 | 14322396 | 14331832 | 3 188 | Plasma membrane ATPase |
| CEY00_Acc00910 | 104.086 82 | 7.918 406 2 | 3.716 4 | 0.001 172 6 | 0.021 669 | LG1 | 14385967 | 14386644 | 678 | Ethylene-responsive transcription factor |
| CEY00_Acc00911 | 208.119 81 | 460.734 35 | −1.146 5 | 0.033 114 | 0.223 3 | LG1 | 14387168 | 14396122 | 1 767 | Oligouridylate-binding protein like |
| CEY00_Acc00918 | 67.799 622 | 16.435 317 | 2.044 5 | 0.001 395 1 | 0.024 461 | LG1 | 14481888 | 14489239 | 1 408 | 12-oxophytodienoate reductase |
| CEY00_Acc00921 | 36.635 713 | 206.671 92 | −2.496 | $3.62\times10^{-5}$ | 0.001 492 | LG1 | 14563621 | 14565912 | 2 292 | Protein ELF4-LIKE like |
| CEY00_Acc00932 | 117.111 71 | 53.031 699 | 1.143 | 0.030 396 | 0.211 11 | LG1 | 14697024 | 14703079 | 2 018 | BTB/POZ domain and ankyrin repeat-containing protein |
| CEY00_Acc00942 | 73.695 617 | 180.332 19 | −1.291 | 0.048 836 | 0.284 77 | LG1 | 14819086 | 14822493 | 641 | Transmembrane protein |

（续）

| 基因 ID | miR160VS1 序列/条 | CK1 序列/条 | $log_2FC$ | *P* 值 | FDR | 染色体 | 起始位点 | 终止位点 | 长度/bp | 基因描述 |
|---|---|---|---|---|---|---|---|---|---|---|
| CEY00 _ Acc00944 | 11. 048 663 | 29. 724 331 | −1. 427 8 | 0. 026 421 | 0. 193 13 | LG1 | 14832937 | 14833561 | 625 | Protein of unknown function DUF4228, plant protein |
| CEY00 _ Acc00949 | 62. 100 414 | 5. 752 313 4 | 3. 432 4 | $4.05\times10^{-6}$ | 0. 000 260 9 | LG1 | 14877740 | 14884506 | 2 851 | Wall-associated receptor kinase-like |
| CEY00 _ Acc00950 | 93. 759 658 | 21. 069 921 | 2. 153 8 | 0. 001 435 5 | 0. 024 983 | LG1 | 14897336 | 14898935 | 1 600 | Myosin heavy chain kinase |
| CEY00 _ Acc00953 | 4. 225 610 4 | 20. 397 586 | −2. 271 2 | 0. 027 305 | 0. 196 88 | LG1 | 14937295 | 14941954 | 2 333 | BTB/POZ domain-containing protein |
| CEY00 _ Acc00958 | 120. 976 61 | 10. 813 301 | 3. 483 8 | 0. 047 713 | 0. 280 36 | LG1 | 14995406 | 14998537 | 1 448 | Vacuolar amino acid transporter YPQ1 |
| CEY00 _ Acc00960 | 185. 111 56 | 14. 608 823 | 3. 663 5 | 0. 008 244 3 | 0. 087 433 | LG1 | 15014194 | 15015533 | 1 340 | Elongation of fatty acids protein like |
| CEY00 _ Acc00961 | 145. 738 47 | 16. 598 126 | 3. 134 3 | $5.52\times10^{-7}$ | $5.2\times10^{-5}$ | LG1 | 15038473 | 15041237 | 1 302 | Calcium uniporter protein |
| CEY00 _ Acc00962 | 33. 614 368 | 8. 923 316 5 | 1. 913 4 | 0. 013 243 | 0. 121 51 | LG1 | 15049709 | 15053769 | 4 061 | UPF0496 protein |
| CEY00 _ Acc00966 | 135. 731 28 | 284. 472 67 | −1. 067 5 | 0. 040 098 | 0. 251 52 | LG1 | 15108231 | 15110904 | 1 794 | BES1/BZR1 protein |
| CEY00 _ Acc00980 | 143. 470 73 | 35. 438 463 | 2. 017 4 | 0. 014 214 | 0. 127 5 | LG1 | 15291782 | 15295893 | 3 277 | F-box protein |
| CEY00 _ Acc00993 | 9. 800 520 1 | 32. 729 588 | −1. 739 7 | 0. 041 167 | 0. 255 64 | LG1 | 15425073 | 15427731 | 2 659 | Ribosomal protein L6 protein |
| CEY00 _ Acc01005 | 70. 626 531 | 30. 043 33 | 1. 233 2 | 0. 043 007 | 0. 262 77 | LG1 | 15545283 | 15549627 | 1 303 | Dihydroflavonol 4-reductase |
| CEY00 _ Acc01019 | 365. 302 01 | 85. 958 87 | 2. 087 4 | 0. 020 431 | 0. 163 34 | LG1 | 15675316 | 15677525 | 1 658 | Protein HYPER-SENSITIVITY-RELATED like |
| CEY00 _ Acc01021 | 103. 884 27 | 7. 971 435 4 | 3. 704 | 0. 001 245 1 | 0. 022 529 | LG1 | 15683957 | 15686215 | 1 709 | Protein HYPER-SENSITIVITY-RELATED like |

（续）

| 基因 ID | miR160VS1 序列/条 | CK1 序列/条 | $\log_2 FC$ | $P$ 值 | FDR | 染色体 | 起始位点 | 终止位点 | 长度/bp | 基因描述 |
|---|---|---|---|---|---|---|---|---|---|---|
| CEY00_Acc01022 | 650.942 21 | 63.061 534 | 3.367 7 | 0.007 797 2 | 0.083 927 | LG1 | 15692807 | 15694038 | 973 | Protein HYPER-SENSITIVITY-RELATED like |
| CEY00_Acc01027 | 1 178.500 3 | 17.244 651 | 6.094 7 | $2.51\times10^{-10}$ | $7.09\times10^{-8}$ | LG1 | 15740793 | 15741767 | 763 | Dehydrin like |
| CEY00_Acc01034 | 240.594 19 | 35.059 356 | 2.778 7 | 0.002 190 4 | 0.033 581 | LG1 | 15799528 | 15802279 | 1 220 | Lipid-phosphate phosphatase |
| CEY00_Acc01038 | 143.451 44 | 422.375 62 | −1.558 | 0.028 1 | 0.200 67 | LG1 | 15878859 | 15886333 | 3 188 | Beta-galactosidase |
| CEY00_Acc01043 | 92.047 548 | 189.004 71 | −1.038 | 0.025 941 | 0.190 8 | LG1 | 15957560 | 15958242 | 683 | UPF0651 protein like |
| CEY00_Acc01046 | 89.651 124 | 281.754 17 | −1.652 | 0.004 945 9 | 0.060 593 | LG1 | 15984160 | 15995315 | 3 547 | Microspherule protein |
| CEY00_Acc01050 | 26.201 355 | 2.370 020 1 | 3.466 7 | 0.000 521 | 0.011 819 | LG1 | 16020489 | 16021914 | 1 426 | Splicing factor，arginine/serine-rich 7 |
| CEY00_Acc01051 | 64.415 031 | 226.585 44 | −1.814 6 | 0.002 651 4 | 0.038 607 | LG1 | 16044934 | 16046522 | 1 400 | GATA transcription factor |
| CEY00_Acc01055 | 195.805 68 | 586.183 53 | −1.581 9 | 0.001 310 7 | 0.023 401 | LG1 | 16098754 | 16109760 | 1 710 | UPF0183 protein |
| CEY00_Acc01060 | 251.317 78 | 80.218 397 | 1.647 5 | 0.001 934 3 | 0.030 921 | LG1 | 16138988 | 16146563 | 7 576 | Protein BASIC like |
| CEY00_Acc01062 | 46.894 764 | 126.108 77 | −1.427 2 | 0.016 705 | 0.142 58 | LG1 | 16153669 | 16158585 | 1 256 | Peptide methionine sulfoxide reductase |
| CEY00_Acc01070 | 76.018 604 | 15.956 648 | 2.252 2 | 0.001 214 6 | 0.022 203 | LG1 | 16210237 | 16212927 | 1 337 | Naringenin，2-oxoglutarate 3-dioxygenase |
| CEY00_Acc01071 | 285.631 58 | 40.072 445 | 2.833 5 | 0.004 221 3 | 0.053 966 | LG1 | 16216957 | 16226710 | 2 037 | Calcium-dependent protein kinase |
| CEY00_Acc01087 | 2 224.470 5 | 876.796 18 | 1.343 1 | 0.016 233 | 0.139 89 | LG1 | 16448122 | 16455220 | 2 533 | La-related protein like |
| CEY00_Acc01103 | 104.722 68 | 278.302 09 | −1.410 1 | 0.006 270 9 | 0.072 093 | LG1 | 16619430 | 16626455 | 1 957 | Ubiquitin domain-containing protein |

（续）

| 基因 ID | miR160VS1 序列/条 | CK1 序列/条 | $log_2FC$ | $P$ 值 | FDR | 染色体 | 起始位点 | 终止位点 | 长度/bp | 基因描述 |
|---|---|---|---|---|---|---|---|---|---|---|
| CEY00_Acc01109 | 198.428 87 | 409.976 01 | −1.046 9 | 0.043 947 | 0.265 98 | LG1 | 16678708 | 16680269 | 801 | High mobility group B protein |
| CEY00_Acc01123 | 717.879 13 | 5 043.133 3 | −2.812 5 | 0.005 221 4 | 0.063 075 | LG1 | 16852690 | 16857275 | 2 497 | 3-hydroxy-3-methylglutaryl-coenzyme A reductase |
| CEY00_Acc01126 | 50.368 166 | 9.852 446 8 | 2.354 | 0.001 642 9 | 0.027 53 | LG1 | 16879250 | 16880062 | 813 | Legume lectin, beta chain, Mn/Ca-binding site protein |
| CEY00_Acc01127 | 63.635 704 | 7.371 320 4 | 3.109 8 | 0.022 419 | 0.173 8 | LG1 | 16880775 | 16881774 | 1 000 | Legume lectin, beta chain, Mn/Ca-binding site protein |
| CEY00_Acc01128 | 23.461 287 | 3.228 458 | 2.861 4 | 0.003 573 5 | 0.047 861 | LG1 | 16885334 | 16889255 | 2 277 | Legume lectin, beta chain, Mn/Ca-binding site protein |
| CEY00_Acc01129 | 1 298.570 4 | 337.320 77 | 1.944 7 | 0.006 947 2 | 0.077 543 | LG1 | 16899660 | 16904988 | 2 757 | Legume lectin, beta chain, Mn/Ca-binding site protein |
| CEY00_Acc01133 | 11.606 345 | 1.373 839 2 | 3.078 6 | 0.038 48 | 0.245 16 | LG1 | 16924324 | 16926069 | 1 239 | Pentatricopeptide repeat-containing protein |
| CEY00_Acc01138 | 25.659 94 | 2.593 098 9 | 3.306 8 | 0.022 392 | 0.173 72 | LG1 | 16967733 | 16970448 | 1 973 | Butyrate-CoA ligase AAE11, peroxisomal like |
| CEY00_Acc01145 | 2 861.982 | 6 937.501 5 | −1.277 4 | 0.006 495 4 | 0.073 879 | LG1 | 17101595 | 17110840 | 1 720 | UTP-glucose-1-phosphate uridylyltransferase |
| CEY00_Acc01147 | 49.365 902 | 140.231 4 | −1.506 2 | 0.011 098 | 0.107 81 | LG1 | 17123084 | 17128768 | 1 940 | Transmembrane 9 superfamily member 3 like |

（续）

| 基因 ID | miR160VS1 序列/条 | CK1 序列/条 | $log_2FC$ | $P$ 值 | FDR | 染色体 | 起始位点 | 终止位点 | 长度/bp | 基因描述 |
|---|---|---|---|---|---|---|---|---|---|---|
| CEY00 _ Acc01152 | 9.033 248 5 | 0 | — | 0.007 010 7 | 0.078 014 | LG1 | 17165037 | 17165859 | 756 | hypothetical protein |
| CEY00 _ Acc01158 | 35.087 509 | 0.477 098 | 6.200 5 | 0.039 541 | 0.249 59 | LG1 | 17210867 | 17211324 | 458 | hypothetical protein |
| CEY00 _ Acc01172 | 1 115.211 5 | 419.780 44 | 1.409 6 | 0.012 868 | 0.119 33 | LG1 | 17428860 | 17431047 | 2 188 | DELLA protein like |
| CEY00 _ Acc01173 | 3 692.656 5 | 189.653 78 | 4.283 2 | $1.12\times10^{-15}$ | $1.94\times10^{-12}$ | LG1 | 17461182 | 17463956 | 1 291 | Mannitol dehydrogenase |
| CEY00 _ Acc01181 | 600.954 24 | 245.986 34 | 1.288 7 | 0.012 49 | 0.117 08 | LG1 | 17553317 | 17560509 | 3 810 | Protein ecdysoneless like |
| CEY00 _ Acc01208 | 2 758.066 2 | 348.394 99 | 2.984 9 | $1.95\times10^{-6}$ | 0.000 147 3 | LG1 | 17838816 | 17841196 | 1 511 | Protein SENSITIVE TO PROTON RHIZOTOXICITY like |
| CEY00 _ Acc01221 | 33.114 823 | 0.715 647 1 | 5.532 1 | $9.95\times10^{-5}$ | 0.003 292 | LG1 | 17983196 | 17987105 | 1 616 | Trehalose-phosphate phosphatase |
| CEY00 _ Acc01228 | 585.442 18 | 140.653 93 | 2.057 4 | $7.93\times10^{-5}$ | 0.002 753 1 | LG1 | 18076044 | 18081075 | 1 929 | Inositol-3-phosphate synthase |
| CEY00 _ Acc01229 | 8.005 435 8 | 28.816 463 | −1.847 8 | 0.019 062 | 0.155 74 | LG1 | 18090244 | 18096450 | 2 092 | Bifunctional aspartate aminotransferase and glutamate/aspartate-prephenate aminotransferase |
| CEY00 _ Acc01246 | 468.988 09 | 228.190 01 | 1.039 3 | 0.029 242 | 0.205 45 | LG1 | 18322520 | 18333422 | 1 780 | 2-oxoglutarate-dependent dioxygenase DIN11 |
| CEY00 _ Acc01249 | 133.286 49 | 402.866 02 | −1.595 8 | 0.001 248 3 | 0.022 561 | LG1 | 18352217 | 18355983 | 1 068 | Stress enhanced protein |
| CEY00 _ Acc01254 | 8.804 985 5 | 28.460 067 | −1.692 5 | 0.024 183 | 0.182 24 | LG1 | 18394604 | 18397237 | 1 820 | Alkane hydroxylase |
| CEY00 _ Acc01256 | 96.124 479 | 528.882 55 | −2.46 | $3.96\times10^{-6}$ | 0.000 256 4 | LG1 | 18435910 | 18438505 | 837 | Ras-related protein like |
| CEY00 _ Acc01270 | 2.658 387 9 | 18.339 079 | −2.786 3 | 0.009 796 1 | 0.098 668 | LG14 | 14186653 | 14190628 | 860 | Thylakoid lumenal protein |
| CEY00 _ Acc01280 | 212.557 77 | 1 359.379 1 | −2.677 | $8.76\times10^{-5}$ | 0.000 481 8 | LG14 | 14105335 | 14107066 | 1 400 | Homeobox-leucine zipper protein like |

（续）

| 基因 ID | miR160VS1 序列/条 | CK1 序列/条 | $log_2FC$ | $P$ 值 | FDR | 染色体 | 起始位点 | 终止位点 | 长度/bp | 基因描述 |
|---|---|---|---|---|---|---|---|---|---|---|
| CEY00_Acc01282 | 72.586 982 | 180.672 08 | −1.315 6 | 0.027 713 | 0.198 66 | LG14 | 14083229 | 14085859 | 2 631 | 5-oxoprolinase |
| CEY00_Acc01297 | 24.881 927 | 98.576 803 | −1.986 1 | 0.005 605 | 0.066 656 | LG14 | 13972462 | 13977564 | 1 778 | EF-Hand 1，calcium-binding site protein |
| CEY00_Acc01307 | 654.111 03 | 118.216 98 | 2.468 1 | $3.26\times10^{-6}$ | 0.000 218 2 | LG14 | 13905134 | 13905763 | 630 | hypothetical protein |
| CEY00_Acc01313 | 22.747 831 | 0.954 196 1 | 4.575 3 | 0.000 300 7 | 0.007 714 9 | LG14 | 13852809 | 13853581 | 773 | Auxin-responsive protein |
| CEY00_Acc01314 | 878.737 08 | 189.058 26 | 2.216 6 | 0.019 148 | 0.156 02 | LG14 | 13844519 | 13845066 | 548 | Protein RESPONSE TO LOW SULFUR like |
| CEY00_Acc01331 | 1 581.015 6 | 112.021 55 | 3.819 | 0.002 468 | 0.036 602 | LG14 | 13698709 | 13703362 | 2 054 | 4-coumarate-CoA ligase |
| CEY00_Acc01334 | 36.168 792 | 98.972 246 | −1.452 3 | 0.030 641 | 0.212 01 | LG14 | 13672308 | 13678173 | 1 570 | Peptidyl-tRNA hydrolase |
| CEY00_Acc01338 | 42.047 662 | 13.489 504 | 1.640 2 | 0.032 832 | 0.221 99 | LG14 | 13637424 | 13642538 | 1 511 | Tocopherol O-methyltransferase |
| CEY00_Acc01341 | 24.753 307 | 53.877 361 | −1.122 1 | 0.037 6 | 0.241 52 | LG14 | 13608223 | 13613210 | 1 719 | Folate-biopterin transporter like |
| CEY00_Acc01355 | 92.660 068 | 334.112 81 | −1.850 3 | 0.001 731 4 | 0.028 677 | LG2 | 121821 | 129148 | 7 328 | DnaJ subfamily B member like |
| CEY00_Acc01362 | 44.380 496 | 0 | — | 0.001 842 7 | 0.029 873 | LG2 | 222559 | 224229 | 1 671 | Ethylene-responsive transcription factor |
| CEY00_Acc01367 | 4 645.298 4 | 851.215 42 | 2.448 2 | $7.54\times10^{-7}$ | $6.81\times10^{-5}$ | LG2 | 274568 | 284165 | 6 908 | ABC transporter C family member 10 like |
| CEY00_Acc01368 | 601.644 41 | 106.388 73 | 2.499 6 | $1.51\times10^{-6}$ | 0.000 119 3 | LG2 | 286958 | 293368 | 3 649 | ABC transporter C family member 10 like |
| CEY00_Acc01369 | 19.298 628 | 0.477 098 | 5.338 1 | 0.001 629 9 | 0.027 383 | LG2 | 294878 | 296049 | 1 172 | Lysozyme like |

（续）

| 基因 ID | miR160VS1 序列/条 | CK1 序列/条 | $log_2FC$ | $P$ 值 | FDR | 染色体 | 起始位点 | 终止位点 | 长度/bp | 基因描述 |
|---|---|---|---|---|---|---|---|---|---|---|
| CEY00_Acc01374 | 2 599.018 9 | 126.890 13 | 4.356 3 | 0.001 202 9 | 0.022 068 | LG2 | 349239 | 350153 | 915 | Late embryogenesis abundant protein |
| CEY00_Acc01375 | 833.067 72 | 28.979 22 | 4.845 3 | $2.89\times10^{-5}$ | 0.001 255 6 | LG2 | 354458 | 355353 | 896 | Late embryogenesis abundant protein |
| CEY00_Acc01377 | 5 304.234 6 | 243.837 35 | 4.443 2 | 0.001 767 4 | 0.029 079 | LG2 | 361760 | 362733 | 974 | Late embryogenesis abundant protein |
| CEY00_Acc01378 | 5 004.361 7 | 156.766 96 | 4.996 5 | 0.000 510 6 | 0.011 624 | LG2 | 365454 | 366473 | 1 020 | Late embryogenesis abundant protein |
| CEY00_Acc01379 | 2 894.230 2 | 90.644 081 | 4.996 8 | 0.003 924 6 | 0.051 107 | LG2 | 374203 | 375103 | 901 | Late embryogenesis abundant protein |
| CEY00_Acc01380 | 447.243 16 | 9.476 398 8 | 5.560 6 | 0.000 145 6 | 0.004 444 1 | LG2 | 377157 | 378153 | 997 | Late embryogenesis abundant protein |
| CEY00_Acc01385 | 91.642 686 | 191.326 04 | −1.061 9 | 0.042 413 | 0.260 53 | LG2 | 405749 | 408955 | 868 | NADH dehydrogenase [ubiquinone] 1 alpha subcomplex subunit 5 like |
| CEY00_Acc01391 | 2 397.221 7 | 717.779 84 | 1.739 8 | 0.000 818 1 | 0.016 702 | LG2 | 458420 | 460662 | 2 243 | Secreted beta-glucosidase adg3 precursor |
| CEY00_Acc01393 | 24.136 538 | 6.714 494 8 | 1.845 9 | 0.030 537 | 0.211 65 | LG2 | 471331 | 472944 | 1 614 | Receptor-like protein kinase precursor |
| CEY00_Acc01394 | 2 636.837 7 | 834.399 41 | 1.66 | 0.001 607 1 | 0.027 124 | LG2 | 478090 | 484365 | 6 081 | Dentin sialoprotein |

（续）

| 基因 ID | miR160VS1 序列/条 | CK1 序列/条 | $log_2FC$ | *P* 值 | FDR | 染色体 | 起始位点 | 终止位点 | 长度/bp | 基因描述 |
|---|---|---|---|---|---|---|---|---|---|---|
| CEY00_Acc01403 | 1 417.165 5 | 98.342 328 | 3.849 1 | $7.57\times10^{-6}$ | 0.000 425 6 | LG2 | 565203 | 566161 | 959 | Alpha-protein kinase |
| CEY00_Acc01412 | 28.787 199 | 0.938 725 9 | 4.938 6 | 0.001 264 1 | 0.022 821 | LG2 | 629678 | 633838 | 1 830 | Cytokinin hydroxylase |
| CEY00_Acc01425 | 13.868 35 | 69.017 229 | −2.315 2 | 0.003 444 9 | 0.046 671 | LG2 | 768707 | 774194 | 5 488 | Protein FAR1-RELATED SEQUENCE like |
| CEY00_Acc01431 | 71.875 933 | 375.926 76 | −2.386 9 | $9.3\times10^{-6}$ | 0.000 506 1 | LG2 | 799539 | 805223 | 1 749 | F-box protein |
| CEY00_Acc01440 | 37.012 163 | 9.110 285 2 | 2.022 4 | 0.015 274 | 0.134 21 | LG2 | 877239 | 877720 | 482 | Monofunctional biosynthetic peptidoglycan transglycosylase |
| CEY00_Acc01441 | 232.858 29 | 9.714 947 8 | 4.583 1 | 0.007 459 9 | 0.081 469 | LG2 | 883129 | 883605 | 477 | Spore coat assembly protein like |
| CEY00_Acc01442 | 75.173 683 | 13.239 166 | 2.505 4 | 0.000 407 2 | 0.009 777 | LG2 | 890722 | 892027 | 1 306 | Transcription factor like |
| CEY00_Acc01445 | 290.683 33 | 30.304 956 | 3.261 8 | 0.000 156 | 0.004 655 3 | LG2 | 913940 | 915215 | 755 | Carboxylesterase |
| CEY00_Acc01461 | 12 127.865 | 403.492 21 | 4.909 6 | $8.08\times10^{-14}$ | $7.38\times10^{-11}$ | LG2 | 1051176 | 1053513 | 1 701 | Pectinesterase |
| CEY00_Acc01487 | 493.991 31 | 1 365.529 6 | −1.466 9 | 0.001 333 6 | 0.023 674 | LG2 | 1268742 | 1271899 | 977 | Peptide methionine sulfoxide reductase |
| CEY00_Acc01489 | 181.030 86 | 525.841 54 | −1.538 4 | 0.004 659 6 | 0.057 817 | LG2 | 1282103 | 1288799 | 1 897 | Transmembrane protein like |
| CEY00_Acc01490 | 20 900.376 | 3 135.001 3 | 2.737 | $1.15\times10^{-5}$ | 0.000 602 6 | LG2 | 1293419 | 1299349 | 1 706 | Glutamate dehydrogenase |
| CEY00_Acc01499 | 607.852 9 | 170.893 37 | 1.830 6 | 0.000 394 4 | 0.009 559 8 | LG2 | 1375325 | 1382943 | 1 763 | RING finger and transmembrane domain-containing protein |
| CEY00_Acc01510 | 257.178 38 | 80.301 244 | 1.679 3 | 0.000 889 4 | 0.017 742 | LG2 | 1508933 | 1509974 | 1 042 | GDSL esterase/lipase |
| CEY00_Acc01511 | 16.838 286 | 69.475 42 | −2.044 8 | 0.003 967 8 | 0.051 526 | LG2 | 1519079 | 1520672 | 1 594 | RING-H2 finger protein |

（续）

| 基因 ID | miR160VS1 序列/条 | CK1 序列/条 | $log_2FC$ | P 值 | FDR | 染色体 | 起始位点 | 终止位点 | 长度/bp | 基因描述 |
|---|---|---|---|---|---|---|---|---|---|---|
| CEY00 _ Acc01513 | 5 731. 992 3 | 18 255. 225 | −1. 671 2 | 0. 018 98 | 0. 155 27 | LG2 | 1536299 | 1537880 | 1 160 | Expansin-A8 like |
| CEY00 _ Acc01518 | 649. 743 49 | 3 876. 515 4 | −2. 576 8 | $1.71\times10^{-6}$ | 0. 000 132 6 | LG2 | 1567158 | 1573708 | 3 824 | Potassium transporter like |
| CEY00 _ Acc01519 | 242. 079 32 | 564. 026 17 | −1. 220 3 | 0. 016 119 | 0. 139 16 | LG2 | 1576650 | 1579474 | 2 825 | CBL-interacting protein kinase |
| CEY00 _ Acc01520 | 37. 424 065 | 146. 987 76 | −1. 973 7 | 0. 002 779 5 | 0. 039 926 | LG2 | 1582503 | 1588314 | 1 525 | Uroporphyrinogen decarboxylase |
| CEY00 _ Acc01526 | 89. 595 23 | 4 789. 583 2 | −5. 740 3 | 0. 000 413 | 0. 009 850 9 | LG2 | 1629711 | 1630602 | 652 | HIG1 domain family member 1B like |
| CEY00 _ Acc01529 | 547. 390 55 | 185. 128 91 | 1. 564 | 0. 045 438 | 0. 271 8 | LG2 | 1653853 | 1654582 | 730 | Wound-induced protein |
| CEY00 _ Acc01534 | 379. 629 88 | 1 179. 213 7 | −1. 635 2 | 0. 001 695 3 | 0. 028 222 | LG2 | 1688465 | 1696806 | 1 240 | Pyruvate carboxylase subunit B like |
| CEY00 _ Acc01536 | 236. 495 16 | 512. 418 36 | −1. 115 5 | 0. 032 022 | 0. 218 36 | LG2 | 1701334 | 1711406 | 2 082 | Sorting nexin 2B like |
| CEY00 _ Acc01537 | 0. 384 037 | 120. 456 73 | −8. 293 1 | 0. 007 274 1 | 0. 080 024 | LG2 | 1717791 | 1722591 | 1 585 | Laccase-5 like |
| CEY00 _ Acc01538 | 339. 407 08 | 57. 483 843 | 2. 561 8 | $4.7\times10^{-6}$ | 0. 000 295 2 | LG2 | 1726142 | 1728626 | 1 374 | Dehydration-responsive element-binding protein like |
| CEY00 _ Acc01540 | 202. 421 17 | 1 412. 221 2 | −2. 802 5 | $1.41\times10^{-6}$ | 0. 000 113 4 | LG2 | 1747771 | 1749176 | 1 406 | Abscisic acid receptor like |
| CEY00 _ Acc01541 | 100. 072 28 | 260. 594 98 | −1. 380 8 | 0. 025 593 | 0. 189 35 | LG2 | 1756711 | 1759399 | 1 023 | Ferritin-2 like |
| CEY00 _ Acc01548 | 83. 323 751 | 235. 232 66 | −1. 497 3 | 0. 006 697 8 | 0. 075 633 | LG2 | 1830774 | 1842412 | 2 914 | UTP-glucose-1-phosphate uridylyltransferase |
| CEY00 _ Acc01563 | 113. 178 12 | 21. 680 58 | 2. 384 1 | $5.97\times10^{-5}$ | 0. 002 225 8 | LG2 | 2052522 | 2054564 | 1 310 | Protein like |
| CEY00 _ Acc01566 | 171. 202 71 | 36. 927 456 | 2. 212 9 | 0. 000 535 8 | 0. 012 064 | LG2 | 2099497 | 2104434 | 1 592 | Gibberellin 2-beta-dioxygenase |

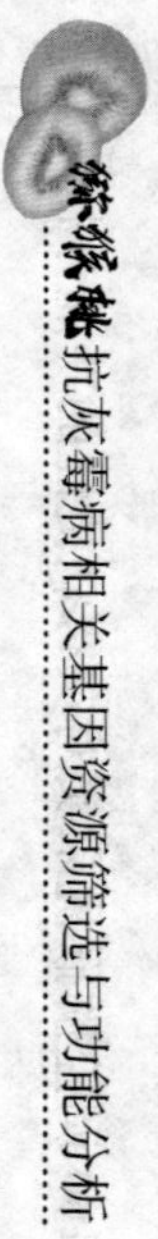


（续）

| 基因 ID | miR160VS1 序列/条 | CK1 序列/条 | $\log_2$FC | *P* 值 | FDR | 染色体 | 起始位点 | 终止位点 | 长度/bp | 基因描述 |
|---|---|---|---|---|---|---|---|---|---|---|
| CEY00 _ Acc01567 | 485.524 35 | 72.178 829 | 2.749 9 | $4.47\times10^{-7}$ | $4.39\times10^{-5}$ | LG2 | 2112694 | 2113744 | 1 051 | Zinc finger CCCH domain-containing protein |
| CEY00 _ Acc01568 | 1 210.392 3 | 206.570 08 | 2.550 8 | $9.46\times10^{-7}$ | $8.23\times10^{-5}$ | LG2 | 2113825 | 2116035 | 2 211 | Zinc finger CCCH domain-containing protein |
| CEY00 _ Acc01571 | 208.898 71 | 26.108 28 | 3.000 2 | 0.008 298 6 | 0.087 83 | LG2 | 2145809 | 2148498 | 2 690 | Serine/threonine-protein kinase-like protein |
| CEY00 _ Acc01575 | 2 536.846 1 | 6 037.984 1 | −1.251 | 0.009 186 3 | 0.094 37 | LG2 | 2178882 | 2183157 | 1 742 | Regulatory protein |
| CEY00 _ Acc01591 | 195.509 07 | 447.426 1 | −1.194 4 | 0.047 912 | 0.281 2 | LG2 | 2324225 | 2327675 | 2 358 | Coronatine-insensitive protein |
| CEY00 _ Acc01592 | 130.952 62 | 370.278 9 | −1.499 6 | 0.011 683 | 0.111 68 | LG2 | 2334153 | 2336867 | 1 960 | Coronatine-insensitive protein |
| CEY00 _ Acc01596 | 257.827 31 | 78.479 229 | 1.716 | 0.005 939 5 | 0.069 529 | LG2 | 2359438 | 2375229 | 7 042 | Armadillo-type fold protein |
| CEY00 _ Acc01600 | 0.768 074 | 17.428 317 | −4.504 | 0.004 767 4 | 0.058 888 | LG2 | 2399912 | 2403848 | 1 726 | GDP-fucose protein O-fucosyltransferase protein |
| CEY00 _ Acc01601 | 113.815 64 | 860.743 18 | −2.918 9 | $1.55\times10^{-7}$ | $1.81\times10^{-5}$ | LG2 | 2404475 | 2413823 | 3 481 | Syntaxin-81 like |
| CEY00 _ Acc01602 | 73.357 519 | 327.847 3 | −2.16 | $6.56\times10^{-5}$ | 0.002 388 7 | LG2 | 2416298 | 2418788 | 2 491 | Protein transport protein like |
| CEY00 _ Acc01606 | 95.105 346 | 323.454 81 | −1.766 | 0.001 635 9 | 0.027 442 | LG2 | 2451252 | 2456555 | 1 219 | E3 ubiquitin-protein like |
| CEY00 _ Acc01616 | 0 | 7.137 197 1 | — | 0.043 05 | 0.262 81 | LG2 | 2513925 | 2516003 | 1 711 | UDP-glycosyltransferase |
| CEY00 _ Acc01622 | 1 400.535 8 | 528.730 49 | 1.405 4 | 0.009 509 | 0.096 749 | LG2 | 2557025 | 2571450 | 2 475 | Gamma-glutamyl phosphate reductase |

（续）

| 基因 ID | miR160VS1 序列/条 | CK1 序列/条 | $log_2FC$ | *P* 值 | FDR | 染色体 | 起始位点 | 终止位点 | 长度/bp | 基因描述 |
|---|---|---|---|---|---|---|---|---|---|---|
| CEY00_Acc01624 | 543.264 4 | 232.222 58 | 1.226 1 | 0.029 05 | 0.204 71 | LG2 | 2578056 | 2581776 | 2 903 | Mannose-1-phosphate guanylyl-transferase |
| CEY00_Acc01626 | 200.195 02 | 2 375.584 | −3.568 8 | $4.33\times10^{-11}$ | $1.55\times10^{-8}$ | LG2 | 2589048 | 2590810 | 1 455 | Protein phosphatase |
| CEY00_Acc01642 | 8.430 084 7 | 0.715 647 1 | 3.558 2 | 0.041 319 | 0.256 01 | LG2 | 2757204 | 2757923 | 720 | Nucleoredoxin 3 |
| CEY00_Acc01657 | 301.615 99 | 9.972 648 5 | 4.918 6 | $8.41\times10^{-15}$ | $9.54\times10^{-12}$ | LG2 | 2961744 | 2962498 | 755 | Zinc finger protein |
| CEY00_Acc01672 | 281.425 7 | 656.798 21 | −1.222 7 | 0.007 941 1 | 0.085 087 | LG2 | 3156080 | 3167433 | 1 562 | Macrophage erythroblast attacher like |
| CEY00_Acc01684 | 10.703 633 | 0.892 315 5 | 3.584 4 | 0.023 684 | 0.179 92 | LG2 | 3293946 | 3295725 | 994 | Oil body-associated protein like |
| CEY00_Acc01685 | 3 425.717 1 | 660.196 41 | 2.375 4 | $3.32\times10^{-6}$ | 0.000 221 2 | LG2 | 3301914 | 3305763 | 1 363 | Aldo-keto reductase |
| CEY00_Acc01690 | 138.588 66 | 36.206 395 | 1.936 5 | 0.000 797 7 | 0.016 4 | LG2 | 3373044 | 3378285 | 1 406 | Mitochondrial substrate carrier family protein like |
| CEY00_Acc01696 | 474.943 14 | 1 303.993 8 | −1.457 1 | 0.001 850 9 | 0.029 947 | LG2 | 3439812 | 3444745 | 1 935 | Helicase |
| CEY00_Acc01698 | 277.197 26 | 9.018 452 4 | 4.941 9 | $8.4\times10^{-6}$ | 0.000 465 9 | LG2 | 3455852 | 3456911 | 916 | Glutathione S-transferase |
| CEY00_Acc01699 | 255.128 66 | 18.814 311 | 3.761 3 | $2.64\times10^{-5}$ | 0.001 167 2 | LG2 | 3458336 | 3459647 | 758 | Universal stress protein |
| CEY00_Acc01700 | 121.941 23 | 52.921 877 | 1.204 2 | 0.023 397 | 0.178 7 | LG2 | 3478092 | 3480543 | 1 722 | Sushi，nidogen and EGF-like domain-containing protein |
| CEY00_Acc01714 | 1 735.327 | 64.547 806 | 4.748 7 | 0.000 541 4 | 0.012 139 | LG2 | 3651551 | 3652650 | 862 | Zinc finger protein |
| CEY00_Acc01718 | 214.759 17 | 33.761 867 | 2.669 3 | 0.049 267 | 0.286 42 | LG2 | 3685984 | 3687058 | 1 075 | Heme-binding-like protein |
| CEY00_Acc01720 | 425.355 37 | 68.158 831 | 2.641 7 | 0.004 515 5 | 0.056 54 | LG2 | 3702412 | 3707918 | 1 798 | hypothetical protein |

(续)

| 基因 ID | miR160VS1 序列/条 | CK1 序列/条 | $log_2FC$ | *P* 值 | FDR | 染色体 | 起始位点 | 终止位点 | 长度/bp | 基因描述 |
|---|---|---|---|---|---|---|---|---|---|---|
| CEY00_Acc01729 | 347.624 55 | 827.071 41 | −1.250 5 | 0.015 657 | 0.136 35 | LG2 | 3777797 | 3785771 | 4 689 | Acetyl-coenzyme A carboxylase carboxyl transferase subunit alpha like |
| CEY00_Acc01732 | 149.810 91 | 323.722 08 | −1.111 6 | 0.011 749 | 0.112 09 | LG2 | 3794961 | 3796236 | 1 276 | F-box protein |
| CEY00_Acc01757 | 158.665 79 | 45.311 55 | 1.808 | 0.001 345 8 | 0.023 852 | LG2 | 4094402 | 4095949 | 1 548 | Alpha 1, 4-glycosyltransferase domain protein |
| CEY00_Acc01764 | 6.115 523 1 | 24.553 643 | −2.005 4 | 0.022 889 | 0.175 96 | LG2 | 4155238 | 4156479 | 1 120 | Chlorophyll a-b binding protein |
| CEY00_Acc01783 | 113.482 59 | 310.999 41 | −1.454 4 | 0.006 944 8 | 0.077 543 | LG2 | 4355153 | 4358207 | 1 307 | RING finger protein |
| CEY00_Acc01793 | 72.360 324 | 11.919 966 | 2.601 8 | 0.000 236 8 | 0.006 454 2 | LG2 | 4444127 | 4448193 | 1 392 | hypothetical protein |
| CEY00_Acc01795 | 46.055 35 | 0.715 647 1 | 6.008 | $8.44\times10^{-8}$ | $1.08\times10^{-5}$ | LG2 | 4484399 | 4486283 | 931 | Trihelix transcription factor GT-3b like |
| CEY00_Acc01796 | 5.543 433 9 | 0 | — | 0.026 883 | 0.195 12 | LG2 | 4496064 | 4498420 | 966 | Mitogen-activated protein kinase kinase kinase kinase |
| CEY00_Acc01803 | 108.282 47 | 44.615 799 | 1.279 2 | 0.026 372 | 0.192 86 | LG2 | 4561915 | 4565948 | 1 417 | Mitochondrial succinate-fumarate transporter like |
| CEY00_Acc01811 | 102.813 38 | 11.892 707 | 3.111 9 | 0.027 284 | 0.196 81 | LG2 | 4650785 | 4654673 | 2 530 | inactive leucine-rich repeat receptor-like protein kinase |
| CEY00_Acc01816 | 75.620 271 | 449.186 26 | −2.570 5 | 0.000 410 1 | 0.009 824 | LG2 | 4701087 | 4712879 | 5 058 | Ethylene-overproduction protein like |
| CEY00_Acc01818 | 536.848 2 | 15.028 588 | 5.158 7 | 0.001 498 4 | 0.025 737 | LG2 | 4725385 | 4727577 | 2 193 | Lectin-domain containing receptor kinase |

（续）

| 基因 ID | miR160VS1 序列/条 | CK1 序列/条 | $\log_2$FC | *P* 值 | FDR | 染色体 | 起始位点 | 终止位点 | 长度/bp | 基因描述 |
|---|---|---|---|---|---|---|---|---|---|---|
| CEY00_Acc01820 | 1 201.608 5 | 493.384 08 | 1.284 2 | 0.012 081 | 0.114 2 | LG2 | 4745202 | 4749229 | 2 994 | 40S ribosomal protein like |
| CEY00_Acc01838 | 546.253 54 | 83.968 39 | 2.701 7 | 0.028 521 | 0.202 37 | LG2 | 4901584 | 4905300 | 1 939 | WRKY transcription factor 33 |
| CEY00_Acc01843 | 169.919 25 | 448.86 | −1.401 4 | 0.013 144 | 0.120 9 | LG2 | 4962733 | 4981909 | 3 032 | D-alanine-D-alanine ligase |
| CEY00_Acc01847 | 527.824 11 | 1 083.809 4 | −1.038 | 0.031 82 | 0.217 43 | LG2 | 5044895 | 5051277 | 2 663 | TOM1-like protein |
| CEY00_Acc01851 | 116.943 17 | 2.800 707 7 | 5.383 9 | 0.000 156 9 | 0.004 674 7 | LG2 | 5155391 | 5157057 | 1 225 | Cationic peroxidase |
| CEY00_Acc01855 | 0.352 962 4 | 20.112 544 | −5.832 4 | 0.000 715 1 | 0.015 06 | LG2 | 5183283 | 5184146 | 864 | MPN domain-containing protein |
| CEY00_Acc01857 | 5.376 517 8 | 33.087 39 | −2.621 5 | 0.011 36 | 0.109 48 | LG2 | 5193852 | 5199781 | 5 930 | F-box/kelch-repeat protein |
| CEY00_Acc01860 | 9.290 178 9 | 0.477 098 | 4.283 3 | 0.022 08 | 0.171 95 | LG2 | 5217809 | 5219746 | 1 660 | Receptor-like protein kinase |
| CEY00_Acc01862 | 798.452 26 | 103.785 08 | 2.943 6 | $3.08\times10^{-8}$ | $4.57\times10^{-6}$ | LG2 | 5268198 | 5269685 | 1 488 | CBL-interacting serine/threonine-protein kinase |
| CEY00_Acc01866 | 54.789 451 | 5.029 303 4 | 3.445 5 | 0.000 309 8 | 0.007 905 9 | LG2 | 5317463 | 5322739 | 2 261 | Serine/threonine-protein kinase |
| CEY00_Acc01882 | 2 193.008 2 | 845.665 67 | 1.374 8 | 0.039 564 | 0.249 65 | LG2 | 5497162 | 5502508 | 3 826 | Serine/threonine-protein kinase |
| CEY00_Acc01886 | 144.263 69 | 363.206 22 | −1.332 1 | 0.020 936 | 0.166 22 | LG2 | 5522209 | 5526173 | 3 965 | Receptor-like protein kinase |
| CEY00_Acc01897 | 6.437 812 1 | 0 | — | 0.039 798 | 0.250 36 | LG2 | 5650789 | 5668377 | 3 816 | LRR receptor-like serine/threonine-protein kinase |
| CEY00_Acc01900 | 143.395 6 | 323.542 8 | −1.174 | 0.042 746 | 0.262 04 | LG2 | 5697361 | 5702966 | 1 740 | KH domain-containing protein |
| CEY00_Acc01909 | 171.681 49 | 24.169 936 | 2.828 4 | 0.002 308 4 | 0.034 959 | LG2 | 5789099 | 5791544 | 1 310 | U3 small nucleolar RNA-associated protein like |
| CEY00_Acc01910 | 1 149.025 4 | 468.415 72 | 1.294 5 | 0.018 3 | 0.151 72 | LG2 | 5799301 | 5800164 | 864 | Calcium-binding protein like |

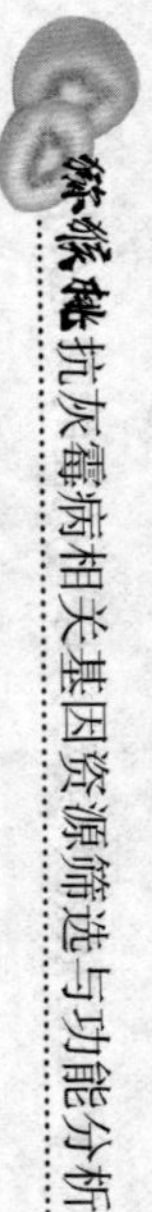


（续）

| 基因 ID | miR160VS1 序列/条 | CK1 序列/条 | $log_2FC$ | *P* 值 | FDR | 染色体 | 起始位点 | 终止位点 | 长度/bp | 基因描述 |
|---|---|---|---|---|---|---|---|---|---|---|
| CEY00_Acc01916 | 1.795 886 6 | 18.852 87 | −3.392 | 0.016 685 | 0.142 45 | LG2 | 5858441 | 5874385 | 2 707 | Methenyltetrahydrofolate cyclohydrolase |
| CEY00_Acc01919 | 258.554 43 | 110.835 17 | 1.222 1 | 0.015 455 | 0.135 2 | LG2 | 5896966 | 5898887 | 1 664 | Crocetin glucosyltransferase |
| CEY00_Acc01929 | 42.604 542 | 6.440 701 7 | 2.725 7 | 0.021 728 | 0.170 09 | LG2 | 5999101 | 6001379 | 2 279 | Receptor-like protein kinase |
| CEY00_Acc01930 | 517.901 58 | 95.364 006 | 2.441 2 | 0.005 742 9 | 0.067 768 | LG2 | 6006430 | 6009030 | 2 601 | Receptor-like protein kinase |
| CEY00_Acc01945 | 259.977 36 | 115.436 39 | 1.171 3 | 0.017 098 | 0.144 92 | LG2 | 6221447 | 6243389 | 4 207 | BAG-associated GRAM protein |
| CEY00_Acc01946 | 89.997 648 | 30.822 928 | 1.545 9 | 0.010 315 | 0.102 38 | LG2 | 6245858 | 6249411 | 644 | BAG-associated GRAM protein |
| CEY00_Acc01965 | 934.357 94 | 2 242.804 5 | −1.263 3 | 0.025 097 | 0.186 73 | LG2 | 6459177 | 6461015 | 1 839 | Microneme antigen like |
| CEY00_Acc01966 | 572.282 11 | 1 230.952 6 | −1.105 | 0.008 691 5 | 0.090 935 | LG2 | 6463610 | 6474362 | 1 884 | Guanosine nucleotide diphosphate dissociation inhibitor like |
| CEY00_Acc01967 | 428.115 81 | 864.507 01 | −1.013 9 | 0.012 596 | 0.117 71 | LG2 | 6475393 | 6485513 | 2 133 | Guanosine nucleotide diphosphate dissociation inhibitor like |
| CEY00_Acc01971 | 223.070 97 | 91.563 775 | 1.284 7 | 0.024 813 | 0.185 37 | LG2 | 6520160 | 6523710 | 2 801 | Elongation factor 1-alpha like |
| CEY00_Acc01974 | 213.468 06 | 444.153 19 | −1.057 | 0.044 896 | 0.269 64 | LG2 | 6564338 | 6572694 | 4 607 | Ubiquitin carboxyl-terminal hydrolase like |
| CEY00_Acc01993 | 149.371 65 | 14.099 837 | 3.405 2 | $8.16\times10^{-8}$ | $1.05\times10^{-5}$ | LG22 | 13003375 | 13005079 | 1 208 | F-box protein like |
| CEY00_Acc02002 | 28.672 895 | 106.944 18 | −1.899 1 | 0.005 496 4 | 0.065 697 | LG22 | 12865924 | 12880768 | 3 130 | UbiB domain protein |
| CEY00_Acc02010 | 17.355 357 | 106.059 56 | −2.611 4 | 0.000 396 5 | 0.009 597 4 | LG22 | 12747486 | 12750867 | 1 084 | GATA transcription factor |
| CEY00_Acc02020 | 13.236 118 | 84.564 117 | −2.675 6 | 0.000 436 5 | 0.010 263 | LG2 | 6920015 | 6922330 | 814 | 50S ribosomal protein like |

（续）

| 基因 ID | miR160VS1 序列/条 | CK1 序列/条 | $log_2FC$ | *P* 值 | FDR | 染色体 | 起始位点 | 终止位点 | 长度/bp | 基因描述 |
|---|---|---|---|---|---|---|---|---|---|---|
| CEY00_Acc02021 | 56.828 719 | 166.088 15 | −1.547 3 | 0.009 978 | 0.100 04 | LG2 | 6924074 | 6943468 | 3 479 | Alpha-L-arabinofuranosidase |
| CEY00_Acc02027 | 8.044 844 2 | 0 | — | 0.004 174 6 | 0.053 627 | LG22 | 1895280 | 1895860 | 581 | RAS guanyl-releasing protein like |
| CEY00_Acc02030 | 204.842 54 | 62.204 692 | 1.719 4 | 0.003 646 6 | 0.048 367 | LG22 | 1931216 | 1935246 | 1 067 | Futsch light chain LC(f)like |
| CEY00_Acc02066 | 690.568 86 | 173.521 09 | 1.992 7 | 0.033 952 | 0.226 83 | LG22 | 2302186 | 2307157 | 1 494 | CASP-like protein |
| CEY00_Acc02088 | 18.105 504 | 64.413 73 | −1.830 9 | 0.015 745 | 0.136 98 | LG22 | 2538419 | 2547873 | 1 141 | Plastid-lipid-associated protein like |
| CEY00_Acc02096 | 21.851 848 | 0.954 196 1 | 4.517 3 | 0.000 133 7 | 0.004 142 | LG2 | 7332625 | 7335133 | 901 | Myb-related protein like |
| CEY00_Acc02101 | 195.316 86 | 25.276 357 | 2.95 | 0.000 194 4 | 0.005 519 2 | LG2 | 7397404 | 7397996 | 593 | Ethylene-responsive transcription factor |
| CEY00_Acc02108 | 46.143 048 | 0.238 549 | 7.595 7 | 0.000 584 8 | 0.012 849 | LG2 | 7474461 | 7480179 | 1 817 | Serine/threonine-protein kinase |
| CEY00_Acc02109 | 45.085 273 | 17.987 191 | 1.325 7 | 0.039 671 | 0.250 09 | LG2 | 7488335 | 7491311 | 1 828 | Heat stress transcription factor A-3 like |
| CEY00_Acc02114 | 89.033 299 | 187.986 14 | −1.078 2 | 0.049 956 | 0.287 43 | LG2 | 7605117 | 7610957 | 2 210 | AT-hook motif nuclear-localized protein |
| CEY00_Acc02125 | 19.861 18 | 54.768 145 | −1.463 4 | 0.033 422 | 0.224 55 | LG2 | 7724011 | 7730970 | 1 990 | Proprotein convertase subtilisin/kexin type 4 like |
| CEY00_Acc02152 | 1 078.374 | 242.277 55 | 2.154 1 | 0.005 678 4 | 0.067 165 | LG2 | 8333904 | 8338234 | 1 612 | Aldo-keto reductase family 4 member like |
| CEY00_Acc02156 | 1 645.561 3 | 357.058 69 | 2.204 3 | 0.019 691 | 0.158 91 | LG2 | 8383112 | 8389338 | 3 371 | Transcription factor LHW like |
| CEY00_Acc02161 | 48.264 743 | 11.788 098 | 2.033 6 | 0.005 004 | 0.061 144 | LG2 | 8477137 | 8483563 | 2 087 | Beta-1,3-glucosyltransferase |

（续）

| 基因 ID | miR160VS1 序列/条 | CK1 序列/条 | $log_2FC$ | *P* 值 | FDR | 染色体 | 起始位点 | 终止位点 | 长度/bp | 基因描述 |
|---|---|---|---|---|---|---|---|---|---|---|
| CEY00 _ Acc02164 | 140. 108 74 | 9. 287 941 7 | 3. 915 | 0. 007 689 4 | 0. 083 027 | LG2 | 8506667 | 8508799 | 2 133 | Lectin-receptor kinase |
| CEY00 _ Acc02178 | 117. 967 14 | 259. 710 69 | −1. 138 5 | 0. 035 423 | 0. 232 67 | LG2 | 8854524 | 8859301 | 4 288 | 5-oxoprolinase |
| CEY00 _ Acc02207 | 9. 612 467 9 | 41. 367 241 | −2. 105 5 | 0. 025 08 | 0. 186 65 | LG2 | 9995916 | 10000960 | 2 215 | hypothetical protein |
| CEY00 _ Acc02230 | 149. 771 1 | 34. 199 551 | 2. 130 7 | 0. 005 052 3 | 0. 061 621 | LG2 | 10556874 | 10567489 | 2 967 | Leaf rust 10 disease-resistance locus receptor-like protein kinase |
| CEY00 _ Acc02235 | 10. 608 805 | 0. 954 196 1 | 3. 474 8 | 0. 025 613 | 0. 189 41 | LG2 | 10601753 | 10608554 | 2 160 | Leaf rust 10 disease-resistance locus receptor-like protein kinase |
| CEY00 _ Acc02238 | 158. 854 15 | 36. 100 459 | 2. 137 6 | 0. 000 663 2 | 0. 014 176 | LG2 | 10652473 | 10658411 | 1 662 | Mannose-6-phosphate isomerase |
| CEY00 _ Acc02242 | 1 100. 083 1 | 3 040. 932 3 | −1. 466 9 | 0. 002 094 | 0. 032 66 | LG2 | 10706914 | 10711538 | 1 883 | Cytokinin hydroxylase |
| CEY00 _ Acc02254 | 247. 790 29 | 36. 754 847 | 2. 753 1 | 0. 034 846 | 0. 230 07 | LG2 | 10984247 | 10988698 | 1 954 | Proline dehydrogenase |
| CEY00 _ Acc02260 | 3 827. 857 2 | 1 067. 817 5 | 1. 841 9 | 0. 000 635 4 | 0. 013 741 | LG2 | 11095494 | 11106257 | 4 171 | Protein CROWDED NUCLEI like |
| CEY00 _ Acc02283 | 36. 593 039 | 123. 180 38 | −1. 751 1 | 0. 011 414 | 0. 109 77 | LG2 | 11389190 | 11395609 | 2 244 | E3 ubiquitin-protein like |
| CEY00 _ Acc02286 | 52. 344 117 | 18. 517 941 | 1. 499 1 | 0. 039 113 | 0. 247 57 | LG2 | 11461033 | 11473621 | 2 675 | TRNA (guanine(26)-N(2))-dimethyl-transferase |
| CEY00 _ Acc02293 | 48. 151 642 | 7. 044 376 2 | 2. 773 | 0. 000 745 1 | 0. 015 59 | LG2 | 11538553 | 11544815 | 1 487 | Solute carrier family 25 member like |
| CEY00 _ Acc02294 | 4. 578 572 8 | 22. 054 191 | −2. 268 1 | 0. 025 412 | 0. 188 19 | LG2 | 11545442 | 11550561 | 2 230 | 50S ribosomal protein |
| CEY00 _ Acc02298 | 207. 606 44 | 13. 104 726 | 3. 985 7 | 0. 000 216 2 | 0. 006 006 6 | LG2 | 11592474 | 11600395 | 1 624 | Methylesterase 11 precursor |
| CEY00 _ Acc02299 | 187. 791 62 | 93. 332 475 | 1. 008 7 | 0. 041 922 | 0. 258 48 | LG2 | 11608200 | 11617606 | 6 804 | HAD-like domain protein |
| CEY00 _ Acc02337 | 4 771. 803 3 | 250. 780 33 | 4. 25 | $3.49\times10^{-12}$ | $1.74\times10^{-9}$ | LG2 | 12046894 | 12047857 | 964 | Calcium-binding protein CML45 |

（续）

| 基因 ID | miR160VS1 序列/条 | CK1 序列/条 | $log_2FC$ | $P$ 值 | FDR | 染色体 | 起始位点 | 终止位点 | 长度/bp | 基因描述 |
|---|---|---|---|---|---|---|---|---|---|---|
| CEY00_Acc02341 | 612.040 74 | 166.025 43 | 1.882 2 | 0.000 389 2 | 0.009 453 9 | LG2 | 12075294 | 12076761 | 1 468 | Ribosomal protein L34Ae protein |
| CEY00_Acc02353 | 468.256 44 | 961.891 6 | −1.038 6 | 0.015 888 | 0.137 86 | LG2 | 12183409 | 12188731 | 3 894 | Tubulin alpha-1 chain like |
| CEY00_Acc02370 | 384.318 76 | 35.130 292 | 3.451 5 | $5.6\times10^{-6}$ | 0.000 338 4 | LG2 | 12440065 | 12440875 | 811 | RNA-directed RNA polymerase |
| CEY00_Acc02372 | 854.565 99 | 423.710 66 | 1.012 1 | 0.025 96 | 0.190 87 | LG2 | 12475719 | 12480776 | 2 268 | Beta-glucuronosyltransferase |
| CEY00_Acc02375 | 443.720 03 | 100.508 92 | 2.142 3 | 0.006 210 2 | 0.071 752 | LG2 | 12502525 | 12508265 | 1 963 | Protein ENHANCED DISEASE RESISTANCE like |
| CEY00_Acc02385 | 29.337 35 | 0.715 647 1 | 5.357 3 | 0.006 745 2 | 0.075 855 | LG2 | 12646561 | 12647744 | 1 184 | Metalloendoproteinase |
| CEY00_Acc02390 | 18.383 972 | 66.576 599 | −1.856 6 | 0.017 954 | 0.149 7 | LG2 | 12693057 | 12698452 | 878 | Ferredoxin-thioredoxin reductase catalytic chain like |
| CEY00_Acc02395 | 80.944 924 | 15.158 603 | 2.416 8 | 0.000 210 9 | 0.005 867 5 | LG2 | 12744808 | 12747455 | 1 509 | Protein ALTERED XYLOGLUCAN 4-like |
| CEY00_Acc02402 | 800.303 46 | 26.909 629 | 4.894 4 | 0.042 43 | 0.260 53 | LG2 | 12801478 | 12801991 | 514 | Forkhead box protein like |
| CEY00_Acc02403 | 38.800 117 | 2.755 041 5 | 3.815 9 | 0.000 116 7 | 0.003 698 3 | LG2 | 12841649 | 12843923 | 837 | Dihydrolipoyllysine-residue acetyltransferase component 5 of pyruvate dehydrogenase |
| CEY00_Acc02411 | 40.229 436 | 5.579 326 5 | 2.850 1 | 0.005 589 3 | 0.066 541 | LG2 | 12960801 | 12962374 | 1 574 | UDP-glycosyltransferase |
| CEY00_Acc02418 | 186.308 21 | 72.108 515 | 1.369 4 | 0.021 279 | 0.167 73 | LG2 | 13012195 | 13023593 | 1 660 | Protein farnesyltransferase subunit beta like |
| CEY00_Acc02421 | 30.614 216 | 115.793 95 | −1.919 3 | 0.003 034 1 | 0.042 743 | LG2 | 13044769 | 13051944 | 1 665 | Protease Do-like |

（续）

| 基因 ID | miR160VS1 序列/条 | CK1 序列/条 | $log_2FC$ | *P* 值 | FDR | 染色体 | 起始位点 | 终止位点 | 长度/bp | 基因描述 |
|---|---|---|---|---|---|---|---|---|---|---|
| CEY00_Acc02424 | 586.305 9 | 50.213 642 | 3.545 5 | 0.001 548 8 | 0.026 356 | LG2 | 13077515 | 13084170 | 1 554 | Cinnamoyl-CoA reductase-like |
| CEY00_Acc02427 | 129.798 88 | 367.050 52 | −1.499 7 | 0.009 817 8 | 0.098 671 | LG2 | 13112585 | 13114394 | 1 810 | 50S ribosomal protein |
| CEY00_Acc02437 | 12.011 919 | 37.978 329 | −1.660 7 | 0.040 067 | 0.251 43 | LG2 | 13237438 | 13256937 | 3 884 | Protein MICRORCHIDIA like |
| CEY00_Acc02438 | 108.444 11 | 33.674 228 | 1.687 2 | 0.045 311 | 0.271 24 | LG2 | 13262272 | 13266001 | 1 538 | High affinity nitrate transporter 2.7 like |
| CEY00_Acc02450 | 66.042 798 | 239.068 3 | −1.855 9 | 0.002 525 6 | 0.037 154 | LG2 | 13410089 | 13417265 | 3 212 | Protein kinase |
| CEY00_Acc02457 | 40.146 608 | 10.665 219 | 1.912 4 | 0.016 568 | 0.141 96 | LG2 | 13493622 | 13496018 | 1 834 | Beta-1,4-mannosyl-glycoprotein like |
| CEY00_Acc02459 | 201.099 4 | 56.205 722 | 1.839 1 | 0.001 053 4 | 0.019 994 | LG2 | 13513136 | 13518707 | 3 163 | E3 ubiquitin-protein like |
| CEY00_Acc02464 | 0.705 924 8 | 25.284 803 | −5.162 6 | 0.021 53 | 0.169 06 | LG2 | 13557237 | 13558690 | 858 | BAG family molecular chaperone regulator like |
| CEY00_Acc02475 | 34.444 591 | 12.032 439 | 1.517 3 | 0.037 485 | 0.240 92 | LG2 | 13690342 | 13694782 | 3 946 | F-box protein |
| CEY00_Acc02479 | 16 543.283 | 509.901 88 | 5.019 9 | $5.27\times10^{-19}$ | $5.78\times10^{-15}$ | LG2 | 13739485 | 13743432 | 1 580 | Lysine histidine transporter like |
| CEY00_Acc02490 | 45.874 829 | 2.385 490 2 | 4.265 3 | 0.003 246 2 | 0.044 904 | LG2 | 13899185 | 13899789 | 605 | Calcium-binding protein |
| CEY00_Acc02500 | 35.164 923 | 120.995 46 | −1.782 7 | 0.001 996 2 | 0.031 584 | LG2 | 14064629 | 14067003 | 946 | 50S ribosomal protein |
| CEY00_Acc02509 | 1 152.075 4 | 214.304 67 | 2.426 5 | $5.54\times10^{-6}$ | 0.000 336 3 | LG2 | 14164950 | 14166440 | 1 491 | Transcription factor like |
| CEY00_Acc02526 | 14.004 192 | 0.700 176 9 | 4.322 | 0.002 518 5 | 0.037 067 | LG2 | 14313007 | 14317423 | 1 877 | Transcription factor like |
| CEY00_Acc02528 | 20.402 997 | 0.238 549 | 6.418 4 | 0.003 396 7 | 0.046 208 | LG2 | 14376387 | 14379938 | 2 302 | Protein SENSITIVITY TO RED LIGHT REDUCED like |
| CEY00_Acc02539 | 8.033 702 1 | 83.120 369 | −3.371 1 | $3.06\times10^{-5}$ | 0.001 313 9 | LG2 | 14546490 | 14551305 | 2 864 | Nodulation receptor kinase |

（续）

| 基因 ID | miR160VS1 序列/条 | CK1 序列/条 | $log_2FC$ | *P* 值 | FDR | 染色体 | 起始位点 | 终止位点 | 长度/bp | 基因描述 |
|---|---|---|---|---|---|---|---|---|---|---|
| CEY00_Acc02542 | 4.100 108 5 | 25.049 231 | −2.611 | 0.026 918 | 0.195 25 | LG2 | 14588851 | 14592826 | 2 080 | DNA topoisomerase |
| CEY00_Acc02543 | 66.417 644 | 5.937 089 | 3.483 7 | $6.57\times10^{-6}$ | 0.000 383 8 | LG2 | 14598905 | 14604523 | 1 486 | Nudix hydrolase |
| CEY00_Acc02553 | 23.733 828 | 67.089 268 | −1.499 1 | 0.019 663 | 0.158 72 | LG3 | 84088 | 87301 | 1 844 | Inositol-tetrakisphosphate 1-kinase |
| CEY00_Acc02559 | 62.210 853 | 168.544 92 | −1.437 9 | 0.008 032 9 | 0.085 763 | LG3 | 136647 | 138926 | 717 | NADH dehydrogenase [ubiquinone] iron-sulfur protein |
| CEY00_Acc02564 | 1 489.371 8 | 585.188 44 | 1.347 7 | 0.003 652 | 0.048 4 | LG3 | 176191 | 199981 | 3 872 | Protein EXPORTIN 1A like |
| CEY00_Acc02566 | 29.695 182 | 3.924 209 2 | 2.919 8 | 0.015 846 | 0.137 57 | LG3 | 211084 | 214320 | 1 945 | Cell division cycle 20.1, cofactor of APC complex like |
| CEY00_Acc02577 | 55.587 396 | 15.427 97 | 1.849 2 | 0.018 368 | 0.151 93 | LG3 | 297278 | 302350 | 3 416 | Nascent polypeptide-associated complex subunit alpha-like protein |
| CEY00_Acc02578 | 620.285 74 | 52.699 207 | 3.557 1 | $2.97\times10^{-5}$ | 0.001 279 9 | LG3 | 306049 | 309984 | 1 321 | Caffeic acid 3-O-methyltransferase |
| CEY00_Acc02586 | 3 591.978 | 217.329 55 | 4.046 8 | $2.54\times10^{-5}$ | 0.001 132 5 | LG3 | 388845 | 389714 | 870 | Auxin-responsive protein |
| CEY00_Acc02587 | 965.614 71 | 115.732 1 | 3.060 7 | 0.003 999 6 | 0.051 837 | LG3 | 394970 | 396464 | 1 166 | Homeobox-leucine zipper protein like |
| CEY00_Acc02597 | 303.245 91 | 7.379 549 5 | 5.360 8 | $3.89\times10^{-5}$ | 0.001 585 3 | LG3 | 474643 | 477607 | 2 416 | Protein yippee-like |
| CEY00_Acc02603 | 23.606 32 | 161.551 21 | −2.774 7 | $2.49\times10^{-5}$ | 0.001 116 1 | LG3 | 529397 | 532387 | 1 789 | Glucan endo-1,3-beta-glucosidase |
| CEY00_Acc02619 | 97.890 841 | 259.290 8 | −1.405 3 | 0.009 083 7 | 0.093 55 | LG3 | 748170 | 756252 | 2 033 | Nephrocystin-3 like |
| CEY00_Acc02622 | 138.453 51 | 457.591 69 | −1.724 7 | 0.005 609 1 | 0.066 657 | LG3 | 780536 | 785193 | 3 014 | GH family 25 lysozyme 3 precursor |
| CEY00_Acc02623 | 298.596 03 | 37.235 993 | 3.003 4 | 0.001 031 | 0.019 706 | LG3 | 787372 | 793300 | 1 887 | Aminoacrylate hydrolase |
| CEY00_Acc02629 | 33.563 016 | 160.451 37 | −2.257 2 | 0.000 269 2 | 0.007 116 6 | LG3 | 849277 | 852928 | 1 774 | E3 ubiquitin-protein like |

（续）

| 基因 ID | miR160VS1 序列/条 | CK1 序列/条 | $log_2FC$ | *P* 值 | FDR | 染色体 | 起始位点 | 终止位点 | 长度/bp | 基因描述 |
|---|---|---|---|---|---|---|---|---|---|---|
| CEY00 _ Acc02633 | 804.222 04 | 157.816 26 | 2.349 3 | $1.71\times10^{-5}$ | 0.000 834 7 | LG3 | 882004 | 885669 | 1 139 | Protein BOBBER like |
| CEY00 _ Acc02643 | 28.498 848 | 97.311 459 | −1.771 7 | 0.003 418 4 | 0.046 415 | LG3 | 988826 | 993605 | 1 163 | Plastid division protein |
| CEY00 _ Acc02645 | 957.452 43 | 2 177.563 3 | −1.185 4 | 0.003 19 | 0.044 349 | LG3 | 1021014 | 1027544 | 1 590 | Ubiquitin-conjugating enzyme E2 protein |
| CEY00 _ Acc02646 | 89.669 853 | 441.498 86 | −2.299 7 | $6.68\times10^{-5}$ | 0.002 425 2 | LG3 | 1049727 | 1052219 | 2 493 | ABC transporter C family member 10 like |
| CEY00 _ Acc02648 | 401.674 96 | 3 041.120 1 | −2.920 5 | $9.08\times10^{-8}$ | $1.15\times10^{-5}$ | LG3 | 1064771 | 1073954 | 6 229 | ABC transporter C family member 10 like |
| CEY00 _ Acc02654 | 6 622.693 7 | 215.825 32 | 4.939 5 | 0.000 893 8 | 0.017 797 | LG3 | 1142322 | 1143227 | 906 | Hybrid signal transduction histidine kinase |
| CEY00 _ Acc02655 | 8 498.027 3 | 485.544 78 | 4.129 5 | 0.003 595 7 | 0.048 002 | LG3 | 1148679 | 1149627 | 949 | Late embryogenesis abundant protein |
| CEY00 _ Acc02656 | 316.929 27 | 5.471 157 4 | 5.856 2 | 0.000 361 8 | 0.008 920 7 | LG3 | 1151853 | 1152654 | 802 | Late embryogenesis abundant protein |
| CEY00 _ Acc02657 | 2 545.070 9 | 102.452 32 | 4.634 7 | 0.000 265 1 | 0.007 060 7 | LG3 | 1155673 | 1156584 | 912 | Late embryogenesis abundant protein |
| CEY00 _ Acc02659 | 59.826 409 | 3.339 686 3 | 4.163 | 0.013 202 | 0.121 3 | LG3 | 1161623 | 1162570 | 948 | Late embryogenesis abundant protein |

（续）

| 基因 ID | miR160VS1 序列/条 | CK1 序列/条 | $log_2FC$ | $P$ 值 | FDR | 染色体 | 起始位点 | 终止位点 | 长度/bp | 基因描述 |
|---|---|---|---|---|---|---|---|---|---|---|
| CEY00 _ Acc02660 | 595. 594 04 | 20. 961 374 | 4. 828 5 | 0. 000 11 | 0. 003 529 3 | LG3 | 1163974 | 1164910 | 937 | Late embryogenesis abundant protein |
| CEY00 _ Acc02661 | 258. 647 74 | 6. 679 372 6 | 5. 275 1 | 0. 001 000 4 | 0. 019 301 | LG3 | 1172233 | 1173340 | 1 108 | Late embryogenesis abundant protein |
| CEY00 _ Acc02664 | 95. 886 513 | 25. 934 967 | 1. 886 4 | 0. 002 217 5 | 0. 033 849 | LG3 | 1199206 | 1207986 | 1 620 | hypothetical protein |
| CEY00 _ Acc02665 | 85. 459 397 | 272. 888 75 | −1. 675 | 0. 003 665 6 | 0. 048 502 | LG3 | 1209808 | 1213259 | 955 | NADH dehydrogenase [ubiquinone] 1 alpha subcomplex subunit 5 like |
| CEY00 _ Acc02673 | 58. 756 526 | 13. 116 149 | 2. 163 4 | 0. 028 827 | 0. 203 79 | LG3 | 1267359 | 1270432 | 3 074 | Receptor-like protein kinase |
| CEY00 _ Acc02677 | 584. 163 45 | 49. 753 189 | 3. 553 5 | $5.36\times10^{-7}$ | $5.09\times10^{-5}$ | LG3 | 1307617 | 1308719 | 1 103 | hypothetical protein |
| CEY00 _ Acc02681 | 181. 500 68 | 378. 182 91 | −1. 059 1 | 0. 025 673 | 0. 189 73 | LG3 | 1346559 | 1350595 | 2 399 | Signal peptide peptidase-like |
| CEY00 _ Acc02683 | 67. 725 874 | 4. 039 863 2 | 4. 067 3 | 0. 000 789 2 | 0. 016 286 | LG3 | 1368874 | 1373589 | 1 778 | Cytochrome P450 714C2 like |
| CEY00 _ Acc02695 | 73. 051 897 | 237. 607 81 | −1. 701 6 | 0. 003 910 4 | 0. 050 982 | LG3 | 1468014 | 1473863 | 4 779 | Protein FAR1-RELATED SEQUENCE like |
| CEY00 _ Acc02706 | 137. 708 54 | 20. 090 903 | 2. 777 | 0. 018 352 | 0. 151 93 | LG3 | 1582225 | 1582799 | 575 | Oxidoreductase |
| CEY00 _ Acc02707 | 52. 247 739 | 20. 930 812 | 1. 319 7 | 0. 036 61 | 0. 237 31 | LG3 | 1590052 | 1591695 | 1 644 | Transcription factor like |
| CEY00 _ Acc02728 | 909. 248 32 | 33. 077 282 | 4. 780 8 | $5.91\times10^{-15}$ | $7.2\times10^{-12}$ | LG3 | 1736852 | 1739255 | 1 705 | Pectinesterase |
| CEY00 _ Acc02732 | 69. 873 977 | 9. 535 098 3 | 2. 873 4 | 0. 000 182 4 | 0. 005 273 3 | LG3 | 1787269 | 1790964 | 3 207 | Glycerol-3-phosphate transporter |
| CEY00 _ Acc02733 | 113. 384 15 | 332. 971 03 | −1. 554 2 | 0. 006 344 | 0. 072 634 | LG3 | 1799535 | 1803423 | 1 167 | Vesicle-associated protein 1-2, N-terminally processed like |

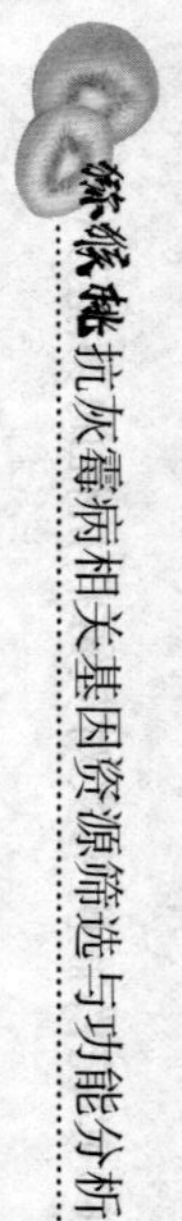




（续）

| 基因 ID | miR160VS1 序列/条 | CK1 序列/条 | $log_2FC$ | $P$ 值 | FDR | 染色体 | 起始位点 | 终止位点 | 长度/bp | 基因描述 |
|---|---|---|---|---|---|---|---|---|---|---|
| CEY00 _ Acc02740 | 33. 282 943 | 96. 326 24 | −1. 533 1 | 0. 021 275 | 0. 167 73 | LG3 | 1857753 | 1866391 | 1 667 | Lipase |
| CEY00 _ Acc02752 | 1 514. 250 7 | 89. 036 592 | 4. 088 1 | $3.46\times10^{-14}$ | $3.56\times10^{-11}$ | LG3 | 1944587 | 1949787 | 1 616 | Glutamate dehydrogenase |
| CEY00 _ Acc02761 | 21. 045 97 | 1. 192 745 1 | 4. 141 2 | 0. 001 600 3 | 0. 027 037 | LG3 | 2014999 | 2017440 | 1 141 | E3 ubiquitin-protein like |
| CEY00 _ Acc02767 | 2. 595 035 2 | 21. 735 232 | −3. 066 2 | 0. 016 808 | 0. 143 09 | LG3 | 2052293 | 2053808 | 1 097 | Synaptotagmin-4 like |
| CEY00 _ Acc02769 | 11. 815 533 | 46. 063 604 | −1. 962 9 | 0. 005 654 5 | 0. 067 003 | LG3 | 2060952 | 2068312 | 5 061 | Autophagy-related protein like |
| CEY00 _ Acc02779 | 22. 863 795 | 52. 309 229 | −1. 194 | 0. 029 458 | 0. 206 44 | LG3 | 2157659 | 2162741 | 1 998 | Rhodanese-like domain-containing protein |
| CEY00 _ Acc02784 | 958. 644 | 107. 518 18 | 3. 156 4 | 0. 014 024 | 0. 126 24 | LG3 | 2211628 | 2212503 | 876 | Protein SMAX1-LIKE like |
| CEY00 _ Acc02785 | 637. 081 07 | 248. 611 49 | 1. 357 6 | 0. 006 096 2 | 0. 070 783 | LG3 | 2217037 | 2218801 | 1 765 | RING-H2 finger protein |
| CEY00 _ Acc02787 | 11 151. 87 | 26 822. 43 | −1. 266 2 | 0. 007 947 4 | 0. 085 098 | LG3 | 2233418 | 2235425 | 1 183 | Expansin-A8 like |
| CEY00 _ Acc02804 | 885. 402 46 | 111. 494 2 | 2. 989 4 | 0. 000 421 4 | 0. 010 007 | LG3 | 2357200 | 2358039 | 840 | Wound-induced protein |
| CEY00 _ Acc02806 | 1. 536 147 9 | 26. 595 935 | −4. 113 8 | 0. 001 126 7 | 0. 021 023 | LG3 | 2376697 | 2385879 | 1 328 | Pyruvate carboxylase subunit B like |
| CEY00 _ Acc02810 | 47. 270 011 | 1. 812 634 | 4. 704 8 | $6.88\times10^{-7}$ | $6.31\times10^{-5}$ | LG3 | 2415620 | 2417834 | 1 441 | Dehydration-responsive element-binding protein like |
| CEY00 _ Acc02815 | 257. 331 63 | 94. 324 069 | 1. 447 9 | 0. 024 177 | 0. 182 24 | LG3 | 2465230 | 2467565 | 2 336 | Peptide-N4-（N-acetyl-beta-glucosaminyl） asparagine amidase A heavy chain like |
| CEY00 _ Acc02825 | 2. 242 875 1 | 33. 041 602 | −3. 880 9 | 0. 000 398 6 | 0. 009 618 8 | LG3 | 2546507 | 2548195 | 1 007 | Transcription factor bHLH51 like |
| CEY00 _ Acc02828 | 373. 058 5 | 83. 667 485 | 2. 156 7 | 0. 005 784 3 | 0. 068 172 | LG3 | 2580557 | 2582967 | 1 473 | Protein like |

（续）

| 基因 ID | miR160VS1 序列/条 | CK1 序列/条 | $log_2FC$ | $P$ 值 | FDR | 染色体 | 起始位点 | 终止位点 | 长度/bp | 基因描述 |
|---|---|---|---|---|---|---|---|---|---|---|
| CEY00_Acc02832 | 1 477.570 9 | 161.578 62 | 3.192 9 | $8.44\times10^{-6}$ | 0.000 466 8 | LG3 | 2609131 | 2611897 | 2 767 | Zinc finger CCCH domain-containing protein |
| CEY00_Acc02835 | 118.005 29 | 50.058 005 | 1.237 2 | 0.022 753 | 0.175 44 | LG3 | 2641910 | 2644727 | 2 818 | Serine/threonine-protein kinase-like protein CCR3 precursor |
| CEY00_Acc02838 | 379.267 79 | 117.216 96 | 1.694 | 0.000 611 2 | 0.013 289 | LG3 | 2674223 | 2677770 | 1 335 | Esterase |
| CEY00_Acc02848 | 842.184 22 | 3 144.925 6 | −1.900 8 | 0.000 404 9 | 0.009 735 8 | LG3 | 2776289 | 2780087 | 2 315 | Coronatine-insensitive protein |
| CEY00_Acc02850 | 51.794 768 | 10.684 37 | 2.277 3 | 0.001 79 | 0.029 311 | LG3 | 2787142 | 2791209 | 1 533 | Sedoheptulose-1,7-bisphosphatase |
| CEY00_Acc02861 | 267.456 63 | 12.541 304 | 4.414 5 | 0.001 827 3 | 0.029 698 | LG3 | 2883386 | 2885939 | 1 663 | 7-deoxyloganetic acid glucosyltransferase |
| CEY00_Acc02870 | 54.450 348 | 23.718 743 | 1.198 9 | 0.049 666 | 0.286 97 | LG3 | 2950985 | 2953067 | 1 155 | Mitochondrial glycoprotein |
| CEY00_Acc02883 | 9 501.788 4 | 1 396.306 7 | 2.766 6 | $1.53\times10^{-5}$ | 0.000 761 5 | LG3 | 3104947 | 3108352 | 1 685 | Glucan endo-1,3-beta-glucosidase |
| CEY00_Acc02895 | 564.695 92 | 58.839 222 | 3.262 6 | $3.78\times10^{-8}$ | $5.46\times10^{-6}$ | LG3 | 3204287 | 3205389 | 1 103 | Enoyl-CoA delta isomerase 1, peroxisomal like |
| CEY00_Acc02904 | 451.432 37 | 82.492 781 | 2.452 2 | $7.6\times10^{-6}$ | 0.000 426 3 | LG3 | 3316281 | 3328788 | 2 517 | Sulfate transporter 4.2 like |
| CEY00_Acc02914 | 199.420 32 | 604.371 92 | −1.599 6 | 0.006 472 4 | 0.073 746 | LG3 | 3428354 | 3435316 | 6 769 | Serine-rich adhesin for platelets like |
| CEY00_Acc02928 | 72.862 677 | 24.248 165 | 1.587 3 | 0.023 694 | 0.179 96 | LG3 | 3571236 | 3575327 | 1 292 | Aldo-keto reductase |
| CEY00_Acc02929 | 308.222 29 | 14.536 02 | 4.406 3 | $2.3\times10^{-13}$ | $1.81\times10^{-10}$ | LG3 | 3576965 | 3582127 | 1 256 | Aldo-keto reductase |
| CEY00_Acc02930 | 61.444 384 | 7.971 313 5 | 2.946 4 | 0.000 390 5 | 0.009 473 4 | LG3 | 3584340 | 3596771 | 1 217 | Aldo-keto reductase |

（续）

| 基因 ID | miR160VS1 序列/条 | CK1 序列/条 | $log_2FC$ | *P* 值 | FDR | 染色体 | 起始位点 | 终止位点 | 长度/bp | 基因描述 |
|---|---|---|---|---|---|---|---|---|---|---|
| CEY00 _ Acc02939 | 53.564 359 | 144.975 74 | −1.436 5 | 0.038 493 | 0.245 19 | LG3 | 3697206 | 3698959 | 1 754 | DEAD-box ATP-dependent RNA helicase |
| CEY00 _ Acc02940 | 1 739.499 7 | 687.132 89 | 1.34 | 0.023 081 | 0.176 98 | LG3 | 3705010 | 3710469 | 1 462 | Proteasome inhibitor |
| CEY00 _ Acc02941 | 130.400 04 | 298.977 56 | −1.197 1 | 0.045 031 | 0.270 09 | LG3 | 3712482 | 3750190 | 6 351 | Nucleoporin like |
| CEY00 _ Acc02942 | 72.305 651 | 4.770 980 4 | 3.921 8 | $7.1\times10^{-5}$ | 0.002 523 9 | LG3 | 3752479 | 3753162 | 361 | Fibropellin-1 like |
| CEY00 _ Acc02943 | 148.243 09 | 50.329 687 | 1.558 5 | 0.008 046 8 | 0.085 855 | LG3 | 3760080 | 3764817 | 2 095 | GBF-interacting protein like |
| CEY00 _ Acc02947 | 34.288 817 | 6.305 896 | 2.443 | 0.002 626 3 | 0.038 327 | LG3 | 3798067 | 3801089 | 2 172 | 3-phosphoshikimate 1-carboxyvinyltransferase |
| CEY00 _ Acc02948 | 130.652 54 | 357.485 06 | −1.452 1 | 0.022 942 | 0.176 24 | LG3 | 3819082 | 3837964 | 5 921 | Peptidyl-prolyl cis-trans isomerase |
| CEY00 _ Acc02955 | 29 966.261 | 14 059.202 | 1.091 8 | 0.016 999 | 0.144 26 | LG3 | 3899110 | 3904259 | 2 091 | Laccase-7 like |
| CEY00 _ Acc02956 | 1 659.476 8 | 151.568 21 | 3.452 7 | 0.000 210 2 | 0.005 865 5 | LG3 | 3964750 | 3967298 | 936 | Cysteine desulfurase |
| CEY00 _ Acc02957 | 50.384 98 | 151.772 85 | −1.590 8 | 0.004 232 9 | 0.054 051 | LG3 | 3971026 | 3973854 | 1 660 | Fructose-1,6-bisphosphatase |
| CEY00 _ Acc02960 | 45.888 434 | 110.560 48 | −1.268 6 | 0.042 159 | 0.259 45 | LG3 | 3989827 | 3991991 | 1 560 | Tubulin beta-8 chain |
| CEY00 _ Acc02962 | 89.388 467 | 14.417 429 | 2.632 3 | 0.021 444 | 0.168 71 | LG3 | 4029567 | 4034182 | 2 150 | GDP-fucose protein O-fucosyltransferase protein |
| CEY00 _ Acc02970 | 710.397 14 | 2 255.015 6 | −1.666 4 | 0.005 922 4 | 0.069 353 | LG3 | 4111269 | 4120018 | 5 093 | Acetyl-coenzyme A carboxylase carboxyl transferase subunit alpha like |
| CEY00 _ Acc02986 | 216.685 32 | 18.371 712 | 3.56 | $6.39\times10^{-9}$ | $1.13\times10^{-6}$ | LG3 | 4331466 | 4333229 | 1 764 | Alpha 1, 4-glycosyltransferase domain protein |

（续）

| 基因 ID | miR160VS1 序列/条 | CK1 序列/条 | $log_2FC$ | *P* 值 | FDR | 染色体 | 起始位点 | 终止位点 | 长度/bp | 基因描述 |
|---|---|---|---|---|---|---|---|---|---|---|
| CEY00 _ Acc03003 | 56.642 673 | 180.179 71 | −1.669 5 | 0.007 885 5 | 0.084 626 | LG3 | 4514237 | 4518565 | 3 354 | Ethylene-overproduction protein like |
| CEY00 _ Acc03018 | 6.697 149 6 | 0 | — | 0.023 915 | 0.181 01 | LG3 | 4631396 | 4634327 | 1 728 | Patellin-6 like |
| CEY00 _ Acc03022 | 19.727 344 | 94.909 007 | −2.266 3 | 0.000 223 5 | 0.006 161 8 | LG3 | 4655069 | 4657327 | 774 | CASP-like protein |
| CEY00 _ Acc03023 | 740.173 37 | 95.884 674 | 2.948 5 | 0.007 537 4 | 0.081 827 | LG3 | 4657594 | 4660674 | 1 843 | WRKY transcription factor 33 |
| CEY00 _ Acc03040 | 4 857.678 1 | 869.556 18 | 2.481 9 | 0.000 329 7 | 0.008 284 9 | LG3 | 4891704 | 4893983 | 2 280 | U-box domain-containing protein |
| CEY00 _ Acc03041 | 9.572 658 3 | 36.059 719 | −1.913 4 | 0.013 066 | 0.120 46 | LG3 | 4910994 | 4914090 | 1 340 | Gibberellin 2-beta-dioxygenase |
| CEY00 _ Acc03045 | 786.024 29 | 185.029 89 | 2.086 8 | 0.026 678 | 0.194 22 | LG3 | 4960469 | 4966644 | 4 092 | MACPF domain-containing protein |
| CEY00 _ Acc03050 | 798.256 64 | 238.819 1 | 1.740 9 | 0.024 171 | 0.182 23 | LG3 | 5012566 | 5016717 | 2 819 | Receptor-like protein kinase |
| CEY00 _ Acc03053 | 0 | 7.397 713 1 | — | 0.037 279 | 0.239 98 | LG3 | 5025279 | 5029809 | 3 875 | LRR receptor-like serine/threonine-protein kinase |
| CEY00 _ Acc03054 | 100.861 58 | 244.419 17 | −1.277 | 0.013 981 | 0.125 96 | LG3 | 5036874 | 5041495 | 1 514 | Protein FATTY ACID EXPORT 3 like |
| CEY00 _ Acc03058 | 21.674 191 | 77.853 722 | −1.844 8 | 0.012 749 | 0.118 57 | LG3 | 5082503 | 5092265 | 6 993 | Phospholipid-transporting ATPase |
| CEY00 _ Acc03078 | 56.900 405 | 158.562 25 | −1.478 5 | 0.018 645 | 0.153 32 | LG3 | 5272365 | 5278968 | 1 538 | KH domain-containing protein |
| CEY00 _ Acc03084 | 3 615.799 9 | 169.745 11 | 4.412 9 | $5.27\times10^{-10}$ | $1.32\times10^{-7}$ | LG3 | 5349977 | 5350846 | 870 | Calcium-binding protein |
| CEY00 _ Acc03091 | 25.176 752 | 186.363 83 | −2.888 | 0.016 887 | 0.143 58 | LG3 | 5408913 | 5411683 | 1 664 | Glucan endo-1,3-beta-glucosidase |
| CEY00 _ Acc03112 | 7.849 661 7 | 0 |  | 0.012 922 | 0.119 73 | LG3 | 5661672 | 5662342 | 671 | SNF2 domain-containing protein |
| CEY00 _ Acc03113 | 907.788 91 | 1 916.846 9 | −1.078 3 | 0.016 804 | 0.143 09 | LG3 | 5665934 | 5671672 | 1 946 | Stearoyl-［acyl-carrier-protein］ 9-desaturase |

（续）

| 基因 ID | miR160VS1 序列/条 | CK1 序列/条 | $log_2FC$ | *P* 值 | FDR | 染色体 | 起始位点 | 终止位点 | 长度/bp | 基因描述 |
|---|---|---|---|---|---|---|---|---|---|---|
| CEY00_Acc03123 | 8.045 646 5 | 0.677 343 8 | 3.570 2 | 0.043 316 | 0.263 57 | LG3 | 5759874 | 5764674 | 1 216 | 2-alkenal reductase |
| CEY00_Acc03126 | 14 013.575 | 32 629.212 | −1.219 3 | 0.021 43 | 0.168 68 | LG3 | 5889856 | 5892955 | 1 508 | Polygalacturonase |
| CEY00_Acc03129 | 29.451 308 | 3.893 268 9 | 2.919 3 | 0.001 125 7 | 0.021 023 | LG3 | 5904428 | 5912210 | 1 517 | Phosphatidylinositol/phosphatidylcholine transfer protein |
| CEY00_Acc03135 | 14.888 632 | 40.637 694 | −1.448 6 | 0.032 645 | 0.221 32 | LG3 | 5973850 | 5974469 | 620 | Cell wall/vacuolar inhibitor of fructosidase |
| CEY00_Acc03139 | 1 314.858 3 | 54.535 649 | 4.591 6 | 0.000 629 2 | 0.013 617 | LG3 | 6027165 | 6028005 | 841 | hypothetical protein |
| CEY00_Acc03153 | 5.864 920 6 | 51.211 337 | −3.126 3 | 0.000 806 1 | 0.016 531 | LG3 | 6186551 | 6190612 | 1 525 | 15-cis-zeta-carotene isomerase |
| CEY00_Acc03166 | 23.916 665 | 102.918 91 | −2.105 4 | 0.002 651 | 0.038 607 | LG3 | 6399600 | 6409610 | 2 679 | Phosphatidylinositol 4-phosphate 5-kinase |
| CEY00_Acc03170 | 1 402.471 7 | 6 253.191 1 | −2.156 6 | $4.15\times10^{-5}$ | 0.001 672 4 | LG3 | 6476627 | 6481500 | 1 970 | ACT domain-containing protein |
| CEY00_Acc03177 | 62.679 634 | 5.279 641 1 | 3.569 5 | 0.000 400 5 | 0.009 644 1 | LG3 | 6591961 | 6593918 | 1 117 | Transcription factor like |
| CEY00_Acc03182 | 41.089 586 | 153.180 27 | −1.898 4 | 0.001 906 8 | 0.030 655 | LG3 | 6677511 | 6681389 | 845 | Thylakoid lumenal protein |
| CEY00_Acc03184 | 96.394 046 | 30.956 124 | 1.638 7 | 0.006 127 7 | 0.070 998 | LG3 | 6689552 | 6691227 | 1 676 | Transcription initiation factor TFIID subunit like |
| CEY00_Acc03188 | 1 745.733 3 | 420.222 6 | 2.054 6 | $2.76\times10^{-5}$ | 0.001 207 7 | LG3 | 6725742 | 6736666 | 1 491 | OTU domain-containing protein |
| CEY00_Acc03198 | 115.123 76 | 45.656 78 | 1.334 3 | 0.028 014 | 0.200 2 | LG3 | 6868077 | 6869570 | 1 494 | Processed cyclic AMP-responsive element-binding protein 3-like protein |

（续）

| 基因 ID | miR160VS1 序列/条 | CK1 序列/条 | $log_2FC$ | $P$ 值 | FDR | 染色体 | 起始位点 | 终止位点 | 长度/bp | 基因描述 |
|---|---|---|---|---|---|---|---|---|---|---|
| CEY00_Acc03204 | 155.743 91 | 35.159 039 | 2.147 2 | 0.038 002 | 0.243 21 | LG3 | 6909459 | 6923824 | 4 150 | Membrane protein of ER body-like protein |
| CEY00_Acc03207 | 14.314 537 | 51.331 782 | −1.842 4 | 0.031 071 | 0.214 09 | LG3 | 6942111 | 6944766 | 1 059 | Potassium voltage-gated channel subfamily H member 3 like |
| CEY00_Acc03208 | 63.084 862 | 239.384 94 | −1.924 | 0.001 306 1 | 0.023 375 | LG3 | 6945987 | 6949877 | 2 415 | Aluminum-activated malate transporter like |
| CEY00_Acc03211 | 8.876 270 8 | 0.677 343 8 | 3.712 | 0.034 123 | 0.227 57 | LG3 | 6969100 | 6972204 | 681 | Alanine-tRNA ligase |
| CEY00_Acc03216 | 49.998 481 | 7.210 744 4 | 2.793 7 | 0.000 299 1 | 0.007 691 4 | LG3 | 7003409 | 7006671 | 2 537 | Midasin like |
| CEY00_Acc03218 | 396.110 29 | 157.465 09 | 1.330 9 | 0.011 17 | 0.108 39 | LG3 | 7023665 | 7027358 | 572 | ADP-ribosylation factor like |
| CEY00_Acc03250 | 267.899 3 | 13.681 886 | 4.291 4 | 0.013 954 | 0.125 76 | LG3 | 7271990 | 7272588 | 599 | Regulator of telomere elongation helicase |
| CEY00_Acc03253 | 862.365 71 | 429.661 09 | 1.005 1 | 0.040 539 | 0.253 22 | LG3 | 7291744 | 7292623 | 668 | 60S acidic ribosomal protein |
| CEY00_Acc03257 | 268.346 74 | 54.465 766 | 2.300 7 | 0.004 18 | 0.053 648 | LG3 | 7330441 | 7332293 | 1 109 | Small heat shock protein |
| CEY00_Acc03260 | 1 315.462 2 | 571.472 19 | 1.202 8 | 0.026 8 | 0.194 73 | LG3 | 7357363 | 7362540 | 2 198 | CDPK-related kinase |
| CEY00_Acc03265 | 1 275.317 7 | 612.149 73 | 1.058 9 | 0.018 527 | 0.152 66 | LG3 | 7412081 | 7416877 | 978 | Cytochrome b5 E like |
| CEY00_Acc03267 | 1 603.162 | 166.738 75 | 3.265 3 | 0.000 554 1 | 0.012 332 | LG3 | 7434957 | 7436712 | 1 756 | AAA-ATPase |
| CEY00_Acc03268 | 333.940 51 | 37.825 063 | 3.142 2 | 0.001 516 5 | 0.025 967 | LG3 | 7434062 | 7434895 | 834 | AAA-ATPase like |
| CEY00_Acc03269 | 60.541 982 | 170.270 35 | −1.491 8 | 0.020 011 | 0.160 74 | LG3 | 7437532 | 7444610 | 1 807 | Vacuolar protein sorting-associated protein like |

（续）

| 基因 ID | miR160VS1 序列/条 | CK1 序列/条 | $log_2FC$ | $P$ 值 | FDR | 染色体 | 起始位点 | 终止位点 | 长度/bp | 基因描述 |
|---|---|---|---|---|---|---|---|---|---|---|
| CEY00_Acc03273 | 20.543 562 | 68.139 722 | −1.729 8 | 0.035 118 | 0.231 15 | LG3 | 7492862 | 7496780 | 1 118 | Cell division control protein |
| CEY00_Acc03276 | 26.750 303 | 168.922 82 | −2.658 7 | 0.003 577 1 | 0.047 881 | LG3 | 7513369 | 7518721 | 3 645 | WD repeat-containing protein |
| CEY00_Acc03295 | 70.603 591 | 154.761 18 | −1.132 2 | 0.011 491 | 0.110 13 | LG3 | 7683357 | 7686730 | 1 338 | E3 ubiquitin-protein like |
| CEY00_Acc03308 | 12.602 682 | 0.477 098 | 4.723 3 | 0.042 673 | 0.261 64 | LG3 | 7863816 | 7864791 | 976 | RING-H2 finger protein like |
| CEY00_Acc03313 | 1 478.569 8 | 603.743 71 | 1.292 2 | 0.003 550 5 | 0.047 624 | LG6 | 4282729 | 4294781 | 3 834 | Cyclic nucleotide-gated ion channel like |
| CEY00_Acc03314 | 84.740 324 | 269.251 86 | −1.667 8 | 0.004 552 3 | 0.056 937 | LG6 | 4267877 | 4276525 | 2 511 | Protein like |
| CEY00_Acc03321 | 735.646 26 | 49.448 769 | 3.895 | $1.07\times10^{-7}$ | $1.34\times10^{-5}$ | LG6 | 4199362 | 4201568 | 1 461 | WRKY transcription factor |
| CEY00_Acc03331 | 977.329 91 | 132.657 21 | 2.881 1 | $3.05\times10^{-7}$ | $3.15\times10^{-5}$ | LG6 | 4100863 | 4103687 | 1 765 | Carboxylesterase |
| CEY00_Acc03358 | 112.207 13 | 5.213 456 7 | 4.427 8 | 0.008 988 9 | 0.092 894 | LG6 | 690135 | 693409 | 3 275 | Protein-tyrosine-phosphatase |
| CEY00_Acc03369 | 38.214 077 | 160.875 9 | −2.073 8 | 0.000 818 7 | 0.016 702 | LG6 | 774385 | 785353 | 2 961 | Oxysterol-binding protein-related protein like |
| CEY00_Acc03377 | 8.460 356 9 | 41.496 672 | −2.294 2 | 0.014 684 | 0.130 72 | LG6 | 892831 | 896221 | 1 238 | Plastid division protein |
| CEY00_Acc03383 | 3.809 295 3 | 51.010 426 | −3.743 2 | 0.001 357 | 0.023 948 | LG6 | 949211 | 953097 | 967 | Ubiquitin-associated protein like |
| CEY00_Acc03385 | 117.433 89 | 2.146 941 2 | 5.773 4 | 0.000 645 5 | 0.013 905 | LG6 | 967446 | 968082 | 637 | Late embryogenesis abundant protein |
| CEY00_Acc03391 | 20.875 845 | 94.656 318 | −2.180 9 | 0.001 748 3 | 0.028 856 | LG6 | 995777 | 1003470 | 2 187 | Plastidial pyruvate kinase |
| CEY00_Acc03401 | 350.269 43 | 8.349 215 8 | 5.390 7 | 0.003 245 8 | 0.044 904 | LG3 | 7942544 | 7943536 | 993 | Late embryogenesis abundant protein |

（续）

| 基因 ID | miR160VS1 序列/条 | CK1 序列/条 | $log_2FC$ | $P$ 值 | FDR | 染色体 | 起始位点 | 终止位点 | 长度/bp | 基因描述 |
|---|---|---|---|---|---|---|---|---|---|---|
| CEY00 _ Acc03402 | 458. 199 8 | 11. 192 652 | 5. 355 4 | $9.08\times10^{-5}$ | 0. 003 055 4 | LG3 | 7946122 | 7947106 | 985 | Late embryogenesis abundant protein |
| CEY00 _ Acc03403 | 55. 653 812 | 3. 339 686 3 | 4. 058 7 | 0. 005 732 2 | 0. 067 691 | LG3 | 7949564 | 7950500 | 937 | Late embryogenesis abundant protein |
| CEY00 _ Acc03405 | 137. 520 87 | 1. 669 843 2 | 6. 363 8 | 0. 002 270 2 | 0. 034 524 | LG3 | 7955738 | 7956895 | 1 158 | Late embryogenesis abundant protein |
| CEY00 _ Acc03406 | 520. 232 19 | 20. 230 256 | 4. 684 6 | 0. 005 997 5 | 0. 069 933 | LG3 | 7961639 | 7962511 | 873 | Bromodomain-containing protein |
| CEY00 _ Acc03407 | 5 215. 177 6 | 364. 568 59 | 3. 838 5 | 0. 006 183 7 | 0. 071 571 | LG3 | 7966523 | 7967570 | 1 048 | Late embryogenesis abundant protein |
| CEY00 _ Acc03411 | 19. 943 206 | 0. 477 098 | 5. 385 5 | 0. 006 026 5 | 0. 070 221 | LG3 | 8007896 | 8011996 | 1 340 | WRKY transcription factor |
| CEY00 _ Acc03412 | 115. 185 51 | 315. 347 85 | −1. 453 | 0. 022 329 | 0. 173 31 | LG3 | 8019376 | 8027616 | 1 954 | GON-4-like protein |
| CEY00 _ Acc03419 | 393. 135 79 | 2 287. 851 3 | −2. 540 9 | 0. 000 237 2 | 0. 006 459 3 | LG3 | 8110039 | 8112512 | 1 203 | Beta-carotene hydroxylase |
| CEY00 _ Acc03420 | 176. 529 5 | 588. 870 31 | −1. 738 | 0. 002 258 6 | 0. 034 4 | LG3 | 8129847 | 8132277 | 2 431 | Myristoylated protein like |
| CEY00 _ Acc03431 | 2 110. 660 8 | 825. 541 72 | 1. 354 3 | 0. 007 887 9 | 0. 084 626 | LG3 | 8227698 | 8232242 | 1 290 | Mediator of RNA polymerase Ⅱ transcription subunit 36a like |
| CEY00 _ Acc03436 | 73. 787 292 | 194. 021 48 | −1. 394 8 | 0. 025 029 | 0. 186 39 | LG3 | 8258493 | 8263869 | 1 737 | hypothetical protein |
| CEY00 _ Acc03437 | 10. 058 654 | 39. 018 687 | −1. 955 7 | 0. 040 223 | 0. 251 87 | LG3 | 8265352 | 8268314 | 2 740 | Transporter arsB like |
| CEY00 _ Acc03439 | 22. 100 846 | 78. 071 252 | −1. 820 7 | 0. 014 196 | 0. 127 45 | LG3 | 8279313 | 8287610 | 3 627 | Mitogen-activated protein kinase kinase kinase like |

（续）

| 基因 ID | miR160VS1 序列/条 | CK1 序列/条 | $log_2FC$ | *P* 值 | FDR | 染色体 | 起始位点 | 终止位点 | 长度/bp | 基因描述 |
|---|---|---|---|---|---|---|---|---|---|---|
| CEY00 _ Acc03457 | 196. 883 02 | 4. 039 863 2 | 5. 606 9 | 0. 000 538 | 0. 012 097 | LG3 | 8422724 | 8424969 | 1 837 | Cytokinin hydroxylase |
| CEY00 _ Acc03459 | 21 804. 454 | 4 752. 462 8 | 2. 197 9 | $2.18\times10^{-5}$ | 0. 001 007 7 | LG3 | 8447014 | 8451219 | 1 882 | Oxalate-CoA ligase |
| CEY00 _ Acc03466 | 3. 011 350 3 | 31. 329 07 | −3. 379 | 0. 040 557 | 0. 253 22 | LG3 | 8520914 | 8524572 | 1 745 | Low-temperature-induced protein |
| CEY00 _ Acc03469 | 1 080. 921 8 | 2 767. 599 8 | −1. 356 4 | 0. 001 609 9 | 0. 027 129 | LG3 | 8550487 | 8554197 | 971 | Remorin like |
| CEY00 _ Acc03470 | 0 | 46. 169 497 | — | 0. 003 154 5 | 0. 044 042 | LG3 | 8554258 | 8558172 | 1 929 | Myb-related protein like |
| CEY00 _ Acc03473 | 157. 847 99 | 424. 984 74 | −1. 428 9 | 0. 010 423 | 0. 103 18 | LG3 | 8614446 | 8618528 | 2 562 | Branchpoint-bridging protein |
| CEY00 _ Acc03474 | 147. 904 48 | 36. 416 115 | 2. 022 | 0. 001 008 9 | 0. 019 381 | LG3 | 8618793 | 8627152 | 2 036 | Flap endonuclease GEN-like |
| CEY00 _ Acc03481 | 763. 210 31 | 1 539. 137 9 | −1. 012 | 0. 017 767 | 0. 148 74 | LG3 | 8685422 | 8687004 | 1 489 | Heat stress transcription factor B-2a like |
| CEY00 _ Acc03483 | 119. 125 06 | 42. 303 478 | 1. 493 6 | 0. 021 194 | 0. 167 4 | LG3 | 8703010 | 8709025 | 2 200 | E3 ubiquitin-protein like |
| CEY00 _ Acc03488 | 63. 417 928 | 4. 790 754 4 | 3. 726 6 | 0. 001 38 | 0. 024 259 | LG3 | 8734401 | 8738350 | 2 494 | XK-related protein |
| CEY00 _ Acc03499 | 23. 618 666 | 4. 816 524 7 | 2. 293 9 | 0. 017 696 | 0. 148 49 | LG3 | 8853773 | 8856046 | 2 274 | Protein DETOXIFICATION like |
| CEY00 _ Acc03504 | 247. 752 25 | 90. 416 654 | 1. 454 2 | 0. 018 534 | 0. 152 68 | LG3 | 8894430 | 8909862 | 3 735 | Valine-tRNA ligase |
| CEY00 _ Acc03510 | 3 053. 817 7 | 288. 341 69 | 3. 404 8 | 0. 000 147 9 | 0. 004 482 6 | LG3 | 8961062 | 8961729 | 668 | Spore coat assembly protein like |
| CEY00 _ Acc03513 | 5. 698 806 8 | 30. 222 609 | −2. 406 9 | 0. 025 886 | 0. 190 71 | LG3 | 9001076 | 9003195 | 2 120 | Xyloglucan galactosyltransferase |
| CEY00 _ Acc03515 | 54. 983 485 | 124. 709 58 | −1. 181 5 | 0. 027 672 | 0. 198 64 | LG3 | 9013840 | 9019115 | 1 759 | Mitochondrial metalloendopeptidase |
| CEY00 _ Acc03522 | 5 972. 976 8 | 295. 381 76 | 4. 337 8 | 0. 000 539 4 | 0. 012 103 | LG3 | 9102273 | 9103453 | 1 181 | Carboxylesterase |
| CEY00 _ Acc03529 | 60. 281 731 | 4. 055 333 4 | 3. 893 8 | 0. 043 46 | 0. 264 05 | LG3 | 9212484 | 9214618 | 2 135 | Molybdenum cofactor sulfurase |
| CEY00 _ Acc03537 | 47. 853 608 | 341. 435 63 | −2. 834 9 | 0. 005 858 5 | 0. 068 871 | LG3 | 9298075 | 9303404 | 3 023 | Protein trichome birefringence-like |

（续）

| 基因 ID | miR160VS1 序列/条 | CK1 序列/条 | $log_2FC$ | $P$ 值 | FDR | 染色体 | 起始位点 | 终止位点 | 长度/bp | 基因描述 |
|---|---|---|---|---|---|---|---|---|---|---|
| CEY00 _ Acc03554 | 3. 457 536 4 | 20. 325 323 | −2. 555 5 | 0. 013 489 | 0. 123 01 | LG3 | 9448158 | 9460572 | 4 453 | Serine/threonine protein kinase |
| CEY00 _ Acc03562 | 1. 152 111 | 15. 795 41 | −3. 777 2 | 0. 028 421 | 0. 202 09 | LG3 | 9537831 | 9544146 | 4 533 | Trehalose-phosphate phosphatase |
| CEY00 _ Acc03563 | 47. 703 851 | 15. 974 934 | 1. 578 3 | 0. 031 796 | 0. 217 35 | LG3 | 9550243 | 9554682 | 1 705 | BAG family molecular chaperone regulator like |
| CEY00 _ Acc03566 | 58. 578 377 | 209. 790 46 | −1. 840 5 | 0. 003 334 8 | 0. 045 648 | LG3 | 9598383 | 9630195 | 4 641 | ATP-dependent DNA helicase |
| CEY00 _ Acc03591 | 2 213. 993 8 | 818. 551 05 | 1. 435 5 | 0. 002 190 8 | 0. 033 581 | LG3 | 9921075 | 9929292 | 3 537 | Serine/threonine-protein kinase |
| CEY00 _ Acc03594 | 60. 012 912 | 4. 755 510 3 | 3. 657 6 | $3.26\times10^{-6}$ | 0. 000 218 2 | LG3 | 9951375 | 9952720 | 1 346 | F-box protein |
| CEY00 _ Acc03598 | 462. 781 91 | 220. 466 62 | 1. 069 8 | 0. 020 248 | 0. 162 37 | LG3 | 10013425 | 10020635 | 1 653 | Lipase |
| CEY00 _ Acc03604 | 121. 884 3 | 46. 826 069 | 1. 380 1 | 0. 019 109 | 0. 155 95 | LG3 | 10126742 | 10129420 | 1 036 | Transcription factor MYB1R1 like |
| CEY00 _ Acc03608 | 4 088. 033 8 | 249. 261 84 | 4. 035 7 | 0. 016 709 | 0. 142 58 | LG3 | 10154562 | 10157442 | 2 881 | Histone-lysine N-methyltransferase |
| CEY00 _ Acc03614 | 1 103. 324 3 | 76. 970 409 | 3. 841 4 | 0. 005 868 5 | 0. 068 918 | LG3 | 10242880 | 10245884 | 1 212 | Nucleotide-diphospho-sugar transferase protein |
| CEY00 _ Acc03624 | 7 482. 304 8 | 412. 629 63 | 4. 180 6 | $2.99\times10^{-5}$ | 0. 001 285 6 | LG3 | 10366221 | 10370551 | 970 | Methylesterase |
| CEY00 _ Acc03626 | 2 608. 368 3 | 989. 224 84 | 1. 398 8 | 0. 007 290 7 | 0. 080 108 | LG3 | 10388473 | 10394115 | 5 294 | Protein ENHANCED DISEASE RESISTANCE like |
| CEY00 _ Acc03629 | 132. 103 5 | 19. 621 912 | 2. 751 1 | $4.92\times10^{-6}$ | 0. 000 306 7 | LG3 | 10421922 | 10422495 | 574 | Glutamate［NMDA］receptor subunit 1 like |
| CEY00 _ Acc03648 | 2 596. 045 5 | 83. 495 974 | 4. 958 5 | $1.2\times10^{-18}$ | $9.87\times10^{-15}$ | LG3 | 10658309 | 10660409 | 2 101 | Adenine/guanine permease |
| CEY00 _ Acc03651 | 60. 345 942 | 4. 293 882 4 | 3. 812 9 | $2.51\times10^{-5}$ | 0. 001 120 6 | LG3 | 10683927 | 10686605 | 1 228 | Peroxidase |

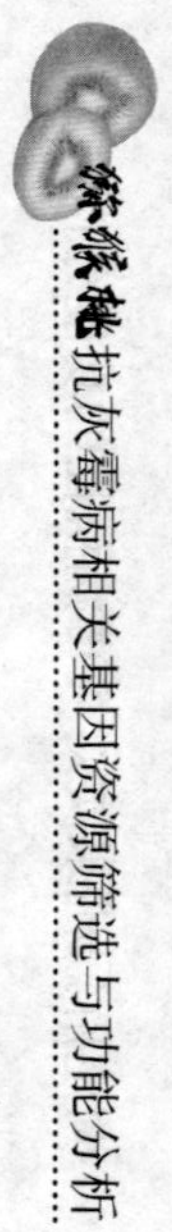


（续）

| 基因 ID | miR160VS1 序列/条 | CK1 序列/条 | $log_2FC$ | *P* 值 | FDR | 染色体 | 起始位点 | 终止位点 | 长度/bp | 基因描述 |
|---|---|---|---|---|---|---|---|---|---|---|
| CEY00_Acc03656 | 832.763 78 | 37.860 429 | 4.459 1 | 0.009 825 2 | 0.098 714 | LG3 | 10785160 | 10786021 | 862 | Wound-induced protein |
| CEY00_Acc03661 | 4.131 985 5 | 32.958 581 | −2.995 7 | 0.002 348 4 | 0.035 305 | LG3 | 10850160 | 10854276 | 1 135 | Biotin carboxyl carrier protein of acetyl-CoA carboxylase |
| CEY00_Acc03667 | 57.940 564 | 5.139 787 4 | 3.494 8 | $7.66\times10^{-6}$ | 0.000 429 2 | LG3 | 10962352 | 10964476 | 1 209 | Abscisic acid receptor like |
| CEY00_Acc03668 | 257.818 69 | 127.702 13 | 1.013 6 | 0.049 845 | 0.287 18 | LG3 | 10993178 | 11002481 | 2 299 | DEAD-box ATP-dependent RNA helicase |
| CEY00_Acc03671 | 85.936 146 | 6.140 394 | 3.806 9 | 0.000 901 6 | 0.017 917 | LG3 | 11067353 | 11068187 | 835 | Terpene cyclase |
| CEY00_Acc03672 | 619.274 2 | 23.331 394 | 4.730 2 | $4.03\times10^{-6}$ | 0.000 260 1 | LG3 | 11073379 | 11074364 | 986 | Helicase |
| CEY00_Acc03683 | 134.393 66 | 6.586 551 7 | 4.350 8 | 0.000 261 7 | 0.006 975 4 | LG3 | 11166362 | 11167064 | 703 | Zinc finger protein |
| CEY00_Acc03702 | 421.635 56 | 52.318 815 | 3.010 6 | 0.000 529 6 | 0.011 948 | LG3 | 11421360 | 11424422 | 1 907 | Omega-3 fatty acid desaturase |
| CEY00_Acc03705 | 211.051 28 | 103.039 45 | 1.034 4 | 0.027 052 | 0.195 75 | LG3 | 11507853 | 11512240 | 3 200 | Serine/threonine-protein kinase |
| CEY00_Acc03721 | 3 589.608 9 | 305.475 52 | 3.554 7 | 0.001 223 5 | 0.022 268 | LG3 | 11714606 | 11716561 | 1 956 | Nematode resistance protein like |
| CEY00_Acc03738 | 16.702 791 | 1.669 843 2 | 3.322 3 | 0.033 884 | 0.226 5 | LG3 | 12178980 | 12180163 | 1 184 | Histone H2A. 5 like |
| CEY00_Acc03750 | 790.205 17 | 199.111 37 | 1.988 7 | 0.003 729 2 | 0.049 128 | LG3 | 12458163 | 12461678 | 2 422 | Heat shock protein 70 family protein |
| CEY00_Acc03755 | 1.920 586 1 | 21.100 74 | −3.457 7 | 0.005 079 9 | 0.061 888 | LG3 | 12548252 | 12558564 | 1 726 | Glutathione S-transferase |
| CEY00_Acc03760 | 283.488 07 | 80.686 967 | 1.812 9 | 0.000 628 9 | 0.013 617 | LG3 | 12634734 | 12638773 | 1 132 | ABC transporter B family member 6 like |

（续）

| 基因 ID | miR160VS1 序列/条 | CK1 序列/条 | $log_2FC$ | *P* 值 | FDR | 染色体 | 起始位点 | 终止位点 | 长度/bp | 基因描述 |
|---|---|---|---|---|---|---|---|---|---|---|
| CEY00_Acc03761 | 1 010.075 2 | 390.875 94 | 1.369 7 | 0.004 454 | 0.055 92 | LG3 | 12646614 | 12649590 | 1 899 | ABC transporter B family member 20 like |
| CEY00_Acc03764 | 295.354 43 | 53.153 716 | 2.474 2 | $1.7\times10^{-5}$ | 0.000 833 5 | LG3 | 12666531 | 12669779 | 1 381 | Caffeoylshikimate esterase |
| CEY00_Acc03769 | 1.152 512 1 | 10.411 199 | −3.175 3 | 0.048 575 | 0.283 96 | LG3 | 12795298 | 12798676 | 1 435 | ATP synthase mitochondrial F1 complex assembly factor 2 like |
| CEY00_Acc03775 | 55.427 154 | 1.669 843 2 | 5.052 8 | 0.000 433 2 | 0.010 215 | LG3 | 12905811 | 12911519 | 1 537 | High affinity nitrate transporter 2.5 like |
| CEY00_Acc03793 | 12.084 007 | 1.192 745 1 | 3.340 7 | 0.015 084 | 0.133 06 | LG3 | 13265407 | 13268895 | 1 913 | Receptor-like protein kinase |
| CEY00_Acc03798 | 34.984 804 | 180.939 42 | −2.370 7 | 0.000 187 3 | 0.005 365 7 | LG3 | 13321980 | 13331694 | 2 187 | Protease Do-like |
| CEY00_Acc03805 | 689.783 25 | 224.002 55 | 1.622 6 | 0.001 056 | 0.020 021 | LG3 | 13515806 | 13522225 | 4 957 | Patatin-like protein |
| CEY00_Acc03823 | 11.306 396 | 41.670 568 | −1.881 9 | 0.014 402 | 0.128 7 | LG3 | 13874439 | 13879002 | 2 630 | Protein slender lobes like |
| CEY00_Acc03836 | 95.331 293 | 34.883 27 | 1.450 4 | 0.041 41 | 0.256 52 | LG3 | 14126806 | 14130269 | 999 | Elongator complex protein |
| CEY00_Acc03845 | 69.267 038 | 149.587 39 | −1.110 7 | 0.009 121 2 | 0.093 818 | LG3 | 14218460 | 14219407 | 948 | Beta-glucosidase btgE precursor |
| CEY00_Acc03855 | 403.223 98 | 25.955 189 | 3.957 5 | 0.000 185 4 | 0.005 324 3 | LG3 | 14344001 | 14344691 | 691 | Calcium-binding protein CML31 |
| CEY00_Acc03856 | 59.130 879 | 5.317 200 1 | 3.475 2 | 0.000 313 3 | 0.007 969 | LG3 | 14352628 | 14353341 | 714 | Calcium-binding protein CML31 |
| CEY00_Acc03858 | 201.997 79 | 92.667 381 | 1.124 2 | 0.027 612 | 0.198 39 | LG3 | 14374321 | 14378461 | 1 122 | Ribosome-recycling factor like |
| CEY00_Acc03859 | 248.084 29 | 574.780 88 | −1.212 2 | 0.030 097 | 0.209 58 | LG3 | 14383241 | 14388031 | 1 255 | Phosducin-like protein |
| CEY00_Acc03863 | 60.392 226 | 5.009 529 5 | 3.591 6 | $7.19\times10^{-6}$ | 0.000 411 1 | LG3 | 14425143 | 14433238 | 1 790 | Lysine histidine transporter like |
| CEY00_Acc03868 | 20.237 686 | 52.861 946 | −1.385 2 | 0.027 572 | 0.198 33 | LG3 | 14486448 | 14488564 | 619 | 50S ribosomal protein like |

（续）

| 基因 ID | miR160VS1 序列/条 | CK1 序列/条 | $log_2$FC | $P$ 值 | FDR | 染色体 | 起始位点 | 终止位点 | 长度/bp | 基因描述 |
|---|---|---|---|---|---|---|---|---|---|---|
| CEY00_Acc03871 | 27. 737 503 | 119. 09 | −2. 102 1 | 0. 002 104 1 | 0. 032 741 | LG3 | 14520846 | 14527127 | 2 039 | hydroxyproline-rich glycoprotein family protein |
| CEY00_Acc03886 | 242. 451 56 | 557. 759 15 | −1. 201 9 | 0. 039 888 | 0. 250 8 | LG3 | 14714096 | 14720249 | 2 942 | BZIP transcription factor |
| CEY00_Acc03898 | 134. 300 64 | 284. 163 32 | −1. 081 3 | 0. 042 924 | 0. 262 72 | LG3 | 15000084 | 15016593 | 7 055 | Hydroxymethylglutaryl-CoA lyase |
| CEY00_Acc03918 | 292. 518 59 | 80. 309 931 | 1. 864 9 | 0. 013 593 | 0. 123 44 | LG3 | 15529336 | 15530123 | 788 | Calcium-binding protein |
| CEY00_Acc03919 | 1. 505 073 4 | 103. 785 76 | −6. 107 6 | 0. 044 599 | 0. 268 46 | LG3 | 15562353 | 15564291 | 518 | hypothetical protein |
| CEY00_Acc03928 | 392. 261 15 | 131. 792 98 | 1. 573 5 | 0. 016 686 | 0. 142 45 | LG3 | 15685385 | 15688832 | 1 464 | Bromodomain-containing protein |
| CEY00_Acc03940 | 173. 656 69 | 74. 320 896 | 1. 224 4 | 0. 013 776 | 0. 124 42 | LG2 | 9367063 | 9370442 | 1 481 | Bromodomain-containing protein |
| CEY00_Acc03945 | 631. 389 5 | 149. 245 2 | 2. 080 8 | $4.82\times10^{-5}$ | 0. 001 886 1 | LG2 | 9220899 | 9221989 | 1 091 | Calcium-binding protein CML36 |
| CEY00_Acc03946 | 54. 852 768 | 239. 346 27 | −2. 125 5 | 0. 000 386 1 | 0. 009 400 3 | LG2 | 9195468 | 9197897 | 2 430 | Lycopene beta cyclase |
| CEY00_Acc03950 | 394. 878 93 | 810. 326 48 | −1. 037 1 | 0. 019 419 | 0. 157 44 | LG2 | 9087798 | 9088412 | 615 | Biotin synthase |
| CEY00_Acc03958 | 2 129. 127 | 941. 603 56 | 1. 177 1 | 0. 030 126 | 0. 209 72 | LG3 | 15946746 | 15952489 | 1 134 | Calcium-binding protein |
| CEY00_Acc03972 | 102. 203 69 | 31. 377 255 | 1. 703 7 | 0. 011 255 | 0. 108 83 | LG3 | 16203707 | 16205250 | 1 544 | Zeatin O-glucosyltransferase |
| CEY00_Acc03974 | 279. 009 78 | 30. 232 409 | 3. 206 1 | $9.51\times10^{-8}$ | $1.19\times10^{-5}$ | LG3 | 16229592 | 16231158 | 1 567 | Zeatin O-xylosyltransferase |
| CEY00_Acc03977 | 8. 357 595 8 | 46. 843 528 | −2. 486 7 | 0. 001 864 8 | 0. 030 099 | LG3 | 16317596 | 16325615 | 1 451 | Methionyl-tRNA formyltransferase |
| CEY00_Acc03986 | 50. 685 331 | 13. 878 206 | 1. 868 7 | 0. 015 038 | 0. 132 72 | LG3 | 16416627 | 16422309 | 2 198 | Protein IQ-DOMAIN like |
| CEY00_Acc03987 | 12. 021 056 | 0 | — | 0. 001 213 | 0. 022 203 | LG3 | 16433017 | 16436626 | 1 819 | Zinc finger CCCH domain-containing protein |

（续）

| 基因 ID | miR160VS1 序列/条 | CK1 序列/条 | $log_2FC$ | $P$ 值 | FDR | 染色体 | 起始位点 | 终止位点 | 长度/bp | 基因描述 |
|---|---|---|---|---|---|---|---|---|---|---|
| CEY00_Acc03988 | 81.761 141 | 25.663 367 | 1.671 7 | 0.029 675 | 0.207 51 | LG3 | 16440517 | 16443759 | 2 184 | Leaf rust 10 disease-resistance locus receptor-like protein kinase |
| CEY00_Acc03991 | 432.724 15 | 32.215 541 | 3.747 6 | 0.010 041 | 0.100 23 | LG3 | 16459520 | 16466001 | 2 429 | Leaf rust 10 disease-resistance locus receptor-like protein kinase |
| CEY00_Acc03993 | 33.436 255 | 0.954 196 1 | 5.131 | 0.007 045 9 | 0.078 247 | LG3 | 16479774 | 16482756 | 2 583 | Leaf rust 10 disease-resistance locus receptor-like protein kinase |
| CEY00_Acc03998 | 6.727 823 | 0.238 549 | 4.817 8 | 0.048 99 | 0.285 42 | LG3 | 16538526 | 16542739 | 3 544 | LRR receptor-like serine/threonine-protein kinase precursor |
| CEY00_Acc04005 | 153.833 | 4.039 863 2 | 5.250 9 | $2.36\times10^{-9}$ | $5.03\times10^{-7}$ | LG3 | 16658157 | 16659601 | 1 201 | Carboxylesterase |
| CEY00_Acc04038 | 58.174 408 | 159.230 9 | −1.452 7 | 0.028 203 | 0.201 06 | LG3 | 17101237 | 17107074 | 2 288 | E3 ubiquitin-protein like |
| CEY00_Acc04049 | 11.045 454 | 41.515 244 | −1.910 2 | 0.022 306 | 0.173 23 | LG3 | 17282502 | 17297223 | 2 258 | ABC transporter B family member 27 like |
| CEY00_Acc04053 | 24.353 258 | 1.889 240 5 | 3.688 2 | 0.000 876 6 | 0.017 551 | LG3 | 17320922 | 17328631 | 1 427 | Methylesterase 11 precursor |
| CEY00_Acc04055 | 57.013 907 | 3.220 350 8 | 4.146 | $5.45\times10^{-6}$ | 0.000 332 3 | LG3 | 17366957 | 17369139 | 2 183 | Transcription factor like |
| CEY00_Acc04069 | 7.588 719 5 | 36.372 059 | −2.260 9 | 0.011 883 | 0.112 97 | LG3 | 17560026 | 17568711 | 4 534 | Protein ENHANCED DISEASE RESISTANCE like |
| CEY00_Acc04086 | 92.037 317 | 2.566 584 4 | 5.164 3 | $9.32\times10^{-6}$ | 0.000 506 1 | LG3 | 17750334 | 17751135 | 802 | Calcium-binding protein CML45 |
| CEY00_Acc04087 | 41.726 978 | 0.223 078 9 | 7.547 3 | $1.32\times10^{-7}$ | $1.6\times10^{-5}$ | LG3 | 17755080 | 17755913 | 834 | E3 ubiquitin-protein like |
| CEY00_Acc04093 | 54.791 366 | 24.808 732 | 1.143 1 | 0.049 863 | 0.287 18 | LG3 | 17800537 | 17801255 | 719 | hypothetical protein |

（续）

| 基因 ID | miR160VS1 序列/条 | CK1 序列/条 | $log_2FC$ | *P* 值 | FDR | 染色体 | 起始位点 | 终止位点 | 长度/bp | 基因描述 |
|---|---|---|---|---|---|---|---|---|---|---|
| CEY00 _ Acc04101 | 562. 822 19 | 233. 411 65 | 1. 269 8 | 0. 013 173 | 0. 121 1 | LG3 | 17916419 | 17923507 | 1 457 | 5'-adenylylsulfate reductase-like |
| CEY00 _ Acc04103 | 2 216. 401 | 624. 306 24 | 1. 827 9 | 0. 000 177 2 | 0. 005 162 3 | LG3 | 17948230 | 17954810 | 1 743 | Plant cysteine oxidase |
| CEY00 _ Acc04113 | 2 238. 167 7 | 5 397. 438 | −1. 27 | 0. 005 952 4 | 0. 069 618 | LG3 | 18046555 | 18049739 | 1 700 | Tubulin alpha-1 chain |
| CEY00 _ Acc04124 | 238. 370 91 | 8. 240 058 6 | 4. 854 4 | $2.46\times10^{-8}$ | $3.8\times10^{-6}$ | LG3 | 18193717 | 18202932 | 4 041 | ABC transporter B family member 15 like |
| CEY00 _ Acc04129 | 777. 262 22 | 132. 092 4 | 2. 556 9 | $6.65\times10^{-6}$ | 0. 000 388 | LG3 | 18247999 | 18248859 | 861 | Metalloendoproteinase |
| CEY00 _ Acc04133 | 129. 818 3 | 818. 222 91 | −2. 656 | 0. 001 936 8 | 0. 030 921 | LG3 | 18323922 | 18340638 | 5 057 | Serine/threonine-protein kinase |
| CEY00 _ Acc04139 | 9. 770 649 | 0. 238 549 | 5. 356 1 | 0. 015 299 | 0. 134 23 | LG3 | 18429046 | 18430240 | 1 195 | Metalloendoproteinase |
| CEY00 _ Acc04140 | 28. 342 618 | 0. 884 952 5 | 5. 001 2 | 0. 005 285 7 | 0. 063 665 | LG3 | 18442925 | 18444187 | 1 263 | Metalloendoproteinase |
| CEY00 _ Acc04141 | 112. 894 78 | 11. 103 513 | 3. 345 9 | 0. 004 191 3 | 0. 053 729 | LG3 | 18459549 | 18460607 | 1 059 | Metalloendoproteinase |
| CEY00 _ Acc04143 | 115. 795 03 | 17. 616 274 | 2. 716 6 | 0. 000 265 6 | 0. 007 068 8 | LG3 | 18481723 | 18482827 | 1 105 | Metalloendoproteinase |
| CEY00 _ Acc04144 | 399. 015 98 | 12. 662 128 | 4. 977 9 | 0. 017 48 | 0. 147 28 | LG3 | 18485416 | 18487021 | 1 606 | Protamine-2 like |
| CEY00 _ Acc04153 | 43. 945 563 | 203. 879 97 | −2. 213 9 | 0. 000 180 8 | 0. 005 244 9 | LG3 | 18537377 | 18547434 | 1 429 | Sulfite oxidase |
| CEY00 _ Acc04155 | 120. 330 59 | 48. 106 966 | 1. 322 7 | 0. 012 969 | 0. 12 | LG3 | 18561622 | 18566442 | 910 | hypothetical protein |
| CEY00 _ Acc04160 | 50. 611 182 | 13. 292 939 | 1. 928 8 | 0. 010 033 | 0. 100 22 | LG3 | 18654163 | 18655813 | 1 123 | Glutathione S-transferase |
| CEY00 _ Acc04161 | 1 997. 738 1 | 71. 571 203 | 4. 802 8 | $2.51\times10^{-6}$ | 0. 000 177 6 | LG3 | 18661554 | 18663676 | 875 | Glutathione S-transferase |
| CEY00 _ Acc04162 | 7 176. 255 4 | 293. 717 27 | 4. 610 7 | $1.5\times10^{-5}$ | 0. 000 751 4 | LG3 | 18669956 | 18672757 | 2 802 | Glutathione S-transferase |
| CEY00 _ Acc04163 | 1 898. 320 9 | 935. 588 15 | 1. 020 8 | 0. 032 689 | 0. 221 57 | LG3 | 18681111 | 18686482 | 1 562 | malate dehydrogenase |
| CEY00 _ Acc04164 | 18. 394 311 | 0 | — | 0. 000 184 4 | 0. 005 312 1 | LG3 | 18689952 | 18692366 | 1 106 | Myb-related protein like |

（续）

| 基因 ID | miR160VS1 序列/条 | CK1 序列/条 | $log_2$FC | *P* 值 | FDR | 染色体 | 起始位点 | 终止位点 | 长度/bp | 基因描述 |
|---|---|---|---|---|---|---|---|---|---|---|
| CEY00 _ Acc04166 | 495. 932 64 | 60. 208 27 | 3. 042 1 | 0. 001 920 1 | 0. 030 809 | LG3 | 18720866 | 18725596 | 4 731 | Inorganic phosphate transporter 1-4 like |
| CEY00 _ Acc04170 | 42. 207 357 | 4. 605 234 5 | 3. 196 1 | 0. 011 875 | 0. 112 92 | LG3 | 18791676 | 18792755 | 1 080 | Ethylene-responsive transcription factor 1B like |
| CEY00 _ Acc04171 | 376. 043 37 | 8. 826 313 8 | 5. 412 9 | 0. 001 760 8 | 0. 029 018 | LG3 | 18814470 | 18815100 | 631 | Ethylene-responsive transcription factor |
| CEY00 _ Acc04174 | 251. 393 57 | 108. 945 8 | 1. 206 3 | 0. 018 06 | 0. 150 39 | LG3 | 18834860 | 18839127 | 1 071 | Transcription factor bHLH104 like |
| CEY00 _ Acc04175 | 12. 593 145 | 1. 331 110 3 | 3. 241 9 | 0. 023 191 | 0. 177 57 | LG3 | 18840105 | 18842175 | 1 076 | WAT1-related protein |
| CEY00 _ Acc04179 | 12 953. 208 | 26 331. 862 | −1. 023 5 | 0. 021 786 | 0. 170 42 | LG3 | 18925997 | 18930558 | 3 823 | Ethylene receptor like |
| CEY00 _ Acc04181 | 272. 104 79 | 99. 653 625 | 1. 449 2 | 0. 017 98 | 0. 149 84 | LG3 | 18962212 | 18962911 | 700 | hypothetical protein |
| CEY00 _ Acc04184 | 53. 222 685 | 150. 786 55 | −1. 502 4 | 0. 002 413 6 | 0. 036 055 | LG3 | 19010494 | 19012561 | 963 | GPI ethanolamine phosphate transferase |
| CEY00 _ Acc04185 | 516. 817 22 | 91. 650 301 | 2. 495 4 | 0. 009 160 6 | 0. 094 166 | LG3 | 19020036 | 19023420 | 929 | MRNA 3'-end-processing protein |
| CEY00 _ Acc04187 | 10. 539 124 | 0. 461 627 9 | 4. 512 9 | 0. 034 151 | 0. 227 59 | LG3 | 19034481 | 19036924 | 1 413 | 1-aminocyclopropane-1-carboxylate oxidase |
| CEY00 _ Acc04202 | 61. 407 637 | 19. 416 292 | 1. 661 2 | 0. 010 408 | 0. 103 13 | LG3 | 19228791 | 19229663 | 765 | Histone like |
| CEY00 _ Acc04208 | 141. 607 23 | 46. 750 951 | 1. 598 8 | 0. 004 482 5 | 0. 056 213 | LG3 | 19366941 | 19368043 | 1 103 | PRA1 family protein like |
| CEY00 _ Acc04211 | 20. 720 873 | 102. 883 6 | −2. 311 9 | 0. 000 702 6 | 0. 014 863 | LG3 | 19404640 | 19407970 | 2 916 | Protein transport protein |
| CEY00 _ Acc04213 | 153. 939 43 | 68. 204 027 | 1. 174 4 | 0. 025 658 | 0. 189 66 | LG3 | 19439088 | 19440425 | 1 140 | Auxin-induced protein like |

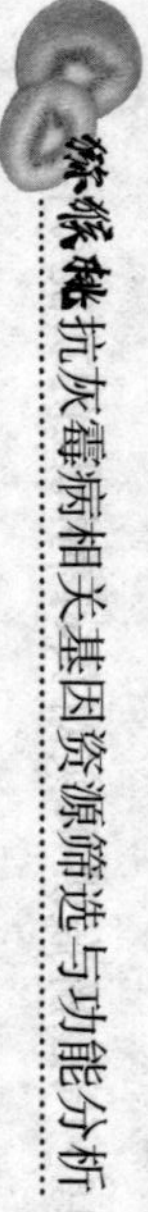


（续）

| 基因 ID | miR160VS1 序列/条 | CK1 序列/条 | $log_2FC$ | *P* 值 | FDR | 染色体 | 起始位点 | 终止位点 | 长度/bp | 基因描述 |
|---|---|---|---|---|---|---|---|---|---|---|
| CEY00 _ Acc04225 | 536. 427 89 | 97. 745 031 | 2. 456 3 | $1.1\times10^{-5}$ | 0. 000 580 4 | LG3 | 19626600 | 19628337 | 1 738 | CBL-interacting serine/threonine-protein kinase |
| CEY00 _ Acc04226 | 47. 193 455 | 1. 669 843 2 | 4. 820 8 | 0. 004 453 3 | 0. 055 92 | LG3 | 19649407 | 19651583 | 633 | Calmodulin-like protein |
| CEY00 _ Acc04232 | 612. 687 1 | 238. 023 46 | 1. 364 | 0. 010 427 | 0. 103 19 | LG3 | 19755929 | 19770023 | 3 814 | Mitogen-activated protein kinase kinase kinase |
| CEY00 _ Acc04238 | 1 935. 053 3 | 786. 923 22 | 1. 298 1 | 0. 005 170 2 | 0. 062 617 | LG3 | 19825658 | 19832411 | 906 | 1，2-dihydroxy-3-keto-5-methylthiopentene dioxygenase |
| CEY00 _ Acc04245 | 2 187. 585 9 | 962. 679 92 | 1. 184 2 | 0. 038 331 | 0. 244 64 | LG3 | 19903317 | 19907691 | 1 193 | 40S ribosomal protein like |
| CEY00 _ Acc04255 | 90. 331 079 | 6. 648 432 3 | 3. 764 1 | 0. 000 749 2 | 0. 015 646 | LG3 | 20044652 | 20045476 | 825 | Acyl-CoA N-acyltransferase protein |
| CEY00 _ Acc04258 | 36. 904 186 | 111. 253 86 | −1. 592 | 0. 022 313 | 0. 173 23 | LG3 | 20080734 | 20092487 | 2 145 | Folate-biopterin transporter 1 like |
| CEY00 _ Acc04270 | 3 605. 365 8 | 16 751. 188 | −2. 216 | $1.9\times10^{-5}$ | 0. 000 906 2 | LG3 | 20279432 | 20286100 | 1 128 | Stem-specific protein |
| CEY00 _ Acc04278 | 6. 406 336 3 | 0 | — | 0. 030 648 | 0. 212 01 | LG3 | 20366559 | 20367644 | 1 086 | Protein FANTASTIC FOUR like |
| CEY00 _ Acc04279 | 67. 641 588 | 177. 024 73 | −1. 388 | 0. 006 571 8 | 0. 074 671 | LG3 | 20378689 | 20392956 | 1 803 | Protein phosphatase |
| CEY00 _ Acc04285 | 85. 596 041 | 12. 351 276 | 2. 792 9 | $4.43\times10^{-5}$ | 0. 001 754 4 | LG3 | 20444294 | 20450034 | 2 021 | Leucine-rich repeat receptor-like serine/threonine-protein kinase |
| CEY00 _ Acc04287 | 46. 664 496 | 127. 751 52 | −1. 452 9 | 0. 018 942 | 0. 155 11 | LG3 | 20467552 | 20468684 | 1 133 | Membrane-associated kinase regulator |
| CEY00 _ Acc04291 | 3 412. 127 | 334. 301 54 | 3. 351 4 | $7.48\times10^{-6}$ | 0. 000 422 1 | LG3 | 20497245 | 20504384 | 1 821 | Sugar transport protein |
| CEY00 _ Acc04292 | 3 487. 387 9 | 1 634. 492 5 | 1. 093 3 | 0. 013 035 | 0. 120 33 | LG3 | 20519223 | 20526570 | 5 672 | Protein TIME FOR COFFEE like |

（续）

| 基因 ID | miR160VS1 序列/条 | CK1 序列/条 | $log_2FC$ | *P* 值 | FDR | 染色体 | 起始位点 | 终止位点 | 长度/bp | 基因描述 |
|---|---|---|---|---|---|---|---|---|---|---|
| CEY00_Acc04300 | 110.789 21 | 28.076 86 | 1.980 4 | 0.003 740 4 | 0.049 215 | LG3 | 20626554 | 20629054 | 2 501 | Gelation factor like |
| CEY00_Acc04306 | 39.490 431 | 3.562 765 2 | 3.470 4 | 0.002 024 2 | 0.031 843 | LG3 | 20732588 | 20739145 | 1 346 | Endo-1,3 like |
| CEY00_Acc04314 | 182.094 94 | 61.879 032 | 1.557 2 | 0.009 560 1 | 0.097 089 | LG3 | 20816810 | 20827207 | 2 496 | AP-5 complex subunit mu like |
| CEY00_Acc04321 | 131.816 79 | 45.949 102 | 1.520 4 | 0.020 736 | 0.165 28 | LG3 | 20901343 | 20904347 | 916 | TRNA(guanosine(18)-2'-O)-methyltransferase |
| CEY00_Acc04325 | 220.518 26 | 11.180 864 | 4.301 8 | 0.000 113 2 | 0.003 62 | LG3 | 20927939 | 20934450 | 3 296 | Pyrimidine-specific ribonucleoside hydrolase |
| CEY00_Acc04331 | 14.791 396 | 114.645 68 | −2.954 4 | 0.009 587 1 | 0.097 242 | LG3 | 21007682 | 21016382 | 2 609 | 1-deoxy-D-xylulose-5-phosphate synthase |
| CEY00_Acc04336 | 400.755 12 | 128.733 76 | 1.638 3 | 0.005 310 6 | 0.063 847 | LG3 | 21065529 | 21068766 | 710 | Superoxide dismutase |
| CEY00_Acc04369 | 21.916 003 | 60.073 016 | −1.454 7 | 0.046 23 | 0.274 49 | LG3 | 21732529 | 21733798 | 1 186 | Magnesium transporter like |
| CEY00_Acc04374 | 171.404 04 | 379.348 51 | −1.146 1 | 0.041 213 | 0.255 79 | LG11 | 16783690 | 16792237 | 2 778 | Magnesium transporter like |
| CEY00_Acc04381 | 213.950 14 | 459.308 59 | −1.102 2 | 0.030 667 | 0.212 07 | LG11 | 16687837 | 16703667 | 1 910 | Chromosome partition protein like |
| CEY00_Acc04388 | 372.171 33 | 148.708 35 | 1.323 5 | 0.045 376 | 0.271 58 | LG11 | 16613014 | 16621000 | 2 687 | Aspartokinase |
| CEY00_Acc04389 | 1.536 147 9 | 33.311 009 | −4.438 6 | 0.039 145 | 0.247 66 | LG11 | 16604144 | 16608620 | 2 415 | Transcription factor like |
| CEY00_Acc04390 | 8.419 343 8 | 40.636 124 | −2.271 | 0.006 722 6 | 0.075 725 | LG11 | 16591258 | 16595179 | 1 976 | 2，3-bisphosphoglycerate-dependent phosphoglycerate mutase |
| CEY00_Acc04397 | 12.366 487 | 0.954 196 1 | 3.696 | 0.038 377 | 0.244 72 | LG11 | 16546107 | 16553145 | 3 060 | Acetyl-coenzyme A synthetase |
| CEY00_Acc04398 | 74.881 21 | 7.341 246 3 | 3.350 5 | $2.29\times10^{-6}$ | 0.000 165 7 | LG11 | 16540954 | 16543143 | 1 478 | NAC domain-containing protein |

（续）

| 基因 ID | miR160VS1 序列/条 | CK1 序列/条 | $\log_2 FC$ | *P* 值 | FDR | 染色体 | 起始位点 | 终止位点 | 长度/bp | 基因描述 |
|---|---|---|---|---|---|---|---|---|---|---|
| CEY00 _ Acc04405 | 143.887 76 | 1 340.039 6 | −3.219 3 | 0.017 458 | 0.147 13 | LG11 | 16444878 | 16446106 | 618 | hypothetical protein |
| CEY00 _ Acc04413 | 47.170 77 | 2.862 588 3 | 4.042 5 | 0.000 146 | 0.004 450 3 | LG11 | 16347414 | 16348492 | 1 079 | Single-stranded DNA-binding protein |
| CEY00 _ Acc04415 | 60.169 488 | 232.917 47 | −1.952 7 | 0.001 505 5 | 0.025 806 | LG11 | 16314452 | 16330613 | 4 054 | Kinesin-like protein |
| CEY00 _ Acc04437 | 15.384 566 | 2.146 941 2 | 2.841 1 | 0.011 216 | 0.108 58 | LG4 | 126300 | 127351 | 1 052 | ATP-dependent RNA helicase DDX20 |
| CEY00 _ Acc04447 | 30.525 806 | 3.674 615 8 | 3.054 4 | 0.015 765 | 0.137 11 | LG4 | 237774 | 243974 | 6 201 | AT-hook motif nuclear-localized protein |
| CEY00 _ Acc04448 | 59.454 829 | 22.660 181 | 1.391 6 | 0.036 482 | 0.236 85 | LG4 | 254631 | 256294 | 1 440 | Subtilisin-like protease |
| CEY00 _ Acc04450 | 140.914 45 | 8.733 492 9 | 4.012 1 | $3.22\times10^{-8}$ | $4.75\times10^{-6}$ | LG4 | 268143 | 274121 | 1 743 | Cinnamoyl-CoA reductase |
| CEY00 _ Acc04459 | 27.946 235 | 3.382 293 3 | 3.046 6 | 0.001 097 9 | 0.020 637 | LG4 | 335013 | 338259 | 1 749 | Inorganic phosphate transporter 1-9 like |
| CEY00 _ Acc04461 | 28.956 176 | 6.768 268 2 | 2.097 | 0.034 961 | 0.230 46 | LG4 | 358033 | 362987 | 4 955 | Pentatricopeptide repeat-containing protein |
| CEY00 _ Acc04479 | 14.379 494 | 54.587 838 | −1.924 6 | 0.006 409 4 | 0.073 256 | LG4 | 505849 | 507637 | 952 | HMG1/2-like protein |
| CEY00 _ Acc04480 | 109.498 94 | 734.264 89 | −2.745 4 | 0.010 929 | 0.106 77 | LG4 | 513192 | 514727 | 1 192 | Transport and Golgi organization like |
| CEY00 _ Acc04485 | 219.900 89 | 15.070 451 | 3.867 1 | $4.55\times10^{-9}$ | $8.6\times10^{-7}$ | LG4 | 571194 | 574754 | 1 626 | Serine/threonine-protein kinase |
| CEY00 _ Acc04492 | 43.097 815 | 10.895 66 | 1.983 9 | 0.018 883 | 0.154 82 | LG4 | 667426 | 671212 | 658 | Small nuclear ribonucleoprotein like |
| CEY00 _ Acc04498 | 94.414 174 | 225.035 05 | −1.253 1 | 0.021 563 | 0.169 2 | LG4 | 783922 | 789377 | 1 569 | Vitamin K-dependent protein like |

（续）

| 基因 ID | miR160VS1 序列/条 | CK1 序列/条 | $log_2$FC | *P* 值 | FDR | 染色体 | 起始位点 | 终止位点 | 长度/bp | 基因描述 |
|---|---|---|---|---|---|---|---|---|---|---|
| CEY00_Acc04500 | 217.223 54 | 491.381 69 | −1.177 7 | 0.030 019 | 0.209 21 | LG4 | 801557 | 805977 | 2 497 | ATP-dependent zinc metalloprotease |
| CEY00_Acc04503 | 4 845.717 2 | 775.505 43 | 2.643 5 | 0.045 678 | 0.272 36 | LG4 | 835374 | 836766 | 916 | Dehydrin like |
| CEY00_Acc04505 | 45.938 694 | 203.322 67 | −2.146 | 0.000 203 8 | 0.005 709 8 | LG4 | 874321 | 875944 | 1 624 | Vinorine synthase |
| CEY00_Acc04506 | 271.310 34 | 1 612.729 3 | −2.571 5 | $2.05\times10^{-6}$ | 0.000 153 2 | LG4 | 879921 | 886021 | 2 317 | L-ascorbate oxidase |
| CEY00_Acc04507 | 163.189 2 | 397.993 66 | −1.286 2 | 0.007 291 4 | 0.080 108 | LG4 | 889561 | 895793 | 1 327 | Enoyl-CoA hydratase 2, peroxisomal like |
| CEY00_Acc04509 | 10.663 824 | 57.333 863 | −2.426 7 | 0.000 997 2 | 0.019 272 | LG4 | 915869 | 917076 | 929 | hypothetical protein |
| CEY00_Acc04514 | 2 217.403 2 | 138.065 24 | 4.005 4 | 0.002 160 4 | 0.033 255 | LG4 | 982110 | 983546 | 1 437 | Ornithine decarboxylase |
| CEY00_Acc04515 | 21.521 225 | 126.453 58 | −2.554 8 | 0.005 147 5 | 0.062 434 | LG4 | 992471 | 1000966 | 2 985 | Phospholipase D delta like |
| CEY00_Acc04519 | 5 124.665 6 | 11 715.57 | −1.192 9 | 0.005 258 2 | 0.063 356 | LG4 | 1046000 | 1046830 | 831 | E3 ubiquitin-protein like |
| CEY00_Acc04522 | 74.592 804 | 10.896 527 | 2.775 2 | $7.11\times10^{-5}$ | 0.002 524 3 | LG4 | 1071561 | 1076112 | 1 627 | FAD-dependent urate hydroxylase |
| CEY00_Acc04525 | 37.681 396 | 0.715 647 1 | 5.718 5 | 0.000 193 3 | 0.005 495 9 | LG4 | 1105627 | 1108230 | 1 308 | Cinnamyl alcohol dehydrogenase |
| CEY00_Acc04530 | 1 166.806 9 | 465.829 68 | 1.324 7 | 0.023 16 | 0.177 41 | LG4 | 1142014 | 1143890 | 794 | SKP1-like protein |
| CEY00_Acc04532 | 3 575.496 9 | 1 308.327 5 | 1.450 4 | 0.009 615 4 | 0.097 356 | LG4 | 1158414 | 1167810 | 2 257 | hypothetical protein |
| CEY00_Acc04544 | 1 055.934 6 | 36.866 807 | 4.840 1 | $2.79\times10^{-16}$ | $6.55\times10^{-13}$ | LG4 | 1293924 | 1297379 | 1 652 | Thaumatin-like protein |
| CEY00_Acc04546 | 264.747 02 | 117.059 2 | 1.177 4 | 0.049 582 | 0.286 91 | LG4 | 1317685 | 1326279 | 2 618 | Elongation factor G like |
| CEY00_Acc04553 | 3.073 098 2 | 32.621 133 | −3.408 | 0.038 553 | 0.245 39 | LG4 | 1383451 | 1389200 | 3 710 | Restriction of telomere capping protein |

（续）

| 基因 ID | miR160VS1 序列/条 | CK1 序列/条 | $log_2$FC | *P* 值 | FDR | 染色体 | 起始位点 | 终止位点 | 长度/bp | 基因描述 |
|---|---|---|---|---|---|---|---|---|---|---|
| CEY00_Acc04559 | 946.474 38 | 140.109 11 | 2.756 | 0.016 101 | 0.139 1 | LG4 | 1443987 | 1450654 | 6 596 | L10-interacting MYB domain-containing protein |
| CEY00_Acc04562 | 911.363 89 | 292.991 02 | 1.637 2 | 0.004 069 6 | 0.052 537 | LG4 | 1471184 | 1483030 | 1 652 | 5'→3'exoribonuclease |
| CEY00_Acc04566 | 24.097 13 | 97.655 108 | −2.018 8 | 0.036 373 | 0.236 37 | LG4 | 1547428 | 1548428 | 1 001 | Auxin-responsive protein |
| CEY00_Acc04573 | 16 086.399 | 1 007.273 4 | 3.997 3 | 0.040 28 | 0.252 04 | LG4 | 1689314 | 1691043 | 1 519 | Cytochrome P450 71A1 like |
| CEY00_Acc04574 | 774.946 44 | 66.887 887 | 3.534 3 | 0.033 986 | 0.226 93 | LG4 | 1692520 | 1694391 | 1 658 | Cytochrome P450 71A1 like |
| CEY00_Acc04589 | 77.724 786 | 12.457 213 | 2.641 4 | 0.002 465 | 0.036 593 | LG4 | 1883055 | 1890183 | 1 479 | SH3 domain-containing protein |
| CEY00_Acc04594 | 2 421.810 8 | 937.158 38 | 1.369 7 | 0.006 107 4 | 0.070 888 | LG4 | 1950041 | 1954378 | 1 592 | Cysteine protease |
| CEY00_Acc04599 | 23.039 446 | 2.015 817 1 | 3.514 7 | 0.003 279 2 | 0.045 151 | LG4 | 2005533 | 2006248 | 716 | Dehydration-responsive element-binding protein like |
| CEY00_Acc04601 | 211.399 93 | 83.822 821 | 1.334 6 | 0.009 232 | 0.094 722 | LG4 | 2019560 | 2028794 | 1 734 | Cysteine protease RD21B precursor |
| CEY00_Acc04602 | 23.379 662 | 62.122 589 | −1.409 9 | 0.039 576 | 0.249 68 | LG4 | 2029864 | 2031018 | 1 155 | Lon protease |
| CEY00_Acc04603 | 8 165.226 3 | 3 971.997 1 | 1.039 6 | 0.037 434 | 0.240 77 | LG4 | 2036103 | 2039352 | 722 | Thioredoxin H-type like |
| CEY00_Acc04610 | 16.817 552 | 3.054 726 8 | 2.460 9 | 0.025 591 | 0.189 35 | LG4 | 2111005 | 2112510 | 1 506 | BZIP transcription factor |
| CEY00_Acc04620 | 936.332 79 | 3 040.564 5 | −1.699 2 | 0.001 765 7 | 0.029 07 | LG4 | 2228093 | 2233302 | 3 253 | Auxilin-like protein |
| CEY00_Acc04634 | 609.957 25 | 137.898 36 | 2.145 1 | $6.98\times10^{-5}$ | 0.002 497 1 | LG4 | 2342409 | 2344272 | 1 864 | 3-ketoacyl-CoA synthase |
| CEY00_Acc04635 | 39.033 504 | 14.578 383 | 1.420 9 | 0.037 463 | 0.240 87 | LG4 | 2359667 | 2365439 | 2 932 | LRR receptor-like serine/threonine-protein kinase precursor |

（续）

| 基因 ID | miR160VS1 序列/条 | CK1 序列/条 | $log_2FC$ | $P$ 值 | FDR | 染色体 | 起始位点 | 终止位点 | 长度/bp | 基因描述 |
|---|---|---|---|---|---|---|---|---|---|---|
| CEY00_Acc04641 | 209.359 99 | 699.255 18 | −1.739 8 | 0.001 223 9 | 0.022 268 | LG4 | 2414125 | 2419269 | 2 643 | CRAL-TRIO domain-containing protein |
| CEY00_Acc04654 | 546.182 99 | 192.393 98 | 1.505 3 | 0.007 700 4 | 0.083 084 | LG4 | 2547581 | 2548629 | 1 049 | Peroxisomal membrane protein like |
| CEY00_Acc04669 | 23.366 459 | 1.192 745 1 | 4.292 1 | 0.012 093 | 0.114 27 | LG4 | 2730436 | 2733066 | 1 303 | Pre-mRNA-splicing factor ATP-dependent RNA helicase |
| CEY00_Acc04670 | 13.174 37 | 0.896 741 2 | 3.876 9 | 0.007 004 8 | 0.077 988 | LG4 | 2742979 | 2744832 | 1 854 | Allene oxide synthase |
| CEY00_Acc04672 | 1 703.582 1 | 817.664 89 | 1.059 | 0.037 021 | 0.239 11 | LG4 | 2762608 | 2763184 | 577 | Histone-lysine N-methyltransferase |
| CEY00_Acc04675 | 144.843 69 | 63.070 532 | 1.199 5 | 0.028 278 | 0.201 34 | LG4 | 2776791 | 2778533 | 1 086 | Cytochrome P450 82A3 like |
| CEY00_Acc04688 | 631.375 58 | 279.552 19 | 1.175 4 | 0.009 712 2 | 0.098 228 | LG4 | 2963152 | 2974058 | 2 515 | Mitogen-activated protein kinase kinase kinase |
| CEY00_Acc04689 | 0 | 7.486 108 2 | — | 0.036 124 | 0.235 44 | LG4 | 2976818 | 2982884 | 2 204 | Pentatricopeptide repeat-containing protein |
| CEY00_Acc04694 | 16.020 409 | 0 | — | 0.000 118 9 | 0.003 750 2 | LG4 | 3032802 | 3033920 | 704 | Early nodulin-55-2 like |
| CEY00_Acc04697 | 13 034.66 | 1 125.318 5 | 3.533 9 | 0.001 027 | 0.019 653 | LG4 | 3064414 | 3065887 | 1 474 | Protein of unknown function DUF1645, plant protein |
| CEY00_Acc04703 | 40.993 9 | 1.161 804 8 | 5.141 | 0.000 571 2 | 0.012 657 | LG4 | 3154318 | 3156694 | 1 508 | Patatin-like protein |
| CEY00_Acc04705 | 58.900 356 | 128.237 6 | −1.122 5 | 0.025 314 | 0.187 72 | LG4 | 3170428 | 3173030 | 1 059 | Succinate dehydrogenase subunit 5 like |
| CEY00_Acc04711 | 45.312 388 | 150.178 86 | −1.728 7 | 0.006 812 | 0.076 475 | LG4 | 3222868 | 3230263 | 2 322 | Protein like |

（续）

| 基因 ID | miR160VS1 序列/条 | CK1 序列/条 | $log_2$FC | *P* 值 | FDR | 染色体 | 起始位点 | 终止位点 | 长度/bp | 基因描述 |
|---|---|---|---|---|---|---|---|---|---|---|
| CEY00 _ Acc04716 | 2.689 061 3 | 16.135 427 | −2.585 1 | 0.029 973 | 0.209 11 | LG4 | 3268036 | 3268552 | 517 | Calcium-binding protein CML10 |
| CEY00 _ Acc04727 | 93.030 536 | 38.999 536 | 1.254 2 | 0.031 063 | 0.214 09 | LG4 | 3378806 | 3387058 | 3 414 | Trimethylguanosine synthase |
| CEY00 _ Acc04743 | 186.707 47 | 26.601 471 | 2.811 2 | 0.008 345 | 0.088 175 | LG4 | 3571931 | 3574587 | 1 718 | Protein ssh4 like |
| CEY00 _ Acc04749 | 571.279 39 | 116.282 28 | 2.296 6 | $3.49\times10^{-5}$ | 0.001 457 7 | LG4 | 3657605 | 3659245 | 1 465 | WRKY transcription factor |
| CEY00 _ Acc04756 | 957.499 86 | 121.582 04 | 2.977 3 | $4.94\times10^{-5}$ | 0.001 921 9 | LG4 | 3761182 | 3762350 | 1 169 | Transcription factor like |
| CEY00 _ Acc04759 | 254.902 54 | 10.769 084 | 4.565 | 0.010 703 | 0.105 09 | LG4 | 3803250 | 3805897 | 1 794 | Cytochrome P450 81E8 like |
| CEY00 _ Acc04761 | 92.847 207 | 7.378 683 4 | 3.653 4 | 0.000 878 | 0.017 567 | LG4 | 3824017 | 3828027 | 1 642 | Cytochrome P450 81E8 like |
| CEY00 _ Acc04766 | 3 357.369 2 | 753.823 88 | 2.155 | $2.48\times10^{-5}$ | 0.001 111 9 | LG4 | 3904052 | 3910689 | 1 969 | Pumilio 12 like |
| CEY00 _ Acc04767 | 241.718 91 | 77.853 179 | 1.634 5 | 0.001 457 8 | 0.025 226 | LG4 | 3918132 | 3921474 | 2 109 | Tyrosinase-like protein |
| CEY00 _ Acc04768 | 7.110 255 3 | 0 | — | 0.018 787 | 0.154 3 | LG4 | 3931892 | 3933516 | 1 538 | Iridoid synthase |
| CEY00 _ Acc04769 | 133.353 05 | 23.663 264 | 2.494 5 | 0.038 649 | 0.245 85 | LG4 | 3939022 | 3942202 | 1 434 | Syntaxin-61 like |
| CEY00 _ Acc04770 | 8.169 543 7 | 35.380 804 | −2.114 6 | 0.031 241 | 0.214 9 | LG4 | 3949127 | 3951775 | 2 649 | Subtilisin-like protease |
| CEY00 _ Acc04776 | 361.212 42 | 2.566 584 4 | 7.136 9 | $5.79\times10^{-18}$ | $2.72\times10^{-14}$ | LG4 | 4007567 | 4009007 | 749 | LOB domain-containing protein |
| CEY00 _ Acc04785 | 35.474 009 | 5.783 253 7 | 2.616 8 | 0.001 929 6 | 0.030 887 | LG4 | 4123025 | 4125375 | 1 796 | U-box domain-containing protein |
| CEY00 _ Acc04796 | 2 305.701 8 | 169.334 83 | 3.767 3 | $2.38\times10^{-5}$ | 0.001 079 | LG4 | 4246884 | 4247767 | 884 | Arrestin domain-containing protein |
| CEY00 _ Acc04806 | 274.945 02 | 1 145.216 8 | −2.058 4 | 0.000 187 4 | 0.005 365 7 | LG4 | 4403616 | 4408067 | 2 614 | Transcription factor bHLH74 like |
| CEY00 _ Acc04807 | 52.466 409 | 15.223 96 | 1.785 1 | 0.024 801 | 0.185 32 | LG4 | 4413353 | 4417773 | 3 244 | Xyloglucan glycosyltransferase |
| CEY00 _ Acc04808 | 1 180.269 9 | 134.166 68 | 3.137 | 0.009 375 7 | 0.095 886 | LG4 | 4442837 | 4447553 | 2 401 | Squalene monooxygenase |
| CEY00 _ Acc04817 | 1 697.016 3 | 79.966 83 | 4.407 5 | $2.62\times10^{-5}$ | 0.001 159 7 | LG4 | 4587334 | 4594467 | 1 586 | Lipase |

（续）

| 基因 ID | miR160VS1 序列/条 | CK1 序列/条 | $log_2FC$ | $P$ 值 | FDR | 染色体 | 起始位点 | 终止位点 | 长度/bp | 基因描述 |
|---|---|---|---|---|---|---|---|---|---|---|
| CEY00 _ Acc04818 | 42.626 882 | 2.366 338 6 | 4.171 | $3.74\times10^{-6}$ | 0.000 245 2 | LG4 | 4599638 | 4601622 | 1 206 | MEPFL2 like |
| CEY00 _ Acc04825 | 25.425 293 | 0.938 725 9 | 4.759 4 | 0.007 107 1 | 0.078 767 | LG4 | 4699231 | 4703979 | 1 510 | E3 ubiquitin-protein ligase RNF217 |
| CEY00 _ Acc04832 | 1 958.554 | 6 593.163 4 | −1.751 2 | 0.001 803 5 | 0.029 412 | LG4 | 4800515 | 4809022 | 3 035 | Phosphoenolpyruvate carboxykinase |
| CEY00 _ Acc04848 | 231.430 63 | 34.344 535 | 2.752 4 | $5.53\times10^{-6}$ | 0.000 336 3 | LG4 | 5404154 | 5405975 | 1 822 | UDP-glycosyltransferase |
| CEY00 _ Acc04857 | 360.941 27 | 113.538 87 | 1.668 6 | 0.000 822 4 | 0.016 72 | LG4 | 5574042 | 5575510 | 1 469 | DnaJ subfamily B member like |
| CEY00 _ Acc04860 | 89.272 338 | 9.900 968 | 3.172 6 | 0.009 453 9 | 0.096 331 | LG4 | 5604795 | 5606272 | 1 478 | AT-hook motif nuclear-localized protein |
| CEY00 _ Acc04861 | 669.673 64 | 183.989 99 | 1.863 8 | 0.000 626 4 | 0.013 573 | LG4 | 5612142 | 5623960 | 4 036 | Ubiquitin carboxyl-terminal hydrolase |
| CEY00 _ Acc04862 | 209.051 57 | 4.259 260 6 | 5.617 1 | $6.85\times10^{-16}$ | $1.33\times10^{-12}$ | LG4 | 5627846 | 5629600 | 1 755 | AP-3 complex subunit mu like |
| CEY00 _ Acc04864 | 3 450.036 5 | 430.054 23 | 3.004 | 0.001 603 8 | 0.027 082 | LG4 | 5649091 | 5650516 | 1 426 | Mitochondrial uncoupling protein |
| CEY00 _ Acc04867 | 280.621 39 | 587.824 83 | −1.066 8 | 0.019 297 | 0.156 81 | LG4 | 5674006 | 5682694 | 2 366 | Glucose-6-phosphate isomerase |
| CEY00 _ Acc04875 | 61.717 18 | 1.908 392 2 | 5.015 2 | $4.87\times10^{-9}$ | $9\times10^{-7}$ | LG4 | 5778452 | 5780387 | 1 936 | Serine/threonine-protein kinase-like protein |
| CEY00 _ Acc04876 | 5.450 611 4 | 0 | — | 0.032 408 | 0.220 07 | LG4 | 5788093 | 5789446 | 1 354 | Zinc-finger homeodomain protein |
| CEY00 _ Acc04878 | 165.708 24 | 414.172 26 | −1.321 6 | 0.037 218 | 0.239 98 | LG4 | 5812407 | 5815847 | 2 893 | Transport inhibitor response 1-like protein |
| CEY00 _ Acc04880 | 45.174 886 | 1.908 392 2 | 4.565 1 | 0.004 935 6 | 0.060 512 | LG4 | 5841668 | 5844601 | 910 | Esterase |
| CEY00 _ Acc04885 | 992.050 53 | 474.590 86 | 1.063 7 | 0.034 633 | 0.229 36 | LG4 | 5905299 | 5907443 | 879 | Beta-galactosidase |

（续）

| 基因 ID | miR160VS1 序列/条 | CK1 序列/条 | $log_2FC$ | $P$ 值 | FDR | 染色体 | 起始位点 | 终止位点 | 长度/bp | 基因描述 |
|---|---|---|---|---|---|---|---|---|---|---|
| CEY00_Acc04903 | 484.750 28 | 2 372.480 5 | −2.291 1 | $2.45\times10^{-5}$ | 0.001 103 3 | LG4 | 6182920 | 6190215 | 3 272 | Pectin methyltransferase |
| CEY00_Acc04905 | 99.067 552 | 20.319 652 | 2.285 5 | 0.000 166 9 | 0.004 911 5 | LG4 | 6194643 | 6198411 | 3 279 | Protein phosphatase 1 regulatory subunit pprA like |
| CEY00_Acc04909 | 980.372 61 | 223.628 94 | 2.132 2 | 0.000 114 3 | 0.003 640 6 | LG4 | 6247906 | 6253007 | 1 880 | Protein like |
| CEY00_Acc04910 | 122.928 18 | 23.043 875 | 2.415 4 | 0.000 301 8 | 0.007 725 4 | LG4 | 6257667 | 6265003 | 4 828 | Cryptochrome-1 like |
| CEY00_Acc04920 | 91.854 48 | 32.038 385 | 1.519 5 | 0.011 066 | 0.107 63 | LG4 | 6393103 | 6394767 | 1 665 | VQ motif-containing protein |
| CEY00_Acc04923 | 1 419.465 4 | 185.307 81 | 2.937 4 | $1.69\times10^{-5}$ | 0.000 830 5 | LG4 | 6423416 | 6424832 | 1 417 | F-box protein |
| CEY00_Acc04929 | 56.172 598 | 203.389 34 | −1.856 3 | 0.001 940 4 | 0.030 939 | LG4 | 6576929 | 6581479 | 2 660 | 2,3-bisphosphoglycerate-dependent phosphoglycerate mutase |
| CEY00_Acc04938 | 810.056 52 | 3 847.351 4 | −2.247 8 | $1.55\times10^{-5}$ | 0.000 766 7 | LG4 | 6701683 | 6704529 | 2 847 | F-box/kelch-repeat protein |
| CEY00_Acc04940 | 32.671 847 | 85.317 201 | −1.384 8 | 0.028 493 | 0.202 35 | LG4 | 7044740 | 7053063 | 5 690 | Glutaredoxin like |
| CEY00_Acc04944 | 94.173 967 | 246.803 13 | −1.39 | 0.010 386 | 0.102 96 | LG4 | 7076947 | 7094894 | 1 046 | Chaperone protein like |
| CEY00_Acc04951 | 1 733.959 6 | 750.998 51 | 1.207 2 | 0.016 665 | 0.142 38 | LG4 | 7209778 | 7213464 | 2 374 | NAC domain-containing protein |
| CEY00_Acc04955 | 3.747 948 5 | 19.707 749 | −2.394 6 | 0.034 241 | 0.227 82 | LG4 | 7302097 | 7305869 | 1 741 | Hypoxanthine-guanine phosphoribosyltransferase |
| CEY00_Acc04961 | 1 338.632 5 | 615.799 14 | 1.120 2 | 0.027 772 | 0.198 94 | LG4 | 7426888 | 7431006 | 1 029 | LIM and SH3 domain protein like |
| CEY00_Acc04968 | 267.718 25 | 69.643 685 | 1.942 7 | 0.000 173 3 | 0.005 074 9 | LG4 | 7516994 | 7518637 | 1 644 | Leucine-rich repeat receptor protein kinase |

（续）

| 基因 ID | miR160VS1 序列/条 | CK1 序列/条 | $log_2FC$ | $P$ 值 | FDR | 染色体 | 起始位点 | 终止位点 | 长度/bp | 基因描述 |
|---|---|---|---|---|---|---|---|---|---|---|
| CEY00_Acc04970 | 1 817. 217 4 | 46. 151 406 | 5. 299 2 | 0. 003 899 8 | 0. 050 885 | LG4 | 7556981 | 7559687 | 1 249 | Ethylene-responsive transcription factor |
| CEY00_Acc04976 | 10. 547 458 | 1. 638 902 9 | 2. 686 1 | 0. 044 4 | 0. 267 81 | LG4 | 7628204 | 7636348 | 4 299 | Cellulose synthase A catalytic subunit 2 [UDP-forming] like |
| CEY00_Acc04980 | 1 092. 487 3 | 263. 241 4 | 2. 053 2 | 0. 000 217 4 | 0. 006 023 8 | LG4 | 7724087 | 7725823 | 1 737 | UPF0496 protein |
| CEY00_Acc04984 | 342. 904 47 | 1 446. 107 3 | −2. 076 3 | $8.77\times10^{-5}$ | 0. 002 976 3 | LG4 | 7799780 | 7802484 | 2 097 | Trihelix transcription factor GT-2 like |
| CEY00_Acc04985 | 1 435. 328 5 | 3 415. 175 5 | −1. 250 6 | 0. 013 098 | 0. 120 65 | LG4 | 7817761 | 7845337 | 3 681 | Exocyst complex component SEC5A like |
| CEY00_Acc04991 | 179. 092 24 | 78. 887 91 | 1. 182 8 | 0. 021 423 | 0. 168 66 | LG4 | 7964829 | 7970121 | 1 432 | Transcription factor like |
| CEY00_Acc04996 | 1 116. 347 5 | 64. 076 866 | 4. 122 8 | $4.13\times10^{-5}$ | 0. 001 663 2 | LG4 | 8248003 | 8249546 | 1 544 | U-box domain-containing protein |
| CEY00_Acc05000 | 877. 843 | 88. 897 442 | 3. 303 7 | $3.2\times10^{-10}$ | $8.76\times10^{-8}$ | LG4 | 8291784 | 8294968 | 802 | Pathogen-related protein |
| CEY00_Acc05001 | 1 112. 628 4 | 89. 767 452 | 3. 631 6 | $1.08\times10^{-11}$ | $4.55\times10^{-9}$ | LG4 | 8310503 | 8314134 | 927 | Pathogen-related protein |
| CEY00_Acc05011 | 1 028. 952 1 | 397. 875 2 | 1. 370 8 | 0. 023 007 | 0. 176 62 | LG4 | 8493084 | 8502163 | 6 415 | Methyltransferase |
| CEY00_Acc05020 | 165. 164 35 | 19. 244 132 | 3. 101 4 | 0. 017 402 | 0. 146 85 | LG4 | 8856586 | 8857813 | 1 228 | Forkhead box protein |
| CEY00_Acc05033 | 19. 436 531 | 48. 141 423 | −1. 308 5 | 0. 032 786 | 0. 221 8 | LG4 | 6826258 | 6829813 | 2 689 | Wall-associated receptor kinase |
| CEY00_Acc05044 | 1 387. 668 4 | 88. 192 284 | 3. 975 9 | 0. 000 135 6 | 0. 004 185 2 | LG4 | 12984198 | 12986591 | 2 053 | Receptor-like protein kinase |
| CEY00_Acc05050 | 144. 706 59 | 59. 453 167 | 1. 283 3 | 0. 014 753 | 0. 131 09 | LG4 | 13282214 | 13297470 | 15 257 | Pentatricopeptide repeat-containing protein |

（续）

| 基因 ID | miR160VS1 序列/条 | CK1 序列/条 | $log_2FC$ | *P* 值 | FDR | 染色体 | 起始位点 | 终止位点 | 长度/bp | 基因描述 |
|---|---|---|---|---|---|---|---|---|---|---|
| CEY00 _ Acc05051 | 26. 153 558 | 3. 520 780 4 | 2. 893 | 0. 008 856 2 | 0. 092 13 | LG4 | 13302153 | 13310382 | 2 218 | Metal transporter Nramp5 like |
| CEY00 _ Acc05054 | 1 898. 730 2 | 6 205. 361 8 | −1. 708 5 | 0. 000 890 5 | 0. 017 752 | LG4 | 13354016 | 13368028 | 2 953 | Beta-galactosidase |
| CEY00 _ Acc05057 | 13 078. 419 | 1 145. 873 4 | 3. 512 7 | 0. 022 952 | 0. 176 27 | LG4 | 13398600 | 13400451 | 1 205 | NAC domain-containing protein |
| CEY00 _ Acc05059 | 136. 878 43 | 16. 355 151 | 3. 065 1 | 0. 005 106 9 | 0. 062 124 | LG4 | 13438028 | 13442533 | 2 044 | Aspartic proteinase |
| CEY00 _ Acc05065 | 60. 358 689 | 8. 860 691 7 | 2. 768 1 | 0. 003 990 8 | 0. 051 765 | LG4 | 13674046 | 13676874 | 1 111 | hypothetical protein |
| CEY00 _ Acc05066 | 134. 290 65 | 55. 268 985 | 1. 280 8 | 0. 028 574 | 0. 202 53 | LG4 | 13685747 | 13689251 | 940 | Uncharacterized protein |
| CEY00 _ Acc05067 | 703. 960 55 | 186. 937 23 | 1. 912 9 | 0. 000 523 3 | 0. 011 84 | LG4 | 10756974 | 10765911 | 1 602 | Alpha-(1,4)-fucosyltransferase |
| CEY00 _ Acc05070 | 334. 088 4 | 155. 102 15 | 1. 107 | 0. 024 045 | 0. 181 45 | LG4 | 10969733 | 10978120 | 5 113 | Erythroid differentiation-related factor like |
| CEY00 _ Acc05080 | 35. 993 542 | 83. 962 431 | −1. 222 | 0. 045 488 | 0. 271 95 | LG4 | 9938863 | 9965082 | 4 539 | ATPase family AAA domain-containing protein |
| CEY00 _ Acc05087 | 9. 261 511 4 | 0. 219 397 4 | 5. 399 6 | 0. 014 065 | 0. 126 35 | LG4 | 9840033 | 9841895 | 1 863 | Nodulation-signaling pathway 2 protein |
| CEY00 _ Acc05090 | 324. 220 52 | 86. 826 334 | 1. 900 8 | 0. 008 037 4 | 0. 085 783 | LG4 | 9799960 | 9803350 | 3 391 | G-type lectin S-receptor-like serine/threonine-protein kinase |
| CEY00 _ Acc05099 | 621. 737 02 | 15. 951 844 | 5. 284 5 | $4.13\times10^{-7}$ | $4.08\times10^{-5}$ | LG4 | 9639741 | 9641810 | 1 346 | Double zinc ribbon and ankyrin repeat-containing protein |
| CEY00 _ Acc05109 | 43. 210 916 | 2. 608 569 1 | 4. 050 1 | 0. 001 877 7 | 0. 030 262 | LG4 | 9355687 | 9356451 | 765 | UUbiquitin carboxyl-terminal hydrolase FAM188B |

（续）

| 基因 ID | miR160VS1 序列/条 | CK1 序列/条 | $log_2FC$ | $P$ 值 | FDR | 染色体 | 起始位点 | 终止位点 | 长度/bp | 基因描述 |
|---|---|---|---|---|---|---|---|---|---|---|
| CEY00_Acc05124 | 241.252 56 | 519.415 02 | −1.106 3 | 0.044 487 | 0.268 11 | LG4 | 12698614 | 12705469 | 2 295 | RNA-binding protein ARP1 |
| CEY00_Acc05127 | 39.791 238 | 7.794 767 | 2.351 9 | 0.002 319 2 | 0.035 058 | LG4 | 12593738 | 12595278 | 1 541 | DNA-damage-repair/toleration protein |
| CEY00_Acc05151 | 23.546 177 | 1.192 745 1 | 4.303 1 | 0.000 300 9 | 0.007 714 9 | LG4 | 11576606 | 11585288 | 1 933 | Sucrose transport protein |
| CEY00_Acc05159 | 482.104 23 | 27.436 697 | 4.135 2 | 0.009 300 4 | 0.095 245 | LG4 | 11167283 | 11171353 | 3 308 | Leucine-rich repeat receptor-like tyrosine-protein kinase |
| CEY00_Acc05168 | 0 | 7.195 274 3 | — | 0.041 098 | 0.255 31 | LG4 | 10534466 | 10537678 | 3 213 | Pentatricopeptide repeat-containing protein |
| CEY00_Acc05172 | 146.839 77 | 343.238 87 | −1.225 | 0.007 690 9 | 0.083 027 | LG4 | 10429374 | 10431211 | 1 395 | Myb-related protein |
| CEY00_Acc05176 | 45.856 557 | 1.431 294 1 | 5.001 7 | $2.01\times10^{-7}$ | $2.25\times10^{-5}$ | LG4 | 10386486 | 10388741 | 1 505 | Patatin-like protein |
| CEY00_Acc05193 | 2 194.281 6 | 890.415 63 | 1.301 2 | 0.004 018 2 | 0.052 017 | LG5 | 248691 | 264638 | 5 164 | Zinc finger CCCH domain-containing protein |
| CEY00_Acc05216 | 597.213 95 | 1 456.202 2 | −1.285 9 | 0.006 337 | 0.072 58 | LG5 | 736720 | 739162 | 2 443 | Vacuolar protein |
| CEY00_Acc05219 | 78.289 455 | 166.030 33 | −1.084 6 | 0.037 001 | 0.239 07 | LG5 | 759520 | 761938 | 1 428 | Thaumatin-like protein |
| CEY00_Acc05243 | 677.775 45 | 125.339 46 | 2.435 | 0.012 504 | 0.117 14 | LG5 | 1924212 | 1926827 | 1 113 | NEP1-interacting protein |
| CEY00_Acc05245 | 1 398.914 8 | 375.601 63 | 1.897 | 0.000 385 1 | 0.009 384 2 | LG5 | 1972288 | 1982315 | 5 926 | DNA-directed RNA polymerase Ⅱ subunit 1 like |
| CEY00_Acc05250 | 59.249 708 | 161.190 83 | −1.443 9 | 0.009 421 5 | 0.096 126 | LG5 | 2075706 | 2077859 | 1 110 | Ganglioside-induced differentiation-associated protein |

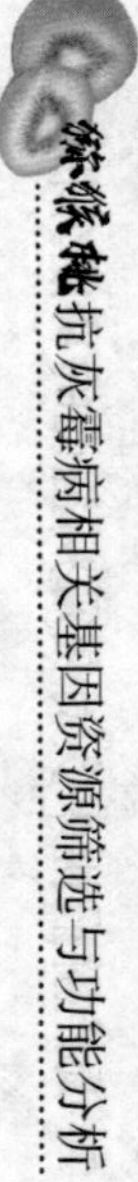


（续）

| 基因 ID | miR160VS1 序列/条 | CK1 序列/条 | $log_2FC$ | *P* 值 | FDR | 染色体 | 起始位点 | 终止位点 | 长度/bp | 基因描述 |
|---|---|---|---|---|---|---|---|---|---|---|
| CEY00_Acc05255 | 120.608 2 | 23.177 937 | 2.379 5 | 0.007 113 9 | 0.078 816 | LG5 | 816700 | 819818 | 2 285 | Cysteine-rich receptor-like protein kinase |
| CEY00_Acc05263 | 3 922.341 2 | 247.381 68 | 3.986 9 | $2.27\times10^{-5}$ | 0.001 039 7 | LG5 | 874064 | 876705 | 1 088 | Endochitinase |
| CEY00_Acc05271 | 31.293 88 | 69.419 536 | −1.149 5 | 0.037 996 | 0.243 21 | LG5 | 1052563 | 1055660 | 420 | Catalase-4 like |
| CEY00_Acc05274 | 20.130 857 | 3.416 170 9 | 2.559 | 0.015 837 | 0.137 56 | LG5 | 1089551 | 1101838 | 1 479 | Serine/threonine-protein kinase |
| CEY00_Acc05275 | 860.008 3 | 99.742 102 | 3.108 1 | $2\times10^{-8}$ | $3.13\times10^{-6}$ | LG5 | 1131690 | 1140364 | 3 712 | Serine/threonine-protein kinase |
| CEY00_Acc05276 | 334.004 5 | 53.088 532 | 2.653 4 | $1.03\times10^{-5}$ | 0.000 555 1 | LG5 | 1157614 | 1160996 | 1 341 | Serine/threonine-protein kinase |
| CEY00_Acc05282 | 163.953 59 | 893.510 65 | −2.446 2 | $9.19\times10^{-6}$ | 0.000 501 2 | LG5 | 1290883 | 1302214 | 7 079 | Ubiquitin carboxyl-terminal hydrolase |
| CEY00_Acc05283 | 971.646 71 | 2 792.412 4 | −1.523 | 0.002 767 4 | 0.039 804 | LG5 | 1309215 | 1313978 | 1 304 | WUSCHEL-related homeobox like |
| CEY00_Acc05286 | 61.403 28 | 177.869 39 | −1.534 4 | 0.015 565 | 0.135 88 | LG5 | 1326834 | 1328837 | 2 004 | Kinetochore protein spc24 |
| CEY00_Acc05287 | 41.262 83 | 129.319 06 | −1.648 | 0.019 993 | 0.160 68 | LG5 | 1332680 | 1336765 | 1 656 | Serine/threonine-protein kinase |
| CEY00_Acc05292 | 1 838.336 3 | 909.241 35 | 1.015 7 | 0.024 608 | 0.184 34 | LG5 | 1557295 | 1565277 | 2 350 | MLO-like protein |
| CEY00_Acc05300 | 569.769 66 | 24.062 511 | 4.565 5 | $2.76\times10^{-5}$ | 0.001 207 7 | LG5 | 4456664 | 4457606 | 943 | NDR1/HIN1-Like protein |
| CEY00_Acc05313 | 462.709 | 22.692 231 | 4.349 8 | $9.53\times10^{-13}$ | $5.92\times10^{-10}$ | LG5 | 4266692 | 4268288 | 1 597 | Legume lectin domain protein |
| CEY00_Acc05314 | 450.606 21 | 13.042 845 | 5.110 5 | $4.22\times10^{-10}$ | $1.1\times10^{-7}$ | LG5 | 4229802 | 4235891 | 2 827 | Legume lectin domain protein |
| CEY00_Acc05319 | 18 500.291 | 4 225.075 5 | 2.130 5 | 0.003 851 | 0.050 367 | LG5 | 4133365 | 4136707 | 2 617 | 3-hydroxy-3-methylglutaryl-coenzyme A reductase |

（续）

| 基因 ID | miR160VS1 序列/条 | CK1 序列/条 | $log_2FC$ | $P$ 值 | FDR | 染色体 | 起始位点 | 终止位点 | 长度/bp | 基因描述 |
|---|---|---|---|---|---|---|---|---|---|---|
| CEY00 _ Acc05320 | 238.275 73 | 113.507 06 | 1.069 8 | 0.027 505 | 0.197 98 | LG5 | 4085042 | 4094312 | 1 285 | AT-hook motif nuclear-localized protein |
| CEY00 _ Acc05321 | 309.795 89 | 41.282 231 | 2.907 7 | $1.47\times10^{-7}$ | $1.74\times10^{-5}$ | LG5 | 4074886 | 4078314 | 3 160 | Plant intracellular Ras-group-related LRR protein |
| CEY00 _ Acc05333 | 245.864 92 | 13.697 356 | 4.165 9 | 0.012 578 | 0.117 61 | LG5 | 3876147 | 3881313 | 2 746 | Sucrose synthase |
| CEY00 _ Acc05342 | 225.376 8 | 71.364 865 | 1.659 1 | 0.004 309 8 | 0.054 652 | LG5 | 3727418 | 3743601 | 2 279 | UbiB domain protein |
| CEY00 _ Acc05343 | 2 820.555 2 | 191.062 95 | 3.883 9 | 0.000 227 7 | 0.006 258 4 | LG5 | 3712989 | 3721971 | 1 852 | Glutamate decarboxylase |
| CEY00 _ Acc05348 | 4.195 338 2 | 27.329 245 | −2.703 6 | 0.010 533 | 0.103 92 | LG5 | 3603695 | 3608385 | 1 304 | Hyoscyamine 6-dioxygenase |
| CEY00 _ Acc05350 | 138.544 12 | 54.995 192 | 1.333 | 0.018 385 | 0.151 99 | LG5 | 3511669 | 3516218 | 1 001 | Tegument protein |
| CEY00 _ Acc05351 | 15.986 125 | 2.489 977 8 | 2.682 6 | 0.015 647 | 0.136 34 | LG5 | 3502587 | 3509335 | 1 907 | Transcription repressor like |
| CEY00 _ Acc05353 | 22.755 362 | 1.877 451 9 | 3.599 4 | 0.000 615 8 | 0.013 371 | LG5 | 3330584 | 3334484 | 3 019 | Protein GAMETE EXPRESSED 1 like |
| CEY00 _ Acc05358 | 3 630.287 7 | 222.334 19 | 4.029 3 | $1.61\times10^{-9}$ | $3.63\times10^{-7}$ | LG5 | 3236208 | 3237747 | 1 540 | U-box domain-containing protein |
| CEY00 _ Acc05360 | 33.586 904 | 4.351 959 6 | 2.948 2 | 0.001 625 4 | 0.027 32 | LG5 | 3203422 | 3206295 | 2 467 | PHD finger protein MALE MEIOCYTE DEATH like |
| CEY00 _ Acc05364 | 267.194 04 | 13.212 029 | 4.338 | 0.013 638 | 0.123 55 | LG5 | 3102773 | 3104327 | 1 555 | Aspartic proteinase |
| CEY00 _ Acc05367 | 103.996 72 | 27.982 469 | 1.893 9 | 0.002 263 6 | 0.034 456 | LG5 | 3021621 | 3023328 | 975 | Nudix hydrolase |
| CEY00 _ Acc05372 | 162.364 99 | 3.559 083 7 | 5.511 6 | 0.000 108 5 | 0.003 501 6 | LG5 | 2894745 | 2897814 | 1 019 | hypothetical protein |
| CEY00 _ Acc05381 | 1 155.659 5 | 7 787.581 5 | −2.752 5 | $3\times10^{-7}$ | $3.13\times10^{-5}$ | LG5 | 2645754 | 2657289 | 2 577 | Rhamnogalacturonate lyase |

（续）

| 基因 ID | miR160VS1 序列/条 | CK1 序列/条 | $log_2FC$ | $P$ 值 | FDR | 染色体 | 起始位点 | 终止位点 | 长度/bp | 基因描述 |
|---|---|---|---|---|---|---|---|---|---|---|
| CEY00 _ Acc05391 | 50.261 484 | 15.020 115 | 1.742 6 | 0.035 641 | 0.233 4 | LG5 | 2443773 | 2450563 | 2 689 | Nucleobase-ascorbate transporter like |
| CEY00 _ Acc05411 | 4 592.105 7 | 675.068 85 | 2.766 | $4.89\times10^{-6}$ | 0.000 305 9 | LG5 | 4615580 | 4623108 | 1 628 | Protein DETOXIFICATION like |
| CEY00 _ Acc05414 | 282.565 66 | 90.385 796 | 1.644 4 | 0.024 613 | 0.184 34 | LG5 | 4736026 | 4737848 | 1 823 | RING-H2 finger protein |
| CEY00 _ Acc05418 | 347.090 33 | 40.663 952 | 3.093 5 | $2.96\times10^{-6}$ | 0.000 201 8 | LG5 | 4879083 | 4887485 | 2 239 | Protein SCAI like |
| CEY00 _ Acc05420 | 80.239 801 | 8.133 377 9 | 3.302 4 | $2.73\times10^{-6}$ | 0.000 189 5 | LG5 | 4897918 | 4901035 | 2 364 | WEB family protein |
| CEY00 _ Acc05426 | 270.154 94 | 9.749 569 6 | 4.792 3 | 0.001 080 1 | 0.020 313 | LG5 | 5138893 | 5143013 | 1 286 | Monoacylglycerol lipase |
| CEY00 _ Acc05430 | 2 362.451 5 | 319.674 66 | 2.885 6 | $4.48\times10^{-5}$ | 0.001 771 4 | LG5 | 5302874 | 5305950 | 777 | Protein DETOXIFICATION like |
| CEY00 _ Acc05439 | 93.413 715 | 5.585 945 2 | 4.063 8 | 0.001 298 1 | 0.023 256 | LG5 | 6298162 | 6301302 | 937 | Methyltransferase |
| CEY00 _ Acc05448 | 6.728 224 2 | 0 | — | 0.023 75 | 0.180 24 | LG5 | 6444066 | 6445982 | 896 | Germin-like protein 2-1 precursor |
| CEY00 _ Acc05453 | 587.784 99 | 25.783 068 | 4.510 8 | 0.000 409 5 | 0.009 818 1 | LG5 | 6618539 | 6627350 | 2 363 | Lipase-like |
| CEY00 _ Acc05460 | 4 565.388 | 343.698 62 | 3.731 5 | $8.28\times10^{-13}$ | $5.45\times10^{-10}$ | LG5 | 6783223 | 6785097 | 1 154 | NAC domain-containing protein |
| CEY00 _ Acc05484 | 528.435 46 | 209.209 9 | 1.336 8 | 0.004 050 9 | 0.052 399 | LG5 | 7378897 | 7383391 | 3 072 | NAC domain-containing protein |
| CEY00 _ Acc05499 | 13.100 678 | 2.573 947 3 | 2.347 6 | 0.049 277 | 0.286 42 | LG5 | 8083924 | 8088200 | 919 | WRKY transcription factor 51 |
| CEY00 _ Acc05517 | 164.451 09 | 47.264 62 | 1.798 8 | 0.002 006 1 | 0.031 695 | LG5 | 8777883 | 8781294 | 2 099 | Pectinesterase |
| CEY00 _ Acc05522 | 139.176 01 | 406.664 13 | −1.546 9 | 0.004 294 7 | 0.054 55 | LG5 | 8862211 | 8873618 | 1 553 | Uridylate kinase |
| CEY00 _ Acc05529 | 1 216.874 4 | 3 018.085 5 | −1.310 5 | 0.005 617 5 | 0.066 733 | LG5 | 9069578 | 9072729 | 2 762 | Actin-7 |
| CEY00 _ Acc05530 | 200.244 09 | 840.657 96 | −2.069 8 | $2.24\times10^{-5}$ | 0.001 030 5 | LG5 | 9178710 | 9184973 | 6 175 | Actin-7 like |
| CEY00 _ Acc05543 | 1 889.046 8 | 42.337 965 | 5.479 6 | 0.000 161 9 | 0.004 789 7 | LG5 | 10245514 | 10246906 | 1 204 | GEM-like protein |
| CEY00 _ Acc05573 | 196.256 97 | 5.963 725 6 | 5.040 4 | 0.000 927 | 0.018 33 | LG5 | 10933057 | 10933598 | 542 | Calcium-binding protein CML19 |

（续）

| 基因 ID | miR160VS1 序列/条 | CK1 序列/条 | $log_2FC$ | $P$ 值 | FDR | 染色体 | 起始位点 | 终止位点 | 长度/bp | 基因描述 |
|---|---|---|---|---|---|---|---|---|---|---|
| CEY00_Acc05574 | 284.616 05 | 10.734 706 | 4.728 7 | 0.001 397 3 | 0.024 474 | LG5 | 10936107 | 10936786 | 680 | Calcium-binding protein |
| CEY00_Acc05585 | 13.931 703 | 2.508 385 2 | 2.473 5 | 0.048 378 | 0.283 21 | LG5 | 11091148 | 11096892 | 3 086 | Inactive leucine-rich repeat receptor-like protein kinase precursor |
| CEY00_Acc05591 | 18.283 618 | 98.382 27 | −2.427 8 | 0.000 108 5 | 0.003 501 6 | LG5 | 5456430 | 5457433 | 1 004 | Biorientation of chromosomes in cell division protein |
| CEY00_Acc05610 | 259.548 8 | 38.757 427 | 2.743 5 | 0.008 734 5 | 0.091 268 | LG5 | 5719102 | 5719883 | 782 | UPF0711 protein like |
| CEY00_Acc05612 | 96.437 267 | 222.166 48 | −1.204 | 0.006 935 9 | 0.077 496 | LG5 | 5739776 | 5743173 | 1 521 | Succinate dehydrogenase [ubiquinone] iron-sulfur subunit 2 like |
| CEY00_Acc05639 | 286.627 37 | 102.193 79 | 1.487 9 | 0.003 799 1 | 0.049 887 | LG5 | 11225661 | 11231685 | 1 636 | Serine/threonine-protein kinase |
| CEY00_Acc05643 | 125.899 19 | 452.030 55 | −1.844 2 | 0.001 396 9 | 0.024 474 | LG5 | 11264280 | 11267539 | 1 343 | Glucose-6-phosphate 1-epimerase |
| CEY00_Acc05651 | 5 418.138 1 | 18 652.33 | −1.783 5 | 0.000 462 8 | 0.010 804 | LG5 | 11369333 | 11392219 | 13 287 | Futsch light chain LC(f) like |
| CEY00_Acc05657 | 66.745 203 | 212.090 24 | −1.667 9 | 0.002 482 7 | 0.036 753 | LG5 | 11469206 | 11472571 | 1 006 | Chaperone protein like |
| CEY00_Acc05662 | 401.327 79 | 69.988 658 | 2.519 6 | 0.003 590 7 | 0.048 002 | LG5 | 11508934 | 11515994 | 2 981 | Protein rolling stone like |
| CEY00_Acc05676 | 544.557 43 | 229.900 59 | 1.244 1 | 0.006 656 9 | 0.075 274 | LG5 | 11694183 | 11701151 | 3 455 | L-aspartate oxidase |
| CEY00_Acc05703 | 375.010 49 | 78.561 792 | 2.255 | $5.82\times10^{-5}$ | 0.002 182 3 | LG5 | 12179756 | 12181988 | 2 233 | Protein transport protein SEC13 B like |
| CEY00_Acc05744 | 1 227.696 4 | 536.385 02 | 1.194 6 | 0.007 426 7 | 0.081 215 | LG5 | 12730941 | 12734927 | 2 827 | Extracellular matrix-binding protein like |
| CEY00_Acc05751 | 60.004 979 | 19.017 128 | 1.657 8 | 0.014 114 | 0.126 74 | LG5 | 12837567 | 12850274 | 4 648 | Structural maintenance of chromosomes protein |

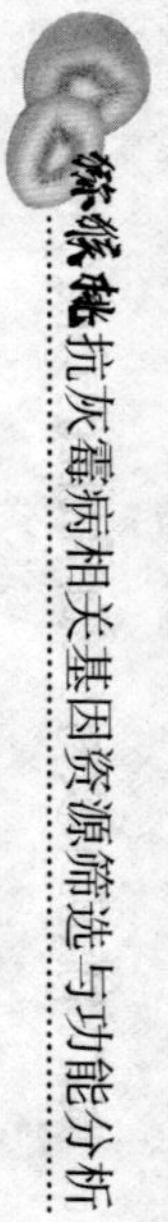


（续）

| 基因 ID | miR160VS1 序列/条 | CK1 序列/条 | $log_2FC$ | *P* 值 | FDR | 染色体 | 起始位点 | 终止位点 | 长度/bp | 基因描述 |
|---|---|---|---|---|---|---|---|---|---|---|
| CEY00 _ Acc05780 | 247.921 59 | 92.146 971 | 1.427 9 | 0.006 852 6 | 0.076 748 | LG5 | 13173086 | 13177581 | 1 834 | Membrane-anchored ubiquitin-fold protein |
| CEY00 _ Acc05782 | 13.486 721 | 38.029 747 | −1.495 6 | 0.049 128 | 0.285 87 | LG5 | 13210305 | 13212253 | 1 861 | BAG family molecular chaperone regulator 8 like |
| CEY00 _ Acc05783 | 10.371 406 | 95.394 551 | −3.201 3 | $4.97\times10^{-6}$ | 0.000 308 9 | LG5 | 13217999 | 13219853 | 1 855 | Zinc finger protein |
| CEY00 _ Acc05785 | 73.720 765 | 277.757 6 | −1.913 7 | 0.000 811 3 | 0.016 617 | LG5 | 13229501 | 13246390 | 3 546 | Alpha-1,4 glucan phosphorylase L-1 isozyme/amyloplastic like |
| CEY00 _ Acc05801 | 1 436.606 7 | 28.025 023 | 5.679 8 | 0.007 665 | 0.082 911 | LG5 | 13462626 | 13464118 | 1 493 | Phenolic glucoside malonyltransferase |
| CEY00 _ Acc05802 | 130.987 88 | 14.697 218 | 3.155 8 | 0.019 308 | 0.156 82 | LG5 | 13472424 | 13474051 | 1 628 | Phenolic glucoside malonyltransferase |
| CEY00 _ Acc05807 | 242.801 44 | 76.419 359 | 1.667 8 | 0.002 489 5 | 0.036 787 | LG5 | 13589343 | 13593207 | 1 487 | Methylesterase 11 precursor |
| CEY00 _ Acc05830 | 138.375 69 | 45.046 987 | 1.619 1 | 0.011 391 | 0.109 72 | LG5 | 14105625 | 14122170 | 3 848 | DNA-directed RNA polymerase |
| CEY00 _ Acc05832 | 1 242.865 4 | 51.480 273 | 4.593 5 | 0.001 185 6 | 0.021 823 | LG5 | 14151748 | 14158448 | 4 059 | Sodium-coupled neutral amino acid transporter like |
| CEY00 _ Acc05841 | 393.315 59 | 20.579 912 | 4.256 4 | $3.97\times10^{-6}$ | 0.000 256 4 | LG5 | 14256083 | 14259447 | 1 804 | Proline dehydrogenase |
| CEY00 _ Acc05844 | 57.455 37 | 1.431 294 1 | 5.327 | $1.31\times10^{-8}$ | $2.12\times10^{-6}$ | LG5 | 14281681 | 14282228 | 548 | Glucose-repressible alcohol dehydrogenase transcriptional effector like |
| CEY00 _ Acc05858 | 82.373 386 | 4.770 980 4 | 4.109 8 | 0.029 133 | 0.204 96 | LG5 | 14458342 | 14459988 | 1 311 | Allene oxide cyclase |

（续）

| 基因 ID | miR160VS1 序列/条 | CK1 序列/条 | $log_2FC$ | $P$ 值 | FDR | 染色体 | 起始位点 | 终止位点 | 长度/bp | 基因描述 |
|---|---|---|---|---|---|---|---|---|---|---|
| CEY00_Acc05860 | 43.553 137 | 7.771 811 9 | 2.486 5 | 0.002 292 2 | 0.034 778 | LG5 | 14484761 | 14489850 | 1 355 | hypothetical protein |
| CEY00_Acc05882 | 767.747 91 | 19.934 253 | 5.267 3 | $9.11\times10^{-5}$ | 0.003 063 6 | LG5 | 14829578 | 14834132 | 2 559 | Leaf rust 10 disease-resistance locus receptor-like protein kinase |
| CEY00_Acc05894 | 27.107 277 | 1.365 732 1 | 4.310 9 | 0.000 126 4 | 0.003 956 5 | LG5 | 14954334 | 14955332 | 999 | 3-oxoacyl-[acyl-carrier-protein] synthase |
| CEY00_Acc05899 | 100.767 15 | 219.408 33 | −1.122 6 | 0.033 253 | 0.223 78 | LG5 | 15006707 | 15012740 | 1 258 | ATP-dependent Clp protease proteolytic subunit 3 like |
| CEY00_Acc05903 | 223.403 28 | 511.820 31 | −1.196 | 0.020 471 | 0.163 52 | LG5 | 15032266 | 15041585 | 1 693 | hypothetical protein |
| CEY00_Acc05905 | 585.889 76 | 45.261 946 | 3.694 3 | 0.015 542 | 0.135 75 | LG5 | 15047379 | 15047982 | 604 | Olfactory receptor 4C13 like |
| CEY00_Acc05911 | 2 889.608 | 163.176 23 | 4.146 4 | 0.000 104 9 | 0.003 417 3 | LG5 | 15192479 | 15194964 | 911 | Protein C2-DOMAIN ABA-RELATED like |
| CEY00_Acc05913 | 851.179 14 | 227.429 22 | 1.904 | 0.034 466 | 0.228 67 | LG5 | 15251620 | 15253590 | 1 119 | hypothetical protein |
| CEY00_Acc05925 | 44.633 16 | 8.849 025 | 2.334 5 | 0.004 252 6 | 0.054 24 | LG5 | 15422604 | 15423382 | 684 | hypothetical protein |
| CEY00_Acc05931 | 109.121 54 | 335.840 4 | −1.621 8 | 0.002 839 6 | 0.040 523 | LG5 | 15523126 | 15540877 | 2 248 | Starch synthase 4/amyloplastic precursor isoform 1 |
| CEY00_Acc05933 | 10.984 107 | 34.511 526 | −1.651 7 | 0.043 017 | 0.262 77 | LG5 | 15552008 | 15561570 | 3 428 | Kinesin-like protein |
| CEY00_Acc05952 | 23.524 239 | 4.124 455 | 2.511 9 | 0.007 987 2 | 0.085 384 | LG5 | 15838221 | 15848716 | 2 531 | Branched-chain-amino-acid aminotransferase |

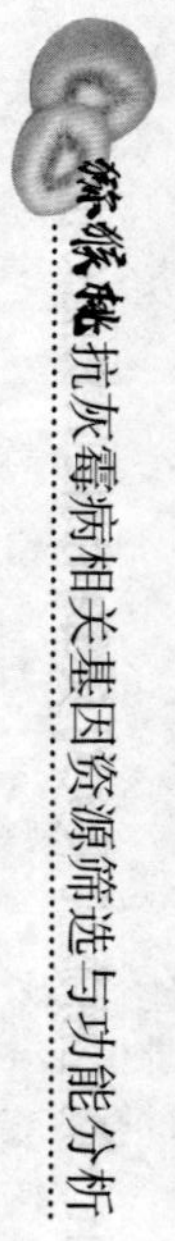


（续）

| 基因 ID | miR160VS1 序列/条 | CK1 序列/条 | $log_2FC$ | *P* 值 | FDR | 染色体 | 起始位点 | 终止位点 | 长度/bp | 基因描述 |
|---|---|---|---|---|---|---|---|---|---|---|
| CEY00_Acc05953 | 375.405 23 | 146.510 28 | 1.357 4 | 0.007 338 7 | 0.080 52 | LG5 | 15855656 | 15867295 | 1 429 | Branched-chain-amino-acid aminotransferase like |
| CEY00_Acc05970 | 40.380 797 | 1.873 770 4 | 4.429 7 | 0.001 449 4 | 0.025 138 | LG5 | 16064415 | 16068526 | 1 202 | Nuclear envelope pore membrane protein like |
| CEY00_Acc05978 | 122.193 84 | 55.874 309 | 1.128 9 | 0.041 958 | 0.258 57 | LG5 | 16146521 | 16151471 | 952 | Chaperone protein like |
| CEY00_Acc05993 | 57.031 433 | 16.800 983 | 1.763 2 | 0.031 558 | 0.216 4 | LG5 | 16317896 | 16322472 | 1 740 | Protein like |
| CEY00_Acc06003 | 1 520.708 5 | 507.932 37 | 1.582 | 0.002 353 4 | 0.035 364 | LG5 | 16452990 | 16457144 | 1 701 | Cytochrome P450 81E8 like |
| CEY00_Acc06007 | 1 720.695 5 | 305.785 96 | 2.492 4 | 0.043 033 | 0.262 77 | LG5 | 16498551 | 16499925 | 1 375 | Transcription factor like |
| CEY00_Acc06011 | 6.665 272 7 | 0.238 549 | 4.804 3 | 0.041 997 | 0.258 7 | LG5 | 16576738 | 16581353 | 1 706 | Dammarenediol 12-hydroxylase |
| CEY00_Acc06020 | 703.590 28 | 76.852 48 | 3.194 6 | 0.000 154 8 | 0.004 63 | LG5 | 16681779 | 16682998 | 1 220 | Ethylene-responsive transcription factor |
| CEY00_Acc06024 | 564.216 36 | 113.134 98 | 2.318 2 | $7.51\times10^{-6}$ | 0.000 422 8 | LG5 | 16759124 | 16773937 | 3 264 | Histone-lysine N-methyltransferase |
| CEY00_Acc06029 | 19.039 291 | 4.305 549 1 | 2.144 7 | 0.027 597 | 0.198 38 | LG5 | 16832964 | 16852337 | 4 900 | DNA polymerase alpha catalytic subunit like |
| CEY00_Acc06030 | 1 787.298 8 | 308.983 14 | 2.532 2 | $1.03\times10^{-6}$ | $8.82\times10^{-5}$ | LG5 | 16853047 | 16857247 | 1 419 | PI-PLC X domain-containing protein |
| CEY00_Acc06038 | 6 390.091 1 | 565.197 07 | 3.499 | $1.78\times10^{-11}$ | $7.07\times10^{-9}$ | LG5 | 16958821 | 16962150 | 1 761 | Heat shock factor protein |
| CEY00_Acc06051 | 125.737 47 | 37.744 288 | 1.736 1 | 0.004 616 | 0.057 493 | LG5 | 17180667 | 17190277 | 1 744 | Serine/threonine-protein kinase |
| CEY00_Acc06053 | 17.970 866 | 1.654 373 | 3.441 3 | 0.005 304 7 | 0.063 823 | LG5 | 17204584 | 17205888 | 1 305 | Dof zinc finger protein like |
| CEY00_Acc06056 | 13.195 506 | 0.219 397 4 | 5.910 4 | 0.001 728 9 | 0.028 65 | LG5 | 17248486 | 17251093 | 1 032 | Methylesterase |

（续）

| 基因 ID | miR160VS1 序列/条 | CK1 序列/条 | $log_2FC$ | $P$ 值 | FDR | 染色体 | 起始位点 | 终止位点 | 长度/bp | 基因描述 |
|---|---|---|---|---|---|---|---|---|---|---|
| CEY00 _ Acc06057 | 1 594.878 9 | 137.510 56 | 3.535 8 | 0.008 791 4 | 0.091 738 | LG5 | 17262960 | 17266691 | 1 828 | Geraniol 8-hydroxylase |
| CEY00 _ Acc06058 | 30 348.26 | 709.112 35 | 5.419 5 | 0.047 02 | 0.277 48 | LG5 | 17271101 | 17273301 | 1 723 | Geraniol 8-hydroxylase |
| CEY00 _ Acc06059 | 60.596 143 | 1.908 392 2 | 4.988 8 | $6.72\times10^{-9}$ | $1.18\times10^{-6}$ | LG5 | 17275396 | 17277054 | 897 | Salicylic acid-binding protein like |
| CEY00 _ Acc06060 | 69.031 443 | 7.453 096 9 | 3.211 3 | $5.26\times10^{-5}$ | 0.002 018 4 | LG5 | 17283537 | 17291676 | 1 004 | Salicylic acid-binding protein like |
| CEY00 _ Acc06076 | 96.509 463 | 17.175 53 | 2.490 3 | 0.039 512 | 0.249 46 | LG5 | 17483712 | 17485130 | 1 419 | F-box protein |
| CEY00 _ Acc06081 | 16.005 255 | 67.634 865 | −2.079 2 | 0.011 062 | 0.107 62 | LG5 | 17572319 | 17620333 | 4 706 | DNA polymerase |
| CEY00 _ Acc06082 | 29.159 693 | 3.167 321 7 | 3.202 6 | 0.001 301 3 | 0.023 302 | LG5 | 17631680 | 17633768 | 2 089 | hypothetical protein |
| CEY00 _ Acc06083 | 2 191.491 4 | 101.177 93 | 4.436 9 | 0.000 181 3 | 0.005 253 8 | LG5 | 17634464 | 17636598 | 2 135 | LysM domain receptor-like kinase |
| CEY00 _ Acc06085 | 224.260 58 | 32.612 729 | 2.781 7 | $2.15\times10^{-5}$ | 0.000 998 7 | LG5 | 17661060 | 17662968 | 1 909 | E3 ubiquitin-protein like |
| CEY00 _ Acc06090 | 309.66 | 2 001.845 2 | −2.692 6 | 0.018 457 | 0.152 28 | LG5 | 17710132 | 17711738 | 1 607 | Anthocyanidin 3-O-glucosyltransferase |
| CEY00 _ Acc06101 | 426.238 75 | 24.161 829 | 4.140 9 | 0.000 64 | 0.013 813 | LG5 | 17862787 | 17866764 | 1 738 | Polyol transporter like |
| CEY00 _ Acc06105 | 31.756 388 | 114.297 26 | −1.847 7 | 0.002 918 6 | 0.041 416 | LG5 | 17888561 | 17892788 | 1 559 | Proline-rich receptor-like protein kinase |
| CEY00 _ Acc06110 | 211.246 07 | 476.210 81 | −1.172 7 | 0.012 562 | 0.117 49 | LG5 | 17981011 | 18002241 | 3 501 | Vam6/Vps39-like protein |
| CEY00 _ Acc06113 | 136.776 7 | 4.036 181 7 | 5.082 7 | 0.001 979 6 | 0.031 411 | LG5 | 18046285 | 18053632 | 2 565 | Wall-associated receptor kinase-like |
| CEY00 _ Acc06115 | 546.551 47 | 186.576 81 | 1.550 6 | 0.005 495 6 | 0.065 697 | LG5 | 18092046 | 18100511 | 5 620 | U-box domain-containing protein |
| CEY00 _ Acc06116 | 471.892 18 | 1 395.419 1 | −1.564 2 | 0.000 493 7 | 0.011 306 | LG5 | 18102378 | 18105792 | 2 665 | Tubby-like F-box protein |
| CEY00 _ Acc06117 | 45.058 266 | 105.297 25 | −1.224 6 | 0.028 65 | 0.202 93 | LG5 | 18113318 | 18119938 | 1 125 | Glucose-6-phosphate 1-epimerase |

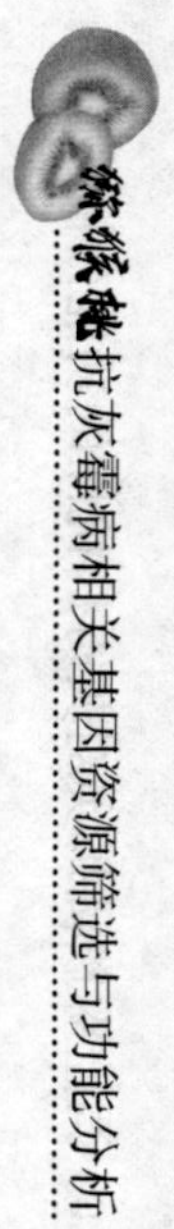


（续）

| 基因 ID | miR160VS1 序列/条 | CK1 序列/条 | $log_2FC$ | $P$ 值 | FDR | 染色体 | 起始位点 | 终止位点 | 长度/bp | 基因描述 |
|---|---|---|---|---|---|---|---|---|---|---|
| CEY00 _ Acc06120 | 20. 283 823 | 66. 596 117 | −1. 715 1 | 0. 037 512 | 0. 241 05 | LG5 | 18151068 | 18166167 | 4 926 | Auxilin-like protein |
| CEY00 _ Acc06130 | 946. 550 62 | 438. 610 78 | 1. 109 7 | 0. 033 652 | 0. 225 63 | LG5 | 18326294 | 18341949 | 2 350 | Cleft lip and palate transmembrane protein |
| CEY00 _ Acc06131 | 519. 137 73 | 243. 852 64 | 1. 090 1 | 0. 019 737 | 0. 159 16 | LG5 | 18351183 | 18360815 | 2 104 | Calcium-dependent protein kinase |
| CEY00 _ Acc06142 | 660. 387 38 | 2 626. 208 2 | −1. 991 6 | $6.8\times10^{-5}$ | 0. 002 465 8 | LG6 | 1508219 | 1509713 | 1 167 | NAC domain-containing protein |
| CEY00 _ Acc06143 | 45. 215 99 | 1. 908 392 2 | 4. 566 4 | $1.09\times10^{-5}$ | 0. 000 576 7 | LG6 | 1485667 | 1486698 | 1 032 | Auxin-responsive protein |
| CEY00 _ Acc06145 | 26 244. 568 | 1 380. 681 8 | 4. 248 6 | $5.53\times10^{-5}$ | 0. 002 095 1 | LG6 | 1444984 | 1448613 | 1 929 | Tonoplast dicarboxylate transporter like |
| CEY00 _ Acc06149 | 700. 911 22 | 1 949. 237 3 | −1. 475 6 | 0. 001 169 6 | 0. 021 636 | LG6 | 1401220 | 1402046 | 827 | protein of unknown function DUF4408 protein |
| CEY00 _ Acc06158 | 12. 936 169 | 61. 576 247 | −2. 251 | 0. 001 502 2 | 0. 025 764 | LG6 | 1258117 | 1268123 | 1 263 | Agamous-like MADS-box protein |
| CEY00 _ Acc06162 | 127. 492 74 | 9. 969 589 3 | 3. 676 7 | $6.04\times10^{-8}$ | $8.11\times10^{-6}$ | LG6 | 1211348 | 1225079 | 3 693 | Calmodulin-binding transcription activator like |
| CEY00 _ Acc06178 | 524. 780 05 | 1 767. 845 6 | −1. 752 2 | 0. 001 963 4 | 0. 031 201 | LG6 | 22390 | 29548 | 5 068 | BOI-related E3 ubiquitin-protein ligase 3 |
| CEY00 _ Acc06183 | 290. 696 71 | 42. 822 182 | 2. 763 1 | $9.57\times10^{-6}$ | 0. 000 517 8 | LG6 | 95769 | 100946 | 1 795 | ATP-citrate synthase alpha chain protein like |
| CEY00 _ Acc06187 | 318. 729 62 | 28. 478 801 | 3. 484 4 | $2.92\times10^{-9}$ | $5.96\times10^{-7}$ | LG6 | 159013 | 163989 | 4 203 | Cysteine-rich receptor-like protein kinase |

（续）

| 基因 ID | miR160VS1 序列/条 | CK1 序列/条 | $log_2FC$ | $P$ 值 | FDR | 染色体 | 起始位点 | 终止位点 | 长度/bp | 基因描述 |
|---|---|---|---|---|---|---|---|---|---|---|
| CEY00_Acc06188 | 108.159 28 | 17.820 079 | 2.601 6 | 0.002 762 7 | 0.039 754 | LG6 | 170617 | 173216 | 2 043 | High affinity nitrate transporter 2.5 like |
| CEY00_Acc06190 | 190.645 05 | 1 015.538 2 | −2.413 3 | $2.95\times10^{-5}$ | 0.001 274 9 | LG6 | 188907 | 204409 | 4 940 | Alpha-glucan water dikinase |
| CEY00_Acc06201 | 101.044 31 | 20.107 618 | 2.329 2 | 0.000 166 9 | 0.004 911 5 | LG6 | 367265 | 369498 | 2 234 | Armadillo repeat-containing protein |
| CEY00_Acc06202 | 130.384 92 | 19.705 516 | 2.726 1 | $1.26\times10^{-5}$ | 0.000 647 5 | LG6 | 378043 | 388122 | 3 610 | Copper methylamine oxidase like |
| CEY00_Acc06203 | 2 833.360 7 | 385.364 43 | 2.878 2 | $2.07\times10^{-7}$ | $2.31\times10^{-5}$ | LG6 | 400397 | 413470 | 1 897 | Protein DETOXIFICATION like |
| CEY00_Acc06210 | 19.340 9 | 164.623 56 | −3.089 4 | $1.3\times10^{-6}$ | 0.000 106 2 | LG6 | 490050 | 493472 | 2 101 | Inorganic phosphate transporter 2-1 like |
| CEY00_Acc06211 | 478.079 5 | 962.996 9 | −1.010 3 | 0.030 386 | 0.211 09 | LG6 | 506237 | 509187 | 2 082 | Glutamate receptor ionotropic, kainate 1 like |
| CEY00_Acc06220 | 16.883 311 | 0.238 549 | 6.145 2 | 0.006 760 8 | 0.076 005 | LG6 | 1637808 | 1639804 | 1 245 | Galactinol synthase |
| CEY00_Acc06226 | 6.437 009 7 | 0 | — | 0.025 376 | 0.188 04 | LG6 | 1713552 | 1715795 | 2 151 | Polygalacturonase-1 non-catalytic subunit beta like |
| CEY00_Acc06235 | 187.509 27 | 61.628 816 | 1.605 3 | 0.005 011 7 | 0.061 216 | LG6 | 1840130 | 1845739 | 1 346 | Spermidine synthase |
| CEY00_Acc06247 | 1 479.305 | 58.601 335 | 4.657 8 | 0.001 465 4 | 0.025 343 | LG6 | 2091044 | 2091858 | 815 | HSP20-like chaperone protein |
| CEY00_Acc06253 | 80.692 025 | 634.073 7 | −2.974 2 | $1.35\times10^{-7}$ | $1.62\times10^{-5}$ | LG6 | 2160939 | 2165348 | 2 009 | Cyclin-D1-1 like |
| CEY00_Acc06259 | 4 194.224 | 424.751 16 | 3.303 7 | $8.83\times10^{-7}$ | $7.77\times10^{-5}$ | LG6 | 2226235 | 2231194 | 1 253 | IAA-amino acid hydrolase ILR1-like |
| CEY00_Acc06264 | 4 363.670 8 | 249.844 52 | 4.126 4 | $3.28\times10^{-7}$ | $3.36\times10^{-5}$ | LG6 | 2356983 | 2358366 | 1 384 | Metalloendoproteinase |

（续）

| 基因 ID | miR160VS1 序列/条 | CK1 序列/条 | $log_2FC$ | $P$ 值 | FDR | 染色体 | 起始位点 | 终止位点 | 长度/bp | 基因描述 |
|---|---|---|---|---|---|---|---|---|---|---|
| CEY00_Acc06278 | 67.871 821 | 362.082 69 | −2.415 4 | $1.96\times10^{-5}$ | 0.000 933 8 | LG6 | 2513195 | 2518626 | 3 663 | Microtubule-associated protein SPIRAL2-like |
| CEY00_Acc06279 | 294.156 42 | 83.911 665 | 1.809 6 | 0.042 987 | 0.262 77 | LG6 | 2524506 | 2526678 | 2 173 | Glycosyltransferase family 92 protein like |
| CEY00_Acc06282 | 93.918 094 | 44.796 811 | 1.068 | 0.039 912 | 0.250 8 | LG6 | 2554455 | 2556650 | 2 196 | Inactive receptor kinase |
| CEY00_Acc06283 | 108.769 69 | 287.049 43 | −1.4 | 0.023 04 | 0.176 78 | LG6 | 2558906 | 2567780 | 1 239 | Serine/threonine-protein phosphatase PP2A-2 catalytic subunit |
| CEY00_Acc06292 | 34.339 368 | 0.238 549 | 7.169 4 | 0.006 823 1 | 0.076 515 | LG6 | 2672149 | 2676194 | 2 381 | HIPL1 protein |
| CEY00_Acc06302 | 32.775 811 | 8.821 766 2 | 1.893 5 | 0.026 943 | 0.195 25 | LG6 | 2803992 | 2805687 | 1 167 | Serine/arginine repetitive matrix protein |
| CEY00_Acc06305 | 46.059 326 | 209.211 4 | −2.183 4 | 0.007 989 7 | 0.085 384 | LG6 | 2842794 | 2850756 | 2 251 | Protein NRT1/PTR FAMILY 4.6 like |
| CEY00_Acc06306 | 301.340 46 | 675.039 03 | −1.163 6 | 0.024 58 | 0.184 2 | LG6 | 2851468 | 2857342 | 1 543 | Methyltransferase PMT9 |
| CEY00_Acc06311 | 33.098 1 | 89.864 938 | −1.441 | 0.023 844 | 0.180 68 | LG6 | 2920455 | 2924116 | 1 178 | Single-stranded DNA-binding protein |
| CEY00_Acc06312 | 35.237 813 | 127.658 79 | −1.857 1 | 0.002 904 9 | 0.041 294 | LG6 | 2926076 | 2928646 | 1 522 | SNF1-related protein kinase regulatory subunit gamma-1-like |
| CEY00_Acc06319 | 41.738 978 | 6.317 062 4 | 2.724 1 | 0.013 406 | 0.122 39 | LG6 | 2983051 | 2989822 | 2 222 | Myb-related protein like |
| CEY00_Acc06321 | 154.872 45 | 516.252 16 | −1.737 | 0.003 878 1 | 0.050 682 | LG6 | 3016244 | 3019321 | 1 249 | Homeobox-leucine zipper protein like |

（续）

| 基因 ID | miR160VS1 序列/条 | CK1 序列/条 | $log_2FC$ | $P$ 值 | FDR | 染色体 | 起始位点 | 终止位点 | 长度/bp | 基因描述 |
|---|---|---|---|---|---|---|---|---|---|---|
| CEY00_Acc06326 | 241.499 06 | 631.164 85 | −1.386 | 0.017 922 | 0.149 48 | LG6 | 3130586 | 3131370 | 785 | High mobility group protein like |
| CEY00_Acc06330 | 626.314 55 | 101.799 05 | 2.621 2 | 0.000 133 2 | 0.004 128 1 | LG6 | 3187885 | 3191812 | 1 242 | Ran guanine nucleotide release factor |
| CEY00_Acc06331 | 549.464 25 | 220.523 17 | 1.317 1 | 0.004 742 9 | 0.058 651 | LG6 | 3198003 | 3203184 | 1 296 | Sphinganine C4-monooxygenase |
| CEY00_Acc06337 | 9.829 588 7 | 47.460 236 | −2.271 5 | 0.012 676 | 0.118 26 | LG6 | 3259184 | 3260874 | 1 359 | Cobalt-precorrin-5B C（1）-methyltransferase |
| CEY00_Acc06338 | 9.186 615 4 | 80.849 831 | −3.137 6 | $5.29\times10^{-5}$ | 0.002 020 2 | LG6 | 3291617 | 3297030 | 2 956 | CUE domain-containing protein |
| CEY00_Acc06347 | 24.334 585 | 83.484 994 | −1.778 5 | 0.006 320 4 | 0.072 541 | LG6 | 3477527 | 3479487 | 1 351 | Expansin-A15 like |
| CEY00_Acc06350 | 3 014.547 8 | 1 259.632 8 | 1.258 9 | 0.016 046 | 0.138 77 | LG6 | 3512320 | 3514067 | 1 248 | NAC transcription factor |
| CEY00_Acc06358 | 51.461 393 | 180.587 77 | −1.811 1 | 0.001 799 8 | 0.029 367 | LG6 | 3603314 | 3611944 | 1 928 | GDP-fucose protein O-fucosyltransferase protein |
| CEY00_Acc06368 | 36.892 734 | 173.206 | −2.231 1 | 0.002 185 7 | 0.033 55 | LG6 | 3748292 | 3750691 | 1 083 | Cell division topological specificity factor like |
| CEY00_Acc06369 | 45.939 842 | 114.684 35 | −1.319 9 | 0.029 853 | 0.208 53 | LG6 | 3752154 | 3757106 | 614 | Melanoma-associated antigen like |
| CEY00_Acc06370 | 70.140 19 | 156.155 25 | −1.154 7 | 0.033 761 | 0.226 04 | LG6 | 4325420 | 4332011 | 1 139 | Sad1-interacting factor like |
| CEY00_Acc06372 | 136.296 49 | 313.925 82 | −1.203 7 | 0.035 957 | 0.234 57 | LG6 | 4354557 | 4362927 | 7 346 | Titin like |
| CEY00_Acc06374 | 298.332 79 | 13.103 86 | 4.508 9 | $3.04\times10^{-7}$ | $3.14\times10^{-5}$ | LG6 | 4392888 | 4394009 | 1 122 | Nodulin-related protein |
| CEY00_Acc06386 | 135.640 73 | 720.524 55 | −2.409 3 | 0.000 182 9 | 0.005 278 7 | LG6 | 4557388 | 4574291 | 3 425 | Methyltransferase |
| CEY00_Acc06400 | 4.899 257 1 | 37.847 827 | −2.949 6 | 0.003 537 3 | 0.047 512 | LG6 | 7977960 | 7987217 | 3 501 | Homeobox-leucine zipper protein |

(续)

| 基因 ID | miR160VS1 序列/条 | CK1 序列/条 | $log_2$FC | P 值 | FDR | 染色体 | 起始位点 | 终止位点 | 长度/bp | 基因描述 |
|---|---|---|---|---|---|---|---|---|---|---|
| CEY00_Acc06405 | 18.262 482 | 1.607 962 6 | 3.505 6 | 0.005 946 7 | 0.069 587 | LG6 | 7359908 | 7360555 | 648 | Junctophilin-1 like |
| CEY00_Acc06408 | 46.318 262 | 142.018 02 | −1.616 4 | 0.017 975 | 0.149 84 | LG6 | 7433266 | 7438228 | 2 634 | Magnesium transporter MRS2-5 like |
| CEY00_Acc06440 | 4 588.424 5 | 1 676.458 8 | 1.452 6 | 0.020 434 | 0.163 34 | LG6 | 6858139 | 6866762 | 4 439 | E3 ubiquitin-protein like |
| CEY00_Acc06443 | 85.394 73 | 15.893 401 | 2.425 7 | 0.022 874 | 0.175 93 | LG6 | 6096425 | 6105426 | 2 756 | E3 ubiquitin-protein like |
| CEY00_Acc06445 | 42.697 42 | 195.524 58 | −2.195 1 | 0.000 421 9 | 0.010 012 | LG6 | 6198759 | 6211286 | 3 739 | Coiled-coil domain-containing protein |
| CEY00_Acc06448 | 928.281 08 | 127.184 49 | 2.867 6 | $4.76\times10^{-5}$ | 0.001 867 6 | LG6 | 6256234 | 6257952 | 1 719 | Berberine bridge enzyme-like |
| CEY00_Acc06449 | 173.350 76 | 17.373 921 | 3.318 7 | $4.65\times10^{-6}$ | 0.000 292 4 | LG6 | 6320151 | 6321918 | 1 768 | Berberine bridge enzyme-like |
| CEY00_Acc06457 | 72.887 623 | 3.101 137 3 | 4.554 8 | 0.023 561 | 0.179 4 | LG6 | 9301599 | 9302059 | 461 | VQ motif-containing protein |
| CEY00_Acc06463 | 66.063 97 | 17.033 739 | 1.955 5 | 0.010 462 | 0.103 37 | LG6 | 9672705 | 9674489 | 1 785 | DNA-directed RNA polymerase subunit beta like |
| CEY00_Acc06471 | 79.102 9 | 21.483 772 | 1.880 5 | 0.007 505 7 | 0.081 692 | LG6 | 8205938 | 8212088 | 2 134 | Inositol transporter like |
| CEY00_Acc06474 | 177.685 6 | 77.929 084 | 1.189 1 | 0.029 268 | 0.205 49 | LG6 | 8303378 | 8306180 | 1 341 | P21-activated protein kinase-interacting protein |
| CEY00_Acc06490 | 22.039 9 | 0.238 549 | 6.529 7 | $1.47\times10^{-5}$ | 0.000 735 | LG6 | 8811089 | 8813928 | 1 137 | WRKY transcription factor 28 |
| CEY00_Acc06507 | 278.546 22 | 39.672 78 | 2.811 7 | 0.001 125 2 | 0.021 023 | LG6 | 10360269 | 10363826 | 1 047 | Bidirectional sugar transporter like |
| CEY00_Acc06509 | 176.567 94 | 353.321 38 | −1.000 8 | 0.037 05 | 0.239 22 | LG6 | 10394245 | 10394795 | 551 | Polyribonucleotide nucleotidyltransferase |

（续）

| 基因ID | miR160VS1序列/条 | CK1序列/条 | $log_2FC$ | $P$值 | FDR | 染色体 | 起始位点 | 终止位点 | 长度/bp | 基因描述 |
|---|---|---|---|---|---|---|---|---|---|---|
| CEY00_Acc06514 | 1 396.853 8 | 148.467 87 | 3.234 | 0.000 950 5 | 0.018 6 | LG6 | 10486851 | 10501172 | 3 415 | LRR receptor-like serine/threonine-protein kinase |
| CEY00_Acc06517 | 3.300 96 | 24.040 557 | −2.864 5 | 0.019 268 | 0.156 65 | LG6 | 10561477 | 10563881 | 2 289 | Heat stress transcription factor A-4a like |
| CEY00_Acc06525 | 105.398 23 | 32.810 578 | 1.683 6 | 0.006 795 8 | 0.076 32 | LG6 | 10733458 | 10735155 | 1 335 | WRKY transcription factor |
| CEY00_Acc06527 | 170.376 98 | 420.666 28 | −1.303 9 | 0.021 736 | 0.170 12 | LG6 | 5990553 | 6009764 | 2 890 | Protein PLASTID TRANSCRIPTIONALLY ACTIVE 12 like |
| CEY00_Acc06537 | 5 370.460 4 | 179.220 86 | 4.905 2 | $1.76\times10^{-5}$ | 0.000 852 | LG6 | 6722599 | 6725736 | 1 805 | Berberine bridge enzyme-like |
| CEY00_Acc06539 | 30 557.514 | 1 938.785 8 | 3.978 3 | $5.36\times10^{-9}$ | $9.79\times10^{-7}$ | LG6 | 6781529 | 6783284 | 1 756 | Berberine bridge enzyme-like |
| CEY00_Acc06547 | 38.025 568 | 0.238 549 | 7.316 5 | 0.002 368 | 0.035 521 | LG6 | 10915530 | 10919139 | 2 357 | LRR receptor-like serine/threonine-protein kinase precursor |
| CEY00_Acc06557 | 552.149 15 | 28.749 522 | 4.263 4 | $1.69\times10^{-9}$ | $3.75\times10^{-7}$ | LG6 | 11070654 | 11072231 | 1 578 | Epidermis-specific secreted glycoprotein |
| CEY00_Acc06558 | 729.766 59 | 7.071 757 | 6.689 2 | 0.005 309 6 | 0.063 847 | LG6 | 11086820 | 11087525 | 706 | Dof zinc finger protein like |
| CEY00_Acc06559 | 2 386.740 6 | 179.522 27 | 3.732 8 | $3.96\times10^{-12}$ | $1.89\times10^{-9}$ | LG6 | 11096112 | 11100718 | 1 720 | Transcription factor bHLH30 like |
| CEY00_Acc06562 | 84.065 509 | 26.280 441 | 1.677 5 | 0.015 576 | 0.135 94 | LG6 | 11132299 | 11136590 | 2 694 | Cell fusion protein like |
| CEY00_Acc06569 | 29.498 796 | 187.701 12 | −2.669 7 | 0.000 118 5 | 0.003 744 1 | LG6 | 11271900 | 11272566 | 667 | Rapid alkalinization factor like |
| CEY00_Acc06570 | 112.425 31 | 286.565 19 | −1.349 9 | 0.010 638 | 0.104 7 | LG6 | 11283527 | 11285775 | 971 | Stress-related protein |
| CEY00_Acc06585 | 25.827 257 | 0.477 098 | 5.758 5 | $5.18\times10^{-5}$ | 0.001 996 1 | LG6 | 4756869 | 4759515 | 1 728 | Pectinesterase |

（续）

| 基因 ID | miR160VS1 序列/条 | CK1 序列/条 | $log_2FC$ | *P* 值 | FDR | 染色体 | 起始位点 | 终止位点 | 长度/bp | 基因描述 |
|---|---|---|---|---|---|---|---|---|---|---|
| CEY00 _ Acc06588 | 6 223. 401 5 | 295. 062 4 | 4. 398 6 | $3.53\times10^{-10}$ | $9.51\times10^{-8}$ | LG6 | 4781849 | 4783445 | 1 146 | F-box protein like |
| CEY00 _ Acc06589 | 57. 995 547 | 182. 597 25 | −1. 654 7 | 0. 041 213 | 0. 255 79 | LG6 | 4793713 | 4798652 | 2 820 | Protein like |
| CEY00 _ Acc06592 | 45. 511 181 | 126. 544 38 | −1. 475 4 | 0. 020 328 | 0. 162 86 | LG6 | 4867835 | 4872388 | 2 147 | Protein like |
| CEY00 _ Acc06614 | 1 140. 104 7 | 476. 978 29 | 1. 257 2 | 0. 008 582 5 | 0. 090 023 | LG6 | 5184367 | 5191608 | 1 193 | Paxillin like |
| CEY00 _ Acc06620 | 70. 441 744 | 150. 127 12 | −1. 091 7 | 0. 049 719 | 0. 287 07 | LG6 | 5261189 | 5297474 | 2 731 | NHL repeat-containing protein |
| CEY00 _ Acc06624 | 526. 795 28 | 1 079. 821 7 | −1. 035 5 | 0. 021 556 | 0. 169 2 | LG6 | 5361400 | 5374843 | 1 870 | Importin subunit alpha-4 like |
| CEY00 _ Acc06627 | 180. 962 48 | 411. 735 66 | −1. 186 | 0. 012 775 | 0. 118 65 | LG6 | 5401369 | 5402152 | 784 | Flap endonuclease |
| CEY00 _ Acc06633 | 224. 087 52 | 524. 501 79 | −1. 226 9 | 0. 034 93 | 0. 230 3 | LG6 | 5762063 | 5766690 | 4 628 | FACT complex subunit like |
| CEY00 _ Acc06636 | 1 028. 558 5 | 362. 307 39 | 1. 505 3 | 0. 003 675 4 | 0. 048 592 | LG10 | 9465648 | 9473072 | 3 039 | Polyadenylate-binding protein |
| CEY00 _ Acc06671 | 161. 811 85 | 357. 751 27 | −1. 144 6 | 0. 045 472 | 0. 271 91 | LG6 | 11982467 | 11990171 | 3 254 | Chloride channel protein like |
| CEY00 _ Acc06677 | 1 586. 873 9 | 510. 675 38 | 1. 635 7 | 0. 001 051 8 | 0. 019 976 | LG6 | 12096475 | 12101510 | 915 | Cytochrome c |
| CEY00 _ Acc06681 | 988. 222 48 | 212. 227 93 | 2. 219 2 | 0. 000 483 2 | 0. 011 145 | LG6 | 12138176 | 12146247 | 1 413 | KH domain-containing protein |
| CEY00 _ Acc06706 | 3 120. 458 2 | 235. 093 23 | 3. 730 5 | $1.05\times10^{-7}$ | $1.31\times10^{-5}$ | LG6 | 12452302 | 12453208 | 907 | Lipoyl synthase |
| CEY00 _ Acc06738 | 57. 572 995 | 121. 465 89 | −1. 077 1 | 0. 018 98 | 0. 155 27 | LG6 | 12953553 | 12957638 | 1 903 | Kinetochore protein |
| CEY00 _ Acc06741 | 25. 932 826 | 1. 669 843 2 | 3. 957 | 0. 001 351 6 | 0. 023 904 | LG6 | 12999830 | 13002803 | 1 664 | WRKY transcription factor 9 |
| CEY00 _ Acc06745 | 215. 539 15 | 501. 352 69 | −1. 217 9 | 0. 029 433 | 0. 206 34 | LG6 | 13051321 | 13053000 | 1 680 | UPF0496 protein |
| CEY00 _ Acc06760 | 2 252. 113 | 745. 990 8 | 1. 594 | 0. 000 816 4 | 0. 016 689 | LG6 | 13242147 | 13252451 | 2 610 | BRASSINOSTEROID INSENSITIVE 1-associated receptor kinase |
| CEY00 _ Acc06761 | 233. 991 12 | 109. 179 93 | 1. 099 7 | 0. 027 142 | 0. 196 09 | LG6 | 13252883 | 13264902 | 1 641 | hypothetical protein |

（续）

| 基因ID | miR160VS1序列/条 | CK1序列/条 | $\log_2 FC$ | $P$值 | FDR | 染色体 | 起始位点 | 终止位点 | 长度/bp | 基因描述 |
|---|---|---|---|---|---|---|---|---|---|---|
| CEY00_Acc06783 | 102.874 48 | 14.676 996 | 2.809 3 | $1.88\times10^{-5}$ | 0.000 897 3 | LG6 | 13510310 | 13511471 | 1 162 | Protein EXORDIUM-like |
| CEY00_Acc06785 | 1 636.158 1 | 102.662 69 | 3.994 3 | 0.001 879 6 | 0.030 278 | LG6 | 13528551 | 13536765 | 2 004 | ABC transporter G family member 11 like |
| CEY00_Acc06790 | 79.230 864 | 195.922 97 | −1.306 2 | 0.005 779 6 | 0.068 141 | LG6 | 13583180 | 13591218 | 1 203 | Protein DMR6-LIKE OXYGENASE 1 like |
| CEY00_Acc06792 | 3 079.436 4 | 153.967 55 | 4.322 | 0.022 794 | 0.175 64 | LG19 | 10326349 | 10328095 | 1 245 | Protein DMR6-LIKE OXYGENASE 1 like |
| CEY00_Acc06795 | 79.007 269 | 14.663 841 | 2.429 7 | 0.000 526 7 | 0.011 899 | LG19 | 10278489 | 10280838 | 1 474 | Protein DMR6-LIKE OXYGENASE 1 like |
| CEY00_Acc06805 | 9.933 954 5 | 0.238 549 | 5.38 | 0.006 214 5 | 0.071 776 | LG19 | 10156251 | 10167098 | 6 656 | TMV resistance protein like |
| CEY00_Acc06809 | 79.300 143 | 246.941 25 | −1.638 8 | 0.001 473 2 | 0.025 421 | LG19 | 10120121 | 10122650 | 588 | Costars family protein |
| CEY00_Acc06812 | 21.312 839 | 1.631 539 9 | 3.707 4 | 0.000 832 | 0.016 842 | LG19 | 10074311 | 10080710 | 1 031 | Gamma-glutamyl peptidase |
| CEY00_Acc06818 | 12.074 871 | 1.142 653 2 | 3.401 5 | 0.034 897 | 0.230 27 | LG19 | 9953214 | 9955474 | 2 261 | Legume lectin domain protein |
| CEY00_Acc06821 | 278.665 1 | 126.800 01 | 1.136 | 0.040 165 | 0.251 71 | LG19 | 9908612 | 9910779 | 707 | Heat shock protein |
| CEY00_Acc06825 | 36.989 477 | 94.038 783 | −1.346 1 | 0.033 218 | 0.223 68 | LG19 | 4147688 | 4151471 | 1 456 | Beta carbonic anhydrase |
| CEY00_Acc06829 | 90.614 671 | 5.848 071 6 | 3.953 7 | 0.003 314 4 | 0.045 463 | LG19 | 3971416 | 3985758 | 1 577 | TMV resistance protein like |
| CEY00_Acc06838 | 15.533 21 | 1.192 745 1 | 3.703 | 0.040 127 | 0.251 61 | LG19 | 3859492 | 3864814 | 988 | Gamma-glutamyl peptidase |
| CEY00_Acc06839 | 35.609 85 | 0.915 892 8 | 5.281 | $2.86\times10^{-6}$ | 0.000 197 1 | LG19 | 3843545 | 3849145 | 1 544 | HVA22-like protein |
| CEY00_Acc06841 | 94.360 76 | 28.588 336 | 1.722 8 | 0.006 445 5 | 0.073 547 | LG19 | 3819322 | 3824497 | 1 700 | HVA22-like protein |

（续）

| 基因 ID | miR160VS1 序列/条 | CK1 序列/条 | $log_2FC$ | *P* 值 | FDR | 染色体 | 起始位点 | 终止位点 | 长度/bp | 基因描述 |
|---|---|---|---|---|---|---|---|---|---|---|
| CEY00_Acc06842 | 18.843 707 | 1.785 375 2 | 3.399 8 | 0.005 495 6 | 0.065 697 | LG19 | 3807528 | 3815837 | 2 321 | HVA22-like protein |
| CEY00_Acc06843 | 487.534 05 | 10.911 374 | 5.481 6 | 0.004 586 9 | 0.057 217 | LG19 | 3799372 | 3801504 | 2 133 | Legume lectin domain protein |
| CEY00_Acc06848 | 2 369.720 3 | 1 053.402 4 | 1.169 7 | 0.047 288 | 0.278 71 | LG6 | 13642259 | 13645150 | 2 704 | Transcription factor like |
| CEY00_Acc06853 | 18.926 992 | 47.179 824 | −1.317 7 | 0.048 644 | 0.284 11 | LG6 | 13713297 | 13714053 | 757 | hypothetical protein |
| CEY00_Acc06873 | 99.671 975 | 242.904 86 | −1.285 1 | 0.023 665 | 0.179 82 | LG6 | 13976352 | 13980126 | 1 031 | Trichohyalin like |
| CEY00_Acc06874 | 39.774 169 | 148.205 16 | −1.897 7 | 0.000 814 3 | 0.016 668 | LG6 | 13989638 | 13993577 | 992 | Protein FAM13A like |
| CEY00_Acc06885 | 15.437 579 | 99.865 672 | −2.693 5 | $9.19\times10^{-5}$ | 0.003 084 5 | LG6 | 14147594 | 14151389 | 1 100 | G patch domain-containing protein |
| CEY00_Acc06894 | 2.304 623 1 | 37.713 765 | −4.032 5 | 0.001 200 3 | 0.022 045 | LG6 | 14232422 | 14237828 | 2 722 | BTB/POZ domain-containing protein |
| CEY00_Acc06895 | 58.310 65 | 11.537 76 | 2.337 4 | 0.000 656 2 | 0.014 069 | LG6 | 14245971 | 14247049 | 990 | LOB domain-containing protein |
| CEY00_Acc06901 | 478.401 48 | 79.374 024 | 2.591 5 | 0.024 823 | 0.185 41 | LG6 | 14294863 | 14298086 | 914 | Somatic embryogenesis receptor kinase |
| CEY00_Acc06906 | 534.089 84 | 250.803 07 | 1.090 5 | 0.035 553 | 0.233 03 | LG6 | 14342022 | 14345814 | 1 606 | Protein like |
| CEY00_Acc06918 | 1 410.697 6 | 65.791 766 | 4.422 4 | 0.007 481 9 | 0.081 548 | LG6 | 14466742 | 14467602 | 861 | Basic secretory protease |
| CEY00_Acc06919 | 1 111.589 1 | 252.013 19 | 2.141 1 | $6.87\times10^{-5}$ | 0.002 473 5 | LG6 | 14473707 | 14480397 | 1 638 | Methylthioribose kinase |
| CEY00_Acc06928 | 932.868 | 186.622 09 | 2.321 6 | $6.56\times10^{-6}$ | 0.000 383 8 | LG6 | 14569652 | 14574164 | 2 090 | D-3-phosphoglycerate dehydrogenase |
| CEY00_Acc06931 | 36.562 767 | 11.414 743 | 1.679 5 | 0.021 698 | 0.170 02 | LG6 | 14622278 | 14624685 | 1 161 | Elicitor-responsive protein |
| CEY00_Acc06934 | 19.795 821 | 203.545 75 | −3.362 1 | 0.000 659 9 | 0.014 132 | LG6 | 14654409 | 14656320 | 1 600 | Uncharacterized protein |

（续）

| 基因 ID | miR160VS1 序列/条 | CK1 序列/条 | $log_2FC$ | $P$ 值 | FDR | 染色体 | 起始位点 | 终止位点 | 长度/bp | 基因描述 |
|---|---|---|---|---|---|---|---|---|---|---|
| CEY00 _ Acc06935 | 28 790. 056 | 959. 928 16 | 4. 906 5 | $3.14\times10^{-5}$ | 0. 001 333 2 | LG6 | 14680281 | 14682100 | 1 820 | Scopoletin glucosyltransferase |
| CEY00 _ Acc06949 | 328. 346 62 | 105. 859 47 | 1. 633 1 | 0. 004 197 2 | 0. 053 784 | LG6 | 14820814 | 14828257 | 1 873 | Fucosyltransferase-like protein |
| CEY00 _ Acc06953 | 45. 598 824 | 1. 431 294 1 | 4. 993 6 | $3.85\times10^{-7}$ | $3.86\times10^{-5}$ | LG6 | 14865639 | 14866579 | 941 | Ethylene-responsive transcription factor |
| CEY00 _ Acc06954 | 1 800. 449 1 | 798. 529 55 | 1. 172 9 | 0. 046 549 | 0. 275 78 | LG6 | 14875083 | 14878837 | 2 275 | hypothetical protein |
| CEY00 _ Acc06967 | 77. 804 552 | 28. 639 05 | 1. 441 9 | 0. 033 535 | 0. 225 12 | LG6 | 15067925 | 15072085 | 1 761 | B3 domain-containing protein |
| CEY00 _ Acc06970 | 41. 840 536 | 11. 008 377 | 1. 926 3 | 0. 021 56 | 0. 169 2 | LG6 | 15113308 | 15114594 | 1 287 | Carboxylesterase 12 |
| CEY00 _ Acc06972 | 110. 389 96 | 8. 225 454 6 | 3. 746 4 | $7.11\times10^{-8}$ | $9.28\times10^{-6}$ | LG6 | 15119013 | 15120304 | 1 292 | Carboxylesterase |
| CEY00 _ Acc06977 | 87. 955 774 | 8. 728 945 3 | 3. 332 9 | 0. 034 753 | 0. 229 78 | LG6 | 15153137 | 15154373 | 1 237 | Hormone receptor 4 like |
| CEY00 _ Acc06980 | 128. 309 76 | 54. 041 035 | 1. 247 5 | 0. 028 563 | 0. 202 53 | LG6 | 15168558 | 15178373 | 2 388 | CDPK-related protein kinase |
| CEY00 _ Acc06982 | 10. 702 831 | 0. 457 946 4 | 4. 546 7 | 0. 006 709 4 | 0. 075 711 | LG6 | 15188807 | 15203683 | 1 735 | Peptidyl-prolyl cis-trans isomerase |
| CEY00 _ Acc06986 | 291. 527 83 | 15. 817 039 | 4. 204 1 | $2.05\times10^{-12}$ | $1.14\times10^{-9}$ | LG6 | 15259742 | 15263153 | 1 246 | Methylesterase |
| CEY00 _ Acc06999 | 613. 967 8 | 7 308. 578 | −3. 573 4 | 0. 007 386 4 | 0. 080 908 | LG6 | 15354026 | 15354566 | 541 | Formin-like protein |
| CEY00 _ Acc07001 | 182. 237 28 | 29. 596 428 | 2. 622 3 | 0. 007 491 6 | 0. 081 613 | LG6 | 15358812 | 15364872 | 3 359 | Extra-large guanine nucleotide-binding protein like |
| CEY00 _ Acc07002 | 312. 749 91 | 63. 093 079 | 2. 309 5 | $2.49\times10^{-5}$ | 0. 001 116 1 | LG6 | 15368950 | 15370651 | 1 702 | F-box/WD repeat-containing protein |
| CEY00 _ Acc07004 | 263. 966 14 | 688. 840 86 | −1. 383 8 | 0. 027 839 | 0. 199 29 | LG6 | 15396481 | 15398176 | 1 696 | RING-H2 finger protein |
| CEY00 _ Acc07008 | 66. 002 878 | 3. 816 784 4 | 4. 112 1 | 0. 002 977 | 0. 042 118 | LG6 | 15429331 | 15430011 | 681 | Telomerase protein component 1 like |

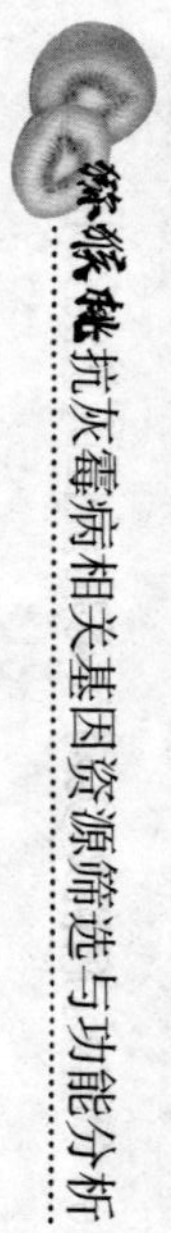


（续）

| 基因 ID | miR160VS1 序列/条 | CK1 序列/条 | $log_2FC$ | *P* 值 | FDR | 染色体 | 起始位点 | 终止位点 | 长度/bp | 基因描述 |
|---|---|---|---|---|---|---|---|---|---|---|
| CEY00_Acc07016 | 308.652 95 | 26.766 472 | 3.527 5 | 0.008 930 6 | 0.092 585 | LG6 | 15488974 | 15490108 | 1 135 | RING finger protein |
| CEY00_Acc07018 | 63.250 921 | 24.496 514 | 1.368 5 | 0.032 733 | 0.221 69 | LG6 | 15526572 | 15528528 | 1 957 | UPF0496 protein |
| CEY00_Acc07019 | 22.050 24 | 2.323 609 6 | 3.246 4 | 0.002 031 4 | 0.031 896 | LG6 | 15537607 | 15539787 | 2 181 | UPF0496 protein |
| CEY00_Acc07027 | 5.700 010 3 | 0 | — | 0.043 172 | 0.263 04 | LG6 | 15615563 | 15616385 | 683 | Organ-specific protein |
| CEY00_Acc07029 | 13.809 812 | 0.715 647 1 | 4.270 3 | 0.026 253 | 0.192 29 | LG6 | 15628902 | 15630055 | 1 154 | Sialidase |
| CEY00_Acc07034 | 6.218 685 3 | 30.087 925 | −2.274 5 | 0.023 414 | 0.178 7 | LG6 | 15801315 | 15814801 | 805 | Glycine cleavage system H protein |
| CEY00_Acc07041 | 48.077 239 | 221.904 7 | −2.206 5 | 0.034 274 | 0.227 9 | LG6 | 16016490 | 16023275 | 1 508 | Guanine nucleotide-binding protein subunit beta-2 like |
| CEY00_Acc07044 | 0 | 22.120 916 | — | 0.028 959 | 0.204 28 | LG6 | 16061080 | 16065303 | 2 608 | hypothetical protein |
| CEY00_Acc07046 | 25.019 775 | 66.749 086 | −1.415 7 | 0.044 723 | 0.268 81 | LG6 | 16081801 | 16086159 | 2 049 | Transcription termination factor like |
| CEY00_Acc07052 | 481.461 22 | 24.592 516 | 4.291 1 | 0.000 684 1 | 0.014 545 | LG6 | 16138172 | 16143815 | 1 964 | Epoxide hydrolase |
| CEY00_Acc07054 | 6.528 628 7 | 697.905 75 | −6.740 1 | 0.009 005 4 | 0.092 963 | LG6 | 16167274 | 16170451 | 1 699 | Transcription factor bHLH63 like |
| CEY00_Acc07058 | 693.949 26 | 1 994.942 3 | −1.523 4 | 0.002 671 3 | 0.038 794 | LG6 | 16215334 | 16221597 | 5 754 | F-box protein |
| CEY00_Acc07059 | 92.804 278 | 34.262 677 | 1.437 6 | 0.019 133 | 0.155 98 | LG6 | 16222635 | 16226369 | 942 | 40S ribosomal protein like |
| CEY00_Acc07063 | 175.928 72 | 61.434 445 | 1.517 9 | 0.005 134 8 | 0.062 364 | LG6 | 16259035 | 16266174 | 1 829 | Diaminopimelate decarboxylase |
| CEY00_Acc07074 | 1.152 512 1 | 45.349 863 | −5.298 2 | 0.035 544 | 0.233 03 | LG6 | 16352670 | 16353094 | 345 | Regulatory protein |
| CEY00_Acc07075 | 348.329 85 | 150.356 88 | 1.212 1 | 0.013 532 | 0.123 16 | LG6 | 16353736 | 16359543 | 2 229 | SUMO-activating enzyme subunit like |
| CEY00_Acc07077 | 25.276 705 | 153.946 68 | −2.606 6 | 0.000 135 5 | 0.004 184 5 | LG6 | 16396659 | 16402326 | 954 | Chromatin remodeling protein like |
| CEY00_Acc07097 | 8 442.868 | 1 276.422 7 | 2.725 6 | 0.000 676 7 | 0.014 413 | LG6 | 16603686 | 16606844 | 3 159 | Arginine decarboxylase |

（续）

| 基因 ID | miR160VS1 序列/条 | CK1 序列/条 | $log_2FC$ | $P$ 值 | FDR | 染色体 | 起始位点 | 终止位点 | 长度/bp | 基因描述 |
|---|---|---|---|---|---|---|---|---|---|---|
| CEY00_Acc07102 | 112.230 03 | 316.380 41 | −1.495 2 | 0.010 136 | 0.101 1 | LG6 | 16685804 | 16692026 | 1 636 | Ribosome-binding factor A like |
| CEY00_Acc07103 | 33.780 939 | 129.476 22 | −1.938 4 | 0.001 794 7 | 0.029 35 | LG6 | 16696479 | 16697294 | 816 | Auxin-responsive protein |
| CEY00_Acc07108 | 12.625 022 | 0 | — | 0.000 609 2 | 0.013 263 | LG6 | 16744746 | 16746004 | 594 | Snakin-2 like |
| CEY00_Acc07125 | 251.554 96 | 45.261 62 | 2.474 5 | 0.029 745 | 0.207 96 | LG6 | 16879496 | 16880195 | 700 | Chaperone protein dnaJ 11 like |
| CEY00_Acc07130 | 1 388.012 5 | 4 138.413 1 | −1.576 1 | 0.003 579 | 0.047 881 | LG6 | 16931732 | 16937243 | 3 172 | Anti-sigma-I factor RsgI6 like |
| CEY00_Acc07132 | 1 150.927 3 | 197.302 74 | 2.544 3 | 0.001 797 | 0.029 35 | LG6 | 16959602 | 16961635 | 742 | Actin-depolymerizing factor 5 like |
| CEY00_Acc07144 | 595.440 12 | 178.436 44 | 1.738 5 | 0.002 852 4 | 0.040 67 | LG6 | 17071288 | 17077925 | 1 982 | 26S proteasome non-ATPase regulatory subunit 3 like |
| CEY00_Acc07145 | 1 171.933 8 | 383.953 94 | 1.609 9 | 0.001 145 2 | 0.021 271 | LG6 | 17164032 | 17169398 | 2 525 | Protein like |
| CEY00_Acc07153 | 245.576 41 | 497.915 63 | −1.019 7 | 0.026 432 | 0.193 14 | LG6 | 17257341 | 17267066 | 1 755 | Hippocampus abundant transcript-like protein |
| CEY00_Acc07164 | 38 174.719 | 2 129.066 6 | 4.164 3 | $5.17\times10^{-15}$ | $6.54\times10^{-12}$ | LG16 | 16389501 | 16392257 | 1 766 | Lysine histidine transporter-like |
| CEY00_Acc07174 | 98.903 936 | 11.547 356 | 3.098 5 | $2.43\times10^{-5}$ | 0.001 095 8 | LG16 | 16343914 | 16345750 | 1 331 | NAC domain-containing protein |
| CEY00_Acc07180 | 1.920 184 9 | 33.180 998 | −4.111 | 0.001 159 9 | 0.021 507 | LG16 | 16294164 | 16301215 | 2 178 | GDP-fucose protein O-fucosyltransferase protein |
| CEY00_Acc07186 | 46.567 661 | 131.990 68 | −1.503 | 0.026 633 | 0.193 99 | LG16 | 16176844 | 16183943 | 3 787 | Galacturonosyltransferase |
| CEY00_Acc07187 | 160.212 53 | 42.685 94 | 1.908 2 | 0.039 907 | 0.250 8 | LG16 | 16169424 | 16174316 | 1 454 | Serine/threonine-protein kinase |
| CEY00_Acc07189 | 65.234 915 | 191.692 53 | −1.555 1 | 0.009 729 8 | 0.098 326 | LG16 | 16122835 | 16138126 | 2 831 | Alpha-1,3-mannosyl-glycoprotein like |
| CEY00_Acc07194 | 1.536 549 1 | 19.268 954 | −3.648 5 | 0.004 853 6 | 0.059 773 | LG16 | 16065121 | 16068107 | 489 | Midasin like |

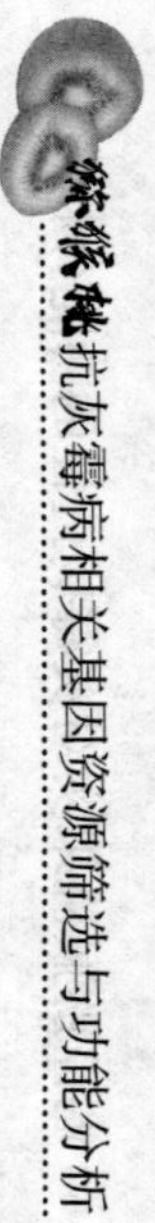


（续）

| 基因 ID | miR160VS1 序列/条 | CK1 序列/条 | $\log_2$FC | *P* 值 | FDR | 染色体 | 起始位点 | 终止位点 | 长度/bp | 基因描述 |
|---|---|---|---|---|---|---|---|---|---|---|
| CEY00 _ Acc07197 | 15. 155 902 | 1. 115 394 4 | 3. 764 3 | 0. 003 516 5 | 0. 047 31 | LG16 | 16410832 | 16415138 | 3 720 | Cellulose synthase-like protein |
| CEY00 _ Acc07208 | 213. 673 69 | 10. 591 793 | 4. 334 4 | 0. 001 108 5 | 0. 020 812 | LG4 | 5117444 | 5121834 | 1 928 | Serine/threonine-protein kinase |
| CEY00 _ Acc07212 | 36. 266 829 | 4. 366 685 5 | 3. 054 | 0. 001 728 6 | 0. 028 65 | LG4 | 5086994 | 5089363 | 1 969 | Flavin-containing monooxygenase |
| CEY00 _ Acc07215 | 1 399. 018 7 | 209. 872 38 | 2. 736 8 | $5.23\times10^{-8}$ | $7.23\times10^{-6}$ | LG4 | 5027411 | 5034488 | 3 437 | protein of unknown function DUF632 protein |
| CEY00 _ Acc07229 | 80. 505 267 | 185. 361 91 | −1. 203 2 | 0. 012 776 | 0. 118 65 | LG7 | 940 | 5235 | 1 904 | GDSL esterase/lipase |
| CEY00 _ Acc07231 | 7. 017 031 5 | 0. 238 549 | 4. 878 5 | 0. 021 228 | 0. 167 54 | LG7 | 20909 | 22632 | 1 724 | Centrosomal protein |
| CEY00 _ Acc07236 | 1 076. 533 2 | 250. 402 36 | 2. 104 1 | 0. 019 822 | 0. 159 7 | LG7 | 49680 | 56302 | 2 407 | Protein like |
| CEY00 _ Acc07250 | 23. 532 974 | 1. 908 392 2 | 3. 624 3 | 0. 045 991 | 0. 273 47 | LG7 | 196464 | 198699 | 1 652 | BOI-related E3 ubiquitin-protein ligase |
| CEY00 _ Acc07254 | 372. 481 09 | 1 411. 050 5 | −1. 921 5 | 0. 000 654 5 | 0. 014 062 | LG7 | 234264 | 239599 | 2 945 | Proline-rich receptor-like protein kinase |
| CEY00 _ Acc07267 | 39. 015 979 | 4. 078 788 8 | 3. 257 9 | 0. 016 277 | 0. 140 2 | LG7 | 419127 | 425876 | 1 527 | Thaumatin-like protein |
| CEY00 _ Acc07286 | 1 263. 965 1 | 252. 299 21 | 2. 324 7 | $1.67\times10^{-5}$ | 0. 000 823 6 | LG7 | 604727 | 606710 | 1 984 | Amidophosphoribosyltransferase |
| CEY00 _ Acc07298 | 48. 975 045 | 129. 381 33 | −1. 401 5 | 0. 049 56 | 0. 286 91 | LG7 | 757505 | 771621 | 4 542 | Kinesin-like protein |
| CEY00 _ Acc07301 | 745. 159 77 | 1 602. 952 | −1. 105 1 | 0. 035 671 | 0. 233 55 | LG7 | 817815 | 822149 | 3 644 | Coatomer subunit alpha-1 like |
| CEY00 _ Acc07302 | 453. 122 14 | 202. 661 56 | 1. 160 8 | 0. 046 384 | 0. 275 11 | LG7 | 824155 | 824950 | 796 | Carbamoyl-phosphate synthase small chain like |
| CEY00 _ Acc07306 | 2 386. 279 7 | 258. 000 14 | 3. 209 3 | 0. 004 692 5 | 0. 058 094 | LG7 | 864681 | 869586 | 1 934 | Purple acid phosphatase |

（续）

| 基因 ID | miR160VS1 序列/条 | CK1 序列/条 | $log_2FC$ | *P* 值 | FDR | 染色体 | 起始位点 | 终止位点 | 长度/bp | 基因描述 |
|---|---|---|---|---|---|---|---|---|---|---|
| CEY00 _ Acc07312 | 412. 651 07 | 121. 146 8 | 1. 768 2 | 0. 001 431 | 0. 024 951 | LG7 | 940576 | 946019 | 1 598 | 26S protease regulatory subunit 10B A |
| CEY00 _ Acc07339 | 241. 867 3 | 502. 290 25 | −1. 054 3 | 0. 039 315 | 0. 248 55 | LG7 | 1224937 | 1232334 | 1 151 | ATP-dependent Clp protease proteolytic subunit 6 like |
| CEY00 _ Acc07343 | 110. 128 51 | 35. 938 394 | 1. 615 6 | 0. 012 855 | 0. 119 29 | LG7 | 1269495 | 1273602 | 1 633 | NAD(P)H dehydrogenaseFQR1-like |
| CEY00 _ Acc07362 | 66. 740 826 | 7. 230 018 | 3. 206 5 | 0. 003 359 9 | 0. 045 856 | LG7 | 1450387 | 1454478 | 1 284 | Cell division cycle-associated 7-like protein |
| CEY00 _ Acc07367 | 562. 421 94 | 278. 573 59 | 1. 013 6 | 0. 028 278 | 0. 201 34 | LG7 | 1520523 | 1526595 | 2 312 | N-acetyl-gamma-glutamyl-phosphate reductase |
| CEY00 _ Acc07368 | 248. 722 58 | 78. 189 505 | 1. 669 5 | 0. 003 014 7 | 0. 042 578 | LG7 | 1532057 | 1536080 | 1 816 | Myb family transcription factor EFM like |
| CEY00 _ Acc07372 | 46. 945 315 | 8. 932 128 3 | 2. 393 9 | 0. 001 483 4 | 0. 025 546 | LG7 | 1575580 | 1585472 | 2 256 | Dipeptidyl aminopeptidase |
| CEY00 _ Acc07380 | 44. 137 937 | 10. 214 757 | 2. 111 4 | 0. 041 695 | 0. 257 62 | LG7 | 1646437 | 1648963 | 1 252 | Carboxylesterase 13 |
| CEY00 _ Acc07381 | 243. 190 94 | 95. 740 473 | 1. 344 9 | 0. 008 850 8 | 0. 092 104 | LG7 | 1653037 | 1654007 | 971 | 2-hydroxyisoflavanone dehydratase |
| CEY00 _ Acc07385 | 886. 705 21 | 316. 644 7 | 1. 485 6 | 0. 029 135 | 0. 204 96 | LG7 | 1682717 | 1687284 | 1 687 | B3 domain-containing protein |
| CEY00 _ Acc07409 | 27. 158 284 | 70. 928 845 | −1. 385 | 0. 039 27 | 0. 248 31 | LG7 | 1890752 | 1894754 | 3 079 | Reticulon-like protein |
| CEY00 _ Acc07415 | 9 928. 934 3 | 572. 970 03 | 4. 115 1 | 0. 001 321 7 | 0. 023 514 | LG7 | 1978366 | 1980991 | 2 003 | Indole-3-acetic acid-amido synthetase |
| CEY00 _ Acc07426 | 69. 159 206 | 1. 431 294 1 | 5. 594 5 | 0. 004 876 6 | 0. 059 967 | LG7 | 2114739 | 2115761 | 1 023 | Zinc finger protein |

（续）

| 基因 ID | miR160VS1 序列/条 | CK1 序列/条 | $log_2FC$ | $P$ 值 | FDR | 染色体 | 起始位点 | 终止位点 | 长度/bp | 基因描述 |
|---|---|---|---|---|---|---|---|---|---|---|
| CEY00 _ Acc07435 | 330.444 75 | 30.248 327 | 3.449 5 | 0.004 068 7 | 0.052 537 | LG7 | 2235187 | 2235601 | 415 | Adrenodoxin like |
| CEY00 _ Acc07437 | 95.000 067 | 28.000 458 | 1.762 5 | 0.023 336 | 0.178 48 | LG7 | 2261632 | 2262591 | 538 | Phytosulfokine-beta like |
| CEY00 _ Acc07446 | 11.990 783 | 0.223 078 9 | 5.748 2 | 0.003 742 1 | 0.049 217 | LG7 | 2318224 | 2318787 | 564 | Basic form of pathogenesis-related protein like |
| CEY00 _ Acc07449 | 933.599 31 | 152.513 09 | 2.613 9 | 0.005 841 3 | 0.068 721 | LG7 | 2354747 | 2358427 | 1 876 | Squalene monooxygenase |
| CEY00 _ Acc07453 | 1 350.224 5 | 4 939.826 6 | −1.871 3 | $7.95\times10^{-5}$ | 0.002 755 3 | LG7 | 2392142 | 2392727 | 586 | 3-ketoacyl-CoA synthase |
| CEY00 _ Acc07456 | 24.085 186 | 105.362 03 | −2.129 1 | 0.001 214 | 0.022 203 | LG7 | 2429792 | 2436060 | 6 172 | Protein RMD5 A like |
| CEY00 _ Acc07472 | 22.778 905 | 2.709 375 2 | 3.071 7 | 0.006 932 2 | 0.077 482 | LG7 | 2582052 | 2590615 | 1 474 | Glycosyltransferase |
| CEY00 _ Acc07481 | 410.439 31 | 56.652 733 | 2.857 | $1.16\times10^{-5}$ | 0.000 605 4 | LG7 | 2741283 | 2745487 | 1 574 | Protein DMR6-LIKE OXYGENASE 2 like |
| CEY00 _ Acc07482 | 672.568 02 | 48.348 98 | 3.798 1 | $3.08\times10^{-5}$ | 0.001 317 | LG7 | 2754446 | 2755863 | 1 418 | RING-H2 finger protein |
| CEY00 _ Acc07484 | 271.943 64 | 112.027 09 | 1.279 5 | 0.042 203 | 0.259 59 | LG7 | 2766120 | 2766753 | 634 | Peroxidase |
| CEY00 _ Acc07485 | 16 106.924 | 2 737.326 2 | 2.556 8 | 0.010 919 | 0.106 71 | LG7 | 2767850 | 2776604 | 2 259 | GTP cyclohydrolase-2 like |
| CEY00 _ Acc07504 | 922.617 94 | 385.724 84 | 1.258 2 | 0.008 96 | 0.092 718 | LG7 | 2977456 | 3000967 | 1 629 | Endoplasmic reticulum-Golgi intermediate compartment protein |
| CEY00 _ Acc07505 | 15.790 541 | 2.923 602 7 | 2.433 2 | 0.046 668 | 0.276 2 | LG7 | 3003866 | 3005722 | 1 857 | UDP-glycosyltransferase |
| CEY00 _ Acc07507 | 27.093 326 | 133.523 32 | −2.301 1 | 0.000 992 5 | 0.019 205 | LG7 | 3012246 | 3016426 | 1 043 | 3-hydroxyacyl-[acyl-carrier-protein] dehydratase |
| CEY00 _ Acc07508 | 60.091 875 | 196.836 09 | −1.711 8 | 0.001 949 4 | 0.031 052 | LG7 | 3020417 | 3028713 | 2 373 | Protein like |

（续）

| 基因 ID | miR160VS1 序列/条 | CK1 序列/条 | $log_2FC$ | *P* 值 | FDR | 染色体 | 起始位点 | 终止位点 | 长度/bp | 基因描述 |
|---|---|---|---|---|---|---|---|---|---|---|
| CEY00_Acc07524 | 468.259 2 | 184.243 65 | 1.345 7 | 0.005 885 6 | 0.069 056 | LG7 | 3161665 | 3169465 | 1 717 | Inactive purple acid phosphatase |
| CEY00_Acc07525 | 106.851 09 | 43.022 358 | 1.312 4 | 0.025 263 | 0.187 58 | LG7 | 3176408 | 3181701 | 5 071 | Protein of unknown function DUF1295 protein |
| CEY00_Acc07533 | 205.872 98 | 825.931 53 | −2.004 3 | 0.000 186 | 0.005 333 | LG7 | 3267729 | 3271179 | 1 730 | Pyruvate dehydrogenase E1 component subunit alpha-3 like |
| CEY00_Acc07539 | 8 227.662 6 | 2 430.200 5 | 1.759 4 | 0.000 560 7 | 0.012 453 | LG7 | 3310534 | 3314016 | 2 065 | L-gulonolactone oxidase like |
| CEY00_Acc07540 | 27.095 734 | 101.725 02 | −1.908 5 | 0.003 594 2 | 0.048 002 | LG7 | 3316863 | 3324249 | 2 480 | L-gulonolactone oxidase |
| CEY00_Acc07544 | 55.217 329 | 418.515 76 | −2.922 1 | $2.38\times10^{-7}$ | $2.59\times10^{-5}$ | LG7 | 3353215 | 3362370 | 2 394 | CBL-interacting serine/threonine-protein kinase |
| CEY00_Acc07550 | 815.878 58 | 383.870 26 | 1.087 7 | 0.027 154 | 0.196 14 | LG7 | 3429682 | 3432823 | 921 | 60S ribosomal protein L40 precursor |
| CEY00_Acc07551 | 16.684 117 | 79.590 197 | −2.254 1 | 0.000 766 8 | 0.015 924 | LG7 | 3445823 | 3448429 | 1 860 | Cytochrome P450 78A9 like |
| CEY00_Acc07556 | 195.419 21 | 24.978 538 | 2.967 8 | 0.009 817 9 | 0.098 671 | LG7 | 3481881 | 3489803 | 6 000 | Calcium-transporting ATPase，endoplasmic reticulum-type like |
| CEY00_Acc07574 | 273.905 15 | 55.999 019 | 2.290 2 | $2.8\times10^{-5}$ | 0.001 219 1 | LG7 | 3702726 | 3706942 | 1 614 | Cytochrome b561 and DOMON domain-containing protein |
| CEY00_Acc07581 | 40.226 683 | 289.480 69 | −2.847 2 | $2.4\times10^{-6}$ | 0.000 171 | LG7 | 3843333 | 3847244 | 1 114 | Abscisic acid receptor like |
| CEY00_Acc07584 | 6 303.934 9 | 318.007 05 | 4.309 1 | $3.03\times10^{-15}$ | $4.53\times10^{-12}$ | LG7 | 3944776 | 3946882 | 2 107 | Hydroquinone glucosyltransferase |

（续）

| 基因 ID | miR160VS1 序列/条 | CK1 序列/条 | $\log_2$FC | *P* 值 | FDR | 染色体 | 起始位点 | 终止位点 | 长度/bp | 基因描述 |
|---|---|---|---|---|---|---|---|---|---|---|
| CEY00 _ Acc07595 | 258. 034 06 | 547. 498 97 | −1. 085 3 | 0. 022 439 | 0. 173 81 | LG7 | 4066274 | 4069605 | 1 350 | Melanocyte-stimulating hormone receptor like |
| CEY00 _ Acc07601 | 121. 769 04 | 4. 770 980 4 | 4. 673 7 | 0. 000 499 1 | 0. 011 401 | LG7 | 4114686 | 4117022 | 1 530 | WRKY transcription factor |
| CEY00 _ Acc07603 | 592. 531 57 | 254. 926 04 | 1. 216 8 | 0. 014 624 | 0. 130 33 | LG7 | 4148017 | 4152845 | 2 010 | Uncharacterized protein |
| CEY00 _ Acc07620 | 34. 295 693 | 339. 323 11 | −3. 306 6 | $2.07\times10^{-6}$ | 0. 000 154 1 | LG7 | 4359523 | 4361469 | 1 947 | Cytochrome P450 86A8 like |
| CEY00 _ Acc07622 | 22. 672 935 | 79. 445 592 | −1. 809 | 0. 008 377 6 | 0. 088 286 | LG7 | 4401453 | 4407939 | 3 693 | hypothetical protein |
| CEY00 _ Acc07623 | 2 932. 639 1 | 1 345. 661 7 | 1. 123 9 | 0. 010 548 | 0. 103 98 | LG7 | 4421528 | 4427299 | 3 294 | hypothetical protein |
| CEY00 _ Acc07635 | 22. 135 531 | 66. 360 465 | −1. 584 | 0. 013 916 | 0. 125 48 | LG7 | 4608040 | 4609966 | 1 529 | Spermidine hydroxycinnamoyl transferase |
| CEY00 _ Acc07666 | 28. 017 977 | 151. 697 72 | −2. 436 8 | 0. 000 166 3 | 0. 004 902 6 | LG7 | 5093104 | 5094614 | 1 511 | Zinc finger protein |
| CEY00 _ Acc07670 | 22. 775 295 | 67. 598 01 | −1. 569 5 | 0. 045 814 | 0. 272 87 | LG7 | 5131992 | 5134144 | 2 153 | Protein transport protein Sec61 subunit beta like |
| CEY00 _ Acc07683 | 121. 865 88 | 36. 639 938 | 1. 733 8 | 0. 026 284 | 0. 192 35 | LG7 | 5319816 | 5321691 | 852 | Cationic amino acid transporter 9 like |
| CEY00 _ Acc07692 | 163. 871 89 | 410. 961 6 | −1. 326 4 | 0. 014 926 | 0. 132 05 | LG7 | 5460128 | 5466859 | 1 560 | Hyaluronan/mRNA-binding protein |
| CEY00 _ Acc07702 | 204. 085 55 | 49. 562 703 | 2. 041 8 | 0. 018 596 | 0. 153 04 | LG7 | 5596597 | 5603467 | 2 746 | Receptor-like protein kinase |
| CEY00 _ Acc07712 | 276. 000 78 | 81. 744 663 | 1. 755 5 | 0. 002 089 9 | 0. 032 611 | LG7 | 5715261 | 5716455 | 1 195 | Glutamyl-tRNA（Gln） amidotransferase subunit B like |

（续）

| 基因 ID | miR160VS1 序列/条 | CK1 序列/条 | $log_2FC$ | $P$ 值 | FDR | 染色体 | 起始位点 | 终止位点 | 长度/bp | 基因描述 |
|---|---|---|---|---|---|---|---|---|---|---|
| CEY00 _ Acc07755 | 27.855 474 | 72.626 445 | −1.382 5 | 0.019 467 | 0.157 72 | LG7 | 6309476 | 6311079 | 1 341 | E3 ubiquitin ligase BIG BROTHER-related like |
| CEY00 _ Acc07774 | 79.791 263 | 182.550 2 | −1.194 | 0.045 62 | 0.272 35 | LG7 | 6518797 | 6556977 | 3 484 | Structural maintenance of chromosomes protein |
| CEY00 _ Acc07791 | 179.858 76 | 63.301 178 | 1.506 6 | 0.004 829 2 | 0.059 54 | LG7 | 6814289 | 6815792 | 1 504 | Thioredoxin-like fold protein |
| CEY00 _ Acc07795 | 64.995 454 | 184.870 7 | −1.508 1 | 0.017 512 | 0.147 43 | LG7 | 6901287 | 6913789 | 2 026 | Dihydrolipoyl dehydrogenase |
| CEY00 _ Acc07798 | 272.854 76 | 33.841 789 | 3.011 3 | 0.004 016 | 0.052 009 | LG7 | 6944266 | 6948890 | 3 065 | Calmodulin-binding protein 60 D like |
| CEY00 _ Acc07818 | 29 171.888 | 1 796.441 4 | 4.021 4 | $1.83\times10^{-12}$ | $1.04\times10^{-9}$ | LG7 | 7248601 | 7260032 | 2 519 | Glutathione S-transferase |
| CEY00 _ Acc07820 | 4 180.268 6 | 241.096 72 | 4.115 9 | $6.88\times10^{-8}$ | $9.02\times10^{-6}$ | LG7 | 7323380 | 7324523 | 1 144 | hypothetical protein |
| CEY00 _ Acc07822 | 550.462 96 | 160.421 67 | 1.778 8 | 0.013 64 | 0.123 55 | LG7 | 7342791 | 7344006 | 1 216 | hypothetical protein |
| CEY00 _ Acc07826 | 650.318 3 | 310.961 09 | 1.064 4 | 0.023 397 | 0.178 7 | LG7 | 7388215 | 7404760 | 2 701 | Mitochondrial Rho GTPase |
| CEY00 _ Acc07827 | 2 047.004 5 | 716.639 08 | 1.514 2 | 0.002 111 1 | 0.032 787 | LG7 | 7410209 | 7418119 | 1 517 | Peroxisomal adenine nucleotide carrier 1 like |
| CEY00 _ Acc07829 | 88.363 263 | 240.344 85 | −1.443 6 | 0.004 683 4 | 0.058 038 | LG7 | 7429913 | 7444453 | 2 029 | Amidase |
| CEY00 _ Acc07836 | 44.643 5 | 13.510 022 | 1.724 4 | 0.026 222 | 0.192 15 | LG7 | 7510252 | 7515613 | 1 052 | Endo-1,3 like |
| CEY00 _ Acc07844 | 76.429 759 | 196.408 17 | −1.361 6 | 0.017 584 | 0.147 82 | LG7 | 11849836 | 11852331 | 1 865 | Gibberellin receptor GID1C like |
| CEY00 _ Acc07850 | 23.733 427 | 4.174 546 9 | 2.507 2 | 0.018 503 | 0.152 5 | LG7 | 11932645 | 11939927 | 2 294 | Sodium/hydrogen exchanger 2 like |
| CEY00 _ Acc07853 | 59.989 059 | 20.622 897 | 1.540 5 | 0.034 144 | 0.227 59 | LG7 | 11972909 | 11973643 | 735 | Acyl-CoA N-acyltransferase protein |

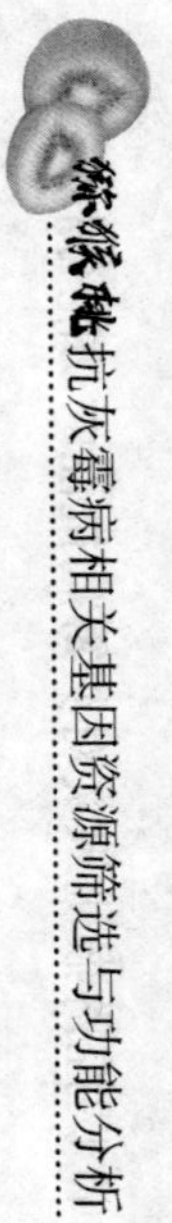



（续）

| 基因 ID | miR160VS1 序列/条 | CK1 序列/条 | $log_2FC$ | *P* 值 | FDR | 染色体 | 起始位点 | 终止位点 | 长度/bp | 基因描述 |
|---|---|---|---|---|---|---|---|---|---|---|
| CEY00 _ Acc07860 | 1 094. 734 6 | 545. 974 88 | 1. 003 7 | 0. 031 54 | 0. 216 32 | LG7 | 12057313 | 12068800 | 2 293 | Nucleolar protein like |
| CEY00 _ Acc07862 | 158. 854 7 | 382. 703 96 | −1. 268 5 | 0. 017 037 | 0. 144 51 | LG7 | 12091907 | 12105466 | 2 006 | Phenylalanine-tRNA ligase |
| CEY00 _ Acc07883 | 18. 342 156 | 76. 368 898 | −2. 057 8 | 0. 005 376 8 | 0. 064 525 | LG7 | 12438241 | 12443074 | 3 801 | ATP-dependent isoleucine adenylase |
| CEY00 _ Acc07884 | 49. 918 826 | 134. 480 95 | −1. 429 7 | 0. 037 432 | 0. 240 77 | LG7 | 12454937 | 12466839 | 7 614 | Protein FAR1-RELATED SEQUENCE like |
| CEY00 _ Acc07885 | 26. 999 702 | 109. 813 31 | −2. 024 | 0. 004 250 6 | 0. 054 236 | LG7 | 12470667 | 12475630 | 3 625 | Transcription factor GAMYB like |
| CEY00 _ Acc07892 | 19. 477 945 | 62. 228 065 | −1. 675 7 | 0. 010 652 | 0. 104 81 | LG7 | 12530773 | 12535564 | 1 239 | RHOMBOID-like protein |
| CEY00 _ Acc07899 | 51. 771 225 | 10. 145 635 | 2. 351 3 | 0. 033 464 | 0. 224 78 | LG7 | 12599457 | 12601452 | 1 996 | Receptor-like protein kinase |
| CEY00 _ Acc07901 | 2 473. 195 1 | 978. 509 64 | 1. 337 7 | 0. 015 297 | 0. 134 23 | LG7 | 12632076 | 12635924 | 3 003 | Serine hydroxymethyltransferase like |
| CEY00 _ Acc07914 | 27. 020 035 | 102. 960 69 | −1. 93 | 0. 008 245 2 | 0. 087 433 | LG7 | 12782467 | 12786934 | 3 386 | Receptor protein kinase |
| CEY00 _ Acc07915 | 1 346. 631 9 | 84. 768 75 | 3. 989 7 | 0. 001 768 9 | 0. 029 079 | LG7 | 12791377 | 12792908 | 1 532 | U-box domain-containing protein |
| CEY00 _ Acc07916 | 2. 657 986 7 | 19. 204 88 | −2. 853 1 | 0. 013 157 | 0. 120 99 | LG7 | 12850105 | 12866879 | 3 367 | Potassium channel SKOR like |
| CEY00 _ Acc07919 | 60. 927 167 | 6. 721 235 4 | 3. 180 3 | 0. 000 646 5 | 0. 013 908 | LG7 | 12941002 | 12942588 | 1 587 | Aspartic proteinase |
| CEY00 _ Acc07923 | 500. 363 76 | 109. 154 81 | 2. 196 6 | $4.98\times10^{-5}$ | 0. 001 934 6 | LG7 | 13006764 | 13008548 | 965 | Nudix hydrolase |
| CEY00 _ Acc07926 | 122. 925 57 | 25. 080 211 | 2. 293 2 | 0. 010 023 | 0. 100 22 | LG7 | 13044392 | 13048663 | 2 434 | Inactive receptor kinase |
| CEY00 _ Acc07927 | 91. 075 209 | 1. 431 294 1 | 5. 991 7 | 0. 000 198 2 | 0. 005 595 9 | LG7 | 13075672 | 13079145 | 1 157 | hypothetical protein |
| CEY00 _ Acc07935 | 88. 459 895 | 11. 280 181 | 2. 971 2 | 0. 000 576 2 | 0. 012 72 | LG7 | 13227138 | 13236351 | 3 826 | Rhamnogalacturonate lyase |
| CEY00 _ Acc07936 | 981. 747 58 | 257. 824 96 | 1. 929 | 0. 000 419 1 | 0. 009 968 4 | LG7 | 13241108 | 13245957 | 1 440 | Mannitol dehydrogenase |

（续）

| 基因 ID | miR160VS1 序列/条 | CK1 序列/条 | $log_2FC$ | $P$ 值 | FDR | 染色体 | 起始位点 | 终止位点 | 长度/bp | 基因描述 |
|---|---|---|---|---|---|---|---|---|---|---|
| CEY00 _ Acc07942 | 57.254 17 | 4.916 708 6 | 3.541 6 | $6.9\times10^{-6}$ | 0.000 397 5 | LG7 | 13362442 | 13364119 | 1 678 | UDP-glycosyltransferase |
| CEY00 _ Acc07959 | 10 468.386 | 2 262.546 3 | 2.21 | $2.25\times10^{-5}$ | 0.001 031 5 | LG7 | 7592501 | 7593923 | 1 423 | Mitochondrial uncoupling protein |
| CEY00 _ Acc07976 | 6.757 694 | 39.518 536 | −2.547 9 | 0.007 301 4 | 0.080 191 | LG7 | 7965763 | 7970276 | 1 321 | Serine/threonine-protein kinase |
| CEY00 _ Acc07981 | 14.670 708 | 0.477 098 | 4.942 5 | 0.002 831 8 | 0.040 429 | LG7 | 8052893 | 8059358 | 2 737 | ABC transporter G family member 11 like |
| CEY00 _ Acc07982 | 96.558 043 | 2.758 722 9 | 5.129 3 | 0.021 159 | 0.167 3 | LG7 | 8132723 | 8135440 | 1 129 | 7-deoxyloganetin glucosyltransferase |
| CEY00 _ Acc08006 | 5.388 061 | 0 | — | 0.048 608 | 0.284 04 | LG7 | 8742083 | 8750503 | 2 226 | Lipase-like |
| CEY00 _ Acc08011 | 3 961.678 3 | 389.203 52 | 3.347 5 | 0.000 299 7 | 0.007 695 4 | LG7 | 8918947 | 8920517 | 1 045 | NAC domain-containing protein |
| CEY00 _ Acc08014 | 40.711 877 | 115.880 15 | −1.509 1 | 0.038 656 | 0.245 85 | LG7 | 8952165 | 8960774 | 3 450 | E3 ubiquitin-protein like |
| CEY00 _ Acc08032 | 85.282 086 | 208.851 18 | −1.292 2 | 0.036 55 | 0.237 13 | LG7 | 9381307 | 9395857 | 5 332 | Protein trichome birefringence-like |
| CEY00 _ Acc08034 | 25.755 972 | 91.606 883 | −1.830 5 | 0.008 516 | 0.089 44 | LG7 | 9433143 | 9446668 | 2 196 | Histone deacetylase |
| CEY00 _ Acc08038 | 243.107 | 3.547 295 | 6.098 7 | 0.000 574 9 | 0.012 701 | LG7 | 9533665 | 9534812 | 1 148 | hypothetical protein |
| CEY00 _ Acc08054 | 20.514 092 | 3.016 423 6 | 2.765 7 | 0.007 459 3 | 0.081 469 | LG7 | 9718937 | 9720705 | 1 225 | Galactinol synthase |
| CEY00 _ Acc08057 | 11.825 472 | 0.938 725 9 | 3.655 | 0.018 423 | 0.152 18 | LG7 | 9743984 | 9744422 | 439 | Protein NIM1-INTERACTING 3 like |
| CEY00 _ Acc08058 | 1 105.862 3 | 458.290 76 | 1.270 8 | 0.014 544 | 0.129 84 | LG7 | 9762638 | 9767392 | 2 804 | NAC domain-containing protein |
| CEY00 _ Acc08060 | 25.339 656 | 99.446 99 | −1.972 5 | 0.005 743 8 | 0.067 768 | LG7 | 9807617 | 9818379 | 2 206 | GDP-fucose protein O-fucosyltrans-ferase protein |
| CEY00 _ Acc08062 | 309.406 4 | 75.818 28 | 2.028 9 | 0.006 486 | 0.073 828 | LG7 | 9858485 | 9863170 | 2 158 | Cysteine desulfurase |
| CEY00 _ Acc08063 | 29 024.282 | 64 876.378 | −1.160 4 | 0.049 59 | 0.286 91 | LG7 | 9895263 | 9899976 | 1 569 | alcohol dehydrogenase |

（续）

| 基因 ID | miR160VS1 序列/条 | CK1 序列/条 | $log_2FC$ | *P* 值 | FDR | 染色体 | 起始位点 | 终止位点 | 长度/bp | 基因描述 |
|---|---|---|---|---|---|---|---|---|---|---|
| CEY00 _ Acc08077 | 4.224 406 8 | 53.226 531 | −3.655 3 | $9.4\times10^{-5}$ | 0.003 133 4 | LG7 | 10226530 | 10227316 | 787 | Protein IDA-LIKE 2 like |
| CEY00 _ Acc08081 | 1 468.461 1 | 3 723.965 4 | −1.342 5 | 0.003 126 8 | 0.043 73 | LG7 | 10412960 | 10416352 | 3 114 | Actin-7 |
| CEY00 _ Acc08082 | 196.194 93 | 596.048 81 | −1.603 1 | 0.000 821 4 | 0.016 71 | LG7 | 10478550 | 10480588 | 1 860 | Actin-7 like |
| CEY00 _ Acc08097 | 20.349 182 | 0.923 255 8 | 4.462 1 | 0.000 571 4 | 0.012 657 | LG7 | 10885453 | 10888803 | 1 091 | Ethylene-responsive transcription factor |
| CEY00 _ Acc08110 | 10.859 006 | 42.289 752 | −1.961 4 | 0.020 122 | 0.161 5 | LG7 | 13854141 | 13858544 | 1 703 | Histidine kinase |
| CEY00 _ Acc08115 | 48.147 229 | 132.757 82 | −1.463 3 | 0.027 703 | 0.198 66 | LG16 | 15838245 | 15846691 | 2 638 | GPI mannosyltransferase |
| CEY00 _ Acc08117 | 1 761.596 3 | 61.982 832 | 4.828 9 | $1.12\times10^{-5}$ | 0.000 588 5 | LG7 | 14631585 | 14634431 | 1 519 | D-galacturonate reductase |
| CEY00 _ Acc08118 | 13 138.47 | 793.891 66 | 4.048 7 | $5.29\times10^{-12}$ | $2.42\times10^{-9}$ | LG7 | 14660649 | 14671072 | 1 274 | D-galacturonate reductase |
| CEY00 _ Acc08121 | 7 465.136 5 | 284.505 35 | 4.713 6 | $2.58\times10^{-7}$ | $2.77\times10^{-5}$ | LG7 | 14829267 | 14834832 | 1 765 | Glutamate decarboxylase |
| CEY00 _ Acc08131 | 140.782 36 | 1.431 294 1 | 6.62 | 0.007 912 6 | 0.084 839 | LG7 | 15268627 | 15270329 | 1 263 | Lignin-forming anionic peroxidase |
| CEY00 _ Acc08132 | 1 253.603 6 | 62.211 203 | 4.332 8 | 0.000 267 8 | 0.007 104 5 | LG7 | 15344304 | 15346033 | 1 302 | Lignin-forming anionic peroxidase |
| CEY00 _ Acc08137 | 186.403 66 | 44.305 069 | 2.072 9 | 0.000 113 6 | 0.003 629 1 | LG7 | 15559478 | 15563155 | 3 678 | Phytosulfokine receptor 1 like |
| CEY00 _ Acc08138 | 965.163 65 | 146.933 8 | 2.715 6 | $2.45\times10^{-5}$ | 0.001 104 5 | LG7 | 15582546 | 15596409 | 1 641 | Aldo-keto reductase family 4 member like |
| CEY00 _ Acc08141 | 922.372 89 | 413.083 77 | 1.158 9 | 0.049 61 | 0.286 91 | LG7 | 15701543 | 15715049 | 2 620 | DEP domain-containing mTOR-interacting protein |
| CEY00 _ Acc08152 | 31.032 537 | 6.322 110 4 | 2.295 3 | 0.021 278 | 0.167 73 | LG7 | 16127066 | 16129420 | 2 355 | U-box domain-containing protein |
| CEY00 _ Acc08157 | 29.351 355 | 4.377 729 9 | 2.745 2 | 0.005 885 9 | 0.069 056 | LG7 | 16198640 | 16202671 | 1 326 | Serine/threonine-protein kinase |

（续）

| 基因 ID | miR160VS1 序列/条 | CK1 序列/条 | $log_2FC$ | $P$ 值 | FDR | 染色体 | 起始位点 | 终止位点 | 长度/bp | 基因描述 |
| --- | --- | --- | --- | --- | --- | --- | --- | --- | --- | --- |
| CEY00_Acc08165 | 23.015 101 | 5.328 244 5 | 2.110 8 | 0.029 075 | 0.204 71 | LG7 | 16535979 | 16539887 | 1 342 | 1, 4-dihydroxy-2-naphthoyl-CoA synthase, peroxisomal like |
| CEY00_Acc08169 | 380.552 2 | 1 454.594 8 | −1.934 5 | 0.000 230 2 | 0.006 315 4 | LG7 | 16616920 | 16621842 | 4 038 | E3 ubiquitin-protein like |
| CEY00_Acc08176 | 26.576 201 | 2.728 526 9 | 3.283 9 | 0.012 252 | 0.115 45 | LG7 | 16752319 | 16757269 | 4 186 | Cysteine-rich receptor-like protein kinase |
| CEY00_Acc08178 | 73.026 805 | 330.081 57 | −2.176 3 | 0.000 226 5 | 0.006 229 | LG7 | 16803040 | 16818475 | 5 033 | Alpha-glucan water dikinase |
| CEY00_Acc08181 | 45.445 421 | 229.589 33 | −2.336 8 | 0.000 243 9 | 0.006 585 6 | LG7 | 16892050 | 16896273 | 1 749 | Lipase |
| CEY00_Acc08186 | 47.693 055 | 12.731 75 | 1.905 3 | 0.009 455 | 0.096 331 | LG7 | 16987665 | 16994905 | 3 052 | Copper methylamine oxidase |
| CEY00_Acc08193 | 1 139.353 1 | 450.278 28 | 1.339 3 | 0.038 592 | 0.245 54 | LG7 | 17113423 | 17116720 | 1 364 | STI1-like protein |
| CEY00_Acc08204 | 1 051.527 9 | 426.251 54 | 1.302 7 | 0.004 994 9 | 0.061 078 | LG7 | 17244519 | 17251485 | 2 804 | Developmental and secondary metabolism regulator veA like |
| CEY00_Acc08206 | 52.355 715 | 17.822 312 | 1.554 7 | 0.028 887 | 0.203 99 | LG7 | 17277455 | 17288319 | 2 520 | Coilin like |
| CEY00_Acc08225 | 603.163 43 | 217.746 36 | 1.469 9 | 0.002 753 6 | 0.039 714 | LG7 | 17741249 | 17745042 | 1 848 | Carboxylesterase |
| CEY00_Acc08229 | 15.533 21 | 1.384 883 7 | 3.487 5 | 0.049 455 | 0.286 81 | LG7 | 17966397 | 17967423 | 485 | NADH-ubiquinone reductase complex 1 MLRQ subunit protein |
| CEY00_Acc08230 | 1 865.836 1 | 59.906 962 | 4.961 | $2.79\times10^{-7}$ | $2.96\times10^{-5}$ | LG7 | 17969350 | 17972586 | 1 562 | Glyceraldehyde-3-phosphate dehydrogenase |
| CEY00_Acc08243 | 66.921 602 | 20.879 231 | 1.680 4 | 0.009 597 1 | 0.097 315 | LG7 | 18098312 | 18106543 | 2 459 | adenylate kinase |
| CEY00_Acc08246 | 2.210 998 2 | 33.110 968 | −3.904 5 | 0.000 656 5 | 0.014 069 | LG7 | 18136167 | 18139658 | 889 | OTU domain-containing protein |

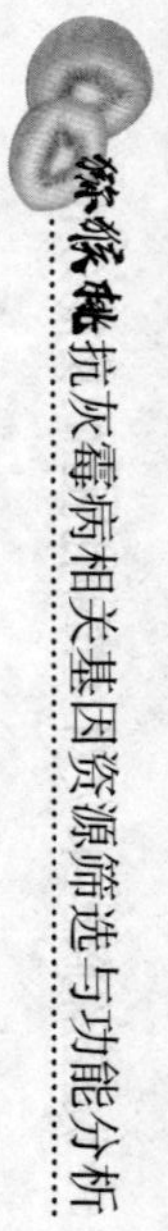


（续）

| 基因 ID | miR160VS1 序列/条 | CK1 序列/条 | $log_2FC$ | $P$ 值 | FDR | 染色体 | 起始位点 | 终止位点 | 长度/bp | 基因描述 |
|---|---|---|---|---|---|---|---|---|---|---|
| CEY00_Acc08247 | 23.066 509 | 6.171 212 3 | 1.902 2 | 0.031 528 | 0.216 29 | LG7 | 18177850 | 18179570 | 1 587 | Protein HYPER-SENSITIVITY-RELATED like |
| CEY00_Acc08248 | 9.092 990 5 | 41.164 967 | −2.178 6 | 0.021 009 | 0.166 52 | LG7 | 18183106 | 18189040 | 3 268 | U-box domain-containing protein |
| CEY00_Acc08266 | 1 331.918 1 | 203.219 98 | 2.712 4 | 0.000 325 | 0.008 185 8 | LG7 | 18541805 | 18544170 | 2 059 | Stress-associated endoplasmic reticulum protein |
| CEY00_Acc08268 | 9.292 987 1 | 28.681 657 | −1.625 9 | 0.044 269 | 0.267 33 | LG7 | 18616225 | 18616731 | 507 | Polycystic kidney disease protein |
| CEY00_Acc08274 | 1 139.508 | 71.941 96 | 3.985 4 | 0.002 437 3 | 0.036 261 | LG7 | 18773923 | 18779016 | 708 | WRKY transcription factor |
| CEY00_Acc08277 | 10.445 9 | 0.219 397 4 | 5.573 2 | 0.042 398 | 0.260 49 | LG7 | 18853689 | 18856029 | 1 428 | Heavy metal-associated isoprenylated plant protein |
| CEY00_Acc08280 | 3 881.830 6 | 1 098.169 3 | 1.821 6 | 0.000 243 1 | 0.006 570 8 | LG7 | 18870509 | 18875649 | 2 262 | Glucose-6-phosphate 1-dehydrogenase |
| CEY00_Acc08281 | 72.890 999 | 157.753 04 | −1.113 9 | 0.039 793 | 0.250 36 | LG7 | 18905759 | 18909081 | 1 685 | ACT domain-containing protein |
| CEY00_Acc08288 | 697.997 14 | 6 125.850 5 | −3.133 6 | $7.76\times10^{-9}$ | $1.33\times10^{-6}$ | LG7 | 19028277 | 19029750 | 1 151 | NAC domain-containing protein |
| CEY00_Acc08305 | 44.879 35 | 114.332 62 | −1.349 1 | 0.033 627 | 0.225 51 | LG7 | 19355737 | 19378126 | 3 336 | ADP-ribosylation factor GTPase-activating protein |
| CEY00_Acc08317 | 3 838.347 | 907.042 13 | 2.081 2 | 0.001 447 3 | 0.025 123 | LG7 | 19968265 | 19973593 | 3 296 | F-box/kelch-repeat protein |
| CEY00_Acc08332 | 59.507 039 | 148.651 85 | −1.320 8 | 0.024 996 | 0.186 32 | LG8 | 247350 | 252434 | 1 145 | GRF1-interacting factor like |
| CEY00_Acc08335 | 83.305 734 | 209.175 87 | −1.328 2 | 0.036 156 | 0.235 6 | LG8 | 286515 | 297850 | 2 417 | CDPK-related kinase |
| CEY00_Acc08338 | 88.722 553 | 32.161 524 | 1.464 | 0.024 404 | 0.183 37 | LG8 | 375707 | 377609 | 1 903 | AAA-ATPase |

（续）

| 基因 ID | miR160VS1 序列/条 | CK1 序列/条 | $log_2FC$ | P 值 | FDR | 染色体 | 起始位点 | 终止位点 | 长度/bp | 基因描述 |
|---|---|---|---|---|---|---|---|---|---|---|
| CEY00 _ Acc08340 | 112.757 33 | 18.738 204 | 2.589 2 | 0.012 689 | 0.118 31 | LG8 | 402536 | 410120 | 4 329 | U-box domain-containing protein |
| CEY00 _ Acc08351 | 116.321 95 | 908.114 39 | −2.964 8 | $4.1\times10^{-7}$ | $4.06\times10^{-5}$ | LG8 | 523375 | 526047 | 1 660 | Glucosidase 2 subunit beta like |
| CEY00 _ Acc08366 | 591.980 57 | 1 371.734 5 | −1.212 4 | 0.029 168 | 0.205 1 | LG8 | 745260 | 752918 | 4 189 | 5-methyltetrahydropteroyltriglutamate-homocysteine methyltransferase |
| CEY00 _ Acc08377 | 147.831 61 | 560.724 65 | −1.923 3 | 0.000 356 3 | 0.008 805 | LG8 | 909952 | 929312 | 2 332 | Biotin carboxylase |
| CEY00 _ Acc08379 | 47.750 044 | 181.100 36 | −1.923 2 | 0.003 232 4 | 0.044 77 | LG8 | 971074 | 976395 | 2 690 | Neuron navigator like |
| CEY00 _ Acc08381 | 234.606 6 | 1 137.986 5 | −2.278 2 | $5.6\times10^{-6}$ | 0.000 338 4 | LG8 | 990977 | 991692 | 716 | RING-H2 finger protein |
| CEY00 _ Acc08382 | 838.840 55 | 51.922 655 | 4.014 | $1.3\times10^{-6}$ | 0.000 106 3 | LG8 | 1012421 | 1014061 | 1 641 | E3 ubiquitin-protein like |
| CEY00 _ Acc08383 | 750.127 02 | 3 084.679 1 | −2.039 9 | $9.48\times10^{-5}$ | 0.003 150 2 | LG8 | 1024807 | 1029984 | 3 761 | BEL1-like homeodomain protein |
| CEY00 _ Acc08387 | 20.796 17 | 0.715 647 1 | 4.860 9 | 0.000 320 2 | 0.008 101 8 | LG8 | 1104879 | 1105936 | 1 058 | DNA-directed RNA polymerase subunit beta like |
| CEY00 _ Acc08390 | 9 110.23 | 670.798 73 | 3.763 5 | $2.49\times10^{-10}$ | $7.09\times10^{-8}$ | LG8 | 1158289 | 1159241 | 953 | NDR1/HIN1-Like protein |
| CEY00 _ Acc08392 | 67.205 285 | 6.043 891 6 | 3.475 | 0.000 19 | 0.005 419 7 | LG8 | 1190197 | 1190964 | 768 | Protein Shroom3 like |
| CEY00 _ Acc08408 | 728.919 4 | 69.355 532 | 3.393 7 | 0.000 714 9 | 0.015 06 | LG8 | 1428105 | 1429124 | 1 020 | Serine/arginine repetitive matrix protein |
| CEY00 _ Acc08419 | 275.687 28 | 62.683 278 | 2.136 9 | 0.010 207 | 0.101 68 | LG8 | 1612205 | 1616292 | 4 001 | UPF0496 protein |
| CEY00 _ Acc08429 | 114.404 03 | 294.184 86 | −1.362 6 | 0.013 645 | 0.123 55 | LG8 | 1853018 | 1856347 | 823 | RAB6-interacting golgin like |
| CEY00 _ Acc08430 | 0 | 8.915 209 4 | — | 0.018 798 | 0.154 32 | LG8 | 1879418 | 1883632 | 2 274 | Protein priA like |

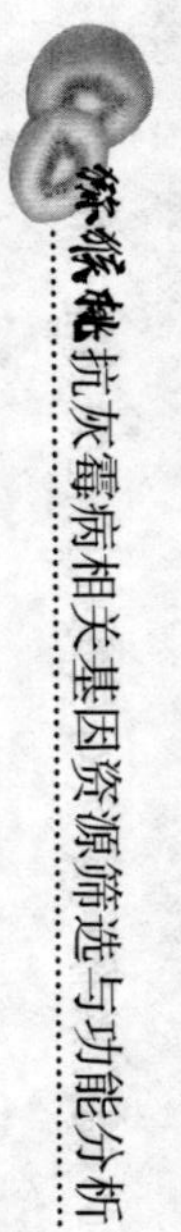




（续）

| 基因 ID | miR160VS1 序列/条 | CK1 序列/条 | $log_2$FC | *P* 值 | FDR | 染色体 | 起始位点 | 终止位点 | 长度/bp | 基因描述 |
|---|---|---|---|---|---|---|---|---|---|---|
| CEY00_Acc08431 | 725.888 27 | 21.669 658 | 5.066 | $2.27\times10^{-14}$ | $2.49\times10^{-11}$ | LG8 | 1896768 | 1897660 | 893 | Soluble scavenger receptor cysteine-rich domain-containing protein |
| CEY00_Acc08436 | 464.378 31 | 168.033 6 | 1.466 6 | 0.012 324 | 0.115 99 | LG8 | 1950134 | 1958043 | 7 298 | Ribosome production factor like |
| CEY00_Acc08438 | 303.517 19 | 802.783 69 | −1.403 2 | 0.008 739 6 | 0.091 293 | LG8 | 1986494 | 1997536 | 6 075 | Transcriptional activator DEMETER like |
| CEY00_Acc08439 | 107.512 04 | 244.898 3 | −1.187 7 | 0.036 966 | 0.239 03 | LG8 | 2034002 | 2034930 | 929 | Peroxiredoxin-2E like |
| CEY00_Acc08451 | 57.116 013 | 4.709 099 8 | 3.600 4 | 0.001 858 1 | 0.030 019 | LG8 | 2217315 | 2221079 | 1 778 | Protein DMR6-LIKE OXYGENASE 1 like |
| CEY00_Acc08452 | 120.551 57 | 7.872 117 7 | 3.936 8 | 0.005 571 7 | 0.066 38 | LG8 | 2227835 | 2244735 | 1 581 | UDP-glycosyltransferase |
| CEY00_Acc08453 | 377.356 58 | 7.571 688 1 | 5.639 2 | $2.09\times10^{-18}$ | $1.38\times10^{-14}$ | LG8 | 2298024 | 2299688 | 1 665 | UDP-glycosyltransferase |
| CEY00_Acc08456 | 100.456 66 | 17.866 733 | 2.491 2 | 0.002 000 8 | 0.031 642 | LG8 | 2326690 | 2328363 | 1 674 | UDP-glycosyltransferase |
| CEY00_Acc08461 | 6.915 072 8 | 84.336 069 | −3.608 3 | $6.17\times10^{-7}$ | $5.74\times10^{-5}$ | LG8 | 2390750 | 2392874 | 1 115 | Aquaporin TIP1-1 like |
| CEY00_Acc08469 | 4 014.391 8 | 852.484 21 | 2.235 4 | $5.68\times10^{-6}$ | 0.000 342 1 | LG8 | 2491636 | 2495356 | 3 721 | S-adenosylmethionine synthase |
| CEY00_Acc08473 | 16 526.817 | 3 823.215 4 | 2.112 | 0.000 390 5 | 0.009 473 4 | LG8 | 2569487 | 2572488 | 1 493 | Heavy metal-associated isoprenylated plant protein |
| CEY00_Acc08475 | 173.568 57 | 18.984 238 | 3.192 6 | 0.012 88 | 0.119 41 | LG8 | 2594040 | 2595823 | 1 650 | UDP-glycosyltransferase |
| CEY00_Acc08478 | 426.381 68 | 24.592 516 | 4.115 9 | 0.001 231 5 | 0.022 355 | LG8 | 2618315 | 2622029 | 1 252 | Receptor-like protein kinase |
| CEY00_Acc08492 | 84.074 098 | 5.232 608 3 | 4.006 1 | 0.003 657 1 | 0.048 44 | LG8 | 2855367 | 2863659 | 2 154 | MLO-like protein |
| CEY00_Acc08507 | 16.333 161 | 0 | — | 0.009 999 6 | 0.100 1 | LG8 | 3042853 | 3047084 | 2 041 | Floral homeotic protein like |

（续）

| 基因 ID | miR160VS1 序列/条 | CK1 序列/条 | $log_2FC$ | $P$ 值 | FDR | 染色体 | 起始位点 | 终止位点 | 长度/bp | 基因描述 |
|---|---|---|---|---|---|---|---|---|---|---|
| CEY00_Acc08516 | 14.991 393 | 52.780 739 | −1.815 9 | 0.016 218 | 0.139 83 | LG8 | 3239864 | 3246004 | 1 599 | ACT domain-containing protein |
| CEY00_Acc08524 | 21.978 954 | 1.108 031 4 | 4.310 1 | 0.000 583 4 | 0.012 836 | LG8 | 3378169 | 3380983 | 1 523 | Heavy metal-associated isoprenylated plant protein |
| CEY00_Acc08527 | 870.274 93 | 133.172 69 | 2.708 2 | 0.009 436 7 | 0.096 251 | LG8 | 3395524 | 3402214 | 2 734 | Receptor-like protein kinase |
| CEY00_Acc08528 | 67.466 282 | 13.967 224 | 2.272 1 | 0.004 061 9 | 0.052 5 | LG8 | 3416709 | 3417306 | 598 | Auxin-responsive protein |
| CEY00_Acc08530 | 2 042.477 2 | 6 426.750 6 | −1.653 8 | 0.001 513 6 | 0.025 931 | LG8 | 3437567 | 3441217 | 2 670 | Phenylalanine ammonia-lyase |
| CEY00_Acc08533 | 900.413 69 | 1 832.743 5 | −1.025 3 | 0.026 283 | 0.192 35 | LG8 | 3482236 | 3485680 | 1 491 | RNA recognition motif domain protein |
| CEY00_Acc08534 | 85.445 045 | 445.008 38 | −2.380 8 | $3.83\times10^{-5}$ | 0.001 569 8 | LG8 | 3506669 | 3511682 | 3 324 | Auxin response factor like |
| CEY00_Acc08539 | 163.127 21 | 420.717 03 | −1.366 9 | 0.022 441 | 0.173 81 | LG8 | 3567614 | 3582141 | 2 442 | Catabolite repression protein creC |
| CEY00_Acc08541 | 11 011.712 | 2 872.548 1 | 1.938 6 | 0.001 119 8 | 0.020 953 | LG8 | 3614223 | 3616821 | 1 874 | Ubiquitin precursor isoform 2 |
| CEY00_Acc08542 | 7.369 993 9 | 48.884 207 | −2.729 6 | 0.003 321 6 | 0.045 526 | LG8 | 3627188 | 3636475 | 1 926 | MLO-like protein |
| CEY00_Acc08547 | 15.342 349 | 59.870 742 | −1.964 3 | 0.017 543 | 0.147 58 | LG8 | 3698073 | 3707992 | 2 428 | Protein IQ-DOMAIN like |
| CEY00_Acc08548 | 164.242 3 | 72.093 871 | 1.187 9 | 0.029 28 | 0.205 52 | LG8 | 3714098 | 3717060 | 2 789 | 40S ribosomal protein S23 |
| CEY00_Acc08582 | 520.016 41 | 183.854 61 | 1.5 | 0.003 419 | 0.046 415 | LG8 | 4180643 | 4184039 | 2 145 | Protein like |
| CEY00_Acc08586 | 2 757.059 | 250.432 09 | 3.460 6 | $6.08\times10^{-9}$ | $1.09\times10^{-6}$ | LG8 | 4230746 | 4235998 | 1 979 | Protein kinase |
| CEY00_Acc08593 | 358.687 89 | 24.747 218 | 3.857 4 | $2.95\times10^{-6}$ | 0.000 201 6 | LG8 | 4318186 | 4319677 | 1 038 | 2-oxoglutarate-dependent dioxygenase |

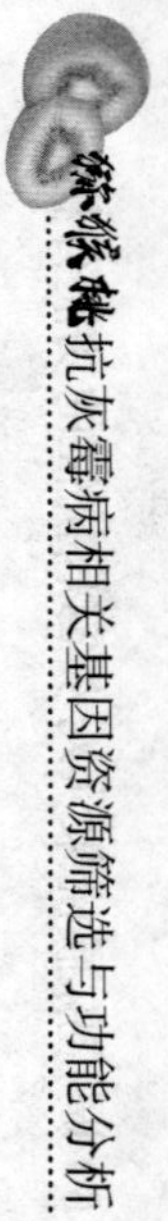


（续）

| 基因 ID | miR160VS1 序列/条 | CK1 序列/条 | $log_2FC$ | $P$ 值 | FDR | 染色体 | 起始位点 | 终止位点 | 长度/bp | 基因描述 |
|---|---|---|---|---|---|---|---|---|---|---|
| CEY00 _ Acc08594 | 392.985 07 | 26.671 08 | 3.881 1 | $3.07\times10^{-5}$ | 0.001 317 | LG8 | 4333396 | 4334890 | 1 041 | 2-oxoglutarate-dependent dioxygenase |
| CEY00 _ Acc08595 | 14.170 707 | 0 | — | 0.000 913 | 0.018 08 | LG8 | 4337486 | 4337857 | 372 | Protein SON like |
| CEY00 _ Acc08599 | 560.971 74 | 99.604 168 | 2.493 7 | $1.26\times10^{-5}$ | 0.000 646 | LG8 | 4375904 | 4377761 | 1 858 | Kinesin-like protein |
| CEY00 _ Acc08615 | 2 025.565 1 | 746.985 59 | 1.439 2 | 0.001 618 3 | 0.027 235 | LG8 | 4592761 | 4598596 | 1 580 | Phosphatidylinositol：ceramide inositolphosphotransferase |
| CEY00 _ Acc08616 | 2 597.638 9 | 438.798 34 | 2.565 6 | $4.62\times10^{-7}$ | $4.5\times10^{-5}$ | LG8 | 4607331 | 4613433 | 1 992 | Serine/threonine-protein kinase |
| CEY00 _ Acc08617 | 14.471 514 | 212.691 9 | −3.877 5 | $2.73\times10^{-9}$ | $5.67\times10^{-7}$ | LG8 | 4614558 | 4618072 | 850 | E3 ubiquitin-protein like |
| CEY00 _ Acc08623 | 55.524 445 | 7.221 166 6 | 2.942 8 | 0.000 250 4 | 0.006 713 4 | LG8 | 4664853 | 4674951 | 1 940 | Anion transporter 3 like |
| CEY00 _ Acc08632 | 31.246 794 | 1.192 745 1 | 4.711 4 | $5.46\times10^{-5}$ | 0.002 077 5 | LG8 | 4780732 | 4784479 | 2 095 | Protein NRT1/PTR FAMILY 5.5 like |
| CEY00 _ Acc08642 | 2.979 874 5 | 41.906 015 | −3.813 8 | 0.001 375 9 | 0.024 202 | LG8 | 5002184 | 5006291 | 1 875 | High mobility group B protein |
| CEY00 _ Acc08643 | 4.744 285 4 | 32.569 134 | −2.779 2 | 0.007 372 3 | 0.080 808 | LG8 | 5007698 | 5013211 | 2 486 | High mobility group B protein |
| CEY00 _ Acc08653 | 643.399 05 | 49.241 295 | 3.707 8 | $9.23\times10^{-7}$ | $8.07\times10^{-5}$ | LG8 | 5152542 | 5154663 | 1 240 | Trihelix transcription factor GT-3b like |
| CEY00 _ Acc08655 | 844.889 88 | 360.751 25 | 1.227 8 | 0.035 963 | 0.234 57 | LG8 | 5177152 | 5181365 | 1 780 | Omega-3 fatty acid desaturase |
| CEY00 _ Acc08660 | 625.092 89 | 304.940 12 | 1.035 5 | 0.026 067 | 0.191 42 | LG8 | 5238283 | 5251821 | 3 330 | AMP deaminase |
| CEY00 _ Acc08662 | 593.703 36 | 229.569 8 | 1.370 8 | 0.003 948 1 | 0.051 352 | LG8 | 5282742 | 5288873 | 1 778 | ERBB-3 BINDING PROTEIN 1 like |
| CEY00 _ Acc08682 | 871.921 78 | 11 425.658 | −3.711 9 | $1.62\times10^{-11}$ | $6.5\times10^{-9}$ | LG11 | 13322129 | 13323767 | 1 134 | Expansin-A1 like |

（续）

| 基因 ID | miR160VS1 序列/条 | CK1 序列/条 | $log_2FC$ | $P$ 值 | FDR | 染色体 | 起始位点 | 终止位点 | 长度/bp | 基因描述 |
|---|---|---|---|---|---|---|---|---|---|---|
| CEY00_Acc08688 | 225.277 61 | 24.948 668 | 3.174 7 | $1.27\times10^{-7}$ | $1.54\times10^{-5}$ | LG11 | 13244607 | 13247032 | 1 481 | Thaumatin-like protein |
| CEY00_Acc08690 | 392.628 87 | 195.220 38 | 1.008 1 | 0.048 953 | 0.285 3 | LG11 | 13220405 | 13227718 | 2 556 | Serine/arginine-rich splicing factor like |
| CEY00_Acc08702 | 131.258 16 | 9.526 490 7 | 3.784 3 | $9.09\times10^{-9}$ | $1.53\times10^{-6}$ | LG8 | 5396828 | 5397727 | 900 | Abscisic acid receptor like |
| CEY00_Acc08717 | 1 847.796 3 | 112.197 34 | 4.041 7 | 0.006 681 9 | 0.075 48 | LG8 | 5588464 | 5590549 | 1 266 | Protein LURP-one-related like |
| CEY00_Acc08719 | 89.383 688 | 4.709 099 8 | 4.246 5 | 0.005 570 4 | 0.066 38 | LG8 | 5641258 | 5643622 | 977 | Protein LURP-one-related like |
| CEY00_Acc08726 | 834.141 48 | 3 242.399 7 | −1.958 7 | 0.000 246 2 | 0.006 629 2 | LG8 | 5731618 | 5735304 | 3 687 | CBL-interacting protein kinase |
| CEY00_Acc08727 | 48.258 38 | 334.462 46 | −2.793 | $5.4\times10^{-6}$ | 0.000 33 | LG8 | 5742829 | 5744041 | 1 213 | Transcription repressor like |
| CEY00_Acc08733 | 212.569 64 | 488.396 67 | −1.200 1 | 0.040 367 | 0.252 49 | LG8 | 5819515 | 5832658 | 3 232 | B3 domain-containing transcription repressor like |
| CEY00_Acc08745 | 19.362 382 | 1.142 653 2 | 4.082 8 | 0.002 324 4 | 0.035 117 | LG8 | 5941228 | 5942268 | 933 | Protein LURP-one-related like |
| CEY00_Acc08765 | 297.963 49 | 758.707 72 | −1.348 4 | 0.006 351 8 | 0.072 674 | LG8 | 6342769 | 6348549 | 2 593 | Heterogeneous nuclear ribonucleoprotein like |
| CEY00_Acc08772 | 40.893 144 | 12.474 171 | 1.712 9 | 0.019 507 | 0.157 93 | LG8 | 6502204 | 6504327 | 2 124 | Glycerol-3-phosphate dehydrogenase |
| CEY00_Acc08778 | 68.900 782 | 221.435 94 | −1.684 3 | 0.006 729 1 | 0.075 752 | LG8 | 6618245 | 6628137 | 5 877 | Glutamyl-tRNA (Gln) amidotransferase subunit B like |
| CEY00、Acc08785 | 550.125 12 | 45.486 391 | 3.596 3 | $2.69\times10^{-7}$ | $2.88\times10^{-5}$ | LG8 | 6818075 | 6819706 | 1 632 | Crocetin glucosyltransferase |
| CEY00_Acc08787 | 684.522 99 | 46.346 888 | 3.884 6 | $2.63\times10^{-12}$ | $1.35\times10^{-9}$ | LG8 | 6871159 | 6872591 | 1 433 | Crocetin glucosyltransferase |
| CEY00_Acc08808 | 230.118 62 | 99.929 867 | 1.203 4 | 0.027 189 | 0.196 34 | LG8 | 7568130 | 7574876 | 535 | Small ubiquitin-related modifier like |

（续）

| 基因 ID | miR160VS1 序列/条 | CK1 序列/条 | $\log_2$FC | *P* 值 | FDR | 染色体 | 起始位点 | 终止位点 | 长度/bp | 基因描述 |
|---|---|---|---|---|---|---|---|---|---|---|
| CEY00_Acc08819 | 432.617 44 | 24.048 285 | 4.169 1 | $1.17\times10^{-10}$ | $3.82\times10^{-8}$ | LG8 | 7797039 | 7800243 | 3 205 | Leucine-rich repeat receptor protein kinase |
| CEY00_Acc08831 | 1 099.400 2 | 53.387 677 | 4.364 1 | 0.000 987 9 | 0.019 138 | LG8 | 8075238 | 8076644 | 1 407 | Ethylene-responsive transcription factor |
| CEY00_Acc08836 | 1 140.568 7 | 53.577 284 | 4.412 | $5.83\times10^{-8}$ | $7.89\times10^{-6}$ | LG8 | 8132662 | 8135819 | 3 158 | Receptor-like protein kinase |
| CEY00_Acc08852 | 14.927 639 | 48.295 423 | −1.693 9 | 0.047 915 | 0.281 2 | LG8 | 20492062 | 20496110 | 3 257 | Membrane steroid-binding protein |
| CEY00_Acc08853 | 241.687 27 | 7.564 325 2 | 4.997 8 | $6.91\times10^{-5}$ | 0.002 485 8 | LG8 | 20530729 | 20533036 | 1 742 | Ankyrin repeat-containing protein |
| CEY00_Acc08854 | 52.444 927 | 9.992 422 4 | 2.391 9 | 0.000 713 5 | 0.015 044 | LG8 | 20548875 | 20550304 | 1 163 | Pre-mRNA-splicing factor like |
| CEY00_Acc08867 | 24.950 896 | 74.222 744 | −1.572 8 | 0.005 566 3 | 0.066 364 | LG8 | 8613987 | 8630589 | 1 379 | Transcription factor bHLH128 like |
| CEY00_Acc08869 | 75.241 704 | 33.142 978 | 1.182 8 | 0.042 464 | 0.260 7 | LG8 | 8654822 | 8658087 | 1 409 | Pirin-like protein |
| CEY00_Acc08881 | 2 470.518 7 | 622.247 67 | 1.989 3 | 0.000 104 5 | 0.003 408 6 | LG8 | 8950549 | 8957976 | 2 275 | MACPF domain-containing protein |
| CEY00_Acc08929 | 757.492 92 | 368.629 98 | 1.039 1 | 0.048 641 | 0.284 11 | LG8 | 10423227 | 10424922 | 1 696 | Shewanella-like protein |
| CEY00_Acc08931 | 102.407 17 | 251.836 12 | −1.298 2 | 0.038 858 | 0.246 62 | LG8 | 10498193 | 10505539 | 1 800 | Ankyrin repeat protein |
| CEY00_Acc08932 | 48.060 881 | 287.476 19 | −2.580 5 | $1.39\times10^{-6}$ | 0.000 112 7 | LG8 | 10581513 | 10582265 | 753 | Cell wall integrity and stress response component 1 like |
| CEY00_Acc08936 | 29.471 642 | 2.385 490 2 | 3.627 | 0.000 179 2 | 0.005 213 2 | LG8 | 10738469 | 10740595 | 1 464 | inactive leucine-rich repeat receptor-like protein kinase |
| CEY00_Acc08937 | 1 162.099 2 | 77.877 221 | 3.899 4 | 0.001 307 5 | 0.023 386 | LG8 | 10750520 | 10759496 | 3 401 | Protein tweety-2 like |

（续）

| 基因 ID | miR160VS1 序列/条 | CK1 序列/条 | $log_2FC$ | $P$ 值 | FDR | 染色体 | 起始位点 | 终止位点 | 长度/bp | 基因描述 |
|---|---|---|---|---|---|---|---|---|---|---|
| CEY00 _ Acc08956 | 211. 305 21 | 454. 443 75 | −1. 104 8 | 0. 045 681 | 0. 272 36 | LG8 | 11400767 | 11414432 | 7 771 | ATPase family AAA domain-containing protein |
| CEY00 _ Acc08959 | 67. 103 179 | 3. 801 314 2 | 4. 141 8 | 0. 012 943 | 0. 119 86 | LG8 | 11466467 | 11467694 | 929 | Endochitinase |
| CEY00 _ Acc08964 | 49. 518 066 | 131. 691 94 | −1. 411 1 | 0. 028 756 | 0. 203 42 | LG8 | 11636125 | 11649710 | 2 121 | Biotin synthase |
| CEY00 _ Acc08977 | 17. 980 403 | 4. 555 886 8 | 1. 980 6 | 0. 043 07 | 0. 262 81 | LG8 | 12040593 | 12045609 | 2 112 | Calcium and calcium/calmodulin-dependent serine/threonine-protein kinase |
| CEY00 _ Acc08993 | 3 097. 412 6 | 7 047. 894 1 | −1. 186 1 | 0. 013 578 | 0. 123 38 | LG8 | 12842440 | 12846508 | 1 099 | Ubiquitin-associated and SH3 domain-containing protein |
| CEY00 _ Acc08999 | 0 | 8. 198 818 1 | — | 0. 026 031 | 0. 191 22 | LG8 | 12962977 | 12964859 | 1 246 | 2-oxoglutarate-dependent dioxygenase AOP1. 2 |
| CEY00 _ Acc09000 | 133. 060 49 | 284. 035 32 | −1. 094 | 0. 049 054 | 0. 285 64 | LG8 | 12976092 | 12992725 | 6 681 | Helicase |
| CEY00 _ Acc09018 | 796. 798 69 | 2 813. 029 6 | −1. 819 8 | 0. 000 147 | 0. 004 467 9 | LG8 | 13609686 | 13610382 | 697 | Lipid-binding protein precursor |
| CEY00 _ Acc09025 | 243. 292 45 | 34. 440 455 | 2. 820 5 | 0. 000 208 5 | 0. 005 825 8 | LG8 | 13751674 | 13752614 | 941 | Auxin-responsive protein |
| CEY00 _ Acc09053 | 135. 265 05 | 48. 413 932 | 1. 482 3 | 0. 009 274 4 | 0. 095 067 | LG8 | 14162404 | 14167423 | 1 317 | KH domain-containing protein |
| CEY00 _ Acc09055 | 18 489. 026 | 2 217. 282 7 | 3. 059 8 | 0. 000 536 9 | 0. 012 081 | LG8 | 14175054 | 14178598 | 2 586 | 60S ribosomal protein L10 |
| CEY00 _ Acc09057 | 150. 793 15 | 599. 900 91 | −1. 992 2 | 0. 000 195 | 0. 005 524 1 | LG8 | 14227535 | 14232033 | 2 111 | Root phototropism protein |
| CEY00 _ Acc09061 | 121. 228 6 | 312. 736 06 | −1. 367 2 | 0. 021 575 | 0. 169 26 | LG8 | 14294035 | 14304145 | 1 920 | Protein SAD1/UNC-84 domain protein |

（续）

| 基因 ID | miR160VS1 序列/条 | CK1 序列/条 | $\log_2$FC | *P* 值 | FDR | 染色体 | 起始位点 | 终止位点 | 长度/bp | 基因描述 |
|---|---|---|---|---|---|---|---|---|---|---|
| CEY00_Acc09065 | 342.810 05 | 158.340 4 | 1.114 4 | 0.036 506 | 0.236 94 | LG8 | 14350457 | 14359505 | 2 354 | Ankyrin repeat and zinc finger domain-containing protein |
| CEY00_Acc09100 | 95.640 634 | 15.429 458 | 2.631 9 | 0.005 914 8 | 0.069 288 | LG8 | 17364646 | 17372568 | 1 986 | Shaggy-related protein kinase |
| CEY00_Acc09101 | 31.798 148 | 1.908 392 2 | 4.058 5 | 0.000 799 8 | 0.016 426 | LG8 | 17375473 | 17376179 | 707 | BON1-associated protein |
| CEY00_Acc09102 | 306.879 77 | 27.163 648 | 3.497 9 | 0.006 335 7 | 0.072 58 | LG8 | 17381013 | 17381709 | 697 | BON1-associated protein |
| CEY00_Acc09103 | 13.111 017 | 49.772 139 | −1.924 6 | 0.033 795 | 0.226 18 | LG8 | 17411304 | 17416408 | 2 451 | TRNA (guanine(26)-N(2))-dimethyltransferase |
| CEY00_Acc09106 | 174.253 62 | 28.248 237 | 2.625 | $1.6\times10^{-5}$ | 0.000 793 1 | LG8 | 17457834 | 17462901 | 1 155 | (+)-neomenthol dehydrogenase |
| CEY00_Acc09113 | 89.496 955 | 216.032 25 | −1.271 3 | 0.032 927 | 0.222 36 | LG8 | 17636878 | 17644855 | 1 430 | Cleavage/polyadenylation specificity factor subunit 5 protein |
| CEY00_Acc09117 | 21.406 464 | 2.593 098 9 | 3.045 3 | 0.003 510 6 | 0.047 25 | LG8 | 17682866 | 17683693 | 828 | hypothetical protein |
| CEY00_Acc09125 | 173.657 84 | 67.163 303 | 1.370 5 | 0.043 168 | 0.263 04 | LG8 | 16333003 | 16336935 | 3 397 | 60S ribosomal protein like |
| CEY00_Acc09128 | 400.494 69 | 154.933 49 | 1.370 1 | 0.005 664 9 | 0.067 101 | LG8 | 16268428 | 16271575 | 1 775 | Inactive 5-amino-6-(5-phosphoribosylamino)uracil reductase |
| CEY00_Acc09142 | 7.723 357 5 | 35.770 333 | −2.211 5 | 0.025 219 | 0.187 34 | LG8 | 16102057 | 16106670 | 3 801 | Origin of replication complex subunit like |
| CEY00_Acc09143 | 603.931 57 | 1 427.276 3 | −1.240 8 | 0.014 527 | 0.129 78 | LG8 | 16087227 | 16091479 | 4 253 | ATG8-interacting protein |
| CEY00_Acc09157 | 2 699.038 3 | 974.816 48 | 1.469 2 | 0.004 987 5 | 0.061 011 | LG8 | 15909250 | 15912032 | 2 783 | hypothetical protein |

（续）

| 基因 ID | miR160VS1 序列/条 | CK1 序列/条 | $log_2FC$ | $P$ 值 | FDR | 染色体 | 起始位点 | 终止位点 | 长度/bp | 基因描述 |
|---|---|---|---|---|---|---|---|---|---|---|
| CEY00_Acc09159 | 3.778 220 7 | 40.789 297 | −3.432 4 | 0.000 733 5 | 0.015 369 | LG8 | 15814843 | 15818246 | 1 061 | Coiled-coil domain-containing protein |
| CEY00_Acc09164 | 72.709 767 | 8.695 933 9 | 3.063 7 | 0.002 009 1 | 0.031 717 | LG8 | 15736913 | 15743716 | 2 113 | 1-aminocyclopropane-1-carboxylate synthase |
| CEY00_Acc09166 | 43.647 163 | 1.384 883 7 | 4.978 1 | $6.76\times10^{-7}$ | $6.23\times10^{-5}$ | LG8 | 15586720 | 15588701 | 1 299 | WRKY transcription factor |
| CEY00_Acc09174 | 50.833 828 | 5.159 683 3 | 3.300 4 | 0.015 481 | 0.135 39 | LG8 | 15313628 | 15315101 | 1 474 | Delta(8)-fatty-acid desaturase |
| CEY00_Acc09178 | 801.533 27 | 226.018 03 | 1.826 3 | 0.000 663 3 | 0.014 176 | LG8 | 15345854 | 15357936 | 3 732 | Phosphatidyl-myo-inositol mannosyltransferase |
| CEY00_Acc09180 | 445.854 25 | 116.187 99 | 1.940 1 | 0.000 316 | 0.008 026 4 | LG8 | 15362008 | 15368747 | 6 065 | Cleaved like |
| CEY00_Acc09181 | 35.523 812 | 176.368 68 | −2.311 7 | 0.000 293 8 | 0.007 596 8 | LG8 | 15388878 | 15391928 | 3 051 | F-box/kelch-repeat protein |
| CEY00_Acc09189 | 24.030 167 | 81.370 281 | −1.759 7 | 0.030 618 | 0.211 94 | LG8 | 15467344 | 15472278 | 1 708 | Glucose-6-phosphate 1-epimerase |
| CEY00_Acc09192 | 2 606.747 9 | 743.363 5 | 1.810 1 | 0.001 294 7 | 0.023 221 | LG8 | 15486413 | 15495509 | 766 | Ubiquitin-conjugating enzyme E2 10 |
| CEY00_Acc09193 | 825.995 03 | 125.862 88 | 2.714 3 | 0.002 668 3 | 0.038 768 | LG8 | 15500695 | 15501744 | 1 050 | Ethylene-responsive transcription factor |
| CEY00_Acc09194 | 11.844 602 | 115.444 84 | −3.284 9 | $3.26\times10^{-6}$ | 0.000 218 2 | LG8 | 15510708 | 15512128 | 989 | Plastid division protein |
| CEY00_Acc09203 | 106.708 97 | 9.785 436 | 3.446 9 | $1.42\times10^{-6}$ | 0.000 114 2 | LG8 | 14825424 | 14827132 | 1 709 | Hydroquinone glucosyltransferase |
| CEY00_Acc09204 | 77.845 875 | 15.080 547 | 2.367 9 | 0.012 953 | 0.119 89 | LG8 | 14836372 | 14838907 | 1 829 | WRKY transcription factor 53 |
| CEY00_Acc09206 | 10.475 771 | 0.681 025 3 | 3.943 2 | 0.024 712 | 0.184 74 | LG8 | 14865816 | 14867374 | 1 017 | Transcription factor TRY like |
| CEY00_Acc09209 | 2 001.506 2 | 4 481.991 7 | −1.163 1 | 0.010 421 | 0.103 18 | LG8 | 14898053 | 14902077 | 2 100 | Abscisic acid receptor like |

（续）

| 基因 ID | miR160VS1 序列/条 | CK1 序列/条 | $log_2FC$ | $P$ 值 | FDR | 染色体 | 起始位点 | 终止位点 | 长度/bp | 基因描述 |
|---|---|---|---|---|---|---|---|---|---|---|
| CEY00_Acc09210 | 325.139 92 | 1 088.903 8 | −1.743 7 | 0.038 736 | 0.246 12 | LG8 | 14920564 | 14924598 | 2 064 | Protein zntA like |
| CEY00_Acc09214 | 431.798 63 | 84.396 165 | 2.355 1 | 0.001 180 5 | 0.021 766 | LG8 | 15034170 | 15042176 | 3 513 | Cyclic nucleotide-gated ion channel like |
| CEY00_Acc09227 | 397.398 94 | 179.645 4 | 1.145 4 | 0.024 584 | 0.184 2 | LG13 | 11610503 | 11617169 | 6 667 | H/ACA ribonucleoprotein complex subunit like |
| CEY00_Acc09228 | 32.317 224 | 1.669 843 2 | 4.274 5 | 0.007 742 2 | 0.083 444 | LG8 | 16477407 | 16478048 | 642 | Sigma factor binding protein |
| CEY00_Acc09229 | 88.631 646 | 271.402 86 | −1.614 5 | 0.008 409 4 | 0.088 473 | LG8 | 16482761 | 16507115 | 5 500 | E3 ubiquitin-protein like |
| CEY00_Acc09272 | 1 130.694 4 | 96.448 814 | 3.551 3 | $1.56\times10^{-10}$ | $4.83\times10^{-8}$ | LG8 | 18940839 | 18943438 | 1 940 | Cytokinin dehydrogenase |
| CEY00_Acc09273 | 772.509 05 | 245.524 95 | 1.653 7 | 0.001 665 1 | 0.027 761 | LG8 | 18953631 | 18962364 | 2 422 | Glycerol-3-phosphate dehydrogenase |
| CEY00_Acc09279 | 79.735 132 | 15.065 159 | 2.404 | 0.000 754 1 | 0.015 72 | LG8 | 19057612 | 19061730 | 1 032 | Agamous-like MADS-box protein |
| CEY00_Acc09280 | 4 021.036 9 | 188.758 68 | 4.413 | $5.94\times10^{-14}$ | $5.75\times10^{-11}$ | LG8 | 19062610 | 19063697 | 1 088 | UPF0496 protein |
| CEY00_Acc09284 | 2.948 799 9 | 42.555 356 | −3.851 1 | 0.000 434 9 | 0.010 232 | LG8 | 19122417 | 19129625 | 1 361 | 50S ribosomal protein |
| CEY00_Acc09302 | 170.363 15 | 4.501 491 1 | 5.242 1 | 0.002 610 1 | 0.038 142 | LG8 | 19387151 | 19405529 | 1 870 | Carotenoid 9,10(9',10')-cleavage dioxygenase |
| CEY00_Acc09309 | 14.764 735 | 37.481 957 | −1.344 | 0.041 3 | 0.256 01 | LG8 | 19571572 | 19596362 | 4 238 | Telomerase reverse transcriptase |
| CEY00_Acc09315 | 2 125.025 8 | 1 011.245 6 | 1.071 3 | 0.044 242 | 0.267 25 | LG8 | 19684997 | 19685776 | 780 | Zinc finger A20 and AN1 domain-containing stress-associated protein |
| CEY00_Acc09318 | 477.227 22 | 205.450 15 | 1.215 9 | 0.011 806 | 0.112 5 | LG8 | 19751493 | 19757815 | 1 305 | Protein transport protein Sec61 subunit alpha like |

（续）

| 基因 ID | miR160VS1 序列/条 | CK1 序列/条 | $log_2FC$ | *P* 值 | FDR | 染色体 | 起始位点 | 终止位点 | 长度/bp | 基因描述 |
|---|---|---|---|---|---|---|---|---|---|---|
| CEY00_Acc09327 | 879.648 33 | 187.000 38 | 2.233 9 | $4.38\times10^{-5}$ | 0.001 744 5 | LG8 | 19904740 | 19919242 | 1 611 | Sirohydrochlorin ferrochelatase |
| CEY00_Acc09328 | 392.119 26 | 38.379 146 | 3.352 9 | $2.79\times10^{-5}$ | 0.001 218 4 | LG8 | 19920323 | 19927989 | 2 204 | GDP-fucose protein O-fucosyltransferase protein |
| CEY00_Acc09360 | 178.460 66 | 14.182 561 | 3.653 4 | 0.000 944 8 | 0.018 539 | LG8 | 20750931 | 20755764 | 4 834 | Disease resistance protein |
| CEY00_Acc09368 | 3.457 135 2 | 26.842 631 | −2.956 9 | 0.004 277 7 | 0.054 449 | LG8 | 20828271 | 20832181 | 3 132 | Mucin-12 like |
| CEY00_Acc09373 | 444.486 17 | 21.388 38 | 4.377 2 | $9.97\times10^{-14}$ | $8.86\times10^{-11}$ | LG8 | 20912664 | 20913559 | 789 | Glutathione transferase |
| CEY00_Acc09377 | 51.700 397 | 123.978 99 | −1.261 8 | 0.040 059 | 0.251 43 | LG8 | 21058986 | 21064025 | 2 224 | Transcription factor bHLH91 like |
| CEY00_Acc09380 | 531.092 6 | 49.231 077 | 3.431 3 | $2.17\times10^{-7}$ | $2.39\times10^{-5}$ | LG8 | 21116844 | 21121949 | 1 735 | Non-specific phospholipase |
| CEY00_Acc09403 | 1 110.312 3 | 413.671 99 | 1.424 4 | 0.002 724 3 | 0.039 39 | LG8 | 24801799 | 24812872 | 2 428 | Dynamin-related protein like |
| CEY00_Acc09416 | 60.968 236 | 162.027 27 | −1.410 1 | 0.030 519 | 0.211 57 | LG8 | 24961510 | 24965186 | 1 194 | Casein kinase Ⅱ subunit beta-4 |
| CEY00_Acc09435 | 316.248 06 | 689.140 42 | −1.123 7 | 0.011 96 | 0.113 34 | LG8 | 25217229 | 25226111 | 1 491 | Trans-2-enoyl-CoA reductase |
| CEY00_Acc09439 | 1 464.443 1 | 499.184 69 | 1.552 7 | 0.004 289 9 | 0.054 526 | LG8 | 25286712 | 25315676 | 3 535 | 5'→3'exoribonuclease |
| CEY00_Acc09443 | 938.396 67 | 292.669 13 | 1.680 9 | 0.003 039 5 | 0.042 8 | LG8 | 25341294 | 25361720 | 5 723 | WD repeat-containing protein |
| CEY00_Acc09448 | 167.459 09 | 67.179 477 | 1.317 7 | 0.033 662 | 0.225 65 | LG8 | 25420354 | 25430970 | 1 995 | Vesicle-associated protein 2-2, N-terminally processed like |
| CEY00_Acc09449 | 210.589 95 | 1 205.706 6 | −2.517 4 | $3.16\times10^{-5}$ | 0.001 341 5 | LG8 | 25434915 | 25449564 | 2 169 | Coiled-coil domain-containing protein |
| CEY00_Acc09457 | 237.383 19 | 73.908 494 | 1.683 4 | 0.005 110 6 | 0.062 124 | LG8 | 25525529 | 25526730 | 615 | Histone H2AXb like |

（续）

| 基因 ID | miR160VS1 序列/条 | CK1 序列/条 | $log_2$FC | *P* 值 | FDR | 染色体 | 起始位点 | 终止位点 | 长度/bp | 基因描述 |
|---|---|---|---|---|---|---|---|---|---|---|
| CEY00_Acc09462 | 87.490 422 | 177.666 | −1.022 | 0.038 689 | 0.245 97 | LG8 | 25569348 | 25571482 | 2 135 | LRR receptor-like serine/threonine-protein kinase |
| CEY00_Acc09464 | 47.497 527 | 15.229 957 | 1.640 9 | 0.041 058 | 0.255 16 | LG8 | 25590535 | 25592642 | 2 108 | LRR receptor-like serine/threonine-protein kinase |
| CEY00_Acc09469 | 756.532 5 | 207.039 34 | 1.869 5 | 0.000 606 1 | 0.013 212 | LG8 | 25626580 | 25635412 | 1 709 | Glutathione synthetase |
| CEY00_Acc09474 | 137.687 09 | 13.370 412 | 3.364 3 | 0.000 195 2 | 0.005 526 3 | LG8 | 25696700 | 25698291 | 1 592 | E3 ubiquitin-protein like |
| CEY00_Acc09481 | 1 115.372 7 | 185.289 98 | 2.589 7 | 0.035 509 | 0.233 | LG8 | 25814770 | 25819996 | 1 402 | Mevalonate kinase |
| CEY00_Acc09484 | 1.505 073 4 | 26.992 745 | −4.164 7 | 0.001 009 3 | 0.019 381 | LG8 | 25852418 | 25853692 | 808 | Cyclin-P3-1 like |
| CEY00_Acc09490 | 147.910 51 | 323.610 66 | −1.129 5 | 0.027 468 | 0.197 75 | LG8 | 25894259 | 25904278 | 3 270 | Mannosylglycoprotein like |
| CEY00_Acc09494 | 19.062 834 | 1.381 202 2 | 3.786 8 | 0.004 415 9 | 0.055 611 | LG8 | 21452958 | 21460141 | 2 565 | Linoleate 9S-lipoxygenase |
| CEY00_Acc09496 | 2 366.965 5 | 142.246 42 | 4.056 6 | 0.007 730 5 | 0.083 345 | LG8 | 21481443 | 21486483 | 2 782 | Linoleate 9S-lipoxygenase |
| CEY00_Acc09506 | 736.854 58 | 209.778 2 | 1.812 5 | 0.000 340 4 | 0.008 507 8 | LG8 | 21650030 | 21674261 | 4 712 | Protein ALWAYS EARLY like isoform 1 |
| CEY00_Acc09513 | 12.457 704 | 0.954 196 1 | 3.706 6 | 0.013 039 | 0.120 33 | LG8 | 21739078 | 21743860 | 2 039 | Calmodulin like |
| CEY00_Acc09515 | 5.284 096 4 | 0 | — | 0.039 996 | 0.251 17 | LG8 | 21755445 | 21760877 | 2 458 | Glutamate receptor 2.7 like |
| CEY00_Acc09525 | 628.068 44 | 100.955 69 | 2.637 2 | 0.000 8 | 0.016 426 | LG8 | 21868120 | 21875449 | 933 | OPA3-like protein |
| CEY00_Acc09539 | 278.673 74 | 132.639 94 | 1.071 1 | 0.031 855 | 0.217 57 | LG8 | 22038285 | 22046413 | 2 057 | MACPF domain-containing protein |
| CEY00_Acc09553 | 131.692 75 | 5.917 315 1 | 4.476 1 | $1.44\times10^{-7}$ | $1.71\times10^{-5}$ | LG8 | 22180691 | 22183266 | 2 576 | Legume lectin domain protein |
| CEY00_Acc09579 | 264.245 96 | 701.512 78 | −1.408 6 | 0.003 712 | 0.048 998 | LG8 | 22512742 | 22514804 | 1 069 | NAC transcription factor |

（续）

| 基因 ID | miR160VS1 序列/条 | CK1 序列/条 | $log_2FC$ | $P$ 值 | FDR | 染色体 | 起始位点 | 终止位点 | 长度/bp | 基因描述 |
|---|---|---|---|---|---|---|---|---|---|---|
| CEY00 _ Acc09607 | 122.972 76 | 305.316 45 | −1.312 | 0.014 256 | 0.127 81 | LG8 | 22834700 | 22854225 | 4 066 | Conserved oligomeric Golgi complex subunit 3 like |
| CEY00 _ Acc09609 | 328.717 52 | 18.249 44 | 4.170 9 | 0.028 52 | 0.202 37 | LG8 | 22867864 | 22868856 | 779 | F-box protein |
| CEY00 _ Acc09610 | 9.363 871 3 | 0.223 078 9 | 5.391 5 | 0.036 646 | 0.237 48 | LG8 | 22876303 | 22882097 | 2 071 | External alternative NAD(P) Hub-iquinone oxidoreductase |
| CEY00 _ Acc09634 | 44.927 894 | 10.600 523 | 2.083 5 | 0.018 213 | 0.151 18 | LG8 | 23214370 | 23216137 | 1 605 | Cysteine-rich receptor-like protein kinase |
| CEY00 _ Acc09635 | 783.935 73 | 87.374 856 | 3.165 4 | 0.001 901 8 | 0.030 59 | LG8 | 23234641 | 23237870 | 2 257 | Cysteine-rich receptor-like protein kinase |
| CEY00 _ Acc09636 | 329.652 78 | 45.222 154 | 2.865 8 | 0.005 110 6 | 0.062 124 | LG8 | 23242205 | 23243350 | 785 | Cysteine-rich receptor-like protein kinase |
| CEY00 _ Acc09643 | 12.594 348 | 0.238 549 | 5.722 3 | 0.002 604 8 | 0.038 081 | LG8 | 23294499 | 23294996 | 498 | Calcium-binding protein |
| CEY00 _ Acc09648 | 575.422 15 | 1 260.162 6 | −1.130 9 | 0.013 023 | 0.120 31 | LG8 | 23351444 | 23352866 | 1 423 | U-box domain-containing protein |
| CEY00 _ Acc09649 | 2 857.775 | 117.902 62 | 4.599 2 | $2.47\times10^{-7}$ | $2.68\times10^{-5}$ | LG8 | 23361773 | 23365996 | 2 881 | G-type lectin S-receptor-like serine/threonine-protein kinase |
| CEY00 _ Acc09650 | 103.052 1 | 15.824 902 | 2.703 1 | 0.000 426 4 | 0.010 076 | LG8 | 23369989 | 23377206 | 2 917 | Receptor-like serine/threonine-protein kinase |

（续）

| 基因 ID | miR160VS1 序列/条 | CK1 序列/条 | $log_2$FC | $P$ 值 | FDR | 染色体 | 起始位点 | 终止位点 | 长度/bp | 基因描述 |
|---|---|---|---|---|---|---|---|---|---|---|
| CEY00_Acc09652 | 1 976.347 5 | 662.865 46 | 1.576 | 0.009 529 5 | 0.096 918 | LG8 | 23400194 | 23406168 | 5 240 | G-type lectin S-receptor-like serine/threonine-protein kinase precursor |
| CEY00_Acc09654 | 309.974 04 | 10.418 806 | 4.894 9 | 0.000 250 9 | 0.006 720 8 | LG8 | 23433540 | 23435798 | 1 886 | G-type lectin S-receptor-like serine/threonine-protein kinase |
| CEY00_Acc09655 | 186.260 41 | 9.002 982 2 | 4.370 8 | 0.016 537 | 0.141 73 | LG8 | 23446044 | 23449418 | 2 585 | G-type lectin S-receptor-like serine/threonine-protein kinase |
| CEY00_Acc09662 | 2.273 548 5 | 17.710 339 | −2.961 6 | 0.021 385 | 0.168 41 | LG8 | 23532924 | 23536789 | 1 036 | 2,3-bisphosphoglycerate-dependent phosphoglycerate mutase |
| CEY00_Acc09663 | 43.242 447 | 101.108 93 | −1.225 4 | 0.029 581 | 0.206 98 | LG8 | 23537394 | 23544798 | 1 463 | Protein PHR1-LIKE like |
| CEY00_Acc09665 | 12.603 484 | 0 | — | 0.015 993 | 0.138 48 | LG8 | 23572645 | 23574194 | 973 | Chaperone protein like |
| CEY00_Acc09669 | 30.675 908 | 3.908 739 1 | 2.972 3 | 0.010 892 | 0.106 54 | LG8 | 23721326 | 23723834 | 1 048 | Serine/threonine-protein kinase |
| CEY00_Acc09671 | 40.642 999 | 165.255 32 | −2.023 6 | 0.000 969 3 | 0.018 867 | LG8 | 23732927 | 23739841 | 1 661 | Acetyl-CoA acetyltransferase |
| CEY00_Acc09681 | 363.555 23 | 48.898 219 | 2.894 3 | 0.000 301 6 | 0.007 725 4 | LG8 | 23979591 | 23980791 | 1 201 | Serine acetyltransferase |
| CEY00_Acc09687 | 150.720 57 | 523.078 89 | −1.795 2 | 0.001 659 1 | 0.027 703 | LG8 | 24066321 | 24070701 | 2 451 | Heterogeneous nuclear ribonucleoprotein like |
| CEY00_Acc09698 | 2 097.042 8 | 207.764 75 | 3.335 3 | 0.005 888 5 | 0.069 056 | LG8 | 24207124 | 24208299 | 1 176 | Acyl-CoA-sterol O-acyltransferase |
| CEY00_Acc09710 | 118.285 7 | 47.235 495 | 1.324 3 | 0.017 431 | 0.146 98 | LG8 | 24317026 | 24317940 | 915 | hypothetical protein |
| CEY00_Acc09714 | 415.421 62 | 1 552.873 4 | −1.902 3 | $2.08\times10^{-5}$ | 0.000 972 2 | LG8 | 24348515 | 24354291 | 1 223 | Ubiquinol oxidase |
| CEY00_Acc09730 | 17.117 501 | 0.938 725 9 | 4.188 6 | 0.017 874 | 0.149 34 | LG8 | 24525011 | 24525630 | 620 | Stigma-specific STIG1-like protein |

（续）

| 基因 ID | miR160VS1 序列/条 | CK1 序列/条 | $log_2FC$ | *P* 值 | FDR | 染色体 | 起始位点 | 终止位点 | 长度/bp | 基因描述 |
|---|---|---|---|---|---|---|---|---|---|---|
| CEY00 _ Acc09731 | 508.112 12 | 59.020 926 | 3.105 8 | $1.13\times10^{-8}$ | $1.87\times10^{-6}$ | LG8 | 24527401 | 24528151 | 751 | Stigma-specific STIG1-like protein |
| CEY00 _ Acc09732 | 9.644 746 | 0 | — | 0.002 635 6 | 0.038 428 | LG8 | 24529451 | 24532145 | 1 361 | Pectate lyase 2 precursor |
| CEY00 _ Acc09734 | 620.365 03 | 101.160 78 | 2.616 5 | 0.000 325 | 0.008 185 8 | LG8 | 24544549 | 24546974 | 1 407 | WRKY transcription factor |
| CEY00 _ Acc09737 | 98.463 987 | 5.486 627 5 | 4.165 6 | $1.18\times10^{-6}$ | $9.78\times10^{-5}$ | LG8 | 24571947 | 24573376 | 1 430 | F-box protein |
| CEY00 _ Acc09738 | 95.637 48 | 5.009 529 5 | 4.254 8 | 0.000 142 1 | 0.004 357 3 | LG8 | 24577054 | 24584796 | 1 251 | F-box protein |
| CEY00 _ Acc09739 | 154.995 16 | 10.734 706 | 3.851 9 | $1.4\times10^{-9}$ | $3.22\times10^{-7}$ | LG8 | 24595590 | 24597140 | 1 551 | F-box protein |
| CEY00 _ Acc09741 | 235.634 07 | 1 550.014 2 | −2.717 7 | $1.53\times10^{-5}$ | 0.000 762 7 | LG8 | 24606948 | 24611388 | 2 623 | Aminomethyltransferaseprecursor |
| CEY00 _ Acc09743 | 2 302.320 5 | 273.023 61 | 3.076 | 0.000 544 6 | 0.012 188 | LG8 | 24631742 | 24633570 | 674 | 5'-adenylylsulfate reductase |
| CEY00 _ Acc09748 | 8.295 045 5 | 29.839 037 | −1.846 9 | 0.039 969 | 0.251 05 | LG8 | 24678578 | 24691743 | 3 739 | Soluble starch synthase |
| CEY00 _ Acc09769 | 55.554 371 | 761.402 7 | −3.776 7 | $1.22\times10^{-11}$ | $5.07\times10^{-9}$ | LG9 | 80535 | 91694 | 3 020 | Cycloartenol synthase |
| CEY00 _ Acc09770 | 150.399 87 | 447.780 71 | −1.574 | 0.004 478 5 | 0.056 185 | LG9 | 99155 | 122211 | 2 697 | Cycloartenol Synthase |
| CEY00 _ Acc09787 | 88.585 051 | 26.731 607 | 1.728 5 | 0.004 831 1 | 0.059 541 | LG9 | 429595 | 434877 | 986 | Transcription factor bHLH35 like |
| CEY00 _ Acc09795 | 20 911.573 | 4 896.348 1 | 2.094 5 | $4.09\times10^{-5}$ | 0.001 652 3 | LG9 | 544379 | 553805 | 3 136 | Plasma membrane ATPase like |
| CEY00 _ Acc09801 | 78.611 943 | 11.134 453 | 2.819 7 | 0.019 033 | 0.155 59 | LG9 | 629739 | 631655 | 909 | Protein TIFY 10A like |
| CEY00 _ Acc09809 | 0 | 16.421 753 | — | 0.040 223 | 0.251 87 | LG9 | 703358 | 707862 | 1 253 | N-acetyltransferase san |
| CEY00 _ Acc09810 | 163.039 15 | 72.592 192 | 1.167 3 | 0.020 01 | 0.160 74 | LG9 | 708236 | 714056 | 3 102 | DNA repair protein like |
| CEY00 _ Acc09811 | 150.786 31 | 52.149 644 | 1.531 8 | 0.007 882 6 | 0.084 626 | LG9 | 714983 | 720556 | 1 013 | MOB kinase activator-like |
| CEY00 _ Acc09814 | 23.005 162 | 2.308 139 5 | 3.317 2 | 0.001 726 2 | 0.028 649 | LG9 | 741714 | 747418 | 1 429 | 12-oxophytodienoate reductase |

（续）

| 基因 ID | miR160VS1 序列/条 | CK1 序列/条 | $\log_2 FC$ | *P* 值 | FDR | 染色体 | 起始位点 | 终止位点 | 长度/bp | 基因描述 |
|---|---|---|---|---|---|---|---|---|---|---|
| CEY00_Acc09822 | 1 970. 975 4 | 126. 360 34 | 3. 963 3 | 0. 002 779 | 0. 039 926 | LG9 | 822177 | 827172 | 3 515 | Mechanosensitive ion channel protein |
| CEY00_Acc09831 | 61. 539 066 | 11. 449 487 | 2. 426 2 | 0. 010 999 | 0. 107 23 | LG9 | 914760 | 917624 | 2 865 | Disease resistance protein |
| CEY00_Acc09835 | 302. 443 8 | 143. 724 1 | 1. 073 4 | 0. 035 099 | 0. 231 1 | LG9 | 945444 | 950444 | 1 739 | Casein kinase 1-like protein |
| CEY00_Acc09840 | 68. 606 302 | 1. 669 843 2 | 5. 360 6 | $3.6\times10^{-5}$ | 0. 001 486 7 | LG9 | 993303 | 996451 | 1 675 | Transcription factor bHLH041 like |
| CEY00_Acc09842 | 19. 932 465 | 73. 223 339 | −1. 877 2 | 0. 011 273 | 0. 108 89 | LG9 | 1007507 | 1013597 | 2 961 | CRM-domain containing factor CFM3A like |
| CEY00_Acc09848 | 1. 152 111 | 26. 129 177 | −4. 503 3 | 0. 000 644 1 | 0. 013 883 | LG9 | 1058703 | 1067199 | 2 728 | Beta-galactosidase |
| CEY00_Acc09854 | 80. 962 048 | 233. 285 25 | −1. 526 8 | 0. 014 582 | 0. 130 06 | LG9 | 1165660 | 1168563 | 1 097 | hypothetical protein |
| CEY00_Acc09860 | 156. 411 68 | 62. 145 544 | 1. 331 6 | 0. 014 671 | 0. 130 64 | LG9 | 1207834 | 1211644 | 1 886 | hypothetical protein |
| CEY00_Acc09869 | 82. 830 078 | 217. 871 1 | −1. 395 2 | 0. 023 211 | 0. 177 68 | LG9 | 1273175 | 1276830 | 657 | AP-4 complex subunit sigma |
| CEY00_Acc09870 | 1 149. 209 3 | 68. 362 032 | 4. 071 3 | $9.38\times10^{-5}$ | 0. 003 133 4 | LG9 | 1277551 | 1284022 | 1 958 | ATP-dependent 6-phosphofructokinase |
| CEY00_Acc09873 | 4. 993 684 3 | 43. 176 519 | −3. 112 1 | 0. 000 401 8 | 0. 009 668 8 | LG9 | 1301345 | 1304850 | 991 | Profilin-4 like |
| CEY00_Acc09878 | 66. 245 147 | 27. 057 062 | 1. 291 8 | 0. 032 634 | 0. 221 32 | LG9 | 1341935 | 1348237 | 1 949 | Hexokinase-1 like |
| CEY00_Acc09879 | 38. 879 39 | 132. 780 91 | −1. 772 | 0. 003 267 5 | 0. 045 098 | LG9 | 1349095 | 1351235 | 2 141 | RRNA methyltransferase |
| CEY00_Acc09891 | 109. 693 57 | 234. 442 07 | −1. 095 8 | 0. 049 161 | 0. 285 91 | LG9 | 1519926 | 1527517 | 1 402 | Lactoylglutathione lyase |
| CEY00_Acc09895 | 37. 044 441 | 2. 520 173 9 | 3. 877 7 | $7.67\times10^{-5}$ | 0. 002 678 6 | LG9 | 1552335 | 1555010 | 1 990 | Aldehyde oxidase |
| CEY00_Acc09901 | 395. 263 95 | 23. 722 046 | 4. 058 5 | 0. 003 169 1 | 0. 044 228 | LG9 | 1599895 | 1602713 | 1 200 | Bark storage protein like |

（续）

| 基因 ID | miR160VS1 序列/条 | CK1 序列/条 | $log_2FC$ | $P$ 值 | FDR | 染色体 | 起始位点 | 终止位点 | 长度/bp | 基因描述 |
|---|---|---|---|---|---|---|---|---|---|---|
| CEY00 _ Acc09904 | 416. 403 26 | 126. 835 21 | 1. 715 | 0. 003 642 6 | 0. 048 352 | LG9 | 1629162 | 1639760 | 2 053 | Protein tesmin/TSO1-like |
| CEY00 _ Acc09919 | 1 786. 976 3 | 70. 489 565 | 4. 664 | $5.87\times10^{-6}$ | 0. 000 351 | LG9 | 1784897 | 1794537 | 1 592 | Aldehyde dehydrogenase family 2 member like |
| CEY00 _ Acc09924 | 411. 338 15 | 36. 661 526 | 3. 488 | $5.82\times10^{-5}$ | 0. 002 182 3 | LG9 | 1843085 | 1843731 | 647 | Lipoyl synthase |
| CEY00 _ Acc09937 | 1 280. 502 9 | 456. 140 31 | 1. 489 2 | 0. 007 272 1 | 0. 080 024 | LG9 | 2025450 | 2031155 | 1 649 | E3 ubiquitin-protein like |
| CEY00 _ Acc09938 | 159. 150 84 | 8. 956 571 8 | 4. 151 3 | 0. 002 307 3 | 0. 034 959 | LG9 | 2031732 | 2039394 | 2 982 | Potassium channel like |
| CEY00 _ Acc09939 | 989. 841 41 | 435. 082 25 | 1. 185 9 | 0. 011 178 | 0. 108 43 | LG9 | 2046760 | 2057405 | 1 326 | GTP-binding nuclear protein Ran-2 |
| CEY00 _ Acc09940 | 16. 328 748 | 465. 732 9 | −4. 834 | 0. 021 118 | 0. 167 15 | LG9 | 2073269 | 2078839 | 1 914 | Cytochrome P450 734A1 like |
| CEY00 _ Acc09942 | 106. 546 67 | 41. 387 341 | 1. 364 2 | 0. 048 755 | 0. 284 37 | LG9 | 2096746 | 2102562 | 1 230 | Protein arginine N-methyltransferase |
| CEY00 _ Acc09946 | 41. 407 061 | 2. 847 118 1 | 3. 862 3 | 0. 021 713 | 0. 170 08 | LG9 | 2141968 | 2147150 | 2 362 | G-type lectin S-receptor-like serine/threonine-protein kinase |
| CEY00 _ Acc09950 | 12. 820 605 | 1. 384 883 7 | 3. 210 6 | 0. 013 446 | 0. 122 72 | LG9 | 2164659 | 2169990 | 2 884 | G-type lectin S-receptor-like serine/threonine-protein kinase |
| CEY00 _ Acc09954 | 842. 897 | 210. 474 77 | 2. 001 7 | 0. 002 575 4 | 0. 037 752 | LG9 | 2207682 | 2208246 | 565 | hypothetical protein |
| CEY00 _ Acc09955 | 4 148. 825 1 | 1 721. 940 7 | 1. 268 7 | 0. 038 527 | 0. 245 37 | LG9 | 2212563 | 2214057 | 774 | Metallothiol transferase |
| CEY00 _ Acc09958 | 147. 267 39 | 22. 775 957 | 2. 692 9 | $4.44\times10^{-6}$ | 0. 000 282 | LG9 | 2235493 | 2243227 | 1 453 | Ethanolamine kinase |
| CEY00 _ Acc09959 | 3 316. 055 1 | 228. 051 13 | 3. 862 | 0. 000 154 8 | 0. 004 63 | LG9 | 2247632 | 2250802 | 1 412 | Mannitol dehydrogenase |
| CEY00 _ Acc09962 | 638. 918 59 | 269. 435 27 | 1. 245 7 | 0. 020 125 | 0. 161 5 | LG9 | 2267532 | 2271081 | 754 | NHP2-like protein |

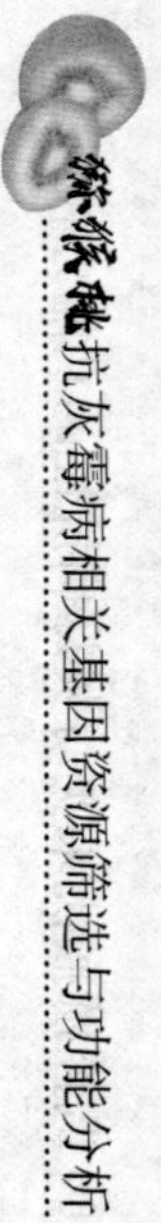


（续）

| 基因 ID | miR160VS1 序列/条 | CK1 序列/条 | $log_2FC$ | *P* 值 | FDR | 染色体 | 起始位点 | 终止位点 | 长度/bp | 基因描述 |
|---|---|---|---|---|---|---|---|---|---|---|
| CEY00 _ Acc09965 | 996. 868 26 | 425. 064 69 | 1. 229 7 | 0. 017 394 | 0. 146 85 | LG9 | 2337212 | 2340889 | 2 851 | EIN3-binding F-box protein |
| CEY00 _ Acc09971 | 17 833. 279 | 807. 117 71 | 4. 465 6 | $6.03\times10^{-6}$ | 0. 000 357 2 | LG9 | 2383351 | 2385357 | 844 | Blue copper protein |
| CEY00 _ Acc09999 | 952. 118 93 | 2 247. 816 5 | −1. 239 3 | 0. 007 438 4 | 0. 081 315 | LG9 | 2726402 | 2737812 | 2 426 | Protein like |
| CEY00 _ Acc10000 | 68. 382 107 | 246. 118 47 | −1. 847 7 | 0. 001 473 1 | 0. 025 421 | LG9 | 2744182 | 2756032 | 1 166 | Glutathione peroxidase 7 precursor |
| CEY00 _ Acc10011 | 32. 869 436 | 4. 402 051 5 | 2. 900 5 | 0. 002 010 4 | 0. 031 717 | LG9 | 2880295 | 2881462 | 1 168 | Protein ENHANCED DISEASE RESISTANCE like |
| CEY00 _ Acc10017 | 171. 791 09 | 4. 428 566 1 | 5. 277 7 | $5.09\times10^{-6}$ | 0. 000 315 8 | LG9 | 2964926 | 2970818 | 3 189 | Glutamate receptor 2. 8 like |
| CEY00 _ Acc10020 | 640. 783 86 | 170. 180 25 | 1. 912 8 | 0. 000 381 5 | 0. 009 309 7 | LG9 | 2998380 | 3003774 | 2 768 | Cyclic nucleotide-gated ion channel like |
| CEY00 _ Acc10026 | 452. 560 14 | 176. 471 96 | 1. 358 7 | 0. 009 387 4 | 0. 095 886 | LG9 | 3074051 | 3085041 | 1 310 | Rhomboid-like protein |
| CEY00 _ Acc10027 | 1 541. 891 | 130. 630 32 | 3. 561 1 | 0. 002 013 8 | 0. 031 756 | LG9 | 3098401 | 3099896 | 1 182 | WRKY transcription factor |
| CEY00 _ Acc10031 | 782. 811 2 | 231. 908 25 | 1. 755 1 | 0. 024 029 | 0. 181 42 | LG8 | 20302574 | 20303978 | 1 405 | Protein like |
| CEY00 _ Acc10039 | 292. 519 73 | 112. 758 | 1. 375 3 | 0. 012 589 | 0. 117 68 | LG9 | 3213864 | 3216922 | 883 | Disintegrin and metalloproteinase domain-containing protein |
| CEY00 _ Acc10051 | 1 014. 581 4 | 479. 676 97 | 1. 080 7 | 0. 016 933 | 0. 143 89 | LG9 | 3328329 | 3337469 | 5 845 | Dual specificity protein kinase |
| CEY00 _ Acc10058 | 30. 378 767 | 79. 083 943 | −1. 380 3 | 0. 030 881 | 0. 213 18 | LG9 | 3468057 | 3468784 | 728 | Signal peptide, CUB and EGF-like domain-containing protein |
| CEY00 _ Acc10070 | 137. 247 78 | 34. 463 005 | 1. 993 7 | 0. 000 672 4 | 0. 014 343 | LG9 | 3687059 | 3690554 | 1 496 | Transcription factor bHLH66 like |
| CEY00 _ Acc10081 | 55. 038 85 | 15. 279 183 | 1. 848 9 | 0. 029 828 | 0. 208 4 | LG9 | 3793488 | 3797590 | 3 873 | Shikimate O-hydroxycinnamoyltrans-ferase |

（续）

| 基因 ID | miR160VS1 序列/条 | CK1 序列/条 | $log_2FC$ | $P$ 值 | FDR | 染色体 | 起始位点 | 终止位点 | 长度/bp | 基因描述 |
|---|---|---|---|---|---|---|---|---|---|---|
| CEY00_Acc10086 | 12.052 531 | 0.684 706 8 | 4.137 7 | 0.005 625 7 | 0.066 805 | LG9 | 3860845 | 3864054 | 1 989 | Heat shock 70 protein |
| CEY00_Acc10090 | 27.728 713 | 3.712 919 | 2.900 8 | 0.009 813 2 | 0.098 671 | LG9 | 3916764 | 3923413 | 708 | Transcription elongation factor GreA like |
| CEY00_Acc10092 | 612.811 35 | 150.232 08 | 2.028 3 | $5.29\times10^{-5}$ | 0.002 020 2 | LG9 | 3937771 | 3941608 | 1 543 | Heptahelical transmembrane protein |
| CEY00_Acc10105 | 168.732 67 | 17.790 127 | 3.245 6 | 0.015 32 | 0.134 35 | LG9 | 4095825 | 4097016 | 1 192 | Dual specificity protein kinase |
| CEY00_Acc10106 | 135.285 8 | 646.085 92 | −2.255 7 | $5.51\times10^{-5}$ | 0.002 091 2 | LG9 | 4107022 | 4112065 | 4 307 | Protein SUPPRESSOR OF like |
| CEY00_Acc10122 | 277.565 29 | 798.339 99 | −1.524 2 | 0.011 456 | 0.109 87 | LG9 | 4329192 | 4336041 | 954 | Replication protein like |
| CEY00_Acc10125 | 950.819 6 | 88.677 149 | 3.422 5 | 0.001 646 3 | 0.027 573 | LG9 | 4362993 | 4365574 | 1 414 | NAC domain-containing protein |
| CEY00_Acc10126 | 132.918 63 | 428.612 94 | −1.689 1 | 0.003 183 5 | 0.044 279 | LG9 | 4373338 | 4376412 | 1 610 | Thioredoxin-like |
| CEY00_Acc10130 | 23.651 345 | 5.317 200 1 | 2.153 2 | 0.034 82 | 0.230 02 | LG9 | 4414795 | 4417559 | 1 734 | Myb-related protein |
| CEY00_Acc10132 | 215.877 42 | 534.979 6 | −1.309 3 | 0.018 309 | 0.151 74 | LG9 | 4436944 | 4443179 | 2 751 | YTH domain-containing family protein |
| CEY00_Acc10133 | 142.080 88 | 338.916 48 | −1.254 2 | 0.033 564 | 0.225 25 | LG9 | 4444185 | 4447559 | 1 141 | ADP-glucose phosphorylase |
| CEY00_Acc10134 | 2 054.653 | 6 736.886 3 | −1.713 2 | 0.000 549 9 | 0.012 272 | LG9 | 4452055 | 4459808 | 5 407 | Glutamate dehydrogenase B |
| CEY00_Acc10150 | 494.448 97 | 2 997.451 9 | −2.599 8 | 0.001 427 3 | 0.024 921 | LG9 | 4592134 | 4593548 | 1 415 | F-box/kelch-repeat protein |
| CEY00_Acc10162 | 62.575 414 | 198.174 77 | −1.663 1 | 0.001 178 3 | 0.021 751 | LG9 | 4780544 | 4783207 | 843 | Thioredoxin-like |
| CEY00_Acc10165 | 7.048 106 1 | 0.477 098 | 3.884 9 | 0.037 242 | 0.239 98 | LG9 | 4820150 | 4821756 | 849 | U4/U6. U5 tri-snRNP-associated protein like |
| CEY00_Acc10167 | 19.931 663 | 0.477 098 | 5.384 6 | $7\times10^{-5}$ | 0.002 498 5 | LG9 | 4828688 | 4830663 | 1 881 | Nucleoredoxin 1-1 like |

（续）

| 基因 ID | miR160VS1 序列/条 | CK1 序列/条 | $log_2FC$ | *P* 值 | FDR | 染色体 | 起始位点 | 终止位点 | 长度/bp | 基因描述 |
|---|---|---|---|---|---|---|---|---|---|---|
| CEY00_Acc10170 | 105.417 16 | 251.841 13 | −1.256 4 | 0.016 361 | 0.140 77 | LG9 | 4860133 | 4864772 | 3 171 | actin |
| CEY00_Acc10174 | 121.692 | 472.827 84 | −1.958 1 | 0.000 279 1 | 0.007 309 | LG9 | 4898974 | 4906400 | 3 354 | Enoyl-[acyl-carrier-protein] reductase |
| CEY00_Acc10181 | 12.135 817 | 47.223 92 | −1.960 2 | 0.013 351 | 0.122 02 | LG9 | 4951046 | 4962903 | 4 485 | TBCC domain-containing protein |
| CEY00_Acc10203 | 27 706.034 | 57 905.607 | −1.063 5 | 0.006 470 7 | 0.073 746 | LG9 | 5231704 | 5239609 | 4 699 | Galactinol-sucrose galactosyltransferase |
| CEY00_Acc10214 | 37.127 726 | 4.758 325 6 | 2.964 | 0.001 935 6 | 0.030 921 | LG9 | 5367754 | 5379207 | 3 648 | Kinesin-like protein |
| CEY00_Acc10215 | 2 490.902 7 | 439.981 31 | 2.501 2 | 0.003 223 5 | 0.044 714 | LG9 | 5383496 | 5386579 | 1 972 | EGF domain-specific O-linked N-acetylglucosamine transferase |
| CEY00_Acc10226 | 68.835 769 | 2.947 18 | 4.545 8 | $6.13\times10^{-5}$ | 0.002 274 | LG9 | 5508058 | 5508705 | 648 | Calcium-binding protein |
| CEY00_Acc10231 | 57.970 435 | 0.696 495 4 | 6.379 1 | $1.9\times10^{-10}$ | $5.67\times10^{-8}$ | LG9 | 5606716 | 5608540 | 837 | Protein C2-DOMAIN ABA-RELATED like |
| CEY00_Acc10235 | 4.515 220 1 | 32.940 256 | −2.867 | 0.007 121 3 | 0.078 846 | LG9 | 5673921 | 5675768 | 586 | Protein BRICK like |
| CEY00_Acc10242 | 3.363 109 1 | 146.210 55 | −5.442 1 | $2.79\times10^{-11}$ | $1.02\times10^{-8}$ | LG9 | 5793649 | 5795335 | 920 | Xyloglucan endotransglucosylase/hydrolase protein |
| CEY00_Acc10254 | 49.959 072 | 0.477 098 | 6.710 3 | $1.65\times10^{-9}$ | $3.7\times10^{-7}$ | LG9 | 5982781 | 5983513 | 636 | Phytosulfokine-beta like |
| CEY00_Acc10257 | 71.332 912 | 172.543 95 | −1.274 3 | 0.025 698 | 0.189 79 | LG9 | 6001149 | 6006907 | 1 624 | ACT domain-containing protein |
| CEY00_Acc10260 | 326.333 94 | 58.070 75 | 2.490 5 | 0.003 490 9 | 0.047 12 | LG9 | 6027482 | 6028396 | 915 | VQ motif-containing protein |
| CEY00_Acc10262 | 8.232 094 | 0.461 627 9 | 4.156 5 | 0.027 021 | 0.195 65 | LG9 | 6050728 | 6051455 | 728 | DNA repair protein |

（续）

| 基因 ID | miR160VS1 序列/条 | CK1 序列/条 | $log_2FC$ | $P$ 值 | FDR | 染色体 | 起始位点 | 终止位点 | 长度/bp | 基因描述 |
|---|---|---|---|---|---|---|---|---|---|---|
| CEY00_Acc10268 | 145.643 89 | 21.885 874 | 2.734 4 | 0.002 058 7 | 0.032 232 | LG9 | 6153434 | 6175510 | 5 306 | Amino-acid acetyltransferase |
| CEY00_Acc10272 | 1 242.757 2 | 593.818 26 | 1.065 5 | 0.041 704 | 0.257 62 | LG9 | 6226146 | 6226840 | 695 | 60S ribosomal protein like |
| CEY00_Acc10274 | 1 158.218 6 | 290.082 87 | 1.997 4 | 0.018 949 | 0.155 13 | LG9 | 6245250 | 6252032 | 3 600 | Calcium-transporting ATPase |
| CEY00_Acc10281 | 37.802 576 | 5.458 502 5 | 2.791 9 | 0.002 811 2 | 0.040 24 | LG9 | 6336518 | 6338664 | 2 147 | Enhancer of mRNA-decapping protein |
| CEY00_Acc10289 | 9.127 274 5 | 0 | — | 0.046 373 | 0.275 1 | LG9 | 6449174 | 6450192 | 1 019 | Membrane-associated kinase regulator |
| CEY00_Acc10294 | 1 851.150 8 | 130.445 54 | 3.826 9 | $3.87\times10^{-12}$ | $1.87\times10^{-9}$ | LG9 | 6503833 | 6507042 | 2 193 | Indole-3-acetic acid-amido synthetase |
| CEY00_Acc10298 | 407.034 86 | 15.959 085 | 4.672 7 | 0.000 531 6 | 0.011 984 | LG9 | 6567398 | 6571912 | 1 684 | Cytochrome P450 81E8 like |
| CEY00_Acc10307 | 92.322 204 | 11.881 541 | 2.958 | $6.7\times10^{-6}$ | 0.000 389 5 | LG9 | 6644174 | 6646047 | 1 874 | UPF0481 protein |
| CEY00_Acc10309 | 633.174 9 | 226.409 75 | 1.483 7 | 0.002 207 2 | 0.033 781 | LG9 | 6685892 | 6688579 | 1 383 | WRKY transcription factor 15 |
| CEY00_Acc10312 | 1 536.334 2 | 325.735 94 | 2.237 7 | 0.010 452 | 0.103 31 | LG9 | 6749137 | 6758275 | 923 | SUMO-conjugating enzyme like |
| CEY00_Acc10314 | 363.172 | 1 470.988 2 | −2.018 1 | 0.000 206 6 | 0.005 779 2 | LG9 | 6794637 | 6797796 | 1 846 | Floral homeotic protein like |
| CEY00_Acc10316 | 43.542 797 | 120.807 78 | −1.472 2 | 0.013 872 | 0.125 12 | LG9 | 6829405 | 6840981 | 8 418 | E3 ubiquitin-protein like |
| CEY00_Acc10319 | 655.276 46 | 166.980 73 | 1.972 4 | 0.001 577 9 | 0.026 773 | LG9 | 6892227 | 6893591 | 1 365 | Mitogen-activated protein kinase kinase |
| CEY00_Acc10326 | 168.531 43 | 6.202 274 6 | 4.764 1 | 0.001 444 6 | 0.025 105 | LG9 | 7058023 | 7060957 | 1 483 | Heat shock factor protein |
| CEY00_Acc10327 | 10.983 304 | 48.613 516 | −2.146 | 0.008 484 2 | 0.089 163 | LG9 | 7063203 | 7069262 | 1 390 | Red chlorophyll catabolite reductase |

（续）

| 基因 ID | miR160VS1 序列/条 | CK1 序列/条 | $log_2FC$ | P 值 | FDR | 染色体 | 起始位点 | 终止位点 | 长度/bp | 基因描述 |
|---|---|---|---|---|---|---|---|---|---|---|
| CEY00 _ Acc10345 | 621. 956 19 | 1 340. 900 3 | −1. 108 3 | 0. 048 586 | 0. 283 97 | LG9 | 7393870 | 7428661 | 5 311 | Actin cytoskeleton-regulatory complex protein |
| CEY00 _ Acc10351 | 350. 566 47 | 22. 304 273 | 3. 974 3 | 0. 000 938 6 | 0. 018 499 | LG9 | 7495984 | 7498917 | 1 375 | Patatin-like protein |
| CEY00 _ Acc10352 | 1 786. 476 5 | 93. 245 043 | 4. 259 9 | 0. 000 870 2 | 0. 017 476 | LG9 | 7508256 | 7510953 | 1 500 | Patatin-like protein |
| CEY00 _ Acc10358 | 49. 832 422 | 152. 595 09 | −1. 614 6 | 0. 005 331 | 0. 064 07 | LG9 | 7619235 | 7630409 | 2 274 | Fatty acid amide hydrolase |
| CEY00 _ Acc10363 | 53. 172 791 | 228. 648 17 | −2. 104 4 | 0. 000 472 9 | 0. 010 938 | LG9 | 7705705 | 7716242 | 1 355 | NAD-dependent protein like |
| CEY00 _ Acc10364 | 63. 265 673 | 27. 148 191 | 1. 220 6 | 0. 045 787 | 0. 272 8 | LG9 | 7718342 | 7727448 | 1 765 | Farnesylcysteine lyase |
| CEY00 _ Acc10367 | 106. 325 65 | 26. 144 647 | 2. 023 9 | 0. 000 870 9 | 0. 017 478 | LG9 | 7830182 | 7835000 | 1 322 | Isoeugenol synthase |
| CEY00 _ Acc10370 | 23. 990 357 | 0. 954 196 1 | 4. 652 | $7.3\times10^{-5}$ | 0. 002 580 8 | LG9 | 7933212 | 7936412 | 3 201 | G-type lectin S-receptor-like serine/threonine-protein kinase |
| CEY00 _ Acc10374 | 140. 208 24 | 358. 954 45 | −1. 356 2 | 0. 009 136 6 | 0. 093 948 | LG9 | 8031639 | 8052837 | 1 390 | CCR4-NOT transcription complex subunit like |
| CEY00 _ Acc10375 | 14. 762 327 | 1. 338 473 2 | 3. 463 3 | 0. 011 7 | 0. 111 75 | LG9 | 8054807 | 8059682 | 2 301 | L-ascorbate oxidase |
| CEY00 _ Acc10386 | 326. 650 99 | 82. 973 887 | 1. 977 | 0. 014 322 | 0. 128 3 | LG9 | 8375103 | 8380409 | 2 410 | Wall-associated receptor kinase-like |
| CEY00 _ Acc10419 | 5. 637 058 8 | 24. 098 011 | −2. 095 9 | 0. 046 864 | 0. 276 91 | LG9 | 8862156 | 8866347 | 3 050 | Methyltransferase |
| CEY00 _ Acc10426 | 201. 512 56 | 62. 055 282 | 1. 699 2 | 0. 001 120 4 | 0. 020 953 | LG9 | 9052940 | 9057095 | 2 187 | Mitogen-activated protein kinase |
| CEY00 _ Acc10447 | 14. 919 706 | 44. 276 862 | −1. 569 3 | 0. 019 851 | 0. 159 78 | LG9 | 9738705 | 9740242 | 1 538 | Zinc-finger homeodomain protein |
| CEY00 _ Acc10462 | 48. 749 591 | 155. 132 96 | −1. 67 | 0. 008 403 6 | 0. 088 457 | LG9 | 10340778 | 10343302 | 2 525 | Toxin CSTX-10 like |
| CEY00 _ Acc10464 | 6. 695 143 7 | 39. 587 118 | −2. 563 8 | 0. 009 608 5 | 0. 097 34 | LG9 | 10365009 | 10370871 | 1 654 | Protein like |

（续）

| 基因 ID | miR160VS1 序列/条 | CK1 序列/条 | $log_2FC$ | $P$ 值 | FDR | 染色体 | 起始位点 | 终止位点 | 长度/bp | 基因描述 |
|---|---|---|---|---|---|---|---|---|---|---|
| CEY00_Acc10471 | 276.734 83 | 17.990 494 | 3.943 2 | 0.013 229 | 0.121 45 | LG9 | 10471983 | 10477275 | 2 420 | Legume lectin domain protein |
| CEY00_Acc10498 | 11.525 523 | 0 | — | 0.037 848 | 0.242 54 | LG9 | 10981620 | 10984153 | 1 234 | hypothetical protein |
| CEY00_Acc10505 | 272.565 44 | 90.240 934 | 1.594 7 | 0.002 757 | 0.039 732 | LG9 | 11112864 | 11119061 | 1 793 | Sn1-specific diacylglycerol lipase |
| CEY00_Acc10506 | 337.380 03 | 164.307 15 | 1.038 | 0.034 193 | 0.227 72 | LG9 | 11120157 | 11128242 | 3 807 | THO complex subunit 4D like |
| CEY00_Acc10511 | 67.773 362 | 5.155 257 6 | 3.716 6 | $1.52\times10^{-6}$ | 0.000 12 | LG9 | 11266744 | 11273212 | 2 319 | Mannitol dehydrogenase |
| CEY00_Acc10513 | 54.751 155 | 0.938 725 9 | 5.866 | $1.73\times10^{-9}$ | $3.82\times10^{-7}$ | LG9 | 11292774 | 11296157 | 1 334 | Mannitol dehydrogenase |
| CEY00_Acc10533 | 24.293 917 | 3.816 784 4 | 2.670 2 | 0.006 635 6 | 0.075 091 | LG9 | 11633910 | 11634662 | 753 | Classical arabinogalactan protein 4-like |
| CEY00_Acc10537 | 629.221 44 | 68.972 038 | 3.189 5 | 0.007 971 5 | 0.085 301 | LG9 | 11710847 | 11712971 | 2 125 | WEB family protein |
| CEY00_Acc10556 | 31.091 822 | 0.954 196 1 | 5.026 1 | 0.000 148 7 | 0.004 500 3 | LG9 | 12031471 | 12035808 | 1 760 | Trehalose-phosphate phosphatase |
| CEY00_Acc10557 | 0 | 12.842 978 | — | 0.003 224 3 | 0.044 714 | LG9 | 12072120 | 12073878 | 1 759 | Ethylene-responsive transcription factor RAP2-4 like |
| CEY00_Acc10566 | 41.770 418 | 872.827 56 | −4.385 1 | 0.021 721 | 0.170 08 | LG9 | 12216831 | 12218467 | 900 | Heavy metal-associated isoprenylated plant protein |
| CEY00_Acc10584 | 475.795 31 | 112.858 01 | 2.075 8 | 0.000 466 | 0.010 857 | LG9 | 12538374 | 12541584 | 636 | ATP-dependent RNA helicase |
| CEY00_Acc10601 | 525.513 46 | 122.321 96 | 2.103 | 0.007 228 7 | 0.079 685 | LG9 | 12787921 | 12790731 | 2 811 | Cation/$H^+$ antiporter like |
| CEY00_Acc10602 | 1 269.542 3 | 116.774 67 | 3.442 5 | $3.55\times10^{-5}$ | 0.001 473 5 | LG9 | 12796775 | 12798685 | 1 911 | U-box domain-containing protein |
| CEY00_Acc10603 | 79.870 974 | 22.062 299 | 1.856 1 | 0.008 662 | 0.090 713 | LG9 | 12811587 | 12812521 | 935 | hypothetical protein |

（续）

| 基因 ID | miR160VS1 序列/条 | CK1 序列/条 | $\log_2 FC$ | P 值 | FDR | 染色体 | 起始位点 | 终止位点 | 长度/bp | 基因描述 |
|---|---|---|---|---|---|---|---|---|---|---|
| CEY00 _ Acc10619 | 91. 944 84 | 5. 248 078 5 | 4. 130 9 | 0. 008 264 4 | 0. 087 523 | LG9 | 13025995 | 13026798 | 804 | Pectinesterase inhibitor domain protein |
| CEY00 _ Acc10621 | 160. 092 5 | 322. 949 08 | −1. 012 4 | 0. 046 858 | 0. 276 91 | LG9 | 13039554 | 13051923 | 3 321 | Arginase |
| CEY00 _ Acc10628 | 78. 105 268 | 192. 967 64 | −1. 304 9 | 0. 049 821 | 0. 287 18 | LG9 | 13112063 | 13118210 | 1 123 | TRNA 2'-phosphotransferase |
| CEY00 _ Acc10635 | 281. 732 7 | 42. 293 543 | 2. 735 8 | 0. 022 829 | 0. 175 8 | LG9 | 13194935 | 13200001 | 1 206 | Vestitone reductase |
| CEY00 _ Acc10641 | 49. 074 688 | 175. 092 09 | −1. 835 1 | 0. 001 811 8 | 0. 029 472 | LG9 | 13293489 | 13299482 | 1 880 | Pentatricopeptide repeat-containing protein |
| CEY00 _ Acc10659 | 562. 422 45 | 161. 315 26 | 1. 801 8 | 0. 000 968 3 | 0. 018 859 | LG9 | 13591866 | 13600883 | 1 639 | hypothetical protein |
| CEY00 _ Acc10663 | 12. 553 335 | 41. 817 946 | −1. 736 1 | 0. 010 439 | 0. 103 24 | LG9 | 13663550 | 13666836 | 2 263 | Cytochrome P450 94A1 like |
| CEY00 _ Acc10675 | 2 574. 588 4 | 9 659. 850 6 | −1. 907 7 | 0. 000 269 4 | 0. 007 116 6 | LG9 | 13840543 | 13847803 | 1 131 | Axial regulator YABBY |
| CEY00 _ Acc10692 | 31. 146 039 | 4. 271 671 6 | 2. 866 2 | 0. 002 531 4 | 0. 037 207 | LG9 | 14065300 | 14069317 | 2 340 | Serine/threonine-protein kinase kinX |
| CEY00 _ Acc10693 | 1. 536 950 3 | 16. 541 049 | −3. 427 9 | 0. 005 254 2 | 0. 063 331 | LG9 | 14086386 | 14088341 | 1 733 | Transcription factor like |
| CEY00 _ Acc10694 | 12. 582 404 | 149. 328 29 | −3. 569 | 0. 032 79 | 0. 221 8 | LG9 | 14092507 | 14100151 | 1 617 | Pectin acetylesterase |
| CEY00 _ Acc10695 | 1 213. 511 9 | 416. 711 26 | 1. 542 1 | 0. 010 882 | 0. 106 48 | LG9 | 14112022 | 14117758 | 2 124 | Protein NRT1/PTR FAMILY 4. 5 like |
| CEY00 _ Acc10696 | 169. 774 65 | 75. 167 667 | 1. 175 4 | 0. 036 993 | 0. 239 07 | LG9 | 14133686 | 14145173 | 3 205 | Flap endonuclease |
| CEY00 _ Acc10698 | 1 606. 800 1 | 634. 026 09 | 1. 341 6 | 0. 004 417 7 | 0. 055 613 | LG9 | 14149651 | 14157479 | 2 813 | Nuclear pore complex protein like |
| CEY00 _ Acc10704 | 72. 099 473 | 144. 408 68 | −1. 002 1 | 0. 026 291 | 0. 192 35 | LG9 | 14266620 | 14269094 | 1 355 | Anaphase-promoting complex subunit like |

（续）

| 基因 ID | miR160VS1 序列/条 | CK1 序列/条 | $\log_2$FC | $P$ 值 | FDR | 染色体 | 起始位点 | 终止位点 | 长度/bp | 基因描述 |
|---|---|---|---|---|---|---|---|---|---|---|
| CEY00_Acc10707 | 29.241 774 | 97.950 131 | −1.744 | 0.032 375 | 0.219 94 | LG9 | 14300333 | 14304022 | 3 484 | Cytochrome P450 CYP13A10 like |
| CEY00_Acc10723 | 0 | 8.838 602 8 | — | 0.019 304 | 0.156 82 | LG9 | 14590889 | 14599245 | 7 111 | TMV resistance protein like |
| CEY00_Acc10731 | 43.344 405 | 108.357 31 | −1.321 9 | 0.031 258 | 0.214 92 | LG9 | 14751518 | 14752205 | 688 | Imidazole glycerol phosphate synthase subunit HisF like |
| CEY00_Acc10738 | 15.437 579 | 57.146 275 | −1.888 2 | 0.010 677 | 0.104 94 | LG9 | 14898813 | 14906379 | 3 850 | Protein CHROMATIN REMODELING like |
| CEY00_Acc10747 | 243.849 64 | 32.541 863 | 2.905 6 | 0.006 626 6 | 0.075 05 | LG9 | 14975400 | 14976854 | 1 371 | GATA transcription factor |
| CEY00_Acc10758 | 8 927.095 2 | 956.166 65 | 3.222 9 | $2.38\times10^{-10}$ | $6.93\times10^{-8}$ | LG9 | 15086380 | 15089585 | 3 206 | Arginine decarboxylase |
| CEY00_Acc10762 | 374.353 88 | 181.754 95 | 1.042 4 | 0.031 891 | 0.217 73 | LG9 | 15132067 | 15133952 | 1 886 | Amidophosphoribosyltransferase |
| CEY00_Acc10770 | 63.903 888 | 181.764 64 | −1.508 1 | 0.020 531 | 0.163 92 | LG9 | 15223280 | 15224112 | 833 | ATP phosphoribosyltransferase regulatory subunit like |
| CEY00_Acc10777 | 1 797.784 4 | 882.283 93 | 1.026 9 | 0.049 169 | 0.285 91 | LG9 | 15268837 | 15272913 | 1 727 | Eukaryotic translation initiation factor 4B3 like |
| CEY00_Acc10785 | 51.818 713 | 1.908 392 2 | 4.763 | $1.17\times10^{-6}$ | $9.75\times10^{-5}$ | LG9 | 15329332 | 15330323 | 992 | Dirigent protein |
| CEY00_Acc10796 | 542.583 16 | 5 517.844 | −3.346 2 | 0.001 381 3 | 0.024 259 | LG9 | 15440383 | 15445457 | 2 015 | Protein NUCLEAR FUSION DEFECTIVE like |
| CEY00_Acc10805 | 30.001 113 | 123.921 99 | −2.046 3 | 0.001 54 | 0.026 275 | LG9 | 15561354 | 15563065 | 1 602 | BOI-related E3 ubiquitin-protein ligase |

（续）

| 基因 ID | miR160VS1 序列/条 | CK1 序列/条 | $log_2FC$ | *P* 值 | FDR | 染色体 | 起始位点 | 终止位点 | 长度/bp | 基因描述 |
|---|---|---|---|---|---|---|---|---|---|---|
| CEY00_Acc10807 | 22.378 912 | 71.824 138 | −1.682 3 | 0.036 232 | 0.235 91 | LG9 | 15598097 | 15607431 | 2 223 | Heparan-alpha-glucosaminide N-acetyltransferase |
| CEY00_Acc10812 | 1 302.022 | 566.357 71 | 1.201 | 0.035 568 | 0.233 03 | LG9 | 15677475 | 15682827 | 2 460 | Protein like |
| CEY00_Acc10821 | 0 | 18.064 338 | — | 0.010 003 | 0.100 11 | LG9 | 15769672 | 15770480 | 809 | DNA-directed RNA polymerase subunit alpha like |
| CEY00_Acc10837 | 166.149 4 | 32.990 51 | 2.332 4 | $7.81\times10^{-5}$ | 0.002 721 3 | LG9 | 15931667 | 15936841 | 1 950 | L-ascorbate oxidase |
| CEY00_Acc10840 | 13 540.449 | 553.282 18 | 4.613 1 | 0.000 159 7 | 0.004 736 3 | LG9 | 15954120 | 15956979 | 1 852 | Lysine histidine transporter-like |
| CEY00_Acc10860 | 234.330 67 | 597.844 88 | −1.351 2 | 0.017 858 | 0.149 34 | LG9 | 16102255 | 16104659 | 2 284 | SEC1 family transport protein |
| CEY00_Acc10869 | 738.358 63 | 315.607 33 | 1.226 2 | 0.018 33 | 0.151 84 | LG9 | 16222830 | 16229898 | 1 684 | Serine/threonine-protein kinase |
| CEY00_Acc10875 | 2 365.661 4 | 995.950 67 | 1.248 1 | 0.008 147 1 | 0.086 728 | LG9 | 16323183 | 16331982 | 4 104 | Calcium-dependent protein kinase |
| CEY00_Acc10882 | 24 995.307 | 5 164.152 4 | 2.275 1 | $3.97\times10^{-6}$ | 0.000 256 4 | LG9 | 16401627 | 16404135 | 2 255 | 3-hydroxy-3-methylglutaryl-coenzyme A reductase |
| CEY00_Acc10883 | 15.605 699 | 1.811 889 8 | 3.106 5 | 0.029 284 | 0.205 52 | LG9 | 16409004 | 16413598 | 4 009 | Cellulose synthase-like protein |
| CEY00_Acc10908 | 39.238 279 | 116.147 37 | −1.565 6 | 0.028 868 | 0.203 9 | LG10 | 298011 | 311365 | 4 165 | Protein EFR3 B like |
| CEY00_Acc10914 | 68.294 845 | 1.631 539 9 | 5.387 5 | $1.76\times10^{-7}$ | $1.99\times10^{-5}$ | LG10 | 413094 | 415799 | 1 889 | Cytochrome P450 98A2 like |
| CEY00_Acc10929 | 1 925.643 8 | 587.722 31 | 1.712 1 | 0.000 493 9 | 0.011 306 | LG10 | 646269 | 648452 | 1 025 | Germin-like protein |
| CEY00_Acc10934 | 140.903 96 | 33.030 884 | 2.092 8 | 0.015 283 | 0.134 22 | LG10 | 702693 | 707238 | 3 282 | TVP38/TMEM64 family membrane protein like |

（续）

| 基因 ID | miR160VS1 序列/条 | CK1 序列/条 | $log_2FC$ | $P$ 值 | FDR | 染色体 | 起始位点 | 终止位点 | 长度/bp | 基因描述 |
|---|---|---|---|---|---|---|---|---|---|---|
| CEY00 _ Acc10938 | 54. 447 941 | 15. 911 687 | 1. 774 8 | 0. 020 464 | 0. 163 52 | LG10 | 769450 | 779783 | 3 236 | Leucine-rich repeat receptor-like protein kinase precursor |
| CEY00 _ Acc10939 | 5. 034 697 5 | 0 | — | 0. 046 976 | 0. 277 37 | LG10 | 784773 | 794931 | 3 553 | Leucine-rich repeat receptor-like protein kinase |
| CEY00 _ Acc10955 | 183. 016 64 | 85. 301 23 | 1. 101 3 | 0. 028 291 | 0. 201 38 | LG10 | 1178428 | 1180667 | 2 240 | Pentatricopeptide repeat-containing protein |
| CEY00 _ Acc10958 | 138. 461 18 | 26. 809 58 | 2. 368 7 | 0. 001 153 3 | 0. 021 396 | LG10 | 1217757 | 1223709 | 5 953 | Disease resistance protein |
| CEY00 _ Acc10963 | 82. 079 565 | 180. 352 91 | −1. 135 7 | 0. 043 436 | 0. 263 95 | LG10 | 1278088 | 1280957 | 953 | Ras-related protein like |
| CEY00 _ Acc10968 | 31. 803 018 | 4. 644 282 | 2. 775 6 | 0. 049 422 | 0. 286 75 | LG10 | 1339943 | 1343188 | 2 701 | Heat shock protein 70 family protein |
| CEY00 _ Acc10973 | 1 331. 537 | 446. 067 59 | 1. 577 8 | 0. 000 749 | 0. 015 646 | LG10 | 1387278 | 1393619 | 3 773 | 60S ribosomal protein like |
| CEY00 _ Acc10975 | 335. 414 51 | 140. 812 93 | 1. 252 2 | 0. 016 219 | 0. 139 83 | LG10 | 1412599 | 1431970 | 3 043 | Ion channel like |
| CEY00 _ Acc10987 | 764. 617 9 | 71. 977 326 | 3. 409 1 | 0. 005 144 5 | 0. 062 421 | LG10 | 1582663 | 1583630 | 968 | Receptor-like protein kinase |
| CEY00 _ Acc10988 | 2 547. 934 1 | 362. 700 75 | 2. 812 5 | 0. 001 790 2 | 0. 029 311 | LG10 | 1587383 | 1589758 | 2 376 | Receptor-like protein kinase |
| CEY00 _ Acc11009 | 7. 557 644 9 | 32. 237 764 | −2. 092 7 | 0. 023 158 | 0. 177 41 | LG10 | 1879319 | 1882148 | 662 | Prefoldin subunit like |
| CEY00 _ Acc11013 | 932. 899 13 | 435. 487 6 | 1. 099 1 | 0. 026 248 | 0. 192 29 | LG10 | 1931168 | 1938342 | 1 487 | Light-inducible protein |
| CEY00 _ Acc11014 | 9. 031 643 7 | 0. 684 706 8 | 3. 721 4 | 0. 033 509 | 0. 225 01 | LG10 | 1945507 | 1948748 | 3 242 | Calcium-transporting ATPase 13 plasma membrane-type |

（续）

| 基因 ID | miR160VS1 序列/条 | CK1 序列/条 | $log_2FC$ | *P* 值 | FDR | 染色体 | 起始位点 | 终止位点 | 长度/bp | 基因描述 |
|---|---|---|---|---|---|---|---|---|---|---|
| CEY00 _ Acc11015 | 454.578 32 | 84.953 429 | 2.419 8 | $6.69\times10^{-6}$ | 0.000 389 5 | LG10 | 1966266 | 1990590 | 7 437 | Protein ZINC INDUCED FACILITATOR-LIKE like |
| CEY00 _ Acc11024 | 2 766.418 5 | 730.388 54 | 1.921 3 | 0.030 379 | 0.211 09 | LG10 | 2171720 | 2180264 | 925 | Guanine deaminase |
| CEY00 _ Acc11034 | 19.352 444 | 56.104 629 | −1.535 6 | 0.030 553 | 0.211 67 | LG10 | 2325679 | 2328516 | 1 461 | hypothetical protein |
| CEY00 _ Acc11050 | 32.442 781 | 154.774 84 | −2.254 2 | 0.000 217 | 0.006 018 5 | LG10 | 15312992 | 15315450 | 1 835 | Gibberellin receptor GID1C like |
| CEY00 _ Acc11078 | 1 213.989 8 | 265.311 84 | 2.194 | $6.36\times10^{-6}$ | 0.000 374 3 | LG10 | 15639309 | 15640391 | 1 083 | hypothetical protein |
| CEY00 _ Acc11084 | 15.053 943 | 107.075 22 | −2.830 4 | $2.61\times10^{-5}$ | 0.001 159 7 | LG10 | 14980276 | 14985876 | 973 | Heparan-alpha-glucosaminide N-acetyltransferase |
| CEY00 _ Acc11085 | 26.431 624 | 107.708 55 | −2.026 8 | 0.002 312 1 | 0.034 993 | LG10 | 14987654 | 14990545 | 2 892 | hypothetical protein |
| CEY00 _ Acc11097 | 136.704 44 | 1 137.485 6 | −3.056 7 | $5.33\times10^{-8}$ | $7.34\times10^{-6}$ | LG10 | 15163463 | 15166697 | 997 | Lipoprotein like |
| CEY00 _ Acc11103 | 0.352 962 4 | 9.012 334 | −4.674 3 | 0.047 961 | 0.281 24 | LG10 | 15715646 | 15719250 | 1 740 | Protein like |
| CEY00 _ Acc11105 | 72.566 704 | 226.417 46 | −1.641 6 | 0.003 600 6 | 0.048 048 | LG10 | 15742354 | 15748704 | 4 021 | E3 ubiquitin-protein like |
| CEY00 _ Acc11111 | 165.188 77 | 59.530 6 | 1.472 4 | 0.029 533 | 0.206 79 | LG10 | 15800594 | 15806286 | 3 022 | Calmodulin-binding protein 60 B like |
| CEY00 _ Acc11116 | 671.756 86 | 1 496.683 1 | −1.155 8 | 0.006 625 8 | 0.075 05 | LG10 | 15871468 | 15878230 | 2 192 | Beta-galactosidase |
| CEY00 _ Acc11135 | 14.376 285 | 87.704 927 | −2.609 | 0.021 811 | 0.170 54 | LG10 | 2742464 | 2756163 | 4 245 | Kinesin-like protein |
| CEY00 _ Acc11136 | 4 691.402 7 | 1 085.027 | 2.112 3 | $2.55\times10^{-5}$ | 0.001 134 6 | LG10 | 2773959 | 2783107 | 2 129 | Squalene synthase |
| CEY00 _ Acc11148 | 231.018 58 | 17.859 248 | 3.693 3 | 0.015 273 | 0.134 21 | LG10 | 2978492 | 2982868 | 4 377 | Dentin sialoprotein |
| CEY00 _ Acc11159 | 104.184 88 | 266.871 93 | −1.357 | 0.021 31 | 0.167 9 | LG10 | 3125460 | 3130990 | 2 686 | Beta-galactosidase |

（续）

| 基因 ID | miR160VS1 序列/条 | CK1 序列/条 | $log_2FC$ | *P* 值 | FDR | 染色体 | 起始位点 | 终止位点 | 长度/bp | 基因描述 |
|---|---|---|---|---|---|---|---|---|---|---|
| CEY00_Acc11181 | 36.791 832 | 7.210 744 4 | 2.351 2 | 0.003 315 7 | 0.045 463 | LG10 | 3522408 | 3525652 | 1 546 | Polyol transporter like |
| CEY00_Acc11191 | 4 944.120 3 | 56.114 999 | 6.461 2 | $5.52\times10^{-9}$ | $1\times10^{-6}$ | LG10 | 3617398 | 3620755 | 1 095 | Non-symbiotic hemoglobin like |
| CEY00_Acc11193 | 38.527 977 | 8.296 064 7 | 2.215 4 | 0.013 113 | 0.120 72 | LG10 | 3653875 | 3658490 | 706 | CASP-like protein |
| CEY00_Acc11200 | 47.583 529 | 185.577 08 | −1.963 5 | 0.002 389 | 0.035 72 | LG10 | 3762387 | 3770356 | 2 134 | Protein FAM114A2 like |
| CEY00_Acc11204 | 137.396 74 | 46.177 473 | 1.573 1 | 0.003 424 9 | 0.046 457 | LG10 | 3809395 | 3812708 | 1 474 | Myb family transcription factor EFM like |
| CEY00_Acc11208 | 25.579 061 | 3.070 197 | 3.058 6 | 0.007 671 4 | 0.082 921 | LG10 | 3860928 | 3862152 | 1 225 | WAS/WASL-interacting protein family member protein |
| CEY00_Acc11213 | 49.189 795 | 2.269 836 2 | 4.437 7 | $1.03\times10^{-6}$ | $8.8\times10^{-5}$ | LG10 | 3961870 | 3963132 | 1 263 | GDSL esterase/lipase |
| CEY00_Acc11214 | 237.290 35 | 64.130 125 | 1.887 6 | 0.036 599 | 0.237 31 | LG10 | 4040210 | 4042272 | 1 231 | Carboxylesterase 13 |
| CEY00_Acc11217 | 4 331.198 | 1 106.833 6 | 1.968 3 | 0.018 478 | 0.152 37 | LG10 | 4084906 | 4089896 | 1 779 | B3 domain-containing protein |
| CEY00_Acc11225 | 25.239 302 | 61.762 307 | −1.291 1 | 0.040 818 | 0.254 25 | LG10 | 4237115 | 4242216 | 5 102 | PAX-interacting protein |
| CEY00_Acc11231 | 1 172.012 2 | 124.156 37 | 3.238 8 | $5.28\times10^{-5}$ | 0.002 020 2 | LG10 | 4391543 | 4394164 | 2 295 | Elicitor-responsive protein |
| CEY00_Acc11247 | 1 800.457 9 | 665.194 38 | 1.436 5 | 0.006 966 1 | 0.077 676 | LG10 | 4968853 | 4972306 | 1 708 | WRKY transcription factor 14 |
| CEY00_Acc11268 | 961.268 45 | 395.935 21 | 1.279 7 | 0.005 396 7 | 0.064 717 | LG10 | 5232710 | 5244441 | 2 779 | UDP-arabinose 4-epimerase |
| CEY00_Acc11269 | 4 118.043 2 | 240.375 85 | 4.098 6 | 0.000 755 4 | 0.015 736 | LG10 | 5255617 | 5259615 | 2 762 | Beta-amyrin 28-oxidase |
| CEY00_Acc11280 | 15.854 295 | 0.477 098 | 5.054 4 | 0.001 788 9 | 0.029 311 | LG10 | 6249736 | 6252530 | 1 732 | UDP-glycosyltransferase |
| CEY00_Acc11285 | 218.974 24 | 7.156 470 7 | 4.935 4 | $8.71\times10^{-10}$ | $2.12\times10^{-7}$ | LG10 | 6348847 | 6351808 | 2 082 | Indole-3-acetic acid-amido synthetase |

（续）

| 基因 ID | miR160VS1 序列/条 | CK1 序列/条 | $log_2FC$ | *P* 值 | FDR | 染色体 | 起始位点 | 终止位点 | 长度/bp | 基因描述 |
|---|---|---|---|---|---|---|---|---|---|---|
| CEY00 _ Acc11286 | 34.278 076 | 98.594 292 | −1.524 2 | 0.031 863 | 0.217 58 | LG10 | 6358088 | 6362594 | 1 026 | Thioredoxin domain-containing protein |
| CEY00 _ Acc11291 | 141.160 15 | 36.350 174 | 1.957 3 | 0.009 714 1 | 0.098 228 | LG10 | 6449771 | 6454852 | 1 606 | Protein like |
| CEY00 _ Acc11295 | 1 061.765 8 | 51.672 195 | 4.360 9 | $3.16\times10^{-15}$ | $4.53\times10^{-12}$ | LG10 | 6522687 | 6523578 | 892 | Zinc finger protein |
| CEY00 _ Acc11306 | 39.967 692 | 5.255 319 5 | 2.927 | 0.001 608 8 | 0.027 125 | LG10 | 6895189 | 6895983 | 795 | Protein SprT like |
| CEY00 _ Acc11308 | 112.127 51 | 7.110 060 2 | 3.979 1 | 0.001 311 8 | 0.023 401 | LG10 | 6932403 | 6933413 | 546 | Phytosulfokine-beta like |
| CEY00 _ Acc11328 | 14.668 703 | 65.294 214 | −2.154 2 | 0.004 275 9 | 0.054 449 | LG10 | 7653207 | 7658126 | 1 283 | Transmembrane protein like |
| CEY00 _ Acc11330 | 29.942 976 | 117.167 96 | −1.968 3 | 0.000 751 4 | 0.015 683 | LG10 | 7717808 | 7719462 | 1 021 | Ubiquitin carboxyl-terminal hydrolase |
| CEY00 _ Acc11348 | 313.808 61 | 116.902 34 | 1.424 6 | 0.010 228 | 0.101 74 | LG10 | 8571864 | 8577476 | 2 169 | Glutamyl-tRNA reductase |
| CEY00 _ Acc11350 | 71.433 266 | 214.788 99 | −1.588 3 | 0.008 442 1 | 0.088 766 | LG10 | 8604425 | 8608838 | 1 106 | Peptide methionine sulfoxide reductase |
| CEY00 _ Acc11361 | 31.978 268 | 77.331 445 | −1.274 | 0.038 029 | 0.243 21 | LG10 | 9481807 | 9488306 | 1 985 | Keratin-associated protein like |
| CEY00 _ Acc11369 | 444.507 47 | 205.002 18 | 1.116 6 | 0.042 029 | 0.258 84 | LG10 | 9637592 | 9648852 | 10 202 | Polyadenylate-binding protein |
| CEY00 _ Acc11372 | 1 157.200 1 | 460.868 13 | 1.328 2 | 0.017 198 | 0.145 58 | LG10 | 9674751 | 9689269 | 2 957 | Guanine nucleotide-binding protein alpha-1 subunit like |
| CEY00 _ Acc11385 | 1 511.316 7 | 36.971 917 | 5.353 2 | 0.002 082 3 | 0.032 539 | LG10 | 9916977 | 9917879 | 903 | HSP20-like chaperone protein |
| CEY00 _ Acc11386 | 760.997 69 | 15.420 973 | 5.624 9 | 0.001 925 4 | 0.030 869 | LG10 | 9928016 | 9928869 | 854 | HSP20-like chaperone protein |
| CEY00 _ Acc11387 | 562.161 71 | 11.896 511 | 5.562 4 | 0.000 551 2 | 0.012 283 | LG10 | 9939934 | 9941870 | 1 278 | HSP20-like chaperone protein |

（续）

| 基因 ID | miR160VS1 序列/条 | CK1 序列/条 | $log_2FC$ | $P$ 值 | FDR | 染色体 | 起始位点 | 终止位点 | 长度/bp | 基因描述 |
|---|---|---|---|---|---|---|---|---|---|---|
| CEY00_Acc11396 | 375.034 96 | 35.540 257 | 3.399 5 | $1.6\times10^{-6}$ | 0.000 125 3 | LG10 | 10118363 | 10120357 | 1 995 | Nuclease |
| CEY00_Acc11409 | 89.580 677 | 31.640 83 | 1.501 4 | 0.035 785 | 0.234 02 | LG10 | 10684433 | 10701548 | 11 776 | Inactive tRNA-specific adenosine deaminase-like protein 3 |
| CEY00_Acc11410 | 83.494 934 | 27.282 996 | 1.613 7 | 0.005 598 5 | 0.066 603 | LG10 | 10704727 | 10706583 | 1 857 | Phytolongin Phyl1.1 like |
| CEY00_Acc11411 | 6.312 310 3 | 0 | — | 0.021 985 | 0.171 45 | LG10 | 10708877 | 10716287 | 1 060 | RING-H2 finger protein |
| CEY00_Acc11415 | 2 340.451 4 | 132.728 93 | 4.140 2 | $1.35\times10^{-6}$ | 0.000 109 6 | LG10 | 10780554 | 10781817 | 1 264 | Carboxylesterase |
| CEY00_Acc11419 | 2 099.913 8 | 586.651 14 | 1.839 8 | 0.000 443 3 | 0.010 409 | LG10 | 10831924 | 10837349 | 1 232 | Oleoyl-acyl carrier protein thioesteraseprecursor |
| CEY00_Acc11426 | 218.100 91 | 440.354 06 | −1.013 7 | 0.040 569 | 0.253 22 | LG10 | 10951105 | 10995393 | 3 887 | Phospholipase |
| CEY00_Acc11429 | 19.736 882 | 319.962 33 | −4.018 9 | 0.013 637 | 0.123 55 | LG10 | 11053969 | 11086891 | 4 088 | Non-lysosomal glucosylceramidase |
| CEY00_Acc11439 | 59.600 263 | 185.909 58 | −1.641 2 | 0.004 590 7 | 0.057 224 | LG10 | 11317086 | 11332595 | 4 181 | Methyl-accepting chemotaxis protein |
| CEY00_Acc11448 | 746.730 98 | 31.649 669 | 4.560 3 | 0.001 030 2 | 0.019 703 | LG10 | 11510084 | 11512795 | 2 712 | Serine/threonine-protein kinase-like protein |
| CEY00_Acc11457 | 8.355 991 1 | 36.114 114 | −2.111 7 | 0.027 617 | 0.198 39 | LG10 | 11631725 | 11637899 | 1 321 | Tetratricopeptide repeat protein |
| CEY00_Acc11466 | 11.628 284 | 68.759 355 | −2.563 9 | 0.000 397 8 | 0.009 606 3 | LG10 | 11774254 | 11781331 | 4 581 | AP-1 complex subunit sigma-1 like |
| CEY00_Acc11474 | 261.913 53 | 51.931 9 | 2.334 4 | $1.33\times10^{-5}$ | 0.000 673 8 | LG10 | 11904547 | 11907000 | 1 345 | Feruloyl CoA ortho-hydroxylase |
| CEY00_Acc11477 | 4.225 209 2 | 52.317 178 | −3.630 2 | 0.034 21 | 0.227 75 | LG10 | 11945047 | 11948715 | 739 | Transmembrane protein |
| CEY00_Acc11487 | 72.397 416 | 184.940 44 | −1.353 1 | 0.008 685 7 | 0.090 903 | LG10 | 12143589 | 12145824 | 889 | 30S ribosomal protein |

（续）

| 基因 ID | miR160VS1 序列/条 | CK1 序列/条 | $log_2FC$ | $P$ 值 | FDR | 染色体 | 起始位点 | 终止位点 | 长度/bp | 基因描述 |
|---|---|---|---|---|---|---|---|---|---|---|
| CEY00_Acc11506 | 97.824 715 | 6.830 148 8 | 3.840 2 | $1.75\times10^{-5}$ | 0.000 851 2 | LG10 | 19268653 | 19271155 | 1 962 | Phosphatidylinositol 4-phosphate 5-kinase |
| CEY00_Acc11515 | 36.727 677 | 12.099 45 | 1.601 9 | 0.036 39 | 0.236 42 | LG10 | 19100584 | 19103397 | 1 765 | LysM domain-containing GPI-anchored protein |
| CEY00_Acc11520 | 91.871 66 | 333.132 89 | −1.858 4 | 0.001 806 9 | 0.029 441 | LG10 | 18995408 | 19012059 | 3 553 | Long chain acyl-CoA synthetase |
| CEY00_Acc11532 | 225.713 79 | 745.620 85 | −1.723 9 | 0.001 773 7 | 0.029 143 | LG10 | 18755689 | 18772777 | 8 771 | Dysferlin like |
| CEY00_Acc11534 | 24.573 99 | 3.454 474 1 | 2.830 6 | 0.005 979 6 | 0.069 75 | LG10 | 18708359 | 18711954 | 1 874 | Amino acid permease |
| CEY00_Acc11546 | 5.958 144 3 | 0 | — | 0.017 516 | 0.147 43 | LG10 | 12681680 | 12682331 | 652 | Calcium-binding protein CML44 |
| CEY00_Acc11564 | 25.234 488 | 115.828 49 | −2.198 5 | 0.001 853 3 | 0.029 972 | LG10 | 12975940 | 12988783 | 4 720 | Transcriptional corepressor SEUSS like |
| CEY00_Acc11566 | 806.620 89 | 391.125 38 | 1.044 3 | 0.024 33 | 0.183 08 | LG10 | 13028104 | 13032883 | 1 325 | alcohol dehydrogenase |
| CEY00_Acc11572 | 23.148 19 | 180.891 47 | −2.966 2 | $6.97\times10^{-6}$ | 0.000 400 4 | LG10 | 13130349 | 13131273 | 925 | Dof zinc finger protein like |
| CEY00_Acc11574 | 500.713 8 | 167.587 89 | 1.579 1 | 0.002 433 8 | 0.036 226 | LG10 | 13173409 | 13175013 | 1 605 | Protein MITOFERRINLIKE 1 like |
| CEY00_Acc11584 | 93.525 468 | 220.707 42 | −1.238 7 | 0.011 324 | 0.109 23 | LG10 | 13333839 | 13337150 | 2 407 | Trihelix transcription factor GT-2 like |
| CEY00_Acc11587 | 10.279 385 | 0 | — | 0.011 261 | 0.108 85 | LG10 | 13413647 | 13415785 | 1 452 | HSP20-like chaperone protein |
| CEY00_Acc11592 | 34.041 023 | 1.431 294 1 | 4.571 9 | $9.94\times10^{-5}$ | 0.003 292 | LG10 | 13470589 | 13471593 | 643 | Abscisic stress-ripening protein |
| CEY00_Acc11593 | 58.525 856 | 3.358 716 | 4.123 1 | $3.19\times10^{-6}$ | 0.000 215 4 | LG10 | 13488589 | 13489636 | 607 | Abscisic stress-ripening protein |
| CEY00_Acc11606 | 3 998.669 6 | 192.045 83 | 4.38 | $3.96\times10^{-8}$ | $5.67\times10^{-6}$ | LG10 | 13654393 | 13656352 | 1 372 | Ethylene-responsive transcription factor |

（续）

| 基因 ID | miR160VS1 序列/条 | CK1 序列/条 | $log_2FC$ | *P* 值 | FDR | 染色体 | 起始位点 | 终止位点 | 长度/bp | 基因描述 |
|---|---|---|---|---|---|---|---|---|---|---|
| CEY00 _ Acc11608 | 60 604. 21 | 3 312. 513 8 | 4. 193 4 | $1.6\times10^{-7}$ | $1.85\times10^{-5}$ | LG10 | 13677928 | 13681078 | 1 281 | Peroxidase |
| CEY00 _ Acc11629 | 1 181. 302 8 | 242. 075 9 | 2. 286 8 | $1.18\times10^{-5}$ | 0. 000 611 | LG10 | 14031981 | 14039038 | 2 111 | Laccase-14 like |
| CEY00 _ Acc11630 | 1 353. 683 2 | 113. 410 94 | 3. 577 3 | $9.95\times10^{-12}$ | $4.31\times10^{-9}$ | LG10 | 14048164 | 14053904 | 4 119 | Laccase-14 like |
| CEY00 _ Acc11635 | 11. 305 593 | 46. 685 307 | −2. 045 9 | 0. 010 756 | 0. 105 46 | LG10 | 14130330 | 14134889 | 2 200 | Transcription factor like |
| CEY00 _ Acc11638 | 862. 427 35 | 27. 759 96 | 4. 957 3 | $5.67\times10^{-12}$ | $2.56\times10^{-9}$ | LG10 | 14170069 | 14170561 | 493 | hypothetical protein |
| CEY00 _ Acc11639 | 416. 018 02 | 7. 333 139 1 | 5. 826 1 | 0. 011 956 | 0. 113 34 | LG10 | 14174619 | 14175114 | 496 | Transcription factor 7-like |
| CEY00 _ Acc11643 | 685. 714 73 | 19. 245 12 | 5. 155 | $2\times10^{-5}$ | 0. 000 944 4 | LG10 | 14207461 | 14215398 | 5 230 | Sulfate transporter 1. 3 like |
| CEY00 _ Acc11653 | 612. 555 36 | 115. 541 07 | 2. 406 4 | 0. 012 789 | 0. 118 7 | LG10 | 14332681 | 14336857 | 1 982 | Multidrug resistance protein |
| CEY00 _ Acc11654 | 14. 804 143 | 1. 819 997 | 3. 024 | 0. 016 519 | 0. 141 67 | LG10 | 14343761 | 14349315 | 1 423 | DNA oxidative demethylase |
| CEY00 _ Acc11662 | 16. 631 104 | 0 | — | $3.71\times10^{-5}$ | 0. 001 521 9 | LG10 | 14455757 | 14456890 | 1 134 | Protein EXORDIUM like |
| CEY00 _ Acc11663 | 336. 296 06 | 13. 251 198 | 4. 665 5 | 0. 001 499 4 | 0. 025 741 | LG10 | 14462367 | 14463435 | 1 069 | Protein EXORDIUM-like |
| CEY00 _ Acc11675 | 111. 890 51 | 8. 349 215 8 | 3. 744 3 | 0. 000 105 4 | 0. 003 426 8 | LG10 | 14561432 | 14563307 | 1 876 | Clathrin assembly protein |
| CEY00 _ Acc11676 | 67. 501 623 | 6. 171 334 3 | 3. 451 3 | 0. 000 195 4 | 0. 005 527 3 | LG10 | 14566122 | 14567358 | 1 237 | Clathrin assembly protein |
| CEY00 _ Acc11677 | 1 904. 368 8 | 88. 604 159 | 4. 425 8 | $3.03\times10^{-7}$ | $3.14\times10^{-5}$ | LG10 | 14572582 | 14574567 | 1 986 | Histidine-rich glycoprotein |
| CEY00 _ Acc11685 | 15. 707 256 | 0 | — | $5.2\times10^{-5}$ | 0. 001 997 3 | LG10 | 14675918 | 14677280 | 1 363 | G-type lectin S-receptor-like serine/threonine-protein kinase |
| CEY00 _ Acc11693 | 61. 885 299 | 7. 841 799 7 | 2. 980 3 | $4.71\times10^{-5}$ | 0. 001 852 3 | LG10 | 14795369 | 14796625 | 1 257 | AT-hook motif nuclear-localized protein |
| CEY00 _ Acc11703 | 18. 632 167 | 72. 288 456 | −1. 956 | 0. 040 641 | 0. 253 49 | LG10 | 15915054 | 15926543 | 4 191 | Serine/threonine-protein kinase |

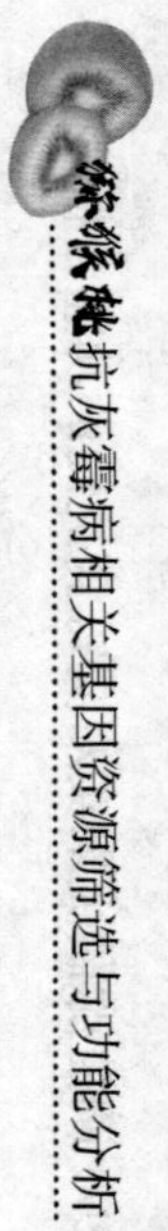


（续）

| 基因 ID | miR160VS1 序列/条 | CK1 序列/条 | $\log_2 FC$ | *P* 值 | FDR | 染色体 | 起始位点 | 终止位点 | 长度/bp | 基因描述 |
|---|---|---|---|---|---|---|---|---|---|---|
| CEY00 _ Acc11712 | 92.959 707 | 236.103 09 | −1.344 7 | 0.013 042 | 0.120 33 | LG10 | 16066511 | 16075304 | 3 047 | Serine hydroxymethyltransferase |
| CEY00 _ Acc11713 | 218.153 55 | 43.089 817 | 2.339 9 | 0.000 902 | 0.017 917 | LG10 | 16075450 | 16083510 | 1 737 | CBL-interacting serine/threonine-protein kinase |
| CEY00 _ Acc11718 | 1 343.036 9 | 266.534 53 | 2.333 1 | 0.000 184 4 | 0.005 312 1 | LG10 | 16199321 | 16202810 | 3 313 | Receptor-like protein kinase |
| CEY00 _ Acc11732 | 89.530 838 | 220.024 49 | −1.297 2 | 0.022 832 | 0.175 8 | LG10 | 16382999 | 16387080 | 1 265 | Thyroid receptor-interacting protein like |
| CEY00 _ Acc11745 | 7.111 458 8 | 44.023 669 | −2.630 1 | 0.002 487 3 | 0.036 771 | LG10 | 16569070 | 16572256 | 1 159 | Neuronal tyrosine-phosphorylated phosphoinositide-3-kinase |
| CEY00 _ Acc11746 | 17.970 465 | 179.267 76 | −3.318 4 | $3.42\times10^{-7}$ | $3.49\times10^{-5}$ | LG10 | 16578479 | 16580297 | 742 | Ran-binding protein like |
| CEY00 _ Acc11751 | 11.346 607 | 50.696 179 | −2.159 6 | 0.013 14 | 0.120 9 | LG10 | 16618937 | 16623043 | 562 | hypothetical protein |
| CEY00 _ Acc11753 | 15.211 723 | 0 | — | 0.011 648 | 0.111 44 | LG10 | 16630864 | 16633206 | 1 810 | Tetratricopeptide repeat protein like |
| CEY00 _ Acc11758 | 26.305 721 | 79.174 736 | −1.589 7 | 0.033 132 | 0.223 33 | LG10 | 16667343 | 16669986 | 1 368 | E3 ubiquitin-protein ligase LUL3 |
| CEY00 _ Acc11762 | 60.159 149 | 153.729 84 | −1.353 5 | 0.032 997 | 0.222 78 | LG10 | 16711731 | 16712547 | 817 | F-box protein |
| CEY00 _ Acc11766 | 440.419 1 | 1 928.595 1 | −2.130 6 | $4.01\times10^{-5}$ | 0.001 619 5 | LG10 | 16754713 | 16756494 | 1 492 | Cyclin-D3-1 like |
| CEY00 _ Acc11778 | 0 | 12.054 406 | — | 0.004 489 7 | 0.056 26 | LG10 | 16921630 | 16926332 | 3 860 | Inactive receptor kinase |
| CEY00 _ Acc11780 | 60.688 163 | 23.401 638 | 1.374 8 | 0.022 12 | 0.172 22 | LG10 | 16938559 | 16940889 | 891 | Ethylene-responsive transcription factor |
| CEY00 _ Acc11786 | 65.140 833 | 165.805 06 | −1.347 9 | 0.044 174 | 0.267 06 | LG10 | 17007180 | 17012345 | 2 758 | Remorin，C-terminal protein |
| CEY00 _ Acc11787 | 69.658 004 | 1.889 240 5 | 5.204 4 | 0.000 425 6 | 0.010 063 | LG10 | 17013466 | 17014959 | 1 494 | Disease resistance protein |

（续）

| 基因 ID | miR160VS1 序列/条 | CK1 序列/条 | $log_2FC$ | *P* 值 | FDR | 染色体 | 起始位点 | 终止位点 | 长度/bp | 基因描述 |
|---|---|---|---|---|---|---|---|---|---|---|
| CEY00_Acc11791 | 61.097 805 | 149.296 76 | −1.289 | 0.016 871 | 0.143 47 | LG10 | 17054210 | 17056640 | 1 020 | Non-specific lipid-transfer protein |
| CEY00_Acc11810 | 249.039 36 | 26.744 844 | 3.219 | 0.000 718 4 | 0.015 1 | LG10 | 17258276 | 17266982 | 3 385 | Wall-associated receptor kinase-like |
| CEY00_Acc11811 | 102.914 83 | 26.562 802 | 1.954 | 0.049 328 | 0.286 48 | LG10 | 17269459 | 17273322 | 1 447 | Argininosuccinate lyase |
| CEY00_Acc11812 | 332.798 01 | 814.382 14 | −1.291 1 | 0.014 998 | 0.132 45 | LG10 | 17282100 | 17296289 | 2 963 | Exocyst complex component SEC3A like |
| CEY00_Acc11818 | 378.072 92 | 770.891 06 | −1.027 9 | 0.049 489 | 0.286 9 | LG10 | 17366655 | 17370673 | 2 204 | NEDD8-conjugating enzyme Ubc12 like |
| CEY00_Acc11824 | 383.366 44 | 58.667 114 | 2.708 1 | 0.008 560 4 | 0.089 82 | LG10 | 17411202 | 17414600 | 2 020 | Protein indeterminate-domain like |
| CEY00_Acc11825 | 158.116 04 | 74.194 942 | 1.091 6 | 0.044 578 | 0.268 46 | LG10 | 17424436 | 17427868 | 3 314 | WD40-repeat-containing domain protein |
| CEY00_Acc11828 | 21.014 093 | 3.900 631 9 | 2.429 6 | 0.034 337 | 0.228 | LG10 | 17447948 | 17449218 | 1 271 | Carboxylesterase 18 |
| CEY00_Acc11837 | 30.362 41 | 136.035 59 | −2.163 6 | 0.001 811 4 | 0.029 472 | LG10 | 17553323 | 17556490 | 3 168 | 3-ketoacyl-CoA synthase |
| CEY00_Acc11845 | 5.927 470 9 | 26.498 106 | −2.160 4 | 0.046 769 | 0.276 55 | LG10 | 17607278 | 17608575 | 1 298 | BZIP transcription factor |
| CEY00_Acc11849 | 5.833 846 | 0 | — | 0.018 152 | 0.150 82 | LG10 | 17642238 | 17644773 | 1 321 | Peroxidase |
| CEY00_Acc11852 | 91.044 336 | 182.405 59 | −1.002 5 | 0.040 165 | 0.251 71 | LG10 | 17660158 | 17668517 | 1 882 | GTP-binding protein |
| CEY00_Acc11866 | 198.090 72 | 397.951 91 | −1.006 4 | 0.039 061 | 0.247 47 | LG10 | 17864036 | 17871813 | 1 391 | WD repeat-containing protein |
| CEY00_Acc11870 | 597.364 52 | 137.168 | 2.122 7 | 0.011 43 | 0.109 77 | LG10 | 17913185 | 17917111 | 906 | Cytokinin riboside 5'-monophosphate phosphoribohydrolase |
| CEY00_Acc11873 | 251.519 87 | 121.453 19 | 1.050 3 | 0.039 374 | 0.248 88 | LG10 | 17940982 | 17943969 | 466 | Death domain-containing protein |
| CEY00_Acc11885 | 4 000.698 4 | 296.839 64 | 3.752 5 | $3\times10^{-7}$ | $3.13\times10^{-5}$ | LG10 | 18032845 | 18033762 | 918 | hypothetical protein |

（续）

| 基因 ID | miR160VS1 序列/条 | CK1 序列/条 | $log_2FC$ | *P* 值 | FDR | 染色体 | 起始位点 | 终止位点 | 长度/bp | 基因描述 |
|---|---|---|---|---|---|---|---|---|---|---|
| CEY00_Acc11890 | 2 707.236 4 | 378.993 36 | 2.836 6 | $4.32\times10^{-8}$ | $6.13\times10^{-6}$ | LG10 | 18065607 | 18068266 | 867 | NEP1-interacting protein |
| CEY00_Acc11893 | 598.963 25 | 4 075.829 5 | −2.766 6 | $8.27\times10^{-8}$ | $1.06\times10^{-5}$ | LG10 | 18084637 | 18086091 | 1 107 | Expansin-A1 like |
| CEY00_Acc11894 | 43.980 248 | 143.528 27 | −1.706 4 | 0.002 155 | 0.033 249 | LG10 | 18086407 | 18088409 | 1 248 | Peroxidase |
| CEY00_Acc11903 | 83.949 691 | 0.904 104 2 | 6.536 9 | 0.003 760 6 | 0.049 402 | LG10 | 18171054 | 18171873 | 820 | Chaperone protein dnaJ 11 like |
| CEY00_Acc11904 | 301.658 42 | 43.116 249 | 2.806 6 | 0.000 106 6 | 0.003 450 5 | LG10 | 18179298 | 18186463 | 2 771 | Serine/arginine-rich splicing factor 2 like |
| CEY00_Acc11915 | 80.362 149 | 219.992 93 | −1.452 9 | 0.012 654 | 0.118 12 | LG10 | 18345537 | 18350483 | 2 652 | Carboxypeptidase |
| CEY00_Acc11918 | 539.132 86 | 2 399.031 3 | −2.153 7 | $3.4\times10^{-5}$ | 0.001 43 | LG10 | 18368602 | 18375682 | 3 120 | BTB/POZ domain-containing protein |
| CEY00_Acc11919 | 76.266 363 | 310.989 4 | −2.027 7 | 0.000 964 6 | 0.018 826 | LG10 | 18379962 | 18384578 | 2 099 | Homeobox protein like |
| CEY00_Acc11925 | 8.045 646 5 | 0.238 549 | 5.075 9 | 0.014 9 | 0.131 96 | LG10 | 18439067 | 18446670 | 2 747 | Protein S-acyltransferase |
| CEY00_Acc11928 | 85.943 533 | 311.146 85 | −1.856 1 | 0.009 799 6 | 0.098 668 | LG10 | 18457259 | 18461480 | 1 081 | Monosaccharide-sensing protein |
| CEY00_Acc11936 | 294.695 54 | 645.484 26 | −1.131 2 | 0.032 036 | 0.218 41 | LG10 | 18542052 | 18548517 | 4 331 | Proton pump-interactor like |
| CEY00_Acc11938 | 1 338.532 5 | 613.980 77 | 1.124 4 | 0.038 733 | 0.246 12 | LG10 | 18563199 | 18575139 | 1 410 | UDP-galactose transporter like |
| CEY00_Acc11957 | 199.947 38 | 93.054 309 | 1.103 5 | 0.041 42 | 0.256 53 | LG11 | 161962 | 164423 | 708 | Small nuclear ribonucleoprotein like |
| CEY00_Acc11961 | 21.415 6 | 2.785 981 8 | 2.942 4 | 0.048 662 | 0.284 11 | LG11 | 195245 | 197977 | 1 524 | Serine/threonine-protein kinase |
| CEY00_Acc11968 | 141.030 24 | 566.378 62 | −2.005 8 | 0.012 424 | 0.116 57 | LG11 | 266221 | 273613 | 3 318 | Monosaccharide-sensing protein |
| CEY00_Acc11969 | 70.918 257 | 1 197.991 | −4.078 3 | 0.011 67 | 0.111 59 | LG11 | 290859 | 294033 | 3 175 | Protein PLASTID MOVEMENT IMPAIRED like |

（续）

| 基因 ID | miR160VS1 序列/条 | CK1 序列/条 | $log_2FC$ | P 值 | FDR | 染色体 | 起始位点 | 终止位点 | 长度/bp | 基因描述 |
|---|---|---|---|---|---|---|---|---|---|---|
| CEY00_Acc11977 | 220.137 77 | 454.399 33 | −1.045 6 | 0.048 192 | 0.282 27 | LG11 | 434624 | 441148 | 4 410 | Proton pump-interactor like |
| CEY00_Acc11978 | 1 228.891 6 | 302.639 52 | 2.021 7 | 0.007 88 | 0.084 626 | LG11 | 441695 | 444036 | 2 342 | Protein LYK5 [Source: Projected from Arabidopsis thaliana (AT2G33580) UniProtKB/Swiss-Prot; Acc: O22808] |
| CEY00_Acc11997 | 614.272 09 | 221.517 08 | 1.471 5 | 0.002 046 7 | 0.032 104 | LG11 | 708906 | 711365 | 2 460 | WD40-repeat-containing domain protein |
| CEY00_Acc12000 | 790.368 31 | 392.127 03 | 1.011 2 | 0.036 749 | 0.238 05 | LG11 | 736705 | 744181 | 4 131 | Protein like |
| CEY00_Acc12013 | 347.802 6 | 82.438 56 | 2.076 9 | 0.002 337 4 | 0.035 237 | LG11 | 850150 | 851845 | 878 | GPI mannosyltransferase |
| CEY00_Acc12014 | 15 225.64 | 1 935.988 3 | 2.975 4 | $2.03\times10^{-6}$ | 0.000 152 2 | LG11 | 856738 | 859434 | 1 920 | Allene oxide synthase |
| CEY00_Acc12015 | 1 692.127 | 290.211 42 | 2.543 7 | 0.000 179 3 | 0.005 213 2 | LG11 | 881677 | 883413 | 1 737 | Allene oxide synthase |
| CEY00_Acc12016 | 11 374.721 | 3 216.962 6 | 1.822 1 | 0.002 799 8 | 0.040 13 | LG11 | 885918 | 887455 | 1 538 | Allene oxide synthase |
| CEY00_Acc12017 | 46.688 384 | 6.087 242 9 | 2.939 2 | 0.000 434 1 | 0.010 221 | LG11 | 892498 | 897752 | 2 329 | Wall-associated receptor kinase-like |
| CEY00_Acc12021 | 3 655.565 8 | 1 224.350 6 | 1.578 1 | 0.001 880 8 | 0.030 283 | LG11 | 945920 | 952566 | 1 983 | Thylakoidal processing peptidase |
| CEY00_Acc12022 | 109.783 48 | 15.028 967 | 2.868 8 | 0.002 741 7 | 0.039 572 | LG11 | 960359 | 968003 | 1 570 | Serpin-ZX like |
| CEY00_Acc12024 | 2 215.257 5 | 469.174 58 | 2.239 3 | 0.003 616 | 0.048 145 | LG11 | 980299 | 984997 | 3 213 | BTB/POZ domain-containing protein |
| CEY00_Acc12029 | 209.305 4 | 0.954 196 1 | 7.777 1 | $6.83\times10^{-5}$ | 0.002 47 | LG11 | 1037494 | 1039529 | 1 474 | Patatin-like protein |
| CEY00_Acc12031 | 67.427 875 | 7.249 169 6 | 3.217 5 | 0.031 411 | 0.215 71 | LG11 | 1050732 | 1051919 | 1 188 | Carboxylesterase |
| CEY00_Acc12048 | 307.605 11 | 21.211 711 | 3.858 1 | 0.016 483 | 0.141 5 | LG11 | 1205376 | 1206870 | 1 495 | Transferase protein |

（续）

| 基因 ID | miR160VS1 序列/条 | CK1 序列/条 | $log_2FC$ | *P* 值 | FDR | 染色体 | 起始位点 | 终止位点 | 长度/bp | 基因描述 |
|---|---|---|---|---|---|---|---|---|---|---|
| CEY00_Acc12052 | 125.832 15 | 10.380 503 | 3.599 6 | 0.000 161 9 | 0.004 789 7 | LG11 | 1262137 | 1264195 | 1 086 | WRKY transcription factor 15 |
| CEY00_Acc12063 | 8.003 028 7 | 48.012 574 | −2.584 8 | 0.003 649 4 | 0.048 384 | LG11 | 1503637 | 1505482 | 1 564 | Cyclin-D3-1 like |
| CEY00_Acc12066 | 171.628 33 | 419.426 46 | −1.289 1 | 0.017 127 | 0.145 09 | LG11 | 1528685 | 1529523 | 839 | F-box protein |
| CEY00_Acc12072 | 236.796 86 | 19.163 966 | 3.627 2 | $5.69\times10^{-6}$ | 0.000 342 1 | LG11 | 1588132 | 1590647 | 1 404 | E3 ubiquitin-protein like |
| CEY00_Acc12079 | 1 070.057 4 | 425.571 71 | 1.330 2 | 0.009 385 8 | 0.095 886 | LG11 | 1646465 | 1648533 | 776 | SERF family protein |
| CEY00_Acc12085 | 492.525 15 | 29.787 687 | 4.047 4 | 0.002 374 2 | 0.035 58 | LG11 | 1702822 | 1703833 | 1 012 | Zinc finger protein |
| CEY00_Acc12091 | 106.475 24 | 6.440 823 6 | 4.047 1 | 0.026 527 | 0.193 43 | LG11 | 1752633 | 1753753 | 1 121 | TraB domain-containing protein |
| CEY00_Acc12101 | 2 587.830 6 | 192.144 27 | 3.751 5 | 0.015 844 | 0.137 57 | LG11 | 1991022 | 1991375 | 354 | Urease accessory protein like |
| CEY00_Acc12119 | 4.484 546 7 | 38.705 725 | −3.109 5 | 0.001 555 1 | 0.026 449 | LG11 | 2268173 | 2270458 | 2 286 | Pentatricopeptide repeat-containing protein |
| CEY00_Acc12130 | 307.893 34 | 35.317 679 | 3.124 | 0.001 518 9 | 0.025 988 | LG11 | 2468626 | 2472217 | 973 | CHCH protein |
| CEY00_Acc12135 | 113.936 2 | 42.607 927 | 1.419 | 0.016 643 | 0.142 27 | LG11 | 2580019 | 2581069 | 1 051 | Tetratricopeptide repeat like superfamily protein |
| CEY00_Acc12145 | 126.600 83 | 339.645 91 | −1.423 7 | 0.026 21 | 0.192 14 | LG11 | 2705909 | 2707281 | 1 373 | DnaJ protein like |
| CEY00_Acc12148 | 400.036 64 | 33.588 014 | 3.574 1 | 0.001 038 5 | 0.019 804 | LG11 | 2727986 | 2729223 | 1 238 | AT-hook motif nuclear-localized protein |
| CEY00_Acc12151 | 257.209 62 | 938.376 32 | −1.867 2 | 0.000 486 5 | 0.011 204 | LG11 | 2825336 | 2830683 | 1 237 | 14-3-3-like protein GF14 kappa |
| CEY00_Acc12160 | 175.207 79 | 5.186 197 9 | 5.078 2 | $4.03\times10^{-13}$ | $2.95\times10^{-10}$ | LG11 | 2933244 | 2938332 | 1 445 | Purine permease |
| CEY00_Acc12161 | 125.808 5 | 25.935 794 | 2.278 2 | 0.017 617 | 0.147 98 | LG11 | 2951635 | 2952532 | 898 | Salivary glue protein like |

（续）

| 基因 ID | miR160VS1 序列/条 | CK1 序列/条 | $log_2FC$ | $P$ 值 | FDR | 染色体 | 起始位点 | 终止位点 | 长度/bp | 基因描述 |
| --- | --- | --- | --- | --- | --- | --- | --- | --- | --- | --- |
| CEY00 _ Acc12162 | 985.482 57 | 143.554 78 | 2.779 2 | 0.004 410 1 | 0.055 56 | LG11 | 2954277 | 2955162 | 886 | Salivary glue protein like |
| CEY00 _ Acc12163 | 350.631 24 | 17.333 046 | 4.338 4 | 0.002 213 | 0.033 841 | LG11 | 2974445 | 2975812 | 1 368 | Clathrin assembly protein |
| CEY00 _ Acc12176 | 76.830 007 | 17.402 668 | 2.142 4 | 0.021 187 | 0.167 4 | LG11 | 3134605 | 3138503 | 1 923 | Phospho-2-dehydro-3-deoxyheptonate aldolase |
| CEY00 _ Acc12177 | 37.364 378 | 97.950 295 | −1.390 4 | 0.016 627 | 0.142 2 | LG11 | 3141030 | 3144468 | 2 945 | F-box protein |
| CEY00 _ Acc12193 | 895.462 82 | 2 167.231 7 | −1.275 1 | 0.016 871 | 0.143 47 | LG11 | 3372027 | 3380205 | 2 429 | WD40 repeat，conserved site protein |
| CEY00 _ Acc12198 | 23.714 297 | 4.124 455 | 2.523 5 | 0.021 609 | 0.169 49 | LG11 | 3477844 | 3478992 | 850 | hypothetical protein |
| CEY00 _ Acc12199 | 821.053 4 | 268.320 48 | 1.613 5 | 0.000 952 4 | 0.018 626 | LG11 | 3498451 | 3511350 | 7 141 | Biotin carboxylase |
| CEY00 _ Acc12200 | 80.146 323 | 4.278 412 2 | 4.227 5 | 0.002 382 8 | 0.035 675 | LG11 | 3514900 | 3519569 | 1 562 | Sulfate transporter 1.3 like |
| CEY00 _ Acc12211 | 81.301 953 | 178.717 4 | −1.136 3 | 0.034 891 | 0.230 27 | LG11 | 3646488 | 3647411 | 924 | ATP synthase delta chain like |
| CEY00 _ Acc12214 | 2 135.313 3 | 376.816 45 | 2.502 5 | $3.46\times10^{-6}$ | 0.000 228 3 | LG11 | 3703471 | 3710162 | 2 118 | Laccase-14 like |
| CEY00 _ Acc12215 | 73.497 972 | 3.516 354 7 | 4.385 6 | 0.000 649 | 0.013 952 | LG11 | 3720559 | 3722028 | 994 | Oxidoreductase |
| CEY00 _ Acc12228 | 6 069.672 8 | 15 109.702 | −1.315 8 | 0.005 607 3 | 0.066 657 | LG11 | 4016997 | 4024115 | 1 954 | Tryptophan aminotransferase-related protein |
| CEY00 _ Acc12235 | 833.734 65 | 25.424 562 | 5.035 3 | $2.38\times10^{-5}$ | 0.001 079 | LG11 | 4168138 | 4170348 | 1 456 | Ethylene-responsive transcription factor |
| CEY00 _ Acc12236 | 116.414 17 | 287.397 02 | −1.303 8 | 0.030 476 | 0.211 45 | LG11 | 4204825 | 4212138 | 2 843 | Alkaline/neutral invertase |

（续）

| 基因 ID | miR160VS1 序列/条 | CK1 序列/条 | $log_2FC$ | $P$ 值 | FDR | 染色体 | 起始位点 | 终止位点 | 长度/bp | 基因描述 |
|---|---|---|---|---|---|---|---|---|---|---|
| CEY00_Acc12241 | 48.151 241 | 5.597 733 9 | 3.104 7 | 0.000 177 2 | 0.005 162 3 | LG11 | 4336670 | 4346210 | 3 690 | Cellulose synthase A catalytic subunit 2 [UDP-forming] like isoform 1 |
| CEY00_Acc12243 | 120.910 5 | 4.605 978 7 | 4.714 3 | 0.010 258 | 0.101 97 | LG11 | 4379900 | 4380886 | 448 | Abscisic stress-ripening protein |
| CEY00_Acc12244 | 100.074 17 | 3.266 761 3 | 4.937 1 | 0.000 344 1 | 0.008 552 1 | LG11 | 4404224 | 4405352 | 484 | Abscisic stress-ripening protein |
| CEY00_Acc12245 | 112.408 33 | 1.669 843 2 | 6.072 9 | 0.001 570 8 | 0.026 675 | LG11 | 4420593 | 4421566 | 559 | Abscisic stress-ripening protein |
| CEY00_Acc12249 | 1 057.158 1 | 2 734.463 8 | −1.371 1 | 0.003 611 3 | 0.048 133 | LG11 | 4543221 | 4546534 | 2 387 | Trihelix transcription factor GT-2 like |
| CEY00_Acc12260 | 24.863 599 | 6.583 492 5 | 1.917 1 | 0.033 168 | 0.223 48 | LG11 | 4764936 | 4766515 | 1 580 | Protein MITOFERRINLIKE 1 like |
| CEY00_Acc12265 | 7.307 844 8 | 33.388 442 | −2.191 8 | 0.036 974 | 0.239 04 | LG11 | 4835190 | 4839072 | 3 527 | LRR receptor-like serine/threonine-protein kinase |
| CEY00_Acc12268 | 32.845 091 | 2.712 312 5 | 3.598 1 | 0.000 279 5 | 0.007 309 | LG11 | 4860285 | 4863817 | 2 049 | Pathogen-related protein |
| CEY00_Acc12278 | 508.390 24 | 1 679.741 2 | −1.724 2 | 0.001 937 4 | 0.030 921 | LG11 | 5051063 | 5056073 | 5 011 | Scarecrow-like protein |
| CEY00_Acc12279 | 2 344.758 9 | 93.000 214 | 4.656 1 | $1.34\times10^{-5}$ | 0.000 681 1 | LG11 | 5087639 | 5088855 | 1 217 | NAD(P)H-quinone oxidoreductase subunit 3 like |
| CEY00_Acc12280 | 44.580 95 | 11.455 984 | 1.960 3 | 0.011 052 | 0.107 59 | LG11 | 5100769 | 5101927 | 1 159 | ATP-binding cassette sub-family A member like |
| CEY00_Acc12283 | 14.026 532 | 56.860 486 | −2.019 3 | 0.035 904 | 0.234 46 | LG11 | 5120376 | 5126198 | 2 742 | F-box protein like |
| CEY00_Acc12287 | 491.448 59 | 53.955 077 | 3.187 2 | $3.59\times10^{-5}$ | 0.001 486 4 | LG11 | 5197923 | 5201112 | 1 195 | hypothetical protein |

（续）

| 基因 ID | miR160VS1 序列/条 | CK1 序列/条 | $log_2FC$ | *P* 值 | FDR | 染色体 | 起始位点 | 终止位点 | 长度/bp | 基因描述 |
|---|---|---|---|---|---|---|---|---|---|---|
| CEY00_Acc12290 | 20.086 635 | 1.192 745 1 | 4.073 9 | 0.000 471 | 0.010 911 | LG11 | 5265311 | 5271594 | 2 782 | Proline-rich receptor-like protein kinase |
| CEY00_Acc12298 | 14.741 593 | 56.201 092 | −1.930 7 | 0.017 15 | 0.145 23 | LG11 | 5470863 | 5474722 | 1 277 | Proteasome subunit beta type-3-A |
| CEY00_Acc12301 | 15.571 013 | 51.679 949 | −1.730 7 | 0.046 684 | 0.276 24 | LG11 | 5524701 | 5526624 | 1 159 | Dysferlin like |
| CEY00_Acc12303 | 62.547 458 | 157.059 6 | −1.328 3 | 0.027 066 | 0.195 76 | LG11 | 5538362 | 5543399 | 1 902 | Aspartic proteinase |
| CEY00_Acc12304 | 918.700 52 | 185.030 18 | 2.311 8 | $6.07\times10^{-6}$ | 0.000 359 1 | LG11 | 5560011 | 5568855 | 1 821 | Aldehyde dehydrogenase family 3 member like |
| CEY00_Acc12330 | 83.694 931 | 209.829 01 | −1.326 | 0.031 905 | 0.217 76 | LG11 | 6244656 | 6247744 | 684 | 30S ribosomal protein |
| CEY00_Acc12361 | 35.347 303 | 1.650 691 5 | 4.420 5 | $3.32\times10^{-5}$ | 0.001 396 | LG11 | 7500931 | 7503517 | 1 580 | Ankyrin repeat-containing protein |
| CEY00_Acc12370 | 24.219 422 | 6.279 381 4 | 1.947 5 | 0.032 389 | 0.219 99 | LG11 | 7662782 | 7664764 | 1 983 | Nuclease |
| CEY00_Acc12375 | 30.015 064 | 97.833 979 | −1.704 6 | 0.005 480 8 | 0.065 606 | LG11 | 7768570 | 7773950 | 607 | Zinc finger protein |
| CEY00_Acc12377 | 400.399 6 | 41.699 519 | 3.263 3 | $7.54\times10^{-9}$ | $1.3\times10^{-6}$ | LG11 | 7843973 | 7852973 | 4 017 | Nucleotide-diphospho-sugar transferase protein |
| CEY00_Acc12383 | 120.640 28 | 39.643 246 | 1.605 6 | 0.012 381 | 0.116 39 | LG11 | 7953497 | 7954883 | 1 387 | Acetylglutamate kinase |
| CEY00_Acc12384 | 113.472 94 | 47.258 041 | 1.263 7 | 0.026 909 | 0.195 23 | LG11 | 7969490 | 7981443 | 760 | Transcription initiation factor TFIID subunit like |
| CEY00_Acc12393 | 550.582 46 | 266.074 53 | 1.049 1 | 0.043 033 | 0.262 77 | LG11 | 8224561 | 8234365 | 1 875 | Cytoplasmic 60S subunit biogenesis factor like |
| CEY00_Acc12431 | 123.519 05 | 362.442 18 | −1.553 | 0.049 782 | 0.287 18 | LG11 | 10226415 | 10236322 | 1 194 | IQ domain-containing protein |

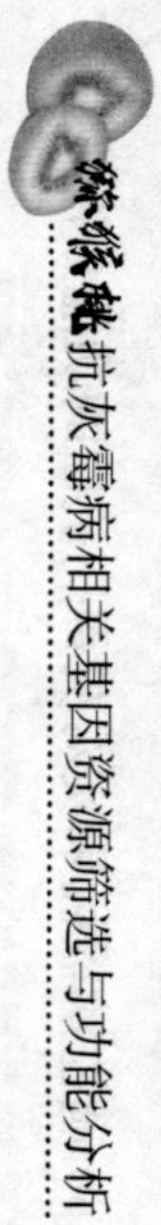


（续）

| 基因 ID | miR160VS1 序列/条 | CK1 序列/条 | $\log_2 FC$ | $P$ 值 | FDR | 染色体 | 起始位点 | 终止位点 | 长度/bp | 基因描述 |
|---|---|---|---|---|---|---|---|---|---|---|
| CEY00_Acc12443 | 22.373 331 | 1.669 843 2 | 3.744 | 0.000 867 6 | 0.017 455 | LG11 | 10485122 | 10486552 | 1 431 | BAHD acyltransferase |
| CEY00_Acc12466 | 26.119 675 | 0.477 098 | 5.774 7 | $4.92\times10^{-6}$ | 0.000 306 7 | LG11 | 10912572 | 10915560 | 1 500 | Ammonium transporter 3 member like |
| CEY00_Acc12475 | 204.722 07 | 45.371 442 | 2.173 8 | 0.000 191 5 | 0.005 453 | LG11 | 11003955 | 11006926 | 2 972 | 3-ketoacyl-CoA synthase |
| CEY00_Acc12481 | 20.147 981 | 89.465 355 | −2.150 7 | 0.005 076 4 | 0.061 868 | LG11 | 11155612 | 11162013 | 2 559 | Serine/threonine protein like |
| CEY00_Acc12485 | 1 817.073 | 685.113 93 | 1.407 2 | 0.004 102 3 | 0.052 939 | LG11 | 11240585 | 11249539 | 1 821 | Mitochondrial glycoprotein |
| CEY00_Acc12502 | 165.453 35 | 21.419 698 | 2.949 4 | $7.96\times10^{-7}$ | $7.16\times10^{-5}$ | LG11 | 11474665 | 11494401 | 2 678 | Myosin-M heavy chain like |
| CEY00_Acc12514 | 1 275.652 5 | 2 819.776 2 | −1.144 3 | 0.026 715 | 0.194 42 | LG11 | 11803943 | 11810481 | 1 722 | Caffeoylshikimate esterase |
| CEY00_Acc12516 | 9 586.136 3 | 840.914 8 | 3.510 9 | $7.8\times10^{-5}$ | 0.002 719 6 | LG11 | 11860503 | 11867254 | 2 136 | NADP-dependent malic enzyme like |
| CEY00_Acc12532 | 145.108 41 | 551.289 13 | −1.925 7 | 0.001 114 2 | 0.020 874 | LG11 | 12027076 | 12031569 | 1 155 | Phosphatidylcholine：diacylglycerol cholinephosphotransferase |
| CEY00_Acc12534 | 9.923 614 8 | 37.417 883 | −1.914 8 | 0.049 106 | 0.285 79 | LG11 | 12043327 | 12046473 | 1 511 | Palmitoyl-monogalactosyldiacylglycerol delta-7 desaturase |
| CEY00_Acc12538 | 982.057 33 | 31.010 385 | 4.985 | 0.003 488 7 | 0.047 109 | LG11 | 12110448 | 12113372 | 2 073 | Protein LURP-one-related like |
| CEY00_Acc12539 | 169.597 88 | 2.862 588 3 | 5.888 7 | 0.001 001 4 | 0.019 308 | LG11 | 12117034 | 12118732 | 1 019 | Cucumber peeling cupredoxin like |
| CEY00_Acc12540 | 511.765 96 | 15.963 633 | 5.002 6 | 0.001 450 3 | 0.025 138 | LG11 | 12124126 | 12125174 | 899 | Cucumber peeling cupredoxin like |
| CEY00_Acc12541 | 809.503 37 | 15.424 654 | 5.713 7 | 0.000 509 9 | 0.011 615 | LG11 | 12132100 | 12132985 | 738 | Cucumber peeling cupredoxin like |
| CEY00_Acc12542 | 22.370 924 | 1.192 745 1 | 4.229 3 | 0.000 695 1 | 0.014 751 | LG11 | 12138700 | 12139496 | 797 | Umecyanin like |
| CEY00_Acc12543 | 233.681 49 | 3.770 373 9 | 5.953 7 | $5.24\times10^{-7}$ | $5.01\times10^{-5}$ | LG11 | 12145951 | 12146973 | 882 | Cucumber peeling cupredoxin like |
| CEY00_Acc12558 | 87.436 952 | 0.938 725 9 | 6.541 4 | $8.82\times10^{-13}$ | $5.58\times10^{-10}$ | LG11 | 12266550 | 12268697 | 652 | Metallothiol transferase |

（续）

| 基因 ID | miR160VS1 序列/条 | CK1 序列/条 | $log_2FC$ | *P* 值 | FDR | 染色体 | 起始位点 | 终止位点 | 长度/bp | 基因描述 |
|---|---|---|---|---|---|---|---|---|---|---|
| CEY00 _ Acc12559 | 783. 754 92 | 200. 683 31 | 1. 965 5 | 0. 009 402 5 | 0. 095 992 | LG11 | 12270174 | 12270755 | 582 | Protein phosphatase Slingshot 1 like |
| CEY00 _ Acc12570 | 111. 612 5 | 39. 699 834 | 1. 491 3 | 0. 008 596 2 | 0. 090 138 | LG11 | 12342372 | 12350435 | 2 149 | WD repeat-containing protein |
| CEY00 _ Acc12589 | 244. 687 76 | 905. 084 91 | −1. 887 1 | 0. 000 487 9 | 0. 011 206 | LG11 | 12546547 | 12549327 | 918 | Auxin-responsive protein |
| CEY00 _ Acc12594 | 249. 023 61 | 595. 752 79 | −1. 258 4 | 0. 007 039 2 | 0. 078 225 | LG11 | 12617660 | 12626704 | 5 470 | N-acetyl-alpha-D-glucosaminyl L-malate synthase |
| CEY00 _ Acc12607 | 290. 104 47 | 841. 230 29 | −1. 535 9 | 0. 001 311 9 | 0. 023 401 | LG11 | 12750511 | 12754402 | 1 835 | Myosin-11 like |
| CEY00 _ Acc12621 | 66. 010 611 | 145. 061 87 | −1. 135 9 | 0. 028 855 | 0. 203 9 | LG11 | 12869937 | 12870613 | 677 | 30S ribosomal protein |
| CEY00 _ Acc12624 | 195. 918 78 | 516. 552 2 | −1. 398 7 | 0. 004 894 1 | 0. 060 092 | LG11 | 12895063 | 12910138 | 6 231 | Golgin candidate like |
| CEY00 _ Acc12630 | 99. 997 418 | 42. 849 331 | 1. 222 6 | 0. 041 961 | 0. 258 57 | LG11 | 12951717 | 12957235 | 1 275 | Peroxisome biogenesis protein |
| CEY00 _ Acc12646 | 132. 762 98 | 5. 755 994 9 | 4. 527 6 | $1.94\times10^{-6}$ | 0. 000 147 | LG11 | 13123449 | 13124347 | 899 | AP2-associated protein kinase |
| CEY00 _ Acc12651 | 7. 494 292 2 | 39. 118 005 | −2. 384 | 0. 015 2 | 0. 133 79 | LG11 | 13186813 | 13194567 | 5 506 | NADP-dependent malic enzyme like |
| CEY00 _ Acc12674 | 3 671. 293 9 | 704. 379 47 | 2. 381 9 | 0. 023 906 | 0. 181 01 | LG15 | 6589309 | 6592066 | 833 | Lipid transfer-like protein |
| CEY00 _ Acc12677 | 2 618. 469 1 | 613. 547 08 | 2. 093 5 | 0. 031 256 | 0. 214 92 | LG15 | 6620650 | 6626378 | 2 192 | Hsp70-Hsp90 organizing protein |
| CEY00 _ Acc12687 | 415. 140 89 | 1 235. 081 3 | −1. 572 9 | 0. 011 686 | 0. 111 68 | LG15 | 6762103 | 6764704 | 1 697 | Protein IQ-DOMAIN like |
| CEY00 _ Acc12691 | 89. 589 813 | 0. 954 196 1 | 6. 552 9 | $1.12\times10^{-12}$ | $6.71\times10^{-10}$ | LG15 | 6794508 | 6797525 | 1 103 | Acid phosphatase |
| CEY00 _ Acc12696 | 8. 356 392 3 | 152. 001 3 | −4. 185 1 | $6.74\times10^{-9}$ | $1.18\times10^{-6}$ | LG11 | 13486986 | 13488344 | 1 359 | BZIP transcription factor |
| CEY00 _ Acc12702 | 21. 032 767 | 2. 085 060 6 | 3. 334 5 | 0. 028 492 | 0. 202 35 | LG11 | 13526344 | 13532241 | 877 | Ubiquitin-conjugating enzyme like |
| CEY00 _ Acc12715 | 122. 564 87 | 26. 693 926 | 2. 199 | 0. 001 232 4 | 0. 022 36 | LG11 | 13787687 | 13796011 | 1 783 | Protein RNA-directed DNA methylation like |

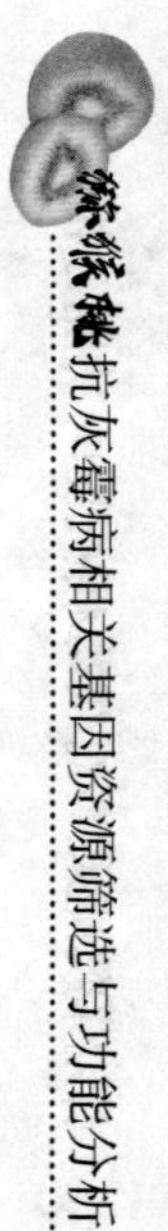


（续）

| 基因 ID | miR160VS1 序列/条 | CK1 序列/条 | $log_2FC$ | $P$ 值 | FDR | 染色体 | 起始位点 | 终止位点 | 长度/bp | 基因描述 |
|---|---|---|---|---|---|---|---|---|---|---|
| CEY00_Acc12717 | 18.023 879 | 58.176 373 | −1.690 5 | 0.008 161 9 | 0.086 858 | LG11 | 13799797 | 13800774 | 886 | WEB family protein |
| CEY00_Acc12724 | 1 991.486 5 | 109.662 44 | 4.182 7 | $3.02\times10^{-7}$ | $3.14\times10^{-5}$ | LG11 | 13858882 | 13860526 | 950 | phosphoprotein |
| CEY00_Acc12728 | 119.205 94 | 47.277 275 | 1.334 2 | 0.014 911 | 0.131 99 | LG11 | 13895431 | 13901898 | 2 213 | Prolyl endopeptidase |
| CEY00_Acc12737 | 1 166.112 8 | 144.927 28 | 3.008 3 | 0.001 136 9 | 0.021 152 | LG11 | 14068687 | 14077425 | 3 353 | LRR receptor-like serine/threonine-protein kinase precursor |
| CEY00_Acc12747 | 797.177 6 | 78.060 887 | 3.352 2 | $1.36\times10^{-10}$ | $4.29\times10^{-8}$ | LG11 | 14184718 | 14185215 | 498 | 2,3-bisphosphoglycerate-dependent phosphoglycerate mutase |
| CEY00_Acc12754 | 304.474 81 | 61.306 624 | 2.312 2 | $1.72\times10^{-5}$ | 0.000 841 2 | LG11 | 14252427 | 14253545 | 1 119 | Dof zinc finger protein like |
| CEY00_Acc12769 | 12.788 728 | 1.135 290 2 | 3.493 7 | 0.025 945 | 0.190 8 | LG11 | 14422877 | 14428506 | 3 283 | Receptor-like serine/threonine-protein kinase |
| CEY00_Acc12783 | 936.972 09 | 409.797 69 | 1.193 1 | 0.007 566 2 | 0.082 086 | LG11 | 14583926 | 14592784 | 1 943 | Dihydrolipoyllysine-residue acetyltransferase component 2 of pyruvate dehydrogenase |
| CEY00_Acc12789 | 212.745 86 | 909.128 73 | −2.095 4 | 0.000 105 | 0.003 417 6 | LG11 | 14628180 | 14630012 | 1 833 | Pollen-specific leucine-rich repeat extensin-like protein |
| CEY00_Acc12792 | 2 361.694 9 | 948.123 51 | 1.316 7 | 0.007 673 5 | 0.082 921 | LG11 | 14651352 | 14691974 | 16 734 | Midasin like |
| CEY00_Acc12799 | 24.284 38 | 4.801 798 8 | 2.338 4 | 0.026 522 | 0.193 43 | LG11 | 14758150 | 14760020 | 1 871 | Protein BIG GRAIN 1-like |
| CEY00_Acc12805 | 3.073 499 4 | 17.281 1 | −2.491 2 | 0.021 002 | 0.166 52 | LG11 | 14862031 | 14863582 | 867 | Transcription factor WER like |
| CEY00_Acc12813 | 189.249 15 | 17.475 715 | 3.436 9 | 0.002 708 | 0.039 241 | LG11 | 14948716 | 14952132 | 1 782 | Flavonoid 3'-monooxygenase |

（续）

| 基因 ID | miR160VS1 序列/条 | CK1 序列/条 | $log_2FC$ | $P$ 值 | FDR | 染色体 | 起始位点 | 终止位点 | 长度/bp | 基因描述 |
|---|---|---|---|---|---|---|---|---|---|---|
| CEY00 _ Acc12824 | 287.973 | 41.426 836 | 2.797 3 | $1.03\times10^{-5}$ | 0.000 555 1 | LG11 | 15063126 | 15065812 | 988 | Protein TIFY 10b like |
| CEY00 _ Acc12838 | 1 158.105 8 | 4 521.963 8 | −1.965 2 | $5.07\times10^{-5}$ | 0.001 959 6 | LG11 | 15214181 | 15215382 | 1 013 | Dormancy-associated protein |
| CEY00 _ Acc12853 | 33.574 503 | 1.638 902 9 | 4.356 6 | 0.031 066 | 0.214 09 | LG11 | 15404043 | 15406497 | 1 913 | Pectinesterase |
| CEY00 _ Acc12854 | 22.864 999 | 0.223 078 9 | 6.679 4 | 0.044 521 | 0.268 22 | LG11 | 15413736 | 15419637 | 2 124 | Pectinesterase |
| CEY00 _ Acc12858 | 27.566 265 | 64.292 159 | −1.221 7 | 0.023 967 | 0.181 24 | LG11 | 15448522 | 15451424 | 1 318 | Regulatory protein |
| CEY00 _ Acc12866 | 55.440 758 | 8.569 113 5 | 2.693 7 | 0.000 532 6 | 0.012 | LG11 | 15510345 | 15513467 | 1 988 | Lipase |
| CEY00 _ Acc12870 | 72.025 177 | 19.581 999 | 1.879 | 0.031 082 | 0.214 11 | LG11 | 15544591 | 15547016 | 2 426 | Tyrosine-sulfated glycopeptide receptor like |
| CEY00 _ Acc12871 | 233.410 41 | 104.246 06 | 1.162 9 | 0.025 601 | 0.189 37 | LG11 | 15551975 | 15561867 | 4 342 | Vacuolar cation/proton exchanger like |
| CEY00 _ Acc12876 | 157.805 29 | 67.570 453 | 1.223 7 | 0.024 691 | 0.184 67 | LG11 | 15594832 | 15598476 | 669 | Small nuclear ribonucleoprotein like |
| CEY00 _ Acc12879 | 65.412 918 | 3.031 893 7 | 4.431 3 | $2.94\times10^{-6}$ | 0.000 201 6 | LG11 | 15623243 | 15627699 | 2 179 | Glutamate receptor 2.8 like |
| CEY00 _ Acc12885 | 156.428 15 | 53.495 764 | 1.548 | 0.005 251 4 | 0.063 331 | LG11 | 15703091 | 15719830 | 2 658 | Calcium-transporting ATPase |
| CEY00 _ Acc12890 | 43.138 081 | 322.945 33 | −2.904 3 | 0.005 448 8 | 0.065 27 | LG11 | 15762571 | 15768638 | 1 726 | Kelch repeat-containing protein |
| CEY00 _ Acc12916 | 408.078 43 | 1 260.167 6 | −1.626 7 | 0.002 388 4 | 0.035 72 | LG12 | 72489 | 97365 | 5 390 | Saccharopine dehydrogenase |
| CEY00 _ Acc12923 | 613.300 21 | 272.866 13 | 1.168 4 | 0.015 672 | 0.136 41 | LG12 | 174976 | 195243 | 6 031 | Embryogenesis-associated protein |
| CEY00 _ Acc12928 | 42.731 248 | 3.816 784 4 | 3.484 9 | 0.003 268 5 | 0.045 098 | LG12 | 262934 | 263805 | 872 | Disks large like |
| CEY00 _ Acc12935 | 12.010 716 | 1.173 593 5 | 3.355 3 | 0.017 39 | 0.146 85 | LG12 | 353099 | 354183 | 1 085 | Ethylene-responsive transcription factor |
| CEY00 _ Acc12937 | 1 671.842 5 | 6 525.996 9 | −1.964 8 | 0.000 144 1 | 0.004 403 8 | LG12 | 371370 | 372670 | 935 | hypothetical protein |

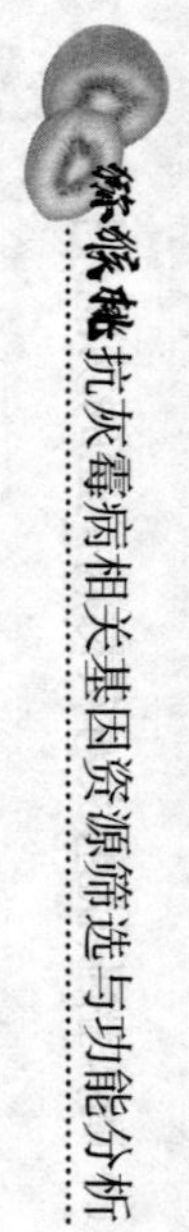


（续）

| 基因 ID | miR160VS1 序列/条 | CK1 序列/条 | $log_2FC$ | *P* 值 | FDR | 染色体 | 起始位点 | 终止位点 | 长度/bp | 基因描述 |
|---|---|---|---|---|---|---|---|---|---|---|
| CEY00_Acc12940 | 1 747.191 | 508.921 18 | 1.779 5 | 0.000 855 1 | 0.017 236 | LG12 | 393714 | 396100 | 1 241 | Protein TIFY 10A like |
| CEY00_Acc12952 | 547.546 56 | 39.921 534 | 3.777 7 | 0.001 069 5 | 0.020 199 | LG12 | 531666 | 534800 | 1 652 | Serine/threonine-protein kinase |
| CEY00_Acc12953 | 3 287.311 5 | 8 526.749 5 | −1.375 1 | 0.003 330 3 | 0.045 606 | LG12 | 549976 | 554519 | 1 457 | Thiol protease |
| CEY00_Acc12968 | 647.118 22 | 182.565 18 | 1.825 6 | 0.000 821 4 | 0.016 71 | LG12 | 777901 | 782893 | 1 547 | Polyadenylate-binding protein |
| CEY00_Acc12985 | 361.182 66 | 1 182.706 6 | −1.711 3 | 0.002 505 3 | 0.036 955 | LG12 | 1066675 | 1070707 | 2 455 | Protein phosphatase 2C 16 like |
| CEY00_Acc12988 | 625.410 57 | 135.514 71 | 2.206 4 | $1.73\times10^{-5}$ | 0.000 841 4 | LG12 | 1121864 | 1123717 | 1 854 | Nuclease |
| CEY00_Acc12989 | 102.669 87 | 450.177 47 | −2.132 5 | $3.13\times10^{-5}$ | 0.001 333 | LG12 | 1127211 | 1131354 | 784 | Glyoxalase-like domain protein |
| CEY00_Acc12991 | 512.620 61 | 146.403 18 | 1.807 9 | 0.000 206 2 | 0.005 772 5 | LG12 | 1154692 | 1161447 | 2 022 | Casein kinase 1-like protein |
| CEY00_Acc12992 | 908.523 31 | 60.306 492 | 3.913 1 | 0.000 377 5 | 0.009 219 7 | LG12 | 1163656 | 1167947 | 3 160 | IQ domain-containing protein |
| CEY00_Acc12993 | 754.983 59 | 186.690 9 | 2.015 8 | 0.000 675 1 | 0.014 392 | LG12 | 1178588 | 1180839 | 768 | Long chain acyl-CoA synthetase |
| CEY00_Acc12998 | 28.520 33 | 6.183 001 | 2.205 6 | 0.020 385 | 0.163 15 | LG12 | 1221390 | 1222697 | 1 308 | AT-rich interactive domain-containing protein |
| CEY00_Acc12999 | 184.620 15 | 18.836 277 | 3.293 | $4.77\times10^{-8}$ | $6.71\times10^{-6}$ | LG12 | 1226825 | 1228167 | 1 343 | hypothetical protein |
| CEY00_Acc13004 | 94.373 161 | 33.565 937 | 1.491 4 | 0.026 859 | 0.194 99 | LG12 | 1279002 | 1283041 | 2 271 | hypothetical protein |
| CEY00_Acc13005 | 2 679.897 2 | 7 144.471 9 | −1.414 6 | 0.003 546 5 | 0.047 616 | LG12 | 1283697 | 1290167 | 3 038 | Beta-galactosidase |
| CEY00_Acc13008 | 268.796 3 | 56.210 27 | 2.257 6 | 0.000 341 4 | 0.008 508 3 | LG12 | 1327492 | 1333066 | 1 184 | Thioredoxin-like |
| CEY00_Acc13012 | 160.988 78 | 398.270 24 | −1.306 8 | 0.036 359 | 0.236 36 | LG12 | 1376304 | 1384412 | 2 860 | Inactive protein kinase |
| CEY00_Acc13034 | 74.902 291 | 3.339 686 3 | 4.487 2 | $3.83\times10^{-6}$ | 0.000 250 2 | LG12 | 1605196 | 1607995 | 2 800 | Transcription factor like |
| CEY00_Acc13055 | 1 161.454 1 | 2 617.684 4 | −1.172 4 | 0.011 636 | 0.111 37 | LG12 | 1825397 | 1827501 | 2 105 | Protein DETOXIFICATION like |

（续）

| 基因 ID | miR160VS1序列/条 | CK1序列/条 | $log_2FC$ | *P*值 | FDR | 染色体 | 起始位点 | 终止位点 | 长度/bp | 基因描述 |
|---|---|---|---|---|---|---|---|---|---|---|
| CEY00_Acc13057 | 357.782 09 | 129.944 53 | 1.461 2 | 0.019 097 | 0.155 92 | LG12 | 1866196 | 1867511 | 1 316 | Mitochondrial import inner membrane translocase subunit TIM17-2 like |
| CEY00_Acc13072 | 62.349 412 | 279.804 7 | −2.166 | 0.000 341 1 | 0.008 508 3 | LG12 | 2052648 | 2061740 | 6 425 | Elongation factor Ts like |
| CEY00_Acc13087 | 132.703 91 | 341.052 26 | −1.361 8 | 0.016 757 | 0.142 8 | LG12 | 2258713 | 2266123 | 1 625 | hypothetical protein |
| CEY00_Acc13099 | 2 836.504 9 | 93.440 363 | 4.923 9 | $4.1\times10^{-14}$ | $4.09\times10^{-11}$ | LG12 | 2418150 | 2423411 | 1 717 | Sulfate transporter 3.5 like |
| CEY00_Acc13104 | 1 865.275 3 | 708.788 98 | 1.396 | 0.009 114 4 | 0.093 779 | LG12 | 2498090 | 2501926 | 3 837 | Protein of unknown function DUF538 protein |
| CEY00_Acc13109 | 10 326.231 | 42 710.324 | −2.048 3 | $3.04\times10^{-5}$ | 0.001 305 7 | LG12 | 2601812 | 2607490 | 2 691 | Palmitoyl-acyl carrier protein like |
| CEY00_Acc13110 | 39.964 939 | 160.087 36 | −2.002 1 | 0.003 504 6 | 0.047 208 | LG12 | 2612375 | 2617562 | 3 742 | Serine/threonine protein like |
| CEY00_Acc13130 | 137.633 82 | 3.339 686 3 | 5.365 | $3\times10^{-13}$ | $2.24\times10^{-10}$ | LG12 | 2875685 | 2885059 | 1 934 | Transcription factor like |
| CEY00_Acc13137 | 128.629 65 | 21.734 854 | 2.565 1 | $2.43\times10^{-5}$ | 0.001 095 8 | LG12 | 3045053 | 3049259 | 1 702 | Polygalacturonaseprecursor |
| CEY00_Acc13142 | 439.339 06 | 132.928 08 | 1.724 7 | 0.011 343 | 0.109 36 | LG12 | 3114271 | 3119933 | 2 506 | Serine/threonine-protein kinase |
| CEY00_Acc13143 | 121.389 31 | 3.351 353 | 5.178 8 | 0.001 482 | 0.025 536 | LG12 | 3123581 | 3124035 | 455 | Pre-mRNA-processing factor 40 A like |
| CEY00_Acc13144 | 38.520 1 | 363.022 41 | −3.236 4 | $3.44\times10^{-9}$ | $6.86\times10^{-7}$ | LG12 | 3124576 | 3133051 | 2 041 | Carboxyl-terminal-processing peptidase |
| CEY00_Acc13156 | 512.722 35 | 1 203.076 4 | −1.230 5 | 0.029 765 | 0.208 05 | LG12 | 3345511 | 3349716 | 2 281 | Guanylate kinase |
| CEY00_Acc13162 | 836.219 53 | 400.624 33 | 1.061 6 | 0.040 996 | 0.254 97 | LG12 | 3413702 | 3418303 | 1 143 | 40S ribosomal protein like |

（续）

| 基因 ID | miR160VS1 序列/条 | CK1 序列/条 | $log_2FC$ | $P$ 值 | FDR | 染色体 | 起始位点 | 终止位点 | 长度/bp | 基因描述 |
|---|---|---|---|---|---|---|---|---|---|---|
| CEY00_Acc13180 | 119.548 16 | 17.748 264 | 2.751 8 | 0.000 275 | 0.007 236 3 | LG12 | 3803017 | 3814190 | 9 578 | Calcium-transporting ATPase |
| CEY00_Acc13185 | 593.145 95 | 251.608 39 | 1.237 2 | 0.021 501 | 0.168 95 | LG12 | 3881242 | 3884745 | 1 406 | Calcium-binding protein |
| CEY00_Acc13188 | 881.299 08 | 271.603 33 | 1.698 1 | 0.006 007 8 | 0.070 028 | LG12 | 3957742 | 3960766 | 1 561 | Saposin-like protein |
| CEY00_Acc13196 | 149.625 47 | 17.921 995 | 3.061 6 | $1.12\times10^{-6}$ | $9.39\times10^{-5}$ | LG12 | 4097444 | 4098472 | 1 029 | Calcium-binding protein |
| CEY00_Acc13204 | 16 808.75 | 900.054 58 | 4.223 1 | $4.51\times10^{-10}$ | $1.16\times10^{-7}$ | LG12 | 4180314 | 4183017 | 1 090 | Methyltransferase |
| CEY00_Acc13205 | 18.670 062 | 40.292 965 | −1.109 8 | 0.036 458 | 0.236 82 | LG12 | 4184304 | 4189658 | 877 | Mitochondrial fission 1 protein like |
| CEY00_Acc13210 | 522.182 1 | 1 674.162 7 | −1.680 8 | 0.001 768 2 | 0.029 079 | LG12 | 4270421 | 4272387 | 942 | Two-component response regulator like |
| CEY00_Acc13213 | 34.657 39 | 5.879 634 1 | 2.559 4 | 0.010 202 | 0.101 66 | LG12 | 4329923 | 4356226 | 4 174 | Kinesin-like protein |
| CEY00_Acc13216 | 253.006 69 | 553.667 46 | −1.129 8 | 0.039 02 | 0.247 36 | LG12 | 4383985 | 4436303 | 5 484 | Ferredoxin-dependent glutamate synthase |
| CEY00_Acc13218 | 731.199 08 | 308.672 72 | 1.244 2 | 0.019 07 | 0.155 77 | LG12 | 4454481 | 4457703 | 2 192 | hypothetical protein |
| CEY00_Acc13222 | 47.761 277 | 10.561 475 | 2.177 | 0.045 191 | 0.270 77 | LG12 | 4521649 | 4532684 | 1 839 | Vacuolar amino acid transporter like |
| CEY00_Acc13225 | 86.509 148 | 218.910 26 | −1.339 4 | 0.018 542 | 0.152 71 | LG12 | 4565806 | 4576374 | 2 366 | Microtubule-associated protein like |
| CEY00_Acc13227 | 140.631 97 | 54.714 036 | 1.361 9 | 0.012 772 | 0.118 65 | LG12 | 4617592 | 4623161 | 3 019 | Sulfoquinovosidase |
| CEY00_Acc13234 | 501.590 93 | 190.961 12 | 1.393 2 | 0.007 516 9 | 0.081 723 | LG12 | 4720127 | 4723999 | 644 | Chaperonin like |
| CEY00_Acc13256 | 813.872 58 | 2 224.026 6 | −1.450 3 | 0.001 531 4 | 0.026 142 | LG12 | 5040697 | 5061461 | 4 799 | 4-alpha-glucanotransferase |
| CEY00_Acc13266 | 10.476 173 | 36.269 438 | −1.791 6 | 0.022 552 | 0.174 47 | LG12 | 5174952 | 5182981 | 883 | Chaperone protein like |
| CEY00_Acc13268 | 71.773 482 | 343.893 42 | −2.260 4 | 0.000 127 5 | 0.003 983 1 | LG12 | 5222474 | 5239906 | 4 826 | Uro-adherence factor A like |
| CEY00_Acc13273 | 1 186.168 | 78.704 57 | 3.913 7 | $2.66\times10^{-11}$ | $9.83\times10^{-9}$ | LG12 | 5314039 | 5323345 | 4 427 | Protein DETOXIFICATION like |

（续）

| 基因 ID | miR160VS1 序列/条 | CK1 序列/条 | $log_2FC$ | *P* 值 | FDR | 染色体 | 起始位点 | 终止位点 | 长度/bp | 基因描述 |
|---|---|---|---|---|---|---|---|---|---|---|
| CEY00 _ Acc13280 | 2 379.666 5 | 882.500 92 | 1.431 1 | 0.003 020 5 | 0.042 611 | LG12 | 5405366 | 5413373 | 1 570 | NADH-cytochrome b5 reductase |
| CEY00 _ Acc13288 | 110.245 22 | 18.378 331 | 2.584 6 | 0.018 325 | 0.151 83 | LG12 | 5519190 | 5520720 | 437 | DNA ligase |
| CEY00 _ Acc13317 | 982.772 18 | 295.353 67 | 1.734 4 | 0.008 180 4 | 0.086 97 | LG12 | 5964535 | 5968549 | 2 024 | Beta-glucosidase |
| CEY00 _ Acc13330 | 109.737 45 | 250.875 06 | −1.192 9 | 0.022 353 | 0.173 46 | LG12 | 6169780 | 6175538 | 2 691 | Sucrose-phosphatase |
| CEY00 _ Acc13335 | 101.224 94 | 371.432 76 | −1.875 5 | 0.000 270 4 | 0.007 139 5 | LG12 | 6238167 | 6243865 | 2 730 | Protein WVD2-like |
| CEY00 _ Acc13336 | 478.235 52 | 118.861 12 | 2.008 4 | 0.010 031 | 0.100 22 | LG12 | 6255530 | 6258595 | 1 950 | Calcium-dependent protein kinase |
| CEY00 _ Acc13337 | 440.535 09 | 128.259 46 | 1.780 2 | 0.003 686 5 | 0.048 701 | LG12 | 6261169 | 6264298 | 1 333 | Calcium-dependent protein kinase |
| CEY00 _ Acc13344 | 179.364 18 | 371.076 76 | −1.048 8 | 0.025 544 | 0.189 11 | LG12 | 6353092 | 6358733 | 1 471 | Vesicle transport protein |
| CEY00 _ Acc13351 | 2 029.682 1 | 121.898 52 | 4.057 5 | $4.43\times10^{-6}$ | 0.000 281 8 | LG12 | 6432513 | 6436087 | 1 543 | Syntaxin-121 like |
| CEY00 _ Acc13355 | 877.185 07 | 37.867 414 | 4.533 9 | $4.43\times10^{-5}$ | 0.001 754 4 | LG12 | 6546864 | 6548473 | 1 610 | E3 ubiquitin-protein like |
| CEY00 _ Acc13356 | 400.258 8 | 25.701 414 | 3.961 | 0.002 696 7 | 0.039 129 | LG12 | 6563490 | 6565723 | 1 391 | E3 ubiquitin-protein like |
| CEY00 _ Acc13371 | 42.726 89 | 114.130 93 | −1.417 5 | 0.043 329 | 0.263 57 | LG12 | 7130474 | 7137738 | 1 918 | Transcription factor E2FA like |
| CEY00 _ Acc13372 | 258.170 05 | 23.577 928 | 3.452 8 | $2.9\times10^{-9}$ | $5.96\times10^{-7}$ | LG12 | 7144707 | 7148115 | 1 100 | HVA22-like protein |
| CEY00 _ Acc13391 | 266.820 54 | 614.693 23 | −1.204 | 0.025 326 | 0.187 75 | LG12 | 7565847 | 7605626 | 3 388 | LETM1 and EF-hand domain-containing protein |
| CEY00 _ Acc13392 | 848.319 8 | 54.787 11 | 3.952 7 | $1.79\times10^{-5}$ | 0.000 864 5 | LG12 | 7616794 | 7617920 | 1 127 | F-box protein |
| CEY00 _ Acc13393 | 53.793 023 | 174.342 93 | −1.696 4 | 0.011 103 | 0.107 83 | LG12 | 7636330 | 7649229 | 1 602 | MRNA-decapping enzyme-like protein |
| CEY00 _ Acc13394 | 30.252 864 | 3.324 216 2 | 3.186 | 0.000 783 | 0.016 208 | LG12 | 7649818 | 7651949 | 910 | Casparian strip membrane protein like |

（续）

| 基因 ID | miR160VS1 序列/条 | CK1 序列/条 | $log_2FC$ | *P* 值 | FDR | 染色体 | 起始位点 | 终止位点 | 长度/bp | 基因描述 |
|---|---|---|---|---|---|---|---|---|---|---|
| CEY00 _ Acc13400 | 515.510 53 | 1 080.015 3 | −1.067 | 0.015 51 | 0.135 54 | LG12 | 7798382 | 7805185 | 1 904 | Protein ORANGE-LIKE like |
| CEY00 _ Acc13406 | 234.902 61 | 1 349.090 2 | −2.521 9 | $1.17\times10^{-6}$ | $9.78\times10^{-5}$ | LG12 | 7900409 | 7909230 | 1 911 | Beta-fructofuranosidase，insoluble isoenzyme 1 like |
| CEY00 _ Acc13430 | 102.208 87 | 297.479 97 | −1.541 3 | 0.004 140 7 | 0.053 282 | LG12 | 8153053 | 8159339 | 1 552 | Lysophospholipase BODYGUARD 2 precursor |
| CEY00 _ Acc13435 | 18.747 274 | 0 | — | 0.000 191 4 | 0.005 453 | LG12 | 8226329 | 8227243 | 915 | Zinc finger A20 and AN1 domain-containing stress-associated protein |
| CEY00 _ Acc13449 | 94.199 314 | 39.084 127 | 1.269 1 | 0.049 396 | 0.286 72 | LG12 | 8456819 | 8460449 | 1 407 | Serine/threonine-protein like |
| CEY00 _ Acc13451 | 311.232 94 | 644.349 33 | −1.049 8 | 0.047 428 | 0.279 28 | LG12 | 8503399 | 8506912 | 846 | Cingulin-like protein |
| CEY00 _ Acc13453 | 70.146 005 | 4.247 472 | 4.045 7 | 0.007 217 7 | 0.079 618 | LG12 | 8617201 | 8620436 | 1 791 | Trihelix transcription factor PTL like |
| CEY00 _ Acc13459 | 356.978 66 | 5.413 702 5 | 6.043 1 | 0.013 55 | 0.123 26 | LG12 | 8771741 | 8772749 | 417 | Glu S. griseus protease |
| CEY00 _ Acc13472 | 986.994 56 | 2 235.518 2 | −1.179 5 | 0.007 492 9 | 0.081 613 | LG12 | 9037473 | 9045596 | 2 066 | Pyruvate kinase isozyme A like |
| CEY00 _ Acc13474 | 582.543 26 | 139.860 19 | 2.058 4 | $4.2\times10^{-5}$ | 0.001 688 7 | LG12 | 9210616 | 9215545 | 3 017 | Reticulon-like protein |
| CEY00 _ Acc13527 | 1 162.199 5 | 437.879 85 | 1.408 3 | 0.003 107 2 | 0.043 492 | LG12 | 10857975 | 10859476 | 1 502 | STOREKEEPER protein |
| CEY00 _ Acc13532 | 22.105 66 | 0.715 647 1 | 4.949 | 0.003 174 2 | 0.044 271 | LG12 | 10966937 | 10972853 | 4 006 | Zinc finger protein like |
| CEY00 _ Acc13539 | 261.251 82 | 106.172 39 | 1.299 | 0.009 553 4 | 0.097 051 | LG12 | 11258866 | 11269112 | 2 323 | hypothetical protein |
| CEY00 _ Acc13541 | 557.836 08 | 1 723.127 2 | −1.627 1 | 0.003 053 1 | 0.042 918 | LG12 | 11369712 | 11371894 | 2 183 | 9-cis-epoxycarotenoid dioxygenase |
| CEY00 _ Acc13543 | 650.174 01 | 22.757 793 | 4.836 4 | $3.51\times10^{-10}$ | $9.51\times10^{-8}$ | LG12 | 11405022 | 11406656 | 715 | Glutathione S-transferase |
| CEY00 _ Acc13544 | 122.958 45 | 10.226 668 | 3.587 8 | $2.1\times10^{-7}$ | $2.33\times10^{-5}$ | LG12 | 11450483 | 11452835 | 996 | Glutathione S-transferase |

（续）

| 基因 ID | miR160VS1 序列/条 | CK1 序列/条 | $log_2FC$ | P 值 | FDR | 染色体 | 起始位点 | 终止位点 | 长度/bp | 基因描述 |
|---|---|---|---|---|---|---|---|---|---|---|
| CEY00 _ Acc13545 | 179.727 08 | 468.258 45 | −1.381 5 | 0.004 641 | 0.057 672 | LG12 | 11460832 | 11462414 | 899 | Glutathione S-transferase |
| CEY00 _ Acc13546 | 12 363.935 | 508.448 41 | 4.603 9 | 0.002 095 | 0.032 66 | LG12 | 11467169 | 11469672 | 1 223 | Glutathione S-transferase |
| CEY00 _ Acc13547 | 99.406 746 | 5.552 067 6 | 4.162 2 | 0.001 925 7 | 0.030 869 | LG12 | 11504852 | 11506838 | 890 | Glutathione S-transferase |
| CEY00 _ Acc13560 | 110.494 93 | 5.136 106 | 4.427 2 | 0.002 438 7 | 0.036 265 | LG12 | 11801958 | 11809713 | 2 649 | Subtilisin-like protease |
| CEY00 _ Acc13561 | 237.871 69 | 709.886 45 | −1.577 4 | 0.023 955 | 0.181 2 | LG12 | 11861992 | 11865720 | 1 474 | Actinidain like |
| CEY00 _ Acc13574 | 14 854.335 | 1 933.630 1 | 2.941 5 | $5.82\times10^{-9}$ | $1.05\times10^{-6}$ | LG12 | 12107387 | 12113968 | 2 751 | Acetyl-CoA acetyltransferase |
| CEY00 _ Acc13576 | 21.073 033 | 89.430 246 | −2.085 4 | 0.003 603 4 | 0.048 065 | LG12 | 12130362 | 12140139 | 2 912 | UbiB domain protein |
| CEY00 _ Acc13577 | 65.458 8 | 6.440 823 6 | 3.345 3 | $1.24\times10^{-5}$ | 0.000 640 1 | LG12 | 12174751 | 12181988 | 1 097 | Nudix hydrolase |
| CEY00 _ Acc13578 | 53.597 531 | 2.077 697 6 | 4.689 1 | 0.002 363 9 | 0.035 49 | LG12 | 12218338 | 12219888 | 1 551 | Fasciclin-like arabinogalactan protein |
| CEY00 _ Acc13579 | 16.278 543 | 1.623 432 7 | 3.325 9 | 0.007 663 8 | 0.082 911 | LG12 | 12228369 | 12229658 | 1 290 | DBF4-type zinc finger-containing protein |
| CEY00 _ Acc13591 | 3.685 398 2 | 20.121 395 | −2.448 8 | 0.042 603 | 0.261 36 | LG12 | 12436060 | 12447909 | 4 191 | Dual specificity protein kinase |
| CEY00 _ Acc13595 | 2 010.667 3 | 721.921 37 | 1.477 8 | 0.003 362 5 | 0.045 857 | LG12 | 12544212 | 12546242 | 2 031 | hypothetical protein |
| CEY00 _ Acc13598 | 2 376.776 2 | 238.116 1 | 3.319 3 | 0.000 343 9 | 0.008 552 1 | LG12 | 12587688 | 12591717 | 1 977 | Cytochrome b561 and DOMON domain-containing protein |
| CEY00 _ Acc13618 | 591.113 06 | 2 467.433 2 | −2.061 5 | $4.34\times10^{-5}$ | 0.001 731 8 | LG12 | 13137016 | 13141801 | 1 338 | Tyrosine-protein like |
| CEY00 _ Acc13619 | 18 687.549 | 1 393.937 9 | 3.744 8 | 0.001 445 | 0.025 105 | LG12 | 13145475 | 13147264 | 1 283 | 1-aminocyclopropane-1-carboxylate oxidase |

（续）

| 基因 ID | miR160VS1 序列/条 | CK1 序列/条 | $log_2FC$ | *P* 值 | FDR | 染色体 | 起始位点 | 终止位点 | 长度/bp | 基因描述 |
|---|---|---|---|---|---|---|---|---|---|---|
| CEY00 _ Acc13630 | 607. 292 5 | 206. 335 68 | 1. 557 4 | 0. 001 311 8 | 0. 023 401 | LG12 | 13435582 | 13446122 | 1 046 | Acid phosphatase/vanadium-dependent haloperoxidase-related protein |
| CEY00 _ Acc13633 | 914. 478 71 | 305. 185 85 | 1. 583 3 | 0. 001 907 7 | 0. 030 655 | LG12 | 13497489 | 13508586 | 2 292 | LysM domain receptor-like kinase |
| CEY00 _ Acc13640 | 805. 855 68 | 2 141. 045 7 | −1. 409 7 | 0. 003 020 9 | 0. 042 611 | LG12 | 13667913 | 13681527 | 4 394 | Aspartic proteinase |
| CEY00 _ Acc13645 | 281. 140 5 | 28. 020 028 | 3. 326 8 | 0. 026 484 | 0. 193 38 | LG12 | 13763008 | 13775830 | 2 142 | Arogenate dehydratase/prephenate dehydratase |
| CEY00 _ Acc13646 | 172. 420 02 | 25. 830 318 | 2. 738 8 | 0. 027 39 | 0. 197 36 | LG12 | 13841101 | 13843122 | 2 022 | Integrin alpha-4 like |
| CEY00 _ Acc13650 | 11 041. 974 | 2 746. 214 9 | 2. 007 5 | $6.82\times10^{-5}$ | 0. 002 47 | LG12 | 13921172 | 13933226 | 3 478 | Aconitate hydratase |
| CEY00 _ Acc13671 | 53. 257 625 | 5. 644 144 3 | 3. 238 2 | $3.19\times10^{-5}$ | 0. 001 353 1 | LG12 | 14379302 | 14385029 | 2 081 | Protein DETOXIFICATION like |
| CEY00 _ Acc13676 | 49. 880 566 | 142. 104 34 | −1. 510 4 | 0. 023 737 | 0. 180 2 | LG12 | 14448429 | 14459951 | 3 106 | Serine/threonine-protein kinase |
| CEY00 _ Acc13678 | 30. 927 313 | 1. 870 088 9 | 4. 047 7 | $6.38\times10^{-5}$ | 0. 002 336 2 | LG12 | 14483965 | 14488622 | 4 658 | Cytochrome c oxidase copper chaperone like |
| CEY00 _ Acc13688 | 143. 287 32 | 516. 527 39 | −1. 849 9 | 0. 000 484 7 | 0. 011 173 | LG12 | 14629365 | 14643568 | 5 644 | MLO-like protein |
| CEY00 _ Acc13706 | 1 353. 279 8 | 4 754. 564 4 | −1. 812 9 | 0. 001 655 7 | 0. 027 659 | LG12 | 14920927 | 14923856 | 1 438 | NAC transcription factor |
| CEY00 _ Acc13707 | 629. 303 82 | 200. 639 57 | 1. 649 2 | 0. 016 194 | 0. 139 7 | LG12 | 14927076 | 14934530 | 2 438 | Peroxisomal membrane protein |
| CEY00 _ Acc13715 | 41. 399 62 | 262. 384 97 | −2. 664 | 0. 028 221 | 0. 201 11 | LG12 | 15067324 | 15077028 | 2 264 | Cyclic nucleotide-gated ion channel like |
| CEY00 _ Acc13718 | 149. 247 8 | 1 401. 894 5 | −3. 231 6 | $1.23\times10^{-8}$ | $2\times10^{-6}$ | LG12 | 15195981 | 15197967 | 1 530 | Nucleoporin like |
| CEY00 _ Acc13725 | 39. 294 502 | 186. 874 4 | −2. 249 7 | 0. 000 147 2 | 0. 004 471 1 | LG12 | 15343648 | 15356818 | 4 168 | UHRF1-binding protein |

（续）

| 基因 ID | miR160VS1 序列/条 | CK1 序列/条 | $\log_2 FC$ | $P$ 值 | FDR | 染色体 | 起始位点 | 终止位点 | 长度/bp | 基因描述 |
|---|---|---|---|---|---|---|---|---|---|---|
| CEY00 _ Acc13730 | 44.604 092 | 12.256 967 | 1.863 6 | 0.034 201 | 0.227 73 | LG12 | 15445257 | 15446485 | 1 229 | Protein-methionine-sulfoxide reductase catalytic subunit MsrP like |
| CEY00 _ Acc13732 | 74.557 717 | 26.634 36 | 1.485 1 | 0.012 434 | 0.116 62 | LG12 | 15476020 | 15488400 | 10 765 | Kinesin-like protein |
| CEY00 _ Acc13739 | 1 258.157 6 | 199.267 63 | 2.658 5 | $1.61\times10^{-7}$ | $1.86\times10^{-5}$ | LG12 | 15627757 | 15632157 | 4 401 | Chitin-inducible gibberellin-responsive protein |
| CEY00 _ Acc13744 | 36.943 996 | 0.938 725 9 | 5.298 5 | 0.000 819 5 | 0.016 702 | LG12 | 15774749 | 15777104 | 2 123 | Indole-3-acetic acid-amido synthetase |
| CEY00 _ Acc13750 | 31.842 426 | 0.923 255 8 | 5.108 1 | $1.11\times10^{-5}$ | 0.000 584 6 | LG12 | 15948631 | 15952569 | 2 824 | G-type lectin S-receptor-like serine/threonine-protein kinase |
| CEY00 _ Acc13752 | 73.110 07 | 2.328 035 3 | 4.972 9 | $4.36\times10^{-9}$ | $8.34\times10^{-7}$ | LG12 | 16009714 | 16011033 | 1 111 | B-box domain protein |
| CEY00 _ Acc13768 | 360.559 29 | 1 341.306 | −1.895 3 | 0.000 114 3 | 0.003 640 6 | LG12 | 16178488 | 16185181 | 1 537 | Thiamine thiazole synthase |
| CEY00 _ Acc13774 | 63.408 645 | 3.801 314 2 | 4.060 1 | 0.002 966 7 | 0.041 991 | LG12 | 16241735 | 16247551 | 1 142 | Septum-promoting GTP-binding protein |
| CEY00 _ Acc13777 | 0.352 962 4 | 24.506 406 | −6.117 5 | 0.015 641 | 0.136 32 | LG12 | 16303147 | 16307871 | 4 725 | Serine/threonine-protein phosphatase 7 long form like |
| CEY00 _ Acc13787 | 1 029.259 5 | 466.936 06 | 1.140 3 | 0.021 844 | 0.170 71 | LG12 | 16404077 | 16411078 | 2 359 | External alternative NAD（P）H-ubiquinone oxidoreductase |
| CEY00 _ Acc13791 | 41.995 106 | 131.963 09 | −1.651 8 | 0.005 34 | 0.064 154 | LG12 | 16465753 | 16469251 | 1 753 | Formimidoyltetrahydrofolate cyclodeaminase |

（续）

| 基因 ID | miR160VS1 序列/条 | CK1 序列/条 | $log_2$FC | P 值 | FDR | 染色体 | 起始位点 | 终止位点 | 长度/bp | 基因描述 |
|---|---|---|---|---|---|---|---|---|---|---|
| CEY00_Acc13794 | 16.413 582 | 3.723 963 5 | 2.14 | 0.043 839 | 0.265 53 | LG12 | 16528904 | 16539061 | 3 078 | Protein STRUBBELIG-RECEPTOR FAMILY 3 like |
| CEY00_Acc13804 | 2 307.578 7 | 5 111.516 3 | −1.147 4 | 0.026 419 | 0.193 13 | LG12 | 16740224 | 16743765 | 3 075 | Protein like |
| CEY00_Acc13805 | 17.421 919 | 91.173 38 | −2.387 7 | 0.000 203 | 0.005 693 7 | LG12 | 16748839 | 16749752 | 914 | Photosystem Ⅱ repair protein like |
| CEY00_Acc13806 | 105.552 36 | 306.260 47 | −1.536 8 | 0.012 738 | 0.118 53 | LG12 | 16761830 | 16765410 | 2 307 | TANK-binding kinase 1-binding protein like |
| CEY00_Acc13812 | 19.609 374 | 4.817 269 | 2.025 3 | 0.029 543 | 0.206 81 | LG12 | 16820092 | 16822577 | 2 486 | Ethylene-responsive transcription factor |
| CEY00_Acc13813 | 61.239 664 | 4.210 535 2 | 3.862 4 | 0.019 612 | 0.158 39 | LG12 | 16825512 | 16828548 | 1 490 | Protochlorophyllide reductase |
| CEY00_Acc13827 | 2 292.515 7 | 346.541 02 | 2.725 8 | $3.82\times10^{-7}$ | $3.84\times10^{-5}$ | LG12 | 16942985 | 16945672 | 2 688 | E3 ubiquitin-protein like |
| CEY00_Acc13841 | 774.890 7 | 318.295 64 | 1.283 6 | 0.027 682 | 0.198 64 | LG26 | 14033983 | 14043734 | 3 343 | Serine/threonine-protein kinase |
| CEY00_Acc13857 | 1 023.371 7 | 99.417 582 | 3.363 7 | $2.91\times10^{-8}$ | $4.39\times10^{-6}$ | LG12 | 18646417 | 18647257 | 841 | Ethylene-responsive transcription factor 4 like |
| CEY00_Acc13858 | 64.606 639 | 26.102 906 | 1.307 5 | 0.042 894 | 0.262 7 | LG12 | 18659032 | 18670038 | 1 603 | Tyrosine aminotransferase |
| CEY00_Acc13860 | 123.881 24 | 9.799 539 6 | 3.660 1 | 0.011 422 | 0.109 77 | LG12 | 18681045 | 18681967 | 833 | Aspartate-tRNA(Asp/Asn) ligase |
| CEY00_Acc13861 | 220.338 93 | 20.939 041 | 3.395 5 | 0.000 196 2 | 0.005 545 1 | LG12 | 18686351 | 18687422 | 413 | 1,4-alpha-glucan branching enzyme GlgB like |
| CEY00_Acc13865 | 636.592 35 | 271.070 6 | 1.231 7 | 0.014 995 | 0.132 45 | LG12 | 18737812 | 18744924 | 1 960 | Polyamine oxidase |

（续）

| 基因 ID | miR160VS1 序列/条 | CK1 序列/条 | $log_2FC$ | $P$ 值 | FDR | 染色体 | 起始位点 | 终止位点 | 长度/bp | 基因描述 |
|---|---|---|---|---|---|---|---|---|---|---|
| CEY00_Acc13907 | 98.198 377 | 224.661 37 | −1.194 | 0.034 523 | 0.228 99 | LG12 | 17051992 | 17058293 | 2 387 | ATP synthase protein like |
| CEY00_Acc13916 | 23.099 188 | 1.161 804 8 | 4.313 4 | 0.000 276 5 | 0.007 258 7 | LG12 | 17220625 | 17226137 | 1 387 | Aspartate aminotransferase |
| CEY00_Acc13924 | 41.443 752 | 111.087 79 | −1.422 5 | 0.019 194 | 0.156 23 | LG12 | 17326817 | 17329451 | 1 542 | ATP-dependent zinc metalloprotease |
| CEY00_Acc13925 | 61.084 692 | 123.536 61 | −1.016 1 | 0.034 222 | 0.227 78 | LG12 | 17329559 | 17334156 | 4 241 | ATP-dependent zinc metalloprotease FTSH 8 like |
| CEY00_Acc13933 | 19.319 363 | 71.661 369 | −1.891 1 | 0.012 246 | 0.115 42 | LG12 | 17389409 | 17401062 | 4 054 | RAB6A-GEF complex partner protein |
| CEY00_Acc13935 | 349.790 73 | 58.243 79 | 2.586 3 | 0.008 876 3 | 0.092 252 | LG12 | 17438595 | 17441685 | 2 441 | Heat stress transcription factor A-4b like |
| CEY00_Acc13947 | 9.125 268 6 | 36.080 197 | −1.983 3 | 0.021 09 | 0.167 01 | LG12 | 18112744 | 18114912 | 2 169 | ATP-dependent DNA helicase |
| CEY00_Acc13953 | 373.581 36 | 812.234 95 | −1.120 5 | 0.023 513 | 0.179 2 | LG12 | 18197000 | 18210410 | 1 863 | Floral homeotic protein like |
| CEY00_Acc13954 | 65.574 82 | 209.344 64 | −1.674 7 | 0.007 406 2 | 0.081 08 | LG12 | 18212931 | 18216929 | 3 909 | UDP-4-keto-6-deoxy-D-glucose 3,5-epimerase/UDP-4-keto-L-rhamnose 4-keto-reductase |
| CEY00_Acc13958 | 203.752 06 | 10.750 054 | 4.244 4 | 0.001 948 2 | 0.031 048 | LG12 | 18262880 | 18264134 | 1 084 | Xyloglucan endotransglucosylase/hydrolase protein |
| CEY00_Acc13960 | 18.769 212 | 86.415 176 | −2.202 9 | 0.002 009 8 | 0.031 717 | LG12 | 18273320 | 18275759 | 2 334 | Retrotransposon-derived protein |
| CEY00_Acc13962 | 1 514.134 | 403.715 81 | 1.907 1 | 0.000 150 4 | 0.004 532 | LG12 | 18292014 | 18299055 | 1 975 | Mitogen-activated protein kinase |

（续）

| 基因 ID | miR160VS1 序列/条 | CK1 序列/条 | $\log_2 FC$ | *P* 值 | FDR | 染色体 | 起始位点 | 终止位点 | 长度/bp | 基因描述 |
|---|---|---|---|---|---|---|---|---|---|---|
| CEY00 _ Acc13963 | 1 427. 294 7 | 106. 514 65 | 3. 744 2 | 0. 008 986 3 | 0. 092 894 | LG12 | 18311540 | 18313775 | 2 236 | Aspartyl protease family protein |
| CEY00 _ Acc13977 | 19. 384 32 | 0. 238 549 | 6. 344 5 | 0. 000 104 2 | 0. 003 405 | LG13 | 73180 | 75245 | 1 346 | Cysteine-rich repeat secretory protein like |
| CEY00 _ Acc13984 | 770. 633 33 | 64. 730 633 | 3. 573 5 | $2.61\times10^{-8}$ | $4.02\times10^{-6}$ | LG13 | 157047 | 159321 | 1 257 | S-adenosylmethionine-dependent methyltransferase |
| CEY00 _ Acc13985 | 66. 977 478 | 5. 471 157 4 | 3. 613 8 | $2\times10^{-5}$ | 0. 000 945 8 | LG13 | 162987 | 164658 | 1 295 | S-adenosylmethionine-dependent methyltransferase |
| CEY00 _ Acc13990 | 149. 895 8 | 6. 202 274 6 | 4. 595 | $2.36\times10^{-6}$ | 0. 000 169 6 | LG13 | 212878 | 214379 | 1 502 | U-box domain-containing protein |
| CEY00 _ Acc13993 | 49. 681 717 | 3. 539 932 1 | 3. 810 9 | 0. 009 792 | 0. 098 668 | LG13 | 239014 | 243197 | 4 184 | Zinc finger protein |
| CEY00 _ Acc13994 | 767. 901 76 | 199. 397 31 | 1. 945 3 | 0. 022 636 | 0. 174 91 | LG13 | 250438 | 255829 | 3 277 | Protein OBERON like |
| CEY00 _ Acc13995 | 160. 983 87 | 30. 097 93 | 2. 419 2 | 0. 001 047 1 | 0. 019 897 | LG13 | 259806 | 262393 | 1 083 | Purple acid phosphatase |
| CEY00 _ Acc13996 | 11. 078 935 | 35. 246 947 | −1. 669 7 | 0. 016 725 | 0. 142 64 | LG13 | 262403 | 266709 | 2 570 | Purple acid phosphatase |
| CEY00 _ Acc13999 | 1 220. 402 5 | 201. 894 39 | 2. 595 7 | 0. 003 049 8 | 0. 042 892 | LG13 | 288062 | 297280 | 5 491 | Phospholipid-transporting ATPase |
| CEY00 _ Acc14002 | 323. 661 29 | 663. 709 67 | −1. 036 1 | 0. 039 76 | 0. 250 31 | LG13 | 313684 | 324835 | 1 714 | Succinate-CoA ligase [ADP-forming] subunit alpha-2 like |
| CEY00 _ Acc14004 | 1 111. 414 6 | 67. 323 948 | 4. 045 1 | 0. 000 471 8 | 0. 010 922 | LG13 | 332264 | 333789 | 1 056 | hypothetical protein |
| CEY00 _ Acc14010 | 52. 567 311 | 106. 401 1 | −1. 017 3 | 0. 049 509 | 0. 286 91 | LG13 | 395235 | 399312 | 2 154 | Notch 1 intracellular domain like protein isoform 1 |
| CEY00 _ Acc14022 | 40. 754 093 | 8. 600 053 8 | 2. 244 5 | 0. 018 76 | 0. 154 12 | LG13 | 540265 | 545117 | 1 297 | Leucoanthocyanidin reductase |

（续）

| 基因 ID | miR160VS1 序列/条 | CK1 序列/条 | $log_2FC$ | $P$ 值 | FDR | 染色体 | 起始位点 | 终止位点 | 长度/bp | 基因描述 |
|---|---|---|---|---|---|---|---|---|---|---|
| CEY00_Acc14024 | 6.821 849 1 | 38.801 983 | −2.507 9 | 0.001 649 6 | 0.027 615 | LG13 | 588481 | 594366 | 3 435 | NAC domain-containing protein |
| CEY00_Acc14034 | 2 672.279 8 | 320.322 25 | 3.060 5 | 0.000 764 1 | 0.015 879 | LG13 | 697672 | 698586 | 915 | Protein like |
| CEY00_Acc14043 | 166.892 12 | 10.741 203 | 3.957 7 | 0.002 618 4 | 0.038 246 | LG13 | 827536 | 830519 | 2 647 | Leaf rust 10 disease-resistance locus receptor-like protein kinase |
| CEY00_Acc14045 | 190.767 81 | 79.367 201 | 1.265 2 | 0.039 151 | 0.247 66 | LG13 | 843355 | 851356 | 1 544 | Nicotinamide adenine dinucleotide transporter like |
| CEY00_Acc14046 | 429.176 33 | 28.040 494 | 3.936 | 0.000 911 4 | 0.018 059 | LG13 | 853228 | 861840 | 2 300 | Leaf rust 10 disease-resistance locus receptor-like protein kinase |
| CEY00_Acc14050 | 180.120 76 | 15.008 571 | 3.585 1 | $4.41\times10^{-5}$ | 0.001 753 6 | LG13 | 902467 | 907223 | 2 093 | Lipid phosphate phosphatase |
| CEY00_Acc14054 | 190.601 4 | 90.957 786 | 1.067 3 | 0.032 118 | 0.218 83 | LG13 | 1047450 | 1055159 | 3 537 | Zinc finger protein |
| CEY00_Acc14056 | 107.688 12 | 945.431 62 | −3.134 1 | $4.23\times10^{-8}$ | $6.02\times10^{-6}$ | LG13 | 1063361 | 1064673 | 1 313 | E3 ubiquitin-protein like |
| CEY00_Acc14065 | 125.084 81 | 16.347 044 | 2.935 8 | 0.000 129 1 | 0.004 026 3 | LG13 | 1134705 | 1135421 | 717 | Protein of unknown function DUF4228, plant protein |
| CEY00_Acc14066 | 161.587 58 | 53.870 159 | 1.584 8 | 0.007 928 7 | 0.084 981 | LG13 | 1137675 | 1147044 | 5 965 | Histidine-tRNA ligase |
| CEY00_Acc14067 | 391.914 91 | 1 588.696 4 | −2.019 2 | $6.27\times10^{-5}$ | 0.002 308 | LG13 | 1147838 | 1152968 | 2 640 | E3 ubiquitin-protein like |
| CEY00_Acc14071 | 19.954 805 | 79.920 414 | −2.001 8 | 0.002 134 4 | 0.033 009 | LG13 | 1197423 | 1199320 | 1 008 | Transcription repressor like |
| CEY00_Acc14073 | 20.992 155 | 3.182 047 6 | 2.721 8 | 0.010 231 | 0.101 74 | LG13 | 1242696 | 1244572 | 1 877 | LIM domain-containing protein |
| CEY00_Acc14081 | 17.659 318 | 3.597 265 | 2.295 5 | 0.033 744 | 0.225 97 | LG13 | 1293561 | 1308139 | 4 071 | CSC1-like protein |
| CEY00_Acc14082 | 30.218 179 | 6.167 530 9 | 2.292 7 | 0.014 327 | 0.128 3 | LG13 | 1316687 | 1320954 | 3 321 | Protein argonaute like |

（续）

| 基因 ID | miR160VS1 序列/条 | CK1 序列/条 | $\log_2$FC | *P* 值 | FDR | 染色体 | 起始位点 | 终止位点 | 长度/bp | 基因描述 |
|---|---|---|---|---|---|---|---|---|---|---|
| CEY00 _ Acc14088 | 1. 536 147 9 | 13. 613 143 | −3. 147 6 | 0. 048 397 | 0. 283 22 | LG13 | 1355195 | 1360400 | 1 434 | Chorismate mutase |
| CEY00 _ Acc14089 | 29. 211 502 | 83. 803 548 | −1. 520 5 | 0. 038 841 | 0. 246 55 | LG13 | 1363388 | 1368019 | 2 328 | Zinc finger homeobox protein like |
| CEY00 _ Acc14102 | 487. 079 24 | 239. 858 89 | 1. 022 | 0. 041 317 | 0. 256 01 | LG13 | 1466766 | 1471656 | 2 794 | G3BP-like protein |
| CEY00 _ Acc14103 | 27. 004 917 | 79. 680 999 | −1. 561 | 0. 010 814 | 0. 105 97 | LG13 | 1479079 | 1483504 | 1 900 | Fructokinase-like |
| CEY00 _ Acc14107 | 492. 124 87 | 1 704. 685 5 | −1. 792 4 | 0. 000 200 9 | 0. 005 642 8 | LG13 | 1537711 | 1542045 | 3 741 | SNF2 domain-containing protein |
| CEY00 _ Acc14112 | 874. 920 17 | 374. 023 94 | 1. 226 | 0. 033 606 | 0. 225 46 | LG13 | 1591599 | 1595044 | 2 365 | Redox-regulatory protein like |
| CEY00 _ Acc14122 | 1 492. 153 9 | 609. 583 12 | 1. 291 5 | 0. 004 752 9 | 0. 058 753 | LG13 | 1715355 | 1718211 | 1 037 | Protein of unknown function DUF962 protein |
| CEY00 _ Acc14125 | 1 906. 695 8 | 306. 027 84 | 2. 639 3 | 0. 003 886 8 | 0. 050 775 | LG13 | 1728254 | 1735057 | 5 238 | KH domain-containing protein |
| CEY00 _ Acc14128 | 1 773. 759 5 | 5 966. 342 5 | −1. 75 | 0. 023 865 | 0. 180 76 | LG13 | 1759193 | 1761517 | 1 390 | Expansin-A1 like |
| CEY00 _ Acc14144 | 355. 642 17 | 1 065. 776 9 | −1. 583 4 | 0. 004 872 5 | 0. 059 939 | LG13 | 1913762 | 1918934 | 5 173 | F-box/kelch-repeat protein |
| CEY00 _ Acc14158 | 90. 875 76 | 23. 964 032 | 1. 923 | 0. 003 931 | 0. 051 15 | LG13 | 2065137 | 2067702 | 1 365 | hypothetical protein |
| CEY00 _ Acc14159 | 42. 344 549 | 0. 700 176 9 | 5. 918 3 | 0. 024 025 | 0. 181 42 | LG13 | 2071485 | 2073559 | 1 048 | Thioredoxin like |
| CEY00 _ Acc14160 | 2 725. 683 3 | 893. 865 31 | 1. 608 5 | 0. 003 845 9 | 0. 050 34 | LG13 | 2073941 | 2082158 | 2 581 | NADPH-dependent diflavin oxidoreductase |
| CEY00 _ Acc14162 | 665. 766 03 | 58. 307 146 | 3. 513 3 | $3.65\times10^{-7}$ | $3.71\times10^{-5}$ | LG13 | 2100425 | 2101925 | 613 | Glutathione S-transferase like |
| CEY00 _ Acc14163 | 1 778. 446 8 | 384. 378 78 | 2. 21 | $2.11\times10^{-5}$ | 0. 000 981 7 | LG13 | 2104018 | 2105710 | 882 | Glutathione S-transferase like |
| CEY00 _ Acc14165 | 45. 927 04 | 16. 438 916 | 1. 482 2 | 0. 024 031 | 0. 181 42 | LG13 | 2136469 | 2142138 | 2 337 | Protein ENHANCED DISEASE RESISTANCE like |

（续）

| 基因ID | miR160VS1序列/条 | CK1序列/条 | $log_2FC$ | $P$值 | FDR | 染色体 | 起始位点 | 终止位点 | 长度/bp | 基因描述 |
|---|---|---|---|---|---|---|---|---|---|---|
| CEY00_Acc14173 | 1 522.152 7 | 313.520 54 | 2.279 5 | $1.1\times10^{-5}$ | 0.000 580 4 | LG13 | 2249409 | 2256246 | 1 562 | Pyruvate dehydrogenase E1 component subunit alpha like |
| CEY00_Acc14179 | 336.609 57 | 29.470 055 | 3.513 8 | 0.000 578 2 | 0.012 757 | LG13 | 2294815 | 2302722 | 7 908 | Zinc finger protein |
| CEY00_Acc14191 | 4 983.742 7 | 989.169 58 | 2.332 9 | $5.26\times10^{-6}$ | 0.000 323 6 | LG13 | 2434456 | 2438412 | 1 307 | Spermidine synthase |
| CEY00_Acc14198 | 1 261.694 3 | 139.941 65 | 3.172 5 | 0.002 026 6 | 0.031 85 | LG13 | 2507487 | 2508559 | 1 073 | TRNA(pseudouridine(54)-N(1))-methyltransferase |
| CEY00_Acc14214 | 14.595 411 | 88.681 251 | −2.603 1 | 0.001 608 8 | 0.027 125 | LG13 | 2642038 | 2653648 | 1 082 | Homeobox protein knotted-1-like |
| CEY00_Acc14216 | 13.111 82 | 0.715 647 1 | 4.195 5 | 0.004 370 2 | 0.055 213 | LG13 | 2662456 | 2666479 | 2 109 | Cysteine-rich receptor-like protein kinase |
| CEY00_Acc14218 | 176.850 22 | 83.104 28 | 1.089 5 | 0.039 912 | 0.250 8 | LG13 | 2716900 | 2722378 | 1 760 | Ribose-phosphate pyrophosphokinase |
| CEY00_Acc14221 | 118.127 29 | 883.866 54 | −2.903 5 | $1.42\times10^{-7}$ | $1.69\times10^{-5}$ | LG13 | 2755108 | 2756125 | 919 | Squamosa promoter-binding-like protein |
| CEY00_Acc14222 | 40.889 99 | 117.657 83 | −1.524 8 | 0.021 256 | 0.167 71 | LG13 | 2762587 | 2765789 | 1 098 | Plant intracellular Ras-group-related LRR protein |
| CEY00_Acc14230 | 1 147.599 9 | 442.856 75 | 1.373 7 | 0.019 494 | 0.157 86 | LG13 | 2857619 | 2863287 | 5 669 | Protein-tyrosine-phosphatase |
| CEY00_Acc14231 | 119.397 69 | 32.275 485 | 1.887 3 | 0.003 487 6 | 0.047 109 | LG13 | 2867019 | 2872132 | 5 114 | Pentatricopeptide repeat-containing protein |
| CEY00_Acc14233 | 458.917 31 | 115.537 19 | 1.989 9 | 0.016 018 | 0.138 62 | LG13 | 2890448 | 2896727 | 3 720 | E3 ubiquitin-protein like |

（续）

| 基因 ID | miR160VS1 序列/条 | CK1 序列/条 | $log_2FC$ | *P* 值 | FDR | 染色体 | 起始位点 | 终止位点 | 长度/bp | 基因描述 |
|---|---|---|---|---|---|---|---|---|---|---|
| CEY00_Acc14249 | 227.084 42 | 44.393 3 | 2.354 8 | 0.030 131 | 0.209 72 | LG13 | 3060318 | 3061635 | 952 | Small heat shock protein |
| CEY00_Acc14250 | 9.643 141 3 | 0 | — | 0.004 190 4 | 0.053 729 | LG13 | 3074600 | 3075261 | 662 | Vinorine synthase |
| CEY00_Acc14251 | 109.730 86 | 0.915 892 8 | 6.904 6 | $3.47\times10^{-5}$ | 0.001 454 2 | LG13 | 3075667 | 3078174 | 1 616 | Vinorine synthase |
| CEY00_Acc14252 | 4 126.338 8 | 134.506 16 | 4.939 1 | $2.42\times10^{-6}$ | 0.000 172 3 | LG13 | 3081588 | 3083379 | 1 517 | Vinorine synthase |
| CEY00_Acc14253 | 379.141 58 | 14.074 392 | 4.751 6 | 0.001 279 2 | 0.023 006 | LG13 | 3093460 | 3095873 | 1 509 | Vinorine synthase |
| CEY00_Acc14254 | 1 970.133 7 | 78.721 177 | 4.645 4 | 0.000 115 2 | 0.003 661 6 | LG13 | 3100090 | 3101984 | 1 588 | Vinorine synthase |
| CEY00_Acc14256 | 121.698 96 | 2.146 941 2 | 5.824 9 | $2.74\times10^{-6}$ | 0.000 189 8 | LG13 | 3120774 | 3123174 | 1 588 | Vinorine synthase |
| CEY00_Acc14257 | 207.415 93 | 2.116 000 9 | 6.615 | 0.000 165 2 | 0.004 878 6 | LG13 | 3132777 | 3134969 | 1 577 | Vinorine synthase |
| CEY00_Acc14258 | 73.915 09 | 0.477 098 | 7.275 4 | $1.28\times10^{-6}$ | 0.000 104 6 | LG13 | 3136123 | 3138337 | 1 309 | Vinorine synthase |
| CEY00_Acc14259 | 336.799 6 | 12.404 549 | 4.762 9 | 0.000 275 5 | 0.007 244 3 | LG13 | 3142827 | 3144708 | 1 575 | Vinorine synthase |
| CEY00_Acc14260 | 810.859 02 | 10.734 706 | 6.239 1 | 0.000 182 8 | 0.005 278 1 | LG13 | 3151385 | 3153659 | 1 496 | Vinorine synthase |
| CEY00_Acc14261 | 122.091 28 | 10.649 992 | 3.519 | 0.029 424 | 0.206 33 | LG13 | 3160075 | 3166660 | 2 739 | Serine/threonine protein like |
| CEY00_Acc14267 | 149.775 33 | 462.469 84 | −1.626 6 | 0.001 929 1 | 0.030 887 | LG13 | 3199128 | 3206042 | 1 421 | 3-oxoacyl-[acyl-carrier-protein] reductase |
| CEY00_Acc14277 | 7.786 309 | 51.033 137 | −2.712 4 | 0.009 383 4 | 0.095 886 | LG13 | 3304361 | 3308717 | 2 630 | Receptor protein kinase-like protein |
| CEY00_Acc14286 | 29.651 762 | 91.877 656 | −1.631 6 | 0.005 592 5 | 0.066 556 | LG13 | 3367837 | 3369946 | 1 747 | F-box protein |
| CEY00_Acc14287 | 652.526 16 | 126.198 1 | 2.370 3 | 0.005 523 5 | 0.065 973 | LG13 | 3379455 | 3380124 | 670 | BTB/POZ domain-containing protein |
| CEY00_Acc14304 | 4.100 108 5 | 64.915 73 | −3.984 8 | $1.12\times10^{-5}$ | 0.000 588 5 | LG13 | 3593784 | 3594713 | 930 | Mucin-17 like |

（续）

| 基因 ID | miR160VS1 序列/条 | CK1 序列/条 | $log_2FC$ | *P* 值 | FDR | 染色体 | 起始位点 | 终止位点 | 长度/bp | 基因描述 |
|---|---|---|---|---|---|---|---|---|---|---|
| CEY00 _ Acc14306 | 5.159 396 9 | 29.317 925 | −2.506 5 | 0.036 834 | 0.238 37 | LG13 | 3609378 | 3616538 | 2 095 | Glucose-6-phosphate 1-dehydrogenase |
| CEY00 _ Acc14307 | 103.196 82 | 236.046 34 | −1.193 7 | 0.029 05 | 0.204 71 | LG13 | 3620296 | 3624011 | 1 186 | Photosynthetic NDH subunit of lumenal location 5 like |
| CEY00 _ Acc14311 | 5 944.212 1 | 206.196 49 | 4.849 4 | 0.004 180 1 | 0.053 648 | LG13 | 3658830 | 3660198 | 1 369 | BAG family molecular chaperone regulator 5 like |
| CEY00 _ Acc14312 | 136.829 52 | 58.469 723 | 1.226 6 | 0.028 316 | 0.201 52 | LG13 | 3665111 | 3673712 | 2 677 | Protein MICRORCHIDIA like |
| CEY00 _ Acc14318 | 256.134 21 | 127.102 38 | 1.010 9 | 0.027 52 | 0.198 04 | LG13 | 3742893 | 3751890 | 2 923 | Uncharacterized protein |
| CEY00 _ Acc14324 | 1 456.126 9 | 296.866 98 | 2.294 2 | $2.25\times10^{-6}$ | 0.000 164 1 | LG13 | 3797711 | 3801418 | 1 396 | Protein TIFY like |
| CEY00 _ Acc14333 | 165.756 55 | 605.063 44 | −1.868 | 0.001 294 4 | 0.023 221 | LG13 | 3941146 | 3951610 | 5 521 | Protein MEI2-like |
| CEY00 _ Acc14345 | 94.173 165 | 204.123 56 | −1.116 1 | 0.043 027 | 0.262 77 | LG13 | 4071884 | 4078426 | 1 242 | Nudix hydrolase |
| CEY00 _ Acc14353 | 326.877 7 | 148.268 14 | 1.140 5 | 0.046 743 | 0.276 52 | LG13 | 4143889 | 4150797 | 2 068 | Apyrase |
| CEY00 _ Acc14357 | 23.412 341 | 3.951 468 | 2.566 8 | 0.021 649 | 0.169 68 | LG13 | 4199656 | 4201434 | 1 350 | Glucan endo-1,3-beta-glucosidase |
| CEY00 _ Acc14358 | 7.527 773 9 | 0 | — | 0.016 612 | 0.142 15 | LG13 | 4205741 | 4207307 | 1 086 | GATA transcription factor |
| CEY00 _ Acc14360 | 33.484 143 | 8.242 169 3 | 2.022 4 | 0.034 239 | 0.227 82 | LG13 | 4218994 | 4219875 | 798 | Short-chain type dehydrogenase/reductase |
| CEY00 _ Acc14361 | 1 805.458 1 | 74.864 858 | 4.591 9 | 0.000 218 9 | 0.006 056 9 | LG13 | 4221447 | 4229426 | 7 863 | Pentatricopeptide repeat-containing protein |

（续）

| 基因 ID | miR160VS1 序列/条 | CK1 序列/条 | $log_2FC$ | $P$ 值 | FDR | 染色体 | 起始位点 | 终止位点 | 长度/bp | 基因描述 |
|---|---|---|---|---|---|---|---|---|---|---|
| CEY00 _ Acc14373 | 31. 782 283 | 5. 674 962 7 | 2. 485 5 | 0. 034 26 | 0. 227 85 | LG13 | 4350683 | 4361919 | 1 666 | Mitochondrial dicarboxylate/tricarboxylate transporter DTC like |
| CEY00 _ Acc14381 | 548. 570 56 | 68. 540 323 | 3. 000 7 | $7.99\times10^{-6}$ | 0. 000 446 2 | LG13 | 4430662 | 4436080 | 1 398 | Lipid phosphate phosphatase |
| CEY00 _ Acc14394 | 13. 910 968 | 0. 477 098 | 4. 865 8 | 0. 001 315 1 | 0. 023 44 | LG13 | 4612697 | 4618803 | 1 886 | Protein kinase |
| CEY00 _ Acc14400 | 12. 490 384 | 0. 715 647 1 | 4. 125 4 | 0. 014 733 | 0. 131 04 | LG13 | 4657132 | 4661012 | 1 023 | Growth-regulating factor like |
| CEY00 _ Acc14423 | 76. 819 266 | 22. 865 475 | 1. 748 3 | 0. 017 861 | 0. 149 34 | LG13 | 4879361 | 4890094 | 1 718 | Protein EMSY-LIKE like |
| CEY00 _ Acc14427 | 342. 988 31 | 133. 715 99 | 1. 359 | 0. 005 888 7 | 0. 069 056 | LG13 | 4936726 | 4944624 | 1 708 | Serine-threonine kinase receptor-associated protein |
| CEY00 _ Acc14428 | 988. 933 24 | 184. 893 88 | 2. 419 2 | $6.1\times10^{-5}$ | 0. 002 264 4 | LG13 | 4985539 | 4986950 | 744 | EG45-like domain containing protein |
| CEY00 _ Acc14430 | 13. 063 275 | 42. 568 053 | −1. 704 3 | 0. 004 259 3 | 0. 054 284 | LG13 | 5001577 | 5009761 | 4 856 | Boron transporter like |
| CEY00 _ Acc14432 | 725. 582 48 | 254. 363 7 | 1. 512 2 | 0. 022 9 | 0. 175 96 | LG13 | 5036978 | 5037627 | 650 | Transcription activator of gluconeogenesis |
| CEY00 _ Acc14434 | 493. 086 48 | 241. 445 7 | 1. 030 1 | 0. 032 353 | 0. 219 88 | LG13 | 5050088 | 5055842 | 1 425 | GTP-binding nuclear protein Ran-1 |
| CEY00 _ Acc14435 | 24. 192 761 | 0. 477 098 | 5. 664 1 | 0. 002 665 1 | 0. 038 746 | LG13 | 5066558 | 5070662 | 1 976 | Cytochrome P450 734A1 like |
| CEY00 _ Acc14436 | 24. 491 106 | 4. 105 303 4 | 2. 576 7 | 0. 015 238 | 0. 133 99 | LG13 | 5082163 | 5090083 | 2 826 | Protein arginine N-methyltransferase |
| CEY00 _ Acc14444 | 233. 099 81 | 102. 894 17 | 1. 179 8 | 0. 042 492 | 0. 260 82 | LG13 | 5160752 | 5165411 | 1 174 | Zinc finger CCCH domain-containing protein |

（续）

| 基因 ID | miR160VS1 序列/条 | CK1 序列/条 | $log_2FC$ | $P$ 值 | FDR | 染色体 | 起始位点 | 终止位点 | 长度/bp | 基因描述 |
|---|---|---|---|---|---|---|---|---|---|---|
| CEY00 _ Acc14450 | 493.237 8 | 40.353 927 | 3.611 5 | $1.5\times10^{-6}$ | 0.000 119 1 | LG13 | 5234152 | 5239471 | 2 773 | DEAD-box ATP-dependent RNA helicase |
| CEY00 _ Acc14452 | 137.083 13 | 19.671 882 | 2.800 8 | 0.002 953 1 | 0.041 852 | LG13 | 5245328 | 5249362 | 1 961 | Adenine nucleotide transporter like |
| CEY00 _ Acc14455 | 371.639 9 | 168.109 59 | 1.144 5 | 0.034 874 | 0.230 21 | LG13 | 5267885 | 5272292 | 1 017 | NHP2-like protein |
| CEY00 _ Acc14464 | 57.785 246 | 144.280 49 | −1.320 1 | 0.022 534 | 0.174 36 | LG13 | 5374094 | 5383317 | 1 617 | TBC1 domain family member protein |
| CEY00 _ Acc14470 | 11 352.188 | 642.993 61 | 4.142 | 0.014 823 | 0.131 44 | LG13 | 5431224 | 5432146 | 923 | HSP20-like chaperone protein |
| CEY00 _ Acc14476 | 219.457 11 | 97.570 892 | 1.169 4 | 0.019 133 | 0.155 98 | LG13 | 5510330 | 5513020 | 1 497 | Glucan endo-1,3-beta-glucosidase |
| CEY00 _ Acc14477 | 46.150 98 | 0.715 647 1 | 6.011 | $4.95\times10^{-5}$ | 0.001 924 2 | LG13 | 5526207 | 5530336 | 1 016 | Umecyanin like |
| CEY00 _ Acc14478 | 349.579 12 | 15.620 474 | 4.484 1 | 0.003 892 1 | 0.050 824 | LG13 | 5535146 | 5539053 | 2 336 | Blue copper protein |
| CEY00 _ Acc14479 | 366.402 69 | 13.916 009 | 4.718 6 | $8.06\times10^{-10}$ | $1.98\times10^{-7}$ | LG13 | 5543916 | 5545592 | 909 | Stellacyanin like |
| CEY00 _ Acc14493 | 65.516 282 | 154.560 69 | −1.238 2 | 0.007 180 2 | 0.079 363 | LG13 | 5897725 | 5900462 | 1 431 | Heptahelical transmembrane protein |
| CEY00 _ Acc14494 | 95.485 518 | 785.408 91 | −3.040 1 | $3.94\times10^{-5}$ | 0.001 595 3 | LG13 | 5907454 | 5908512 | 1 059 | Sucrose-phosphate synthase |
| CEY00 _ Acc14495 | 1 287.602 9 | 8 226.333 | −2.675 6 | $4.38\times10^{-5}$ | 0.001 744 5 | LG13 | 5911088 | 5922007 | 2 785 | Sucrose-phosphate synthase like |
| CEY00 _ Acc14500 | 2 521.957 1 | 621.187 31 | 2.021 4 | 0.000 170 2 | 0.005 001 9 | LG13 | 6004905 | 6016669 | 2 379 | Synaptotagmin-5 like |
| CEY00 _ Acc14504 | 35.736 21 | 77.043 265 | −1.108 3 | 0.043 368 | 0.263 64 | LG13 | 6062726 | 6067120 | 3 419 | Actin-related protein 2/3 complex subunit 3 |
| CEY00 _ Acc14526 | 12.467 242 | 2.589 417 5 | 2.267 4 | 0.044 463 | 0.268 02 | LG13 | 6308273 | 6310867 | 1 019 | E3 ubiquitin-protein ligase RHY1A |

（续）

| 基因 ID | miR160VS1 序列/条 | CK1 序列/条 | $log_2FC$ | *P* 值 | FDR | 染色体 | 起始位点 | 终止位点 | 长度/bp | 基因描述 |
|---|---|---|---|---|---|---|---|---|---|---|
| CEY00 _ Acc14527 | 49. 139 189 | 11. 067 199 | 2. 150 6 | 0. 028 535 | 0. 202 38 | LG13 | 6317317 | 6317981 | 665 | Interleukin-2 receptor subunit beta like |
| CEY00 _ Acc14529 | 136. 236 18 | 12. 607 488 | 3. 433 8 | 0. 002 265 9 | 0. 034 475 | LG13 | 6324808 | 6333756 | 1 572 | Homeobox protein like |
| CEY00 _ Acc14531 | 68. 781 663 | 289. 392 87 | −2. 072 9 | 0. 000 586 6 | 0. 012 881 | LG13 | 6383992 | 6386606 | 2 615 | Transmembrane 9 superfamily member 11 like |
| CEY00 _ Acc14533 | 142. 996 28 | 462. 064 55 | −1. 692 1 | 0. 004 150 9 | 0. 053 378 | LG13 | 6417662 | 6472090 | 2 785 | Protein ENHANCED DISEASE RESISTANCE like |
| CEY00 _ Acc14538 | 1 503. 274 7 | 52. 326 083 | 4. 844 4 | $1.43\times10^{-9}$ | $3.28\times10^{-7}$ | LG13 | 6550718 | 6552675 | 1 425 | Acidic mammalian chitinase |
| CEY00 _ Acc14540 | 1 675. 165 7 | 152. 276 35 | 3. 459 5 | 0. 030 178 | 0. 21 | LG13 | 6584962 | 6592122 | 1 372 | Protein ABHD17B like |
| CEY00 _ Acc14542 | 646. 324 59 | 50. 088 149 | 3. 689 7 | 0. 003 827 2 | 0. 050 176 | LG13 | 6611863 | 6622788 | 2 486 | Calmodulin-binding protein 60 E like |
| CEY00 _ Acc14549 | 1 374. 529 6 | 414. 398 79 | 1. 729 8 | 0. 000 454 9 | 0. 010 65 | LG13 | 6848691 | 6850578 | 1 888 | CBL-interacting serine/threonine-protein kinase |
| CEY00 _ Acc14565 | 1 195. 884 1 | 529. 885 56 | 1. 174 3 | 0. 011 715 | 0. 111 84 | LG13 | 7113586 | 7118155 | 2 163 | Signal recognition particle receptor subunit alpha like |
| CEY00 _ Acc14569 | 262. 865 73 | 546. 278 76 | −1. 055 3 | 0. 013 518 | 0. 123 12 | LG13 | 7154705 | 7161733 | 5 749 | F-box protein |
| CEY00 _ Acc14580 | 362. 473 67 | 53. 283 687 | 2. 766 1 | 0. 000 788 5 | 0. 016 281 | LG13 | 7363511 | 7364244 | 734 | BON1-associated protein |
| CEY00 _ Acc14581 | 213. 139 48 | 62. 064 255 | 1. 78 | 0. 003 407 6 | 0. 046 318 | LG13 | 7367341 | 7374452 | 2 088 | Shaggy-related protein kinase |
| CEY00 _ Acc14585 | 143. 557 89 | 461. 781 18 | −1. 685 6 | 0. 001 828 2 | 0. 029 698 | LG13 | 7436306 | 7439800 | 1 176 | F-box protein like |
| CEY00 _ Acc14609 | 140. 242 61 | 5. 236 167 9 | 4. 743 3 | 0. 000 550 3 | 0. 012 272 | LG13 | 7786581 | 7797544 | 2 733 | Cytochrome P450 704C1 like |

（续）

| 基因 ID | miR160VS1 序列/条 | CK1 序列/条 | $log_2FC$ | $P$ 值 | FDR | 染色体 | 起始位点 | 终止位点 | 长度/bp | 基因描述 |
|---|---|---|---|---|---|---|---|---|---|---|
| CEY00 _ Acc14613 | 130. 290 91 | 298. 624 77 | −1. 196 6 | 0. 046 556 | 0. 275 78 | LG13 | 7840064 | 7850991 | 3 303 | Poly［ADP-ribose］polymerase |
| CEY00 _ Acc14617 | 126. 992 85 | 32. 154 905 | 1. 981 6 | 0. 002 214 | 0. 033 841 | LG13 | 7892694 | 7900456 | 3 041 | Transcription factor like |
| CEY00 _ Acc14618 | 308. 920 13 | 127. 731 2 | 1. 274 1 | 0. 007 702 7 | 0. 083 084 | LG13 | 7910846 | 7914268 | 1 508 | Protein DMR6-LIKE OXYGENASE 2 like |
| CEY00 _ Acc14624 | 68. 747 76 | 11. 911 981 | 2. 528 9 | 0. 002 016 8 | 0. 031 757 | LG13 | 7950965 | 7951606 | 642 | Ethylene-responsive transcription factor |
| CEY00 _ Acc14629 | 78. 843 507 | 8. 349 215 8 | 3. 239 3 | 0. 001 079 7 | 0. 020 313 | LG13 | 7990720 | 7992320 | 1 000 | Myb-related protein like |
| CEY00 _ Acc14640 | 419. 273 55 | 194. 610 71 | 1. 107 3 | 0. 025 854 | 0. 190 71 | LG13 | 8222946 | 8236772 | 2 234 | Dolichol kinase |
| CEY00 _ Acc14643 | 257. 559 44 | 116. 587 52 | 1. 143 5 | 0. 043 62 | 0. 264 8 | LG13 | 8337257 | 8345142 | 1 860 | Mitochondrial import inner membrane translocase subunit TIM44-2 like |
| CEY00 _ Acc14657 | 419. 745 28 | 191. 148 25 | 1. 134 8 | 0. 037 845 | 0. 242 54 | LG13 | 8490407 | 8503208 | 4 651 | Serine/threonine protein phosphatase 2A regulatory subunit B″ alpha like |
| CEY00 _ Acc14672 | 38. 194 145 | 8. 572 795 | 2. 155 5 | 0. 007 680 9 | 0. 082 974 | LG13 | 8633625 | 8640312 | 1 670 | Auxin-responsive protein |
| CEY00 _ Acc14693 | 525. 648 17 | 244. 515 | 1. 104 2 | 0. 041 017 | 0. 255 05 | LG13 | 8914502 | 8918850 | 4 349 | F-box/kelch-repeat protein |
| CEY00 _ Acc14703 | 21. 139 595 | 2. 754 297 2 | 2. 940 2 | 0. 023 567 | 0. 179 4 | LG13 | 8982017 | 8986611 | 2 197 | BTB/POZ domain-containing protein |
| CEY00 _ Acc14713 | 157. 099 42 | 17. 513 897 | 3. 165 1 | $4.42\times10^{-7}$ | $4.35\times10^{-5}$ | LG13 | 9101772 | 9106493 | 2 200 | RPM1-interacting protein |
| CEY00 _ Acc14729 | 45. 347 018 | 6. 152 060 7 | 2. 881 9 | 0. 000 307 7 | 0. 007 864 5 | LG13 | 9253275 | 9257165 | 2 392 | Glucan endo-1,3-beta-glucosidase |

（续）

| 基因 ID | miR160VS1 序列/条 | CK1 序列/条 | $log_2FC$ | $P$ 值 | FDR | 染色体 | 起始位点 | 终止位点 | 长度/bp | 基因描述 |
|---|---|---|---|---|---|---|---|---|---|---|
| CEY00_Acc14732 | 58.398 694 | 3.023 786 5 | 4.271 5 | $2.3\times10^{-5}$ | 0.001 047 5 | LG13 | 9285129 | 9288205 | 2 398 | Transcription factor bHLH78 like |
| CEY00_Acc14736 | 413.004 62 | 23.300 453 | 4.147 7 | 0.000 222 4 | 0.006 141 9 | LG13 | 9348688 | 9350154 | 1 366 | Serine/threonine-protein kinase |
| CEY00_Acc14749 | 6.406 737 5 | 0 | — | 0.046 557 | 0.275 78 | LG13 | 9515804 | 9516273 | 366 | Phytosulfokine-beta like |
| CEY00_Acc14752 | 680.797 87 | 205.780 03 | 1.726 1 | 0.001 561 3 | 0.026 542 | LG13 | 9539944 | 9547115 | 1 699 | Heptahelical transmembrane protein |
| CEY00_Acc14753 | 99.410 922 | 19.617 487 | 2.341 3 | 0.001 249 9 | 0.022 577 | LG13 | 9553884 | 9556734 | 913 | TRIO and F-actin-binding protein |
| CEY00_Acc14757 | 5.482 087 1 | 0 | — | 0.038 04 | 0.243 21 | LG13 | 9615850 | 9617051 | 813 | Photosystem Ⅰ reaction center subunit Ⅺ like |
| CEY00_Acc14761 | 1 202.661 2 | 398.511 06 | 1.593 5 | 0.016 111 | 0.139 13 | LG13 | 9645030 | 9648656 | 3 505 | inactive leucine-rich repeat receptor-like protein kinase |
| CEY00_Acc14762 | 111.867 31 | 8.161 381 | 3.776 8 | 0.024 665 | 0.184 59 | LG13 | 9651973 | 9655456 | 1 496 | UDP-glycosyltransferase |
| CEY00_Acc14777 | 42.380 748 | 11.377 184 | 1.897 3 | 0.027 605 | 0.198 39 | LG13 | 9847882 | 9851523 | 947 | Calcium uniporter protein |
| CEY00_Acc14789 | 4 605.795 8 | 262.656 41 | 4.132 2 | $4.45\times10^{-15}$ | $5.95\times10^{-12}$ | LG13 | 10094825 | 10100414 | 3 764 | Trans-cinnamate 4-monooxygenase |
| CEY00_Acc14791 | 30.012 657 | 2.232 277 2 | 3.749 | 0.000 245 4 | 0.006 616 7 | LG13 | 10147535 | 10154975 | 3 047 | B3 domain-containing protein |
| CEY00_Acc14798 | 357.726 51 | 10.845 812 | 5.043 6 | 0.001 268 6 | 0.022 863 | LG13 | 10243805 | 10246507 | 1 139 | Peroxidase |
| CEY00_Acc14802 | 638.744 84 | 19.037 511 | 5.068 3 | $4.59\times10^{-5}$ | 0.001 807 8 | LG13 | 10286392 | 10289855 | 1 499 | WRKY transcription factor |
| CEY00_Acc14808 | 9.863 471 6 | 86.585 064 | −3.134 | $8.16\times10^{-6}$ | 0.000 454 | LG13 | 10426309 | 10427657 | 1 349 | Thioredoxin-like fold protein |
| CEY00_Acc14809 | 9.189 824 9 | 34.744 661 | −1.918 7 | 0.005 586 2 | 0.066 529 | LG13 | 10429951 | 10431709 | 1 759 | Nodulation-signaling pathway 2 protein |
| CEY00_Acc14810 | 16.557 813 | 129.581 16 | −2.968 3 | 0.017 505 | 0.147 43 | LG13 | 10431818 | 10435925 | 3 686 | Ethylene-overproduction protein like |

（续）

| 基因 ID | miR160VS1 序列/条 | CK1 序列/条 | $log_2FC$ | $P$ 值 | FDR | 染色体 | 起始位点 | 终止位点 | 长度/bp | 基因描述 |
|---|---|---|---|---|---|---|---|---|---|---|
| CEY00_Acc14811 | 83.371 986 | 295.194 51 | −1.824 | 0.047 044 | 0.277 57 | LG13 | 10438979 | 10443740 | 1 969 | Pentatricopeptide repeat-containing protein |
| CEY00_Acc14821 | 366.534 34 | 102.964 54 | 1.831 8 | 0.002 388 | 0.035 72 | LG13 | 10570630 | 10575125 | 4 496 | Zinc finger CCCH domain-containing protein |
| CEY00_Acc14822 | 155.944 54 | 15.453 862 | 3.335 | 0.000 328 6 | 0.008 262 4 | LG13 | 10580434 | 10585794 | 3 252 | Protein SMAX1-LIKE like |
| CEY00_Acc14834 | 14.324 876 | 69.429 878 | −2.277 | 0.012 506 | 0.117 14 | LG13 | 10748952 | 10753519 | 1 331 | Mitochondrial uncoupling protein |
| CEY00_Acc14835 | 81.418 264 | 19.136 585 | 2.089 | 0.002 715 8 | 0.039 319 | LG13 | 10760801 | 10763226 | 1 081 | Proliferating cell nuclear antigen |
| CEY00_Acc14840 | 2 969.235 1 | 6 492.530 6 | −1.128 7 | 0.012 557 | 0.117 48 | LG13 | 10833308 | 10838248 | 3 700 | Endochitinase |
| CEY00_Acc14841 | 156.329 36 | 635.902 01 | −2.024 2 | 0.000 266 9 | 0.007 086 1 | LG13 | 10850081 | 10852709 | 1 342 | Ras-related protein like |
| CEY00_Acc14844 | 98.660 575 | 257.442 16 | −1.383 7 | 0.006 230 1 | 0.071 906 | LG13 | 10865025 | 10867292 | 2 268 | Pentatricopeptide repeat-containing protein |
| CEY00_Acc14855 | 66.834 761 | 4.024 393 1 | 4.053 8 | $1.56\times10^{-7}$ | $1.81\times10^{-5}$ | LG13 | 11064885 | 11067716 | 2 059 | Pyrimidine 5-nucleotidase protein |
| CEY00_Acc14871 | 27.955 025 | 79.111 733 | −1.500 8 | 0.041 821 | 0.258 | LG13 | 12148290 | 12151490 | 1 768 | Receptor-like serine/threonine-protein kinase |
| CEY00_Acc14885 | 113.444 38 | 276.824 17 | −1.287 | 0.011 978 | 0.113 48 | LG13 | 12373592 | 12378551 | 1 086 | Acid phosphatase/vanadium-dependent haloperoxidase-related protein |
| CEY00_Acc14888 | 4 152.238 5 | 1 201.708 3 | 1.788 8 | 0.006 249 3 | 0.072 026 | LG13 | 12424690 | 12435023 | 1 495 | ALA-interacting subunit like |
| CEY00_Acc14889 | 6 197.679 9 | 802.916 02 | 2.948 4 | $2.24\times10^{-5}$ | 0.001 030 4 | LG13 | 12453192 | 12464998 | 1 411 | Farnesyl pyrophosphate synthase |
| CEY00_Acc14911 | 1 390.629 | 176.592 56 | 2.977 2 | 0.000 418 2 | 0.009 953 4 | LG13 | 12914363 | 12918770 | 1 761 | Mitogen-activated protein kinase |

（续）

| 基因 ID | miR160VS1 序列/条 | CK1 序列/条 | $log_2FC$ | *P* 值 | FDR | 染色体 | 起始位点 | 终止位点 | 长度/bp | 基因描述 |
|---|---|---|---|---|---|---|---|---|---|---|
| CEY00_Acc14912 | 183.576 99 | 60.552 551 | 1.600 1 | 0.009 079 | 0.093 531 | LG13 | 12925654 | 12930370 | 1 269 | L-ascorbate peroxidase |
| CEY00_Acc14918 | 704.451 15 | 68.882 115 | 3.354 3 | 0.006 348 6 | 0.072 662 | LG13 | 13160636 | 13173281 | 3 214 | Leucine-rich repeat receptor-like serine/threonine-protein kinase |
| CEY00_Acc14920 | 408.853 38 | 170.777 47 | 1.259 5 | 0.026 598 | 0.193 87 | LG13 | 13211127 | 13220302 | 2 163 | Potassium voltage-gated channel protein like |
| CEY00_Acc14923 | 84.266 364 | 428.207 42 | −2.345 3 | $3.95\times10^{-6}$ | 0.000 256 4 | LG13 | 13274784 | 13275410 | 627 | Ribonuclease |
| CEY00_Acc14926 | 115.261 01 | 352.336 91 | −1.612 1 | 0.001 699 | 0.028 268 | LG13 | 13310590 | 13316650 | 1 202 | Dual specificity protein kinase |
| CEY00_Acc14929 | 94.256 795 | 22.005 71 | 2.098 7 | 0.001 218 3 | 0.022 24 | LG13 | 13343214 | 13345890 | 1 094 | Thymidine kinase |
| CEY00_Acc14931 | 27.209 637 | 7.274 818 | 1.903 1 | 0.022 899 | 0.175 96 | LG13 | 13369508 | 13371718 | 2 211 | hypothetical protein |
| CEY00_Acc14934 | 0 | 9.684 507 9 | — | 0.013 046 | 0.120 34 | LG13 | 13465001 | 13468633 | 1 568 | Rho GDP-dissociation inhibitor like |
| CEY00_Acc14939 | 0.768 074 | 42.514 036 | −5.790 6 | $3.94\times10^{-5}$ | 0.001 595 3 | LG13 | 13523684 | 13529976 | 2 098 | TBC1 domain family member 2B like |
| CEY00_Acc14940 | 1 110.746 9 | 58.090 064 | 4.257 1 | 0.002 004 5 | 0.031 685 | LG13 | 13609297 | 13609943 | 647 | Diacylglycerol kinase |
| CEY00_Acc14946 | 261.922 34 | 682.147 32 | −1.380 9 | 0.016 386 | 0.140 88 | LG13 | 13669542 | 13676589 | 1 680 | Zinc finger CCCH domain-containing protein isoform 1 |
| CEY00_Acc14949 | 117.857 73 | 12.170 926 | 3.275 5 | 0.027 952 | 0.199 88 | LG13 | 13723936 | 13724763 | 828 | E3 ubiquitin-protein ligase LUL4 |
| CEY00_Acc14950 | 352.675 66 | 802.201 23 | −1.185 6 | 0.017 997 | 0.149 95 | LG13 | 13734979 | 13738607 | 3 629 | U-box domain-containing protein |
| CEY00_Acc14962 | 28.506 781 | 94.923 153 | −1.735 5 | 0.011 279 | 0.108 89 | LG13 | 13989904 | 13995139 | 4 926 | RNA-binding protein like |
| CEY00_Acc14973 | 373.911 08 | 40.059 168 | 3.222 5 | 0.008 264 1 | 0.087 523 | LG13 | 14806619 | 14810982 | 1 949 | Transcription factor GAMYB like |
| CEY00_Acc14979 | 210.888 62 | 32.854 542 | 2.682 3 | 0.029 913 | 0.208 82 | LG13 | 14908376 | 14911705 | 2 055 | WRKY transcription factor |

（续）

| 基因 ID | miR160VS1 序列/条 | CK1 序列/条 | $log_2FC$ | $P$ 值 | FDR | 染色体 | 起始位点 | 终止位点 | 长度/bp | 基因描述 |
|---|---|---|---|---|---|---|---|---|---|---|
| CEY00 _ Acc14984 | 8 413. 306 5 | 1 242. 556 2 | 2. 759 4 | 0. 004 231 7 | 0. 054 051 | LG13 | 14993554 | 14998291 | 2 257 | Ubiquitin fusion degradation protein |
| CEY00 _ Acc14986 | 224. 877 25 | 18. 918 676 | 3. 571 3 | 0. 005 526 1 | 0. 065 981 | LG13 | 15045022 | 15054330 | 3 118 | Aconitate hydratase |
| CEY00 _ Acc14989 | 104. 388 8 | 235. 099 37 | −1. 171 3 | 0. 031 087 | 0. 214 11 | LG13 | 15074431 | 15079115 | 1 133 | Small heat shock protein |
| CEY00 _ Acc14999 | 38. 403 333 | 134. 454 23 | −1. 807 8 | 0. 002 116 5 | 0. 032 842 | LG13 | 15205041 | 15205714 | 674 | B-box domain protein |
| CEY00 _ Acc15011 | 1 835. 986 6 | 223. 624 71 | 3. 037 4 | 0. 011 375 | 0. 109 6 | LG13 | 15357098 | 15360011 | 2 914 | G-type lectin S-receptor-like serine/threonine-protein kinase |
| CEY00 _ Acc15013 | 1 336. 152 9 | 518. 305 19 | 1. 366 2 | 0. 002 878 6 | 0. 040 991 | LG13 | 15373283 | 15378984 | 2 188 | Equilibrative nucleotide transporter like |
| CEY00 _ Acc15015 | 49. 116 249 | 466. 543 56 | −3. 247 7 | 0. 001 595 9 | 0. 026 976 | LG13 | 15401736 | 15402188 | 453 | Protein of unknown function wound-induced protein |
| CEY00 _ Acc15023 | 5. 512 359 4 | 0 | — | 0. 027 115 | 0. 195 94 | LG13 | 15576287 | 15576685 | 399 | hypothetical protein |
| CEY00 _ Acc15028 | 17. 690 393 | 2. 032 031 4 | 3. 122 | 0. 007 882 9 | 0. 084 626 | LG13 | 15674514 | 15675498 | 542 | Glucosamine-6-phosphate deaminase |
| CEY00 _ Acc15030 | 55. 578 916 | 14. 715 382 | 1. 917 2 | 0. 049 931 | 0. 287 38 | LG13 | 15686376 | 15692708 | 1 692 | Ubiquitin-conjugating enzyme like |
| CEY00 _ Acc15032 | 417. 730 83 | 147. 222 28 | 1. 504 6 | 0. 001 494 8 | 0. 025 69 | LG13 | 15707768 | 15708598 | 831 | 3-phosphoshikimate 1-carboxyvinyl-transferase |
| CEY00 _ Acc15034 | 9 062. 535 4 | 1 277. 708 7 | 2. 826 4 | $4.91\times10^{-5}$ | 0. 001 914 9 | LG13 | 15726072 | 15728781 | 1 998 | ADP,ATP carrier protein like |
| CEY00 _ Acc15041 | 1 823. 543 5 | 4 482. 215 2 | −1. 297 5 | 0. 010 049 | 0. 100 26 | LG13 | 15820574 | 15822342 | 541 | Early nodulin-75 like |
| CEY00 _ Acc15044 | 1 432. 026 2 | 223. 415 13 | 2. 680 3 | 0. 006 417 9 | 0. 073 302 | LG13 | 15848169 | 15850313 | 1 503 | DnaJ subfamily B member 1 like |
| CEY00 _ Acc15052 | 141. 472 79 | 7. 056 286 8 | 4. 325 5 | 0. 005 241 1 | 0. 063 267 | LG13 | 15923311 | 15924171 | 861 | RING-H2 finger protein |

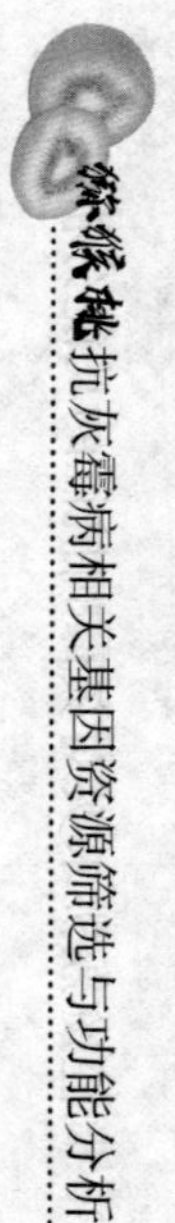


（续）

| 基因 ID | miR160VS1 序列/条 | CK1 序列/条 | $log_2FC$ | $P$ 值 | FDR | 染色体 | 起始位点 | 终止位点 | 长度/bp | 基因描述 |
|---|---|---|---|---|---|---|---|---|---|---|
| CEY00 _ Acc15054 | 25. 435 688 | 81. 429 886 | −1. 678 7 | 0. 011 45 | 0. 109 87 | LG13 | 15934615 | 15942352 | 1 845 | Protein of unknown function DUF455 protein |
| CEY00 _ Acc15055 | 3. 457 536 4 | 55. 940 046 | −4. 016 1 | 0. 003 594 1 | 0. 048 002 | LG13 | 15943630 | 15945159 | 1 348 | Seed biotin-containing protein |
| CEY00 _ Acc15075 | 2 002. 280 8 | 847. 763 26 | 1. 239 9 | 0. 029 195 | 0. 205 2 | LG13 | 16202345 | 16220259 | 2 694 | DEAD-box ATP-dependent RNA helicase |
| CEY00 _ Acc15077 | 1 977. 225 9 | 721. 143 27 | 1. 455 1 | 0. 007 507 6 | 0. 081 692 | LG13 | 16230429 | 16234350 | 3 922 | Protein of unknown function DUF538 protein |
| CEY00 _ Acc15079 | 41. 460 419 | 114. 350 99 | −1. 463 7 | 0. 046 485 | 0. 275 61 | LG13 | 16249783 | 16258348 | 6 806 | Branchpoint-bridging protein |
| CEY00 _ Acc15085 | 40. 788 377 | 14. 791 04 | 1. 463 4 | 0. 040 948 | 0. 254 76 | LG13 | 16527799 | 16534176 | 1 251 | Zinc finger CCCH domain-containing protein |
| CEY00 _ Acc15090 | 306. 537 55 | 11. 631 447 | 4. 72 | 0. 001 419 1 | 0. 024 804 | LG13 | 16593687 | 16596280 | 2 594 | G-type lectin S-receptor-like serine/threonine-protein kinase |
| CEY00 _ Acc15098 | 108. 393 05 | 6. 351 562 3 | 4. 093 | 0. 047 182 | 0. 278 28 | LG13 | 16679402 | 16683966 | 2 357 | IRK-interacting protein |
| CEY00 _ Acc15103 | 133. 299 03 | 41. 394 582 | 1. 687 2 | 0. 002 758 4 | 0. 039 732 | LG13 | 16720642 | 16734976 | 5 220 | Copper-transporting ATPase |
| CEY00 _ Acc15114 | 1 462. 186 9 | 546. 766 88 | 1. 419 1 | 0. 049 575 | 0. 286 91 | LG13 | 16897899 | 16906380 | 5 547 | E3 ubiquitin-protein like |
| CEY00 _ Acc15118 | 74. 814 302 | 200. 577 34 | −1. 422 8 | 0. 023 604 | 0. 179 56 | LG13 | 16953814 | 16983737 | 4 412 | Ubiquitin carboxyl-terminal hydrolase |
| CEY00 _ Acc15119 | 247. 957 73 | 546. 689 99 | −1. 140 6 | 0. 026 132 | 0. 191 7 | LG13 | 16992249 | 17024756 | 5 462 | Structural maintenance of chromosomes protein like |

（续）

| 基因 ID | miR160VS1 序列/条 | CK1 序列/条 | $log_2FC$ | $P$ 值 | FDR | 染色体 | 起始位点 | 终止位点 | 长度/bp | 基因描述 |
|---|---|---|---|---|---|---|---|---|---|---|
| CEY00_Acc15135 | 9 157.135 7 | 416.075 86 | 4.46 | $1.72\times10^{-16}$ | $4.5\times10^{-13}$ | LG13 | 17332884 | 17335728 | 1 889 | Cytochrome P450 94A2 like |
| CEY00_Acc15136 | 5 184.937 4 | 224.104 69 | 4.532 1 | $1.78\times10^{-16}$ | $4.5\times10^{-13}$ | LG13 | 17338701 | 17341515 | 1 812 | Cytochrome P450 94A2 like |
| CEY00_Acc15138 | 256.399 64 | 701.903 3 | −1.452 9 | 0.010 54 | 0.103 93 | LG13 | 17419618 | 17420931 | 1 216 | Histone H1.2 like |
| CEY00_Acc15162 | 223.829 73 | 95.908 329 | 1.222 7 | 0.012 506 | 0.117 14 | LG13 | 17752095 | 17754892 | 1 141 | BI1-like protein |
| CEY00_Acc15167 | 38.317 641 | 12.070 62 | 1.666 5 | 0.028 203 | 0.201 06 | LG13 | 17810894 | 17811993 | 1 011 | Protein RESTRICTED TEV MOVEMENT like |
| CEY00_Acc15171 | 664.542 07 | 211.718 94 | 1.650 2 | 0.032 51 | 0.220 67 | LG13 | 17851989 | 17858158 | 6 170 | F-box/kelch-repeat protein |
| CEY00_Acc15173 | 91.832 708 | 430.739 87 | −2.229 7 | $9.19\times10^{-5}$ | 0.003 084 5 | LG13 | 17868089 | 17870250 | 1 544 | hypothetical protein |
| CEY00_Acc15174 | 442.974 83 | 1 017.482 2 | −1.199 7 | 0.023 087 | 0.176 98 | LG13 | 17873103 | 17875860 | 2 758 | Lysine-rich arabinogalactan protein like |
| CEY00_Acc15183 | 169.811 4 | 343.031 22 | −1.014 4 | 0.037 265 | 0.239 98 | LG13 | 17966773 | 17974353 | 1 490 | Ribosome-recycling factor like |
| CEY00_Acc15202 | 0.384 037 | 18.435 46 | −5.585 1 | 0.001 316 2 | 0.023 44 | LG13 | 18183428 | 18187600 | 4 173 | Isoamylase |
| CEY00_Acc15209 | 151.636 81 | 9.002 982 2 | 4.074 1 | $4.48\times10^{-10}$ | $1.16\times10^{-7}$ | LG13 | 18249892 | 18255986 | 1 933 | Protein ALEX like |
| CEY00_Acc15211 | 84.656 928 | 17.971 843 | 2.235 9 | 0.033 849 | 0.226 35 | LG13 | 18293571 | 18296053 | 2 483 | LRR receptor-like serine/threonine-protein kinase |
| CEY00_Acc15227 | 124.988 12 | 30.318 572 | 2.043 5 | 0.000 942 4 | 0.018 532 | LG13 | 18472467 | 18480310 | 1 964 | Zinc finger CCCH domain-containing protein |
| CEY00_Acc15240 | 129.695 46 | 309.010 22 | −1.252 5 | 0.011 4 | 0.109 77 | LG13 | 18643238 | 18647516 | 1 351 | WD repeat-containing protein |
| CEY00_Acc15245 | 1 711.573 2 | 95.900 239 | 4.157 6 | $7.36\times10^{-14}$ | $6.92\times10^{-11}$ | LG13 | 18705535 | 18709644 | 1 605 | UDP-glucuronic acid decarboxylase |
| CEY00_Acc15247 | 915.164 64 | 1 847.106 1 | −1.013 2 | 0.045 523 | 0.272 06 | LG13 | 18714335 | 18720148 | 1 594 | Caffeoylshikimate esterase |

（续）

| 基因 ID | miR160VS1 序列/条 | CK1 序列/条 | $log_2FC$ | *P* 值 | FDR | 染色体 | 起始位点 | 终止位点 | 长度/bp | 基因描述 |
|---|---|---|---|---|---|---|---|---|---|---|
| CEY00_Acc15255 | 10 369.065 | 464.550 11 | 4.480 3 | $1.13\times10^{-13}$ | $9.78\times10^{-11}$ | LG13 | 18795508 | 18796638 | 699 | Late embryogenesis abundant protein like |
| CEY00_Acc15262 | 1 882.133 1 | 4 809.225 8 | −1.353 4 | 0.010 226 | 0.101 74 | LG13 | 18893003 | 18905074 | 4 677 | GTP diphosphokinase like |
| CEY00_Acc15274 | 23.387 996 | 70.600 492 | −1.593 9 | 0.042 195 | 0.259 59 | LG13 | 19010250 | 19014189 | 3 313 | L10-interacting MYB domain-containing protein |
| CEY00_Acc15296 | 292.857 19 | 23.607 38 | 3.632 9 | 0.015 933 | 0.138 18 | LG13 | 19214792 | 19217292 | 1 228 | Mucin-5AC like |
| CEY00_Acc15312 | 36.974 669 | 1.192 745 1 | 4.954 2 | 0.002 714 7 | 0.039 319 | LG13 | 19361885 | 19365620 | 1 405 | Gibberellin 2-beta-dioxygenase |
| CEY00_Acc15322 | 89.912 814 | 35.397 845 | 1.344 9 | 0.017 783 | 0.148 8 | LG14 | 16807 | 21625 | 2 088 | DEAD-box ATP-dependent RNA helicase |
| CEY00_Acc15325 | 23.319 118 | 80.602 971 | −1.789 3 | 0.004 278 9 | 0.054 449 | LG14 | 78523 | 88971 | 1 664 | Protein PLASTID TRANSCRIPTIONALLY ACTIVE 14 like |
| CEY00_Acc15337 | 16.340 692 | 51.495 674 | −1.656 | 0.034 718 | 0.229 69 | LG14 | 211739 | 223658 | 11 920 | HemK methyltransferase family member protein |
| CEY00_Acc15379 | 70.515 345 | 243.100 73 | −1.785 5 | 0.013 555 | 0.123 27 | LG14 | 898401 | 930442 | 7 676 | hypothetical protein |
| CEY00_Acc15390 | 22.300 04 | 63.192 439 | −1.502 7 | 0.037 884 | 0.242 68 | LG14 | 1032047 | 1042775 | 2 596 | Glycosyltransferase, DXD sugar-binding motif protein |
| CEY00_Acc15395 | 2 422.730 4 | 434.615 96 | 2.478 8 | $1.32\times10^{-6}$ | 0.000 107 8 | LG14 | 1122591 | 1124414 | 1 303 | BOI-related E3 ubiquitin-protein ligase |
| CEY00_Acc15406 | 900.469 25 | 307.292 99 | 1.551 1 | 0.001 141 2 | 0.021 221 | LG14 | 1260885 | 1267703 | 2 894 | Regulatory protein |

（续）

| 基因 ID | miR160VS1 序列/条 | CK1 序列/条 | $log_2FC$ | *P* 值 | FDR | 染色体 | 起始位点 | 终止位点 | 长度/bp | 基因描述 |
|---|---|---|---|---|---|---|---|---|---|---|
| CEY00_Acc15425 | 37.391 04 | 371.444 01 | −3.312 4 | $3.6\times10^{-8}$ | $5.21\times10^{-6}$ | LG14 | 1444186 | 1447230 | 2 154 | Legume lectin domain protein |
| CEY00_Acc15427 | 512.441 78 | 255.153 66 | 1.006 | 0.029 294 | 0.205 55 | LG14 | 1457631 | 1466608 | 3 137 | DEAD-box ATP-dependent RNA helicase 15 |
| CEY00_Acc15442 | 57.816 722 | 224.829 41 | −1.959 3 | 0.000 856 6 | 0.017 254 | LG14 | 1653464 | 1654406 | 943 | ATP synthase subunit b'like |
| CEY00_Acc15443 | 310.218 72 | 1 076.549 6 | −1.795 1 | 0.000 833 5 | 0.016 861 | LG14 | 1659182 | 1666074 | 3 779 | E3 ubiquitin-protein like |
| CEY00_Acc15448 | 55.392 178 | 283.422 67 | −2.355 2 | $7.29\times10^{-5}$ | 0.002 580 6 | LG14 | 1717885 | 1724803 | 2 096 | Synaptotagmin-4 like |
| CEY00_Acc15480 | 28.061 798 | 72.234 103 | −1.364 1 | 0.044 404 | 0.267 81 | LG14 | 3060955 | 3071805 | 2 434 | Pentatricopeptide repeat-containing protein |
| CEY00_Acc15486 | 1.889 912 7 | 28.580 851 | −3.918 7 | 0.000 268 6 | 0.007 113 4 | LG14 | 2975200 | 2981449 | 1 646 | Aquaporin NIP5-1 like |
| CEY00_Acc15495 | 1.536 950 3 | 23.374 175 | −3.926 8 | 0.002 454 7 | 0.036 471 | LG14 | 2864705 | 2866919 | 622 | Heavy metal-associated isoprenylated plant protein |
| CEY00_Acc15500 | 69.129 847 | 166.733 03 | −1.270 2 | 0.037 267 | 0.239 98 | LG14 | 2819890 | 2821689 | 886 | 50S ribosomal protein |
| CEY00_Acc15502 | 174.649 42 | 34.717 93 | 2.330 7 | 0.003 679 7 | 0.048 63 | LG14 | 2801149 | 2805151 | 2 799 | Subtilisin-like protease |
| CEY00_Acc15504 | 1 190.440 7 | 132.316 53 | 3.169 4 | 0.016 429 | 0.141 21 | LG14 | 2775352 | 2779239 | 2 051 | StAR-related lipid transfer protein like |
| CEY00_Acc15506 | 1 103.939 4 | 405.304 56 | 1.445 6 | 0.015 185 | 0.133 69 | LG14 | 2769963 | 2770859 | 897 | Apical endosomal glycoprotein |
| CEY00_Acc15517 | 5.378 523 7 | 156.623 92 | −4.864 | 0.000 580 9 | 0.012 799 | LG14 | 2652892 | 2655401 | 1 745 | Endoglucanase |
| CEY00_Acc15522 | 2 955.111 8 | 102.462 14 | 4.85 | 0.000 342 1 | 0.008 517 8 | LG14 | 2595739 | 2599548 | 1 910 | Methionine gamma-lyase |
| CEY00_Acc15531 | 293.637 82 | 96.156 599 | 1.610 6 | 0.004 302 9 | 0.054 585 | LG14 | 2502230 | 2507053 | 1 623 | ATPase family AAA domain-containing protein |

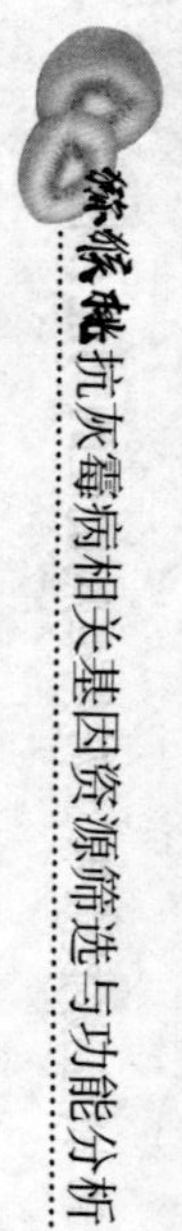


（续）

| 基因 ID | miR160VS1 序列/条 | CK1 序列/条 | $\log_2 FC$ | *P* 值 | FDR | 染色体 | 起始位点 | 终止位点 | 长度/bp | 基因描述 |
|---|---|---|---|---|---|---|---|---|---|---|
| CEY00_Acc15534 | 572.974 56 | 196.664 92 | 1.542 7 | 0.003 909 7 | 0.050 982 | LG14 | 2480938 | 2489008 | 2 654 | N6-adenosine-methyltransferase MT-A70-like |
| CEY00_Acc15554 | 113.787 61 | 28.372 62 | 2.003 8 | 0.000 704 8 | 0.014 899 | LG14 | 2290310 | 2296689 | 3 126 | hypothetical protein |
| CEY00_Acc15555 | 276.670 98 | 76.735 133 | 1.850 2 | 0.000 400 5 | 0.009 644 1 | LG14 | 2277469 | 2279614 | 1 287 | hypothetical protein |
| CEY00_Acc15556 | 111.148 35 | 25.073 674 | 2.148 2 | 0.002 58 | 0.037 801 | LG14 | 2250440 | 2257525 | 4 690 | hypothetical protein |
| CEY00_Acc15576 | 140.403 05 | 44.679 79 | 1.651 9 | 0.011 03 | 0.107 44 | LG14 | 3210108 | 3217775 | 2 255 | Pentatricopeptide repeat-containing protein |
| CEY00_Acc15587 | 453.821 34 | 218.219 91 | 1.056 3 | 0.035 238 | 0.231 73 | LG14 | 3321812 | 3332881 | 1 824 | Mitochondrial inner membrane protein |
| CEY00_Acc15590 | 358.482 78 | 3 093.043 8 | −3.109 1 | $5.04\times10^{-5}$ | 0.001 953 4 | LG14 | 3356358 | 3364397 | 2 724 | Endoglucanase |
| CEY00_Acc15592 | 743.918 95 | 4 494.563 2 | −2.595 | 0.001 040 9 | 0.019 815 | LG14 | 3396704 | 3398585 | 1 882 | Ethylene-responsive transcription factor |
| CEY00_Acc15594 | 8 449.591 6 | 3 901.127 3 | 1.115 | 0.017 336 | 0.146 56 | LG14 | 3409644 | 3410589 | 946 | Myb-related protein like |
| CEY00_Acc15603 | 295.063 58 | 131.552 63 | 1.165 4 | 0.032 218 | 0.219 23 | LG14 | 3491384 | 3498309 | 1 704 | GABA transporter like |
| CEY00_Acc15606 | 60.667 027 | 6.709 446 8 | 3.176 6 | 0.000 487 | 0.011 204 | LG14 | 3521832 | 3526247 | 3 070 | Extra-large guanine nucleotide-binding protein like |
| CEY00_Acc15615 | 48.181 458 | 7.632 702 5 | 2.658 2 | 0.013 101 | 0.120 65 | LG14 | 3633315 | 3636662 | 1 555 | Glucose-6-phosphate 1-epimerase |
| CEY00_Acc15623 | 3 973.895 4 | 125.392 04 | 4.986 | $4.59\times10^{-7}$ | $4.48\times10^{-5}$ | LG14 | 3708578 | 3713753 | 4 061 | Cation/$H^+$ antiporter like |

（续）

| 基因 ID | miR160VS1 序列/条 | CK1 序列/条 | $log_2FC$ | *P* 值 | FDR | 染色体 | 起始位点 | 终止位点 | 长度/bp | 基因描述 |
|---|---|---|---|---|---|---|---|---|---|---|
| CEY00 _ Acc15634 | 800. 635 51 | 27. 194 589 | 4. 879 8 | $1.35\times10^{-6}$ | 0. 000 109 3 | LG14 | 3846034 | 3846908 | 875 | Late embryogenesis abundant protein |
| CEY00 _ Acc15635 | 52. 827 304 | 4. 501 491 1 | 3. 552 8 | 0. 018 034 | 0. 150 22 | LG14 | 3851359 | 3852148 | 790 | Late embryogenesis abundant protein |
| CEY00 _ Acc15637 | 73. 347 469 | 27. 045 192 | 1. 439 4 | 0. 024 415 | 0. 183 4 | LG14 | 3883353 | 3887049 | 1 541 | Mitoferrin like |
| CEY00 _ Acc15638 | 553. 182 4 | 43. 096 475 | 3. 682 1 | 0. 000 588 1 | 0. 012 896 | LG14 | 3897114 | 3898683 | 842 | Protein LURP-one-related like |
| CEY00 _ Acc15644 | 59. 404 679 | 133. 930 35 | −1. 172 8 | 0. 035 321 | 0. 232 09 | LG14 | 3958264 | 3963141 | 718 | DET1-and DDB1-associated protein |
| CEY00 _ Acc15645 | 174. 604 63 | 363. 762 6 | −1. 058 9 | 0. 041 644 | 0. 257 45 | LG14 | 3964364 | 3966868 | 665 | 2-C-methyl-D-erythritol 2，4-cyclodiphosphate synthase |
| CEY00 _ Acc15646 | 1 928. 318 7 | 305. 413 38 | 2. 658 5 | 0. 002 734 1 | 0. 039 497 | LG14 | 3970854 | 3975285 | 1 976 | 1-aminocyclopropane-1-carboxylate synthase |
| CEY00 _ Acc15647 | 53. 432 986 | 291. 339 9 | −2. 446 9 | $1.53\times10^{-5}$ | 0. 000 762 7 | LG14 | 3980999 | 3982604 | 798 | Heavy metal-associated isoprenylated plant protein |
| CEY00 _ Acc15648 | 130. 869 28 | 342. 050 25 | −1. 386 1 | 0. 029 606 | 0. 207 12 | LG14 | 3992761 | 3994419 | 1 659 | G2-specific protein kinase |
| CEY00 _ Acc15652 | 861. 178 74 | 352. 671 97 | 1. 288 | 0. 010 982 | 0. 107 16 | LG14 | 4037714 | 4039136 | 1 423 | F-box protein |
| CEY00 _ Acc15654 | 54. 985 035 | 16. 804 042 | 1. 710 2 | 0. 025 304 | 0. 187 72 | LG14 | 4061092 | 4063628 | 2 537 | Pentatricopeptide repeat-containing protein |
| CEY00 _ Acc15655 | 46. 287 533 | 7. 240 318 2 | 2. 676 5 | 0. 040 11 | 0. 251 55 | LG14 | 4073622 | 4077256 | 1 926 | Glycoprotein-N-acetylgalactosamine 3-beta-galactosyltransferase |

（续）

| 基因 ID | miR160VS1 序列/条 | CK1 序列/条 | $log_2FC$ | $P$ 值 | FDR | 染色体 | 起始位点 | 终止位点 | 长度/bp | 基因描述 |
|---|---|---|---|---|---|---|---|---|---|---|
| CEY00_Acc15670 | 4 963. 384 2 | 453. 741 45 | 3. 451 4 | $1.02\times10^{-9}$ | $2.46\times10^{-7}$ | LG14 | 4297805 | 4299997 | 2 193 | BTB/POZ domain-containing protein |
| CEY00_Acc15672 | 5 216. 557 9 | 14 680. 297 | −1. 492 7 | 0. 003 592 6 | 0. 048 002 | LG14 | 4314333 | 4320730 | 1 275 | Aquaporin PIP1-3 |
| CEY00_Acc15675 | 268. 544 5 | 87. 564 405 | 1. 616 7 | 0. 013 388 | 0. 122 3 | LG14 | 4354425 | 4359902 | 1 943 | GMP synthase |
| CEY00_Acc15681 | 68. 486 874 | 197. 845 8 | −1. 530 5 | 0. 009 238 3 | 0. 094 756 | LG14 | 4425555 | 4449130 | 1 994 | Chromatin remodeling protein like |
| CEY00_Acc15698 | 12. 843 346 | 51. 036 983 | −1. 990 5 | 0. 005 092 6 | 0. 062 02 | LG14 | 4677371 | 4682932 | 1 336 | Tetraspanin-10 like |
| CEY00_Acc15701 | 264. 302 77 | 703. 920 52 | −1. 413 2 | 0. 009 726 | 0. 098 318 | LG14 | 4717279 | 4738637 | 3 899 | Methyl-CpG-binding domain-containing protein |
| CEY00_Acc15702 | 6 384. 224 8 | 844. 275 14 | 2. 918 7 | 0. 009 762 7 | 0. 098 528 | LG14 | 4742784 | 4743619 | 836 | Thaumatin-like protein |
| CEY00_Acc15709 | 538. 321 94 | 243. 968 45 | 1. 141 8 | 0. 027 594 | 0. 198 38 | LG14 | 4826167 | 4830257 | 1 391 | RHOMBOID-like protein |
| CEY00_Acc15710 | 143. 775 15 | 71. 403 046 | 1. 009 8 | 0. 046 615 | 0. 275 98 | LG14 | 4833284 | 4838486 | 1 812 | Protein IQ-DOMAIN like |
| CEY00_Acc15716 | 199. 437 44 | 13. 254 758 | 3. 911 4 | $1.29\times10^{-7}$ | $1.56\times10^{-5}$ | LG14 | 4921027 | 4922846 | 1 820 | Protein DETOXIFICATION like |
| CEY00_Acc15719 | 8. 169 944 9 | 0 | — | 0. 005 193 7 | 0. 062 811 | LG14 | 4964001 | 4965361 | 1 102 | Dehydration-responsive element-binding protein like |
| CEY00_Acc15731 | 1 819. 638 7 | 881. 488 34 | 1. 045 6 | 0. 033 018 | 0. 222 84 | LG14 | 5084880 | 5090907 | 1 869 | Hydroxymethylglutaryl-CoA synthase |
| CEY00_Acc15754 | 430. 540 79 | 1 240. 163 7 | −1. 526 3 | 0. 001 989 4 | 0. 031 527 | LG14 | 5359987 | 5362607 | 2 621 | Zinc finger A20 and AN1 domain-containing stress-associated protein |
| CEY00_Acc15759 | 264. 581 23 | 54. 269 449 | 2. 285 5 | $7.48\times10^{-5}$ | 0. 002 628 8 | LG14 | 5438926 | 5440739 | 788 | Protein cornichon like |

（续）

| 基因 ID | miR160VS1 序列/条 | CK1 序列/条 | $log_2FC$ | $P$ 值 | FDR | 染色体 | 起始位点 | 终止位点 | 长度/bp | 基因描述 |
|---|---|---|---|---|---|---|---|---|---|---|
| CEY00_Acc15766 | 2 150.605 5 | 106.681 04 | 4.333 4 | 0.023 024 | 0.176 7 | LG14 | 5556780 | 5557897 | 1 015 | Cell wall protein |
| CEY00_Acc15775 | 550.705 86 | 89.667 291 | 2.618 6 | 0.001 425 1 | 0.024 895 | LG14 | 5676327 | 5677757 | 1 070 | 7-deoxyloganetin glucosyltransferase |
| CEY00_Acc15786 | 463.847 68 | 1 286.543 2 | −1.471 8 | 0.002 706 5 | 0.039 237 | LG14 | 5772493 | 5779146 | 5 515 | Trehalose-phosphate phosphatase |
| CEY00_Acc15788 | 34.599 563 | 99.534 22 | −1.524 4 | 0.033 678 | 0.225 71 | LG14 | 5825975 | 5833294 | 1 143 | Adenine phosphoribosyltransferase |
| CEY00_Acc15804 | 22.843 06 | 0.477 098 | 5.581 3 | 0.003 254 | 0.044 974 | LG14 | 6070612 | 6071942 | 754 | HSP20-like chaperone protein |
| CEY00_Acc15806 | 5.637 861 2 | 28.066 277 | −2.315 6 | 0.011 832 | 0.112 65 | LG14 | 6076590 | 6082832 | 1 272 | Vesicle-associated protein 1-1, N-terminally processed like |
| CEY00_Acc15808 | 41.119 | 0.477 098 | 6.429 4 | $9.09\times10^{-6}$ | 0.000 497 4 | LG14 | 6104008 | 6105828 | 1 821 | Aspartyl protease |
| CEY00_Acc15813 | 29.382 029 | 5.413 580 5 | 2.440 3 | 0.012 311 | 0.115 9 | LG14 | 6188084 | 6193807 | 4 038 | Ribosome biogenesis protein |
| CEY00_Acc15814 | 1 276.623 1 | 110.371 13 | 3.531 9 | 0.000 210 8 | 0.005 867 5 | LG14 | 6195994 | 6197492 | 1 499 | Metalloendoproteinase |
| CEY00_Acc15816 | 284.339 8 | 84.322 752 | 1.753 6 | 0.020 471 | 0.163 52 | LG14 | 6234387 | 6238150 | 1 924 | VAN3-binding protein |
| CEY00_Acc15818 | 124.617 6 | 44.307 802 | 1.491 9 | 0.008 352 1 | 0.088 175 | LG14 | 6252252 | 6263012 | 1 517 | Phosphatidylserine decarboxylase 1 alpha chain like |
| CEY00_Acc15828 | 14.604 949 | 68.883 616 | −2.237 7 | 0.005 778 8 | 0.068 141 | LG14 | 6387889 | 6391317 | 2 402 | GDP-fucose protein like |
| CEY00_Acc15832 | 541.468 | 150.638 16 | 1.845 8 | 0.023 481 | 0.179 08 | LG14 | 6441145 | 6454690 | 8 329 | E3 ubiquitin-protein like |
| CEY00_Acc15834 | 7.754 432 1 | 0.477 098 | 4.022 7 | 0.028 936 | 0.204 19 | LG14 | 6491145 | 6494414 | 1 123 | Homeobox-leucine zipper protein |
| CEY00_Acc15845 | 77.578 55 | 11.124 653 | 2.801 9 | 0.019 612 | 0.158 39 | LG14 | 6590596 | 6592648 | 1 217 | RING-H2 finger protein |
| CEY00_Acc15849 | 80.276 147 | 2.624 039 2 | 4.935 1 | $3.86\times10^{-9}$ | $7.6\times10^{-7}$ | LG14 | 6632079 | 6633268 | 1 190 | Ethylene-responsive transcription factor |

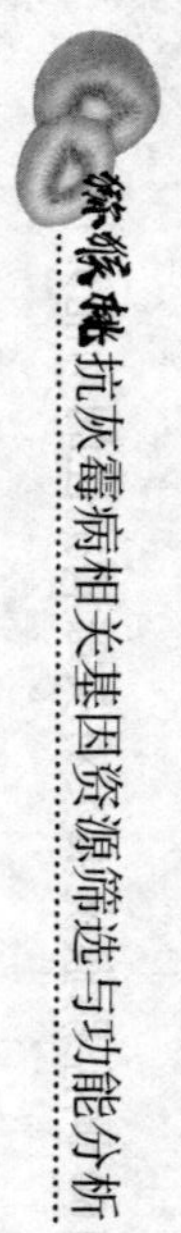


（续）

| 基因 ID | miR160VS1 序列/条 | CK1 序列/条 | $log_2FC$ | P 值 | FDR | 染色体 | 起始位点 | 终止位点 | 长度/bp | 基因描述 |
|---|---|---|---|---|---|---|---|---|---|---|
| CEY00_Acc15850 | 13.942 043 | 1.192 745 1 | 3.547 1 | 0.006 585 4 | 0.074 748 | LG14 | 6642144 | 6643198 | 1 055 | Ethylene-responsive transcription factor |
| CEY00_Acc15851 | 16.081 355 | 2.847 118 1 | 2.497 8 | 0.034 333 | 0.228 | LG14 | 6646970 | 6648268 | 1 299 | Ethylene-responsive transcription factor |
| CEY00_Acc15852 | 73.144 208 | 5.101 484 2 | 3.841 8 | 0.002 246 1 | 0.034 238 | LG14 | 6656648 | 6657938 | 1 291 | Ethylene-responsive transcription factor |
| CEY00_Acc15853 | 2 027.447 5 | 118.508 12 | 4.096 6 | $1.14\times10^{-7}$ | $1.4\times10^{-5}$ | LG14 | 6684163 | 6685106 | 944 | Ethylene-responsive transcription factor |
| CEY00_Acc15856 | 139.433 07 | 15.720 414 | 3.148 9 | 0.010 659 | 0.104 84 | LG14 | 6790053 | 6791484 | 1 012 | Expansin-like |
| CEY00_Acc15857 | 66.166 731 | 142.612 76 | −1.107 9 | 0.044 137 | 0.266 88 | LG14 | 6812755 | 6820814 | 1 027 | DNA-directed RNA polymerase Ⅴ subunit 5C like |
| CEY00_Acc15866 | 2 151.797 8 | 489.056 75 | 2.137 5 | $8.49\times10^{-5}$ | 0.002 902 6 | LG14 | 6922119 | 6927653 | 1 679 | Calcineurin B-like protein |
| CEY00_Acc15867 | 144.551 78 | 461.252 38 | −1.674 | 0.001 650 6 | 0.027 617 | LG14 | 6928589 | 6932489 | 3 901 | Pentatricopeptide repeat-containing protein |
| CEY00_Acc15872 | 48.367 56 | 145.727 92 | −1.591 2 | 0.009 030 2 | 0.093 115 | LG14 | 7160589 | 7167829 | 1 714 | putative plant SNARE like |
| CEY00_Acc15873 | 469.033 17 | 46.063 307 | 3.348 | $3.27\times10^{-7}$ | $3.36\times10^{-5}$ | LG14 | 7179939 | 7185074 | 2 540 | Receptor-like protein kinase |
| CEY00_Acc15874 | 3 998.671 6 | 23 616.712 | −2.562 2 | $1.58\times10^{-6}$ | 0.000 123 7 | LG14 | 7186173 | 7189084 | 1 833 | Beta-amylase |
| CEY00_Acc15888 | 88.890 125 | 18.289 814 | 2.281 | 0.011 169 | 0.108 39 | LG14 | 7531096 | 7541260 | 4 369 | Type Ⅰ inositol polyphosphate 5-phosphatase |

（续）

| 基因 ID | miR160VS1 序列/条 | CK1 序列/条 | $log_2FC$ | $P$ 值 | FDR | 染色体 | 起始位点 | 终止位点 | 长度/bp | 基因描述 |
|---|---|---|---|---|---|---|---|---|---|---|
| CEY00_Acc15899 | 84.241 562 | 7.771 933 9 | 3.438 2 | $2.52\times10^{-6}$ | 0.000 177 8 | LG14 | 7771621 | 7772877 | 1 257 | AT-hook motif nuclear-localized protein |
| CEY00_Acc15906 | 3 162.498 3 | 530.537 65 | 2.575 5 | 0.000 790 5 | 0.016 293 | LG14 | 8011880 | 8012755 | 876 | Eukaryotic translation initiation factor 3 subunit A like |
| CEY00_Acc15921 | 64.533 347 | 25.550 65 | 1.336 7 | 0.041 285 | 0.256 01 | LG14 | 8618636 | 8621300 | 2 665 | Pentatricopeptide repeat-containing protein |
| CEY00_Acc15930 | 61.551 924 | 327.932 35 | −2.413 5 | $2.06\times10^{-5}$ | 0.000 966 7 | LG14 | 8972280 | 8975894 | 1 765 | Pyruvate dehydrogenase E1 component subunit alpha-3 like |
| CEY00_Acc15956 | 150.864 27 | 6.313 380 9 | 4.578 7 | $2.36\times10^{-6}$ | 0.000 169 6 | LG14 | 9824433 | 9826430 | 1 387 | WRKY transcription factor |
| CEY00_Acc15964 | 49.475 448 | 249.725 95 | −2.335 6 | 0.000 106 2 | 0.003 444 | LG14 | 9970118 | 9976234 | 6 117 | hypothetical protein |
| CEY00_Acc15968 | 41.091 135 | 1.400 353 8 | 4.875 | $6.91\times10^{-6}$ | 0.000 397 5 | LG14 | 10033252 | 10043646 | 3 002 | Transmembrane protein like |
| CEY00_Acc15971 | 97.683 659 | 18.334 654 | 2.413 5 | 0.000 299 3 | 0.007 692 4 | LG14 | 10088669 | 10094199 | 4 227 | AT-rich interactive domain-containing protein |
| CEY00_Acc15984 | 7.527 372 7 | 0.238 549 | 4.979 8 | 0.036 342 | 0.236 34 | LG14 | 10115298 | 10118857 | 2 041 | Glycerol-3-phosphate acyltransferase |
| CEY00_Acc15988 | 2 162.707 7 | 427.000 74 | 2.340 5 | 0.031 22 | 0.214 84 | LG14 | 10211395 | 10218724 | 5 701 | hypothetical protein |
| CEY00_Acc15991 | 1 090.557 8 | 183.747 71 | 2.569 3 | $2.89\times10^{-6}$ | 0.000 198 2 | LG14 | 10252100 | 10273633 | 2 155 | Protein ZINC INDUCED FACILITATOR-LIKE like |
| CEY00_Acc16005 | 405.449 42 | 163.717 87 | 1.308 3 | 0.029 828 | 0.208 4 | LG14 | 10508831 | 10513291 | 2 685 | Peroxisomal membrane protein like |

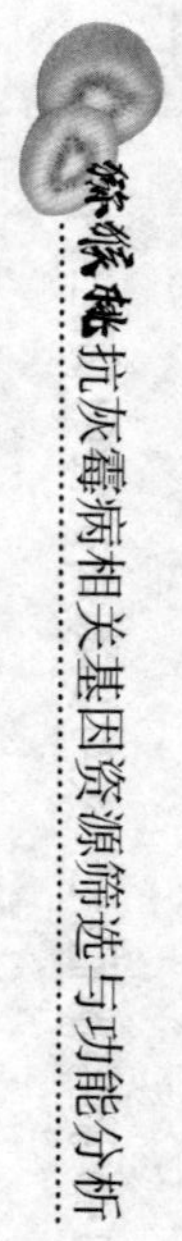




（续）

| 基因 ID | miR160VS1 序列/条 | CK1 序列/条 | $log_2FC$ | $P$ 值 | FDR | 染色体 | 起始位点 | 终止位点 | 长度/bp | 基因描述 |
|---|---|---|---|---|---|---|---|---|---|---|
| CEY00 _ Acc16011 | 161. 480 7 | 2. 608 569 1 | 5. 952 | 0. 003 671 1 | 0. 048 555 | LG14 | 10554797 | 10558653 | 1 431 | Ankyrin repeat domain-containing protein |
| CEY00 _ Acc16012 | 30. 512 603 | 1. 369 413 5 | 4. 477 8 | $2.93\times10^{-5}$ | 0. 001 270 6 | LG14 | 10564740 | 10569851 | 1 546 | UDP-galactose/UDP-glucose transporter like |
| CEY00 _ Acc16015 | 2 322. 378 1 | 627. 792 98 | 1. 887 2 | $9.22\times10^{-5}$ | 0. 003 087 9 | LG14 | 10600344 | 10611793 | 4 112 | Phospholipase D beta like |
| CEY00 _ Acc16017 | 35. 434 199 | 5. 843 523 9 | 2. 600 2 | 0. 004 369 4 | 0. 055 213 | LG14 | 10640497 | 10648145 | 1 024 | MADS-box protein |
| CEY00 _ Acc16018 | 97. 951 33 | 218. 603 16 | −1. 158 2 | 0. 049 029 | 0. 285 54 | LG14 | 10653064 | 10674303 | 2 451 | Synaptotagmin-4 like |
| CEY00 _ Acc16044 | 25. 818 121 | 4. 936 482 5 | 2. 386 8 | 0. 011 199 | 0. 108 51 | LG14 | 11638861 | 11642214 | 1 705 | Flavonoid 3'-monooxygenase |
| CEY00 _ Acc16062 | 40. 434 557 | 1. 870 088 9 | 4. 434 4 | 0. 026 27 | 0. 192 32 | LG14 | 12044897 | 12046876 | 740 | Polypeptide N-acetylgalactosaminyltransferase |
| CEY00 _ Acc16077 | 16. 839 089 | 47. 190 991 | −1. 486 7 | 0. 037 053 | 0. 239 22 | LG14 | 12253356 | 12259523 | 1 915 | RNA-binding protein |
| CEY00 _ Acc16079 | 90. 761 455 | 35. 129 344 | 1. 369 4 | 0. 041 806 | 0. 258 | LG14 | 12278186 | 12280019 | 1 834 | Inositol-tetrakisphosphate 1-kinase |
| CEY00 _ Acc16082 | 4. 869 787 2 | 34. 654 073 | −2. 831 1 | 0. 001 451 5 | 0. 025 142 | LG14 | 12345164 | 12346657 | 1 298 | Adenosine monophosphate-protein like |
| CEY00 _ Acc16086 | 81. 641 311 | 35. 762 348 | 1. 190 9 | 0. 047 404 | 0. 279 28 | LG14 | 12447710 | 12465338 | 2 930 | TRNA-specific adenosine deaminase |
| CEY00 _ Acc16092 | 851. 703 99 | 118. 429 25 | 2. 846 3 | 0. 000 268 8 | 0. 007 114 2 | LG14 | 12536654 | 12538270 | 1 617 | Nucleotide pyrophosphatase |
| CEY00 _ Acc16096 | 262. 313 92 | 65. 557 491 | 2. 000 5 | 0. 000 189 5 | 0. 005 409 5 | LG14 | 12564307 | 12568671 | 954 | Serine/threonine-protein kinase C70. 05c |
| CEY00 _ Acc16097 | 394. 374 81 | 91. 767 986 | 2. 103 5 | $4.76\times10^{-5}$ | 0. 001 867 6 | LG14 | 12571537 | 12577909 | 2 220 | Peptidyl-prolyl cis-trans isomerase |
| CEY00 _ Acc16106 | 15. 696 916 | 52. 711 252 | −1. 747 6 | 0. 023 979 | 0. 181 29 | LG14 | 12777477 | 12783351 | 1 237 | Vesicle-associated protein 1-3，N-terminally processed like |

（续）

| 基因 ID | miR160VS1 序列/条 | CK1 序列/条 | $log_2FC$ | $P$ 值 | FDR | 染色体 | 起始位点 | 终止位点 | 长度/bp | 基因描述 |
|---|---|---|---|---|---|---|---|---|---|---|
| CEY00 _ Acc16111 | 204. 035 22 | 543. 905 27 | −1. 414 5 | 0. 009 645 8 | 0. 097 597 | LG14 | 12954987 | 12988599 | 6 503 | CCR4-NOT transcription complex subunit like |
| CEY00 _ Acc16136 | 542. 650 16 | 1 172. 095 9 | −1. 111 | 0. 026 099 | 0. 191 59 | LG14 | 13354194 | 13362314 | 1 580 | ELMO domain-containing protein |
| CEY00 _ Acc16146 | 583. 638 43 | 120. 907 13 | 2. 271 2 | 0. 006 309 3 | 0. 072 439 | LG14 | 13493571 | 13500646 | 2 691 | Receptor-like protein kinase |
| CEY00 _ Acc16175 | 816. 391 9 | 159. 847 26 | 2. 352 6 | $3.96\times10^{-6}$ | 0. 000 256 4 | LG14 | 14708926 | 14711906 | 2 007 | Aspartyl/glutamyl-tRNA(Asn/Gln) amidotransferase subunit B like |
| CEY00 _ Acc16177 | 132. 469 61 | 59. 468 271 | 1. 155 5 | 0. 034 806 | 0. 229 99 | LG14 | 14735879 | 14743192 | 4 813 | Dihydroorotate dehydrogenase (DHOD) like |
| CEY00 _ Acc16181 | 630. 359 29 | 239. 483 55 | 1. 396 2 | 0. 005 001 9 | 0. 061 142 | LG14 | 14835283 | 14839737 | 4 455 | E3 ubiquitin-protein like |
| CEY00 _ Acc16182 | 1 545. 345 1 | 573. 710 95 | 1. 429 5 | 0. 003 341 2 | 0. 045 68 | LG14 | 14845931 | 14859875 | 2 200 | Citrate synthase |
| CEY00 _ Acc16184 | 34. 917 931 | 3. 977 982 6 | 3. 133 9 | 0. 013 378 | 0. 122 24 | LG14 | 14909983 | 14912021 | 1 327 | Nucleoredoxin |
| CEY00 _ Acc16189 | 54. 861 539 | 8. 087 711 7 | 2. 762 | 0. 001 990 9 | 0. 031 531 | LG14 | 14969665 | 14972411 | 2 591 | G-type lectin S-receptor-like serine/threonine-protein kinase |
| CEY00 _ Acc16191 | 266. 361 33 | 118. 593 25 | 1. 167 4 | 0. 014 228 | 0. 127 59 | LG14 | 14984516 | 14989730 | 1 595 | Box C/D snoRNA protein |
| CEY00 _ Acc16196 | 432. 086 55 | 182. 452 19 | 1. 243 8 | 0. 037 682 | 0. 241 86 | LG14 | 15045896 | 15063073 | 13 589 | Chaperone protein like |
| CEY00 _ Acc16207 | 1 199. 428 2 | 208. 640 51 | 2. 523 3 | $2.08\times10^{-5}$ | 0. 000 972 2 | LG14 | 15184143 | 15185062 | 920 | Zinc finger A20 and AN1 domain-containing stress-associated protein |
| CEY00 _ Acc16238 | 55. 774 956 | 148. 309 56 | −1. 410 9 | 0. 045 036 | 0. 270 09 | LG14 | 15754044 | 15758380 | 2 440 | Transcription factor PosF21 |

（续）

| 基因 ID | miR160VS1 序列/条 | CK1 序列/条 | $log_2FC$ | $P$ 值 | FDR | 染色体 | 起始位点 | 终止位点 | 长度/bp | 基因描述 |
|---|---|---|---|---|---|---|---|---|---|---|
| CEY00_Acc16263 | 141.942 98 | 43.658 666 | 1.701 | 0.007 027 1 | 0.078 118 | LG14 | 16056851 | 16062007 | 2 004 | Transcription factor like |
| CEY00_Acc16280 | 21.862 99 | 4.558 824 1 | 2.261 8 | 0.034 603 | 0.229 34 | LG14 | 16398072 | 16412115 | 13 926 | Disease resistance RPP13-like protein |
| CEY00_Acc16287 | 14.678 641 | 141.056 32 | −3.264 5 | $4.65\times10^{-6}$ | 0.000 292 4 | LG14 | 16565372 | 16568799 | 1 415 | Triacylglycerol lipase |
| CEY00_Acc16296 | 20.107 37 | 63.616 304 | −1.661 7 | 0.028 185 | 0.201 06 | LG14 | 16717531 | 16721016 | 1 172 | adenylate kinase |
| CEY00_Acc16306 | 3 463.979 4 | 146.498 65 | 4.563 5 | $6.68\times10^{-5}$ | 0.002 425 2 | LG14 | 16868422 | 16870292 | 824 | BRASSINOSTEROID INSENSITIVE 1-associated receptor kinase |
| CEY00_Acc16315 | 5 031.312 5 | 866.856 91 | 2.537 1 | $6.15\times10^{-7}$ | $5.73\times10^{-5}$ | LG14 | 16997249 | 17009934 | 6 860 | Basic leucine zipper like |
| CEY00_Acc16316 | 330.394 71 | 139.610 02 | 1.242 8 | 0.034 048 | 0.227 27 | LG14 | 17010606 | 17016070 | 1 498 | WD-40 repeat-containing protein |
| CEY00_Acc16321 | 43.111 73 | 149.202 29 | −1.791 1 | 0.005 964 5 | 0.069 672 | LG14 | 17059865 | 17068010 | 1 625 | Urease accessory protein like |
| CEY00_Acc16347 | 16.858 164 | 0 | — | 0.000 281 5 | 0.007 344 2 | LG14 | 17547111 | 17548660 | 1 034 | NAC domain-containing protein |
| CEY00_Acc16349 | 335.811 2 | 87.612 835 | 1.938 4 | 0.039 114 | 0.247 57 | LG14 | 17584797 | 17590336 | 3 431 | Histone chaperone like |
| CEY00_Acc16352 | 428.040 76 | 20.969 237 | 4.351 4 | $3.38\times10^{-6}$ | 0.000 224 2 | LG14 | 17641451 | 17647097 | 1 400 | LysM domain-containing GPI-anchored protein like |
| CEY00_Acc16356 | 366.800 55 | 26.615 696 | 3.784 6 | 0.009 643 3 | 0.097 597 | LG14 | 17687239 | 17690957 | 1 740 | Serine/threonine-protein kinase |
| CEY00_Acc16362 | 12.166 49 | 59.412 348 | −2.287 8 | 0.003 258 8 | 0.045 022 | LG14 | 17741587 | 17742637 | 705 | Mitochondrial phosphate carrier protein like |
| CEY00_Acc16372 | 73.259 425 | 273.045 87 | −1.898 1 | 0.001 476 2 | 0.025 449 | LG15 | 3826 | 6187 | 1 124 | Reticulon-like protein |

（续）

| 基因ID | miR160VS1序列/条 | CK1序列/条 | $log_2FC$ | $P$值 | FDR | 染色体 | 起始位点 | 终止位点 | 长度/bp | 基因描述 |
|---|---|---|---|---|---|---|---|---|---|---|
| CEY00_Acc16379 | 27.836 745 | 4.089 833 2 | 2.766 9 | 0.027 002 | 0.195 56 | LG15 | 122763 | 130597 | 4 172 | Common plant regulatory factor 1 like isoform 1 |
| CEY00_Acc16382 | 64.515 731 | 12.173 985 | 2.405 8 | 0.030 713 | 0.212 33 | LG15 | 164482 | 168448 | 3 599 | Protein kinase |
| CEY00_Acc16388 | 581.878 8 | 28.771 489 | 4.338 | 0.006 878 9 | 0.076 991 | LG15 | 254265 | 257003 | 1 678 | WRKY transcription factor |
| CEY00_Acc16400 | 22.231 563 | 0.446 157 7 | 5.638 9 | 0.041 746 | 0.257 73 | LG15 | 461711 | 463597 | 1 594 | Auxin response factor like |
| CEY00_Acc16407 | 261.052 48 | 9.780 509 9 | 4.738 3 | $2.76\times10^{-6}$ | 0.000 191 1 | LG15 | 551266 | 553370 | 994 | WRKY transcription factor |
| CEY00_Acc16415 | 269.668 39 | 111.094 07 | 1.279 4 | 0.013 458 | 0.122 8 | LG15 | 642585 | 643412 | 828 | E3 ubiquitin-protein like |
| CEY00_Acc16421 | 26.659 486 | 4.894 619 7 | 2.445 4 | 0.007 043 4 | 0.078 246 | LG15 | 735804 | 737384 | 1 581 | BTB/POZ domain-containing protein |
| CEY00_Acc16422 | 16.661 376 | 52.681 016 | −1.660 8 | 0.049 561 | 0.286 91 | LG15 | 748454 | 757862 | 5 160 | Kinesin-like protein |
| CEY00_Acc16424 | 2 346.806 3 | 663.637 19 | 1.822 2 | 0.011 929 | 0.113 18 | LG15 | 773458 | 782780 | 2 931 | Serine/threonine-protein kinase |
| CEY00_Acc16432 | 10.506 445 | 46.740 285 | −2.153 4 | 0.007 249 8 | 0.079 869 | LG15 | 901345 | 905052 | 3 572 | Myosin-binding protein 4 |
| CEY00_Acc16442 | 457.035 51 | 168.307 34 | 1.441 2 | 0.011 744 | 0.112 07 | LG15 | 1070288 | 1090736 | 3 817 | Pumilio 1 like |
| CEY00_Acc16443 | 288.117 4 | 82.196 656 | 1.809 5 | 0.039 384 | 0.248 89 | LG15 | 1208426 | 1211444 | 3 019 | Scarecrow-like protein |
| CEY00_Acc16445 | 1 064.136 3 | 208.520 79 | 2.351 4 | $7.93\times10^{-5}$ | 0.002 753 1 | LG15 | 1254082 | 1258414 | 3 827 | Scarecrow-like protein |
| CEY00_Acc16446 | 1 221.366 2 | 388.941 28 | 1.650 9 | 0.001 323 5 | 0.023 517 | LG15 | 1275697 | 1298031 | 2 429 | Outer envelope protein |
| CEY00_Acc16462 | 9 993.277 | 654.994 34 | 3.931 4 | $1.03\times10^{-8}$ | $1.71\times10^{-6}$ | LG15 | 1658357 | 1661039 | 1 453 | 1-aminocyclopropane-1-carboxylate oxidase |
| CEY00_Acc16468 | 0.768 074 | 13.063 12 | −4.088 1 | 0.021 089 | 0.167 01 | LG15 | 1784677 | 1788816 | 1 521 | 6-methylsalicylic acid synthase |

（续）

| 基因 ID | miR160VS1 序列/条 | CK1 序列/条 | $log_2$FC | *P* 值 | FDR | 染色体 | 起始位点 | 终止位点 | 长度/bp | 基因描述 |
|---|---|---|---|---|---|---|---|---|---|---|
| CEY00_Acc16486 | 121.724 42 | 15.940 678 | 2.932 8 | 0.010 883 | 0.106 48 | LG15 | 2126771 | 2132976 | 1 919 | Calmodulin-binding receptor-like cytoplasmic kinase |
| CEY00_Acc16487 | 83.351 104 | 39.868 07 | 1.064 | 0.049 643 | 0.286 91 | LG15 | 2133808 | 2139268 | 2 089 | Anion transporter 4 like |
| CEY00_Acc16489 | 19.187 934 | 2.023 924 2 | 3.245 | 0.026 76 | 0.194 61 | LG15 | 2153141 | 2155411 | 2 271 | UPF0503 protein |
| CEY00_Acc16491 | 11.306 396 | 103.605 08 | −3.195 9 | $4.57\times10^{-5}$ | 0.001 800 7 | LG15 | 2173046 | 2176731 | 2 796 | Protein NRT1/PTR FAMILY 8.1 like |
| CEY00_Acc16496 | 87.635 4 | 322.791 49 | −1.881 | 0.000 383 3 | 0.009 347 | LG15 | 2247968 | 2254875 | 5 402 | Phosphomethylpyrimidine synthase |
| CEY00_Acc16515 | 500.004 94 | 134.576 74 | 1.893 5 | 0.000 277 8 | 0.007 281 3 | LG15 | 2658047 | 2659617 | 1 571 | Pyridoxal 5'-phosphate synthase subunit PDX1.3 like |
| CEY00_Acc16517 | 751.559 93 | 73.318 41 | 3.357 6 | 0.001 070 3 | 0.020 199 | LG15 | 2684886 | 2688627 | 3 742 | Zinc finger CCCH domain-containing protein |
| CEY00_Acc16519 | 423.652 45 | 30.645 882 | 3.789 1 | $1.96\times10^{-10}$ | $5.81\times10^{-8}$ | LG15 | 2699613 | 2707439 | 3 578 | U-box domain-containing protein |
| CEY00_Acc16536 | 44.545 116 | 196.246 89 | −2.139 3 | 0.000 467 7 | 0.010 881 | LG15 | 3045394 | 3046407 | 1 014 | Protein LIGHT-DEPENDENT SHORT HYPOCOTYLS like |
| CEY00_Acc16549 | 200.481 43 | 31.087 37 | 2.689 1 | 0.003 285 4 | 0.045 162 | LG15 | 3239901 | 3242145 | 2 245 | Exocyst complex component EXO70B1 like |
| CEY00_Acc16553 | 5 216.091 9 | 795.866 02 | 2.712 4 | $2.2\times10^{-7}$ | $2.41\times10^{-5}$ | LG15 | 3290248 | 3293846 | 2 122 | WRKY transcription factor |
| CEY00_Acc16559 | 61.081 682 | 0.954 196 1 | 6.000 3 | 0.007 025 2 | 0.078 118 | LG15 | 3354131 | 3357593 | 1 295 | Cationic peroxidase |
| CEY00_Acc16563 | 11.304 791 | 0 | — | 0.000 818 3 | 0.016 702 | LG15 | 3395286 | 3398656 | 996 | LOB domain-containing protein |

（续）

| 基因 ID | miR160VS1 序列/条 | CK1 序列/条 | $log_2FC$ | $P$ 值 | FDR | 染色体 | 起始位点 | 终止位点 | 长度/bp | 基因描述 |
|---|---|---|---|---|---|---|---|---|---|---|
| CEY00_Acc16582 | 456.454 06 | 15.678 673 | 4.863 6 | $1.51\times10^{-11}$ | $6.11\times10^{-9}$ | LG15 | 3686994 | 3688795 | 1 037 | Glutathione S-transferase |
| CEY00_Acc16584 | 1 611.636 1 | 3 920.020 4 | −1.282 3 | 0.005 378 9 | 0.064 527 | LG15 | 3715824 | 3722439 | 4 798 | Protein NETWORKED 4A like |
| CEY00_Acc16585 | 31.081 482 | 6.563 718 6 | 2.243 5 | 0.006 450 5 | 0.073 547 | LG15 | 3728338 | 3731839 | 1 407 | 2-oxoglutarate-dependent dioxygenase AOP1 |
| CEY00_Acc16587 | 1 109.022 7 | 488.999 28 | 1.181 4 | 0.025 755 | 0.190 16 | LG15 | 3752313 | 3758528 | 1 996 | Ubiquitin-conjugating enzyme like |
| CEY00_Acc16590 | 6 556.151 9 | 634.044 3 | 3.370 2 | 0.001 227 8 | 0.022 325 | LG15 | 3822719 | 3825061 | 1 888 | Cytochrome P450 714C2 like |
| CEY00_Acc16592 | 17 485.747 | 928.482 97 | 4.235 2 | $6.33\times10^{-5}$ | 0.002 324 7 | LG15 | 3844543 | 3847535 | 1 833 | Cytochrome P450 714C2 like |
| CEY00_Acc16607 | 22.861 388 | 98.759 428 | −2.111 | 0.000 684 5 | 0.014 545 | LG15 | 4057882 | 4062326 | 4 445 | F-box/LRR-repeat protein |
| CEY00_Acc16614 | 386.971 99 | 77.249 995 | 2.324 6 | $7.44\times10^{-5}$ | 0.002 615 9 | LG15 | 4160310 | 4163569 | 3 121 | inactive leucine-rich repeat receptor-like protein kinase |
| CEY00_Acc16628 | 13.588 679 | 0.684 706 8 | 4.310 8 | 0.002 665 6 | 0.038 746 | LG15 | 4334305 | 4351742 | 2 347 | Fimbrin-2 like |
| CEY00_Acc16647 | 63.140 573 | 26.241 271 | 1.266 7 | 0.034 176 | 0.227 66 | LG15 | 4617616 | 4622159 | 1 080 | 40S ribosomal protein |
| CEY00_Acc16653 | 483.919 38 | 1 080.853 5 | −1.159 3 | 0.029 127 | 0.204 96 | LG15 | 4694831 | 4703931 | 2 871 | Serine/threonine-protein kinase |
| CEY00_Acc16667 | 71.318 851 | 20.192 332 | 1.820 5 | 0.030 358 | 0.211 03 | LG15 | 5038258 | 5049049 | 2 738 | Ethylene-responsive transcription factor-like protein |
| CEY00_Acc16671 | 17.555 755 | 2.370 020 1 | 2.889 | 0.014 815 | 0.131 42 | LG15 | 5083838 | 5088270 | 1 916 | ATP-dependent RNA helicase |
| CEY00_Acc16676 | 23.875 997 | 1.177 275 | 4.342 | 0.000 469 6 | 0.010 902 | LG15 | 5192880 | 5197796 | 4 220 | RPM1-interacting protein |
| CEY00_Acc16689 | 387.187 75 | 71.451 554 | 2.438 | 0.002 911 2 | 0.041 366 | LG15 | 5318078 | 5319891 | 1 081 | Expansin-like |
| CEY00_Acc16695 | 524.910 22 | 3 581.038 6 | −2.770 2 | $2.83\times10^{-7}$ | $2.99\times10^{-5}$ | LG15 | 5454601 | 5457662 | 1 841 | Beta-amylase |

（续）

| 基因 ID | miR160VS1 序列/条 | CK1 序列/条 | $\log_2 FC$ | $P$ 值 | FDR | 染色体 | 起始位点 | 终止位点 | 长度/bp | 基因描述 |
|---|---|---|---|---|---|---|---|---|---|---|
| CEY00_Acc16712 | 15.292 546 | 0.219 397 4 | 6.123 1 | 0.001 633 1 | 0.027 422 | LG15 | 5644243 | 5652153 | 3 248 | Serine/threonine-protein kinase cdc7 |
| CEY00_Acc16715 | 127.725 27 | 38.450 379 | 1.732 | 0.008 963 1 | 0.092 718 | LG15 | 5696387 | 5701190 | 4 804 | Glycerol-3-phosphate transporter 4 like |
| CEY00_Acc16721 | 996.566 5 | 316.789 38 | 1.653 4 | 0.001 278 3 | 0.023 002 | LG15 | 5769536 | 5770482 | 947 | Ethylene-responsive transcription factor 2 like |
| CEY00_Acc16722 | 879.606 85 | 112.387 55 | 2.968 4 | $6.83\times10^{-7}$ | $6.28\times10^{-5}$ | LG15 | 5787987 | 5789141 | 1 155 | Ethylene-responsive transcription factor |
| CEY00_Acc16725 | 16.910 775 | 54.514 534 | −1.688 7 | 0.032 479 | 0.220 51 | LG15 | 5848666 | 5851360 | 1 400 | Homeobox-leucine zipper protein |
| CEY00_Acc16731 | 198.686 99 | 83.027 13 | 1.258 8 | 0.032 205 | 0.219 19 | LG15 | 6006210 | 6009728 | 3 519 | 3-isopropylmalate dehydratase small subunit 3 like |
| CEY00_Acc16740 | 29.632 631 | 191.987 26 | −2.695 8 | $2.96\times10^{-6}$ | 0.000 201 8 | LG15 | 6104001 | 6106243 | 2 243 | Decaprenyl diphosphate synthase |
| CEY00_Acc16761 | 22.537 038 | 0.238 549 | 6.561 9 | 0.001 857 1 | 0.030 019 | LG15 | 6363297 | 6364084 | 788 | Auxin-responsive protein |
| CEY00_Acc16766 | 665.813 67 | 255.222 49 | 1.383 4 | 0.008 708 2 | 0.091 052 | LG15 | 6878573 | 6889882 | 4 162 | SPX domain-containing membrane protein |
| CEY00_Acc16768 | 47.605 905 | 1.431 294 1 | 5.055 7 | 0.000 375 8 | 0.009 198 | LG15 | 6943770 | 6944437 | 668 | Ethylene-responsive transcription factor |
| CEY00_Acc16769 | 13.166 839 | 0 | — | 0.040 204 | 0.251 86 | LG15 | 6955823 | 6958628 | 1 799 | BAG family molecular chaperone regulator like |
| CEY00_Acc16770 | 933.786 75 | 353.457 46 | 1.401 6 | 0.008 916 7 | 0.092 496 | LG15 | 6963559 | 6969900 | 2 209 | Lysophospholipid acyltransferase |

（续）

| 基因 ID | miR160VS1 序列/条 | CK1 序列/条 | $log_2FC$ | *P* 值 | FDR | 染色体 | 起始位点 | 终止位点 | 长度/bp | 基因描述 |
|---|---|---|---|---|---|---|---|---|---|---|
| CEY00 _ Acc16776 | 8.938 018 8 | 46.059 882 | −2.365 5 | 0.007 174 | 0.079 348 | LG15 | 7029432 | 7040210 | 2 419 | Protein HAPLESS 2 like |
| CEY00 _ Acc16784 | 0 | 12.460 068 | — | 0.003 978 5 | 0.051 625 | LG15 | 7111687 | 7112338 | 652 | Centrosome and spindle pole associated protein |
| CEY00 _ Acc16787 | 31.546 799 | 89.175 888 | −1.499 2 | 0.039 739 | 0.250 27 | LG15 | 7145951 | 7159148 | 2 518 | Ultraviolet-B receptor like |
| CEY00 _ Acc16788 | 76.594 669 | 345.687 53 | −2.174 2 | 0.000 142 6 | 0.004 367 7 | LG15 | 7161681 | 7173132 | 2 273 | Plant intracellular Ras-group-related LRR protein |
| CEY00 _ Acc16793 | 79.388 041 | 20.329 33 | 1.965 4 | 0.003 381 8 | 0.046 081 | LG15 | 7308483 | 7318439 | 2 227 | LRR receptor-like serine/threonine-protein kinase |
| CEY00 _ Acc16799 | 478.391 7 | 3 088.97 | −2.690 9 | 0.007 795 6 | 0.083 927 | LG15 | 7412406 | 7416845 | 4 440 | Zinc finger BED domain-containing protein |
| CEY00 _ Acc16801 | 191.102 59 | 4.532 431 4 | 5.397 9 | $1.49\times10^{-10}$ | $4.68\times10^{-8}$ | LG15 | 7461053 | 7463132 | 1 195 | Trihelix transcription factor GT-3b like |
| CEY00 _ Acc16807 | 597.735 76 | 5.725 176 5 | 6.706 | $9.25\times10^{-21}$ | $1.52\times10^{-16}$ | LG15 | 7569272 | 7576983 | 3 539 | Wall-associated receptor kinase |
| CEY00 _ Acc16810 | 28.788 402 | 3.847 602 7 | 2.903 5 | 0.014 988 | 0.132 45 | LG15 | 7599348 | 7605196 | 1 689 | ERBB-3 BINDING PROTEIN 1 like |
| CEY00 _ Acc16820 | 783.863 12 | 84.506 014 | 3.213 5 | $4.08\times10^{-9}$ | $7.95\times10^{-7}$ | LG15 | 7787286 | 7792762 | 2 248 | GDP-fucose protein O-fucosyltransferase protein |
| CEY00 _ Acc16827 | 1 855.626 5 | 700.992 | 1.404 4 | 0.002 341 4 | 0.035 269 | LG15 | 7982431 | 7988988 | 1 811 | Phosphatidylinositol：ceramide inositolphosphotransferase |
| CEY00 _ Acc16834 | 86.629 836 | 404.188 48 | −2.222 1 | 0.000 103 6 | 0.003 393 2 | LG15 | 8097477 | 8103418 | 1 824 | Protein RETICULATA like |

（续）

| 基因 ID | miR160VS1 序列/条 | CK1 序列/条 | $log_2FC$ | *P* 值 | FDR | 染色体 | 起始位点 | 终止位点 | 长度/bp | 基因描述 |
|---|---|---|---|---|---|---|---|---|---|---|
| CEY00 _ Acc16837 | 653. 507 69 | 292. 874 26 | 1. 157 9 | 0. 030 982 | 0. 213 74 | LG15 | 8143659 | 8149330 | 1 358 | Aldo-keto reductase family 4 member like |
| CEY00 _ Acc16838 | 396. 878 27 | 93. 019 632 | 2. 093 1 | 0. 012 393 | 0. 116 41 | LG15 | 8156010 | 8161711 | 1 132 | Tropinone reductase |
| CEY00 _ Acc16839 | 7. 402 673 2 | 0 | — | 0. 012 019 | 0. 113 73 | LG15 | 8170899 | 8172054 | 1 156 | Transcriptional regulator RABBIT EARS like |
| CEY00 _ Acc16848 | 732. 860 99 | 56. 987 215 | 3. 684 8 | $3.34\times10^{-11}$ | $1.21\times10^{-8}$ | LG15 | 8321021 | 8327229 | 1 384 | RHOMBOID-like protein |
| CEY00 _ Acc16849 | 16. 726 735 | 0. 923 255 8 | 4. 179 3 | 0. 003 716 6 | 0. 049 016 | LG15 | 8339858 | 8345440 | 1 959 | Protein kinase |
| CEY00 _ Acc16855 | 739. 892 5 | 87. 302 806 | 3. 083 2 | $4.85\times10^{-9}$ | $9\times10^{-7}$ | LG15 | 8432774 | 8436452 | 2 264 | Protein like |
| CEY00 _ Acc16861 | 457. 263 92 | 979. 478 18 | −1. 099 | 0. 038 68 | 0. 245 96 | LG15 | 8502595 | 8506859 | 2 012 | ADP-ribosylation factor GTPase-activating protein |
| CEY00 _ Acc16868 | 355. 030 7 | 75. 138 96 | 2. 240 3 | 0. 004 357 3 | 0. 055 106 | LG15 | 8572184 | 8585416 | 1 807 | Arginine biosynthesis bifunctional protein ArgJ beta chain like |
| CEY00 _ Acc16873 | 3 235. 382 4 | 1 251. 385 5 | 1. 370 4 | 0. 003 114 7 | 0. 043 579 | LG15 | 8612869 | 8619469 | 3 361 | Soluble inorganic pyrophosphatase |
| CEY00 _ Acc16891 | 94. 865 831 | 35. 636 476 | 1. 412 5 | 0. 015 394 | 0. 134 82 | LG22 | 13235171 | 13238711 | 751 | Tankyrase |
| CEY00 _ Acc16896 | 1 310. 754 2 | 102. 417 22 | 3. 677 9 | $2.04\times10^{-11}$ | $7.99\times10^{-9}$ | LG22 | 13315547 | 13318983 | 1 688 | UDP-glycosyltransferase |
| CEY00 _ Acc16901 | 889. 599 5 | 325. 123 03 | 1. 452 2 | 0. 009 381 6 | 0. 095 886 | LG22 | 13380077 | 13388808 | 2 110 | Aspartic proteinase-like protein |
| CEY00 _ Acc16904 | 289. 189 43 | 59. 334 362 | 2. 285 1 | $2.76\times10^{-5}$ | 0. 001 207 7 | LG22 | 13412222 | 13424247 | 2 020 | Threonine dehydratase |
| CEY00 _ Acc16908 | 1 659. 461 9 | 4 192. 434 9 | −1. 337 1 | 0. 039 083 | 0. 247 52 | LG22 | 13462166 | 13464731 | 2 566 | Trihelix transcription factor |
| CEY00 _ Acc16909 | 2 238. 805 3 | 847. 684 87 | 1. 401 1 | 0. 004 295 2 | 0. 054 55 | LG22 | 13469161 | 13478458 | 1 958 | Pyruvate kinase |

（续）

| 基因 ID | miR160VS1 序列/条 | CK1 序列/条 | $log_2$FC | $P$ 值 | FDR | 染色体 | 起始位点 | 终止位点 | 长度/bp | 基因描述 |
|---|---|---|---|---|---|---|---|---|---|---|
| CEY00 _ Acc16911 | 17.751 739 | 62.557 867 | −1.817 2 | 0.035 755 | 0.234 01 | LG22 | 13506870 | 13508252 | 1 383 | Peroxiredoxin-2E-2 like |
| CEY00 _ Acc16916 | 57.251 306 | 2.816 177 8 | 4.345 5 | 0.002 564 9 | 0.037 632 | LG22 | 13612367 | 13613948 | 1 582 | PAN domain-containing protein |
| CEY00 _ Acc16922 | 230.852 07 | 481.063 03 | −1.059 3 | 0.025 946 | 0.190 8 | LG22 | 13722909 | 13769820 | 3 129 | 1, 4-alpha-glucan-branching enzyme 1/amyloplastic like |
| CEY00 _ Acc16927 | 17.690 393 | 1.612 388 3 | 3.455 7 | 0.004 200 1 | 0.053 795 | LG22 | 13820985 | 13827247 | 1 708 | IQ domain-containing protein |
| CEY00 _ Acc16935 | 1 192.055 | 366.996 3 | 1.699 6 | 0.002 585 8 | 0.037 837 | LG22 | 13892044 | 13901790 | 939 | Iron-sulfur assembly protein IscA-like |
| CEY00 _ Acc16938 | 535.109 83 | 57.228 201 | 3.225 | $2.52\times10^{-6}$ | 0.000 177 8 | LG22 | 13931126 | 13932510 | 1 385 | hypothetical protein |
| CEY00 _ Acc16958 | 14.513 33 | 52.957 082 | −1.867 4 | 0.018 338 | 0.151 86 | LG8 | 18392773 | 18410770 | 2 878 | Protein CLEC16A like |
| CEY00 _ Acc16959 | 667.410 68 | 44.593 575 | 3.903 7 | $1.17\times10^{-5}$ | 0.000 607 2 | LG8 | 18384709 | 18385677 | 969 | hypothetical protein |
| CEY00 _ Acc16960 | 263.649 21 | 26.530 617 | 3.312 9 | $1.66\times10^{-7}$ | $1.89\times10^{-5}$ | LG8 | 18371547 | 18373246 | 1 395 | NDR1/HIN1-like protein |
| CEY00 _ Acc16962 | 766.475 03 | 40.553 334 | 4.240 3 | $2.18\times10^{-6}$ | 0.000 159 5 | LG8 | 18272451 | 18274110 | 1 660 | E3 ubiquitin-protein like |
| CEY00 _ Acc16966 | 224.835 06 | 623.345 64 | −1.471 2 | 0.004 562 2 | 0.057 017 | LG8 | 18189635 | 18211887 | 2 223 | Biotin carboxylase |
| CEY00 _ Acc16977 | 181.840 22 | 3.816 784 4 | 5.574 2 | 0.001 274 6 | 0.022 948 | LG8 | 17998365 | 17999986 | 918 | Uclacyanin 1 like |
| CEY00 _ Acc16988 | 264.081 65 | 21.983 947 | 3.586 5 | 0.002 856 3 | 0.040 709 | LG8 | 17862384 | 17863846 | 1 463 | Carboxylesterase 6 |
| CEY00 _ Acc17004 | 71.298 664 | 3.578 235 3 | 4.316 6 | 0.000 398 9 | 0.009 619 4 | LG15 | 8950466 | 8951093 | 628 | Sigma factor binding protein |
| CEY00 _ Acc17007 | 4 456.375 4 | 324.957 61 | 3.777 5 | $4.56\times10^{-11}$ | $1.61\times10^{-8}$ | LG15 | 8995514 | 8998182 | 1 094 | Steroid 5-alpha-reductase |
| CEY00 _ Acc17008 | 93.645 262 | 418.141 89 | −2.158 7 | 0.000 210 7 | 0.005 867 5 | LG15 | 9004616 | 9006794 | 2 179 | Pentatricopeptide repeat-containing protein |

（续）

| 基因 ID | miR160VS1 序列/条 | CK1 序列/条 | $log_2$FC | *P* 值 | FDR | 染色体 | 起始位点 | 终止位点 | 长度/bp | 基因描述 |
|---|---|---|---|---|---|---|---|---|---|---|
| CEY00 _ Acc17021 | 291.325 88 | 629.150 88 | −1.110 8 | 0.013 602 | 0.123 44 | LG15 | 9219033 | 9220400 | 1 368 | Thioredoxin-like fold protein |
| CEY00 _ Acc17027 | 2 050.867 1 | 223.654 08 | 3.196 9 | $4.76\times10^{-9}$ | $8.89\times10^{-7}$ | LG15 | 9304265 | 9308558 | 1 178 | Annexin like |
| CEY00 _ Acc17034 | 225.096 78 | 18.806 704 | 3.581 2 | 0.003 488 4 | 0.047 109 | LG15 | 9398485 | 9402514 | 2 943 | U-box domain-containing protein |
| CEY00 _ Acc17044 | 429.915 38 | 90.623 64 | 2.246 1 | $1.86\times10^{-5}$ | 0.000 890 9 | LG15 | 9575485 | 9578962 | 2 822 | Cytokinin dehydrogenase |
| CEY00 _ Acc17052 | 206.767 23 | 57.089 143 | 1.856 7 | 0.000 868 3 | 0.017 459 | LG15 | 9716104 | 9717336 | 1 233 | UPF0496 protein |
| CEY00 _ Acc17059 | 51.860 182 | 176.011 04 | −1.763 | 0.001 268 9 | 0.022 863 | LG15 | 9874884 | 9881874 | 1 306 | 50S ribosomal protein |
| CEY00 _ Acc17060 | 128.991 09 | 265.605 12 | −1.042 | 0.036 07 | 0.235 18 | LG15 | 9887736 | 9894972 | 1 020 | Golgi apparatus membrane protein |
| CEY00 _ Acc17061 | 258.979 22 | 120.376 94 | 1.105 3 | 0.046 841 | 0.276 91 | LG15 | 9898751 | 9916623 | 2 985 | WD repeat-containing protein |
| CEY00 _ Acc17065 | 40.882 404 | 8.511 036 3 | 2.264 1 | 0.003 953 3 | 0.051 387 | LG15 | 9990410 | 9998427 | 1 748 | Polyamine oxidase |
| CEY00 _ Acc17079 | 36.678 732 | 92.935 013 | −1.341 3 | 0.035 481 | 0.232 96 | LG15 | 10251486 | 10254187 | 1 462 | Cellulose synthase A catalytic subunit 3 [UDP-forming] like |
| CEY00 _ Acc17087 | 153.152 98 | 318.047 14 | −1.054 3 | 0.025 044 | 0.186 46 | LG15 | 10358018 | 10359042 | 1 025 | Thylakoid lumenal protein |
| CEY00 _ Acc17089 | 1 261.523 8 | 70.757 295 | 4.156 1 | $3.24\times10^{-5}$ | 0.001 370 6 | LG15 | 10378437 | 10379139 | 703 | Meiosis arrest female protein |
| CEY00 _ Acc17090 | 73.989 33 | 0.923 255 8 | 6.324 4 | 0.000 148 3 | 0.004 493 1 | LG15 | 10379435 | 10380195 | 761 | Arabinogalactan peptide 23 like |
| CEY00 _ Acc17094 | 109.298 19 | 3.913 164 8 | 4.803 8 | 0.002 087 6 | 0.032 591 | LG15 | 10417476 | 10422558 | 3 367 | LRR receptor-like serine/threonine-protein kinase precursor |
| CEY00 _ Acc17096 | 68.289 63 | 20.587 653 | 1.729 9 | 0.006 331 | 0.072 58 | LG15 | 10454221 | 10457351 | 1 952 | Transcription factor bHLH130 like |
| CEY00 _ Acc17104 | 12.812 673 | 0 | — | 0.000 961 6 | 0.018 784 | LG15 | 10546473 | 10550507 | 1 688 | Sirohydrochlorin ferrochelatase |

（续）

| 基因 ID | miR160VS1 序列/条 | CK1 序列/条 | $log_2FC$ | *P* 值 | FDR | 染色体 | 起始位点 | 终止位点 | 长度/bp | 基因描述 |
|---|---|---|---|---|---|---|---|---|---|---|
| CEY00_Acc17105 | 279.347 39 | 16.622 948 | 4.070 8 | $1.06\times10^{-11}$ | $4.55\times10^{-9}$ | LG15 | 10551266 | 10556501 | 2 511 | GDP-fucose protein O-fucosyltransferase protein |
| CEY00_Acc17115 | 118.914 01 | 11.023 225 | 3.431 3 | $2.02\times10^{-7}$ | $2.26\times10^{-5}$ | LG15 | 10701227 | 10703676 | 1 425 | Homeobox-leucine zipper protein |
| CEY00_Acc17117 | 66.479 737 | 2.573 947 3 | 4.690 9 | 0.000 975 9 | 0.018 96 | LG15 | 10731661 | 10732642 | 982 | Nucleoredoxin |
| CEY00_Acc17118 | 434.928 81 | 12.389 079 | 5.133 6 | $2.35\times10^{-11}$ | $8.87\times10^{-9}$ | LG15 | 10734821 | 10736233 | 1 413 | Nucleoredoxin |
| CEY00_Acc17123 | 46.407 109 | 2.523 855 4 | 4.200 6 | $2.8\times10^{-6}$ | 0.000 193 2 | LG15 | 10760827 | 10775442 | 1 895 | Citrate synthase |
| CEY00_Acc17125 | 7 957.032 2 | 2 015.644 | 1.981 | 0.015 169 | 0.133 59 | LG15 | 10795314 | 10795790 | 477 | Transcription termination factor like |
| CEY00_Acc17126 | 703.816 42 | 183.397 77 | 1.940 2 | 0.007 511 6 | 0.081 708 | LG15 | 10812945 | 10813520 | 576 | Calcium-binding protein SPEC 2A like |
| CEY00_Acc17128 | 35.906 737 | 0.935 044 5 | 5.263 1 | 0.039 725 | 0.250 23 | LG15 | 10825205 | 10829150 | 914 | hypothetical protein |
| CEY00_Acc17143 | 16.454 249 | 151.877 17 | −3.206 4 | 0.000 525 3 | 0.011 875 | LG15 | 10985207 | 10990644 | 4 682 | Vacuolar protein sorting-associated protein like |
| CEY00_Acc17154 | 6.499 961 3 | 25.262 754 | −1.958 5 | 0.019 336 | 0.156 93 | LG15 | 11160468 | 11163647 | 3 180 | DNA repair protein like |
| CEY00_Acc17160 | 102.990 29 | 7.633 568 7 | 3.754 | 0.003 176 8 | 0.044 273 | LG15 | 11270368 | 11271507 | 1 140 | AT-hook motif nuclear-localized protein |
| CEY00_Acc17161 | 5.128 723 5 | 0 | — | 0.041 645 | 0.257 45 | LG15 | 11273857 | 11276010 | 918 | Heavy metal-associated isoprenylated plant protein |
| CEY00_Acc17169 | 25.755 169 | 158.788 06 | −2.624 2 | $7.1\times10^{-5}$ | 0.002 523 9 | LG15 | 11378156 | 11388785 | 1 637 | Ribose-phosphate pyrophosphokinase |
| CEY00_Acc17198 | 8 459.328 3 | 2 109.17 | 2.003 9 | $2.66\times10^{-5}$ | 0.001 172 9 | LG15 | 11882282 | 11886600 | 778 | Slit 2 protein like |

（续）

| 基因 ID | miR160VS1 序列/条 | CK1 序列/条 | $log_2FC$ | $P$ 值 | FDR | 染色体 | 起始位点 | 终止位点 | 长度/bp | 基因描述 |
|---|---|---|---|---|---|---|---|---|---|---|
| CEY00_Acc17199 | 69.383 258 | 13.614 009 | 2.349 5 | 0.001 351 2 | 0.023 904 | LG15 | 11891384 | 11893797 | 1 498 | Protein IQ-DOMAIN like |
| CEY00_Acc17200 | 90.625 177 | 498.879 8 | −2.460 7 | $1.64\times10^{-5}$ | 0.000 809 6 | LG15 | 13128097 | 13130510 | 1 877 | Trihelix transcription factor |
| CEY00_Acc17207 | 79.771 076 | 176.324 34 | −1.144 3 | 0.032 785 | 0.221 8 | LG15 | 13018033 | 13028062 | 1 430 | hypothetical protein |
| CEY00_Acc17219 | 104.778 05 | 35.431 844 | 1.564 2 | 0.022 15 | 0.172 36 | LG15 | 12829615 | 12831860 | 2 246 | Pentatricopeptide repeat-containing protein |
| CEY00_Acc17220 | 223.743 98 | 102.997 79 | 1.119 2 | 0.034 612 | 0.229 34 | LG15 | 12818785 | 12826983 | 2 478 | Vesicle-associated protein 2-2, N-terminally processed like |
| CEY00_Acc17231 | 46.183 715 | 2.970 757 4 | 3.958 5 | 0.012 424 | 0.116 57 | LG15 | 12693037 | 12695603 | 1 028 | Histidine-containing phosphotransfer protein |
| CEY00_Acc17236 | 238.991 05 | 10.219 305 | 4.547 6 | $8.12\times10^{-5}$ | 0.002 808 4 | LG15 | 12610784 | 12640260 | 8 317 | Piezo-type mechanosensitive ion channel like |
| CEY00_Acc17237 | 1 555.015 8 | 117.162 79 | 3.730 3 | $3.61\times10^{-10}$ | $9.66\times10^{-8}$ | LG15 | 12605222 | 12609259 | 1 382 | Phosphoglycerate mutase-like protein |
| CEY00_Acc17238 | 0.736 999 4 | 11.592 9 | −3.975 4 | 0.035 77 | 0.234 02 | LG15 | 12591135 | 12595688 | 966 | Importin subunit beta-1 like |
| CEY00_Acc17239 | 1 385.808 3 | 222.749 03 | 2.637 2 | $9.14\times10^{-7}$ | $8.02\times10^{-5}$ | LG15 | 12581257 | 12590096 | 1 737 | Glutathione synthetase |
| CEY00_Acc17244 | 37.126 121 | 94.797 159 | −1.352 4 | 0.027 043 | 0.195 73 | LG15 | 12496868 | 12507534 | 10 667 | F-box protein |
| CEY00_Acc17247 | 4 408.572 4 | 345.958 4 | 3.671 6 | 0.000 602 8 | 0.013 167 | LG15 | 12464131 | 12465624 | 1 494 | E3 ubiquitin-protein like |
| CEY00_Acc17255 | 215.078 28 | 13.946 95 | 3.946 8 | 0.019 261 | 0.156 63 | LG15 | 12366352 | 12371830 | 1 555 | Mevalonate kinase |
| CEY00_Acc17266 | 348.474 68 | 116.796 12 | 1.577 1 | 0.003 552 | 0.047 624 | LG15 | 12246225 | 12255332 | 1 868 | Vacuole membrane protein |

（续）

| 基因 ID | miR160VS1 序列/条 | CK1 序列/条 | $log_2FC$ | $P$ 值 | FDR | 染色体 | 起始位点 | 终止位点 | 长度/bp | 基因描述 |
|---|---|---|---|---|---|---|---|---|---|---|
| CEY00_Acc17267 | 6 695.612 6 | 1 631.741 1 | 2.036 8 | $8.27\times10^{-5}$ | 0.002 835 8 | LG15 | 12229320 | 12237447 | 2 785 | Linoleate 9S-lipoxygenase |
| CEY00_Acc17269 | 2 950.386 4 | 325.369 65 | 3.180 8 | 0.010 507 | 0.103 73 | LG15 | 12201155 | 12207064 | 2 826 | Linoleate 9S-lipoxygenase |
| CEY00_Acc17277 | 406.238 57 | 99.771 81 | 2.025 6 | 0.000 108 7 | 0.003 502 8 | LG15 | 12026376 | 12052561 | 5 424 | Protein ALWAYS EARLY like |
| CEY00_Acc17293 | 1 395.297 8 | 159.015 05 | 3.133 3 | $5.47\times10^{-5}$ | 0.002 077 5 | LG15 | 13188197 | 13188883 | 687 | Pathogenesis-related transcriptional activator like |
| CEY00_Acc17300 | 9.582 195 7 | 0 | — | 0.002 286 5 | 0.034 714 | LG15 | 13245579 | 13246226 | 648 | histone H3.2 like |
| CEY00_Acc17301 | 1 551.169 4 | 158.864 68 | 3.287 5 | $1.7\times10^{-8}$ | $2.69\times10^{-6}$ | LG15 | 13252094 | 13258565 | 1 725 | MLO-like protein |
| CEY00_Acc17307 | 19.693 863 | 75.886 13 | −1.946 1 | 0.004 630 2 | 0.057 588 | LG15 | 13322947 | 13324172 | 1 226 | Serine/threonine-protein kinase-like protein |
| CEY00_Acc17314 | 3 660.087 7 | 517.121 31 | 2.823 3 | $5.41\times10^{-8}$ | $7.35\times10^{-6}$ | LG15 | 13390815 | 13397040 | 2 150 | MACPF domain-containing protein |
| CEY00_Acc17326 | 31.465 519 | 11.070 136 | 1.507 1 | 0.047 594 | 0.279 88 | LG15 | 13518449 | 13520251 | 1 273 | Nuclear antigen |
| CEY00_Acc17327 | 5.128 723 5 | 0 | — | 0.041 645 | 0.257 45 | LG15 | 13524438 | 13526786 | 2 349 | Legume lectin domain protein |
| CEY00_Acc17333 | 475.232 43 | 157.524 62 | 1.593 1 | 0.044 338 | 0.267 66 | LG15 | 13600691 | 13603320 | 2 630 | E3 ubiquitin-protein like |
| CEY00_Acc17334 | 67.831 9 | 27.962 573 | 1.278 5 | 0.034 128 | 0.227 57 | LG15 | 13606534 | 13610776 | 1 805 | Pentatricopeptide repeat-containing protein |
| CEY00_Acc17339 | 47.900 182 | 6.360 413 7 | 2.912 8 | 0.035 032 | 0.230 84 | LG15 | 13640454 | 13648761 | 3 811 | Nuclear RNA export factor like |
| CEY00_Acc17346 | 293.574 57 | 110.133 66 | 1.414 5 | 0.004 135 9 | 0.053 247 | LG15 | 13714929 | 13721476 | 4 286 | LRR receptor-like serine/threonine-protein kinase |
| CEY00_Acc17351 | 161.023 54 | 332.675 5 | −1.046 8 | 0.040 009 | 0.251 2 | LG15 | 13772599 | 13776859 | 4 261 | hypothetical protein |

（续）

| 基因 ID | miR160VS1 序列/条 | CK1 序列/条 | $\log_2$FC | *P* 值 | FDR | 染色体 | 起始位点 | 终止位点 | 长度/bp | 基因描述 |
|---|---|---|---|---|---|---|---|---|---|---|
| CEY00 _ Acc17357 | 3 049. 159 7 | 6 705. 783 6 | −1. 137 | 0. 008 901 6 | 0. 092 415 | LG15 | 13849715 | 13851995 | 1 574 | NAC transcription factor |
| CEY00 _ Acc17365 | 26. 367 87 | 80. 773 807 | −1. 615 1 | 0. 029 243 | 0. 205 45 | LG15 | 13935577 | 13945857 | 4 358 | Protein STRUBBELIG-RECEPTOR FAMILY 3 like |
| CEY00 _ Acc17376 | 63. 139 917 | 7. 247 559 2 | 3. 123 | 0. 034 925 | 0. 230 3 | LG15 | 14063567 | 14066121 | 1 313 | Splicing factor, suppressor of white-apricot like |
| CEY00 _ Acc17387 | 95. 330 4 | 260. 207 48 | −1. 448 7 | 0. 014 867 | 0. 131 75 | LG15 | 14170123 | 14193119 | 3 958 | Conserved oligomeric Golgi complex subunit 3 like |
| CEY00 _ Acc17388 | 109. 641 91 | 4. 385 837 1 | 4. 643 8 | $8.22\times10^{-5}$ | 0. 002 828 7 | LG15 | 14204077 | 14205614 | 1 326 | F-box protein |
| CEY00 _ Acc17390 | 52. 574 441 | 18. 280 88 | 1. 524 | 0. 040 598 | 0. 253 36 | LG15 | 14233287 | 14235300 | 2 014 | Vacuolar protein |
| CEY00 _ Acc17400 | 18. 415 448 | 63. 446 416 | −1. 784 6 | 0. 022 016 | 0. 171 59 | LG15 | 14350638 | 14351776 | 1 139 | Zinc finger protein like |
| CEY00 _ Acc17409 | 109. 621 34 | 15. 642 441 | 2. 809 | 0. 002 549 1 | 0. 037 433 | LG15 | 14447104 | 14451903 | 3 134 | G-type lectin S-receptor-like serine/threonine-protein kinase |
| CEY00 _ Acc17417 | 0. 384 037 | 9. 287 697 8 | −4. 596 | 0. 042 909 | 0. 262 72 | LG15 | 14520479 | 14521860 | 696 | Galactinol-sucrose galactosyltransferase |
| CEY00 _ Acc17432 | 119. 470 04 | 4. 293 882 4 | 4. 798 2 | 0. 000 151 8 | 0. 004 563 1 | LG15 | 14615376 | 14619158 | 2 076 | Cysteine-rich receptor-like protein kinase |
| CEY00 _ Acc17437 | 39. 638 328 | 129. 579 34 | −1. 708 9 | 0. 002 732 6 | 0. 039 494 | LG15 | 14673876 | 14678537 | 1 457 | Flocculation protein |
| CEY00 _ Acc17442 | 7. 849 661 7 | 0 | — | 0. 012 922 | 0. 119 73 | LG15 | 14721077 | 14723798 | 1 928 | Bifunctional pectinesterase 18/rRNA N-glycosylase |

（续）

| 基因 ID | miR160VS1 序列/条 | CK1 序列/条 | $\log_2 FC$ | *P* 值 | FDR | 染色体 | 起始位点 | 终止位点 | 长度/bp | 基因描述 |
|---|---|---|---|---|---|---|---|---|---|---|
| CEY00 _ Acc17456 | 534. 474 16 | 1 090. 940 8 | −1. 029 4 | 0. 018 131 | 0. 150 69 | LG15 | 14863094 | 14864141 | 1 048 | Salivary glue protein like |
| CEY00 _ Acc17461 | 23. 636 994 | 112. 271 56 | −2. 247 9 | 0. 001 211 5 | 0. 022 188 | LG15 | 14920676 | 14935006 | 4 435 | Soluble starch synthase |
| CEY00 _ Acc17468 | 894. 623 79 | 82. 134 262 | 3. 445 2 | $5.01\times10^{-10}$ | $1.27\times10^{-7}$ | LG15 | 14976183 | 14980181 | 1 685 | Lactoylglutathione lyase |
| CEY00 _ Acc17469 | 1 993. 933 8 | 155. 308 99 | 3. 682 4 | $8.63\times10^{-9}$ | $1.46\times10^{-6}$ | LG15 | 14988685 | 14990569 | 790 | 5'-adenylylsulfate reductase like |
| CEY00 _ Acc17471 | 109. 340 06 | 5. 217 138 2 | 4. 389 4 | 0. 000 412 2 | 0. 009 850 9 | LG15 | 15037155 | 15038612 | 1 458 | F-box protein |
| CEY00 _ Acc17475 | 807. 935 11 | 129. 999 75 | 2. 635 7 | 0. 002 789 2 | 0. 040 012 | LG15 | 15074522 | 15075167 | 646 | Lactate utilization protein like |
| CEY00 _ Acc17480 | 228. 112 2 | 517. 385 86 | −1. 181 5 | 0. 011 701 | 0. 111 75 | LG15 | 15107228 | 15110746 | 1 187 | Plastid-lipid-associated protein |
| CEY00 _ Acc17490 | 0. 768 074 | 21. 931 092 | −4. 835 6 | 0. 006 723 6 | 0. 075 725 | LG15 | 15243137 | 15245209 | 1 266 | 1-aminocyclopropane-1-carboxylate oxidase |
| CEY00 _ Acc17495 | 50. 662 936 | 2. 562 158 6 | 4. 305 5 | 0. 019 571 | 0. 158 26 | LG15 | 15312022 | 15313029 | 1 008 | hypothetical protein |
| CEY00 _ Acc17505 | 24. 581 521 | 0. 954 196 1 | 4. 687 1 | 0. 001 163 3 | 0. 021 558 | LG15 | 15394381 | 15394849 | 469 | DNA-directed RNA polymerase subunit beta like |
| CEY00 _ Acc17506 | 35. 721 346 | 2. 319 928 1 | 3. 944 6 | 0. 041 583 | 0. 257 3 | LG15 | 15399834 | 15401162 | 1 329 | Acyl-CoA-sterol O-acyltransferase |
| CEY00 _ Acc17509 | 45. 211 232 | 175. 896 84 | −1. 96 | 0. 000 824 | 0. 016 742 | LG15 | 15428946 | 15437629 | 2 845 | E3 ubiquitin-protein like |
| CEY00 _ Acc17517 | 154. 193 17 | 432. 095 21 | −1. 486 6 | 0. 015 399 | 0. 134 82 | LG15 | 15510992 | 15515493 | 2 599 | Heterogeneous nuclear ribonucleoprotein like |
| CEY00 _ Acc17520 | 285. 815 26 | 605. 527 95 | −1. 083 1 | 0. 045 295 | 0. 271 22 | LG15 | 15542529 | 15546570 | 4 042 | Scarecrow-like protein |
| CEY00 _ Acc17539 | 301. 435 62 | 16. 394 32 | 4. 200 6 | 0. 001 130 9 | 0. 021 089 | LG15 | 15806549 | 15809304 | 1 318 | Serine/threonine-protein kinase |
| CEY00 _ Acc17579 | 46. 687 637 | 797. 530 09 | −4. 094 4 | 0. 023 754 | 0. 180 24 | LG16 | 325959 | 339128 | 4 859 | Serine/threonine-protein kinase |

（续）

| 基因 ID | miR160VS1 序列/条 | CK1 序列/条 | $log_2FC$ | *P* 值 | FDR | 染色体 | 起始位点 | 终止位点 | 长度/bp | 基因描述 |
|---|---|---|---|---|---|---|---|---|---|---|
| CEY00_Acc17588 | 664.030 53 | 1 599.688 7 | −1.268 5 | 0.024 069 | 0.181 55 | LG16 | 411502 | 416582 | 3 634 | Coatomer subunit beta-1 like |
| CEY00_Acc17593 | 496.989 29 | 214.766 56 | 1.210 4 | 0.017 861 | 0.149 34 | LG16 | 449260 | 460689 | 3 000 | Exocyst complex component EXO84B like |
| CEY00_Acc17594 | 46.366 898 | 4.132 562 2 | 3.488 | $6.35\times10^{-5}$ | 0.002 332 2 | LG16 | 460789 | 464757 | 3 075 | Glutamate receptor 2.8 like |
| CEY00_Acc17596 | 18.581 561 | 0.677 343 8 | 4.777 8 | 0.000 281 5 | 0.007 344 2 | LG16 | 484672 | 488490 | 3 246 | Glutamate receptor 2.8 like |
| CEY00_Acc17599 | 29.224 249 | 9.504 902 2 | 1.620 4 | 0.049 806 | 0.287 18 | LG16 | 509942 | 513841 | 2 968 | Glutamate receptor 2.8 like |
| CEY00_Acc17606 | 720.399 58 | 195.129 16 | 1.884 4 | 0.000 344 2 | 0.008 552 1 | LG16 | 564218 | 566542 | 2 325 | Mitogen-activated protein kinase |
| CEY00_Acc17608 | 321.641 | 87.642 707 | 1.875 7 | 0.014 825 | 0.131 44 | LG16 | 585238 | 588997 | 3 760 | Tyrosine-sulfated glycopeptide receptor like |
| CEY00_Acc17612 | 126.860 13 | 295.910 18 | −1.221 9 | 0.028 814 | 0.203 77 | LG16 | 653890 | 658469 | 2 405 | GDP-fucose protein like |
| CEY00_Acc17615 | 5.252 620 7 | 40.543 385 | −2.948 4 | 0.002 105 8 | 0.032 751 | LG16 | 676395 | 678023 | 1 314 | Transcription factor hamlet like |
| CEY00_Acc17619 | 26.962 7 | 6.255 804 1 | 2.107 7 | 0.047 93 | 0.281 23 | LG16 | 722586 | 727398 | 1 103 | Proteasome subunit alpha type-5 |
| CEY00_Acc17630 | 1 440.207 5 | 3 207.703 7 | −1.155 3 | 0.024 373 | 0.183 34 | LG16 | 836512 | 839732 | 2 179 | Ethylene-responsive transcription factor RAP2-12 like |
| CEY00_Acc17632 | 289.889 87 | 70.684 623 | 2.036 | 0.000 367 3 | 0.009 042 9 | LG16 | 863979 | 875271 | 3 219 | Phosphoinositide phosphatase |
| CEY00_Acc17635 | 116.842 27 | 7.126 152 7 | 4.035 3 | 0.020 167 | 0.161 8 | LG16 | 894942 | 896676 | 1 215 | Alpha crystallin/Hsp20 domain protein |
| CEY00_Acc17652 | 2.689 061 3 | 21.901 723 | −3.025 9 | 0.006 256 | 0.072 028 | LG16 | 1048961 | 1052586 | 1 322 | Polyketide synthase 19 |
| CEY00_Acc17656 | 32.514 067 | 4.848 209 2 | 2.745 5 | 0.001 844 9 | 0.029 88 | LG16 | 1119171 | 1122796 | 1 787 | Cytochrome P450 71A1 like |

（续）

| 基因 ID | miR160VS1 序列/条 | CK1 序列/条 | $log_2FC$ | $P$ 值 | FDR | 染色体 | 起始位点 | 终止位点 | 长度/bp | 基因描述 |
|---|---|---|---|---|---|---|---|---|---|---|
| CEY00_Acc17680 | 4 510.592 9 | 796.052 6 | 2.502 4 | 0.001 323 | 0.023 517 | LG16 | 1336179 | 1336872 | 694 | Auxilin-related protein |
| CEY00_Acc17682 | 79.697 237 | 219.652 59 | −1.462 6 | 0.014 047 | 0.126 29 | LG16 | 1346042 | 1352336 | 4 192 | Phospholipid-transporting ATPase |
| CEY00_Acc17686 | 4 079.190 9 | 123.995 74 | 5.039 9 | 0.001 003 6 | 0.019 337 | LG16 | 1390914 | 1395946 | 2 016 | Beta-fructofuranosidase, insoluble isoenzyme like |
| CEY00_Acc17696 | 832.186 49 | 160.089 41 | 2.378 | $1.03\times10^{-5}$ | 0.000 555 1 | LG16 | 1501955 | 1510696 | 1 600 | Trichohyalin like |
| CEY00_Acc17705 | 398.051 67 | 1 430.693 9 | −1.845 7 | 0.000 551 5 | 0.012 283 | LG16 | 1596717 | 1603892 | 5 068 | ABC transporter C family member 8 like |
| CEY00_Acc17716 | 110.391 51 | 5.678 766 1 | 4.280 9 | $1.96\times10^{-9}$ | $4.24\times10^{-7}$ | LG16 | 1712209 | 1713098 | 670 | TRNA-specific 2-thiouridylase |
| CEY00_Acc17719 | 1 087.010 9 | 262.126 47 | 2.052 | 0.000 150 5 | 0.004 532 | LG16 | 1733978 | 1739688 | 1 633 | IAA-amino acid hydrolase ILR1-like |
| CEY00_Acc17720 | 38.127 237 | 156.369 56 | −2.036 1 | 0.001 568 5 | 0.026 649 | LG16 | 1740910 | 1745984 | 2 091 | Choline monooxygenase |
| CEY00_Acc17730 | 111.074 6 | 20.143 728 | 2.463 1 | 0.008 703 6 | 0.091 033 | LG16 | 1846341 | 1849944 | 2 566 | hypothetical protein |
| CEY00_Acc17731 | 0.768 074 | 61.756 268 | −6.329 2 | 0.018 708 | 0.153 77 | LG16 | 1876446 | 1881692 | 3 888 | ATP-dependent 6-phosphofructokinase |
| CEY00_Acc17732 | 5 595.026 3 | 12 149.931 | −1.118 7 | 0.006 490 9 | 0.073 854 | LG16 | 1889933 | 1894930 | 1 317 | Acid phosphatase |
| CEY00_Acc17733 | 245.265 79 | 490.982 36 | −1.001 3 | 0.014 293 | 0.128 11 | LG16 | 1896022 | 1904333 | 936 | Vacuolar protein sorting-associated protein |
| CEY00_Acc17734 | 37.321 304 | 115.717 14 | −1.632 5 | 0.011 848 | 0.112 73 | LG16 | 1905213 | 1908810 | 826 | Profilin-4 like |
| CEY00_Acc17744 | 939.242 58 | 312.770 19 | 1.586 4 | 0.005 468 4 | 0.065 481 | LG16 | 1995976 | 2000158 | 1 493 | Transcription factor MYB1R1 like |

（续）

| 基因 ID | miR160VS1 序列/条 | CK1 序列/条 | $log_2FC$ | *P* 值 | FDR | 染色体 | 起始位点 | 终止位点 | 长度/bp | 基因描述 |
|---|---|---|---|---|---|---|---|---|---|---|
| CEY00_Acc17746 | 84.874 942 | 0.715 647 1 | 6.889 9 | $7.46\times10^{-7}$ | $6.76\times10^{-5}$ | LG16 | 2027037 | 2028098 | 927 | (−)-isopiperitenol/(−)-carveol dehydrogenase |
| CEY00_Acc17759 | 516.057 14 | 50.189 699 | 3.362 1 | $6.77\times10^{-10}$ | $1.67\times10^{-7}$ | LG16 | 2164008 | 2170894 | 3 288 | Zinc phosphodiesterase ELAC protein like |
| CEY00_Acc17761 | 127.710 07 | 304.764 07 | −1.254 8 | 0.025 865 | 0.190 71 | LG16 | 2179897 | 2181245 | 962 | Aquaporin TIP2-1 like |
| CEY00_Acc17772 | 65.803 429 | 166.158 02 | −1.336 3 | 0.013 186 | 0.121 19 | LG16 | 2298521 | 2302393 | 736 | Protein CURVATURE THYLAKOID 1C like |
| CEY00_Acc17786 | 61.329 277 | 133.627 06 | −1.123 6 | 0.024 905 | 0.185 85 | LG16 | 2382522 | 2386087 | 717 | Serine/arginine repetitive matrix protein |
| CEY00_Acc17803 | 8.877 073 2 | 0 | — | 0.005 139 3 | 0.062 381 | LG16 | 2542914 | 2544142 | 1 229 | F-box/kelch-repeat protein |
| CEY00_Acc17811 | 39.586 518 | 6.493 730 8 | 2.607 9 | 0.003 139 1 | 0.043 861 | LG16 | 2693461 | 2695201 | 825 | Protein TIFY 5A like |
| CEY00_Acc17827 | 185.777 84 | 66.191 282 | 1.488 9 | 0.005 232 4 | 0.063 185 | LG16 | 2845105 | 2850712 | 3 373 | Periodic tryptophan protein |
| CEY00_Acc17843 | 358.812 12 | 1 529.269 | −2.091 5 | $1.97\times10^{-5}$ | 0.000 933 9 | LG16 | 2991067 | 2992941 | 897 | Auxin-responsive protein |
| CEY00_Acc17852 | 60.555 587 | 276.140 22 | −2.189 1 | 0.000 103 4 | 0.003 390 2 | LG16 | 3089666 | 3090782 | 1 051 | hypothetical protein |
| CEY00_Acc17877 | 2 298.343 6 | 14 920.238 | −2.698 6 | $3\times10^{-7}$ | $3.13\times10^{-5}$ | LG16 | 3285116 | 3299496 | 6 020 | Protein TSS like |
| CEY00_Acc17880 | 124.167 84 | 30.866 402 | 2.008 2 | 0.000 958 6 | 0.018 735 | LG16 | 3326583 | 3332318 | 1 923 | Pyrophosphate-energized vacuolar membrane proton pump ($H^+$-PPase) like |
| CEY00_Acc17887 | 589.728 18 | 1 879.659 6 | −1.672 3 | 0.020 672 | 0.164 81 | LG16 | 3366932 | 3368546 | 1 615 | Protein O-mannosyltransferase |

（续）

| 基因 ID | miR160VS1 序列/条 | CK1 序列/条 | $log_2FC$ | $P$ 值 | FDR | 染色体 | 起始位点 | 终止位点 | 长度/bp | 基因描述 |
|---|---|---|---|---|---|---|---|---|---|---|
| CEY00_Acc17895 | 330.752 8 | 129.044 49 | 1.357 9 | 0.015 582 | 0.135 96 | LG16 | 3423489 | 3428801 | 1 648 | 30S ribosomal protein |
| CEY00_Acc17905 | 806.818 88 | 207.582 07 | 1.958 6 | 0.027 999 | 0.200 13 | LG16 | 3496899 | 3498282 | 1 384 | Zinc finger protein |
| CEY00_Acc17914 | 5.285 3 | 45.484 793 | −3.105 3 | 0.000 147 5 | 0.004 475 8 | LG16 | 3573422 | 3579163 | 1 872 | Shikimate O-hydroxycinnamoyltransferase |
| CEY00_Acc17915 | 97.334 561 | 28.295 392 | 1.782 4 | 0.008 767 | 0.091 55 | LG16 | 3587619 | 3589333 | 1 715 | Mitogen-activated protein kinase kinase |
| CEY00_Acc17926 | 338.921 73 | 17.383 138 | 4.285 2 | 0.001 637 1 | 0.027 446 | LG16 | 3660546 | 3663055 | 1 338 | WRKY transcription factor 40 |
| CEY00_Acc17928 | 3 310.505 5 | 6 767.812 8 | −1.031 6 | 0.017 553 | 0.147 63 | LG16 | 3684040 | 3685649 | 1 610 | CBL-interacting serine/threonine-protein kinase |
| CEY00_Acc17931 | 64.857 261 | 543.973 58 | −3.068 2 | $1.35\times10^{-7}$ | $1.62\times10^{-5}$ | LG16 | 3717280 | 3722438 | 1 466 | AP2-like ethylene-responsive transcription factor |
| CEY00_Acc17944 | 1 613.736 7 | 94.437 044 | 4.094 9 | 0.000 260 7 | 0.006 954 6 | LG16 | 3875226 | 3879519 | 2 299 | Respiratory burst oxidase protein like |
| CEY00_Acc17967 | 46.559 673 | 7.609 869 4 | 2.613 1 | 0.000 487 4 | 0.011 204 | LG16 | 4058629 | 4066191 | 1 961 | Protein BONZAI like |
| CEY00_Acc17975 | 9.922 812 5 | 52.851 066 | −2.413 1 | 0.006 121 1 | 0.070 995 | LG16 | 4186637 | 4190295 | 3 659 | Pentatricopeptide repeat-containing protein |
| CEY00_Acc17983 | 895.822 65 | 3 535.485 9 | −1.980 6 | 0.014 334 | 0.128 34 | LG16 | 4314712 | 4317375 | 857 | CASP-like protein |
| CEY00_Acc17984 | 21.614 449 | 166.748 49 | −2.947 6 | $2.97\times10^{-6}$ | 0.000 202 | LG16 | 4321841 | 4328308 | 4 117 | Protein FAM214A like |
| CEY00_Acc17989 | 76.180 706 | 25.554 954 | 1.575 8 | 0.010 54 | 0.103 93 | LG16 | 4373472 | 4376137 | 568 | Mitochondrial import inner membrane translocase |

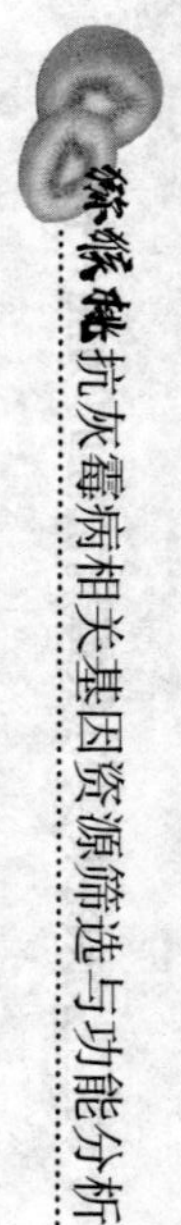


（续）

| 基因 ID | miR160VS1 序列/条 | CK1 序列/条 | $log_2FC$ | *P* 值 | FDR | 染色体 | 起始位点 | 终止位点 | 长度/bp | 基因描述 |
|---|---|---|---|---|---|---|---|---|---|---|
| CEY00_Acc17990 | 977.852 45 | 156.692 34 | 2.641 7 | $3.63\times10^{-6}$ | 0.000 238 | LG16 | 4378580 | 4384517 | 1 762 | Protein like |
| CEY00_Acc18007 | 259.422 44 | 1 753.925 2 | −2.757 2 | 0.000 138 2 | 0.004 247 2 | LG16 | 4543971 | 4546060 | 1 625 | Heavy metal-associated isoprenylated plant protein |
| CEY00_Acc18022 | 170.024 85 | 67.249 926 | 1.338 1 | 0.020 904 | 0.166 01 | LG16 | 4668967 | 4670510 | 1 121 | Ribonucleoside-diphosphate reductase small chain like |
| CEY00_Acc18024 | 1 013.324 6 | 499.918 69 | 1.019 3 | 0.031 165 | 0.214 51 | LG16 | 4687171 | 4695581 | 2 334 | Inactive purple acid phosphatase |
| CEY00_Acc18046 | 1 153.774 9 | 466.798 03 | 1.305 5 | 0.011 717 | 0.111 84 | LG16 | 4957404 | 4965940 | 4 128 | Transcription factor like |
| CEY00_Acc18051 | 784.766 67 | 110.833 95 | 2.823 9 | 0.006 035 | 0.070 296 | LG16 | 5019305 | 5029890 | 2 436 | Cellulose synthase-like protein |
| CEY00_Acc18056 | 215.547 34 | 661.336 48 | −1.617 4 | 0.001 205 2 | 0.022 098 | LG16 | 5057869 | 5068233 | 2 067 | UbiB domain protein |
| CEY00_Acc18062 | 771.871 04 | 2 044.725 | −1.405 5 | 0.011 837 | 0.112 66 | LG16 | 5129567 | 5131492 | 1 489 | GDSL esterase/lipase |
| CEY00_Acc18070 | 439.907 14 | 156.278 05 | 1.493 1 | 0.012 028 | 0.113 79 | LG16 | 5204182 | 5210982 | 2 897 | UDP-N-acetylglucosamine-peptide N-acetylglucosaminyltransferase SEC |
| CEY00_Acc18071 | 1 293.557 7 | 502.916 98 | 1.363 | 0.005 640 6 | 0.066 918 | LG16 | 5211762 | 5219153 | 2 972 | Programmed cell death protein |
| CEY00_Acc18074 | 2 368.837 4 | 889.591 26 | 1.413 | 0.003 064 9 | 0.043 029 | LG16 | 5248307 | 5252376 | 1 407 | BTB/POZ and TAZ domain-containing protein |
| CEY00_Acc18091 | 29.168 884 | 134.871 39 | −2.209 1 | 0.001 047 | 0.019 897 | LG16 | 5388082 | 5395043 | 2 298 | Serine/threonine-protein kinase |
| CEY00_Acc18095 | 665.477 24 | 1 899.101 1 | −1.512 9 | 0.002 723 6 | 0.039 39 | LG16 | 5425054 | 5425968 | 825 | Zyxin like |
| CEY00_Acc18096 | 651.812 26 | 140.294 85 | 2.216 | 0.000 480 4 | 0.011 089 | LG16 | 5435563 | 5437907 | 2 345 | Legume lectin domain protein |
| CEY00_Acc18099 | 79.808 789 | 207.246 58 | −1.376 7 | 0.024 511 | 0.183 83 | LG16 | 5457271 | 5457979 | 709 | 60S ribosomal protein like |

（续）

| 基因 ID | miR160VS1 序列/条 | CK1 序列/条 | $log_2FC$ | $P$ 值 | FDR | 染色体 | 起始位点 | 终止位点 | 长度/bp | 基因描述 |
|---|---|---|---|---|---|---|---|---|---|---|
| CEY00_Acc18125 | 25.766 311 | 83.984 642 | −1.704 6 | 0.021 261 | 0.167 71 | LG16 | 5796413 | 5800730 | 940 | RPII140-upstream protein |
| CEY00_Acc18150 | 12.871 612 | 0 | — | 0.007 250 2 | 0.079 869 | LG16 | 6147184 | 6149996 | 1 035 | Transcription factor like |
| CEY00_Acc18151 | 5.575 310 9 | 53.315 506 | −3.257 4 | 0.003 280 7 | 0.045 152 | LG16 | 6188012 | 6188824 | 722 | AC9 transposase |
| CEY00_Acc18157 | 8.034 905 7 | 0.223 078 9 | 5.170 7 | 0.027 708 | 0.198 66 | LG16 | 6259524 | 6260272 | 749 | ATP-dependent helicase/deoxyribonuclease subunit B like |
| CEY00_Acc18170 | 81.084 686 | 11.561 337 | 2.810 1 | 0.007 255 4 | 0.079 9 | LG16 | 6426571 | 6436254 | 2 940 | Calmodulin-binding protein 60 A like |
| CEY00_Acc18195 | 57.925 009 | 0.954 196 1 | 5.923 8 | $5.43\times10^{-7}$ | $5.14\times10^{-5}$ | LG16 | 6788200 | 6789448 | 1 249 | Ethylene-responsive transcription factor RAP2-11 like |
| CEY00_Acc18196 | 252.066 26 | 98.174 648 | 1.360 4 | 0.025 143 | 0.186 95 | LG16 | 6793372 | 6799479 | 1 108 | 40S ribosomal protein like |
| CEY00_Acc18213 | 25.580 666 | 3.098 078 1 | 3.045 6 | 0.006 716 8 | 0.075 725 | LG16 | 7043212 | 7048794 | 2 667 | HIPL1 protein |
| CEY00_Acc18214 | 812.698 14 | 290.666 38 | 1.483 4 | 0.007 819 3 | 0.084 082 | LG16 | 7052553 | 7061436 | 1 950 | WW domain-binding protein like |
| CEY00_Acc18218 | 1 297.787 2 | 39.399 27 | 5.041 7 | $1.97\times10^{-17}$ | $7.21\times10^{-14}$ | LG16 | 7097236 | 7101106 | 1 697 | 7-deoxyloganetin glucosyltransferase |
| CEY00_Acc18221 | 249.337 7 | 55.622 065 | 2.164 4 | 0.015 793 | 0.137 29 | LG16 | 7138751 | 7145020 | 6 270 | Pentatricopeptide repeat-containing protein |
| CEY00_Acc18233 | 6.249 759 9 | 0 | — | 0.018 932 | 0.155 07 | LG16 | 7278108 | 7286957 | 1 208 | Transmembrane protein |
| CEY00_Acc18242 | 846.663 63 | 16.698 432 | 5.664 | $5.64\times10^{-6}$ | 0.000 340 4 | LG16 | 7395855 | 7399839 | 1 858 | WRKY transcription factor 72 |
| CEY00_Acc18245 | 1 876.599 5 | 293.680 41 | 2.675 8 | $3.89\times10^{-5}$ | 0.001 585 3 | LG16 | 7427758 | 7438300 | 1 619 | Protein kinase |
| CEY00_Acc18254 | 5 207.443 6 | 110.809 74 | 5.554 4 | 0.000 779 | 0.016 137 | LG16 | 7574123 | 7576180 | 1 183 | EG45-like domain containing protein |

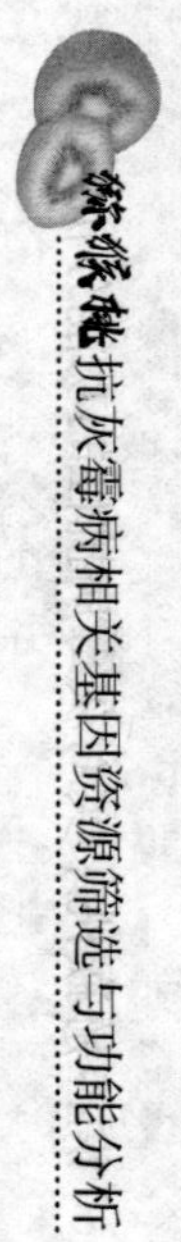


（续）

| 基因 ID | miR160VS1 序列/条 | CK1 序列/条 | $log_2FC$ | $P$ 值 | FDR | 染色体 | 起始位点 | 终止位点 | 长度/bp | 基因描述 |
|---|---|---|---|---|---|---|---|---|---|---|
| CEY00_Acc18272 | 172.659 24 | 65.452 802 | 1.399 4 | 0.009 991 2 | 0.100 06 | LG16 | 7783473 | 7786360 | 1 053 | Protein DCL like |
| CEY00_Acc18273 | 510.487 | 236.167 44 | 1.112 1 | 0.020 617 | 0.164 49 | LG16 | 7795612 | 7803277 | 2 033 | E3 ubiquitin ligase SUD1 |
| CEY00_Acc18281 | 19.122 576 | 0 | — | $1.27\times10^{-5}$ | 0.000 651 8 | LG16 | 7863425 | 7864367 | 943 | Calcium-binding protein CML47 |
| CEY00_Acc18315 | 258.373 95 | 599.546 45 | −1.214 4 | 0.046 229 | 0.274 49 | LG16 | 8356104 | 8369729 | 5 886 | S phase cyclin A-associated protein in the endoplasmic reticulum like |
| CEY00_Acc18316 | 251.781 | 689.097 27 | −1.452 5 | 0.005 447 4 | 0.065 27 | LG16 | 8377558 | 8384653 | 3 761 | Heparanase-like protein |
| CEY00_Acc18319 | 1 287.190 9 | 340.827 12 | 1.917 1 | 0.000 126 2 | 0.003 952 3 | LG16 | 8400115 | 8404585 | 2 409 | SNAP25ous protein |
| CEY00_Acc18330 | 287.027 05 | 14.126 973 | 4.344 7 | 0.002 279 8 | 0.034 654 | LG16 | 8528886 | 8533864 | 4 466 | Chaperone protein like |
| CEY00_Acc18335 | 881.487 49 | 355.150 71 | 1.311 5 | 0.023 817 | 0.180 58 | LG16 | 8589362 | 8591538 | 1 624 | DNAJ protein |
| CEY00_Acc18366 | 3 116.089 3 | 1 147.540 6 | 1.441 2 | 0.012 538 | 0.117 33 | LG16 | 8924974 | 8928143 | 1 440 | Alpha-1,4-glucan-protein synthase [UDP-forming] like |
| CEY00_Acc18380 | 393.996 77 | 870.052 09 | −1.142 9 | 0.045 176 | 0.270 73 | LG16 | 9219404 | 9228127 | 2 920 | Transcription factor like |
| CEY00_Acc18417 | 103.172 13 | 26.324 74 | 1.970 6 | 0.001 583 3 | 0.026 79 | LG16 | 10171424 | 10172624 | 1 054 | Proline-rich receptor-like protein kinase |
| CEY00_Acc18420 | 20.306 965 | 76.201 703 | −1.907 8 | 0.004 903 4 | 0.060 162 | LG16 | 10247086 | 10250860 | 3 180 | Histone-lysine N-methyltransferase |
| CEY00_Acc18421 | 361.580 01 | 68.185 159 | 2.406 8 | 0.003 098 7 | 0.043 392 | LG16 | 10271220 | 10272436 | 1 217 | Mitogen-activated protein kinase |
| CEY00_Acc18476 | 4 892.864 | 1 762.711 | 1.472 9 | 0.014 65 | 0.130 49 | LG16 | 11528687 | 11530734 | 2 048 | CBL-interacting serine/threonine-protein kinase |
| CEY00_Acc18489 | 32.245 994 | 82.490 723 | −1.355 1 | 0.027 272 | 0.196 77 | LG16 | 11813801 | 11816302 | 2 502 | Purine permease |

（续）

| 基因 ID | miR160VS1 序列/条 | CK1 序列/条 | $log_2FC$ | P 值 | FDR | 染色体 | 起始位点 | 终止位点 | 长度/bp | 基因描述 |
|---|---|---|---|---|---|---|---|---|---|---|
| CEY00 _ Acc18509 | 317.094 14 | 36.886 96 | 3.103 7 | 0.017 366 | 0.146 74 | LG16 | 12120044 | 12132360 | 2 361 | Calmodulin-binding protein 60 E like |
| CEY00 _ Acc18512 | 26.225 3 | 3.455 218 4 | 2.924 1 | 0.007 208 2 | 0.079 592 | LG16 | 12198578 | 12215106 | 863 | Hydroxyacylglutathione hydrolase |
| CEY00 _ Acc18513 | 502.064 22 | 28.908 244 | 4.118 3 | 0.006 449 5 | 0.073 547 | LG16 | 12220115 | 12222266 | 1 290 | Chitotriosidase-1 like |
| CEY00 _ Acc18518 | 29.773 998 | 1.908 392 2 | 3.963 6 | $6.86\times10^{-5}$ | 0.002 473 5 | LG16 | 12317731 | 12319813 | 1 586 | Endochitinase |
| CEY00 _ Acc18534 | 394.713 53 | 793.747 83 | −1.007 9 | 0.028 696 | 0.203 13 | LG16 | 12626658 | 12629311 | 1 324 | Zinc finger CCCH-type with G patch domain-containing protein |
| CEY00 _ Acc18535 | 491.868 93 | 105.710 97 | 2.218 1 | $3.41\times10^{-5}$ | 0.001 43 | LG16 | 12678823 | 12688112 | 1 535 | Homeobox protein like |
| CEY00 _ Acc18541 | 451.659 94 | 150.298 9 | 1.587 4 | 0.001 202 3 | 0.022 068 | LG16 | 12805824 | 12813305 | 6 557 | Glycerol-3-phosphate transporter 5 |
| CEY00 _ Acc18548 | 995.968 69 | 238.640 07 | 2.061 3 | 0.000 106 4 | 0.003 448 7 | LG16 | 12939672 | 12940770 | 1 099 | Valine-tRNA ligase |
| CEY00 _ Acc18574 | 408.858 31 | 1 092.044 4 | −1.417 4 | 0.004 427 2 | 0.055 669 | LG16 | 14436146 | 14446658 | 1 655 | ALA-interacting subunit like |
| CEY00 _ Acc18576 | 555.263 59 | 262.765 48 | 1.079 4 | 0.025 385 | 0.188 07 | LG16 | 14704594 | 14718056 | 3 108 | Calmodulin-binding protein 60 B like |
| CEY00 _ Acc18577 | 1.536 950 3 | 10.433 288 | −2.763 1 | 0.044 21 | 0.267 18 | LG16 | 14779243 | 14782892 | 1 055 | Xyloglucan endotransglucosylase/hydrolase protein |
| CEY00 _ Acc18584 | 902.734 2 | 54.289 615 | 4.055 6 | $5.29\times10^{-5}$ | 0.002 020 2 | LG16 | 15222229 | 15223862 | 1 634 | UDP-glucuronate 4-epimerase |
| CEY00 _ Acc18615 | 17 397.015 | 924.969 52 | 4.233 3 | $5.14\times10^{-6}$ | 0.000 317 4 | LG16 | 17375496 | 17376325 | 830 | Miraculin like |
| CEY00 _ Acc18633 | 28.413 156 | 77.655 168 | −1.450 5 | 0.044 884 | 0.269 61 | LG16 | 18210211 | 18224047 | 1 046 | Protein CHAPERONE-LIKE PROTEIN OF like |

（续）

| 基因 ID | miR160VS1 序列/条 | CK1 序列/条 | $log_2FC$ | $P$ 值 | FDR | 染色体 | 起始位点 | 终止位点 | 长度/bp | 基因描述 |
|---|---|---|---|---|---|---|---|---|---|---|
| CEY00 _ Acc18654 | 39.595 253 | 128.476 19 | −1.698 1 | 0.007 019 4 | 0.078 084 | LG16 | 18684545 | 18707130 | 1 008 | Histone deacetylase |
| CEY00 _ Acc18671 | 1 047.342 7 | 416.509 61 | 1.330 3 | 0.004 884 5 | 0.060 005 | LG16 | 18925833 | 18928571 | 2 739 | Signal recognition particle receptor subunit alpha like |
| CEY00 _ Acc18676 | 7.277 572 6 | 0 | — | 0.008 954 5 | 0.092 718 | LG16 | 19067127 | 19068525 | 1 399 | UDP-glycosyltransferase |
| CEY00 _ Acc18679 | 17.566 495 | 1.384 883 7 | 3.665 | 0.003 309 8 | 0.045 42 | LG16 | 20147323 | 20148621 | 1 204 | Dol-P-Glc：Glc(2)Man(9)GlcNAc(2)-PP-Dol alpha-1, 2-glucosyltransferase |
| CEY00 _ Acc18680 | 47.035 019 | 8.338 049 4 | 2.496 | 0.041 6 | 0.257 36 | LG16 | 20149603 | 20150235 | 633 | Isoleucine-tRNA ligase |
| CEY00 _ Acc18703 | 30.499 455 | 97.729 034 | −1.68 | 0.034 31 | 0.227 95 | LG16 | 20978451 | 20987311 | 1 663 | Caffeoylshikimate esterase |
| CEY00 _ Acc18709 | 131.962 59 | 303.956 65 | −1.203 7 | 0.022 792 | 0.175 64 | LG16 | 21275216 | 21315464 | 2 090 | 3,4-dihydroxy-2-butanone kinase |
| CEY00 _ Acc18742 | 636.713 94 | 36.596 208 | 4.120 9 | 0.017 058 | 0.144 66 | LG16 | 22400884 | 22404093 | 1 287 | Protein PLANT CADMIUM RESISTANCE like |
| CEY00 _ Acc18743 | 347.266 32 | 848.151 75 | −1.288 3 | 0.016 286 | 0.140 24 | LG16 | 22406532 | 22454974 | 4 171 | DENN domain and WD repeat-containing protein |
| CEY00 _ Acc18753 | 966.929 14 | 94.772 895 | 3.350 9 | 0.001 240 8 | 0.022 48 | LG16 | 22739704 | 22743606 | 2 548 | Wall-associated receptor kinase-like |
| CEY00 _ Acc18778 | 194.366 | 41.833 377 | 2.216 | 0.004 006 5 | 0.051 907 | LG16 | 23279874 | 23292755 | 6 221 | Peroxidase |
| CEY00 _ Acc18784 | 61.203 374 | 130.637 69 | −1.093 9 | 0.035 494 | 0.232 97 | LG16 | 23405337 | 23417332 | 4 449 | Sucrose-phosphate synthase |
| CEY00 _ Acc18786 | 58.786 798 | 6.271 396 2 | 3.228 6 | 0.000 465 3 | 0.010 846 | LG16 | 23427647 | 23431922 | 1 294 | MLO-like protein |
| CEY00 _ Acc18789 | 241.815 95 | 35.419 677 | 2.771 3 | 0.003 390 1 | 0.046 157 | LG16 | 23487429 | 23493423 | 1 509 | Dual specificity protein kinase |

（续）

| 基因 ID | miR160VS1 序列/条 | CK1 序列/条 | $log_2FC$ | $P$ 值 | FDR | 染色体 | 起始位点 | 终止位点 | 长度/bp | 基因描述 |
|---|---|---|---|---|---|---|---|---|---|---|
| CEY00_Acc18794 | 56.424 293 | 6.822 163 5 | 3.048 | 0.016 622 | 0.142 2 | LG16 | 23532919 | 23533739 | 821 | Lamin tail domain-containing protein |
| CEY00_Acc18797 | 282.054 6 | 1 138.858 1 | −2.013 5 | 0.006 909 3 | 0.077 251 | LG16 | 23557690 | 23564756 | 5 654 | Phytochrome like |
| CEY00_Acc18799 | 137.497 09 | 45.982 858 | 1.580 2 | 0.006 057 2 | 0.070 478 | LG16 | 23571621 | 23576534 | 2 685 | Nuclear pore complex protein like |
| CEY00_Acc18803 | 200.002 95 | 1 857.340 8 | −3.215 1 | $2.99\times10^{-9}$ | $6.04\times10^{-7}$ | LG16 | 23646838 | 23648626 | 1 609 | Transcription factor like |
| CEY00_Acc18822 | 8.418 541 5 | 41.292 827 | −2.294 2 | 0.009 908 9 | 0.099 433 | LG17 | 14014476 | 14017410 | 2 935 | Pentatricopeptide repeat-containing protein |
| CEY00_Acc18830 | 3 673.191 2 | 13 970.008 | −1.927 2 | $4.88\times10^{-5}$ | 0.001 905 3 | LG17 | 14106014 | 14107390 | 1 268 | Eukaryotic translation initiation factor 4E transporter like |
| CEY00_Acc18853 | 103.664 2 | 251.935 02 | −1.281 1 | 0.012 199 | 0.115 14 | LG17 | 361015 | 369181 | 5 664 | Porphobilinogen deaminase |
| CEY00_Acc18858 | 158.952 39 | 373.621 02 | −1.233 | 0.012 33 | 0.116 01 | LG17 | 420461 | 430068 | 1 624 | Protein like |
| CEY00_Acc18862 | 85.527 127 | 335.420 53 | −1.971 5 | 0.000 730 9 | 0.015 334 | LG17 | 476037 | 487353 | 1 725 | Serine/threonine-protein kinase |
| CEY00_Acc18863 | 55.363 109 | 344.888 12 | −2.639 1 | $4.38\times10^{-6}$ | 0.000 279 | LG17 | 500423 | 501817 | 1 395 | ATP-dependent RNA helicase |
| CEY00_Acc18871 | 177.127 17 | 394.795 68 | −1.156 3 | 0.024 839 | 0.185 44 | LG17 | 589030 | 594887 | 2 239 | Thioredoxin like |
| CEY00_Acc18879 | 6.572 048 9 | 0 | — | 0.017 425 | 0.146 98 | LG17 | 704161 | 717306 | 3 574 | LRR receptor-like serine/threonine-protein kinase |
| CEY00_Acc18885 | 189.886 4 | 413.291 45 | −1.122 | 0.043 311 | 0.263 57 | LG17 | 772831 | 777794 | 4 964 | V-type proton ATPase subunit D like |

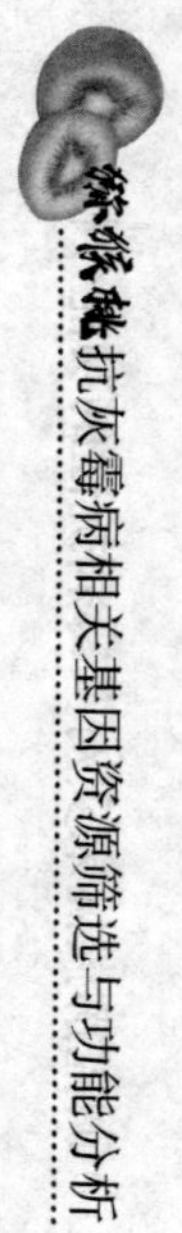


（续）

| 基因 ID | miR160VS1 序列/条 | CK1 序列/条 | $log_2FC$ | *P* 值 | FDR | 染色体 | 起始位点 | 终止位点 | 长度/bp | 基因描述 |
|---|---|---|---|---|---|---|---|---|---|---|
| CEY00_Acc18886 | 462.839 7 | 112.633 94 | 2.038 9 | 0.019 223 | 0.156 4 | LG17 | 785244 | 788488 | 2 597 | Heat stress transcription factor A-4b like |
| CEY00_Acc18900 | 419.036 9 | 859.950 9 | −1.037 2 | 0.024 276 | 0.182 73 | LG17 | 950202 | 953818 | 2 617 | ATP-dependent zinc metalloprotease FTSH 2 like |
| CEY00_Acc18908 | 54.513 701 | 19.679 989 | 1.469 9 | 0.022 524 | 0.174 33 | LG17 | 1050480 | 1054328 | 1 472 | Aspartate aminotransferase |
| CEY00_Acc18909 | 526.244 11 | 1 112.163 3 | −1.079 6 | 0.031 106 | 0.214 19 | LG17 | 1055022 | 1061887 | 1 877 | Shaggy-related protein kinase zeta |
| CEY00_Acc18926 | 12.427 432 | 0.219 397 4 | 5.823 8 | 0.002 686 8 | 0.039 003 | LG17 | 1397364 | 1402877 | 1 457 | Protein trichome birefringence-like |
| CEY00_Acc18928 | 10.859 808 | 37.486 465 | −1.787 4 | 0.027 291 | 0.196 82 | LG17 | 1409280 | 1417012 | 2 066 | Transcription factor like |
| CEY00_Acc18931 | 2 007.982 | 61.913 467 | 5.019 3 | $1.21\times10^{-13}$ | $1.02\times10^{-10}$ | LG17 | 1448772 | 1449833 | 1 062 | RING-H2 finger protein |
| CEY00_Acc18939 | 109.522 33 | 25.208 98 | 2.119 2 | 0.001 763 9 | 0.029 054 | LG17 | 1529369 | 1535495 | 6 127 | Anthocyanidin 3-O-glucoside 2″-O-glucosyltransferase |
| CEY00_Acc18940 | 706.517 01 | 27.964 726 | 4.659 | 0.017 739 | 0.148 66 | LG17 | 1548906 | 1549838 | 933 | Fasciclin-like arabinogalactan protein |
| CEY00_Acc18941 | 161.064 49 | 7.757 208 | 4.376 | $6.03\times10^{-11}$ | $2.09\times10^{-8}$ | LG17 | 1573729 | 1574571 | 843 | Glutaredoxin-C9 like |
| CEY00_Acc18954 | 2 821.996 9 | 121.420 8 | 4.538 6 | $8.78\times10^{-5}$ | 0.002 976 3 | LG17 | 1740778 | 1742068 | 469 | Frizzled and smoothened-like protein |
| CEY00_Acc18955 | 69.244 497 | 4.024 393 1 | 4.104 9 | 0.002 204 4 | 0.033 758 | LG17 | 1746878 | 1747974 | 420 | Fusaric acid cluster transcription factor |
| CEY00_Acc18956 | 20.483 017 | 2.347 187 | 3.125 4 | 0.003 493 9 | 0.047 14 | LG17 | 1754338 | 1755403 | 414 | Fusaric acid cluster transcription factor |
| CEY00_Acc18958 | 12.562 07 | 0.954 196 1 | 3.718 6 | 0.011 214 | 0.108 58 | LG17 | 1767408 | 1768468 | 426 | Protein mms22 like |

（续）

| 基因 ID | miR160VS1 序列/条 | CK1 序列/条 | $log_2FC$ | $P$ 值 | FDR | 染色体 | 起始位点 | 终止位点 | 长度/bp | 基因描述 |
|---|---|---|---|---|---|---|---|---|---|---|
| CEY00_Acc18962 | 1 991.744 | 55.235 082 | 5.172 3 | 0.010 908 | 0.106 66 | LG17 | 1793278 | 1797533 | 1 535 | Tyrosine aminotransferase |
| CEY00_Acc18963 | 608.485 71 | 72.015 629 | 3.078 8 | 0.001 289 9 | 0.023 172 | LG17 | 1810035 | 1810850 | 816 | Ethylene-responsive transcription factor 4 like |
| CEY00_Acc18967 | 120.004 58 | 1.669 843 2 | 6.167 2 | 0.002 052 | 0.032 157 | LG17 | 1870591 | 1872072 | 1 097 | Xyloglucan endotransglucosylase/hydrolase |
| CEY00_Acc18984 | 304.179 71 | 31.492 03 | 3.271 9 | 0.000 319 2 | 0.008 089 3 | LG17 | 2085571 | 2086444 | 874 | PR domain zinc finger protein |
| CEY00_Acc18994 | 2 376.500 3 | 103.544 27 | 4.520 5 | $1.07\times10^{-9}$ | $2.58\times10^{-7}$ | LG17 | 2232786 | 2234107 | 1 322 | E3 ubiquitin-protein like |
| CEY00_Acc18997 | 38.202 478 | 4.293 882 4 | 3.153 3 | 0.001 126 6 | 0.021 023 | LG17 | 2258166 | 2261660 | 2 580 | Protein ACCELERATED CELL DEATH like |
| CEY00_Acc19001 | 156.817 75 | 51.903 232 | 1.595 2 | 0.004 783 9 | 0.059 032 | LG17 | 2296941 | 2301991 | 1 460 | Clathrin light chain like |
| CEY00_Acc19002 | 72.779 301 | 23.395 602 | 1.637 3 | 0.045 578 | 0.272 24 | LG17 | 2306376 | 2309779 | 2 151 | Polyol transporter like |
| CEY00_Acc19007 | 1 492.086 3 | 402.974 69 | 1.888 6 | 0.000 512 3 | 0.011 653 | LG17 | 2375547 | 2379404 | 2 321 | Serine/threonine-protein kinase |
| CEY00_Acc19008 | 41.952 178 | 0 | — | 0.039 615 | 0.249 83 | LG17 | 2399147 | 2399955 | 809 | Photosystem Ⅱ repair protein like |
| CEY00_Acc19019 | 34.009 603 | 99.117 026 | −1.543 2 | 0.015 398 | 0.134 82 | LG17 | 2513808 | 2523708 | 7 369 | Disease resistance protein |
| CEY00_Acc19023 | 32.464 263 | 8.558 773 7 | 1.923 4 | 0.022 687 | 0.175 18 | LG17 | 2587584 | 2597458 | 2 219 | External alternative NAD(P)H-ubiquinone oxidoreductase |
| CEY00_Acc19024 | 169.239 76 | 15.193 346 | 3.477 6 | 0.005 254 2 | 0.063 331 | LG17 | 2600884 | 2607910 | 1 894 | External alternative NAD(P)H-ubiquinone oxidoreductase |

（续）

| 基因 ID | miR160VS1 序列/条 | CK1 序列/条 | $log_2FC$ | *P* 值 | FDR | 染色体 | 起始位点 | 终止位点 | 长度/bp | 基因描述 |
|---|---|---|---|---|---|---|---|---|---|---|
| CEY00 _ Acc19025 | 10.412 82 | 0.238 549 | 5.447 9 | 0.005 193 8 | 0.062 811 | LG17 | 2609204 | 2611089 | 1 886 | Meiosis-specific nuclear structural protein |
| CEY00 _ Acc19026 | 15.788 937 | 238.377 28 | −3.916 3 | $7.89\times10^{-5}$ | 0.002 744 7 | LG17 | 2634722 | 2635719 | 998 | Protein of unknown function wound-induced protein |
| CEY00 _ Acc19027 | 0 | 17.914 806 | — | 0.043 334 | 0.263 57 | LG17 | 2645333 | 2650569 | 1 432 | Vesicle-associated protein like |
| CEY00 _ Acc19028 | 36.411 06 | 90.066 712 | −1.306 6 | 0.019 321 | 0.156 89 | LG17 | 2680690 | 2681298 | 609 | CRISPR-associated endonuclease |
| CEY00 _ Acc19030 | 75.551 794 | 487.911 27 | −2.691 1 | 0.001 524 6 | 0.026 065 | LG17 | 2688120 | 2688718 | 599 | GTPase-activating protein |
| CEY00 _ Acc19033 | 694.439 05 | 2 512.620 3 | −1.855 3 | $2.3\times10^{-5}$ | 0.001 046 8 | LG17 | 2709301 | 2716463 | 1 314 | Protein THYLAKOID like |
| CEY00 _ Acc19040 | 1 105.543 8 | 402.015 93 | 1.459 4 | 0.004 642 2 | 0.057 672 | LG17 | 2828069 | 2832658 | 1 180 | Cytochrome b6-f complex iron-sulfur subunit 2 like |
| CEY00 _ Acc19041 | 3.073 499 4 | 17.870 711 | −2.539 6 | 0.018 816 | 0.154 43 | LG17 | 2852805 | 2855691 | 1 382 | Cyclin-D6-1 like |
| CEY00 _ Acc19047 | 94.730 335 | 13.751 008 | 2.784 3 | 0.016 331 | 0.140 59 | LG17 | 2981064 | 2981938 | 875 | Calcium-binding protein |
| CEY00 _ Acc19059 | 3 379.611 2 | 423.389 15 | 2.996 8 | 0.008 54 | 0.089 635 | LG17 | 3147485 | 3152287 | 2 796 | G-type lectin S-receptor-like serine/threonine-protein kinase |
| CEY00 _ Acc19060 | 1 006.259 3 | 491.935 37 | 1.032 5 | 0.032 765 | 0.221 8 | LG17 | 3165625 | 3167342 | 1 718 | STOREKEEPER protein |
| CEY00 _ Acc19062 | 18.715 798 | 0.477 098 | 5.293 8 | 0.004 370 9 | 0.055 213 | LG17 | 3198061 | 3199292 | 962 | Uclacyanin 1 like |
| CEY00 _ Acc19063 | 114.847 79 | 2.146 941 2 | 5.741 3 | $5.68\times10^{-13}$ | $3.81\times10^{-10}$ | LG17 | 3206383 | 3207930 | 964 | Cysteine-rich repeat secretory protein |
| CEY00 _ Acc19075 | 11.284 457 | 1.192 745 1 | 3.242 | 0.018 471 | 0.152 35 | LG17 | 3383351 | 3384863 | 1 513 | VQ motif-containing protein |

（续）

| 基因 ID | miR160VS1 序列/条 | CK1 序列/条 | $log_2FC$ | P 值 | FDR | 染色体 | 起始位点 | 终止位点 | 长度/bp | 基因描述 |
|---|---|---|---|---|---|---|---|---|---|---|
| CEY00 _ Acc19077 | 22.619 119 | 85.625 494 | −1.920 5 | 0.012 46 | 0.116 84 | LG17 | 3414379 | 3427027 | 11 689 | Protein FAR1-RELATED SE-QUENCE like |
| CEY00 _ Acc19081 | 1 089.78 | 2 983.078 9 | −1.452 8 | 0.009 447 7 | 0.096 331 | LG17 | 3469934 | 3482864 | 10 734 | Myosin-10 like |
| CEY00 _ Acc19091 | 431.528 92 | 892.274 62 | −1.048 | 0.017 681 | 0.148 4 | LG17 | 3672474 | 3676578 | 2 576 | Reticulon-like protein |
| CEY00 _ Acc19092 | 96.295 261 | 235.387 36 | −1.289 5 | 0.035 121 | 0.231 15 | LG17 | 3676710 | 3679854 | 3 055 | Reticulon-like protein |
| CEY00 _ Acc19093 | 15.407 708 | 57.463 038 | −1.899 | 0.006 139 7 | 0.071 113 | LG17 | 3684909 | 3689823 | 1 139 | Oxygen-evolving enhancer protein like |
| CEY00 _ Acc19097 | 251.755 14 | 621.753 85 | −1.304 3 | 0.010 322 | 0.102 42 | LG17 | 3747107 | 3754064 | 3 029 | Receptor-like protein kinase |
| CEY00 _ Acc19098 | 23.347 384 | 105.096 55 | −2.170 4 | 0.001 315 7 | 0.023 44 | LG17 | 3763192 | 3768295 | 5 104 | Protein PopB like |
| CEY00 _ Acc19104 | 528.435 65 | 35.693 958 | 3.888 | 0.000 180 8 | 0.005 244 9 | LG17 | 3944276 | 3945374 | 447 | hypothetical protein |
| CEY00 _ Acc19111 | 308.181 2 | 52.377 433 | 2.556 8 | 0.006 059 2 | 0.070 478 | LG17 | 4054979 | 4056123 | 1 145 | F-box/LRR-repeat protein |
| CEY00 _ Acc19116 | 270.139 64 | 51.022 083 | 2.404 5 | $8.04\times10^{-6}$ | 0.000 448 5 | LG17 | 4116028 | 4126687 | 2 484 | Calcium-dependent protein kinase |
| CEY00 _ Acc19128 | 68.234 21 | 18.670 41 | 1.869 7 | 0.022 571 | 0.174 57 | LG17 | 4313072 | 4320451 | 3 629 | LRR receptor-like serine/threonine-protein kinase |
| CEY00 _ Acc19136 | 864.571 3 | 37.535 556 | 4.525 7 | $2.13\times10^{-11}$ | $8.21\times10^{-9}$ | LG17 | 4489363 | 4497796 | 3 551 | Phosphoenolpyruvate carboxylase |
| CEY00 _ Acc19137 | 10.639 879 | 0.715 647 1 | 3.894 1 | 0.016 143 | 0.139 33 | LG17 | 4535702 | 4536754 | 1 053 | Epidermis-specific secreted glyco-protein |
| CEY00 _ Acc19150 | 485.187 74 | 10.957 785 | 5.468 5 | 0.001 000 3 | 0.019 301 | LG17 | 4712512 | 4715055 | 2 544 | G-type lectin S-receptor-like serine/threonine-protein kinase |

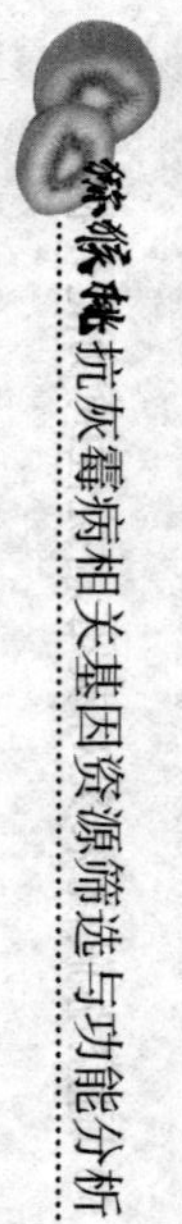


（续）

| 基因 ID | miR160VS1 序列/条 | CK1 序列/条 | $log_2FC$ | $P$ 值 | FDR | 染色体 | 起始位点 | 终止位点 | 长度/bp | 基因描述 |
|---|---|---|---|---|---|---|---|---|---|---|
| CEY00_Acc19152 | 399.936 11 | 150.437 01 | 1.410 6 | 0.003 609 1 | 0.048 122 | LG17 | 4732658 | 4739042 | 6 385 | IRK-interacting protein |
| CEY00_Acc19160 | 203.360 17 | 75.410 184 | 1.431 2 | 0.032 125 | 0.218 83 | LG17 | 16810076 | 16812460 | 2 385 | Alpha-1,6-mannosyl-glycoprotein like |
| CEY00_Acc19167 | 3 960.219 6 | 1 949.077 6 | 1.022 8 | 0.025 067 | 0.186 59 | LG17 | 16986543 | 16993779 | 2 980 | Acetyl-CoA acetyltransferase |
| CEY00_Acc19181 | 17.783 616 | 0.477 098 | 5.220 1 | 0.000 279 5 | 0.007 309 | LG17 | 17309326 | 17310662 | 870 | Heavy metal-associated isoprenylated plant protein |
| CEY00_Acc19183 | 22.278 503 | 3.578 235 3 | 2.638 3 | 0.016 055 | 0.138 79 | LG17 | 17380877 | 17382435 | 833 | Heavy metal-associated isoprenylated plant protein |
| CEY00_Acc19187 | 10.185 761 | 0.684 706 8 | 3.894 9 | 0.040 492 | 0.253 03 | LG17 | 4994775 | 5009142 | 4 372 | Cytoplasmic dynein 2 heavy chain like |
| CEY00_Acc19193 | 15.353 491 | 1.142 653 2 | 3.748 1 | 0.003 750 4 | 0.049 294 | LG17 | 5200558 | 5202300 | 1 743 | Serine/threonine-protein kinase |
| CEY00_Acc19194 | 32.994 136 | 6.913 996 3 | 2.254 6 | 0.015 037 | 0.132 72 | LG17 | 5202928 | 5209621 | 4 709 | Leucine-rich repeat receptor-like serine/threonine-protein kinase |
| CEY00_Acc19195 | 1 616.531 3 | 28.747 912 | 5.813 3 | $3.97\times10^{-7}$ | $3.97\times10^{-5}$ | LG17 | 5230439 | 5232819 | 1 015 | Glutathione S-transferase |
| CEY00_Acc19196 | 2 105.451 2 | 72.841 922 | 4.853 2 | $2.82\times10^{-7}$ | $2.98\times10^{-5}$ | LG17 | 5308819 | 5310150 | 813 | Glutathione S-transferase |
| CEY00_Acc19197 | 66.247 554 | 0.684 706 8 | 6.596 2 | $3.03\times10^{-9}$ | $6.08\times10^{-7}$ | LG17 | 5319104 | 5320769 | 837 | Glutathione S-transferase |
| CEY00_Acc19198 | 957.585 65 | 37.520 574 | 4.673 6 | $4.08\times10^{-7}$ | $4.06\times10^{-5}$ | LG17 | 5373715 | 5375672 | 936 | Glutathione S-transferase |
| CEY00_Acc19199 | 759.941 33 | 20.022 648 | 5.246 2 | $3.36\times10^{-16}$ | $7.13\times10^{-13}$ | LG17 | 5399974 | 5401672 | 918 | Glutathione S-transferase |

（续）

| 基因 ID | miR160VS1 序列/条 | CK1 序列/条 | $log_2FC$ | *P* 值 | FDR | 染色体 | 起始位点 | 终止位点 | 长度/bp | 基因描述 |
|---|---|---|---|---|---|---|---|---|---|---|
| CEY00_Acc19200 | 25.954 765 | 2.704 205 3 | 3.262 7 | 0.001 747 6 | 0.028 856 | LG17 | 5438200 | 5440412 | 2 213 | 9-cis-epoxycarotenoid dioxygenase |
| CEY00_Acc19207 | 18 827.865 | 988.818 02 | 4.251 | $1.82\times10^{-13}$ | $1.5\times10^{-10}$ | LG17 | 5777585 | 5779347 | 1 156 | 2-oxoglutarate-dependent dioxygenase |
| CEY00_Acc19208 | 3 378.145 1 | 147.408 16 | 4.518 3 | 0.003 336 1 | 0.045 648 | LG17 | 5817879 | 5819787 | 1 118 | 2-oxoglutarate-dependent dioxygenase |
| CEY00_Acc19212 | 386.437 81 | 19.545 55 | 4.305 3 | $6.94\times10^{-5}$ | 0.002 490 7 | LG17 | 6014729 | 6015483 | 755 | 2-oxoglutarate-dependent dioxygenase |
| CEY00_Acc19215 | 329.395 47 | 160.650 61 | 1.035 9 | 0.048 | 0.281 35 | LG17 | 6089599 | 6097948 | 2 783 | C2 domain-containing protein |
| CEY00_Acc19224 | 319.345 75 | 11.292 714 | 4.821 7 | $3.06\times10^{-15}$ | $4.53\times10^{-12}$ | LG17 | 6238534 | 6240680 | 1 509 | Mannitol dehydrogenase |
| CEY00_Acc19235 | 40.553 787 | 11.406 758 | 1.829 9 | 0.035 91 | 0.234 46 | LG17 | 6396273 | 6405930 | 1 429 | Protein trichome birefringence-like |
| CEY00_Acc19236 | 916.566 89 | 66.180 956 | 3.791 8 | $5.85\times10^{-6}$ | 0.000 350 7 | LG17 | 6427942 | 6442843 | 3 378 | LRR receptor-like serine/threonine-protein kinase |
| CEY00_Acc19243 | 86.809 844 | 32.761 395 | 1.405 9 | 0.015 347 | 0.134 51 | LG17 | 6666470 | 6675949 | 2 082 | LysM domain receptor-like kinase |
| CEY00_Acc19249 | 9.602 529 4 | 47.177 674 | −2.296 6 | 0.006 358 | 0.072 719 | LG17 | 6901663 | 6905677 | 2 107 | Protein NRT1/PTR FAMILY 6.4 like |
| CEY00_Acc19252 | 9 165.888 9 | 348.918 81 | 4.715 3 | 0.000 470 6 | 0.010 911 | LG17 | 7008500 | 7010484 | 1 382 | 1-aminocyclopropane-1-carboxylate oxidase |
| CEY00_Acc19271 | 35.041 828 | 104.649 24 | −1.578 4 | 0.004 618 8 | 0.057 507 | LG17 | 7777148 | 7785158 | 1 157 | Dual specificity protein kinase |
| CEY00_Acc19276 | 82.881 521 | 27.358 859 | 1.599 | 0.021 002 | 0.166 52 | LG17 | 7924410 | 7926807 | 2 079 | Serine/threonine-protein kinase |

（续）

| 基因 ID | miR160VS1 序列/条 | CK1 序列/条 | $log_2FC$ | *P* 值 | FDR | 染色体 | 起始位点 | 终止位点 | 长度/bp | 基因描述 |
|---|---|---|---|---|---|---|---|---|---|---|
| CEY00 _ Acc19291 | 248.722 45 | 614.376 7 | −1.304 6 | 0.022 888 | 0.175 96 | LG17 | 8588805 | 8595100 | 3 742 | WRKY transcription factor |
| CEY00 _ Acc19295 | 14.287 474 | 0.954 196 1 | 3.904 3 | 0.039 934 | 0.250 88 | LG17 | 8944178 | 8945164 | 987 | Photosystem Ⅰ reaction center subunit Ⅴ like |
| CEY00 _ Acc19315 | 99.626 092 | 264.606 29 | −1.409 3 | 0.022 431 | 0.173 81 | LG17 | 9411893 | 9417453 | 3 040 | Serine/threonine-protein kinase |
| CEY00 _ Acc19332 | 353.086 12 | 139.526 18 | 1.339 5 | 0.031 955 | 0.218 03 | LG17 | 9673379 | 9674948 | 1 570 | Nuclear transcription factor Y subunit B-10 like |
| CEY00 _ Acc19334 | 253.590 25 | 54.762 057 | 2.211 3 | $7.35\times10^{-5}$ | 0.002 593 7 | LG17 | 9696226 | 9700596 | 1 614 | Cysteine synthase |
| CEY00 _ Acc19336 | 68.076 576 | 19.680 49 | 1.790 4 | 0.015 627 | 0.136 24 | LG17 | 9709859 | 9713615 | 3 269 | Two-pore potassium channel like |
| CEY00 _ Acc19341 | 75.667 958 | 29.540 544 | 1.357 | 0.044 559 | 0.268 4 | LG17 | 9786408 | 9790886 | 2 773 | ABC transporter C family member 3 like |
| CEY00 _ Acc19349 | 7 421.950 3 | 873.392 33 | 3.087 1 | $3.75\times10^{-9}$ | $7.42\times10^{-7}$ | LG17 | 9916318 | 9919108 | 2 015 | Protein HYPER-SENSITIVITY-RELATED like |
| CEY00 _ Acc19355 | 3.041 221 3 | 34.641 54 | −3.509 8 | 0.001 177 4 | 0.021 746 | LG17 | 10029211 | 10039039 | 2 413 | Soluble inorganic pyrophosphatase |
| CEY00 _ Acc19356 | 39.149 067 | 107.939 74 | −1.463 2 | 0.023 372 | 0.178 69 | LG17 | 10062876 | 10067274 | 1 654 | Transmembrane protein |
| CEY00 _ Acc19357 | 278.335 59 | 135.847 53 | 1.034 8 | 0.043 019 | 0.262 77 | LG17 | 10586654 | 10589463 | 2 245 | Serine/threonine-protein kinase |
| CEY00 _ Acc19358 | 126.570 83 | 415.274 87 | −1.714 1 | 0.004 118 1 | 0.053 08 | LG17 | 10597632 | 10601277 | 3 646 | hypothetical protein |
| CEY00 _ Acc19368 | 14.886 225 | 59.968 407 | −2.010 2 | 0.007 983 2 | 0.085 371 | LG17 | 10766626 | 10774783 | 1 460 | Ninja-family protein |
| CEY00 _ Acc19375 | 1 708.25 | 669.276 53 | 1.351 8 | 0.013 611 | 0.123 47 | LG17 | 10864652 | 10865422 | 771 | Eukaryotic translation initiation factor 1A like |

（续）

| 基因 ID | miR160VS1 序列/条 | CK1 序列/条 | $log_2FC$ | $P$ 值 | FDR | 染色体 | 起始位点 | 终止位点 | 长度/bp | 基因描述 |
|---|---|---|---|---|---|---|---|---|---|---|
| CEY00_Acc19380 | 22.838 647 | 66.764 556 | −1.547 6 | 0.036 297 | 0.236 19 | LG17 | 10933865 | 10945006 | 4 184 | Phosphatidate cytidylyltransferase |
| CEY00_Acc19381 | 13.612 624 | 38.397 106 | −1.496 1 | 0.023 233 | 0.177 77 | LG17 | 10946837 | 10951526 | 996 | Hydrogenase expression/formation protein like |
| CEY00_Acc19386 | 54.761 896 | 22.627 048 | 1.275 1 | 0.042 938 | 0.262 72 | LG17 | 11020717 | 11027070 | 1 896 | Protein of unknown function DUF3537 protein |
| CEY00_Acc19395 | 95.490 587 | 15.914 041 | 2.585 1 | $9.96\times10^{-5}$ | 0.003 292 | LG17 | 11203675 | 11205139 | 1 465 | Mitogen-activated protein kinase kinase |
| CEY00_Acc19402 | 45.325 937 | 110.711 | −1.288 4 | 0.040 628 | 0.253 49 | LG17 | 11353877 | 11361880 | 3 274 | Bromodomain and PHD finger-containing protein |
| CEY00_Acc19422 | 110.070 79 | 377.630 48 | −1.778 5 | 0.002 373 8 | 0.035 58 | LG17 | 11602423 | 11607431 | 1 285 | Chloroplastic lipocalin like |
| CEY00_Acc19423 | 165.387 19 | 41.742 91 | 1.986 2 | 0.000 297 3 | 0.007 657 7 | LG17 | 11619410 | 11624148 | 1 076 | Septum-promoting GTP-binding protein |
| CEY00_Acc19437 | 178.716 3 | 808.282 98 | −2.177 2 | $5.09\times10^{-5}$ | 0.001 964 6 | LG17 | 11951546 | 11954089 | 708 | Thioredoxin-like protein |
| CEY00_Acc19445 | 229.292 98 | 82.057 424 | 1.482 5 | 0.022 289 | 0.173 23 | LG17 | 12121178 | 12125751 | 4 574 | Chitin-inducible gibberellin-responsive protein |
| CEY00_Acc19457 | 591.842 45 | 210.862 86 | 1.488 9 | 0.009 766 7 | 0.098 528 | LG17 | 12308374 | 12316930 | 1 422 | Universal stress protein |
| CEY00_Acc19460 | 95.328 339 | 12.623 08 | 2.916 8 | 0.000 412 9 | 0.009 850 9 | LG17 | 14129711 | 14133464 | 2 820 | G-type lectin S-receptor-like serine/threonine-protein kinase |
| CEY00_Acc19462 | 136.055 66 | 20.064 511 | 2.761 5 | 0.028 47 | 0.202 31 | LG17 | 14139973 | 14140573 | 601 | Calcium-binding protein |

（续）

| 基因 ID | miR160VS1 序列/条 | CK1 序列/条 | $log_2FC$ | *P* 值 | FDR | 染色体 | 起始位点 | 终止位点 | 长度/bp | 基因描述 |
|---|---|---|---|---|---|---|---|---|---|---|
| CEY00_Acc19463 | 22.974 088 | 3.889 587 5 | 2.562 3 | 0.009 196 7 | 0.094 418 | LG17 | 14146788 | 14152000 | 931 | NAD(P)H dehydrogenaseFQR1-like |
| CEY00_Acc19465 | 33.964 121 | 0.457 946 4 | 6.212 7 | 0.001 794 1 | 0.029 35 | LG17 | 14240565 | 14242939 | 2 137 | Indole-3-acetic acid-amido synthetase |
| CEY00_Acc19467 | 652.821 18 | 292.671 19 | 1.157 4 | 0.014 067 | 0.126 35 | LG17 | 14271040 | 14273424 | 1 129 | 60S ribosomal protein L8 |
| CEY00_Acc19485 | 278.291 2 | 128.673 24 | 1.112 9 | 0.028 239 | 0.201 15 | LG17 | 14626118 | 14633386 | 4 601 | Ribosome biogenesis protein |
| CEY00_Acc19491 | 230.490 77 | 8.814 403 2 | 4.708 7 | $5.04\times10^{-13}$ | $3.53\times10^{-10}$ | LG17 | 14708177 | 14711852 | 1 610 | GABA transporter like |
| CEY00_Acc19512 | 194.314 96 | 5.694 236 2 | 5.092 8 | $2.09\times10^{-6}$ | 0.000 154 9 | LG17 | 14991866 | 14994186 | 720 | Calmodulin like |
| CEY00_Acc19522 | 0 | 8.669 297 4 | — | 0.020 997 | 0.166 52 | LG17 | 15186391 | 15206553 | 2 607 | Nuclear factor NF-kappa-B p50 subunit like |
| CEY00_Acc19528 | 2 979.852 | 798.173 35 | 1.900 5 | 0.007 178 3 | 0.079 363 | LG17 | 15328111 | 15332249 | 1 881 | Serine/threonine-protein kinase |
| CEY00_Acc19529 | 34.329 485 | 99.681 518 | −1.537 9 | 0.025 016 | 0.186 38 | LG17 | 15334244 | 15338206 | 1 997 | UPF0690 protein like |
| CEY00_Acc19538 | 58.352 612 | 253.636 48 | −2.119 9 | 0.026 682 | 0.194 22 | LG17 | 15956799 | 15957719 | 921 | Transcription repressor like |
| CEY00_Acc19542 | 112.579 84 | 519.899 58 | −2.207 3 | $9.2\times10^{-5}$ | 0.003 086 4 | LG17 | 16027671 | 16030328 | 2 658 | Ornithine carbamoyltransferase |
| CEY00_Acc19553 | 31.317 824 | 84.557 132 | −1.432 9 | 0.009 485 9 | 0.096 604 | LG17 | 15456447 | 15459535 | 1 102 | Fatty-acid-binding protein |
| CEY00_Acc19566 | 886.121 5 | 245.747 11 | 1.850 3 | 0.011 277 | 0.108 89 | LG17 | 15658691 | 15662263 | 1 322 | Phenazine biosynthesis PhzF protein |
| CEY00_Acc19567 | 1 159.149 8 | 402.045 16 | 1.527 6 | 0.017 749 | 0.148 67 | LG17 | 15669750 | 15675793 | 1 235 | R3H domain-containing protein |
| CEY00_Acc19577 | 226.183 75 | 686.623 59 | −1.602 | 0.005 016 | 0.061 246 | LG17 | 15819826 | 15824510 | 1 748 | Helicase |
| CEY00_Acc19580 | 321.037 07 | 41.798 376 | 2.941 2 | 0.000 797 6 | 0.016 4 | LG17 | 13465124 | 13472632 | 2 182 | Oligopeptide transporter like |

（续）

| 基因 ID | miR160VS1 序列/条 | CK1 序列/条 | $log_2FC$ | $P$ 值 | FDR | 染色体 | 起始位点 | 终止位点 | 长度/bp | 基因描述 |
|---|---|---|---|---|---|---|---|---|---|---|
| CEY00_Acc19583 | 52.382 377 | 174.533 01 | −1.736 3 | 0.007 599 2 | 0.082 389 | LG17 | 13445275 | 13451516 | 1 046 | Heat shock protein Hsp90 family protein |
| CEY00_Acc19589 | 1 286.661 2 | 4 099.426 9 | −1.671 8 | 0.003 055 9 | 0.042 939 | LG17 | 13360012 | 13362606 | 2 095 | Gibberellin receptor GID1B like |
| CEY00_Acc19625 | 148.446 75 | 27.164 649 | 2.450 1 | 0.000 159 | 0.004 723 5 | LG17 | 16541662 | 16544802 | 1 935 | Pyrimidine 5-nucleotidase protein |
| CEY00_Acc19628 | 116.248 9 | 20.184 847 | 2.525 9 | 0.000 109 1 | 0.003 508 6 | LG17 | 13246676 | 13262409 | 2 854 | ABC transporter C family member 13 like |
| CEY00_Acc19649 | 50.537 489 | 13.562 307 | 1.897 8 | 0.007 095 3 | 0.078 689 | LG17 | 12988331 | 12991168 | 1 087 | Stress-related protein |
| CEY00_Acc19654 | 7 067.323 7 | 2 142.104 9 | 1.722 1 | 0.000 701 | 0.014 848 | LG17 | 12898397 | 12913817 | 10 111 | ABC transporter C family member 4 like |
| CEY00_Acc19658 | 102.779 65 | 19.262 539 | 2.415 7 | 0.000 176 7 | 0.005 158 6 | LG17 | 12867687 | 12874478 | 1 507 | RING-H2 finger protein |
| CEY00_Acc19672 | 56.828 318 | 153.985 52 | −1.438 1 | 0.018 199 | 0.151 1 | LG17 | 12627972 | 12634031 | 1 508 | DnaJ protein like |
| CEY00_Acc19675 | 12.427 432 | 0.477 098 | 4.703 1 | 0.006 038 3 | 0.070 309 | LG17 | 12598299 | 12600820 | 2 020 | DnaJ subfamily C member 3 like |
| CEY00_Acc19679 | 48.834 37 | 2.624 039 2 | 4.218 | 0.019 604 | 0.158 39 | LG17 | 12542836 | 12551644 | 617 | E3 ubiquitin ligase SUD1 |
| CEY00_Acc19701 | 152.629 8 | 863.877 61 | −2.500 8 | $8.75\times10^{-7}$ | $7.73\times10^{-5}$ | LG17 | 10447032 | 10455378 | 3 125 | Long chain acyl-CoA synthetase |
| CEY00_Acc19707 | 3 889.108 9 | 990.766 86 | 1.972 8 | 0.006 815 1 | 0.076 484 | LG17 | 10313435 | 10318771 | 2 456 | Shaggy-related protein kinase alpha |
| CEY00_Acc19708 | 1 282.689 7 | 365.897 61 | 1.809 7 | 0.000 135 | 0.004 175 1 | LG17 | 10298283 | 10301596 | 1 548 | Protein like |
| CEY00_Acc19712 | 1 029.909 4 | 501.839 22 | 1.037 2 | 0.019 772 | 0.159 37 | LG17 | 13507869 | 13513715 | 3 655 | E3 ubiquitin-protein like |
| CEY00_Acc19716 | 839.334 77 | 392.954 36 | 1.094 9 | 0.043 315 | 0.263 57 | LG17 | 13578644 | 13585668 | 3 762 | Squamosa promoter-binding-like protein |

（续）

| 基因 ID | miR160VS1 序列/条 | CK1 序列/条 | $log_2FC$ | $P$ 值 | FDR | 染色体 | 起始位点 | 终止位点 | 长度/bp | 基因描述 |
|---|---|---|---|---|---|---|---|---|---|---|
| CEY00_Acc19717 | 1 774.737 9 | 717.316 99 | 1.306 9 | 0.004 684 5 | 0.058 038 | LG17 | 13597460 | 13602608 | 3 409 | Pto-interacting protein like |
| CEY00_Acc19729 | 98.268 459 | 222.482 | −1.178 9 | 0.048 659 | 0.284 11 | LG17 | 13740510 | 13752019 | 1 760 | Charged multivesicular body protein |
| CEY00_Acc19735 | 757.232 1 | 84.618 091 | 3.161 7 | $1.89\times10^{-8}$ | $2.97\times10^{-6}$ | LG18 | 48626 | 50661 | 2 036 | 3-ketoacyl-CoA synthase |
| CEY00_Acc19742 | 124.672 56 | 23.749 683 | 2.392 2 | $8.67\times10^{-5}$ | 0.002 952 8 | LG18 | 180041 | 190210 | 2 324 | CDPK-related kinase |
| CEY00_Acc19746 | 8.491 030 3 | 0.935 044 5 | 3.182 8 | 0.038 545 | 0.245 38 | LG18 | 223657 | 225169 | 1 513 | Selection and upkeep of intraepithelial T-cells protein like |
| CEY00_Acc19752 | 82.554 819 | 33.991 495 | 1.280 2 | 0.042 614 | 0.261 37 | LG18 | 294708 | 297276 | 2 569 | Pentatricopeptide repeat-containing protein |
| CEY00_Acc19753 | 39.686 015 | 3.520 780 4 | 3.494 7 | 0.015 739 | 0.136 96 | LG18 | 304867 | 312375 | 4 419 | U-box domain-containing protein |
| CEY00_Acc19761 | 7.433 747 8 | 0.223 078 9 | 5.058 5 | 0.031 323 | 0.215 28 | LG18 | 376191 | 378213 | 1 461 | Myb-related protein |
| CEY00_Acc19762 | 495.789 35 | 1 112.074 7 | −1.165 5 | 0.013 347 | 0.122 02 | LG18 | 393286 | 394029 | 744 | hypothetical protein |
| CEY00_Acc19763 | 320.936 65 | 783.534 98 | −1.287 7 | 0.017 734 | 0.148 66 | LG18 | 397384 | 417796 | 8 423 | DmX-like protein |
| CEY00_Acc19764 | 471.181 53 | 2 450.102 6 | −2.378 5 | 0.009 389 2 | 0.095 886 | LG18 | 422014 | 426431 | 3 635 | DnaJ subfamily C member 2, N-terminally processed like |
| CEY00_Acc19767 | 29.298 342 | 5.682 325 6 | 2.366 3 | 0.017 897 | 0.149 4 | LG18 | 463300 | 464116 | 817 | Ethylene-responsive transcription factor |
| CEY00_Acc19770 | 285.645 08 | 1 111.751 8 | −1.960 5 | 0.000 321 3 | 0.008 116 3 | LG18 | 506655 | 508798 | 2 144 | Aspartyl protease family protein |
| CEY00_Acc19775 | 3 453.775 8 | 12 118.185 | −1.810 9 | 0.000 387 1 | 0.009 417 8 | LG18 | 565159 | 587107 | 7 843 | Protein TSS like |
| CEY00_Acc19781 | 51.566 16 | 6.395 035 4 | 3.011 4 | 0.000 236 6 | 0.006 452 9 | LG18 | 663006 | 673549 | 2 245 | Long chain acyl-CoA synthetase |

（续）

| 基因 ID | miR160VS1 序列/条 | CK1 序列/条 | $log_2FC$ | $P$ 值 | FDR | 染色体 | 起始位点 | 终止位点 | 长度/bp | 基因描述 |
|---|---|---|---|---|---|---|---|---|---|---|
| CEY00 _ Acc19782 | 348. 508 36 | 45. 780 785 | 2. 928 4 | 0. 004 057 1 | 0. 052 459 | LG18 | 674109 | 680821 | 3 410 | Cyclic nucleotide-gated ion channel like |
| CEY00 _ Acc19793 | 132. 481 81 | 17. 056 194 | 2. 957 4 | 0. 015 074 | 0. 133 01 | LG18 | 957396 | 959982 | 1 913 | WRKY transcription factor 53 |
| CEY00 _ Acc19796 | 152. 603 79 | 406. 836 88 | −1. 414 7 | 0. 006 617 7 | 0. 075 037 | LG18 | 1025131 | 1033325 | 1 866 | Mitochondrial adenine nucleotide transporter like |
| CEY00 _ Acc19802 | 24. 491 106 | 5. 652 873 8 | 2. 115 2 | 0. 033 938 | 0. 226 81 | LG18 | 1117104 | 1118051 | 632 | Arabinogalactan peptide 20 like |
| CEY00 _ Acc19810 | 1 099. 520 8 | 480. 958 22 | 1. 192 9 | 0. 007 372 | 0. 080 808 | LG18 | 1197108 | 1207336 | 2 060 | BTB/POZ domain-containing protein |
| CEY00 _ Acc19812 | 250. 005 83 | 57. 814 551 | 2. 112 5 | 0. 007 466 1 | 0. 081 483 | LG18 | 1224285 | 1229579 | 2 473 | hypothetical protein |
| CEY00 _ Acc19815 | 10. 704 034 | 1. 192 745 1 | 3. 165 8 | 0. 038 23 | 0. 244 13 | LG18 | 1250512 | 1251952 | 1 366 | Agamous-like MADS-box protein |
| CEY00 _ Acc19816 | 87. 583 153 | 384. 005 71 | −2. 132 4 | 0. 000 230 8 | 0. 006 316 | LG18 | 1285431 | 1288192 | 2 762 | F-box/kelch-repeat protein |
| CEY00 _ Acc19824 | 98. 557 211 | 406. 481 03 | −2. 044 2 | 0. 000 625 | 0. 013 552 | LG18 | 1398277 | 1399518 | 1 242 | Membrane-associated kinase regulator 6 |
| CEY00 _ Acc19828 | 562. 552 48 | 23. 346 864 | 4. 590 7 | 0. 001 490 5 | 0. 025 642 | LG18 | 1453943 | 1454783 | 841 | Late embryogenesis abundant protein |
| CEY00 _ Acc19832 | 741. 468 74 | 35. 665 711 | 4. 377 8 | 0. 002 417 5 | 0. 036 096 | LG18 | 1486970 | 1493634 | 1 758 | Proline iminopeptidase |
| CEY00 _ Acc19834 | 74. 730 906 | 3. 101 137 3 | 4. 590 8 | 0. 012 998 | 0. 120 17 | LG18 | 1506982 | 1509616 | 1 330 | WRKY transcription factor |
| CEY00 _ Acc19838 | 654. 602 13 | 29. 310 589 | 4. 481 1 | 0. 000 556 4 | 0. 012 375 | LG18 | 1608718 | 1613514 | 1 819 | 1-aminocyclopropane-1-carboxylate synthase |
| CEY00 _ Acc19841 | 6. 851 720 1 | 72. 819 91 | −3. 409 8 | $2.4\times10^{-5}$ | 0. 001 085 9 | LG18 | 1651324 | 1659172 | 1 682 | Protein REVEILLE like |

（续）

| 基因 ID | miR160VS1 序列/条 | CK1 序列/条 | $log_2FC$ | $P$ 值 | FDR | 染色体 | 起始位点 | 终止位点 | 长度/bp | 基因描述 |
|---|---|---|---|---|---|---|---|---|---|---|
| CEY00_Acc19861 | 10.858 204 | 69.533 622 | −2.678 9 | 0.002 761 7 | 0.039 754 | LG18 | 2147709 | 2153203 | 4 330 | Ankyrin repeat-containing protein |
| CEY00_Acc19869 | 1 351.431 7 | 107.775 35 | 3.648 4 | $1.52\times10^{-8}$ | $2.41\times10^{-6}$ | LG18 | 2241693 | 2244263 | 2 571 | Receptor protein kinase |
| CEY00_Acc19870 | 125.910 22 | 20.288 334 | 2.633 7 | 0.004 133 5 | 0.053 237 | LG18 | 2251648 | 2255177 | 1 322 | Transcription factor MYB1R1 like |
| CEY00_Acc19891 | 55.527 217 | 222.210 65 | −2.000 7 | 0.000 996 1 | 0.019 263 | LG18 | 2541022 | 2549600 | 2 156 | Glucuronosyltransferase |
| CEY00_Acc19907 | 206.767 61 | 769.282 81 | −1.895 5 | 0.000 830 4 | 0.016 841 | LG18 | 2843808 | 2850336 | 1 663 | 3-oxoacyl-[acyl-carrier-protein] synthase 3 B like |
| CEY00_Acc19908 | 579.317 37 | 3 374.690 8 | −2.542 3 | $1.67\times10^{-6}$ | 0.000 129 4 | LG18 | 2865186 | 2871275 | 5 122 | Trehalose-phosphate phosphatase |
| CEY00_Acc19916 | 15.032 406 | 0.238 549 | 5.977 6 | 0.000 331 4 | 0.008 315 1 | LG18 | 3021192 | 3021950 | 759 | Auxin-responsive protein |
| CEY00_Acc19929 | 1 105.019 | 116.558 43 | 3.244 9 | $5.68\times10^{-5}$ | 0.002 147 5 | LG18 | 3209608 | 3210699 | 996 | Homeodomain-interacting protein kinase |
| CEY00_Acc19931 | 598.191 28 | 244.634 34 | 1.29 | 0.008 213 7 | 0.087 184 | LG18 | 3226839 | 3246312 | 2 378 | SNARE-interacting protein like |
| CEY00_Acc19936 | 5.481 686 | 0 | — | 0.032 142 | 0.218 9 | LG18 | 3321619 | 3323133 | 506 | Extensin like |
| CEY00_Acc19958 | 90.856 082 | 17.635 181 | 2.365 1 | 0.049 923 | 0.287 38 | LG18 | 3666288 | 3669307 | 1 133 | Protein STAY-GREEN like |
| CEY00_Acc19965 | 42.732 106 | 101.673 68 | −1.250 6 | 0.038 381 | 0.244 72 | LG18 | 3771472 | 3773328 | 968 | Dentin sialoprotein |
| CEY00_Acc19966 | 10 014.905 | 868.055 03 | 3.528 2 | $3.93\times10^{-5}$ | 0.001 595 3 | LG18 | 3774682 | 3780677 | 1 852 | Hydroxymethylglutaryl-CoA synthase |
| CEY00_Acc19967 | 8.367 133 2 | 0.438 794 8 | 4.253 1 | 0.019 841 | 0.159 77 | LG18 | 3789720 | 3792167 | 2 448 | Molybdenum cofactor sulfurase |
| CEY00_Acc19972 | 147.437 81 | 4.770 980 4 | 4.949 7 | $2.6\times10^{-6}$ | 0.000 182 3 | LG18 | 3918875 | 3919739 | 865 | Dehydration-responsive element-binding protein like |

（续）

| 基因 ID | miR160VS1序列/条 | CK1序列/条 | $log_2FC$ | $P$值 | FDR | 染色体 | 起始位点 | 终止位点 | 长度/bp | 基因描述 |
|---|---|---|---|---|---|---|---|---|---|---|
| CEY00_Acc19977 | 6.147 4 | 42.299 97 | −2.782 6 | 0.000 238 1 | 0.006 467 6 | LG18 | 4054335 | 4057271 | 2 628 | Scarecrow-like protein |
| CEY00_Acc19980 | 9.538 775 5 | 62.686 133 | −2.716 3 | 0.001 373 2 | 0.024 18 | LG18 | 4096280 | 4103432 | 1 808 | Protein IQ-DOMAIN like |
| CEY00_Acc19981 | 299.635 43 | 104.784 07 | 1.515 8 | 0.006 737 4 | 0.075 795 | LG18 | 4109504 | 4113799 | 1 376 | RHOMBOID-like protein |
| CEY00_Acc19984 | 22.964 55 | 3.469 944 3 | 2.726 4 | 0.010 749 | 0.105 44 | LG18 | 4171906 | 4174018 | 2 024 | Heat stress transcription factor B-2b like |
| CEY00_Acc19995 | 17.235 873 | 2.285 306 4 | 2.915 | 0.031 813 | 0.217 42 | LG18 | 4383672 | 4388613 | 1 204 | Tetraspanin-10 like |
| CEY00_Acc20001 | 13.881 097 | 0 | — | 0.000 544 7 | 0.012 188 | LG18 | 4424742 | 4425657 | 740 | Protein LURP-one-related like |
| CEY00_Acc20002 | 164.108 01 | 3.797 632 7 | 5.433 4 | $8.57\times10^{-7}$ | $7.6\times10^{-5}$ | LG18 | 4434452 | 4439671 | 1 631 | O-glucosyltransferase |
| CEY00_Acc20005 | 12.665 232 | 1.138 971 7 | 3.475 1 | 0.040 751 | 0.253 92 | LG18 | 4480802 | 4484766 | 1 585 | Tubulin beta-8 chain |
| CEY00_Acc20008 | 58.859 287 | 18.407 579 | 1.677 | 0.034 25 | 0.227 83 | LG18 | 4525409 | 4530854 | 2 913 | Pre-16S rRNA nuclease |
| CEY00_Acc20015 | 58.472 843 | 11.442 746 | 2.353 3 | 0.002 180 4 | 0.033 51 | LG18 | 4647708 | 4653536 | 4 035 | Eukaryotic translation initiation factor 4 gamma 1 like |
| CEY00_Acc20016 | 18.477 998 | 86.687 899 | −2.23 | 0.001 910 9 | 0.030 692 | LG18 | 4660609 | 4667673 | 4 733 | S-adenosylmethionine carrier 1 like |
| CEY00_Acc20019 | 250.346 88 | 87.666 904 | 1.513 8 | 0.011 533 | 0.110 51 | LG18 | 4725138 | 4731022 | 2 727 | GMP synthase |
| CEY00_Acc20026 | 1 970.458 5 | 207.516 76 | 3.247 2 | 0.001 112 9 | 0.020 871 | LG18 | 4803822 | 4805687 | 1 866 | BTB/POZ domain-containing protein |
| CEY00_Acc20027 | 48.565 952 | 11.115 18 | 2.127 4 | 0.005 370 1 | 0.064 469 | LG18 | 4809146 | 4813362 | 1 778 | hypothetical protein |
| CEY00_Acc20035 | 537.808 98 | 193.292 71 | 1.476 3 | 0.007 464 4 | 0.081 483 | LG18 | 4989065 | 4995227 | 5 918 | Agglutinin-like protein |

（续）

| 基因 ID | miR160VS1 序列/条 | CK1 序列/条 | $log_2FC$ | *P* 值 | FDR | 染色体 | 起始位点 | 终止位点 | 长度/bp | 基因描述 |
|---|---|---|---|---|---|---|---|---|---|---|
| CEY00 _ Acc20046 | 406.850 27 | 78.861 992 | 2.367 1 | 0.011 306 | 0.109 13 | LG18 | 5193544 | 5197212 | 2 004 | 1-aminocyclopropane-1-carboxylate synthase |
| CEY00 _ Acc20052 | 278.112 63 | 11.627 021 | 4.580 1 | 0.000 164 5 | 0.004 862 3 | LG18 | 5288804 | 5290995 | 809 | Protein LURP-one-related like |
| CEY00 _ Acc20054 | 29.265 663 | 1.173 593 5 | 4.640 2 | 0.000 151 1 | 0.004 548 | LG18 | 5322222 | 5332936 | 3 574 | Respiratory burst oxidase protein like |
| CEY00 _ Acc20055 | 75.147 622 | 4.501 491 1 | 4.061 3 | 0.013 276 | 0.121 56 | LG18 | 5337340 | 5339514 | 2 175 | Late embryogenesis abundant protein |
| CEY00 _ Acc20056 | 474.952 63 | 14.074 392 | 5.076 6 | 0.003 198 8 | 0.044 453 | LG18 | 5345815 | 5346641 | 827 | Late embryogenesis abundant protein |
| CEY00 _ Acc20063 | 243.536 45 | 954.357 83 | −1.970 4 | 0.000 257 7 | 0.006 892 8 | LG18 | 5456570 | 5462198 | 5 629 | WRKY transcription factor 19 |
| CEY00 _ Acc20070 | 227.476 43 | 1 225.521 5 | −2.429 6 | 0.000 545 4 | 0.012 195 | LG18 | 5553353 | 5556121 | 2 769 | 6-phosphogluconate dehydrogenase, decarboxylating like |
| CEY00 _ Acc20082 | 41.475 228 | 2.624 039 2 | 3.982 4 | $2.17\times10^{-5}$ | 0.001 004 8 | LG18 | 5758602 | 5763243 | 3 359 | Extra-large guanine nucleotide-binding protein like |
| CEY00 _ Acc20084 | 27.804 065 | 85.543 013 | −1.621 4 | 0.008 073 | 0.086 107 | LG18 | 5831847 | 5836822 | 1 422 | Protein like |
| CEY00 _ Acc20087 | 37.832 046 | 91.988 262 | −1.281 8 | 0.036 765 | 0.238 09 | LG18 | 5923180 | 5927571 | 1 785 | Protein TRIGALACTOSYLDIACYLGLYCEROL 2 like |
| CEY00 _ Acc20096 | 54.285 493 | 164.315 35 | −1.597 8 | 0.006 188 4 | 0.071 581 | LG18 | 6081912 | 6089029 | 1 554 | Polyadenylate-binding protein |
| CEY00 _ Acc20098 | 8.295 446 7 | 40.061 035 | −2.271 8 | 0.005 676 4 | 0.067 165 | LG18 | 6275502 | 6277597 | 952 | 30S ribosomal protein S6 alpha like |

（续）

| 基因 ID | miR160VS1 序列/条 | CK1 序列/条 | $\log_2$FC | *P* 值 | FDR | 染色体 | 起始位点 | 终止位点 | 长度/bp | 基因描述 |
|---|---|---|---|---|---|---|---|---|---|---|
| CEY00_Acc20107 | 18.417 453 | 83.052 209 | −2.172 9 | 0.001 402 7 | 0.024 543 | LG18 | 6821412 | 6824766 | 1 565 | Pyruvate dehydrogenase E1 component subunit alpha-3 like |
| CEY00_Acc20125 | 812.441 18 | 48.129 326 | 4.077 3 | $1.35\times10^{-5}$ | 0.000 684 8 | LG18 | 7723485 | 7724123 | 639 | TRIO and F-actin-binding protein |
| CEY00_Acc20140 | 1 159.465 3 | 562.911 14 | 1.042 5 | 0.017 73 | 0.148 66 | LG18 | 8477361 | 8489109 | 2 793 | Calmodulin-binding protein 60 B like |
| CEY00_Acc20142 | 16.971 721 | 96.290 834 | −2.504 3 | 0.000 702 5 | 0.014 863 | LG18 | 8602348 | 8612408 | 1 452 | ALA-interacting subunit like |
| CEY00_Acc20143 | 68.318 754 | 170.789 48 | −1.321 9 | 0.030 435 | 0.211 29 | LG18 | 8638041 | 8658174 | 3 580 | Protein PAT1 1 like |
| CEY00_Acc20147 | 49.238 796 | 124.453 03 | −1.337 7 | 0.038 54 | 0.245 38 | LG18 | 8910578 | 8912288 | 1 578 | Zinc finger protein like |
| CEY00_Acc20150 | 1 239.033 8 | 567.131 52 | 1.127 5 | 0.012 24 | 0.115 4 | LG18 | 9159124 | 9182143 | 1 952 | Diacylglycerol kinase |
| CEY00_Acc20159 | 48.928 908 | 321.227 72 | −2.714 8 | $1.75\times10^{-6}$ | 0.000 135 2 | LG18 | 10025113 | 10026945 | 1 833 | Transcription factor like |
| CEY00_Acc20164 | 16.786 076 | 52.394 608 | −1.642 2 | 0.044 926 | 0.269 72 | LG18 | 10143047 | 10146987 | 1 563 | Vacuolar amino acid transporter like |
| CEY00_Acc20167 | 1 762.528 7 | 76.392 898 | 4.528 1 | $2.29\times10^{-12}$ | $1.23\times10^{-9}$ | LG18 | 10255493 | 10257292 | 1 800 | UDP-glucuronate 4-epimerase |
| CEY00_Acc20174 | 66.021 261 | 211.391 72 | −1.678 9 | 0.008 934 2 | 0.092 59 | LG18 | 10491112 | 10515679 | 6 560 | Protein TSS like |
| CEY00_Acc20186 | 41.800 325 | 4.982 892 9 | 3.068 5 | 0.001 143 3 | 0.021 248 | LG18 | 10703398 | 10706840 | 1 391 | Transcription factor like |
| CEY00_Acc20192 | 488.701 53 | 19.557 216 | 4.643 2 | 0.000 639 1 | 0.013 803 | LG18 | 10829219 | 10838403 | 2 455 | Serine/threonine-protein kinase |
| CEY00_Acc20200 | 35.994 344 | 86.437 305 | −1.263 9 | 0.033 62 | 0.225 51 | LG18 | 10923906 | 10933753 | 3 505 | Beta-amylase |
| CEY00_Acc20211 | 6.052 571 6 | 25.397 315 | −2.069 1 | 0.034 148 | 0.227 59 | LG18 | 11116653 | 11129506 | 5 207 | SKP1-like protein |
| CEY00_Acc20213 | 1 842.356 8 | 4 995.910 6 | −1.439 2 | 0.001 193 1 | 0.021 938 | LG18 | 11158083 | 11163786 | 5 704 | ATG8-interacting protein |
| CEY00_Acc20214 | 48.146 081 | 306.589 29 | −2.670 8 | $5.92\times10^{-6}$ | 0.000 352 7 | LG18 | 11169546 | 11171101 | 1 029 | hypothetical protein |

（续）

| 基因 ID | miR160VS1 序列/条 | CK1 序列/条 | $log_2FC$ | *P* 值 | FDR | 染色体 | 起始位点 | 终止位点 | 长度/bp | 基因描述 |
|---|---|---|---|---|---|---|---|---|---|---|
| CEY00 _ Acc20215 | 3 064. 674 5 | 7 963. 083 | −1. 377 6 | 0. 007 155 4 | 0. 079 169 | LG18 | 11183713 | 11192683 | 1 700 | L-3-cyanoalanine synthase |
| CEY00 _ Acc20225 | 23. 709 081 | 4. 932 178 7 | 2. 265 1 | 0. 029 896 | 0. 208 75 | LG18 | 11323840 | 11334768 | 2 377 | Ferric reduction oxidase |
| CEY00 _ Acc20229 | 985. 124 36 | 193. 323 11 | 2. 349 3 | 0. 028 978 | 0. 204 33 | LG18 | 11372540 | 11387284 | 9 069 | Mitogen-activated protein kinase kinase kinase |
| CEY00 _ Acc20236 | 795. 243 12 | 355. 321 43 | 1. 162 3 | 0. 024 683 | 0. 184 66 | LG18 | 11476414 | 11478261 | 1 013 | Mediator of RNA polymerase Ⅱ transcription subunit 36b like |
| CEY00 _ Acc20237 | 2 911. 489 9 | 13 102. 69 | −2. 17 | $8.38\times10^{-6}$ | 0. 000 465 8 | LG18 | 11513504 | 11515707 | 2 204 | Scarecrow-like protein |
| CEY00 _ Acc20238 | 62. 186 508 | 222. 055 42 | −1. 836 2 | 0. 001 660 7 | 0. 027 716 | LG18 | 11516893 | 11520854 | 3 270 | Protein transport protein like |
| CEY00 _ Acc20241 | 11. 117 541 | 45. 383 649 | −2. 029 3 | 0. 026 928 | 0. 195 25 | LG18 | 11550734 | 11555882 | 1 171 | DeSI-like protein |
| CEY00 _ Acc20242 | 179. 659 57 | 425. 982 65 | −1. 245 5 | 0. 029 635 | 0. 207 28 | LG18 | 11557960 | 11560303 | 2 344 | Threonine-tRNA ligase |
| CEY00 _ Acc20247 | 10 431. 473 | 982. 052 55 | 3. 409 | 0. 023 068 | 0. 176 92 | LG18 | 11610224 | 11613627 | 2 453 | Heat shock protein |
| CEY00 _ Acc20249 | 1 467. 099 5 | 561. 789 11 | 1. 384 9 | 0. 006 332 6 | 0. 072 58 | LG18 | 11639202 | 11641146 | 1 621 | Heavy metal-associated isoprenylated plant protein |
| CEY00 _ Acc20250 | 25. 105 868 | 87. 248 344 | −1. 797 1 | 0. 001 808 1 | 0. 029 443 | LG18 | 11645689 | 11646510 | 822 | Protein of unknown function DUF3464 protein |
| CEY00 _ Acc20259 | 7 140. 097 7 | 942. 041 16 | 2. 922 1 | 0. 005 028 1 | 0. 061 371 | LG18 | 11838830 | 11839829 | 1 000 | Late embryogenesis abundant protein |
| CEY00 _ Acc20260 | 1 412. 206 8 | 79. 758 355 | 4. 146 2 | 0. 000 182 1 | 0. 005 269 3 | LG18 | 11843403 | 11844397 | 995 | Late embryogenesis abundant protein |

（续）

| 基因 ID | miR160VS1 序列/条 | CK1 序列/条 | $log_2FC$ | *P* 值 | FDR | 染色体 | 起始位点 | 终止位点 | 长度/bp | 基因描述 |
|---|---|---|---|---|---|---|---|---|---|---|
| CEY00 _ Acc20261 | 707.654 14 | 25.913 448 | 4.771 3 | 0.000 318 8 | 0.008 084 7 | LG18 | 11847603 | 11848550 | 948 | Late embryogenesis abundant protein |
| CEY00 _ Acc20263 | 1 339.809 1 | 42.968 898 | 4.962 6 | 0.000 835 1 | 0.016 873 | LG18 | 11854463 | 11855449 | 987 | Late embryogenesis abundant protein |
| CEY00 _ Acc20264 | 110.556 73 | 5.424 746 9 | 4.349 1 | $3.95\times10^{-5}$ | 0.001 599 3 | LG18 | 11859633 | 11860858 | 1 226 | Late embryogenesis abundant protein |
| CEY00 _ Acc20265 | 95.513 928 | 4.039 863 2 | 4.563 3 | 0.001 054 1 | 0.019 997 | LG18 | 11863573 | 11864494 | 922 | Late embryogenesis abundant protein |
| CEY00 _ Acc20270 | 4.578 572 8 | 20.735 452 | −2.179 1 | 0.047 286 | 0.278 71 | LG18 | 11927404 | 11934715 | 2 450 | Plastidial pyruvate kinase |
| CEY00 _ Acc20272 | 22.043 109 | 1.604 281 1 | 3.780 3 | 0.005 961 | 0.069 656 | LG18 | 11944780 | 11949488 | 3 262 | Kinetochore protein |
| CEY00 _ Acc20283 | 36.330 583 | 4.201 061 5 | 3.112 4 | 0.030 841 | 0.213 | LG18 | 12087976 | 12089396 | 877 | Arabinogalactan peptide 20 like |
| CEY00 _ Acc20285 | 12.082 804 | 1.650 691 5 | 2.871 8 | 0.040 241 | 0.251 89 | LG18 | 12121081 | 12124570 | 1 685 | WRKY transcription factor 41 |
| CEY00 _ Acc20296 | 230.531 44 | 105.396 19 | 1.129 1 | 0.047 418 | 0.279 28 | LG18 | 12281660 | 12284098 | 2 154 | Rust resistance kinase |
| CEY00 _ Acc20308 | 104.594 61 | 10.864 964 | 3.267 1 | 0.001 932 5 | 0.030 918 | LG18 | 12474445 | 12480428 | 2 116 | Pectinesterase |
| CEY00 _ Acc20317 | 145.810 99 | 24.020 783 | 2.601 7 | 0.000 965 | 0.018 826 | LG18 | 12613533 | 12618668 | 2 388 | 3-oxoacyl-［acyl-carrier-protein］synthase |
| CEY00 _ Acc20332 | 69.732 554 | 19.012 119 | 1.874 9 | 0.003 271 7 | 0.045 123 | LG18 | 12762675 | 12768472 | 3 880 | U-box domain-containing protein |
| CEY00 _ Acc20335 | 37.593 443 | 124.806 91 | −1.731 1 | 0.002 653 7 | 0.038 625 | LG18 | 12794352 | 12798988 | 1 641 | Vacuolar protein sorting-associated protein like |

（续）

| 基因 ID | miR160VS1 序列/条 | CK1 序列/条 | $\log_2 FC$ | $P$ 值 | FDR | 染色体 | 起始位点 | 终止位点 | 长度/bp | 基因描述 |
|---|---|---|---|---|---|---|---|---|---|---|
| CEY00 _ Acc20336 | 826. 339 77 | 395. 338 09 | 1. 063 6 | 0. 047 001 | 0. 277 42 | LG18 | 12814197 | 12816028 | 1 832 | AAA-ATPase |
| CEY00 _ Acc20344 | 370. 601 42 | 179. 573 76 | 1. 045 3 | 0. 019 717 | 0. 159 08 | LG18 | 12892533 | 12897355 | 2 282 | CDPK-related kinase |
| CEY00 _ Acc20345 | 1 946. 412 3 | 837. 054 66 | 1. 217 4 | 0. 017 305 | 0. 146 37 | LG18 | 12905688 | 12913728 | 3 197 | Unconventional myosin-ⅩⅧa like |
| CEY00 _ Acc20355 | 93. 247 366 | 468. 775 69 | −2. 329 8 | 0. 000 156 4 | 0. 004 665 2 | LG18 | 13009296 | 13011431 | 1 357 | Ribosome-binding factor like |
| CEY00 _ Acc20357 | 47. 065 748 | 159. 396 46 | −1. 759 9 | 0. 017 9 | 0. 149 4 | LG18 | 13022815 | 13023690 | 876 | Octanoyltransferase |
| CEY00 _ Acc20362 | 39. 596 | 1. 431 294 1 | 4. 79 | 0. 004 475 2 | 0. 056 164 | LG18 | 13061072 | 13062810 | 1 293 | Peroxidase |
| CEY00 _ Acc20365 | 19. 696 27 | 0. 238 549 | 6. 367 5 | 0. 000 519 5 | 0. 011 793 | LG18 | 13082155 | 13082840 | 587 | Heavy metal-associated isoprenylated plant protein |
| CEY00 _ Acc20372 | 18. 325 433 | 1. 774 330 8 | 3. 368 5 | 0. 010 717 | 0. 105 2 | LG18 | 13156781 | 13157527 | 611 | hypothetical protein |
| CEY00 _ Acc20378 | 29. 911 901 | 70. 296 381 | −1. 232 7 | 0. 033 714 | 0. 225 86 | LG18 | 13206632 | 13211216 | 1 519 | DNA-binding protein |
| CEY00 _ Acc20381 | 275. 248 21 | 606. 874 54 | −1. 140 7 | 0. 037 28 | 0. 239 98 | LG18 | 13229201 | 13233318 | 3 062 | Autophagy-related protein like |
| CEY00 _ Acc20391 | 597. 866 91 | 145. 446 04 | 2. 039 3 | $9.02\times10^{-5}$ | 0. 003 038 8 | LG18 | 13356189 | 13358368 | 1 192 | Gluconokinase |
| CEY00 _ Acc20410 | 21. 110 125 | 0 | — | 0. 012 992 | 0. 120 15 | LG18 | 13558421 | 13560408 | 1 166 | Protein EXORDIUM like |
| CEY00 _ Acc20413 | 21. 264 295 | 78. 462 362 | −1. 883 6 | 0. 009 498 7 | 0. 096 704 | LG18 | 13587772 | 13591489 | 2 176 | Ribosomal protein |
| CEY00 _ Acc20426 | 107. 361 45 | 333. 992 91 | −1. 637 3 | 0. 004 578 2 | 0. 057 195 | LG18 | 13735320 | 13740974 | 4 089 | WEB family protein |
| CEY00 _ Acc20434 | 52. 333 03 | 121. 165 26 | −1. 211 2 | 0. 046 665 | 0. 276 2 | LG18 | 13832834 | 13838762 | 2 169 | Alpha-galactosidase |
| CEY00 _ Acc20443 | 12. 364 882 | 1. 177 275 | 3. 392 7 | 0. 022 249 | 0. 173 01 | LG18 | 13979684 | 13981546 | 1 016 | Transcription factor like |
| CEY00 _ Acc20447 | 183. 280 43 | 2. 593 098 9 | 6. 143 2 | 0. 010 043 | 0. 100 23 | LG18 | 14082778 | 14085320 | 2 543 | Heavy metal-associated isoprenylated plant protein |

（续）

| 基因 ID | miR160VS1 序列/条 | CK1 序列/条 | $log_2FC$ | *P* 值 | FDR | 染色体 | 起始位点 | 终止位点 | 长度/bp | 基因描述 |
|---|---|---|---|---|---|---|---|---|---|---|
| CEY00 _ Acc20453 | 13. 228 587 | 0. 238 549 | 5. 793 2 | 0. 027 269 | 0. 196 77 | LG18 | 14188185 | 14191488 | 1 810 | High affinity nitrate transporter 2. 4 like |
| CEY00 _ Acc20455 | 780. 751 18 | 322. 687 44 | 1. 274 7 | 0. 011 551 | 0. 110 65 | LG18 | 14204298 | 14224765 | 9 364 | OTU domain-containing protein |
| CEY00 _ Acc20456 | 23. 617 462 | 4. 563 249 8 | 2. 371 7 | 0. 011 2 | 0. 108 51 | LG18 | 14230722 | 14250378 | 3 273 | DNA-binding protein like |
| CEY00 _ Acc20457 | 40. 035 422 | 2. 535 644 1 | 3. 980 9 | 0. 040 745 | 0. 253 92 | LG18 | 14255135 | 14256954 | 1 680 | Benzyl alcohol O-benzoyltransferase |
| CEY00 _ Acc20461 | 966. 438 94 | 201. 412 38 | 2. 262 5 | 0. 000 101 3 | 0. 003 334 9 | LG18 | 14283775 | 14287591 | 1 957 | Cytochrome P450 89A2 like |
| CEY00 _ Acc20462 | 126. 134 76 | 9. 614 642 | 3. 713 6 | $1.63\times10^{-7}$ | $1.87\times10^{-5}$ | LG18 | 14290735 | 14292749 | 2 015 | Cytochrome P450 89A2 like |
| CEY00 _ Acc20463 | 351. 180 41 | 55. 881 999 | 2. 651 8 | 0. 005 532 4 | 0. 066 029 | LG18 | 14295905 | 14297928 | 2 024 | Cytochrome P450 89A2 like |
| CEY00 _ Acc20464 | 3 212. 243 8 | 693. 063 68 | 2. 212 5 | 0. 001 500 1 | 0. 025 741 | LG18 | 14308755 | 14315572 | 1 649 | Cytochrome P450 89A2 like |
| CEY00 _ Acc20467 | 886. 221 45 | 274. 282 75 | 1. 692 | 0. 000 722 5 | 0. 015 166 | LG18 | 14327306 | 14341956 | 2 136 | FAD synthase |
| CEY00 _ Acc20474 | 213. 603 83 | 859. 888 11 | −2. 009 2 | 0. 000 357 9 | 0. 008 838 6 | LG18 | 14469525 | 14486553 | 9 196 | Phosphatidylinositol 4-phosphate 5-kinase like |
| CEY00 _ Acc20475 | 41. 968 81 | 231. 001 84 | −2. 460 5 | $5.73\times10^{-5}$ | 0. 002 160 9 | LG18 | 14491468 | 14492464 | 997 | Zinc finger protein |
| CEY00 _ Acc20484 | 868. 986 78 | 104. 661 17 | 3. 053 6 | 0. 000 892 1 | 0. 017 774 | LG18 | 14628768 | 14639937 | 4 883 | Myosin heavy chain，striated muscle like |
| CEY00 _ Acc20485 | 37. 836 368 | 108. 011 38 | −1. 513 3 | 0. 047 897 | 0. 281 19 | LG18 | 14644450 | 14657467 | 2 213 | Carotene epsilon-monooxygenase |
| CEY00 _ Acc20495 | 73. 778 391 | 3. 293 275 9 | 4. 485 6 | 0. 017 381 | 0. 146 82 | LG18 | 14818247 | 14818962 | 716 | Uncharacterized protein |
| CEY00 _ Acc20497 | 4 106. 127 5 | 186. 922 47 | 4. 457 3 | $8.2\times10^{-5}$ | 0. 002 828 6 | LG18 | 14830840 | 14831863 | 1 024 | DNA-directed RNA polymerase subunit beta like |

（续）

| 基因 ID | miR160VS1 序列/条 | CK1 序列/条 | $log_2FC$ | $P$ 值 | FDR | 染色体 | 起始位点 | 终止位点 | 长度/bp | 基因描述 |
|---|---|---|---|---|---|---|---|---|---|---|
| CEY00 _ Acc20504 | 17. 525 883 | 1. 792 738 2 | 3. 289 3 | 0. 012 683 | 0. 118 29 | LG18 | 14907289 | 14912449 | 1 657 | Glucan endo-1,3-beta-glucosidase |
| CEY00 _ Acc20506 | 1 389. 897 | 616. 450 73 | 1. 172 9 | 0. 010 693 | 0. 105 03 | LG18 | 14943279 | 14948745 | 4 327 | Serine/threonine-protein kinase |
| CEY00 _ Acc20516 | 94. 126 134 | 229. 441 33 | −1. 285 5 | 0. 028 857 | 0. 203 9 | LG18 | 15066646 | 15071374 | 4 729 | Scarecrow-like protein |
| CEY00 _ Acc20519 | 19. 567 558 | 79. 722 73 | −2. 026 5 | 0. 006 604 1 | 0. 074 934 | LG18 | 15091902 | 15096349 | 2 919 | Heterogeneous nuclear ribonucleoprotein like |
| CEY00 _ Acc20521 | 215. 527 26 | 526. 755 58 | −1. 289 3 | 0. 018 199 | 0. 151 1 | LG18 | 15108918 | 15114248 | 1 202 | Inositol monophosphatase |
| CEY00 _ Acc20529 | 123. 045 54 | 9. 287 941 7 | 3. 727 7 | $3.89\times10^{-5}$ | 0. 001 585 3 | LG18 | 15238443 | 15239667 | 1 225 | Acyl-CoA-sterol O-acyltransferase |
| CEY00 _ Acc20538 | 84 105. 357 | 215 661. 57 | −1. 358 5 | 0. 004 186 5 | 0. 053 709 | LG18 | 15307472 | 15311100 | 1 515 | 1-aminocyclopropane-1-carboxylate oxidase |
| CEY00 _ Acc20539 | 15. 791 344 | 0. 938 725 9 | 4. 072 3 | 0. 004 672 3 | 0. 057 931 | LG18 | 15320061 | 15336140 | 2 716 | Protein STRUBBELIG-RECEPTOR FAMILY 8 like |
| CEY00 _ Acc20540 | 103. 606 06 | 213. 031 86 | −1. 04 | 0. 027 727 | 0. 198 68 | LG18 | 15349545 | 15357782 | 1 852 | Malonyl-CoA decarboxylase |
| CEY00 _ Acc20543 | 28. 384 89 | 135. 210 99 | −2. 252 | 0. 000 266 5 | 0. 007 082 3 | LG18 | 15383993 | 15396971 | 3 821 | Calcium permeable stress-gated cation channel like |
| CEY00 _ Acc20545 | 93. 198 254 | 22. 808 386 | 2. 030 7 | 0. 002 152 3 | 0. 033 225 | LG18 | 15413420 | 15417968 | 1 690 | Pectate lyase |
| CEY00 _ Acc20547 | 66. 381 099 | 178. 410 44 | −1. 426 4 | 0. 009 026 1 | 0. 093 103 | LG18 | 15430635 | 15434220 | 1 054 | Urease accessory protein like |
| CEY00 _ Acc20556 | 0 | 10. 364 789 | — | 0. 009 605 | 0. 097 34 | LG18 | 15567567 | 15568580 | 1 014 | Immunoglobulin-like and fibronectin type Ⅲ domain-containing protein |
| CEY00 _ Acc20560 | 232. 873 52 | 714. 741 45 | −1. 617 9 | 0. 001 782 2 | 0. 029 253 | LG18 | 15605934 | 15607172 | 1 239 | UPF0051 protein |

（续）

| 基因 ID | miR160VS1 序列/条 | CK1 序列/条 | $log_2FC$ | $P$ 值 | FDR | 染色体 | 起始位点 | 终止位点 | 长度/bp | 基因描述 |
|---|---|---|---|---|---|---|---|---|---|---|
| CEY00 _ Acc20565 | 753. 270 75 | 109. 286 76 | 2. 785 | 0. 014 204 | 0. 127 49 | LG18 | 15661300 | 15665726 | 1 725 | Glucose-6-phosphate/phosphate translocator 2 like |
| CEY00 _ Acc20571 | 12 631. 168 | 5 082. 605 9 | 1. 313 3 | 0. 016 612 | 0. 142 15 | LG18 | 15753731 | 15756276 | 2 546 | Ubiquitin like |
| CEY00 _ Acc20573 | 100. 367 91 | 243. 966 56 | −1. 281 4 | 0. 028 618 | 0. 202 79 | LG18 | 15770851 | 15775686 | 1 250 | Chaperone protein like |
| CEY00 _ Acc20574 | 159. 239 61 | 344. 885 42 | −1. 114 9 | 0. 036 207 | 0. 235 84 | LG18 | 15777461 | 15783618 | 1 376 | E3 ubiquitin-protein like |
| CEY00 _ Acc20575 | 177. 643 57 | 2 627. 111 2 | −3. 886 4 | $1.21\times10^{-9}$ | $2.86\times10^{-7}$ | LG18 | 15788791 | 15790629 | 1 222 | Peroxidase |
| CEY00 _ Acc20580 | 8. 948 358 5 | 0 | — | 0. 048 412 | 0. 283 26 | LG18 | 15839108 | 15840654 | 1 067 | Cysteine-rich receptor-like protein kinase |
| CEY00 _ Acc20583 | 12. 374 018 | 0. 669 236 6 | 4. 208 7 | 0. 011 769 | 0. 112 21 | LG18 | 15915170 | 15927702 | 2 158 | Cysteine-rich receptor-like protein kinase |
| CEY00 _ Acc20586 | 18. 191 598 | 94. 837 04 | −2. 382 2 | 0. 047 345 | 0. 279 | LG18 | 15930840 | 15932243 | 603 | Thioredoxin-like protein |
| CEY00 _ Acc20597 | 56. 948 549 | 10. 725 733 | 2. 408 6 | 0. 019 114 | 0. 155 95 | LG18 | 16062901 | 16067970 | 2 644 | G-type lectin S-receptor-like serine/threonine-protein kinase |
| CEY00 _ Acc20611 | 172. 111 81 | 25. 857 821 | 2. 734 7 | $5.89\times10^{-6}$ | 0. 000 351 6 | LG18 | 16240556 | 16246578 | 2 894 | G-type lectin S-receptor-like serine/threonine-protein kinase |
| CEY00 _ Acc20619 | 1 907. 407 8 | 868. 726 71 | 1. 134 6 | 0. 013 14 | 0. 120 9 | LG18 | 16328966 | 16335801 | 1 460 | Secretory carrier-associated membrane protein |
| CEY00 _ Acc20627 | 71 977. 517 | 13 728. 997 | 2. 390 3 | $1.53\times10^{-6}$ | 0. 000 120 3 | LG18 | 16474641 | 16477119 | 1 968 | Polyphenol oxidase |

（续）

| 基因 ID | miR160VS1 序列/条 | CK1 序列/条 | $\log_2$FC | $P$ 值 | FDR | 染色体 | 起始位点 | 终止位点 | 长度/bp | 基因描述 |
|---|---|---|---|---|---|---|---|---|---|---|
| CEY00 _ Acc20632 | 205.757 74 | 31.948 867 | 2.687 1 | $3.21\times10^{-6}$ | 0.000 216 3 | LG18 | 16550590 | 16555841 | 1 598 | LRR receptor-like serine/threonine-protein kinase precursor |
| CEY00 _ Acc20634 | 149.464 02 | 40.191 036 | 1.894 9 | 0.000 677 | 0.014 413 | LG18 | 16583696 | 16586668 | 1 578 | CBS domain-containing protein |
| CEY00 _ Acc20638 | 106.917 36 | 255.002 54 | −1.254 | 0.011 021 | 0.107 38 | LG18 | 16628966 | 16638320 | 2 783 | Allantoinase |
| CEY00 _ Acc20640 | 273.112 73 | 116.877 28 | 1.224 5 | 0.014 586 | 0.130 06 | LG18 | 16644186 | 16646601 | 2 416 | E3 ubiquitin-protein like |
| CEY00 _ Acc20646 | 690.928 59 | 67.957 615 | 3.345 8 | $2.68\times10^{-5}$ | 0.001 179 5 | LG18 | 16716808 | 16721385 | 1 782 | Serine/threonine-protein kinase |
| CEY00 _ Acc20647 | 1 056.534 4 | 382.017 16 | 1.467 6 | 0.001 960 7 | 0.031 187 | LG18 | 16735448 | 16736598 | 1 151 | VQ motif-containing protein |
| CEY00 _ Acc20649 | 11.047 861 | 0 | — | 0.015 6 | 0.136 08 | LG18 | 16746024 | 16746493 | 470 | Protein RALF-like |
| CEY00 _ Acc20657 | 18.137 782 | 3.228 458 | 2.490 1 | 0.029 99 | 0.209 11 | LG18 | 16857318 | 16858252 | 935 | Ethylene-responsive transcription factor |
| CEY00 _ Acc20659 | 4 453.878 7 | 631.758 57 | 2.817 6 | 0.041 721 | 0.257 63 | LG18 | 16875794 | 16876840 | 1 047 | Ethylene-responsive transcription factor 4 like |
| CEY00 _ Acc20663 | 11.243 043 | 39.596 591 | −1.816 3 | 0.033 98 | 0.226 93 | LG18 | 16914917 | 16923480 | 1 199 | Myosin heavy chain, clone like |
| CEY00 _ Acc20674 | 7.049 710 8 | 0.223 078 9 | 4.981 9 | 0.039 412 | 0.249 03 | LG18 | 17080290 | 17081406 | 825 | ABC transporter like |
| CEY00 _ Acc20680 | 1 946.714 1 | 137.460 68 | 3.824 | $2.52\times10^{-10}$ | $7.09\times10^{-8}$ | LG18 | 17119387 | 17120177 | 791 | Pathogenesis-related transcriptional activator like |
| CEY00 _ Acc20695 | 535.818 93 | 22.134 967 | 4.597 3 | $2.27\times10^{-10}$ | $6.66\times10^{-8}$ | LG18 | 17331773 | 17335218 | 1 645 | U-box domain-containing protein |
| CEY00 _ Acc20699 | 67.227 99 | 166.651 41 | −1.309 7 | 0.035 497 | 0.232 97 | LG18 | 17369481 | 17378408 | 3 947 | hypothetical protein |
| CEY00 _ Acc20712 | 200.518 73 | 48.059 973 | 2.060 8 | 0.000 373 | 0.009 135 6 | LG18 | 17529451 | 17530555 | 1 105 | uncharacterized protein |

（续）

| 基因 ID | miR160VS1 序列/条 | CK1 序列/条 | $log_2FC$ | $P$ 值 | FDR | 染色体 | 起始位点 | 终止位点 | 长度/bp | 基因描述 |
| --- | --- | --- | --- | --- | --- | --- | --- | --- | --- | --- |
| CEY00 _ Acc20714 | 39.578 586 | 129.531 19 | −1.710 5 | 0.001 457 8 | 0.025 226 | LG18 | 17546023 | 17560023 | 2 838 | Complex Ⅰ intermediate-associated protein 30 |
| CEY00 _ Acc20715 | 1 507.161 9 | 420.446 82 | 1.841 8 | 0.014 048 | 0.126 29 | LG18 | 17570500 | 17575027 | 3 905 | Alpha, alpha-trehalose-phosphate synthase |
| CEY00 _ Acc20723 | 2 086.443 8 | 247.839 9 | 3.073 6 | $1.21\times10^{-9}$ | $2.86\times10^{-7}$ | LG18 | 17641965 | 17657223 | 3 367 | LRR receptor-like serine/threonine-protein kinase |
| CEY00 _ Acc20724 | 106.925 78 | 2.089 486 3 | 5.677 3 | 0.030 013 | 0.209 2 | LG18 | 17662796 | 17676790 | 3 347 | LRR receptor-like serine/threonine-protein kinase |
| CEY00 _ Acc20725 | 3 491.802 | 423.055 28 | 3.045 1 | $2.62\times10^{-9}$ | $5.52\times10^{-7}$ | LG18 | 17678974 | 17686231 | 1 956 | MACPF domain-containing protein |
| CEY00 _ Acc20732 | 51.108 521 | 157.505 42 | −1.623 8 | 0.001 739 7 | 0.028 753 | LG18 | 17764081 | 17764661 | 581 | Mesocentin like |
| CEY00 _ Acc20745 | 10.059 858 | 40.437 409 | −2.007 1 | 0.019 169 | 0.156 08 | LG18 | 17899192 | 17904639 | 718 | Pterin-4-alpha-carbinolamine dehydratase |
| CEY00 _ Acc20765 | 2 673.716 9 | 286.996 82 | 3.219 7 | 0.000 371 1 | 0.009 106 4 | LG18 | 18118974 | 18124299 | 3 202 | Dammarenediol Ⅱ synthase |
| CEY00 _ Acc20771 | 410.817 28 | 1 184.679 2 | −1.527 9 | 0.003 629 3 | 0.048 254 | LG18 | 18167605 | 18181078 | 1 877 | Pyruvate dehydrogenase E1 component subunit beta-3 like |
| CEY00 _ Acc20777 | 239.115 55 | 106.130 53 | 1.171 9 | 0.018 419 | 0.152 18 | LG18 | 18279661 | 18295229 | 1 682 | Solanesyl diphosphate synthase |
| CEY00 _ Acc20778 | 149.848 66 | 4.732 677 2 | 4.984 7 | 0.005 912 2 | 0.069 283 | LG18 | 18297718 | 18299469 | 774 | UDP-4-amino-4,6-dideoxy-N-acetyl-beta-L-altrosamine transaminase |
| CEY00 _ Acc20782 | 416.024 37 | 20.337 681 | 4.354 4 | 0.000 122 3 | 0.003 846 3 | LG18 | 18337789 | 18339598 | 1 810 | Berberine bridge enzyme-like |

（续）

| 基因 ID | miR160VS1 序列/条 | CK1 序列/条 | $log_2FC$ | *P* 值 | FDR | 染色体 | 起始位点 | 终止位点 | 长度/bp | 基因描述 |
|---|---|---|---|---|---|---|---|---|---|---|
| CEY00_Acc20783 | 981.038 13 | 33.880 458 | 4.855 8 | $1.3\times10^{-5}$ | 0.000 663 | LG18 | 18369590 | 18371361 | 1 772 | Berberine bridge enzyme-like |
| CEY00_Acc20818 | 33.482 539 | 8.625 824 2 | 1.956 7 | 0.027 114 | 0.195 94 | LG18 | 18772297 | 18778332 | 6 036 | Pentatricopeptide repeat-containing protein |
| CEY00_Acc20829 | 6.757 292 9 | 39.398 456 | −2.543 6 | 0.009 574 6 | 0.097 166 | LG18 | 18935968 | 18941743 | 1 421 | RING-H2 finger protein |
| CEY00_Acc20844 | 50.380 11 | 4.678 159 6 | 3.428 8 | $8.63\times10^{-5}$ | 0.002 942 | LG18 | 19066153 | 19067110 | 958 | hypothetical protein |
| CEY00_Acc20849 | 33.978 127 | 101.490 69 | −1.578 7 | 0.014 347 | 0.128 42 | LG18 | 19102763 | 19106447 | 1 532 | F-box protein |
| CEY00_Acc20868 | 37.075 114 | 6.520 867 7 | 2.507 3 | 0.004 784 4 | 0.059 032 | LG18 | 19350615 | 19352488 | 1 874 | Peptidyl-prolyl cis-trans isomerase |
| CEY00_Acc20870 | 25.777 052 | 0.915 892 8 | 4.814 8 | 0.005 360 6 | 0.064 378 | LG18 | 19365344 | 19365928 | 585 | AVF-2 beta chain like |
| CEY00_Acc20901 | 211.757 96 | 15.485 547 | 3.773 4 | $6.85\times10^{-5}$ | 0.002 473 5 | LG18 | 19735534 | 19745609 | 2 569 | Vacuolar-sorting receptor 6 like |
| CEY00_Acc20921 | 97.354 585 | 21.436 413 | 2.183 2 | 0.001 073 4 | 0.020 247 | LG18 | 19960267 | 19962436 | 2 019 | 4-coumarate-CoA ligase-like |
| CEY00_Acc20927 | 16.944 257 | 93.810 37 | −2.469 | 0.000 153 4 | 0.004 604 4 | LG18 | 20008697 | 20012952 | 2 257 | Serine/threonine protein like |
| CEY00_Acc20932 | 37.895 399 | 114.296 97 | −1.592 7 | 0.006 415 6 | 0.073 302 | LG18 | 20067970 | 20073820 | 2 002 | Serine carboxypeptidase-like |
| CEY00_Acc20942 | 366.378 8 | 7.310 306 | 5.647 3 | $5.75\times10^{-18}$ | $2.72\times10^{-14}$ | LG18 | 20199309 | 20200881 | 1 573 | LysM domain receptor-like kinase |
| CEY00_Acc20944 | 762.321 98 | 304.757 87 | 1.322 7 | 0.004 398 3 | 0.055 453 | LG18 | 20216538 | 20220691 | 2 508 | Phenylalanine ammonia-lyase |
| CEY00_Acc20947 | 2 208.426 7 | 154.886 61 | 3.833 7 | $8.54\times10^{-13}$ | $5.51\times10^{-10}$ | LG18 | 20249520 | 20254790 | 2 741 | Von Willebrand factor，type A protein |
| CEY00_Acc20951 | 129.655 65 | 266.507 79 | −1.039 5 | 0.026 607 | 0.193 89 | LG18 | 20306141 | 20322063 | 2 246 | Phosphomannomutase/phosphoglucomutase |
| CEY00_Acc20956 | 182.204 34 | 78.346 237 | 1.217 6 | 0.014 884 | 0.131 86 | LG18 | 20401027 | 20406961 | 4 420 | Patatin-like protein |

（续）

| 基因ID | miR160VS1序列/条 | CK1序列/条 | $log_2FC$ | *P*值 | FDR | 染色体 | 起始位点 | 终止位点 | 长度/bp | 基因描述 |
|---|---|---|---|---|---|---|---|---|---|---|
| CEY00_Acc20959 | 10.183 755 | 39.844 196 | −1.968 1 | 0.025 619 | 0.189 41 | LG18 | 20472310 | 20512995 | 4 007 | Phototropin-2 like |
| CEY00_Acc20968 | 2 251.416 1 | 387.876 | 2.537 2 | 0.002 490 6 | 0.036 788 | LG19 | 906201 | 909638 | 1 727 | WRKY transcription factor 14 |
| CEY00_Acc20984 | 12.843 346 | 36.230 391 | −1.496 2 | 0.040 231 | 0.251 88 | LG19 | 2466863 | 2497520 | 2 005 | Protein prune like |
| CEY00_Acc20985 | 88.392 642 | 248.787 97 | −1.492 9 | 0.014 362 | 0.128 45 | LG19 | 2537312 | 2581756 | 11 573 | Sphingoid long-chain bases kinase |
| CEY00_Acc21002 | 1 520.823 | 3 093.778 8 | −1.024 5 | 0.014 375 | 0.128 49 | LG19 | 3204583 | 3209686 | 1 589 | 4-hydroxy-3-methylbut-2-enyl diphosphate reductase |
| CEY00_Acc21013 | 46.665 699 | 146.180 52 | −1.647 3 | 0.005 689 7 | 0.067 25 | LG19 | 4197957 | 4216591 | 1 246 | 3-hydroxyisobutyrate dehydrogenase |
| CEY00_Acc21015 | 9 975.926 7 | 583.987 81 | 4.094 4 | $8.75\times10^{-6}$ | 0.000 481 8 | LG19 | 4539789 | 4541636 | 1 848 | Berberine bridge enzyme-like |
| CEY00_Acc21042 | 1 060.379 7 | 102.292 05 | 3.373 8 | $1.2\times10^{-8}$ | $1.96\times10^{-6}$ | LG19 | 6134515 | 6135093 | 579 | Cyclin-dependent kinase |
| CEY00_Acc21048 | 587.162 84 | 189.351 46 | 1.632 7 | 0.002 181 1 | 0.033 51 | LG19 | 6338276 | 6345074 | 2 118 | Ribosomal RNA large subunit methyltransferase |
| CEY00_Acc21049 | 6 194.808 4 | 1 028.640 2 | 2.590 3 | 0.001 935 4 | 0.030 921 | LG19 | 6347147 | 6347774 | 628 | G patch domain-containing protein |
| CEY00_Acc21054 | 580.332 06 | 191.514 16 | 1.599 4 | 0.001 706 3 | 0.028 375 | LG19 | 6414050 | 6414933 | 884 | Zinc finger protein |
| CEY00_Acc21063 | 1 780.554 9 | 629.260 61 | 1.500 6 | 0.002 165 9 | 0.033 323 | LG19 | 6544030 | 6547102 | 1 939 | Somatic embryogenesis receptor kinase |
| CEY00_Acc21064 | 162.679 66 | 50.801 697 | 1.679 1 | 0.009 003 4 | 0.092 963 | LG19 | 6548782 | 6554517 | 3 083 | DNA double-strand break repair Rad50 ATPase |
| CEY00_Acc21069 | 269.417 67 | 79.870 975 | 1.754 1 | 0.005 649 1 | 0.066 962 | LG19 | 6596470 | 6599951 | 1 882 | Protein like |

（续）

| 基因 ID | miR160VS1 序列/条 | CK1 序列/条 | $log_2FC$ | *P* 值 | FDR | 染色体 | 起始位点 | 终止位点 | 长度/bp | 基因描述 |
|---|---|---|---|---|---|---|---|---|---|---|
| CEY00_Acc21087 | 170.044 07 | 3.215 925 1 | 5.724 5 | 0.001 075 2 | 0.020 268 | LG19 | 6855329 | 6856399 | 884 | Basic secretory protease |
| CEY00_Acc21098 | 2 092.772 8 | 300.361 65 | 2.800 6 | $7.2\times10^{-6}$ | 0.000 411 3 | LG19 | 7079104 | 7084143 | 1 392 | Elicitor-responsive protein |
| CEY00_Acc21099 | 96.020 459 | 228.213 47 | −1.249 | 0.021 527 | 0.169 06 | LG19 | 7085350 | 7089418 | 1 511 | Phosphatidylinositol 3, 4, 5-trisphosphate 3-phosphatase and protein-tyrosine-phosphatase |
| CEY00_Acc21125 | 76.283 066 | 1.669 843 2 | 5.513 6 | $1.04\times10^{-6}$ | $8.82\times10^{-5}$ | LG19 | 7514148 | 7515092 | 945 | Ethylene-responsive transcription factor |
| CEY00_Acc21140 | 87.428 929 | 209.098 52 | −1.258 | 0.049 622 | 0.286 91 | LG19 | 8206270 | 8216281 | 3 868 | WPP domain-associated protein |
| CEY00_Acc21150 | 20.077 097 | 55.421 21 | −1.464 9 | 0.049 849 | 0.287 18 | LG19 | 9368713 | 9374768 | 1 843 | Amino acid permease |
| CEY00_Acc21162 | 4 287.078 | 907.949 92 | 2.239 3 | 0.000 312 6 | 0.007 959 7 | LG19 | 9577124 | 9578314 | 1 191 | Basic form of pathogenesis-related protein like |
| CEY00_Acc21168 | 1 121.331 3 | 475.829 7 | 1.236 7 | 0.008 165 7 | 0.086 87 | LG19 | 9630270 | 9633727 | 3 256 | Receptor-like protein kinase |
| CEY00_Acc21172 | 299.592 7 | 116.789 55 | 1.359 1 | 0.011 91 | 0.113 09 | LG19 | 9687126 | 9709927 | 2 123 | Protein like |
| CEY00_Acc21180 | 2 493.724 5 | 1 073.164 4 | 1.216 4 | 0.024 379 | 0.183 34 | LG19 | 9821994 | 9824164 | 1 898 | Heat shock 70 protein |
| CEY00_Acc21185 | 1 603.717 9 | 149.788 49 | 3.420 4 | 0.001 069 9 | 0.020 199 | LG19 | 9895500 | 9899400 | 1 360 | Nitronate monooxygenase |
| CEY00_Acc21186 | 8 255.089 2 | 700.632 64 | 3.558 6 | $8.81\times10^{-9}$ | $1.49\times10^{-6}$ | LG19 | 10361928 | 10364947 | 2 739 | 7-deoxyloganetin glucosyltransferase |
| CEY00_Acc21190 | 281.907 36 | 653.637 78 | −1.213 3 | 0.039 033 | 0.247 39 | LG19 | 10434308 | 10440100 | 1 557 | Protein like |
| CEY00_Acc21192 | 535.184 73 | 231.955 79 | 1.206 2 | 0.022 694 | 0.175 19 | LG19 | 10458019 | 10467243 | 1 492 | Copper-transporting ATPase |
| CEY00_Acc21196 | 21.167 059 | 63.078 112 | −1.575 3 | 0.031 851 | 0.217 57 | LG19 | 10547461 | 10554679 | 2 609 | Pumilio 7 like |

（续）

| 基因 ID | miR160VS1 序列/条 | CK1 序列/条 | $log_2FC$ | *P* 值 | FDR | 染色体 | 起始位点 | 终止位点 | 长度/bp | 基因描述 |
|---|---|---|---|---|---|---|---|---|---|---|
| CEY00 _ Acc21205 | 535. 916 44 | 86. 902 793 | 2. 624 5 | 0. 000 446 6 | 0. 010 479 | LG19 | 10657961 | 10663727 | 2 442 | Aminotransferase |
| CEY00 _ Acc21206 | 1 778. 118 7 | 513. 690 21 | 1. 791 4 | 0. 000 194 8 | 0. 005 523 8 | LG19 | 10676433 | 10687237 | 1 709 | hypothetical protein |
| CEY00 _ Acc21207 | 1 129. 926 6 | 516. 262 41 | 1. 130 1 | 0. 011 421 | 0. 109 77 | LG19 | 10688874 | 10700767 | 2 602 | BRASSINOSTEROID INSENSITIVE 1-associated receptor kinase |
| CEY00 _ Acc21226 | 81. 063 295 | 25. 496 133 | 1. 668 8 | 0. 012 721 | 0. 118 44 | LG19 | 10923724 | 10927672 | 1 071 | G-box-binding factor like |
| CEY00 _ Acc21241 | 272. 636 91 | 18. 880 373 | 3. 852 | $8.2\times10^{-5}$ | 0. 002 828 6 | LG19 | 11159110 | 11164436 | 904 | Plastid-lipid-associated protein |
| CEY00 _ Acc21246 | 169. 754 28 | 435. 183 52 | −1. 358 2 | 0. 018 084 | 0. 150 41 | LG19 | 11243329 | 11264007 | 3 824 | Phosphatidylinositol 4-phosphate 5-kinase |
| CEY00 _ Acc21253 | 404. 251 26 | 121. 033 38 | 1. 739 8 | 0. 001 728 5 | 0. 028 65 | LG19 | 11362238 | 11368547 | 5 722 | Serine hydroxymethyltransferase like |
| CEY00 _ Acc21269 | 73. 220 91 | 6. 930 332 6 | 3. 401 3 | 0. 014 81 | 0. 131 42 | LG19 | 11580973 | 11583002 | 2 030 | Transcription factor like |
| CEY00 _ Acc21276 | 52. 290 357 | 6. 568 144 3 | 2. 993 | $7.24\times10^{-5}$ | 0. 002 565 1 | LG19 | 11745494 | 11747137 | 1 089 | Metallothiol transferase |
| CEY00 _ Acc21280 | 1 698. 831 | 59. 383 236 | 4. 838 3 | 0. 000 171 6 | 0. 005 035 9 | LG19 | 11792930 | 11793824 | 895 | DEAD-box ATP-dependent RNA helicase |
| CEY00 _ Acc21294 | 135. 569 72 | 58. 068 366 | 1. 223 2 | 0. 028 395 | 0. 202 | LG19 | 12008605 | 12011587 | 2 983 | Translation initiation factor IF-2 like |
| CEY00 _ Acc21295 | 1 342. 558 5 | 450. 388 72 | 1. 575 7 | 0. 001 529 | 0. 026 128 | LG19 | 12016559 | 12022406 | 1 089 | Cytochrome c |
| CEY00 _ Acc21316 | 1 544. 752 8 | 88. 810 127 | 4. 120 5 | 0. 001 489 4 | 0. 025 637 | LG19 | 12374110 | 12376227 | 2 118 | Cytochrome P450 710A11 like |
| CEY00 _ Acc21324 | 143. 636 39 | 8. 330 064 1 | 4. 107 9 | 0. 010 556 | 0. 104 03 | LG19 | 12435661 | 12436276 | 616 | Poly(A) polymerase catalytic subunit like |

（续）

| 基因 ID | miR160VS1 序列/条 | CK1 序列/条 | $log_2FC$ | *P* 值 | FDR | 染色体 | 起始位点 | 终止位点 | 长度/bp | 基因描述 |
|---|---|---|---|---|---|---|---|---|---|---|
| CEY00_Acc21329 | 73.066 65 | 188.697 29 | −1.368 8 | 0.016 354 | 0.140 75 | LG19 | 12485414 | 12511922 | 3 660 | Starch synthase |
| CEY00_Acc21334 | 45.955 762 | 144.634 2 | −1.654 1 | 0.010 986 | 0.107 17 | LG19 | 12546311 | 12554489 | 3 301 | Protein REDUCED WALL ACETYLATION like |
| CEY00_Acc21342 | 18.209 068 | 4.286 397 5 | 2.086 8 | 0.046 012 | 0.273 54 | LG19 | 12762335 | 12768804 | 3 187 | Phytochrome E like |
| CEY00_Acc21364 | 91.994 644 | 7.583 354 8 | 3.600 6 | 0.008 378 1 | 0.088 286 | LG19 | 13045537 | 13047925 | 2 270 | Heat stress transcription factor A-4a like |
| CEY00_Acc21377 | 7.204 682 5 | 0 | — | 0.012 608 | 0.117 76 | LG19 | 13278790 | 13279737 | 948 | Fetuin-B like |
| CEY00_Acc21381 | 81.785 431 | 0 | — | $2.19\times10^{-5}$ | 0.001 013 1 | LG19 | 13330090 | 13340023 | 3 285 | Receptor-like protein kinase |
| CEY00_Acc21383 | 13.423 769 | 0 | — | 0.000 321 2 | 0.008 116 3 | LG19 | 13412978 | 13424235 | 7 542 | LRR receptor-like serine/threonine-protein kinase |
| CEY00_Acc21385 | 16.671 315 | 0.461 627 9 | 5.174 5 | 0.017 236 | 0.145 86 | LG19 | 13441089 | 13445043 | 2 247 | LRR receptor-like serine/threonine-protein kinase precursor |
| CEY00_Acc21389 | 243.650 35 | 592.333 27 | −1.281 6 | 0.020 826 | 0.165 63 | LG19 | 13504653 | 13511064 | 1 886 | Trihelix transcription factor |
| CEY00_Acc21390 | 1 110.952 7 | 36.363 073 | 4.933 2 | 0.002 086 3 | 0.032 586 | LG19 | 13511895 | 13513338 | 1 362 | Epidermis-specific secreted glycoprotein |
| CEY00_Acc21391 | 11.491 239 | 78.981 893 | −2.781 | 0.000 230 8 | 0.006 316 | LG19 | 13522703 | 13530910 | 3 776 | hypothetical protein |
| CEY00_Acc21392 | 269.406 38 | 8.126 015 | 5.051 1 | 0.007 668 1 | 0.082 917 | LG19 | 13538673 | 13539448 | 776 | Dof zinc finger protein like |
| CEY00_Acc21395 | 61.920 842 | 11.869 13 | 2.383 2 | 0.002 360 7 | 0.035 457 | LG19 | 13566449 | 13569891 | 1 387 | Senescence-specific cysteine protease |

（续）

| 基因 ID | miR160VS1 序列/条 | CK1 序列/条 | $log_2FC$ | *P* 值 | FDR | 染色体 | 起始位点 | 终止位点 | 长度/bp | 基因描述 |
|---|---|---|---|---|---|---|---|---|---|---|
| CEY00_Acc21396 | 150.211 72 | 13.203 922 | 3.508 | $7.43\times10^{-5}$ | 0.002 615 9 | LG19 | 13572143 | 13576295 | 1 358 | Transcription factor bHLH30 like |
| CEY00_Acc21404 | 297.761 13 | 3 359.414 2 | −3.496 | 0.001 965 8 | 0.031 223 | LG19 | 13651391 | 13656557 | 1 462 | Protein trichome birefringence-like |
| CEY00_Acc21406 | 25.162 746 | 3.023 786 5 | 3.056 9 | 0.027 368 | 0.197 25 | LG19 | 13679709 | 13682222 | 1 513 | Phospholipase |
| CEY00_Acc21408 | 796.773 77 | 287.700 97 | 1.469 6 | 0.003 252 4 | 0.044 97 | LG19 | 13701331 | 13702159 | 829 | Rapid alkalinization factor like |
| CEY00_Acc21409 | 4 156.073 | 1 392.186 7 | 1.577 9 | 0.006 189 3 | 0.071 581 | LG19 | 13707551 | 13710785 | 1 282 | Stress-related protein |
| CEY00_Acc21412 | 27.614 007 | 111.100 49 | −2.008 4 | 0.003 097 | 0.043 388 | LG19 | 13737966 | 13748302 | 1 098 | F-actin-capping protein subunit alpha like |
| CEY00_Acc21413 | 5 182.719 1 | 889.780 5 | 2.542 2 | 0.014 959 | 0.132 24 | LG19 | 13758377 | 13760659 | 778 | Translationally-controlled tumor protein |
| CEY00_Acc21415 | 6 777.916 3 | 1 294.906 8 | 2.388 | 0.000 236 | 0.006 441 8 | LG19 | 13779040 | 13782011 | 555 | TRNA(guanine-N(7)-)-methyltransferase non-catalytic subunit like |
| CEY00_Acc21425 | 178.097 25 | 75.193 52 | 1.244 | 0.041 801 | 0.258 | LG19 | 13886218 | 13892231 | 6 014 | Small nuclear ribonucleoprotein-associated protein like |
| CEY00_Acc21427 | 292.378 53 | 5.232 608 3 | 5.804 2 | $1.81\times10^{-6}$ | 0.000 139 7 | LG19 | 13901439 | 13904075 | 1 661 | Pectinesterase |
| CEY00_Acc21428 | 261.425 36 | 64.915 147 | 2.009 8 | 0.000 708 8 | 0.014 958 | LG19 | 13908315 | 13914036 | 2 728 | Glycine-rich domain-containing protein |
| CEY00_Acc21430 | 179.701 93 | 71.572 839 | 1.328 1 | 0.025 933 | 0.190 8 | LG19 | 13925861 | 13947641 | 3 458 | Phospholipase D zeta 1 like |
| CEY00_Acc21441 | 45.726 697 | 157.298 24 | −1.782 4 | 0.036 336 | 0.236 34 | LG19 | 14076094 | 14081482 | 4 376 | Exonuclease |
| CEY00_Acc21444 | 402.463 89 | 32.014 429 | 3.652 1 | 0.000 108 8 | 0.003 502 8 | LG19 | 14093270 | 14094957 | 995 | DnaJ subfamily B member like |

（续）

| 基因 ID | miR160VS1 序列/条 | CK1 序列/条 | $log_2FC$ | *P* 值 | FDR | 染色体 | 起始位点 | 终止位点 | 长度/bp | 基因描述 |
|---|---|---|---|---|---|---|---|---|---|---|
| CEY00 _ Acc21451 | 71. 358 772 | 176. 056 29 | −1. 302 9 | 0. 038 828 | 0. 246 52 | LG19 | 14178184 | 14191197 | 2 037 | Dihydrolipoyl dehydrogenase |
| CEY00 _ Acc21482 | 1 031. 122 4 | 435. 717 2 | 1. 242 8 | 0. 027 646 | 0. 198 51 | LG19 | 14514142 | 14521315 | 1 743 | Pyrrolidone-carboxylate peptidase |
| CEY00 _ Acc21486 | 123. 011 37 | 283. 568 49 | −1. 204 9 | 0. 031 34 | 0. 215 36 | LG19 | 14554214 | 14559457 | 5 244 | FACT complex subunit like |
| CEY00 _ Acc21491 | 1 479. 510 7 | 534. 153 34 | 1. 469 8 | 0. 008 352 7 | 0. 088 175 | LG19 | 14614015 | 14617737 | 3 723 | S-adenosylmethionine synthase |
| CEY00 _ Acc21492 | 66. 462 267 | 9. 449 762 3 | 2. 814 2 | $6.14\times10^{-5}$ | 0. 002 276 2 | LG19 | 14631747 | 14646599 | 4 557 | Pleiotropic drug resistance protein |
| CEY00 _ Acc21505 | 45. 179 299 | 1. 130 864 5 | 5. 320 2 | $6.46\times10^{-8}$ | $8.54\times10^{-6}$ | LG19 | 14812303 | 14814557 | 1 184 | F-box protein |
| CEY00 _ Acc21513 | 4 601. 217 4 | 13 518. 164 | −1. 554 8 | 0. 000 558 | 0. 012 402 | LG19 | 14869708 | 14880115 | 10 408 | Ferredoxin-3 like |
| CEY00 _ Acc21531 | 21. 304 505 | 3. 759 329 5 | 2. 502 6 | 0. 023 216 | 0. 177 68 | LG19 | 15088566 | 15089939 | 1 374 | Dipeptidyl peptidase 4 soluble form like |
| CEY00 _ Acc21532 | 42. 340 938 | 161. 981 11 | −1. 935 7 | 0. 000 327 7 | 0. 008 246 5 | LG19 | 15098934 | 15106377 | 1 682 | 2-carboxy-D-arabinitol-1-phosphatase |
| CEY00 _ Acc21540 | 3 366. 925 | 64. 608 82 | 5. 703 6 | 0. 002 379 2 | 0. 035 638 | LG19 | 15190015 | 15192091 | 1 208 | Aldo-keto reductase |
| CEY00 _ Acc21545 | 33. 533 947 | 87. 027 254 | −1. 375 8 | 0. 023 914 | 0. 181 01 | LG19 | 15246196 | 15255245 | 1 670 | DNA repair protein recA 1 like |
| CEY00 _ Acc21551 | 60. 466 375 | 200. 872 12 | −1. 732 1 | 0. 001 166 | 0. 021 596 | LG19 | 15300585 | 15311369 | 5 378 | TRNA (guanine(37)-NI)-methyltransferase |
| CEY00 _ Acc21552 | 24. 013 098 | 80. 805 449 | −1. 750 6 | 0. 006 123 1 | 0. 070 995 | LG19 | 15323705 | 15325281 | 1 315 | BOI-related E3 ubiquitin-protein ligase 3 |
| CEY00 _ Acc21574 | 1 727. 864 2 | 733. 289 8 | 1. 236 5 | 0. 008 021 7 | 0. 085 671 | LG23 | 12041792 | 12047428 | 1 259 | Phosphatidylinositol/phosphatidylcholine transfer protein |

（续）

| 基因 ID | miR160VS1 序列/条 | CK1 序列/条 | $log_2FC$ | $P$ 值 | FDR | 染色体 | 起始位点 | 终止位点 | 长度/bp | 基因描述 |
|---|---|---|---|---|---|---|---|---|---|---|
| CEY00_Acc21588 | 285.215 94 | 858.950 69 | −1.590 5 | 0.000 883 7 | 0.017 66 | LG23 | 11874536 | 11878277 | 1 221 | Pectinesterase |
| CEY00_Acc21591 | 330.120 91 | 67.857 187 | 2.282 4 | $4.66\times10^{-5}$ | 0.001 833 6 | LG23 | 11822914 | 11824721 | 1 486 | Serine/threonine-protein kinase |
| CEY00_Acc21593 | 114.564 93 | 269.690 49 | −1.235 1 | 0.039 724 | 0.250 23 | LG23 | 11811563 | 11815911 | 2 841 | Heterogeneous nuclear ribonucleoprotein like |
| CEY00_Acc21594 | 820.131 08 | 362.172 55 | 1.179 2 | 0.013 052 | 0.120 36 | LG23 | 11804396 | 11807306 | 2 911 | hypothetical protein |
| CEY00_Acc21595 | 43.740 442 | 95.659 819 | −1.128 9 | 0.035 269 | 0.231 86 | LG23 | 11790861 | 11794264 | 865 | Mitochondrial import inner membrane translocase subunit TIM22-2 like |
| CEY00_Acc21607 | 150.811 17 | 329.274 5 | −1.126 5 | 0.018 902 | 0.154 9 | LG23 | 12276093 | 12287123 | 1 990 | Trigger factor-like protein TIG, Chloroplastic |
| CEY00_Acc21622 | 71.330 851 | 13.907 78 | 2.358 6 | 0.000 351 6 | 0.008 711 4 | LG23 | 12477569 | 12478617 | 1 049 | Heterodimeric geranylgeranyl pyrophosphate synthase small subunit like |
| CEY00_Acc21623 | 406.465 86 | 1 830.648 7 | −2.171 1 | $4.99\times10^{-5}$ | 0.001 934 6 | LG23 | 12480753 | 12482779 | 1 248 | Valine-tRNA ligase |
| CEY00_Acc21624 | 11.024 318 | 56.146 696 | −2.348 5 | 0.006 787 2 | 0.076 275 | LG23 | 12486296 | 12487821 | 1 526 | ATP synthase gamma chain like |
| CEY00_Acc21630 | 210.491 32 | 37.367 413 | 2.493 9 | 0.001 231 3 | 0.022 355 | LG23 | 12550297 | 12550851 | 555 | Mediator of RNA polymerase Ⅱ transcription subunit like |
| CEY00_Acc21631 | 101.867 85 | 25.200 129 | 2.015 2 | 0.002 258 9 | 0.034 4 | LG23 | 12554674 | 12559060 | 1 636 | Rho GTPase-activating protein like |
| CEY00_Acc21635 | 246.080 75 | 103.210 45 | 1.253 5 | 0.022 001 | 0.171 54 | LG23 | 12593345 | 12599685 | 1 671 | Purple acid phosphatase |
| CEY00_Acc21639 | 177.167 13 | 63.770 047 | 1.474 2 | 0.034 3 | 0.227 95 | LG23 | 12630463 | 12636183 | 1 913 | Folate-biopterin transporter like |

（续）

| 基因 ID | miR160VS1 序列/条 | CK1 序列/条 | $log_2FC$ | P 值 | FDR | 染色体 | 起始位点 | 终止位点 | 长度/bp | 基因描述 |
|---|---|---|---|---|---|---|---|---|---|---|
| CEY00 _ Acc21647 | 591. 667 9 | 204. 473 45 | 1. 532 9 | 0. 002 813 7 | 0. 040 258 | LG23 | 12729731 | 12735656 | 1 548 | Tryptophan synthase beta chain 2 like |
| CEY00 _ Acc21656 | 80. 948 042 | 6. 956 847 2 | 3. 540 5 | 0. 003 808 8 | 0. 049 995 | LG23 | 12840988 | 12841957 | 970 | hypothetical protein |
| CEY00 _ Acc21662 | 153. 962 52 | 50. 582 636 | 1. 605 9 | 0. 004 113 8 | 0. 053 066 | LG23 | 12914299 | 12915203 | 654 | Histone H2A. 1 like |
| CEY00 _ Acc21664 | 88. 298 56 | 16. 164 257 | 2. 449 6 | 0. 004 115 8 | 0. 053 072 | LG23 | 12923464 | 12928560 | 2 805 | Calcium/calmodulin-regulated receptor-like kinase |
| CEY00 _ Acc21665 | 87. 156 88 | 3. 801 314 2 | 4. 519 | $4.36\times10^{-9}$ | $8.34\times10^{-7}$ | LG23 | 12939345 | 12940572 | 1 228 | Organic cation/carnitine transporter like |
| CEY00 _ Acc21669 | 696. 893 43 | 89. 555 443 | 2. 960 1 | $7.24\times10^{-8}$ | $9.37\times10^{-6}$ | LG23 | 12964610 | 12970046 | 1 290 | Serine-rich adhesin for platelets like |
| CEY00 _ Acc21672 | 13. 401 429 | 0. 238 549 | 5. 812 | 0. 015 117 | 0. 133 26 | LG23 | 13080761 | 13084704 | 1 667 | Transcription factor bHLH123 like |
| CEY00 _ Acc21673 | 953. 380 53 | 237. 513 68 | 2. 005 | 0. 000 182 | 0. 005 269 3 | LG23 | 13086820 | 13093235 | 943 | NAD(P)H dehydrogenase |
| CEY00 _ Acc21675 | 40. 912 62 | 1. 396 672 4 | 4. 872 5 | 0. 009 77 | 0. 098 528 | LG23 | 13113921 | 13114564 | 644 | Calcium-binding protein |
| CEY00 _ Acc21689 | 70. 100 38 | 158. 483 95 | −1. 176 8 | 0. 021 882 | 0. 170 89 | LG23 | 13260280 | 13266588 | 1 355 | Cytochrome c-type biogenesis ccda-like protein |
| CEY00 _ Acc21700 | 3 006. 167 | 10 345. 616 | −1. 783 | 0. 000 192 2 | 0. 005 468 6 | LG23 | 13347792 | 13350547 | 1 578 | NAC transcription factor |
| CEY00 _ Acc21710 | 7. 661 609 6 | 0. 223 078 9 | 5. 102 | 0. 018 732 | 0. 153 93 | LG23 | 13474537 | 13477173 | 2 637 | E3 ubiquitin-protein like |
| CEY00 _ Acc21720 | 6. 925 011 3 | 0 | — | 0. 013 516 | 0. 123 12 | LG23 | 13593497 | 13595373 | 1 649 | Early nodulin-like protein |
| CEY00 _ Acc21722 | 13. 684 31 | 1. 177 275 | 3. 539 | 0. 015 204 | 0. 133 79 | LG23 | 13626966 | 13627884 | 919 | Ethylene-responsive transcription factor |
| CEY00 _ Acc21726 | 51. 093 713 | 9. 991 556 2 | 2. 354 4 | 0. 016 601 | 0. 142 15 | LG23 | 13682706 | 13685030 | 2 325 | RING finger protein |

（续）

| 基因 ID | miR160VS1 序列/条 | CK1 序列/条 | $log_2FC$ | P 值 | FDR | 染色体 | 起始位点 | 终止位点 | 长度/bp | 基因描述 |
|---|---|---|---|---|---|---|---|---|---|---|
| CEY00 _ Acc21732 | 251.476 56 | 99.937 191 | 1.331 3 | 0.014 041 | 0.126 29 | LG23 | 13731317 | 13744016 | 2 501 | Xaa-Pro dipeptidyl-peptidase |
| CEY00 _ Acc21735 | 6.113 918 4 | 57.393 755 | −3.230 7 | 0.000 199 | 0.005 604 8 | LG23 | 13791712 | 13794755 | 2 037 | hypothetical protein |
| CEY00 _ Acc21746 | 99.399 78 | 11.850 1 | 3.068 3 | $2.48\times10^{-5}$ | 0.001 111 9 | LG29 | 2332348 | 2334912 | 2 565 | G-type lectin S-receptor-like serine/threonine-protein kinase |
| CEY00 _ Acc21749 | 72.236 828 | 180.533 56 | −1.321 5 | 0.019 535 | 0.158 1 | LG29 | 2358699 | 2364567 | 1 794 | Sugar phosphate/phosphate translocator like |
| CEY00 _ Acc21752 | 46.100 74 | 126.414 99 | −1.455 3 | 0.039 508 | 0.249 46 | LG29 | 2383309 | 2391829 | 2 017 | UDP-glycosyltransferase |
| CEY00 _ Acc21755 | 1 244.720 4 | 571.210 99 | 1.123 7 | 0.041 703 | 0.257 62 | LG29 | 2436419 | 2442742 | 1 384 | Polyadenylate-binding protein |
| CEY00 _ Acc21756 | 29.060 141 | 5.675 706 9 | 2.356 2 | 0.015 653 | 0.136 35 | LG29 | 2451979 | 2457962 | 2 014 | hypothetical protein |
| CEY00 _ Acc21763 | 50.705 664 | 2.546 688 5 | 4.315 5 | $2.12\times10^{-6}$ | 0.000 156 2 | LG29 | 2507292 | 2510920 | 876 | Myb family transcription factor |
| CEY00 _ Acc21775 | 179.771 45 | 11.995 828 | 3.905 6 | $4.34\times10^{-6}$ | 0.000 277 4 | LG29 | 2659033 | 2660719 | 1 687 | UDP-glycosyltransferase |
| CEY00 _ Acc21776 | 54.780 57 | 5.636 781 3 | 3.280 7 | 0.007 213 | 0.079 592 | LG29 | 2664466 | 2666089 | 1 624 | UDP-glycosyltransferase |
| CEY00 _ Acc21785 | 20.389 794 | 3.062 834 | 2.734 9 | 0.029 475 | 0.206 51 | LG29 | 2735302 | 2742250 | 3 274 | Protein argonaute like |
| CEY00 _ Acc21811 | 17.366 499 | 87.235 555 | −2.328 6 | 0.002 758 8 | 0.039 732 | LG29 | 3089123 | 3089948 | 826 | Calcium-binding allergen Ole e like |
| CEY00 _ Acc21816 | 180.507 61 | 83.837 007 | 1.106 4 | 0.024 895 | 0.185 82 | LG29 | 3137169 | 3148710 | 2 861 | Mitogen-activated protein kinase |
| CEY00 _ Acc21819 | 225.595 6 | 588.507 43 | −1.383 3 | 0.006 269 8 | 0.072 093 | LG29 | 3197761 | 3210041 | 2 343 | Actin-interacting protein like |
| CEY00 _ Acc21826 | 497.338 72 | 1 156.546 1 | −1.217 5 | 0.009 806 6 | 0.098 671 | LG29 | 3290431 | 3295371 | 1 908 | Protein DETOXIFICATION like |
| CEY00 _ Acc21834 | 16.569 757 | 0.477 098 | 5.118 1 | 0.000 580 9 | 0.012 799 | LG29 | 3342242 | 3349128 | 4 360 | Kinesin-like protein |

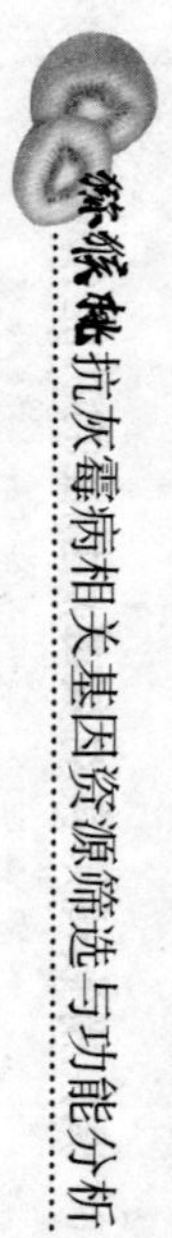


（续）

| 基因 ID | miR160VS1 序列/条 | CK1 序列/条 | $log_2FC$ | *P* 值 | FDR | 染色体 | 起始位点 | 终止位点 | 长度/bp | 基因描述 |
|---|---|---|---|---|---|---|---|---|---|---|
| CEY00_Acc21835 | 608.383 52 | 166.233 2 | 1.871 8 | 0.000 770 3 | 0.015 987 | LG29 | 3362346 | 3365880 | 2 308 | Leaf rust 10 disease-resistance locus receptor-like protein kinase |
| CEY00_Acc21842 | 229.133 85 | 29.593 573 | 2.952 8 | 0.028 967 | 0.204 3 | LG29 | 3443427 | 3453945 | 3 005 | Synaptotagmin like |
| CEY00_Acc21843 | 18.832 164 | 58.286 07 | −1.63 | 0.024 918 | 0.185 87 | LG29 | 3454747 | 3461187 | 3 308 | Cleavage stimulating factor like |
| CEY00_Acc21845 | 556.392 76 | 83.918 323 | 2.729 | $8.81\times10^{-6}$ | 0.000 483 9 | LG29 | 3473541 | 3475231 | 1 219 | LOB domain-containing protein |
| CEY00_Acc21866 | 77.959 98 | 162.169 15 | −1.056 7 | 0.040 26 | 0.251 96 | LG23 | 14108528 | 14113277 | 1 123 | Protein Dr1 like |
| CEY00_Acc21874 | 75.718 909 | 4.482 339 5 | 4.078 3 | 0.006 203 9 | 0.071 705 | LG23 | 14196201 | 14202134 | 1 391 | LAG1 longevity assurance like |
| CEY00_Acc21881 | 148.052 97 | 54.386 265 | 1.444 8 | 0.008 205 8 | 0.087 184 | LG23 | 14260368 | 14264328 | 2 349 | GDP-fucose protein O-fucosyltransferase protein |
| CEY00_Acc21886 | 1.152 111 | 15.562 654 | −3.755 7 | 0.016 663 | 0.142 38 | LG23 | 14333576 | 14340043 | 3 625 | Squamosa promoter-binding-like protein |
| CEY00_Acc21908 | 0 | 174.553 99 | — | 0.004 984 | 0.060 991 | LG23 | 14586204 | 14589685 | 3 379 | NAC transcription factor |
| CEY00_Acc21913 | 340.348 14 | 145.256 6 | 1.228 4 | 0.029 314 | 0.205 64 | LG23 | 14638373 | 14648183 | 1 108 | Plant intracellular Ras-group-related LRR protein |
| CEY00_Acc21932 | 1.411 849 6 | 16.522 02 | −3.548 7 | 0.021 134 | 0.167 19 | LG23 | 14873887 | 14876228 | 1 862 | Geranylgeranyl diphosphate reductase |
| CEY00_Acc21941 | 71.477 835 | 21.524 891 | 1.731 5 | 0.019 144 | 0.156 02 | LG23 | 14947165 | 14957262 | 1 343 | NAP1-related protein |
| CEY00_Acc21950 | 5 153.043 4 | 415.777 26 | 3.631 5 | 0.000 699 7 | 0.014 83 | LG23 | 15030077 | 15040918 | 3 337 | ABC transporter A family member 7 like |

（续）

| 基因 ID | miR160VS1 序列/条 | CK1 序列/条 | $log_2FC$ | $P$ 值 | FDR | 染色体 | 起始位点 | 终止位点 | 长度/bp | 基因描述 |
|---|---|---|---|---|---|---|---|---|---|---|
| CEY00_Acc21958 | 1 807.014 6 | 117.322 37 | 3.945 1 | 0.000 522 | 0.011 826 | LG23 | 15109546 | 15112936 | 1 227 | ABC transporter A family member 7 like |
| CEY00_Acc21959 | 7 449.076 6 | 547.339 56 | 3.766 6 | 0.001 108 3 | 0.020 812 | LG23 | 15125031 | 15130963 | 3 237 | ABC transporter A family member 2 like |
| CEY00_Acc21965 | 4 030.458 7 | 1 688.199 5 | 1.255 5 | 0.008 826 5 | 0.091 879 | LG23 | 15185079 | 15191508 | 2 164 | Calcium-dependent protein kinase |
| CEY00_Acc21975 | 13.393 096 | 58.072 834 | −2.116 4 | 0.007 225 4 | 0.079 675 | LG23 | 15315335 | 15319098 | 2 199 | Microtubule-associated protein |
| CEY00_Acc21982 | 822.941 15 | 33.149 341 | 4.633 7 | $8.53\times10^{-6}$ | 0.000 470 9 | LG23 | 15374509 | 15375055 | 547 | hypothetical protein |
| CEY00_Acc21985 | 380.239 93 | 47.613 071 | 2.997 5 | $4.48\times10^{-8}$ | $6.32\times10^{-6}$ | LG23 | 15405221 | 15407019 | 1 799 | U-box domain-containing protein |
| CEY00_Acc21990 | 22.384 529 | 100.262 7 | −2.163 2 | 0.000 810 6 | 0.016 612 | LG23 | 15455348 | 15457225 | 1 025 | Kinesin-related protein |
| CEY00_Acc21996 | 16.330 352 | 52.024 108 | −1.671 6 | 0.021 052 | 0.166 83 | LG23 | 15533254 | 15534544 | 850 | Protein NUCLEAR FUSION DEFECTIVE 2 like |
| CEY00_Acc22007 | 304.128 33 | 3 695.265 7 | −3.602 9 | 0.004 642 7 | 0.057 672 | LG23 | 15664133 | 15670859 | 3 616 | Boron transporter like |
| CEY00_Acc22009 | 363.625 71 | 128.008 26 | 1.506 2 | 0.019 122 | 0.155 96 | LG23 | 15685663 | 15690378 | 1 330 | Protein ApaG like |
| CEY00_Acc22024 | 44.012 125 | 9.909 075 2 | 2.151 1 | 0.017 908 | 0.149 4 | LG23 | 15833281 | 15843998 | 2 994 | Copper methylamine oxidase |
| CEY00_Acc22025 | 975.707 36 | 389.490 53 | 1.324 9 | 0.016 078 | 0.138 96 | LG23 | 15858172 | 15858893 | 722 | 60S ribosomal protein like |
| CEY00_Acc22026 | 1 544.991 6 | 117.871 5 | 3.712 3 | $7.2\times10^{-7}$ | $6.54\times10^{-5}$ | LG23 | 15863788 | 15864737 | 851 | Phox/Bem1p protein |
| CEY00_Acc22032 | 333.277 77 | 1 189.544 3 | −1.835 6 | 0.000 303 | 0.007 749 4 | LG23 | 15905849 | 15907663 | 1 815 | Elongation factor Tu like |
| CEY00_Acc22033 | 36.393 535 | 1.338 473 2 | 4.765 | 0.012 419 | 0.116 57 | LG23 | 15930715 | 15932184 | 1 119 | High-affinity nitrate transporter 3.1 like |

（续）

| 基因 ID | miR160VS1 序列/条 | CK1 序列/条 | $log_2FC$ | $P$ 值 | FDR | 染色体 | 起始位点 | 终止位点 | 长度/bp | 基因描述 |
|---|---|---|---|---|---|---|---|---|---|---|
| CEY00 _ Acc22034 | 19. 278 751 | 100. 497 85 | −2. 382 1 | 0. 000 349 7 | 0. 008 673 8 | LG23 | 15932830 | 15934175 | 1 346 | Manganese-dependent ADP-ribose/CDP-alcohol diphosphatase |
| CEY00 _ Acc22037 | 0 | 80. 461 84 | — | 0. 001 812 5 | 0. 029 472 | LG23 | 15965288 | 15967698 | 1 646 | Cytochrome P450 71A8 like |
| CEY00 _ Acc22039 | 678. 569 91 | 24. 958 386 | 4. 764 9 | 0. 000 129 | 0. 004 024 9 | LG23 | 15980948 | 15986160 | 2 515 | Galactinol-sucrose galactosyltransferase |
| CEY00 _ Acc22041 | 198. 222 13 | 83. 884 336 | 1. 240 6 | 0. 043 544 | 0. 264 46 | LG23 | 15993176 | 15999270 | 1 284 | Protein-L-isoaspartate O-methyltransferase |
| CEY00 _ Acc22043 | 18. 882 714 | 1. 908 392 2 | 3. 306 6 | 0. 034 603 | 0. 229 34 | LG23 | 16006638 | 16008925 | 2 288 | Leucine-rich repeat receptor-like serine/threonine/tyrosine-protein kinase |
| CEY00 _ Acc22048 | 267. 491 76 | 65. 446 387 | 2. 031 1 | 0. 000 199 4 | 0. 005 61 | LG23 | 16061644 | 16064618 | 1 593 | Pectate lyase |
| CEY00 _ Acc22062 | 119. 625 92 | 298. 932 31 | −1. 321 3 | 0. 021 216 | 0. 167 52 | LG23 | 16230873 | 16234351 | 2 481 | Neugrin-like protein |
| CEY00 _ Acc22075 | 582. 567 33 | 1 269. 730 1 | −1. 124 | 0. 038 943 | 0. 246 96 | LG23 | 16330868 | 16332555 | 1 480 | F-box protein |
| CEY00 _ Acc22086 | 18. 667 254 | 52. 837 124 | −1. 501 | 0. 022 997 | 0. 176 58 | LG23 | 16434542 | 16440617 | 2 535 | CBS domain-containing protein |
| CEY00 _ Acc22089 | 129. 291 95 | 300. 232 89 | −1. 215 4 | 0. 010 217 | 0. 101 74 | LG23 | 16466615 | 16471849 | 1 195 | Gamma carbonic anhydrase-like |
| CEY00 _ Acc22097 | 430. 184 82 | 113. 789 5 | 1. 918 6 | 0. 002 073 3 | 0. 032 415 | LG23 | 16580784 | 16588719 | 2 249 | Serine/threonine-protein kinase |
| CEY00 _ Acc22102 | 30. 408 638 | 83. 971 404 | −1. 465 4 | 0. 028 532 | 0. 202 38 | LG23 | 16637313 | 16644891 | 2 244 | Sialyltransferase-like protein |
| CEY00 _ Acc22104 | 2 681. 032 3 | 7 585. 430 9 | −1. 500 4 | 0. 003 228 3 | 0. 044 741 | LG23 | 16661564 | 16665702 | 2 191 | Transcription factor bHLH137 like |
| CEY00 _ Acc22108 | 243. 348 18 | 523. 874 63 | −1. 106 2 | 0. 020 416 | 0. 163 29 | LG23 | 16703082 | 16708820 | 3 038 | Auxin response factor 2 like |
| CEY00 _ Acc22110 | 635. 224 01 | 231. 032 78 | 1. 459 2 | 0. 002 581 1 | 0. 037 801 | LG23 | 16734583 | 16748229 | 4 029 | Alpha-mannosidase |

（续）

| 基因 ID | miR160VS1 序列/条 | CK1 序列/条 | $log_2FC$ | *P* 值 | FDR | 染色体 | 起始位点 | 终止位点 | 长度/bp | 基因描述 |
|---|---|---|---|---|---|---|---|---|---|---|
| CEY00 _ Acc22112 | 1 627. 260 7 | 563. 312 28 | 1. 530 4 | 0. 021 719 | 0. 170 08 | LG23 | 16762846 | 16774330 | 2 180 | Protein BONZAI like |
| CEY00 _ Acc22113 | 29. 272 047 | 91. 547 735 | −1. 645 | 0. 030 421 | 0. 211 24 | LG23 | 16793726 | 16798820 | 1 847 | Beta-1,4-xylosyltransferase IRX10L |
| CEY00 _ Acc22119 | 70. 870 77 | 202. 643 25 | −1. 515 7 | 0. 012 722 | 0. 118 44 | LG23 | 16850198 | 16859564 | 2 509 | Chaperone protein like |
| CEY00 _ Acc22123 | 4. 224 406 8 | 23. 946 247 | −2. 503 | 0. 032 703 | 0. 221 62 | LG23 | 16881766 | 16885880 | 1 335 | ACT domain-containing protein |
| CEY00 _ Acc22124 | 118. 508 59 | 25. 801 232 | 2. 199 5 | 0. 015 86 | 0. 137 65 | LG23 | 16904792 | 16907710 | 709 | MAGUK p55 subfamily member 4 like |
| CEY00 _ Acc22127 | 34. 172 908 | 112. 253 31 | −1. 715 8 | 0. 013 933 | 0. 125 6 | LG23 | 16927602 | 16931753 | 4 152 | Protein Dok-7 like |
| CEY00 _ Acc22135 | 130. 579 3 | 54. 826 631 | 1. 252 | 0. 020 654 | 0. 164 7 | LG23 | 17006171 | 17017286 | 3 024 | Protein like |
| CEY00 _ Acc22138 | 9. 802 124 8 | 0. 238 549 | 5. 360 7 | 0. 049 284 | 0. 286 42 | LG23 | 17036589 | 17039107 | 2 519 | Receptor-like protein kinase |
| CEY00 _ Acc22141 | 2 598. 762 2 | 511. 032 35 | 2. 346 3 | 0. 040 72 | 0. 253 83 | LG23 | 17065376 | 17067898 | 1 424 | WRKY transcription factor |
| CEY00 _ Acc22143 | 26. 296 986 | 70. 975 052 | −1. 432 4 | 0. 032 767 | 0. 221 8 | LG23 | 17087955 | 17090336 | 1 587 | Factor of DNA methylation like |
| CEY00 _ Acc22148 | 12. 147 761 | 0. 477 098 | 4. 670 3 | 0. 006 272 6 | 0. 072 093 | LG23 | 17138900 | 17144413 | 1 162 | DNA topoisomerase 4 subunit A like |
| CEY00 _ Acc22149 | 1 708. 201 1 | 297. 195 95 | 2. 523 | $5.15\times10^{-7}$ | $4.95\times10^{-5}$ | LG23 | 17144974 | 17148671 | 1 685 | Acetylornithine aminotransferase |
| CEY00 _ Acc22161 | 9. 769 445 5 | 34. 870 655 | −1. 835 7 | 0. 029 985 | 0. 209 11 | LG23 | 17323721 | 17329061 | 1 870 | PTI1-like tyrosine-protein kinase |
| CEY00 _ Acc22171 | 143. 203 86 | 40. 648 861 | 1. 816 8 | 0. 005 733 2 | 0. 067 691 | LG23 | 17424004 | 17431519 | 2 139 | DEAD-box ATP-dependent RNA helicase |
| CEY00 _ Acc22172 | 30. 728 119 | 105. 428 3 | −1. 778 6 | 0. 011 272 | 0. 108 89 | LG23 | 17434344 | 17438591 | 2 001 | Trafficking protein particle complex subunit 2B like |
| CEY00 _ Acc22173 | 231. 804 84 | 45. 616 488 | 2. 345 3 | $1.37\times10^{-5}$ | 0. 000 690 6 | LG23 | 17440827 | 17441899 | 1 073 | hypothetical protein |

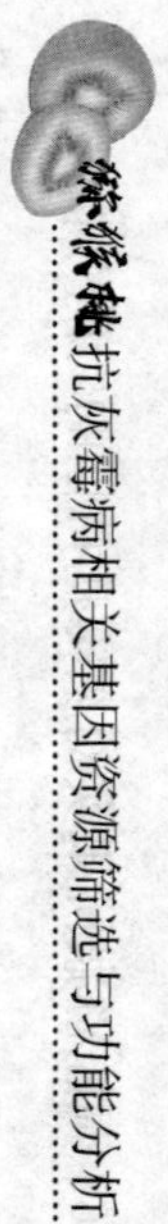


（续）

| 基因 ID | miR160VS1 序列/条 | CK1 序列/条 | $log_2FC$ | $P$ 值 | FDR | 染色体 | 起始位点 | 终止位点 | 长度/bp | 基因描述 |
|---|---|---|---|---|---|---|---|---|---|---|
| CEY00 _ Acc22176 | 30.765 211 | 2.724 101 2 | 3.497 4 | 0.029 449 | 0.206 41 | LG23 | 17468382 | 17472809 | 1 500 | Acyl-protein like |
| CEY00 _ Acc22178 | 311.917 4 | 45.768 17 | 2.768 7 | $3.59\times10^{-5}$ | 0.001 486 4 | LG23 | 17483919 | 17490099 | 1 830 | (6-4)DNA photolyase |
| CEY00 _ Acc22179 | 4 508.202 6 | 2 098.021 4 | 1.103 5 | 0.026 132 | 0.191 7 | LG23 | 17491559 | 17494235 | 1 036 | GTP-binding nuclear protein like |
| CEY00 _ Acc22183 | 415.982 73 | 83.471 799 | 2.317 2 | $2.76\times10^{-5}$ | 0.001 207 7 | LG23 | 17526358 | 17528728 | 1 383 | Plastidic ATP/ADP-transporter like |
| CEY00 _ Acc22189 | 17.336 628 | 3.743 859 3 | 2.211 2 | 0.030 32 | 0.210 81 | LG23 | 17573884 | 17581476 | 1 144 | Translation initiation factor IF-2 like |
| CEY00 _ Acc22192 | 259.536 91 | 51.524 869 | 2.332 6 | $3.13\times10^{-5}$ | 0.001 333 | LG23 | 17599581 | 17604633 | 2 216 | Protein NUCLEAR FUSION DEFECTIVE like |
| CEY00 _ Acc22199 | 23.472 485 | 100.717 63 | −2.101 3 | 0.001 374 8 | 0.024 196 | LG23 | 17706414 | 17709877 | 3 464 | Protein FAR1-RELATED SEQUENCE like |
| CEY00 _ Acc22205 | 45.551 793 | 167.733 51 | −1.880 6 | 0.003 345 8 | 0.045 705 | LG23 | 17766241 | 17769776 | 1 123 | Ribulose bisphosphate carboxylase/oxygenase |
| CEY00 _ Acc22216 | 3 195.427 9 | 140.970 44 | 4.502 5 | 0.020 777 | 0.165 4 | LG23 | 17884308 | 17886105 | 802 | Metallothiol transferase |
| CEY00 _ Acc22217 | 4 893.851 7 | 240.900 16 | 4.344 5 | $2.28\times10^{-5}$ | 0.001 041 6 | LG23 | 17887685 | 17888193 | 509 | Translation initiation factor IF-2 like |
| CEY00 _ Acc22219 | 479.287 6 | 93.112 782 | 2.363 8 | 0.006 116 8 | 0.070 973 | LG23 | 17897620 | 17898587 | 968 | hypothetical protein |
| CEY00 _ Acc22223 | 581.420 47 | 275.157 63 | 1.079 3 | 0.031 441 | 0.215 86 | LG23 | 17923808 | 17926953 | 3 146 | StAR-related lipid transfer protein like |
| CEY00 _ Acc22226 | 9 833.414 1 | 3 300.404 6 | 1.575 | 0.002 305 5 | 0.034 949 | LG23 | 17953523 | 17956194 | 1 079 | GTP-binding nuclear protein like |
| CEY00 _ Acc22234 | 308.565 93 | 1 080.648 7 | −1.808 2 | 0.000 409 5 | 0.009 818 1 | LG23 | 18020864 | 18025731 | 1 611 | Aspartate aminotransferase like |

（续）

| 基因 ID | miR160VS1 序列/条 | CK1 序列/条 | $log_2FC$ | $P$ 值 | FDR | 染色体 | 起始位点 | 终止位点 | 长度/bp | 基因描述 |
|---|---|---|---|---|---|---|---|---|---|---|
| CEY00 _ Acc22235 | 24.054 913 | 79.698 989 | −1.728 2 | 0.008 823 2 | 0.091 879 | LG23 | 18025966 | 18028028 | 490 | Aspartate aminotransferase like |
| CEY00 _ Acc22239 | 568.344 46 | 29.747 774 | 4.255 9 | $8.85\times10^{-6}$ | 0.000 485 3 | LG23 | 18048272 | 18051293 | 865 | Auxin-responsive protein |
| CEY00 _ Acc22246 | 2 118.548 3 | 80.326 663 | 4.721 1 | $2.61\times10^{-13}$ | $2\times10^{-10}$ | LG23 | 18142132 | 18146746 | 3 279 | Coatomer subunit beta |
| CEY00 _ Acc22247 | 21.271 425 | 67.092 949 | −1.657 2 | 0.024 637 | 0.184 48 | LG23 | 18148641 | 18154144 | 5 504 | MAR-binding filament-like protein |
| CEY00 _ Acc22249 | 287.237 9 | 17.790 005 | 4.013 1 | 0.017 909 | 0.149 4 | LG23 | 18159685 | 18164403 | 3 887 | Pentatricopeptide repeat-containing protein |
| CEY00 _ Acc22254 | 169.077 72 | 355.837 3 | −1.073 5 | 0.015 21 | 0.133 81 | LG23 | 18202376 | 18205196 | 1 683 | Spindle assembly abnormal protein |
| CEY00 _ Acc22256 | 29.517 469 | 3.408 807 9 | 3.114 2 | 0.002 467 4 | 0.036 602 | LG23 | 18220189 | 18221422 | 1 234 | Pyridoxal 5'-phosphate synthase-like subunit PDX1.2 |
| CEY00 _ Acc22295 | 24.959 23 | 4.128 880 7 | 2.595 8 | 0.013 273 | 0.121 56 | LG23 | 18563391 | 18567870 | 2 527 | Phospholipase D alpha like |
| CEY00 _ Acc22311 | 89.269 494 | 223.583 57 | −1.324 6 | 0.023 618 | 0.179 63 | LG23 | 18734437 | 18738791 | 759 | Coatomer subunit zeta-1 like |
| CEY00 _ Acc22312 | 2 838.540 6 | 156.600 98 | 4.18 | 0.001 320 4 | 0.023 502 | LG23 | 18745640 | 18752207 | 4 741 | Phospholipid-transporting ATPase like |
| CEY00 _ Acc22338 | 12 610.779 | 917.133 82 | 3.781 4 | $4.54\times10^{-13}$ | $3.24\times10^{-10}$ | LG23 | 18989494 | 18996272 | 3 246 | Linoleate 13S-lipoxygenase |
| CEY00 _ Acc22339 | 0.768 074 | 11.875 545 | −3.950 6 | 0.031 619 | 0.216 74 | LG23 | 19013434 | 19013922 | 489 | Receptor-type tyrosine-protein like |
| CEY00 _ Acc22357 | 847.725 85 | 403.453 66 | 1.071 2 | 0.016 717 | 0.142 61 | LG23 | 19143679 | 19158667 | 3 605 | Phosphoinositide phosphatase |
| CEY00 _ Acc22363 | 155.192 64 | 26.712 821 | 2.538 5 | 0.002 286 9 | 0.034 714 | LG23 | 19244439 | 19246309 | 1 871 | RING-H2 finger protein |
| CEY00 _ Acc22364 | 61.165 078 | 146.807 86 | −1.263 1 | 0.043 833 | 0.265 53 | LG23 | 19251864 | 19255554 | 2 099 | GDP-fucose protein like |

（续）

| 基因 ID | miR160VS1 序列/条 | CK1 序列/条 | $log_2$FC | *P* 值 | FDR | 染色体 | 起始位点 | 终止位点 | 长度/bp | 基因描述 |
|---|---|---|---|---|---|---|---|---|---|---|
| CEY00_Acc22375 | 33.314 018 | 128.619 02 | −1.948 9 | 0.002 346 6 | 0.035 295 | LG23 | 19356193 | 19371588 | 2 429 | Mannosyl-oligosaccharide 1,2-alpha-mannosidase |
| CEY00_Acc22376 | 22.574 988 | 64.485 704 | −1.514 3 | 0.043 623 | 0.264 8 | LG23 | 19391747 | 19392814 | 1 068 | B-box zinc finger protein |
| CEY00_Acc22382 | 374.933 5 | 164.189 6 | 1.191 3 | 0.042 519 | 0.260 93 | LG20 | 835 | 7795 | 5 848 | E3 ubiquitin-protein like |
| CEY00_Acc22384 | 17.681 256 | 60.613 444 | −1.777 4 | 0.008 824 5 | 0.091 879 | LG20 | 57268 | 59832 | 2 565 | Transcriptional adapter like |
| CEY00_Acc22393 | 1 453.218 3 | 177.449 19 | 3.033 8 | 0.008 375 8 | 0.088 286 | LG20 | 177290 | 179888 | 1 179 | WRKY transcription factor |
| CEY00_Acc22396 | 151.137 56 | 9.753 129 2 | 3.953 9 | 0.000 316 4 | 0.008 029 5 | LG20 | 240512 | 242229 | 1 718 | Sarcosine oxidase |
| CEY00_Acc22403 | 5.034 697 5 | 0 | — | 0.046 976 | 0.277 37 | LG20 | 344721 | 350280 | 3 158 | Glutamate receptor 2.7 like |
| CEY00_Acc22409 | 382.643 05 | 152.117 48 | 1.330 8 | 0.009 531 5 | 0.096 918 | LG20 | 449307 | 453635 | 1 190 | Aquaporin SIP2-1 like |
| CEY00_Acc22412 | 44.416 441 | 9.051 341 8 | 2.294 9 | 0.010 037 | 0.100 23 | LG20 | 472805 | 474110 | 1 306 | Protein ENHANCED DISEASE RESISTANCE like |
| CEY00_Acc22416 | 64.515 532 | 283.729 73 | −2.136 8 | $4.23\times10^{-5}$ | 0.001 695 | LG20 | 515865 | 518562 | 2 046 | Protein TIC 55 like |
| CEY00_Acc22419 | 359.872 02 | 142.271 12 | 1.338 8 | 0.007 341 8 | 0.080 527 | LG20 | 590691 | 599548 | 1 958 | Monogalactosyldiacylglycerol synthase |
| CEY00_Acc22432 | 191.982 18 | 73.725 451 | 1.380 7 | 0.007 183 8 | 0.079 376 | LG20 | 724058 | 732519 | 2 040 | Phospholipase D Z like |
| CEY00_Acc22438 | 100.415 94 | 10.865 708 | 3.208 1 | 0.035 062 | 0.230 94 | LG20 | 807521 | 809595 | 1 128 | WRKY transcription factor 40 |
| CEY00_Acc22439 | 59.675 104 | 9.349 578 4 | 2.674 2 | 0.000 272 3 | 0.007 177 1 | LG20 | 823970 | 826858 | 1 218 | WRKY transcription factor 40 |
| CEY00_Acc22440 | 8.452 023 1 | 528.848 66 | −5.967 4 | 0.003 006 3 | 0.042 478 | LG20 | 831825 | 835285 | 1 854 | CBL-interacting serine/threonine-protein kinase |

（续）

| 基因 ID | miR160VS1 序列/条 | CK1 序列/条 | $log_2FC$ | $P$ 值 | FDR | 染色体 | 起始位点 | 终止位点 | 长度/bp | 基因描述 |
|---|---|---|---|---|---|---|---|---|---|---|
| CEY00_Acc22450 | 53.756 824 | 123.597 65 | −1.201 1 | 0.048 615 | 0.284 04 | LG20 | 1037700 | 1044032 | 3 634 | Golgi SNAP receptor complex member 1-1 like |
| CEY00_Acc22451 | 1.152 111 | 23.005 328 | −4.319 6 | 0.001 653 3 | 0.027 633 | LG20 | 1049947 | 1050982 | 1 036 | Zinc finger protein |
| CEY00_Acc22457 | 350.932 32 | 111.581 47 | 1.653 1 | 0.024 839 | 0.185 44 | LG20 | 1120857 | 1121838 | 643 | 60S ribosomal protein L39-3 |
| CEY00_Acc22461 | 62.506 882 | 0.954 196 1 | 6.033 6 | 0.000 945 1 | 0.018 539 | LG20 | 1177542 | 1198271 | 7 289 | Histone-lysine N-methyltransferase |
| CEY00_Acc22467 | 58.889 925 | 196.623 93 | −1.739 3 | 0.005 174 3 | 0.062 621 | LG20 | 1263239 | 1270570 | 2 883 | Synaptotagmin-4 like |
| CEY00_Acc22470 | 381.236 03 | 174.690 88 | 1.125 9 | 0.037 958 | 0.243 1 | LG20 | 1293434 | 1309495 | 3 409 | Multiple RNA-binding domain-containing protein |
| CEY00_Acc22475 | 239.459 5 | 1 229.471 6 | −2.360 2 | $1.22\times10^{-5}$ | 0.000 630 7 | LG20 | 1387145 | 1390334 | 3 190 | Clathrin assembly protein |
| CEY00_Acc22478 | 111.641 97 | 9.495 550 4 | 3.555 5 | $5.37\times10^{-8}$ | $7.35\times10^{-6}$ | LG20 | 1413210 | 1418959 | 2 083 | EEIG1/EHBP1 N-terminal domain protein |
| CEY00_Acc22480 | 15.665 842 | 67.636 893 | −2.110 2 | 0.004 339 2 | 0.054 961 | LG20 | 1457536 | 1464117 | 3 054 | Protein WVD2-like |
| CEY00_Acc22488 | 92.035 112 | 257.407 75 | −1.483 8 | 0.004 901 8 | 0.060 162 | LG20 | 1547502 | 1555199 | 4 979 | LysM domain receptor-like kinase |
| CEY00_Acc22501 | 4 774.717 2 | 10 417.225 | −1.125 5 | 0.007 585 9 | 0.082 272 | LG20 | 1709129 | 1714823 | 1 521 | Allergen Act d like |
| CEY00_Acc22503 | 724.810 72 | 1 722.794 8 | −1.249 1 | 0.007 786 3 | 0.083 865 | LG20 | 1740616 | 1748942 | 2 975 | Potassium channel like |
| CEY00_Acc22504 | 94.403 342 | 16.593 7 | 2.508 2 | 0.002 737 4 | 0.039 528 | LG20 | 1810271 | 1814876 | 869 | EG45-like domain containing protein |
| CEY00_Acc22506 | 157.930 7 | 6.679 372 6 | 4.563 4 | $2.18\times10^{-7}$ | $2.39\times10^{-5}$ | LG20 | 1832875 | 1835592 | 2 718 | 3-ketoacyl-CoA synthase |
| CEY00_Acc22514 | 38.063 518 | 3.035 575 2 | 3.648 4 | 0.001 579 | 0.026 773 | LG20 | 1911129 | 1911849 | 521 | Glucose-signaling factor like |
| CEY00_Acc22523 | 264.072 57 | 56.137 384 | 2.233 9 | 0.004 625 1 | 0.057 563 | LG20 | 2022448 | 2027949 | 2 637 | E3 ubiquitin-protein like |

（续）

| 基因 ID | miR160VS1 序列/条 | CK1 序列/条 | $log_2FC$ | *P* 值 | FDR | 染色体 | 起始位点 | 终止位点 | 长度/bp | 基因描述 |
|---|---|---|---|---|---|---|---|---|---|---|
| CEY00 _ Acc22525 | 63. 489 177 | 162. 031 03 | −1. 351 7 | 0. 042 072 | 0. 259 02 | LG20 | 2045512 | 2049457 | 1 304 | DnaJ subfamily B member 5 like |
| CEY00 _ Acc22548 | 14. 357 556 | 68. 083 216 | −2. 245 5 | 0. 003 841 7 | 0. 050 307 | LG20 | 2437259 | 2441842 | 1 470 | D-amino-acid transaminase |
| CEY00 _ Acc22549 | 433. 225 59 | 1 135. 907 1 | −1. 390 7 | 0. 013 026 | 0. 120 31 | LG20 | 2444889 | 2458267 | 2 902 | TOM1-like protein |
| CEY00 _ Acc22550 | 24. 637 743 | 3. 609 797 9 | 2. 770 9 | 0. 011 42 | 0. 109 77 | LG20 | 2459181 | 2465094 | 1 322 | Esterase |
| CEY00 _ Acc22552 | 60. 434 041 | 5. 733 161 8 | 3. 398 | $1.79\times10^{-5}$ | 0. 000 864 5 | LG20 | 2479055 | 2482964 | 2 024 | L-gulonolactone oxidase |
| CEY00 _ Acc22569 | 115. 348 85 | 27. 506 319 | 2. 068 2 | 0. 003 234 | 0. 044 773 | LG20 | 2770514 | 2782196 | 3 586 | Homeobox-leucine zipper protein like |
| CEY00 _ Acc22579 | 127. 054 45 | 297. 825 06 | −1. 229 | 0. 044 067 | 0. 266 51 | LG20 | 3095281 | 3101227 | 5 315 | Protein REVERSION-TO-ETHYLENE like |
| CEY00 _ Acc22581 | 57. 423 493 | 128. 479 21 | −1. 161 8 | 0. 049 85 | 0. 287 18 | LG20 | 3108799 | 3119775 | 1 566 | Histone deacetylase |
| CEY00 _ Acc22589 | 2 837. 121 4 | 1 253. 731 1 | 1. 178 2 | 0. 016 514 | 0. 141 67 | LG20 | 3181123 | 3186704 | 1 772 | Ferrochelatase-2 like |
| CEY00 _ Acc22609 | 812. 027 55 | 78. 006 004 | 3. 379 9 | 0. 000 149 1 | 0. 004 503 1 | LG20 | 3440465 | 3443998 | 3 534 | G-type lectin S-receptor-like serine/threonine-protein kinase |
| CEY00 _ Acc22611 | 17. 523 476 | 3. 620 842 4 | 2. 274 9 | 0. 033 783 | 0. 226 14 | LG20 | 3466846 | 3470864 | 2 064 | Beta-fructofuranosidase, insoluble isoenzyme like |
| CEY00 _ Acc22614 | 260. 031 58 | 7. 914 724 8 | 5. 038 | $1.59\times10^{-12}$ | $9.19\times10^{-10}$ | LG20 | 3503709 | 3507064 | 2 214 | Heat shock factor protein |
| CEY00 _ Acc22616 | 3 608. 778 6 | 393. 015 83 | 3. 198 9 | 0. 004 269 4 | 0. 054 391 | LG20 | 3519083 | 3523056 | 2 631 | IQ domain-containing protein |
| CEY00 _ Acc22631 | 1 543. 396 7 | 3 378. 155 | −1. 130 1 | 0. 041 223 | 0. 255 8 | LG20 | 3714981 | 3718446 | 1 563 | Methanol O-anthraniloyltransferase |
| CEY00 _ Acc22635 | 32. 536 808 | 80. 788 194 | −1. 312 1 | 0. 034 605 | 0. 229 34 | LG20 | 3774905 | 3778540 | 1 609 | Methanol O-anthraniloyltransferase |
| CEY00 _ Acc22639 | 288. 638 39 | 45. 122 145 | 2. 677 4 | 0. 034 296 | 0. 227 95 | LG20 | 3847797 | 3849220 | 922 | Glutamate receptor 3. 1 like |

（续）

| 基因 ID | miR160VS1 序列/条 | CK1 序列/条 | $log_2FC$ | *P* 值 | FDR | 染色体 | 起始位点 | 终止位点 | 长度/bp | 基因描述 |
|---|---|---|---|---|---|---|---|---|---|---|
| CEY00_Acc22643 | 639.736 51 | 25.416 454 | 4.653 6 | 0.003 392 9 | 0.046 176 | LG20 | 3911349 | 3914828 | 1 725 | Abscisic acid 8'-hydroxylase |
| CEY00_Acc22645 | 1 763.520 4 | 726.830 36 | 1.278 8 | 0.014 952 | 0.132 21 | LG20 | 3945815 | 3948842 | 2 701 | Alpha-(1, 3)-arabinofuranosyltrans-ferase |
| CEY00_Acc22646 | 98.060 82 | 36.591 66 | 1.422 2 | 0.020 347 | 0.162 92 | LG20 | 3957967 | 3961045 | 2 297 | ABC transporter G family member 14 like |
| CEY00_Acc22650 | 768.675 81 | 163.869 29 | 2.229 8 | 0.000 425 3 | 0.010 063 | LG20 | 4017782 | 4022504 | 2 189 | GPI-anchored protein like |
| CEY00_Acc22659 | 131.413 13 | 36.293 546 | 1.856 3 | 0.001 406 4 | 0.024 594 | LG20 | 4126869 | 4130318 | 2 099 | Vacuolar protein sorting-associated protein |
| CEY00_Acc22663 | 705.357 79 | 1 890.183 3 | −1.422 1 | 0.006 401 7 | 0.073 193 | LG20 | 4166491 | 4176748 | 5 159 | Cyclin-dependent kinase |
| CEY00_Acc22685 | 34.734 201 | 2.769 767 4 | 3.648 5 | 0.000 338 3 | 0.008 461 | LG20 | 4567631 | 4575805 | 2 617 | Taraxerol synthase |
| CEY00_Acc22694 | 25.300 649 | 63.357 941 | −1.324 4 | 0.044 247 | 0.267 25 | LG20 | 4754079 | 4759200 | 962 | Zinc metalloprotease |
| CEY00_Acc22697 | 641.675 99 | 248.450 46 | 1.368 9 | 0.004 357 2 | 0.055 106 | LG20 | 4793170 | 4822316 | 3 017 | Phosphate permease |
| CEY00_Acc22699 | 427.802 93 | 118.102 54 | 1.856 9 | 0.002 123 | 0.032 887 | LG20 | 4884439 | 4891280 | 2 799 | VIN3-like protein |
| CEY00_Acc22704 | 791.960 48 | 357.972 58 | 1.145 6 | 0.032 024 | 0.218 36 | LG20 | 4962712 | 4975785 | 9 844 | Inactive poly [ADP-ribose] polymerase |
| CEY00_Acc22731 | 159.822 73 | 375.361 93 | −1.231 8 | 0.027 706 | 0.198 66 | LG20 | 5355648 | 5363698 | 1 553 | Lysophospholipase BODYGUARD 2 precursor |
| CEY00_Acc22746 | 997.493 72 | 224.206 82 | 2.153 5 | $4.21\times10^{-5}$ | 0.001 689 | LG20 | 5670289 | 5672589 | 2 301 | UPF0481 protein |
| CEY00_Acc22747 | 1 413.726 5 | 49.428 007 | 4.838 | 0.013 026 | 0.120 31 | LG20 | 5678700 | 5679506 | 807 | Formin like |

（续）

| 基因 ID | miR160VS1 序列/条 | CK1 序列/条 | $log_2FC$ | $P$ 值 | FDR | 染色体 | 起始位点 | 终止位点 | 长度/bp | 基因描述 |
|---|---|---|---|---|---|---|---|---|---|---|
| CEY00_Acc22748 | 370.220 71 | 43.076 323 | 3.103 4 | 0.034 697 | 0.229 6 | LG20 | 5682814 | 5683750 | 937 | Formin like |
| CEY00_Acc22754 | 15 188.796 | 499.555 24 | 4.926 2 | $2.07\times10^{-6}$ | 0.000 154 | LG20 | 5810367 | 5811119 | 401 | Proteinase |
| CEY00_Acc22757 | 38.536 767 | 95.113 599 | −1.303 4 | 0.042 214 | 0.259 6 | LG20 | 5839682 | 5846899 | 1 147 | DNA repair protein |
| CEY00_Acc22760 | 1 091.838 3 | 463.082 59 | 1.237 4 | 0.008 199 9 | 0.087 149 | LG20 | 5872737 | 5875326 | 928 | 40S ribosomal protein S15 |
| CEY00_Acc22763 | 55.874 654 | 145.568 05 | −1.381 4 | 0.015 823 | 0.137 47 | LG20 | 5896136 | 5900558 | 1 136 | Auxin-responsive protein |
| CEY00_Acc22764 | 0.384 037 | 9.807 524 9 | −4.674 6 | 0.035 271 | 0.231 86 | LG20 | 5917500 | 5920024 | 1 123 | Auxin-induced protein like |
| CEY00_Acc22767 | 813.222 18 | 64.979 616 | 3.645 6 | 0.000 233 4 | 0.006 375 9 | LG20 | 5976058 | 5980322 | 2 286 | Serine/threonine receptor-like kinase NFP |
| CEY00_Acc22772 | 11.141 084 | 32.567 685 | −1.547 6 | 0.025 346 | 0.187 86 | LG20 | 6129797 | 6133416 | 3 483 | Calcium-transporting ATPase 13 plasma membrane-type |
| CEY00_Acc22773 | 7.495 094 6 | 35.992 085 | −2.263 7 | 0.016 156 | 0.139 41 | LG20 | 6133680 | 6138722 | 3 480 | Calcium-transporting ATPase |
| CEY00_Acc22776 | 21.147 127 | 64.442 313 | −1.607 5 | 0.031 05 | 0.214 08 | LG20 | 6209545 | 6216686 | 2 834 | Protein IQ-DOMAIN like |
| CEY00_Acc22785 | 21.614 449 | 93.791 923 | −2.117 5 | 0.001 338 2 | 0.023 729 | LG20 | 6358758 | 6364601 | 4 268 | RNA helicase |
| CEY00_Acc22787 | 54.802 909 | 13.120 196 | 2.062 5 | 0.016 103 | 0.139 1 | LG20 | 6368951 | 6370046 | 1 096 | Acyl-CoA N-acyltransferase protein |
| CEY00_Acc22802 | 6 627.685 | 1 092.738 3 | 2.600 6 | $1.44\times10^{-5}$ | 0.000 723 | LG20 | 6547085 | 6550540 | 1 080 | Pyrimidine 5-nucleotidase protein |
| CEY00_Acc22811 | 137.594 27 | 18.075 708 | 2.928 3 | 0.000 721 3 | 0.015 151 | LG20 | 6710316 | 6715434 | 1 415 | Peroxisomal adenine nucleotide carrier 1 like |
| CEY00_Acc22814 | 6 486.287 3 | 1 240.964 8 | 2.385 9 | 0.001 076 2 | 0.020 275 | LG20 | 6757352 | 6760751 | 1 760 | Aspartic peptidase protein |
| CEY00_Acc22819 | 49.540 004 | 120.489 73 | −1.282 2 | 0.035 306 | 0.232 04 | LG20 | 6880467 | 6887123 | 2 733 | Mitogen-activated protein kinase |

（续）

| 基因 ID | miR160VS1 序列/条 | CK1 序列/条 | $log_2FC$ | *P* 值 | FDR | 染色体 | 起始位点 | 终止位点 | 长度/bp | 基因描述 |
|---|---|---|---|---|---|---|---|---|---|---|
| CEY00_Acc22825 | 1 423.637 9 | 335.441 13 | 2.085 5 | 0.003 378 4 | 0.046 055 | LG20 | 6963331 | 6964473 | 1 143 | Reticulon-1 like |
| CEY00_Acc22826 | 36.361 221 | 281.011 26 | −2.950 2 | 0.004 379 8 | 0.055 242 | LG20 | 6974329 | 6979938 | 1 672 | Receptor-like serine/threonine-protein kinase |
| CEY00_Acc22835 | 1 800.879 8 | 6 207.781 6 | −1.785 4 | 0.000 563 7 | 0.012 512 | LG20 | 7079601 | 7082437 | 739 | Acyl carrier protein like |
| CEY00_Acc22841 | 4 390.171 | 449.983 09 | 3.286 3 | $6.39\times10^{-8}$ | $8.49\times10^{-6}$ | LG20 | 7240464 | 7243860 | 1 121 | CASP-like protein |
| CEY00_Acc22843 | 17.244 608 | 2.746 934 3 | 2.650 3 | 0.020 863 | 0.165 84 | LG20 | 7260033 | 7270230 | 4 401 | Lipase |
| CEY00_Acc22854 | 750.038 43 | 37.524 133 | 4.321 1 | $2.75\times10^{-7}$ | $2.93\times10^{-5}$ | LG20 | 7404957 | 7406063 | 1 107 | hypothetical protein |
| CEY00_Acc22875 | 396.437 27 | 52.834 | 2.907 6 | 0.003 559 3 | 0.047 691 | LG20 | 7692352 | 7693711 | 1 360 | RING-H2 finger protein |
| CEY00_Acc22881 | 100.630 4 | 25.497 621 | 1.980 6 | 0.001 170 1 | 0.021 636 | LG20 | 7756413 | 7761492 | 1 758 | WD repeat-containing protein |
| CEY00_Acc22885 | 71.309 369 | 23.330 079 | 1.611 9 | 0.011 447 | 0.109 87 | LG20 | 7805921 | 7809329 | 1 076 | Protein DEHYDRATION-INDUCED 19 like |
| CEY00_Acc22887 | 472.805 79 | 94.968 319 | 2.315 7 | 0.004 421 8 | 0.055 643 | LG20 | 7820112 | 7823616 | 1 048 | GTP-binding protein like |
| CEY00_Acc22889 | 32.965 468 | 5.990 862 4 | 2.460 1 | 0.015 104 | 0.133 2 | LG20 | 7873321 | 7878202 | 909 | Outer envelope pore protein like |
| CEY00_Acc22894 | 521.192 76 | 176.378 42 | 1.563 1 | 0.037 252 | 0.239 98 | LG20 | 7926123 | 7933771 | 3 512 | ATP-citrate synthase beta chain protein |
| CEY00_Acc22903 | 276.758 05 | 725.656 09 | −1.390 7 | 0.009 952 | 0.099 805 | LG20 | 8098394 | 8101823 | 1 247 | Lateral signaling target protein |
| CEY00_Acc22908 | 1 213.506 2 | 546.907 09 | 1.149 8 | 0.045 931 | 0.273 31 | LG20 | 8200003 | 8202459 | 1 244 | Transcription factor like |
| CEY00_Acc22922 | 329.096 87 | 114.762 15 | 1.519 9 | 0.002 534 7 | 0.037 238 | LG20 | 8486313 | 8512453 | 1 570 | Activator of Hsp90 heat shock protein like |

(续)

| 基因 ID | miR160VS1 序列/条 | CK1 序列/条 | $log_2$FC | P 值 | FDR | 染色体 | 起始位点 | 终止位点 | 长度/bp | 基因描述 |
|---|---|---|---|---|---|---|---|---|---|---|
| CEY00_Acc22928 | 51.668 865 | 2.862 588 3 | 4.173 9 | $7.36\times10^{-5}$ | 0.002 594 | LG20 | 8720890 | 8726644 | 1 001 | Transcription factor bHLH35 like |
| CEY00_Acc22934 | 150.843 56 | 47.051 503 | 1.680 7 | 0.017 872 | 0.149 34 | LG20 | 9022565 | 9023699 | 1 135 | Disks large-associated protein like |
| CEY00_Acc22935 | 1 255.300 9 | 158.318 33 | 2.987 1 | 0.001 078 | 0.020 297 | LG20 | 9032655 | 9034742 | 1 712 | Beta-amyrin 28-oxidase |
| CEY00_Acc22936 | 6.498 356 5 | 40.983 79 | −2.656 9 | 0.003 339 6 | 0.045 677 | LG20 | 9090376 | 9104518 | 4 713 | Serine/threonine-protein kinase |
| CEY00_Acc22963 | 31.655 577 | 4.459 506 4 | 2.827 5 | 0.003 073 8 | 0.043 099 | LG20 | 10117861 | 10121283 | 1 421 | HVA22-like protein |
| CEY00_Acc22978 | 1.474 4 | 16.034 743 | −3.443 | 0.013 75 | 0.124 22 | LG20 | 10410001 | 10414553 | 1 677 | Aluminum-activated malate transporter like |
| CEY00_Acc22979 | 249.565 73 | 21.230 863 | 3.555 2 | 0.000 123 2 | 0.003 869 5 | LG20 | 10479425 | 10481020 | 1 596 | E3 ubiquitin-protein like |
| CEY00_Acc22983 | 756.983 92 | 207.729 58 | 1.865 6 | 0.000 276 8 | 0.007 260 2 | LG20 | 10588684 | 10593901 | 1 624 | Syntaxin-121 like |
| CEY00_Acc22990 | 3.810 498 8 | 17.915 755 | −2.233 2 | 0.036 515 | 0.236 96 | LG20 | 10705426 | 10708324 | 704 | Dihydroneopterin aldolase |
| CEY00_Acc22994 | 59.694 635 | 22.330 178 | 1.418 6 | 0.032 844 | 0.222 03 | LG20 | 10743684 | 10747759 | 4 076 | Pentatricopeptide repeat-containing protein precursor |
| CEY00_Acc23005 | 23.899 942 | 0.715 647 1 | 5.061 6 | $8.73\times10^{-5}$ | 0.002 966 6 | LG20 | 10943860 | 10947891 | 1 290 | Carboxylesterase |
| CEY00_Acc23014 | 201.365 96 | 15.062 344 | 3.740 8 | $1.2\times10^{-6}$ | $9.92\times10^{-5}$ | LG20 | 11178310 | 11184850 | 5 504 | Glycosyltransferase |
| CEY00_Acc23030 | 131.361 01 | 16.964 414 | 2.953 | 0.004 377 9 | 0.055 239 | LG20 | 11420763 | 11421449 | 687 | hypothetical protein |
| CEY00_Acc23045 | 8.876 270 8 | 0 | — | 0.003 717 9 | 0.049 016 | LG20 | 11818746 | 11821056 | 1 282 | Peroxidase |
| CEY00_Acc23072 | 76.878 698 | 4.293 882 4 | 4.162 2 | $6.19\times10^{-8}$ | $8.27\times10^{-6}$ | LG20 | 12348957 | 12350004 | 1 048 | Calmodulin-binding protein |
| CEY00_Acc23079 | 231.345 89 | 468.674 47 | −1.018 5 | 0.020 959 | 0.166 37 | LG20 | 12503449 | 12524072 | 2 325 | Protein like |
| CEY00_Acc23088 | 809.193 46 | 303.900 82 | 1.412 9 | 0.009 318 5 | 0.095 401 | LG20 | 12635153 | 12641151 | 1 200 | Oxidoreductase |

（续）

| 基因 ID | miR160VS1 序列/条 | CK1 序列/条 | $log_2FC$ | *P* 值 | FDR | 染色体 | 起始位点 | 终止位点 | 长度/bp | 基因描述 |
|---|---|---|---|---|---|---|---|---|---|---|
| CEY00_Acc23091 | 66.252 332 | 22.787 38 | 1.539 7 | 0.013 292 | 0.121 63 | LG20 | 12687771 | 12698016 | 1 874 | UDP-glycosyltransferase |
| CEY00_Acc23095 | 220.885 87 | 765.608 25 | −1.793 3 | 0.001 06 | 0.020 073 | LG20 | 12764099 | 12776215 | 2 312 | Microtubule-associated protein like |
| CEY00_Acc23102 | 377.487 36 | 786.086 39 | −1.058 3 | 0.047 721 | 0.280 36 | LG20 | 12970162 | 12974651 | 2 298 | Protein STRICTOSIDINE SYNTHASE-LIKE 2 like |
| CEY00_Acc23116 | 842.024 05 | 160.027 07 | 2.395 5 | $1.04\times10^{-5}$ | 0.000 559 3 | LG20 | 13233194 | 13234312 | 1 119 | Calcium-binding protein |
| CEY00_Acc23128 | 1 548.810 5 | 162.837 27 | 3.249 7 | 0.001 350 6 | 0.023 904 | LG20 | 13409778 | 13411847 | 1 398 | Glucan endo-1,3-beta-glucosidase |
| CEY00_Acc23130 | 386.463 71 | 144.759 73 | 1.416 7 | 0.002 866 9 | 0.040 841 | LG20 | 13457269 | 13472580 | 1 391 | Pyridoxal kinase, N-terminally processed like |
| CEY00_Acc23132 | 374.281 18 | 168.643 19 | 1.150 1 | 0.037 014 | 0.239 11 | LG20 | 13523987 | 13526847 | 1 406 | Calcium-binding protein |
| CEY00_Acc23139 | 4.577 770 4 | 135.168 52 | −4.884 | 0.007 006 | 0.077 988 | LG20 | 13680538 | 13682967 | 1 609 | Zeatin O-glucosyltransferase |
| CEY00_Acc23143 | 58.805 126 | 195.246 41 | −1.731 3 | 0.001 388 9 | 0.024 379 | LG20 | 13760510 | 13762411 | 1 902 | RING-H2 finger protein |
| CEY00_Acc23145 | 180.426 44 | 22.043 513 | 3.033 | $2.09\times10^{-7}$ | $2.32\times10^{-5}$ | LG20 | 13791309 | 13794221 | 1 122 | Heat stress transcription factor B-3 like |
| CEY00_Acc23154 | 31.569 885 | 0.461 627 9 | 6.095 7 | $5.69\times10^{-7}$ | $5.34\times10^{-5}$ | LG20 | 14001108 | 14003660 | 1 090 | Heat stress transcription factor B-3 like |
| CEY00_Acc23159 | 245.419 87 | 20.905 746 | 3.553 3 | $1.34\times10^{-9}$ | $3.11\times10^{-7}$ | LG20 | 14104671 | 14106472 | 1 802 | Histone-lysine N-methyltransferase |
| CEY00_Acc23160 | 205.474 94 | 478.906 89 | −1.220 8 | 0.031 159 | 0.214 51 | LG20 | 14119825 | 14143688 | 9 197 | Villin-3 like |
| CEY00_Acc23162 | 178.374 37 | 87.699 754 | 1.024 3 | 0.042 973 | 0.262 77 | LG20 | 14160743 | 14166413 | 1 897 | Cytoplasmic tRNA 2-thiolation protein |

（续）

| 基因 ID | miR160VS1 序列/条 | CK1 序列/条 | $log_2$FC | *P* 值 | FDR | 染色体 | 起始位点 | 终止位点 | 长度/bp | 基因描述 |
|---|---|---|---|---|---|---|---|---|---|---|
| CEY00 _ Acc23169 | 267.283 22 | 121.648 92 | 1.135 6 | 0.022 154 | 0.172 36 | LG20 | 14343078 | 14347065 | 2 357 | Guanylate kinase |
| CEY00 _ Acc23179 | 205.693 28 | 5.948 133 5 | 5.111 9 | $4.06\times10^{-12}$ | $1.91\times10^{-9}$ | LG20 | 14612899 | 14618460 | 2 571 | Serine/threonine-protein kinase |
| CEY00 _ Acc23182 | 113.499 28 | 665.331 56 | −2.551 4 | $8.44\times10^{-6}$ | 0.000 466 8 | LG20 | 14653696 | 14660170 | 4 131 | Mitotic apparatus protein like |
| CEY00 _ Acc23184 | 15.313 281 | 113.343 02 | −2.887 8 | $6.21\times10^{-5}$ | 0.002 294 4 | LG20 | 14668339 | 14675271 | 2 402 | Transcription factor bHLH48 like |
| CEY00 _ Acc23185 | 45.074 131 | 182.321 45 | −2.016 1 | 0.001 635 9 | 0.027 442 | LG20 | 14681697 | 14688270 | 3 733 | OTU domain-containing protein |
| CEY00 _ Acc23190 | 2.305 425 5 | 20.443 17 | −3.148 5 | 0.002 822 4 | 0.040 348 | LG20 | 14750897 | 14753430 | 2 534 | FT-interacting protein |
| CEY00 _ Acc23205 | 61.856 286 | 174.855 52 | −1.499 2 | 0.007 329 4 | 0.080 445 | LG20 | 15043235 | 15046964 | 2 371 | Inactive receptor kinase |
| CEY00 _ Acc23206 | 14.451 181 | 1.431 294 1 | 3.335 8 | 0.010 409 | 0.103 13 | LG20 | 15112177 | 15114673 | 1 291 | 2-oxoglutarate-dependent dioxygenase AOP1.2 |
| CEY00 _ Acc23208 | 79.105 271 | 232.271 04 | −1.554 | 0.007 423 4 | 0.081 205 | LG20 | 15130026 | 15135468 | 3 504 | Serine/threonine protein like |
| CEY00 _ Acc23209 | 1 865.416 9 | 717.380 91 | 1.378 7 | 0.002 445 1 | 0.036 345 | LG20 | 15144317 | 15150751 | 2 628 | Palmitoyl-acyl carrier protein like |
| CEY00 _ Acc23217 | 470.123 01 | 145.205 38 | 1.694 9 | 0.000 708 9 | 0.014 958 | LG20 | 15237474 | 15246224 | 8 118 | VIN3-like protein |
| CEY00 _ Acc23223 | 14 640.42 | 337.091 21 | 5.440 7 | $1.27\times10^{-10}$ | $4.05\times10^{-8}$ | LG20 | 15322776 | 15328973 | 2 206 | Sulfate transporter 3.5 like |
| CEY00 _ Acc23224 | 368.125 56 | 170.640 02 | 1.109 2 | 0.017 771 | 0.148 74 | LG20 | 15343933 | 15346590 | 2 658 | Trihelix transcription factor |
| CEY00 _ Acc23227 | 401.483 38 | 29.675 715 | 3.758 | 0.010 448 | 0.103 3 | LG20 | 15368208 | 15369239 | 399 | Glycylpeptide N-tetradecanoyltransferase |
| CEY00 _ Acc23239 | 146.593 37 | 791.240 95 | −2.432 3 | $1.94\times10^{-5}$ | 0.000 923 9 | LG20 | 15564702 | 15571438 | 1 585 | Lycopene epsilon cyclase |
| CEY00 _ Acc23243 | 664.452 76 | 2 389.284 6 | −1.846 3 | 0.000 508 6 | 0.011 594 | LG20 | 15608881 | 15612018 | 1 052 | NDR1/HIN1-like protein |
| CEY00 _ Acc23244 | 9.768 643 1 | 38.396 727 | −1.974 8 | 0.026 815 | 0.194 8 | LG20 | 15612075 | 15616781 | 1 205 | Chloroplast processing peptidase |

（续）

| 基因 ID | miR160VS1 序列/条 | CK1 序列/条 | $log_2FC$ | $P$ 值 | FDR | 染色体 | 起始位点 | 终止位点 | 长度/bp | 基因描述 |
|---|---|---|---|---|---|---|---|---|---|---|
| CEY00 _ Acc23246 | 540. 972 98 | 32. 792 701 | 4. 044 1 | 0. 013 233 | 0. 121 45 | LG20 | 15630104 | 15631354 | 566 | Dynein light chain LC6, flagellar outer arm like |
| CEY00 _ Acc23251 | 41. 370 806 | 8. 968 238 5 | 2. 205 7 | 0. 004 300 9 | 0. 054 581 | LG20 | 15671459 | 15681391 | 2 250 | Protein tesmin/TSO1-like |
| CEY00 _ Acc23256 | 271. 669 95 | 77. 739 543 | 1. 805 1 | 0. 001 246 6 | 0. 022 542 | LG20 | 15710446 | 15712697 | 685 | Peroxiredoxin-2B like |
| CEY00 _ Acc23258 | 836. 233 35 | 24. 266 438 | 5. 106 9 | 0. 000 574 5 | 0. 012 699 | LG20 | 15722348 | 15730996 | 4 170 | E3 ubiquitin-protein like |
| CEY00 _ Acc23259 | 1 846. 686 8 | 4 340. 270 5 | −1. 232 8 | 0. 003 211 1 | 0. 044 568 | LG20 | 15735188 | 15740148 | 1 436 | Transcription factor bHLH68 like |
| CEY00 _ Acc23262 | 34. 955 334 | 189. 720 28 | −2. 440 3 | $6.98\times10^{-5}$ | 0. 002 497 1 | LG20 | 15788754 | 15797378 | 5 905 | Elongation factor Ts like |
| CEY00 _ Acc23265 | 56. 175 005 | 18. 867 718 | 1. 574 | 0. 030 755 | 0. 212 58 | LG20 | 15844322 | 15846073 | 1 752 | E3 ubiquitin-protein like |
| CEY00 _ Acc23272 | 14. 711 722 | 0. 658 192 2 | 4. 482 3 | 0. 003 060 2 | 0. 042 981 | LG20 | 15934778 | 15937122 | 2 345 | Dehydration-responsive element-binding protein |
| CEY00 _ Acc23275 | 17. 565 292 | 2. 966 331 7 | 2. 566 | 0. 015 968 | 0. 138 3 | LG20 | 16047816 | 16049367 | 1 552 | Transcription factor like |
| CEY00 _ Acc23295 | 9. 385 809 7 | 0. 658 192 2 | 3. 833 9 | 0. 043 77 | 0. 265 4 | LG20 | 16264888 | 16268945 | 1 667 | hypothetical protein |
| CEY00 _ Acc23302 | 546. 187 54 | 116. 392 2 | 2. 230 4 | 0. 041 134 | 0. 255 49 | LG20 | 16319600 | 16326259 | 2 308 | Gamma-glutamyltranspeptidase |
| CEY00 _ Acc23312 | 65. 582 443 | 1. 392 990 9 | 5. 557 1 | 0. 034 329 | 0. 228 | LG20 | 16463138 | 16465349 | 1 075 | Caffeoyl-CoA O-methyltransferase |
| CEY00 _ Acc23313 | 2 230. 046 9 | 464. 078 79 | 2. 264 6 | $3.08\times10^{-6}$ | 0. 000 209 1 | LG20 | 16469297 | 16478299 | 5 227 | Flocculation protein |
| CEY00 _ Acc23318 | 28. 635 091 | 224. 878 14 | −2. 973 3 | 0. 004 667 9 | 0. 057 898 | LG20 | 16537638 | 16541957 | 2 131 | Protein EFFECTOR OF TRANSCRIPTION like |
| CEY00 _ Acc23324 | 4 434. 769 6 | 1 331. 809 7 | 1. 735 5 | 0. 008 210 4 | 0. 087 184 | LG20 | 16623648 | 16625024 | 1 377 | Cytidine deaminase |
| CEY00 _ Acc23330 | 38 878. 48 | 112 244. 36 | −1. 529 6 | 0. 000 841 | 0. 016 972 | LG20 | 16679963 | 16686476 | 2 569 | Beta-galactosidase |

(续)

| 基因 ID | miR160VS1 序列/条 | CK1 序列/条 | $log_2 FC$ | *P* 值 | FDR | 染色体 | 起始位点 | 终止位点 | 长度/bp | 基因描述 |
|---|---|---|---|---|---|---|---|---|---|---|
| CEY00 _ Acc23338 | 267.013 04 | 1 159.308 9 | −2.118 3 | 0.001 864 6 | 0.030 099 | LG20 | 16763013 | 16770452 | 2 135 | Cytokinin dehydrogenase |
| CEY00 _ Acc23339 | 153.851 68 | 39.704 965 | 1.954 1 | 0.012 513 | 0.117 17 | LG20 | 16771280 | 16778536 | 1 398 | hypothetical protein |
| CEY00 _ Acc23343 | 2.626 109 7 | 22.947 129 | −3.127 3 | 0.012 526 | 0.117 26 | LG20 | 16808106 | 16811643 | 2 989 | Heat shock factor protein |
| CEY00 _ Acc23344 | 2 366.661 8 | 193.701 29 | 3.610 9 | 0.000 159 3 | 0.004 728 4 | LG20 | 16816937 | 16821411 | 1 202 | Enolase-phosphatase |
| CEY00 _ Acc23345 | 381.531 4 | 26.209 452 | 3.863 6 | 0.006 053 | 0.070 455 | LG20 | 16830976 | 16834837 | 2 803 | IQ domain-containing protein |
| CEY00 _ Acc23346 | 1 325.454 5 | 545.932 45 | 1.279 7 | 0.018 382 | 0.151 99 | LG20 | 16837629 | 16847235 | 2 006 | Casein kinase 1-like protein |
| CEY00 _ Acc23350 | 713.498 06 | 66.570 742 | 3.421 9 | $2.41\times10^{-10}$ | $6.96\times10^{-8}$ | LG20 | 16924989 | 16926853 | 1 865 | Nuclease |
| CEY00 _ Acc23353 | 252.773 47 | 720.042 01 | −1.510 2 | 0.010 962 | 0.107 | LG20 | 16979768 | 16984553 | 2 712 | Protein phosphatase 2C 16 like |
| CEY00 _ Acc23354 | 908.525 19 | 365.600 96 | 1.313 3 | 0.005 807 6 | 0.068 398 | LG20 | 16984789 | 16989524 | 1 956 | Mitogen-activated protein kinase |
| CEY00 _ Acc23356 | 158.747 21 | 27.424 299 | 2.533 2 | $8.84\times10^{-5}$ | 0.002 994 5 | LG20 | 17020742 | 17023129 | 2 388 | Rho GTPase-activating protein like |
| CEY00 _ Acc23359 | 586.318 85 | 217.337 44 | 1.431 7 | 0.010 581 | 0.104 24 | LG20 | 17058618 | 17062645 | 1 470 | Protein of unknown function DUF2838 protein |
| CEY00 _ Acc23361 | 266.183 81 | 27.993 717 | 3.249 2 | 0.016 445 | 0.141 31 | LG20 | 17075646 | 17078033 | 1 939 | Ankyrin repeat-containing protein |
| CEY00 _ Acc23384 | 258.130 34 | 9.922 556 6 | 4.701 2 | $4.25\times10^{-5}$ | 0.001 699 9 | LG20 | 17455438 | 17458492 | 1 728 | Serine/threonine-protein kinase |
| CEY00 _ Acc23397 | 11.504 386 | 63.470 414 | −2.463 9 | 0.000 597 1 | 0.013 084 | LG20 | 17568892 | 17570962 | 757 | Ubiquitin-conjugating enzyme suppressor like |
| CEY00 _ Acc23402 | 3 392.035 9 | 898.729 87 | 1.916 2 | 0.003 329 3 | 0.045 606 | LG20 | 17604194 | 17606474 | 1 191 | Protein TIFY 10A like |
| CEY00 _ Acc23405 | 5.034 697 5 | 0 | — | 0.046 976 | 0.277 37 | LG20 | 17635764 | 17636780 | 1 017 | Ethylene-responsive transcription factor |

（续）

| 基因 ID | miR160VS1 序列/条 | CK1 序列/条 | $log_2 FC$ | $P$ 值 | FDR | 染色体 | 起始位点 | 终止位点 | 长度/bp | 基因描述 |
|---|---|---|---|---|---|---|---|---|---|---|
| CEY00 _ Acc23409 | 55.144 73 | 170.765 2 | −1.630 7 | 0.011 766 | 0.112 21 | LG20 | 17673474 | 17686301 | 2 437 | 3-oxoacyl-［acyl-carrier-protein］synthase |
| CEY00 _ Acc23412 | 27.425 153 | 0.700 176 9 | 5.291 6 | 0.000 744 4 | 0.015 585 | LG20 | 17721614 | 17725532 | 1 780 | Flavin-containing monooxygenase |
| CEY00 _ Acc23429 | 570.228 6 | 1 380.580 4 | −1.275 7 | 0.005 689 | 0.067 25 | LG20 | 17895504 | 17912209 | 3 276 | Saccharopine dehydrogenase |
| CEY00 _ Acc23432 | 439.138 52 | 1 016.177 9 | −1.210 4 | 0.018 585 | 0.153 02 | LG21 | 1842 | 13235 | 2 285 | Pyrophosphate-fructose 6-phosphate 1-phosphotransferase subunit alpha like |
| CEY00 _ Acc23433 | 1 701.607 | 437.894 04 | 1.958 2 | 0.028 19 | 0.201 06 | LG21 | 15709 | 18281 | 1 093 | BZIP transcription factor |
| CEY00 _ Acc23440 | 365.989 9 | 155.457 67 | 1.235 3 | 0.039 695 | 0.250 19 | LG21 | 101406 | 103584 | 1 286 | Protein of unknown function DUF597 protein |
| CEY00 _ Acc23441 | 538.001 11 | 28.653 642 | 4.230 8 | $1.98\times10^{-6}$ | 0.000 149 3 | LG21 | 106506 | 107712 | 1 207 | Eukaryotic translation initiation factor 2-alpha kinase |
| CEY00 _ Acc23448 | 6.925 011 3 | 0.238 549 | 4.859 5 | 0.034 163 | 0.227 62 | LG21 | 263678 | 267258 | 3 070 | Protein STICHEL-like |
| CEY00 _ Acc23451 | 330.129 86 | 29.895 112 | 3.465 1 | $4.87\times10^{-10}$ | $1.24\times10^{-7}$ | LG21 | 296557 | 308045 | 2 864 | Protein PIN-LIKES like |
| CEY00 _ Acc23456 | 96.368 388 | 2.323 609 6 | 5.374 1 | 0.015 314 | 0.134 33 | LG21 | 373187 | 375865 | 678 | Cinnamoyl-CoA reductase |
| CEY00 _ Acc23478 | 24.944 076 | 78.211 606 | −1.648 7 | 0.028 143 | 0.200 94 | LG21 | 560221 | 563809 | 1 122 | Coiled-coil domain-containing protein |
| CEY00 _ Acc23479 | 58.750 564 | 199.688 13 | −1.765 1 | 0.001 217 5 | 0.022 238 | LG21 | 568752 | 570621 | 726 | HMG1/2-like protein isoform 1 |

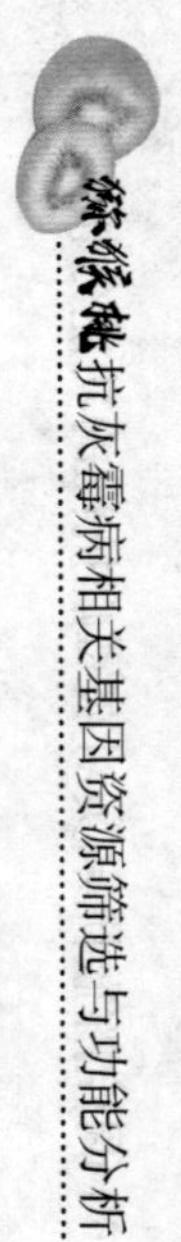




（续）

| 基因 ID | miR160VS1 序列/条 | CK1 序列/条 | $log_2FC$ | *P* 值 | FDR | 染色体 | 起始位点 | 终止位点 | 长度/bp | 基因描述 |
|---|---|---|---|---|---|---|---|---|---|---|
| CEY00 _ Acc23483 | 557. 054 14 | 101. 653 76 | 2. 454 2 | $3.27\times10^{-5}$ | 0. 001 378 4 | LG21 | 611460 | 613462 | 2 003 | Glycosyltransferase family 92 protein |
| CEY00 _ Acc23485 | 73. 378 544 | 16. 606 855 | 2. 143 6 | 0. 001 394 8 | 0. 024 461 | LG21 | 634517 | 639880 | 1 694 | Serine/threonine-protein kinase Cx32 precursor |
| CEY00 _ Acc23488 | 49. 564 695 | 5. 844 390 1 | 3. 084 2 | 0. 000 217 9 | 0. 006 033 1 | LG21 | 690609 | 697127 | 1 999 | Catalase |
| CEY00 _ Acc23490 | 105. 918 82 | 45. 434 323 | 1. 221 1 | 0. 032 531 | 0. 220 73 | LG21 | 719985 | 723979 | 699 | Small nuclear ribonucleoprotein like |
| CEY00 _ Acc23498 | 151. 146 95 | 6. 617 492 | 4. 513 5 | 0. 018 302 | 0. 151 72 | LG21 | 814914 | 819573 | 1 603 | DEP domain-containing mTOR-interacting protein |
| CEY00 _ Acc23502 | 1 235. 970 4 | 100. 844 33 | 3. 615 4 | $5.44\times10^{-7}$ | $5.14\times10^{-5}$ | LG21 | 844624 | 851225 | 2 057 | 4-coumarate-CoA ligase-like |
| CEY00 _ Acc23503 | 3 996. 023 7 | 96. 494 223 | 5. 372 | $2.06\times10^{-5}$ | 0. 000 964 6 | LG21 | 856284 | 859576 | 1 748 | Lysine histidine transporter-like |
| CEY00 _ Acc23509 | 98. 216 705 | 274. 645 18 | −1. 483 5 | 0. 008 807 2 | 0. 091 794 | LG21 | 897775 | 904935 | 4 710 | Alcohol dehydrogenase-like |
| CEY00 _ Acc23513 | 40. 648 615 | 83. 383 16 | −1. 036 5 | 0. 048 687 | 0. 284 2 | LG21 | 950101 | 955874 | 1 257 | Enoyl-CoA hydratase 2，peroxisomal like |
| CEY00 _ Acc23514 | 129. 498 13 | 58. 977 64 | 1. 134 7 | 0. 035 808 | 0. 234 12 | LG21 | 966600 | 974008 | 2 583 | Alpha-amylase |
| CEY00 _ Acc23516 | 116. 279 83 | 521. 402 25 | −2. 164 8 | 0. 033 955 | 0. 226 83 | LG21 | 982229 | 983488 | 1 020 | Ganglioside-induced differentiation-associated protein |
| CEY00 _ Acc23517 | 627. 547 82 | 117. 503 9 | 2. 417 | 0. 000 433 9 | 0. 010 221 | LG21 | 987109 | 988727 | 1 619 | Autophagy-related protein |
| CEY00 _ Acc23525 | 5 849. 936 7 | 615. 582 83 | 3. 248 4 | 0. 017 755 | 0. 148 68 | LG21 | 1070462 | 1071328 | 867 | hypothetical protein |
| CEY00 _ Acc23529 | 16. 145 911 | 120. 718 86 | −2. 902 4 | 0. 016 026 | 0. 138 65 | LG21 | 1107158 | 1108116 | 959 | E3 ubiquitin-protein like |

（续）

| 基因 ID | miR160VS1 序列/条 | CK1 序列/条 | $log_2FC$ | $P$ 值 | FDR | 染色体 | 起始位点 | 终止位点 | 长度/bp | 基因描述 |
|---|---|---|---|---|---|---|---|---|---|---|
| CEY00_Acc23532 | 876.374 33 | 54.413 959 | 4.009 5 | 0.022 725 | 0.175 27 | LG21 | 1130200 | 1134299 | 1 574 | FAD-dependent urate hydroxylase |
| CEY00_Acc23541 | 43.254 391 | 2.292 669 3 | 4.237 7 | $6.38\times10^{-5}$ | 0.002 336 2 | LG21 | 1253181 | 1256246 | 1 230 | GDSL esterase/lipase |
| CEY00_Acc23554 | 722.983 22 | 166.313 49 | 2.120 1 | 0.004 539 9 | 0.056 804 | LG21 | 1412487 | 1415356 | 1 317 | Thaumatin-like protein |
| CEY00_Acc23557 | 565.920 99 | 102.576 57 | 2.463 9 | 0.001 740 1 | 0.028 753 | LG21 | 1440140 | 1449257 | 2 603 | GATA zinc finger domain-containing protein |
| CEY00_Acc23563 | 3.779 424 2 | 110.186 09 | −4.865 6 | 0.002 420 1 | 0.036 119 | LG21 | 1494569 | 1499294 | 2 747 | Protein teashirt like |
| CEY00_Acc23574 | 2 767.764 1 | 1 253.785 2 | 1.142 4 | 0.028 937 | 0.204 19 | LG21 | 1576840 | 1594633 | 3 882 | 5'→3'exoribonuclease |
| CEY00_Acc23580 | 113.761 66 | 31.355 288 | 1.859 2 | 0.033 844 | 0.226 35 | LG21 | 1675774 | 1682646 | 3 966 | Auxin response factor like |
| CEY00_Acc23583 | 161.489 11 | 953.905 92 | −2.562 4 | $4.57\times10^{-6}$ | 0.000 288 7 | LG21 | 1706909 | 1712036 | 2 960 | Protein IQ-DOMAIN like |
| CEY00_Acc23593 | 2 571.268 7 | 521.305 88 | 2.302 3 | $1.87\times10^{-6}$ | 0.000 142 6 | LG21 | 1820135 | 1826398 | 1 508 | 1-acylglycerol-3-phosphate O-acyl-transferase |
| CEY00_Acc23608 | 4.484 145 5 | 0 | — | 0.049 778 | 0.287 18 | LG21 | 1999147 | 2002937 | 2 096 | Protein NRT1/PTR FAMILY 8.1 like |
| CEY00_Acc23625 | 63.026 268 | 25.722 893 | 1.292 9 | 0.039 793 | 0.250 36 | LG21 | 2176271 | 2181873 | 3 670 | Cyclin-T1-4 like |
| CEY00_Acc23627 | 460.307 26 | 1 101.906 1 | −1.259 3 | 0.009 750 5 | 0.098 475 | LG21 | 2208565 | 2213990 | 2 330 | Bifunctional nuclease |
| CEY00_Acc23635 | 113.711 62 | 668.982 28 | −2.556 6 | $5.85\times10^{-6}$ | 0.000 350 7 | LG21 | 2301287 | 2303453 | 862 | Auxilin-like protein |
| CEY00_Acc23649 | 274.959 53 | 130.347 68 | 1.076 9 | 0.022 635 | 0.174 91 | LG21 | 2408448 | 2414590 | 1 920 | Sugar transporter ERD6-like |
| CEY00_Acc23651 | 51.148 586 | 21.333 997 | 1.261 5 | 0.042 757 | 0.262 05 | LG21 | 2426763 | 2433217 | 3 690 | LRR receptor-like serine/threonine-protein kinase |

（续）

| 基因 ID | miR160VS1 序列/条 | CK1 序列/条 | $log_2FC$ | $P$ 值 | FDR | 染色体 | 起始位点 | 终止位点 | 长度/bp | 基因描述 |
|---|---|---|---|---|---|---|---|---|---|---|
| CEY00 _ Acc23653 | 21. 853 051 | 66. 321 876 | −1. 601 7 | 0. 031 294 | 0. 215 13 | LG21 | 2439118 | 2442278 | 2 373 | DUF21 domain-containing protein |
| CEY00 _ Acc23656 | 28. 840 613 | 84. 894 334 | −1. 557 6 | 0. 022 875 | 0. 175 93 | LG21 | 2447389 | 2453231 | 2 836 | Methyltransferase |
| CEY00 _ Acc23658 | 14. 389 031 | 2. 096 849 3 | 2. 778 7 | 0. 024 517 | 0. 183 83 | LG21 | 2464201 | 2465354 | 1 154 | FK506-binding protein 4-like |
| CEY00 _ Acc23666 | 5. 543 835 1 | 0 | — | 0. 031 621 | 0. 216 74 | LG21 | 2847907 | 2848983 | 1 077 | Transcription repressor like |
| CEY00 _ Acc23678 | 68. 515 486 | 20. 922 705 | 1. 711 4 | 0. 007 472 1 | 0. 081 494 | LG21 | 2713098 | 2719837 | 3 337 | NAC domain-containing protein |
| CEY00 _ Acc23686 | 287. 885 21 | 96. 726 64 | 1. 573 5 | 0. 026 482 | 0. 193 38 | LG21 | 2610655 | 2620971 | 3 211 | Protein DA1-related like |
| CEY00 _ Acc23688 | 258. 902 52 | 91. 516 782 | 1. 500 3 | 0. 002 474 6 | 0. 036 65 | LG21 | 2579227 | 2584453 | 2 410 | E3 ubiquitin-protein like |
| CEY00 _ Acc23692 | 102. 254 7 | 38. 322 814 | 1. 415 9 | 0. 037 679 | 0. 241 86 | LG21 | 2549655 | 2554162 | 2 662 | Lipoyltransferase-like protein |
| CEY00 _ Acc23693 | 42. 460 768 | 3. 935 997 9 | 3. 431 3 | $5.69\times10^{-5}$ | 0. 002 150 7 | LG21 | 2544059 | 2546035 | 1 977 | Allene oxide synthase |
| CEY00 _ Acc23699 | 17. 878 044 | 0. 684 706 8 | 4. 706 6 | 0. 000 900 5 | 0. 017 917 | LG21 | 2918220 | 2927298 | 1 986 | Cytochrome P450 82A3 like |
| CEY00 _ Acc23713 | 1 864. 838 5 | 108. 792 27 | 4. 099 4 | $6.41\times10^{-11}$ | $2.19\times10^{-8}$ | LG21 | 3127354 | 3128567 | 1 214 | Trafficking kinesin-binding protein like |
| CEY00 _ Acc23716 | 53. 329 713 | 17. 221 574 | 1. 630 7 | 0. 012 718 | 0. 118 44 | LG21 | 3178977 | 3185660 | 1 769 | Polyadenylate-binding protein |
| CEY00 _ Acc23731 | 58. 014 677 | 244. 191 17 | −2. 073 5 | 0. 000 983 | 0. 019 056 | LG21 | 3349132 | 3360245 | 2 439 | Protein like |
| CEY00 _ Acc23746 | 242. 511 62 | 38. 380 757 | 2. 659 6 | 0. 000 108 8 | 0. 003 502 8 | LG21 | 3533520 | 3538254 | 1 925 | ABSCISIC ACID-INSENSITIVE 5-like protein |
| CEY00 _ Acc23760 | 199. 080 62 | 68. 684 48 | 1. 535 3 | 0. 009 171 9 | 0. 094 251 | LG21 | 3691398 | 3699068 | 1 607 | NAC domain-containing protein |
| CEY00 _ Acc23765 | 503. 447 08 | 24. 328 075 | 4. 371 1 | 0. 001 432 7 | 0. 024 951 | LG21 | 3748615 | 3751672 | 2 183 | hypothetical protein |
| CEY00 _ Acc23769 | 1 773. 091 7 | 371. 871 06 | 2. 253 4 | $6.3\times10^{-5}$ | 0. 002 319 7 | LG21 | 3799678 | 3801390 | 1 528 | WRKY transcription factor |

（续）

| 基因 ID | miR160VS1 序列/条 | CK1 序列/条 | $log_2FC$ | $P$ 值 | FDR | 染色体 | 起始位点 | 终止位点 | 长度/bp | 基因描述 |
|---|---|---|---|---|---|---|---|---|---|---|
| CEY00_Acc23771 | 72.304 248 | 282.960 64 | −1.968 4 | $9.62\times10^{-5}$ | 0.003 192 9 | LG21 | 3820824 | 3822892 | 1 471 | Transcription factor like |
| CEY00_Acc23776 | 30.619 832 | 2.769 767 4 | 3.466 6 | 0.031 639 | 0.216 8 | LG21 | 3877167 | 3879957 | 1 165 | Isoaspartyl peptidase/L-asparaginase 2 subunit beta like |
| CEY00_Acc23779 | 2 142.654 4 | 286.578 01 | 2.902 4 | $4.49\times10^{-5}$ | 0.001 771 4 | LG21 | 3903547 | 3905194 | 1 648 | Transcription factor like |
| CEY00_Acc23795 | 398.363 45 | 46.026 074 | 3.113 6 | $2.03\times10^{-8}$ | $3.17\times10^{-6}$ | LG21 | 5256438 | 5261059 | 1 491 | Syntaxin-61 like |
| CEY00_Acc23803 | 1 702.350 6 | 210.922 5 | 3.012 7 | $8.55\times10^{-9}$ | $1.46\times10^{-6}$ | LG21 | 5313446 | 5314544 | 1 099 | Zinc finger protein |
| CEY00_Acc23805 | 60.524 457 | 181.470 05 | −1.584 1 | 0.009 246 2 | 0.094 808 | LG21 | 5332971 | 5343250 | 4 261 | Flowering time control protein like |
| CEY00_Acc23806 | 895.100 68 | 328.082 64 | 1.448 | 0.007 981 1 | 0.085 371 | LG21 | 5344294 | 5348912 | 1 941 | Interferon-related developmental regulator like |
| CEY00_Acc23810 | 71.981 903 | 18.205 1 | 1.983 3 | 0.009 065 9 | 0.093 455 | LG21 | 5417540 | 5419562 | 1 448 | U-box domain-containing protein |
| CEY00_Acc23811 | 15.927 586 | 0.238 549 | 6.061 1 | 0.002 433 4 | 0.036 226 | LG21 | 5430083 | 5431412 | 1 330 | F-box/kelch-repeat protein |
| CEY00_Acc23823 | 1 897.592 9 | 426.029 05 | 2.155 1 | 0.021 192 | 0.167 4 | LG21 | 5525267 | 5526109 | 843 | 3-isopropylmalate dehydratase large subunit like |
| CEY00_Acc23825 | 70.738 539 | 159.347 83 | −1.171 6 | 0.045 668 | 0.272 36 | LG21 | 5563887 | 5566076 | 1 578 | Lecithin-cholesterol acyltransferase-like |
| CEY00_Acc23834 | 1 323.709 8 | 440.292 88 | 1.588 1 | 0.000 932 4 | 0.018 409 | LG21 | 5639472 | 5640219 | 748 | Stimulated by retinoic acid protein |
| CEY00_Acc23835 | 23.960 486 | 2.543 007 | 3.236 | 0.002 234 7 | 0.034 095 | LG21 | 5645017 | 5648569 | 1 720 | Growth-regulating factor like |
| CEY00_Acc23839 | 182.886 88 | 1 013.469 6 | −2.470 3 | 0.000 307 9 | 0.007 864 5 | LG21 | 5710064 | 5714091 | 2 605 | Transcription factor bHLH74 like |
| CEY00_Acc23841 | 64.341 284 | 22.020 314 | 1.546 9 | 0.009 796 7 | 0.098 668 | LG21 | 5735277 | 5741522 | 1 698 | Sodium-coupled neutral amino acid transporter like |

（续）

| 基因 ID | miR160VS1 序列/条 | CK1 序列/条 | $\log_2$FC | *P* 值 | FDR | 染色体 | 起始位点 | 终止位点 | 长度/bp | 基因描述 |
|---|---|---|---|---|---|---|---|---|---|---|
| CEY00_Acc23843 | 540.301 89 | 69.340 415 | 2.962 | $1.06\times10^{-5}$ | 0.000 564 3 | LG21 | 5755674 | 5759287 | 1 981 | Squalene monooxygenase |
| CEY00_Acc23849 | 54.800 959 | 9.300 230 7 | 2.558 9 | 0.002 472 9 | 0.036 642 | LG21 | 5879380 | 5886716 | 1 698 | Homeotic protein like |
| CEY00_Acc23851 | 28.756 927 | 4.620 704 7 | 2.637 7 | 0.025 944 | 0.190 8 | LG21 | 5920821 | 5928126 | 1 658 | Lipase |
| CEY00_Acc23855 | 223.802 36 | 66.807 733 | 1.744 1 | 0.001 738 1 | 0.028 753 | LG21 | 5969345 | 5975386 | 1 858 | Inositol-tetrakisphosphate 1-kinase |
| CEY00_Acc23869 | 586.786 24 | 96.957 731 | 2.597 4 | 0.011 858 | 0.112 8 | LG21 | 6245743 | 6255012 | 1 409 | Phosphoglycerate mutase-like protein |
| CEY00_Acc23878 | 135.085 07 | 14.796 414 | 3.190 5 | $1.64\times10^{-6}$ | 0.000 127 6 | LG21 | 4002152 | 4038305 | 3 097 | Alpha-glucosidase |
| CEY00_Acc23888 | 97.990 392 | 292.023 11 | −1.575 4 | 0.005 892 9 | 0.069 081 | LG21 | 4146416 | 4153737 | 1 720 | AP-4 complex subunit mu like |
| CEY00_Acc23891 | 18.976 339 | 0.954 196 1 | 4.313 8 | 0.003 732 | 0.049 143 | LG21 | 4191847 | 4193411 | 1 565 | Flowering time control protein like |
| CEY00_Acc23892 | 1 135.207 3 | 61.421 02 | 4.208 1 | 0.004 283 2 | 0.054 462 | LG21 | 4201616 | 4202769 | 1 154 | Mitochondrial uncoupling protein |
| CEY00_Acc23897 | 28.404 02 | 137.664 57 | −2.277 | 0.000 247 6 | 0.006 654 | LG21 | 4276716 | 4280355 | 2 011 | Cyclin-D4-1 like |
| CEY00_Acc23900 | 754.058 32 | 65.211 763 | 3.531 5 | 0.002 516 6 | 0.037 056 | LG21 | 4341125 | 4342038 | 761 | Ubiquitin carboxyl-terminal hydrolase |
| CEY00_Acc23904 | 86.683 25 | 221.140 01 | −1.351 1 | 0.018 357 | 0.151 93 | LG21 | 4386935 | 4390334 | 2 819 | Transport inhibitor response 1-like protein |
| CEY00_Acc23905 | 586.978 07 | 79.738 688 | 2.88 | 0.000 523 3 | 0.011 84 | LG21 | 4418936 | 4421970 | 828 | Esterase |
| CEY00_Acc23912 | 44.861 022 | 2.093 167 8 | 4.421 7 | $2.53\times10^{-6}$ | 0.000 178 1 | LG21 | 4505444 | 4506765 | 1 322 | RING-H2 finger protein |
| CEY00_Acc23914 | 546.364 01 | 41.602 3 | 3.715 1 | $5.23\times10^{-7}$ | $5.01\times10^{-5}$ | LG21 | 4575030 | 4577106 | 802 | 4-diphosphocytidyl-2-C-methyl-D-erythritol kinase |

（续）

| 基因 ID | miR160VS1 序列/条 | CK1 序列/条 | $log_2FC$ | $P$ 值 | FDR | 染色体 | 起始位点 | 终止位点 | 长度/bp | 基因描述 |
|---|---|---|---|---|---|---|---|---|---|---|
| CEY00_Acc23915 | 2 931.335 | 208.044 67 | 3.816 6 | $5.64\times10^{-13}$ | $3.81\times10^{-10}$ | LG21 | 4582380 | 4584039 | 869 | Tumor protein |
| CEY00_Acc23920 | 83.573 897 | 195.255 64 | −1.224 2 | 0.026 962 | 0.195 35 | LG21 | 4616069 | 4645527 | 4 882 | Isoamylase |
| CEY00_Acc23925 | 238.248 32 | 110.308 96 | 1.110 9 | 0.030 062 | 0.209 42 | LG21 | 4716092 | 4717816 | 1 070 | histone H3.3 |
| CEY00_Acc23927 | 187.147 11 | 60.351 561 | 1.632 7 | 0.003 921 | 0.051 084 | LG21 | 4751588 | 4752786 | 1 199 | VQ motif-containing protein |
| CEY00_Acc23930 | 116.301 51 | 11.588 596 | 3.327 1 | $1.15\times10^{-6}$ | $9.62\times10^{-5}$ | LG21 | 4791944 | 4793357 | 1 014 | Phospho-2-dehydro-3-deoxyheptonate aldolase |
| CEY00_Acc23932 | 49.266 204 | 1.396 672 4 | 5.140 5 | 0.003 836 7 | 0.050 26 | LG21 | 4829961 | 4831121 | 1 161 | Protein EXORDIUM like |
| CEY00_Acc23938 | 706.238 12 | 2 318.298 3 | −1.714 8 | 0.001 957 4 | 0.031 159 | LG21 | 4977525 | 4984602 | 3 705 | Pectin methyltransferase |
| CEY00_Acc23947 | 5.637 46 | 0 | — | 0.036 609 | 0.237 31 | LG21 | 5109227 | 5117237 | 2 748 | Synaptonemal complex protein |
| CEY00_Acc23955 | 148.784 39 | 23.158 041 | 2.683 6 | 0.001 354 6 | 0.023 931 | LG21 | 6646778 | 6648001 | 1 224 | F-box protein |
| CEY00_Acc23957 | 3.073 499 4 | 274.446 43 | −6.480 5 | $2.52\times10^{-7}$ | $2.73\times10^{-5}$ | LG21 | 6663488 | 6665806 | 1 249 | Trehalose-phosphate phosphatase |
| CEY00_Acc23960 | 1 035.695 4 | 264.689 61 | 1.968 2 | 0.000 145 5 | 0.004 444 | LG21 | 6734462 | 6743018 | 2 422 | WD40 repeat, conserved site protein |
| CEY00_Acc23963 | 108.257 49 | 407.363 23 | −1.911 8 | 0.000 396 9 | 0.009 599 3 | LG21 | 6787527 | 6791872 | 2 429 | 2,3-bisphosphoglycerate-dependent phosphoglycerate mutase |
| CEY00_Acc23964 | 3.456 332 9 | 216.916 51 | −5.971 8 | 0.024 395 | 0.183 37 | LG21 | 6813147 | 6814740 | 870 | hypothetical protein |
| CEY00_Acc23965 | 174.757 07 | 12.052 335 | 3.858 | 0.002 123 5 | 0.032 887 | LG21 | 6823406 | 6827830 | 1 781 | Glucan 1,3-beta-glucosidase like |
| CEY00_Acc23977 | 49.218 518 | 166.266 93 | −1.756 2 | 0.002 845 3 | 0.040 587 | LG21 | 6998678 | 7007157 | 5 303 | Glutaredoxin like |
| CEY00_Acc23979 | 71.710 932 | 265.801 15 | −1.890 1 | 0.001 784 7 | 0.029 266 | LG21 | 7024876 | 7030695 | 1 053 | Chaperone protein like |

（续）

| 基因ID | miR160VS1序列/条 | CK1序列/条 | $log_2FC$ | *P*值 | FDR | 染色体 | 起始位点 | 终止位点 | 长度/bp | 基因描述 |
|---|---|---|---|---|---|---|---|---|---|---|
| CEY00_Acc23981 | 2.979 072 2 | 66.544 168 | −4.481 4 | 0.010 311 | 0.102 37 | LG21 | 7040833 | 7048907 | 2 476 | Somatic embryogenesis receptor kinase |
| CEY00_Acc23989 | 805.637 08 | 236.174 38 | 1.770 3 | 0.000 967 2 | 0.018 858 | LG21 | 7133344 | 7135120 | 1 490 | NAC domain-containing protein |
| CEY00_Acc24003 | 113.356 98 | 4.932 178 7 | 4.522 5 | $2.96\times10^{-8}$ | $4.44\times10^{-6}$ | LG21 | 7270253 | 7276817 | 4 651 | LRR receptor-like serine/threonine-protein kinase |
| CEY00_Acc24014 | 4 625.468 2 | 256.560 28 | 4.172 2 | 0.019 483 | 0.157 81 | LG21 | 7444982 | 7448746 | 1 647 | Ethylene-responsive transcription factor |
| CEY00_Acc24021 | 65.733 748 | 10.877 253 | 2.595 3 | 0.013 278 | 0.121 56 | LG21 | 7661076 | 7662840 | 1 183 | Abscisic stress-ripening protein |
| CEY00_Acc24027 | 757.577 97 | 272.522 05 | 1.475 | 0.003 638 7 | 0.048 341 | LG21 | 7760736 | 7762313 | 1 578 | UPF0496 protein |
| CEY00_Acc24030 | 9.987 769 9 | 102.612 7 | −3.360 9 | $9.73\times10^{-7}$ | $8.45\times10^{-5}$ | LG21 | 7829325 | 7833408 | 1 316 | WAT1-related protein |
| CEY00_Acc24043 | 705.654 34 | 46.994 035 | 3.908 4 | 0.000 851 4 | 0.017 172 | LG21 | 8206233 | 8207847 | 1 615 | U-box domain-containing protein |
| CEY00_Acc24075 | 546.548 25 | 17.140 908 | 4.994 8 | $4.73\times10^{-6}$ | 0.000 296 6 | LG21 | 8807376 | 8810622 | 2 543 | Wall-associated receptor kinase |
| CEY00_Acc24077 | 67.764 17 | 17.574 085 | 1.947 1 | 0.037 276 | 0.239 98 | LG21 | 8875503 | 8878351 | 2 013 | Wall-associated receptor kinase |
| CEY00_Acc24082 | 38.812 026 | 127.374 44 | −1.714 5 | 0.013 522 | 0.123 12 | LG21 | 9165145 | 9179236 | 2 470 | UDP-sugar pyrophosphorylase |
| CEY00_Acc24086 | 935.683 71 | 142.982 28 | 2.710 2 | 0.013 82 | 0.124 75 | LG21 | 9211815 | 9217026 | 2 681 | Receptor-like serine/threonine-protein kinase |
| CEY00_Acc24097 | 93.434 048 | 27.148 935 | 1.783 1 | 0.014 736 | 0.131 04 | LG21 | 9427600 | 9429946 | 2 347 | Protein TolB like |
| CEY00_Acc24103 | 3 184.876 2 | 341.963 17 | 3.219 3 | $6.86\times10^{-5}$ | 0.002 473 5 | LG21 | 9611680 | 9615362 | 1 538 | NAC domain-containing protein |

（续）

| 基因 ID | miR160VS1序列/条 | CK1 序列/条 | $log_2FC$ | $P$ 值 | FDR | 染色体 | 起始位点 | 终止位点 | 长度/bp | 基因描述 |
|---|---|---|---|---|---|---|---|---|---|---|
| CEY00 _ Acc24106 | 497. 573 12 | 98. 553 091 | 2. 335 9 | $6.35\times10^{-6}$ | 0. 000 374 3 | LG21 | 9797796 | 9800770 | 2 975 | G-type lectin S-receptor-like serine/threonine-protein kinase |
| CEY00 _ Acc24113 | 108. 476 16 | 374. 945 22 | −1. 789 3 | 0. 001 109 8 | 0. 020 826 | LG21 | 10680071 | 10687783 | 1 786 | Dihydrolipoyllysine-residue acetyl-transferase component 5 of pyruvate dehydrogenase |
| CEY00 _ Acc24115 | 805. 450 45 | 284. 982 72 | 1. 498 9 | 0. 006 093 8 | 0. 070 783 | LG21 | 10750475 | 10770622 | 1 971 | Calcium-dependent protein kinase |
| CEY00 _ Acc24128 | 40. 831 798 | 4. 823 887 7 | 3. 081 4 | 0. 000 268 2 | 0. 007 108 1 | LG21 | 10391126 | 10393380 | 1 769 | 7-deoxyloganetin glucosyltransferase |
| CEY00 _ Acc24130 | 35. 027 823 | 10. 289 793 | 1. 767 3 | 0. 023 648 | 0. 179 77 | LG21 | 10432746 | 10438306 | 4 176 | Receptor-like protein kinase |
| CEY00 _ Acc24141 | 51. 637 39 | 4. 990 255 9 | 3. 371 2 | 0. 000 670 2 | 0. 014 306 | LG21 | 11306091 | 11311650 | 2 947 | Homeobox-leucine zipper protein |
| CEY00 _ Acc24146 | 211. 706 35 | 68. 103 978 | 1. 636 3 | 0. 002 954 7 | 0. 041 857 | LG21 | 11455397 | 11462220 | 1 649 | Methylesterase 14 precursor |
| CEY00 _ Acc24152 | 47. 309 074 | 122. 804 49 | −1. 376 2 | 0. 024 061 | 0. 181 52 | LG21 | 11585549 | 11591457 | 2 858 | Sad1/UNC-like,C-terminal protein |
| CEY00 _ Acc24155 | 409. 920 29 | 1 030. 591 7 | −1. 330 1 | 0. 008 085 5 | 0. 086 185 | LG21 | 11652637 | 11660699 | 2 416 | RNA-binding protein |
| CEY00 _ Acc24158 | 22. 739 096 | 1. 989 302 5 | 3. 514 8 | 0. 047 238 | 0. 278 57 | LG21 | 11702222 | 11706254 | 2 302 | Protein NRT1/PTR FAMILY 4. 4 like |
| CEY00 _ Acc24177 | 10. 796 857 | 45. 365 702 | −2. 071 | 0. 013 081 | 0. 120 56 | LG21 | 11983049 | 11988191 | 978 | Isoleucine-tRNA ligase |
| CEY00 _ Acc24198 | 65. 093 893 | 211. 397 8 | −1. 699 4 | 0. 002 929 3 | 0. 041 551 | LG21 | 12310640 | 12326001 | 1 518 | Caltractin like |
| CEY00 _ Acc24199 | 72. 826 041 | 339. 246 28 | −2. 219 8 | 0. 006 724 4 | 0. 075 725 | LG21 | 12339781 | 12344651 | 1 278 | Calmodulin like |
| CEY00 _ Acc24218 | 60. 373 517 | 241. 209 17 | −1. 998 3 | 0. 010 029 | 0. 100 22 | LG21 | 12659431 | 12675268 | 4 556 | Pleiotropic drug resistance protein |
| CEY00 _ Acc24231 | 1 819. 922 5 | 767. 068 55 | 1. 246 4 | 0. 023 393 | 0. 178 7 | LG21 | 12869525 | 12884991 | 4 244 | Ras-related protein |

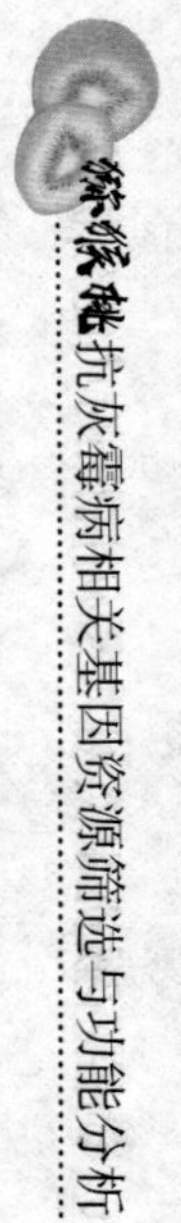


（续）

| 基因 ID | miR160VS1 序列/条 | CK1 序列/条 | $log_2FC$ | $P$ 值 | FDR | 染色体 | 起始位点 | 终止位点 | 长度/bp | 基因描述 |
|---|---|---|---|---|---|---|---|---|---|---|
| CEY00_Acc24232 | 15.416 844 | 0.219 397 4 | 6.134 8 | 0.000 310 3 | 0.007 912 | LG21 | 12887199 | 12889699 | 1 970 | Butyrate-CoA ligase AAE11, peroxisomal like |
| CEY00_Acc24235 | 96.865 289 | 239.237 24 | −1.304 4 | 0.044 284 | 0.267 38 | LG21 | 12956069 | 12962942 | 1 559 | ALA-interacting subunit like |
| CEY00_Acc24239 | 43.103 487 | 0 | — | 0.018 071 | 0.150 4 | LG21 | 12985109 | 12991289 | 2 665 | NAC domain-containing protein |
| CEY00_Acc24253 | 49.158 319 | 18.245 514 | 1.429 9 | 0.045 089 | 0.270 26 | LG21 | 13240216 | 13267503 | 4 004 | Importin-5 like |
| CEY00_Acc24255 | 12.561 268 | 0.923 255 8 | 3.766 1 | 0.008 538 6 | 0.089 635 | LG21 | 13276679 | 13279763 | 2 038 | Protein GAMETE EXPRESSED 1 like |
| CEY00_Acc24259 | 63.392 379 | 24.221 611 | 1.388 | 0.035 783 | 0.234 02 | LG21 | 13348528 | 13356059 | 4 352 | 60S ribosomal protein like |
| CEY00_Acc24264 | 6.083 646 2 | 25.640 33 | −2.075 4 | 0.032 531 | 0.220 73 | LG21 | 13406003 | 13408573 | 1 628 | Proline-rich receptor-like protein kinase |
| CEY00_Acc24271 | 12.552 533 | 39.030 476 | −1.636 6 | 0.023 573 | 0.179 41 | LG21 | 13469610 | 13475707 | 927 | Ras-related protein |
| CEY00_Acc24280 | 22.675 743 | 83.092 988 | −1.873 6 | 0.002 216 1 | 0.033 843 | LG21 | 13656838 | 13668513 | 1 662 | Monocarboxylate transporter 12 like |
| CEY00_Acc24283 | 532.216 42 | 256.029 48 | 1.055 7 | 0.042 205 | 0.259 59 | LG21 | 13725722 | 13732670 | 1 316 | PHD finger protein like isoform 2 |
| CEY00_Acc24284 | 27.616 414 | 1.350 261 9 | 4.354 2 | 0.000 137 6 | 0.004 233 5 | LG21 | 13737120 | 13742187 | 3 926 | TMV resistance protein like |
| CEY00_Acc24288 | 97.615 893 | 226.493 46 | −1.214 3 | 0.043 223 | 0.263 24 | LG21 | 13816107 | 13825909 | 2 107 | Protein root UVB sensitive like |
| CEY00_Acc24296 | 991.922 18 | 191.218 31 | 2.375 | $2.38\times10^{-6}$ | 0.000 169 9 | LG21 | 13960140 | 13966476 | 4 715 | TVP38/TMEM64 family membrane protein like |
| CEY00_Acc24302 | 141.854 51 | 13.080 905 | 3.438 9 | 0.004 630 6 | 0.057 588 | LG21 | 14025549 | 14026790 | 964 | Germin-like protein |
| CEY00_Acc24304 | 2 314.522 1 | 408.547 47 | 2.502 1 | $2.36\times10^{-6}$ | 0.000 169 6 | LG21 | 14034576 | 14042536 | 3 352 | Nuclear pore complex protein like |

（续）

| 基因 ID | miR160VS1 序列/条 | CK1 序列/条 | $log_2FC$ | P 值 | FDR | 染色体 | 起始位点 | 终止位点 | 长度/bp | 基因描述 |
|---|---|---|---|---|---|---|---|---|---|---|
| CEY00_Acc24306 | 3.394 584 9 | 38.752 593 | −3.513 | 0.047 085 | 0.277 76 | LG21 | 14066971 | 14072942 | 1 580 | Pectin acetylesterase |
| CEY00_Acc24313 | 108.218 21 | 2.385 490 2 | 5.503 5 | 0.030 514 | 0.211 57 | LG21 | 14149050 | 14151273 | 1 582 | L-cysteine desulfhydrase |
| CEY00_Acc24314 | 1 608.561 6 | 146.355 31 | 3.458 2 | 0.008 379 3 | 0.088 286 | LG21 | 14157115 | 14160532 | 3 218 | Plant intracellular Ras-group-related LRR protein |
| CEY00_Acc24321 | 91.395 658 | 332.822 06 | −1.864 6 | 0.035 528 | 0.233 03 | LG21 | 14291949 | 14298259 | 3 723 | Subtilisin-like protease |
| CEY00_Acc24322 | 5.158 995 8 | 58.388 408 | −3.500 5 | 0.000 126 5 | 0.003 956 6 | LG21 | 14322033 | 14333840 | 5 109 | Kinesin-like protein |
| CEY00_Acc24332 | 6 256.921 5 | 302.490 56 | 4.370 5 | $1.1\times10^{-15}$ | $1.94\times10^{-12}$ | LG21 | 14487423 | 14488446 | 1 024 | NDR1/HIN1-Like protein |
| CEY00_Acc24346 | 69.238 59 | 218.494 34 | −1.657 9 | 0.008 361 | 0.088 235 | LG21 | 14643885 | 14645887 | 2 003 | Forkhead box protein |
| CEY00_Acc24350 | 364.317 91 | 1 522.408 2 | −2.063 1 | 0.000 222 2 | 0.006 141 5 | LG21 | 14679182 | 14687129 | 3 962 | Serine/arginine-rich splicing factor like |
| CEY00_Acc24351 | 55.271 18 | 167.105 27 | −1.596 2 | 0.001 324 1 | 0.023 517 | LG21 | 14697979 | 14715265 | 3 071 | Syntaxin-binding protein |
| CEY00_Acc24356 | 23.968 82 | 3.320 534 7 | 2.851 7 | 0.011 227 | 0.108 6 | LG21 | 14775159 | 14778815 | 1 540 | Serine/threonine-protein kinase |
| CEY00_Acc24357 | 203.715 94 | 97.482 823 | 1.063 3 | 0.043 028 | 0.262 77 | LG21 | 14782739 | 14786922 | 1 696 | Serine/threonine-protein kinase |
| CEY00_Acc24364 | 77.665 501 | 196.386 12 | −1.338 3 | 0.023 402 | 0.178 7 | LG21 | 14999629 | 15008073 | 6 780 | AP-1 complex subunit sigma-1 like |
| CEY00_Acc24372 | 319.351 83 | 110.372 63 | 1.532 8 | 0.003 282 1 | 0.045 153 | LG21 | 15282749 | 15287496 | 1 270 | Flavonol synthase/flavanone 3-hydroxylase |
| CEY00_Acc24383 | 48.385 085 | 228.311 29 | −2.238 4 | 0.000 242 1 | 0.006 553 5 | LG21 | 15645294 | 15649642 | 1 135 | Two-component response regulator like |
| CEY00_Acc24384 | 78.584 189 | 276.919 32 | −1.817 2 | 0.001 807 1 | 0.029 441 | LG21 | 15650684 | 15671616 | 3 515 | Protein disulfide-isomerase |

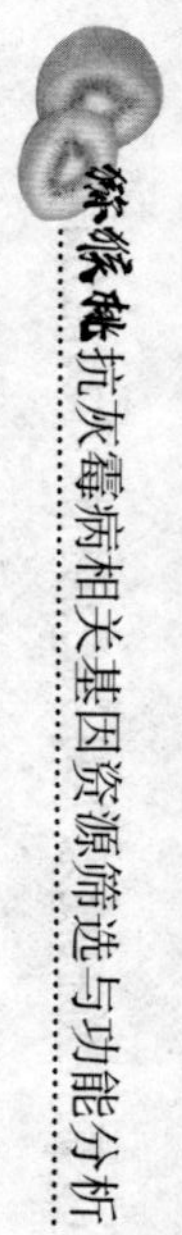


（续）

| 基因 ID | miR160VS1 序列/条 | CK1 序列/条 | $log_2FC$ | $P$ 值 | FDR | 染色体 | 起始位点 | 终止位点 | 长度/bp | 基因描述 |
|---|---|---|---|---|---|---|---|---|---|---|
| CEY00 _ Acc24394 | 291. 485 06 | 48. 447 309 | 2. 588 9 | $4.83\times10^{-5}$ | 0. 001 889 1 | LG21 | 15863824 | 15869037 | 2 112 | Acyl-activating enzyme 1, peroxisomal like |
| CEY00 _ Acc24396 | 137. 359 73 | 62. 548 472 | 1. 134 9 | 0. 038 036 | 0. 243 21 | LG21 | 15888222 | 15893308 | 2 889 | Protein trichome birefringence-like |
| CEY00 _ Acc24406 | 34. 683 996 | 0. 238 549 | 7. 183 8 | $3.59\times10^{-5}$ | 0. 001 486 4 | LG21 | 16081225 | 16083594 | 1 145 | Lysine histidine transporter-like |
| CEY00 _ Acc24411 | 368. 153 52 | 65. 363 323 | 2. 493 8 | $1.81\times10^{-5}$ | 0. 000 871 9 | LG21 | 16136901 | 16161164 | 4 892 | Serine/threonine-protein kinase |
| CEY00 _ Acc24412 | 87. 080 034 | 272. 224 97 | −1. 644 4 | 0. 003 229 | 0. 044 741 | LG21 | 16179837 | 16186261 | 2 116 | Bifunctional nuclease |
| CEY00 _ Acc24414 | 342. 104 62 | 167. 042 05 | 1. 034 2 | 0. 041 941 | 0. 258 55 | LG21 | 16206296 | 16207066 | 771 | hypothetical protein |
| CEY00 _ Acc24417 | 236. 795 66 | 70. 753 909 | 1. 742 8 | 0. 004 063 9 | 0. 052 505 | LG21 | 16258199 | 16260501 | 1 078 | NEP1-interacting protein |
| CEY00 _ Acc24438 | 114. 835 59 | 12. 873 918 | 3. 157 | 0. 013 396 | 0. 122 34 | LG21 | 16556986 | 16571510 | 2 448 | Alpha-mannosidase |
| CEY00 _ Acc24459 | 106. 177 5 | 40. 078 197 | 1. 405 6 | 0. 026 524 | 0. 193 43 | LG21 | 16872114 | 16880940 | 3 085 | Zinc finger CCCH domain-containing protein |
| CEY00 _ Acc24460 | 397. 737 86 | 175. 964 66 | 1. 176 5 | 0. 013 75 | 0. 124 22 | LG21 | 16887392 | 16889072 | 1 681 | GDP-mannose 4,6 dehydratase |
| CEY00 _ Acc24470 | 1 137. 918 9 | 512. 359 01 | 1. 151 2 | 0. 013 703 | 0. 123 9 | LG21 | 17115656 | 17127062 | 3 799 | Zinc finger CCCH domain-containing protein isoform 2 |
| CEY00 _ Acc24478 | 26. 493 773 | 71. 177 896 | −1. 425 8 | 0. 043 722 | 0. 265 16 | LG22 | 22727 | 42806 | 13 713 | F-box/kelch-repeat protein |
| CEY00 _ Acc24498 | 461. 916 89 | 105. 143 99 | 2. 135 3 | 0. 000 337 6 | 0. 008 452 | LG22 | 371312 | 377202 | 2 990 | Pto-interacting protein like |
| CEY00 _ Acc24505 | 14. 045 205 | 0 | — | 0. 015 37 | 0. 134 68 | LG22 | 520042 | 521506 | 1 465 | Cell wall protein |
| CEY00 _ Acc24519 | 10. 663 824 | 0 | — | 0. 023 99 | 0. 181 31 | LG22 | 739157 | 741795 | 1 134 | Galactinol synthase |
| CEY00 _ Acc24523 | 368. 343 17 | 105. 146 88 | 1. 808 6 | 0. 000 470 9 | 0. 010 911 | LG22 | 838322 | 840020 | 1 009 | Transcription factor like |

（续）

| 基因 ID | miR160VS1 序列/条 | CK1 序列/条 | $log_2FC$ | $P$ 值 | FDR | 染色体 | 起始位点 | 终止位点 | 长度/bp | 基因描述 |
|---|---|---|---|---|---|---|---|---|---|---|
| CEY00 _ Acc24536 | 1 710. 656 4 | 151. 253 64 | 3. 499 5 | 0. 000 418 1 | 0. 009 953 4 | LG22 | 1214374 | 1215028 | 655 | Calcium-binding protein CML10 |
| CEY00 _ Acc24547 | 36. 038 968 | 95. 911 971 | −1. 412 2 | 0. 010 866 | 0. 106 41 | LG22 | 1435443 | 1437947 | 831 | Universal stress protein |
| CEY00 _ Acc24552 | 9 705. 714 4 | 1 642. 323 | 2. 563 1 | 0. 001 220 8 | 0. 022 268 | LG22 | 1539866 | 1553848 | 3 415 | ATP-citrate synthase beta chain protein |
| CEY00 _ Acc24555 | 765. 189 61 | 90. 795 913 | 3. 075 1 | 0. 001 831 6 | 0. 029 723 | LG22 | 1578213 | 1579042 | 830 | BZIP transcription factor |
| CEY00 _ Acc24562 | 212. 264 93 | 1 153. 167 | −2. 441 7 | $2.28\times10^{-5}$ | 0. 001 039 7 | LG22 | 1719594 | 1727003 | 2 599 | Beta-D-xylosidase |
| CEY00 _ Acc24563 | 2. 179 923 6 | 23. 838 118 | −3. 450 9 | 0. 006 956 4 | 0. 077 62 | LG22 | 1779216 | 1784444 | 1 380 | Glutamine-fructose-6-phosphate aminotransferase |
| CEY00 _ Acc24572 | 6 320. 224 4 | 574. 425 62 | 3. 459 8 | 0. 003 260 4 | 0. 045 024 | LG22 | 2763443 | 2764519 | 879 | Major allergen Pru ar like |
| CEY00 _ Acc24574 | 39. 004 034 | 2. 523 855 4 | 3. 949 9 | $1.77\times10^{-5}$ | 0. 000 856 9 | LG22 | 2789187 | 2790182 | 781 | Major allergen Pru ar like |
| CEY00 _ Acc24596 | 261. 968 36 | 19. 768 629 | 3. 728 1 | 0. 000 388 1 | 0. 009 436 3 | LG22 | 3247233 | 3248931 | 577 | Pathogenesis-related protein like |
| CEY00 _ Acc24597 | 359. 207 27 | 38. 342 536 | 3. 227 8 | 0. 000 529 4 | 0. 011 948 | LG22 | 3251229 | 3252728 | 930 | Pathogenesis-related protein like |
| CEY00 _ Acc24609 | 2 396. 785 7 | 450. 429 58 | 2. 411 7 | 0. 036 329 | 0. 236 34 | LG22 | 3537791 | 3541286 | 1 533 | Transcription factor DIVARICATA like |
| CEY00 _ Acc24621 | 2 599. 014 1 | 357. 130 05 | 2. 863 4 | $5.99\times10^{-6}$ | 0. 000 355 8 | LG22 | 3905017 | 3911986 | 1 635 | Diphosphomevalonate decarboxylase |
| CEY00 _ Acc24622 | 529. 789 32 | 131. 665 05 | 2. 008 5 | 0. 002 915 5 | 0. 041 391 | LG22 | 3946301 | 3951443 | 1 964 | 3-oxoadipate enol-lactonase |
| CEY00 _ Acc24631 | 65. 949 63 | 701. 207 87 | −3. 410 4 | $2.64\times10^{-9}$ | $5.52\times10^{-7}$ | LG22 | 4085799 | 4094382 | 5 072 | Pleiotropic drug resistance protein |
| CEY00 _ Acc24636 | 424. 894 66 | 19. 087 481 | 4. 476 4 | 0. 000 244 1 | 0. 006 585 6 | LG22 | 4166377 | 4167014 | 638 | Nuclear valosin-containing protein |
| CEY00 _ Acc24659 | 212. 945 61 | 691. 024 37 | −1. 698 3 | 0. 000 310 9 | 0. 007 920 6 | LG22 | 4710147 | 4715492 | 1 014 | Ras-related protein like |

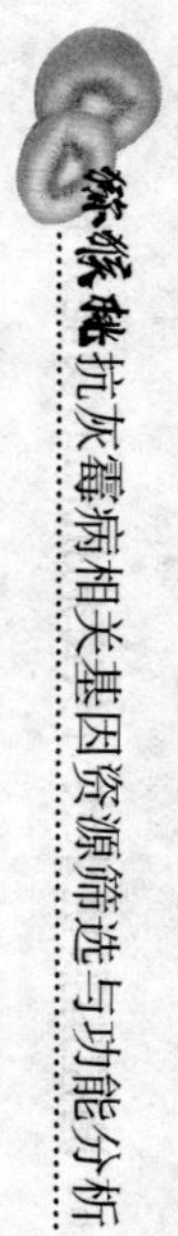


（续）

| 基因 ID | miR160VS1 序列/条 | CK1 序列/条 | $log_2FC$ | *P* 值 | FDR | 染色体 | 起始位点 | 终止位点 | 长度/bp | 基因描述 |
|---|---|---|---|---|---|---|---|---|---|---|
| CEY00_Acc24669 | 60.346 744 | 8.706 856 4 | 2.793 1 | 0.000 123 3 | 0.003 869 5 | LG22 | 5130752 | 5134313 | 2 485 | G-type lectin S-receptor-like serine/threonine-protein kinase |
| CEY00_Acc24682 | 1 509.921 4 | 336.216 67 | 2.167 | $2.96\times10^{-5}$ | 0.001 278 9 | LG22 | 5638582 | 5655886 | 9 353 | Lysine-specific demethylase like |
| CEY00_Acc24689 | 20.143 659 | 47.636 2 | −1.241 7 | 0.028 57 | 0.202 53 | LG22 | 5884482 | 5886089 | 1 608 | GTPase |
| CEY00_Acc24697 | 70.013 028 | 8.513 973 6 | 3.039 7 | $2.04\times10^{-5}$ | 0.000 958 3 | LG22 | 6257633 | 6271354 | 1 284 | Isopentenyl-diphosphate Delta-isomerase |
| CEY00_Acc24705 | 206.817 42 | 641.307 48 | −1.632 7 | 0.004 590 9 | 0.057 224 | LG22 | 6698442 | 6704707 | 3 063 | Protein like |
| CEY00_Acc24710 | 46.182 512 | 187.912 32 | −2.024 6 | 0.000 142 1 | 0.004 357 3 | LG22 | 6849445 | 6858885 | 1 225 | Biotin carboxyl carrier protein of acetyl-CoA carboxylase |
| CEY00_Acc24731 | 174.043 3 | 410.686 26 | −1.238 6 | 0.024 495 | 0.183 75 | LG22 | 7444105 | 7468493 | 2 534 | E3 ubiquitin-protein like |
| CEY00_Acc24738 | 104.594 77 | 237.566 11 | −1.183 5 | 0.028 449 | 0.202 25 | LG22 | 7608279 | 7627458 | 3 244 | Chromatin assembly factor 1 subunit like |
| CEY00_Acc24758 | 174.397 38 | 549.499 73 | −1.655 7 | 0.004 345 2 | 0.054 994 | LG22 | 8125836 | 8136553 | 6 008 | EIN2-CEND like |
| CEY00_Acc24768 | 127.848 11 | 43.279 854 | 1.562 7 | 0.014 904 | 0.131 96 | LG22 | 8381614 | 8382390 | 777 | 60S ribosomal protein L12 |
| CEY00_Acc24769 | 3 316.731 | 504.855 17 | 2.715 8 | 0.001 663 6 | 0.027 749 | LG22 | 8391345 | 8393509 | 1 365 | Serine/threonine-protein kinase |
| CEY00_Acc24775 | 95.361 82 | 45.512 54 | 1.067 1 | 0.040 561 | 0.253 22 | LG22 | 8585840 | 8591042 | 1 846 | Zinc finger protein like |
| CEY00_Acc24776 | 30.334 946 | 76.729 842 | −1.338 8 | 0.049 37 | 0.286 62 | LG22 | 8611807 | 8623657 | 10 935 | Syntaxin-71 like |
| CEY00_Acc24783 | 53.835 386 | 7.028 906 1 | 2.937 2 | 0.036 77 | 0.238 09 | LG22 | 8714244 | 8720253 | 1 810 | Kinesin-like protein |
| CEY00_Acc24793 | 35.847 706 | 103.454 71 | −1.529 | 0.018 619 | 0.153 19 | LG22 | 8983152 | 8986181 | 703 | 50S ribosomal protein like |

（续）

| 基因 ID | miR160VS1 序列/条 | CK1 序列/条 | $log_2FC$ | $P$ 值 | FDR | 染色体 | 起始位点 | 终止位点 | 长度/bp | 基因描述 |
|---|---|---|---|---|---|---|---|---|---|---|
| CEY00 _ Acc24805 | 58.046 188 | 136.324 11 | −1.231 8 | 0.029 576 | 0.206 98 | LG22 | 9151894 | 9158858 | 5 467 | WRKY transcription factor |
| CEY00 _ Acc24812 | 257.520 82 | 633.448 34 | −1.298 5 | 0.014 061 | 0.126 35 | LG22 | 9240213 | 9245449 | 2 071 | Protein like |
| CEY00 _ Acc24834 | 30.918 578 | 82.506 855 | −1.416 | 0.023 553 | 0.179 38 | LG22 | 9591545 | 9596471 | 3 318 | Ankyrin repeat-containing protein |
| CEY00 _ Acc24837 | 894.855 19 | 22.569 336 | 5.309 2 | 0.000 201 1 | 0.005 642 8 | LG22 | 9633822 | 9635793 | 1 972 | Exocyst complex component EXO70A1 like |
| CEY00 _ Acc24838 | 78.504 204 | 1.431 294 1 | 5.777 4 | $2.19\times10^{-5}$ | 0.001 011 5 | LG22 | 9668139 | 9670108 | 1 970 | Exocyst complex component EXO70A1 like |
| CEY00 _ Acc24842 | 14.740 389 | 1.365 732 1 | 3.432 | 0.006 534 4 | 0.074 272 | LG22 | 9798444 | 9801895 | 1 026 | Protein SODIUM POTASSIUM ROOT DEFECTIVE 2 like |
| CEY00 _ Acc24844 | 24.244 57 | 51.695 419 | −1.092 4 | 0.049 469 | 0.286 84 | LG22 | 9827459 | 9828970 | 574 | ADP-ribosylation factor GTPase-activating protein |
| CEY00 _ Acc24856 | 1 030.451 3 | 249.320 22 | 2.047 2 | 0.001 006 3 | 0.019 362 | LG22 | 10036030 | 10045670 | 2 852 | Cation/$H^+$ antiporter like |
| CEY00 _ Acc24861 | 789.422 4 | 216.501 71 | 1.866 4 | 0.000 298 9 | 0.007 691 4 | LG22 | 10087733 | 10104184 | 3 244 | Increased DNA methylation like |
| CEY00 _ Acc24870 | 460.858 63 | 1 270.607 8 | −1.463 1 | 0.010 959 | 0.107 | LG22 | 10248218 | 10250769 | 2 552 | Transmembrane protein |
| CEY00 _ Acc24885 | 3 654.175 6 | 1 365.398 7 | 1.420 2 | 0.037 151 | 0.239 71 | LG22 | 10442973 | 10444414 | 603 | Metallothionein-like protein |
| CEY00 _ Acc24901 | 52.078 015 | 139.172 27 | −1.418 1 | 0.045 54 | 0.272 07 | LG22 | 10698203 | 10712186 | 3 489 | hypothetical protein |
| CEY00 _ Acc24908 | 43.179 039 | 5.313 518 6 | 3.022 6 | 0.006 446 | 0.073 547 | LG22 | 10830117 | 10837136 | 1 612 | F-box protein |
| CEY00 _ Acc24916 | 156.709 57 | 402.916 18 | −1.362 4 | 0.004 933 5 | 0.060 508 | LG22 | 10980504 | 10984226 | 3 125 | Disease resistance RPP8-like protein |
| CEY00 _ Acc24918 | 11.719 903 | 53.776 554 | −2.198 | 0.007 094 9 | 0.078 689 | LG22 | 11019428 | 11031325 | 1 607 | Endonuclease Ⅲ 1 like |

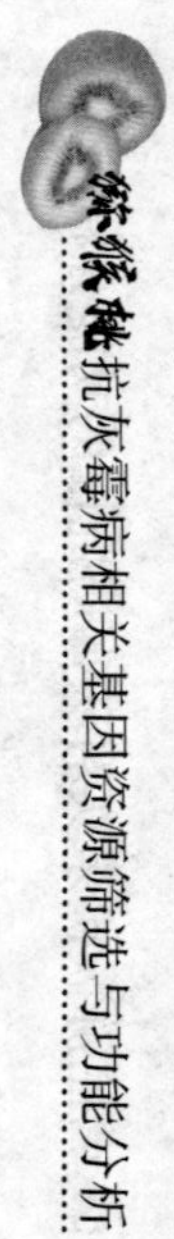


（续）

| 基因 ID | miR160VS1 序列/条 | CK1 序列/条 | $\log_2 FC$ | *P* 值 | FDR | 染色体 | 起始位点 | 终止位点 | 长度/bp | 基因描述 |
|---|---|---|---|---|---|---|---|---|---|---|
| CEY00 _ Acc24925 | 8. 968 692 2 | 38. 623 283 | −2. 106 5 | 0. 026 782 | 0. 194 64 | LG22 | 11155441 | 11159408 | 1 966 | Glycosyltransferase |
| CEY00 _ Acc24928 | 1 874. 424 6 | 675. 502 05 | 1. 472 4 | 0. 016 484 | 0. 141 5 | LG22 | 11203682 | 11209328 | 1 876 | LPS-assembly protein like |
| CEY00 _ Acc24931 | 649. 785 14 | 246. 439 11 | 1. 398 7 | 0. 007 144 5 | 0. 079 075 | LG22 | 11230964 | 11240967 | 2 637 | F-box protein like |
| CEY00 _ Acc24939 | 58. 560 907 | 767. 045 99 | −3. 711 3 | $1.34\times10^{-8}$ | $2.16\times10^{-6}$ | LG22 | 11360474 | 11369854 | 2 339 | Glucomannan 4-beta-mannosyltransferase |
| CEY00 _ Acc24944 | 1 303. 226 7 | 473. 016 46 | 1. 462 1 | 0. 002 960 2 | 0. 041 917 | LG22 | 11427050 | 11449997 | 3 568 | Serine/threonine-protein kinase |
| CEY00 _ Acc24965 | 122. 073 57 | 282. 079 2 | −1. 208 3 | 0. 037 44 | 0. 240 77 | LG22 | 11754744 | 11776756 | 5 042 | E3 ubiquitin-protein like |
| CEY00 _ Acc24974 | 126. 243 05 | 289. 575 74 | −1. 197 7 | 0. 025 162 | 0. 187 | LG22 | 11899214 | 11908032 | 1 119 | ER lumen protein-retaining receptor like |
| CEY00 _ Acc24978 | 16. 621 166 | 57. 502 006 | −1. 790 6 | 0. 013 228 | 0. 121 45 | LG22 | 11953157 | 11959040 | 1 143 | Endothelial monocyte-activating polypeptide 2 like |
| CEY00 _ Acc24980 | 191. 737 89 | 398. 966 3 | −1. 057 1 | 0. 015 158 | 0. 133 53 | LG22 | 11970175 | 11981502 | 1 898 | Guanosine nucleotide diphosphate dissociation inhibitor like |
| CEY00 _ Acc24994 | 53. 951 26 | 158. 356 54 | −1. 553 4 | 0. 009 012 5 | 0. 092 992 | LG22 | 12133377 | 12135765 | 679 | hypothetical protein |
| CEY00 _ Acc24996 | 23. 097 985 | 87. 868 937 | −1. 927 6 | 0. 007 262 6 | 0. 079 951 | LG22 | 12152913 | 12155738 | 2 826 | HSP-interacting protein |
| CEY00 _ Acc25012 | 163. 018 67 | 348. 301 23 | −1. 095 3 | 0. 025 113 | 0. 186 76 | LG22 | 12318012 | 12322877 | 3 143 | Heterogeneous nuclear ribonucleoprotein like |
| CEY00 _ Acc25020 | 30. 782 736 | 95. 371 422 | −1. 631 4 | 0. 008 987 | 0. 092 894 | LG22 | 12418007 | 12421277 | 1 060 | B-cell receptor-associated protein like |
| CEY00 _ Acc25024 | 50. 610 034 | 132. 413 6 | −1. 387 6 | 0. 023 18 | 0. 177 53 | LG22 | 12451078 | 12457631 | 1 701 | Tyrosyl-DNA phosphodiesterase |
| CEY00 _ Acc25028 | 267. 332 55 | 73. 991 841 | 1. 853 2 | 0. 005 149 5 | 0. 062 436 | LG22 | 12487996 | 12497271 | 2 712 | Calcium-dependent protein kinase |

（续）

| 基因 ID | miR160VS1 序列/条 | CK1 序列/条 | $log_2FC$ | *P* 值 | FDR | 染色体 | 起始位点 | 终止位点 | 长度/bp | 基因描述 |
|---|---|---|---|---|---|---|---|---|---|---|
| CEY00 _ Acc25031 | 131. 968 06 | 388. 912 5 | −1. 559 3 | 0. 006 612 | 0. 074 999 | LG22 | 12538417 | 12542739 | 757 | UPF0051 protein |
| CEY00 _ Acc25060 | 921. 747 | 213. 284 3 | 2. 111 6 | 0. 000 882 3 | 0. 017 643 | LG22 | 14283887 | 14288007 | 1 641 | Protein PLANT CADMIUM RESISTANCE like |
| CEY00 _ Acc25061 | 49. 675 134 | 0. 715 647 1 | 6. 117 1 | 0. 019 159 | 0. 156 04 | LG22 | 14291018 | 14292825 | 1 808 | Disease resistance protein |
| CEY00 _ Acc25066 | 1 244. 214 1 | 582. 937 43 | 1. 093 8 | 0. 011 917 | 0. 113 09 | LG22 | 14344849 | 14349691 | 1 380 | Vesicle-associated protein like |
| CEY00 _ Acc25069 | 108. 693 77 | 402. 538 25 | −1. 888 9 | 0. 000 144 | 0. 004 403 8 | LG22 | 14373316 | 14375407 | 2 092 | U-box domain-containing protein |
| CEY00 _ Acc25078 | 1 175. 667 6 | 539. 608 93 | 1. 123 5 | 0. 017 603 | 0. 147 91 | LG22 | 14488819 | 14507305 | 5 695 | Secretory carrier-associated membrane protein |
| CEY00 _ Acc25083 | 918. 830 48 | 391. 101 55 | 1. 232 3 | 0. 007 661 5 | 0. 082 911 | LG22 | 14554755 | 14570419 | 4 866 | Helicase-like transcription factor |
| CEY00 _ Acc25084 | 175. 642 58 | 49. 898 377 | 1. 815 6 | 0. 011 794 | 0. 112 42 | LG22 | 14574226 | 14575775 | 1 550 | Caffeoylshikimate esterase |
| CEY00 _ Acc25087 | 34. 717 077 | 1. 650 691 5 | 4. 394 5 | 0. 000 76 | 0. 015 812 | LG22 | 14610555 | 14613465 | 2 145 | Polyphenol oxidase |
| CEY00 _ Acc25093 | 2 781. 196 6 | 171. 787 59 | 4. 017 | $3.98\times10^{-10}$ | $1.05\times10^{-7}$ | LG22 | 14710184 | 14713261 | 1 509 | CBS domain-containing protein |
| CEY00 _ Acc25099 | 151. 986 82 | 8. 547 851 1 | 4. 152 2 | 0. 000 973 6 | 0. 018 928 | LG22 | 14766142 | 14769219 | 3 078 | E3 ubiquitin-protein like |
| CEY00 _ Acc25102 | 24. 739 301 | 1. 192 745 1 | 4. 374 4 | 0. 000 112 2 | 0. 003 591 6 | LG22 | 14853256 | 14855682 | 2 427 | Legume lectin domain protein |
| CEY00 _ Acc25103 | 2 423. 494 8 | 161. 390 2 | 3. 908 5 | 0. 008 611 3 | 0. 090 239 | LG22 | 14860406 | 14861915 | 1 119 | DNA mismatch repair protein like |
| CEY00 _ Acc25104 | 401. 966 54 | 98. 283 806 | 2. 032 | 0. 000 188 2 | 0. 005 382 3 | LG22 | 14866921 | 14871445 | 2 925 | Serine/threonine-protein kinase |
| CEY00 _ Acc25105 | 325. 489 52 | 41. 777 154 | 2. 961 8 | $1.74\times10^{-5}$ | 0. 000 846 9 | LG22 | 14882676 | 14883504 | 829 | VQ motif-containing protein |
| CEY00 _ Acc25114 | 2 282. 575 9 | 330. 417 6 | 2. 788 3 | 0. 003 024 6 | 0. 042 646 | LG22 | 15009983 | 15011058 | 1 076 | Ethylene-responsive transcription factor 4 like |

（续）

| 基因 ID | miR160VS1 序列/条 | CK1 序列/条 | $log_2FC$ | *P* 值 | FDR | 染色体 | 起始位点 | 终止位点 | 长度/bp | 基因描述 |
|---|---|---|---|---|---|---|---|---|---|---|
| CEY00 _ Acc25116 | 7.142 132 2 | 38.644 71 | −2.435 8 | 0.008 302 2 | 0.087 839 | LG22 | 15027723 | 15031488 | 3 633 | Protein NUCLEAR FUSION DEFECTIVE 6 like |
| CEY00 _ Acc25118 | 417.768 11 | 915.673 39 | −1.132 1 | 0.042 256 | 0.259 76 | LG22 | 15057418 | 15076011 | 5 790 | Homeobox-DDT domain protein |
| CEY00 _ Acc25119 | 1.920 586 1 | 26.621 949 | −3.793 | 0.002 625 8 | 0.038 327 | LG22 | 15078925 | 15087064 | 1 714 | Triose phosphate/phosphate translocator TPT like |
| CEY00 _ Acc25132 | 13.103 486 | 0.238 549 | 5.779 5 | 0.002 819 6 | 0.040 326 | LG22 | 15268588 | 15272238 | 1 321 | Peroxidase |
| CEY00 _ Acc25135 | 702.425 5 | 26.801 338 | 4.712 | 0.000 15 | 0.004 525 8 | LG22 | 15304408 | 15310055 | 2 932 | Glutamate receptor 2.7 like |
| CEY00 _ Acc25143 | 18.365 243 | 2.862 588 3 | 2.681 6 | 0.012 63 | 0.117 92 | LG22 | 15400913 | 15404289 | 1 333 | U-box domain-containing protein |
| CEY00 _ Acc25144 | 212.023 42 | 86.797 382 | 1.288 5 | 0.012 938 | 0.119 85 | LG22 | 15411147 | 15415649 | 1 756 | Transcription factor bHLH30 like |
| CEY00 _ Acc25147 | 170.949 07 | 415.786 38 | −1.282 3 | 0.022 139 | 0.172 32 | LG22 | 15431342 | 15439646 | 1 693 | Lipase |
| CEY00 _ Acc25150 | 67.563 427 | 5.432 854 1 | 3.636 5 | $1.89\times10^{-6}$ | 0.000 143 7 | LG22 | 15509284 | 15514899 | 1 532 | Trihelix transcription factor |
| CEY00 _ Acc25158 | 222.857 36 | 591.422 29 | −1.408 1 | 0.014 562 | 0.129 95 | LG22 | 15605026 | 15610186 | 1 787 | E3 ubiquitin-protein like |
| CEY00 _ Acc25161 | 215.555 31 | 54.142 912 | 1.993 2 | 0.003 660 8 | 0.048 458 | LG22 | 15632354 | 15633614 | 1 261 | FMN-dependent NADH-azoreductase |
| CEY00 _ Acc25164 | 141.994 24 | 358.477 52 | −1.336 1 | 0.007 072 | 0.078 51 | LG22 | 15684384 | 15693724 | 5 124 | Protein STICHEL-like |
| CEY00 _ Acc25173 | 5 291.237 | 677.781 83 | 2.964 7 | $3.95\times10^{-9}$ | $7.73\times10^{-7}$ | LG22 | 15765960 | 15773104 | 1 955 | MACPF domain-containing protein |
| CEY00 _ Acc25174 | 524.934 7 | 220.308 09 | 1.252 6 | 0.032 807 | 0.221 87 | LG22 | 15775333 | 15783284 | 2 183 | Cyclin-D-binding Myb-like transcription factor |

（续）

| 基因 ID | miR160VS1 序列/条 | CK1 序列/条 | $log_2FC$ | $P$ 值 | FDR | 染色体 | 起始位点 | 终止位点 | 长度/bp | 基因描述 |
|---|---|---|---|---|---|---|---|---|---|---|
| CEY00 _ Acc25212 | 86.086 068 | 435.104 32 | −2.337 5 | $4.92\times10^{-5}$ | 0.001 916 5 | LG22 | 16172728 | 16176706 | 1 531 | Glycerol-1-phosphate dehydrogenase |
| CEY00 _ Acc25218 | 9 372.013 1 | 510.013 94 | 4.199 8 | $7.16\times10^{-5}$ | 0.002 539 1 | LG22 | 16236728 | 16243644 | 4 751 | Dammarenediol Ⅱ synthase |
| CEY00 _ Acc25223 | 57.925 009 | 230.706 58 | −1.993 8 | 0.001 716 8 | 0.028 536 | LG22 | 16290716 | 16296098 | 1 871 | Pyruvate dehydrogenase E1 component subunit beta-3 like |
| CEY00 _ Acc25238 | 164.680 96 | 67.012 905 | 1.297 2 | 0.023 833 | 0.180 64 | LG22 | 16494688 | 16499788 | 5 101 | RRNA-processing protein |
| CEY00 _ Acc25240 | 706.782 04 | 78.963 555 | 3.162 | 0.000 291 3 | 0.007 54 | LG22 | 16518720 | 16527086 | 3 041 | Cationic amino acid transporter like |
| CEY00 _ Acc25248 | 360.803 89 | 168.748 5 | 1.096 3 | 0.032 154 | 0.218 94 | LG22 | 16642521 | 16662117 | 1 429 | Obg-like |
| CEY00 _ Acc25258 | 2 547.028 4 | 113.059 05 | 4.493 7 | $4.39\times10^{-5}$ | 0.001 745 2 | LG22 | 16776795 | 16778624 | 1 830 | Inactive tetrahydrocannabinolic acid synthase |
| CEY00 _ Acc25260 | 1 695.496 6 | 113.939 58 | 3.895 4 | 0.000 790 3 | 0.016 293 | LG22 | 16794245 | 16796114 | 1 870 | Tetrahydrocannabinolic acid synthase |
| CEY00 _ Acc25261 | 1 806.264 3 | 115.658 28 | 3.965 1 | 0.000 940 3 | 0.018 519 | LG22 | 16801015 | 16802820 | 1 806 | Tetrahydrocannabinolic acid synthase |
| CEY00 _ Acc25263 | 469.630 18 | 18.075 952 | 4.699 4 | $6.23\times10^{-5}$ | 0.002 301 5 | LG22 | 16813795 | 16814999 | 1 205 | Cannabidiolic acid synthase |
| CEY00 _ Acc25265 | 3 479.986 1 | 1 353.221 2 | 1.362 7 | 0.005 136 | 0.062 364 | LG22 | 16830945 | 16837773 | 3 141 | Dihydroceramide fatty acyl 2-hydroxylase |
| CEY00 _ Acc25269 | 184.404 43 | 4.497 809 6 | 5.357 5 | 0.000 828 4 | 0.016 811 | LG22 | 16881015 | 16886695 | 2 371 | Protein POLLENLESS like |

（续）

| 基因 ID | miR160VS1 序列/条 | CK1 序列/条 | $log_2FC$ | *P* 值 | FDR | 染色体 | 起始位点 | 终止位点 | 长度/bp | 基因描述 |
|---|---|---|---|---|---|---|---|---|---|---|
| CEY00 _ Acc25291 | 47. 528 602 | 105. 907 5 | −1. 155 9 | 0. 043 84 | 0. 265 53 | LG22 | 17132726 | 17164799 | 1 802 | ABC transporter G family member 12 like |
| CEY00 _ Acc25304 | 70. 056 102 | 171. 075 43 | −1. 288 | 0. 024 669 | 0. 184 59 | LG22 | 17299405 | 17307072 | 1 194 | NifU-like protein |
| CEY00 _ Acc25306 | 19. 184 324 | 111. 052 54 | −2. 533 2 | 0. 000 225 4 | 0. 006 208 8 | LG22 | 17323287 | 17324625 | 1 339 | hypothetical protein |
| CEY00 _ Acc25310 | 256. 449 15 | 100. 779 25 | 1. 347 5 | 0. 017 871 | 0. 149 34 | LG22 | 17377805 | 17398837 | 11 884 | La-related protein like |
| CEY00 _ Acc25316 | 30. 088 355 | 5. 058 755 2 | 2. 572 4 | 0. 008 135 2 | 0. 086 63 | LG22 | 17450047 | 17456288 | 1 321 | Apoptosis-inducing factor like |
| CEY00 _ Acc25324 | 22. 692 812 | 2. 370 020 1 | 3. 259 3 | 0. 005 172 9 | 0. 062 621 | LG22 | 17571789 | 17575577 | 3 303 | LRR receptor-like serine/threonine-protein kinase precursor |
| CEY00 _ Acc25333 | 218. 039 9 | 7. 856 647 6 | 4. 794 5 | 0. 000 276 5 | 0. 007 258 7 | LG22 | 17721218 | 17721779 | 562 | Threonylcarbamoyl-AMP synthase |
| CEY00 _ Acc25345 | 1 950. 625 4 | 234. 933 36 | 3. 053 6 | $6.87\times10^{-9}$ | $1.2\times10^{-6}$ | LG22 | 17855227 | 17862933 | 3 106 | Low-specificity L-threonine aldolase |
| CEY00 _ Acc25351 | 31. 730 128 | 154. 920 77 | −2. 287 6 | 0. 014 535 | 0. 129 81 | LG22 | 17933711 | 17941435 | 3 331 | Alpha-internexin like |
| CEY00 _ Acc25381 | 1 063. 006 7 | 443. 091 73 | 1. 262 5 | 0. 014 917 | 0. 132 01 | LG22 | 18276205 | 18285571 | 1 107 | Isopentenyl-diphosphate Delta-isomerase |
| CEY00 _ Acc25385 | 948. 777 11 | 2 237. 211 6 | −1. 237 6 | 0. 011 637 | 0. 111 37 | LG22 | 18308402 | 18316333 | 1 979 | Pyruvate kinase |
| CEY00 _ Acc25386 | 29. 045 734 | 3. 024 530 8 | 3. 263 5 | 0. 031 668 | 0. 216 89 | LG22 | 18317799 | 18320644 | 1 161 | Bark storage protein like |
| CEY00 _ Acc25394 | 136. 540 2 | 49. 996 951 | 1. 449 4 | 0. 021 463 | 0. 168 78 | LG22 | 18403601 | 18408563 | 3 873 | Small nuclear ribonucleoprotein like |
| CEY00 _ Acc25403 | 209. 537 42 | 56. 109 137 | 1. 900 9 | 0. 003 070 8 | 0. 043 076 | LG22 | 18494807 | 18502180 | 2 376 | P-loop containing nucleoside triphosphate hydrolase protein |
| CEY00 _ Acc25404 | 11. 408 355 | 1. 623 432 7 | 2. 813 | 0. 028 866 | 0. 203 9 | LG22 | 18503981 | 18509792 | 1 657 | ACT domain-containing protein |

（续）

| 基因 ID | miR160VS1 序列/条 | CK1 序列/条 | $log_2FC$ | $P$ 值 | FDR | 染色体 | 起始位点 | 终止位点 | 长度/bp | 基因描述 |
|---|---|---|---|---|---|---|---|---|---|---|
| CEY00_Acc25414 | 18.875 584 | 2.531 218 4 | 2.898 6 | 0.015 968 | 0.138 3 | LG22 | 18604815 | 18605487 | 673 | SKP1-like protein |
| CEY00_Acc25418 | 823.734 72 | 3 676.523 | −2.158 1 | $1.16\times10^{-5}$ | 0.000 605 | LG22 | 18644742 | 18652915 | 2 632 | Vacuolar amino acid transporter like |
| CEY00_Acc25419 | 120.130 68 | 13.512 337 | 3.152 3 | $1.84\times10^{-6}$ | 0.000 141 1 | LG22 | 18655889 | 18657587 | 1 699 | LysM domain receptor-like kinase |
| CEY00_Acc25422 | 981.725 03 | 86.190 583 | 3.509 7 | $1.34\times10^{-7}$ | $1.62\times10^{-5}$ | LG22 | 18684192 | 18689573 | 2 790 | Von Willebrand factor, type A protein |
| CEY00_Acc25427 | 2 561.04 | 125.943 24 | 4.345 9 | $5.87\times10^{-5}$ | 0.002 194 5 | LG22 | 18778945 | 18780831 | 1 354 | Aquaporin PIP2-1 like |
| CEY00_Acc25433 | 18.146 116 | 0.715 647 1 | 4.664 3 | 0.009 328 3 | 0.095 464 | LG22 | 18883645 | 18892627 | 1 844 | MLO-like protein |
| CEY00_Acc25443 | 152.622 76 | 38.303 906 | 1.994 4 | 0.001 740 4 | 0.028 753 | LG23 | 63292 | 78718 | 2 487 | Proline-tRNA ligase |
| CEY00_Acc25453 | 254.082 01 | 71.133 014 | 1.836 7 | 0.016 577 | 0.142 | LG23 | 187517 | 189591 | 2 075 | DUF724 domain-containing protein |
| CEY00_Acc25457 | 20.128 049 | 0.238 549 | 6.398 8 | 0.000 938 3 | 0.018 499 | LG23 | 214537 | 216234 | 1 097 | WRKY transcription factor 23 |
| CEY00_Acc25462 | 127.704 34 | 36.207 801 | 1.818 4 | 0.005 979 2 | 0.069 75 | LG23 | 269375 | 273557 | 3 137 | INO80 complex subunit B like |
| CEY00_Acc25463 | 417.710 9 | 843.537 45 | −1.013 9 | 0.044 913 | 0.269 69 | LG23 | 274959 | 282858 | 2 036 | ATP-dependent Clp protease proteolytic subunit 5 like |
| CEY00_Acc25466 | 369.414 61 | 152.242 82 | 1.278 9 | 0.019 29 | 0.156 79 | LG23 | 299289 | 300794 | 1 506 | BZIP transcription factor |
| CEY00_Acc25478 | 249.363 26 | 916.175 | −1.877 4 | 0.000 230 8 | 0.006 316 | LG23 | 440770 | 442523 | 1 754 | Neuroguidin like |
| CEY00_Acc25496 | 1 556.883 2 | 635.988 7 | 1.291 6 | 0.016 972 | 0.144 14 | LG23 | 580000 | 593837 | 3 194 | GTP diphosphokinase RSH1 precursor |
| CEY00_Acc25505 | 9 660.734 2 | 649.949 39 | 3.893 7 | 0.000 516 4 | 0.011 731 | LG23 | 659293 | 660286 | 631 | Late embryogenesis abundant protein like |

（续）

| 基因 ID | miR160VS1 序列/条 | CK1 序列/条 | $log_2FC$ | *P* 值 | FDR | 染色体 | 起始位点 | 终止位点 | 长度/bp | 基因描述 |
|---|---|---|---|---|---|---|---|---|---|---|
| CEY00_Acc25512 | 1 488.682 9 | 156.604 45 | 3.248 8 | $2.78\times10^{-10}$ | $7.75\times10^{-8}$ | LG23 | 707052 | 710847 | 1 816 | UDP-glucuronic acid decarboxylase |
| CEY00_Acc25524 | 3 959.984 4 | 380.806 65 | 3.378 4 | $9.99\times10^{-5}$ | 0.003 297 9 | LG23 | 891539 | 892662 | 1 124 | hypothetical protein |
| CEY00_Acc25533 | 1 258.885 | 441.582 18 | 1.511 4 | 0.049 698 | 0.287 05 | LG23 | 1006434 | 1010882 | 2 598 | Protein TRANSPORT INHIBITOR RESPONSE like |
| CEY00_Acc25543 | 90.759 303 | 19.768 385 | 2.198 9 | 0.018 845 | 0.154 58 | LG23 | 1117234 | 1121804 | 2 793 | Receptor-like serine/threonine-protein kinase |
| CEY00_Acc25544 | 212.352 24 | 40.863 128 | 2.377 6 | 0.022 313 | 0.173 23 | LG23 | 1127959 | 1130141 | 2 183 | LRR receptor-like serine/threonine-protein kinase |
| CEY00_Acc25554 | 769.078 58 | 290.539 92 | 1.404 4 | 0.004 299 1 | 0.054 579 | LG23 | 1232773 | 1247131 | 4 298 | Mediator of RNA polymerase Ⅱ transcription subunit 33A like |
| CEY00_Acc25563 | 169.625 32 | 438.357 56 | −1.369 8 | 0.009 568 6 | 0.097 145 | LG23 | 1309060 | 1311658 | 1 893 | hypothetical protein |
| CEY00_Acc25571 | 62.388 419 | 20.278 412 | 1.621 3 | 0.028 48 | 0.202 34 | LG23 | 1398421 | 1402335 | 1 667 | Protein NETWORKED 1D like |
| CEY00_Acc25578 | 327.301 19 | 1 430.679 6 | −2.128 | $8.21\times10^{-5}$ | 0.002 828 6 | LG23 | 1460935 | 1466401 | 2 014 | Protein indeterminate-domain like |
| CEY00_Acc25582 | 61.341 587 | 352.228 66 | −2.521 6 | 0.000 122 2 | 0.003 844 9 | LG23 | 1530731 | 1533613 | 2 492 | Protein LONGIFOLIA like |
| CEY00_Acc25585 | 481.874 05 | 201.951 83 | 1.254 6 | 0.015 291 | 0.134 23 | LG23 | 1568041 | 1573400 | 1 629 | Transcription factor like |
| CEY00_Acc25591 | 550.683 36 | 98.381 515 | 2.484 8 | 0.015 771 | 0.137 13 | LG23 | 1623398 | 1627470 | 1 915 | Phospholipase |
| CEY00_Acc25602 | 552.519 56 | 15.967 314 | 5.112 8 | 0.009 734 3 | 0.098 341 | LG23 | 1788635 | 1789343 | 709 | Nuclear distribution protein like |
| CEY00_Acc25611 | 16.411 977 | 1.800 845 4 | 3.188 | 0.021 476 | 0.168 84 | LG23 | 1931144 | 1939622 | 3 305 | 2'-deoxymugineic-acid 2'-dioxygenase |

（续）

| 基因 ID | miR160VS1 序列/条 | CK1 序列/条 | $log_2FC$ | $P$ 值 | FDR | 染色体 | 起始位点 | 终止位点 | 长度/bp | 基因描述 |
|---|---|---|---|---|---|---|---|---|---|---|
| CEY00_Acc25612 | 195.416 75 | 16.916 963 | 3.53 | 0.021 911 | 0.171 03 | LG23 | 1944923 | 1947875 | 1 243 | Protein DOWNY MILDEW RESISTANCE like |
| CEY00_Acc25613 | 635.909 87 | 25.954 567 | 4.614 8 | 0.002 432 6 | 0.036 226 | LG23 | 1954616 | 1958891 | 2 312 | Protein DMR6-LIKE OXYGENASE 2 like |
| CEY00_Acc25614 | 43.465 585 | 0.477 098 | 6.509 4 | 0.011 042 | 0.107 52 | LG23 | 1959305 | 1963455 | 2 035 | Protein DMR6-LIKE OXYGENASE 1 like |
| CEY00_Acc25619 | 1 115.521 2 | 36.566 378 | 4.931 1 | $3.3\times10^{-6}$ | 0.000 22 | LG23 | 2007576 | 2008227 | 652 | Ethylene-responsive transcription factor |
| CEY00_Acc25621 | 891.573 86 | 24.587 142 | 5.180 4 | $7.39\times10^{-18}$ | $3.04\times10^{-14}$ | LG23 | 2038327 | 2041535 | 3 209 | Inorganic phosphate transporter 1-4 like |
| CEY00_Acc25624 | 464.968 6 | 32.004 507 | 3.860 8 | 0.002 156 4 | 0.033 254 | LG23 | 2058908 | 2059653 | 746 | Formin-2 like |
| CEY00_Acc25628 | 44.163 431 | 15.624 534 | 1.499 | 0.031 718 | 0.217 05 | LG23 | 2096699 | 2106135 | 1 961 | E3 ubiquitin-protein like |
| CEY00_Acc25631 | 155.454 59 | 49.810 687 | 1.642 | 0.008 389 4 | 0.088 336 | LG23 | 2174377 | 2180944 | 1 547 | ABC transporter Ⅰ family member 21 like |
| CEY00_Acc25652 | 40.197 559 | 7.895 573 1 | 2.348 | 0.015 342 | 0.134 5 | LG23 | 2387017 | 2391501 | 2 597 | Zinc finger CCCH domain-containing protein |
| CEY00_Acc25659 | 9.157 546 8 | 0.238 549 | 5.262 6 | 0.019 972 | 0.160 59 | LG23 | 2504185 | 2506491 | 2 307 | Cell division control protein |
| CEY00_Acc25664 | 8.710 157 1 | 197.513 53 | −4.503 1 | 0.000 146 4 | 0.004 457 6 | LG23 | 2541485 | 2544979 | 931 | Small ubiquitin-related modifier like |
| CEY00_Acc25680 | 208.176 | 505.355 06 | −1.279 5 | 0.019 093 | 0.155 92 | LG23 | 2694580 | 2699534 | 4 955 | F-box/kelch-repeat protein |

（续）

| 基因 ID | miR160VS1 序列/条 | CK1 序列/条 | $log_2FC$ | *P* 值 | FDR | 染色体 | 起始位点 | 终止位点 | 长度/bp | 基因描述 |
|---|---|---|---|---|---|---|---|---|---|---|
| CEY00 _ Acc25685 | 16. 537 078 | 1. 780 949 5 | 3. 215 | 0. 006 294 3 | 0. 072 292 | LG23 | 2750689 | 2756450 | 2 400 | Transcription factor like |
| CEY00 _ Acc25688 | 168. 806 09 | 426. 965 47 | −1. 338 8 | 0. 025 914 | 0. 190 8 | LG23 | 2783965 | 2790764 | 6 800 | Cytosolic carboxypeptidase |
| CEY00 _ Acc25696 | 1 110. 246 3 | 92. 159 91 | 3. 590 6 | 0. 000 281 4 | 0. 007 344 2 | LG23 | 2847447 | 2848464 | 1 018 | Cytochrome P450 82C2 like |
| CEY00 _ Acc25709 | 68. 142 336 | 13. 811 9 | 2. 302 6 | 0. 016 482 | 0. 141 5 | LG23 | 3035369 | 3038759 | 3 022 | Receptor-like kinase |
| CEY00 _ Acc25717 | 91. 278 379 | 3. 320 534 7 | 4. 780 8 | 0. 000 468 3 | 0. 010 887 | LG23 | 3125582 | 3127030 | 1 341 | Serine/threonine-protein kinase |
| CEY00 _ Acc25728 | 13. 965 586 | 42. 419 306 | −1. 602 8 | 0. 015 667 | 0. 136 41 | LG23 | 3245512 | 3246541 | 1 030 | Transcription factor like |
| CEY00 _ Acc25736 | 663. 849 18 | 197. 365 29 | 1. 75 | 0. 005 953 5 | 0. 069 618 | LG23 | 3291297 | 3294964 | 3 545 | inactive leucine-rich repeat receptor-like protein kinase |
| CEY00 _ Acc25737 | 135. 480 51 | 13. 078 712 | 3. 372 8 | $6.98\times10^{-5}$ | 0. 002 497 1 | LG23 | 3299033 | 3303553 | 1 649 | Acyl-coenzyme A thioesterase |
| CEY00 _ Acc25738 | 8. 587 062 3 | 0. 238 549 | 5. 169 8 | 0. 025 999 | 0. 191 02 | LG23 | 3304020 | 3309928 | 4 509 | Formin-like protein |
| CEY00 _ Acc25750 | 321. 166 62 | 55. 618 884 | 2. 529 7 | 0. 002 030 8 | 0. 031 896 | LG23 | 3427393 | 3434907 | 1 405 | Mitochondrial import receptor subunit TOM40-1, N-terminally processed like |
| CEY00 _ Acc25752 | 283. 064 95 | 19. 991 585 | 3. 823 7 | $3.39\times10^{-6}$ | 0. 000 224 2 | LG23 | 3446985 | 3450144 | 1 445 | Calcium uniporter protein |
| CEY00 _ Acc25756 | 809. 246 82 | 83. 226 863 | 3. 281 5 | 0. 019 239 | 0. 156 49 | LG23 | 3476597 | 3484857 | 1 834 | Cytochrome P450 714C2 like |
| CEY00 _ Acc25759 | 234. 590 82 | 113. 490 06 | 1. 047 6 | 0. 049 803 | 0. 287 18 | LG23 | 3520724 | 3542040 | 3 408 | ABC transporter B family member 25 like |
| CEY00 _ Acc25784 | 457. 764 95 | 25. 447 395 | 4. 169 | 0. 011 07 | 0. 107 64 | LG23 | 3775472 | 3780048 | 1 536 | WRKY transcription factor 26 |
| CEY00 _ Acc25785 | 1 857. 673 8 | 4 216. 912 3 | −1. 182 7 | 0. 019 921 | 0. 160 26 | LG23 | 3784806 | 3787597 | 1 213 | GDSL esterase/lipase |

（续）

| 基因 ID | miR160VS1 序列/条 | CK1 序列/条 | $log_2FC$ | *P* 值 | FDR | 染色体 | 起始位点 | 终止位点 | 长度/bp | 基因描述 |
|---|---|---|---|---|---|---|---|---|---|---|
| CEY00 _ Acc25795 | 25.082 726 | 1.177 275 | 4.413 2 | 0.000 179 6 | 0.005 220 2 | LG23 | 3894434 | 3895338 | 905 | Protein LIGHT-DEPENDENT SHORT HYPOCOTYLS like |
| CEY00 _ Acc25814 | 11.306 797 | 0.669 236 6 | 4.078 5 | 0.022 726 | 0.175 27 | LG23 | 4076013 | 4083001 | 2 012 | Phosphoinositide phospholipase |
| CEY00 _ Acc25821 | 49.333 624 | 127.076 2 | −1.365 1 | 0.026 754 | 0.194 61 | LG23 | 4140796 | 4141918 | 1 123 | 50S ribosomal protein |
| CEY00 _ Acc25834 | 4 478.111 7 | 242.645 38 | 4.206 | 0.000 200 4 | 0.005 633 9 | LG23 | 4258548 | 4259331 | 784 | Alpha crystallin/Hsp20 domain protein |
| CEY00 _ Acc25836 | 340.755 7 | 105.283 23 | 1.694 5 | 0.020 877 | 0.165 91 | LG23 | 4279450 | 4280193 | 744 | Copper transporter like |
| CEY00 _ Acc25841 | 299.932 04 | 973.779 62 | −1.699 | 0.002 158 8 | 0.033 255 | LG23 | 4327458 | 4329335 | 1 389 | Protein like |
| CEY00 _ Acc25845 | 15.738 732 | 0 | — | $5.96\times10^{-5}$ | 0.002 222 1 | LG23 | 4379600 | 4380609 | 1 010 | Lectin-receptor kinase |
| CEY00 _ Acc25846 | 150.854 59 | 10.176 576 | 3.889 8 | 0.007 703 7 | 0.083 084 | LG23 | 4381521 | 4383041 | 1 521 | Lectin-receptor kinase |
| CEY00 _ Acc25847 | 119.960 35 | 10.688 296 | 3.488 5 | 0.022 472 | 0.173 98 | LG23 | 4383160 | 4384648 | 1 489 | Legume lectin domain protein |
| CEY00 _ Acc25853 | 906.123 9 | 191.677 6 | 2.241 | 0.000 717 8 | 0.015 096 | LG23 | 4446909 | 4450786 | 3 878 | Scarecrow-like protein |
| CEY00 _ Acc25859 | 45.578 546 | 13.005 665 | 1.809 2 | 0.037 115 | 0.239 57 | LG23 | 4497605 | 4502309 | 1 284 | RHOMBOID-like protein |
| CEY00 _ Acc25869 | 448.052 32 | 41.377 245 | 3.436 8 | 0.001 222 9 | 0.022 268 | LG23 | 4596168 | 4599953 | 2 511 | Protein like |
| CEY00 _ Acc25874 | 116.301 36 | 24.947 72 | 2.220 9 | 0.000 982 4 | 0.019 056 | LG23 | 4628178 | 4630298 | 2 121 | H/ACA ribonucleoprotein complex subunit like |
| CEY00 _ Acc25881 | 8.327 724 8 | 0 | — | 0.040 516 | 0.253 13 | LG23 | 4697240 | 4698651 | 1 412 | Osmotin-like protein |
| CEY00 _ Acc25889 | 47.721 723 | 5.209 775 2 | 3.195 4 | 0.001 450 5 | 0.025 138 | LG23 | 4760341 | 4761267 | 927 | Zinc finger protein |
| CEY00 _ Acc25891 | 13.236 519 | 1.815 571 3 | 2.866 | 0.026 13 | 0.191 7 | LG23 | 4785169 | 4786520 | 1 098 | Transcription factor like |

（续）

| 基因 ID | miR160VS1 序列/条 | CK1 序列/条 | $log_2FC$ | $P$ 值 | FDR | 染色体 | 起始位点 | 终止位点 | 长度/bp | 基因描述 |
|---|---|---|---|---|---|---|---|---|---|---|
| CEY00 _ Acc25911 | 495.121 49 | 87.466 432 | 2.501 | 0.010 845 | 0.106 24 | LG23 | 5095023 | 5098863 | 1 697 | Mitogen-activated protein kinase |
| CEY00 _ Acc25921 | 92.146 262 | 398.142 96 | −2.111 3 | $8.98\times10^{-5}$ | 0.003 030 1 | LG23 | 5297732 | 5304700 | 4 437 | Interactor of constitutive active ROPs like |
| CEY00 _ Acc25932 | 760.581 84 | 38.359 982 | 4.309 4 | $7.25\times10^{-15}$ | $8.52\times10^{-12}$ | LG23 | 5444970 | 5460498 | 2 115 | MLO-like protein |
| CEY00 _ Acc25934 | 734.593 65 | 36.821 141 | 4.318 3 | 0.000 875 1 | 0.017 542 | LG23 | 5498599 | 5506444 | 2 661 | MLO-like protein |
| CEY00 _ Acc25939 | 55.703 361 | 143.963 68 | −1.369 9 | 0.007 63 | 0.082 614 | LG23 | 5563993 | 5568851 | 1 041 | Pyridoxal 5'-phosphate synthase |
| CEY00 _ Acc25944 | 104.541 05 | 374.415 34 | −1.840 6 | 0.000 246 3 | 0.006 629 2 | LG23 | 5614965 | 5621797 | 2 329 | 4-hydroxy-3-methylbut-2-en-1-yl diphosphate synthase |
| CEY00 _ Acc25946 | 31.737 659 | 110.101 87 | −1.794 6 | 0.003 140 1 | 0.043 861 | LG23 | 5632928 | 5638321 | 1 864 | Protein disulfide isomerase-like |
| CEY00 _ Acc25949 | 118.269 69 | 21.043 65 | 2.490 6 | 0.016 75 | 0.142 78 | LG23 | 5660826 | 5661656 | 831 | Polyadenylation and cleavage factor like |
| CEY00 _ Acc25953 | 1 135.466 4 | 517.077 46 | 1.134 8 | 0.010 669 | 0.104 88 | LG23 | 5704646 | 5722560 | 3 349 | Serine/threonine-protein phosphatase 6 regulatory subunit like |
| CEY00 _ Acc25957 | 857.073 03 | 17.832 856 | 5.586 8 | $3.8\times10^{-21}$ | $1.25\times10^{-16}$ | LG23 | 5775938 | 5781183 | 3 778 | Inactive protein kinase |
| CEY00 _ Acc25958 | 277.167 63 | 11.961 951 | 4.534 2 | 0.000 118 9 | 0.003 750 2 | LG23 | 5797572 | 5803611 | 3 299 | Protein CNGC15c like |
| CEY00 _ Acc25959 | 4 226.860 6 | 1 143.977 | 1.885 5 | 0.025 992 | 0.191 01 | LG23 | 5814870 | 5819783 | 2 780 | Von Willebrand factor, type A protein |
| CEY00 _ Acc25968 | 247.339 96 | 74.653 214 | 1.728 2 | 0.002 485 9 | 0.036 771 | LG23 | 5993254 | 6001599 | 3 594 | P-loop NTPase domain-containing protein |
| CEY00 _ Acc25969 | 587.834 94 | 157.562 86 | 1.899 5 | 0.000 129 4 | 0.004 028 4 | LG23 | 6048981 | 6059954 | 2 317 | Dolichol kinase |

（续）

| 基因 ID | miR160VS1 序列/条 | CK1 序列/条 | $\log_2 FC$ | $P$ 值 | FDR | 染色体 | 起始位点 | 终止位点 | 长度/bp | 基因描述 |
|---|---|---|---|---|---|---|---|---|---|---|
| CEY00 _ Acc25971 | 10 050. 506 | 3 299. 151 8 | 1. 607 1 | 0. 001 958 | 0. 031 159 | LG23 | 6076493 | 6083456 | 2 526 | ABC transporter F family member 1 like |
| CEY00 _ Acc25980 | 609. 105 84 | 2 037. 351 5 | −1. 741 9 | 0. 000 173 2 | 0. 005 074 9 | LG23 | 6192663 | 6198289 | 1 174 | E3 ubiquitin-protein like |
| CEY00 _ Acc25983 | 136. 953 93 | 696. 256 72 | −2. 345 9 | $9.13\times10^{-6}$ | 0. 000 499 1 | LG23 | 6255681 | 6256871 | 1 191 | Zinc finger protein |
| CEY00 _ Acc25993 | 20. 017 355 | 55. 385 179 | −1. 468 2 | 0. 024 255 | 0. 182 61 | LG23 | 6423206 | 6427758 | 1 261 | WPP domain-interacting protein |
| CEY00 _ Acc25998 | 763. 868 62 | 323. 379 37 | 1. 240 1 | 0. 022 047 | 0. 171 73 | LG23 | 6500063 | 6503911 | 942 | GPI-anchored protein |
| CEY00 _ Acc26015 | 405. 902 06 | 129. 430 96 | 1. 648 9 | 0. 049 098 | 0. 285 79 | LG23 | 6783161 | 6788185 | 1 385 | Farnesyl pyrophosphate synthase |
| CEY00 _ Acc26016 | 162. 339 35 | 365. 066 96 | −1. 169 1 | 0. 027 059 | 0. 195 75 | LG23 | 6886689 | 6893605 | 888 | Persulfide dioxygenase |
| CEY00 _ Acc26017 | 190. 414 5 | 77. 701 701 | 1. 293 1 | 0. 009 189 6 | 0. 094 375 | LG23 | 6909687 | 6916126 | 2 650 | C2 domain-containing protein |
| CEY00 _ Acc26034 | 130. 006 61 | 397. 124 47 | −1. 611 | 0. 001 265 3 | 0. 022 831 | LG23 | 7600829 | 7608416 | 2 356 | ABC transporter G family member 26 like |
| CEY00 _ Acc26035 | 60. 350 41 | 20. 162 014 | 1. 581 7 | 0. 031 012 | 0. 213 9 | LG23 | 7668897 | 7671760 | 1 649 | Mitogen-activated protein kinase |
| CEY00 _ Acc26053 | 14. 741 191 | 1. 431 294 1 | 3. 364 5 | 0. 006 895 1 | 0. 077 119 | LG23 | 8252399 | 8255682 | 2 531 | Clathrin coat assembly protein |
| CEY00 _ Acc26059 | 612. 128 81 | 251. 988 79 | 1. 280 5 | 0. 029 101 | 0. 204 85 | LG23 | 8513582 | 8514810 | 834 | Protein lsd90 like |
| CEY00 _ Acc26061 | 33. 367 778 | 0. 477 098 | 6. 128 | $7.38\times10^{-6}$ | 0. 000 418 6 | LG23 | 8530994 | 8535397 | 2 400 | Terpene synthase |
| CEY00 _ Acc26064 | 233. 660 76 | 87. 713 653 | 1. 413 5 | 0. 043 086 | 0. 262 81 | LG23 | 8599902 | 8602619 | 2 718 | G-type lectin S-receptor-like serine/threonine-protein kinase |
| CEY00 _ Acc26071 | 101. 221 62 | 42. 184 52 | 1. 262 7 | 0. 030 912 | 0. 213 3 | LG23 | 8741270 | 8747540 | 1 617 | Protein ULTRAPETALA like |
| CEY00 _ Acc26077 | 5. 927 470 9 | 26. 353 744 | −2. 152 5 | 0. 047 445 | 0. 279 28 | LG23 | 8824682 | 8829697 | 3 583 | Protein like |

（续）

| 基因 ID | miR160VS1 序列/条 | CK1 序列/条 | $log_2FC$ | P 值 | FDR | 染色体 | 起始位点 | 终止位点 | 长度/bp | 基因描述 |
|---|---|---|---|---|---|---|---|---|---|---|
| CEY00 _ Acc26084 | 396.489 69 | 17.994 92 | 4.461 6 | 0.005 509 5 | 0.065 829 | LG23 | 8934267 | 8935331 | 566 | Fork head domain transcription factor slp2 like |
| CEY00 _ Acc26086 | 103.146 93 | 45.587 454 | 1.178 | 0.024 163 | 0.182 21 | LG23 | 8957162 | 8962168 | 1 995 | Mannan endo-1,4-beta-mannosidase |
| CEY00 _ Acc26090 | 1 559.113 9 | 728.499 96 | 1.097 7 | 0.020 854 | 0.165 81 | LG23 | 9025247 | 9035631 | 1 250 | Protein like |
| CEY00 _ Acc26093 | 538.285 21 | 163.911 49 | 1.715 5 | 0.003 020 6 | 0.042 611 | LG23 | 9061547 | 9063432 | 670 | Rhodopsin like |
| CEY00 _ Acc26097 | 2 003.336 2 | 103.612 82 | 4.273 1 | 0.046 29 | 0.274 8 | LG23 | 9111803 | 9114137 | 1 502 | DnaJ subfamily B member like |
| CEY00 _ Acc26101 | 147.428 73 | 56.380 82 | 1.386 7 | 0.010 751 | 0.105 44 | LG23 | 9150685 | 9157768 | 2 993 | Prohibitin-1 like |
| CEY00 _ Acc26104 | 94.576 221 | 2.862 588 3 | 5.046 1 | $6.35\times10^{-9}$ | $1.13\times10^{-6}$ | LG23 | 9181571 | 9182386 | 816 | RING-H2 finger protein |
| CEY00 _ Acc26105 | 351.557 04 | 63.769 791 | 2.462 8 | 0.042 93 | 0.262 72 | LG23 | 9194079 | 9199111 | 1 247 | Protein trichome birefringence-like |
| CEY00 _ Acc26112 | 3 544.459 9 | 1 177.657 2 | 1.589 6 | 0.000 604 4 | 0.013 192 | LG23 | 9316601 | 9326336 | 1 340 | Mitochondrial dicarboxylate/tricarboxylate transporter DTC like |
| CEY00 _ Acc26136 | 19.352 042 | 3.959 575 2 | 2.289 1 | 0.034 764 | 0.229 81 | LG23 | 9650366 | 9661121 | 2 761 | Callose synthase |
| CEY00 _ Acc26146 | 1 807.169 | 464.839 | 1.958 9 | $3.93\times10^{-5}$ | 0.001 595 3 | LG23 | 9783659 | 9786779 | 3 121 | ETHYLENE INSENSITIVE 3-like 3 protein |
| CEY00 _ Acc26147 | 62.842 283 | 12.296 014 | 2.353 5 | 0.002 016 1 | 0.031 757 | LG23 | 9792058 | 9799195 | 1 638 | Lysine-specific demethylase |
| CEY00 _ Acc26155 | 241.642 1 | 73.049 556 | 1.725 9 | 0.001 241 1 | 0.022 48 | LG23 | 9843833 | 9848463 | 2 034 | Copper-transporting ATPase |
| CEY00 _ Acc26156 | 48.005 406 | 15.752 721 | 1.607 6 | 0.023 518 | 0.179 2 | LG23 | 9851770 | 9852582 | 692 | Copper-transporting ATPase |
| CEY00 _ Acc26193 | 124.430 04 | 279.507 53 | −1.167 6 | 0.023 82 | 0.180 58 | LG23 | 10358571 | 10380745 | 2 218 | Molybdopterin adenylyltransferase |

（续）

| 基因 ID | miR160VS1 序列/条 | CK1 序列/条 | $log_2FC$ | $P$ 值 | FDR | 染色体 | 起始位点 | 终止位点 | 长度/bp | 基因描述 |
|---|---|---|---|---|---|---|---|---|---|---|
| CEY00_Acc26196 | 135.345 98 | 314.044 76 | −1.214 3 | 0.026 216 | 0.192 14 | LG23 | 10399848 | 10426832 | 4 408 | Structural maintenance of chromosomes protein like |
| CEY00_Acc26206 | 2 314.476 4 | 5 831.148 8 | −1.333 1 | 0.010 414 | 0.103 15 | LG23 | 10556981 | 10581643 | 4 181 | Serine/threonine-protein like |
| CEY00_Acc26210 | 99.042 952 | 24.370 56 | 2.022 9 | 0.002 015 9 | 0.031 757 | LG23 | 10654448 | 10658094 | 1 344 | Apoptosis-inducing factor A like |
| CEY00_Acc26211 | 983.321 95 | 118.045 17 | 3.058 3 | 0.003 4 | 0.046 233 | LG23 | 10670683 | 10671756 | 1 074 | CCR4-associated factor 1 like |
| CEY00_Acc26215 | 41.850 53 | 159.072 01 | −1.926 4 | 0.000 587 7 | 0.012 896 | LG23 | 10699100 | 10700456 | 618 | Photosystem Ⅰ subunit O like |
| CEY00_Acc26216 | 9 000.376 1 | 2 589.886 7 | 1.797 1 | 0.015 943 | 0.138 23 | LG23 | 10705653 | 10706856 | 1 204 | F-box protein |
| CEY00_Acc26217 | 15.117 296 | 59.505 33 | −1.976 8 | 0.003 285 | 0.045 162 | LG23 | 10711433 | 10718823 | 1 489 | Ribonucleoside-diphosphate reductase subunit alpha like |
| CEY00_Acc26225 | 15.054 745 | 50.931 791 | −1.758 3 | 0.011 89 | 0.113 | LG23 | 10764881 | 10766357 | 510 | Ribosome-recycling factor like |
| CEY00_Acc26240 | 10.453 833 | 0.461 627 9 | 4.501 2 | 0.043 282 | 0.263 51 | LG23 | 10994764 | 10996209 | 1 446 | A-agglutinin anchorage subunit like |
| CEY00_Acc26246 | 981.654 45 | 261.776 46 | 1.906 9 | 0.002 137 6 | 0.033 042 | LG23 | 11076339 | 11077918 | 1 100 | hypothetical protein |
| CEY00_Acc26255 | 58.707 49 | 211.863 12 | −1.851 5 | 0.001 432 8 | 0.024 951 | LG23 | 11176192 | 11184357 | 3 882 | TRNA (guanine (37)-N1)-methyltransferase |
| CEY00_Acc26256 | 153.631 4 | 341.803 38 | −1.153 7 | 0.038 374 | 0.244 72 | LG23 | 11191989 | 11193590 | 1 326 | BOI-related E3 ubiquitin-protein ligase 3 |
| CEY00_Acc26259 | 62.769 282 | 0.715 647 1 | 6.454 7 | $8.71\times10^{-5}$ | 0.002 961 5 | LG23 | 11224751 | 11227953 | 1 073 | Transcription factor JUNGBRUNNEN 1 like |
| CEY00_Acc26260 | 332.435 59 | 1 441.555 8 | −2.116 5 | $6.21\times10^{-5}$ | 0.002 294 4 | LG23 | 11248912 | 11251312 | 971 | LOB domain-containing protein |

（续）

| 基因 ID | miR160VS1 序列/条 | CK1 序列/条 | $log_2FC$ | *P* 值 | FDR | 染色体 | 起始位点 | 终止位点 | 长度/bp | 基因描述 |
|---|---|---|---|---|---|---|---|---|---|---|
| CEY00 _ Acc26264 | 75.109 072 | 201.165 26 | −1.421 3 | 0.022 78 | 0.175 61 | LG23 | 11306377 | 11308496 | 1 001 | Ribosomal RNA processing protein |
| CEY00 _ Acc26271 | 1 294.963 2 | 2 870.135 4 | −1.148 2 | 0.016 502 | 0.141 62 | LG23 | 11422484 | 11427398 | 2 068 | Phosphoglycerate kinase |
| CEY00 _ Acc26276 | 28.550 602 | 7.757 086 | 1.879 9 | 0.036 999 | 0.239 07 | LG23 | 11473807 | 11482277 | 1 671 | DNA-directed RNA polymerases Ⅰ and Ⅲ subunit like |
| CEY00 _ Acc26279 | 74.426 635 | 26.984 76 | 1.463 7 | 0.032 893 | 0.222 26 | LG23 | 11506409 | 11517194 | 1 912 | Altered inheritance of mitochondria protein |
| CEY00 _ Acc26280 | 365.797 27 | 21.523 686 | 4.087 | $6.34\times10^{-9}$ | $1.13\times10^{-6}$ | LG23 | 11526838 | 11533141 | 2 372 | Cellulose synthase-like protein |
| CEY00 _ Acc26281 | 42.678 691 | 15.859 402 | 1.428 2 | 0.047 537 | 0.279 66 | LG23 | 11535194 | 11539376 | 1 634 | Transmembrane emp24 domain-containing protein |
| CEY00 _ Acc26297 | 1 907.462 4 | 900.604 14 | 1.082 7 | 0.046 102 | 0.273 93 | LG23 | 19543361 | 19548021 | 4 661 | Scarecrow-like transcription factor |
| CEY00 _ Acc26305 | 400.739 43 | 188.237 72 | 1.090 1 | 0.049 421 | 0.286 75 | LG23 | 19640428 | 19654929 | 3 405 | Glycerophosphodiester phosphodiesterase |
| CEY00 _ Acc26311 | 49.530 813 | 148.537 48 | −1.584 4 | 0.009 992 4 | 0.100 06 | LG23 | 19751582 | 19759097 | 1 657 | Cell division protein FtsZ 1 like |
| CEY00 _ Acc26316 | 32.890 974 | 89.258 286 | −1.440 3 | 0.014 546 | 0.129 84 | LG23 | 19815035 | 19827897 | 1 825 | EH domain-containing protein |
| CEY00 _ Acc26329 | 50.932 267 | 13.189 818 | 1.949 2 | 0.010 435 | 0.103 23 | LG23 | 20021056 | 20027827 | 1 454 | AUGMIN subunit like |
| CEY00 _ Acc26332 | 284.404 21 | 117.505 61 | 1.275 2 | 0.029 963 | 0.209 11 | LG23 | 20058976 | 20059641 | 666 | Centrosomal protein |
| CEY00 _ Acc26338 | 9.291 382 4 | 36.738 551 | −1.983 3 | 0.028 72 | 0.203 21 | LG23 | 20117568 | 20119431 | 850 | Phosphatidylinositol 4,5-bisphosphate 5-phosphatase |
| CEY00 _ Acc26341 | 34.392 436 | 87.827 941 | −1.352 6 | 0.046 766 | 0.276 55 | LG23 | 20134244 | 20139409 | 1 944 | Folate-biopterin transporter like |

（续）

| 基因 ID | miR160VS1 序列/条 | CK1 序列/条 | $log_2FC$ | $P$ 值 | FDR | 染色体 | 起始位点 | 终止位点 | 长度/bp | 基因描述 |
|---|---|---|---|---|---|---|---|---|---|---|
| CEY00 _ Acc26360 | 12.884 359 | 1.135 290 2 | 3.504 5 | 0.016 241 | 0.139 92 | LG23 | 20373370 | 20374493 | 656 | Histone H2A. 3 like |
| CEY00 _ Acc26363 | 12.821 007 | 1.400 353 8 | 3.194 6 | 0.015 286 | 0.134 22 | LG23 | 20384748 | 20390025 | 2 983 | Calcium/calmodulin-regulated receptor-like kinase |
| CEY00 _ Acc26365 | 4.578 974 | 21.942 341 | −2.260 6 | 0.018 428 | 0.152 18 | LG23 | 20403758 | 20405325 | 921 | hypothetical protein |
| CEY00 _ Acc26374 | 1 595.713 8 | 507.257 6 | 1.653 4 | 0.006 722 5 | 0.075 725 | LG23 | 20505935 | 20514180 | 877 | NAD(P)H dehydrogenaseFQR1-like |
| CEY00 _ Acc26378 | 50.752 604 | 1.431 294 1 | 5.148 1 | $1.55\times10^{-7}$ | $1.81\times10^{-5}$ | LG23 | 20593804 | 20597866 | 2 747 | G-type lectin S-receptor-like serine/threonine-protein kinase |
| CEY00 _ Acc26382 | 448.110 73 | 82.176 677 | 2.447 1 | $9.72\times10^{-6}$ | 0.000 525 3 | LG23 | 20644205 | 20650073 | 1 151 | Vesicle-associated protein like |
| CEY00 _ Acc26391 | 363.976 87 | 31.776 502 | 3.517 8 | 0.045 037 | 0.270 09 | LG23 | 20730154 | 20735291 | 5 138 | Disease resistance protein |
| CEY00 _ Acc26398 | 967.794 88 | 2 230.929 2 | −1.204 9 | 0.033 027 | 0.222 85 | LG23 | 20799853 | 20803994 | 1 575 | Peroxisomal membrane protein |
| CEY00 _ Acc26399 | 1 941.899 5 | 14 250.478 | −2.875 5 | $1.11\times10^{-7}$ | $1.37\times10^{-5}$ | LG23 | 20806619 | 20809248 | 1 046 | NAC transcription factor |
| CEY00 _ Acc26410 | 4.224 406 8 | 46.800 677 | −3.469 7 | 0.000 323 3 | 0.008 156 5 | LG23 | 20873593 | 20876934 | 3 342 | E3 ubiquitin-protein like |
| CEY00 _ Acc26425 | 0.768 074 | 52.807 386 | −6.103 4 | 0.008 911 9 | 0.092 476 | LG23 | 21057337 | 21060247 | 1 365 | Protein CUP-SHAPED COTYLEDON 2 like |
| CEY00 _ Acc26426 | 3 577.946 8 | 8 286.088 2 | −1.211 6 | 0.010 274 | 0.102 08 | LG23 | 21073497 | 21077915 | 1 569 | Aminotransferase |
| CEY00 _ Acc26459 | 499.443 69 | 116.021 31 | 2.105 9 | 0.004 141 9 | 0.053 282 | LG23 | 21465905 | 21469801 | 1 461 | Zinc transporter 5 like |
| CEY00 _ Acc26465 | 44.003 299 | 126.734 53 | −1.526 1 | 0.025 571 | 0.189 27 | LG23 | 21537065 | 21541637 | 1 645 | Alpha-1,3/1,6-mannosyltransferase |
| CEY00 _ Acc26468 | 32.079 424 | 5.640 462 8 | 2.507 8 | 0.003 500 6 | 0.047 172 | LG23 | 21562374 | 21567740 | 5 367 | IRK-interacting protein |

（续）

| 基因 ID | miR160VS1 序列/条 | CK1 序列/条 | $log_2FC$ | *P* 值 | FDR | 染色体 | 起始位点 | 终止位点 | 长度/bp | 基因描述 |
|---|---|---|---|---|---|---|---|---|---|---|
| CEY00_Acc26500 | 109.599 2 | 351.711 97 | −1.682 2 | 0.001 844 6 | 0.029 88 | LG23 | 21877362 | 21879662 | 2 301 | Peptide-N4-(N-acetyl-beta-glucosaminyl) asparagine amidase A heavy chain like |
| CEY00_Acc26501 | 3 380.815 3 | 714.411 98 | 2.242 5 | $1.09\times10^{-5}$ | 0.000 576 7 | LG23 | 21883541 | 21890031 | 2 956 | Phosphoenolpyruvate carboxylase |
| CEY00_Acc26510 | 235.930 43 | 1 039.907 | −2.14 | $2.99\times10^{-5}$ | 0.001 285 6 | LG23 | 21990049 | 21992621 | 2 573 | E3 ubiquitin-protein like |
| CEY00_Acc26518 | 550.970 52 | 46.612 696 | 3.563 2 | 0.001 065 1 | 0.020 159 | LG23 | 22041411 | 22045618 | 1 501 | Nudix hydrolase |
| CEY00_Acc26526 | 1 206.707 7 | 386.996 26 | 1.640 7 | 0.001 230 3 | 0.022 355 | LG23 | 22179196 | 22185352 | 1 444 | Polyadenylate-binding protein |
| CEY00_Acc26535 | 23.191 209 | 1.831 785 7 | 3.662 3 | 0.000 759 5 | 0.015 811 | LG23 | 22248801 | 22253952 | 944 | Myb family transcription factor |
| CEY00_Acc26536 | 125.007 85 | 21.404 851 | 2.546 | 0.015 412 | 0.134 91 | LG23 | 22254640 | 22261959 | 2 578 | BTB/POZ domain and ankyrin repeat-containing protein |
| CEY00_Acc26541 | 95.623 767 | 251.371 68 | −1.394 4 | 0.027 401 | 0.197 4 | LG23 | 22331928 | 22341521 | 1 874 | Gamma aminobutyrate transaminase |
| CEY00_Acc26543 | 56.392 872 | 6.871 511 2 | 3.036 8 | $5.8\times10^{-5}$ | 0.002 179 8 | LG23 | 22368631 | 22370375 | 1 745 | UDP-glycosyltransferase |
| CEY00_Acc26544 | 482.904 07 | 25.739 473 | 4.229 7 | 0.000 176 4 | 0.005 154 3 | LG23 | 22384781 | 22386265 | 1 485 | UDP-glycosyltransferase |
| CEY00_Acc26546 | 285.403 66 | 18.625 109 | 3.937 7 | 0.002 574 2 | 0.037 751 | LG23 | 22389508 | 22391135 | 1 628 | UDP-glycosyltransferase |
| CEY00_Acc26583 | 312.011 47 | 701.736 05 | −1.169 3 | 0.022 019 | 0.171 59 | LG23 | 22802987 | 22814731 | 2 399 | Actin-interacting protein like |
| CEY00_Acc26591 | 268.767 18 | 30.535 736 | 3.137 8 | 0.000 904 9 | 0.017 964 | LG23 | 22940972 | 22941606 | 635 | Non-specific lipid-transfer protein |
| CEY00_Acc26592 | 1 937.646 6 | 190.257 04 | 3.348 3 | $6.4\times10^{-8}$ | $8.49\times10^{-6}$ | LG23 | 22946871 | 22947455 | 585 | Non-specific lipid-transfer protein |
| CEY00_Acc26595 | 1 151.246 1 | 3 535.36 | −1.618 7 | 0.001 928 2 | 0.030 887 | LG23 | 22971924 | 22974982 | 1 838 | Leaf rust 10 disease-resistance locus receptor-like protein kinase |

（续）

| 基因 ID | miR160VS1 序列/条 | CK1 序列/条 | $log_2FC$ | *P* 值 | FDR | 染色体 | 起始位点 | 终止位点 | 长度/bp | 基因描述 |
|---|---|---|---|---|---|---|---|---|---|---|
| CEY00 _ Acc26596 | 24. 154 465 | 0. 238 549 | 6. 661 9 | 0. 003 506 3 | 0. 047 211 | LG23 | 22975711 | 22980186 | 1 567 | Protein SAR DEFICIENT like |
| CEY00 _ Acc26599 | 273. 596 83 | 114. 877 22 | 1. 252 | 0. 013 514 | 0. 123 12 | LG23 | 23014959 | 23020269 | 1 442 | G-type lectin S-receptor-like serine/threonine-protein kinase |
| CEY00 _ Acc26604 | 154. 867 51 | 47. 014 405 | 1. 719 9 | 0. 049 643 | 0. 286 91 | LG23 | 23068839 | 23070507 | 1 194 | LOB domain-containing protein |
| CEY00 _ Acc26606 | 19. 862 785 | 2. 928 028 4 | 2. 762 1 | 0. 037 707 | 0. 241 97 | LG23 | 23087999 | 23088712 | 714 | Protein NIM1-INTERACTING 2 like |
| CEY00 _ Acc26613 | 9. 965 831 5 | 40. 935 065 | −2. 038 3 | 0. 025 974 | 0. 190 92 | LG23 | 23173699 | 23175149 | 516 | Chromatin assembly factor 1 subunit A like |
| CEY00 _ Acc26614 | 12. 467 643 | 44. 634 667 | −1. 84 | 0. 042 15 | 0. 259 45 | LG23 | 23179167 | 23188850 | 2 275 | Cell division cycle-associated 7-like protein |
| CEY00 _ Acc26625 | 50. 863 444 | 152. 673 76 | −1. 585 8 | 0. 003 526 | 0. 047 398 | LG23 | 23306377 | 23313334 | 1 885 | Calcium sensing receptor like |
| CEY00 _ Acc26629 | 112. 211 05 | 262. 016 59 | −1. 223 4 | 0. 011 577 | 0. 110 86 | LG23 | 23357391 | 23367210 | 1 615 | Serine/threonine-protein kinase |
| CEY00 _ Acc26647 | 0. 384 037 | 15. 475 003 | −5. 332 6 | 0. 003 921 3 | 0. 051 084 | LG23 | 23588902 | 23592384 | 2 189 | Cytochrome P450 78A5 like |
| CEY00 _ Acc26648 | 5. 221 947 3 | 0 | — | 0. 040 643 | 0. 253 49 | LG23 | 23598129 | 23604703 | 2 307 | ABC transporter B family member 25 like |
| CEY00 _ Acc26662 | 17. 078 093 | 227. 725 92 | −3. 737 1 | 0. 000 242 7 | 0. 006 565 8 | LG23 | 23760709 | 23764443 | 3 080 | Chaperone protein like |
| CEY00 _ Acc26667 | 94. 704 094 | 373. 917 31 | −1. 981 2 | 0. 001 115 | 0. 020 874 | LG23 | 23844647 | 23848853 | 1 202 | Biotin carboxyl carrier protein of acetyl-CoA carboxylase |
| CEY00 _ Acc26671 | 594. 824 14 | 173. 200 17 | 1. 78 | 0. 001 009 9 | 0. 019 381 | LG23 | 23900685 | 23905215 | 3 928 | AT-rich interactive domain-containing protein |

（续）

| 基因 ID | miR160VS1 序列/条 | CK1 序列/条 | $log_2FC$ | *P* 值 | FDR | 染色体 | 起始位点 | 终止位点 | 长度/bp | 基因描述 |
|---|---|---|---|---|---|---|---|---|---|---|
| CEY00 _ Acc26672 | 38. 675 818 | 3. 397 019 3 | 3. 509 1 | 0. 001 432 | 0. 024 951 | LG23 | 23906695 | 23910627 | 2 180 | SNAP25ous protein |
| CEY00 _ Acc26678 | 4 438. 468 6 | 199. 369 74 | 4. 476 5 | 0. 000 598 4 | 0. 013 106 | LG23 | 23970419 | 23977984 | 7 566 | LRR receptor-like serine/threonine-protein kinase |
| CEY00 _ Acc26679 | 7. 205 083 7 | 30. 260 372 | −2. 070 3 | 0. 021 193 | 0. 167 4 | LG23 | 23981145 | 23991200 | 866 | Hydrogenase-1 small chain like |
| CEY00 _ Acc26724 | 429. 733 36 | 196. 369 37 | 1. 129 9 | 0. 021 124 | 0. 167 16 | LG23 | 24501088 | 24508612 | 1 873 | Mannose-1-phosphate guanyltransferase |
| CEY00 _ Acc26725 | 1 092. 835 7 | 121. 140 29 | 3. 173 3 | $8.12\times10^{-8}$ | $1.05\times10^{-5}$ | LG23 | 24516461 | 24517057 | 597 | GPI mannosyltransferase |
| CEY00 _ Acc26726 | 972. 702 78 | 58. 562 114 | 4. 054 | 0. 000 114 1 | 0. 003 639 7 | LG23 | 24520292 | 24520817 | 526 | 50S ribosomal protein |
| CEY00 _ Acc26727 | 2 016. 949 1 | 87. 331 287 | 4. 529 5 | $1.8\times10^{-5}$ | 0. 000 864 5 | LG23 | 24522529 | 24523147 | 619 | Polyhomeotic-like protein |
| CEY00 _ Acc26728 | 3 566. 134 6 | 164. 195 99 | 4. 440 9 | $1.23\times10^{-5}$ | 0. 000 635 | LG23 | 24524671 | 24525237 | 567 | Fibrillin-2 C-terminal peptide like |
| CEY00 _ Acc26729 | 91. 466 979 | 30. 596 873 | 1. 579 9 | 0. 018 436 | 0. 152 18 | LG23 | 24563552 | 24565838 | 2 287 | U-box domain-containing protein |
| CEY00 _ Acc26731 | 42. 701 031 | 119. 615 2 | −1. 486 1 | 0. 013 267 | 0. 121 56 | LG23 | 24583527 | 24587745 | 960 | Thioredoxin-like fold protein |
| CEY00 _ Acc26736 | 31. 498 6 | 9. 564 550 1 | 1. 719 5 | 0. 040 86 | 0. 254 36 | LG23 | 24630790 | 24636147 | 2 351 | 39S ribosomal protein |
| CEY00 _ Acc26748 | 237. 164 01 | 771. 600 62 | −1. 702 | 0. 003 636 | 0. 048 325 | LG23 | 24724513 | 24729297 | 2 938 | Inactive poly［ADP-ribose］polymerase SRO2 |
| CEY00 _ Acc26763 | 33. 358 24 | 1. 638 902 9 | 4. 347 2 | $3.3\times10^{-5}$ | 0. 001 388 8 | LG23 | 24894189 | 24899853 | 2 680 | Galactinol-sucrose galactosyltransferase |
| CEY00 _ Acc26768 | 934. 775 59 | 73. 156 602 | 3. 675 6 | 0. 000 655 7 | 0. 014 069 | LG23 | 24966950 | 24967847 | 807 | Max dimerization protein like |

（续）

| 基因 ID | miR160VS1 序列/条 | CK1 序列/条 | $log_2FC$ | $P$ 值 | FDR | 染色体 | 起始位点 | 终止位点 | 长度/bp | 基因描述 |
|---|---|---|---|---|---|---|---|---|---|---|
| CEY00 _ Acc26777 | 19.477 544 | 0.446 157 7 | 5.448 1 | 0.000 295 | 0.007 616 8 | LG23 | 25039420 | 25040644 | 889 | High-affinity nitrate transporter 3.1 like |
| CEY00 _ Acc26783 | 324.510 64 | 58.004 118 | 2.484 | 0.007 541 | 0.081 839 | LG23 | 25107766 | 25111690 | 1 569 | cytochrome P450，family 71，subfamily A protein |
| CEY00 _ Acc26787 | 702.909 18 | 57.230 894 | 3.618 5 | 0.000 838 3 | 0.016 927 | LG23 | 25141311 | 25144162 | 2 852 | Leucine-rich repeat receptor-like serine/threonine/tyrosine-protein kinase |
| CEY00 _ Acc26795 | 3.747 948 5 | 20.399 074 | −2.444 3 | 0.029 175 | 0.205 1 | LG23 | 25235886 | 25236585 | 614 | Ufm1-specific protease like |
| CEY00 _ Acc26802 | 36.900 265 | 82.374 447 | −1.158 6 | 0.033 567 | 0.225 25 | LG23 | 25289305 | 25293473 | 3 444 | Phosphopantothenoylcysteine decarboxylase |
| CEY00 _ Acc26803 | 40.708 703 | 0.954 196 1 | 5.414 9 | $7.63\times10^{-5}$ | 0.002 668 9 | LG23 | 25294319 | 25297688 | 1 122 | RING finger protein |
| CEY00 _ Acc26822 | 190.511 5 | 447.160 04 | −1.230 9 | 0.021 49 | 0.168 91 | LG23 | 25480076 | 25486455 | 1 594 | Ubiquitin-like modifier-activating enzyme 5 |
| CEY00 _ Acc26827 | 740.463 44 | 2 014.984 5 | −1.444 3 | 0.000 820 8 | 0.016 71 | LG23 | 25504207 | 25508243 | 2 847 | Stress-associated endoplasmic reticulum protein |
| CEY00 _ Acc26842 | 403.479 43 | 85.689 433 | 2.235 3 | 0.008 954 1 | 0.092 718 | LG23 | 25647997 | 25655854 | 2 240 | Serine/threonine-protein kinase |
| CEY00 _ Acc26850 | 301.557 94 | 81.206 553 | 1.892 8 | 0.028 027 | 0.200 24 | LG23 | 25745666 | 25751094 | 1 688 | Mitochondrial phosphate carrier protein like |
| CEY00 _ Acc26870 | 114.741 78 | 397.201 21 | −1.791 5 | 0.002 122 5 | 0.032 887 | LG23 | 25934283 | 25946395 | 2 871 | Glucose-6-phosphate 1-epimerase |
| CEY00 _ Acc26877 | 1 977.337 3 | 617.049 37 | 1.680 1 | 0.002 07 | 0.032 378 | LG23 | 26004470 | 26009636 | 2 169 | Protein bfr2 like |

（续）

| 基因 ID | miR160VS1 序列/条 | CK1 序列/条 | $\log_2 FC$ | *P* 值 | FDR | 染色体 | 起始位点 | 终止位点 | 长度/bp | 基因描述 |
|---|---|---|---|---|---|---|---|---|---|---|
| CEY00 _ Acc26880 | 114. 193 67 | 23. 616 488 | 2. 273 6 | 0. 000 491 9 | 0. 011 284 | LG23 | 26033979 | 26037872 | 3 313 | Leucine-rich repeat receptor-like serine/threonine-protein kinase |
| CEY00 _ Acc26887 | 89. 586 715 | 311. 332 11 | −1. 797 1 | 0. 002 801 7 | 0. 040 139 | LG23 | 26122075 | 26123020 | 946 | Zinc finger protein |
| CEY00 _ Acc26892 | 42. 158 412 | 119. 510 13 | −1. 503 2 | 0. 022 611 | 0. 174 8 | LG23 | 26152824 | 26157004 | 1 260 | Stromal cell-derived factor 2-like protein |
| CEY00 _ Acc26893 | 366. 483 33 | 45. 158 947 | 3. 020 7 | 0. 000 158 5 | 0. 004 714 1 | LG23 | 26168529 | 26171850 | 1 470 | WRKY transcription factor |
| CEY00 _ Acc26898 | 38. 689 277 | 6. 725 661 1 | 2. 524 2 | 0. 031 675 | 0. 216 89 | LG23 | 26243582 | 26245970 | 850 | Auxin-responsive protein |
| CEY00 _ Acc26918 | 71. 037 722 | 22. 008 525 | 1. 690 5 | 0. 023 105 | 0. 177 08 | LG23 | 26413357 | 26414246 | 890 | Mucin-5AC like |
| CEY00 _ Acc26938 | 209. 011 93 | 89. 277 926 | 1. 227 2 | 0. 047 948 | 0. 281 24 | LG23 | 26609479 | 26617055 | 2 529 | NADP-dependent malic enzyme like |
| CEY00 _ Acc26939 | 18. 803 496 | 1. 192 745 1 | 3. 978 6 | 0. 003 825 6 | 0. 050 175 | LG23 | 26617260 | 26620420 | 1 771 | UDP-N-acetylglucosamine pyrophosphorylase |
| CEY00 _ Acc26942 | 9. 571 454 8 | 0 | — | 0. 007 284 7 | 0. 080 108 | LG23 | 26651458 | 26654587 | 1 699 | Protein IQ-DOMAIN like |
| CEY00 _ Acc26954 | 196. 964 52 | 552. 725 34 | −1. 488 6 | 0. 003 180 7 | 0. 044 273 | LG23 | 26730415 | 26737782 | 2 488 | PWWP domain protein |
| CEY00 _ Acc26959 | 37. 948 412 | 149. 052 8 | −1. 973 7 | 0. 000 335 4 | 0. 008 403 7 | LG23 | 26789094 | 26796417 | 3 977 | Inactive protein kinase |
| CEY00 _ Acc26981 | 443. 349 79 | 21. 648 896 | 4. 356 1 | 0. 000 787 | 0. 016 26 | LG23 | 26955927 | 26958263 | 2 337 | Phospholipid-transporting ATPase |
| CEY00 _ Acc26982 | 508. 734 39 | 35. 525 858 | 3. 84 | 0. 002 341 7 | 0. 035 269 | LG23 | 26958355 | 26960989 | 1 579 | Phospholipid-transporting ATPase |
| CEY00 _ Acc26989 | 12. 810 667 | 84. 693 423 | −2. 724 9 | 0. 006 260 6 | 0. 072 056 | LG23 | 27026677 | 27028481 | 1 805 | Mitochondrial substrate carrier family protein like |
| CEY00 _ Acc26994 | 121. 233 76 | 279. 949 89 | −1. 207 4 | 0. 041 713 | 0. 257 62 | LG23 | 27069164 | 27080437 | 3 233 | GBF-interacting protein |

（续）

| 基因 ID | miR160VS1 序列/条 | CK1 序列/条 | $log_2FC$ | $P$ 值 | FDR | 染色体 | 起始位点 | 终止位点 | 长度/bp | 基因描述 |
|---|---|---|---|---|---|---|---|---|---|---|
| CEY00 _ Acc27001 | 436.790 92 | 912.426 42 | −1.062 8 | 0.032 899 | 0.222 26 | LG23 | 27165300 | 27170493 | 2 723 | GTP diphosphokinase |
| CEY00 _ Acc27004 | 6 028.139 7 | 591.357 42 | 3.349 6 | 0.001 209 7 | 0.022 168 | LG23 | 27190663 | 27197229 | 3 382 | Linoleate 13S-lipoxygenase |
| CEY00 _ Acc27027 | 849.945 98 | 119.006 97 | 2.836 3 | 0.014 016 | 0.126 21 | LG23 | 27402319 | 27403802 | 1 484 | RING-H2 finger protein |
| CEY00 _ Acc27032 | 167.281 17 | 20.106 373 | 3.056 6 | $4.83\times10^{-7}$ | $4.66\times10^{-5}$ | LG23 | 27438061 | 27449578 | 4 955 | Vacuolar cation/proton exchanger like |
| CEY00 _ Acc27038 | 127.171 22 | 389.086 71 | −1.613 3 | 0.004 436 7 | 0.055 766 | LG23 | 27497531 | 27501857 | 1 829 | GDP-fucose protein O-fucosyltransferase protein |
| CEY00 _ Acc27040 | 21.655 462 | 2.608 569 1 | 3.053 4 | 0.003 898 2 | 0.050 884 | LG23 | 27506713 | 27507107 | 395 | NUT family member protein |
| CEY00 _ Acc27051 | 65.261 612 | 188.123 35 | −1.527 4 | 0.006 944 6 | 0.077 543 | LG23 | 27606274 | 27641564 | 1 484 | Protein SLOW GREEN 1 like |
| CEY00 _ Acc27063 | 56.775 706 | 142.952 32 | −1.332 2 | 0.038 908 | 0.246 79 | LG24 | 143658 | 157320 | 2 099 | Cytosolic purine 5'-nucleotidase |
| CEY00 _ Acc27065 | 19.132 916 | 4.159 821 | 2.201 5 | 0.026 442 | 0.193 16 | LG24 | 176953 | 182343 | 1 482 | CBL-interacting serine/threonine-protein kinase |
| CEY00 _ Acc27069 | 204.302 18 | 446.693 81 | −1.128 6 | 0.031 39 | 0.215 61 | LG24 | 212027 | 216194 | 1 730 | [Pyruvate dehydrogenase (acetyl-transferring)] kinase |
| CEY00 _ Acc27073 | 720.203 83 | 43.716 108 | 4.042 2 | $3.51\times10^{-6}$ | 0.000 231 2 | LG24 | 250851 | 256180 | 3 291 | Pto-interacting protein like |
| CEY00 _ Acc27085 | 133.274 84 | 32.986 91 | 2.014 4 | 0.001 244 | 0.022 521 | LG24 | 376609 | 380009 | 1 185 | Solute carrier family 25 member like |
| CEY00 _ Acc27088 | 56.473 349 | 149.697 09 | −1.406 4 | 0.027 714 | 0.198 66 | LG24 | 403626 | 420875 | 7 332 | Inactive DNA (cytosine-5)-methyltransferase DRM3 |
| CEY00 _ Acc27090 | 168.811 65 | 81.643 073 | 1.048 | 0.031 908 | 0.217 76 | LG24 | 500145 | 503098 | 1 788 | Protein like |
| CEY00 _ Acc27093 | 6.851 318 9 | 139.104 64 | −4.343 6 | $4.25\times10^{-9}$ | $8.21\times10^{-7}$ | LG24 | 532981 | 535161 | 1 068 | Leghemoglobin reductase |

（续）

| 基因 ID | miR160VS1 序列/条 | CK1 序列/条 | $log_2$FC | *P* 值 | FDR | 染色体 | 起始位点 | 终止位点 | 长度/bp | 基因描述 |
|---|---|---|---|---|---|---|---|---|---|---|
| CEY00_Acc27096 | 206.892 8 | 490.947 72 | −1.246 7 | 0.021 631 | 0.169 57 | LG24 | 561212 | 565609 | 1 486 | 30S ribosomal protein |
| CEY00_Acc27100 | 653.601 79 | 50.669 612 | 3.689 2 | 0.013 666 | 0.123 63 | LG24 | 625526 | 627285 | 1 084 | Transcription factor like |
| CEY00_Acc27131 | 4 635.393 7 | 661.954 74 | 2.807 9 | 0.034 909 | 0.230 3 | LG24 | 1059358 | 1060281 | 924 | BZIP transcription factor |
| CEY00_Acc27132 | 213.785 21 | 26.249 705 | 3.025 8 | $3.82\times10^{-5}$ | 0.001 565 8 | LG24 | 1064900 | 1066356 | 1 264 | Lichenase like |
| CEY00_Acc27134 | 39 659.26 | 5 235.161 7 | 2.921 4 | $1.07\times10^{-6}$ | $9.02\times10^{-5}$ | LG24 | 1074221 | 1075723 | 1 314 | Lichenase like |
| CEY00_Acc27154 | 1 590.571 7 | 39.379 618 | 5.336 | $7.36\times10^{-6}$ | 0.000 418 1 | LG24 | 1346300 | 1347331 | 807 | Major allergen Pru ar like |
| CEY00_Acc27155 | 3 981.345 7 | 176.771 66 | 4.493 3 | $1.29\times10^{-9}$ | $3.03\times10^{-7}$ | LG24 | 1351273 | 1352371 | 900 | Major allergen Pru ar like |
| CEY00_Acc27156 | 1 928.391 3 | 121.699 39 | 3.986 | 0.001 034 9 | 0.019 747 | LG24 | 1356997 | 1357816 | 733 | Major allergen Pru ar like |
| CEY00_Acc27157 | 2 448.991 4 | 81.679 402 | 4.906 1 | 0.001 034 1 | 0.019 742 | LG24 | 1369552 | 1370344 | 705 | Major allergen Pru ar like |
| CEY00_Acc27158 | 10 643.82 | 414.441 36 | 4.682 7 | $9.4\times10^{-5}$ | 0.003 133 4 | LG24 | 1373993 | 1374878 | 746 | Major allergen Pru ar like |
| CEY00_Acc27159 | 6 555.732 8 | 302.786 56 | 4.436 4 | $6.38\times10^{-5}$ | 0.002 336 2 | LG24 | 1377727 | 1378562 | 732 | Major allergen Pru ar like |
| CEY00_Acc27160 | 6 507.796 2 | 264.837 25 | 4.619 | 0.000 643 7 | 0.013 883 | LG24 | 1380008 | 1380963 | 749 | Major allergen Pru ar like |
| CEY00_Acc27161 | 3 335.974 3 | 156.293 54 | 4.415 8 | 0.000 285 6 | 0.007 407 8 | LG24 | 1383128 | 1383943 | 711 | Major allergen Pru ar like |
| CEY00_Acc27162 | 2 194.070 7 | 126.185 41 | 4.12 | $8.18\times10^{-7}$ | $7.29\times10^{-5}$ | LG24 | 1386367 | 1387188 | 718 | Major allergen Pru ar like |
| CEY00_Acc27163 | 6 039.581 9 | 329.366 43 | 4.196 7 | 0.000 170 9 | 0.005 017 9 | LG24 | 1391207 | 1392074 | 763 | Major allergen Pru ar like |
| CEY00_Acc27164 | 410.302 11 | 25.769 791 | 3.992 9 | 0.000 372 2 | 0.009 122 2 | LG24 | 1394299 | 1395136 | 734 | Major allergen Pru ar like |
| CEY00_Acc27165 | 6 972.499 | 398.467 89 | 4.129 1 | 0.000 424 3 | 0.010 047 | LG24 | 1398143 | 1399166 | 888 | Major allergen Pru ar like |
| CEY00_Acc27166 | 109.254 46 | 11.177 182 | 3.289 1 | $3.64\times10^{-5}$ | 0.001 501 6 | LG24 | 1406779 | 1407753 | 760 | Major allergen Pru ar like |
| CEY00_Acc27169 | 13 764.794 | 1 106.176 6 | 3.637 3 | $1.37\times10^{-5}$ | 0.000 691 5 | LG24 | 1426182 | 1427182 | 788 | Major allergen Pru ar like |

（续）

| 基因 ID | miR160VS1 序列/条 | CK1 序列/条 | $log_2FC$ | $P$ 值 | FDR | 染色体 | 起始位点 | 终止位点 | 长度/bp | 基因描述 |
|---|---|---|---|---|---|---|---|---|---|---|
| CEY00_Acc27170 | 2 782.997 3 | 196.758 23 | 3.822 1 | 0.005 647 6 | 0.066 962 | LG24 | 1430647 | 1431553 | 768 | Major allergen Pru ar like |
| CEY00_Acc27171 | 10 333.897 | 419.703 64 | 4.621 9 | $4.07\times10^{-7}$ | $4.05\times10^{-5}$ | LG24 | 1439299 | 1440359 | 922 | Major allergen Pru ar like |
| CEY00_Acc27172 | 968.508 79 | 39.921 534 | 4.600 5 | 0.000 495 7 | 0.011 331 | LG24 | 1441582 | 1443437 | 1 090 | Major allergen Pru ar like |
| CEY00_Acc27173 | 547.570 37 | 27.282 862 | 4.327 | 0.001 134 | 0.021 123 | LG24 | 1450500 | 1451390 | 794 | Major allergen Pru ar like |
| CEY00_Acc27174 | 1 661.557 | 60.529 571 | 4.778 8 | $5.8\times10^{-5}$ | 0.002 178 7 | LG24 | 1455404 | 1456424 | 882 | Major allergen Pru ar like |
| CEY00_Acc27175 | 8 603.848 8 | 294.980 87 | 4.866 3 | 0.000 109 7 | 0.003 525 1 | LG24 | 1468308 | 1469196 | 793 | Major allergen Pru ar like |
| CEY00_Acc27176 | 539.842 | 30.849 308 | 4.129 2 | $8.21\times10^{-5}$ | 0.002 828 6 | LG24 | 1470574 | 1472098 | 1 429 | Major allergen Pru ar like |
| CEY00_Acc27177 | 3 072.045 8 | 1 168.311 7 | 1.394 8 | 0.002 329 3 | 0.035 146 | LG24 | 1492393 | 1493877 | 780 | Pathogenesis-related protein like |
| CEY00_Acc27178 | 117.776 13 | 2.146 941 2 | 5.777 6 | 0.000 295 7 | 0.007 627 8 | LG24 | 1496478 | 1497660 | 803 | Pathogenesis-related protein like |
| CEY00_Acc27203 | 80.237 339 | 3.723 963 5 | 4.429 4 | 0.001 039 7 | 0.019 809 | LG24 | 1857628 | 1858755 | 1 128 | Homeotic protein like |
| CEY00_Acc27206 | 20.179 457 | 67.019 319 | −1.731 7 | 0.032 314 | 0.219 7 | LG24 | 2384709 | 2390296 | 1 339 | Ubiquitin-like-specific protease |
| CEY00_Acc27224 | 88.094 242 | 218.576 62 | −1.311 | 0.033 129 | 0.223 33 | LG24 | 2622821 | 2658114 | 3 550 | Isoleucine-tRNA ligase |
| CEY00_Acc27238 | 409.253 61 | 974.914 89 | −1.252 3 | 0.025 829 | 0.190 63 | LG24 | 2853289 | 2866817 | 2 522 | Serine/threonine-protein kinase |
| CEY00_Acc27252 | 7.629 732 6 | 0.446 157 7 | 4.096 | 0.033 297 | 0.223 96 | LG24 | 3049617 | 3056193 | 3 039 | Sodium/hydrogen exchanger 2 like |
| CEY00_Acc27256 | 205.521 98 | 25.798 795 | 2.993 9 | 0.001 368 7 | 0.024 115 | LG24 | 3083320 | 3088743 | 2 407 | Superoxide dismutase |
| CEY00_Acc27264 | 578.715 27 | 124.360 66 | 2.218 3 | 0.003 384 6 | 0.046 1 | LG24 | 3177014 | 3182339 | 2 604 | Protein like |
| CEY00_Acc27278 | 77 977.654 | 16 190.577 | 2.267 9 | $6.27\times10^{-6}$ | 0.000 37 | LG24 | 3365302 | 3367128 | 1 827 | Berberine bridge enzyme-like |
| CEY00_Acc27281 | 273.898 38 | 100.917 07 | 1.440 5 | 0.005 064 3 | 0.061 744 | LG24 | 3430766 | 3442055 | 1 375 | Ribosomal protein L34Ae protein |
| CEY00_Acc27290 | 68 605.737 | 5 201.163 2 | 3.721 4 | $9.33\times10^{-12}$ | $4.1\times10^{-9}$ | LG24 | 3587170 | 3588840 | 1 671 | Aspartic peptidase protein |

（续）

| 基因 ID | miR160VS1 序列/条 | CK1 序列/条 | $log_2FC$ | *P* 值 | FDR | 染色体 | 起始位点 | 终止位点 | 长度/bp | 基因描述 |
|---|---|---|---|---|---|---|---|---|---|---|
| CEY00_Acc27291 | 30 953.954 | 3 960.854 6 | 2.966 2 | $6.68\times10^{-7}$ | $6.17\times10^{-5}$ | LG24 | 3592800 | 3594005 | 1 206 | Aspartic peptidase protein |
| CEY00_Acc27292 | 41 813.896 | 3 894.986 2 | 3.424 3 | $1.17\times10^{-5}$ | 0.000 609 5 | LG24 | 3604611 | 3606059 | 1 449 | Aspartic peptidase protein |
| CEY00_Acc27295 | 42.627 283 | 7.109 938 3 | 2.583 9 | 0.001 041 9 | 0.019 822 | LG24 | 3640942 | 3642159 | 1 218 | Photosystem Ⅰ reaction center subunit Ⅱ like |
| CEY00_Acc27298 | 6 825.845 2 | 2 335.433 | 1.547 3 | 0.004 527 4 | 0.056 669 | LG24 | 3679895 | 3687249 | 5 483 | Protein TIME FOR COFFEE like |
| CEY00_Acc27299 | 95.603 779 | 12.035 498 | 2.989 8 | 0.000 828 3 | 0.016 811 | LG24 | 3710144 | 3718828 | 1 861 | Sugar transport protein |
| CEY00_Acc27303 | 3 388.919 9 | 1 289.860 5 | 1.393 6 | 0.014 771 | 0.131 17 | LG24 | 3741715 | 3759958 | 2 461 | Long chain acyl-CoA synthetase 6, peroxisomal like |
| CEY00_Acc27322 | 370.687 03 | 793.183 53 | −1.097 5 | 0.034 693 | 0.229 6 | LG24 | 3996917 | 4002721 | 1 062 | Stem-specific protein |
| CEY00_Acc27343 | 15.539 136 | 0.696 495 4 | 4.479 6 | 0.010 92 | 0.106 71 | LG24 | 4295186 | 4300952 | 4 121 | Type Ⅳ inositol polyphosphate 5-phosphatase |
| CEY00_Acc27344 | 15.041 943 | 0 | — | 0.030 195 | 0.210 06 | LG24 | 4318116 | 4319657 | 1 542 | G-type lectin S-receptor-like serine/threonine-protein kinase |
| CEY00_Acc27350 | 2 573.929 4 | 949.698 78 | 1.438 4 | 0.008 607 9 | 0.090 232 | LG24 | 4391167 | 4395561 | 1 168 | 40S ribosomal protein like |
| CEY00_Acc27366 | 4 889.093 | 531.077 46 | 3.202 6 | 0.045 99 | 0.273 47 | LG24 | 4636455 | 4642893 | 1 765 | ATP sulfurylase |
| CEY00_Acc27370 | 256.469 24 | 32.919 765 | 2.961 8 | $7.43\times10^{-6}$ | 0.000 420 8 | LG24 | 4691815 | 4697500 | 3 154 | Dammarenediol Ⅱ synthase |
| CEY00_Acc27383 | 116.363 22 | 294.625 35 | −1.340 2 | 0.019 852 | 0.159 78 | LG24 | 4991635 | 4997267 | 4 999 | Protein transport protein |
| CEY00_Acc27390 | 241.412 58 | 113.944 95 | 1.083 2 | 0.028 46 | 0.202 28 | LG24 | 5063805 | 5064700 | 795 | Histone like |

（续）

| 基因 ID | miR160VS1 序列/条 | CK1 序列/条 | $log_2FC$ | $P$ 值 | FDR | 染色体 | 起始位点 | 终止位点 | 长度/bp | 基因描述 |
|---|---|---|---|---|---|---|---|---|---|---|
| CEY00 _ Acc27396 | 40.414 279 | 124.457 58 | −1.622 7 | 0.019 023 | 0.155 54 | LG24 | 5166921 | 5196849 | 2 891 | Pentatricopeptide repeat-containing protein |
| CEY00 _ Acc27399 | 7.338 919 4 | 50.211 056 | −2.774 4 | 0.002 788 3 | 0.040 012 | LG24 | 5247164 | 5259560 | 1 224 | Processed cyclic AMP-responsive element-binding protein 3-like protein |
| CEY00 _ Acc27412 | 400.171 93 | 1 560.187 9 | −1.963 | 0.000 315 8 | 0.008 026 4 | LG24 | 5592641 | 5648411 | 4 388 | Exportin-4 like |
| CEY00 _ Acc27421 | 20.338 04 | 74.021 131 | −1.863 8 | 0.006 241 5 | 0.071 962 | LG24 | 5800215 | 5808858 | 1 503 | Phosphoglycolate phosphatase |
| CEY00 _ Acc27428 | 15.987 328 | 49.834 06 | −1.640 2 | 0.042 778 | 0.262 09 | LG24 | 5931279 | 5950380 | 13 725 | LETM1 and EF-hand domain-containing protein |
| CEY00 _ Acc27429 | 5.959 749 | 22.733 728 | −1.931 5 | 0.045 656 | 0.272 36 | LG24 | 5963212 | 5964952 | 1 741 | Melanoma inhibitory activity protein |
| CEY00 _ Acc27448 | 106.791 66 | 41.963 052 | 1.347 6 | 0.033 511 | 0.225 01 | LG24 | 6312444 | 6314623 | 1 438 | Serine/threonine-protein kinase |
| CEY00 _ Acc27450 | 67.110 913 | 172.702 17 | −1.363 7 | 0.017 153 | 0.145 23 | LG24 | 6347222 | 6352104 | 2 069 | E3 ubiquitin ligase SUD1 |
| CEY00 _ Acc27457 | 6.280 433 3 | 0 | — | 0.016 011 | 0.138 6 | LG24 | 6399056 | 6403275 | 1 880 | Zinc finger protein like |
| CEY00 _ Acc27464 | 4.578 572 8 | 60.422 507 | −3.722 1 | 0.000 249 1 | 0.006 682 1 | LG24 | 6536505 | 6537934 | 1 430 | hypothetical protein |
| CEY00 _ Acc27469 | 59.275 11 | 14.244 903 | 2.057 | 0.004 376 1 | 0.055 236 | LG24 | 6651957 | 6656859 | 1 769 | Protein LIGHT-DEPENDENT SHORT HYPOCOTYLS like |
| CEY00 _ Acc27471 | 8 598.566 5 | 299.516 86 | 4.843 4 | $2.76\times10^{-8}$ | $4.2\times10^{-6}$ | LG24 | 6686053 | 6687699 | 811 | Glutathione S-transferase |
| CEY00 _ Acc27476 | 1 477.463 3 | 115.780 96 | 3.673 7 | 0.000 873 4 | 0.017 519 | LG24 | 6782876 | 6787096 | 4 221 | Inorganic phosphate transporter 1-4 like |

（续）

| 基因 ID | miR160VS1 序列/条 | CK1 序列/条 | $log_2FC$ | $P$ 值 | FDR | 染色体 | 起始位点 | 终止位点 | 长度/bp | 基因描述 |
|---|---|---|---|---|---|---|---|---|---|---|
| CEY00_Acc27485 | 179.660 66 | 11.803 69 | 3.928 | $7.02\times10^{-7}$ | $6.41\times10^{-5}$ | LG24 | 6921637 | 6922250 | 614 | Ethylene-responsive transcription factor |
| CEY00_Acc27488 | 164.057 77 | 69.384 413 | 1.241 5 | 0.015 432 | 0.135 04 | LG24 | 6947863 | 6953840 | 1 083 | Transcription factor bHLH104 like |
| CEY00_Acc27498 | 2 886.568 | 410.797 31 | 2.812 9 | 0.001 292 9 | 0.023 214 | LG24 | 7213320 | 7216653 | 911 | WD repeat-containing protein |
| CEY00_Acc27508 | 369.635 44 | 1 365.843 1 | −1.885 6 | 0.000 239 4 | 0.006 491 1 | LG24 | 7374639 | 7409471 | 2 388 | phosphoribosylaminoimidazole carboxylase |
| CEY00_Acc27521 | 286.776 27 | 117.511 86 | 1.287 1 | 0.007 618 3 | 0.082 514 | LG24 | 7837132 | 7849718 | 1 764 | Calreticulin-3 like |
| CEY00_Acc27524 | 230.895 2 | 480.807 02 | −1.058 2 | 0.033 81 | 0.226 23 | LG24 | 7937851 | 7958110 | 1 513 | Membrane-associated protein |
| CEY00_Acc27526 | 54.995 394 | 289.064 97 | −2.394 | 0.011 186 | 0.108 44 | LG24 | 7984111 | 7996312 | 1 393 | Biotin carboxyl carrier protein of acetyl-CoA carboxylase |
| CEY00_Acc27527 | 160.574 29 | 687.888 68 | −2.098 9 | $2.08\times10^{-5}$ | 0.000 972 2 | LG24 | 8000022 | 8003472 | 861 | Thioredoxin F-type like |
| CEY00_Acc27539 | 852.006 22 | 256.541 62 | 1.731 7 | 0.002 152 5 | 0.033 225 | LG24 | 8237024 | 8241547 | 1 960 | CBS domain-containing protein |
| CEY00_Acc27557 | 50.789 752 | 190.882 16 | −1.910 1 | 0.000 487 1 | 0.011 204 | LG24 | 8902262 | 8909404 | 1 111 | ACT domain-containing protein |
| CEY00_Acc27561 | 927.050 35 | 203.964 84 | 2.184 3 | 0.045 939 | 0.273 31 | LG24 | 8994372 | 9004519 | 1 699 | Diphosphomevalonate decarboxylase |
| CEY00_Acc27599 | 3 659.615 6 | 1 139.376 3 | 1.683 4 | 0.001 652 | 0.027 627 | LG24 | 9853375 | 9856436 | 2 248 | Protein NUCLEAR FUSION DEFECTIVE like |
| CEY00_Acc27615 | 37.552 776 | 10.046 074 | 1.902 3 | 0.026 264 | 0.192 32 | LG24 | 10224788 | 10226971 | 2 184 | Caffeoylshikimate esterase |
| CEY00_Acc27619 | 289.259 55 | 26.129 625 | 3.468 6 | 0.003 641 3 | 0.048 352 | LG24 | 10292505 | 10297707 | 1 350 | LRR receptor-like serine/threonine-protein kinase |

（续）

| 基因 ID | miR160VS1 序列/条 | CK1 序列/条 | $log_2FC$ | $P$ 值 | FDR | 染色体 | 起始位点 | 终止位点 | 长度/bp | 基因描述 |
|---|---|---|---|---|---|---|---|---|---|---|
| CEY00 _ Acc27630 | 3 137.702 8 | 646.785 81 | 2.278 3 | $4.54\times10^{-6}$ | 0.000 287 8 | LG24 | 10447366 | 10451169 | 3 062 | Thrombospondin type-1 domain-containing protein |
| CEY00 _ Acc27636 | 4 318.234 1 | 115.433 28 | 5.225 3 | 0.001 779 | 0.029 216 | LG24 | 10562402 | 10563403 | 1 002 | VPS10 2 like |
| CEY00 _ Acc27637 | 3.363 911 5 | 24.512 281 | −2.865 3 | 0.021 918 | 0.171 05 | LG24 | 10568982 | 10572630 | 1 757 | Protein IQ-DOMAIN like |
| CEY00 _ Acc27652 | 10.152 279 | 40.558 773 | −1.998 2 | 0.026 731 | 0.194 49 | LG24 | 10798109 | 10805858 | 1 404 | HAD-superfamily hydrolase, subfamily ⅡA, CECR5 protein |
| CEY00 _ Acc27675 | 6.280 834 5 | 0.238 549 | 4.718 6 | 0.044 996 | 0.269 99 | LG24 | 11103318 | 11105352 | 2 035 | Exocyst complex component EXO70A1 like |
| CEY00 _ Acc27677 | 2 583.904 7 | 516.681 39 | 2.322 2 | $1.86\times10^{-5}$ | 0.000 890 9 | LG24 | 11135997 | 11139228 | 1 358 | Caffeoylshikimate esterase |
| CEY00 _ Acc27683 | 826.410 04 | 2 576.800 9 | −1.640 7 | 0.001 548 5 | 0.026 356 | LG24 | 11196227 | 11206807 | 2 096 | Beta-hexosaminidase |
| CEY00 _ Acc27686 | 642.382 67 | 315.829 15 | 1.024 3 | 0.035 548 | 0.233 03 | LG24 | 11230957 | 11234867 | 1 228 | 60S ribosomal protein like |
| CEY00 _ Acc27687 | 1 825.427 7 | 638.112 9 | 1.516 4 | 0.000 968 | 0.018 859 | LG24 | 11239267 | 11253076 | 5 343 | ABC transporter B family member 20 like |
| CEY00 _ Acc27691 | 113.141 71 | 5.810 512 5 | 4.283 3 | 0.013 664 | 0.123 63 | LG24 | 11312018 | 11312877 | 860 | Zinc finger protein |
| CEY00 _ Acc27699 | 26.113 347 | 2.812 496 3 | 3.214 9 | 0.018 28 | 0.151 61 | LG24 | 11395851 | 11396589 | 739 | Histone H4 variant like |
| CEY00 _ Acc27702 | 339.247 63 | 19.926 145 | 4.089 6 | 0.001 750 7 | 0.028 866 | LG24 | 11442592 | 11443588 | 997 | Protein unc-13 4B like |
| CEY00 _ Acc27719 | 599.584 19 | 44.915 594 | 3.738 7 | 0.012 415 | 0.116 57 | LG24 | 11623493 | 11625990 | 732 | Elicitor-responsive protein |
| CEY00 _ Acc27725 | 812.825 15 | 292.187 47 | 1.476 1 | 0.002 038 2 | 0.031 986 | LG24 | 11675659 | 11677788 | 2 130 | Scarecrow-like protein |
| CEY00 _ Acc27730 | 32.959 049 | 418.096 4 | −3.665 1 | $2.42\times10^{-9}$ | $5.13\times10^{-7}$ | LG24 | 11758903 | 11760544 | 1 642 | Aspartic proteinase |

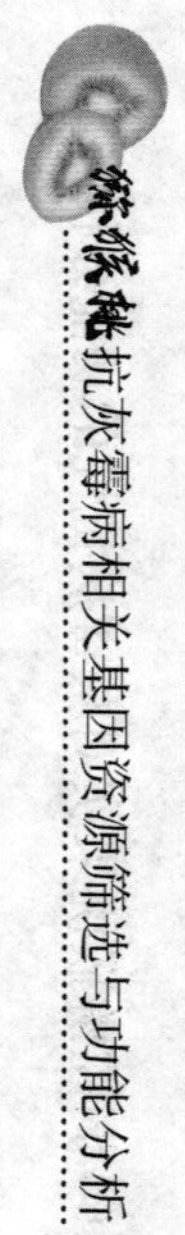




（续）

| 基因 ID | miR160VS1 序列/条 | CK1 序列/条 | $log_2FC$ | $P$ 值 | FDR | 染色体 | 起始位点 | 终止位点 | 长度/bp | 基因描述 |
|---|---|---|---|---|---|---|---|---|---|---|
| CEY00 _ Acc27731 | 835.060 53 | 353.660 6 | 1.239 5 | 0.021 142 | 0.167 21 | LG24 | 11773331 | 11775194 | 1 526 | E3 ubiquitin-protein like |
| CEY00 _ Acc27749 | 2 902.046 3 | 200.475 54 | 3.855 6 | $2.24\times10^{-5}$ | 0.001 030 1 | LG24 | 11988349 | 11992197 | 2 223 | Wall-associated receptor kinase-like |
| CEY00 _ Acc27767 | 860.084 36 | 66.902 286 | 3.684 4 | $6.22\times10^{-7}$ | $5.76\times10^{-5}$ | LG24 | 12185090 | 12186918 | 1 643 | 7-deoxyloganetic acid glucosyltransferase |
| CEY00 _ Acc27772 | 637.945 61 | 37.891 748 | 4.073 5 | 0.036 605 | 0.237 31 | LG24 | 12217862 | 12218563 | 702 | Alpha crystallin/Hsp20 domain protein |
| CEY00 _ Acc27776 | 57.764 567 | 213.535 69 | −1.886 2 | 0.000 602 6 | 0.013 167 | LG24 | 12272123 | 12273269 | 1 147 | Legume lectin domain protein |
| CEY00 _ Acc27786 | 11.139 48 | 91.434 518 | −3.037 1 | $1.57\times10^{-5}$ | 0.000 776 | LG24 | 12350593 | 12352681 | 1 492 | Transcription factor DIVARICATA like |
| CEY00 _ Acc27791 | 24.658 478 | 2.235 958 7 | 3.463 1 | 0.003 833 3 | 0.050 236 | LG24 | 12469648 | 12471266 | 1 619 | Transferase protein |
| CEY00 _ Acc27795 | 2 001.114 2 | 87.087 337 | 4.522 2 | $1.42\times10^{-6}$ | 0.000 114 2 | LG24 | 12508734 | 12510661 | 1 153 | Aquaporin PIP1-4 like |
| CEY00 _ Acc27799 | 13.361 219 | 54.809 712 | −2.036 4 | 0.009 898 2 | 0.099 356 | LG24 | 12553804 | 12560462 | 1 985 | Myosin-5 like |
| CEY00 _ Acc27806 | 28.186 899 | 76.567 277 | −1.441 7 | 0.026 778 | 0.194 64 | LG24 | 12625047 | 12628935 | 787 | Protein yippee-like |
| CEY00 _ Acc27814 | 279.883 94 | 120.951 69 | 1.210 4 | 0.011 915 | 0.113 09 | LG24 | 12705777 | 12711485 | 2 689 | Serine/threonine-protein kinase dyrk2 |
| CEY00 _ Acc27815 | 25.060 788 | 2.096 849 3 | 3.579 1 | 0.000 548 1 | 0.012 24 | LG24 | 12727333 | 12732031 | 1 320 | hypothetical protein |
| CEY00 _ Acc27829 | 3 333.007 9 | 724.993 51 | 2.200 8 | $1.17\times10^{-5}$ | 0.000 607 2 | LG24 | 12871542 | 12878683 | 2 603 | Inactive receptor-like protein kinase |
| CEY00 _ Acc27838 | 17.142 248 | 2.297 095 | 2.899 7 | 0.028 083 | 0.200 6 | LG24 | 12972277 | 12973793 | 841 | Abscisic acid receptor like |
| CEY00 _ Acc27844 | 15.602 489 | 105.154 67 | −2.752 7 | 0.000 154 7 | 0.004 63 | LG24 | 13039310 | 13043534 | 1 246 | Pyruvate carboxylase subunit B like |
| CEY00 _ Acc27859 | 53.717 416 | 8.818 707 | 2.606 8 | 0.001 437 7 | 0.025 009 | LG24 | 13176090 | 13177965 | 1 876 | Adenine/guanine permease |
| CEY00 _ Acc27863 | 2 824.459 6 | 6 333.065 2 | −1.164 9 | 0.014 579 | 0.130 06 | LG24 | 13219258 | 13226366 | 1 561 | Alpha-galactosidase |

（续）

| 基因 ID | miR160VS1 序列/条 | CK1 序列/条 | $log_2FC$ | *P* 值 | FDR | 染色体 | 起始位点 | 终止位点 | 长度/bp | 基因描述 |
|---|---|---|---|---|---|---|---|---|---|---|
| CEY00_Acc27865 | 58.157 283 | 201.717 11 | −1.794 3 | 0.003 205 9 | 0.044 515 | LG24 | 13257931 | 13262821 | 898 | Superoxide dismutase |
| CEY00_Acc27867 | 508.450 59 | 2 266.578 8 | −2.156 3 | 0.022 309 | 0.173 23 | LG24 | 13274847 | 13276791 | 1 239 | Expansin-A8 like |
| CEY00_Acc27868 | 20 062.302 | 43 809.198 | −1.126 7 | 0.029 534 | 0.206 79 | LG24 | 13283124 | 13284894 | 1 248 | Expansin-A8 like |
| CEY00_Acc27875 | 1 052.901 8 | 293.155 67 | 1.844 6 | 0.008 799 8 | 0.091 747 | LG24 | 13325682 | 13330566 | 1 286 | hypothetical protein |
| CEY00_Acc27878 | 73.622 617 | 2.624 039 2 | 4.810 3 | 0.020 253 | 0.162 37 | LG24 | 13384363 | 13388762 | 1 056 | WRKY transcription factor |
| CEY00_Acc27881 | 134.091 | 63.911 389 | 1.069 1 | 0.043 69 | 0.265 05 | LG24 | 13411523 | 13414709 | 890 | RNA-binding protein EIF1AD |
| CEY00_Acc27882 | 53.273 947 | 8.552 276 9 | 2.639 | 0.003 442 7 | 0.046 661 | LG24 | 13415422 | 13420619 | 4 822 | Protein ENHANCED DISEASE RESISTANCE like |
| CEY00_Acc27884 | 15.730 398 | 2.077 697 6 | 2.920 5 | 0.038 908 | 0.246 79 | LG24 | 13467683 | 13470592 | 1 019 | Methylesterase |
| CEY00_Acc27886 | 78.510 842 | 289.160 6 | −1.880 9 | 0.001 848 9 | 0.029 93 | LG24 | 13481033 | 13485977 | 1 371 | ABC transporter Ⅰ family member 6 like |
| CEY00_Acc27893 | 33.246 744 | 114.783 63 | −1.787 6 | 0.001 006 6 | 0.019 362 | LG24 | 13556283 | 13558527 | 844 | Pterin-4-alpha-carbinolamine dehydratase |
| CEY00_Acc27909 | 212.844 6 | 70.304 854 | 1.598 1 | 0.005 866 7 | 0.068 918 | LG24 | 13727539 | 13728564 | 1 026 | Ethylene-responsive transcription factor 2 like |
| CEY00_Acc27910 | 65.797 01 | 16.993 447 | 1.953 | 0.003 277 4 | 0.045 145 | LG24 | 13743059 | 13744272 | 1 214 | Ethylene-responsive transcription factor 5 like |
| CEY00_Acc27912 | 145.750 96 | 22.261 922 | 2.710 9 | 0.000 835 | 0.016 873 | LG24 | 13754579 | 13755425 | 847 | Ethylene-responsive transcription factor |

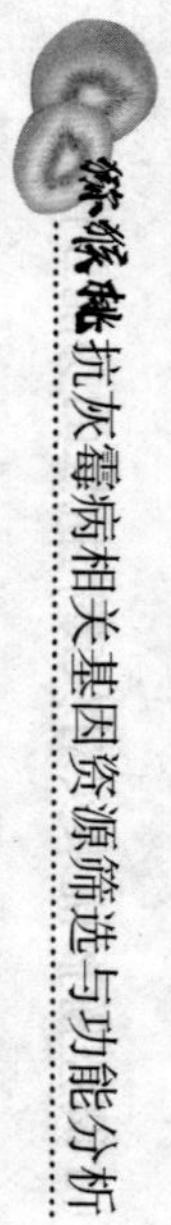




（续）

| 基因 ID | miR160VS1 序列/条 | CK1 序列/条 | $log_2FC$ | *P* 值 | FDR | 染色体 | 起始位点 | 终止位点 | 长度/bp | 基因描述 |
|---|---|---|---|---|---|---|---|---|---|---|
| CEY00 _ Acc27918 | 334.487 78 | 12.850 707 | 4.702 | $2.84\times10^{-9}$ | $5.88\times10^{-7}$ | LG24 | 13821449 | 13822934 | 1 486 | F-box protein |
| CEY00 _ Acc27925 | 62.972 854 | 1.908 392 2 | 5.044 3 | $6.65\times10^{-8}$ | $8.75\times10^{-6}$ | LG24 | 13888426 | 13890993 | 1 724 | Hexose carrier protein |
| CEY00 _ Acc27926 | 96.071 245 | 0.715 647 1 | 7.068 7 | 0.002 880 5 | 0.041 | LG24 | 13894892 | 13898324 | 1 783 | Hexose carrier protein |
| CEY00 _ Acc27941 | 50.598 435 | 7.213 681 7 | 2.810 3 | 0.000 199 | 0.005 604 8 | LG24 | 14015901 | 14018295 | 1 779 | F-box protein |
| CEY00 _ Acc27953 | 14.876 231 | 0.238 549 | 5.962 6 | 0.004 407 2 | 0.055 545 | LG24 | 14149612 | 14155847 | 4 446 | Trehalose-phosphate phosphatase |
| CEY00 _ Acc27960 | 518.639 21 | 211.955 23 | 1.291 | 0.034 449 | 0.228 6 | LG24 | 14216288 | 14217087 | 800 | Pectinesterase inhibitor domain protein |
| CEY00 _ Acc27965 | 110.792 69 | 664.387 91 | −2.584 2 | $5.97\times10^{-6}$ | 0.000 355 1 | LG24 | 14244653 | 14253797 | 2 742 | Pentatricopeptide repeat-containing protein |
| CEY00 _ Acc27972 | 36.971 551 | 8.371 926 9 | 2.142 8 | 0.015 132 | 0.133 34 | LG24 | 14325529 | 14328999 | 997 | Chloride conductance regulatory protein |
| CEY00 _ Acc27974 | 305.755 58 | 646.959 9 | −1.081 3 | 0.049 846 | 0.287 18 | LG24 | 14334358 | 14338509 | 4 152 | Calcium-binding protein |
| CEY00 _ Acc27992 | 26.668 221 | 2.031 287 2 | 3.714 7 | 0.007 953 9 | 0.085 14 | LG24 | 14551076 | 14552812 | 1 737 | Molybdenum cofactor sulfurase |
| CEY00 _ Acc27994 | 110.871 94 | 268.992 54 | −1.278 7 | 0.031 74 | 0.217 06 | LG24 | 14559039 | 14561681 | 935 | UDP-N-acetylglucosamine-N-acetylmuramyl-pyrophosphoryl-undecaprenol N-acetylglucosamine transferase |
| CEY00 _ Acc28013 | 133.597 78 | 60.252 122 | 1.148 8 | 0.024 036 | 0.181 42 | LG24 | 14829449 | 14835345 | 1 599 | Post-GPI attachment to proteins factor 3 like |
| CEY00 _ Acc28034 | 70.785 825 | 18.987 676 | 1.898 4 | 0.026 185 | 0.192 | LG24 | 14998796 | 15005245 | 3 359 | Homeobox-leucine zipper protein like |

（续）

| 基因 ID | miR160VS1 序列/条 | CK1 序列/条 | $log_2FC$ | $P$ 值 | FDR | 染色体 | 起始位点 | 终止位点 | 长度/bp | 基因描述 |
|---|---|---|---|---|---|---|---|---|---|---|
| CEY00_Acc28036 | 194.652 6 | 88.579 576 | 1.135 9 | 0.044 675 | 0.268 65 | LG24 | 15013538 | 15020104 | 2 117 | E3 ubiquitin-protein like |
| CEY00_Acc28046 | 15.322 016 | 2.000 346 9 | 2.937 3 | 0.029 069 | 0.204 71 | LG24 | 15085179 | 15098249 | 2 492 | Flap endonuclease GEN-like |
| CEY00_Acc28052 | 1 458.974 8 | 3 659.656 8 | −1.326 8 | 0.005 819 6 | 0.068 514 | LG24 | 15138261 | 15142229 | 1 053 | Remorin like |
| CEY00_Acc28058 | 49.241 604 | 9.111 029 4 | 2.434 2 | 0.002 175 4 | 0.033 454 | LG24 | 15196944 | 15203668 | 1 789 | O-glucosyltransferase |
| CEY00_Acc28062 | 115.533 4 | 287.543 36 | −1.315 5 | 0.022 847 | 0.175 88 | LG24 | 15227424 | 15230567 | 1 623 | Tubulin beta-8 chain |
| CEY00_Acc28063 | 6 192.055 1 | 1 098.600 8 | 2.494 8 | 0.026 933 | 0.195 25 | LG24 | 15230745 | 15235509 | 1 787 | Oxalate-CoA ligase |
| CEY00_Acc28069 | 275.973 61 | 648.334 49 | −1.232 2 | 0.026 891 | 0.195 13 | LG24 | 15328729 | 15335730 | 3 181 | DNA double-strand break repair Rad50 ATPase |
| CEY00_Acc28077 | 1 024.629 2 | 116.102 13 | 3.141 6 | $3.96\times10^{-8}$ | $5.67\times10^{-6}$ | LG24 | 15401819 | 15402740 | 922 | Ethylene-responsive transcription factor |
| CEY00_Acc28084 | 40.092 391 | 4.262 942 1 | 3.233 4 | 0.000 161 1 | 0.004 773 9 | LG24 | 15479489 | 15482187 | 680 | Transmembrane protease |
| CEY00_Acc28092 | 18.851 64 | 0 | — | 0.002 470 9 | 0.036 628 | LG24 | 15559598 | 15560974 | 969 | Expansin-like like |
| CEY00_Acc28098 | 418.316 62 | 193.768 11 | 1.110 3 | 0.023 276 | 0.178 06 | LG24 | 15638033 | 15641193 | 1 099 | Bax inhibitor like |
| CEY00_Acc28107 | 12.302 332 | 1.669 843 2 | 2.881 1 | 0.035 478 | 0.232 96 | LG24 | 15780938 | 15782033 | 521 | Non-specific lipid-transfer protein |
| CEY00_Acc28108 | 10 782.364 | 1 689.947 8 | 2.673 6 | $6.27\times10^{-5}$ | 0.002 308 | LG24 | 15785740 | 15787023 | 655 | Bifunctional inhibitor/plant lipid transfer protein/seed storage helical domain protein |
| CEY00_Acc28110 | 20.398 584 | 88.029 757 | −2.109 5 | 0.002 912 7 | 0.041 369 | LG24 | 15807928 | 15826871 | 1 800 | Calcineurin B-like protein |
| CEY00_Acc28115 | 3.841 573 4 | 33.655 781 | −3.131 1 | 0.000 791 9 | 0.016 312 | LG24 | 15902062 | 15910046 | 1 414 | putative plant SNARE like |

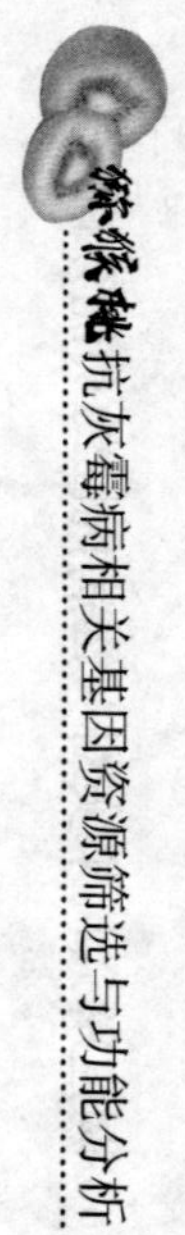


（续）

| 基因 ID | miR160VS1 序列/条 | CK1 序列/条 | $\log_2 FC$ | $P$ 值 | FDR | 染色体 | 起始位点 | 终止位点 | 长度/bp | 基因描述 |
|---|---|---|---|---|---|---|---|---|---|---|
| CEY00_Acc28118 | 623.128 66 | 3 261.485 3 | −2.387 9 | $6.91\times10^{-6}$ | 0.000 397 5 | LG24 | 15932333 | 15935251 | 1 707 | Beta-amylase |
| CEY00_Acc28120 | 197.410 4 | 622.609 85 | −1.657 1 | 0.005 860 3 | 0.068 871 | LG24 | 16043127 | 16045261 | 1 006 | hypothetical protein |
| CEY00_Acc28121 | 244.971 4 | 52.956 621 | 2.209 7 | 0.002 882 6 | 0.041 012 | LG24 | 16066274 | 16068152 | 1 558 | BOI-related E3 ubiquitin-protein like |
| CEY00_Acc28129 | 614.848 34 | 109.960 71 | 2.483 2 | $2.1\times10^{-6}$ | 0.000 155 | LG24 | 16203535 | 16206970 | 1 150 | Haloacid dehalogenase-like hydrolase domain-containing protein |
| CEY00_Acc28130 | 1 776.636 8 | 33.019 083 | 5.749 7 | 0.003 275 3 | 0.045 135 | LG24 | 16219093 | 16223319 | 1 036 | Expansin-like |
| CEY00_Acc28136 | 2 117.309 3 | 4 587.125 3 | −1.115 4 | 0.028 665 | 0.203 | LG24 | 16304910 | 16315401 | 5 823 | Type Ⅰ inositol polyphosphate 5-phosphatase |
| CEY00_Acc28151 | 2 531.915 9 | 219.461 47 | 3.528 2 | $3.26\times10^{-6}$ | 0.000 218 2 | LG24 | 16509834 | 16512385 | 2 552 | Transcription factor like |
| CEY00_Acc28154 | 1 451.667 7 | 135.167 79 | 3.424 9 | 0.000 943 1 | 0.018 532 | LG24 | 16565480 | 16566534 | 1 055 | Spastin like |
| CEY00_Acc28158 | 25.577 111 | 100.838 9 | −1.979 1 | 0.019 423 | 0.157 44 | LG24 | 16611799 | 16613477 | 1 679 | E3 ubiquitin-protein like |
| CEY00_Acc28160 | 129.169 88 | 316.371 41 | −1.292 3 | 0.030 508 | 0.211 57 | LG24 | 16633300 | 16637995 | 2 200 | Zinc finger CCCH domain-containing protein |
| CEY00_Acc28161 | 98.305 698 | 196.629 43 | −1.000 1 | 0.028 717 | 0.203 21 | LG24 | 16639153 | 16640084 | 818 | 14-3-3-like protein GF14 lambda |
| CEY00_Acc28162 | 893.226 88 | 1 822.606 2 | −1.028 9 | 0.048 981 | 0.285 42 | LG24 | 16645124 | 16648264 | 1 131 | Cinnamoyl-CoA reductase-like |
| CEY00_Acc28169 | 1 439.477 9 | 647.140 94 | 1.153 4 | 0.009 548 7 | 0.097 033 | LG24 | 16748693 | 16762220 | 2 512 | E3 ubiquitin-protein like |
| CEY00_Acc28180 | 52.176 454 | 145.190 92 | −1.476 5 | 0.017 604 | 0.147 91 | LG24 | 16896125 | 16899161 | 3 037 | Calcium-binding protein |
| CEY00_Acc28194 | 3 910.834 8 | 331.688 43 | 3.559 6 | $9.41\times10^{-5}$ | 0.003 133 4 | LG24 | 17071571 | 17076071 | 1 570 | Beta-amyrin 28-oxidase |
| CEY00_Acc28223 | 42.221 764 | 0.923 255 8 | 5.515 1 | $1.37\times10^{-7}$ | $1.63\times10^{-5}$ | LG24 | 17481104 | 17484830 | 1 777 | Ankyrin repeat-containing protein |

（续）

| 基因 ID | miR160VS1 序列/条 | CK1 序列/条 | $log_2FC$ | *P* 值 | FDR | 染色体 | 起始位点 | 终止位点 | 长度/bp | 基因描述 |
|---|---|---|---|---|---|---|---|---|---|---|
| CEY00_Acc28224 | 180.123 52 | 13.120 196 | 3.779 1 | 0.000 247 9 | 0.006 657 5 | LG24 | 17493924 | 17497955 | 1 740 | Ankyrin repeat-containing protein |
| CEY00_Acc28227 | 53.820 578 | 141.484 92 | −1.394 4 | 0.015 557 | 0.135 85 | LG24 | 17523610 | 17536845 | 1 354 | Omega-amidase |
| CEY00_Acc28229 | 41.060 517 | 134.667 34 | −1.713 6 | 0.003 644 | 0.048 352 | LG24 | 17565448 | 17573341 | 3 892 | Mechanosensitive ion channel protein |
| CEY00_Acc28233 | 50.552 297 | 117.014 86 | −1.210 8 | 0.027 362 | 0.197 25 | LG24 | 17606019 | 17612358 | 952 | NAD(P)H-quinone oxidoreductase subunit U like |
| CEY00_Acc28238 | 22.300 842 | 5.044 029 3 | 2.144 4 | 0.037 281 | 0.239 98 | LG24 | 17681445 | 17690695 | 1 251 | YlmG protein |
| CEY00_Acc28247 | 178.630 99 | 372.175 83 | −1.059 | 0.049 428 | 0.286 75 | LG25 | 2025153 | 2040494 | 914 | Protein FATTY ACID EXPORT 2 like |
| CEY00_Acc28248 | 53.802 306 | 117.527 79 | −1.127 3 | 0.025 795 | 0.190 42 | LG25 | 2747291 | 2775006 | 1 630 | Histidine-tRNA ligase |
| CEY00_Acc28253 | 150.309 47 | 422.569 71 | −1.491 3 | 0.007 808 5 | 0.083 994 | LG25 | 2431485 | 2479702 | 4 879 | Myosin-1 like |
| CEY00_Acc28256 | 365.708 35 | 34.762 229 | 3.395 1 | 0.001 582 9 | 0.026 79 | LG25 | 2539973 | 2544350 | 3 130 | Transmembrane protein like |
| CEY00_Acc28268 | 29.139 414 | 94.775 028 | −1.701 5 | 0.012 127 | 0.114 52 | LG25 | 3124484 | 3192273 | 3 426 | Uridine-cytidine kinase |
| CEY00_Acc28307 | 7 347.542 4 | 2 072.902 8 | 1.825 6 | 0.049 445 | 0.286 8 | LG25 | 3997961 | 4005809 | 2 168 | Nucleolin like |
| CEY00_Acc28311 | 451.515 95 | 178.575 75 | 1.338 2 | 0.030 813 | 0.212 93 | LG25 | 4286511 | 4303455 | 3 502 | Tricalbin-3 like |
| CEY00_Acc28340 | 496.486 02 | 36.897 748 | 3.750 1 | $1.42\times10^{-11}$ | $5.84\times10^{-9}$ | LG25 | 340222 | 344621 | 1 076 | D-galacturonate reductase |
| CEY00_Acc28341 | 6.531 035 8 | 23.923 414 | −1.873 | 0.024 967 | 0.186 14 | LG25 | 415466 | 420070 | 977 | Non-functional NADPH-dependent codeinone reductase |

（续）

| 基因 ID | miR160VS1 序列/条 | CK1 序列/条 | $log_2FC$ | *P* 值 | FDR | 染色体 | 起始位点 | 终止位点 | 长度/bp | 基因描述 |
|---|---|---|---|---|---|---|---|---|---|---|
| CEY00_Acc28355 | 277.900 69 | 82.720 164 | 1.748 3 | 0.020 758 | 0.165 35 | LG25 | 1594444 | 1613833 | 1 980 | Aldo-keto reductase family 4 member like |
| CEY00_Acc28361 | 1 319.038 2 | 63.776 436 | 4.370 3 | 0.000 990 7 | 0.019 182 | LG25 | 6181085 | 6182529 | 1 445 | U-box domain-containing protein |
| CEY00_Acc28364 | 1 253.201 1 | 68.500 357 | 4.193 4 | 0.000 948 9 | 0.018 59 | LG25 | 6286885 | 6289490 | 2 606 | G-type lectin S-receptor-like serine/threonine-protein kinase |
| CEY00_Acc28372 | 9.094 595 2 | 29.583 029 | −1.701 7 | 0.049 295 | 0.286 43 | LG25 | 6619631 | 6634912 | 6 168 | RNA-dependent RNA polymerase |
| CEY00_Acc28389 | 251.129 5 | 21.321 003 | 3.558 1 | 0.018 992 | 0.155 33 | LG25 | 7029388 | 7033059 | 2 182 | Inactive receptor kinase precursor |
| CEY00_Acc28404 | 297.228 12 | 1 472.290 7 | −2.308 4 | $7.46\times10^{-6}$ | 0.000 421 4 | LG25 | 7351566 | 7353653 | 2 088 | DELLA protein |
| CEY00_Acc28418 | 1 004.825 6 | 422.337 43 | 1.250 5 | 0.005 969 | 0.069 7 | LG25 | 7769337 | 7784219 | 4 743 | Mitogen-activated protein kinase |
| CEY00_Acc28424 | 144.528 07 | 25.011 049 | 2.530 7 | 0.000 111 9 | 0.003 584 1 | LG25 | 7992404 | 7993693 | 1 290 | Glycoprotein gp2 precursor |
| CEY00_Acc28426 | 3 303.153 5 | 1 486.566 | 1.151 9 | 0.007 614 8 | 0.082 504 | LG25 | 8063166 | 8074562 | 6 487 | 1-phosphatidylinositol-3-phosphate 5-kinase |
| CEY00_Acc28427 | 16.029 144 | 1.877 451 9 | 3.093 8 | 0.013 644 | 0.123 55 | LG25 | 8075336 | 8078686 | 1 089 | Protein of unknown function DUF4228, plant protein |
| CEY00_Acc28438 | 2 292.638 4 | 7 786.589 8 | −1.764 | 0.017 577 | 0.147 8 | LG25 | 8365175 | 8366566 | 1 392 | hypothetical protein |
| CEY00_Acc28440 | 1 736.954 2 | 202.657 85 | 3.099 4 | $3.25\times10^{-5}$ | 0.001 371 2 | LG25 | 8396618 | 8397982 | 1 365 | Ribose-5-phosphate isomerase |
| CEY00_Acc28442 | 13.287 526 | 74.516 472 | −2.487 5 | 0.000 887 2 | 0.017 708 | LG25 | 8430361 | 8435937 | 2 263 | Repressor of RNA polymerase Ⅲ transcription like |
| CEY00_Acc28452 | 21.510 028 | 3.617 160 9 | 2.572 1 | 0.020 761 | 0.165 35 | LG25 | 8567309 | 8581900 | 1 646 | Protein DETOXIFICATION like |

（续）

| 基因 ID | miR160VS1序列/条 | CK1 序列/条 | $log_2$FC | *P* 值 | FDR | 染色体 | 起始位点 | 终止位点 | 长度/bp | 基因描述 |
|---|---|---|---|---|---|---|---|---|---|---|
| CEY00_Acc28456 | 337.066 | 63.093 204 | 2.417 5 | $4.43\times10^{-5}$ | 0.001 754 4 | LG25 | 8641559 | 8656807 | 3 718 | CDP-diacylglycerol-serine O-phosphatidyltransferase |
| CEY00_Acc28459 | 62.539 415 | 16.117 969 | 1.956 1 | 0.023 954 | 0.181 2 | LG25 | 8696610 | 8706224 | 3 656 | Transcription factor like |
| CEY00_Acc28463 | 182.252 83 | 40.730 719 | 2.161 8 | 0.014 311 | 0.128 24 | LG25 | 8803775 | 8809435 | 1 874 | Amino-acid permease |
| CEY00_Acc28467 | 1 345.891 9 | 66.073 531 | 4.348 3 | 0.002 062 1 | 0.032 27 | LG25 | 8837440 | 8838146 | 707 | Transcriptional repressor NrdR like |
| CEY00_Acc28469 | 58.001 053 | 2.624 039 2 | 4.466 2 | 0.009 114 2 | 0.093 779 | LG25 | 8849713 | 8854342 | 1 801 | Lipid phosphate phosphatase |
| CEY00_Acc28472 | 412.476 48 | 33.188 523 | 3.635 6 | $5.52\times10^{-6}$ | 0.000 336 1 | LG25 | 8898783 | 8904507 | 2 366 | Lamin-L(Ⅲ) like |
| CEY00_Acc28480 | 23.397 934 | 4.725 192 3 | 2.307 9 | 0.045 961 | 0.273 39 | LG25 | 8991651 | 8994566 | 2 370 | Leaf rust 10 disease-resistance locus receptor-like protein kinase |
| CEY00_Acc28483 | 719.773 87 | 80.326 541 | 3.163 6 | 0.013 259 | 0.121 55 | LG25 | 9039248 | 9044067 | 1 651 | Glycosyl transferase, family 14 protein |
| CEY00_Acc28487 | 0.768 074 | 95.785 937 | −6.962 4 | $2.15\times10^{-11}$ | $8.21\times10^{-9}$ | LG25 | 9094683 | 9095551 | 869 | Zinc finger protein |
| CEY00_Acc28490 | 67.220 347 | 5.686 873 3 | 3.563 2 | 0.001 871 3 | 0.030 188 | LG25 | 9147349 | 9148378 | 1 030 | Nucleoporin like |
| CEY00_Acc28496 | 128.464 9 | 350.150 29 | −1.446 6 | 0.004 175 2 | 0.053 627 | LG25 | 9221568 | 9224519 | 1 239 | Endonuclease |
| CEY00_Acc28498 | 199.654 93 | 25.296 753 | 2.980 5 | $2.18\times10^{-7}$ | $2.39\times10^{-5}$ | LG25 | 9257230 | 9257987 | 758 | VQ motif-containing protein |
| CEY00_Acc28506 | 50.114 902 | 104.495 97 | −1.060 1 | 0.046 31 | 0.274 82 | LG25 | 9371019 | 9372925 | 793 | Ribulose bisphosphate carboxylase small chain 6 like |
| CEY00_Acc28513 | 223.882 29 | 46.121 467 | 2.279 2 | $1.94\times10^{-5}$ | 0.000 923 9 | LG25 | 9459748 | 9462267 | 2 520 | Ethylene-responsive transcription factor |

（续）

| 基因 ID | miR160VS1 序列/条 | CK1 序列/条 | $log_2FC$ | *P* 值 | FDR | 染色体 | 起始位点 | 终止位点 | 长度/bp | 基因描述 |
|---|---|---|---|---|---|---|---|---|---|---|
| CEY00 _ Acc28514 | 252. 729 32 | 13. 250 454 | 4. 253 5 | $2.31\times10^{-12}$ | $1.23\times10^{-9}$ | LG25 | 9485760 | 9486254 | 495 | NRR repressor like |
| CEY00 _ Acc28515 | 422. 705 21 | 56. 357 73 | 2. 907 | 0. 000 116 2 | 0. 003 688 7 | LG25 | 9492168 | 9492895 | 728 | Calmodulin-regulated spectrin-associated protein |
| CEY00 _ Acc28520 | 917. 107 18 | 434. 244 83 | 1. 078 6 | 0. 048 94 | 0. 285 28 | LG25 | 9618922 | 9625097 | 2 706 | DUF724 domain-containing protein |
| CEY00 _ Acc28523 | 76. 036 129 | 2. 116 000 9 | 5. 167 3 | $6.27\times10^{-10}$ | $1.56\times10^{-7}$ | LG25 | 9658137 | 9660721 | 1 746 | IST1 like |
| CEY00 _ Acc28538 | 838. 143 49 | 83. 226 131 | 3. 332 1 | $1.9\times10^{-9}$ | $4.17\times10^{-7}$ | LG25 | 9849289 | 9852193 | 1 520 | Myb family transcription factor EFM like |
| CEY00 _ Acc28540 | 847. 838 6 | 171. 955 48 | 2. 301 8 | $1.06\times10^{-5}$ | 0. 000 564 9 | LG25 | 9896476 | 9897977 | 1 502 | AP2/ERF and B3 domain-containing transcription repressor like |
| CEY00 _ Acc28566 | 1 425. 146 4 | 108. 581 62 | 3. 714 3 | $2.57\times10^{-7}$ | $2.77\times10^{-5}$ | LG25 | 10460373 | 10468669 | 5 015 | Phospholipid-transporting ATPase 9 |
| CEY00 _ Acc28567 | 184. 633 65 | 8. 972 042 | 4. 363 1 | 0. 007 469 4 | 0. 081 491 | LG25 | 10469809 | 10470918 | 1 110 | Calcium-binding protein |
| CEY00 _ Acc28568 | 129. 621 91 | 42. 775 702 | 1. 599 4 | 0. 028 177 | 0. 201 06 | LG25 | 10473038 | 10479604 | 3 532 | Proline-rich receptor-like protein kinase |
| CEY00 _ Acc28572 | 528. 912 47 | 1 549. 159 7 | −1. 550 4 | 0. 002 705 | 0. 039 231 | LG25 | 10549824 | 10551446 | 1 623 | Protein FAM178B like |
| CEY00 _ Acc28583 | 1 144. 319 6 | 63. 793 582 | 4. 164 9 | 0. 000 919 8 | 0. 018 204 | LG25 | 10840239 | 10840879 | 641 | COPⅡ coat assembly protein |
| CEY00 _ Acc28587 | 26. 003 766 | 72. 980 812 | −1. 488 8 | 0. 045 651 | 0. 272 36 | LG25 | 10988707 | 10994741 | 4 019 | Pentatricopeptide repeat-containing protein |
| CEY00 _ Acc28591 | 338. 221 43 | 135. 252 55 | 1. 322 3 | 0. 011 087 | 0. 107 74 | LG25 | 11037179 | 11048081 | 1 624 | La protein |

（续）

| 基因 ID | miR160VS1 序列/条 | CK1 序列/条 | $log_2$FC | *P* 值 | FDR | 染色体 | 起始位点 | 终止位点 | 长度/bp | 基因描述 |
|---|---|---|---|---|---|---|---|---|---|---|
| CEY00_Acc28606 | 3.779 023 1 | 21.248 783 | −2.491 3 | 0.024 2 | 0.182 28 | LG25 | 11340039 | 11348408 | 4 601 | Carotenoid 9,10 (9',10') -cleavage dioxy-genase |
| CEY00_Acc28612 | 390.830 52 | 39.330 027 | 3.312 8 | 0.000 831 7 | 0.016 842 | LG25 | 11508652 | 11520451 | 3 936 | Homeobox-leucine zipper protein like |
| CEY00_Acc28614 | 36.460 808 | 11.639 311 | 1.647 3 | 0.038 994 | 0.247 24 | LG25 | 11536406 | 11543432 | 4 325 | Cardiomyopathy-associated protein |
| CEY00_Acc28617 | 889.409 39 | 132.938 33 | 2.742 1 | 0.000 135 1 | 0.004 175 1 | LG25 | 11581701 | 11587785 | 1 658 | Caffeoylshikimate esterase |
| CEY00_Acc28619 | 16.694 457 | 48.960 896 | −1.552 3 | 0.039 914 | 0.250 8 | LG25 | 11607812 | 11608617 | 806 | Lachrymatory-factor synthase |
| CEY00_Acc28622 | 1 997.731 9 | 41.960 184 | 5.573 2 | 0.002 119 3 | 0.032 868 | LG25 | 11632416 | 11632987 | 572 | Lachrymatory-factor synthase |
| CEY00_Acc28628 | 131.193 86 | 5.709 706 4 | 4.522 1 | 0.001 197 4 | 0.022 005 | LG25 | 11696092 | 11700267 | 3 943 | Receptor-like protein kinase |
| CEY00_Acc28630 | 366.425 3 | 18.471 03 | 4.310 2 | 0.003 291 6 | 0.045 227 | LG25 | 11726152 | 11729755 | 3 371 | Receptor-like protein kinase |
| CEY00_Acc28633 | 157.654 81 | 396.806 83 | −1.331 7 | 0.013 254 | 0.121 55 | LG25 | 11789829 | 11793197 | 1 129 | Profilin-1 like |
| CEY00_Acc28636 | 133.485 57 | 24.238 935 | 2.461 3 | 0.000 116 7 | 0.003 698 3 | LG25 | 11867495 | 11868912 | 1 418 | Zinc finger CCCH domain-containing protein |
| CEY00_Acc28660 | 0 | 32.804 581 | — | 0.008 497 3 | 0.089 272 | LG25 | 12117705 | 12119046 | 1 342 | Late embryogenesis abundant protein, LEA-14 protein |
| CEY00_Acc28661 | 9.739 574 4 | 0 | — | 0.006 252 8 | 0.072 028 | LG25 | 12160342 | 12163601 | 2 108 | Leucine-rich repeat receptor-like protein kinase precursor |
| CEY00_Acc28668 | 19.685 072 | 0.223 078 9 | 6.463 4 | 0.003 350 4 | 0.045 749 | LG25 | 12259252 | 12262355 | 2 061 | Heat shock factor protein |
| CEY00_Acc28670 | 52.454 465 | 3.578 235 3 | 3.873 7 | 0.000 137 3 | 0.004 229 5 | LG25 | 12275111 | 12279677 | 3 270 | IQ domain-containing protein |
| CEY00_Acc28680 | 25.983 031 | 86.593 211 | −1.736 7 | 0.020 966 | 0.166 38 | LG25 | 12371952 | 12381464 | 2 341 | E3 ubiquitin-protein like |

（续）

| 基因 ID | miR160VS1 序列/条 | CK1 序列/条 | $log_2FC$ | *P* 值 | FDR | 染色体 | 起始位点 | 终止位点 | 长度/bp | 基因描述 |
|---|---|---|---|---|---|---|---|---|---|---|
| CEY00_Acc28688 | 7.174 009 1 | 34.763 974 | −2.276 7 | 0.009 410 6 | 0.096 045 | LG25 | 12490802 | 12499832 | 1 001 | GREB1-like protein |
| CEY00_Acc28692 | 220.230 91 | 12.150 53 | 4.179 9 | 0.006 127 2 | 0.070 998 | LG25 | 12565264 | 12568282 | 1 595 | Abscisic acid 8'-hydroxylase |
| CEY00_Acc28694 | 659.962 81 | 322.794 04 | 1.031 8 | 0.018 367 | 0.151 93 | LG25 | 12593056 | 12605145 | 2 489 | Arabinosyltransferase |
| CEY00_Acc28696 | 170.409 33 | 24.077 493 | 2.823 2 | 0.000 870 3 | 0.017 476 | LG25 | 12609867 | 12613162 | 2 689 | Metal transport system membrane protein |
| CEY00_Acc28701 | 73.214 491 | 242.431 21 | −1.727 4 | 0.001 184 1 | 0.021 809 | LG25 | 12682017 | 12691708 | 1 409 | WAT1-related protein |
| CEY00_Acc28706 | 71.928 946 | 311.970 45 | −2.116 8 | 0.002 513 7 | 0.037 029 | LG25 | 12728275 | 12755663 | 3 422 | Alpha-glucosidase |
| CEY00_Acc28707 | 4 622.804 1 | 191.869 38 | 4.590 6 | $4.84\times10^{-8}$ | $6.78\times10^{-6}$ | LG25 | 12758347 | 12761530 | 1 348 | Ubiquinol oxidase |
| CEY00_Acc28716 | 3.332 435 7 | 22.840 409 | −2.776 9 | 0.017 428 | 0.146 98 | LG25 | 12885831 | 12893034 | 4 724 | Methyltransferase |
| CEY00_Acc28743 | 1 081.494 1 | 9 389.429 3 | −3.118 | 0.001 72 | 0.028 575 | LG25 | 13198447 | 13203587 | 1 198 | Alcohol dehydrogenase-like |
| CEY00_Acc28751 | 259.020 71 | 655.197 47 | −1.338 9 | 0.010 172 | 0.101 42 | LG25 | 13257013 | 13270595 | 2 866 | Serine/threonine-protein kinase |
| CEY00_Acc28758 | 595.775 73 | 157.187 28 | 1.922 3 | 0.018 495 | 0.152 48 | LG25 | 13334550 | 13342568 | 3 303 | WD repeat-containing protein |
| CEY00_Acc28760 | 134.954 38 | 335.456 5 | −1.313 7 | 0.021 351 | 0.168 18 | LG25 | 13363180 | 13366908 | 2 145 | Beta-amylase |
| CEY00_Acc28766 | 49.316 901 | 11.360 97 | 2.118 | 0.008 813 3 | 0.091 829 | LG25 | 13436987 | 13440562 | 1 325 | hypothetical protein |
| CEY00_Acc28771 | 13 890.084 | 1 249.575 3 | 3.474 5 | $2.05\times10^{-5}$ | 0.000 964 6 | LG25 | 13489127 | 13492073 | 1 729 | B2 protein |
| CEY00_Acc28773 | 98.108 363 | 336.784 77 | −1.779 4 | 0.000 949 6 | 0.018 593 | LG25 | 13497351 | 13506982 | 3 177 | Inactive ATP-dependent zinc metalloprotease FTSHI 1 like |
| CEY00_Acc28781 | 168.049 25 | 56.663 668 | 1.568 4 | 0.005 169 1 | 0.062 617 | LG25 | 13579529 | 13587168 | 2 026 | Long chain acyl-CoA synthetase |
| CEY00_Acc28783 | 27.974 557 | 156.509 5 | −2.484 1 | 0.000 154 1 | 0.004 621 7 | LG25 | 13622934 | 13630404 | 2 663 | Endoglucanase |

（续）

| 基因 ID | miR160VS1 序列/条 | CK1 序列/条 | $log_2FC$ | P 值 | FDR | 染色体 | 起始位点 | 终止位点 | 长度/bp | 基因描述 |
|---|---|---|---|---|---|---|---|---|---|---|
| CEY00 _ Acc28790 | 413.900 64 | 1 025.505 8 | −1.309 | 0.019 159 | 0.156 04 | LG25 | 13734012 | 13740565 | 6 005 | Leucine-rich repeat-containing protein |
| CEY00 _ Acc28791 | 18.301 489 | 4.609 660 2 | 1.989 2 | 0.037 349 | 0.240 33 | LG25 | 13760165 | 13761870 | 1 706 | Transcriptional activator like |
| CEY00 _ Acc28793 | 53.290 725 | 223.103 17 | −2.065 8 | 0.001 014 1 | 0.019 439 | LG25 | 13782370 | 13783424 | 706 | Arabinogalactan peptide 20 like |
| CEY00 _ Acc28794 | 17.980 403 | 4.270 927 4 | 2.073 8 | 0.037 788 | 0.242 3 | LG25 | 13783969 | 13786673 | 643 | Cx9C motif-containing protein |
| CEY00 _ Acc28795 | 94.864 572 | 8.733 492 9 | 3.441 2 | 0.013 603 | 0.123 44 | LG25 | 13787560 | 13788689 | 781 | Umecyanin like |
| CEY00 _ Acc28819 | 122.048 66 | 3.324 216 2 | 5.198 3 | 0.003 472 1 | 0.046 961 | LG25 | 13995644 | 13996931 | 1 013 | WRKY transcription factor |
| CEY00 _ Acc28823 | 73.904 349 | 23.411 938 | 1.658 4 | 0.008 883 6 | 0.092 298 | LG25 | 14036696 | 14041010 | 1 380 | Mitogen-activated protein kinase |
| CEY00 _ Acc28826 | 123.448 27 | 50.231 196 | 1.297 3 | 0.043 414 | 0.263 87 | LG25 | 14062556 | 14063488 | 933 | E3 ubiquitin-protein like |
| CEY00 _ Acc28829 | 201.942 96 | 609.803 28 | −1.594 4 | 0.021 097 | 0.167 02 | LG25 | 14090823 | 14096583 | 3 565 | E3 ubiquitin-protein ligase RHB1A |
| CEY00 _ Acc28841 | 12 798.7 | 2 869.57 | 2.157 1 | $3.21\times10^{-5}$ | 0.001 358 3 | LG25 | 14206656 | 14210621 | 927 | Phospholipid hydroperoxide glutathione peroxidase |
| CEY00 _ Acc28842 | 10.923 562 | 28.767 942 | −1.397 | 0.047 977 | 0.281 26 | LG25 | 14223412 | 14224956 | 1 250 | Glutathione S-transferase |
| CEY00 _ Acc28846 | 66.847 909 | 26.385 511 | 1.341 1 | 0.033 239 | 0.223 77 | LG25 | 14252061 | 14255920 | 1 556 | Tubulin beta-8 chain |
| CEY00 _ Acc28848 | 1 061.090 8 | 3 623.455 5 | −1.771 8 | 0.000 331 2 | 0.008 315 1 | LG25 | 14280852 | 14283482 | 638 | Remorin like |
| CEY00 _ Acc28849 | 31.483 847 | 148.018 22 | −2.233 1 | 0.001 012 3 | 0.019 417 | LG25 | 14284140 | 14290493 | 2 791 | 30S ribosomal protein |
| CEY00 _ Acc28851 | 123.382 9 | 31.506 186 | 1.969 4 | 0.031 737 | 0.217 06 | LG25 | 14302621 | 14303563 | 943 | hypothetical protein |
| CEY00 _ Acc28854 | 542.640 56 | 170.073 12 | 1.673 8 | 0.001 004 | 0.019 337 | LG25 | 14358792 | 14359633 | 842 | Thaumatin-like protein precursor |

（续）

| 基因 ID | miR160VS1 序列/条 | CK1 序列/条 | $log_2FC$ | *P* 值 | FDR | 染色体 | 起始位点 | 终止位点 | 长度/bp | 基因描述 |
|---|---|---|---|---|---|---|---|---|---|---|
| CEY00_Acc28868 | 1 386. 297 8 | 465. 596 13 | 1. 574 1 | 0. 002 317 3 | 0. 035 046 | LG25 | 14510023 | 14521423 | 3 847 | SPX domain-containing membrane protein |
| CEY00_Acc28869 | 5 196. 997 9 | 1 481. 916 | 1. 810 2 | 0. 000 352 6 | 0. 008 726 | LG25 | 14534003 | 14539658 | 1 952 | Hydroxymethylglutaryl-CoA synthase |
| CEY00_Acc28873 | 268. 318 49 | 63. 604 762 | 2. 076 7 | 0. 012 786 | 0. 118 7 | LG25 | 14575283 | 14578177 | 1 399 | Protein STAY-GREEN like |
| CEY00_Acc28887 | 426. 946 85 | 49. 585 78 | 3. 106 1 | $3.07\times10^{-8}$ | $4.56\times10^{-6}$ | LG25 | 14689631 | 14702263 | 4 252 | Kinesin-like protein |
| CEY00_Acc28889 | 190. 687 72 | 1 038. 136 2 | −2. 444 7 | $2.5\times10^{-6}$ | 0. 000 177 3 | LG25 | 14719901 | 14721725 | 1 825 | Protein DETOXIFICATION like |
| CEY00_Acc28904 | 210. 342 99 | 429. 333 77 | −1. 029 4 | 0. 016 993 | 0. 144 25 | LG25 | 14844030 | 14854055 | 2 581 | Elongation factor G-1 like |
| CEY00_Acc28907 | 18. 654 451 | 0 | — | 0. 000 106 8 | 0. 003 455 7 | LG25 | 14869094 | 14869789 | 696 | Auxin-responsive protein |
| CEY00_Acc28914 | 9. 934 756 9 | 42. 566 443 | −2. 099 2 | 0. 020 511 | 0. 163 8 | LG25 | 14956135 | 14957946 | 1 812 | Xyloglucan galactosyltransferase |
| CEY00_Acc28922 | 15. 064 684 | 81. 000 028 | −2. 426 8 | 0. 010 604 | 0. 104 41 | LG25 | 15063458 | 15064140 | 683 | Lipid transfer protein EARLI 1 like |
| CEY00_Acc28923 | 95. 646 381 | 626. 943 29 | −2. 712 6 | $1.56\times10^{-6}$ | 0. 000 122 4 | LG25 | 15077004 | 15079540 | 2 537 | G-type lectin S-receptor-like serine/threonine-protein kinase |
| CEY00_Acc28940 | 72. 753 989 | 12. 462 504 | 2. 545 4 | 0. 044 218 | 0. 267 18 | LG25 | 15242537 | 15246841 | 3 436 | Transcription factor GAMYB like |
| CEY00_Acc28945 | 1 221. 356 7 | 449. 756 8 | 1. 441 3 | 0. 003 088 6 | 0. 043 288 | LG25 | 15304997 | 15306182 | 1 186 | Ethylene-responsive transcription factor |
| CEY00_Acc28949 | 141. 287 6 | 9. 303 411 9 | 3. 924 7 | 0. 000 607 8 | 0. 013 241 | LG25 | 16501159 | 16502896 | 1 738 | Phospholipase |
| CEY00_Acc28952 | 151. 976 97 | 33. 633 854 | 2. 175 9 | 0. 000 423 2 | 0. 010 029 | LG25 | 16466411 | 16470169 | 2 037 | Glycerol-3-phosphate transporter 4 like |

（续）

| 基因 ID | miR160VS1 序列/条 | CK1 序列/条 | $log_2FC$ | $P$ 值 | FDR | 染色体 | 起始位点 | 终止位点 | 长度/bp | 基因描述 |
|---|---|---|---|---|---|---|---|---|---|---|
| CEY00_Acc28966 | 4 895.315 7 | 21 419.705 | −2.129 5 | $6.76\times10^{-6}$ | 0.000 390 9 | LG25 | 16324193 | 16327258 | 1 926 | Beta-amylase |
| CEY00_Acc28967 | 301.051 29 | 39.302 402 | 2.937 3 | $5.84\times10^{-7}$ | $5.46\times10^{-5}$ | LG25 | 16309187 | 16311632 | 1 764 | BOI-related E3 ubiquitin-protein like |
| CEY00_Acc28974 | 2 367.776 3 | 89.516 032 | 4.725 2 | $1.23\times10^{-6}$ | 0.000 101 2 | LG25 | 16216045 | 16217474 | 1 024 | Expansin-like |
| CEY00_Acc28975 | 128.947 23 | 331.123 24 | −1.360 6 | 0.014 366 | 0.128 45 | LG25 | 16200859 | 16211921 | 2 452 | BUD13 like |
| CEY00_Acc28979 | 72.627 74 | 237.511 97 | −1.709 4 | 0.000 447 7 | 0.010 495 | LG25 | 16128604 | 16135770 | 3 594 | Two-component response regulator-like |
| CEY00_Acc28981 | 64.594 313 | 332.035 09 | −2.361 9 | 0.000 103 1 | 0.003 384 4 | LG25 | 16100365 | 16107254 | 3 055 | Type Ⅰ inositol polyphosphate 5-phosphatase |
| CEY00_Acc28982 | 4.930 732 8 | 38.623 244 | −2.969 6 | 0.002 183 7 | 0.033 534 | LG25 | 16094660 | 16098470 | 1 137 | Peroxidase |
| CEY00_Acc29001 | 43.706 158 | 100.909 55 | −1.207 2 | 0.045 245 | 0.270 99 | LG25 | 15868195 | 15869857 | 1 663 | AT-hook motif nuclear-localized protein |
| CEY00_Acc29006 | 703.415 97 | 102.048 37 | 2.785 1 | $7.13\times10^{-7}$ | $6.5\times10^{-5}$ | LG25 | 15790575 | 15793015 | 2 441 | Transcription factor like |
| CEY00_Acc29008 | 94.159 103 | 20.869 553 | 2.173 7 | 0.000 938 2 | 0.018 499 | LG25 | 15758568 | 15763270 | 2 643 | Ubiquitin carboxyl-terminal hydrolase |
| CEY00_Acc29010 | 24.307 522 | 52.706 948 | −1.116 6 | 0.034 829 | 0.230 02 | LG25 | 15744485 | 15745551 | 1 067 | hypothetical protein |
| CEY00_Acc29017 | 27.021 239 | 127.075 09 | −2.233 5 | 0.000 646 4 | 0.013 908 | LG25 | 15623260 | 15635164 | 3 970 | ABC transporter B family member 2 like |
| CEY00_Acc29025 | 0.705 924 8 | 17.708 768 | −4.648 8 | 0.004 327 8 | 0.054 859 | LG25 | 15555313 | 15557650 | 2 253 | Dolichol phosphate-mannose biosynthesis regulatory protein |

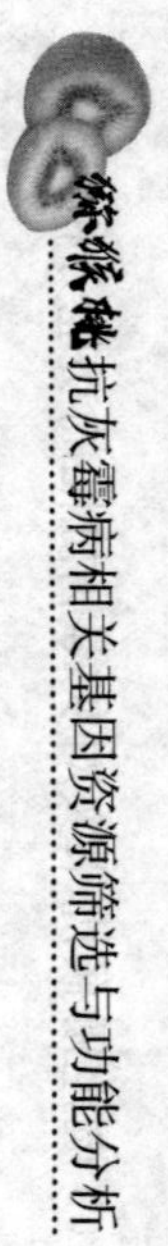


（续）

| 基因 ID | miR160VS1 序列/条 | CK1 序列/条 | $log_2FC$ | $P$ 值 | FDR | 染色体 | 起始位点 | 终止位点 | 长度/bp | 基因描述 |
|---|---|---|---|---|---|---|---|---|---|---|
| CEY00_Acc29027 | 87.820 096 | 27.744 002 | 1.662 4 | 0.036 225 | 0.235 91 | LG25 | 15522872 | 15528691 | 4 586 | Lysine-specific demethylase |
| CEY00_Acc29032 | 362.410 49 | 126.518 02 | 1.518 3 | 0.002 304 3 | 0.034 945 | LG25 | 15420189 | 15427771 | 6 027 | Cellulose synthase-like protein |
| CEY00_Acc29034 | 341.435 35 | 41.516 598 | 3.039 9 | $1.25\times10^{-5}$ | 0.000 645 1 | LG25 | 15394469 | 15403571 | 2 493 | Phosphomevalonate kinase |
| CEY00_Acc29046 | 496.485 13 | 32.417 357 | 3.936 9 | 0.000 656 5 | 0.014 069 | LG25 | 16616685 | 16617991 | 1 307 | G-type lectin S-receptor-like serine/threonine-protein kinase |
| CEY00_Acc29047 | 37.364 724 | 1.669 843 2 | 4.483 9 | $6.47\times10^{-6}$ | 0.000 379 2 | LG25 | 16624666 | 16627275 | 1 833 | Protein Smg like |
| CEY00_Acc29053 | 172.692 32 | 31.218 25 | 2.467 7 | $2.73\times10^{-5}$ | 0.001 203 2 | LG25 | 16706192 | 16708268 | 2 077 | UDP-glycosyltransferase |
| CEY00_Acc29056 | 198.122 19 | 48.076 187 | 2.043 | 0.028 506 | 0.202 37 | LG25 | 16743625 | 16750915 | 2 504 | Transmembrane protein like |
| CEY00_Acc29063 | 1 714.261 3 | 3 476.325 3 | −1.02 | 0.032 724 | 0.221 67 | LG25 | 16805351 | 16813897 | 4 277 | Cyclin-dependent kinase |
| CEY00_Acc29065 | 217.846 13 | 60.467 255 | 1.849 1 | 0.000 567 5 | 0.012 588 | LG25 | 16836704 | 16841838 | 1 946 | Leukotriene B4 receptor 1 like |
| CEY00_Acc29071 | 5 480.742 | 346.368 23 | 3.984 | 0.000 412 3 | 0.009 850 9 | LG25 | 16904208 | 16906504 | 1 173 | Ubiquinol oxidase |
| CEY00_Acc29076 | 46.666 847 | 9.110 285 2 | 2.356 8 | 0.002 129 | 0.032 948 | LG25 | 16968386 | 16970523 | 1 590 | Apolipoprotein like |
| CEY00_Acc29084 | 24.221 83 | 5.700 733 | 2.087 1 | 0.040 488 | 0.253 03 | LG25 | 17080815 | 17086648 | 1 864 | Cytochrome P450 711A1 like |
| CEY00_Acc29089 | 99.420 113 | 370.037 37 | −1.896 1 | 0.001 364 5 | 0.024 054 | LG25 | 17126952 | 17131811 | 4 416 | UDP-sulfoquinovose synthase |
| CEY00_Acc29097 | 227.340 75 | 886.570 52 | −1.963 4 | 0.000 397 6 | 0.009 606 3 | LG25 | 17197745 | 17201891 | 1 195 | Calcineurin B-like protein |
| CEY00_Acc29101 | 138.371 74 | 286.716 63 | −1.051 1 | 0.036 355 | 0.236 36 | LG25 | 17242477 | 17246141 | 930 | NADH dehydrogenase [ubiquinone] iron-sulfur protein like |
| CEY00_Acc29116 | 23.028 705 | 56.618 542 | −1.297 8 | 0.035 171 | 0.231 38 | LG25 | 17431809 | 17440928 | 2 058 | Sugar phosphatase |
| CEY00_Acc29120 | 5 675.271 4 | 1 624.901 4 | 1.804 3 | 0.000 155 1 | 0.004 635 | LG25 | 17480813 | 17486335 | 2 061 | NADP-dependent malic enzyme like |

（续）

| 基因 ID | miR160VS1 序列/条 | CK1 序列/条 | $\log_2$FC | *P* 值 | FDR | 染色体 | 起始位点 | 终止位点 | 长度/bp | 基因描述 |
|---|---|---|---|---|---|---|---|---|---|---|
| CEY00_Acc29126 | 7.299 109 8 | 25.618 201 | −1.811 4 | 0.028 649 | 0.202 93 | LG25 | 17546845 | 17547682 | 838 | Mitogen-activated protein kinase kinase kinase |
| CEY00_Acc29127 | 137.320 27 | 58.322 967 | 1.235 4 | 0.025 312 | 0.187 72 | LG25 | 17550433 | 17561543 | 2 638 | Nuclear pore complex protein |
| CEY00_Acc29150 | 8.430 084 7 | 0.238 549 | 5.143 2 | 0.013 849 | 0.124 95 | LG25 | 17991606 | 17993982 | 1 673 | Molybdate transporter like |
| CEY00_Acc29164 | 1 313.081 9 | 285.051 49 | 2.203 7 | $1.4\times10^{-5}$ | 0.000 706 4 | LG25 | 18225782 | 18229808 | 4 027 | 3-ketoacyl-CoA synthase |
| CEY00_Acc29178 | 274.336 4 | 660.699 14 | −1.268 | 0.013 258 | 0.121 55 | LG25 | 18405437 | 18415200 | 3 763 | Cellulose synthase A catalytic subunit 1 [UDP-forming] like |
| CEY00_Acc29180 | 92.650 821 | 20.482 421 | 2.177 4 | 0.006 191 | 0.071 581 | LG25 | 18443444 | 18447013 | 1 463 | Sugar phosphate/phosphate translocator like |
| CEY00_Acc29188 | 41.092 795 | 112.449 06 | −1.452 3 | 0.011 203 | 0.108 51 | LG25 | 18554125 | 18558612 | 2 538 | Centromere-associated protein like |
| CEY00_Acc29193 | 37.418 94 | 2.546 688 5 | 3.877 1 | 0.000 117 2 | 0.003 710 3 | LG25 | 18633294 | 18639367 | 2 239 | ACT domain-containing protein |
| CEY00_Acc29201 | 183.217 17 | 945.535 42 | −2.367 6 | 0.001 189 6 | 0.021 884 | LG25 | 18743278 | 18749561 | 1 964 | Chaperonin like |
| CEY00_Acc29203 | 160.575 75 | 56.289 813 | 1.512 3 | 0.010 466 | 0.103 38 | LG25 | 18788779 | 18794301 | 1 873 | Homeobox protein knotted-1-like |
| CEY00_Acc29208 | 383.947 29 | 968.905 99 | −1.335 4 | 0.014 861 | 0.131 73 | LG25 | 18870578 | 18878539 | 2 072 | Aspartate aminotransferase |
| CEY00_Acc29209 | 11.107 603 | 54.309 415 | −2.289 7 | 0.003 615 7 | 0.048 145 | LG25 | 18891246 | 18892518 | 848 | Ethylene-responsive transcription factor |
| CEY00_Acc29220 | 11.814 33 | 74.544 719 | −2.657 6 | 0.000 237 8 | 0.006 464 6 | LG25 | 19083543 | 19088164 | 1 314 | Chorismate mutase |
| CEY00_Acc29236 | 220.417 6 | 55.964 032 | 1.977 7 | 0.004 559 7 | 0.057 008 | LG25 | 19261620 | 19297387 | 2 800 | Dynamin-related protein like |
| CEY00_Acc29238 | 18.892 307 | 57.462 755 | −1.604 8 | 0.047 696 | 0.280 34 | LG25 | 19343761 | 19351004 | 5 543 | Pollen receptor-like kinase |

（续）

| 基因 ID | miR160VS1 序列/条 | CK1 序列/条 | $log_2FC$ | $P$ 值 | FDR | 染色体 | 起始位点 | 终止位点 | 长度/bp | 基因描述 |
|---|---|---|---|---|---|---|---|---|---|---|
| CEY00_Acc29258 | 109.850 8 | 11.107 939 | 3.305 9 | 0.000 538 7 | 0.012 103 | LG26 | 527012 | 530513 | 1 396 | Transcription factor like |
| CEY00_Acc29267 | 231.718 67 | 88.500 032 | 1.388 6 | 0.037 278 | 0.239 98 | LG26 | 982269 | 984953 | 715 | H/ACA ribonucleoprotein complex subunit 2-like protein |
| CEY00_Acc29279 | 3.300 96 | 19.768 141 | −2.582 2 | 0.049 89 | 0.287 26 | LG26 | 1787638 | 1791343 | 1 004 | Alpha-1,6-mannosyltransferase MNN10 |
| CEY00_Acc29284 | 1 046.179 1 | 368.642 91 | 1.504 8 | 0.010 031 | 0.100 22 | LG26 | 2075302 | 2097238 | 3 071 | Vacuolar protein-sorting protein |
| CEY00_Acc29285 | 791.899 84 | 54.967 42 | 3.848 7 | 0.000 105 9 | 0.003 438 1 | LG26 | 2171611 | 2175898 | 827 | GEM-like protein |
| CEY00_Acc29288 | 231.518 13 | 21.623 003 | 3.420 5 | $1.09\times10^{-8}$ | $1.8\times10^{-6}$ | LG26 | 2321613 | 2323242 | 1 630 | UDP-glycosyltransferase |
| CEY00_Acc29289 | 1 768.580 1 | 714.474 41 | 1.307 6 | 0.018 106 | 0.150 55 | LG26 | 2329290 | 2330817 | 1 528 | UDP-glycosyltransferase |
| CEY00_Acc29293 | 14.772 266 | 59.611 349 | −2.012 7 | 0.013 576 | 0.123 38 | LG26 | 2403887 | 2412563 | 1 327 | Spindle assembly abnormal protein |
| CEY00_Acc29325 | 5 720.16 | 316.525 28 | 4.175 7 | 0.046 369 | 0.275 1 | LG26 | 3100901 | 3105572 | 4 124 | Chaperone protein like |
| CEY00_Acc29336 | 928.576 05 | 203.982 21 | 2.186 6 | $2.75\times10^{-5}$ | 0.001 207 7 | LG26 | 3950088 | 3951383 | 1 296 | Photosystem Ⅱ protein D1precursor |
| CEY00_Acc29352 | 148.480 97 | 3.339 686 3 | 5.474 4 | 0.023 729 | 0.180 18 | LG26 | 4959029 | 4959733 | 705 | Actin cytoskeleton-regulatory complex protein |
| CEY00_Acc29357 | 1 264.372 7 | 578.545 87 | 1.127 9 | 0.018 456 | 0.152 28 | LG26 | 5065201 | 5077378 | 2 182 | DEAD-box ATP-dependent RNA helicase |
| CEY00_Acc29366 | 812.070 55 | 318.017 83 | 1.352 5 | 0.003 477 7 | 0.047 018 | LG26 | 5388093 | 5393516 | 2 504 | Shaggy-related protein kinase alpha |
| CEY00_Acc29367 | 1 372.314 9 | 620.655 56 | 1.144 7 | 0.019 383 | 0.157 26 | LG26 | 5458702 | 5461923 | 1 583 | Protein like |
| CEY00_Acc29368 | 3.394 183 7 | 37.185 331 | −3.453 6 | 0.001 031 6 | 0.019 706 | LG26 | 5462741 | 5467643 | 1 080 | cyclase/dehydrase protein |

（续）

| 基因 ID | miR160VS1 序列/条 | CK1 序列/条 | $log_2FC$ | *P* 值 | FDR | 染色体 | 起始位点 | 终止位点 | 长度/bp | 基因描述 |
|---|---|---|---|---|---|---|---|---|---|---|
| CEY00_Acc29373 | 1 668.162 7 | 81.795 529 | 4.350 1 | 0.002 634 1 | 0.038 424 | LG26 | 5493657 | 5496080 | 2 424 | Protein TolB like |
| CEY00_Acc29383 | 432.842 66 | 17.733 538 | 4.609 3 | $7.63\times10^{-5}$ | 0.002 668 9 | LG26 | 5648369 | 5651756 | 2 379 | ABC transporter B family member 11 like |
| CEY00_Acc29384 | 1 463.735 7 | 55.212 005 | 4.728 5 | $9.41\times10^{-5}$ | 0.003 133 4 | LG26 | 5655732 | 5663117 | 5 220 | ABC transporter B family member 21 like |
| CEY00_Acc29388 | 1 297.511 6 | 118.087 99 | 3.457 8 | $5.11\times10^{-5}$ | 0.001 972 3 | LG26 | 5797168 | 5801102 | 2 331 | SNAP25ous protein |
| CEY00_Acc29393 | 29.829 419 | 0.238 549 | 6.966 3 | $1.27\times10^{-6}$ | 0.000 104 2 | LG26 | 5860627 | 5865592 | 4 966 | Transcriptional regulator ATRX like |
| CEY00_Acc29394 | 96.533 808 | 33.555 759 | 1.524 5 | 0.026 828 | 0.194 85 | LG26 | 5869155 | 5873469 | 4 315 | RING finger protein |
| CEY00_Acc29398 | 1 875.942 7 | 456.314 36 | 2.039 5 | $2.02\times10^{-5}$ | 0.000 952 1 | LG26 | 5913423 | 5917547 | 3 788 | LRR receptor-like serine/threonine-protein kinase |
| CEY00_Acc29399 | 10.058 654 | 0.238 549 | 5.398 | 0.004 125 | 0.053 148 | LG26 | 5925741 | 5928953 | 1 951 | WEB family protein |
| CEY00_Acc29401 | 8.064 776 7 | 196.850 08 | −4.609 3 | $1.82\times10^{-10}$ | $5.48\times10^{-8}$ | LG26 | 5968212 | 5975602 | 4 104 | Type Ⅰ inositol polyphosphate 5-phosphatase |
| CEY00_Acc29415 | 94.002 328 | 260.357 71 | −1.469 7 | 0.003 181 | 0.044 273 | LG26 | 6329771 | 6333134 | 638 | ATP-dependent Clp protease adapter protein |
| CEY00_Acc29431 | 17.587 631 | 0.938 725 9 | 4.227 7 | 0.002 238 6 | 0.034 139 | LG26 | 6695126 | 6696860 | 1 735 | AT-hook motif nuclear-localized protein |
| CEY00_Acc29432 | 220.098 92 | 35.479 621 | 2.633 1 | 0.035 559 | 0.233 03 | LG26 | 6723881 | 6727500 | 3 555 | Mitochondrial carnitine/acylcarnitine carrier-like protein |

（续）

| 基因 ID | miR160VS1 序列/条 | CK1 序列/条 | $\log_2$FC | *P* 值 | FDR | 染色体 | 起始位点 | 终止位点 | 长度/bp | 基因描述 |
|---|---|---|---|---|---|---|---|---|---|---|
| CEY00_Acc29436 | 15.883 765 | 64.672 254 | −2.025 6 | 0.005 159 2 | 0.062 53 | LG26 | 6850369 | 6852048 | 1 680 | E3 ubiquitin-protein like |
| CEY00_Acc29447 | 572.942 28 | 248.039 96 | 1.207 8 | 0.021 85 | 0.170 72 | LG26 | 7049194 | 7050920 | 1 727 | Inositol-tetrakisphosphate 1-kinase |
| CEY00_Acc29451 | 772.969 14 | 307.346 7 | 1.330 5 | 0.012 868 | 0.119 33 | LG26 | 7094191 | 7100997 | 1 301 | Syntaxin-22 like |
| CEY00_Acc29452 | 28.449 446 | 2.715 994 | 3.388 8 | 0.010 877 | 0.106 48 | LG26 | 7140174 | 7141640 | 1 467 | F-box protein |
| CEY00_Acc29455 | 826.754 58 | 215.720 98 | 1.938 3 | $7.58\times10^{-5}$ | 0.002 662 4 | LG26 | 7172931 | 7188334 | 6 928 | Lysine-specific demethylase |
| CEY00_Acc29458 | 401.545 52 | 836.912 72 | −1.059 5 | 0.035 043 | 0.230 86 | LG26 | 7295080 | 7302241 | 3 275 | Inactive poly［ADP-ribose］polymerase |
| CEY00_Acc29459 | 187.084 98 | 478.717 16 | −1.355 5 | 0.013 634 | 0.123 55 | LG26 | 7307955 | 7311851 | 3 897 | Inactive poly［ADP-ribose］polymerase like |
| CEY00_Acc29462 | 32.701 718 | 130.719 38 | −1.999 | 0.001 578 3 | 0.026 773 | LG26 | 7342621 | 7351711 | 1 492 | UV-B-induced protein |
| CEY00_Acc29464 | 514.233 91 | 246.769 87 | 1.059 3 | 0.019 965 | 0.160 57 | LG26 | 7388016 | 7397054 | 2 393 | Phosphomevalonate kinase |
| CEY00_Acc29465 | 1 682.166 6 | 462.315 64 | 1.863 4 | 0.015 965 | 0.138 3 | LG26 | 7403549 | 7415278 | 3 671 | Extra-large guanine nucleotide-binding protein like |
| CEY00_Acc29477 | 180.860 11 | 10.761 099 | 4.071 | 0.000 125 6 | 0.003 939 3 | LG26 | 7587270 | 7593145 | 1 788 | Transmembrane protein like |
| CEY00_Acc29482 | 992.624 19 | 2 121.759 4 | −1.095 9 | 0.023 499 | 0.179 18 | LG26 | 7651566 | 7661545 | 5 684 | Cyclin-dependent kinase |
| CEY00_Acc29483 | 9 068.758 4 | 33 997.899 | −1.906 5 | 0.000 281 9 | 0.007 347 4 | LG26 | 7665402 | 7672154 | 5 364 | Methyltransferase |
| CEY00_Acc29493 | 1 144.049 3 | 3 508.173 7 | −1.616 6 | 0.000 422 2 | 0.010 012 | LG26 | 7835887 | 7838470 | 1 506 | Abscisic acid 8'-hydroxylase |
| CEY00_Acc29506 | 19.177 595 | 51.251 738 | −1.418 2 | 0.040 7 | 0.253 75 | LG26 | 8149272 | 8153331 | 1 666 | Zinc transporter 4 like |
| CEY00_Acc29508 | 301.731 47 | 1 212.899 | −2.007 1 | $9.25\times10^{-5}$ | 0.003 095 1 | LG26 | 8164796 | 8171051 | 3 069 | Glycine dehydrogenase |

（续）

| 基因 ID | miR160VS1 序列/条 | CK1 序列/条 | $log_2FC$ | $P$ 值 | FDR | 染色体 | 起始位点 | 终止位点 | 长度/bp | 基因描述 |
|---|---|---|---|---|---|---|---|---|---|---|
| CEY00 _ Acc29509 | 312. 200 05 | 1 024. 931 3 | −1. 715 | 0. 000 717 7 | 0. 015 096 | LG26 | 8175855 | 8183254 | 4 106 | Glycine dehydrogenaseB like |
| CEY00 _ Acc29514 | 18 038. 37 | 3 003. 164 | 2. 586 5 | $8.23\times10^{-5}$ | 0. 002 829 5 | LG26 | 8279541 | 8287110 | 1 829 | Vacuolar-processing enzyme like |
| CEY00 _ Acc29519 | 766. 375 28 | 1 598. 128 9 | −1. 060 3 | 0. 028 403 | 0. 202 01 | LG26 | 8325403 | 8338986 | 2 050 | Clathrin interactor EPSIN like |
| CEY00 _ Acc29533 | 2 938. 058 4 | 1 018. 047 1 | 1. 529 1 | 0. 001 058 | 0. 020 048 | LG26 | 8502255 | 8509779 | 2 971 | Pyrophosphate-energized vacuolar membrane proton pump $H^+$-PPase like |
| CEY00 _ Acc29536 | 985. 677 67 | 2 956. 053 9 | −1. 584 5 | 0. 000 431 8 | 0. 010 19 | LG26 | 8543578 | 8544458 | 881 | Serine/threonine-protein kinase |
| CEY00 _ Acc29538 | 1 518. 7 | 3 278. 261 | −1. 110 1 | 0. 012 948 | 0. 119 88 | LG26 | 8564790 | 8566184 | 1 395 | Protein lingerer like |
| CEY00 _ Acc29539 | 0 | 28. 627 18 | — | 0. 000 863 3 | 0. 017 379 | LG26 | 8573712 | 8578909 | 5 198 | Pentatricopeptide repeat-containing protein |
| CEY00 _ Acc29540 | 1. 536 950 3 | 14. 730 026 | −3. 260 6 | 0. 009 983 2 | 0. 100 06 | LG26 | 8579977 | 8584969 | 2 193 | Acetylornithine aminotransferase |
| CEY00 _ Acc29550 | 64. 462 92 | 278. 066 09 | −2. 108 9 | $8.07\times10^{-5}$ | 0. 002 795 4 | LG26 | 8655673 | 8657519 | 1 024 | DeSI-like protein |
| CEY00 _ Acc29557 | 33. 054 279 | 109. 720 61 | −1. 730 9 | 0. 007 769 7 | 0. 083 713 | LG26 | 8711136 | 8722989 | 2 406 | Sister chromatid cohesion protein like |
| CEY00 _ Acc29560 | 69. 530 15 | 9. 887 934 8 | 2. 813 9 | 0. 003 626 2 | 0. 048 233 | LG26 | 8768883 | 8771367 | 1 348 | WRKY transcription factor 40 |
| CEY00 _ Acc29568 | 470. 484 | 3 063. 229 | −2. 702 8 | $1.97\times10^{-7}$ | $2.22\times10^{-5}$ | LG26 | 8846923 | 8851461 | 1 875 | Shikimate O-hydroxycinnamoyltransferase |
| CEY00 _ Acc29580 | 1 412. 992 9 | 288. 632 61 | 2. 291 4 | 0. 000 225 8 | 0. 006 214 4 | LG26 | 9012709 | 9015429 | 1 757 | Beta-amyrin 28-oxidase |
| CEY00 _ Acc29581 | 237. 423 2 | 52. 237 579 | 2. 184 3 | 0. 000 802 9 | 0. 016 475 | LG26 | 9019264 | 9022960 | 899 | ABC transporter Ⅰ family member 17 like |

（续）

| 基因 ID | miR160VS1 序列/条 | CK1 序列/条 | $log_2FC$ | *P* 值 | FDR | 染色体 | 起始位点 | 终止位点 | 长度/bp | 基因描述 |
|---|---|---|---|---|---|---|---|---|---|---|
| CEY00_Acc29583 | 132.046 66 | 3.020 105 1 | 5.450 3 | $5.7\times10^{-7}$ | $5.34\times10^{-5}$ | LG26 | 9032091 | 9034666 | 791 | Bromodomain-containing protein |
| CEY00_Acc29588 | 1 184.571 8 | 280.600 71 | 2.077 8 | 0.000 406 3 | 0.009 763 5 | LG26 | 9096039 | 9100801 | 3 328 | Respiratory burst oxidase protein like |
| CEY00_Acc29591 | 5 591.856 | 2 080.367 8 | 1.426 5 | 0.004 860 1 | 0.059 819 | LG26 | 9134098 | 9144995 | 6 912 | Ribonuclease |
| CEY00_Acc29595 | 305.736 23 | 60.133 192 | 2.346 1 | $5.07\times10^{-5}$ | 0.001 959 6 | LG26 | 9170867 | 9176725 | 3 512 | Stress up-regulated Nod 19 protein |
| CEY00_Acc29605 | 6.861 658 7 | 0 | — | 0.021 781 | 0.170 42 | LG26 | 9258746 | 9266318 | 2 570 | E3 ubiquitin-protein like |
| CEY00_Acc29606 | 45.088 483 | 13.651 568 | 1.723 7 | 0.018 888 | 0.154 83 | LG26 | 9280176 | 9281938 | 996 | Ethylene-responsive transcription factor |
| CEY00_Acc29608 | 23.027 101 | 78.616 484 | −1.771 5 | 0.006 823 6 | 0.076 515 | LG26 | 9297432 | 9303582 | 4 282 | B2 protein |
| CEY00_Acc29610 | 45.413 143 | 187.624 75 | −2.046 7 | 0.002 144 8 | 0.033 138 | LG26 | 9325019 | 9334989 | 4 752 | Protein MEI2-like |
| CEY00_Acc29618 | 414.062 45 | 186.822 22 | 1.148 2 | 0.023 42 | 0.178 7 | LG26 | 9438365 | 9443808 | 3 299 | Auxin response factor 2 like |
| CEY00_Acc29620 | 95.542 742 | 327.227 74 | −1.776 1 | 0.001 676 5 | 0.027 937 | LG26 | 9454308 | 9462453 | 5 242 | ATP-dependent Clp protease ATP-binding subunit ClpA CD4B like |
| CEY00_Acc29624 | 1 260.296 2 | 82.622 892 | 3.931 1 | $3.26\times10^{-8}$ | $4.79\times10^{-6}$ | LG26 | 9511150 | 9521458 | 1 446 | Mitochondrial phosphate carrier protein like |
| CEY00_Acc29625 | 118.404 68 | 22.569 715 | 2.391 3 | 0.029 993 | 0.209 11 | LG26 | 9530620 | 9534262 | 1 963 | Transcription factor bHLH137 like |
| CEY00_Acc29630 | 682.321 17 | 1 703.002 6 | −1.319 6 | 0.020 074 | 0.161 21 | LG26 | 9584525 | 9591650 | 4 417 | Protein FAM214A like |
| CEY00_Acc29640 | 285.438 99 | 7.079 119 9 | 5.333 5 | 0.000 175 1 | 0.005 119 2 | LG26 | 9709162 | 9710032 | 871 | Auxin-responsive protein |
| CEY00_Acc29664 | 57.588 002 | 0.715 647 1 | 6.330 4 | $3.16\times10^{-10}$ | $8.74\times10^{-8}$ | LG26 | 10044024 | 10046192 | 1 498 | Serine/threonine-protein kinase |
| CEY00_Acc29666 | 43.892 55 | 3.009 060 6 | 3.866 6 | $1.06\times10^{-5}$ | 0.000 564 9 | LG26 | 10055310 | 10057726 | 2 417 | Legume lectin domain protein |

（续）

| 基因 ID | miR160VS1 序列/条 | CK1 序列/条 | $log_2FC$ | $P$ 值 | FDR | 染色体 | 起始位点 | 终止位点 | 长度/bp | 基因描述 |
|---|---|---|---|---|---|---|---|---|---|---|
| CEY00_Acc29672 | 42.949 572 | 5.498 294 2 | 2.965 6 | 0.000 459 2 | 0.010 736 | LG26 | 10103386 | 10109575 | 1 961 | Serine/threonine-protein kinase |
| CEY00_Acc29674 | 50.086 234 | 218.224 93 | −2.123 3 | 0.000 129 5 | 0.004 028 4 | LG26 | 10112555 | 10113099 | 545 | DNA replication regulator like |
| CEY00_Acc29676 | 21.053 502 | 4.371 111 2 | 2.268 | 0.019 989 | 0.160 68 | LG26 | 10133352 | 10135088 | 1 737 | Elongation factor TuB like |
| CEY00_Acc29681 | 7 212.233 6 | 1 472.853 2 | 2.291 8 | 0.013 233 | 0.121 45 | LG26 | 10174407 | 10179854 | 2 792 | E3 ubiquitin-protein like |
| CEY00_Acc29682 | 759.981 87 | 51.635 014 | 3.879 5 | 0.002 501 1 | 0.036 92 | LG26 | 10180059 | 10181939 | 1 881 | Aldehyde oxidase |
| CEY00_Acc29684 | 34.006 886 | 0 | — | 0.019 836 | 0.159 77 | LG26 | 10192287 | 10195554 | 2 353 | Protein SIEVE ELEMENT OCCLUSION B like |
| CEY00_Acc29713 | 904.916 69 | 269.057 48 | 1.749 9 | 0.012 351 | 0.116 18 | LG26 | 10585169 | 10593929 | 2 457 | Transcription factor like |
| CEY00_Acc29715 | 811.255 7 | 389.750 82 | 1.057 6 | 0.044 66 | 0.268 62 | LG26 | 10638696 | 10644336 | 1 734 | UDP-glucuronic acid decarboxylase |
| CEY00_Acc29718 | 824.323 81 | 333.817 75 | 1.304 2 | 0.004 784 4 | 0.059 032 | LG26 | 10658871 | 10662900 | 1 825 | Blue-light photoreceptor like |
| CEY00_Acc29723 | 42.992 647 | 13.334 924 | 1.688 9 | 0.038 257 | 0.244 22 | LG26 | 10719596 | 10720393 | 798 | Protein of unknown function DUF538 protein |
| CEY00_Acc29728 | 183.058 11 | 8.079 726 5 | 4.501 9 | $3.22\times10^{-12}$ | $1.63\times10^{-9}$ | LG26 | 10792187 | 10794273 | 1 835 | Pectinesterase |
| CEY00_Acc29730 | 193.184 42 | 866.487 68 | −2.165 2 | 0.025 291 | 0.187 71 | LG26 | 10832000 | 10837430 | 1 043 | Ethylene-responsive transcription factor RAP2-3 like |
| CEY00_Acc29732 | 475.338 46 | 1 439.203 8 | −1.598 2 | 0.001 985 2 | 0.031 486 | LG26 | 10846360 | 10852133 | 3 777 | Ethylene response sensor like |
| CEY00_Acc29773 | 282.504 17 | 114.729 48 | 1.3 | 0.011 011 | 0.107 32 | LG26 | 11367604 | 11390136 | 8 617 | Protein MICRORCHIDIA like |
| CEY00_Acc29791 | 79.021 33 | 205.187 55 | −1.376 6 | 0.021 196 | 0.167 4 | LG26 | 11599069 | 11602917 | 3 170 | Protein KINESIN LIGHT CHAIN-RELATED like |

（续）

| 基因 ID | miR160VS1 序列/条 | CK1 序列/条 | $log_2FC$ | $P$ 值 | FDR | 染色体 | 起始位点 | 终止位点 | 长度/bp | 基因描述 |
|---|---|---|---|---|---|---|---|---|---|---|
| CEY00 _ Acc29797 | 93.661 62 | 40.914 547 | 1.194 8 | 0.046 1 | 0.273 93 | LG26 | 11675282 | 11681710 | 1 603 | Serine/threonine-protein kinase |
| CEY00 _ Acc29800 | 7.048 908 5 | 144.901 76 | −4.361 5 | 0.000 747 2 | 0.015 626 | LG26 | 11697412 | 11701513 | 1 889 | Aldehyde dehydrogenase family 2 member like |
| CEY00 _ Acc29813 | 264.215 08 | 42.060 503 | 2.651 2 | 0.016 521 | 0.141 67 | LG26 | 11840644 | 11847433 | 3 613 | Calmodulin-binding protein 60 A like |
| CEY00 _ Acc29833 | 21.022 427 | 0.238 549 | 6.461 5 | $1.73\times10^{-5}$ | 0.000 841 4 | LG26 | 12130093 | 12134675 | 2 585 | HIPL1 protein |
| CEY00 _ Acc29835 | 64.137 914 | 443.500 19 | −2.789 7 | 0.037 661 | 0.241 81 | LG26 | 12147069 | 12151791 | 2 152 | Protein NUCLEAR FUSION DEFECTIVE like |
| CEY00 _ Acc29836 | 11.244 648 | 44.994 784 | −2.000 5 | 0.007 195 2 | 0.079 476 | LG26 | 12163202 | 12176706 | 5 343 | Zinc finger protein BRUTUS-like |
| CEY00 _ Acc29840 | 1 750.472 | 5 051.791 9 | −1.529 1 | 0.005 789 2 | 0.068 206 | LG26 | 12270821 | 12273382 | 1 718 | Homeobox-leucine zipper protein |
| CEY00 _ Acc29846 | 726.546 64 | 191.992 29 | 1.92 | 0.000 185 5 | 0.005 324 3 | LG26 | 12354105 | 12364602 | 2 672 | Delta-1-pyrroline-5-carboxylate dehydrogenase |
| CEY00 _ Acc29847 | 365.143 63 | 16.921 51 | 4.431 5 | $2.81\times10^{-8}$ | $4.26\times10^{-6}$ | LG26 | 12375024 | 12379157 | 1 944 | WRKY transcription factor 72 |
| CEY00 _ Acc29855 | 42.878 287 | 13.373 023 | 1.680 9 | 0.033 149 | 0.223 4 | LG26 | 12498068 | 12501609 | 841 | HVA22-like protein |
| CEY00 _ Acc29866 | 12.301 93 | 51.678 256 | −2.070 7 | 0.010 75 | 0.105 44 | LG26 | 12645461 | 12646214 | 754 | Mini zinc finger protein |
| CEY00 _ Acc29868 | 1 742.3 | 714.097 19 | 1.286 8 | 0.018 117 | 0.150 6 | LG26 | 12672740 | 12676931 | 2 423 | Arabinosyltransferase ARAD1 |
| CEY00 _ Acc29873 | 15.675 379 | 1.161 804 8 | 3.754 1 | 0.007 407 | 0.081 08 | LG26 | 12742718 | 12743804 | 1 087 | Calcium-binding protein CML30 |
| CEY00 _ Acc29877 | 319.644 49 | 1 312.266 5 | −2.037 5 | $8.47\times10^{-5}$ | 0.002 898 4 | LG26 | 12813488 | 12815519 | 1 594 | NAC domain-containing protein |
| CEY00 _ Acc29883 | 216.452 83 | 573.457 53 | −1.405 6 | 0.006 323 5 | 0.072 541 | LG26 | 12909745 | 12911495 | 1 751 | Hornerin like |

（续）

| 基因 ID | miR160VS1 序列/条 | CK1 序列/条 | $log_2FC$ | $P$ 值 | FDR | 染色体 | 起始位点 | 终止位点 | 长度/bp | 基因描述 |
|---|---|---|---|---|---|---|---|---|---|---|
| CEY00_Acc29888 | 14.969 053 | 1.562 296 3 | 3.260 2 | 0.017 401 | 0.146 85 | LG26 | 13007356 | 13012422 | 4 714 | Chromatin modification-related protein EAF1 B like |
| CEY00_Acc29894 | 121.607 45 | 277.163 32 | −1.188 5 | 0.042 392 | 0.260 49 | LG26 | 13083614 | 13087219 | 790 | Cytochrome b5 like |
| CEY00_Acc29900 | 1 793.475 | 431.372 78 | 2.055 8 | $9.46\times10^{-5}$ | 0.003 144 8 | LG26 | 13158597 | 13162476 | 2 469 | Desumoylating isopeptidase |
| CEY00_Acc29906 | 1 065.369 9 | 463.248 73 | 1.201 5 | 0.019 793 | 0.159 5 | LG26 | 13229929 | 13233664 | 1 675 | Pantoate-beta-alanine ligase |
| CEY00_Acc29922 | 721.154 25 | 300.073 3 | 1.265 | 0.013 743 | 0.124 22 | LG26 | 13402251 | 13408820 | 2 126 | Chaperonin CPN60-2 like |
| CEY00_Acc29923 | 25.649 199 | 88.822 429 | −1.792 | 0.017 729 | 0.148 66 | LG26 | 13412766 | 13437881 | 4 918 | CLIP-associated protein |
| CEY00_Acc29933 | 432.641 79 | 157.168 46 | 1.460 9 | 0.008 322 9 | 0.088 03 | LG26 | 13569034 | 13581107 | 5 920 | ABC transporter C family member 5 like |
| CEY00_Acc29936 | 125.384 31 | 7.517 792 8 | 4.059 9 | 0.006 219 3 | 0.071 807 | LG26 | 13598270 | 13603983 | 1 336 | Auxin-responsive protein |
| CEY00_Acc29938 | 3 525.375 4 | 87.832 667 | 5.326 9 | $4.52\times10^{-15}$ | $5.95\times10^{-12}$ | LG26 | 13615567 | 13617195 | 1 444 | Anaphase-promoting complex subunit like |
| CEY00_Acc29946 | 81.107 974 | 23.024 48 | 1.816 7 | 0.014 995 | 0.132 45 | LG26 | 13711001 | 13715262 | 3 934 | MDIS1-interacting receptor like kinase |
| CEY00_Acc29949 | 124.178 78 | 8.775 355 7 | 3.822 8 | 0.024 24 | 0.182 55 | LG26 | 13733107 | 13738599 | 2 386 | Protein NRT1/PTR FAMILY 5.2 like |
| CEY00_Acc29955 | 133.862 73 | 64.867 034 | 1.045 2 | 0.049 638 | 0.286 91 | LG26 | 13796474 | 13800354 | 2 666 | 50S ribosomal protein like |
| CEY00_Acc29978 | 183.860 87 | 38.132 734 | 2.269 5 | $6.48\times10^{-5}$ | 0.002 361 3 | LG26 | 14286954 | 14291807 | 2 719 | Long-chain-alcohol oxidase |
| CEY00_Acc29983 | 127.359 77 | 306.703 46 | −1.267 9 | 0.010 348 | 0.102 63 | LG26 | 14329651 | 14334562 | 2 400 | Glycolipid transfer protein |

（续）

| 基因 ID | miR160VS1 序列/条 | CK1 序列/条 | $log_2FC$ | P 值 | FDR | 染色体 | 起始位点 | 终止位点 | 长度/bp | 基因描述 |
|---|---|---|---|---|---|---|---|---|---|---|
| CEY00_Acc29994 | 83.823 296 | 208.818 81 | −1.316 8 | 0.015 509 | 0.135 54 | LG26 | 14488051 | 14493281 | 1 402 | Rho-N domain-containing protein |
| CEY00_Acc29997 | 19.704 202 | 2.435 460 2 | 3.016 2 | 0.007 605 2 | 0.082 427 | LG26 | 14533216 | 14535937 | 1 562 | Patellin-4 like |
| CEY00_Acc29998 | 645.751 63 | 123.553 84 | 2.385 8 | $1.23\times10^{-5}$ | 0.000 635 | LG26 | 14538636 | 14547137 | 1 752 | Mitochondrial import inner membrane translocase subunit TIM44-2 like |
| CEY00_Acc30008 | 371.058 88 | 140.115 62 | 1.405 | 0.019 455 | 0.157 66 | LG26 | 14658994 | 14663046 | 1 665 | DnaJ protein |
| CEY00_Acc30013 | 1 039.855 7 | 215.225 96 | 2.272 5 | $3.93\times10^{-5}$ | 0.001 595 3 | LG26 | 14703029 | 14710476 | 1 448 | GTPase like |
| CEY00_Acc30019 | 182.244 52 | 4.293 882 4 | 5.407 4 | $4.57\times10^{-6}$ | 0.000 288 7 | LG26 | 14794435 | 14796307 | 1 873 | E3 ubiquitin-protein like |
| CEY00_Acc30025 | 9.933 954 5 | 0.477 098 | 4.38 | 0.011 229 | 0.108 6 | LG26 | 14898344 | 14899511 | 1 168 | NDR1/HIN1-Like protein |
| CEY00_Acc30030 | 347.084 86 | 98.230 856 | 1.821 | 0.000 341 1 | 0.008 508 3 | LG26 | 14933039 | 14934329 | 1 291 | CCR4-associated factor 1 like |
| CEY00_Acc30036 | 55.218 477 | 18.288 243 | 1.594 2 | 0.022 671 | 0.175 14 | LG26 | 14980784 | 14983987 | 2 372 | hypothetical protein |
| CEY00_Acc30037 | 253.154 57 | 23.120 104 | 3.452 8 | 0.002 129 5 | 0.032 948 | LG26 | 14989579 | 14990750 | 1 172 | F-box protein |
| CEY00_Acc30044 | 4.484 145 5 | 0 | — | 0.049 778 | 0.287 18 | LG26 | 15064365 | 15066000 | 938 | NAC domain-containing protein |
| CEY00_Acc30047 | 49.559 079 | 144.760 57 | −1.546 4 | 0.018 589 | 0.153 02 | LG26 | 15106339 | 15127314 | 2 748 | Sec23/Sec24，trunk domain protein |
| CEY00_Acc30051 | 276.815 71 | 7.379 549 5 | 5.229 2 | $3.47\times10^{-16}$ | $7.13\times10^{-13}$ | LG26 | 15163249 | 15168286 | 1 138 | Calcium-binding protein |
| CEY00_Acc30052 | 10.443 092 | 0.442 476 3 | 4.560 8 | 0.008 080 7 | 0.086 161 | LG26 | 15173730 | 15176274 | 1 479 | Glucan endo-1，3-beta-glucosidase |
| CEY00_Acc30075 | 1 151.035 3 | 323.059 75 | 1.833 1 | 0.026 576 | 0.193 75 | LG26 | 15450852 | 15454032 | 3 096 | Cytochrome c oxidase |
| CEY00_Acc30076 | 8 758.469 3 | 1 191.443 6 | 2.878 | 0.001 179 4 | 0.021 759 | LG26 | 15463182 | 15471459 | 4 763 | Pleiotropic drug resistance protein |
| CEY00_Acc30083 | 46.666 045 | 1.669 843 2 | 4.804 6 | $8.12\times10^{-7}$ | $7.26\times10^{-5}$ | LG26 | 15535018 | 15541221 | 1 524 | GABA transporter like |

（续）

| 基因 ID | miR160VS1 序列/条 | CK1 序列/条 | $log_2FC$ | $P$ 值 | FDR | 染色体 | 起始位点 | 终止位点 | 长度/bp | 基因描述 |
|---|---|---|---|---|---|---|---|---|---|---|
| CEY00_Acc30087 | 18.583 567 | 3.023 786 5 | 2.619 6 | 0.019 545 | 0.158 12 | LG26 | 15605016 | 15606620 | 1 605 | Arogenate dehydratase/prephenate dehydratase |
| CEY00_Acc30098 | 9.510 108 | 0.696 495 4 | 3.771 3 | 0.043 089 | 0.262 81 | LG26 | 15750184 | 15757974 | 3 284 | Protein argonaute like |
| CEY00_Acc30116 | 476.689 | 188.811 85 | 1.336 1 | 0.007 087 6 | 0.078 657 | LG26 | 15951016 | 15951911 | 896 | Zinc finger protein |
| CEY00_Acc30119 | 13.236 118 | 1.384 883 7 | 3.256 6 | 0.013 028 | 0.120 31 | LG26 | 15982673 | 15983921 | 1 071 | Myosin-11 like |
| CEY00_Acc30121 | 6.852 923 7 | 0 | — | 0.027 87 | 0.199 47 | LG26 | 16002590 | 16005157 | 1 423 | Xyloglucan endotransglucosylase/hydrolase protein |
| CEY00_Acc30144 | 36.227 421 | 2.131 471 1 | 4.087 2 | 0.029 326 | 0.205 68 | LG26 | 16259379 | 16260285 | 907 | KiTH-2 like |
| CEY00_Acc30159 | 0 | 8.541 110 5 | — | 0.021 956 | 0.171 31 | LG26 | 16447935 | 16451988 | 2 931 | Auxin response factor like |
| CEY00_Acc30161 | 1 930.680 9 | 660.373 98 | 1.547 8 | 0.003 497 9 | 0.047 172 | LG26 | 16487725 | 16497187 | 3 857 | Homeobox-leucine zipper protein like |
| CEY00_Acc30167 | 32.112 56 | 90.741 246 | −1.498 6 | 0.039 754 | 0.250 31 | LG26 | 16561407 | 16562443 | 1 037 | Proline and serine-rich protein |
| CEY00_Acc30180 | 28.732 235 | 1.669 843 2 | 4.104 9 | 0.017 066 | 0.144 68 | LG26 | 16668464 | 16675844 | 2 167 | MLO-like protein |
| CEY00_Acc30181 | 0 | 12.821 594 | — | 0.015 799 | 0.137 31 | LG26 | 16706738 | 16714589 | 3 017 | Auxin response factor like |
| CEY00_Acc30182 | 58.491 572 | 16.028 707 | 1.867 6 | 0.011 992 | 0.113 55 | LG26 | 16718305 | 16726781 | 2 525 | Transmembrane protein |
| CEY00_Acc30217 | 238.168 23 | 560.199 87 | −1.234 | 0.035 636 | 0.233 4 | LG26 | 17149423 | 17162354 | 2 986 | E3 UFM1-protein like |
| CEY00_Acc30221 | 714.223 08 | 20.961 374 | 5.090 6 | $6.46\times10^{-11}$ | $2.19\times10^{-8}$ | LG26 | 17186841 | 17189126 | 2 286 | Exocyst complex component EXO70A1 like |
| CEY00_Acc30230 | 96.763 275 | 10.347 248 | 3.225 2 | 0.001 023 2 | 0.019 592 | LG26 | 17285189 | 17289036 | 1 556 | Protein UPSTREAM OF FLC like |
| CEY00_Acc30233 | 5.418 734 4 | 0 | — | 0.026 62 | 0.193 94 | LG26 | 17316931 | 17317686 | 756 | Zinc finger protein |

（续）

| 基因 ID | miR160VS1 序列/条 | CK1 序列/条 | $log_2FC$ | *P* 值 | FDR | 染色体 | 起始位点 | 终止位点 | 长度/bp | 基因描述 |
|---|---|---|---|---|---|---|---|---|---|---|
| CEY00 _ Acc30247 | 2. 595 837 5 | 23. 343 195 | −3. 168 7 | 0. 004 245 6 | 0. 054 193 | LG26 | 17408784 | 17412350 | 1 401 | Glycine-rich RNA-binding protein |
| CEY00 _ Acc30248 | 7. 401 870 9 | 30. 238 906 | −2. 030 4 | 0. 041 045 | 0. 255 16 | LG26 | 17414116 | 17418517 | 3 360 | hypothetical protein |
| CEY00 _ Acc30259 | 833. 407 71 | 1 800. 915 2 | −1. 111 6 | 0. 048 048 | 0. 281 58 | LG26 | 17515065 | 17518668 | 1 882 | E3 ubiquitin-protein ligase XBAT31 |
| CEY00 _ Acc30261 | 68. 097 712 | 160. 142 83 | −1. 233 7 | 0. 018 232 | 0. 151 26 | LG26 | 17534045 | 17537803 | 3 657 | Actin-3 like |
| CEY00 _ Acc30264 | 4. 224 808 | 20. 892 265 | −2. 306 | 0. 045 816 | 0. 272 87 | LG26 | 17555529 | 17557120 | 1 322 | Clathrin interactor 1 like |
| CEY00 _ Acc30265 | 348. 825 18 | 103. 989 5 | 1. 746 1 | 0. 006 882 6 | 0. 077 005 | LG26 | 17560985 | 17564470 | 2 604 | Protein like |
| CEY00 _ Acc30273 | 148. 057 88 | 840. 687 8 | −2. 505 4 | 0. 003 552 9 | 0. 047 624 | LG26 | 17646136 | 17649070 | 1 445 | Expansin-A4 like |
| CEY00 _ Acc30277 | 235. 422 18 | 544. 509 7 | −1. 209 7 | 0. 038 366 | 0. 244 72 | LG26 | 17697662 | 17704450 | 4 774 | Telomere repeat-binding protein |
| CEY00 _ Acc30278 | 312. 848 6 | 52. 123 496 | 2. 585 5 | $1.49\times10^{-6}$ | 0. 000 119 1 | LG26 | 17715167 | 17719624 | 4 458 | Scarecrow-like protein |
| CEY00 _ Acc30285 | 1 089. 786 3 | 325. 721 37 | 1. 742 3 | 0. 001 401 7 | 0. 024 538 | LG26 | 17838282 | 17839329 | 1 048 | hypothetical protein |
| CEY00 _ Acc30292 | 48. 305 812 | 120. 701 65 | −1. 321 2 | 0. 031 642 | 0. 216 8 | LG26 | 17908464 | 17917946 | 1 676 | 4-diphosphocytidyl-2-C-methyl-D-erythritol kinase/chromoplastic like |
| CEY00 _ Acc30297 | 323. 483 04 | 29. 883 08 | 3. 436 3 | 0. 004 486 1 | 0. 056 237 | LG26 | 17994970 | 18003473 | 1 687 | Protein kinase |
| CEY00 _ Acc30302 | 305. 459 3 | 623. 213 53 | −1. 028 7 | 0. 048 393 | 0. 283 22 | LG26 | 18060317 | 18066553 | 955 | Calmodulin-related protein |
| CEY00 _ Acc30304 | 451. 700 33 | 184. 059 54 | 1. 295 2 | 0. 029 515 | 0. 206 74 | LG26 | 18073699 | 18080926 | 1 351 | SNF1-related protein kinase regulatory subunit beta-1 like |
| CEY00 _ Acc30307 | 642. 802 69 | 133. 909 28 | 2. 263 1 | $2\times10^{-5}$ | 0. 000 945 8 | LG26 | 18136673 | 18147130 | 4 424 | Hydroxymethylglutaryl-CoA lyase |
| CEY00 _ Acc30347 | 81. 058 135 | 186. 616 57 | −1. 203 | 0. 036 252 | 0. 236 | LG26 | 18617266 | 18621842 | 1 710 | Magnesium transporter like |
| CEY00 _ Acc30350 | 1 268. 521 6 | 159. 198 1 | 2. 994 3 | 0. 024 698 | 0. 184 68 | LG26 | 18643611 | 18644152 | 348 | Cysteine proteinase |

（续）

| 基因ID | miR160VS1序列/条 | CK1序列/条 | $log_2FC$ | *P*值 | FDR | 染色体 | 起始位点 | 终止位点 | 长度/bp | 基因描述 |
|---|---|---|---|---|---|---|---|---|---|---|
| CEY00_Acc30363 | 272.874 53 | 34.440 333 | 2.986 1 | $1.14\times10^{-7}$ | $1.4\times10^{-5}$ | LG26 | 18814004 | 18821042 | 1 790 | Hexokinase-3 like |
| CEY00_Acc30365 | 41.201 884 | 124.166 05 | −1.591 5 | 0.020 785 | 0.165 43 | LG26 | 18846724 | 18860950 | 4 448 | DnaJ subfamily C member like |
| CEY00_Acc30371 | 183.185 64 | 508.806 36 | −1.473 8 | 0.009 289 | 0.095 164 | LG26 | 18911889 | 18920176 | 3 620 | Large neutral amino acids transporter small subunit like |
| CEY00_Acc30374 | 331.078 75 | 83.262 607 | 1.991 4 | 0.000 414 1 | 0.009 871 1 | LG26 | 18963587 | 18979527 | 1 972 | NAD(H) kinase |
| CEY00_Acc30375 | 17.234 669 | 2.593 098 9 | 2.732 6 | 0.027 247 | 0.196 72 | LG26 | 18982587 | 18986594 | 1 551 | Glycoprotein-N-acetylgalactosamine 3-beta-galactosyltransferase |
| CEY00_Acc30400 | 5 175.515 4 | 1 742.631 6 | 1.570 4 | 0.000 784 1 | 0.016 222 | LG26 | 19247744 | 19251685 | 3 247 | ADP，ATP carrier protein |
| CEY00_Acc30406 | 392.946 93 | 1 279.74 | −1.703 4 | 0.000 983 1 | 0.019 056 | LG26 | 19313084 | 19336688 | 11 523 | Chromatin structure-remodeling complex protein like |
| CEY00_Acc30410 | 107.575 34 | 44.720 286 | 1.266 3 | 0.025 904 | 0.190 79 | LG26 | 19362029 | 19363878 | 1 850 | Protein slowmo like |
| CEY00_Acc30412 | 200.454 77 | 67.604 29 | 1.568 1 | 0.017 124 | 0.145 09 | LG26 | 19384133 | 19384997 | 865 | Zinc finger A20 and AN1 domain-containing stress-associated protein |
| CEY00_Acc30413 | 33.710 456 | 237.940 7 | −2.819 3 | $8.01\times10^{-7}$ | $7.18\times10^{-5}$ | LG26 | 19402913 | 19404294 | 1 382 | Serine/threonine-protein kinase |
| CEY00_Acc30414 | 38.036 821 | 113.293 92 | −1.574 6 | 0.011 948 | 0.113 3 | LG26 | 19424034 | 19432561 | 2 258 | E3 ubiquitin-protein like |
| CEY00_Acc30420 | 1 425.347 9 | 137.280 45 | 3.376 1 | $5.5\times10^{-11}$ | $1.92\times10^{-8}$ | LG26 | 19495216 | 19500465 | 4 669 | UDP-glycosyltransferase |
| CEY00_Acc30423 | 10.349 467 | 38.649 88 | −1.900 9 | 0.048 923 | 0.285 23 | LG26 | 19531860 | 19533546 | 1 687 | UDP-glycosyltransferase |
| CEY00_Acc30428 | 353.240 42 | 1 027.935 4 | −1.541 | 0.003 462 8 | 0.046 875 | LG26 | 19581888 | 19592135 | 3 062 | Enoyl-[acyl-carrier-protein] reductase |

（续）

| 基因 ID | miR160VS1 序列/条 | CK1 序列/条 | $log_2FC$ | *P* 值 | FDR | 染色体 | 起始位点 | 终止位点 | 长度/bp | 基因描述 |
|---|---|---|---|---|---|---|---|---|---|---|
| CEY00 _ Acc30433 | 199.553 5 | 876.482 62 | −2.134 9 | $8.63\times10^{-5}$ | 0.002 942 | LG26 | 19648616 | 19732217 | 7 628 | Callose synthase |
| CEY00 _ Acc30435 | 975.899 38 | 258.105 9 | 1.918 8 | 0.000 573 | 0.012 683 | LG26 | 19752997 | 19755515 | 1 257 | Lignin-forming anionic peroxidase |
| CEY00 _ Acc30445 | 93.209 797 | 7.779 296 8 | 3.582 8 | 0.000 351 7 | 0.008 711 4 | LG26 | 19862394 | 19863556 | 1 163 | Transmembrane protein like |
| CEY00 _ Acc30446 | 13 735.353 | 1 546.742 9 | 3.150 6 | $9.63\times10^{-5}$ | 0.003 192 9 | LG26 | 19857804 | 19859189 | 1 386 | Transmembrane protein like |
| CEY00 _ Acc30456 | 21.263 492 | 149.457 6 | −2.813 3 | $3.18\times10^{-6}$ | 0.000 215 | LG26 | 19952366 | 19956783 | 1 341 | Lipoxygenasey domain-containing protein |
| CEY00 _ Acc30460 | 24.841 661 | 2.946 435 8 | 3.075 7 | 0.011 339 | 0.109 35 | LG26 | 20004669 | 20008750 | 3 078 | IQ domain-containing protein |
| CEY00 _ Acc30483 | 215.389 29 | 542.143 68 | −1.331 7 | 0.002 809 3 | 0.040 231 | LG26 | 20267157 | 20269931 | 2 775 | E3 ubiquitin-protein like |
| CEY00 _ Acc30489 | 3 210.036 7 | 1 148.436 8 | 1.482 9 | 0.049 62 | 0.286 91 | LG26 | 20379419 | 20381312 | 1 894 | L-ascorbate oxidase |
| CEY00 _ Acc30490 | 6.789 169 8 | 30.645 272 | −2.174 4 | 0.025 84 | 0.190 66 | LG27 | 53630 | 57690 | 4 061 | LRR receptor-like serine/threonine-protein kinase |
| CEY00 _ Acc30492 | 574.369 16 | 1 310.413 9 | −1.19 | 0.030 098 | 0.209 58 | LG27 | 89462 | 105636 | 3 499 | Alpha-mannosidase |
| CEY00 _ Acc30498 | 2 359.100 3 | 80.545 478 | 4.872 3 | 0.000 371 | 0.009 106 4 | LG27 | 165432 | 166886 | 1 264 | GEM-like protein |
| CEY00 _ Acc30499 | 77.545 58 | 299.051 43 | −1.947 3 | 0.001 131 7 | 0.021 092 | LG27 | 186772 | 194745 | 3 164 | Protein FAM214A like |
| CEY00 _ Acc30512 | 380.090 87 | 1 111.463 7 | −1.548 | 0.002 465 2 | 0.036 593 | LG27 | 375454 | 386917 | 5 813 | ABC transporter Ⅰ family member 11 like |
| CEY00 _ Acc30523 | 99.655 252 | 213.426 28 | −1.098 7 | 0.044 4 | 0.267 81 | LG27 | 450901 | 453350 | 2 312 | Protein transport protein Sec61 subunit gamma like |
| CEY00 _ Acc30533 | 49.720 068 | 117.321 67 | −1.238 6 | 0.032 717 | 0.221 67 | LG27 | 512755 | 516347 | 786 | 30S ribosomal protein |

（续）

| 基因 ID | miR160VS1 序列/条 | CK1 序列/条 | $\log_2 FC$ | $P$ 值 | FDR | 染色体 | 起始位点 | 终止位点 | 长度/bp | 基因描述 |
|---|---|---|---|---|---|---|---|---|---|---|
| CEY00_Acc30541 | 1 366.732 5 | 358.543 92 | 1.930 5 | 0.000 368 1 | 0.009 048 2 | LG27 | 681987 | 682729 | 743 | Calcium-binding protein |
| CEY00_Acc30542 | 521.769 25 | 87.957 725 | 2.568 5 | 0.000 139 1 | 0.004 271 4 | LG27 | 685229 | 685949 | 721 | Calcium-binding protein |
| CEY00_Acc30554 | 60.853 475 | 2.824 285 | 4.429 4 | $7.25\times10^{-6}$ | 0.000 413 1 | LG27 | 812367 | 818821 | 1 884 | Lysine histidine transporter like |
| CEY00_Acc30555 | 134.152 65 | 5.421 065 4 | 4.629 2 | $6.98\times10^{-5}$ | 0.002 497 1 | LG27 | 828292 | 832865 | 3 158 | Ankyrin repeat-containing protein |
| CEY00_Acc30569 | 173.425 84 | 529.048 8 | −1.609 1 | 0.003 345 4 | 0.045 705 | LG27 | 964239 | 966517 | 2 112 | Glycosyltransferase family 92 protein like |
| CEY00_Acc30578 | 1.536 549 1 | 18.160 056 | −3.563 | 0.006 716 9 | 0.075 725 | LG27 | 1031628 | 1034149 | 2 522 | Pentatricopeptide repeat-containing protein |
| CEY00_Acc30582 | 57.398 747 | 22.357 68 | 1.360 2 | 0.025 887 | 0.190 71 | LG27 | 1068644 | 1073249 | 917 | Mitochondrial inner membrane protease |
| CEY00_Acc30590 | 2 212.647 4 | 676.816 99 | 1.708 9 | 0.000 282 1 | 0.007 347 4 | LG27 | 1157725 | 1163268 | 3 226 | E3 ubiquitin-protein like |
| CEY00_Acc30601 | 218.978 91 | 77.115 689 | 1.505 7 | 0.043 363 | 0.263 64 | LG27 | 1269119 | 1279536 | 1 746 | Serine/threonine-protein kinase |
| CEY00_Acc30603 | 92.460 873 | 255.491 22 | −1.466 4 | 0.017 717 | 0.148 63 | LG27 | 1292146 | 1295466 | 1 545 | Glucose-6-phosphate 1-epimerase |
| CEY00_Acc30605 | 126.585 98 | 332.153 | −1.391 7 | 0.019 048 | 0.155 67 | LG27 | 1305915 | 1310212 | 3 113 | Protein kinase |
| CEY00_Acc30611 | 9.519 244 2 | 1.431 294 1 | 2.733 5 | 0.047 856 | 0.281 05 | LG27 | 1446800 | 1451289 | 2 550 | Galactinol-sucrose galactosyltransferase |
| CEY00_Acc30612 | 1.152 512 1 | 12.304 121 | −3.416 3 | 0.025 413 | 0.188 19 | LG27 | 1467009 | 1472195 | 3 538 | Short/branched chain specific acyl-CoA dehydrogenase |

（续）

| 基因 ID | miR160VS1 序列/条 | CK1 序列/条 | $log_2FC$ | *P* 值 | FDR | 染色体 | 起始位点 | 终止位点 | 长度/bp | 基因描述 |
|---|---|---|---|---|---|---|---|---|---|---|
| CEY00_Acc30613 | 66.451 07 | 16.586 215 | 2.002 3 | 0.030 199 | 0.210 06 | LG27 | 1479147 | 1482916 | 2 212 | Cysteine-rich receptor-like protein kinase |
| CEY00_Acc30614 | 798.252 | 271.320 25 | 1.556 8 | 0.002 584 2 | 0.037 831 | LG27 | 1502625 | 1505646 | 634 | Glutaredoxin like |
| CEY00_Acc30625 | 83.429 666 | 250.637 71 | −1.587 | 0.004 204 6 | 0.053 816 | LG27 | 1647824 | 1653884 | 2 428 | Phosphoglucan phosphatase |
| CEY00_Acc30632 | 157.299 73 | 67.807 352 | 1.214 | 0.018 976 | 0.155 27 | LG27 | 1708639 | 1712044 | 1 506 | CASP-like protein |
| CEY00_Acc30640 | 376.958 74 | 17.033 117 | 4.468 | $2.8\times10^{-6}$ | 0.000 193 2 | LG27 | 1784285 | 1791313 | 2 874 | Potassium transporter like |
| CEY00_Acc30642 | 217.827 07 | 600.028 42 | −1.461 8 | 0.008 799 3 | 0.091 747 | LG27 | 1799982 | 1803967 | 2 142 | Inactive receptor kinase precursor isoform 2 |
| CEY00_Acc30643 | 263.117 52 | 888.841 73 | −1.756 2 | 0.001 530 5 | 0.026 139 | LG27 | 1804145 | 1809010 | 1 934 | Ubiquitin-conjugating enzyme like |
| CEY00_Acc30653 | 1.121 437 6 | 16.003 019 | −3.834 9 | 0.016 761 | 0.142 8 | LG27 | 1925498 | 1926774 | 608 | Gibberellin-regulated protein |
| CEY00_Acc30664 | 236.158 36 | 472.512 27 | −1.000 6 | 0.022 412 | 0.173 79 | LG27 | 2039974 | 2042761 | 2 788 | Protein transport protein SEC13 B like |
| CEY00_Acc30670 | 1 918.561 4 | 587.770 73 | 1.706 7 | 0.002 194 4 | 0.033 62 | LG27 | 2109775 | 2112034 | 2 260 | Inactive receptor kinase |
| CEY00_Acc30672 | 320.317 75 | 52.331 388 | 2.613 8 | $5.25\times10^{-6}$ | 0.000 323 3 | LG27 | 2122689 | 2124047 | 1 105 | Transcription factor like |
| CEY00_Acc30673 | 4 192.864 7 | 564.346 84 | 2.893 3 | 0.000 153 1 | 0.004 598 6 | LG27 | 2124981 | 2128440 | 1 174 | Prolyl 4-hydroxylase |
| CEY00_Acc30676 | 17.908 316 | 126.082 13 | −2.815 7 | $2.84\times10^{-5}$ | 0.001 234 3 | LG27 | 2164326 | 2179130 | 2 665 | Exocyst complex component EXO84C like |
| CEY00_Acc30686 | 187.771 46 | 27.578 866 | 2.767 3 | 0.043 673 | 0.265 | LG27 | 2302358 | 2303510 | 1 153 | AAA-ATPase |
| CEY00_Acc30717 | 60.097 | 13.328 183 | 2.172 8 | 0.001 749 7 | 0.028 863 | LG27 | 2665863 | 2668187 | 1 372 | Myb-related protein |
| CEY00_Acc30719 | 5.896 396 3 | 0 | — | 0.020 819 | 0.165 63 | LG27 | 2691265 | 2692890 | 1 626 | Zinc-finger homeodomain protein |

（续）

| 基因 ID | miR160VS1 序列/条 | CK1 序列/条 | $log_2FC$ | P 值 | FDR | 染色体 | 起始位点 | 终止位点 | 长度/bp | 基因描述 |
|---|---|---|---|---|---|---|---|---|---|---|
| CEY00 _ Acc30725 | 700. 088 31 | 268. 618 83 | 1. 382 | 0. 002 790 8 | 0. 040 017 | LG27 | 2776377 | 2777612 | 1 236 | Ribosomal protein L34Ae protein |
| CEY00 _ Acc30730 | 887. 734 38 | 39. 774 94 | 4. 480 2 | 0. 004 978 4 | 0. 060 946 | LG27 | 2809010 | 2809877 | 868 | Calcium-binding protein CML45 |
| CEY00 _ Acc30743 | 9. 217 288 8 | 38. 618 94 | −2. 066 9 | 0. 026 674 | 0. 194 22 | LG27 | 2957057 | 2962622 | 2 798 | Serine/threonine-protein kinase |
| CEY00 _ Acc30752 | 92. 964 831 | 236. 282 28 | −1. 345 8 | 0. 023 634 | 0. 179 71 | LG27 | 3048883 | 3053176 | 3 727 | Pentatricopeptide repeat-containing protein |
| CEY00 _ Acc30753 | 954. 111 12 | 195. 259 77 | 2. 288 8 | $3.51\times10^{-5}$ | 0. 001 465 | LG27 | 3053256 | 3061593 | 3 242 | Chaperone protein like |
| CEY00 _ Acc30754 | 1 284. 054 6 | 258. 239 85 | 2. 313 9 | $2.07\times10^{-6}$ | 0. 000 154 | LG27 | 3064976 | 3069577 | 1 819 | Membrane-anchored ubiquitin-fold protein |
| CEY00 _ Acc30766 | 3. 456 332 9 | 22. 759 499 | −2. 719 2 | 0. 025 265 | 0. 187 58 | LG27 | 3216064 | 3218479 | 1 649 | UDP-glycosyltransferase |
| CEY00 _ Acc30773 | 681. 039 26 | 113. 211 05 | 2. 588 7 | 0. 018 22 | 0. 151 19 | LG27 | 3311344 | 3314111 | 2 768 | Exocyst complex component EXO70B1 like |
| CEY00 _ Acc30778 | 244. 653 23 | 4. 036 181 7 | 5. 921 6 | $2.25\times10^{-5}$ | 0. 001 030 5 | LG27 | 3354591 | 3356388 | 1 798 | Phenolic glucoside malonyltransferase |
| CEY00 _ Acc30779 | 29. 129 476 | 274. 598 82 | −3. 236 8 | $1.85\times10^{-6}$ | 0. 000 141 7 | LG27 | 3368551 | 3370091 | 1 541 | Phenolic glucoside malonyltransferase |
| CEY00 _ Acc30784 | 6. 146 597 7 | 22. 406 702 | −1. 866 1 | 0. 035 212 | 0. 231 6 | LG27 | 3420979 | 3426399 | 3 700 | Protein LONGIFOLIA like |
| CEY00 _ Acc30786 | 38. 868 594 | 4. 220 957 4 | 3. 203 | 0. 000 194 5 | 0. 005 519 2 | LG27 | 3453445 | 3457280 | 3 836 | Receptor-like protein kinase |
| CEY00 _ Acc30787 | 30. 434 898 | 5. 579 326 5 | 2. 447 6 | 0. 048 135 | 0. 282 04 | LG27 | 3461022 | 3462967 | 1 946 | Receptor-like protein kinase precursor |
| CEY00 _ Acc30790 | 89. 155 556 | 1 760. 864 2 | −4. 303 8 | $2.13\times10^{-13}$ | $1.71\times10^{-10}$ | LG27 | 3578595 | 3583365 | 1 544 | Cytochrome P450 85A1 like |

（续）

| 基因 ID | miR160VS1 序列/条 | CK1 序列/条 | $log_2FC$ | *P* 值 | FDR | 染色体 | 起始位点 | 终止位点 | 长度/bp | 基因描述 |
|---|---|---|---|---|---|---|---|---|---|---|
| CEY00 _ Acc30807 | 5 076. 850 8 | 1 365. 417 9 | 1. 894 6 | 0. 001 135 8 | 0. 021 144 | LG27 | 4151258 | 4158869 | 4 426 | Sodium-coupled neutral amino acid transporter like |
| CEY00 _ Acc30818 | 4 127. 687 2 | 1 250. 737 9 | 1. 722 6 | 0. 001 009 3 | 0. 019 381 | LG27 | 4281936 | 4285944 | 4 009 | S-adenosylmethionine decarboxylase beta chain like |
| CEY00 _ Acc30820 | 28. 703 167 | 81. 536 853 | −1. 506 2 | 0. 043 619 | 0. 264 8 | LG27 | 4301921 | 4309467 | 1 266 | hypothetical protein |
| CEY00 _ Acc30823 | 139. 785 59 | 343. 669 19 | −1. 297 8 | 0. 009 330 5 | 0. 095 464 | LG27 | 4325472 | 4330734 | 2 715 | Protein FLX-like |
| CEY00 _ Acc30837 | 181. 548 06 | 43. 172 594 | 2. 072 2 | 0. 001 150 7 | 0. 021 36 | LG27 | 4515122 | 4523141 | 1 460 | Ultraviolet-B receptor like |
| CEY00 _ Acc30847 | 12. 168 095 | 121. 445 67 | −3. 319 1 | $1.1\times10^{-6}$ | $9.26\times10^{-5}$ | LG27 | 4659394 | 4662543 | 1 149 | UDP-N-acetylenolpyruvoylglucosamine reductase |
| CEY00 _ Acc30861 | 587. 693 92 | 91. 705 483 | 2. 68 | $9.93\times10^{-7}$ | $8.59\times10^{-5}$ | LG27 | 4820220 | 4828603 | 2 483 | Leaf rust 10 disease-resistance locus receptor-like protein kinase |
| CEY00 _ Acc30866 | 1 065. 817 9 | 464. 742 6 | 1. 197 5 | 0. 019 759 | 0. 159 31 | LG27 | 4869815 | 4873100 | 1 903 | Extensin like |
| CEY00 _ Acc30870 | 34. 186 056 | 3. 469 944 3 | 3. 300 4 | 0. 000 290 6 | 0. 007 526 7 | LG27 | 4932458 | 4936687 | 1 892 | ATP synthase subunit beta like |
| CEY00 _ Acc30882 | 167. 114 49 | 30. 319 56 | 2. 462 5 | 0. 019 406 | 0. 157 39 | LG27 | 5058536 | 5059363 | 828 | WD repeat-containing protein |
| CEY00 _ Acc30891 | 41. 066 845 | 136. 002 38 | −1. 727 6 | 0. 009 770 7 | 0. 098 528 | LG27 | 5175740 | 5177849 | 1 220 | hypothetical protein |
| CEY00 _ Acc30893 | 97. 754 197 | 209. 434 52 | −1. 099 3 | 0. 045 081 | 0. 270 26 | LG27 | 5208885 | 5222081 | 2 821 | Beta-D-xylosidase |
| CEY00 _ Acc30897 | 67. 480 197 | 263. 125 | −1. 963 2 | 0. 000 501 4 | 0. 011 438 | LG27 | 5302393 | 5305131 | 2 598 | Von Willebrand factor, type A protein |

（续）

| 基因 ID | miR160VS1 序列/条 | CK1 序列/条 | $log_2FC$ | $P$ 值 | FDR | 染色体 | 起始位点 | 终止位点 | 长度/bp | 基因描述 |
|---|---|---|---|---|---|---|---|---|---|---|
| CEY00 _ Acc30900 | 71.520 107 | 23.343 439 | 1.615 3 | 0.012 75 | 0.118 57 | LG27 | 5338308 | 5344638 | 2 912 | DNA double-strand break repair Rad50 ATPase |
| CEY00 _ Acc30915 | 601.918 52 | 1 640.390 7 | −1.446 4 | 0.009 814 1 | 0.098 671 | LG27 | 5526380 | 5530876 | 4 497 | Paired amphipathic helix protein like |
| CEY00 _ Acc30922 | 2 857.591 | 1 299.226 | 1.137 1 | 0.008 955 8 | 0.092 718 | LG27 | 5606133 | 5613385 | 3 783 | Transcription factor LHW like |
| CEY00 _ Acc30932 | 29.248 594 | 2.385 490 2 | 3.616 | 0.003 069 4 | 0.043 073 | LG27 | 5789927 | 5792157 | 1 768 | 1-aminocyclopropane-1-carboxylate synthase |
| CEY00 _ Acc30940 | 16.256 605 | 1.154 441 9 | 3.815 8 | 0.044 788 | 0.269 14 | LG27 | 5877202 | 5881751 | 2 226 | Growth-regulating factor like |
| CEY00 _ Acc30943 | 5.158 995 8 | 0 | — | 0.029 973 | 0.209 11 | LG27 | 5910824 | 5911802 | 979 | VQ motif-containing protein |
| CEY00 _ Acc30960 | 13 730.545 | 654.614 68 | 4.390 6 | $1.59\times10^{-10}$ | $4.88\times10^{-8}$ | LG27 | 6093815 | 6096926 | 1 181 | Peroxidase |
| CEY00 _ Acc30977 | 4 339.415 8 | 1 190.517 6 | 1.865 9 | 0.000 296 7 | 0.007 647 8 | LG27 | 6300932 | 6304823 | 1 727 | Cytochrome P450 81E8 like |
| CEY00 _ Acc30983 | 333.268 65 | 28.576 752 | 3.543 8 | $3.7\times10^{-5}$ | 0.001 521 9 | LG27 | 6385520 | 6386907 | 1 388 | Transcription factor like |
| CEY00 _ Acc30989 | 1 467.261 2 | 429.492 99 | 1.772 4 | 0.000 294 4 | 0.007 606 2 | LG27 | 6487492 | 6490868 | 1 642 | Cysteine proteinase |
| CEY00 _ Acc30996 | 33.228 727 | 100.714 23 | −1.599 8 | 0.032 341 | 0.219 85 | LG27 | 6613336 | 6618951 | 1 195 | hypothetical protein |
| CEY00 _ Acc31004 | 228.774 61 | 19.083 922 | 3.583 5 | 0.001 795 4 | 0.029 35 | LG27 | 6718174 | 6722180 | 2 507 | Lipase |
| CEY00 _ Acc31008 | 1 101.738 | 197.260 16 | 2.481 6 | 0.000 371 2 | 0.009 106 4 | LG27 | 6771742 | 6775670 | 1 085 | Heat shock factor protein |
| CEY00 _ Acc31016 | 559.075 94 | 175.657 08 | 1.670 3 | 0.006 826 7 | 0.076 515 | LG27 | 6870229 | 6872440 | 1 390 | Cyclin-dependent kinase |
| CEY00 _ Acc31018 | 310.068 | 37.507 553 | 3.047 3 | $3.47\times10^{-8}$ | $5.05\times10^{-6}$ | LG27 | 6926575 | 6933234 | 1 637 | Nodulation protein like |
| CEY00 _ Acc31021 | 150.067 95 | 456.557 26 | −1.605 2 | 0.006 970 1 | 0.077 694 | LG27 | 7004702 | 7011626 | 2 623 | CDPK-related protein kinase |

（续）

| 基因 ID | miR160VS1 序列/条 | CK1 序列/条 | $\log_2 FC$ | $P$ 值 | FDR | 染色体 | 起始位点 | 终止位点 | 长度/bp | 基因描述 |
|---|---|---|---|---|---|---|---|---|---|---|
| CEY00_Acc31027 | 14.898 169 | 0.238 549 | 5.964 7 | 0.000 605 2 | 0.013 2 | LG27 | 7093898 | 7101246 | 2 054 | Myb family transcription factor EFM like |
| CEY00_Acc31049 | 505.451 97 | 23.000 024 | 4.457 9 | 0.000 209 4 | 0.005 848 1 | LG27 | 7472248 | 7473634 | 1 387 | F-box protein |
| CEY00_Acc31053 | 425.945 08 | 2 168.294 7 | −2.347 8 | 0.028 179 | 0.201 06 | LG27 | 7537704 | 7545633 | 3 017 | BEL1-like homeodomain protein |
| CEY00_Acc31074 | 20.044 819 | 135.633 95 | −2.758 4 | $5.93\times10^{-5}$ | 0.002 213 8 | LG27 | 7959580 | 7961957 | 2 378 | Scarecrow-like protein |
| CEY00_Acc31075 | 3 423.326 2 | 711.079 39 | 2.267 3 | 0.003 953 9 | 0.051 387 | LG27 | 7979411 | 7984432 | 3 291 | Random slug protein |
| CEY00_Acc31082 | 33.271 344 | 1.654 373 | 4.329 9 | 0.000 929 | 0.018 354 | LG27 | 8137231 | 8141133 | 1 599 | Wall-associated receptor kinase-like |
| CEY00_Acc31086 | 264.375 88 | 553.294 52 | −1.065 5 | 0.019 538 | 0.158 1 | LG27 | 8185955 | 8189935 | 3 297 | Tubby-like F-box protein |
| CEY00_Acc31089 | 19.724 937 | 66.960 498 | −1.763 3 | 0.011 224 | 0.108 6 | LG27 | 8212187 | 8228834 | 807 | Protein RER1B like |
| CEY00_Acc31092 | 121.357 65 | 278.319 25 | −1.197 5 | 0.044 494 | 0.268 11 | LG27 | 8254548 | 8267562 | 4 742 | Auxilin-like protein |
| CEY00_Acc31127 | 190.869 33 | 13.073 786 | 3.867 8 | 0.001 798 8 | 0.029 365 | LG27 | 8850339 | 8852205 | 1 513 | L-ascorbate oxidase |
| CEY00_Acc31128 | 3 965.190 4 | 244.095 05 | 4.021 9 | 0.000 430 3 | 0.010 162 | LG27 | 8877553 | 8880011 | 2 105 | L-ascorbate oxidase |
| CEY00_Acc31134 | 290.631 85 | 102.505 81 | 1.503 5 | 0.003 049 9 | 0.042 892 | LG27 | 9018616 | 9024239 | 1 504 | Heat stress transcription factor A-8 like |
| CEY00_Acc31136 | 84.976 81 | 5.678 766 1 | 3.903 4 | 0.008 368 9 | 0.088 286 | LG27 | 9035134 | 9037282 | 1 882 | L-ascorbate oxidase |
| CEY00_Acc31138 | 141.379 82 | 407.556 81 | −1.527 4 | 0.004 449 2 | 0.055 903 | LG27 | 9065265 | 9069517 | 3 262 | Alpha，alpha-trehalose-phosphate synthase |
| CEY00_Acc31150 | 1 042.028 9 | 456.210 89 | 1.191 6 | 0.014 212 | 0.127 5 | LG27 | 9316012 | 9336084 | 2 882 | hypothetical protein |
| CEY00_Acc31151 | 220.683 36 | 604.408 48 | −1.453 5 | 0.014 039 | 0.126 29 | LG27 | 9336707 | 9342809 | 2 032 | Ankyrin repeat-containing protein |

（续）

| 基因 ID | miR160VS1 序列/条 | CK1 序列/条 | $log_2FC$ | *P* 值 | FDR | 染色体 | 起始位点 | 终止位点 | 长度/bp | 基因描述 |
|---|---|---|---|---|---|---|---|---|---|---|
| CEY00_Acc31154 | 263.808 45 | 28.794 322 | 3.195 6 | 0.000 609 7 | 0.013 264 | LG27 | 9386784 | 9387570 | 787 | Urease accessory protein like |
| CEY00_Acc31162 | 2.242 072 8 | 34.461 23 | −3.942 1 | 0.000 468 8 | 0.010 89 | LG27 | 9521562 | 9533205 | 11 419 | Cysteine protease |
| CEY00_Acc31166 | 30.308 248 | 321.000 99 | −3.404 8 | 0.000 490 1 | 0.011 251 | LG27 | 9625805 | 9628235 | 1 730 | Pectinesterase |
| CEY00_Acc31168 | 63.763 76 | 5.640 340 9 | 3.498 9 | 0.038 368 | 0.244 72 | LG27 | 9683772 | 9684810 | 924 | HMG-Y-related protein like |
| CEY00_Acc31169 | 382.235 52 | 166.307 | 1.200 6 | 0.018 436 | 0.152 18 | LG27 | 9702135 | 9707780 | 1 918 | Cysteine-rich receptor-like protein kinase |
| CEY00_Acc31171 | 3 769.144 1 | 1 653.233 6 | 1.188 9 | 0.007 288 9 | 0.080 108 | LG27 | 9746151 | 9754933 | 2 261 | Clathrin assembly protein |
| CEY00_Acc31188 | 1 036.623 4 | 465.371 21 | 1.155 4 | 0.013 483 | 0.122 99 | LG27 | 10041781 | 10047327 | 1 328 | Phytanoyl-CoA dioxygenase |
| CEY00_Acc31189 | 201.169 94 | 82.207 605 | 1.291 1 | 0.011 899 | 0.113 05 | LG27 | 10064582 | 10075837 | 1 086 | GDP-fucose protein O-fucosyltransferase protein |
| CEY00_Acc31191 | 226.487 | 88.570 56 | 1.354 5 | 0.011 824 | 0.112 64 | LG27 | 10106841 | 10118406 | 7 525 | Mitogen-activated protein kinase |
| CEY00_Acc31196 | 3 709.879 7 | 1 011.230 1 | 1.875 3 | $8.87\times10^{-5}$ | 0.003 002 3 | LG27 | 10267119 | 10268509 | 1 391 | Ribose-5-phosphate isomerase |
| CEY00_Acc31198 | 295.260 02 | 117.869 41 | 1.324 8 | 0.037 984 | 0.243 21 | LG27 | 10292393 | 10293101 | 709 | Histone-lysine N-methyltransferase, H3 lysine-79 specific like |
| CEY00_Acc31199 | 706.102 01 | 281.826 83 | 1.325 1 | 0.012 046 | 0.113 92 | LG27 | 10306450 | 10314586 | 1 971 | Beta-glucuronosyltransferase |
| CEY00_Acc31224 | 6.695 143 7 | 0 | — | 0.010 487 | 0.103 56 | LG27 | 10849834 | 10854728 | 3 633 | Protein BREAKING OF ASYMMETRY IN THE STOMATAL LINEAGE like |
| CEY00_Acc31231 | 236.877 08 | 113.444 28 | 1.062 2 | 0.036 12 | 0.235 44 | LG27 | 11029072 | 11055991 | 3 162 | DNA-directed RNA polymerase |

（续）

| 基因 ID | miR160VS1 序列/条 | CK1 序列/条 | $log_2FC$ | *P* 值 | FDR | 染色体 | 起始位点 | 终止位点 | 长度/bp | 基因描述 |
|---|---|---|---|---|---|---|---|---|---|---|
| CEY00 _ Acc31241 | 3.073 900 6 | 45.557 679 | −3.889 6 | 0.001 873 3 | 0.030 206 | LG27 | 11943190 | 11943938 | 749 | CTP synthase |
| CEY00 _ Acc31253 | 371.398 31 | 42.072 17 | 3.142 | 0.007 475 7 | 0.081 506 | LG27 | 12210299 | 12218830 | 4 691 | Proline-rich receptor-like protein kinase |
| CEY00 _ Acc31262 | 8.999 766 8 | 86.488 641 | −3.264 6 | $3.49\times10^{-5}$ | 0.001 456 6 | LG27 | 12424059 | 12425942 | 793 | Nudix hydrolase |
| CEY00 _ Acc31275 | 468.521 61 | 62.635 254 | 2.903 1 | $1.91\times10^{-7}$ | $2.16\times10^{-5}$ | LG27 | 12921012 | 12922438 | 1 427 | AP2/ERF and B3 domain-containing transcription factor |
| CEY00 _ Acc31277 | 432.734 33 | 99.234 295 | 2.124 6 | 0.019 116 | 0.155 95 | LG27 | 12950122 | 12953359 | 1 133 | Allene oxide cyclase |
| CEY00 _ Acc31282 | 185.770 31 | 50.169 233 | 1.888 6 | 0.000 776 8 | 0.016 11 | LG27 | 13089137 | 13098040 | 3 069 | GDT1-like protein |
| CEY00 _ Acc31288 | 2.564 361 8 | 19.547 255 | −2.930 3 | 0.019 73 | 0.159 15 | LG27 | 13188545 | 13194090 | 2 613 | Aluminum-activated malate transporter like |
| CEY00 _ Acc31291 | 191.698 28 | 29.638 913 | 2.693 3 | $1.32\times10^{-5}$ | 0.000 671 | LG27 | 13214158 | 13216394 | 1 518 | IST1-like protein |
| CEY00 _ Acc31299 | 37.105 386 | 4.559 568 3 | 3.024 7 | 0.000 784 7 | 0.016 224 | LG27 | 13423159 | 13424021 | 863 | Carbohydrate-responsive element-binding protein |
| CEY00 _ Acc31301 | 21.782 568 | 1.654 373 | 3.718 8 | 0.002 486 5 | 0.036 771 | LG27 | 13462784 | 13465157 | 2 374 | Ethylene-responsive transcription factor |
| CEY00 _ Acc31314 | 91.631 198 | 746.946 11 | −3.027 1 | $1.19\times10^{-8}$ | $1.95\times10^{-6}$ | LG27 | 13907946 | 13911059 | 1 459 | Adenylate isopentenyltransferase |
| CEY00 _ Acc31315 | 1 411.375 1 | 95.517 951 | 3.885 2 | $1.05\times10^{-12}$ | $6.41\times10^{-10}$ | LG27 | 13924024 | 13924776 | 753 | VQ motif-containing protein |
| CEY00 _ Acc31317 | 37.376 724 | 93.365 701 | −1.320 8 | 0.019 197 | 0.156 23 | LG27 | 13944102 | 13949175 | 1 005 | Acyl-acyl carrier protein like |
| CEY00 _ Acc31320 | 352.164 58 | 19.641 186 | 4.164 3 | 0.003 296 8 | 0.045 28 | LG27 | 14049583 | 14050569 | 987 | Bromodomain-containing protein |

（续）

| 基因ID | miR160VS1序列/条 | CK1序列/条 | $log_2FC$ | *P*值 | FDR | 染色体 | 起始位点 | 终止位点 | 长度/bp | 基因描述 |
|---|---|---|---|---|---|---|---|---|---|---|
| CEY00_Acc31326 | 667.813 16 | 43.320 164 | 3.946 3 | $2.71\times10^{-7}$ | $2.9\times10^{-5}$ | LG27 | 14186378 | 14191180 | 1 367 | Melanoma inhibitory activity protein |
| CEY00_Acc31337 | 268.632 2 | 50.795 118 | 2.402 9 | 0.008 119 6 | 0.086 52 | LG27 | 3824775 | 3833823 | 6 558 | Elongator complex protein |
| CEY00_Acc31340 | 202.588 76 | 5.248 078 5 | 5.270 6 | 0.002 326 4 | 0.035 119 | LG27 | 3881664 | 3882304 | 641 | Sclerostin like |
| CEY00_Acc31344 | 1 168.371 2 | 376.375 69 | 1.634 3 | 0.003 174 9 | 0.044 271 | LG27 | 4017496 | 4030392 | 3 271 | CDP-diacylglycerol-serine O-phosphatidyltransferase |
| CEY00_Acc31356 | 18.145 715 | 2.354 549 9 | 2.946 1 | 0.048 729 | 0.284 35 | LG27 | 14560417 | 14566523 | 2 892 | Coiled-coil domain-containing protein |
| CEY00_Acc31359 | 48.038 943 | 189.193 9 | −1.977 6 | 0.000 321 7 | 0.008 121 2 | LG27 | 14629074 | 14635579 | 2 769 | Apyrase |
| CEY00_Acc31370 | 7 834.284 6 | 2 054.657 5 | 1.930 9 | 0.014 753 | 0.131 09 | LG27 | 15602930 | 15605325 | 2 396 | Uncharacterized protein |
| CEY00_Acc31384 | 24.061 643 | 87.143 939 | −1.856 7 | 0.017 89 | 0.149 4 | LG27 | 17159575 | 17172562 | 3 156 | Myosin-1 like |
| CEY00_Acc31396 | 467.120 17 | 63.027 669 | 2.889 7 | $1.5\times10^{-7}$ | $1.76\times10^{-5}$ | LG21 | 6466247 | 6471936 | 3 046 | Nitrate reductase |
| CEY00_Acc31400 | 4.516 824 8 | 20.540 416 | −2.185 1 | 0.025 163 | 0.187 | LG27 | 18088186 | 18091474 | 1 372 | Homeobox-leucine zipper protein like |
| CEY00_Acc31412 | 60.603 329 | 166.994 87 | −1.462 3 | 0.024 406 | 0.183 37 | LG27 | 18777923 | 18791698 | 2 977 | Alpha-amylase |
| CEY00_Acc31448 | 181.674 87 | 703.967 45 | −1.954 1 | $8.5\times10^{-5}$ | 0.002 904 2 | LG27 | 19332466 | 19338300 | 2 290 | 6-phosphogluconolactonase |
| CEY00_Acc31453 | 12.072 464 | 61.432 008 | −2.347 3 | 0.003 853 5 | 0.050 381 | LG27 | 19420440 | 19427633 | 1 699 | Ninja-family protein |
| CEY00_Acc31456 | 36.085 506 | 105.771 21 | −1.551 5 | 0.026 522 | 0.193 43 | LG27 | 19469556 | 19477756 | 2 375 | Inactive purple acid phosphatase |
| CEY00_Acc31457 | 11.494 849 | 65.283 005 | −2.505 7 | 0.008 275 3 | 0.087 611 | LG27 | 19478985 | 19485438 | 2 828 | Inactive purple acid phosphatase |
| CEY00_Acc31467 | 26.160 342 | 134.023 05 | −2.357 | 0.000 266 6 | 0.007 082 3 | LG27 | 19624593 | 19633521 | 3 431 | Methyltransferase |
| CEY00_Acc31472 | 235.798 74 | 793.641 02 | −1.750 9 | 0.001 350 3 | 0.023 904 | LG27 | 19726523 | 19732579 | 6 057 | UDP-glucose 6-dehydrogenase |

（续）

| 基因 ID | miR160VS1 序列/条 | CK1 序列/条 | $\log_2$FC | *P* 值 | FDR | 染色体 | 起始位点 | 终止位点 | 长度/bp | 基因描述 |
|---|---|---|---|---|---|---|---|---|---|---|
| CEY00_Acc31474 | 15.818 808 | 83.742 994 | −2.404 3 | 0.002 157 6 | 0.033 255 | LG27 | 19762209 | 19767091 | 4 883 | Zinc finger protein |
| CEY00_Acc31475 | 15.346 762 | 60.461 393 | −1.978 1 | 0.003 729 3 | 0.049 128 | LG27 | 19775575 | 19782127 | 4 017 | WRKY transcription factor 57 |
| CEY00_Acc31483 | 365.027 62 | 17.427 112 | 4.388 6 | $2.52\times10^{-5}$ | 0.001 125 5 | LG27 | 19933374 | 19934187 | 814 | Nodulin-related protein |
| CEY00_Acc31505 | 5 450.003 1 | 473.812 34 | 3.523 9 | 0.013 614 | 0.123 47 | LG27 | 20519450 | 20521153 | 1 214 | NAC transcription factor |
| CEY00_Acc31511 | 30.948 449 | 76.762 026 | −1.310 5 | 0.047 444 | 0.279 28 | LG27 | 20628404 | 20629523 | 1 120 | Transcription termination factor like |
| CEY00_Acc31519 | 32.187 456 | 161.581 7 | −2.327 7 | 0.002 601 2 | 0.038 046 | LG27 | 20769792 | 20771099 | 1 308 | E3 ubiquitin-protein like |
| CEY00_Acc31539 | 112.034 28 | 12.680 413 | 3.143 3 | 0.006 531 4 | 0.074 264 | LG28 | 308998 | 318103 | 3 104 | Receptor-like serine/threonine-protein kinase |
| CEY00_Acc31542 | 130.614 79 | 11.042 999 | 3.564 1 | $6\times10^{-8}$ | $8.09\times10^{-6}$ | LG28 | 343474 | 345107 | 994 | WRKY transcription factor |
| CEY00_Acc31549 | 423.068 21 | 47.208 397 | 3.163 8 | 0.000 104 9 | 0.003 417 3 | LG28 | 503586 | 507987 | 864 | E3 ubiquitin-protein like |
| CEY00_Acc31564 | 342.784 03 | 79.331 578 | 2.111 3 | 0.000 611 7 | 0.013 29 | LG28 | 764378 | 765088 | 711 | Tastin like |
| CEY00_Acc31569 | 126.344 15 | 58.124 21 | 1.120 1 | 0.039 793 | 0.250 36 | LG28 | 815520 | 822699 | 1 994 | Long-chain-alcohol O-fatty-acyltransferase 4 |
| CEY00_Acc31573 | 2 851.761 4 | 5 972.068 5 | −1.066 4 | 0.020 113 | 0.161 49 | LG28 | 871718 | 877933 | 3 848 | Ethylene response sensor like |
| CEY00_Acc31577 | 27.092 524 | 1.631 539 9 | 4.053 6 | 0.021 283 | 0.167 73 | LG28 | 954497 | 956756 | 1 819 | Pectinesterase |
| CEY00_Acc31597 | 662.288 31 | 64.736 642 | 3.354 8 | $1.55\times10^{-9}$ | $3.52\times10^{-7}$ | LG28 | 1119284 | 1124465 | 1 437 | RING-H2 finger protein |
| CEY00_Acc31607 | 93.268 411 | 314.918 77 | −1.755 5 | 0.007 | 0.077 988 | LG28 | 1245056 | 1247380 | 1 098 | Stress-related protein |
| CEY00_Acc31623 | 50.364 646 | 15.424 288 | 1.707 2 | 0.031 487 | 0.216 04 | LG28 | 1415806 | 1419007 | 1 278 | Isoleucine-tRNA ligase |

（续）

| 基因 ID | miR160VS1 序列/条 | CK1 序列/条 | $log_2FC$ | *P* 值 | FDR | 染色体 | 起始位点 | 终止位点 | 长度/bp | 基因描述 |
|---|---|---|---|---|---|---|---|---|---|---|
| CEY00_Acc31626 | 627.621 86 | 116.803 03 | 2.425 8 | $2.64\times10^{-6}$ | 0.000 184 4 | LG28 | 1514474 | 1524877 | 4 644 | Mediator of RNA polymerase Ⅱ transcription subunit 33A like |
| CEY00_Acc31628 | 279.025 32 | 997.152 73 | −1.837 4 | 0.000 412 5 | 0.009 850 9 | LG28 | 1577122 | 1581748 | 1 763 | ATP-dependent RNA helicase |
| CEY00_Acc31632 | 545.252 02 | 127.997 92 | 2.090 8 | $5.87\times10^{-5}$ | 0.002 194 5 | LG28 | 7328621 | 7335793 | 2 211 | Core-capsid bridging protein |
| CEY00_Acc31638 | 116.343 03 | 325.913 3 | −1.486 1 | 0.002 664 7 | 0.038 746 | LG28 | 7388632 | 7393665 | 1 843 | Endonuclease/exonuclease/phosphatase protein |
| CEY00_Acc31640 | 81.938 452 | 25.050 097 | 1.709 7 | 0.003 750 9 | 0.049 294 | LG28 | 7397847 | 7400287 | 2 441 | LRR receptor-like serine/threonine-protein kinase |
| CEY00_Acc31645 | 812.064 69 | 3 438.750 3 | −2.082 2 | 0.000 185 4 | 0.005 324 3 | LG28 | 7457542 | 7460113 | 1 798 | Gibberellin receptor GID1B like |
| CEY00_Acc31654 | 215.990 81 | 21.561 989 | 3.324 4 | $3.76\times10^{-7}$ | $3.8\times10^{-5}$ | LG28 | 1686887 | 1690461 | 2 676 | Cation/$H^+$ antiporter like |
| CEY00_Acc31680 | 173.094 54 | 13.524 369 | 3.677 9 | 0.000 157 1 | 0.004 675 8 | LG28 | 2167094 | 2168846 | 1 753 | hypothetical protein |
| CEY00_Acc31698 | 107.611 74 | 277.974 19 | −1.369 1 | 0.006 236 5 | 0.071 93 | LG28 | 2498143 | 2501414 | 1 414 | Fatty-acid-binding protein |
| CEY00_Acc31704 | 178.678 73 | 80.908 396 | 1.143 | 0.027 107 | 0.195 94 | LG28 | 2652369 | 2658447 | 1 179 | Trigger factor like |
| CEY00_Acc31715 | 19.755 611 | 61.239 625 | −1.632 2 | 0.022 207 | 0.172 73 | LG28 | 2844785 | 2845721 | 937 | Heat shock 22 protein |
| CEY00_Acc31721 | 91.663 62 | 3.962 512 5 | 4.531 9 | 0.000 283 7 | 0.007 383 7 | LG28 | 2947996 | 2961711 | 2 294 | Sulfate transporter 3.1 like |
| CEY00_Acc31726 | 87.280 833 | 189.202 89 | −1.116 2 | 0.036 474 | 0.236 85 | LG17 | 15365277 | 15370943 | 1 361 | Protein TIFY 4B like |
| CEY00_Acc31729 | 40.831 798 | 13.274 532 | 1.621 | 0.027 979 | 0.200 03 | LG17 | 15398730 | 15401149 | 2 098 | Heat stress transcription factor A-6b like |
| CEY00_Acc31744 | 67.763 825 | 16.345 351 | 2.051 6 | 0.004 201 4 | 0.053 795 | LG28 | 3455290 | 3458309 | 2 030 | WRKY transcription factor |

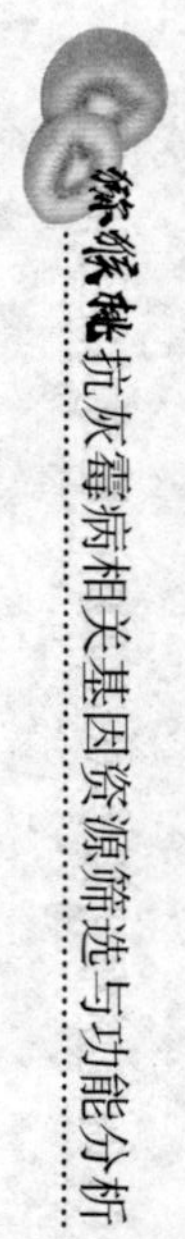


（续）

| 基因 ID | miR160VS1 序列/条 | CK1 序列/条 | $log_2FC$ | $P$ 值 | FDR | 染色体 | 起始位点 | 终止位点 | 长度/bp | 基因描述 |
|---|---|---|---|---|---|---|---|---|---|---|
| CEY00_Acc31750 | 37.907 343 | 10.583 564 | 1.840 7 | 0.043 839 | 0.265 53 | LG28 | 3850729 | 3852768 | 2 040 | Pentatricopeptide repeat-containing protein |
| CEY00_Acc31762 | 71.279 899 | 234.907 11 | −1.720 5 | 0.003 178 1 | 0.044 273 | LG28 | 4278261 | 4286275 | 1 244 | Chaperone protein like |
| CEY00_Acc31768 | 113.449 14 | 35.516 436 | 1.675 5 | 0.012 708 | 0.118 44 | LG28 | 4379327 | 4382875 | 1 842 | Protein plastid transcriptionally active 16 like |
| CEY00_Acc31783 | 1 015.73 | 32.097 072 | 4.983 9 | $2.27\times10^{-6}$ | 0.000 164 9 | LG28 | 4719959 | 4723944 | 2 688 | Beta-glucosidase |
| CEY00_Acc31790 | 142.551 17 | 1 393.758 8 | −3.289 4 | $1.46\times10^{-6}$ | 0.000 116 5 | LG28 | 4954156 | 4958035 | 2 551 | Protein NRT1/PTR FAMILY 8.1 like |
| CEY00_Acc31792 | 40.860 119 | 250.253 77 | −2.614 6 | $1.32\times10^{-5}$ | 0.000 671 | LG28 | 4988246 | 4995571 | 2 017 | Beta-glucosidase |
| CEY00_Acc31795 | 22.487 29 | 58.971 36 | −1.390 9 | 0.044 03 | 0.266 33 | LG28 | 5026635 | 5033110 | 5 547 | Phosphomethylpyrimidine synthase like |
| CEY00_Acc31802 | 12 481.632 | 1 099.257 6 | 3.505 2 | $9.35\times10^{-12}$ | $4.1\times10^{-9}$ | LG28 | 5294419 | 5309079 | 3 995 | ABC transporter G family member 31 like |
| CEY00_Acc31816 | 215.718 76 | 48.246 441 | 2.160 7 | $7.03\times10^{-5}$ | 0.002 508 7 | LG28 | 5509251 | 5511609 | 1 517 | Protein like |
| CEY00_Acc31818 | 87.796 846 | 189.630 06 | −1.110 9 | 0.011 314 | 0.109 17 | LG28 | 5550000 | 5561823 | 4 075 | Alpha-glucan phosphorylase，H isozyme like |
| CEY00_Acc31828 | 40.342 338 | 551.911 2 | −3.774 1 | 0.002 055 8 | 0.032 202 | LG28 | 5757548 | 5760495 | 1 131 | BAG family molecular chaperone regulator like |
| CEY00_Acc31852 | 7 807.625 9 | 410.628 81 | 4.249 | $7.29\times10^{-9}$ | $1.26\times10^{-6}$ | LG28 | 6222236 | 6225664 | 2 061 | WRKY transcription factor |
| CEY00_Acc31853 | 2 100.668 8 | 569.175 75 | 1.883 9 | 0.020 259 | 0.162 38 | LG28 | 6243027 | 6274302 | 8 729 | E3 ubiquitin-protein like |

（续）

| 基因 ID | miR160VS1 序列/条 | CK1 序列/条 | $log_2FC$ | $P$ 值 | FDR | 染色体 | 起始位点 | 终止位点 | 长度/bp | 基因描述 |
|---|---|---|---|---|---|---|---|---|---|---|
| CEY00 _ Acc31875 | 12.013 123 | 0 | — | 0.001 335 3 | 0.023 69 | LG28 | 6603794 | 6606750 | 1 863 | Isoleucine N-monooxygenase |
| CEY00 _ Acc31879 | 15.925 179 | 3.409 552 2 | 2.223 7 | 0.045 721 | 0.272 53 | LG28 | 6780806 | 6785971 | 3 527 | Protein NETWORKED 4A like |
| CEY00 _ Acc31880 | 20.404 602 | 0 | — | 0.034 93 | 0.230 3 | LG28 | 6807809 | 6808851 | 1 043 | Pathogenesis-related transcriptional activator like |
| CEY00 _ Acc31881 | 2 192.435 1 | 763.812 31 | 1.521 2 | 0.003 420 9 | 0.046 422 | LG28 | 6813391 | 6819761 | 1 823 | Ubiquitin-conjugating enzyme like |
| CEY00 _ Acc31890 | 619.773 81 | 31.132 658 | 4.315 2 | 0.007 328 1 | 0.080 445 | LG28 | 7018078 | 7020811 | 1 763 | Cytochrome P450 714C2 like |
| CEY00 _ Acc31908 | 12.272 862 | 1.431 294 1 | 3.100 1 | 0.047 431 | 0.279 28 | LG28 | 7700637 | 7705934 | 1 699 | UDP-glycosyltransferase |
| CEY00 _ Acc31924 | 520.213 44 | 2 152.679 8 | −2.049 | 0.005 677 5 | 0.067 165 | LG28 | 7886125 | 7891900 | 1 721 | Serine carboxypeptidase-like |
| CEY00 _ Acc31930 | 15.000 93 | 0.715 647 1 | 4.389 7 | 0.001 470 4 | 0.025 417 | LG28 | 7960975 | 7962526 | 825 | Glyoxalase-like domain protein |
| CEY00 _ Acc31937 | 32.849 504 | 0 | — | $2.69\times10^{-8}$ | $4.12\times10^{-6}$ | LG28 | 8038099 | 8039010 | 912 | Cysteine-rich repeat secretory protein |
| CEY00 _ Acc31945 | 150.865 24 | 336.229 62 | −1.156 2 | 0.032 787 | 0.221 8 | LG28 | 8123859 | 8130363 | 1 526 | Quinone-oxidoreductase |
| CEY00 _ Acc31946 | 206.447 38 | 462.595 33 | −1.164 | 0.043 006 | 0.262 77 | LG28 | 8135859 | 8144914 | 2 810 | Serine/threonine-protein kinase |
| CEY00 _ Acc31951 | 86.415 869 | 9.461 551 | 3.191 1 | $3.33\times10^{-6}$ | 0.000 221 5 | LG28 | 8193811 | 8195864 | 1 407 | B3 domain-containing protein |
| CEY00 _ Acc31956 | 34.094 838 | 10.300 093 | 1.726 9 | 0.039 871 | 0.250 77 | LG28 | 8228911 | 8231724 | 2 056 | Galacturonosyltransferase |
| CEY00 _ Acc31961 | 63.042 936 | 16.262 208 | 1.954 8 | 0.030 837 | 0.213 | LG28 | 8272185 | 8282727 | 1 227 | Ethylene-responsive transcription factor-like protein |
| CEY00 _ Acc31968 | 34.173 802 | 0 | — | 0.025 268 | 0.187 58 | LG28 | 8346028 | 8355231 | 2 011 | L-ascorbate oxidase |
| CEY00 _ Acc31969 | 877.213 3 | 215.744 11 | 2.023 6 | $6.63\times10^{-5}$ | 0.002 414 | LG28 | 8364843 | 8370681 | 4 105 | RPM1-interacting protein |

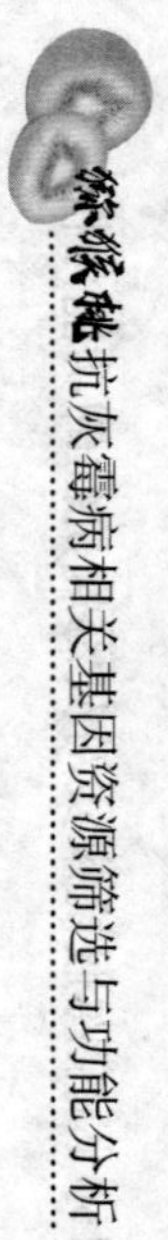


（续）

| 基因 ID | miR160VS1 序列/条 | CK1 序列/条 | $log_2FC$ | *P* 值 | FDR | 染色体 | 起始位点 | 终止位点 | 长度/bp | 基因描述 |
|---|---|---|---|---|---|---|---|---|---|---|
| CEY00_Acc31974 | 26.434 432 | 85.291 226 | −1.69 | 0.006 077 6 | 0.070 667 | LG28 | 8403212 | 8407223 | 3 108 | GPI transamidase component PIG-T like |
| CEY00_Acc31982 | 9.510 509 2 | 0.238 549 | 5.317 2 | 0.015 924 | 0.138 14 | LG28 | 8516931 | 8522662 | 3 086 | LRR receptor-like serine/threonine-protein kinase |
| CEY00_Acc31986 | 173.691 43 | 25.980 011 | 2.741 1 | $2.3\times10^{-6}$ | 0.000 166 1 | LG28 | 8555506 | 8558952 | 1 165 | Cyclin-dependent kinase |
| CEY00_Acc31988 | 2 314.245 3 | 499.843 81 | 2.211 | $2.12\times10^{-5}$ | 0.000 987 5 | LG28 | 8598914 | 8602229 | 2 129 | Desumoylating isopeptidase |
| CEY00_Acc31999 | 255.892 05 | 88.019 283 | 1.539 6 | 0.008 384 1 | 0.088 308 | LG28 | 8691847 | 8697538 | 1 763 | 3-ketoacyl-CoA thiolase 2, peroxisomal like |
| CEY00_Acc32003 | 37.882 251 | 133.380 03 | −1.815 9 | 0.002 781 5 | 0.039 936 | LG28 | 8760164 | 8770375 | 1 966 | Pectate lyase |
| CEY00_Acc32005 | 36.293 09 | 182.343 82 | −2.328 9 | 0.000 189 4 | 0.005 409 5 | LG28 | 8782256 | 8785789 | 823 | Lipid-A-disaccharide synthase |
| CEY00_Acc32010 | 1 942.801 7 | 579.406 24 | 1.745 5 | 0.001 240 4 | 0.022 48 | LG28 | 8828222 | 8835074 | 2 021 | Chaperonin CPN60-2 like |
| CEY00_Acc32013 | 97.105 663 | 285.231 02 | −1.554 5 | 0.004 860 9 | 0.059 819 | LG28 | 8885846 | 8891935 | 4 625 | Protein LONGIFOLIA like |
| CEY00_Acc32026 | 1 549.032 5 | 588.432 66 | 1.396 4 | 0.003 520 4 | 0.047 342 | LG28 | 9073542 | 9085736 | 6 199 | ABC transporter C family member 5 like |
| CEY00_Acc32029 | 482.872 1 | 106.796 16 | 2.176 8 | 0.023 815 | 0.180 58 | LG28 | 9100813 | 9105222 | 2 511 | Aminopyrimidine aminohydrolase |
| CEY00_Acc32039 | 48.147 229 | 172.154 21 | −1.838 2 | 0.003 977 5 | 0.051 625 | LG28 | 9291331 | 9297023 | 1 592 | Rho-N domain-containing protein |
| CEY00_Acc32046 | 4.515 220 1 | 23.824 096 | −2.399 6 | 0.043 08 | 0.262 81 | LG28 | 9375830 | 9388822 | 12 791 | F-box/FBD/LRR-repeat protein |
| CEY00_Acc32062 | 1 359.449 | 80.009 559 | 4.086 7 | $6.46\times10^{-5}$ | 0.002 36 | LG28 | 9610390 | 9611941 | 1 552 | E3 ubiquitin-protein like |

（续）

| 基因 ID | miR160VS1 序列/条 | CK1 序列/条 | $log_2FC$ | *P* 值 | FDR | 染色体 | 起始位点 | 终止位点 | 长度/bp | 基因描述 |
|---|---|---|---|---|---|---|---|---|---|---|
| CEY00_Acc32063 | 399.603 57 | 9.064 862 8 | 5.462 1 | $1.99\times10^{-5}$ | 0.000 941 3 | LG28 | 9615341 | 9616925 | 1 585 | E3 ubiquitin-protein like |
| CEY00_Acc32065 | 197.742 41 | 677.945 92 | −1.777 5 | 0.001 681 | 0.027 997 | LG28 | 9639065 | 9643861 | 2 691 | BEL1-like homeodomain protein |
| CEY00_Acc32066 | 7.785 105 5 | 0.457 946 4 | 4.087 5 | 0.025 007 | 0.186 36 | LG28 | 9674170 | 9683154 | 4 324 | Transcription factor LHW like |
| CEY00_Acc32074 | 3.457 536 4 | 27.444 857 | −2.988 7 | 0.002 215 6 | 0.033 843 | LG28 | 9757179 | 9765083 | 3 705 | 5'→3'exoribonuclease |
| CEY00_Acc32081 | 24.583 527 | 0 | — | $5.29\times10^{-7}$ | $5.04\times10^{-5}$ | LG28 | 9827513 | 9828534 | 1 022 | CCR4-associated factor 1 like |
| CEY00_Acc32101 | 178.733 46 | 360.562 57 | −1.012 4 | 0.048 694 | 0.284 2 | LG28 | 10028506 | 10044393 | 2 754 | Protein transport protein like |
| CEY00_Acc32106 | 368.058 98 | 15.081 496 | 4.609 1 | $8.74\times10^{-8}$ | $1.11\times10^{-5}$ | LG28 | 10103448 | 10105931 | 1 339 | Glucan endo-1,3-beta-glucosidase |
| CEY00_Acc32107 | 659.928 48 | 195.829 84 | 1.752 7 | 0.001 721 7 | 0.028 589 | LG28 | 10115033 | 10118870 | 3 838 | Ferredoxin-3 like |
| CEY00_Acc32108 | 171.608 29 | 66.051 428 | 1.377 5 | 0.008 903 2 | 0.092 415 | LG28 | 10120734 | 10124625 | 1 537 | 60S ribosomal protein like |
| CEY00_Acc32116 | 0.768 475 2 | 10.115 94 | −3.718 5 | 0.027 646 | 0.198 51 | LG28 | 10196756 | 10200191 | 894 | Protein SELF-PRUNING like |
| CEY00_Acc32134 | 391.624 29 | 133.005 39 | 1.558 | 0.001 841 5 | 0.029 868 | LG28 | 10477709 | 10484033 | 1 506 | Histone deacetylase |
| CEY00_Acc32135 | 22.786 838 | 5.424 625 | 2.070 6 | 0.021 967 | 0.171 35 | LG28 | 10486944 | 10500467 | 2 646 | Nucleobase-ascorbate transporter like |
| CEY00_Acc32136 | 1 217.519 | 70.524 809 | 4.109 7 | $2.53\times10^{-6}$ | 0.000 178 1 | LG28 | 10510984 | 10512569 | 1 586 | Arogenate dehydratase |
| CEY00_Acc32139 | 193.266 15 | 81.616 232 | 1.243 7 | 0.017 897 | 0.149 4 | LG28 | 10543130 | 10552966 | 5 937 | DDT domain-containing protein |
| CEY00_Acc32142 | 168.281 2 | 830.366 46 | −2.302 9 | 0.000 102 8 | 0.003 377 | LG28 | 10595790 | 10603189 | 2 811 | BTB/POZ domain-containing protein |
| CEY00_Acc32143 | 275.483 41 | 1 119.592 4 | −2.022 9 | $8.98\times10^{-5}$ | 0.003 030 1 | LG28 | 10610181 | 10615895 | 1 821 | UDP-D-apiose/UDP-D-xylose synthase |
| CEY00_Acc32153 | 1 115.828 7 | 402.034 57 | 1.472 7 | 0.006 095 9 | 0.070 783 | LG28 | 10745008 | 10753232 | 1 920 | Aspartic proteinase-like protein |

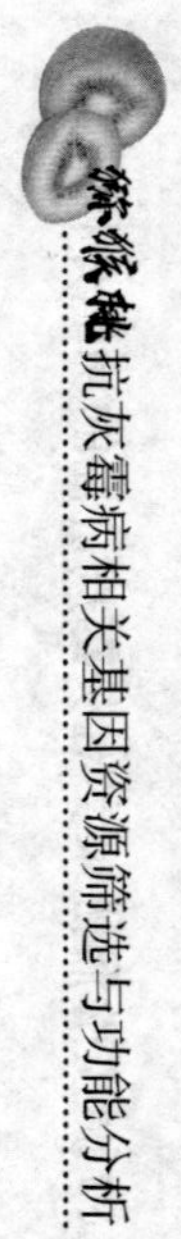


（续）

| 基因 ID | miR160VS1 序列/条 | CK1 序列/条 | $log_2$FC | $P$ 值 | FDR | 染色体 | 起始位点 | 终止位点 | 长度/bp | 基因描述 |
|---|---|---|---|---|---|---|---|---|---|---|
| CEY00 _ Acc32157 | 389.999 57 | 867.448 58 | −1.153 3 | 0.032 075 | 0.218 63 | LG28 | 10800490 | 10818152 | 3 327 | Vacuolar protein sorting-associated protein |
| CEY00 _ Acc32165 | 388.728 41 | 176.483 58 | 1.139 2 | 0.033 204 | 0.223 67 | LG28 | 10911476 | 10920991 | 3 723 | Increased DNA methylation like |
| CEY00 _ Acc32170 | 48.767 863 | 1.908 392 2 | 4.675 5 | 0.000 602 4 | 0.013 167 | LG28 | 10947938 | 10949069 | 1 132 | Protein SENSITIVE TO PROTON RHIZOTOXICITY like |
| CEY00 _ Acc32171 | 26.724 042 | 6.259 485 6 | 2.094 | 0.033 009 | 0.222 82 | LG28 | 10954574 | 10960650 | 3 452 | 50S ribosomal protein |
| CEY00 _ Acc32184 | 455.550 4 | 120.321 46 | 1.920 7 | 0.002 529 8 | 0.037 2 | LG28 | 11085121 | 11090245 | 1 825 | Alpha-L-fucosidase |
| CEY00 _ Acc32198 | 46.217 507 | 115.633 38 | −1.323 | 0.038 456 | 0.245 1 | LG28 | 11229496 | 11244457 | 7 760 | OTU domain-containing protein |
| CEY00 _ Acc32207 | 330.713 02 | 141.351 49 | 1.226 3 | 0.043 711 | 0.265 14 | LG28 | 11368476 | 11374130 | 2 798 | Von Willebrand factor, type A protein |
| CEY00 _ Acc32215 | 7.017 031 5 | 103.417 12 | −3.881 5 | 0.001 015 8 | 0.019 46 | LG28 | 11475181 | 11478826 | 2 358 | Auxin response factor like |
| CEY00 _ Acc32217 | 636.545 82 | 279.389 88 | 1.188 | 0.021 819 | 0.170 56 | LG28 | 11502410 | 11511674 | 3 910 | Homeobox-leucine zipper protein like |
| CEY00 _ Acc32220 | 0.768 074 | 57.228 009 | −6.219 3 | $5.41\times10^{-8}$ | $7.35\times10^{-6}$ | LG28 | 11553089 | 11553692 | 604 | Serine/arginine repetitive matrix protein |
| CEY00 _ Acc32226 | 12.011 919 | 0.700 176 9 | 4.100 6 | 0.011 476 | 0.110 03 | LG28 | 11594358 | 11601886 | 1 851 | E3 ubiquitin-protein ligase MARCH10 |
| CEY00 _ Acc32228 | 3 616.880 1 | 418.234 95 | 3.112 4 | 0.011 424 | 0.109 77 | LG28 | 11629064 | 11633431 | 1 177 | Pyridoxal 5'-phosphate synthase |
| CEY00 _ Acc32234 | 1 421.173 | 64.663 338 | 4.458 | $2.26\times10^{-6}$ | 0.000 164 5 | LG28 | 11671175 | 11678109 | 1 900 | MLO-like protein |
| CEY00 _ Acc32236 | 166.877 75 | 67.130 047 | 1.313 8 | 0.044 602 | 0.268 46 | LG28 | 11719553 | 11728627 | 1 543 | Isovaleryl-CoA dehydrogenase |
| CEY00 _ Acc32248 | 77.509 071 | 172.790 73 | −1.156 6 | 0.011 06 | 0.107 62 | LG28 | 11861909 | 11872262 | 10 354 | V-type proton ATPase subunit D like |

（续）

| 基因 ID | miR160VS1 序列/条 | CK1 序列/条 | $log_2FC$ | *P* 值 | FDR | 染色体 | 起始位点 | 终止位点 | 长度/bp | 基因描述 |
|---|---|---|---|---|---|---|---|---|---|---|
| CEY00_Acc32249 | 121.233 01 | 281.743 45 | −1.216 6 | 0.033 419 | 0.224 55 | LG28 | 11875182 | 11879343 | 1 678 | DDB1-and CUL4-associated factor like |
| CEY00_Acc32250 | 8.523 308 4 | 32.458 528 | −1.929 1 | 0.038 464 | 0.245 1 | LG28 | 11883080 | 11888901 | 3 964 | Serine-rich adhesin for platelets like |
| CEY00_Acc32256 | 90.139 817 | 17.254 829 | 2.385 2 | 0.023 453 | 0.178 91 | LG28 | 11931792 | 11936931 | 3 866 | UPF0481 protein |
| CEY00_Acc32260 | 467.492 74 | 1 101.527 7 | −1.236 5 | 0.011 943 | 0.113 28 | LG28 | 12000000 | 12004528 | 1 539 | L-ascorbate peroxidase |
| CEY00_Acc32263 | 75.912 379 | 4.132 562 2 | 4.199 2 | 0.023 957 | 0.181 2 | LG28 | 12054253 | 12054965 | 713 | Myb-related transcription factor, partner of profilin like |
| CEY00_Acc32272 | 36.707 745 | 6.537 082 1 | 2.489 4 | 0.043 979 | 0.266 12 | LG28 | 12157010 | 12163101 | 6 092 | Nuclear factor related to kappa-B-binding protein |
| CEY00_Acc32274 | 14.358 358 | 0.238 549 | 5.911 5 | 0.000 664 3 | 0.014 19 | LG28 | 12179578 | 12180643 | 1 066 | Chitinase |
| CEY00_Acc32275 | 363.223 82 | 139.092 09 | 1.384 8 | 0.013 65 | 0.123 56 | LG28 | 12181238 | 12182645 | 1 408 | Histone H4 variant like |
| CEY00_Acc32276 | 139.616 16 | 6.579 188 8 | 4.407 4 | $1.25\times10^{-10}$ | $4.03\times10^{-8}$ | LG28 | 12183118 | 12184293 | 1 176 | Chitinase |
| CEY00_Acc32287 | 637.440 51 | 24.731 748 | 4.687 9 | 0.000 377 1 | 0.009 216 5 | LG28 | 12329317 | 12331589 | 2 273 | Exocyst complex component EXO70A1 like |
| CEY00_Acc32297 | 160.317 92 | 384.759 61 | −1.263 | 0.025 884 | 0.190 71 | LG28 | 12431956 | 12436744 | 1 644 | Protein UPSTREAM OF FLC like |
| CEY00_Acc32298 | 180.311 7 | 570.051 7 | −1.660 6 | 0.004 583 6 | 0.057 197 | LG28 | 12441545 | 12448595 | 1 639 | Nuclease |
| CEY00_Acc32300 | 99.395 803 | 29.495 622 | 1.752 7 | 0.019 552 | 0.158 14 | LG28 | 12468074 | 12468704 | 631 | Zinc finger protein |
| CEY00_Acc32301 | 6.437 009 7 | 66.721 205 | −3.373 7 | $1.75\times10^{-5}$ | 0.000 851 2 | LG28 | 12477922 | 12484058 | 2 130 | Type Ⅰ inositol polyphosphate 5-phosphatase |

（续）

| 基因 ID | miR160VS1 序列/条 | CK1 序列/条 | $log_2FC$ | *P* 值 | FDR | 染色体 | 起始位点 | 终止位点 | 长度/bp | 基因描述 |
|---|---|---|---|---|---|---|---|---|---|---|
| CEY00_Acc32321 | 71.244 066 | 167.125 37 | −1.230 1 | 0.045 506 | 0.272 01 | LG28 | 12702010 | 12704223 | 2 214 | Proteoglycan 4 C-terminal part like |
| CEY00_Acc32322 | 228.927 93 | 19.472 259 | 3.555 4 | $4.96\times10^{-9}$ | $9.12\times10^{-7}$ | LG28 | 12710850 | 12714794 | 2 386 | Heat shock protein 70 family protein |
| CEY00_Acc32326 | 443.802 73 | 180.151 28 | 1.300 7 | 0.020 276 | 0.162 47 | LG28 | 12744874 | 12748492 | 1 814 | E3 ubiquitin-protein ligase XBAT31 |
| CEY00_Acc32329 | 474.064 13 | 227.577 3 | 1.058 7 | 0.025 108 | 0.186 76 | LG28 | 12778954 | 12787460 | 2 665 | Serine/threonine-protein kinase |
| CEY00_Acc32331 | 1 360.472 6 | 527.036 92 | 1.368 1 | 0.006 255 | 0.072 028 | LG28 | 12792835 | 12796169 | 2 465 | Protein like |
| CEY00_Acc32338 | 6 293.893 8 | 24 486.936 | −1.96 | 0.000 216 9 | 0.006 018 5 | LG28 | 12869045 | 12871525 | 1 220 | Expansin-A6 like |
| CEY00_Acc32343 | 52.103 909 | 2.146 941 2 | 4.601 | $1.21\times10^{-7}$ | $1.48\times10^{-5}$ | LG28 | 12939605 | 12943922 | 4 318 | Scarecrow-like protein |
| CEY00_Acc32344 | 352.428 24 | 29.518 198 | 3.577 7 | 0.014 745 | 0.131 08 | LG28 | 12947062 | 12949970 | 2 909 | Scarecrow-like protein |
| CEY00_Acc32350 | 211.501 83 | 44.872 133 | 2.236 8 | 0.002 116 7 | 0.032 842 | LG28 | 13005860 | 13006861 | 1 002 | hypothetical protein |
| CEY00_Acc32352 | 834.676 25 | 386.523 79 | 1.110 7 | 0.016 924 | 0.143 85 | LG28 | 13022972 | 13037278 | 5 415 | Protein argonaute like |
| CEY00_Acc32361 | 2 052.812 4 | 88.800 479 | 4.530 9 | $7.62\times10^{-5}$ | 0.002 668 9 | LG28 | 13163310 | 13170976 | 1 429 | Protein kinase |
| CEY00_Acc32367 | 3.426 863 | 17.887 63 | −2.384 | 0.016 222 | 0.139 83 | LG28 | 13233806 | 13235115 | 683 | Calmodulin-1 like |
| CEY00_Acc32369 | 391.635 54 | 923.980 22 | −1.238 4 | 0.009 785 | 0.098 642 | LG28 | 13243646 | 13246050 | 895 | Calmodulin |
| CEY00_Acc32383 | 7.183 546 5 | 0 | — | 0.039 72 | 0.250 23 | LG28 | 13393482 | 13394479 | 998 | hypothetical protein |
| CEY00_Acc32384 | 375.393 2 | 59.628 917 | 2.654 3 | $4.64\times10^{-7}$ | $4.5\times10^{-5}$ | LG28 | 13395015 | 13400172 | 2 302 | F-box protein |
| CEY00_Acc32385 | 441.162 28 | 150.866 62 | 1.548 | 0.001 546 5 | 0.026 345 | LG28 | 13405007 | 13418539 | 2 328 | Ribosomal biogenesis protein like |

（续）

| 基因 ID | miR160VS1 序列/条 | CK1 序列/条 | $\log_2$FC | *P* 值 | FDR | 染色体 | 起始位点 | 终止位点 | 长度/bp | 基因描述 |
|---|---|---|---|---|---|---|---|---|---|---|
| CEY00_Acc32388 | 19.571 971 | 2.039 394 4 | 3.262 6 | 0.018 079 | 0.150 4 | LG28 | 13445574 | 13447179 | 1 606 | Protein kinase C-like |
| CEY00_Acc32393 | 1 657.912 8 | 690.191 01 | 1.264 3 | 0.026 941 | 0.195 25 | LG28 | 13486509 | 13504270 | 5 131 | E3 ubiquitin-protein like |
| CEY00_Acc32397 | 48.130 907 | 15.143 755 | 1.668 2 | 0.024 962 | 0.186 14 | LG28 | 13525307 | 13527450 | 1 052 | Pentatricopeptide repeat-containing protein |
| CEY00_Acc32406 | 575.413 47 | 41.445 649 | 3.795 3 | $1.65\times10^{-10}$ | $5.01\times10^{-8}$ | LG28 | 13661463 | 13662464 | 1 002 | DNA-directed RNA polymerase |
| CEY00_Acc32409 | 462.046 74 | 93.938 261 | 2.298 3 | 0.002 097 5 | 0.032 673 | LG28 | 13704929 | 13719332 | 2 605 | Homeobox-DDT domain protein |
| CEY00_Acc32423 | 3 357.979 1 | 1 582.010 1 | 1.085 8 | 0.035 101 | 0.231 1 | LG28 | 13860377 | 13886849 | 6 635 | Protein CHROMATIN REMODELING like |
| CEY00_Acc32432 | 380.725 56 | 40.612 25 | 3.228 8 | $1.84\times10^{-6}$ | 0.000 141 2 | LG28 | 14015289 | 14021788 | 3 655 | Hexokinase-3 like |
| CEY00_Acc32435 | 71.121 262 | 25.661 174 | 1.470 7 | 0.040 934 | 0.254 73 | LG28 | 14074866 | 14079448 | 3 424 | Zinc finger CCCH domain-containing protein |
| CEY00_Acc32439 | 89.268 692 | 226.001 05 | −1.340 1 | 0.022 687 | 0.175 18 | LG28 | 14143087 | 14157951 | 1 894 | NAD(H) kinase |
| CEY00_Acc32443 | 587.864 03 | 1 278.924 9 | −1.121 4 | 0.026 846 | 0.194 94 | LG28 | 14191027 | 14199362 | 2 504 | Sulfite reductase 1［ferredoxin］like |
| CEY00_Acc32465 | 169.663 01 | 66.464 575 | 1.352 | 0.008 898 1 | 0.092 415 | LG28 | 14496901 | 14501345 | 1 321 | Cytochrome c-type biogenesis protein like |
| CEY00_Acc32466 | 203.454 4 | 740.100 22 | −1.863 | 0.000 543 2 | 0.012 172 | LG28 | 14502296 | 14528445 | 11 949 | Chromatin structure-remodeling complex protein like |
| CEY00_Acc32472 | 145.432 3 | 661.656 92 | −2.185 7 | $1.35\times10^{-5}$ | 0.000 684 8 | LG28 | 14586970 | 14588428 | 1 459 | Serine/threonine-protein kinase |

（续）

| 基因 ID | miR160VS1 序列/条 | CK1 序列/条 | $log_2FC$ | *P* 值 | FDR | 染色体 | 起始位点 | 终止位点 | 长度/bp | 基因描述 |
|---|---|---|---|---|---|---|---|---|---|---|
| CEY00 _ Acc32474 | 25.037 701 | 208.940 72 | −3.060 9 | $2.02\times10^{-6}$ | 0.000 151 4 | LG28 | 14628998 | 14630326 | 1 329 | DNA-damage-repair/toleration protein |
| CEY00 _ Acc32477 | 5.760 554 8 | 42.179 107 | −2.872 2 | 0.004 282 4 | 0.054 462 | LG28 | 14662290 | 14690684 | 8 097 | TBC1 domain family member protein |
| CEY00 _ Acc32484 | 419.864 33 | 11.881 041 | 5.143 2 | $1.16\times10^{-5}$ | 0.000 605 9 | LG28 | 14752539 | 14762117 | 7 267 | Long-chain-fatty-acid-AMP ligase |
| CEY00 _ Acc32487 | 61.634 752 | 5.504 913 | 3.485 | $7.06\times10^{-6}$ | 0.000 404 3 | LG28 | 14806275 | 14817900 | 2 629 | Linoleate 13S-lipoxygenase |
| CEY00 _ Acc32492 | 81.463 308 | 522.102 61 | −2.680 1 | $1.22\times10^{-6}$ | 0.000 101 2 | LG28 | 14886020 | 14890541 | 1 648 | Bromodomain-containing protein |
| CEY00 _ Acc32499 | 154.092 65 | 347.475 79 | −1.173 1 | 0.012 209 | 0.115 16 | LG28 | 14999274 | 15002631 | 2 877 | DEAD-box ATP-dependent RNA helicase |
| CEY00 _ Acc32502 | 33.827 167 | 0.715 647 1 | 5.562 8 | $3.08\times10^{-5}$ | 0.001 317 | LG28 | 15036795 | 15045207 | 1 038 | Lignin-forming anionic peroxidase |
| CEY00 _ Acc32516 | 5 227.266 | 209.629 21 | 4.640 1 | $6.14\times10^{-17}$ | $2.02\times10^{-13}$ | LG28 | 15237416 | 15238899 | 1 484 | NADH-cytochrome b5 reductase |
| CEY00 _ Acc32522 | 21.042 36 | 159.148 97 | −2.919 | $9.78\times10^{-6}$ | 0.000 527 3 | LG28 | 15283186 | 15288046 | 1 125 | Eukaryotic translation initiation factor 3 subunit C like |
| CEY00 _ Acc32523 | 22.212 798 | 268.509 09 | −3.595 5 | 0.002 098 8 | 0.032 673 | LG28 | 15294720 | 15297216 | 958 | hypothetical protein |
| CEY00 _ Acc32526 | 91.408 806 | 209.589 02 | −1.197 2 | 0.035 878 | 0.234 39 | LG28 | 15324816 | 15338638 | 1 484 | Serine/threonine-protein phosphatase PP2A catalytic subunit |
| CEY00 _ Acc32530 | 44.823 529 | 3.500 884 6 | 3.678 5 | 0.001 308 2 | 0.023 386 | LG28 | 15379756 | 15383880 | 3 118 | IQ domain-containing protein |
| CEY00 _ Acc32542 | 904.874 41 | 257.247 89 | 1.814 6 | 0.000 619 2 | 0.013 436 | LG28 | 15529231 | 15546510 | 2 288 | Lysine-tRNA ligase |
| CEY00 _ Acc32543 | 12.456 902 | 42.326 445 | −1.764 6 | 0.041 053 | 0.255 16 | LG28 | 15549604 | 15551824 | 797 | Acetyl-coenzyme A synthetase |

（续）

| 基因 ID | miR160VS1 序列/条 | CK1 序列/条 | $\log_2$FC | *P* 值 | FDR | 染色体 | 起始位点 | 终止位点 | 长度/bp | 基因描述 |
|---|---|---|---|---|---|---|---|---|---|---|
| CEY00_Acc32551 | 51.064 554 | 131.284 59 | −1.362 3 | 0.041 288 | 0.256 01 | LG28 | 15622510 | 15632152 | 1 920 | 2-oxoisovalerate dehydrogenase subunit beta 1 like |
| CEY00_Acc32553 | 57.077 316 | 136.491 97 | −1.257 8 | 0.038 886 | 0.246 74 | LG28 | 15653119 | 15657952 | 1 232 | N utilization substance protein like |
| CEY00_Acc32557 | 2 088.174 8 | 1 040.095 3 | 1.005 5 | 0.044 393 | 0.267 81 | LG28 | 15716338 | 15719593 | 3 256 | E3 ubiquitin-protein like |
| CEY00_Acc32575 | 89.410 806 | 24.896 884 | 1.844 5 | 0.015 276 | 0.134 21 | LG29 | 193812 | 198732 | 2 435 | F-box/kelch-repeat protein |
| CEY00_Acc32576 | 78.063 945 | 167.477 58 | −1.101 2 | 0.035 934 | 0.234 53 | LG29 | 199603 | 208083 | 1 504 | Ethanolamine kinase |
| CEY00_Acc32594 | 1 301.838 4 | 4 087.695 3 | −1.650 7 | 0.001 621 8 | 0.027 273 | LG29 | 404842 | 409539 | 2 865 | Phospholipase D alpha 1 like |
| CEY00_Acc32595 | 0.768 074 | 13.370 29 | −4.121 6 | 0.019 589 | 0.158 36 | LG29 | 414575 | 415924 | 614 | Protein kinase C and casein kinase substrate in neurons protein |
| CEY00_Acc32600 | 27.304 866 | 7.251 984 9 | 1.912 7 | 0.035 562 | 0.233 03 | LG29 | 512397 | 516811 | 934 | Axial regulator YABBY like |
| CEY00_Acc32604 | 4 000.042 7 | 1 345.922 2 | 1.571 4 | 0.016 789 | 0.143 | LG29 | 578845 | 580168 | 1 073 | Umecyanin like |
| CEY00_Acc32605 | 283.913 19 | 3.547 295 | 6.322 6 | 0.001 962 3 | 0.031 197 | LG29 | 585125 | 588941 | 1 522 | Blue copper protein |
| CEY00_Acc32606 | 31 297.768 | 1 421.653 6 | 4.460 4 | $8.52\times10^{-11}$ | $2.86\times10^{-8}$ | LG29 | 599915 | 602392 | 1 297 | Blue copper protein |
| CEY00_Acc32611 | 11.512 319 | 0 | — | 0.021 461 | 0.168 78 | LG29 | 704188 | 715445 | 1 362 | UDP-N-acetylglucosamine/UDP-glucose/GDP-mannose transporter like |
| CEY00_Acc32617 | 2 239.034 7 | 535.901 38 | 2.062 8 | 0.000 103 7 | 0.003 393 2 | LG29 | 960628 | 962050 | 856 | Cell number regulator like |
| CEY00_Acc32618 | 810.974 66 | 288.059 04 | 1.493 3 | 0.001 543 7 | 0.026 323 | LG29 | 969943 | 979221 | 1 710 | Cysteine-rich receptor-like protein kinase |
| CEY00_Acc32629 | 272.418 2 | 90.601 512 | 1.588 2 | 0.027 946 | 0.199 88 | LG29 | 1176423 | 1178116 | 1 694 | Location of vulva defective 1 like |

（续）

| 基因 ID | miR160VS1 序列/条 | CK1 序列/条 | $log_2FC$ | *P* 值 | FDR | 染色体 | 起始位点 | 终止位点 | 长度/bp | 基因描述 |
|---|---|---|---|---|---|---|---|---|---|---|
| CEY00_Acc32656 | 117.614 17 | 248.241 76 | −1.077 7 | 0.045 452 | 0.271 84 | LG29 | 1611481 | 1650711 | 3 550 | Kinesin-like protein |
| CEY00_Acc32658 | 19.506 212 | 62.940 235 | −1.69 | 0.025 874 | 0.190 71 | LG29 | 1689735 | 1695612 | 2 775 | Adenylyl-sulfate kinase |
| CEY00_Acc32665 | 2 223.838 8 | 238.974 44 | 3.218 1 | $2.1\times10^{-6}$ | 0.000 155 1 | LG29 | 1742321 | 1743250 | 930 | Short-chain type dehydrogenase/reductase |
| CEY00_Acc32682 | 62.647 101 | 168.452 96 | −1.427 | 0.006 628 | 0.075 05 | LG29 | 1927901 | 1934130 | 1 254 | Nudix hydrolase |
| CEY00_Acc32684 | 199.874 29 | 65.997 694 | 1.598 6 | 0.012 307 | 0.115 9 | LG29 | 2016024 | 2021881 | 1 352 | E3 ubiquitin-protein like |
| CEY00_Acc32692 | 559.898 18 | 1 690.936 2 | −1.594 6 | 0.003 032 4 | 0.042 737 | LG29 | 2092759 | 2102731 | 4 519 | Protein MEI2-like |
| CEY00_Acc32693 | 36.086 309 | 125.067 26 | −1.793 2 | 0.006 793 9 | 0.076 32 | LG29 | 2116202 | 2122957 | 1 830 | Trihelix transcription factor |
| CEY00_Acc32702 | 86.512 612 | 1.431 294 1 | 5.917 5 | $1.28\times10^{-5}$ | 0.000 652 3 | LG29 | 2257900 | 2259158 | 856 | Protein TIFY like |
| CEY00_Acc32704 | 29.192 372 | 7.810 237 1 | 1.902 2 | 0.018 412 | 0.152 17 | LG29 | 3530548 | 3531531 | 637 | Protein TIFY like |
| CEY00_Acc32706 | 9 121.309 2 | 1 035.934 1 | 3.138 3 | $1.95\times10^{-9}$ | $4.24\times10^{-7}$ | LG29 | 3545219 | 3547331 | 2 113 | protein of unknown function DUF2828 protein |
| CEY00_Acc32707 | 249.789 55 | 9.926 238 | 4.653 3 | $1.16\times10^{-12}$ | $6.83\times10^{-10}$ | LG29 | 3565195 | 3567081 | 1 147 | NEDD4-like E3 ubiquitin-protein ligase |
| CEY00_Acc32710 | 1 230.170 8 | 109.845 75 | 3.485 3 | $2.69\times10^{-6}$ | 0.000 187 7 | LG29 | 3588448 | 3599411 | 3 013 | BAR domain protein |
| CEY00_Acc32711 | 37.009 354 | 134.873 75 | −1.865 6 | 0.004 885 2 | 0.060 005 | LG29 | 3605537 | 3617637 | 7 545 | Pyruvate dehydrogenase E1 component subunit beta-1 like |
| CEY00_Acc32712 | 907.594 64 | 263.223 83 | 1.785 8 | 0.000 478 4 | 0.011 052 | LG29 | 3629265 | 3630696 | 1 016 | NAC domain-containing protein |
| CEY00_Acc32715 | 7.081 587 8 | 0 | — | 0.027 428 | 0.197 55 | LG29 | 3682236 | 3684450 | 2 215 | Exocyst complex component EXO70B1 like |

（续）

| 基因 ID | miR160VS1 序列/条 | CK1 序列/条 | $log_2FC$ | $P$ 值 | FDR | 染色体 | 起始位点 | 终止位点 | 长度/bp | 基因描述 |
|---|---|---|---|---|---|---|---|---|---|---|
| CEY00_Acc32717 | 1 704.783 3 | 366.002 54 | 2.219 7 | 0.023 795 | 0.180 51 | LG29 | 3688899 | 3697121 | 2 741 | Protein MICRORCHIDIA like |
| CEY00_Acc32719 | 35.778 427 | 101.765 26 | −1.508 1 | 0.007 531 4 | 0.081 816 | LG29 | 3790795 | 3794515 | 1 184 | Photosynthetic NDH subunit of lumenal location 5 like |
| CEY00_Acc32723 | 1 089.857 | 170.704 38 | 2.674 6 | 0.000 110 2 | 0.003 532 1 | LG29 | 3879209 | 3881372 | 798 | WRKY transcription factor |
| CEY00_Acc32727 | 53 501.087 | 2 794.810 8 | 4.258 7 | $3.81\times10^{-10}$ | $1.01\times10^{-7}$ | LG29 | 4009921 | 4011250 | 1 195 | Endochitinase |
| CEY00_Acc32738 | 75.509 029 | 202.031 63 | −1.419 9 | 0.033 217 | 0.223 68 | LG29 | 4200796 | 4206811 | 3 220 | Histidine kinase |
| CEY00_Acc32753 | 56.271 438 | 127.891 95 | −1.184 5 | 0.027 876 | 0.199 47 | LG29 | 4370906 | 4375208 | 2 587 | Receptor protein kinase-like protein |
| CEY00_Acc32755 | 89.806 497 | 372.260 83 | −2.051 4 | 0.000 707 8 | 0.014 952 | LG29 | 4398338 | 4404595 | 3 602 | U-box domain-containing protein |
| CEY00_Acc32756 | 31.793 079 | 0.669 236 6 | 5.570 1 | 0.023 599 | 0.179 56 | LG29 | 4408338 | 4416361 | 4 174 | Metal-response element-binding transcription factor 2 like |
| CEY00_Acc32766 | 399.744 36 | 1 015.817 2 | −1.345 5 | 0.009 862 7 | 0.099 058 | LG29 | 4498807 | 4505436 | 1 364 | 3-oxoacyl-［acyl-carrier-protein］ reductase |
| CEY00_Acc32767 | 1 015.806 2 | 3 212.048 7 | −1.660 9 | 0.009 606 2 | 0.097 34 | LG29 | 4506047 | 4510075 | 1 257 | Glyceraldehyde-3-phosphate dehydrogenase |
| CEY00_Acc32771 | 184.625 44 | 429.100 18 | −1.216 7 | 0.023 665 | 0.179 82 | LG29 | 4540899 | 4549772 | 2 184 | Signal recognition particle subunit like |
| CEY00_Acc32773 | 5 916.267 | 96.665 139 | 5.935 5 | $8.96\times10^{-5}$ | 0.003 027 6 | LG29 | 4593867 | 4595914 | 1 657 | Vinorine synthase |
| CEY00_Acc32779 | 25.144 875 | 86.484 673 | −1.782 2 | 0.013 095 | 0.120 65 | LG29 | 4659217 | 4662197 | 1 205 | Very-long-chain 3-oxoacyl-CoA reductase |
| CEY00_Acc32784 | 514.956 6 | 241.454 9 | 1.092 7 | 0.014 36 | 0.128 45 | LG29 | 4752753 | 4762597 | 2 995 | hypothetical protein |

（续）

| 基因 ID | miR160VS1 序列/条 | CK1 序列/条 | $log_2FC$ | *P* 值 | FDR | 染色体 | 起始位点 | 终止位点 | 长度/bp | 基因描述 |
|---|---|---|---|---|---|---|---|---|---|---|
| CEY00 _ Acc32790 | 2 069.204 6 | 477.279 44 | 2.116 2 | $1.09\times10^{-5}$ | 0.000 577 4 | LG29 | 4856730 | 4861692 | 4 963 | Protein-tyrosine-phosphatase |
| CEY00 _ Acc32795 | 86.930 989 | 212.227 91 | −1.287 7 | 0.035 341 | 0.232 18 | LG29 | 4912659 | 4915847 | 2 206 | Beta-1,4-mannosyl-glycoprotein like |
| CEY00 _ Acc32800 | 114.050 32 | 259.690 58 | −1.187 1 | 0.025 695 | 0.189 79 | LG29 | 5001043 | 5002384 | 1 244 | Phosphoglycerate kinase |
| CEY00 _ Acc32801 | 271.348 02 | 23.242 132 | 3.545 3 | 0.007 212 2 | 0.079 592 | LG29 | 5010786 | 5013100 | 2 315 | Concanavalin A-like lectin/glucanases superfamily protein |
| CEY00 _ Acc32802 | 21.541 904 | 4.413 095 9 | 2.287 3 | 0.022 576 | 0.174 57 | LG29 | 5017337 | 5022356 | 2 289 | Beta-arabinofuranosyltransferase |
| CEY00 _ Acc32811 | 19.808 167 | 2.070 334 7 | 3.258 2 | 0.003 411 3 | 0.046 349 | LG29 | 5119219 | 5120413 | 1 195 | F-box/kelch-repeat protein |
| CEY00 _ Acc32812 | 3 656.415 5 | 1 041.336 4 | 1.812 | 0.009 576 6 | 0.097 166 | LG29 | 5132003 | 5141923 | 6 799 | ATP-citrate synthase alpha chain protein |
| CEY00 _ Acc32820 | 1 220.695 | 92.609 94 | 3.720 4 | $3.66\times10^{-7}$ | $3.71\times10^{-5}$ | LG29 | 5261768 | 5262861 | 1 094 | Actin cytoskeleton-regulatory complex protein |
| CEY00 _ Acc32822 | 1 481.425 8 | 517.664 65 | 1.516 9 | 0.001 352 6 | 0.023 908 | LG29 | 5283204 | 5298206 | 1 318 | Carbonic anhydrase |
| CEY00 _ Acc32823 | 42.462 027 | 124.238 47 | −1.548 9 | 0.007 536 8 | 0.081 827 | LG29 | 5311845 | 5319717 | 1 537 | Deoxynucleoside triphosphate triphosphohydrolase |
| CEY00 _ Acc32832 | 13.902 233 | 0.461 627 9 | 4.912 4 | 0.003 658 | 0.048 44 | LG29 | 5442344 | 5445856 | 1 373 | Transcription factor like |
| CEY00 _ Acc32851 | 5.096 846 6 | 40.441 752 | −2.988 2 | 0.003 046 4 | 0.042 879 | LG29 | 5675949 | 5677553 | 682 | Dynamin-related protein like |
| CEY00 _ Acc32852 | 43.192 206 | 204.614 81 | −2.244 1 | 0.000 449 | 0.010 518 | LG29 | 5688167 | 5700021 | 1 896 | Dynamin-related protein like |
| CEY00 _ Acc32856 | 344.622 06 | 22.746 005 | 3.921 3 | 0.006 704 6 | 0.075 684 | LG29 | 5727500 | 5732882 | 1 941 | MACPF domain-containing protein |
| CEY00 _ Acc32861 | 0 | 7.141 500 9 | — | 0.041 899 | 0.258 38 | LG29 | 5801921 | 5810619 | 4 872 | Laccase-14 like |

（续）

| 基因 ID | miR160VS1 序列/条 | CK1 序列/条 | $log_2FC$ | *P* 值 | FDR | 染色体 | 起始位点 | 终止位点 | 长度/bp | 基因描述 |
|---|---|---|---|---|---|---|---|---|---|---|
| CEY00 _ Acc32864 | 762. 863 77 | 57. 651 513 | 3. 726 | 0. 002 020 4 | 0. 031 798 | LG29 | 5859202 | 5860699 | 1 498 | U-box domain-containing protein |
| CEY00 _ Acc32876 | 110. 584 69 | 49. 007 184 | 1. 174 1 | 0. 034 6 | 0. 229 34 | LG29 | 6096925 | 6104357 | 1 690 | LysM and putative peptidoglycan-binding domain-containing protein |
| CEY00 _ Acc32880 | 110. 471 53 | 33. 052 268 | 1. 740 9 | 0. 002 719 4 | 0. 039 354 | LG29 | 6132660 | 6134097 | 1 082 | hypothetical protein |
| CEY00 _ Acc32886 | 10. 341 133 | 31. 371 341 | −1. 601 1 | 0. 033 3 | 0. 223 96 | LG29 | 6207353 | 6214370 | 4 581 | MAU2 chromatid cohesion factor like |
| CEY00 _ Acc32887 | 9. 738 772 1 | 0 | — | 0. 003 579 4 | 0. 047 881 | LG29 | 6233987 | 6238661 | 3 061 | Cucumisin like |
| CEY00 _ Acc32898 | 14. 500 583 | 89. 937 701 | −2. 632 8 | 0. 000 500 7 | 0. 011 43 | LG29 | 6500874 | 6504709 | 1 755 | Transcription factor bHLH30 like |
| CEY00 _ Acc32906 | 134. 566 56 | 29. 881 631 | 2. 171 | 0. 018 876 | 0. 154 8 | LG29 | 6863268 | 6870518 | 1 039 | ACD11 protein |
| CEY00 _ Acc32913 | 1 381. 544 3 | 31. 349 24 | 5. 461 7 | 0. 005 960 5 | 0. 069 656 | LG29 | 6973408 | 6977273 | 1 323 | Homocysteine S-methyltransferase |
| CEY00 _ Acc32917 | 564. 749 34 | 1 333. 262 2 | −1. 239 3 | 0. 005 134 3 | 0. 062 364 | LG29 | 7010886 | 7013591 | 589 | Universal stress protein A-like protein |
| CEY00 _ Acc32943 | 94. 353 829 | 12. 057 709 | 2. 968 1 | 0. 036 375 | 0. 236 37 | LG29 | 7664240 | 7664824 | 585 | Protein of unknown function DUF4228, plant protein |
| CEY00 _ Acc32946 | 51. 393 261 | 12. 905 603 | 1. 993 6 | 0. 013 571 | 0. 123 38 | LG29 | 7705980 | 7707784 | 1 805 | Pentatricopeptide repeat-containing protein |
| CEY00 _ Acc32947 | 14. 045 205 | 0. 238 549 | 5. 879 6 | 0. 030 057 | 0. 209 42 | LG29 | 7713679 | 7723157 | 1 812 | hypothetical protein |
| CEY00 _ Acc32948 | 65. 328 976 | 4. 844 527 8 | 3. 753 3 | 0. 001 269 2 | 0. 022 863 | LG29 | 7761981 | 7764079 | 860 | DnaJ subfamily B member like |
| CEY00 _ Acc32950 | 7 327. 637 5 | 1 215. 942 6 | 2. 591 3 | $4.22\times10^{-6}$ | 0. 000 270 3 | LG29 | 7831869 | 7834326 | 1 410 | Protein of unknown function DUF1262 protein |

（续）

| 基因 ID | miR160VS1 序列/条 | CK1 序列/条 | $log_2$FC | *P* 值 | FDR | 染色体 | 起始位点 | 终止位点 | 长度/bp | 基因描述 |
|---|---|---|---|---|---|---|---|---|---|---|
| CEY00 _ Acc32951 | 140. 219 27 | 3. 101 137 3 | 5. 498 7 | $1.4\times10^{-8}$ | $2.24\times10^{-6}$ | LG29 | 7837629 | 7839406 | 1 778 | Mucin-12 like |
| CEY00 _ Acc32955 | 21. 075 841 | 73. 534 355 | −1. 802 8 | 0. 006 232 6 | 0. 071 91 | LG29 | 7925990 | 7929131 | 1 099 | Biosynthetic arginine decarboxylase |
| CEY00 _ Acc32960 | 86. 056 432 | 3. 816 784 4 | 4. 494 9 | 0. 001 356 5 | 0. 023 948 | LG29 | 7987096 | 7991236 | 3 336 | Protein argonaute like |
| CEY00 _ Acc33002 | 1 586. 348 3 | 3 615. 452 2 | −1. 188 5 | 0. 044 02 | 0. 266 32 | LG29 | 8614066 | 8616802 | 1 502 | Expansin-A1 like |
| CEY00 _ Acc33009 | 92. 999 918 | 200. 769 37 | −1. 110 2 | 0. 047 701 | 0. 280 34 | LG29 | 8746644 | 8769155 | 5 292 | CRM-domain containing factor like |
| CEY00 _ Acc33021 | 301. 623 82 | 833. 234 27 | −1. 466 | 0. 047 265 | 0. 278 68 | LG29 | 9219806 | 9228163 | 1 769 | Tetratricopeptide repeat protein like |
| CEY00 _ Acc33026 | 9. 864 273 9 | 0 | — | 0. 018 067 | 0. 150 4 | LG29 | 9335167 | 9337079 | 1 913 | Aldehyde oxidase |
| CEY00 _ Acc33034 | 692. 725 01 | 145. 698 29 | 2. 249 3 | 0. 031 791 | 0. 217 35 | LG29 | 9527432 | 9529213 | 1 272 | Protein DMR6-LIKE OXYGENASE 2 like |
| CEY00 _ Acc33046 | 186. 129 55 | 61. 866 499 | 1. 589 1 | 0. 002 325 2 | 0. 035 117 | LG29 | 9707528 | 9712084 | 2 373 | TATA box-binding protein-associated factor RNA polymerase Ⅰ subunit B like |
| CEY00 _ Acc33050 | 66. 048 816 | 176. 950 56 | −1. 421 7 | 0. 012 711 | 0. 118 44 | LG29 | 9813320 | 9820606 | 1 742 | Desiccation-related protein like |
| CEY00 _ Acc33053 | 0. 384 037 | 10. 104 895 | −4. 717 7 | 0. 030 875 | 0. 213 18 | LG29 | 9857587 | 9860398 | 1 972 | PAB-dependent poly(A)-specific ribonuclease |
| CEY00 _ Acc33061 | 110. 349 26 | 349. 055 75 | −1. 661 4 | 0. 005 244 6 | 0. 063 285 | LG29 | 10038709 | 10045157 | 3 546 | Phytochrome B like |
| CEY00 _ Acc33075 | 441. 816 16 | 24. 097 011 | 4. 196 5 | $6.42\times10^{-5}$ | 0. 002 345 1 | LG29 | 10311727 | 10316373 | 2 490 | COBRA-like protein |
| CEY00 _ Acc33079 | 1. 858 035 8 | 20. 994 559 | −3. 498 2 | 0. 009 096 7 | 0. 093 654 | LG29 | 10363087 | 10368847 | 2 118 | Polygalacturonase |
| CEY00 _ Acc33082 | 1 013. 437 5 | 265. 359 81 | 1. 933 2 | 0. 020 756 | 0. 165 35 | LG29 | 10410278 | 10411137 | 860 | hypothetical protein |

（续）

| 基因 ID | miR160VS1 序列/条 | CK1 序列/条 | $log_2FC$ | $P$ 值 | FDR | 染色体 | 起始位点 | 终止位点 | 长度/bp | 基因描述 |
|---|---|---|---|---|---|---|---|---|---|---|
| CEY00_Acc33084 | 7.683 548 | 0 | — | 0.042 919 | 0.262 72 | LG29 | 10418902 | 10421951 | 1 496 | Exopolygalacturonase |
| CEY00_Acc33085 | 152.343 49 | 3.020 105 1 | 5.656 6 | 0.007 416 3 | 0.081 154 | LG29 | 10431356 | 10434347 | 1 877 | Pectinesterase |
| CEY00_Acc33088 | 1 194.507 7 | 76.890 392 | 3.957 5 | $1.15\times10^{-8}$ | $1.89\times10^{-6}$ | LG29 | 10456520 | 10457751 | 1 232 | RING-H2 finger protein |
| CEY00_Acc33107 | 251.067 16 | 90.875 927 | 1.466 1 | 0.016 831 | 0.143 21 | LG29 | 10675744 | 10689664 | 2 062 | Arginine biosynthesis bifunctional protein ArgJ beta chain like |
| CEY00_Acc33113 | 11.658 556 | 51.974 099 | −2.156 4 | 0.005 977 4 | 0.069 75 | LG29 | 10869751 | 10874021 | 3 362 | Heat shock factor-binding protein |
| CEY00_Acc33115 | 241.520 56 | 109.966 72 | 1.135 1 | 0.026 506 | 0.193 43 | LG29 | 10880022 | 10886193 | 1 228 | Alanyl-tRNA editing protein like |
| CEY00_Acc33117 | 1 279.633 7 | 366.566 98 | 1.803 6 | 0.008 869 6 | 0.092 23 | LG29 | 10897913 | 10899087 | 1 175 | hypothetical protein |
| CEY00_Acc33119 | 10.828 333 | 47.454 484 | −2.131 7 | 0.007 945 | 0.085 098 | LG29 | 10916372 | 10917812 | 1 441 | Transcription termination factor like |
| CEY00_Acc33123 | 232.095 05 | 87.410 652 | 1.408 8 | 0.010 989 | 0.107 17 | LG29 | 10944279 | 10950222 | 4 917 | Reticulon-like protein |
| CEY00_Acc33130 | 50.090 501 | 14.734 412 | 1.765 3 | 0.009 761 4 | 0.098 528 | LG29 | 11030432 | 11031975 | 1 544 | Transcription termination factor like |
| CEY00_Acc33132 | 5.731 887 3 | 53.826 278 | −3.231 2 | 0.032 367 | 0.219 93 | LG29 | 11060496 | 11064004 | 1 818 | Proline-rich receptor-like protein kinase |
| CEY00_Acc33141 | 2 446.196 | 328.338 72 | 2.897 3 | 0.011 901 | 0.113 05 | LG29 | 11206554 | 11208878 | 1 065 | CASP-like protein |
| CEY00_Acc33142 | 28.092 07 | 138.733 76 | −2.304 1 | 0.000 355 6 | 0.008 795 8 | LG29 | 11213510 | 11219505 | 1 372 | Protein YeeZ like |
| CEY00_Acc33143 | 11 447.362 | 30 327.89 | −1.405 6 | 0.002 312 7 | 0.034 993 | LG29 | 11230497 | 11233893 | 2 072 | Inactive beta-amylase |
| CEY00_Acc33144 | 209.095 3 | 81.579 744 | 1.357 9 | 0.007 912 9 | 0.084 839 | LG29 | 11324867 | 11330194 | 2 120 | Sodium/hydrogen exchanger 3 like |
| CEY00_Acc33145 | 113.313 96 | 52.414 003 | 1.112 3 | 0.035 923 | 0.234 5 | LG29 | 11331791 | 11335221 | 612 | Sodium/hydrogen exchanger 2 like |
| CEY00_Acc33147 | 817.342 8 | 2 001.131 6 | −1.291 8 | 0.011 989 | 0.113 55 | LG29 | 11353997 | 11356895 | 786 | Acyl carrier protein like |

(续)

| 基因 ID | miR160VS1 序列/条 | CK1 序列/条 | $log_2FC$ | $P$ 值 | FDR | 染色体 | 起始位点 | 终止位点 | 长度/bp | 基因描述 |
|---|---|---|---|---|---|---|---|---|---|---|
| CEY00_Acc33158 | 1 638.685 | 285.351 39 | 2.521 7 | 0.000 347 7 | 0.008 632 2 | LG29 | 11492884 | 11494273 | 1 390 | E3 ubiquitin-protein like |
| CEY00_Acc33159 | 450.494 9 | 20.564 442 | 4.453 3 | $6.75\times10^{-6}$ | 0.000 390 9 | LG29 | 11505714 | 11507182 | 686 | Protein transport protein |
| CEY00_Acc33160 | 7.340 122 9 | 0.238 549 | 4.943 4 | 0.027 044 | 0.195 73 | LG29 | 11511494 | 11512927 | 689 | Protein transport protein |
| CEY00_Acc33181 | 293.223 22 | 52.455 61 | 2.482 8 | $3.14\times10^{-5}$ | 0.001 333 2 | LG29 | 11754105 | 11756631 | 1 403 | Protein like |
| CEY00_Acc33184 | 652.750 81 | 146.872 53 | 2.152 | $2.23\times10^{-5}$ | 0.001 026 8 | LG29 | 11841041 | 11843075 | 1 192 | Transcription factor like |
| CEY00_Acc33194 | 62.631 836 | 24.005 935 | 1.383 5 | 0.039 477 | 0.249 34 | LG29 | 12335059 | 12336320 | 1 262 | Ribosomal L1 domain-containing protein |
| CEY00_Acc33212 | 4.869 386 | 28.544 037 | −2.551 4 | 0.008 179 3 | 0.086 97 | LG29 | 13387431 | 13396068 | 3 692 | Serine/threonine-protein kinase |
| CEY00_Acc33218 | 10 114.385 | 598.694 77 | 4.078 4 | $2.96\times10^{-5}$ | 0.001 278 3 | LG29 | 13652645 | 13654862 | 1 818 | Beta-amyrin 28-oxidase |
| CEY00_Acc33222 | 2 432.774 8 | 971.662 71 | 1.324 1 | 0.002 934 7 | 0.041 609 | LG29 | 13787378 | 13793427 | 2 549 | NADPH-cytochrome P450 reductase |
| CEY00_Acc33224 | 370.653 47 | 160.687 43 | 1.205 8 | 0.020 418 | 0.163 29 | LG29 | 13892696 | 13908032 | 1 082 | Activator of Hsp90 ATPase |
| CEY00_Acc33229 | 283.090 01 | 93.305 961 | 1.601 2 | 0.007 530 9 | 0.081 816 | LG29 | 14025540 | 14030965 | 2 102 | hypothetical protein |
| CEY00_Acc33238 | 7.203 479 | 36.312 167 | −2.333 7 | 0.019 332 | 0.156 93 | LG29 | 14250899 | 14253432 | 1 101 | Squamosa promoter-binding-like protein |
| CEY00_Acc33242 | 90.475 365 | 225.509 63 | −1.317 6 | 0.024 651 | 0.184 54 | LG29 | 14393742 | 14411315 | 1 820 | Drug/metabolite transporter protein |
| CEY00_Acc33243 | 27.043 523 | 84.312 086 | −1.640 5 | 0.021 444 | 0.168 71 | LG29 | 14413723 | 14434621 | 3 081 | ATP-dependent DNA helicase |
| CEY00_Acc33255 | 12 610.061 | 1 768.543 9 | 2.833 9 | $5.78\times10^{-5}$ | 0.002 176 1 | LG29 | 14972209 | 14972909 | 701 | Eukaryotic translation initiation factor 1A like |

（续）

| 基因 ID | miR160VS1 序列/条 | CK1 序列/条 | $log_2FC$ | *P* 值 | FDR | 染色体 | 起始位点 | 终止位点 | 长度/bp | 基因描述 |
|---|---|---|---|---|---|---|---|---|---|---|
| CEY00 _ Acc33262 | 536.868 39 | 74.738 294 | 2.844 6 | 0.002 107 6 | 0.032 763 | LG29 | 15031949 | 15034014 | 2 066 | Long-chain-alcohol O-fatty-acyltransferase |
| CEY00 _ Acc33267 | 42.385 872 | 6.201 408 4 | 2.772 9 | 0.000 442 | 0.010 385 | LG29 | 15097894 | 15100782 | 1 103 | Pirin-like protein |
| CEY00 _ Acc33288 | 72.400 153 | 378.437 94 | −2.386 | $6.9\times10^{-5}$ | 0.002 484 9 | LG29 | 15372481 | 15374848 | 1 706 | Glucan endo-1,3-beta-glucosidase |
| CEY00 _ Acc33312 | 6.830 584 1 | 0 | — | 0.037 47 | 0.240 87 | LG29 | 15747764 | 15755994 | 1 403 | GDSL esterase/lipase |
| CEY00 _ Acc33313 | 45.568 607 | 118.310 78 | −1.376 5 | 0.009 289 5 | 0.095 164 | LG29 | 15762378 | 15768614 | 1 409 | GDSL esterase/lipase |
| CEY00 _ Acc33329 | 11.086 868 | 40.938 124 | −1.884 6 | 0.040 423 | 0.252 69 | LG29 | 16033522 | 16037561 | 3 961 | Hepatocyte nuclear factor 1-alpha like |
| CEY00 _ Acc33332 | 20.949 938 | 57.446 04 | −1.455 3 | 0.049 543 | 0.286 91 | LG29 | 16071180 | 16074727 | 2 171 | CRS2-associated factor 2 like |
| CEY00 _ Acc33339 | 8.202 223 | 0 | — | 0.008 410 5 | 0.088 473 | LG29 | 16143312 | 16145153 | 892 | Non-specific lipid-transfer protein-like protein |
| CEY00 _ Acc33341 | 109.373 89 | 12.677 598 | 3.108 9 | 0.014 366 | 0.128 45 | LG29 | 16147133 | 16147872 | 740 | Acyl-CoA N-acyltransferase protein |
| CEY00 _ Acc33342 | 73.541 158 | 297.961 72 | −2.018 5 | 0.000 285 7 | 0.007 407 8 | LG29 | 16156301 | 16160097 | 2 544 | hypothetical protein |
| CEY00 _ Acc33347 | 500.513 97 | 82.787 794 | 2.595 9 | 0.012 211 | 0.115 16 | LG29 | 16237303 | 16245175 | 1 396 | Imidazoleglycerol-phosphate dehydratase |
| CEY00 _ Acc33371 | 15.986 526 | 148.648 8 | −3.217 | 0.020 896 | 0.165 99 | LG29 | 16587294 | 16593397 | 2 177 | Protein trichome birefringence-like |
| CEY00 _ Acc33373 | 30.171 239 | 114.584 46 | −1.925 2 | 0.003 626 1 | 0.048 233 | LG29 | 16648158 | 16655498 | 1 327 | ATP-dependent (S)-NAD(P)H-hydrate dehydratase |
| CEY00 _ Acc33378 | 9.768 643 1 | 115.909 79 | −3.568 7 | 0.016 607 | 0.142 15 | LG29 | 16710729 | 16714798 | 2 562 | Premnaspirodiene oxygenase |

（续）

| 基因 ID | miR160VS1 序列/条 | CK1 序列/条 | $log_2FC$ | *P* 值 | FDR | 染色体 | 起始位点 | 终止位点 | 长度/bp | 基因描述 |
|---|---|---|---|---|---|---|---|---|---|---|
| CEY00 _ Acc33379 | 869. 794 01 | 167. 336 31 | 2. 377 9 | $2.17\times10^{-6}$ | 0. 000 159 3 | LG29 | 16720509 | 16722154 | 1 646 | Serine acetyltransferase |
| CEY00 _ Acc33394 | 143. 560 49 | 62. 671 368 | 1. 195 8 | 0. 031 703 | 0. 217 03 | LG29 | 16972297 | 16981940 | 1 108 | Nicotinamide/nicotinic acid mononucleotide adenylyltransferase |
| CEY00 _ Acc33398 | 7. 621 398 8 | 292. 416 5 | −5. 261 8 | 0. 023 516 | 0. 179 2 | LG29 | 17083985 | 17091502 | 1 875 | Cellulose synthase-like protein |
| CEY00 _ Acc33409 | 51. 290 064 | 158. 539 26 | −1. 628 1 | 0. 011 074 | 0. 107 64 | LG29 | 17210445 | 17220064 | 3 832 | Calcineurin B-like protein 3 |
| CEY00 _ Acc33411 | 70. 750 976 | 5. 882 693 3 | 3. 588 2 | 0. 032 572 | 0. 220 96 | LG29 | 17241415 | 17244709 | 919 | Peptidyl-prolyl cis-trans isomerase |
| CEY00 _ Acc33415 | 36. 041 685 | 134. 776 09 | −1. 902 8 | 0. 006 481 | 0. 073 818 | LG29 | 17287957 | 17289244 | 1 288 | SufE-like protein |
| CEY00 _ Acc33429 | 3 351. 550 4 | 1 105. 837 5 | 1. 599 7 | 0. 002 110 8 | 0. 032 787 | LG29 | 17488022 | 17494118 | 4 329 | Ubiquitin-conjugating enzyme like |
| CEY00 _ Acc33430 | 475. 011 99 | 231. 986 23 | 1. 033 9 | 0. 044 986 | 0. 269 98 | LG29 | 17504247 | 17508233 | 1 952 | Phosphatidylinositol/phosphatidylcholine transfer protein |
| CEY00 _ Acc33438 | 910. 188 39 | 2 127. 655 8 | −1. 225 | 0. 014 621 | 0. 130 33 | LG29 | 17627831 | 17639634 | 2 567 | Chloride channel protein like |
| CEY00 _ Acc33444 | 189. 297 33 | 13. 789 433 | 3. 779 | 0. 001 381 | 0. 024 259 | LG29 | 17765329 | 17770560 | 2 528 | LRR receptor-like serine/threonine-protein kinase |
| CEY00 _ Acc33445 | 331. 393 98 | 40. 901 635 | 3. 018 3 | 0. 009 456 2 | 0. 096 331 | LG29 | 17772845 | 17779217 | 2 846 | LRR receptor-like serine/threonine-protein kinase |
| CEY00 _ Acc33460 | 40. 422 668 | 114. 267 39 | −1. 499 2 | 0. 031 718 | 0. 217 05 | LG13 | 14582369 | 14584230 | 1 862 | F-box/kelch-repeat protein |
| CEY00 _ Acc33463 | 143. 133 8 | 329. 174 61 | −1. 201 5 | 0. 049 329 | 0. 286 48 | LG13 | 14530205 | 14539835 | 3 359 | 4-hydroxy-3-methylbut-2-en-1-yl diphosphate synthase |
| CEY00 _ Acc33466 | 62. 241 582 | 583. 736 56 | −3. 229 4 | $2.06\times10^{-9}$ | $4.44\times10^{-7}$ | LG13 | 14464925 | 14465764 | 840 | Auxin-responsive protein |

（续）

| 基因 ID | miR160VS1 序列/条 | CK1 序列/条 | $log_2FC$ | *P* 值 | FDR | 染色体 | 起始位点 | 终止位点 | 长度/bp | 基因描述 |
|---|---|---|---|---|---|---|---|---|---|---|
| CEY00_Acc33471 | 1 455.752 4 | 306.283 16 | 2.248 8 | $3.41\times10^{-5}$ | 0.001 43 | LG13 | 14399921 | 14401393 | 1 288 | BOI-related E3 ubiquitin-protein ligase |
| CEY00_Acc33475 | 478.550 38 | 25.593 867 | 4.224 8 | 0.006 164 3 | 0.071 373 | LG13 | 14357110 | 14359823 | 1 175 | Transcription factor JUNGBRUNNEN 1 like |
| CEY00_Acc33479 | 23.768 513 | 0 | — | 0.014 716 | 0.130 94 | LG13 | 14305960 | 14308088 | 644 | Pectinesterase |
| CEY00_Acc33480 | 41.765 584 | 1.431 294 1 | 4.866 9 | $2.4\times10^{-5}$ | 0.001 085 9 | LG13 | 14288350 | 14294635 | 2 787 | Potassium transporter like |
| CEY00_Acc33483 | 134.307 03 | 362.800 98 | −1.433 6 | 0.008 258 8 | 0.087 521 | LG13 | 14181156 | 14183496 | 1 024 | Protein FAM84B like |
| CEY00_Acc33503 | 24.210 687 | 75.413 375 | −1.639 2 | 0.011 427 | 0.109 77 | LG24 | 2225835 | 2232888 | 1 953 | 2-dehydro-3-deoxyphosphooctonate aldolase |
| CEY00_Acc33506 | 222.213 52 | 6.459 109 1 | 5.104 5 | 0.005 669 4 | 0.067 131 | LG24 | 2262925 | 2263559 | 367 | EMBRYO SURROUNDING FACTOR 1.1 like |
| CEY00_Acc33520 | 85.425 514 | 232.348 55 | −1.443 6 | 0.017 671 | 0.148 38 | LG13 | 11208727 | 11225699 | 4 397 | Actin-related protein |
| CEY00_Acc33522 | 2 070.811 3 | 229.628 36 | 3.172 8 | 0.034 373 | 0.228 19 | ps1sf43 | 134502 | 136753 | 2 252 | Altered inheritance of mitochondria protein |
| CEY00_Acc33524 | 307.092 1 | 51.526 153 | 2.575 3 | 0.008 633 2 | 0.090 44 | ps1sf43 | 216298 | 221456 | 2 635 | NADH-ubiquinone oxidoreductase |
| CEY00_Acc33525 | 46.409 17 | 7.325 654 2 | 2.663 4 | 0.002 427 8 | 0.036 186 | ps1sf43 | 323699 | 326413 | 1 511 | NADH-ubiquinone oxidoreductase |
| CEY00_Acc33527 | 341.169 52 | 82.873 713 | 2.041 5 | 0.048 51 | 0.283 68 | ps1sf43 | 389220 | 390703 | 1 484 | Ribosomal protein S12 |
| CEY00_Acc33533 | 163.587 46 | 39.217 362 | 2.060 5 | 0.003 996 3 | 0.051 815 | ps1sf43 | 569620 | 573185 | 3 566 | Protein like |
| CEY00_Acc33542 | 319.410 46 | 153.093 19 | 1.061 | 0.045 897 | 0.273 24 | LG19 | 4481120 | 4490226 | 1 843 | U3 snoRNP-associated protein-like |

（续）

| 基因 ID | miR160VS1 序列/条 | CK1 序列/条 | $log_2FC$ | *P* 值 | FDR | 染色体 | 起始位点 | 终止位点 | 长度/bp | 基因描述 |
|---|---|---|---|---|---|---|---|---|---|---|
| CEY00_Acc33550 | 855.754 72 | 133.029 86 | 2.685 4 | $7.07\times10^{-5}$ | 0.002 518 6 | LG13 | 11148868 | 11153057 | 2 178 | Protein kinase |
| CEY00_Acc33566 | 12.209 91 | 1.574 085 | 2.955 5 | 0.046 748 | 0.276 52 | LG29 | 6617038 | 6619583 | 954 | Transcription factor like |
| CEY00_Acc33592 | 20.151 191 | 2.704 205 3 | 2.897 6 | 0.010 693 | 0.105 03 | ps1sf 1452 | 14409 | 20123 | 977 | 3-beta-hydroxysteroid-Delta(8), Delta(7)-isomerase |
| CEY00_Acc33613 | 46.352 09 | 6.389 039 | 2.859 | 0.014 785 | 0.131 24 | ps1sf 1554 | 6948 | 11867 | 1 590 | Cysteine-rich receptor-like protein kinase |
| CEY00_Acc33615 | 978.795 92 | 208.454 49 | 2.231 3 | 0.021 521 | 0.169 06 | LG17 | 12348903 | 12355467 | 4 554 | ABC transporter C family protein |
| CEY00_Acc33616 | 144.760 64 | 13.489 626 | 3.423 7 | 0.013 34 | 0.122 | LG17 | 12372224 | 12373229 | 1 006 | Serine acetyltransferase |
| CEY00_Acc33623 | 37.371 453 | 1.415 824 | 4.722 2 | 0.000 332 7 | 0.008 341 2 | LG19 | 10349376 | 10350778 | 1 403 | RING-H2 finger protein |
| CEY00_Acc33624 | 7.309 449 5 | 0 | — | 0.012 291 | 0.115 78 | LG19 | 10344671 | 10346401 | 1 731 | Acetyl-CoA-benzylalcohol acetyltransferase |
| CEY00_Acc33626 | 13.518 196 | 1.104 349 9 | 3.613 6 | 0.020 551 | 0.164 04 | ps1sf 1593 | 6027 | 10001 | 2 786 | Auxin response factor like |
| CEY00_Acc33627 | 690.154 43 | 16.101 998 | 5.421 6 | $1.64\times10^{-16}$ | $4.5\times10^{-13}$ | LG29 | 3718915 | 3722036 | 1 598 | Protein TIFY like |
| CEY00_Acc33629 | 330.475 73 | 94.280 471 | 1.809 5 | 0.008 348 8 | 0.088 175 | ps1sf 1611 | 657 | 8698 | 3 774 | Heat shock protein 70 family protein |
| CEY00_Acc33632 | 60.177 366 | 3.578 235 3 | 4.071 9 | 0.021 882 | 0.170 89 | LG17 | 12409461 | 12411933 | 2 473 | Receptor-like protein kinase |
| CEY00_Acc33634 | 125.962 67 | 22.668 328 | 2.474 2 | 0.003 848 6 | 0.050 356 | ps1sf 1644 | 837 | 2284 | 1 068 | Cytokinin dehydrogenase |
| CEY00_Acc33662 | 44.261 926 | 150.258 79 | −1.763 3 | 0.037 612 | 0.241 55 | LG3 | 6828883 | 6834011 | 1 024 | 5-aminolevulinate synthase |
| CEY00_Acc33669 | 1 316.524 3 | 66.951 243 | 4.297 5 | 0.000 130 7 | 0.004 056 3 | LG6 | 6347962 | 6349878 | 1 917 | Phospholipase |

（续）

| 基因 ID | miR160VS1 序列/条 | CK1 序列/条 | $log_2FC$ | $P$ 值 | FDR | 染色体 | 起始位点 | 终止位点 | 长度/bp | 基因描述 |
|---|---|---|---|---|---|---|---|---|---|---|
| CEY00_Acc33683 | 275. 421 84 | 10. 954 103 | 4. 652 1 | 0. 001 431 8 | 0. 024 951 | LG18 | 20134982 | 20136880 | 1 547 | ABC transporter B family member protein |
| CEY00_Acc33684 | 63. 931 387 | 10. 363 422 | 2. 625 | 0. 000 258 5 | 0. 006 908 6 | LG27 | 14319470 | 14320803 | 1 334 | Heat shock factor protein |
| CEY00_Acc33687 | 417. 182 52 | 133. 848 85 | 1. 640 1 | 0. 001 738 6 | 0. 028 753 | ps1sf 2208 | 1 | 2097 | 1 014 | NAC domain-containing protein |
| CEY00_Acc33690 | 30. 418 577 | 1. 177 275 | 4. 691 4 | $3.85\times10^{-5}$ | 0. 001 573 7 | ps1sf 2291 | 1415 | 2075 | 661 | Aconitate hydratase |
| CEY00_Acc33691 | 303. 453 09 | 39. 853 914 | 2. 928 7 | 0. 001 967 2 | 0. 031 23 | ps1sf 2314 | 455 | 2240 | 1 786 | D-inositol 3-phosphate glycosyltransferase |
| CEY00_Acc33703 | 52. 152 199 | 11. 256 482 | 2. 212 | 0. 010 275 | 0. 102 08 | ps1sf 2652 | 10727 | 11878 | 558 | GTP-binding protein |
| CEY00_Acc33739 | 29. 616 274 | 164. 931 36 | −2. 477 4 | 0. 000 819 5 | 0. 016 702 | ps1sf 3294 | 521 | 2125 | 1 605 | Adenylate isopentenyltransferase |
| CEY00_Acc33743 | 40. 041 44 | 135. 628 07 | −1. 760 1 | 0. 004 944 3 | 0. 060 593 | ps1sf 3358 | 297 | 3376 | 967 | Vacuolar protein sorting-associated protein like |

表 6-7 miR160VS3 vs. CK3 的差异表达基因

| 基因 ID | miR160VS3 序列/条 | CK3 序列/条 | $log_2FC$ | $P$ 值 | FDR | 染色体 | 起始位点 | 终止位点 | 长度/bp | 基因描述 |
|---|---|---|---|---|---|---|---|---|---|---|
| CEY00 _ Acc00012 | 669.126 54 | 211.122 12 | 1.664 2 | 0.034 53 | 1 | LG11 | 8583434 | 8586500 | 1 408 | Cinnamyl alcohol dehydrogenase |
| CEY00 _ Acc00069 | 10.818 45 | 1.308 347 8 | 3.047 7 | 0.039 193 | 1 | LG11 | 9224372 | 9232140 | 1 591 | Alanine-glyoxylate aminotransferase 2 3 like |
| CEY00 _ Acc00232 | 5.894 489 3 | 0 | — | 0.037 387 | 1 | LG1 | 5417468 | 5419378 | 762 | Indole-3-pyruvate monooxygenase |
| CEY00 _ Acc00331 | 9.584 875 9 | 1.146 993 8 | 3.062 9 | 0.046 26 | 1 | LG1 | 3571008 | 3576944 | 954 | Peptidyl-prolyl cis-trans isomerase |
| CEY00 _ Acc00562 | 197.422 45 | 83.396 223 | 1.243 2 | 0.016 115 | 1 | LG1 | 8565299 | 8568286 | 1 274 | WRKY transcription factor 7 |
| CEY00 _ Acc00754 | 65.417 947 | 17.076 826 | 1.937 6 | 0.038 84 | 1 | LG1 | 11678583 | 11682780 | 1 251 | Two-component response regulator like |
| CEY00 _ Acc00761 | 11.630 908 | 1.363 592 1 | 3.092 5 | 0.033 112 | 1 | LG1 | 11793494 | 11801270 | 1 999 | Afadin-and alpha-actinin-binding protein |
| CEY00 _ Acc00767 | 1 568.826 7 | 688.878 17 | 1.187 4 | 0.036 266 | 1 | LG1 | 11900794 | 11903770 | 1 477 | NAC domain-containing protein |
| CEY00 _ Acc00842 | 598.088 45 | 231.553 85 | 1.369 | 0.000 749 3 | 0.734 37 | LG1 | 13440738 | 13446437 | 2 419 | Calcium-dependent protein kinase |
| CEY00 _ Acc00950 | 58.169 571 | 13.825 265 | 2.073 | 0.047 635 | 1 | LG1 | 14897336 | 14898935 | 1 600 | Myosin heavy chain kinase |
| CEY00 _ Acc01060 | 150.362 29 | 62.989 715 | 1.255 3 | 0.000 500 6 | 0.675 7 | LG1 | 16138988 | 16146563 | 7 576 | Protein BASIC like |
| CEY00 _ Acc01200 | 47.297 48 | 11.417 297 | 2.050 5 | 0.015 002 | 1 | LG1 | 17732952 | 17739234 | 1 839 | LanC-like protein |
| CEY00 _ Acc01208 | 1 260.211 9 | 521.193 51 | 1.273 8 | $1.97 \times 10^{-5}$ | 0.067 509 | LG1 | 17838816 | 17841196 | 1 511 | Protein SENSITIVE TO PROTON RHIZOTOXICITY like |
| CEY00 _ Acc01335 | 12.679 406 | 1.036 505 2 | 3.612 7 | 0.018 53 | 1 | LG14 | 13667170 | 13668763 | 1 339 | Transcription factor like |

（续）

| 基因 ID | miR160VS3 序列/条 | CK3 序列/条 | $log_2FC$ | *P* 值 | FDR | 染色体 | 起始位点 | 终止位点 | 长度/bp | 基因描述 |
|---|---|---|---|---|---|---|---|---|---|---|
| CEY00 _ Acc01507 | 94. 563 393 | 39. 131 018 | 1. 273 | 0. 011 538 | 1 | LG2 | 1462660 | 1466904 | 2 029 | putative aarF domain-containing protein kinase |
| CEY00 _ Acc01862 | 535. 695 35 | 249. 040 43 | 1. 105 | 0. 036 245 | 1 | LG2 | 5268198 | 5269685 | 1 488 | CBL-interacting serine/threonine-protein kinase |
| CEY00 _ Acc01930 | 362. 938 85 | 178. 613 46 | 1. 022 9 | 0. 017 915 | 1 | LG2 | 6006430 | 6009030 | 2 601 | Receptor-like protein kinase |
| CEY00 _ Acc02049 | 34. 301 32 | 86. 641 766 | −1. 336 8 | 0. 025 078 | 1 | LG22 | 2030646 | 2034324 | 1 150 | Plastid-lipid-associated protein like |
| CEY00 _ Acc02437 | 24. 557 139 | 51. 858 89 | −1. 078 4 | 0. 048 349 | 1 | LG2 | 13237438 | 13256937 | 3 884 | Protein MICRORCHIDIA like |
| CEY00 _ Acc02543 | 29. 889 078 | 6. 731 082 5 | 2. 150 7 | 0. 049 397 | 1 | LG2 | 14598905 | 14604523 | 1 486 | Nudix hydrolase |
| CEY00 _ Acc02656 | 77. 101 043 | 22. 514 413 | 1. 775 9 | 0. 047 272 | 1 | LG3 | 1151853 | 1152654 | 802 | Late embryogenesis abundant protein |
| CEY00 _ Acc02843 | 14. 409 954 | 0. 327 086 9 | 5. 461 2 | 0. 043 866 | 1 | LG3 | 2719215 | 2726094 | 3 023 | Auxin transporter-like protein |
| CEY00 _ Acc03035 | 490. 141 7 | 215. 118 8 | 1. 188 1 | 0. 000 383 4 | 0. 608 34 | LG3 | 4816906 | 4824621 | 1 678 | Aspartate aminotransferase |
| CEY00 _ Acc03039 | 68. 625 493 | 31. 018 298 | 1. 145 6 | 0. 015 935 | 1 | LG3 | 4874765 | 4876329 | 1 565 | CBL-interacting serine/threonine-protein kinase |
| CEY00 _ Acc03129 | 27. 006 382 | 8. 197 293 1 | 1. 720 1 | 0. 038 984 | 1 | LG3 | 5904428 | 5912210 | 1 517 | Phosphatidylinositol/phosphatidylcholine transfer protein |
| CEY00 _ Acc03296 | 40. 496 058 | 9. 515 738 8 | 2. 089 4 | 0. 006 375 2 | 1 | LG3 | 7687465 | 7688318 | 854 | Pentatricopeptide repeat-containing protein |
| CEY00 _ Acc03299 | 3. 929 510 2 | 29. 034 769 | −2. 885 4 | 0. 025 142 | 1 | LG3 | 7735984 | 7737204 | 1 221 | Tocopherol O-methyltransferase |

（续）

| 基因 ID | miR160VS3 序列/条 | CK3 序列/条 | $log_2FC$ | *P* 值 | FDR | 染色体 | 起始位点 | 终止位点 | 长度/bp | 基因描述 |
|---|---|---|---|---|---|---|---|---|---|---|
| CEY00 _ Acc03358 | 42. 599 693 | 3. 661 070 9 | 3. 540 5 | $2.76\times10^{-5}$ | 0. 076 693 | LG6 | 690135 | 693409 | 3 275 | Protein-tyrosine-phosphatase |
| CEY00 _ Acc03457 | 122. 100 88 | 36. 077 045 | 1. 758 9 | 0. 021 452 | 1 | LG3 | 8422724 | 8424969 | 1 837 | Cytokinin hydroxylase |
| CEY00 _ Acc03648 | 1 719. 057 3 | 752. 317 32 | 1. 192 2 | 0. 012 321 | 1 | LG3 | 10658309 | 10660409 | 2 101 | Adenine/guanine permease |
| CEY00 _ Acc03669 | 362. 317 75 | 61. 036 932 | 2. 569 5 | 0. 036 354 | 1 | LG3 | 11007275 | 11015346 | 2 468 | Cytosolic endo-beta-N-acetylglucosaminidase |
| CEY00 _ Acc03801 | 223. 485 24 | 108. 848 1 | 1. 037 9 | 0. 037 844 | 1 | LG3 | 13393501 | 13394476 | 976 | Hsp70-Hsp90 organizing protein |
| CEY00 _ Acc03918 | 152. 161 13 | 50. 615 808 | 1. 587 9 | $5.47\times10^{-5}$ | 0. 130 29 | LG3 | 15529336 | 15530123 | 788 | Calcium-binding protein |
| CEY00 _ Acc03974 | 201. 413 56 | 64. 149 41 | 1. 650 7 | 0. 007 154 7 | 1 | LG3 | 16229592 | 16231158 | 1 567 | Zeatin O-xylosyltransferase |
| CEY00 _ Acc04093 | 10. 881 226 | 34. 948 984 | −1. 683 4 | 0. 035 056 | 1 | LG3 | 17800537 | 17801255 | 719 | hypothetical protein |
| CEY00 _ Acc04124 | 42. 611 133 | 9. 030 789 | 2. 238 3 | 0. 002 888 3 | 1 | LG3 | 18193717 | 18202932 | 4 041 | ABC transporter B family member 15 like |
| CEY00 _ Acc04165 | 13. 041 652 | 2. 679 810 1 | 2. 282 9 | 0. 043 623 | 1 | LG3 | 18707551 | 18709178 | 1 052 | Phosphoenolpyruvate carboxylase |
| CEY00 _ Acc04697 | 8 318. 685 2 | 3 800. 882 1 | 1. 13 | 0. 016 201 | 1 | LG4 | 3064414 | 3065887 | 1 474 | Protein of unknown function DUF1645, plant protein |
| CEY00 _ Acc04749 | 405. 040 52 | 183. 667 39 | 1. 141 | 0. 005 201 3 | 1 | LG4 | 3657605 | 3659245 | 1 465 | WRKY transcription factor |
| CEY00 _ Acc04808 | 560. 226 41 | 130. 830 35 | 2. 098 3 | 0. 008 395 3 | 1 | LG4 | 4442837 | 4447553 | 2 401 | Squalene monooxygenase |
| CEY00 _ Acc04817 | 723. 774 57 | 182. 314 93 | 1. 989 1 | 0. 035 206 | 1 | LG4 | 4587334 | 4594467 | 1 586 | Lipase |
| CEY00 _ Acc05254 | 119. 732 27 | 57. 421 443 | 1. 060 2 | 0. 018 114 | 1 | LG5 | 2120793 | 2124827 | 2 331 | TMV resistance protein like |
| CEY00 _ Acc05344 | 437. 555 35 | 199. 741 24 | 1. 131 3 | 0. 030 255 | 1 | LG5 | 3686438 | 3688197 | 907 | Universal stress protein |

（续）

| 基因 ID | miR160VS3 序列/条 | CK3 序列/条 | $log_2FC$ | $P$ 值 | FDR | 染色体 | 起始位点 | 终止位点 | 长度/bp | 基因描述 |
|---|---|---|---|---|---|---|---|---|---|---|
| CEY00_Acc05550 | 3 408.103 8 | 1 058.959 6 | 1.686 3 | 0.047 38 | 1 | LG5 | 10429649 | 10432670 | 1 702 | Glycerophosphodiester phosphodiesterase |
| CEY00_Acc05940 | 1.429 021 3 | 11.327 004 | −2.986 7 | 0.012 076 | 1 | LG5 | 15718730 | 15722652 | 3 224 | LRR receptor-like serine/threonine-protein kinase |
| CEY00_Acc05970 | 21.031 047 | 3.241 463 5 | 2.697 8 | 0.042 917 | 1 | LG5 | 16064415 | 16068526 | 1 202 | Nuclear envelope pore membrane protein like |
| CEY00_Acc06101 | 461.824 44 | 165.311 89 | 1.482 2 | $4.97\times10^{-6}$ | 0.027 616 | LG5 | 17862787 | 17866764 | 1 738 | Polyol transporter like |
| CEY00_Acc06162 | 205.132 11 | 98.018 535 | 1.065 4 | 0.037 62 | 1 | LG6 | 1211348 | 1225079 | 3 693 | Calmodulin-binding transcription activator like |
| CEY00_Acc06183 | 157.188 72 | 26.035 666 | 2.593 9 | 0.001 267 1 | 0.889 98 | LG6 | 95769 | 100946 | 1 795 | ATP-citrate synthase alpha chain protein like |
| CEY00_Acc06234 | 267.615 64 | 594.052 42 | −1.150 4 | 0.000 798 1 | 0.738 68 | LG6 | 1829677 | 1831684 | 1 309 | Xyloglucan endotransglucosylase/hydrolase protein |
| CEY00_Acc06319 | 24.620 121 | 8.228 850 3 | 1.581 1 | 0.040 473 | 1 | LG6 | 2983051 | 2989822 | 2 222 | Myb-related protein like |
| CEY00_Acc06497 | 9.549 347 9 | 29.911 696 | −1.647 2 | 0.032 889 | 1 | LG6 | 8613643 | 8621972 | 4 151 | ABC transporter B family member 9 like |
| CEY00_Acc06507 | 276.476 28 | 117.129 46 | 1.239 1 | 0.000 898 7 | 0.808 01 | LG6 | 10360269 | 10363826 | 1 047 | Bidirectional sugar transporter like |
| CEY00_Acc06532 | 515.347 22 | 182.816 21 | 1.495 2 | 0.018 877 | 1 | LG6 | 6541926 | 6549409 | 1 828 | Auxilin-related protein |

（续）

| 基因 ID | miR160VS3 序列/条 | CK3 序列/条 | $log_2FC$ | *P* 值 | FDR | 染色体 | 起始位点 | 终止位点 | 长度/bp | 基因描述 |
|---|---|---|---|---|---|---|---|---|---|---|
| CEY00 _ Acc06587 | 137. 525 84 | 61. 598 21 | 1. 158 7 | 0. 010 41 | 1 | LG6 | 4767559 | 4773655 | 2 630 | Glycine-rich domain-containing protein |
| CEY00 _ Acc06603 | 51. 276 519 | 108. 315 78 | −1. 078 9 | 0. 025 851 | 1 | LG6 | 5054717 | 5056188 | 1 472 | FLYWCH-type zinc finger-containing protein |
| CEY00 _ Acc06831 | 9. 832 520 8 | 1. 339 905 | 2. 875 4 | 0. 049 977 | 1 | LG19 | 3930241 | 3934080 | 3 840 | hypothetical protein |
| CEY00 _ Acc06884 | 236. 644 54 | 802. 107 24 | −1. 761 1 | 0. 018 292 | 1 | LG6 | 14136135 | 14139882 | 1 938 | Anti-sigma-Ⅰ factor RsgI6 like |
| CEY00 _ Acc06999 | 866. 572 03 | 272. 471 3 | 1. 669 2 | 0. 046 944 | 1 | LG6 | 15354026 | 15354566 | 541 | Formin-like protein |
| CEY00 _ Acc07120 | 612. 086 95 | 1 286. 705 3 | −1. 071 9 | 0. 000 717 9 | 0. 734 37 | LG6 | 16832486 | 16833211 | 726 | Dirigent protein |
| CEY00 _ Acc07338 | 67. 232 764 | 16. 142 939 | 2. 058 3 | 0. 025 041 | 1 | LG7 | 1222278 | 1224255 | 1 066 | BURP domain protein |
| CEY00 _ Acc07449 | 474. 772 11 | 67. 396 293 | 2. 816 5 | 0. 035 797 | 1 | LG7 | 2354747 | 2358427 | 1 876 | Squalene monooxygenase |
| CEY00 _ Acc07551 | 58. 023 437 | 137. 083 67 | −1. 240 3 | 0. 019 472 | 1 | LG7 | 3445823 | 3448429 | 1 860 | Cytochrome P450 78A9 like |
| CEY00 _ Acc07608 | 22. 614 922 | 48. 511 317 | −1. 101 | 0. 042 984 | 1 | LG7 | 4200449 | 4203571 | 1 901 | Serine/threonine-protein kinase |
| CEY00 _ Acc07944 | 16. 004 538 | 1. 690 679 1 | 3. 242 8 | 0. 012 948 | 1 | LG7 | 13381412 | 13382368 | 957 | Small glutamine-rich tetratricopeptide repeat-containing protein |
| CEY00 _ Acc07981 | 10. 265 243 | 0. 654 173 9 | 3. 971 9 | 0. 019 247 | 1 | LG7 | 8052893 | 8059358 | 2 737 | ABC transporter G family member 11 like |
| CEY00 _ Acc08062 | 525. 679 16 | 40. 271 78 | 3. 706 3 | 0. 040 789 | 1 | LG7 | 9858485 | 9863170 | 2 158 | Cysteine desulfurase |
| CEY00 _ Acc08118 | 9 400. 516 3 | 4 262. 667 8 | 1. 141 | 0. 046 201 | 1 | LG7 | 14660649 | 14671072 | 1 274 | D-galacturonate reductase |
| CEY00 _ Acc08121 | 5 179. 874 4 | 1 494. 529 7 | 1. 793 2 | 0. 031 437 | 1 | LG7 | 14829267 | 14834832 | 1 765 | Glutamate decarboxylase |

（续）

| 基因 ID | miR160VS3 序列/条 | CK3 序列/条 | $log_2FC$ | $P$ 值 | FDR | 染色体 | 起始位点 | 终止位点 | 长度/bp | 基因描述 |
|---|---|---|---|---|---|---|---|---|---|---|
| CEY00_Acc08230 | 1 113.073 3 | 507.599 68 | 1.132 8 | 0.000 923 4 | 0.808 01 | LG7 | 17969350 | 17972586 | 1 562 | Glyceraldehyde-3-phosphate dehydrogenase |
| CEY00_Acc08451 | 63.737 21 | 0.654 173 9 | 6.606 3 | 0.002 295 | 1 | LG8 | 2217315 | 2221079 | 1 778 | Protein DMR6-LIKE OXYGENASE 1 like |
| CEY00_Acc08521 | 25.220 255 | 73.399 99 | −1.541 2 | 0.004 265 9 | 1 | LG8 | 3312199 | 3314375 | 1 094 | Transcription factor like |
| CEY00_Acc08719 | 36.052 292 | 6.340 881 | 2.507 3 | 0.000 437 9 | 0.663 21 | LG8 | 5641258 | 5643622 | 977 | Protein LURP-one-related like |
| CEY00_Acc08970 | 182.909 62 | 388.593 15 | −1.087 1 | 0.001 347 2 | 0.897 8 | LG8 | 11752885 | 11755447 | 1 537 | Chalcone synthase |
| CEY00_Acc09163 | 1 021.408 1 | 381.077 54 | 1.422 4 | $1.41\times10^{-5}$ | 0.067 116 | LG8 | 15748238 | 15752118 | 1 639 | Heavy metal-associated isoprenylated plant protein |
| CEY00_Acc09214 | 126.319 06 | 40.380 553 | 1.645 3 | 0.010 014 | 1 | LG8 | 15034170 | 15042176 | 3 513 | Cyclic nucleotide-gated ion channel like |
| CEY00_Acc09310 | 41.570 501 | 17.558 285 | 1.243 4 | 0.037 909 | 1 | LG8 | 19605047 | 19605407 | 361 | CUB and sushi domain-containing protein |
| CEY00_Acc09317 | 0 | 6.419 812 4 | — | 0.019 767 | 1 | LG8 | 19713240 | 19714557 | 1 318 | DNA-damage-repair/toleration protein |
| CEY00_Acc09535 | 0 | 5.079 907 4 | — | 0.045 468 | 1 | LG8 | 22013512 | 22016058 | 664 | Protein FAM216B like |
| CEY00_Acc09586 | 29.317 385 | 63.076 294 | −1.105 3 | 0.043 348 | 1 | LG8 | 22602135 | 22609687 | 2 354 | Protein STRUBBELIG-RECEPTOR FAMILY 3 like |
| CEY00_Acc09597 | 56.131 032 | 19.681 196 | 1.512 | 0.024 114 | 1 | LG8 | 22741352 | 22743646 | 1 219 | Leucine zipper protein |
| CEY00_Acc09609 | 151.538 22 | 34.513 56 | 2.134 4 | 0.047 162 | 1 | LG8 | 22867864 | 22868856 | 779 | F-box protein |

（续）

| 基因 ID | miR160VS3 序列/条 | CK3 序列/条 | $log_2FC$ | *P* 值 | FDR | 染色体 | 起始位点 | 终止位点 | 长度/bp | 基因描述 |
|---|---|---|---|---|---|---|---|---|---|---|
| CEY00 _ Acc09649 | 1 172. 250 6 | 339. 052 26 | 1. 789 7 | 0. 016 191 | 1 | LG8 | 23361773 | 23365996 | 2 881 | G-type lectin S-receptor-like serine/threonine-protein kinase |
| CEY00 _ Acc09650 | 173. 940 09 | 74. 012 508 | 1. 232 7 | 0. 039 773 | 1 | LG8 | 23369989 | 23377206 | 2 917 | Receptor-like serine/threonine-protein kinase |
| CEY00 _ Acc09731 | 422. 424 23 | 132. 577 54 | 1. 671 9 | 0. 031 56 | 1 | LG8 | 24527401 | 24528151 | 751 | Stigma-specific STIG1-like protein |
| CEY00 _ Acc09843 | 22. 500 77 | 56. 527 061 | −1. 329 | 0. 006 949 5 | 1 | LG9 | 1014958 | 1019104 | 1 669 | Cytokinin dehydrogenase |
| CEY00 _ Acc10022 | 76. 101 18 | 17. 764 785 | 2. 098 9 | 0. 007 928 6 | 1 | LG9 | 3021653 | 3025454 | 1 684 | UDP-glycosyltransferase |
| CEY00 _ Acc10217 | 0. 615 983 2 | 15. 879 044 | −4. 688 1 | 0. 012 799 | 1 | LG9 | 5416375 | 5419241 | 1 552 | Zeatin O-glucosyltransferase |
| CEY00 _ Acc10274 | 503. 411 49 | 245. 113 74 | 1. 038 3 | 0. 014 154 | 1 | LG9 | 6245250 | 6252032 | 3 600 | Calcium-transporting ATPase |
| CEY00 _ Acc10305 | 230. 346 35 | 100. 925 63 | 1. 190 5 | 0. 015 426 | 1 | LG9 | 6629461 | 6631586 | 2 126 | F-box protein |
| CEY00 _ Acc10566 | 23. 990 345 | 66. 261 173 | −1. 465 7 | 0. 018 94 | 1 | LG9 | 12216831 | 12218467 | 900 | Heavy metal-associated isoprenylated plant protein |
| CEY00 _ Acc10578 | 7. 262 135 9 | 0 | — | 0. 042 825 | 1 | LG9 | 12454296 | 12467316 | 2 503 | Somatic embryogenesis receptor kinase |
| CEY00 _ Acc10802 | 29. 708 486 | 11. 752 254 | 1. 337 9 | 0. 043 456 | 1 | LG9 | 15517763 | 15523492 | 3 055 | Beta-galactosidase |
| CEY00 _ Acc10840 | 5 818. 248 6 | 1 298. 624 7 | 2. 163 6 | 0. 037 211 | 1 | LG9 | 15954120 | 15956979 | 1 852 | Lysine histidine transporter-like |
| CEY00 _ Acc11136 | 2 896. 403 6 | 1 315. 585 5 | 1. 138 6 | 0. 013 549 | 1 | LG10 | 2773959 | 2783107 | 2 129 | Squalene synthase |
| CEY00 _ Acc11269 | 1 656. 281 5 | 483. 629 54 | 1. 776 | 0. 043 743 | 1 | LG10 | 5255617 | 5259615 | 2 762 | Beta-amyrin 28-oxidase |
| CEY00 _ Acc11295 | 468. 652 7 | 178. 655 13 | 1. 391 3 | 0. 020 782 | 1 | LG10 | 6522687 | 6523578 | 892 | Zinc finger protein |

（续）

| 基因 ID | miR160VS3 序列/条 | CK3 序列/条 | $log_2FC$ | *P* 值 | FDR | 染色体 | 起始位点 | 终止位点 | 长度/bp | 基因描述 |
|---|---|---|---|---|---|---|---|---|---|---|
| CEY00_Acc11566 | 776.602 92 | 327.613 66 | 1.245 2 | 0.039 106 | 1 | LG10 | 13028104 | 13032883 | 1 325 | alcohol dehydrogenase |
| CEY00_Acc11581 | 28.424 901 | 10.684 192 | 1.411 7 | 0.031 907 | 1 | LG10 | 13272984 | 13277915 | 1 306 | Fructose-1,6-bisphosphatase |
| CEY00_Acc11711 | 376.755 66 | 812.658 71 | −1.109 | 0.010 676 | 1 | LG10 | 16052842 | 16060211 | 2 474 | Oligopeptide transporter like |
| CEY00_Acc11763 | 72.124 653 | 22.130 895 | 1.704 4 | 0.048 099 | 1 | LG10 | 16719409 | 16720566 | 1 158 | Transcription factor like |
| CEY00_Acc11815 | 52.962 734 | 130.635 28 | −1.302 5 | 0.002 154 5 | 1 | LG10 | 17320596 | 17322524 | 1 341 | Calcium uniporter protein |
| CEY00_Acc12052 | 56.146 391 | 25.383 72 | 1.145 3 | 0.027 158 | 1 | LG11 | 1262137 | 1264195 | 1 086 | WRKY transcription factor 15 |
| CEY00_Acc12119 | 35.277 078 | 12.790 987 | 1.463 6 | 0.043 209 | 1 | LG11 | 2268173 | 2270458 | 2 286 | Pentatricopeptide repeat-containing protein |
| CEY00_Acc12160 | 224.556 51 | 93.965 922 | 1.256 9 | 0.030 588 | 1 | LG11 | 2933244 | 2938332 | 1 445 | Purine permease |
| CEY00_Acc12235 | 461.751 48 | 221.732 63 | 1.058 3 | 0.012 684 | 1 | LG11 | 4168138 | 4170348 | 1 456 | Ethylene-responsive transcription factor |
| CEY00_Acc12287 | 373.736 24 | 102.656 55 | 1.864 2 | $2.4\times10^{-7}$ | 0.002 438 6 | LG11 | 5197923 | 5201112 | 1 195 | hypothetical protein |
| CEY00_Acc12315 | 11.286 941 | 37.763 934 | −1.742 4 | 0.009 062 3 | 1 | LG11 | 5817408 | 5820480 | 2 002 | LysM domain-containing GPI-anchored protein |
| CEY00_Acc12983 | 19.397 27 | 5.986 615 8 | 1.696 | 0.034 084 | 1 | LG12 | 1030559 | 1034875 | 2 162 | Myosin-17 like |
| CEY00_Acc13069 | 305.567 8 | 1 006.309 6 | −1.719 5 | 0.026 321 | 1 | LG12 | 2003841 | 2005329 | 1 489 | E3 ubiquitin-protein like |
| CEY00_Acc13130 | 150.052 76 | 64.493 577 | 1.218 2 | 0.003 174 3 | 1 | LG12 | 2875685 | 2885059 | 1 934 | Transcription factor like |
| CEY00_Acc13180 | 54.148 279 | 12.327 497 | 2.135 | 0.006 935 | 1 | LG12 | 3803017 | 3814190 | 9 578 | Calcium-transporting ATPase |
| CEY00_Acc13286 | 79.847 602 | 37.713 069 | 1.082 2 | 0.021 865 | 1 | LG12 | 5497279 | 5500179 | 2 156 | Transcription factor like |

（续）

| 基因 ID | miR160VS3 序列/条 | CK3 序列/条 | $\log_2$FC | *P* 值 | FDR | 染色体 | 起始位点 | 终止位点 | 长度/bp | 基因描述 |
|---|---|---|---|---|---|---|---|---|---|---|
| CEY00_Acc13334 | 3.835 243 5 | 19.900 91 | −2.375 4 | 0.011 919 | 1 | LG12 | 6227390 | 6231308 | 2 052 | Fasciclin-like arabinogalactan protein |
| CEY00_Acc13356 | 115.821 98 | 13.655 153 | 3.084 4 | 0.001 063 3 | 0.823 96 | LG12 | 6563490 | 6565723 | 1 391 | E3 ubiquitin-protein like |
| CEY00_Acc13384 | 1.579 970 8 | 8.613 409 4 | −2.446 7 | 0.048 023 | 1 | LG12 | 7444870 | 7449684 | 1 979 | Secoisolariciresinol dehydrogenase |
| CEY00_Acc13560 | 65.859 454 | 25.217 987 | 1.384 9 | 0.005 903 8 | 1 | LG12 | 11801958 | 11809713 | 2 649 | Subtilisin-like protease |
| CEY00_Acc13873 | 30.777 45 | 98.986 044 | −1.685 4 | 0.010 905 | 1 | LG12 | 18842437 | 18846169 | 3 285 | Receptor-like protein kinase |
| CEY00_Acc13916 | 22.856 475 | 2.859 132 2 | 2.999 | 0.001 166 8 | 0.846 26 | LG12 | 17220625 | 17226137 | 1 387 | Aspartate aminotransferase |
| CEY00_Acc13984 | 359.934 19 | 80.785 545 | 2.155 6 | 0.015 474 | 1 | LG13 | 157047 | 159321 | 1 257 | S-adenosylmethionine-dependent methyltransferase |
| CEY00_Acc13985 | 32.424 68 | 7.946 909 7 | 2.028 6 | 0.002 253 3 | 1 | LG13 | 162987 | 164658 | 1 295 | S-adenosylmethionine-dependent methyltransferase |
| CEY00_Acc14069 | 23.822 518 | 4.301 655 7 | 2.469 4 | 0.006 681 3 | 1 | LG13 | 1174215 | 1181980 | 2 347 | ABC transporter G family member 7 like |
| CEY00_Acc14123 | 17.597 722 | 1.666 992 | 3.400 1 | 0.003 868 6 | 1 | LG13 | 1719746 | 1721173 | 895 | Photosynthetic NDH subunit of lumenal location 2 like |
| CEY00_Acc14368 | 36.772 746 | 11.017 886 | 1.738 8 | 0.019 656 | 1 | LG13 | 4292122 | 4298907 | 3 704 | Adenylyl-sulfate kinase |
| CEY00_Acc14538 | 838.356 48 | 180.999 97 | 2.211 6 | 0.045 657 | 1 | LG13 | 6550718 | 6552675 | 1 425 | Acidic mammalian chitinase |
| CEY00_Acc14540 | 1 453.781 6 | 575.356 43 | 1.337 3 | 0.007 329 5 | 1 | LG13 | 6584962 | 6592122 | 1 372 | Protein ABHD17B like |
| CEY00_Acc14609 | 48.765 693 | 13.564 783 | 1.846 | 0.005 646 2 | 1 | LG13 | 7786581 | 7797544 | 2 733 | Cytochrome P450 704C1 like |

（续）

| 基因 ID | miR160VS3 序列/条 | CK3 序列/条 | $log_2FC$ | *P* 值 | FDR | 染色体 | 起始位点 | 终止位点 | 长度/bp | 基因描述 |
|---|---|---|---|---|---|---|---|---|---|---|
| CEY00_Acc14918 | 315.821 52 | 140.193 2 | 1.171 7 | 0.036 743 | 1 | LG13 | 13160636 | 13173281 | 3 214 | Leucine-rich repeat receptor-like serine/threonine-protein kinase |
| CEY00_Acc14999 | 85.544 664 | 189.834 21 | −1.15 | 0.004 566 9 | 1 | LG13 | 15205041 | 15205714 | 674 | B-box domain protein |
| CEY00_Acc15052 | 29.418 697 | 7.548 838 1 | 1.962 4 | 0.033 432 | 1 | LG13 | 15923311 | 15924171 | 861 | RING-H2 finger protein |
| CEY00_Acc15167 | 37.184 554 | 15.336 622 | 1.277 7 | 0.034 046 | 1 | LG13 | 17810894 | 17811993 | 1 011 | Protein RESTRICTED TEV MOVEMENT like |
| CEY00_Acc15215 | 853.196 74 | 314.407 29 | 1.440 2 | 0.000 344 2 | 0.573 49 | LG13 | 18352240 | 18353161 | 922 | NADH-quinone oxidoreductase subunit L like |
| CEY00_Acc15471 | 11.999 619 | 38.197 054 | −1.670 5 | 0.010 259 | 1 | LG14 | 1987163 | 1988365 | 1 203 | Zinc finger protein |
| CEY00_Acc15526 | 359.268 37 | 102.425 17 | 1.810 5 | 0.000 608 3 | 0.675 7 | LG14 | 2551272 | 2552287 | 1 016 | hypothetical protein |
| CEY00_Acc15623 | 2 143.874 2 | 799.450 95 | 1.423 1 | 0.025 705 | 1 | LG14 | 3708578 | 3713753 | 4 061 | Cation/$H^+$ antiporter like |
| CEY00_Acc15665 | 24.475 057 | 4.597 185 4 | 2.412 5 | 0.009 098 4 | 1 | LG14 | 4230153 | 4236751 | 2 456 | AT-rich interactive domain-containing protein |
| CEY00_Acc15830 | 548.743 2 | 249.575 4 | 1.136 7 | 0.007 650 9 | 1 | LG14 | 6404094 | 6412900 | 1 402 | Transcription factor MYB1R1 like |
| CEY00_Acc15956 | 83.172 494 | 36.944 403 | 1.170 8 | 0.028 65 | 1 | LG14 | 9824433 | 9826430 | 1 387 | WRKY transcription factor |
| CEY00_Acc16006 | 9.660 864 7 | 0.327 086 9 | 4.884 4 | 0.012 667 | 1 | LG14 | 10515780 | 10521641 | 5 862 | U-box domain-containing protein |
| CEY00_Acc16024 | 73.523 343 | 34.499 595 | 1.091 6 | 0.016 352 | 1 | LG14 | 10709246 | 10718583 | 3 750 | PKS-NRPS hybrid synthetase |
| CEY00_Acc16092 | 989.988 71 | 375.656 74 | 1.398 | 0.000 589 3 | 0.675 7 | LG14 | 12536654 | 12538270 | 1 617 | Nucleotide pyrophosphatase |
| CEY00_Acc16184 | 31.925 561 | 2.321 165 9 | 3.781 8 | 0.029 335 | 1 | LG14 | 14909983 | 14912021 | 1 327 | Nucleoredoxin |

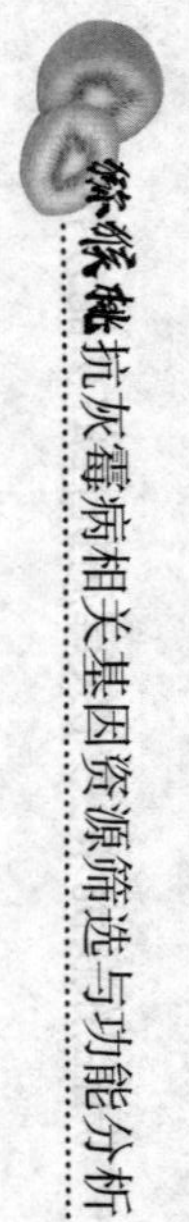


（续）

| 基因 ID | miR160VS3 序列/条 | CK3 序列/条 | $log_2$FC | *P* 值 | FDR | 染色体 | 起始位点 | 终止位点 | 长度/bp | 基因描述 |
|---|---|---|---|---|---|---|---|---|---|---|
| CEY00 _ Acc16306 | 1 672.732 3 | 412.198 5 | 2.020 8 | 0.037 688 | 1 | LG14 | 16868422 | 16870292 | 824 | BRASSINOSTEROID INSENSITIVE 1-associated receptor kinase |
| CEY00 _ Acc16352 | 216.378 64 | 59.553 565 | 1.861 3 | 0.002 978 5 | 1 | LG14 | 17641451 | 17647097 | 1 400 | LysM domain-containing GPI-anchored protein like |
| CEY00 _ Acc16416 | 127.558 81 | 41.493 839 | 1.620 2 | 0.001 007 5 | 0.818 85 | LG15 | 655824 | 659269 | 1 339 | Zinc finger protein |
| CEY00 _ Acc16462 | 6 467.991 1 | 2 039.234 4 | 1.665 3 | 0.019 08 | 1 | LG15 | 1658357 | 1661039 | 1 453 | 1-aminocyclopropane-1-carboxylate oxidase |
| CEY00 _ Acc16676 | 15.387 079 | 0.654 173 9 | 4.555 9 | 0.030 928 | 1 | LG15 | 5192880 | 5197796 | 4 220 | RPM1-interacting protein |
| CEY00 _ Acc16724 | 10.039 332 | 1.846 314 1 | 2.442 9 | 0.047 114 | 1 | LG15 | 5838377 | 5847268 | 1 156 | Palmitoyl-protein like |
| CEY00 _ Acc16737 | 32.968 132 | 70.467 568 | −1.095 9 | 0.026 811 | 1 | LG15 | 6070849 | 6078129 | 1 271 | WAT1-related protein |
| CEY00 _ Acc16768 | 42.022 529 | 11.446 703 | 1.876 2 | 0.023 967 | 1 | LG15 | 6943770 | 6944437 | 668 | Ethylene-responsive transcription factor |
| CEY00 _ Acc16801 | 168.563 91 | 63.805 319 | 1.401 5 | 0.001 841 2 | 1 | LG15 | 7461053 | 7463132 | 1 195 | Trihelix transcription factor GT-3b like |
| CEY00 _ Acc16810 | 38.935 733 | 17.834 882 | 1.126 4 | 0.037 653 | 1 | LG15 | 7599348 | 7605196 | 1 689 | ERBB-3 BINDING PROTEIN 1 like |
| CEY00 _ Acc16828 | 143.576 28 | 64.196 409 | 1.161 3 | 0.004 859 3 | 1 | LG15 | 8009580 | 8017758 | 3 143 | Protein NRT1/PTR FAMILY 5.6 like |
| CEY00 _ Acc16896 | 419.696 8 | 190.330 3 | 1.140 8 | 0.000 571 6 | 0.675 7 | LG22 | 13315547 | 13318983 | 1 688 | UDP-glycosyltransferase |
| CEY00 _ Acc17007 | 2 783.475 9 | 1 039.891 9 | 1.420 5 | 0.019 145 | 1 | LG15 | 8995514 | 8998182 | 1 094 | Steroid 5-alpha-reductase |

（续）

| 基因 ID | miR160VS3 序列/条 | CK3 序列/条 | $log_2FC$ | $P$ 值 | FDR | 染色体 | 起始位点 | 终止位点 | 长度/bp | 基因描述 |
|---|---|---|---|---|---|---|---|---|---|---|
| CEY00 _ Acc17052 | 148. 666 57 | 40. 052 579 | 1. 892 1 | 0. 011 412 | 1 | LG15 | 9716104 | 9717336 | 1 233 | UPF0496 protein |
| CEY00 _ Acc17065 | 68. 307 24 | 20. 820 32 | 1. 714 | 0. 004 430 2 | 1 | LG15 | 9990410 | 9998427 | 1 748 | Polyamine oxidase |
| CEY00 _ Acc17136 | 24. 538 281 | 5. 923 501 3 | 2. 050 5 | 0. 045 385 | 1 | LG15 | 10903815 | 10908278 | 1 939 | Beta-hexosaminidase |
| CEY00 _ Acc17301 | 519. 411 8 | 194. 067 49 | 1. 420 3 | 0. 035 822 | 1 | LG15 | 13252094 | 13258565 | 1 725 | MLO-like protein |
| CEY00 _ Acc17335 | 36. 450 438 | 3. 141 072 8 | 3. 536 6 | 0. 006 264 8 | 1 | LG15 | 13614671 | 13618865 | 801 | Heat stress transcription factor B-1 like |
| CEY00 _ Acc17359 | 82. 901 946 | 269. 563 79 | −1. 701 1 | $2.93\times10^{-7}$ | 0. 002 438 6 | LG15 | 13865688 | 13870452 | 2 573 | (E,E)-geranyllinalool synthase |
| CEY00 _ Acc17539 | 163. 805 98 | 38. 550 432 | 2. 087 2 | 0. 007 071 7 | 1 | LG15 | 15806549 | 15809304 | 1 318 | Serine/threonine-protein kinase |
| CEY00 _ Acc17594 | 36. 005 946 | 10. 329 039 | 1. 801 5 | 0. 040 798 | 1 | LG16 | 460789 | 464757 | 3 075 | Glutamate receptor 2. 8 like |
| CEY00 _ Acc17811 | 45. 204 073 | 20. 077 116 | 1. 170 9 | 0. 025 328 | 1 | LG16 | 2693461 | 2695201 | 825 | Protein TIFY 5A like |
| CEY00 _ Acc17914 | 14. 523 319 | 35. 722 481 | −1. 298 5 | 0. 032 305 | 1 | LG16 | 3573422 | 3579163 | 1 872 | Shikimate O-hydroxycinnamoyltransferase |
| CEY00 _ Acc18417 | 111. 971 83 | 43. 241 102 | 1. 372 7 | 0. 006 564 2 | 1 | LG16 | 10171424 | 10172624 | 1 054 | Proline-rich receptor-like protein kinase |
| CEY00 _ Acc18497 | 8 289. 733 6 | 4 119. 306 3 | 1. 008 9 | 0. 005 865 6 | 1 | LG16 | 11933155 | 11934794 | 695 | Late embryogenesis abundant protein like |
| CEY00 _ Acc18509 | 197. 114 66 | 88. 303 637 | 1. 158 5 | 0. 043 358 | 1 | LG16 | 12120044 | 12132360 | 2 361 | Calmodulin-binding protein 60 E like |
| CEY00 _ Acc18518 | 17. 240 301 | 2. 025 636 2 | 3. 089 3 | 0. 017 152 | 1 | LG16 | 12317731 | 12319813 | 1 586 | Endochitinase |

（续）

| 基因 ID | miR160VS3 序列/条 | CK3 序列/条 | $log_2FC$ | *P* 值 | FDR | 染色体 | 起始位点 | 终止位点 | 长度/bp | 基因描述 |
|---|---|---|---|---|---|---|---|---|---|---|
| CEY00 _ Acc18931 | 1 197.924 7 | 586.755 7 | 1.029 7 | 0.002 874 | 1 | LG17 | 1448772 | 1449833 | 1 062 | RING-H2 finger protein |
| CEY00 _ Acc18939 | 72.248 355 | 29.415 761 | 1.296 4 | 0.047 558 | 1 | LG17 | 1529369 | 1535495 | 6 127 | Anthocyanidin 3-O-glucoside 2″-O-glucosyltransferase |
| CEY00 _ Acc18979 | 38.948 442 | 2.352 723 1 | 4.049 2 | 0.023 167 | 1 | LG17 | 2029986 | 2031851 | 997 | Protein of unknown function DUF506, plant protein |
| CEY00 _ Acc19179 | 11.007 805 | 1.777 480 6 | 2.630 6 | 0.041 705 | 1 | LG17 | 17266442 | 17272577 | 2 075 | hypothetical protein |
| CEY00 _ Acc19491 | 119.065 24 | 50.779 766 | 1.229 4 | 0.046 108 | 1 | LG17 | 14708177 | 14711852 | 1 610 | GABA transporter like |
| CEY00 _ Acc19562 | 26.266 565 | 1.308 347 8 | 4.327 4 | 0.005 665 6 | 1 | LG17 | 15573211 | 15574435 | 1 225 | Protein FANTASTIC FOUR like |
| CEY00 _ Acc19675 | 9.916 658 2 | 0 | — | 0.031 573 | 1 | LG17 | 12598299 | 12600820 | 2 020 | DnaJ subfamily C member 3 like |
| CEY00 _ Acc19735 | 304.163 86 | 106.557 32 | 1.513 2 | 0.006 883 4 | 1 | LG18 | 48626 | 50661 | 2 036 | 3-ketoacyl-CoA synthase |
| CEY00 _ Acc19739 | 32.038 719 | 13.125 944 | 1.287 4 | 0.047 331 | 1 | LG18 | 108826 | 109938 | 1 113 | Rhamnosyl O-methyltransferase |
| CEY00 _ Acc19815 | 2.905 176 | 13.277 2 | −2.192 3 | 0.048 905 | 1 | LG18 | 1250512 | 1251952 | 1 366 | Agamous-like MADS-box protein |
| CEY00 _ Acc19832 | 389.317 53 | 161.341 57 | 1.270 8 | 0.004 485 7 | 1 | LG18 | 1486970 | 1493634 | 1 758 | Proline iminopeptidase |
| CEY00 _ Acc19839 | 151.722 94 | 35.497 936 | 2.095 6 | 0.001 168 2 | 0.846 26 | LG18 | 1617737 | 1620119 | 1 375 | Heavy metal-associated isoprenylated plant protein |
| CEY00 _ Acc19875 | 9.206 408 2 | 0.506 409 | 4.184 3 | 0.039 138 | 1 | LG18 | 2316029 | 2317626 | 922 | Anthocyanin regulatory C1 protein |
| CEY00 _ Acc20027 | 25.868 551 | 6.949 908 5 | 1.896 1 | 0.022 716 | 1 | LG18 | 4809146 | 4813362 | 1 778 | hypothetical protein |
| CEY00 _ Acc20038 | 9.088 350 8 | 25.739 837 | −1.501 9 | 0.029 232 | 1 | LG18 | 5048456 | 5052595 | 2 129 | Glycoprotein-N-acetylgalactosamine 3-beta-galactosyltransferase |

（续）

| 基因 ID | miR160VS3 序列/条 | CK3 序列/条 | $log_2$FC | *P* 值 | FDR | 染色体 | 起始位点 | 终止位点 | 长度/bp | 基因描述 |
|---|---|---|---|---|---|---|---|---|---|---|
| CEY00_Acc20453 | 9.657 408 | 0.506 409 | 4.253 3 | 0.029 361 | 1 | LG18 | 14188185 | 14191488 | 1 810 | High affinity nitrate transporter 2.4 like |
| CEY00_Acc20457 | 0.465 033 7 | 9.870 004 | −4.407 6 | 0.011 45 | 1 | LG18 | 14255135 | 14256954 | 1 680 | Benzyl alcohol O-benzoyltransferase |
| CEY00_Acc20495 | 19.125 627 | 3.544 863 3 | 2.431 7 | 0.014 023 | 1 | LG18 | 14818247 | 14818962 | 716 | Uncharacterized protein |
| CEY00_Acc20606 | 457.990 54 | 29.820 815 | 3.940 9 | 0.048 856 | 1 | LG18 | 16179669 | 16183962 | 1 205 | Transcription factor like |
| CEY00_Acc20765 | 648.744 39 | 112.991 98 | 2.521 4 | 0.001 743 6 | 0.984 73 | LG18 | 18118974 | 18124299 | 3 202 | Dammarenediol Ⅱ synthase |
| CEY00_Acc20778 | 36.509 177 | 6.045 351 3 | 2.594 4 | 0.000 514 9 | 0.675 7 | LG18 | 18297718 | 18299469 | 774 | UDP-4-amino-4,6-dideoxy-N-acetyl-beta-L-altrosamine transaminase |
| CEY00_Acc21205 | 342.034 73 | 86.598 259 | 1.981 7 | $1.65\times10^{-5}$ | 0.067 509 | LG19 | 10657961 | 10663727 | 2 442 | Aminotransferase |
| CEY00_Acc21427 | 109.329 22 | 16.429 635 | 2.734 3 | 0.024 305 | 1 | LG19 | 13901439 | 13904075 | 1 661 | Pectinesterase |
| CEY00_Acc21491 | 1 101.395 9 | 389.153 64 | 1.500 9 | 0.032 05 | 1 | LG19 | 14614015 | 14617737 | 3 723 | S-adenosylmethionine synthase |
| CEY00_Acc21518 | 693.322 87 | 289.727 25 | 1.258 8 | 0.000 517 3 | 0.675 7 | LG19 | 14926149 | 14929519 | 1 521 | Lysophospholipase BODYGUARD 1 precursor |
| CEY00_Acc21531 | 39.304 237 | 8.242 439 4 | 2.253 5 | 0.030 866 | 1 | LG19 | 15088566 | 15089939 | 1 374 | Dipeptidyl peptidase 4 soluble form like |
| CEY00_Acc21768 | 15.278 646 | 3.306 805 7 | 2.208 | 0.042 459 | 1 | LG29 | 2558512 | 2571198 | 3 444 | UDP-arabinose 4-epimerase |
| CEY00_Acc21809 | 51.561 092 | 20.172 752 | 1.353 9 | 0.012 763 | 1 | LG29 | 3072643 | 3079160 | 2 057 | Phosphomethylethanolamine N-methyltransferase |
| CEY00_Acc21889 | 6.131 556 8 | 0 | — | 0.033 724 | 1 | LG23 | 14388719 | 14396432 | 3 844 | PsbP-like protein |

（续）

| 基因 ID | miR160VS3 序列/条 | CK3 序列/条 | $log_2$FC | *P* 值 | FDR | 染色体 | 起始位点 | 终止位点 | 长度/bp | 基因描述 |
|---|---|---|---|---|---|---|---|---|---|---|
| CEY00 _ Acc21959 | 3 691.604 6 | 1 121.059 3 | 1.719 4 | 0.044 674 | 1 | LG23 | 15125031 | 15130963 | 3 237 | ABC transporter A family member 2 like |
| CEY00 _ Acc22124 | 86.657 786 | 22.899 049 | 1.92 | 0.000 130 7 | 0.272 21 | LG23 | 16904792 | 16907710 | 709 | MAGUK p55 subfamily member 4 like |
| CEY00 _ Acc22149 | 795.179 17 | 221.177 23 | 1.846 1 | 0.005 248 | 1 | LG23 | 17144974 | 17148671 | 1 685 | Acetylornithine aminotransferase |
| CEY00 _ Acc22189 | 10.139 692 | 0.833 496 | 3.604 7 | 0.028 007 | 1 | LG23 | 17573884 | 17581476 | 1 144 | Translation initiation factor IF-2 like |
| CEY00 _ Acc22205 | 53.289 584 | 107.982 01 | −1.018 9 | 0.041 19 | 1 | LG23 | 17766241 | 17769776 | 1 123 | Ribulose bisphosphate carboxylase/oxygenase |
| CEY00 _ Acc22246 | 698.578 93 | 219.863 66 | 1.667 8 | 0.001 308 7 | 0.889 98 | LG23 | 18142132 | 18146746 | 3 279 | Coatomer subunit beta |
| CEY00 _ Acc22338 | 6 899.426 4 | 2 767.307 | 1.318 | 0.042 484 | 1 | LG23 | 18989494 | 18996272 | 3 246 | Linoleate 13S-lipoxygenase |
| CEY00 _ Acc22772 | 36.973 838 | 75.244 665 | −1.025 1 | 0.046 958 | 1 | LG20 | 6129797 | 6133416 | 3 483 | Calcium-transporting ATPase 13 plasma membrane-type |
| CEY00 _ Acc22907 | 836.870 98 | 297.507 49 | 1.492 1 | 0.010 477 | 1 | LG20 | 8184233 | 8186810 | 1 469 | Alkaline/neutral invertase |
| CEY00 _ Acc23255 | 205.496 41 | 78.802 528 | 1.382 8 | 0.001 509 1 | 0.948 79 | LG20 | 15702092 | 15707186 | 1 275 | Rac-like GTP-binding protein |
| CEY00 _ Acc23258 | 264.552 29 | 58.403 003 | 2.179 4 | 0.012 438 | 1 | LG20 | 15722348 | 15730996 | 4 170 | E3 ubiquitin-protein like |
| CEY00 _ Acc23412 | 11.108 985 | 27.274 805 | −1.295 8 | 0.033 433 | 1 | LG20 | 17721614 | 17725532 | 1 780 | Flavin-containing monooxygenase |
| CEY00 _ Acc23451 | 148.991 84 | 55.762 773 | 1.417 9 | 0.006 368 7 | 1 | LG21 | 296557 | 308045 | 2 864 | Protein PIN-LIKES like |
| CEY00 _ Acc23503 | 789.555 74 | 104.546 38 | 2.916 9 | 0.018 16 | 1 | LG21 | 856284 | 859576 | 1 748 | Lysine histidine transporter-like |

（续）

| 基因 ID | miR160VS3 序列/条 | CK3 序列/条 | $log_2FC$ | *P* 值 | FDR | 染色体 | 起始位点 | 终止位点 | 长度/bp | 基因描述 |
|---|---|---|---|---|---|---|---|---|---|---|
| CEY00_Acc23843 | 473. 823 54 | 100. 816 7 | 2. 232 6 | 0. 011 164 | 1 | LG21 | 5755674 | 5759287 | 1 981 | Squalene monooxygenase |
| CEY00_Acc23900 | 460. 490 64 | 201. 164 11 | 1. 194 8 | 0. 000 310 5 | 0. 573 49 | LG21 | 4341125 | 4342038 | 761 | Ubiquitin carboxyl-terminal hydrolase |
| CEY00_Acc24014 | 2 779. 450 3 | 1 290. 776 5 | 1. 106 6 | 0. 006 221 2 | 1 | LG21 | 7444982 | 7448746 | 1 647 | Ethylene-responsive transcription factor |
| CEY00_Acc24030 | 19. 381 869 | 51. 359 899 | −1. 405 9 | 0. 019 145 | 1 | LG21 | 7829325 | 7833408 | 1 316 | WAT1-related protein |
| CEY00_Acc24103 | 2 420. 176 2 | 1 005. 051 2 | 1. 267 8 | $6.49\times10^{-5}$ | 0. 144 16 | LG21 | 9611680 | 9615362 | 1 538 | NAC domain-containing protein |
| CEY00_Acc24195 | 16. 667 207 | 107. 659 83 | −2. 691 4 | $4.16\times10^{-8}$ | 0. 000 693 4 | LG21 | 12242652 | 12244648 | 611 | Late embryogenesis abundant protein |
| CEY00_Acc24239 | 33. 057 409 | 0. 382 331 3 | 6. 434 | 0. 004 886 7 | 1 | LG21 | 12985109 | 12991289 | 2 665 | NAC domain-containing protein |
| CEY00_Acc24332 | 3 541. 549 6 | 1 540. 550 6 | 1. 200 9 | 0. 043 043 | 1 | LG21 | 14487423 | 14488446 | 1 024 | NDR1/HIN1-Like protein |
| CEY00_Acc24523 | 186. 719 | 67. 278 234 | 1. 472 7 | 0. 028 128 | 1 | LG22 | 838322 | 840020 | 1 009 | Transcription factor like |
| CEY00_Acc24596 | 101. 908 35 | 16. 342 833 | 2. 640 5 | 0. 032 544 | 1 | LG22 | 3247233 | 3248931 | 577 | Pathogenesis-related protein like |
| CEY00_Acc24597 | 204. 451 14 | 60. 525 615 | 1. 756 1 | 0. 007 753 9 | 1 | LG22 | 3251229 | 3252728 | 930 | Pathogenesis-related protein like |
| CEY00_Acc24621 | 1 217. 648 3 | 362. 004 7 | 1. 75 | 0. 032 181 | 1 | LG22 | 3905017 | 3911986 | 1 635 | Diphosphomevalonate decarboxylase |
| CEY00_Acc24622 | 244. 620 77 | 93. 527 519 | 1. 387 1 | 0. 000 776 8 | 0. 738 68 | LG22 | 3946301 | 3951443 | 1 964 | 3-oxoadipate enol-lactonase |
| CEY00_Acc24767 | 12. 044 324 | 0. 327 086 9 | 5. 202 5 | 0. 003 442 5 | 1 | LG22 | 8349497 | 8350319 | 823 | Leucine-rich repeat extensin-like protein |
| CEY00_Acc25316 | 36. 121 815 | 13. 982 24 | 1. 369 3 | 0. 045 211 | 1 | LG22 | 17450047 | 17456288 | 1 321 | Apoptosis-inducing factor like |

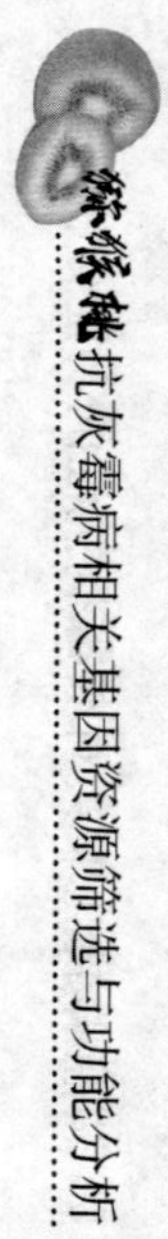


（续）

| 基因 ID | miR160VS3 序列/条 | CK3 序列/条 | $log_2FC$ | $P$ 值 | FDR | 染色体 | 起始位点 | 终止位点 | 长度/bp | 基因描述 |
|---|---|---|---|---|---|---|---|---|---|---|
| CEY00 _ Acc25419 | 73. 035 513 | 33. 457 823 | 1. 126 3 | 0. 019 539 | 1 | LG22 | 18655889 | 18657587 | 1 699 | LysM domain receptor-like kinase |
| CEY00 _ Acc25422 | 920. 031 21 | 441. 760 35 | 1. 058 4 | 0. 026 897 | 1 | LG22 | 18684192 | 18689573 | 2 790 | Von Willebrand factor, type A protein |
| CEY00 _ Acc25698 | 3 131. 226 6 | 6 366. 441 7 | −1. 023 8 | 0. 003 493 5 | 1 | LG23 | 2861063 | 2864221 | 2 041 | Cytochrome P450 82G1 like |
| CEY00 _ Acc25700 | 209. 794 15 | 423. 517 57 | −1. 013 4 | 0. 015 822 | 1 | LG23 | 2887324 | 2893900 | 1 087 | Cyclin-C1-2 like |
| CEY00 _ Acc25752 | 204. 471 81 | 80. 333 193 | 1. 347 8 | 0. 049 021 | 1 | LG23 | 3446985 | 3450144 | 1 445 | Calcium uniporter protein |
| CEY00 _ Acc25755 | 4. 864 062 4 | 19. 131 868 | −1. 975 7 | 0. 024 514 | 1 | LG23 | 3462059 | 3465737 | 1 757 | Cytochrome P450 714C2 like |
| CEY00 _ Acc25756 | 611. 151 28 | 243. 017 58 | 1. 330 5 | 0. 000 945 7 | 0. 808 01 | LG23 | 3476597 | 3484857 | 1 834 | Cytochrome P450 714C2 like |
| CEY00 _ Acc25861 | 22. 512 134 | 5. 513 991 8 | 2. 029 5 | 0. 022 554 | 1 | LG23 | 4516430 | 4523313 | 3 592 | Protein INVOLVED IN DE NOVO like |
| CEY00 _ Acc26061 | 20. 839 057 | 0 | — | 0. 004 297 1 | 1 | LG23 | 8530994 | 8535397 | 2 400 | Terpene synthase |
| CEY00 _ Acc26189 | 6. 977 934 9 | 0 | — | 0. 028 963 | 1 | LG23 | 10302199 | 10308688 | 952 | Non-specific lipid transfer protein GPI-anchored 2 like |
| CEY00 _ Acc26210 | 79. 997 325 | 17. 360 03 | 2. 204 2 | 0. 028 936 | 1 | LG23 | 10654448 | 10658094 | 1 344 | Apoptosis-inducing factor A like |
| CEY00 _ Acc26229 | 117. 605 91 | 54. 582 507 | 1. 107 4 | 0. 006 313 1 | 1 | LG23 | 10833026 | 10836567 | 1 585 | Lysophospholipase BODYGUARD 1 precursor |
| CEY00 _ Acc26234 | 6. 818 464 1 | 0 | — | 0. 045 79 | 1 | LG23 | 10911285 | 10918236 | 1 597 | Alcohol-forming fatty acyl-CoA reductase |
| CEY00 _ Acc26292 | 9. 245 393 | 34. 981 582 | −1. 919 8 | 0. 047 348 | 1 | LG23 | 11653597 | 11655813 | 2 217 | Legume lectin domain protein |

（续）

| 基因 ID | miR160VS3 序列/条 | CK3 序列/条 | $log_2FC$ | *P* 值 | FDR | 染色体 | 起始位点 | 终止位点 | 长度/bp | 基因描述 |
|---|---|---|---|---|---|---|---|---|---|---|
| CEY00_Acc26459 | 721.180 26 | 359.215 6 | 1.005 5 | 0.001 063 1 | 0.823 96 | LG23 | 21465905 | 21469801 | 1 461 | Zinc transporter 5 like |
| CEY00_Acc26600 | 7.181 082 5 | 0 | — | 0.025 355 | 1 | LG23 | 23027846 | 23039008 | 2 811 | Synaptotagmin-5 like |
| CEY00_Acc26655 | 257.526 86 | 126.236 87 | 1.028 6 | 0.007 295 3 | 1 | LG23 | 23691749 | 23698380 | 4 993 | Glycerophosphodiester phosphodiesterase |
| CEY00_Acc26783 | 460.580 65 | 1 320.627 5 | −1.519 7 | $3.62\times10^{-5}$ | 0.092 787 | LG23 | 25107766 | 25111690 | 1 569 | cytochrome P450, family 71, subfamily A protein |
| CEY00_Acc26868 | 56.706 512 | 23.007 386 | 1.301 4 | 0.040 919 | 1 | LG23 | 25925013 | 25928314 | 786 | MAGUK p55 subfamily member 4 like |
| CEY00_Acc26900 | 53.512 278 | 22.125 176 | 1.274 2 | 0.019 367 | 1 | LG23 | 26289368 | 26290677 | 1 310 | F-box/kelch-repeat protein |
| CEY00_Acc27173 | 206.392 6 | 52.820 101 | 1.966 2 | 0.047 338 | 1 | LG24 | 1450500 | 1451390 | 794 | Major allergen Pru ar like |
| CEY00_Acc27284 | 81.824 319 | 27.572 938 | 1.569 3 | 0.002 627 8 | 1 | LG24 | 3490852 | 3499869 | 1 423 | UPF0613 protein like |
| CEY00_Acc27294 | 40.449 92 | 93.989 31 | −1.216 4 | 0.011 96 | 1 | LG24 | 3620160 | 3625879 | 2 266 | Primary amine oxidase |
| CEY00_Acc27322 | 771.811 33 | 1 591.751 9 | −1.044 3 | 0.002 698 9 | 1 | LG24 | 3996917 | 4002721 | 1 062 | Stem-specific protein |
| CEY00_Acc27352 | 30.243 548 | 83.935 666 | −1.472 7 | 0.028 103 | 1 | LG24 | 4411055 | 4415218 | 1 033 | Slit 2 protein like |
| CEY00_Acc27370 | 47.100 316 | 16.118 364 | 1.547 | 0.005 333 5 | 1 | LG24 | 4691815 | 4697500 | 3 154 | Dammarenediol Ⅱ synthase |
| CEY00_Acc27476 | 503.307 76 | 194.632 63 | 1.370 7 | 0.042 569 | 1 | LG24 | 6782876 | 6787096 | 4 221 | Inorganic phosphate transporter 1-4 like |
| CEY00_Acc27688 | 4.487 202 7 | 27.788 273 | −2.630 6 | 0.001 286 8 | 0.889 98 | LG24 | 11278804 | 11280388 | 1 130 | Aquaporin TIP1-3 like |
| CEY00_Acc27702 | 81.418 405 | 5.290 786 7 | 3.943 8 | 0.007 455 6 | 1 | LG24 | 11442592 | 11443588 | 997 | Protein unc-13 4B like |

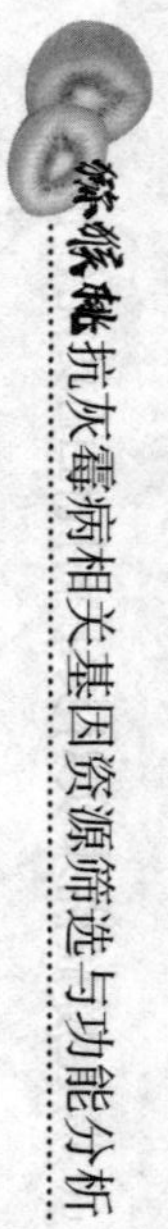


（续）

| 基因 ID | miR160VS3 序列/条 | CK3 序列/条 | $log_2FC$ | *P* 值 | FDR | 染色体 | 起始位点 | 终止位点 | 长度/bp | 基因描述 |
|---|---|---|---|---|---|---|---|---|---|---|
| CEY00 _ Acc27777 | 1 254. 016 5 | 501. 890 48 | 1. 321 1 | $2.23\times10^{-5}$ | 0. 067 509 | LG24 | 12278813 | 12282518 | 1 563 | Proline transporter like |
| CEY00 _ Acc27882 | 44. 690 057 | 20. 503 331 | 1. 124 1 | 0. 029 935 | 1 | LG24 | 13415422 | 13420619 | 4 822 | Protein ENHANCED DISEASE RESISTANCE like |
| CEY00 _ Acc28058 | 34. 783 397 | 14. 782 838 | 1. 234 5 | 0. 035 398 | 1 | LG24 | 15196944 | 15203668 | 1 789 | O-glucosyltransferase |
| CEY00 _ Acc28161 | 129. 154 04 | 273. 388 79 | −1. 081 9 | 0. 001 937 1 | 1 | LG24 | 16639153 | 16640084 | 818 | 14-3-3-like protein GF14 lambda |
| CEY00 _ Acc28194 | 2 715. 961 7 | 779. 126 51 | 1. 801 5 | 0. 033 371 | 1 | LG24 | 17071571 | 17076071 | 1 570 | Beta-amyrin 28-oxidase |
| CEY00 _ Acc28340 | 179. 353 88 | 33. 450 328 | 2. 422 7 | 0. 000 338 4 | 0. 573 49 | LG25 | 340222 | 344621 | 1 076 | D-galacturonate reductase |
| CEY00 _ Acc28360 | 13. 868 483 | 2. 689 908 | 2. 366 2 | 0. 038 699 | 1 | LG25 | 6128269 | 6132845 | 1 948 | Protein indeterminate-domain 5 like |
| CEY00 _ Acc28461 | 17. 040 03 | 42. 733 277 | −1. 326 4 | 0. 037 516 | 1 | LG25 | 8733245 | 8734069 | 825 | E3 ubiquitin-protein like |
| CEY00 _ Acc28570 | 3. 898 018 8 | 15. 263 409 | −1. 969 3 | 0. 023 211 | 1 | LG25 | 10512927 | 10514722 | 1 796 | E3 ubiquitin-protein like |
| CEY00 _ Acc28601 | 6. 895 032 8 | 0. 506 409 | 3. 767 2 | 0. 043 845 | 1 | LG25 | 11232960 | 11234031 | 1 072 | Protein NRT1/PTR FAMILY 1. 2 like |
| CEY00 _ Acc28783 | 15. 463 723 | 54. 094 954 | −1. 806 6 | 0. 011 126 | 1 | LG25 | 13622934 | 13630404 | 2 663 | Endoglucanase |
| CEY00 _ Acc28795 | 65. 538 63 | 4. 346 802 1 | 3. 914 3 | 0. 007 248 5 | 1 | LG25 | 13787560 | 13788689 | 781 | Umecyanin like |
| CEY00 _ Acc28900 | 62. 361 057 | 130. 214 86 | −1. 062 2 | 0. 041 362 | 1 | LG25 | 14813682 | 14816799 | 1 524 | hypothetical protein |
| CEY00 _ Acc29288 | 90. 591 507 | 25. 620 514 | 1. 822 1 | 0. 004 624 1 | 1 | LG26 | 2321613 | 2323242 | 1 630 | UDP-glycosyltransferase |
| CEY00 _ Acc29506 | 82. 982 876 | 37. 308 391 | 1. 153 3 | 0. 032 139 | 1 | LG26 | 8149272 | 8153331 | 1 666 | Zinc transporter 4 like |
| CEY00 _ Acc29520 | 2 312. 713 8 | 986. 774 61 | 1. 228 8 | 0. 022 462 | 1 | LG26 | 8345958 | 8347396 | 1 439 | Zinc finger CCCH domain-containing protein |

（续）

| 基因 ID | miR160VS3 序列/条 | CK3 序列/条 | $log_2FC$ | P 值 | FDR | 染色体 | 起始位点 | 终止位点 | 长度/bp | 基因描述 |
|---|---|---|---|---|---|---|---|---|---|---|
| CEY00_Acc29583 | 51.921 15 | 14.524 585 | 1.837 8 | 0.001 136 8 | 0.846 26 | LG26 | 9032091 | 9034666 | 791 | Bromodomain-containing protein |
| CEY00_Acc29588 | 997.388 71 | 421.426 77 | 1.242 9 | 0.002 894 1 | 1 | LG26 | 9096039 | 9100801 | 3 328 | Respiratory burst oxidase protein like |
| CEY00_Acc29595 | 109.784 39 | 49.065 399 | 1.161 9 | 0.008 322 4 | 1 | LG26 | 9170867 | 9176725 | 3 512 | Stress up-regulated Nod 19 protein |
| CEY00_Acc29820 | 23.921 849 | 6.010 302 9 | 1.992 8 | 0.017 411 | 1 | LG26 | 11946165 | 11952153 | 1 035 | Paired amphipathic helix protein Sin3-like |
| CEY00_Acc29847 | 242.600 28 | 75.247 789 | 1.688 9 | 0.039 242 | 1 | LG26 | 12375024 | 12379157 | 1 944 | WRKY transcription factor 72 |
| CEY00_Acc29880 | 2 102.528 1 | 781.597 41 | 1.427 6 | 0.022 971 | 1 | LG26 | 12857921 | 12863538 | 1 842 | hypothetical protein |
| CEY00_Acc30142 | 6.283 534 3 | 0 | — | 0.029 31 | 1 | LG26 | 16235196 | 16242384 | 1 941 | Structure-specific endonuclease subunit slx4 like |
| CEY00_Acc30153 | 13.606 017 | 43.220 906 | −1.667 5 | 0.007 010 5 | 1 | LG26 | 16381562 | 16386214 | 4 054 | RNA-directed RNA polymerase |
| CEY00_Acc30178 | 112.772 54 | 52.458 631 | 1.104 2 | 0.017 454 | 1 | LG26 | 16657706 | 16662419 | 1 129 | Syntaxin-71 like |
| CEY00_Acc30230 | 44.163 814 | 11.090 21 | 1.993 6 | 0.022 162 | 1 | LG26 | 17285189 | 17289036 | 1 556 | Protein UPSTREAM OF FLC like |
| CEY00_Acc30374 | 269.945 68 | 93.388 | 1.531 4 | 0.014 876 | 1 | LG26 | 18963587 | 18979527 | 1 972 | NAD(H)kinase |
| CEY00_Acc30543 | 257.675 53 | 122.650 94 | 1.071 | 0.004 230 2 | 1 | LG27 | 692524 | 695471 | 1 285 | adenylate kinase |
| CEY00_Acc30810 | 2.551 079 | 13.567 011 | −2.410 9 | 0.038 748 | 1 | LG27 | 4195190 | 4200921 | 4 857 | Galacturonosyltransferase |
| CEY00_Acc30911 | 12.673 893 | 1.091 749 5 | 3.537 1 | 0.016 106 | 1 | LG27 | 5498591 | 5499825 | 1 235 | ATP-dependent 6-phosphofructokinase |
| CEY00_Acc30956 | 2 551.132 9 | 870.164 34 | 1.551 8 | 0.016 037 | 1 | LG27 | 6025364 | 6029412 | 2 450 | BTB/POZ and TAZ domain-containing protein |

（续）

| 基因 ID | miR160VS3 序列/条 | CK3 序列/条 | $log_2FC$ | *P* 值 | FDR | 染色体 | 起始位点 | 终止位点 | 长度/bp | 基因描述 |
|---|---|---|---|---|---|---|---|---|---|---|
| CEY00 _ Acc31082 | 18. 060 46 | 1. 994 078 9 | 3. 179 | 0. 012 452 | 1 | LG27 | 8137231 | 8141133 | 1 599 | Wall-associated receptor kinase-like |
| CEY00 _ Acc31113 | 13. 533 692 | 41. 208 33 | −1. 606 4 | 0. 042 888 | 1 | LG27 | 8637227 | 8638057 | 671 | Defensin-like protein |
| CEY00 _ Acc31213 | 29. 459 813 | 74. 284 787 | −1. 334 3 | 0. 017 337 | 1 | LG27 | 10625377 | 10629794 | 2 354 | Calcium-transporting ATPase like |
| CEY00 _ Acc31313 | 27. 137 894 | 7. 176 604 8 | 1. 918 9 | 0. 036 004 | 1 | LG27 | 13805692 | 13807460 | 1 769 | Pentatricopeptide repeat-containing protein |
| CEY00 _ Acc31505 | 5 066. 992 1 | 2 435. 864 6 | 1. 056 7 | 0. 046 925 | 1 | LG27 | 20519450 | 20521153 | 1 214 | NAC transcription factor |
| CEY00 _ Acc31597 | 402. 203 92 | 144. 992 58 | 1. 471 9 | 0. 001 473 6 | 0. 944 27 | LG28 | 1119284 | 1124465 | 1 437 | RING-H2 finger protein |
| CEY00 _ Acc31598 | 3 638. 808 3 | 1 606. 570 4 | 1. 179 5 | 0. 031 104 | 1 | LG28 | 1126955 | 1129393 | 706 | Universal stress protein |
| CEY00 _ Acc31607 | 101. 992 14 | 228. 758 42 | −1. 165 4 | 0. 008 688 9 | 1 | LG28 | 1245056 | 1247380 | 1 098 | Stress-related protein |
| CEY00 _ Acc31879 | 10. 346 744 | 0. 382 331 3 | 4. 758 2 | 0. 028 36 | 1 | LG28 | 6780806 | 6785971 | 3 527 | Protein NETWORKED 4A like |
| CEY00 _ Acc31880 | 15. 867 59 | 1. 160 582 9 | 3. 773 2 | 0. 041 968 | 1 | LG28 | 6807809 | 6808851 | 1 043 | Pathogenesis-related transcriptional activator like |
| CEY00 _ Acc32044 | 24. 520 79 | 61. 469 301 | −1. 325 9 | 0. 027 254 | 1 | LG28 | 9351604 | 9353285 | 1 054 | Myb-related protein like |
| CEY00 _ Acc32232 | 40. 027 983 | 16. 879 536 | 1. 245 7 | 0. 042 913 | 1 | LG28 | 11658662 | 11662259 | 1 097 | Syntaxin-71 like |
| CEY00 _ Acc32326 | 372. 439 41 | 134. 964 49 | 1. 464 4 | $2.11\times10^{-5}$ | 0. 067 509 | LG28 | 12744874 | 12748492 | 1 814 | E3 ubiquitin-protein ligase XBAT31 |
| CEY00 _ Acc32361 | 1 039. 645 2 | 334. 789 08 | 1. 634 8 | 0. 028 371 | 1 | LG28 | 13163310 | 13170976 | 1 429 | Protein kinase |
| CEY00 _ Acc32563 | 68. 262 908 | 143. 663 8 | −1. 073 5 | 0. 004 890 9 | 1 | LG28 | 15825044 | 15826988 | 1 945 | L-ascorbate oxidase |
| CEY00 _ Acc32802 | 20. 492 528 | 6. 475 056 7 | 1. 662 1 | 0. 044 034 | 1 | LG29 | 5017337 | 5022356 | 2 289 | Beta-arabinofuranosyltransferase |
| CEY00 _ Acc32822 | 1 161. 150 5 | 499. 163 43 | 1. 218 | 0. 004 797 3 | 1 | LG29 | 5283204 | 5298206 | 1 318 | Carbonic anhydrase |

（续）

| 基因 ID | miR160VS3 序列/条 | CK3 序列/条 | $log_2FC$ | P 值 | FDR | 染色体 | 起始位点 | 终止位点 | 长度/bp | 基因描述 |
|---|---|---|---|---|---|---|---|---|---|---|
| CEY00_Acc33034 | 190.944 02 | 30.225 493 | 2.659 3 | $2.67\times10^{-11}$ | $8.88\times10^{-7}$ | LG29 | 9527432 | 9529213 | 1 272 | Protein DMR6-LIKE OXYGENASE 2 like |
| CEY00_Acc33084 | 5.759 181 8 | 0 | — | 0.046 624 | 1 | LG29 | 10418902 | 10421951 | 1 496 | Exopolygalacturonase |
| CEY00_Acc33185 | 2 025.551 7 | 886.376 93 | 1.192 3 | 0.000 55 | 0.675 7 | LG29 | 11854011 | 11859775 | 2 347 | Alkaline/neutral invertase |
| CEY00_Acc33282 | 32.058 846 | 10.745 155 | 1.577 | 0.031 882 | 1 | LG29 | 15278699 | 15281733 | 1 957 | Heavy metal-associated isoprenylated plant protein |
| CEY00_Acc33288 | 69.013 543 | 167.569 19 | −1.279 8 | 0.004 215 9 | 1 | LG29 | 15372481 | 15374848 | 1 706 | Glucan endo-1,3-beta-glucosidase |
| CEY00_Acc33289 | 18.448 925 | 54.290 545 | −1.557 2 | 0.007 637 9 | 1 | LG29 | 15386891 | 15393026 | 1 673 | Alanine-tRNA ligase |
| CEY00_Acc33351 | 11.071 608 | 2.025 636 2 | 2.450 4 | 0.040 285 | 1 | LG29 | 16292890 | 16297992 | 1 518 | Random slug protein |
| CEY00_Acc33530 | 5.944 051 3 | 0 | — | 0.047 805 | 1 | ps1sf43 | 494152 | 495907 | 1 756 | DNA polymerase |
| CEY00_Acc33626 | 9.434 954 4 | 1.395 149 4 | 2.757 6 | 0.042 093 | 1 | ps1sf 1593 | 6027 | 10001 | 2 786 | Auxin response factor like |
| CEY00_Acc33758 | 5.777 459 8 | 0 | — | 0.040 965 | 1 | ps1sf 3756 | 1171 | 1980 | 518 | LIM and calponiny domains-containing protein |

miR160VS vs. CK 组、miR160VS1 vs. CK1 组和 miR160VS3 vs. CK3 组均富含代谢途径“次生代谢物的生物合成”（ko01110）的基因，包括抗坏血酸生物合成、甾醇生物合成、黄酮类生物合成和次生代谢物生物合成基因。miR160VS 与 CK 共有 13 个基因，富含代谢途径“植物激素信号转导”（ko04075）的基因，包括生长素信号基因如 *AUX/IAA*、*GH3* 和 *SAUR*，赤霉素信号基因如 *GID1* 和 *TF*，脱落酸信号基因如 *PYR/PYL*、*SnRK2* 和 *ABF*，Brassinosteroid 信号基因如 *BRI1*、*BKI1* 和 *TCH4*，茉莉酸信号基因如 *JAZ*，水杨酸信号基因如 *PR-1*（图 6-13）。

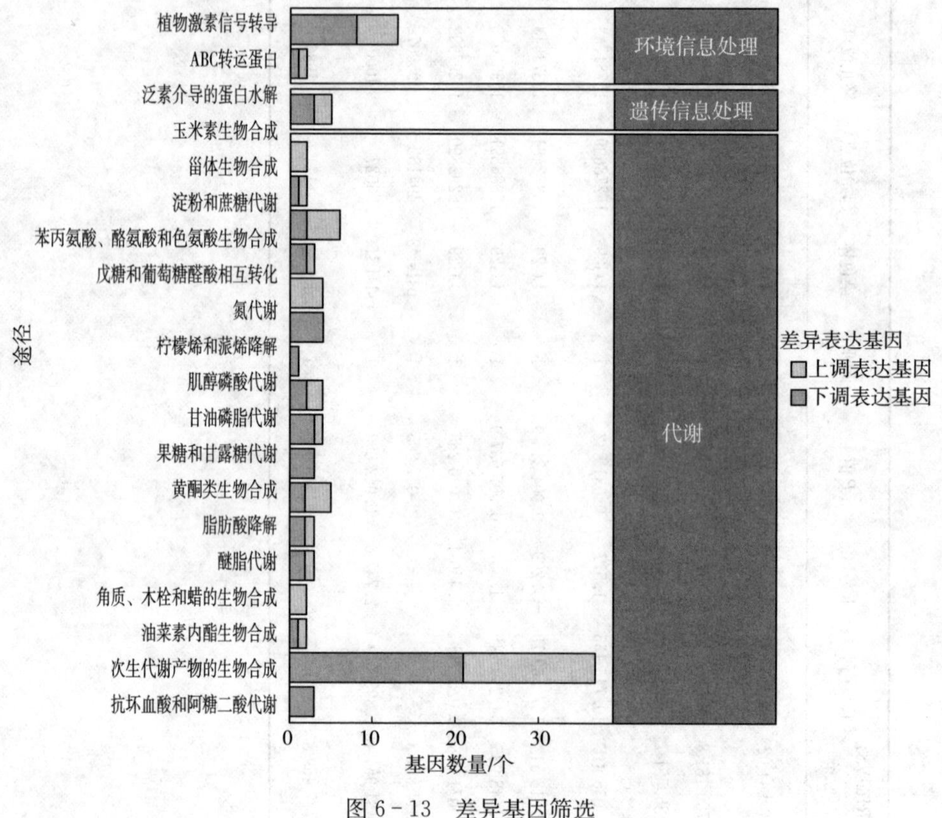

图 6-13　差异基因筛选

## 三、差异基因的 GO 和 KEGG 富集分析

本章研究旨在探究 miR160 对猕猴桃灰霉病的影响，因此后续研究重点分析不同时间段对照组与经过 miR160 沉默表达处理组之间的基因差异表达情

况。对富集最为显著的 GO 通路进行分析，结果如图 6－14 所示，miR160VS vs. CK 组的主要富集通路包括“生物过程”和“分子功能”两块，但在“细胞组分”中表现并不明显。14 条主要富集通路中，“生物过程”是最显著的差异基因通路，有 279 个差异基因（上调 123 个，下调 156 个），在“分子功能”中，最显著的通路是催化活性通路，其中共有 196 个差异基因（上调 79 个，下调 117 个）。在 miR160VS1 vs. CK1 组和 miR160VS3 vs. CK3 组中，差异基因通路主要富集在“生物过程”和“分子功能”中，且“分子功能”在两组数据中均包含最多的差异基因，分别为“催化活性”通路和“分子功能”通路，各包含 2 270 个差异基因（上调 1 529 个，下调 741 个）和 250 个差异基因（上调 201 个，下调 49 个）。值得一提的是“催化活性”通路在 3 组处理的“分子功能”通路中都包含较多的差异基因。

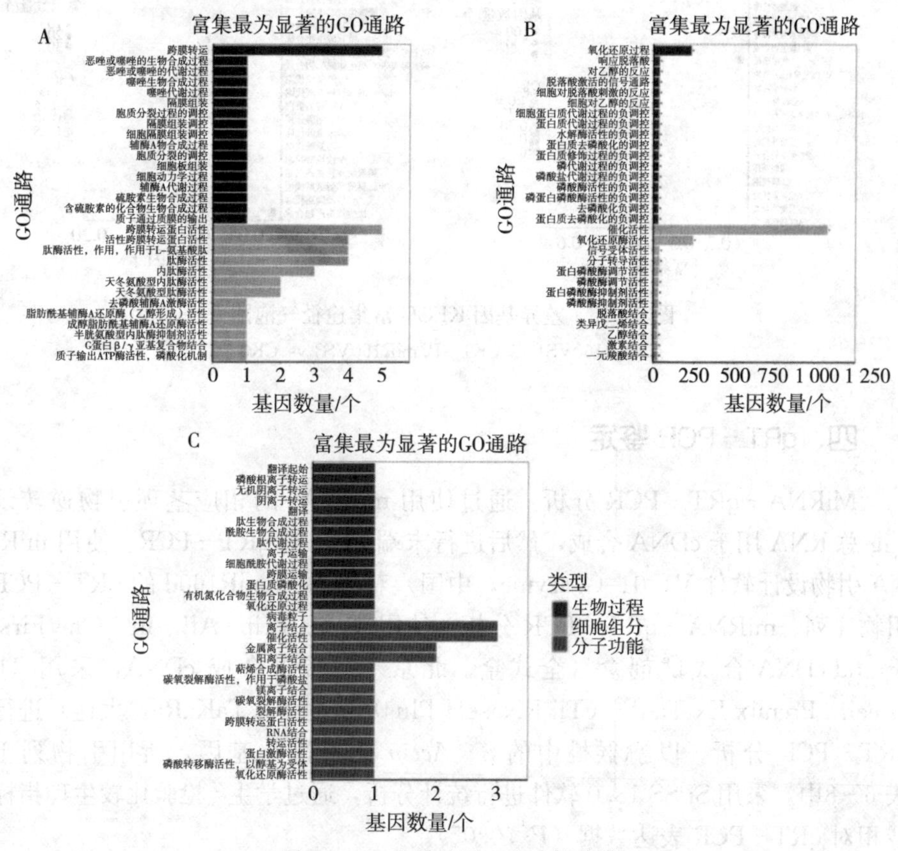


图 6－14　差异基因 GO 功能分类

A. miR160VS vs. CK　B. miR160VSI vs. CK1　C. miR160VS3 vs. CK3

通过分析 1d 和 3d 感染灰霉病菌的 miR160VS vs. CK 组猕猴桃的表达谱，发现在 miR160VS vs. CK 组、miR160VS1 vs. CK1 组和 miR160VS3 vs. CK3 组的 480、5 536 和 361 个独特 DEG 中，miR160VS vs. CK 组和 miR160VS1 vs. CK1 组之间有 140 个共享的单基因。KEGG 分析表明，代谢途径“植物激素信号转导”（ko04075）、“MAPK 信号途径-植物”（ko104016）、“苯丙烷生物合成”（ko00940）、“黄酮类生物合成”（ko00941）和“萜类主链生物合成”（ko00900）高度富集，这些途径中的大多数基因在感染灰霉病菌后，与 CK1 相比，miR160VS1 组中的表达水平上调（图 6 - 15）。

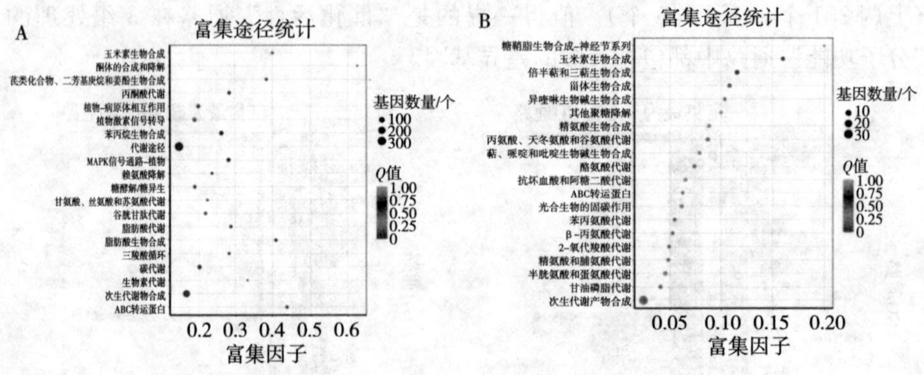


图 6 - 15　差异基因 KEGG 富集途径气泡图

A. miR160VS1 vs. CK1　B. miR160VS3 vs. CK3

## 四、qRT - PCR 鉴定

MiRNA - qRT - PCR 分析：通过使用 miRNAs 的相应茎环引物逆转录 1μg 总 RNA 用于 cDNA 合成，然后进行末端 PCR 或 qRT - PCR。使用 miRNA 引物设计软件 V1.01（Vazyme，中国）获得 Ac - miR160d 的 qRT - PCR 引物序列。miRNA - qRT - PCR 分析：使用 TransScript All - in - One First Strand cDNA 合成试剂盒（全式金，北京）逆转录合成 cDNA，采用 TB Green® Premix Ex Taq™（Tli RNaseH Plus）试剂盒（TaKaRa，大连）进行 qRT - PCR 分析。以猕猴桃中的 *β - Actin* 为标准化基因。所用引物列于表 6 - 8中。采用 SPSS 18.0 软件进行统计分析，通过学生 *t* 检验比较生理指标或相对 qRT - PCR 表达数据（$P<0.05$）。

表 6－8　qRT－PCR 引物序列

| 目的 | 名称 | | 序列（5'→3'） | 产物大小/bp |
|---|---|---|---|---|
| PCR | Ac-miR160d | F | AATTACAATGCTGCCCCTGT | 1 955 |
| | | R | GGTGGCAAAAGTAGGTTGGA | |
| PCR | Ac-miR160d－OE 片段 | F | TCAGGGAAAGCAAATATGGA | 834 |
| | | R | TTAGTGGTGCAACAGCAACC | |
| PCR | Ac-miR160d－VS 片段 | F | GGCTCTACCCCTTCCCAATA | 414 |
| | | R | CATGCCCTTCACTACCACCT | |
| qRT－PCR | Ac-miR160d－OE 片段 | F | GGTAGTGAAGGGCATGAGGA | 198 |
| | | R | CAAACCCCACCACAATTACC | |
| qRT－PCR | Ac－miR160d－VS 片段 | F | TATGCATGGCTCCTCATACG | 276 |
| | | R | CATGCCCTTCACTACCACCT | |

为了验证转录组数据的有效性，从上述显著富集植物抗病的相关途径中筛选出 16 个差异表达基因 *GID1*（Acc19589）、*ARF*（Acc23580）、*TIR1*（Acc23904）、*EIN3*（Acc26146）、*WRKY57*（Acc31475）、*MPK*（Acc00016）、*CHS*（Acc00260）、*F3H*（Acc24372）、*PR1*（Acc27178）、*WRKY15*（Acc10309）、*WRKY40*（Acc17926）、*WRKY72*（Acc18242）、*WRKY7*（Acc12562）、*WRKY28*（Acc06490）、*WRKY23*（Acc25457）、*MYB－related*（Acc05172），并选取前 9 个进行 qRT－PCR 验证，验证结果与转录组测序结果趋势一致（图 6－16），说明测序结果有效性较高。

猕猴桃是富含氨基酸与矿物质的水果。在贮藏过程中，猕猴桃果实经常因受到病原菌的侵害而腐烂变质，其中灰葡萄孢菌造成的损失极为严重。目前已有一些关于猕猴桃抵御病原菌的研究，但是从小分子 RNA 角度展开的果实对病原菌抗性反应的研究，尤其是对猕猴桃 miRNA 介导的抗病响应机制的研究相对匮乏。重庆文理学院分子生物学实验室对 Ac－miR160d 启动子区顺式作用元件进行分析，结果说明 Ac－miR160d 参与猕猴桃盐胁迫及其与灰葡萄孢菌的互作，且与激素调控密切相关。为研究 miR160 在植物抗逆胁迫方面的作用，本章研究采用创伤法将猕猴桃 miR160d 沉默载体瞬时转化果实，并采用灰葡萄孢菌进行侵染。通过对猕猴桃果实 miR160d 表达量进行检测，确定 miR160d 在猕猴桃果实中沉默表达后，对猕猴桃表型变化、生理生化指标以及转录组数据进行分析，为进一步研究 miR160d 在猕猴桃灰霉病抗性反应中的功能奠定基础。

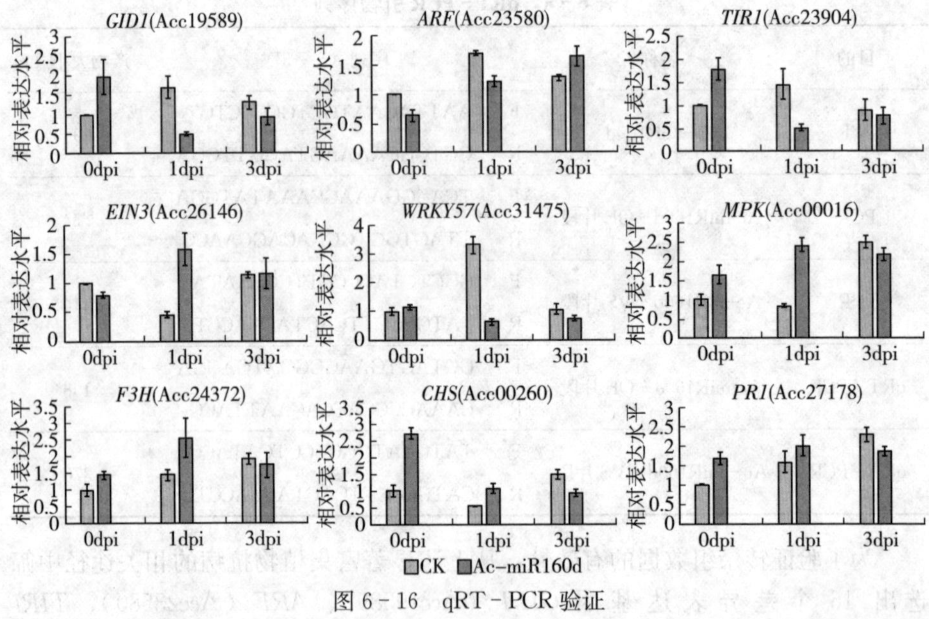


图 6-16 qRT-PCR 验证

由于 miR160 的靶基因是生长素响应基因 *ARF*，关于植物中 miR160 的研究主要集中在生长发育方面，比如对棉花叶片的研究表明 miR160 可能对棉花叶片衰老起负调控作用（段珊等，2018）；对“小白凤”水蜜桃的研究结果显示，水蜜桃果实中的 miR160 通过介导其 3 个靶基因的裂解来参与生长素信号途径调控等。植物 miRNA 作为调控因子，在植物抗病中的作用机制可通过其靶基因进一步深入阐述（张彦苹等，2019）。猕猴桃果实被采摘后继续熟化，糖分转化，附着在果实表面的灰葡萄孢菌趁机侵染，导致果实品质下降甚至不能食用。侵染过程中猕猴桃果实内部与灰葡萄孢菌响应相关的基因片段，成了预防灰霉病的重要突破口。本章实验在沉默 miR160d 基因片段后，灰葡萄孢菌侵染导致的猕猴桃果实病斑面积扩张更为迅速，表明 miR160d 沉默增强了猕猴桃对灰葡萄孢菌的易感性，推测 miR160d 对灰葡萄孢菌具有一定的抗性作用。

酶的防御反应作用是植物抵抗病原菌侵染的最基本反应，研究表明 SOD、POD、CAT 等防御酶对植物的抗病性有重要作用（Pastuszak et al.，2021）。SOD 可以将细胞内的 $O^{2-}$ 还原为 $H_2O_2$，POD 和 CAT 能将 $H_2O_2$ 降解为无毒害的 $H_2O$ 和 $O^2$，减轻 $H_2O_2$ 对细胞的毒害作用，这些酶活性的提高是植物诱导抗性产生的重要标志之一。接种灰葡萄孢菌后，随着侵染时间的增加，沉默表达 Ac-miR160d，SOD、POD、CAT 含量均高于 CK，表明猕猴桃果实受灰葡萄孢菌侵染后可通过提高酶活性抵抗胁迫，这与其他植物抗逆时防御酶活性的变化趋势一致。可溶性糖是植物的主要渗透调节物质。本章研究中，可溶性糖含量在猕猴桃果实处理后的第3天达到峰值，且远高于对照组，证明沉默表达Ac-miR160d可以有效调节猕猴桃果实的渗透调节物质，从而增强植物抗病能力，这与前人研究结果一致。除此之外，可溶性糖含量和可滴定酸度是植物品质的重要构成性状之一，尤其是以果实为目的产品的果树作物，猕猴桃作为果树作物，其TA的定量研究具有重要意义。猕猴桃果实现TA含量在实验前期逐渐减少，这与前人研究结果一致。沉默表达Ac-miR160d的猕猴桃果实TA含量在第3天达到峰值，在处理第6天仍高于CK，第4天呈现上升趋势并始终高于对照组，表明沉默表达Ac-miR160d可有效提高猕猴桃果实TA含量，保持猕猴桃风味并显著延缓猕猴桃果实衰老。

总酚和黄酮类化合物是苯丙烷代谢途径产生的能够抑制病原菌生长和繁殖的物质，其含量的高低与植物的抗病性有一定关系（王馨雨等，2020）。本章研究中猕猴桃果实的总酚和总黄酮含量均在第3天达到峰值，且远高于CK，说明沉默表达Ac-miR160d的猕猴桃果实受到灰葡萄孢菌侵染时，可能通过增加总酚和黄酮类化合物含量来对病原菌进行响应，减少自身细胞损伤。

逆境胁迫对植物而言是不可避免的，植物可依靠本身产生的信号物质对病原菌作出反应，当植物受到病原菌侵染时，通常会通过SA、JA、ETH等植物激素信号转导途径来活化防御反应基因的协同表达，从而激活并协调植物抗病的防卫反应。已有研究结果表明番茄内源激素的调节可有效影响其抗逆性(Blanco-Ulate et al.，2013)。本章试验结果表明，灰葡萄孢菌侵染期间，猕猴桃果实内IAA和ETH的含量均显著增加，这说明IAA和ETH在猕猴桃果实对灰葡萄孢菌侵染的防御过程中均有一定的作用。SA可诱导植物产生抗病反应所必需的调控蛋白NPR1、NPR3和NPR4，其中NPR4为SA的受体，除此之外，SA可通过调控NPR1降解来负调控植物的抗病性（Fu et al.，2012)。这与本章研究的转录组测序结果相符。本章研究中沉默表达Ac-miR160d的猕猴桃果实受灰葡萄孢菌侵染后，SA含量在第3天显著减少，而次生代谢物含量显著提高，推测可能是SA作为一种植物激素可刺激胞内钙离子迸发，但这种效果是短暂的。因此，沉默表达Ac-miR160d会诱导猕猴桃果实对灰葡萄孢菌产生抗性，其通过提升SOD、POD活性以及积累较多的可溶性糖等渗透调节物质，增加总酚以及总黄酮含量，激活植物激素信号转导功能，从而减轻自身过氧化程度，抑制病原菌生长。

转录组测序数据表明，与对照组相比，Ac-miR160d处理显著诱导了猕猴桃果实的基因表达，miR160VS1 vs. CK1 组调控了果实样品中 5 563 个基因的差异表达，包括 3 644 个上调基因及 1 919 个下调基因。GO 分析差异基因结果显示，miR160VS1 vs. CK1 及 miR160VS3 vs. CK3 这两组配对的差异基因主要富集在“生物过程”和“分子功能”这两个通路中，“催化活性”通路和“分子功能”通路包含最多差异基因，分别包含 2 270 个和 250 个差异基因。代谢过程、生物调节、转移酶和催化活性等类别中的基因在两组的差异表达基因数中所占比例较高，这暗示 Ac - miR160d 处理诱导的抗病性反应与酶的活性有较大相关性。KEGG 分析则进一步显示，miR160VS vs. CK 组和 miR160VS1 vs. CK1 组之间有 140 个共享的单基因，代谢途径“植物激素信号转导”“MAPK 信号途径-植物”“苯丙烷生物合成”“黄酮类生物合成”和“萜类主链生物合成”高度富集，揭示了猕猴桃果实应对灰葡萄孢菌侵染时，miR160d 主要通过调节次生代谢物合成以及植物激素水平参与抗性反应过程。

为探究 Ac - miR160d 对猕猴桃果实抗灰霉病分子机制的影响，构建猕猴桃 Ac - miR160d 沉默表达载体，通过转录组测序数据发现，“植物激素信号转导”和“次生代谢物生物合成”是诱导猕猴桃果实对灰葡萄孢菌产生抗性的两大通路。植物激素除调控植物的生长发育外，还参与调控植物的抗病性。本章研究中，转录组数据表明，IAA、$GA_3$、ABA 以及 SA 信号通路相关基因也被诱导表达，且相较于对照组，沉默表达 Ac - miR160d 的猕猴桃果实各时期 IAA 含量均明显升高，SA 含量则发生明显变化，推测 IAA 参与协调 SA 信号转导，共同调控猕猴桃对灰葡萄孢菌侵入的响应与抗性反应。值得关注的是，猕猴桃受灰葡萄孢菌侵染前期主要是植物激素信号转导通路的基因上调表达，内源激素加速合成并积累，随后通过 MAPK 信号通路调控下游转录因子并激活与免疫反应相关的靶基因。MAPK 级联途径是植物 PTI 反应的重要组成部分，通过该信号转导途径逐级磷酸化将信号分子进行级联最终激活下游基因的转录，在植物生长发育和胁迫响应中发挥着重要的作用（Ishihama et al.，2012）。本章研究从显著富集植物抗病的相关途径中筛选出 *MPK*（Acc00016）并进行基因表达量检测，也进一步说明了沉默表达 Ac - miR160d 可以显著提升 MAPK 级联途径调控的猕猴桃果实对灰霉病的抗性。通过差异表达基因注释，发现几类转录因子被显著富集，其中以 WRKY 和 MYB 家族基因被注释的数量最多。本章研究转录组数据表明，共有 7 个 *MYB - related* 基因上调。本章研究筛选出多个 *WRKY* 基因，包括 *WRKY40*、*WRKY23*、*WRKY28*、*WRKY72* 等均上调表达，表明猕猴桃果实在受到灰葡萄孢菌侵染的同时，WRKY 家族超表达可以有限减轻猕猴桃灰霉病的发生。推测拟南芥通过植物内源激素与 MPAK 级联途径，使磷酸化后的 MPAK 进入细胞核与 WRKY、MYB 等转录因子相互作用，调控植物基础免疫反应。

## 第四节　小　结

沉默表达 miR160d 组猕猴桃果实受灰葡萄孢菌侵染后的病斑面积扩张较对照组更为快速，表明沉默 miR160d 增强了猕猴桃果实对灰葡萄孢菌的易感性，推测 miR160d 对灰葡萄孢菌抗性具有正向的调控作用；生理指标检测结果显示，转化组猕猴桃果实的 SOD、POD 和 CAT 活性，以及渗透调节物质可溶性糖和维生素 C 的含量远高于对照组，说明沉默表达 Ac-miR160d 可通过影响 ROS 代谢和渗透调节物质调控猕猴桃果实对灰霉病的抗性；与对照组相比较，转化组猕猴桃果实的总酚和总黄酮等次生代谢物含量，以及 IAA 和 ETH 等植物激素含量均显著增加，说明 miR160d 表达水平的变化影响抗性次生代谢物合成和植物激素水平，进而参与猕猴桃果实对灰霉病的抗性反应。

RNA - seq 测序、DEGs 分析及 KEGG 分析则进一步显示，转化组和对照组猕猴桃果实 DEGs 高度富集于“植物激素信号转导”“MAPK 信号途径-植物”“苯丙烷生物合成”“黄酮类生物合成”和“萜类主链生物合成”途径。结合生理指标检测结果，说明 miR160d 主要通过调节次生代谢物合成以及植物激素水平参与猕猴桃果实对灰霉病的抗性反应过程。

| 第七章 |

# 植物生长素诱导猕猴桃果实对灰霉病的抗性机制

前述结果表明 miR160 调控猕猴桃对灰霉病的抗性反应，通过作用于其靶基因 ARF 转录因子发挥调节功能。ARF 是生长素信号途径重要原初响应基因，推测植物生长素在猕猴桃对灰霉的病抗性中发挥了重要调控作用。生长素不仅是植物重要的生理调节因子，在病原微生物致病机制和植物防御机制中也扮演了重要的角色。尽管前人对生长素在植物病害和防御方面的功能进行了较为广泛的探索，但其作为外源激发子对果实采后病害的发病机制的作用尚不明确。本章研究将利用正交试验确定抗性诱导的最适 IAA 浓度和处理时间；检测 IAA 处理后猕猴桃果实品质指标、防御酶活性、植物激素及其他抗性物质含量的变化，探究 IAA 诱导猕猴桃果实抗病性的生理生化机制；利用代谢物组分析挖掘 IAA 处理后猕猴桃果实积累的差异代谢物，重点研究与抗病、病程相关的基因，植物激素 SA、JA 和 ETH 的合成以及与信号转导通路相关的基因，并结合生理生化指标进行关联分析，阐释生长素 IAA 诱导猕猴桃果实抗病性的机制。通过上述试验建立和揭示 IAA 诱导猕猴桃果实抗病性的作用机制。研究结果将从理论上进一步揭示猕猴桃的抗病调控机制，为安全高效防治猕猴桃采后病害提供新的理论依据。

## 第一节　生长素参与调节植物抗病性

植物生长素是植物体内重要的生长调节因子，近年来也被证实在植物病害防御中发挥了重要的调控作用。生长素可分为植物内源生长素和人工合成生长素。研究表明，外源生长素处理可以通过调节内源生长素水平来调节植物体细胞分裂。不同激素配比可能更利于植株生长（罗嘉亮等，2020）。生长素、细胞分裂素与ABA的平衡作用调控着植株的生长势，且相对浓度较高的生长素和细胞分裂素或相对浓度较低的ABA有利于植株的生长（饶丹丹等，2020）。这也表明在植物的生长阶段提前进行生长素干预，对猕猴桃抗灰霉病可能具有重要意义。IAA和吲哚-3-丁酸（indole-3-butyric acid，IBA）都属于植物内源生长素。其中IAA是活性内源生长素的主要表现形式，IBA则是IAA的前体物质。人工合成生长素种类繁多，包括1-萘乙酸（1-naphthaleneacetic acid，NAA）和2,4-二氯苯氧乙酸（2,4-Dichlorophenoxyacetic acid，2,4-D）等，其化学性质较IAA而言更为稳定（Klems et al.，1998）。研究发现，各类生长素均可参与植物对病原微生物的防御。拟南芥中的生长素信号突变体*axr1*、*axr2*和*axr6*在生长素诱导的Skp1-Cullin-F-box（SCF）泛素化途径中存在缺陷，会导致生长素运输受到抑制，并增强拟南芥对黄瓜织球壳菌（*Plectosphaerella cucumerina*）和灰葡萄孢菌的易感性（Llorente et al.，2008）。在烟草中过表达木薯*MeAUX/IAAs*基因，提高了木薯对细菌性萎蔫病菌（*Xanthomonas axonopodis*）的抗病性，而*MeAUX/IAAs*沉默的烟草植株则表现出对该病菌的高度敏感性，*MeAUX/IAAs*基因表达的改变也导致植物防御反应中致病相关基因、ROS积累和胼胝质发育的转录水平发生变化（Fan et al.，2020）。在水稻中过量表达IAA代谢相关基因*OsGH3.1*及*OsCYP71Z2*均能显著提高水稻植株对水稻黄单胞菌（*Xanthomonas oryzae*）和稻瘟病菌（*Magnaporthe grisea*）的广谱抗性（Wang et al.，2015b）。病原菌通过向被侵染的细胞分泌生长素IAA或促进寄主植物IAA的合成，使寄主细胞内IAA水平迅速提高，高浓度的IAA可降低植物细胞壁的pH，导致细胞壁结构蛋白酸化，细胞壁发生重排，继而使细胞壁松弛、细胞扩张，该机制有利于病原微生物的入侵和扩散（Fu et al.，2011）。生长素在果实采后贮运保鲜过程中也起到积极的作用。生长素IAA处理可以延缓采后草莓果实的成熟，且对草莓果实理化性质相关基因的表达具有重要的调节作用，包括上调表达AUX/IAA、ARF、TOPLESS、编码E3泛素蛋白连接酶和膜联蛋白的基因，以及下调与果胶解聚、细胞壁降解、蔗糖和花青素生物合成相关的基因（Chen et al.，2016）。IAA信号转导途径通过调节乙烯的生物合成，参与调控木瓜、苹果等果实的采后成熟过程（Shin et al.，2016）。采用2,4-D处理橙子，可导致果实SA、ABA含量的增加和ETH含量的降低，木质素和含水量的增加以及防御酶基因表达量的上调表达，从而提高橙子的胁迫防御能力并缓解橙子果实衰老（Ma et al.，2014）。采用NAA处理草莓果实，可通过降低重要细胞壁降解基因的转录水平来防止果实冷藏期间细胞壁的正常降解，说明NAA可通过影响草莓果实细胞壁组成和细胞壁修饰基因表达来调控草莓的成熟等（Shin et al.，2016）。

本章研究以采后常温储藏且遗传背景清楚的“红阳”猕猴桃果实为材料，采用不同种类、不同浓度生长素及时间处理研究各类植物生长素对猕猴桃果实灰霉病的诱导抗性作用规律；检测采用外源生长素处理的猕猴桃果实组织中的抗性相关生理指标和理化品质指标及抗性相关基因的表达。研究结果将为进一步明确植物生长素诱导采后果实抗性的作用机理奠定基础。

## 第二节　生长素IAA诱导猕猴桃果实抗灰霉病的机制

### 一、不同IAA浓度处理猕猴桃对灰霉病的抗性表现

猕猴桃果实由重庆市黔江区三磊田甜农业开发有限公司提供（29°35′24″N，108°49′48″E）。在开花后110d收获平均重量为93g的未受损猕猴桃果实，并在6h内运到重庆文理学院分子生物学实验室。将果实在2%次氯酸钠中消毒2min，用无菌蒸馏水漂洗并风干。用灭菌枪头对猕猴桃造成伤口（直径5mm，深度约3mm），吸取10μL浓度分别为0（对照组）、10、50、100、200、500μg/mL的IAA注射至伤口处。在恒温、恒湿（25℃，相对湿度高于95%）条件下诱导处理24h后，向每个伤口注射10μL灰葡萄孢菌孢子悬浮液（浓度为$10^4$个孢子/mL）。将果实储存在带有密封聚乙烯塑料膜的恒温培养箱中，每天在固定时间测量并记录猕猴桃果实发病率和病斑直径。结果以注射灰葡萄孢菌后72h（3dpi）的平均发病率和病变面积表示。每个处理重复3次，每个处理组10个果实。

用不同浓度IAA处理的猕猴桃对灰霉病表现出不同程度的抗性。接种灰葡萄孢菌后，果斑腐烂面积随着处理时间的增加而逐渐增加（图7-1A）。IAA浓度在50～500μg/mL时，感染伤口的发病率显著低于对照组（0μg/mL，灭菌水）。用50、100、200μg/mL IAA处理的猕猴桃病斑面积比对照组猕猴桃小。与对照组相比，用50μg/mL IAA处理的猕猴桃显示最低的发病率（减少了43.4%）和最小的病斑面积（在3dpi时减少了0.91$cm^2$）（图7-1B、C）。这些结果表明，适当浓度的外源IAA可以增强猕猴桃对灰霉病的抗性。选择用50μg/mL IAA处理的猕猴桃进行酶活性和代谢物分析。

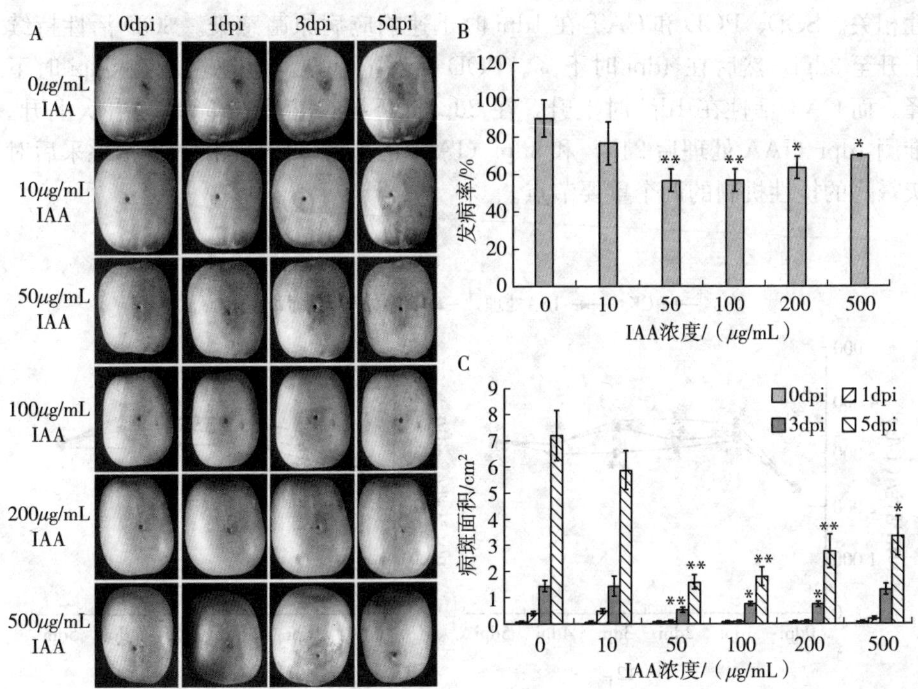


图 7-1　不同 IAA 浓度对猕猴桃外观和灰霉病抗性诱导的影响

A. 猕猴桃感染灰葡萄孢菌后的外观和品质　B. 猕猴桃在 3dpi 时的发病率

C. 不同浓度 IAA 对猕猴桃病斑面积的影响

注：发病率＝（病果数/所有统计果实总数）×100%；数值为 3 个生物重复的平均值±SE；* 表示差异显著（$P<0.05$），** 表示差异极显著（$P<0.01$）。

## 二、IAA 处理后猕猴桃防御酶活性检测与分析

采集猕猴桃果实病健交界处果肉，立即称重样品（新鲜重量），并进行防御酶活性分析。采用 SPSS 18.0 软件进行统计分析。采用学生 $t$ 检验比较了对照和实验组果实的防御酶、发病率和病变面积。统计学意义为 $P<0.05$。

SOD、POD 和 CAT 等酶的活性水平可以指示植物的抗病性。果实诱导抗性的产生常伴随着相关酶活性的上升。在没有感染灰葡萄孢菌的情况下，与注射灭菌水的对照组果实相比，IAA 处理的猕猴桃中 3 种防御酶的活性均有上升，尤其是在前 3dpi 时上升明显（图 7-2）。在感染灰葡萄孢菌后，IAA 处

理组中3种酶的活性上升更为显著，进一步证实了这些酶的活性上升与宿主抗性相关。SOD、POD和CAT在1dpi时迅速响应病原菌感染。SOD活性持续上升至3dpi，然后在4dpi时下降。POD活性上升至4dpi，然后在5dpi时下降。而CAT活性在1dpi时上升，在2dpi时下降，然后在3dpi时再次上升。推测1dpi（IAA处理后24h）和3dpi（IAA处理后72h）是揭示猕猴桃采后对灰霉病的抗性机制的两个重要节点。

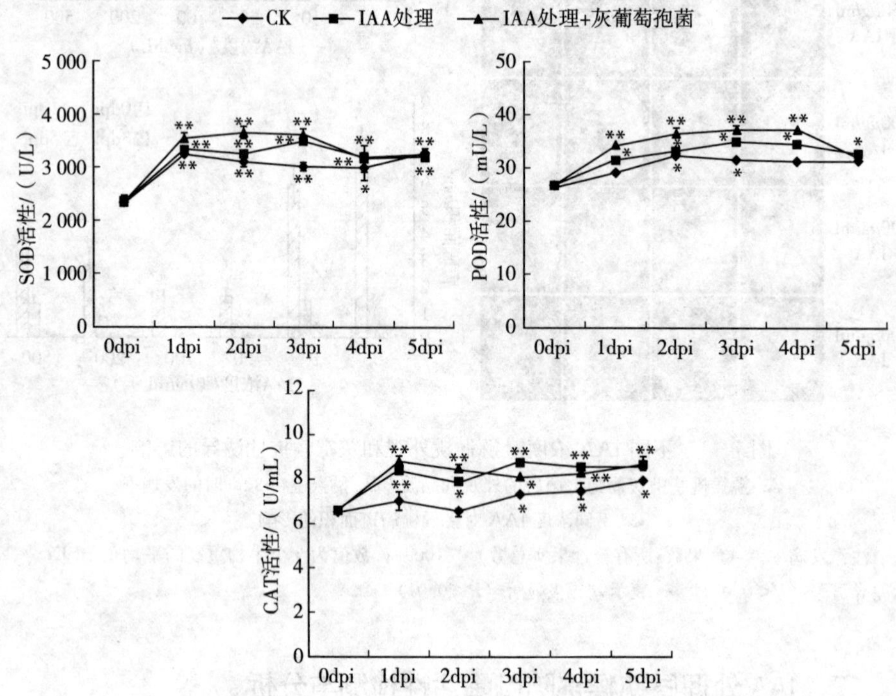


图7-2 CK和IAA处理的猕猴桃的防御酶活性

注：数值为3个生物重复的平均值±SE；* 表示差异显著（$P<0.05$），** 表示差异极显著（$P<0.01$）。

## 三、IAA处理后猕猴桃代谢物组测序与差异代谢物分析

将与提取溶液（甲醇：水＝3：1）混合的100mg冷冻干燥猕猴桃样品粉末在45Hz下均化4min，并在冰水浴中超声处理15min。随后在4℃的摇床上提取样品过夜。在4℃条件下以12 000r/min离心15min后，收集上清液并用

0.22 微孔膜过滤。所得上清液用提取溶液稀释 5 次，并涡旋 30s。每个样品（20μL）用作 QC 样品。使用 EXIONLC 系统（Sciex）进行 UHPLC 分离。流动相 A 为 0.1%甲酸水溶液，流动相 B 为乙腈，柱温为 40℃。Sciex QTrap 6500+（Sciex Technologies）用于测定开发。典型的离子源参数：IonSpray 电压为+5 500/−4 500V；幕气为 2.46kg/cm$^2$；温度为 400℃；离子源气体 0.001 17kg/cm$^2$；离子源气体 0.002 34kg/cm$^2$；DP 为±100V。采用 SCIEX Analyst 工作站软件（1.6.3 版）进行多反应监测（MRM）数据采集和处理。使用 MSconventer 将 MS 原始数据文件转换为 txt 格式。内部 R 程序和数据库用于峰值检测和注释。填写缺失值，去除 QC 样品中缺失 50%以上或实际样品中缺失 80%以上的低质量离子，然后滤出所有 QC 样品中相对标准偏差（RSD）> 30%的离子。将涉及峰数、样品名称和归一化峰面积的所得 3D 数据馈送到用于正交偏最小二乘判别分析（OPLS-DA）的 R 包 metaX 中。该软件的分类参数为 $R^2Y=X$ 和 $Q^2=X$，它们是稳定的，有利于适应度和预测。在 200 次排列之后，$R^2$ 和 $Q^2$ 的截距值分别为 $X$ 和 $X$。$Q^2$ 截距的低值表明模型的稳健性，因此显示了可靠性和过拟合的低风险。基于 OPLS-DA 构建负荷图，显示变量对两组差异的贡献。超过 1.0 的 VIP 值首先被选择为变化的代谢物。然后使用学生 $t$ 检验（$Q$>0.05）评估其余变量，并在两个比较组之间丢弃变量。利用 KEGG① 和 MetaboAnalyst② 等数据库寻找代谢物的途径。

代谢物组测序结果显示，共鉴定出 776 种代谢物，可分为 25 组，其中包括 92 种生物碱、87 种黄酮类化合物、61 种酚类化合物、60 种苯丙烷类化合物、54 种萜类化合物、25 种甾体和甾体衍生物、13 种植物激素（图 7-3A）。进行 OPLS-DA，以最大限度地区分类别，结果显示 IAA 处理 24h（IAA-24h）、72h（IAA-72h）和对照组（CK）猕猴桃之间的代谢物差异明显（图 7-3B）。

① 资料来源：http：//www.kegg.jp。

② 资料来源：http：//www.metaboanalyst.ca/。

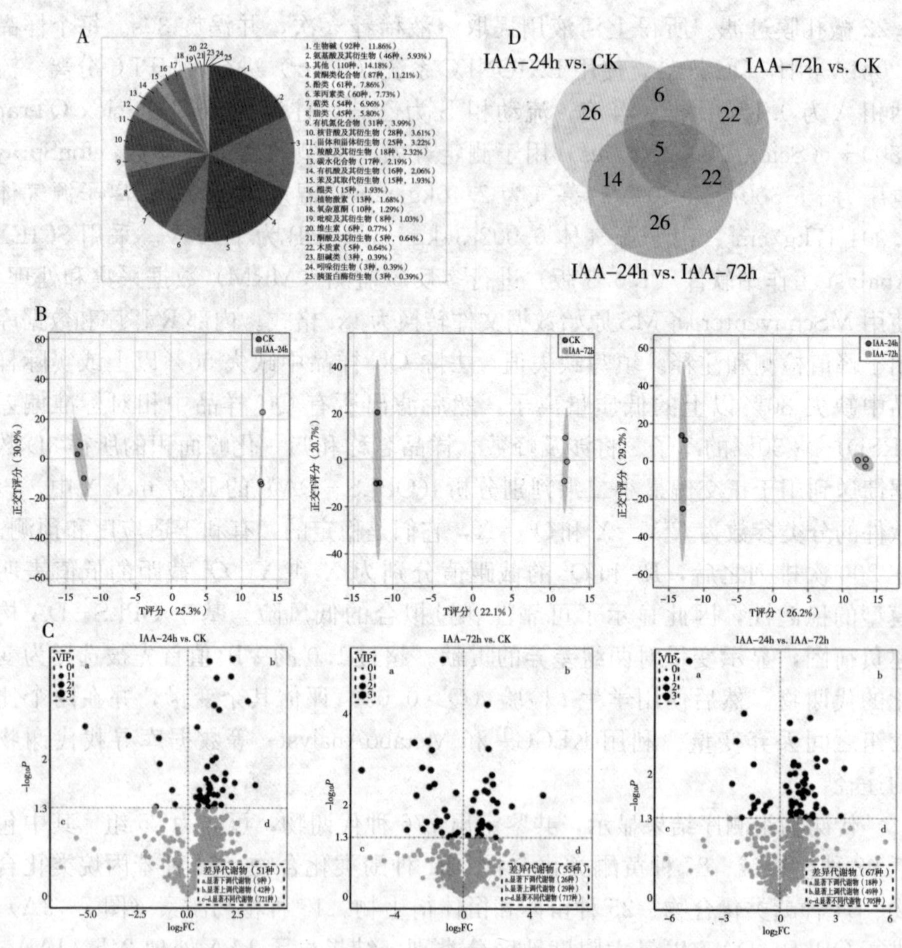


图 7-3　猕猴桃 776 种代谢物的分类与组成

A. IAA 处理猕猴桃差异代谢物分析　B. OPLS-DA 产生的差异代谢物的评分图

C. 不同样品中差异代谢物的火山图　D. 不同样品中差异代谢物的维恩图

注：C 中的每个点代表 1 种代谢物；VIP 表示变量权重值。

为了得到 IAA 处理果实与对照组果实之间代谢物的表达水平，进一步应用火山图分析，FC≥1.2 或≤0.8，VIP≥1.5（$P$<0.05）。IAA-72h 有显著差异（图 7-3C）。用维恩图对不同组猕猴桃感染灰葡萄孢菌后的常见代谢物和独特代谢物进行区分。在 3 组差异表达的代谢物中，IAA-24h vs. CK 组和 IAA-72h vs. CK 组之间共有 11 种代谢物（图 7-3D）。高测试值的 $R^2Y$ 和 $Q^2$（图 7-4）表明该模型在没有过拟合的情况下是高度可靠的。

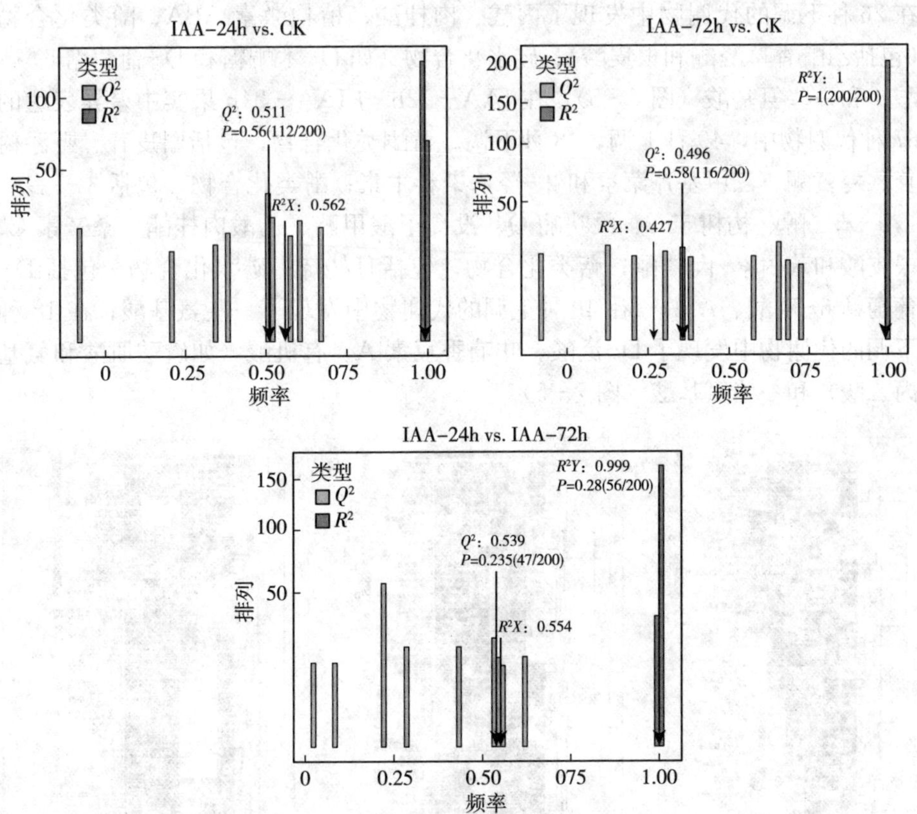


图 7-4 OPLS-DA 产生的差异代谢物的评分图

在 IAA-24h 与 CK 果实中差异表达的 51 种代谢物中，42 种上调，9 种下调。黄酮类化合物，包括(+)-阿夫儿茶素、野漆树苷、黄芩苷、(-)-表没食子儿茶素、升麻素、三甲基芹菜素和橙皮素；苯丙烷类化合物，包括肉桂醇、4-甲基伞形花酯乙酸酯；酚类化合物，包括乙酸肉桂酯和 7-(4-羟基苯基)-1-苯基-4-庚烯-3-酮；碳水化合物，如 α-D-葡萄糖和葡萄糖胺；α-山道年，属于萜类化合物。在 42 种上调的代谢物中发现了一些氨基酸；在 9 种下调的代谢物中发现了 D-泛酸、柚皮素查尔酮、D-木酮糖和一些氨基酸(图 7-5)。在 IAA-72h 与 CK 果实中差异表达的 55 种代谢物中，29 种上调，26 种下调。黄酮类化合物，包括鹰嘴豆芽素 A、3,4,7-三羟基异黄酮、7-羟基黄酮、(-)-表没食子儿茶素和三甲基芹菜素；苯丙烷类化合物，包括蛇床子素和兰珠甲素 A、植物激素如 3-吲哚丁酸和 N6-(δ2-异戊烯基)-腺嘌呤。在 29 种上调的代谢物中发现了属于萜类化合物的乙酸香芹酯和一些氨基酸；

在26种下调的代谢物中发现了丙酸、肉桂酸、植物激素ABA、酚类化合物（包括乙酰香草醛酮和根皮酸）、碳水化合物（如D-木酮糖和D-葡萄糖6-磷酸）和一些氨基酸（图7-5）。在IAA-72h与IAA-24h果实中差异表达的67种代谢物中，49种上调，18种下调。黄酮类化合物，包括槲皮苷、野漆树苷、麦黄酮、三甲基芹菜素和2-羟基染料木素；酚类化合物，包括3-乙基-1,2-苯二醇、构树宁C、桑呋喃Q、没食子酸甲酯、乙酸肉桂酯、桑辛素C、根皮酸和苯丙素-肉桂酯；萜类化合物，包括月桂烯；碳水化合物，包括D-葡萄糖6-磷酸、ABA。在49种上调的代谢物中发现了一些氨基酸；在18种下调的代谢物中发现了D-泛酸、呋喃香豆素A、有机酸（如磷酸肌酸和氨基丙二酸）和一些氨基酸（图7-5）。

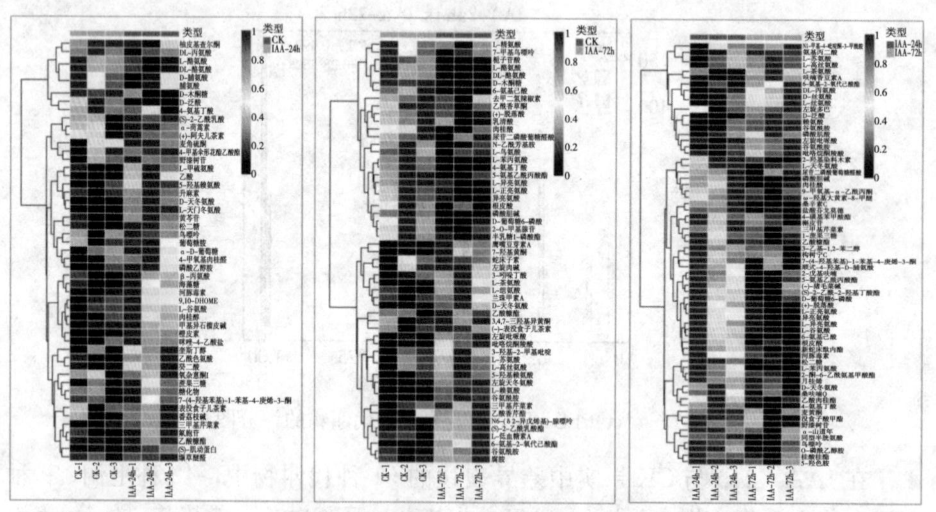

图7-5　CK、IAA-24h和IAA-72h样品间差异表达化学物质层次聚类分析的热图

IAA-24h vs. CK组和IAA-72h vs. CK组的差异表达代谢物（$P<0.05$）被映射到KEGG、HMDB和PubChem在线数据库中，揭示了IAA处理24h后“黄酮类生物合成”“单内酰胺生物合成”“光合生物中的碳固定”“鞘脂代谢”“糖酵解/糖异生”“苯丙氨酸代谢”和一些氨基酸代谢途径的富集。IAA处理后72h，差异代谢物的代谢途径主要包括“单内酰胺生物合成”“光合生物中的碳固定”“苯丙烷生物合成”“苯丙氨酸代谢”和一些氨基酸代谢。在这两个成对的比较中，一些代谢途径重叠，如“单内酰胺生物合成”“苯丙氨酸、酪氨酸和色氨酸的生物合成”和“光合生物中的碳固定”，但在两个成对比较中，它们的富集水平不同（图7-6）。IAA处理的猕猴桃在对灰葡萄孢菌感染

的反应中激活了更多的病原体抗性相关代谢物。

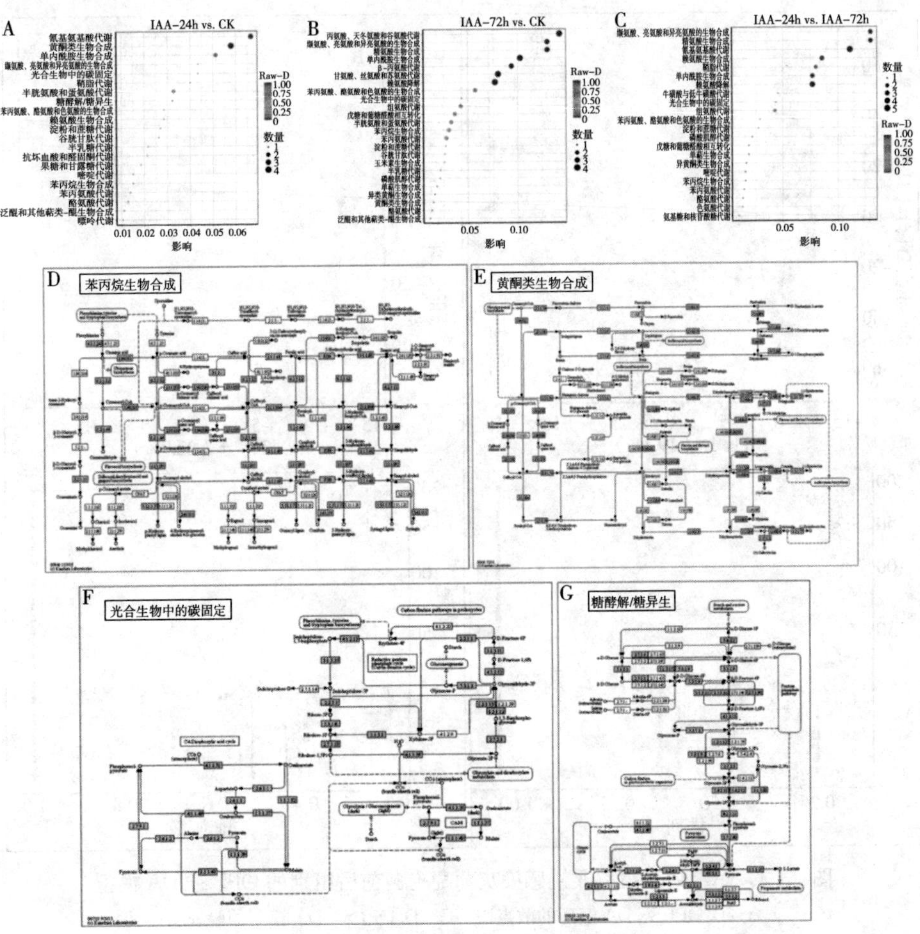


图 7-6　差异代谢物的 KEGG 分析

A～C. 代谢富集途径统计　D～G. 重要的 KEGG 通路图

进一步探讨 IAA 处理的猕猴桃和 IAA 处理感染灰葡萄孢菌的猕猴桃之间的代谢物变化。进行差异表达代谢物分析，FC≥1.2 或≤0.8，VIP≥1.5（$P$<0.05）。IAA 处理 24h（IAA-24h）和 IAA 处理 24h 后再感染灰葡萄孢菌（IAA-B-24h）、IAA-72h 和 IAA-B-72h 组别之间的 OPLS-DA 也显示出高度可靠的模型（图 7-7）。结果表明，IAA-24h 与 IAA-B-24h 果实中的 37 种代谢物和 IAA-72h 与 IAA-A-72h 果实中的 52 种代谢物存在显著差异。与 IAA-24h 和 IAA-72h 果实相比，大多数代谢物在 IAA-B-24h

和 IAA－B－72h 果实中的含量有所上调。

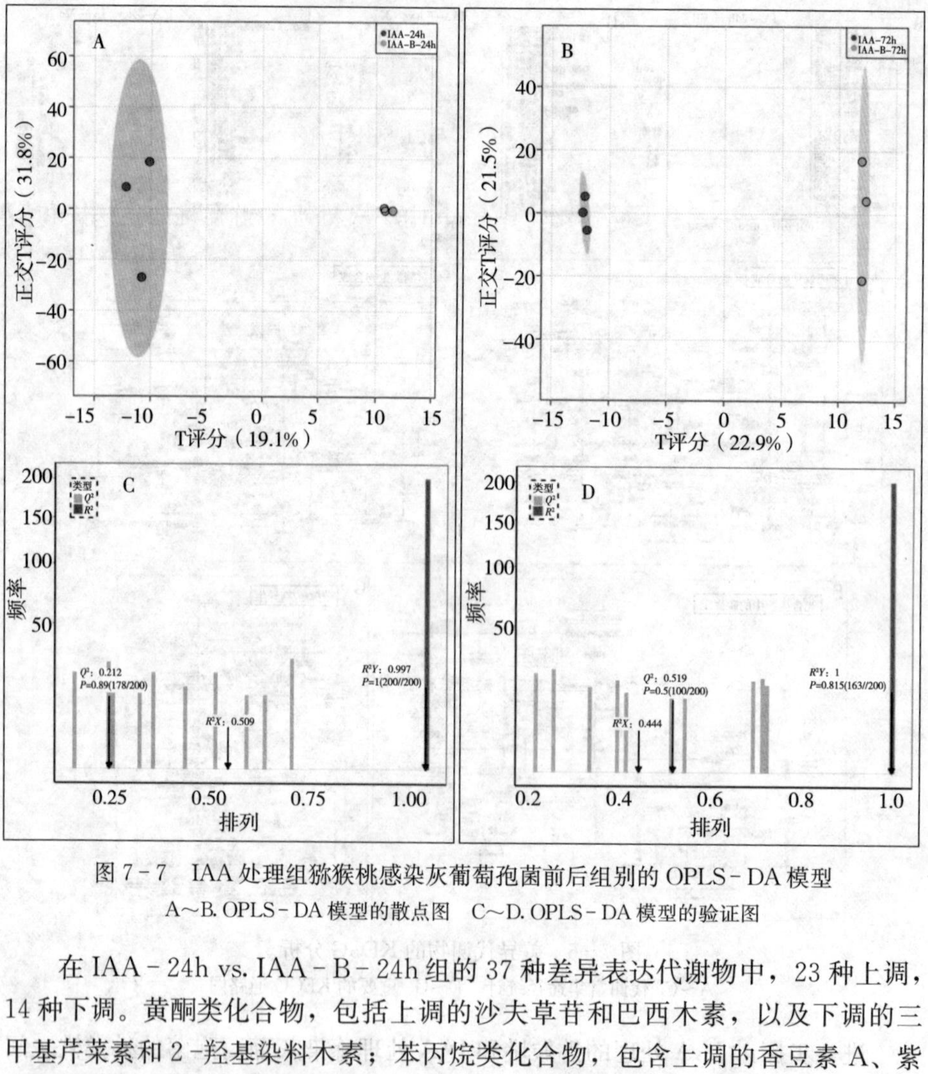

图 7－7　IAA 处理组猕猴桃感染灰葡萄孢菌前后组别的 OPLS－DA 模型
A～B. OPLS－DA 模型的散点图　C～D. OPLS－DA 模型的验证图

在 IAA－24h vs. IAA－B－24h 组的 37 种差异表达代谢物中，23 种上调，14 种下调。黄酮类化合物，包括上调的沙夫草苷和巴西木素，以及下调的三甲基芹菜素和 2－羟基染料木素；苯丙烷类化合物，包含上调的香豆素 A、紫花前胡素和 C－异丙二醇；酚类化合物，包括上调的 4－硝基苯酚；萜类化合物，包括东革内酯；生物碱，包括上调的千里光非林；D－天冬氨酸以及其他一些与 IAA－24h 相比在 IAA－B－24h 中显著上调的物质。

在 IAA－72h－IAA－B－72h 组的 52 种差异表达代谢物中，38 种上调，14 种下调。黄酮类化合物，包括上调的芍药素－3－葡萄糖苷、儿茶素、(－)－表没食子儿茶素；苯丙烷化合物，包括上调的红花黄色素 A、肉桂酸乙酯，以及下调的厚朴酚和蛇床子素；酚类化合物，包括上调的冰沙霉素 C、羟内酯、2,4-二甲基苯酚、2,5-二羟基苯甲醛、对羟基苯甲酸丙酯和 3-乙基-1,2-苯二醇；萜类化合物，包括下调的柠檬酸、石酮和表木栓醇，以及下调的甜菊素 A。此外，在 IAA 处理组中，灰葡萄孢菌感染后 72h，大量生物碱积累，包括上调的芽子碱、卡西酮、打豌花素 A7 和可可碱。相关结果也表明代谢物合成的相对速率与灰葡萄孢菌感染过程密切相关。

根据研究结果，与 CK 相比，50μg/mL IAA 处理的猕猴桃的发病率和病斑面积最小，这表明适当浓度的外源 IAA 可以增强猕猴桃对灰霉病的抗性。为了更好地探索 IAA 诱导抗性的机制，检测了灰葡萄孢菌感染前后 IAA 处理果实中与抗性相关的防御酶（SOD、POD 和 CAT）活性。与灭菌水处理的果实相比，IAA 处理的猕猴桃 3 种防御酶的活性都有所提高，尤其是在前 3dpi。选择 1dpi（IAA 处理后 24h）和 3dpi（IAA 处理后 72h）这两个转折点来揭示猕猴桃采后对灰霉病的抗性机制。未经 IAA 处理的猕猴桃在灰葡萄孢菌感染后 4dpi 仍能保持 ROS 产生和清除之间的平衡，在这个时间后开始失去自我修复能力（Li et al.，2020）。IAA 处理的猕猴桃在 3dpi 时 3 种酶活性均达到峰值，表明 IAA 诱导的猕猴桃抗性可能与 ROS 水平以及 SOD、POD 和 CAT 活性有关。IAA 处理猕猴桃能有效诱导相关防御酶活性升高以抵御灰葡萄孢菌的侵染。

首先比较 IAA-24h vs. CK 组、IAA-72h vs. CK 组以及 IAA-72h vs. IAA-24h 组。IAA-24h vs. CK 组以及 IAA-72h vs. CK 组有 11 种共有代谢物，包括黄酮类、苯丙烷类、萜类和酚类化合物的积累，特别是黄酮类化合物如(—)-表没食子儿茶素和三甲基芹菜素等，进一步证实黄酮类化合物在防御猕猴桃灰霉病中的重要作用。KEGG 分析表明，IAA-24h vs. CK 组和 IAA-72h vs. CK 组中的大多数代谢物与“光合生物中的碳固定”和“黄酮类生物合成”途径有关。光合产物和糖酵解相关代谢物在 IAA 处理的猕猴桃中积累，表明碳水化合物在植物免疫反应中发挥着重要作用。糖酵解相关基因可以影响不同亚细胞区室中植物免疫的多个方面（Henry et al.，2015）。已有许多关于在低温、干旱、缺水和盐度等非生物胁迫下糖（或葡萄糖）积累的研究，表明葡萄糖对提高植物抗性发挥着重要作用（Jouve et al.，2004；Guy et al.，2008）。重叠的途径在两个感染阶段富集到的代谢物或代谢途径差异明显，表明随着侵染时间的延长，代谢物发生了一定程度的转化。IAA 通常与许多其他激素一起发挥作用，如 JA、SA 和 ABA，但在显著差异表达的代谢物中只发现了 ABA，这可能与选择的样品阶段有关。

进一步探讨IAA处理的猕猴桃受灰葡萄孢菌侵染前后代谢物的变化，包括IAA－24h vs. IAA－B－24h组、IAA－72h vs. IAA－B－72h组和IAA－24h vs. IAA－72h组。与前述研究结果一致，灰葡萄孢菌感染后，IAA处理的果实中积累了许多黄酮类化合物，包括在IAA－24h vs. IAA－B－24h组中上调的沙夫草苷和巴西木素，下调的三甲基芹菜素和2－羟基染料木素，以及在IAA－72h vs. IAA－B－72h组中上调的芍药素－3－葡萄糖苷、儿茶素、(－)-表没食子儿茶素和巴西木素。一些苯丙烷类化合物也积累了起来。先前的研究结果表明，苯丙烷途径导致香豆素、黄酮、异黄酮和黄烷醇的生物合成，这些都是植物防御的重要组成部分（Gupta et al.，2015）。黄酮类化合物是苯丙烷类化合物的主要次生代谢物，其积累可以通过清除自由基来保护植物免受氧化损伤（Wang et al.，2019a）。在灰葡萄孢菌感染后，IAA处理的果实中也积累了酚类和萜类化合物，前人研究结果表明它们可以对抗真菌感染。苯酚是木质素合成的前体，可以抑制病原体，因此，总酚或木质素含量的增加可以帮助形成抵抗外部病原体感染的物理屏障。水稻中*OsCPS4*基因的敲除导致水稻中的植物抗毒素和米曲霉毒素S含量急剧下降，对稻瘟病菌的抗性显著降低（Toyomasu et al.，2014）。

## 第三节 生长素2,4－D对猕猴桃果实抗灰霉病的诱导作用

### 一、不同种类生长素对猕猴桃果实灰霉病抗性的诱导作用

分别采用50μg/mL生长素IAA、IBA、NAA和2,4－D处理猕猴桃果实24h后进行灰葡萄孢菌侵染试验。配制不同生长素溶液并过滤除菌。用消毒后的打孔器在猕猴桃果实表面形成大小、深度一致的伤口（5mm×3mm），采用移液枪在伤口处分别为5组猕猴桃果实注入10μL液体：①无菌水（对照组，记为CK）；②50μg/mL IAA；③50μg/mL IBA；④50μg/mL 2,4－D；⑤50μg/mL NAA。在恒温、恒湿条件下（25℃，相对湿度高于95%）诱导处理24h后，向已经干燥的伤口注入灰葡萄孢菌孢子悬浮液（浓度为$10^4$个孢子/mL）10μL，用PE塑料膜密封贮藏于恒温箱。每天定时测量并记录果实伤口的发病率和病斑直径，结果以接种后72h平均发病率和平均病斑面积表示。每个处理重复3次，每次重复9个果实。

结果显示，在灰葡萄孢菌侵染后第3天，与对照组相比，相同浓度的4种

生长素在相同诱导时间内均可有效降低猕猴桃果实灰霉病的发病率，经过50μg/mL生长素IAA、IBA、2,4-D和NAA处理的猕猴桃灰霉病发病率分别降低了28%、39%、47%和31%（$P<0.05$）。病斑面积统计结果显示，无菌水处理的猕猴桃果实病斑面积为1.021cm$^2$；经过IAA、IBA、2,4-D和NAA处理的猕猴桃果实病斑面积为0.773cm$^2$、0.823cm$^2$、0.688cm$^2$、0.818cm$^2$（图7-8）。选取2,4-D进行更深入的研究。

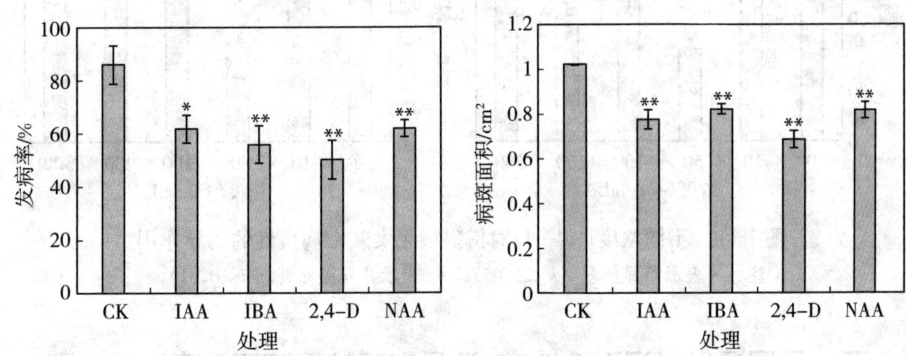


图7-8 不同种类生长素对猕猴桃果实灰霉病抗性的诱导作用

注：*表示差异显著（$P<0.05$），**表示差异极显著（$P<0.01$）。

## 二、不同浓度2,4-D对猕猴桃果实灰霉病抗性的诱导作用

配制不同浓度2,4-D溶液并过滤除菌。用消毒后的打孔器在猕猴桃果实表面形成大小、深度一致的伤口（5mm×3mm），采用移液枪在伤口处分别为6组猕猴桃果实注入10μL液体：①无菌水（对照组，记为CK）；②10μg/mL 2,4-D；③50μg/mL 2,4-D；④100μg/ mL 2,4-D；⑤200μg/mL 2,4-D；⑥500μg/mL 2,4-D。在恒温、恒湿条件下（25℃，相对湿度高于95%）诱导处理24h后，在已经干燥的伤口处注入灰葡萄孢菌孢子悬浮液（浓度为$10^4$个孢子/mL）10μL，用PE塑料膜密封贮藏于恒温箱。每天定时测量并记录果实伤口的发病率和病斑直径，结果以接种后72h平均发病率和平均病斑面积表示。每个处理重复3次，每次重复9个果实。

2,4-D浓度与猕猴桃果实灰霉病的发生和发展密切相关。在接入灰葡萄孢菌的第3天（72h），2,4-D浓度为100～500μg/mL且诱导猕猴桃果实24h后，不能抑制灰霉病的发生与病斑的扩展；而当2,4-D浓度为10～50μg/mL时，可不同程度地抑制灰葡萄孢菌在猕猴桃伤口处的侵染。其中，当2,4-D浓

度为 50μg/mL 时，能显著降低猕猴桃果实上灰霉病的发病率，减少平均病斑面积，与对照组相比，处理后的猕猴桃发病率降低了 39%（$P<0.05$），病斑面积也显著减少（图 7－9）。

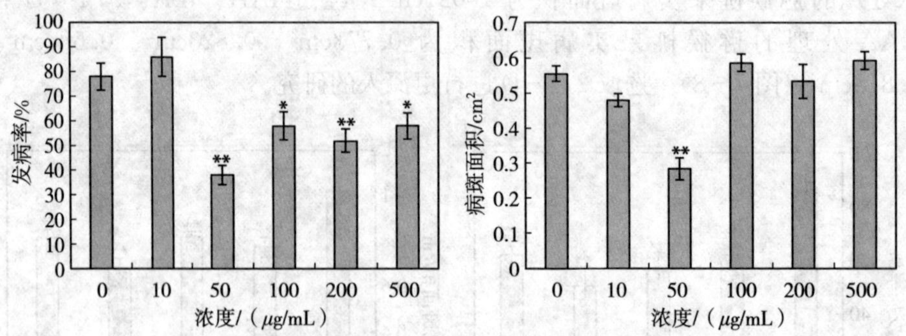


图 7－9　不同浓度 2,4－D 对猕猴桃果实灰霉病抗性的诱导作用

注：* 表示差异显著（$P<0.05$）；** 表示差异极显著（$P<0.01$）。

## 三、不同诱导时间对 2,4－D 诱导猕猴桃果实灰霉病抗性的影响

用消毒后的打孔器在猕猴桃果实表面形成大小、深度一致的伤口（5mm×3mm），采用移液枪在伤口处分别为 2 组猕猴桃果实注入 10μL 液体：①无菌水（对照组，记为 CK）；②50μg/mL 2,4－D。在恒温、恒湿条件下（25℃，相对湿度高于 95%）分别进行诱导处理 0、6、12、24、48h 后，在伤口处注入灰葡萄孢菌孢子悬浮液（浓度为 $10^4$ 个孢子/mL）10μL，并用 PE 塑料膜密封贮藏于恒温箱。每天定时测量并记录果实伤口的发病率和病斑直径，结果以接种后 72h 平均发病率和平均病斑面积表示。每个处理重复 3 次，每次重复 9 个果实。

灰霉病的发生和发展与 2,4－D 的诱导时间有关。50μg/mL 2,4－D 直接处理（0h）不能抑制灰霉病在猕猴桃果实伤口处的侵染；诱导时间分别为 12、24、48h 时，2,4－D 能在一定程度上抑制灰霉病的发生和发展。与对照组相比，当诱导时间为 12h 时，2,4－D 使发病率降低了 51.5%；当诱导时间为 24h 时，发病率降低了 50%；当诱导时间为 48h 时，发病率降低了 58%（$P<0.05$）。病斑面积统计结果显示，与对照组相比，诱导时间为 12h 时，病斑面积平均减少 0.429cm²；当诱导时间为 24h 时，病斑面积平均减少 0.397cm²；当诱导时间为 48h 时，病斑面积平均减少 0.367cm²（图 7－10）。

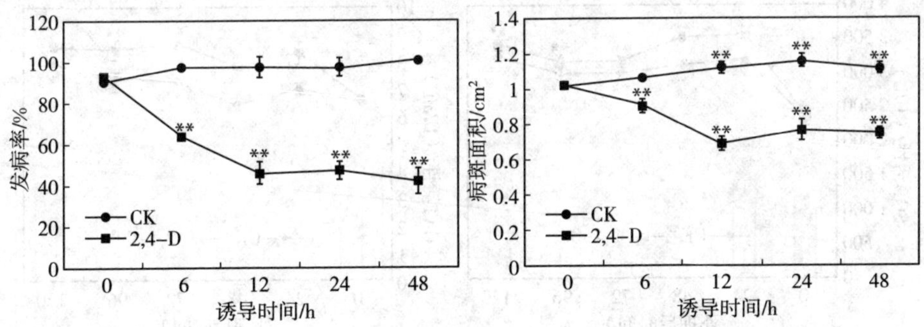


图 7-10 2,4-D 不同处理时间对猕猴桃果实灰霉病抗性的诱导作用

注：* 表示差异显著（$P<0.05$）；** 表示差异极显著（$P<0.01$）。

## 四、生长素 2,4-D 对猕猴桃果实防御酶活性的影响

采用愈创木酚法检测 POD 活性。采集样品 1g，加入磷酸缓冲液（pH 7.8）和石英砂研磨匀浆，离心取上清液，以 0.1mol/L 磷酸缓冲液加入 28μL 愈创木酚为反应液，溶解后加入 $H_2O_2$ 混合；结果以每分钟内 470nm 处的光密度（A 为 470nm，即 A470）变化 0.01 为 1 个酶活力单位（U）。采用紫外吸收法测定 CAT 活性。采集样品 1g，加入磷酸缓冲液（pH7.8）和石英砂研磨匀浆，离心取上清液，加入 $H_2O_2$ 并测量吸光度，以每分钟内 240nm 处的光密度（A 为 240nm，即 A240）降低 0.1 个酶量为 1 个酶活力单位。采用 NBT 光化还原法测定 SOD 活性。采集样品 1g，加入磷酸缓冲液（pH7.8）和石英砂研磨匀浆，离心取上清液，依次加入 0.05mol/L 磷酸缓冲液、130nmol/L Met 溶液、750μmol/L NBT、100μmol/L EDTA、20μmol/L 核黄素和酶液，并测量吸光度（A 为 560nm，即 A560），以抑制 NBT 光化还原 50%的酶用量为 1 个酶活力单位。

结果显示，采用 2,4-D 处理猕猴桃果实 12h，猕猴桃果实 SOD 活性在 24h 显著升高达到峰值，约为对照组活性的 1.10 倍。虽然之后活性降低，但至 120h 后仍然高于对照组，约是对照组的 1.05 倍。猕猴桃果实 CAT 活性呈波动上升趋势，在 72h 达到峰值，大约为对照组的 1.19 倍。虽然之后活性降低，但至 120h 后仍然高于对照组，约是对照组的 1.08 倍。猕猴桃果实 POD 活性呈波动上升趋势，在 72h 达到峰值，约为对照组的 1.14 倍。虽然之后活性降低，但至 120h 后仍然高于对照组，约是对照组的 1.03 倍（图 7-11）。说明 2,4-D 处理猕猴桃果实可诱导提高猕猴桃果实防御酶的活性。

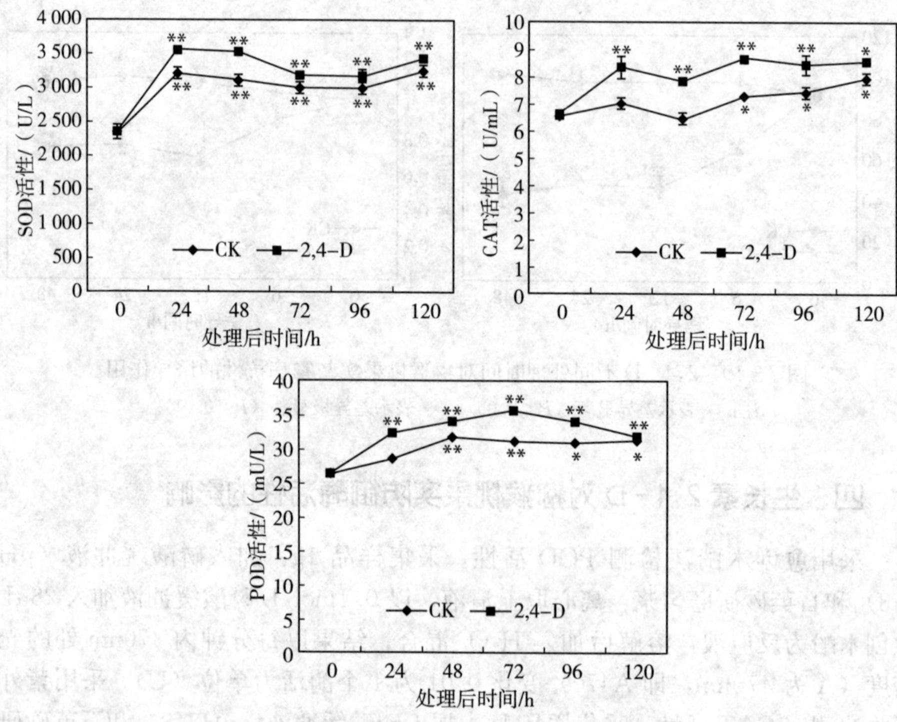


图 7-11　2,4-D不同处理时间对猕猴桃果实防御酶活性的影响

注：*表示差异显著（$P<0.05$）；**表示差异极显著（$P<0.01$）。

## 五、生长素2,4-D对猕猴桃抗病相关基因表达的影响

采用qRT-PCR技术对2,4-D和灭菌水处理12h的猕猴桃*PR1*、*PR4*及*PAL*基因的表达水平进行检测。根据猕猴桃基因组信息①，成功克隆到猕猴桃*PR1*（Actinidia00340）、*PR4*（Actinidia18363）和*PAL*（Actinidia32440）的CDS全长序列，测序验证序列正确。将猕猴桃新鲜果实迅速液氮冷冻并研磨，采用RNAiso Plus和fruitmate试剂盒（TaKaRa，大连）提取猕猴桃总RNA，采用TransScript® All-in-One First-Strand cDNA Synthesis SuperMix for qPCR (One-Step gDNA Removal) 试剂盒（全式金，北京）合成cDNA，使用TransScript® Green Two-Step qRT-PCR SuperMix试剂盒（全式金，北京）进行基因表达量检测，内参基因选用*β-actin*。引物序列见表7-1。

① 资料来源：http：//kiwifruitgenome.org/。

表 7-1　qRT-PCR 引物序列

| 基因名 | | 序列（5'→3'） |
|---|---|---|
| *β-actin* | F | GCAGTGTTTCCCAGTATTGT |
| | R | TCCATGTCATCCCAGTTGC |
| *PR1* | F | AGCGGCATACAATTTTCCAC |
| | R | GGAGTGAACCATGGCTAGGA |
| *PR4* | F | CTATTGGCCTTAGCCACTGC |
| | R | AAGCACTTGCCACAGGATTC |
| *PAL* | F | TACCGAGGGAATTTTCATGC |
| | R | TTTGAACCCGTAGTCCAAGG |

结果显示，*PR1* 和 *PR4* 两个基因的表达量在 2,4-D 处理后 24h 迅速增加，与灭菌水处理的猕猴桃相比，分别上调了 9.33 倍和 2.27 倍，随后二者均有逐渐降低的趋势。与对照组相比，防御酶 *PAL* 基因的表达量在 2,4-D 处理后 24h 也出现了上调，在处理后 48h 表达量最高，是对照组的 5.27 倍，随后表达量下调（图 7-12）。说明 2,4-D 处理猕猴桃果实可诱导猕猴桃抗病相关基因上调表达。

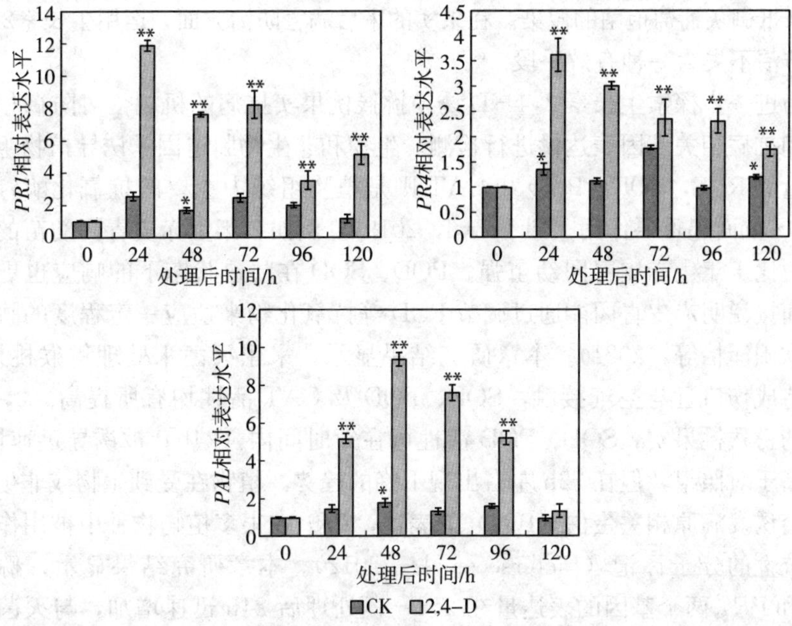


图 7-12　2,4-D 不同处理时间对猕猴桃抗病相关基因表达的影响

注：* 表示差异显著（$P<0.05$）；** 表示差异极显著（$P<0.01$）。

研究结果显示，内源生长素IAA和IBA，以及合成生长素NAA和2,4－D，在浓度适宜时均可诱导猕猴桃果实对灰葡萄孢菌产生抗性，但诱导抗性的强弱存在差异。采用相同浓度的4种生长素、相同诱导时间处理后的猕猴桃果实，受灰葡萄孢菌侵染的发病率以2,4－D最低。采用不同浓度和不同诱导时间探究2,4－D对诱导猕猴桃果实灰霉病抗性的作用，发现抑制灰葡萄孢菌在猕猴桃伤口侵染的最适浓度为50μg/mL，此浓度的2,4－D可显著降低猕猴桃果实上灰霉病的发病率，减少平均病斑面积。诱导时间为12～48h时，2,4-D均能抑制灰霉病的发生和发展。关于生长素在采后病害中的作用机制的研究较少。关于生长素对梨果实的诱导抗性作用的研究结果表明，生长素IAA浓度为100～500μg/mL、处理间隔时间为24～48h时，梨果实对蓝霉腐病的抗性明显增强，表明IAA在诱导梨果实对病原菌的天然抗性方面具有显著作用，通过检测防御酶活性及抗病相关基因的表达水平，推测该机制可能与诱导防御相关酶和调节基因表达密切相关（Zhang et al.，2018）。植物受到外源因素的刺激后不能立刻获得抗性，而是需要一定时长才能发生响应（Fu et al.，2013）。将不同浓度2,4－D添加至PDA培养基对灰葡萄孢菌进行接种培养，并未发现显著的抑制作用。这些结果表明生长素可能通过诱导猕猴桃果实产生抗性来抵御灰葡萄孢菌的侵染。在果实的采后病害防治方面，运用生长素2,4-D进行防治不失为一种有效手段。

为进一步探索生长素2,4－D诱导猕猴桃果实抗病的机制，对防御相关酶活性和抗病相关基因表达量进行检测。生物和非生物胁迫因子诱导植物组织产生过量的ROS，SOD、POD和CAT则是植物组织中重要的抗氧化酶，在清除ROS方面起重要作用（El-Esawi，2019）。例如2年生赤皮青冈幼苗的抗氧化能力比1年生赤皮青冈幼苗强，POD、SOD在胁迫状态下的响应也更为迅速，间接说明赤皮青冈能通过调节POD等抗氧化物来适应一定程度的胁迫环境（欧阳泽怡等，2021）。本章研究结果显示，采用灭菌水处理猕猴桃果实，由于造成伤口且与空气接触，SOD、POD及CAT活性均有所提高。2,4－D处理的猕猴桃果实，SOD、POD活性可在短时间内（24h）被诱导迅速增加，显著高于对照组，但在72h左右出现下降的趋势。植物在受到生物或非生物胁迫时会诱发病原相关蛋白（PRs）的表达，*PR1*在很多植物物种中被用作系统获得抗性的分子标记（Pieterse et al.，2012）。本章研究结果显示，猕猴桃*PR1*和*PR4*两个基因的表达量在2,4－D处理后24h迅速增加，与灭菌水处理的猕猴桃相比，分别上调了9.33倍和2.27倍。随后有逐渐降低的趋势。这与前人研究结果一致。外源2,4－D处理可导致*PR4*基因在柑橘类果实中上调表达，并显著减少水果腐败情况的发生（Ma et al.，2014）。Gamma辐射可诱导梨果实产生对病原菌扩展青霉（Penicillium expansu）的抗性，并可上调表达*PR1*和*PR4*基因（Jeong et al.，2017）。苯丙烷代谢途径关键酶基因*PAL*可促进植物产生木质素等次生代谢物，与植物抗病息息相关（李桦等，2017）。采用不同灰葡萄孢菌菌种侵染番茄果实，可诱导果实产生生长素IAA、SA，并随着PAL活性提高得到显著提升（Gong et al.，2017）。防御酶*PAL*基因的表达量在2,4－D处理后24h也出现了上调，在处理后48h表达量最高，是对照组的5.27倍，随后表达量下调。这些结果进一步说明，生长素2,4－D可能通过提高防御酶活性及调控抗病相关基因的表达来诱导猕猴桃对灰霉病的抗性反应，但具体作用机制还需进一步探索。

## 第四节　小　　结

适当浓度的IAA可以诱导猕猴桃采后对灰霉病的抗性，显著降低发病率和减少病变面积。进一步的代谢组学分析表明，诱导的抗性与苯丙烷类物质的活化密切相关，包括黄酮类和酚类、萜类和碳水化合物代谢，提高防御酶（如POD、SOD和CAT）活性，以及激素信号通路。然而，由于灰葡萄孢菌感染过程复杂，需要对灰葡萄孢菌的感染进行综合评价，如活性化合物鉴定和代谢生物标志物等。

生长素2,4－D处理是诱导猕猴桃果实自然抗性和抑制灰霉病的有效方法。需要进一步研究2,4－D对未受伤猕猴桃果实自然腐烂的影响，并在生化和分子水平上发现IAA信号通路与猕猴桃果实防御机制之间的潜在相互作用。本章研究结果进一步证明了生长素在植物与真菌的相互作用中发挥了重要调控作用。

# 参 考 文 献


白云赫，王文然，董天宇，等，2020. vvi－miR160s 介导 *VvARF18* 应答赤霉素调控葡萄种子的发育［J］. 中国农业科学，53（9）：1890－1903.

陈义挺，冯新，赖瑞联，等，2018. 猕猴桃 *AdCCS1* 基因的克隆及其表达调控［J］. 园艺学报，45（12）：2371－2382.

程智慧，李玉红，孟焕文，等，2006. BTH 诱导黄瓜幼苗对霜霉病的抗性与细胞壁 HRGP 和木质素含量的关系［J］. 中国农业科学，39（5）：935－940.

段珊，窦玲玲，程帅帅，等，2018. ghr－miR160 负调控棉花叶片衰老机理研究［J］. 棉花学报，30（2）：111－118.

赖瑞联，冯新，高敏霞，等，2023. 猕猴桃过氧化氢酶基因家族全基因组鉴定与表达分析［J］. 生物技术通报，2023（4）：136－147.

李桦，梁春强，吕茳，等，2017. 草酸对冷藏"华优"猕猴桃果实木质化及相关酶活性的影响［J］. 园艺学报，44（6）：1085－1093.

李天宇，2022. 草莓 miR160－*ARF18* 模块的生物学功能分析［D］. 沈阳：沈阳农业大学：88.

李严曼，蔡秀秀，朱磊，等，2022. miR160a 与其靶基因在西瓜嫁接苗中参与抵御低温胁迫［J］. 中国生物化学与分子生物学报，38（12）：1703－1713.

李尧尧，2022. 黄瓜 miR160 家族基因鉴定及 Csa－miR160d 的功能分析［D］. 新乡：河南科技学院：101.

卢远根，2014. 水稻中与水稻一稻瘟病菌互作相关的 microRNA 初步研究［D］. 雅安：四川农业大学.

罗嘉亮，李凡，郝瑞杰，等，2020. 外源生长素对杜梨组培不定芽生根及相关氧化酶的影响［J］. 经济林研究（1）：125－132.

欧阳泽怡，陈雯彬，欧阳硕龙，等，2021. 低磷胁迫对赤皮青冈幼苗叶片生理指标的影响［J］. 中南林业科技大学学报，41（1）：69－79.

饶丹丹，王湘莹，蔡能，等，2020. 紫叶紫薇良种组培快繁研究［J］. 中南林业科技大学学报，40（12）：75－82.

宋丽萍，2018. 番茄 miR319c 对灰霉病菌侵染的应答及其功能研究［D］. 杭州：浙江理工大学.

王馨雨，杨绿竹，王婷，等，2020. 植物多酚氧化酶的生理功能，分离纯化及酶促褐变控制的研究进展［J］. 食品科学，41（9）：222－237.

王杏茹，李文静，陈冰星，等，2019. 薹菜耐受长时间高温后的miRNA分析［J］. 园艺学报，46（3）：486-498.

徐雅芬，2017. “海沃德”猕猴桃果实后熟相关的miRNA的筛选及表达差异研究［D］. 西安：陕西师范大学.

闫明科，徐强，刘春燕，等，2015. 基于microRNA深度测序的猕猴桃性别分化初探［J］. 园艺学报，42（7）：1260-1272.

杨春霞，胥猛，王明庥，等，2014. 植物中miR160/miR167/miR390家族及其靶基因研究进展［J］. 南京林业大学学报（自然科学版），38（3）：155-159.

于明革，杨洪强，翟衡，2003. 植物木质素及其生理学功能［J］. 山东农业大学学报（自然科学版），34（1）：124-128.

张承，李明，龙友华，等，2016. 采前喷施壳聚糖复合膜对猕猴桃软腐病的防控及其保鲜作用［J］. 食品科学，37（22）：274-281.

张彦苹，刘照坤，朱旭，等，2019. 桃果实中miR160a与其靶基因 *ARF* 的鉴定及对IAA的响应分析［J］. 园艺学报（4）：613-622.

Abeysinghe J K，Lam Km，Ng D W，2019. Differential regulation and interaction of homoeologous WRKY18 and WRKY40 in *Arabidopsis* allotetraploids and biotic stress responses［J］. The Plant Journal，97：352-367.

Agudelo-Romero P，Erban A，Rego C，et al.，2015. Transcriptome and metabolome reprogramming in *Vitis vinifera* cv. Trincadeira berries upon infection with *Botrytis cinerea*［J］. Journal of Experimental Botany，66（7）：1769-1785.

Akagi A，Engelberth J，Stotz H U，2010. Interaction between polygalacturonase-inhibiting protein and jasmonic acid during defense activation in tomato against *Botrytis cinerea*［J］. European Journal of Plant Pathology，128（4）：423-428.

Allen E，Xie Z，Gustafson A M，et al.，2005. MicroRNA-directed phasing during trans-acting siRNA biogenesis in plants［J］. Cell，121（2）：207-221.

Arshad M，Feyissa B A，Amyot L，et al.，2017. MicroRNA156 improves drought stress tolerance in alfalfa（*Medicago sativa*）by silencing SPL13［J］. Plant Science，258：122-136.

Avsar B，Ialiabadi D E，2015. Putative microRNA Analysis of the Kiwifruit *Actinidia chinensis* through Genomic Data［J］. International Journal of Life Sciences Biotechnology and Pharma Research，4（2）：96-99.

Bardas G A，Veloukas T，Koutita O，et al.，2010. Multiple resistance of *Botrytis cinerea* from kiwifruit to SDHIs，QoIs and fungicides of other chemical groups［J］. Pest Management Science，66（9）：967-973.

Bartel D P，2004. MicroRNAs：genomics，biogenesis，mechanism，and function［J］. Cell，116（2）：281-297.

Beaudoin - Eagan L D, Thorpe T A, 1985. Tyrosine and Phenylalanine Ammonia Lyase Activities during Shoot Initiation in Tobacco Callus Cultures [J]. Plant Physiology, 78 (3): 438 - 441.

Bennett T, Leyser O, 2014. Strigolactone signalling: standing on the shoulders of DWARFs [J]. Current Opinion In Plant Biology, 22: 7 - 13.

Blanco - Ulate B, Vincenti E, Powell A L T, et al., 2013. Tomato transcriptome and mutant analyses suggest a role for plant stress hormones in the interaction between fruit and *Botrytis cinerea* [J]. Frontiers in Plant Science, 4: 142.

Brodersen P, Sakvarelidze - Achard L, Bruun - Rasmussen M, et al., 2008. Widespread Translational Inhibition by Plant miRNAs and siRNAs [J]. Science, 320 (5880): 1185 - 1190.

Brutus A, Sicilia F, Macone A, et al., 2010. A domain swap approach reveals a role of the plant wall - associated kinase 1 (WAK1) as a receptor of oligogalacturonides [J]. Proceedings of the National Academy of Sciences of the United States of America, 107 (20): 9452 - 9457.

Chance B, Maehly A C, 1955. Assay of catalase and peroxidases [J]. Methods in Enzymology, 2: 764 - 775.

Chen C Y, Séguin - Swartz G, 1999. Reaction of wild crucifers to Leptosphaeria maculans, the causal agent of blackleg of crucifers [J]. Canadian Journal of Plant Pathology December (4): 361 - 367.

Chen C, Sun X, Duanmu H, et al., 2015a. GsCML27, a Gene Encoding a Calcium - Binding Ef - Hand Protein from *Glycine soja*, Plays Differential Roles in Plant Responses to Bicarbonate. Salt and Osmotic Stresses [J]. PLoS One, 10 (11): e0141888.

Chen H, Cheng Z, Wisniewski M, et al., 2015b. Ecofriendly hot water treatment reduces postharvest decay and elicits defense response in kiwifruit [J]. Environmental Science and Pollution Research, 22 (19): 15037 - 15045.

Chen H, Li Z, Xiong L, 2012a. A plant microRNA regulates the adaptation of roots to drought stress [J]. FEBS Lett, 586 (12): 1742 - 1747.

Chen J, Mao L, Lu W, et al., 2016. Transcriptome profiling of postharvest strawberry fruit in response to exogenous auxin and abscisic acid [J]. Planta, 243 (1): 183 - 197.

Chen L, Wang T, Zhao M, et al., 2012b. Identification of drought - responsive microRNAs in Medicago truncatula by genome - wide high - throughput sequencing [J]. Planta, 235 (2): 375 - 386.

Chiou T J, 2007. The role of microRNAs in sensing nutrient stress [J]. Plant, Cell & Environment, 30 (3): 323 - 332.

Choi A S, Prokchorchik M, Lee H, et al., 2021. Direct acetylation of a conserved threonine of RIN4 by the bacterial effector HopZ5 or AvrBsT activates RPM1 - dependent immunity in *Arabidopsis* [J]. Molecular Plant, 14 (11): 1951-1960.

Collins J, O'Grady K, Chen S, et al., 2019. The C-terminal WD40 repeats on the TOPLESS co-repressor function as a protein-protein interaction surface [J]. Plant molecular biology, 100 (1-2): 47-58.

Cortleven A, Leuendorf J E, Frank M, et al., 2019. Cytokinin action in response to abiotic and biotic stresses in plants [J]. Plant, Cell & Environment, 42 (3): 998-1018.

De Lorenzo G, Ferrari S, 2002. Polygalacturonase-inhibiting proteins in defense against phytopathogenic fungi [J]. Current opinion in plant biology, 5 (4): 295-299.

Dong T, Zheng T, Fu W, et al., 2020. The Effect of Ethylene on the Color Change and Resistance to *Botrytis cinerea* Infection in 'Kyoho' Grape Fruits [J]. Foods, 9 (7): 892.

Elena F, Geremia G, Francesca L, et al., 2017. Effective Postharvest Preservation of Kiwifruit and Romaine Lettuce with a Chitosan Hydrochloride Coating [J]. Coatings, 7 (11): 196.

El-Esawi M A, Alayafi A A, 2019. Overexpression of StDREB2 Transcription Factor Enhances Drought Stress Tolerance in Cotton (*Gossypium barbadense* L.) [J]. Genes, 10 (2): 142.

Eulgem T, Somssich I E, 2007. Networks of WRKY transcription factors in defense signaling [J]. Current Opinion In Plant Biology, 10 (4): 366-371.

Famula R A, Richards J H, Famula T R, et al., 2019. Association genetics of carbon isotope discrimination and leaf morphology in a breeding population of *Juglans regia* L [J]. Tree Genetics & Genomes, 15 (1): 6.

Fan S, Chang Y, Liu G, et al., 2020. Molecular functional analysis of auxin/indole-3-acetic acid proteins (Aux/IAAs) in plant disease resistance in cassava [J]. Physiologia plantarum, 168 (1): 88-97.

Feng C, Zhang X, Wu T, et al., 2016. The polygalacturonase-inhibiting protein 4 (OsPGIP4), a potential component of the qBlsr5a locus, confers resistance to bacterial leaf streak in rice [J]. Planta, 243 (5): 1297-1308.

Feng J, Wang K, Liu X, et al., 2009. The quantification of tomato microRNAs response to viral infection by stem-loop real-time RT-PCR [J]. Gene, 437 (1-2): 14-21.

Ferrari S, Sella L, Janni M, et al., 2012. Transgenic expression of polygalacturonase-inhibiting proteins in *Arabidopsis* and wheat increases resistance to the flower pathogen *Fusarium graminearum* [J]. Plant biology, 14 (1): 31-38.

Fowler S, Thomashow M F, 2002. Arabidopsis Transcriptome Profiling Indicates That Multiple Regulatory Pathways Are Activated during Cold Acclimation in Addition to the CBF Cold Response Pathway [J]. The Plant cell, 14 (8): 1675-1690.

Fu J, Liu H, Li Y, et al., 2011. Manipulating broad-spectrum disease resistance by suppressing pathogen-induced auxin accumulation in rice [J]. Plant Physiology, 155 (1): 589-602.

Fu Z Q, Dong X, 2013. Systemic acquired resistance: turning local infection into global defense [J]. Annual Review of Plant Physiology and Plant Molecular Biology, 64: 839-863.

Fu Z Q, Yan S, Saleh A, et al., 2012. NPR3 and NPR4 are receptors for the immune signal salicylic acid in plants [J]. Nature, 486 (7402): 228-232.

Fukazawa J, Teramura H, Murakoshi S, et al., 2014. DELLAs function as coactivators of GAI-ASSOCIATED FACTOR1 in regulation of gibberellin homeostasis and signaling in Arabidopsis [J]. The Plant Cell, 26 (7): 2920-2938.

Genenncher B, Wirthmueller L, Roth C, et al., 2016. Nucleoporin-Regulated MAP Kinase Signaling in Immunity to a Necrotrophic Fungal Pathogen [J]. Plant Physiol, 172 (2): 1293-1305.

Giannopolitis C N, Ries S K, 1977. Superoxide dismutases: I. Occurrence in higher plants [J]. Plant physiology, 59 (2): 309-314.

Gill S S, Tuteja N, 2010. Reactive oxygen species and antioxidant machinery in abiotic stress tolerance in crop plants [J]. Plant Physiol Biochem, 48 (12): 909-930.

Goffi V, Magri A, Botondi R, et al., 2020. Response of antioxidant system to postharvest ozone treatment in 'Soreli' kiwifruit [J]. Journal of the Science of Food & Agriculture, 100 (3): 961-968.

Gong C, Liu Y, Liu S Y, et al., 2017. Analysis of Clonostachys rosea-induced resistance to grey mould disease and identification of the key proteins induced in tomato fruit [J]. Postharvest Biology and Technology, 123: 83-93.

Goossens J, Mertens J, Goossens A, 2017. Role and functioning of bHLH transcription factors in jasmonate signalling [J]. Journal of Experimental Botany, 68 (6): 1333-1347.

Goralogia G S, Liu T K, Zhao L, et al., 2017. CYCLING DOF FACTOR 1 represses transcription through the TOPLESS co-repressor to control photoperiodic flowering in Arabidopsis [J]. The Plant Journalournal, 92 (2): 244-262.

Gou J, Strauss S H, Tsai C J, et al., 2010. Gibberellins Regulate Lateral Root Formation in Populus through Interactions with Auxin and Other Hormones [J]. The Plant Cell, 22 (3): 623-639.

Guo W, Jin L, Miao Y, et al., 2016. An ethylene response-related factor, *GbERF1-like*, from Gossypium barbadense improves resistance to Verticillium dahliae via activating lignin synthesis [J]. Plant Molecular Biology, 91 (3): 305-318.

Gupta R, Min C W, Kim S W, et al., 2015. Comparative investigation of seed coats of brown-versus yellow-colored soybean seeds using an integrated proteomics and metabolomics approach [J] . Proteomics, 15 (10): 1706 – 1716.

Guy C, Kaplan F, Kopka J, et al., 2008. Metabolomics of temperature stress [J] . Physiol Plant, 132 (2): 220 – 235.

Haile Z M, De – Guzman E G N, Moretto M, et al., 2019. Transcriptome Profiles of Strawberry (Fragaria vesca) Fruit Interacting With *Botrytis cinerea* at Different Ripening Stages [J] . Frontiers in Plant Science, 10: 1131.

Hashimoto K, Kudla J, 2011. Calcium decoding mechanisms in plants [J] . Biochimie, 93 (12): 2054 – 2059.

Hendelman A, Buxdorf K, Stav R, et al., 2012. Inhibition of lamina outgrowth following Solanum lycopersicum *AUXIN RESPONSE FACTOR 10* (*SlARF10*) derepression [J]. Plant Molecular Biology, 78 (6): 561 – 576.

Henry E, Fung N, Liu J, et al., 2015. Beyond glycolysis: GAPDHs are multi – functional enzymes involved in regulation of ROS, autophagy, and plant immune responses [J]. PLoS Genetics, 11 (4): 1 – 27.

Hu Q, Min L, Yang X, et al., 2017. Laccase GhLac1 modulates broad – spectrum biotic stress tolerance via DAMP – triggered immunity [J] . Plant Physiology, 176 (2): 1808 – 1823.

Hua C, Kai K, Bi W, et al., 2019. Curcumin Induces Oxidative Stress in *Botrytis cinerea*, Resulting in a Reduction in Gray Mold Decay in Kiwifruit [J] . Journal of Agricultural and Food Chemistry, 67 (28): 7968 – 7976.

Huang S Q, Xiang A L, Che L L, et al., 2010. A set of miRNAs from Brassica napus in response to sulphate deficiency and cadmium stress [J] . Plant Biotechnology Journal, 8 (8): 887 – 899.

Huang S, Ding J, Deng D, et al., 2013. Draft genome of the kiwifruit *Actinidia chinensis* [J] . Nature Communications, 4 (1): 2640.

Huang Z, Li J, Zhang J, et al., 2017. Physicochemical properties enhancement of Chinese kiwi fruit (*Actinidia chinensis* Planch) via chitosan coating enriched with salicylic acid treatment [J] . Journal of Food Measurement & Characterization, 11 (1): 184 – 191.

Ishihama N, Yoshioka H, 2012. Post – translational regulation of WRKY transcription factors in plant immunity [J] . Current Opinion In Plant Biology, 15 (4): 431 – 437.

Jeong R D, Jeong M A, Park M R, 2017. Gamma irradiation-induced disease resistance of pear (Pyrus pyrifolia 'Niitaka') against Penicillium expansum [J] . Journal of Phytopathology, 165 (9): 626 – 633.

Jia X, Ding N, Fan W, et al., 2015. Functional plasticity of miR165/166 in plant development revealed by small tandem target mimic [J] . Plant Science, 233: 11 – 21.

Jiang L, Liu X, Xiong G, et al., 2013. DWARF 53 acts as a repressor of strigolactone signalling in rice [J] . Nature, 504 (7480): 401 – 405.

Jin W, Wu F, 2015. Characterization of miRNAs associated with *Botrytis cinerea* infection of tomato leaves [J]. BMC Plant Biology, 15 (1): 1.

Jin W, Wu F, Xiao L, et al., 2012. Microarray - based analysis of tomato miRNA regulated by *Botrytis cinerea* [J]. Journal of plant growth regulation, 31: 38 - 46.

Johnson D B, Moore W E, Zank L C, 1961. The spectrophotometric determination of lignin in small wood samples [J]. Tappi, 44 (11): 793 - 798.

Jones - Rhoades M W, Bartel D P, 2004. Computational identification of plant microRNAs and their targets, including a stress - induced miRNA [J]. Molecular Cell, 14 (6): 787 - 799.

Jouve L, Hoffmann L, Hausman J, 2004. Polyamine, carbohydrate, and proline content changes during salt stress exposure of aspen (*Populus tremula* L.): involvement of oxidation and osmoregulation metabolism [J]. Plant Biology, 6 (1): 74 - 80.

Kai K, Hua C, Sui Y, et al., 2020. Curcumin triggers the immunity response in kiwifruit against *Botrytis cinerea* [J]. Scientia Horticulturae, 274 (4): 109685.

Kaya M, Česoniené L, Daubaras R, et al., 2016. Chitosan coating of red kiwifruit (*Actinidia melanandra*) for extending of the shelf life [J]. International journal of biological macromolecules, 85: 355 - 360.

Ke J, Ma H, Ma H, et al., 2015. Structural basis for recognition of diverse transcriptional repressors by the TOPLESS family of corepressors [J]. Science advances, 1 (6): e1500107.

Khan S B M A, 2020. Crosstalk amongst phytohormones from planta and PGPR under biotic and abiotic stresses [J]. Plant Growth Regulation, 90 (2): 189 - 203.

Kibria M G, Hossain M, Murata Y, et al., 2017. Antioxidant Defense Mechanisms of Salinity Tolerance in Rice Genotypes [J]. Rice Science, 24 (3): 155 - 162.

Kieffer M, Stern Y, Cook H, et al., 2006. Analysis of the Transcription Factor WUSCHEL and Its Functional Homologue in Antirrhinum Reveals a Potential Mechanism for Their Roles in Meristem Maintenance [J]. The Plant Cell, 18 (3): 560 - 573.

Kiesecker H, 2003. Transformation of apple (*Malus domestica Borkh.*) with the stilbene synthase gene from grapevine (*Vitis vinifera L.*) and a PGIP gene from kiwi (*Actinidia deliciosa*) [J]. Plant Cell Reports, 22 (2): 141 - 149.

Kim D, Langmead B, Salzberg S L, 2015. HISAT: a fast spliced aligner with low memory requirements [J]. Nature Methods, 12 (4): 357 - 360.

Klems M, Truksa M, Machackova I, et al., 1998. Uptake, transport and metabolism of (14) C - 2,4 - dichlorophenoxyacetic acid ( (14) C - 2,4 - D) in cucumber (*Cucumis sativus* L.) explants [J]. Plant Growth Regulation, 26 (3): 195 - 202.

Kong W, Chen N, Liu T, et al., 2015. Large - Scale Transcriptome Analysis of Cucumber and *Botrytis cinerea* during Infection [J]. PLoS One, 10 (11): e0142221.

Kruszka K, Andrzej P, Aleksandra S B, et al., 2014. Transcriptionally and post - transcriptionally regulated microRNAs in heat stress response in barley [J]. Journal of Experimental Botany, 65 (20): 6123 - 6135.

Lai Z, Mengiste T, 2013. Genetic and cellular mechanisms regulating plant responses to necrotrophic pathogens [J]. Current Opinion In Plant Biology, 16 (4): 505 - 512.

Langfelder P, Horvath S, 2008. WGCNA: an R package for weighted correlation network analysis [J]. BMC Bioinformatics, 9: 559.

Lee D S, Kim B K, Kwon S J, et al., 2009. Arabidopsis GDSL lipase 2 plays a role in pathogen defense via negative regulation of auxin signaling [J]. Biochemical and biophysical research communications, 379 (4): 1038 - 1042.

Lee H J, Park Y J, Kwak K J, et al., 2015. MicroRNA844 - guided downregulation of cytidinephosphate diacylglycerol synthase3 (CDS3) mRNA affects the response of *Arabidopsis thaliana* to bacteria and fungi [J]. Molecular Plant - Microbe Interactions, 28 (8): 892 - 900.

Lee M S, An J H, Cho H T, 2016. Biological and molecular functions of two EAR motifs of Arabidopsis IAA7 [J]. Journal of Plant Biology, 59 (1): 24 - 32.

Li C Y, Leopold A L, Sander G W, et al., 2013. The ORCA2 transcription factor plays a key role in regulation of the terpenoid indole alkaloid pathway [J]. BMC plant biology, 13 (1): 1 - 17.

Li H, Smigocki A C, 2018. Sugar beet polygalacturonase - inhibiting proteins with 11 LRRs confer Rhizoctonia, Fusarium and Botrytis resistance in Nicotiana plants [J]. Physiological and Molecular Plant Pathology, 102: 200 - 208.

Li W, Wang F, Wang J, et al., 2015. Overexpressing CYP71Z2 enhances resistance to bacterial blight by suppressing auxin biosynthesis in rice [J]. PLoS One, 10 (3): e0119867.

Li Y, Cui W, Wang R, et al., 2019. MicroRNA858 - mediated regulation of anthocyanin biosynthesis in kiwifruit (*Actinidia arguta*) based on small RNA sequencing [J]. PLoS One, 14 (5): e0217480.

Li Z X, Chen M, Miao Y X, et al., 2021. The role of AcPGIP in the kiwifruit (*Actinidia chinensis*) response to *Botrytis cinerea* [J]. Functional Plant Biology, 48 (12): 1254 - 1263.

Li Z X, Lan J B, Liu Y Q, et al., 2020. Investigation of the role of AcTPR2 in kiwifruit and its response to *Botrytis cinerea* infection [J]. BMC Plant Biology, 20 (1): 1 - 11.

Liang Y, Guan Y, Wang S, et al., 2018. Identification and characterization of known and novel microRNAs in strawberry fruits induced by *Botrytis cinerea* [J]. Scientific Reports, 8 (1): 10921.

Lin J S, Kuo C C, Yang I C, et al., 2018. MicroRNA160 modulates plant development and heat shock protein gene expression to mediate heat tolerance in Arabidopsis [J]. Frontiers in Plant Science，9：68.

Lin M，Fang J，Qi X，et al.，2017. iTRAQ - based quantitative proteomic analysis reveals alterations in the metabolism of *Actinidia arguta* [J]. Scientific Reports，7 (1)：5670.

Liu J，Sui Y，Chen H，et al.，2018. Proteomic analysis of kiwifruit in response to the post-harvest pathogen，*Botrytis cinerea* [J]. Frontiers in Plant Science，9：158.

Liu M，Zhang Z，Xu Z，et al.，2021. Overexpression of *SlMYB75* enhances resistance to *Botrytis cinerea* and prolongs fruit storage life in tomato [J]. Plant Cell Reports，40：43 - 58.

Liu N，Zhang X，Sun Y，et al.，2017. Molecular evidence for the involvement of a polygalacturonase - inhibiting protein，*GhPGIP1*，in enhanced resistance to Verticillium and Fusarium wilts in cotton [J]. Scientific reports，7 (1)：39840.

Liu P P，Montgomery T A，Fahlgren N，et al.，2007. Repression of AUXIN RESPONSE FACTOR10 by microRNA160 is critical for seed germination and post-germination stages [J]. The Plant Journalournal，52 (1)：133 - 146.

Liu S，Kracher B，Ziegler J，et al.，2015. Negative regulation of ABA signaling by WRKY33 is critical for *Arabidopsis* immunity towards *Botrytis cinerea* 2100 [J]. eLife，4：e07295.

Liu X，Huang J，Wang Y，et al.，2010. The role of floral organs in carpels，an *Arabidopsis* loss-of-function mutation inmicroRNA160a，in organogenesis and themechanism regulating its expression [J]. The Plant Journalournal，62 (3)：416 - 428.

Llorente F，Muskett P，Sanchez - Vallet A，et al.，2008. Repression of the auxin response pathway increases *Arabidopsis* susceptibility to necrotrophic fungi [J]. Molecular plant，1 (3)：496 - 509.

Long J A，Ohno C，Smith Z R，et al.，2006. TOPLESS regulates apical embryonic fate in *Arabidopsis* [J]. Science，312 (5779)：1520 - 1523.

Luo A，Bai J，Li R，et al.，2019. Effects of ozone treatment on the quality of kiwifruit during postharvest storage affected by *Botrytis cinerea* and *Penicillium expansum* [J]. Journal of Phytopathology，167 (7 - 8)：470 - 478.

Ma Q，Ding Y，Chang J，et al.，2014. Comprehensive insights on how 2，4 - dichlorophenoxyacetic acid retards senescence in post - harvest citrus fruits using transcriptomic and proteomic approaches [J]. Journal of Experimental Botany，65 (1)：61 - 74.

Mallory A C，Bartel D P，Bartel B，2005. MicroRNA - directed regulation of Arabidopsis AUXIN RESPONSE FACTOR17 is essential for proper development and modulates expression of early auxin response genes [J]. The Plant Cell，17 (5)：1360 - 1375.

Martin - Arevalillo R，Nanao M H，Larrieu A，et al.，2017. Structure of the Arabidopsis TOPLESS corepressor provides insight into the evolution of transcriptional repression [J]. Proceedings of the National Academy of Sciences，114 (30)：8107 - 8112.

Maulik A，Ghosh H，Basu S，2009. Comparative study of protein - protein interaction observed in Polygalacturonase - inhibiting proteins from Phaseolus vulgaris and Glycine max and Polygalacturonase from *Fusarium moniliforme* [J] . BMC Genomics，10 (3)：1 - 12.

Mehli L，2002. Temporal expression of a *PGIP* - gene in strawberry cultivars induced by wounding or by *Botrytis cinerea* infection [J] . Plant Protection Science，38：504 - 506.

Meng X，Xu J，He Y，et al.，2013. Phosphorylation of an ERF transcription factor by *Arabidopsis* MPK3/MPK6 regulates plant defense gene induction and fungal resistance [J]. The Plant Cell，25 (3)：1126 - 1142.

Michailides T J，Elmer P A，2000. Botrytis gray mold of kiwifruit caused by *Botrytis cinerea* in the United States and New Zealand [J] . Plant Disease，84 (3)：208 - 223.

Minas I S，Tanou G，Belghazi M，et al.，2012. Physiological and proteomic approaches to address the active role of ozone in kiwifruit post - harvest ripening [J] . Journal of Experimental Botany，63 (7)：2449 - 2464.

Mohib M，Afnan K，Paran T Z，et al.，2018. Beneficial role of citrus fruit polyphenols against hepatic dysfunctions：a review [J] . Journal of dietary supplements，15 (2)：223 - 250.

Munemasa S，Hirao Y，Tanami K，et al.，2019. Ethylene inhibits methyl jasmonate - induced stomatal closure by modulating guard cell slow - type anion channel activity via the OPEN STOMATA 1/SnRK2.6 kinase - independent pathway in Arabidopsis [J] . Plant and Cell Physiology，60 (10)：2263 - 2271.

Niu Q - W，Lin S - S，Reyes J L，et al.，2006. Expression of artificial microRNAs in transgenic Arabidopsis thaliana confers virus resistance [J] . Nature biotechnology，24 (11)：1420 - 1428.

Pandey G K，Kanwar P，Singh A，et al.，2015. Calcineurin B - like protein - interacting protein kinase CIPK21 regulates osmotic and salt stress responses in *Arabidopsis* [J]. Plant Physiology，169 (1)：780 - 792.

Park Y S，Im M H，Gorinstein S，2015. Shelf life extension and antioxidant activity of 'Hayward' kiwi fruit as a result of prestorage conditioning and 1 - methylcyclopropene treatment [J] . Journal of Food science and Technology，52：2711 - 2720.

Pastuszak J，Szczerba A，Dziurka M，et al.，2021. Physiological and biochemical response to Fusarium culmorum infection in three durum wheat genotypes at seedling and full anthesis stage [J] . International Journal of Molecular Sciences，22 (14)：7433.

Peer W A，2013. From perception to attenuation：auxin signalling and responses [J]. Current opinion in plant biology，16 (5)：561 - 568.

Pieterse C M，Van Der Does D，Zamioudis C，et al.，2012. Hormonal modulation of plant immunity [J] . Annual review of cell and developmental biology，28：489 - 521.

Pinweha N，Asvarak T，Viboonjun U，et al.，2015. Involvement of miR160/miR393 and their targets in cassava responses to anthracnose disease［J］. Journal of plant physiology，174：26 - 35.

Reyes J L，Chua N H，2007. ABA induction of miR159 controls transcript levels of two MYB factors during Arabidopsis seed germination［J］. The Plant Journalournal，49（4）：592 - 606.

Rhoades M W，Reinhart B J，Lim L P，et al.，2002. Prediction of plant microRNA targets［J］. Cell，110（4）：513 - 520.

Ryu H，Cho H，Bae W，et al.，2014. Control of early seedling development by BES1/TPL/HDA19 - mediated epigenetic regulation of ABI3［J］. Nature communications，5（1）：4138.

Saavedra G M，Sanfuentes E，Figueroa P M，et al.，2017. Independent preharvest applications of methyl jasmonate and chitosan elicit differential upregulation of defense - related genes with reduced incidence of gray mold decay during postharvest storage of *Fragaria chiloensis* fruit［J］. International Journal of Molecular Sciences，18（7）：1420.

Sarah B，Sandra G，Nan H，et al.，2018. Auxin response factors（ARFs）are potential mediators of auxin action in tomato response to biotic and abiotic stress（*Solanum lycopersicum*）［J］. PLoS One，13（2）：1 - 20.

Şanll B A，Gökçe Z N Ö，2021. Investigating effect of miR160 through overexpression in potato cultivars under single or combination of heat and drought stresses［J］. Plant Biotechnology Reports，15（3）：335 - 348.

Sewelam N，Kazan K，Schenk P M，2016. Global plant stress signaling：reactive oxygen species at the cross - road［J］. Frontiers in Plant Science，7：187.

Sham A，Al - Azzawi A，Al - Ameri S，et al.，2014. Transcriptome analysis reveals genes commonly induced by *Botrytis cinerea* infection，cold，drought and oxidative stresses in Arabidopsis［J］. PLoS One，9（11）：e113718.

Shi H，Liu W，Yao Y，et al.，2017. Alcohol dehydrogenase 1（ADH1）confers both abiotic and biotic stress resistance in *Arabidopsis*［J］. Plant Science，262：24 - 31.

Shin S，Lee J，Rudell D，et al.，2016. Transcriptional regulation of auxin metabolism and ethylene biosynthesis activation during apple（*Malus* × *domestica*）fruit maturation［J］. Journal of plant growth regulation，35：655 - 666.

Shintaro M，Yukari H，Kasumi T，et al.，2019. Ethylene Inhibits Methyl Jasmonate-Induced Stomatal Closure by Modulating Guard Cell Slow-Type Anion Channel Activity via the OPEN STOMATA 1/SnRK2. 6 Kinase-Independent Pathway in Arabidopsis［J］. Plant and Cell Physiology，60（10）：2263 - 2271.

Smith J E，Mengesha B，Tang H，et al.，2014. Resistance to *Botrytis cinerea* in Solanum lycopersicoides involves widespread transcriptional reprogramming [J]. BMC genomics, 15 (1): 1-18.

Srivastava S, Srivastava A K, Suprasanna P, et al., 2013. Identification and profiling of arsenic stress-induced microRNAs in Brassica juncea [J]. Journal of experimental botany, 64 (1): 303-315.

Stitt M, Sulpice R, Keurentjes J, 2010. Metabolic networks: how to identify key components in the regulation of metabolism and growth [J]. Plant physiology, 152 (2): 428-444.

Sun J, Tang W, Liu Y, 2014. Transient expression of CHS-RNAi effectively influences the accumulation of anthocyanin in fruit of kiwifruit (*Actinidia chinensis*) [J]. Chinese Journal of Applied & Environmental Biology, 20 (5): 929-933.

Sunkar R, Kapoor A, Zhu J-K, 2006. Posttranscriptional induction of two Cu/Zn superoxide dismutase genes in *Arabidopsis* is mediated by downregulation of miR398 and important for oxidative stress tolerance [J]. The Plant Cell, 18 (8): 2051-2065.

Tang J, Liu Y, Li H, et al., 2015. Combining an antagonistic yeast with harpin treatment to control postharvest decay of kiwifruit [J]. Biological Control, 89: 61-67.

Thines B, Katsir L, Melotto M, et al., 2007. JAZ repressor proteins are targets of the SCFCOI1 complex during jasmonate signalling [J]. Nature, 448 (7154): 661-665.

Tian W, Hou C, Ren Z, et al., 2019. A calmodulin-gated calcium channel links pathogen patterns to plant immunity [J]. Nature, 572 (7767): 131-135.

Tian X, Song L, Wang Y, et al., 2018. MiR394 acts as a negative regulator of *Arabidopsis* resistance to *B. cinerea* infection by targeting LCR [J]. Frontiers in Plant Science, 9: 903.

Toyomasu T, Usui M, Sugawara C, et al., 2014. Reverse-genetic approach to verify physiological roles of rice phytoalexins: characterization of a knockdown mutant of *OsCPS4* phytoalexin biosynthetic gene in rice [J]. Physiologia plantarum, 150 (1): 55-62.

Vanholme R, Morreel K, Ralph J, et al., 2008. Lignin engineering [J]. Current opinion in plant biology, 11 (3): 278-285.

Velikova V, Yordanov I, Edreva A, 2000. Oxidative stress and some antioxidant systems in acid rain-treated bean plants: protective role of exogenous polyamines [J]. Plant science, 151 (1): 59-66.

Válóczi A, Várallyay É, Kauppinen S, et al., 2006. Spatio-temporal accumulation of microRNAs is highly coordinated in developing plant tissues [J]. The Plant Journalournal, 47 (1): 140-151.

Wang G-F, He Y, Strauch R, et al., 2015a. Maize homologs of hydroxycinnamoyltransferase, a key enzyme in lignin biosynthesis, bind the nucleotide binding leucine-rich repeat Rp1 proteins to modulate the defense response [J]. Plant Physiology, 169 (3):

2230-2243.

Wang J, Yao W, Wang L, et al., 2017. Overexpression of VpEIFP1, a novel F-box/Kelch-repeat protein from wild Chinese Vitis pseudoreticulata, confers higher tolerance to powdery mildew by inducing thioredoxin z proteolysis [J]. Plant Science, 263: 142-155.

Wang L, Hu W, Deng J, et al., 2019a. Antibacterial activity of Litsea cubeba essential oil and its mechanism against *Botrytis cinerea* [J]. RSC advances, 9 (50): 28987-28995.

Wang R, Estelle M, 2014. Diversity and specificity: auxin perception and signaling through the TIR1/AFB pathway [J]. Current opinion in plant biology, 21: 51-58.

Wang R, Lu L, Pan X, et al., 2015b. Functional analysis of *OsPGIP1* in rice sheath blight resistance [J]. Plant molecular biology, 87: 181-191.

Wang W Q, Wang J, Wu Y Y, et al., 2020. Genome-wide analysis of coding and non-coding RNA reveals a conserved miR164-NAC regulatory pathway for fruit ripening [J]. New Phytologist, 225 (4): 1618-1634.

Wang Y, Ren W, Li Y, et al., 2019b. Nontargeted metabolomic analysis to unravel the impact of di (2-ethylhexyl) phthalate stress on root exudates of alfalfa (*Medicago sativa*) [J]. Science of the Total Environment, 646: 212-219.

Wei Z, Ye J, Zhou Z, et al., 2021. Isolation and characterization of PoWRKY, an abiotic stress-related WRKY transcription factor from Polygonatum odoratum [J]. Physiology and Molecular Biology of Plants, 27 (1): 1-9.

Xiong J, Lu H, Lu K, et al., 2009. Cadmium decreases crown root number by decreasing endogenous nitric oxide, which is indispensable for crown root primordia initiation in rice seedlings [J]. Planta, 230: 599-610.

Xu L, Zhu L, Tu L, et al., 2011. Lignin metabolism has a central role in the resistance of cotton to the wilt fungus Verticillium dahliae as revealed by RNA-Seq-dependent transcriptional analysis and histochemistry [J]. Journal of Experimental Botany, 62 (15): 5607-5621.

Xue Z, Feng W, Cao J, et al., 2009. Antioxidant activity and total phenolic contents in peel and pulp of Chinese jujube (*Ziziphus jujuba* Mill) fruits [J]. Journal of Food Biochemistry, 33 (5): 613-629.

Yin X, Wang J, Cheng H, et al., 2013. Detection and evolutionary analysis of soybean miRNAs responsive to soybean mosaic virus [J]. Planta, 237: 1213-1225.

Youngm D, Wakefieldm J, Smyth G K, et al., 2010. Gene ontology analysis for RNA-seq: accounting for selection bias [J]. Genome biology, 11 (2): 1-12.

Zhang C, Feng C, Wang J, et al., 2016. Cloning, expression analysis and recombinant expression of a gene encoding a polygalacturonase-inhibiting protein from tobacco, Nicotiana tabacum [J]. Heliyon, 2 (5): e00110.

Zhang J Y，He S B，Li L，et al.，2014. Auxin inhibits stomatal development through MONOPTEROS repression of a mobile peptide gene STOMAGEN in mesophyll [J]. Proceedings of the National Academy of Sciences，111 (29)：E3015 - E3023.

Zhang J，Jiang L，Sun C，et al.，2018. Indole - 3 - acetic acid inhibits blue mold rot by inducing resistance in pear fruit wounds [J]. Scientia Horticulturae，231：227 - 232.

Zhang Q，Li Y，Zhang Y，et al.，2017. Md - miR156ab and Md - miR395 target WRKY transcription factors to influence apple resistance to leaf spot disease [J]. Frontiers in Plant Science，8：526.

Zhang Z Q，Chen T，Li B Q，et al.，2021. Molecular basis of pathogenesis of postharvest pathogenic fungi and control strategy in fruits：progress and prospect [J]. Molecular Horticulture，1 (1)：1 - 10.

Zhao Z X，Feng Q，Cao X L，et al.，2020. Osa-miR167d facilitates infection of Magnaporthe oryzae in rice [J]. Journal of integrative plant biology，62 (5)：702 - 715.

Zhu J，Li Y，Lin J，et al.，2019. CRD1，an Xpo1 domain protein，regulates mi RNA accumulation and crown root development in rice [J]. The Plant Journalournal，100 (2)：328 - 342.

Zhu Y，Yu J，Brecht J K，et al.，2016. Pre - harvest application of oxalic acid increases quality and resistance to Penicillium expansum in kiwifruit during postharvest storage [J]. Food Chemistry，190：537 - 543.

Zhu Z，Xu F，Zhang Y，et al.，2010. *Arabidopsis* resistance protein SNC1 activates immune responses through association with a transcriptional corepressor [J]. Proceedings of the National Academy of Sciences，107 (31)：13960 - 13965.

**图书在版编目（CIP）数据**

猕猴桃抗灰霉病相关基因资源筛选与功能分析 / 李哲馨，李强，决登伟著. -- 北京 ：中国农业出版社，2024. 8. -- ISBN 978-7-109-32343-8

Ⅰ. S436. 634. 1

中国国家版本馆 CIP 数据核字第 2024VX4898 号

**猕猴桃抗灰霉病相关基因资源筛选与功能分析**

**MIHOUTAO KANGHUIMEIBING XIANGGUAN JIYIN ZIYUAN SHAIXUAN YU GONGNENG FENXI**

---

中国农业出版社出版

地址：北京市朝阳区麦子店街 18 号楼

邮编：100125

责任编辑：刁乾超　　文字编辑：孙蕴琪

版式设计：王　怡　　责任校对：吴丽婷

印刷：北京印刷集团有限责任公司

版次：2024 年 8 月第 1 版

印次：2024 年 8 月北京第 1 次印刷

发行：新华书店北京发行所

开本：720mm×960mm　1/16

印张：44. 25

字数：800 千字

定价：198. 00 元

---